U0254543

全球特提斯构造域
地质演化概要

辛仁臣 温志新 王兆明 贺正军 宋成鹏 刘小兵 编著

中国石化出版社

内容简介

本书归纳总结了加勒比特提斯构造区、西地中海特提斯构造区、东地中海特提斯构造区、扎格罗斯（西亚）特提斯构造区、喜马拉雅特提斯构造区、东南亚特提斯构造区等不同构造单元的主要地质特征，分析了特提斯构造域的演化过程。

本书可供广大地学研究者、地质矿产资源普查勘探者，以及地学类院校教师、学生参考。

图书在版编目（CIP）数据

全球特提斯构造域地质演化概要 / 辛仁臣等编著.
—北京：中国石化出版社，2020.11（2023.2 重印）
ISBN 978–7–5114–6054–7

Ⅰ.①全⋯ Ⅱ.①辛⋯ Ⅲ.①地质构造 – 研究 – 世界
Ⅳ.① P548.1

中国版本图书馆 CIP 数据核字（2020）第 235007 号

中国石化出版社出版发行
地址：北京市东城区安定门外大街 58 号
邮编：100011　电话：(010) 57512500
发行部电话：(010) 57512575
http://www.sinopec-press.com
E-mail：press@sinopec.com
北京建宏印刷有限公司印刷
全国各地新华书店经销

*

787 × 1092 毫米 16 开本 45.5 印张 985 千字
2020 年 12 月第 1 版　2023 年 2 月第 2 次印刷
定价：480.00 元

《全球特提斯构造域地质演化概要》
编写委员会

主　　任：辛仁臣　温志新　王兆明　贺正军　宋成鹏
　　　　　刘小兵

编　　委：刘祚冬　边海光　陈瑞银　闻　竹　刘令宇
　　　　　董瑞杰　樊啸天　曹旭程　何必成　王　营
　　　　　吴　昊

前　言

特提斯构造域是全球金属、非金属，特别是油气资源最为富集的区域。为此，国家科技重大专项课题"全球重点领域油气地质与富集规律研究（2016ZX05029-001）"设立 2016ZX05029-001-002 专题开展对特提斯构造域的地质演化历史进行专门研究。

特提斯构造域地质演化历史研究的总体思路是以板块构造地质学、沉积学、岩相古地理学、石油地质学为指导，以地质、地球物理、地球化学、古生物等资料为依据，充分借鉴、消化、吸收、利用前人研究成果，去伪存真，研究总结不同基本地质构造单元不同地质时期的地质记录。

特提斯构造域划分为 6 个构造区段共计 2957 个基本地质构造单元（加勒比特提斯构造区 791 个、西地中海特提斯构造区 495 个、东地中海特提斯构造区 406 个、扎格罗斯特提斯构造区 218 个、喜马拉雅特提斯构造区 379 个、东南亚特提斯构造区 668 个），这些基本地质构造单元包括盆地和分隔盆地不同地质特征的造山带。本专题研究工作中以盆地为重点，兼顾造山带。

基本地质构造单元地质特征研究是本专题最为基础的研究工作，主要涉及各基本地质构造单元：①沉积序列及其岩性特征研究；②岩浆岩特征及其成因研究；③变质岩及变质机理研究；④岩相及古地理研究；⑤构造背景及原型盆地研究。参考资料主要是公开发表的文献资料和 HIS 数据库资料，及少量的地震、钻井、露头和测试资料。

全书共分 7 章。第 1 章、第 3 章和第 5 章由辛仁臣、温志新执笔；第 2 章、第 7 章由辛仁臣、王兆明、宋成鹏执笔；第 4 章、第 6 章由辛仁臣、贺正军、刘小兵执笔。

由于特提斯构造域涉及地域广，地质演化历史极其复杂，从事特提斯构造域研究的学者众多，发表的研究成果极其丰富，在本书研究和编写过程中参阅了大量文献，首先对所有文献的作者致以崇高的敬意和衷心感谢！同时，恳请专家和所有读者对本书的疏漏、不足，乃至错误之处给予批评指正。

目　录

特提斯构造域及其时空分布

随着板块学说的不断发展，特提斯构造域（Tethyan tectonic domain）已远远超过
Suess（1893、1895）限定的时空范围。在时间上，特提斯构造域是罗迪尼亚超级联
合古陆解体后，新元古生代以来，直到新近纪，南方（冈瓦纳）古陆与北方（劳亚）
古陆群之间的古大洋及相关的大陆架。根据特提斯洋的演化历史，由早到晚，划分为
原特提斯洋（540—400Ma 为主要扩张期，400—280Ma 为主要萎缩期）、古特提斯洋
（400—280Ma 为主要扩张期，280—200Ma 为主要萎缩期）、中特提斯洋（280—200Ma
为主要扩张期，200—100Ma 为主要萎缩期）和新特提斯洋（200—100Ma 为主要扩张
期，100—23Ma 为主要萎缩期）。空间上，特提斯构造域为北方古陆（劳伦、波罗的、
西伯利亚古陆）的南缘与南方古陆（冈瓦纳：南美、非洲、澳大利亚）的北缘及其间
广阔的东西向廊带。根据地质特征，自西向东可以分为加勒比特提斯构造区、西地中
海特提斯构造区、东地中海特提斯构造区、扎格罗斯（西亚）特提斯构造区、喜马拉
雅特提斯构造区、东南亚特提斯构造区。

1.1　特提斯构造域的含义

Neumayr（1885）把劳亚大陆和冈瓦纳大陆之间，J-K 沿赤道呈近东西向展布的大
洋称中央地中海。1893 年，奥地利地质学家爱德华·休斯（Eduard Suess）根据阿尔卑
斯山脉与非洲的化石记录，提出过去在劳亚大陆与冈瓦纳大陆之间，曾有浅海存在。
休斯将这个史前海域命名为特提斯海（Tethys Sea），以希腊神话中的海神特提斯（忒堤斯）为名。后来的研究工作推翻了休斯的许多假设，并将特提斯海改为特提斯洋（Tethys Ocean）。现今的特提斯构造域已突破 Suess 原来提出的时空范围（叶和飞等，2000）。

特提斯构造域是消亡的古大洋的记录。对于已消亡的古大洋，目前的国际主流观点概况如下：

（1）劳亚大陆内由大洋或洋壳消减、挤压、隆升形成古生代褶皱带，在北美 Laurentia（劳伦）古陆与欧洲 Baltica（波罗的）古陆之间的与加里东褶皱带相关的古大洋称为 Inpetus（古大西洋）（甘克文，2000；Golonka et al，2003；Metelkin et al，2015；李三忠等，2016）。

（2）在西伯利亚、欧洲、哈萨克块体之间的褶皱带相关的古大洋称为 Uralian（乌拉尔洋）（甘克文，2000；Metelkin et al，2015；李三忠等，2016）。

（3）"特提斯（Tethys）"是各种地质构造文献中的常见术语，按《地质名词词典》的定义，它是指"前新生代分离欧亚大陆和冈瓦纳大陆的东西向海道，后来构成阿尔卑斯 – 喜马拉雅山系"，或者是"从早古生代至晚白晚世分开欧亚大陆和冈瓦纳大陆的东西向海道"。这两种特提斯的定义差别在于时限的不同。前者将特提斯定义为中生代 – 新生代形成的构造域，只指阿尔卑斯和喜马拉雅隆升前的海槽区；而后者将特提斯的时限上溯至早古生代。此外，关于"海道"的范围，也可以有两种理解：一种是只指海槽区或大陆架以外的部分；另一种则可以包括海侵进入两侧大陆架的部分（甘克文，2000）。

现今主流观点认为特提斯构造域时间上一直追溯到早古生代，甚至新元古代晚期。早古生代时，在冈瓦纳大陆体系与劳亚大陆体系之间的大洋体系称为原始特提斯（Porto–Tethys）（甘克文，2000）；李三忠等（2016）认为于冈瓦纳大陆北缘的 Hunia（匈奴）地块群从冈瓦纳大陆带状裂离，之间打开的古大洋即为原特提斯洋西段（如昆仑洋和祁连洋）；华北板块从西伯利亚古陆南缘裂离，并向南移动，其南侧原亚洲洋，在中奥陶世 – 中志留世，与原特提斯洋西段相通，华北陆块南部萎缩的原亚洲洋也就转变为原特提斯洋的东段（即宽坪洋）；上述原特提斯洋向西与 Rheic（瑞克）洋沟通，从而形成广义的原特提斯洋。Galatian（加拉提亚）地块群从南方冈瓦纳古陆裂离，晚古生代，在 Galatian 地块群与冈瓦纳古陆间形成古特提斯（Paleo–Tethys）洋（Broska et al，2013；Ruban，2013；Stampfli et al，2013；Stampfli，2013）。随着 Cimmerian（基梅里）地块群从南方冈瓦纳古陆裂离，中生代，在 Cimmerian 地块群与冈瓦纳古陆间形成中特提斯（Meso–Tethys）洋，班公 – 怒江缝合带作为中特提斯洋的残迹（Metcalfe，2000；2002；2011a；2011b；2013）。拉萨块、东爪哇 – 西苏拉威和西南婆罗洲地块从冈瓦纳逐渐裂离，晚中生代早新生代，在这一地块群与冈瓦纳古陆间形成的大洋为新特提斯（Neo–Tethys）洋，雅鲁藏布缝合带代表了新特提斯洋盆的残迹（Metcalfe，2000；2002；2011a；2011b；2013；Deng et al，2014a；2014b；2017）。

我们认为：特提斯构造域，在时间上，是从早古生代，甚至新元古代晚期以来，一直持续到新近纪，在空间上，覆盖北方古陆（劳伦、波罗的、西伯利亚古陆）的南部大陆边缘、南方古陆（冈瓦纳：南美、非洲、澳大利亚）的北部大陆边缘，及其间广阔的东西向廊带。

1.2 特提斯构造域演化阶段

根据特提斯洋的演化历史，由早到晚，划分为原特提斯洋、古特提斯洋、中特提斯洋和新特提斯洋 4 个演化阶段。特提斯洋不同演化阶段与南、北方大陆裂解地块群之间的关系概况为表 1-2-1。

表 1-2-1　特提斯洋不同演化阶段与南、北方大陆裂解地块群之间的关系

地质时代及年龄	北方大陆	北方大陆间洋盆	北方大陆裂离地块群	南北方大陆间洋盆（特提斯）	冈瓦纳裂离地块群	南方大陆间洋盆（特提斯）	南方大陆
寒武纪—早泥盆世（540—400Ma）	劳伦、波罗的、西伯利亚、阿穆尔	巨神海、北亚洲洋	华北（从西伯利亚分离）、阿穆尔	巨神洋、中亚洲洋	阿瓦隆、匈奴	原特提斯（瑞克洋、南亚洲洋）	冈瓦纳
加里东造山运动：劳伦 – 波罗的 – 阿瓦隆拼贴、碰撞形成劳俄超大陆，巨神洋关闭							
中泥盆世—早二叠世（400—280Ma）	劳俄、西伯利亚、阿穆尔、华北	莱茵洋、北亚洲洋	汉莎（从劳俄大陆分离）	原特提斯洋（瑞克洋、中亚洲洋）	加拉提亚、匈奴	古特提斯（古特提斯、南亚洲洋）	冈瓦纳
华力西造山运动：劳俄 – 汉莎 – 西伯利亚 – 部分加拉提亚 – 欧洲匈奴 – 冈瓦纳西部拼贴、碰撞形成盘古超大陆雏形，莱茵洋、瑞克洋关闭							
中二叠世—三叠纪（280—200Ma）	劳俄（盘古）、阿穆尔、华北	Meliata、Maliac、Kure、北亚洲洋	欧亚基梅里	古特提斯（Pindos、古特提斯、中亚洲洋）	冈瓦纳基梅里地块群、亚洲匈奴	中特提斯洋、南亚洲洋	冈瓦纳（盘古）
印支造山运动：劳亚 – 阿穆尔 – 华北 – 部分基梅里 – 亚洲匈奴 – 冈瓦纳中部拼贴、碰撞形成盘古超大陆，亚洲洋、大部分古特提斯洋关闭							
侏罗纪—早白垩世（200—100Ma）	劳亚	Meliata、Maliac、Kure→Vardar、Izanca、Alpine、墨西哥洋	加勒比、欧亚基梅里	中特提斯洋（Pindos、中特提斯）、中大西洋、古加勒比洋	中东 – 中亚冈瓦纳基梅里、拉萨 – 苏门答腊 – 婆罗洲	新特提斯洋、古太平洋	中生代冈瓦纳
燕山造山运动：劳亚 – 部分基梅里 – 西中生代冈瓦纳、拉 – 苏 – 婆、美洲基梅里拼贴、碰撞，古加勒比洋、部分北方大陆间洋盆、中特提斯洋大部分关闭							
晚白垩世—渐新世（100—23Ma）	欧亚	北大西洋Alpine、Vardar、Lycian、古黑海、古里海、古死海、墨西哥洋	北美、欧亚基梅里	新特提斯洋（Pindos、中特提斯）、Yucatan洋、太平洋	印度	印度洋、南大西洋	非洲、南美、澳大利亚、南极洲
喜山造山运动：欧亚与基梅里、印度、非洲拼贴、碰撞，形成阿尔卑斯 – 喜马拉雅造山带，新特提斯、Pindos、残留中特提斯、北方大陆间洋盆							
中新世—现今	欧亚	北大西洋、黑海、里海	北美	加勒比、地中海、太平洋	阿拉伯	红海、印度洋、南大西洋	非洲、南美、澳大利亚、南极洲

1.2.1 原特提斯洋

早古生代时，在冈瓦纳大陆体系与从冈瓦纳裂离地块群之间的大洋体系称为原始特提斯（Porto-Tethys），冈瓦纳大陆的裂离可以追溯到新元古代晚期。李三忠等（2016）认为于冈瓦纳大陆北缘的 Hunia（匈奴）地块群（阿拉善、塔里木、柴达木、羌塘、华南等地块），在 950—540Ma 期间，从冈瓦纳大陆带状裂离，这些微陆块位于原亚洲洋的南侧，并向北漂移，之间打开的古大洋即为原特提斯洋西段（即昆仑洋和祁连洋）；处于原亚洲洋北侧的华北板块，650—520Ma 期间，从西伯利亚古陆南缘裂离，并向南移动，进入原亚洲洋，华北北缘形成新的洋盆，即古亚洲洋，并与西侧的原亚洲洋相通，形成统一的古亚洲洋，而其南侧原亚洲洋，在中奥陶世–中志留世，与原特提斯洋西段相通，华北陆块南部萎缩的原亚洲洋也就转变为原特提斯洋的东段（即宽坪洋）。

在早古生代，上述原特提斯洋向西与 Rheic（瑞克）洋沟通，从而形成广义的原特提斯洋。Rheic 洋是 Carolinia、Avalonia（阿瓦隆）地块群从早奥陶世（485Ma±）开始逐渐与冈瓦纳古陆分离形成的古海洋（Nance et al，2002；Keppie et al，2003；2008；Murphy et al，2004；2006；2011；Stampfli et al，2013；Domeier，2016）。

早古生代末晚古生代初，劳伦（Laurentia）、波罗的（Baltica）、Carolinia、Avalonia 拼贴、碰撞形成加里东褶皱带，这些大大小小古陆拼接成的超级大陆称为劳俄（Laurussia）古陆，与冈瓦纳古陆之间原特提斯洋（也称瑞克洋）处于鼎盛时期（图1-2-1）。

图 1-2-1　中志留世（430Ma）全球古地理重建，北方古陆块群与南方古陆块群及其间的原特提斯洋

1.2.2 古特提斯洋

早古生代末晚古生代初，随着 Galatian（加拉提亚）地块群从南方冈瓦纳古陆裂离，在 Galatian 地块群与冈瓦纳古陆间形成古特提斯（Paleo-Tethys）洋（Broska et al, 2013；Ruban，2013；Stampfli et al，2013；Stampfli，2013）。同时 Hanseatic（汉莎）地块群从劳俄古陆逐步裂离，形成 Rhenohercynian（莱茵海西）洋（Ruban，2013；Stampfli et al，2013；Stampfli，2013）。从冈瓦纳古陆分离的 Galatian 地块群与从劳俄古陆分离的 Hanseatic 地块群，在石炭纪早期（355Ma）拼贴碰撞，形成 Galatian-Hanseatic 超级地体群，原特提斯洋（Rheic）逐渐消亡。石炭纪 Visean 晚期（335Ma），Galatian-Hanseatic 超级地体群与冈瓦纳古陆间的古大洋通常称为古特提斯洋，与劳俄古陆间的古大洋称为莱茵海西洋。随着古特提斯洋的扩张，Galatian-Hanseatic 超级地体群与劳俄古陆聚敛，莱茵海西洋快速萎缩，在晚石炭世晚期（300Ma），原特提斯洋和莱茵海西洋消亡，古特提斯洋达到鼎盛时期（Stampfli & Borel，2002；Stampfli et al，2013；Stampfli，2013）。此时的古特提斯洋为一个向东呈喇叭状张开的古大洋（图1-2-2）。

图 1-2-2　晚石炭世（300Ma）全球古地理重建（Stampfli & Borel，2002）

如果把广义的古特提斯洋定义为北方大陆（劳俄古陆）与南方大陆（冈瓦纳古陆）之间的古大洋，泥盆纪至石炭纪发育的短命的莱茵海西洋也属广义古特提斯洋范畴。

1.2.3 中特提斯洋

晚古生代末—中生代初，随着 Cimmerian（基梅里）地块群从南方冈瓦纳古陆裂离，在 Cimmerian 地块群与冈瓦纳古陆间形成中特提斯（Meso-Tethys）洋。尽管有的学者（Golonka，2007；Stampfli et al，2013；Stampfli，2013）并不认同中特提斯洋这一概念，只有新特提斯（Neo-Tethys）洋，但以班公-怒江缝合带作为中特提斯洋的残迹，已取得广泛认同（Allégre et al，1984；Sengör，1987；Dewey et al，1988；Yin and Harrison，2000；雍永源和贾宝江，2000；颜佳新和周蒂，2001；周蒂等，2003；曹圣华等，2006；邹庆国等，2007；杜德道等，2011；Metcalfe，2011；Zhang et al，2012；Metcalfe，2013；Zhu et al，2013；Pullen and Kapp，2014；Yan et al，2016）。

据 Metcalfe（2011a，2011b，2013）的研究成果：在早二叠世 Kungurian（空谷）期（275Ma），基梅里地块群从冈瓦纳开始明显裂离；到晚二叠世 Changhsingian（长兴）期（253Ma），基梅里地块群与南方冈瓦纳古陆间的中特提斯洋已具有相当规模；晚三叠世 Rhaetian（瑞替）期（202Ma），随着基梅里地块群与北方大陆块体的聚敛，古特提斯洋显著萎缩，中特提斯洋进入鼎盛时期（图 1-2-3）。休斯（Eduard Suess）最早（1893）定义的特提斯，正是 J-K 时期沿赤道呈近东西向展布的中特提斯洋。

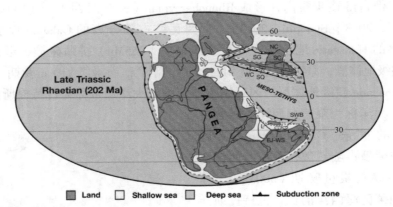

图 1-2-3　晚三叠世 Rhaetian 期（300Ma）特提斯域古地理重建（Metcalfe，2011；2013）

NC—华北板块；SG—松潘 - 甘孜地块；SC—华南板块；WC—西基梅里陆块；SQ—南羌塘；I—印支地块；S—滇缅马苏地块；EM—东马来地块；WS—西苏门答腊地块；WB—西缅地块；L—拉萨地块；EJ-WS—东爪哇 - 西苏拉威西地块；SWB—西南婆罗洲地块

1.2.4　新特提斯洋

这里的新特提斯（Neo-Tethys）洋是指晚三叠世以后，拉苏婆地块群（拉萨块、东爪哇 - 西苏拉威和西南婆罗洲地块）从冈瓦纳逐渐裂离，在拉苏婆地块群与冈瓦纳古陆间形成的大洋（图 1-2-4）。雅鲁藏布缝合带代表了新特提斯洋盆的残迹（黄汲清和陈炳蔚，1987；罗建宁，1991；1995；Yin and Harrison，2000；周肃等，2001；莫宣学等，2004；郑来林等，2004；莫宣学和潘桂棠，2006；朱弟成等，2008；许荣科等，2009；Metcalfe，2011；Metcalfe，2013；刘飞等，2013；Zhao et al，2016）。

有的学者（Golonka，2007；王宏等，2012；Stampfli et al，2013；Stampfli，2013）把早古生代末以来，随着 Cimmerian（基梅里）地块群从南方冈瓦纳古陆裂离，在 Cimmerian 地块群与冈瓦纳古陆间形成古大洋统称为新特提斯（Neo-Tethys）洋，把拉苏婆地块群（拉萨块、东爪哇 - 西苏拉威和西南婆罗洲地块）归入 Cimmerian 地块群。这一认识无疑是将中特提斯洋与新特提斯洋两个古大洋演化阶段，合并为一个阶段，这不利于特提斯构造域的深入研究。尽管目前特提斯构造域内完全区分中特提斯与新特提斯存在一定困难，但以班公 - 怒江缝合带作为中特提斯洋的残迹，已取得广泛认同（Allégre et al，1984；Sengör，1987；Dewey et al，1988；Yin and Harrison，2000；雍永源和贾宝江，2000；颜佳新和周蒂，2001；周蒂等，2003；曹圣华等，2006；

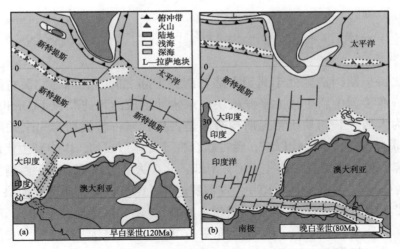

图 1-2-4 早白垩世（a）晚白垩世（b）特提斯域古地理重建
（据 Metcalfe，2013 和 Curray，2014 资料编绘）

邹庆国等，2007；杜德道等，2011；Metcalfe，2011；Zhang et al，2012；Metcalfe，2013；Zhu et al，2013；Pullen and Kapp，2014；Yan et al，2016）。把中特提斯与新特提斯区分开来，不仅是必要的，也是可行的。

1.3　特提斯构造域分带性

在空间上，特提斯构造域包括北方古陆（劳伦、波罗的、西伯利亚古陆）的南部大陆边缘与南方古陆（冈瓦纳：南美、非洲、澳大利亚）的北部大陆边缘及其间广阔的东西向廊带。根据地质特征，自西向东可以分为加勒比构造区、西地中海构造区、东地中海构造区、扎格罗斯（西亚）构造区、喜马拉雅构造区、东南亚构造区（图 1-3-1）。

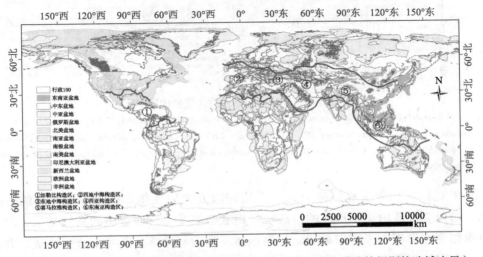

图 1-3-1 全球含油气盆地分布及特提斯构造域分段（紫色实线为特提斯构造域边界）

1.3.1 加勒比特提斯构造区

加勒比特提斯构造区处于北美古陆与南美古陆之间。北侧为北美古陆，南侧为南美古陆，西接为中新生代太平洋板块向东俯冲形成的科迪勒拉（Cordilleran）变形带，东界为大西洋。加勒比特提斯构造区是古生代末古特提斯洋完全关闭形成盘古（Pangea）联合古陆，中生代以来，盘古联合古陆解体形成的，以中新生代形成的加勒比海为标志。包括北美克拉通（NAC）南部、北美大陆边缘（NAM）西南变形带、卡博卡地块（CaB）、半岛地体（PT）、古雷罗地体（GT）、奥克斯奎亚地块（OB）、沃希托褶皱带（OFD）、阿巴拉契亚褶皱带（AFD）、佛罗里达地台（FP）、墨西哥湾海盆（GM），玛雅地块（MB）、乔蒂斯地块（CB）、开曼海沟（Ca）、大安德列斯隆起带（GA）、尤卡坦海盆（Yu）、南古巴地块（SC）、北古巴地块（NC）、巴哈马台地（BP），哥伦比亚海盆（Co）、贝阿塔海岭（BR）、委内瑞拉海盆（Ve）、小安德列斯隆起带（LA）、博奈尔地块（BB）、西科迪勒拉变形带（WC）、中央科迪勒拉变形带（CC）、东科迪勒拉变形带（EC）、南美克拉通（SAC）（图1-3-2）。

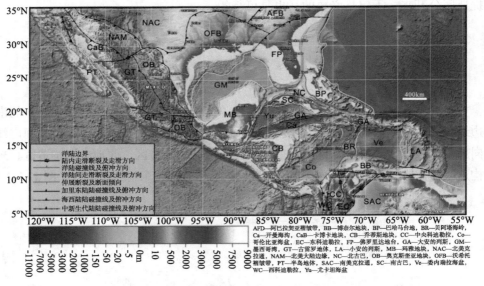

图 1-3-2 加勒比特提斯构造区简要构造纲要图

据 Audemard & Audemard, 2002；Corte's et al, 2006；Brandes et al, 2007；Ettensohn, 2008；Ingersoll, 2008；Miall, 2008；Cardona et al, 2012；Corbeau et al；2016；Gailler et al, 2017；Audemard M & Castilla, 2017；Molina Garza et al, 2017；Saeid et al, 2017；Fitz-Díaz et al, 2018；Ortega-Gutiérrez et al, 2018。底图来自 https：// maps.ngdc.noaa.gov/ viewers/bathymetry/

北美克拉通和南美克拉通为北方大陆和南方大陆主体，阿巴拉契亚褶皱带是加里东、海西2期造山运动形成的，沃希托褶皱带主要是海西造山运动的结果，北美大陆边缘西南变形带、卡博卡地块、半岛地体、古雷罗地体、奥克斯奎亚地块、乔蒂斯地块、大安德列斯隆起带、南古巴地块、北古巴地块、小安德列斯隆起带、博奈尔地块、西科迪勒拉、中央科迪勒拉、东科迪勒拉的变形、变质主要发生在中新生代。

1.3.2 西地中海特提斯构造区

西地中海特提斯构造区北方古陆为劳伦古陆的利维斯地盾和波罗的地盾，南方古陆为非洲克拉通，西界为中新生代形成的大西洋，东部以亚平宁造山带与东地中海特提斯构造域相接（图 1-3-3）。西地中海特提斯构造区是中新生代东邻残留古特提斯洋盘古联合古陆大陆边缘复杂变形过程形成的，以新生代开裂的西地中海为标志，包括如下主要构造单元：

1—扩张方向及洋壳年龄；2—走滑断裂及走滑方向；3—加里东俯冲带及俯冲方向；4—海西俯冲带及俯冲方向；
5—阿尔卑斯俯冲带及俯冲方向；6—复合属性断裂带

图 1-3-3　西地中海特提斯构造区简要构造纲要图

Al—Alboran，Ka—Kabilia，Pe—Peloritani，Ca—Calabria；C—科西嘉，S—撒丁岛（据 Stampfli & Kozur，2006；Lyngsie & Thybo，2007；Kalvoda et al，2010；Maillard et a，2014；Argnani et al，2016；Arenas et al，2016；Etheve et al，2016；Shaw et al，2016；Soulet et al，2016；Couzinié et al，2017；Milia et al，2017；Perri et al，2017；Hajná et al，2018；Henderson et al，2018。底图来自 https：//maps.ngdc.noaa.gov/viewers/bathymetry/）

（1）劳伦古陆的利维斯地盾、劳伦古陆东南边缘、波罗的古陆西南部、阿瓦隆地块拼贴带、阿瓦隆地块群-劳伦古陆-波罗的古陆拼贴碰撞形成的加里东俯冲造山带，早古生代加里东造山运动后，阿瓦隆地块群、劳伦古陆、波罗的古陆形成劳俄北方古大陆；

（2）阿摩力克地块、法国中央地块、波希米亚地块、伊比利亚地块，以及这些地块晚古生代与阿瓦隆拼贴带拼贴、碰撞，形成的海西俯冲褶皱带，阿摩力克地块、法国中央地块、波希米亚地块、伊比利亚地块合称加拉提亚地块群；

（3）地中海地块（后期裂解为 AlKaPeCa）、科西嘉-撒丁岛地块、比利牛斯褶皱带、贝蒂克褶皱带、阿尔卑斯褶皱变形带西部，亚平宁褶皱变形带分隔了西地中海特提斯构造域和东地中海特提斯构造域、图中的喀尔巴阡、迪纳里亚、希腊山系；亚德里亚海（地块）、潘诺盆地（地块）属于东地中海特提斯构造域的范畴；

（4）新生代裂解形成的巴利阿里、瓦伦西亚、阿尔博兰、阿尔及利亚、伊特鲁里亚海盆；

（5）非洲克拉通北部及非洲克拉通北部边缘的阿特拉斯、马格里布造山带，马格里布造山带主要造山期为新近系，而阿特拉斯造山带是新元古代末、早古生代末、晚古生代末、中新生代多期造山作用的结果。

1.3.3　东地中海特提斯构造区

东地中海特提斯构造区北方古陆为波罗的地盾为核心的东欧地台，南方古陆为非洲克拉通，西部与西地中海特提斯构造域相接，东接扎格罗斯特提斯构造域（图1-3-4）。

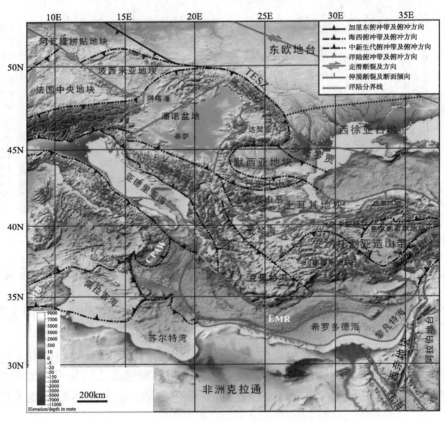

图1-3-4　东地中海特提斯构造区简要构造纲要图

据 Stampfli & Kozur, 2006；Kalvoda et al, 2010；Lefebvre et al, 2011；de Leeuw et al, 2012；Chatzaras et al, 2013；Toljić et al, 2013；Abbo et al, 2015；Dörr et al, 2015；Zulauf et al, 2015；Antić et al, 2016；Candan et al, 2016；Maravelis et al, 2016；Polonia et al, 2016；Tüysüz et al, 2016；Akdogan et al, 2017；Erak et al, 2017；Plissart et al, 2017；Rolland, 2017；Hajná et al, 2018。底图来自 https: //maps.ngdc.noaa.gov/viewers/bathymetry/
CPAW—Calabrian Prism Arc Wedge，卡拉布里亚弧增生楔；EMR—East Mediterranean Ridge，东地中海海岭；TESZ—Trans-European Suture Zone，泛欧缝合带

东地中海特提斯构造区是晚古生代以来，随着南方大陆及其裂离地块向北漂移，原特提斯洋、古特提斯洋、中特提斯洋先后关闭或萎缩，以及北方增生大陆边缘弧后张裂、差异挤压等复杂变形条件下形成的，以东地中海这一残留的中特提斯洋盆为标志。包括如下主要构造单元：

（1）波罗的古陆为核心的东欧地台南部边缘、东欧地台西南侧的阿瓦隆地块拼贴带、阿瓦隆地块群—波罗的古陆拼贴碰撞形成的加里东俯冲造山带，西徐亚、多布罗贾、默西亚地块及其与东欧地台拼贴、走滑海西期变形构造带；

（2）法国中央地块、波希米亚地块，以及这些地块晚古生代与阿瓦隆拼贴带拼贴、碰撞，形成的海西俯冲褶皱带；

（3）晚古生代及中新生代拼贴、裂解再拼贴碰撞的潘诺盆地（地块群）、亚德里亚海（地块）、喀尔巴阡造山带、阿尔卑斯造山带、亚平宁造山带、迪纳里亚造山带、希腊山系、巴尔干山系、土耳其地块（包括洛多皮山系、庞蒂得斯山系）、安纳托利亚拼贴地体（包括门德雷斯地块、克尔谢希尔地块、塔乌里得斯地块、萨卡亚地块及增生体），以及爱琴海、克里特海弧后盆地；

（4）希罗多德残留洋盆、东地中海海岭（EMR），黎凡特海、佩拉吉海、爱奥尼亚海等前陆盆地，苏尔特湾现代被动陆缘盆地；

（5）非洲克拉通带北部及非洲克拉通东北部边缘的被动大陆边缘盆地、西奈地块，马格里布造山带主要造山期为新近系，而阿特拉斯造山带是新元古代末、早古生代末、晚古生代末、中新生代多期造山作用的结果。

1.3.4 扎格罗斯（西亚）特提斯构造区

扎格罗斯（西亚）特提斯构造区北方古陆为东欧地台东南部和哈萨克地体，南方古陆为阿拉伯克拉通和印度地台西北部，西部与东地中海特提斯构造域相接，东接喜马拉雅特提斯构造域（图1-3-5）。

扎格罗斯（西亚）特提斯构造区是晚古生代以来，北方的波罗的板块、西伯利亚板块、哈萨克地块拼贴、碰撞，南方大陆及其裂离地块向北漂移，原特提斯洋、古特提斯洋、中特提斯洋、新特提斯洋先后关闭，以及北方增生大陆边缘弧后张裂、差异挤压等复杂变形条件下形成的，以多期造山形成扎格罗斯造山带为标志。包括如下主要构造单元：

（1）东欧地台东南部以前寒武系为主沃罗涅什（Voronezh）和托克姆夫（Tokmov）穹隆，在前寒武系基底上发育了上古生界盖层的Voronezh穹隆东斜坡（下伏尔加单斜）、梁赞-萨拉托夫（Pyazan-Saratov）凹陷、伏尔加-乌拉尔（Volga-Urals）盆地，发育泥盆系—下二叠统和三叠系—新近系的第聂伯-顿涅茨（Dnieper-Donets）盆地，和新元古代—新生代持续发育的滨里海（Precaspian）盆地；以前寒武系为主的乌克兰地盾（Ukrainian Shield）和新元古代—中奥陶世、志留纪—石炭纪、侏罗纪—新近纪接受沉积、加里东期、海西期隆升的东欧地台边缘（Eastern European Platform Margin）盆地。

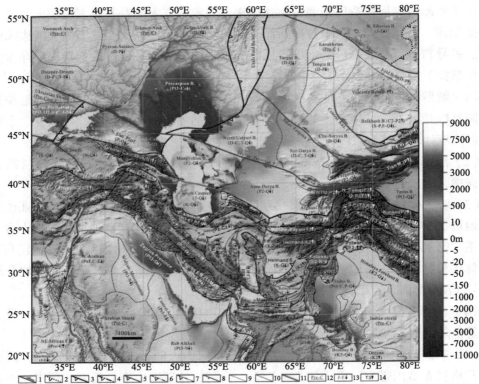

1—走滑断层及运动方向；2—Pz1缝合线及俯冲方向；3—Pz2缝合线及俯冲方向；4—T3缝合线及俯冲方向；5—K缝合线及俯冲方向；6—E缝合线及俯冲方向，7—N缝合线及俯冲方向；8—正断层及倾向；9—推覆断层；10—构造单元界线；11—起源于冈瓦纳、Pz2-T1增生到欧亚大陆边缘、Mz从欧亚大陆南缘裂解、Cz再次汇聚的地块边界，12—基底及时代；13—沉降沉积及时代；14—隆升褶皱及时代。

图 1-3-5　扎格罗斯（西亚）特提斯构造区简要构造纲要图

据 Peterson & Clarke, 1983; Alavi, 1996; Nikishin et al, 1996; Artyushkov et al, 2000; Effimov, 2001; Brunet et al, 2003; Natal' in & Sengor, 2005; Brown, 2009; Volozh et al, 2009; Wilmsen et al, 2009; Zanchi et al, 2009; Biske & Seltmann, 2010; Nicholson et al, 2010; Arjmandzadeh et al, 2011; Choulet et al, 2011; Davydenko, 2011; Rolland et al, 2012; Sachsenhofer et al, 2012; 梁爽等, 2013; Cossette et al, 2014; Mederer et al, 2014; Robert et al, 2014; Yılmaz et al, 2014; De Pelsmaeker et al, 2015; Li et al, 2015; Robinson, 2015; Sheikholeslami, 2015; Etemad-Saeed et al, 2016; Hässig et al, 2016; Karaoğlan et al, 2016; Maghfouri et al, 2016; Mahboubi et al, 2016; Raisossadat & Noori, 2016; Sosson et al, 2016; 杨永亮, 2016; Derakhshi et al, 2017; Dolgopolova et al, 2017; Hosseini et al, 2017; Motuza & Sliaupa, 2017; Nachtergaele, 2017; Pirouz et al, 2017; Siehl, 2017; Bonnet et al, 2018; Chapman et al, 2018; Cooper et al, 2018; De Pelsmaeker et al, 2018; Derikvand et al, 2018; Evenstar et al, 2018; Kazemi et al, 2018; Konopelko et al, 2018; Mattern et al, 2018; Mattern & Scharf, 2018; Mousivand et al, 2018; 塔斯肯等, 2018。底图来自 https：//maps.ngdc.noaa. gov/viewers/bathymetry/

（2）以前寒武系为主的哈萨克地盾（Kzakh Shield），以前寒武系为基底发育上古生界盖层的田吉兹（Teniz）盆地、发育泥盆系—第四系的图尔盖（Turgay）、楚河（Chu-Sarysu）盆地，以及哈萨克地块与东欧地台汇聚、拼贴、碰撞形成乌拉尔（Urals）海西俯冲褶皱带。

（3）二叠系与东欧地台、哈萨克地盾拼贴、软碰撞的，基底由前寒武系—加里东期褶皱岩系构成的、发育泥盆系—石炭系和三叠系—第四系的北乌斯丘尔特（N. Ustyurt）和锡尔河（Syr-Darya）盆地；以海西期褶皱岩系为基底，发育三叠系—第四系的吲哚－库班（Indol-Kuban）盆地、捷列克－里海（Terak-Caspian 盆地），发育上二叠统—第四系的曼格什拉克（Mangyshlak）、阿姆河（Amu-Darya）和阿富汗-塔吉克（Afghan-Tajik）盆地，发育二叠系—第四系的北高加索（N. Caucasus）台地。

（4）海西期与北方大陆汇聚、拼贴、碰撞，中生代从北方大陆裂离，新生代再次汇聚、拼贴、碰撞形成的大高加索（Greater Caucasus）、外高加索（Transcaucasus）、小高加索（Lesser Caucasus）、克派达格（Kopeh Dagh）、厄尔布尔士（Alborz）、萨卜泽瓦尔（Sabzevar）、伊朗中央褶皱系、乌鲁米-多克塔尔（Urumieh-Dokhtar，UDMA），以及其间发育有中泥盆统—二叠系和侏罗系—第四系里奥尼（Rioni）盆地和有侏罗系洋壳基底的南里海（South Caspian）盆地。

（5）晚古生代—新生代依次与北方大陆拼贴、碰撞形成的兴都库什（Hindukush）、拜安山（Band-e-Bayan）、赫尔曼德（Helmand）、贾盖岩浆弧（Chagai M.A.）、锡斯坦（Sistan）、莫克兰（Makran）褶皱带，以及其间发育有白垩系—第四系的赫尔曼德（Helmand）盆地，发育新生界的俾路支（Balochistan）盆地，以及印度克拉通西北侧帕米尔变形带。

（6）新生代与南北大陆汇聚、碰撞形成的亚美尼亚（Amenian）、萨南达季-锡尔延（Sanandaj-Sirjan）变形带。

（7）阿拉伯地台的古老地盾、长期发育的克拉通、被动大陆边缘盆地，东北边缘发育的新生代扎格罗斯前陆盆地，西南侧与非洲克拉通之间发育的白垩纪—第四系红海盆地，东南部晚白垩世小洋盆关闭形成的阿曼山（Oman M.），以及发育上白垩统—第四系的巴蒂纳（Batinah）盆地，以及印度克拉通西北部的前陆盆地，印度克拉通西南部的被动陆缘、裂谷盆地。

1.3.5　喜马拉雅特提斯构造区

喜马拉雅特提斯构造区北方古陆为塔里木地台，南方古陆为印度克拉通，西部与西亚特提斯构造域相接，东接东南亚提斯构造域（图1-3-6）。

喜马拉雅特提斯构造区是古生代以来，罗迪尼亚超大陆解体形成的地块、冈瓦纳超大陆裂离地块先后汇聚，原特提斯洋、古特提斯洋、中特提斯洋、新特提斯洋先后关闭形成的，以新特提斯洋关闭，印度板块与欧亚大陆碰撞形成的喜马拉雅造山带为标志。包括如下主要构造单元：

（1）塔里木地台及周缘古生代变形带。塔里木地台的主体也称塔里木盆地。周缘古生代变形带可分为西缘古生代变形带和东缘古生代变形带。西缘古生代变形带在前文（1.3.4）述及。东缘变形带主要构造单元有东天山变形带、北山变形带、阿尔金变形带、敦煌盆地、阿拉善地块、酒泉盆地、祁连山变形带和柴达木盆地。

（2）喜马拉雅中新生代变形带，可分为印度克拉通西北侧中新生代变形带、印度克拉通北侧中新生代变形带和东南亚西部中新生代变形带。印度克拉通西北侧中新生代变形带在前文（1.3.4）述及。印度克拉通北侧中新生代变形带的主要构造单元有西昆仑变形带、东昆仑变形带、松潘-甘孜变形带、北羌塘地块、南羌塘地块、拉萨地

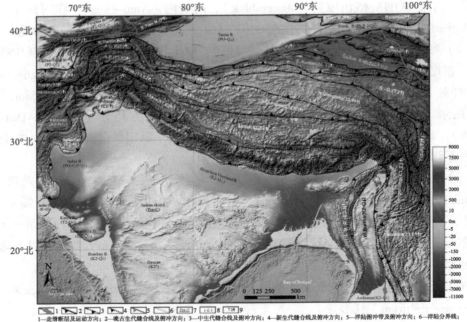

1—走滑断层及运动方向；2—晚古生代缝合线及俯冲方向；3—中生代缝合线及俯冲方向；4—新生代缝合线及俯冲方向；5—洋陆俯冲带及俯冲方向；6—洋陆分界线；7—基底及时代；8—沉降沉积及时代；9—隆升褶皱及时代

图 1-3-6　喜马拉雅特提斯构造区简要构造纲要图

据玉门油田石油地质志编写组，1989；青藏油气区石油地质志编写组，1990；汤良杰，1996；Wu et al，2009；林畅松等，2011；Lin et al，2012；王宏等，2012；Yu et al，2013；He et al，2016；Yan et al，2016；Zahirovic et al，2016；Billerot et al，2017；Chen et al，2017；Hara et al，2017；Siehl，2017；Su et al，2017；Dong et al，2018；Li et al，2018；Niu et al，2018；Zhang et al，2018；Liu et al，2019。底图来自 https：//maps.ngdc.noaa.gov/ viewers /bathymetry/

块和喜马拉雅变形带。东南亚西部中新生代变形带主要构造单元有印缅山脉、缅甸西部变形带、腾冲变形带、毛淡棉变形带等。

（3）印度克拉通及周缘盆地，可分为印度克拉通西北缘前陆盆地群、印度克拉通西南缘被动陆缘盆地群、印度克拉通北缘前陆盆地群和印度克拉通东南缘被动陆缘盆地群。

1.3.6　东南亚特提斯构造区

东南亚特提斯构造区北方古陆为华北 – 华南板块，南方古陆为澳大利亚板块，西部与喜马拉雅特提斯构造域相接，东接太平洋构造域（图 1-3-7）。

东南亚特提斯构造区是古生代以来，罗迪尼亚超大陆解体形成的地块、冈瓦纳超大陆裂离地块先后汇聚，原特提斯洋、古特提斯洋、中特提斯洋、新特提斯洋先后关闭，古太平洋、太平洋、印度洋俯冲作用形成的，以发育新生代众多伸展盆地和残留小洋盆为标志。包括如下主要构造单元：

（1）北方大陆及周缘古生代变形带，主要包括华南古陆西北侧变形带及沉积盆地、扬子地台内变形带及沉积盆地、华南古陆东南部变形带、华南古陆中南部沉积盆地群。

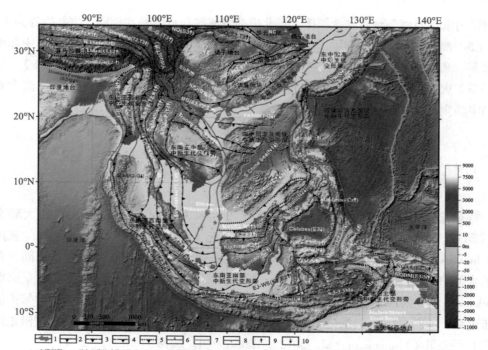

1—走滑断层；2—元古生代俯冲带及俯冲方向；3—古生代俯冲带及俯冲方向；4—中生代俯冲带及俯冲方向；5—新生代俯冲带及俯冲方向；6—洋陆俯冲带及俯冲方向；7—洋陆分界线；8—正断层及倾向；9—隆升；10—沉降。BS-TS—保山-泰掸地块；CA—华夏地块；CSM—中苏拉威西变质岩带；ECSSB—东海陆架盆地；EI—峨眉山岩浆岩区；EJ-WS—东爪哇-西苏拉威西地块；GZ—桂中坳陷；I-B.R—印缅增生楔；JNO—江南造山带；MG—马关地块；NC—华北地块；NGAA—新几内亚增生楔；NGDM—新几内亚变形变质带；NPJ—南盘江盆地；NWS-ES—西北苏拉威西-东沙巴地块；OTB—冲绳海槽盆地；PRMB—珠江口盆地；QN—黔南坳陷；RI—琉球群岛；S-B—萨拉瓦提盆地-宾图尼盆地；S-G—松潘-甘孜地块；SQ—南秦岭；Tc—腾冲地块；YZ—扬子地台

图 1-3-7 东南亚特提斯构造区简要构造纲要图

Wu et al, 1995; Moss & Finch, 1997; Honthaas et al, 1998; Soeria-Atmadja et al, 1999; Encarnacion, 2004; Kadarusman et al, 2004; Hinschberger et al, 2005; Hutchison, 2005; Kaneko et al, 2007; Warren & Cloos, 2007; Barber & Crow, 2009; 储著银等, 2009; Jian et al, 2009a; Sapin et al, 2009; 徐政语等, 2010; Villeneuve et al, 2010; Granath et al, 2011; 刘俊来等, 2011; Hall, 2012; Zhao & Cawood, 2012; 王宏等, 2012; Holm et al, 2013; Li J et al, 2013; Metcalfe, 2013a; b; Wang Y et al, 2013; 张国伟等, 2013; Liu W N et al, 2014; Wu G-L et al, 2014; Zhu X et al, 2014; Hou & Zhang, 2015; 王 宏 等, 2015; Zhang C L et al, 2015; Guan D et al, 2016; Ridd, 2016; Breitfeld et al, 2017; Chen et al, 2017; Fan et al, 2017; Fan S et al, 2017; Hennig et al, 2017; Martin, 2017; 王鹏程等, 2017; Abdullah et al, 2018; Advokaat et al, 2018; Babault et al, 2018; Breitfeld & Hall, 2018; Gao X et al, 2018; Ilao et al, 2018; Jiang Q et al, 2018; Jost et al, 2018; Li S et al, 2018; Liu S et al, 2018; Mitchell, 2018; Lei H et al, 2019; Liu et al, 2019; Lunt, 2019b; Shu L et al, 2019; Wang R et al, 2019; Webb et al, 2019; 吴志强等, 2019。底图来自 https：//maps.ngdc.noaa.gov/ viewers /bathymetry/

（2）东南亚中新生代变形带可划分为东南亚西北部中新生代变形带、东南亚中部中新生代变形带、东南亚西南部中新生代变形带、东南亚南部中新生代变形带。东南亚西北部中新生代变形带在 1.3.5 中述及。

（3）南中国海及周缘中新生代变形区，西部以红河 - 越东 - 万安东走滑体系与印支地块相接，北部以被动大陆边缘与华南板块过渡，东部以马尼拉 - 哥打巴托 - 内格罗斯海沟与吕宋岛弧 - 菲律宾海板块分割，南部以曾母盆地、文莱 - 巴沙盆地、巴拉望地块与婆罗洲增生造山带相接，可划分为南海北缘盆地群、南海西缘盆地群、南海南缘盆地群、南海海盆以及菲律宾群岛。

（4）东中国海及周缘中新生代变形区。东海陆架盆地是中新生代盆地，处于欧亚板块东南缘华南古陆的南海微板块之上，盆地呈 NNE 向，西以闽浙隆起为界，东以钓鱼岛隆褶带为限，西南与台西盆地相接，东北以朝鲜海峡与日本海盆相隔，以新生界为主。

（5）澳大利亚北部及邻区中新生代变形带可划分为苏拉威西（Sulawesi）中新生代变形带、班达（Banda）–马鲁古（Molucca）海中新生代变形带、爪哇（Java）–班达（Banda）火山弧及邻区中新生代变形带、巴布亚新几内亚中新生代变形带、澳大利亚北部中新生代变形带。

1.4 特提斯构造域地块的起源

特提斯构造域的地块主要起源于新元古代末（570Ma±）滨冈瓦纳超大陆北缘的活动带。新元古代末、古生代初，潘诺西亚（Pannotia）超大陆的解体，亚皮特斯（Iapetus）洋和古亚洲洋打开，并发生了泛非造山运动。泛非造山运动期间，西冈瓦纳大陆和东冈瓦纳大陆拼贴、碰撞，同时，沿着冈瓦纳超大陆北缘发生安第斯型（Andean–type）俯冲，形成了阿瓦隆（Avalonian）–卡多姆（Cadomian）活动带（活动大陆边缘）（图1–4–1）。最盛时期（570 Ma±），冈瓦纳超大陆北缘的活动带沿走向绵延达上万公里（Linnemann et al，2013；Hajná et al，2018）。

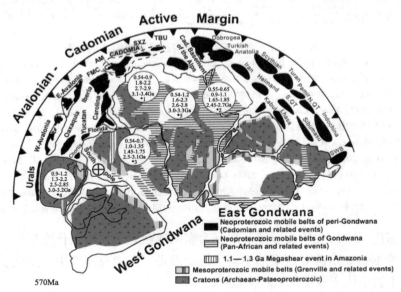

图 1–4–1　新元古代末冈瓦纳超大陆极盛时期（570Ma±）冈瓦纳北缘活动带主要地体分布

据 Linnemann et al，2008；2013；Balintoni et al，2010；Metcalfe，2002；2011a；2011b；2013；Robinson，2015；Siehl，2017；Hajná et al，2018 资料编绘

极盛时期：冈瓦纳超级大陆的主体由北美古陆、格陵兰古陆、波罗的古陆、南美古陆、非洲古陆、阿拉伯古陆、印度古陆、南极古陆、澳大利亚古陆组成；北缘活动带的主要地体有：乌拉尔（Urals）、阿瓦隆（W–Avalonia+E–Avalonia）、奥克斯奎亚（Oaxaquia）、尤卡坦（Yucatan，也称玛雅 Maya 地块）、乔蒂斯（Chortis）、佛罗里

达（Florida）、卡罗来纳（Carolina）、伊比利亚（Iberia）、阿摩力克（AM）、法国中央地块（FMC）、波希米亚（SXZ=Saxo-Thuringian Zone+TBU=Teplá-Barrandian Unit）、阿尔卑斯卡多姆基底地块（Cad. Basement of the Alps）、多布罗贾－土耳其－安纳托利亚地块群（Dobrogea -Turkish-Anatolia）、西徐亚（Scythian）、图兰（Turan）、帕米尔（Pamir）、北羌塘（N.QT）、印支（Indochina）、伊朗（Iran）、赫尔曼德（Helmand）、南羌塘（S.QT）、滇缅马苏地块（Sibumasu）、喀布尔（Kabul）、拉萨（Lhasa）、西南婆罗洲（SWB）地块。

显生宙以来，冈瓦纳北缘活动带的地块逐次与冈瓦纳大陆分离，并向北方大陆漂移，与北方大陆汇聚、碰撞，形成不同阶段的特提斯洋和特提斯构造域的地块。

加勒比特提斯构造区主要地质特征

　　加勒比（Caribbean）特提斯构造区处于北美古陆与南美古陆之间。北侧为北美古陆，南侧为南美古陆，西界为中新生代太平洋板块向东俯冲形成的科迪勒拉（Cordilleran）变形带，东界为大西洋。据 HIS（2009）的研究成果，加勒比特提斯构造区可以划分为不同特征的山地（包括古隆起、高地、褶皱带）、盆地（包括海盆、地堑、盆地）共计 791 个基本构造单元（图 2-0-1）。

　　加勒比特提斯构造区的基本构造单元可以归并为：北美大陆南部边缘盆地群、北美南缘的新元古界 – 古生界变形带及中新生代墨西哥洋盆、科迪勒拉 – 加勒比中新生代变形带及洋盆、南美西北缘中新生代变形带、南美大陆北部边缘盆地群（图 2-0-2）。

2.1　北美克拉通南部边缘盆地群

　　北美大陆南部边缘盆地群主要盆地有：东部大盆地省（Eastern Great Basin Province）、布莱克台地（Black Mesa）、圣胡安（San Juan）盆地、里约（Rio）盆地、格兰德（Grande）盆地、二叠纪（Permian）盆地、阿纳达科（Anadarko）盆地、沃斯堡（Fort Worth）盆地、阿科马（Arkoma）盆地、切罗基（Cherokee）盆地、黑武士（Black Warrior）盆地、伊利诺斯（Illinois）盆地、阿巴拉契亚（Appalachian）前陆盆地，这些盆地被古隆起、高地分隔（图 2-0-1），以前寒武系为基底（图 2-0-2）。

　　北美克拉通南部不同部位盆地演化特征存在一定差异。

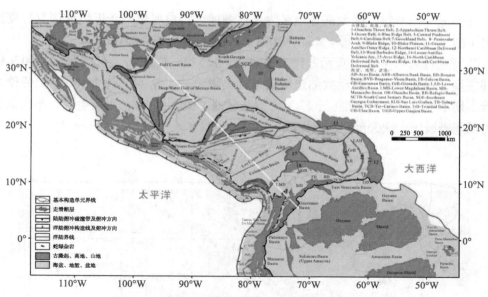

图 2-0-1　加勒比特提斯构造域基本构造单元划分
（据 IHS，2009；Bally et al，2012；Meschede & Frisch，1998 编绘）

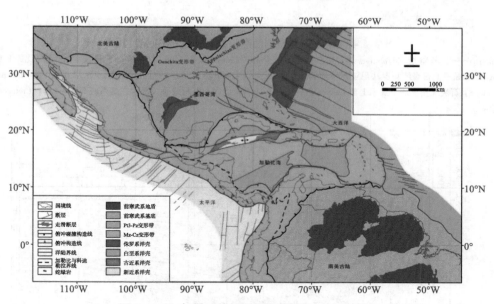

图 2-0-2　加勒比特提斯构造域构造 – 地层简图
（据 IHS，2009；Bally et al，2012；Meschede & Frisch，1998 编绘）

北美克拉通西南部：新元古代末，北美大陆从冈瓦纳超大陆裂离，形成裂谷盆地；寒武纪—密西西比纪发育被动大陆边缘盆地；宾夕法尼亚系—侏罗系演化为岛弧和弧后盆地；白垩系为前陆盆地。新生代以隆升、剥蚀为主，绝大部分地区缺失沉积地层（Blakey，2008）。

北美克拉通中南部：新元古代末，北美大陆从冈瓦纳超大陆裂离，形成裂谷盆地；寒武纪—密西西比纪发育克拉通盆地；宾夕法尼亚亚纪—二叠纪演化为前陆盆

地；三叠纪—侏罗纪，绝大部分地区为暴露剥蚀区；白垩纪—新近纪局部发育克拉通
盆地（图 2-1-1~ 图 2-1-3）（Miall，2008；Gasparrini et al，2014）。

北美克拉通东南部：新元古代末—寒武纪（570—472Ma），北美大陆从冈瓦纳超
大陆裂离，形成裂谷 - 被动大陆边缘盆地；奥陶纪—二叠（472—251Ma）纪劳伦古陆
边缘多期增生、拼贴、碰撞，长期发育前陆盆地（图 2-1-3）；中新生代，绝大部分地
区为暴露剥蚀区，缺失沉积地层（Ettensohn，2008）。

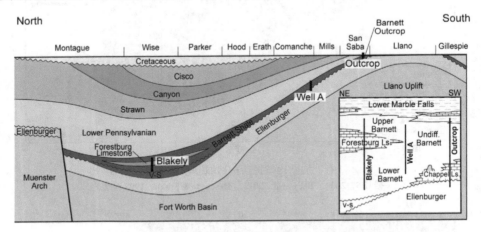

图 2-1-1　沃斯堡盆地剖面图（据 Gasparrini et al，2014）

Ellenburger—上奥陶统 Ellenburger 群；V–S—奥陶统 Viola–Simpson 夹层；arnett Shale—下石炭统密西西比系；Lower
Pennsylvanian—上石炭统宾夕法尼亚系下部 Marble Falls 灰岩 +Bend 群；Strawn—上石炭统宾夕法尼亚系中部 Strawn 群；
Canyon—上石炭统宾夕法尼亚系上部 Canyon 群；Cisco—上石炭统宾夕法尼亚系顶部 – 二叠系底部 Cisco 群；Cretaceous—
白垩系

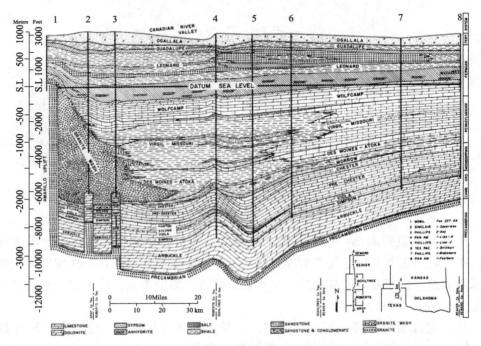

图 2-1-2　阿纳达科盆地剖面图（据 Miall，2008）

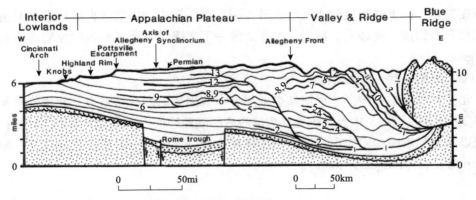

图 2-1-3　北美克拉通东南部地质剖面图（据 Ettensohn，2008）

1—寒武系 Rome 组；2—寒武系 Conasauga 页岩；3—奥陶系 Athens-Sevier-Rockmart 页岩；4—奥陶系膨润土和 Moccasin 组；5—奥陶系 Martinsburg 页岩；6—志留系 Salina 蒸发岩；7—泥盆系 Mandata 页岩；8—泥盆系 Tioga 膨润土；9—泥盆系暗色页岩；10—密西西比系 Maccrady 蒸发岩；11—密西西比系 Floyd 页岩；12—密西西比系 Mauch Chunk 组和 Pennington 组；13—宾夕法尼亚系页岩

2.1.1　新元古代晚期—古生代

（1）新元古代晚期—早奥陶世

北美克拉通新元古代晚期—早奥陶世地层分布及沉降速率变化见图 2-1-4。新元古代晚期—早寒武世的地层不整合于更老的前寒武系地层或结晶基底之上，底部为滨

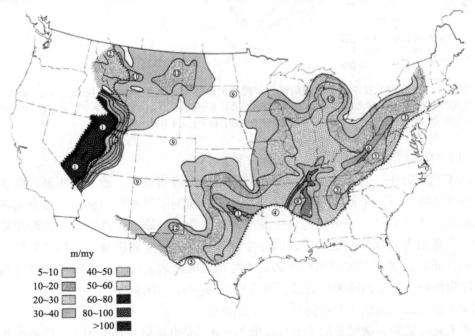

图 2-1-4　北美克拉通南部新元古代晚期—早奥陶世地层及沉降速率分布（据 Burgess，2008）

1—科迪勒拉陆架；3—阿巴拉契亚陆架；4—沃希托边缘；5—马拉松边缘；8—密西西比河裂谷系；9—北美大陆穹隆；10—密歇根盆地；13—威利斯顿盆地

浅海相砂岩，向上依次过渡为浅海相砂泥岩互层、泥岩。中寒武世的地层主要由滨浅海相白云岩组成，夹砂岩、泥岩。上寒武统—下奥陶统以浅海相碳酸盐岩占绝对优势（Burgess，2008）。

（2）中奥陶世—早泥盆世

北美克拉通中奥陶世—早泥盆世地层分布范围比前期有所缩小，地层分布及沉降速率变化见图2-1-5。中奥陶统主要为滨浅海相陆源碎屑岩，发育大量石英砂岩；上奥陶统以浅海相碳酸盐岩为主，见生物礁碳酸盐岩；志留系—下泥盆统为浅滨海相碳酸盐岩和蒸发岩（Burgess，2008）。

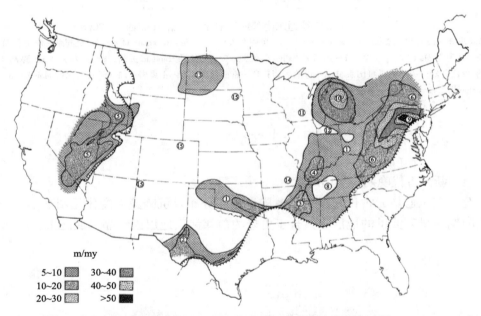

图2-1-5　北美克拉通南部中奥陶世—早泥盆世地层及沉降速率分布（据Burgess，2008）
3—密西西比河裂谷系；4—伊利诺斯盆地；5—科迪勒拉陆架；6—阿巴拉契亚陆架；7—辛辛那契穹隆；10—密歇根盆地；11—威斯康星穹隆；12—坎卡基穹隆；13—威利斯顿盆地；15—北美大陆穹隆

（3）中泥盆世—密西西比纪（下石炭世）

北美克拉通中—晚泥盆世地层分布范围比前期有所缩小，地层分布及沉降速率变化见图2-1-6（a），密西西比纪地层分布范围比前期明显扩大，地层分布及沉降速率变化见图2-1-6（b）。中—晚泥盆世地层岩性变化大，靠近古隆起为滨浅海相陆源碎屑岩，向海盆方向逐渐相变为滨浅海相生物碎屑灰岩、生物礁灰岩、黑色页岩、黑色页岩夹硅质岩。密西西比纪地层下部以浅海相碳酸盐岩占优势，中部以滨浅海相砂泥岩互层为特征，顶部为陆源碎屑岩含煤岩系（Burgess，2008）。

（4）宾夕法尼亚纪（上石炭世）—早二叠世

北美克拉通宾夕法尼亚纪（上石炭世）—早二叠世地层分布范围比前期有所扩大，地层分布及沉降速率变化见图2-1-7。宾夕法尼亚纪（上石炭世）—早二叠世地层岩性以滨浅海陆源碎屑岩为主，局部发育蒸发岩，北美克拉通西南缘发育大型三角洲

（Burgess，2008）。

（5）中—晚二叠世

中—晚二叠世地层分布范围萎缩至北美克拉通南缘中部和西部，地层分布及沉降速率变化见图2-1-8。中—晚二叠世地层岩性以滨浅海陆源碎屑岩为主，局部发育碳酸盐岩（Burgess，2008）。

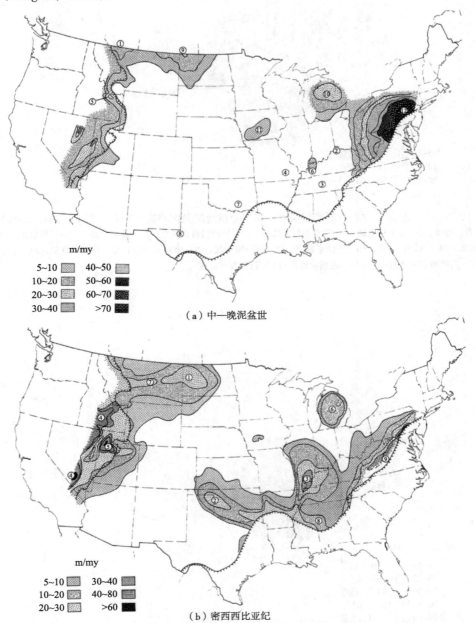

图2-1-6 北美克拉通南部中泥盆世—早石炭世地层及沉降速率分布（据Burgess，2008）

（a）中晚泥盆世；2—辛辛那提穹隆；6—伊利诺斯盆地；10—密歇根盆地；12—卡茨基尔硅质碎屑岩楔。（b）密西西比纪；1—威利斯顿盆地；3—伊利诺斯盆地；4—科迪勒拉前陆盆地；6—密歇根盆地；8—黑武士盆地；9—阿巴拉契亚前陆盆地

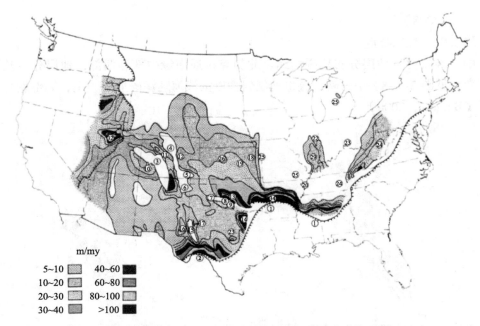

图 2-1-7　北美克拉通南部晚石炭世—早二叠世地层及沉降速率分布（据 Burgess，2008）

1—沃希托边缘；2—马拉松边缘；3—安肯帕格里隆起；10—帕拉当科斯盆地；11—易格盆地；12—丹佛盆地；13—阿纳达科盆地；14—沃斯堡盆地；16—特拉华盆地；18—涅马哈隆起；21—密歇根盆地；22—拉萨尔背斜；23—辛辛那提穹隆；26—堪萨斯中央隆起；29—伊利诺斯盆地；30—阿巴拉契亚盆地

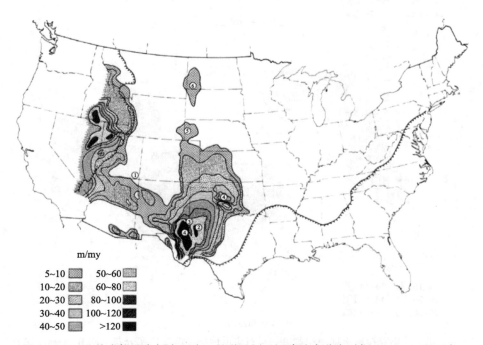

图 2-1-8　北美克拉通南部中—晚二叠世地层及沉降速率分布（据 Burgess，2008）

1—特拉华盆地；2—米德兰盆地；3—中央台地盆地；4—阿纳达科盆地；5—阿莱恩斯盆地；7—科罗拉多高原

2.1.2　中新生代

（1）三叠纪—早侏罗世

北美克拉通南部三叠纪—早侏罗世地层分布极为局限，主要分布于北美克拉通西南边缘，三叠纪—早侏罗世地层分布及沉降速率变化见图2-1-9。三叠纪—早侏罗世地层主要由滨浅海相陆源碎屑岩构成（Burgess，2008）。

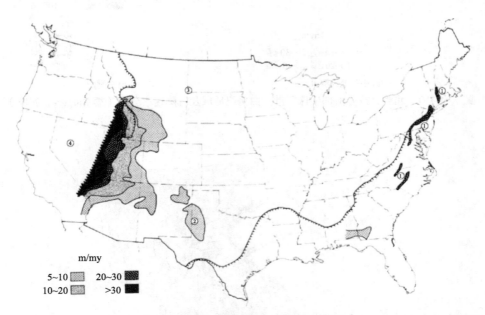

图 2-1-9　北美克拉通南部三叠纪—早侏罗世地层及沉降速率分布（据 Burgess，2008）
1—山间盆地；2—二叠纪盆地；3—威利斯顿盆地；4—西部风成沙丘带

（2）中侏罗世—白垩纪

中—晚侏罗世地层分布范围局限于北美克拉通南缘西部，地层分布及沉降速率变化见图2-1-10（a）。中—晚侏罗世地层岩性以滨浅海相和陆相陆源碎屑岩为主，局部发育碳酸盐岩（Burgess，2008）。白垩系分布范围有所扩大，地层分布及沉降速率变化见图2-1-10（b）。白垩系岩性以滨浅海相陆源碎屑岩占优势（Burgess，2008）。

（3）新生代

古新世地层分布范围较大，遍布北美克拉通南缘中西部，地层分布及沉降速率变化见图2-1-11。古新统岩性以滨浅海相陆源碎屑岩为主，局部发育碳酸盐岩。始新世—第四纪，北美克拉通南部主要为隆起剥蚀区，局部发育冲积相砂砾岩（Burgess，2008）。

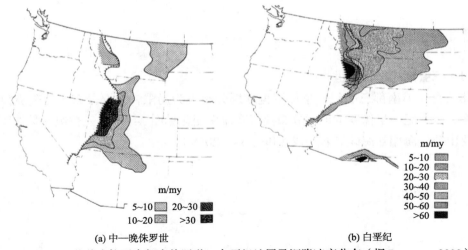

(a) 中—晚侏罗世   (b) 白垩纪

图 2-1-10　北美克拉通南部中侏罗世—白垩纪地层及沉降速率分布（据 Burgess，2008）

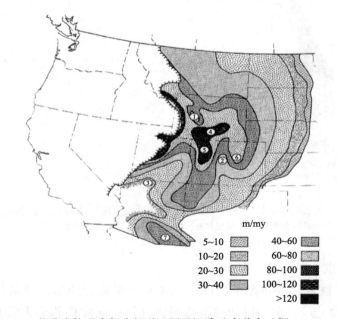

图 2-1-11　北美克拉通南部古新世地层及沉降速率分布（据 Burgess，2008）

1—风河隆起；2—前山隆起；3—凯巴布隆起；4—红沙漠－汉纳盆地；5—皮森－华谢基盆地；6—丹佛盆地，7—佩德雷戈萨

2.2　北美东南侧新元古界－古生界变形带

北美南缘新元古界－古生界变形带（图 2-0-2）进一步分为：①沃希托褶皱带（图 1-3-2），包括沃希托（Ouachita）逆冲带、马弗里克（Maverick）盆地、墨西哥湾沿岸（Gulf Coast）盆地（图 2-0-1）；②阿巴拉契亚褶皱带（图 1-3-2），包括阿巴

拉契亚（Appalachian）逆冲带、奥科伊（Ocoee）带、蓝岭（Blue Ridge）带、皮德蒙特（Piedmont）中央带、卡罗来纳（Carolinia）带、古奇兰（Goochland）带、大西洋沿岸盆地、巴尔的摩（Baltimore）槽、卡罗来纳槽、南乔治亚（Georgia）盆地（图2-0-1）；③佛罗里达地台（图1-3-2）；包括半岛（Peninsular）穹隆、布莱克海台（Blake Plateau）、南乔治亚海湾盆地、佛罗里达台地、佛罗里达–巴哈马台地（图2-0-1）；④墨西哥湾海盆（图1-3-2），主要是深水墨西哥湾盆地（图2-0-1）；⑤玛雅地块（图1-3-2），主要包括苏雷斯特（Sureste）盆地、尤卡坦（Yucatan）台地等主要基本构造单元（图2-0-1）。

2.2.1　沃希托褶皱带

海西造山期，冈瓦纳、奥陶纪从冈瓦纳分离的尤卡坦（玛雅）地块、北美克拉通逐渐与拼贴、碰撞形成沃希托褶皱带。在板块边界附近，先存的瑞克洋边缘深水沉积及玛雅地块向北美克拉通强烈逆冲，形成沃希托逆冲带（图2-2-1）。玛雅地块受乔蒂斯、冈瓦纳地块拼贴、碰撞的影响，也发生了褶皱变形。马弗里克（Maverick）盆地、墨西哥湾沿岸（Gulf Coast）盆地是在海西基底上发育的中新生代盆地。

（1）沃希托逆冲带

沃希托逆冲带的核部布罗肯鲍（Broken Bow）隆起出露了寒武纪—密西西比纪早期的地层（图2-2-1），主要为浅变质深水沉积暗色页岩、薄层粉砂岩、浊积砂岩。密西西比纪中晚期—宾夕法尼亚纪以同造山期复理石沉积为主（Miall，2008）。

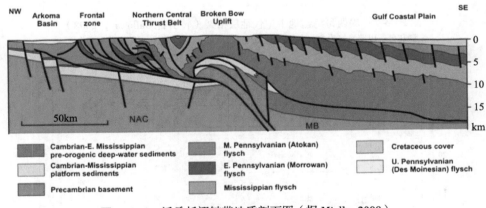

图 2-2-1　沃希托褶皱带地质剖面图（据 Miall，2008）

NAC—北美克拉通；MB—玛雅地块

（2）墨西哥湾沿岸盆地

墨西哥湾沿岸盆地的基底是海西褶皱变形岩系，是盘古大陆裂解形成的沉积盆地，沉积中心发育了侏罗系—第四系（图2-2-2、图2-2-3）。

中生代：中侏罗世后期，墨西哥沿岸盆地开始张裂，形成裂谷盆地，盆地向西连通太平洋，形成广泛分布的洛恩（Louann）蒸发岩。晚侏罗世，洋壳形成，墨西哥湾

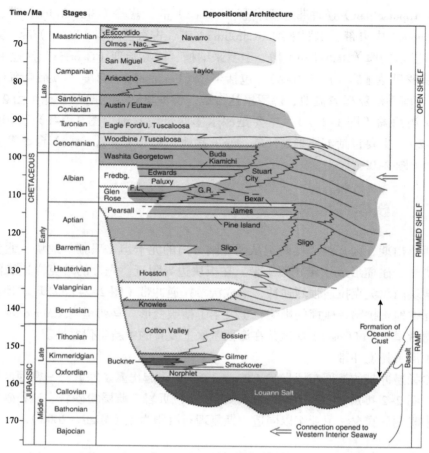

图 2-2-2　墨西哥湾盆地中生代地层格架（转引自 Galloway，2008）

深灰色—以蒸发岩为主；中灰色—以碳酸盐岩为主；浅灰色—以陆源碎屑岩为主

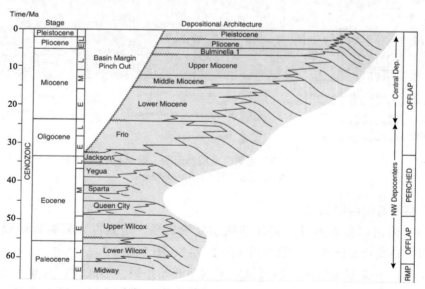

图 2-2-3　墨西哥湾盆地新生代地层格架（转引自 Galloway，2008）

沿岸盆地以滨浅海相砂岩、泥岩为主，以浅海相碳酸盐岩为辅。早白垩世，墨西哥湾沿岸盆地以浅海相碳酸盐岩为主，以滨浅海相砂岩、泥岩为辅。晚白垩世，墨西哥湾沿岸盆地以滨浅海相砂岩、泥岩为主，以浅海相碳酸盐岩为辅（图2-2-2）。

新生代：以滨浅海相、三角洲相砂岩、泥岩占绝对优势。渐新世以来，陆源碎屑岩沉积体系不断向海推进，形成巨型陆源碎屑岩前积沉积序列（图2-2-3）。

2.2.2 阿巴拉契亚褶皱带

阿巴拉契亚褶皱带是新元古代晚期至早古生代（600—300Ma）加里东、海西造山阶段，劳伦古陆边缘多期增生、拼贴、碰撞的产物。在长期增生、拼贴、碰撞作用下，劳伦古陆边缘形成以古生界为主的前陆盆地和前陆冲断－褶皱体系。大西洋滨岸盆地、巴尔的摩（Baltimore）槽、卡罗来纳槽、南乔治亚（Georgia）盆地是随着盘古大陆的裂解，在海西变形基底上发育的中新生代盆地。

（1）阿巴拉契亚冲断带

阿巴拉契亚冲断带包括阿巴拉契亚（Appalachian）逆冲带、奥科伊（Ocoee）带、蓝岭（Blue Ridge）带、皮德蒙特（Piedmont）中央带、卡罗来纳（Carolinia）带、古奇兰（Goochland）带。其中南部出露条件好，研究历史长，地质结构研究较为深入。

阿巴拉契亚冲断带是新元古代晚期至早古生代（600~300Ma），劳伦古陆边缘多期增生、拼贴、碰撞的产物。在长期增生、拼贴、碰撞作用下，劳伦古陆边缘形成以古生界为主的前陆盆地和前陆冲断－褶皱体系，向现今的东南方向，不同时期增生、拼贴、碰撞的地块依次发育（Hibbard et al，2002；Dipietro，2013）。

发育的最老地体为新元古代晚期（<600Ma）的Taconia地块及同期的沉积岩及火山岩，残留的劳伦古陆与古大洋的过渡性地块（Talladega地块和Westminster地块）；往南依次是Taconia岛弧体系的Blue Ridge地块、Chopawamsic地块、Milton地块、Potomac地块、Tugaloo地块、Baltimore地块、Sauratow地块、Tallulah Fall地块、Wilmington-West Chester杂岩体、Cat Square地块（图2-2-4）。Taconia岛弧体系是劳伦古陆域的岛弧体系，这一岛弧体系与劳伦古陆的拼贴、碰撞主要发生在中奥陶世，形成Taconic缝合带和Blue Ridge逆冲断带（Mail & Blakey，2008）。再往南，是Avalonia岛弧体系的Goodchland地块、Pine Mountain地块、Charlotte地体（高级变质）、Carolina板岩带（低级变质）（图2-2-4）。Avalonia岛弧体系与劳伦古陆的拼贴、碰撞主要发生在早泥盆世，形成Brevard断裂带、Central Piedmont剪切带、Eastern Piedmont断裂带（Mail & Blakey，2008）。进一步向东南方向，为覆盖区，基底是晚古生代变形带，是晚古生代盘古大陆形成过程中，匈奴（Hunic）岛弧体系和冈瓦纳古陆与劳俄古陆拼贴、碰撞的产物（Mail & Blakey，2008）。

（2）大西洋滨岸盆地－巴尔的摩槽

大西洋滨岸盆地主要发育上侏罗统和下白垩统。巴尔的摩槽，晚三叠世—早侏罗世为断陷，中侏罗世以来，长期为被动大陆边缘盆地（图2-2-5）。

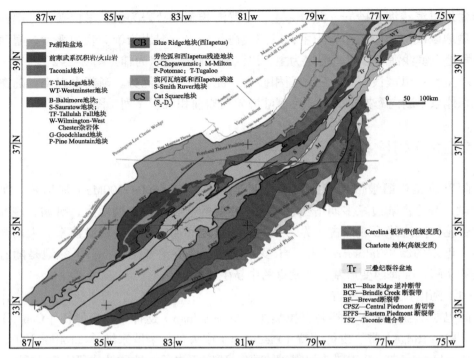

图 2-2-4 阿巴拉契亚冲断带中南部构造 - 地层简图（据 Dipietro，2013 资料编绘）

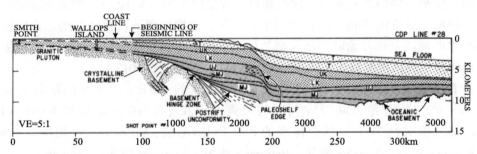

图 2-2-5 大西洋滨岸盆地 - 巴尔的摩槽地质剖面图（据 Miall et al，2008b）

MJ—中侏罗统；UJ—上侏罗统；LK—下白垩统；UK—上白垩统；T—新生界

上三叠统主要为蒸发岩，上部以碳酸盐岩为主。下侏罗统以滨浅海相陆源碎屑岩为主，夹火山碎屑岩。中侏罗统、上侏罗统、下白垩统、上白垩统以浅海相陆源碎屑岩与碳酸盐岩混积为主要特征。古近系、新近系及第四系以浅海相陆源碎屑岩为主，夹碳酸盐岩（Miall et al，2008）。

2.2.3 佛罗里达地台

佛罗里达地台是海西造山期与北美大陆拼贴的。中生代，随着盘古大陆裂解形成了半岛（Peninsular）穹隆、布莱克海台（Blake Plateau）、南乔治亚海湾盆地、佛罗里达台地、佛罗里达 - 巴哈马台地的基本构造单元，在海西变形变质基底上发育了中新生代沉积。

（1）布莱克海台

布莱克海台在海西基底之上发育了侏罗系、白垩系、古近系、新近系和第四系（图2-2-6）。侏罗系以滨浅海相陆源碎屑岩和碳酸盐岩混积为特征。下白垩统以广泛分布的浅海相台地碳酸盐岩为特征。上白垩统以深水浅海相泥灰岩为主。古近系分布范围缩小，主要为浅海相泥质灰岩和钙质泥岩。新近系—第四系主要为浅海相陆源碎屑岩。

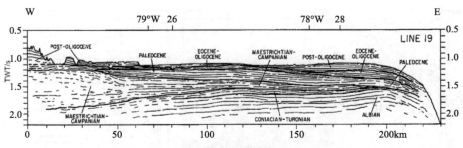

图 2-2-6　布莱克海台地震 - 地质解释剖面图（据 Miall et al, 2008b）

（2）佛罗里达台地

佛罗里达台地在海西基底之上发育了侏罗系、白垩系、古近系。侏罗系以滨浅海相陆源碎屑岩和碳酸盐岩混积为特征。白垩系—古近系以广泛分布的浅海相台地碳酸盐岩为特征。新近系—第四系，佛罗里达台地大部分为隆起暴露区，形成现今喀斯特地貌（Adams，2018）。

（3）巴哈马台地

巴哈马台地在海西基底之上发育了侏罗系、白垩系、古近系、新近系和第四系（图2-2-7）。侏罗系以滨浅海相陆源碎屑岩和碳酸盐岩混积为特征。白垩纪—第四纪，均以广泛分布的浅海相台地碳酸盐岩为特征。

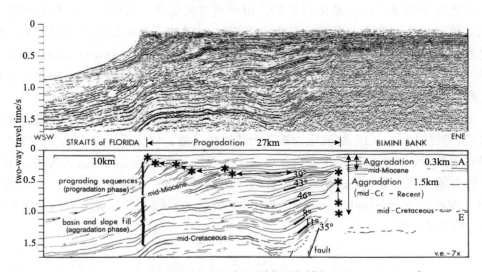

图 2-2-7　巴哈马台地地震 - 地质解释剖面图（据 Miall et al, 2008b）

2.2.4 尤卡坦台地

尤卡坦（Yucatan）台地是玛雅地块的重要组成部分，也把玛雅地块称之为尤卡坦地块。尤卡坦台地的西部边缘出露前寒武系、古生界、中生界，中部和东部大范围被新生界覆盖（图 2-2-8）。

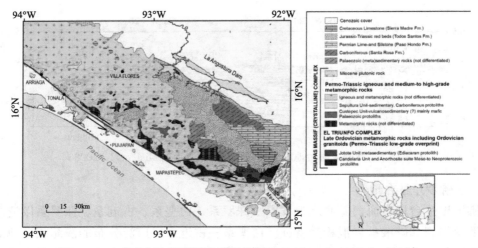

图 2-2-8　尤卡坦台地西部地质图（据 Ortega-Gutiérrez et al，2018）

尤卡坦（Yucatan）台地发现的前寒武系为石英岩、千枚岩、云母片岩、花岗质片麻岩、角闪岩类等多种类型变质岩和多种类型侵入岩。花岗质片麻岩、角闪岩类的地质年龄在 0.7~1.4Ga。拉斑玄武质辉绿岩的 Ar/Ar 年龄为（546±5）Ma，表明侵入岩是泛非造山期的产物（Ortega-Gutiérrez et al，2018）。

古生界为变质或未变质的沉积岩，由于被奥陶纪和二叠纪侵入岩强烈改造，泥盆纪以前的古生界难以进行进一步时代划分。出露的石炭系以较深水浅海相-陆源碎屑岩为主，二叠系以浅海相碳酸盐岩与碎屑岩混积为特征（Ortega-Gutiérrez et al，2018）。古生代强烈的变质和岩浆侵入，与尤卡坦地块从冈瓦纳分离，向北美板块漂移，海西期拼贴、碰撞等一系列强烈的构造运动密切相关。

中生界三叠系—侏罗系主要为裂谷盆地冲积相陆源碎屑岩红层和滨浅海相陆源碎屑岩、碳酸盐岩；白垩纪演化为被动大陆边缘盆地，白垩系下白垩统为滨浅海相蒸发岩和碳酸盐岩，上白垩统主要为碳酸盐岩。新生界古近系以碳酸盐岩为主，泥岩、泥灰岩为辅，有少量砂岩；新近系以泥岩、泥灰岩为主，碳酸盐岩为辅，有少量砂岩（HIS，2009；Ortega-Gutiérrez et al，2018）。中新生界的发育与盘古大陆的解体密切相关（图 2-2-9）。

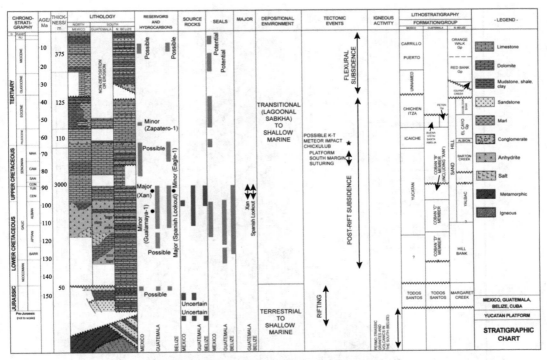

图 2-2-9　尤卡坦台地中新生代地层综合柱状图（据 IHS，2009）

2.3　科迪勒拉 – 加勒比中新生代变形带

科迪勒拉 – 加勒比中新生代变形带位于加勒比特提斯构造区的中西部（图 2-0-2），可划分为：①北美克拉通西南部中新生代变形带（NAM）；②北美西南部增生地块群，包括奥克斯奎亚地块（OB）、古雷罗地体（GT）、卡博卡地块（CaB）、半岛地体（PT）；③中美洲地块群，包括乔蒂斯地块（CB）、南古巴地块（SC）、北古巴地块（NC）、东大安德列斯带（GA）、小安德列斯带（LA）；④加勒比海域，包括开曼海沟（Ca）、尤卡坦海盆（Yu）、哥伦比亚海盆（Co）、贝阿塔海岭（BR）、委内瑞拉海盆（Ve）等主要构造单元（图 2-3-1）。

2.3.1　北美克拉通西南边缘中新生代变形带

北美克拉通西南部中新生代变形带最老的是古元古代岩石，最新的强烈拉勒米（Laramide）构造变形发生在晚白垩世（Lawton，2008；Ortega-Gutiérrez et al，2018）。可划分为盆岭省，［包括：死谷（Death Valley）盆岭省、莫哈韦（Mojave）盆岭省、索诺兰（Sonoran）盆岭省、佩隆西洛（Peloncillo）盆岭省］、佩德雷戈萨（Pedregosa）盆地和奇瓦瓦（Chihuahua）盆地（图 2-0-1）。

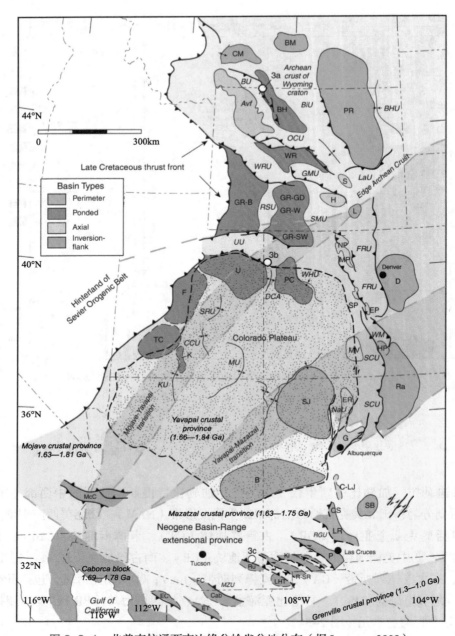

图 2-3-1　北美克拉通西南边缘盆岭省盆地分布（据 Lawton，2008）

沉积盆地：B，Baca；BH，Bighorn；BM，Bull Mountain；Cab，Cabullona；C-LJ，Carthage–LaJoya；CM，Crazy Mountains；CS，Cutter Sag；D，Denver；EC，El Chanate；EP，Echo Park；ER，El Rito；F，Flagstaff；FC，Fort Crittenden；G，Galisteo；GR，greater Green River，包括 4 个亚盆地（GR–B，Bridger；GR–GD，Great Divide；GR–SW，Sand Wash；GR–W，Washakie）；H，Hanna；HP，Huerfano Park；K，Kaiparowits；Kl，Klondike；L，Laramie；LHT，Little Hat Top；LR，Love Ranch；McC，Upper McCoy；MP，Middle Park；MV，Monte Vista；NP，North Park；P，Potrillo；PC，Piceance Creek；PR，Powder River；Ra，Raton；R–SR，Ringbone–Skunk Ranch；Ru，Rucker；S，Shirley；SB，Sierra Blanca；SJ，San Juan；SP，South Park；TC，Table Cliffs；U，Uinta；WR，Wind River. 基底隆起：BHU，Black Hills；BiU，Bighorn；BU，Beartooth；CCU，Circle Cliffs；DCA，Douglas Creek arch；FRU，Front Range；GMU，Granite Mountains；KU，Kaibab；LaU，Laramie；MZU，Montezuma；MOU，Monument；NaU，Nacimiento；OCU，Owl Creek；RSU，Rock Springs；SCU，Sangede Cristo；SMU，Sierra Madre；SRU，San Rafael；UU，Uinta；WHU，White River；WM，Wet Mountains；WRU，Wind River. Avf：Absaroka volcanic field.

（1）奇瓦瓦盆地和佩德雷戈萨盆地

奇瓦瓦盆地新元古界主要为裂谷盆地火山岩。寒武系—泥盆系为被动大陆边缘盆地浅海相碳酸盐岩夹陆源碎屑岩。石炭系—二叠系为前陆盆地深水复理石－浅水磨拉石陆源碎屑岩。三叠系为裂谷盆地火山岩和浅海相碳酸盐岩。侏罗系为裂谷盆地滨浅海相碳酸盐岩、陆源碎屑岩及蒸发岩。下白垩统以浅海相碳酸盐岩为主，夹砂岩、泥岩。上白垩统主要为碳酸盐岩夹泥岩、少量砂岩。白垩纪末，发生明显的逆冲和褶皱构造运动。新生界为前陆－山间盆地砾岩和砂岩（图2-3-2）。

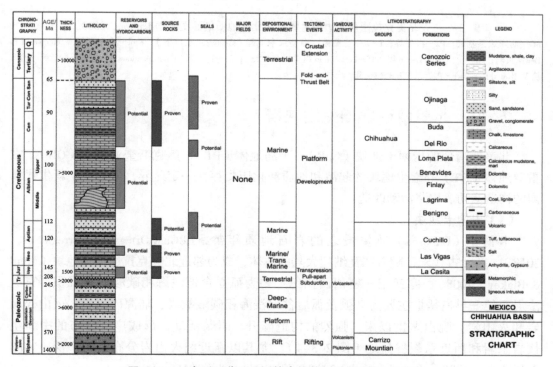

图2-3-2　奇瓦瓦盆地地层综合柱状图（据 IHS，2009）

佩德雷戈萨盆地与奇瓦瓦盆地的地质演化特征具有相似性：新元古界、寒武系—泥盆系、石炭系地质记录基本相同，二叠系出现大量冲积相磨拉石陆源碎屑岩；古生界出露范围大，中生界相对不发育。白垩纪末发生明显的逆冲和褶皱构造运动。新生界为前陆－山间盆地砾岩和砂岩。

（2）盆岭省

盆岭省的山间盆地开始形成于拉勒米（Laramide）造山期，与科迪勒拉（Cordilleran）褶皱、逆冲相关白垩纪前陆盆地分布广泛，随着白垩纪—始新世基底的持续差异隆升，逐渐形成众多分隔性山间盆地（图2-3-2）。

盆岭省，新元古界主要为裂谷盆地火山岩。寒武系—密西西比系为被动大陆边缘盆地浅海相碳酸盐岩夹陆源碎屑岩。宾夕法尼亚系—二叠系为前陆盆地深水复理石－浅水磨拉石陆源碎屑岩。三叠系为裂谷盆地火山岩和浅海相碳酸盐岩。侏罗系为裂谷盆地滨浅海相碳酸盐岩、陆源碎屑岩及蒸发岩。下白垩统以浅海相碳酸盐岩为主，夹砂岩、泥岩。上白垩统主要为前陆盆地滨浅海相砂岩、泥岩。白垩纪末，发生明显的逆冲和褶皱构造运动。新生界主要为前陆–山间盆地砾岩和砂岩（图 2-3-3）。

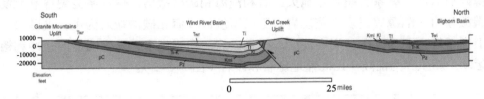

图 2-3-3　北美克拉通西南边缘盆岭省南北向地质剖面图（据 Lawton，2008）

pC—前寒武系基底；Pz—古生界；Tr–K—三叠系–白垩系中下部（Meeteetse 组以下）；Kml—上白垩统 Meeteetse 组和 Lewis 页岩；Kl—上白垩统 Lance 组；Tf—Fort Union 组（66~64 Ma）；Ti—古近系 Indian Meadows 组；Twi—古新统—始新统 Willwood 组；Twr—古近系 Wind River 组

2.3.2　北美西南部增生地块群

北美西南部的卡博卡地块（CaB）、半岛地体（PT）、奥克斯奎亚地块（OB）、古雷罗地体（GT）等增生地块的起源和地质演化历史存在一定差异，但均被中新生代强烈的构造运动、岩浆活动改造。

（1）卡博卡地块

卡博卡（Caborca）地块最老的岩石地质年龄≥1.8Ga（Ortega-Gutiérrez et al，2018），新元古代末，随着冈瓦纳超大陆的解体，成为邻近北美克拉通孤立地块（Miall & Blakey，2008）。寒武纪—密西西比纪主要为孤立台地浅海相碳酸盐岩沉积。宾夕法尼亚纪—早白垩世主要为岛弧及弧后盆地浅海相碳酸盐岩、陆源碎屑岩、火山碎屑岩和火山岩。晚白垩世以来，强烈的构造隆升、岩浆活动，形成广泛分布的中新生代岩浆岩和新近系裂谷盆地（图 2-3-4），尤其以新近纪火山岩分布最为广泛（Miall & Blakey，2008；Keppie et al，2010；Ferrari et al，2018；Ortega-Gutiérrez et al，2018）。强烈的构造隆升、岩浆活动，致使古生代、中生代的沉积岩发生不同程度的变质。

（2）半岛地体

半岛地体（Peninsular terranes）是由白垩纪—新近纪早期增生到北美大陆边缘的岩浆弧和弧前盆地组成（图 2-3-4）。岩浆弧火山岩的年龄在 100—5Ma 之间，峰值年龄在 24—12Ma（Ferrari et al，2018）。弧前盆地发育于晚白垩世—第四系的主要有：普里西玛–伊雷（Purisima–Iray）盆地、圣塞巴斯蒂安（San Sebastian）和加利福尼亚陆缘盆地（图 2-0-1）。弧前盆地以滨浅海相碎屑岩、火山岩为主，夹碳酸盐岩。

（3）奥克斯奎亚地块

奥克斯奎亚（Oaxaquia）地块最老的岩石是前寒武系中元古界。前寒武系之上发育了古生界、中生界和新生界。新生代强烈的构造隆升、岩浆活动，致使古生代、中生代及古近系的沉积岩发生不同程度的变质（Keppie et al，2010；Ferrusquía-Villafranca

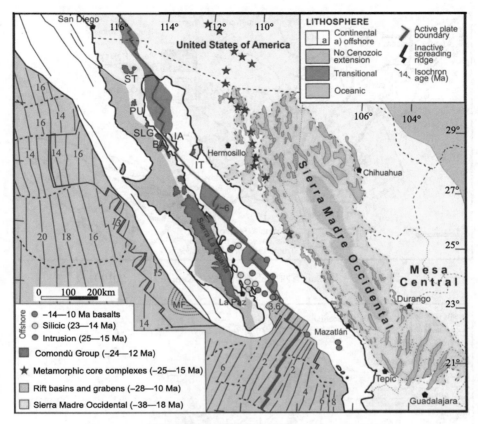

图 2-3-4 墨西哥西北部地质简图（据 Ferrari et al，2018）

ST—Sierra La Tinaja；PU—Puertecitos；SLG—San Luis Gonzaga；BA—Bahíade Los Angeles；IA—Isla Angel de la Guarda；
IT—Isla Tiburón；MF—Magdalena Fan；SM—Sierra El Mayor

et al，2016 ；Ortega–Gutiérrez et al，2018 ）。奥克斯奎亚地块主要基本构造单元有：韦拉克鲁斯（Veracruz）盆地、特拉希亚科（Tlaxiaco）盆地、托雷翁（Torreon）盆地、坦皮科 – 米桑特拉（Tampico–Misantla）盆地、科阿韦拉（Coahuila）盆地、萨宾纳斯（Sabinas）盆地和新近纪形成的横贯墨西哥火山带、古生界—前寒武系瓦哈卡（Oaxaca）地块（图 2-0-1）。

瓦哈卡地块出露有古生界 Acatian 杂岩体，也有前寒武纪的古老地块（图 2-3-5）。古生界 Acatian 杂岩体的地质体结构尤为复杂（图 2-3-6）。

大量高压变质岩年龄数据表明，Acatian 杂岩体是奥陶系、志留系及石炭系 Iapetus，Rheic 和古太平洋等大洋关闭、岩浆侵入形成的杂岩体（Talavera–Mendoza et al，2005 ；Nance et al，2006 ；Vega–Granillo et al，2007 ；Keppie et al，2008 ；Vega–Granillo et al，2009a，b ；Keppie et al，2009 ；Ortega–Gutiérrez et al，2018）。其中花岗岩类测得的 U–Pb 年龄为（440 ± 14）Ma（Ortega–Gutiérrez et al，1999）、（471 ± 6）Ma（Sánchez–Zavala et al，2004）；在变质沉积岩中测得最年轻的碎屑锆石年龄为（691 ± 51）Ma（Vega–Granillo et al，2007）；在变质岩、角闪石中测得 $^{40}Ar/^{39}Ar$ 年龄为（430 ± 10）Ma（Vega–Granillo et al，2007）；Elías–Herrera et al（2007）报道了（353 ± 1）

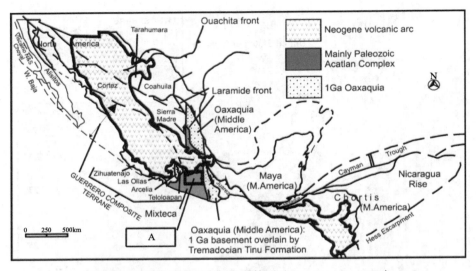

图 2-3-5　墨西哥湾西南部地质简图（Keppie et al，2010）

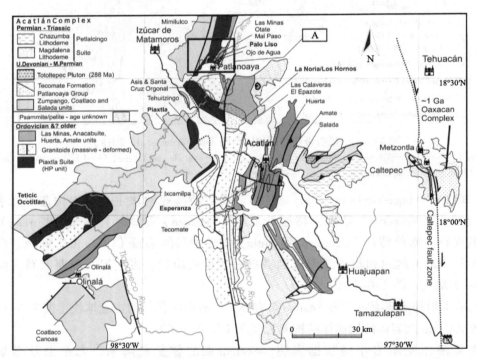

图 2-3-6　Acatian 杂岩体构造-地层简图（位置见图 2-3-5 中 A，据 Keppie et al，2010）

Ma 榴辉岩锆石年龄，（342±4）Ma 蓝闪石的 $^{40}Ar/^{39}Ar$ 年龄和（342±3）Ma 的多硅白云母 $^{40}Ar/^{39}Ar$ 年龄。

　　古生界 Acatian 杂岩体以晚泥盆世—中二叠世的杂岩为主，中央断裂带附近发育奥陶系及更老的花岗岩。中央断裂两侧发育奥陶系及更老的杂岩、晚泥盆世—中二叠世的杂岩。二叠系—三叠系的杂岩主要发育于中央断裂的东侧（图 2-3-6）。San Miguel Las Minas 地区的研究成果揭示，西部晚泥盆世—中二叠世的杂岩［样品 GSV6 测得的 ^{40}

Ar/^{39}Ar 年龄为（339.1±2.3）Ma］内发育右行走滑断层，东侧是逆冲的奥陶系及更老的杂岩，样品 LMV12 的年龄小于 870Ma，SMLM 的年龄在（492±12）Ma，LM1 的年龄在 496—473Ma 之间，MLP1 的年龄在 482—440Ma 之间，ODA 样品的年龄在 466—370Ma 之间，AH1 的年龄为（470±10）Ma。这套下古生界杂岩被晚泥盆世—中二叠世的杂岩［样品 GSV7 测得的 ^{40}Ar/^{39}Ar 年龄为（333.0±1.3）Ma］逆冲覆盖。杂岩体西侧发育侏罗纪断陷，东侧侏罗系分布较广（图 2-3-7）。

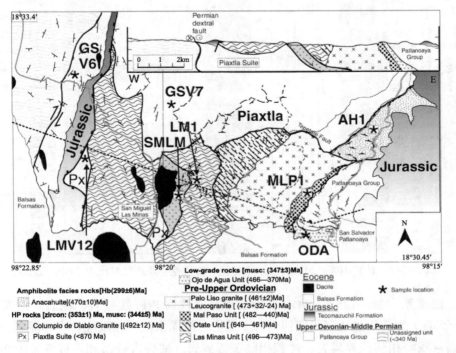

图 2-3-7　San Miguel Las Minas 地区地质简图（位置见图 2-3-6 中 A，据 Keppie et al，2010）

　　奥克斯奎亚地块内的沉积盆地主要发育侏罗纪以新地层，古生代构造和岩浆活动改造较弱的盆地不但发育中新生界，也发育古生界（图 2-3-8）。

　　坦皮科－米桑特拉盆地是古生代构造和岩浆活动改造较弱的盆地，以前寒武系为基底。寒武系为裂谷盆地滨浅海相陆源碎屑岩夹碳酸盐岩。奥陶系为孤立台地浅海相碳酸盐岩。志留系为孤立台地深水浅海相泥岩，夹砂岩和碳酸盐岩。泥盆系为孤立台地深水浅海相泥岩。石炭系—二叠系为前陆盆地深水浅海相砂质泥岩。三叠系为裂谷盆地冲积相陆源碎屑岩。侏罗系为被动大陆边缘盆地滨浅海相陆源碎屑夹碳酸盐岩。白垩系为孤立台地浅海相碳酸盐岩。古近系和新近系为前陆盆地浅海相陆源碎屑岩（图 2-3-8 中 Tampico- Misantla）。

　　萨宾纳斯盆地以古生界结晶岩系为基底。三叠系—中侏罗统为裂谷盆地冲积相陆源碎屑岩，中侏罗统上部为裂谷盆地滨浅海相蒸发岩。上侏罗统为被动大陆边缘盆地滨浅海相陆源碎屑夹碳酸盐岩。白垩系下部（145.5—125.5Ma）以被动大陆边缘浅海相碳酸盐岩为主，向陆一侧发育滨浅海相陆源碎屑岩夹蒸发岩，向海一侧发育深水

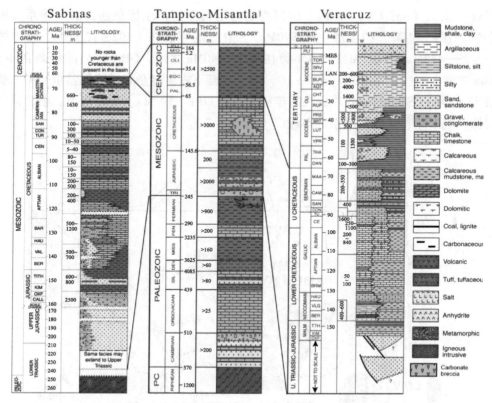

图 2-3-8　萨宾纳斯、坦皮科 – 米桑特拉、韦拉克鲁斯地层对比图（IHS，2009）

泥岩。白垩系中部（125.5—94Ma）为台地深水浅海相碳酸盐岩、泥岩。白垩系上部（94—65Ma）为前陆盆地沉积序列，自下而上，由深水浅海相碳酸盐岩、泥岩，演化为三角洲 – 浅海相陆源碎屑岩、冲积相陆源碎屑岩。缺失古近系和新近系（图 2-3-8 中 Sabinas）。

　　韦拉克鲁斯以古生界结晶岩系为基底。上三叠统—中侏罗统为裂谷盆地冲积相陆源碎屑岩。上侏罗统为被动大陆边缘盆地滨浅海相陆源碎屑、碳酸盐岩。白垩系中下部（145.5—94Ma）以被动大陆边缘浅海相碳酸盐岩为主，向陆一侧发育滨浅海相碳酸盐岩夹蒸发岩，向海一侧发育深水泥灰岩。白垩系上部（94—64Ma）为前陆盆地浅海相碳酸盐岩。古近系和新近系为前陆盆地浅海相 – 滨浅海相陆源碎屑岩（图 2-3-8 中 Veracruz）。

　　（4）古雷罗地体

　　古雷罗（Guerrero）地体是侏罗纪—白垩纪的岩浆弧（Ortega-Gutiérrez et al，2018），主要包括新近纪南马德雷（Sierra Madre）火山岩带、古雷罗（Guerrero）盆地、曼扎尼洛（Manzanillo）盆地等基本构造单元（图 2-0-1）。

　　南马德雷（Sierra Madre）火山岩带是长期发育的岩浆弧，出露的火山岩地质年代从晚白垩世到中新世（图 2-3-9）。晚白垩世以来，古雷罗盆地为弧后盆地，曼扎尼洛盆地为弧前盆地。

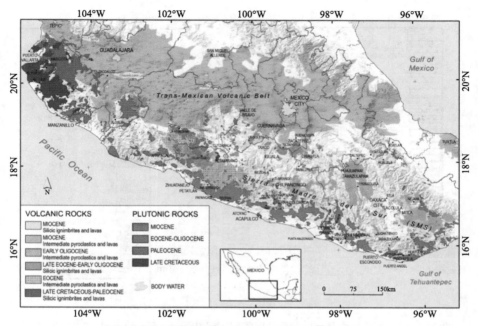

图 2-3-9　墨西哥南部不同时代火山岩分布（Morán-Zenteno et al，2018）

古雷罗盆地上白垩统主要为浅海相碳酸盐岩，向上三角洲–滨浅海相陆源碎屑岩逐渐增多。大部分地区缺失古近系、新近系（图 2-3-10）。

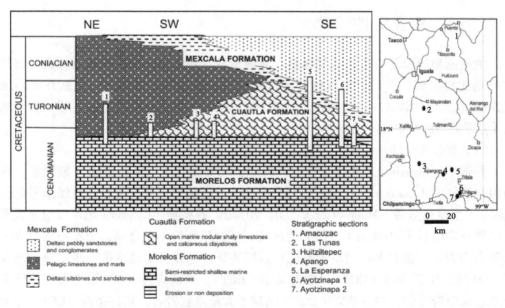

图 2-3-10　古雷罗盆地上白垩统地层格架（据 Aguilera-Franco & Hernandez Romano，2004 改编）

曼扎尼洛盆地太平洋边缘出露了下白垩统和上白垩统（图 2-3-11）。

曼扎尼洛盆地下白垩统主要为火山岩、夹碎屑岩和碳酸盐岩，为水下岩浆弧建造。上白垩统为弧前盆地浅海相陆源碎屑岩和碳酸盐岩。古近系以浅海相陆源碎屑岩

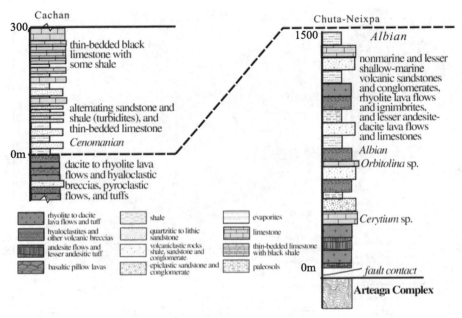

图 2-3-11　曼扎尼洛盆地白垩系地层序列（据 Centeno-García et al, 2011 改编）

为主, 夹浅海相碳酸盐岩, 新近系以滨浅海相陆源碎屑岩占绝对优势（Centeno-García et al, 2011）。

2.3.3　中美洲地块群

中美洲地块群是古生代地块拼贴、碰撞形成盘古大陆, 中新生代盘古大陆解体, 古加勒比海扩张、关闭, 现代加勒比打开等复杂构造变动形成的, 包括乔蒂斯地块（CB）、北古巴地块（NC）、南古巴地块（SC）、东大安德列斯带（GA）小安德列斯带（LA）等主要构造单元（图 2-3-2）。

（1）乔蒂斯地块

乔蒂斯（Chortis）地块位于中美洲北部, 北界为莫塔瓜（Motagua）断裂带, 南界为白垩纪休纳（Siuna）大洋微板块与乔蒂斯俯冲碰撞形成的、发育有蛇绿杂岩的科隆（Colon）增生褶皱带（Molina Garza et al, 2017）。乔蒂斯（Chortis）地块以前寒武系、古生界—中生界（>168Ma）变质岩为基底, 基岩顶面为不整合面, 上覆中新生界沉积岩和火山岩。根据乔蒂斯地块的基底和盖层特征, 把乔蒂斯地块进一步划分为南乔蒂斯（SCT）、中乔蒂斯（CCT）、东乔蒂斯（ECT）。南乔蒂斯（SCT）绝大部分地区被中新世火山岩覆盖, 中乔蒂斯（CCT）出露了大量基底岩石, 东乔蒂斯（ECT）绝大部分地区被新生界覆盖（图 2-3-12）。主要沉积盆地有莫斯基蒂亚（Mosquitia）盆地、洛斯卡约斯（Los Cayos）盆地（图 2-0-1）。

乔蒂斯地块基岩包括最老的中元古界片麻岩和古生界卡卡瓜帕（Cacaguapa）片岩。卡卡瓜帕片岩主要为低级变质沉积岩, 包括千枚岩、石墨片岩、石英岩、大理

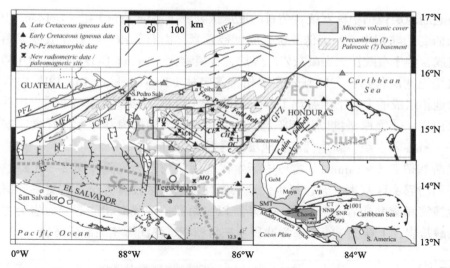

图 2-3-12　乔蒂斯地块构造纲要图（据 Molina Garza et al，2017）

SCT—南乔蒂斯地块；CCT—中乔蒂斯地块；ECT—东乔蒂斯地块；PFZ—Polochic 断裂；MFZ—Motagua 断裂；JChFZ—Jocotan–Chamalecón 断裂；SIFZ—Swan 岛断裂带；GFZ—Guayape 断裂带。插图：NNR—北尼加拉瓜海隆；SNR—南尼加拉瓜海隆；HS—Hess 斜坡

石、云母片岩和弱变质火山岩。也有少量次角闪岩、绿片岩、变质花岗岩等高级变质岩（Horne et al，1976；Simonson，1977；Molina Garza et al，2017）。

乔蒂斯地块的盖层包括侏罗系、白垩系、古近系沉积岩和覆盖其上的新近纪酸性火山岩（图 2-3-13）。

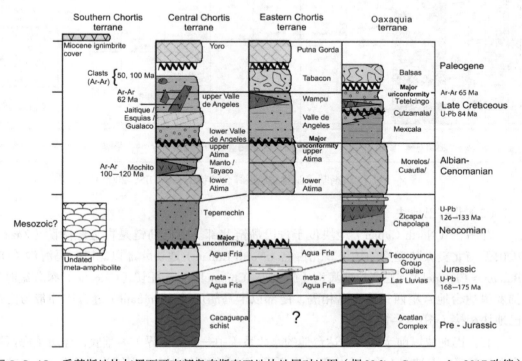

图 2-3-13　乔蒂斯地块与墨西哥南部奥克斯奎亚地块地层对比图（据 Molina Garza et al，2017 改编）

最老的地层包括中侏罗统含菊石的厄瓜伏利亚（Agua Fría）组（Gordon，1993），以及未命名的陆相中（？）侏罗统，厚度数百米，由石英卵石砾岩和成分成熟度高的砂岩组成，伴生有酸性火山凝灰岩、煤层，含植物化（Molina Garza et al，2017）。

白垩纪地层包括：①底砾岩和陆相特普美林（Tepemechin）组；②早白垩世碳酸盐岩台地相组成的上、下阿蒂玛（Átima）灰岩［合称 Yojoa（约华）群］，中乔蒂斯地区夹火山岩；③晚白垩世以陆相碎屑岩占主导，包含薄的海洋单元的瓦勒德安杰利斯（Valle de Ángeles）组。新生代沉积地层出露很少。

莫斯基蒂亚（Mosquitia）盆地中新生代地层序列较为完整（图 2-3-14）。中生代地层序列与露头区基本一致，新生代地层序列较露头区发育齐全。古近系碎屑岩主要为台地浅海相碳酸盐岩。渐新统—中新统以三角洲 - 滨浅海相陆源碎屑岩为主，夹浅海相碳酸盐岩，上新统—第四系为冲积 - 三角洲相、滨浅海相陆源碎屑岩。

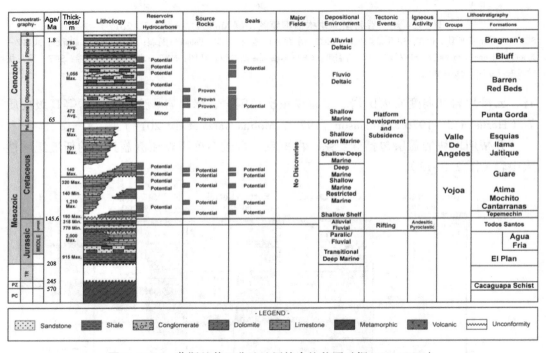

图 2-3-14 莫斯基蒂亚盆地地层综合柱状图（据 HIS，2009）

（2）北古巴地块

北古巴（North Cuban）地块位于古巴岛链北部。古巴岛链是古近纪萨萨（Zaza）火山弧与北美大陆碰撞的结果。北古巴（North Cuban）地块北部以老巴哈马海沟（Old Bahamas Channel）- 尼古拉斯海沟（Nicholas Channel）- 卡托切（Catoche）深海盆地与佛罗里达台地 - 墨西哥湾海盆相隔，南部以卡马胡尼（Camajuani）缝合逆冲带与南古巴地块相接（图 2-3-15）。

北古巴地块以前亲佛罗里达台地的寒武系（中—新元古界）为基底，经历了海西期变形。基底之上被古土壤层和中新生界覆盖，以中侏罗统—上白垩统为主（图 2-3-16）。

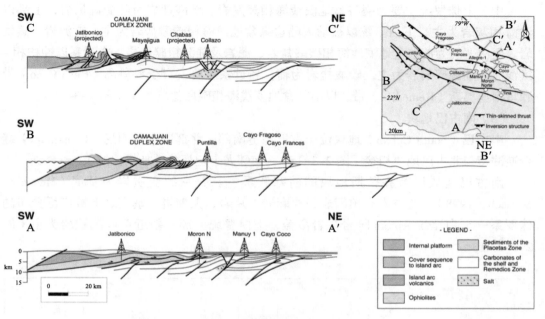

图 2-3-15 古巴中部地质剖面图（据 HIS, 2009）

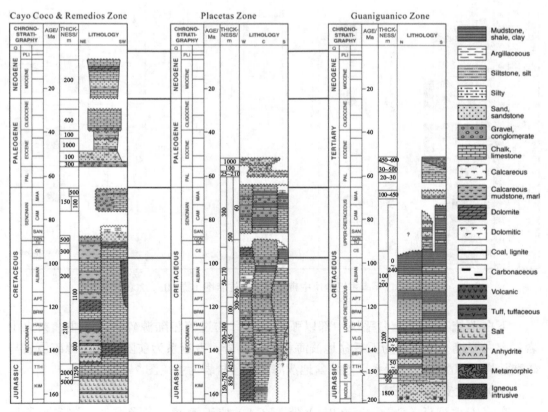

图 2-3-16 北古巴地块不同地区地层对比图（据 HIS, 2009）

中、上侏罗统主要为裂谷盆地滨浅海相蒸发岩、碳酸盐岩及陆源碎屑岩，上部以浅海相灰岩为主。下白垩统以被动大陆边缘盆地浅海相碳酸盐岩为主，夹泥岩、蒸发岩。上白垩统为前陆盆地滨浅海相碳酸盐岩、泥岩及陆源粗碎屑岩。古近系以冲积相-滨浅海相陆源碎屑岩为主，碳酸盐岩为辅。新近系主要发育于科科岛（Cayo Coco）带和雷梅迪奥斯（Remedios）带，以前陆盆地滨浅海相碳酸盐岩为主（图2-3-16）。

（3）南古巴地块

南古巴（South Cuban）地块位于古巴岛链南部。北部以卡马胡尼（Camajuani）缝合逆冲带与北古巴地块相接（图2-3-15），南邻尤卡坦海盆（加勒比海）。

南古巴地块以亲乔蒂斯地块的前寒武系—三叠系的变质岩为基底（Meschede &Frisch，1998），变质岩有角闪岩、片麻岩、片岩、大理岩。基底之上被广泛分布的侏罗系—下白垩统Aptian阶岩浆岩覆盖，下白垩统上部—新近系以沉积岩为主（图2-3-17）。

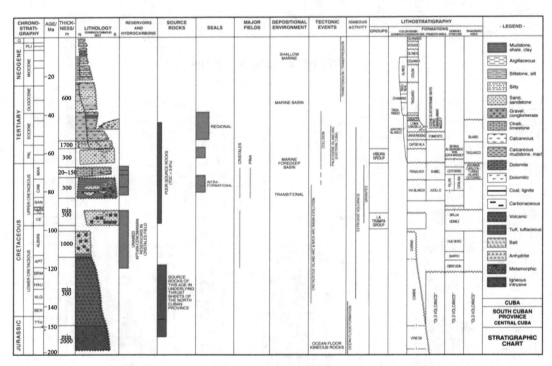

图2-3-17 南古巴地块中带地层综合柱状图（据HIS，2009）

下白垩统上部—上白垩统中部以弧后盆地海陆过渡相陆源碎屑岩为主，夹火山岩；上白垩统上部主要为弧后盆地浅海相碳酸盐岩。古近系为前陆盆地陆源碎屑岩与碳酸盐岩混积沉积，新近系以前陆盆地浅海相碳酸盐岩为主（图2-3-17）。

（4）东大安德列斯带

东大安德列斯（Greater Antilles）带（EGA）位于海蒂、多米尼加、波多黎各境内（图2-3-18），是白垩纪—新近纪期间，古加勒比洋壳向中美洲板块之下俯冲，并

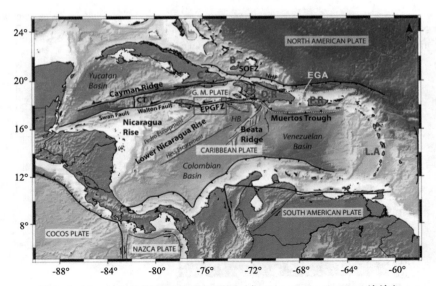

图 2-3-18　加勒比海地区构造纲要图（据 Corbeau et al，2016 编绘）

B—巴哈马；C—古巴；CT—Cayman 槽；D.R—多米尼加；EGA—东大安德列斯；EPGFZ—Enriquillo- Plantain-Garden 断裂带；G. M. PLATE—Gonâvemicro 板块；H—海地；HB—Haitian 亚盆地；J—牙买加；L.A—小安德列斯；NHF—Hispaniola 北部断裂；P.R—波多黎各；SOFZ—Septentrional-Oriente 断裂带

随着加勒比海扩张，向东北方向移动形成的岛弧拼贴、碰撞地体（Meschede &Frisch，1998；Laó-Dávila，2014；Corbeau et al，2016）。

东大安德列斯带（图 2-3-18 中 EGA）发育侏罗系、白垩系、古近系、新近系和第四系（图 2-3-19~ 图 2-3-21）。

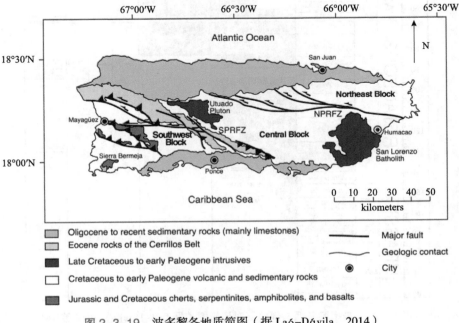

图 2-3-19　波多黎各地质简图（据 Laó-Dávila，2014）

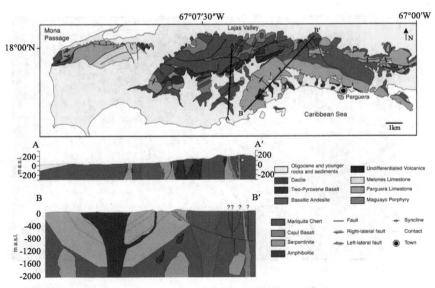

图 2-3-20　波多黎各比美哈山区（Sierra Bermeja）地质平剖面简图（据 Laó-Dávila，2014 编绘）

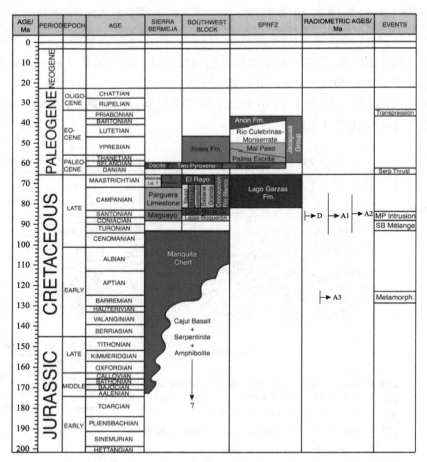

图 2-3-21　波多黎各西南部地层对比简图（据 Laó-Dávila，2014 编绘）

SPRFZ—西南波多黎各断裂带

东大安德列斯隆起带最老的岩石是早侏罗世—早白垩世的变质岩、超基性岩和马里奎塔（Mariquita）硅质岩组成的蛇绿杂岩，为洋壳的地质记录。硅质岩最大地质年龄为 195Ma。

晚白垩世—始新世构造变动强烈，形成的岩石多样，有侵入岩、火山岩、火山碎屑岩、碳酸盐岩、泥岩和变质岩，为洋内岛弧及洋－弧俯冲的地质记录。角闪岩中角闪石的 K-Ar 峰值年龄为 90Ma±。

渐新世以来，构造活动减弱，形成规模不等的弧后盆地，主要为浅海相碳酸盐岩。

（5）小安德列斯带

小安德列斯（Lesser Antilles）带是由一系列火山弧和增生楔构成（图 2-3-22），是白垩纪晚期以来，大西洋洋壳向加勒比板块之下俯冲，先后在加勒比板块内形成两期火山弧，在加勒比板块邻接大西洋的一侧形成增生楔。火山弧从 12°N 到 18°N 绵延 850km，包括 20 余座活火山。增生楔最宽达 300km，最厚达 20km（Evain et al，2013；Gailler et al，2017）。小安德列斯带在岛弧和增生楔基底上发育了小安德列斯（Antilles）、格林纳达（Grenada）、埃文斯（Aves）、多巴哥（Tobago）等弧前盆地（图 2-0-1）。

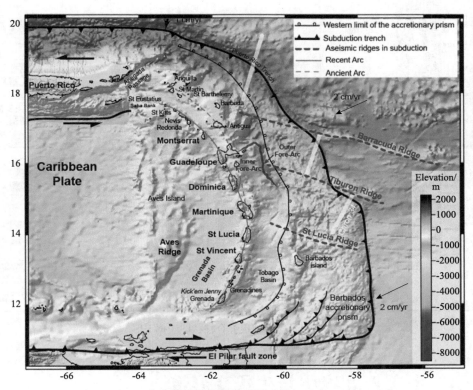

图 2-3-22 小安德列斯构造纲要图（据 Gailler et al，2017）

小安德列斯带发育的弧前盆地以侏罗纪—白垩纪变质岩、侵入岩及火山岩为基底，上覆上白垩统、始新统—第四系深水浅海相陆源碎屑岩（图 2-3-23、图 2-3-24）。

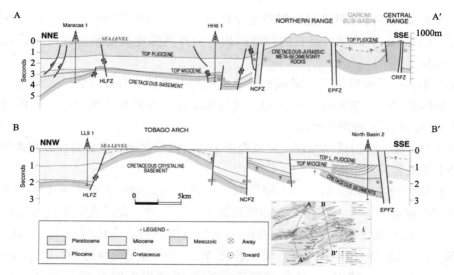

图 2-3-23　多巴哥盆地西部剖面图（据 IHS，2009）

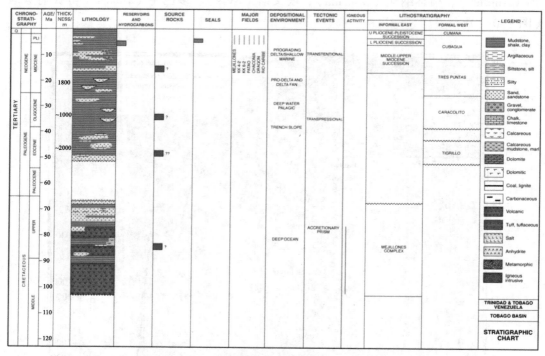

图 2-3-24　多巴哥盆地地层综合柱状图（据 IHS，2009）

2.4　南美西北缘中新生代变形带

南美西北缘中新生代变形带位于加勒比板块、太平洋板块与南美板块的相互作用地带（图 2-4-1），是太平洋纳斯卡（Nazca）板块、加勒比板块、南美板块、

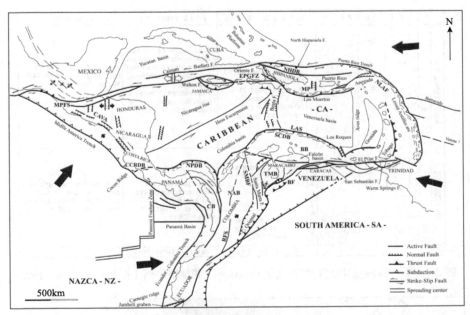

图 2-4-1　加勒比 - 南美北部构造纲要图（据 Audemard M & Castilla，2016）

BB—Bonaire 地块；BF—Bocono 断裂；CAVA—中美洲火山弧；CB—Choco 地块；CCRDB—中央哥斯达黎加变形带；EPGFZ—Enriquillo-Plantain Garden 断裂带；LAS—Leeward Antilles 俯冲带；MPFS—Motagua-Polochic 断裂体系；NAB—北安第斯地块；NHDB—Hispaniola 北部变形带；NLAF—Lesser Antilles 北部弧前；NPDB—Panama 北部变形带；SCDB—加勒比南部变形带；SMBF—Santa Marta-Bucaramanga 断裂；TMB—Triangular Maracaibo 地块

巴拿马微古陆，以及其他小地块 [乔可（Choco）、北安第斯（Andean）、马拉开波（Maracaibo）、博奈尔（Bonaire）] 拼贴、碰撞的结果（Audemard M & Castilla，2016），进一步划分为西科迪勒拉（WC）、中央科迪勒拉（CC）、东科迪勒拉（EC）和博奈尔地块（BB）4 个变形区（见图 2-3-2）。

2.4.1　西科迪勒拉

西科迪勒拉（Western Cordilleras、Cordillera Occidental）的基底是晚白垩世—始新世增生到南美大陆的洋壳岩石组合，上覆弧前盆地序列（图 2-4-2）和火山弧建造，基底出露于西科迪勒拉东部（图 2-4-3），划分为 San Juan 组、Pallatanga 组、Pilaton 组、Mulaute 组和 Yunguilla 组（Hughes & Pilatasig，2002；Bineli Betsi et al，2018）。最老的岩石是 San Juan 组 [（123 ± 12）—（87.1 ± 1.66）Ma] 的蛇纹石化橄榄岩、辉绿岩、斜长岩和含角闪石的辉长岩。Pallatanga 组（—85Ma）为杏仁状和枕状玄武岩、熔结集块岩和块状辉绿岩。Pilaton、Mulaute 和 Yunguilla 组为浅海相浊积岩，浊积岩的物源为火山碎屑。

基底之上是渐新世—中新世早期形成的 Saraguro 群火山岛弧和弧前盆地建造。

火山岛弧建造主要由火山熔岩和火山碎屑岩构成，也有闪长岩英云、闪长岩和花岗闪长岩、二长岩等侵入岩。

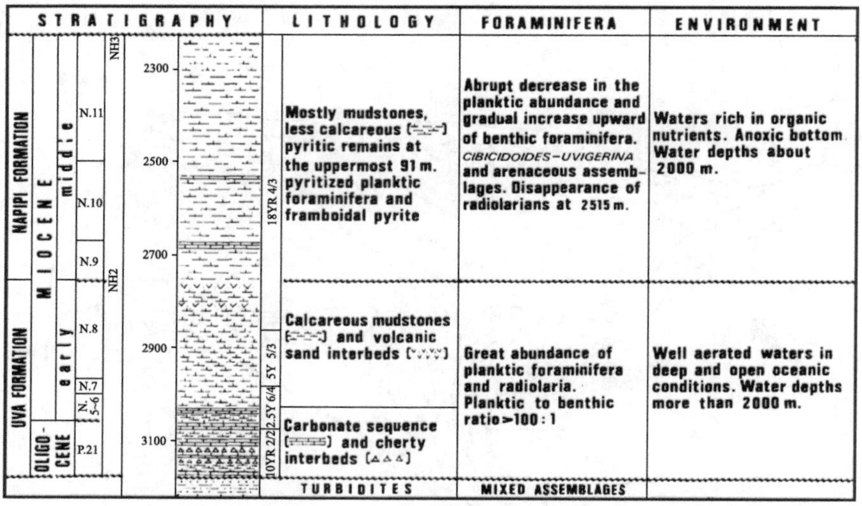

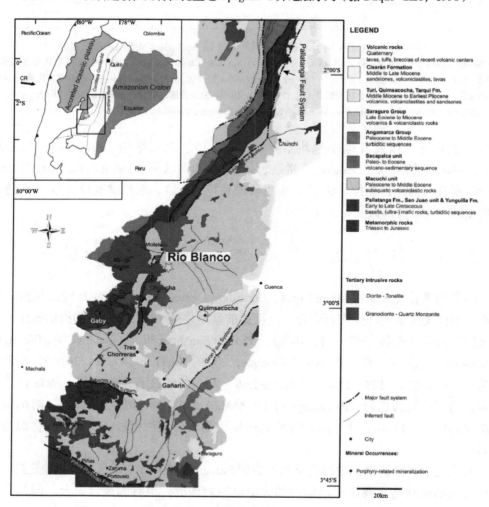

图 2-4-2　西科迪勒拉阿特拉托盆地 Opogado-1 井地层序列（据 Duque-Caro，1990）

图 2-4-3　西科迪勒拉地质简图（据 Hughes & Pilatasig，2002）

弧前盆地主要有博尔翁（Borbon）盆地、图马克–圣胡安德梅克（Tumac–San Juan De Mical）、阿特拉托（Atrato）盆地（图2-0-1）。根据阿特拉托盆地Opogado-1井的资料（Duque-Caro，1990），在弧前盆地：渐新统为深水（>2000m）碳酸盐岩夹硅质岩；中新统下部为深水（>2000m）钙质泥岩与火山碎屑岩；中新统中部主要为深水（2000m±）泥岩，夹钙质泥岩（图2-4-2）。

2.4.2 中央科迪勒拉和东科迪勒拉

中央科迪勒拉和东科迪勒拉主体也称北安第斯（Northern Andes），地质体构成复杂（Corte's et al，2006），既发育有地块、褶皱山系及众多断裂（图2-4-4），又发育有多个含油气盆地，如下马格达莱纳（Magdalena）、中马格达莱纳、上马格达莱纳、图伊–卡里亚科（Tuy-Cariaco）、博奈尔（Bonaire）、上瓜吉拉（Upper Guajira）、马拉开波（Maracaibo）等盆地（图2-0-1）。

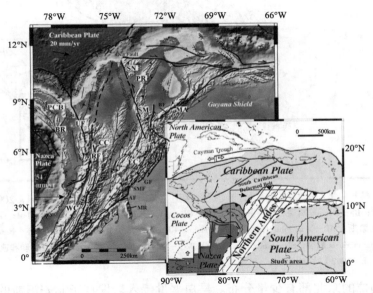

图2-4-4 北安第斯及围区主要构造特征（据Corte's et al，2006）

AG—Algeciras断裂；BF—Bocono断裂；BR—Baudo山脉；CC—中央科迪勒拉；EC—东科迪勒拉；GF—Guaicaramo断裂；MA—Merida安第斯；MR—Macarena山脉；PCB—Panama-Choco地块；PR—Perija山脉；RF—Romeral断裂；SM—Santander；SMF—Santa Maria断裂；SN—Santa Marta山脉；WC—西科迪勒拉［相对南美的板块运动和速度（mm/yr）和方向采用Trenkamp et al.（2002）数据］

（1）北安第斯隆起区

北安第斯出露了从前寒武系到第四系地层（图2-4-5）。前寒武系主要出露于南美大陆边缘，中央科迪勒拉东北缘、东科迪勒拉西缘和东缘有零星分布。古生界以中央科迪勒拉及其与东科迪勒拉邻接部位最为发育，其次是分布于前寒武系发育区附近。中生界三叠系—侏罗系火山–碎屑岩呈分隔不规则片状分布于北安第斯东科迪勒拉的南部和北部；三叠纪—侏罗系的侵入岩主要发育于东科迪勒拉的西部，在中央科迪勒

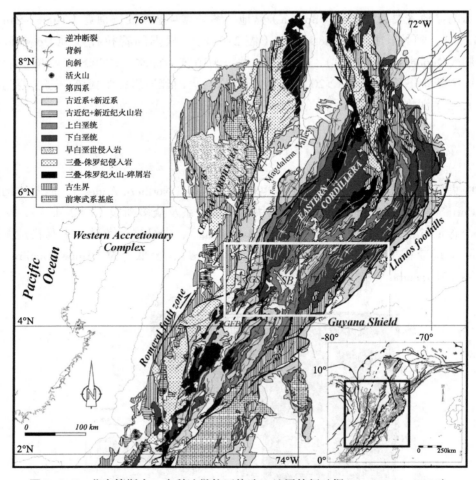

图 2-4-5　北安第斯中 – 东科迪勒拉区构造 – 地层特征（据 Corte's et al，2006）

AG—Algeciras 断裂；BF—Bocono 断裂；BR—Baudo 山脉；CC—中央科迪勒拉；EC—东科迪勒拉；GF—Guaicaramo 断裂；MA—Merida 安第斯；MR—Macarena 山脉；PCB—Panama–Choco 地块；PR—Perija 山脉；RF—Romeral 断裂；SM—Santander；SMF—Santa Maria 断裂；SN—Santa Marta 山脉；WC—西科迪勒拉［相对南美的板块运动和速度（mm/yr）和方向采用 Trenkamp et al.（2002）数据］

拉和东科迪勒拉的东北部有少量分布。早白垩世侵入岩发育于北安第斯的中央科迪勒拉，其周围出露的是古生界和前寒武系。早白垩世和晚白垩世地层主要发育于东科迪勒拉的中北部褶皱山系。古近纪—新近纪的火山岩沿 Romeral 断裂带发育。现今的沉积盆地发育新生代地层。

　　北安第斯是原加勒比（Proto–Caribbean）板块、加勒比板块、太平洋（Nazca）板块，以及其他小地块长期向南美板块俯冲增生的结果（Bustamante et al，2016）。北安第斯的北部主要是原加勒比板块、加勒比板块长期向南美板块俯冲增生的结果。北安第斯的东科迪勒拉带为南美 Guyana 克拉通内挤压变形区，形成前陆盆地，发育了中新生代沉积岩系。北安第斯的中央科迪勒拉带为洋陆作用最强烈地带，主要发育中生代，主要是侏罗纪的岩浆岩、变质岩。北安第斯的西科迪勒拉带主要为残余洋壳及岩浆岩（图 2-4-6）。

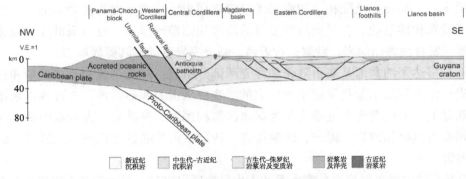

图 2-4-6　北安第斯哥伦比亚中部区域剖面图（据 Bustamante et al，2016）

（2）北安第斯变形区盆地

北安第斯变形区盆地主要是盘古大陆解体后形成的中新生代盆地，盆地的基底差异较大，基底的差异导致不同盆地原型盆地、岩相古地理演化的地质记录存在一定差异（图 2-4-7）。

上马格达莱纳盆地和中马格达莱纳盆地的演化历史记录基本相同，基底为前寒武系 Garzan 群麻粒岩和片麻岩，下古生界千枚岩、云母片岩、板岩、大理石和岩浆岩，变形的泥盆系砾岩、砂岩和泥岩。三叠纪—侏罗纪为弧后裂谷盆地发育阶段，发育了

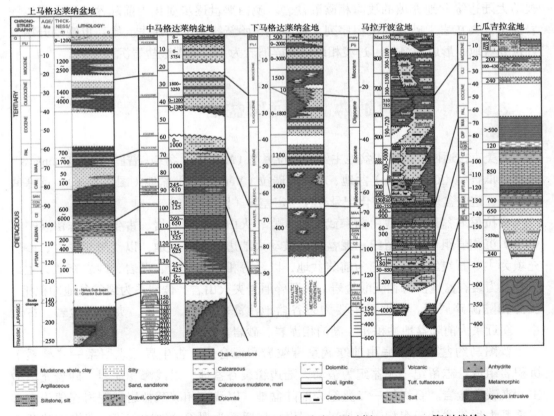

图 2-4-7　北安第斯变形带沉积盆地地层序列对比图（据 IHS，2009 资料编绘）

大量侵入岩、喷出岩及陆相－浅海相的陆源碎屑岩。早白垩世为被动大陆边缘盆地，发育了浅海相碳酸盐岩，早期局部发育滨浅海相陆源碎屑岩。晚白垩世开始演化为前陆盆地，发育浅海相泥岩、砂岩；古近系、新近系发育陆相陆源碎屑岩。

下马格达莱纳盆地基底由陆壳和洋壳两部分组成：陆壳基底为前寒武系和古生界变质岩；洋壳基底主要是早白垩世形成的。晚白垩世为弧后盆地，古近系以来持续发育前陆盆地。上白垩统中上部主要为深水浅海相泥岩、夹砂岩；古近系由深水浅海相泥岩相变为浅海相砂岩、泥岩、碳酸盐岩；新近系由海陆过渡相泥岩夹砂岩过渡为陆相碎屑岩。

马拉开波盆地的基底由前寒武系和古生界变质岩组成。前寒武系变质岩主要为片麻岩，局部为麻粒岩，其年龄在 1000—600Ma。下古生界由石英岩、千枚岩、片岩、变质砂岩、变质砾岩组成。上古生界为轻微变质、明显变形的前陆盆地沉积序列，主要为深水浅海相—浅海相泥岩、碳酸盐岩、砂岩。二叠系上部—三叠系主要为陆相红层。侏罗系为裂谷盆地形成的冲积相—滨浅海相陆源碎屑岩夹碳酸盐岩。白垩系为被动大陆边缘盆地充填的浅海相碳酸盐岩、夹砂岩、泥岩；古近纪开始演化为前陆盆地。古近系由滨浅海相碎屑岩、碳酸盐岩过渡为陆相碎屑岩。新近系为冲积相—湖泊相陆源碎屑岩。

上瓜吉拉盆地的基底由前寒武系—古生界片岩、石英岩、角闪岩、片麻岩和侵入岩组成。三叠系—侏罗系为裂谷盆地充填的冲积相－浅海相陆源碎屑岩。下白垩统为被动大陆边缘盆地充填的浅海相碳酸盐岩。晚白垩世逐步演化为前陆盆地，形成以泥岩为主，夹灰岩、砂岩的沉积序列。古新统、始新统中下部缺失。始新世晚期开始发育拉分盆地，形成浅海相－过渡相以陆源碎屑岩为主，夹碳酸盐岩沉积序列。

2.5 南美克拉通西北部沉积盆地

南美克拉通西北部沉积盆地主要有马拉尼翁（Maranon）盆地、普图马约（Putumayo）盆地、瓜鲁门（Guarumen）盆地、东委内瑞拉（Venezuela）盆地（图 2-0-1）。前寒武纪以来，这些盆地的地质演化记录存在一定差异（图 2-5-1）。

马拉尼翁盆地的基底由前寒武系侵入岩、火山岩和变质岩、古生界（志留系—二叠系）沉积岩组成。志留纪—泥盆纪为被动大陆边缘裂谷盆地，以浅海相泥岩、砂岩充填为主。石炭纪—二叠纪为前陆盆地，以浅海相碳酸盐岩、泥岩、砂岩充填为主。三叠系为裂谷盆地浅海相碳酸盐岩、陆源碎屑岩夹火山岩。侏罗系为裂谷盆地冲积相－浅海相陆源碎屑岩。白垩系主要为裂谷盆地浅海相泥岩、砂岩，夹碳酸盐岩。古近系—新近系为前陆盆地冲积相－湖泊相泥岩、砂岩。

普图马约盆地的基底由前寒武系麻粒岩和混合岩、古生界（志留系—二叠系）沉积岩组成。志留纪—泥盆纪为被动大陆边缘裂谷盆地，以浅海相泥岩、砂岩充填为主，夹碳酸盐岩。石炭纪—二叠纪为前陆盆地，以浅海相碳酸盐岩、泥岩充填为主。三叠系为裂谷盆地浅海相碳酸盐岩、泥岩。侏罗系为裂谷盆地冲积相－浅海相陆源碎

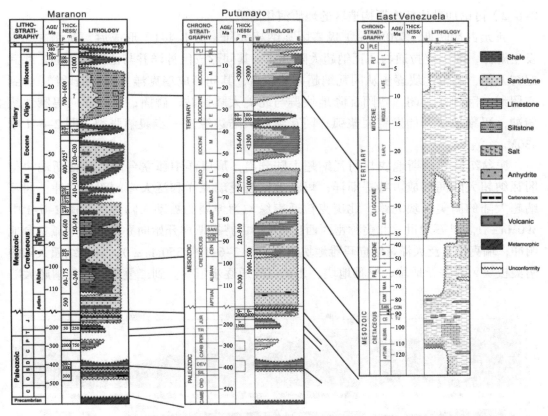

图 2-5-1　南美克拉通西部边缘沉积盆地地层序列对比图（据 IHS，2009 资料编绘）

屑岩。下白垩统为裂谷盆地浅海相砂岩，夹泥岩。上白垩统主要为裂谷盆地浅海相泥岩、砂岩，夹碳酸盐岩。古近系主要为前陆盆地陆相 – 浅海相泥岩、砂岩。新近系为前陆盆地冲积相 – 湖泊相泥岩、砂岩。

　　东委内瑞拉盆地的基底由前寒武系片麻岩和变质花岗岩、古生界变质岩、沉积岩组成。寒武系—奥陶系主要由千枚岩、板岩构成，原岩为被动大陆边缘浅海相沉积。志留纪—泥盆纪为被动大陆边缘裂谷盆地，以片岩为特征。石炭纪—二叠纪为前陆盆地，以片岩、岩浆岩为特征。三叠系—侏罗系为裂谷盆地冲积相 – 浅海相陆源碎屑岩，夹大量火山岩。白垩系为被动大陆边缘盆地浅海相砂岩、泥岩，夹碳酸盐岩。古近系主要为前陆盆地陆相 – 浅海相泥岩、砂岩，夹碳酸盐岩。新近系为前陆盆地冲积相 – 浅海相泥岩、砂岩。

2.6　加勒比特提斯构造区地质演化简史

　　在上文各地质单元地质演化记录讨论基础上，现结合从南美大陆北缘至北美大陆南缘（见图 2-0-1 中白色线）的地质演化剖面（图 2-6-1）和地质记录对比剖面（图

2-6-2）讨论加勒比特提斯构造区的地质演化简史。

新元古代晚期（570Ma±）极盛冈瓦纳超大陆（图1-4-1）形成后，新元古代末发生解体，北美克拉通与冈瓦纳超大陆分离，其间形成巨神洋并与泛大洋连通。寒武纪初开始，玛雅地块逐步从冈瓦纳超大陆裂离，其间形成瑞克洋（原特提斯洋）。到志留纪，巨神洋关闭，西阿瓦隆地块群与北美大陆拼贴、碰撞；瑞克洋向玛雅地块俯冲，玛雅地块开始发育岩浆弧；冈瓦纳超大陆边缘进一步裂解张裂（图2-6-1中430Ma±）。

泥盆纪，乔蒂斯地块与冈瓦纳超大陆分离，形成洋中孤立台地；乔蒂斯地块与冈瓦纳超大陆间形成古特提斯洋；玛雅地块遭受瑞克洋和泛大洋的双向俯冲；冈瓦纳超大陆的南美板块北缘、北美克拉通南缘均为伸展的被动大陆边缘（图2-6-1中390Ma±）。早石炭世（北美称密西西比世），古特提斯洋开始向乔蒂斯洋中孤立台地俯冲；瑞克洋、泛大洋持续向玛雅地块俯冲（图2-6-1中350Ma±）；冈瓦纳超大陆的南美板块、乔蒂斯地块、玛雅地块、北美克拉通逐步汇聚。到二叠纪，冈瓦纳超大陆

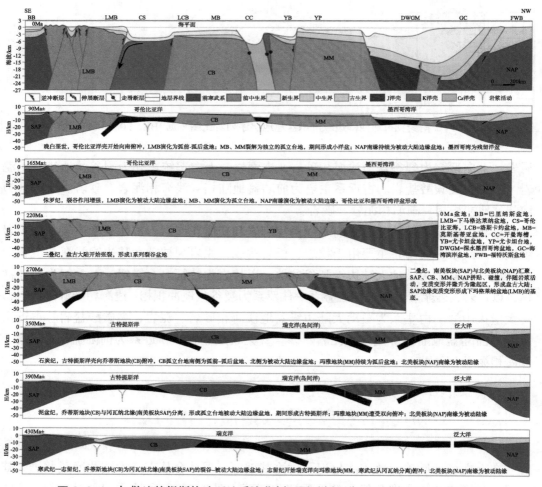

图2-6-1　加勒比特提斯构造区地质演化剖面图（剖面位置见图2-0-1白色线）

的南美板块、乔蒂斯地块、玛雅地块、北美克拉通发生陆陆碰撞，间洋盆完全关闭，形成盘古联合古陆（图 2-6-1 中 270Ma±）。

三叠纪，盘古联合古陆开始裂解，形成一系列裂谷盆地（图 2-6-1 中 220Ma±）。到侏罗系，哥伦比亚洋和墨西哥湾洋开始形成并逐步发展，冈瓦纳超大陆的南美板块北缘和北美克拉通南缘演化为被动大陆边缘，乔蒂斯 – 玛雅地块演化为伸展的洋中孤立台地（图 2-6-1 中 165Ma±）。到晚白垩世，哥伦比亚洋开始向南美板块北缘俯冲，南美板块北缘演化为活动大陆边缘；乔蒂斯 – 玛雅地块裂离，其间形成开曼（Cayman）槽小洋盆；墨西哥湾洋侏罗纪末停止扩张，演化为残留洋盆，北美克拉通南缘持续为被动大陆边缘（图 2-6-1 中 90Ma±）。

新生代，哥伦比亚洋停止扩张演化为残留洋盆，并持续向南美板块北缘俯冲，南美板块北缘持续为活动大陆边缘；乔蒂斯 – 玛雅地块间的开曼（Cayman）槽小洋盆发生了复杂的走滑扩张；墨西哥湾洋持续为残留洋盆，北美克拉通南缘持续为被动大陆边缘（图 2-6-1 中 0Ma±）。

加勒比特提斯构造区地质演化过程，在不同构造单元形成了各具特色的地质记录（图 2-6-2）。

巴里纳斯盆地位于南美板块内部，以前寒武系变质杂岩为基底，寒武系—奥陶系为克拉通盆地，发育了以浅海相为主的砾岩、砂岩、泥岩。上奥陶统—志留系缺失。泥盆系—下二叠统为克拉通盆地，发育陆相砂岩、泥岩。上二叠统—三叠系缺失。侏罗系—下白垩统为裂谷盆地，主要发育浅海相砾岩、砂岩、泥岩。上白垩统—第四系为前陆盆地，发育陆相 – 浅海相砂岩、泥岩（图 2-6-2 巴里纳斯盆地）。

下马格达莱纳盆地位于南美边缘变形带与哥伦比亚海结合部位，以海西变质的陆壳基底为主，靠近哥伦比亚海为早白垩世形成的洋壳基底。盆地大部分缺失三叠系—下白垩统。上白垩统—第四系持续为前陆盆地，上白垩统主要为深水浅海相泥岩、夹砂岩，古近系由深水浅海相泥岩相变为浅海相砂岩、泥岩、碳酸盐岩，新近系由海陆过渡相泥岩夹砂岩过渡为陆相碎屑岩（图 2-6-2 下马格达莱纳盆地）。

哥伦比亚海是盘古联合古陆解体后，侏罗纪开始形成的洋盆，白垩纪后期向南美大陆俯冲消减，白垩纪末洋壳停止生长，演化为主要以白垩纪洋壳为基底的新生代残留洋盆，新生界主要为深海相泥岩，夹碳酸盐岩、砂岩、粉砂岩（图 2-6-2 哥伦比亚海）。

莫斯基蒂亚盆地位于哥伦比亚海与开曼海槽之间，基底为海西变形变质的乔蒂斯地块。三叠系部分缺失。侏罗系为裂谷盆地，主要发育浅海相砂岩、泥岩、火山岩。白垩系—第四系为被动大陆边缘盆地，发育陆相 – 浅海相砂岩、泥岩、碳酸盐岩（图 2-6-2 莫斯基蒂亚盆地）。

尤卡坦台地位于开曼海槽与墨西哥湾深水盆地之间，基底为海西变形变质的玛雅地块。三叠系部分缺失。侏罗系为裂谷盆地，主要发育浅海相砂岩、泥岩、火山岩。白垩系—第四系为被动大陆边缘盆地，发育陆相 – 浅海相砂岩、泥岩、碳酸盐岩及蒸发岩（图 2-6-2 尤卡坦台地）。

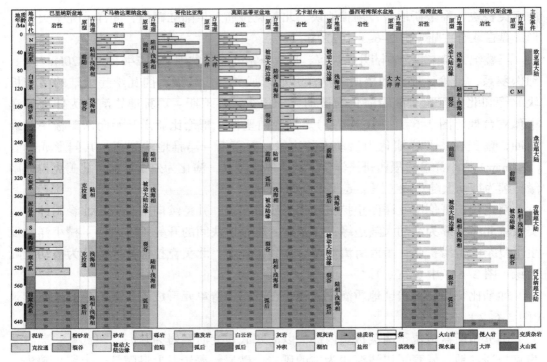

图 2-6-2 加勒比特提斯构造区重点盆地地层对比图（盆地位置见图 2-0-1）

墨西哥湾深水盆地是盘古联合古陆解体后，侏罗纪形成的洋盆，侏罗纪末洋壳停止生长，演化为主要以侏罗纪洋壳为基底的白垩纪—新生代残留洋盆。白垩系为深海相泥岩、碳酸盐岩。新生界主要为深海相泥岩，夹砂岩、粉砂岩（图 2-6-2 墨西哥湾深水盆地）。

海湾滨岸盆地位于北美大陆边缘，南邻墨西哥湾深水盆地，基底为前寒武系变形变质的北美板块边缘。新元古界上部—寒武系下部为裂谷盆地滨浅海相砂岩、泥岩、碳酸盐岩。寒武系中部—二叠系下部为被动大陆边缘盆地，发育了陆相—浅海相砂岩、泥岩、碳酸盐岩。二叠系中上部为前陆盆地，发育了浅海相－陆相碳酸盐岩、泥岩、砂岩、砾岩。三叠系缺失。侏罗系—下白垩统为裂谷盆地，主要发育陆相—浅海相砂岩、泥岩、蒸发岩。上白垩统—第四系为被动大陆边缘盆地，发育浅海相砾岩、砂岩、泥岩、碳酸盐岩（图 2-6-2 海湾盆地）。

福特沃斯盆地位于北美大陆南部，南邻海湾滨岸盆地，基底为前寒武系变质杂岩。寒武系为裂谷盆地陆相－浅海相砾岩、砂岩、泥岩。奥陶系—石炭系下部为被动大陆边缘盆地，发育了陆相－浅海相砾岩、砂岩、泥岩、碳酸盐岩。石炭系中上部—二叠系为前陆盆地，发育了浅海相－陆相碳酸盐岩、泥岩、粉砂岩。中新生界大部分缺失。主要发育下白垩统克拉通盆地，主要为浅海相砂岩、泥岩（图 2-6-2 福特沃斯盆地）。

西地中海特提斯构造区主要地质特征

西地中海特提斯构造区处于欧洲古陆与非洲古陆之间。北侧最老的古陆为劳伦古陆（Laurentia）和波罗的古陆（Baltica），南侧为非洲古陆，西接盘古超大陆（Pangea）中新生代裂开形成的大西洋，东界为亚平宁中新生代变形带。

据 HIS（2009）的研究成果，西地中海特提斯构造区可以划分为不同特征的山地（包括古隆起、高地、褶皱带）、盆地（包括海盆、地堑、盆地）共计 495 个基本构造单元（图 3-0-1）。

西地中海特提斯构造区的基本构造单元可以归并为：①欧洲南部加里东期拼贴碰撞变形带、②欧洲南部华力西期拼贴碰撞变形带、③伊比利亚地块新元古界 - 古生界变形带、④西地中海新生代洋盆及周缘中新生代变形带、⑤非洲大陆西北部边缘盆地群（图 3-0-2）。

3.1　欧洲南部加里东期拼贴碰撞变形带

欧洲南部加里东期拼贴碰撞变形带，前寒武系到新近系地层均有发育，显生宙以来，经历了加里东、华力西（海西）构造改造强烈，构造 - 地层特征极其复杂。其西北部为劳伦古陆的利维斯（Lewisian）地盾，东北部为波罗的古陆，其间为阿瓦隆地块及加里东造山带（图 3-0-2、图 3-1-1、图 3-1-2）。

欧洲南部加里东期拼贴碰撞变形带进一步划分为：劳伦古陆东南部加里东期构造带、东阿瓦隆盆地群、莱茵变形带和波罗的古陆西南部盆地。劳伦古陆东南部

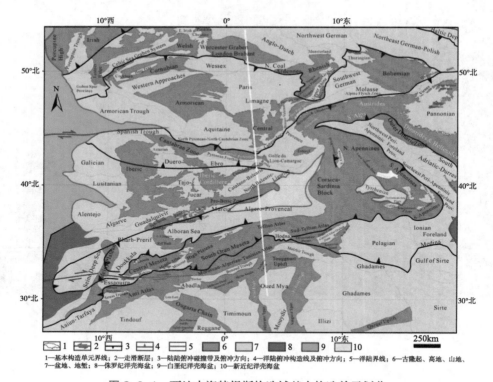

图 3-0-1　西地中海特提斯构造域基本构造单元划分

（据 IHS，2009；Bally et al，2012；Palano et al，2013；Casini et al，2015；Zecchin et al，2017 资料等编绘）

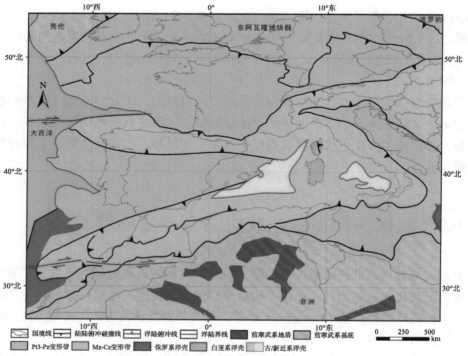

图 3-0-2　西地中海特提斯构造域构造 - 地层简图

（据 IHS，2009；Bally et al，2012；Palano et al，2013；Casini et al，2015；Zecchin et al，2017资料等编绘）

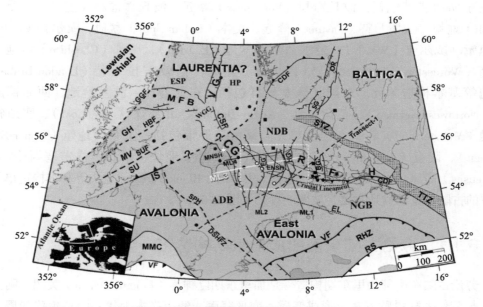

图 3-1-1　北海地区主要构造特点及深地震测线（Lyngsie 和 Thybo，2007）

注：黑色的正方形表示前寒武纪基底钻孔（880—825Ma）；黑点表示可能的加里东基底钻孔（450—415 Ma）；空圆圈表示可能的前寒武纪基底与低级变质岩；白星表示克莱德（Clyde）油田的位置；ML 1~ML4 为 MONA LISA 剖面编号。ADB—Anglo-Dutch 盆地；BG—Brande 地堑；CDF—加里东变形带；CG—中央地堑；CSF—Coffee Soil 断层；DBF—Dalsland 边界断层；DSHFZ—Dowsing-South Hewett 断裂带；EG—Else 地堑；EL—Elbe 构造线；ESP—东设得兰台；ENSH—东北海高地；GGF—Great Glen 断层；GH—Grampian 隆起；HBF—隆起边界断层；HP—Horda 地台；IS—Iapetus 缝合线；MMC—Midlands 微古陆；MNSH—中北海高地；MV—Midland 峡谷；NDB—挪威－丹麦盆地；NGB—德国北部盆地；OR—奥斯陆裂谷；RFH—Ringkøbing-Fyn 高地；RHZ—莱茵海西构造带；RS—Rheric 缝合线；SG—Skagerrak 地堑；SPH—Sole Pit 高地；SU—南部高地；SUF—南部高地边界断层；STZ—Sorgenfrei Tornquist 构造带；TTZ—Teisseyre-Tornquist 构造带；VF—华力西构造带；VG—维京地堑。

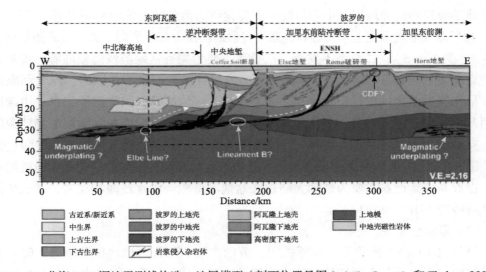

图 3-1-2　北海 ML3 深地震测线构造－地层模型（剖面位置见图 3-1-1，Lyngsie 和 Thybo，2007）

加里东期构造带包括：波丘派恩（Porcupine）隆起、波丘派恩槽（盆地）、爱尔兰（Irish）地块、法斯乃特（Fastnet）隆起、戈本（Goban Spur）盆地、凯尔特（Celtic）海地堑、威尔士（Welsh）、爱尔兰东部盆地（E. Irish）、柴郡（Cheshire）盆地、伍斯特（Worcester）地堑、彭宁（Pennine）隆起、伦敦布拉班特（London Brabant）台地等基本构造单元。东阿瓦隆盆地群包括：东北德国 – 波兰盆地、西北德国盆地（Northwest German）、英荷盆地（Anglo–Dutch）、北部煤盆（N. Coal）、明斯特兰盆地（Munsterland）等基本构造单元。莱茵变形带包括：上莱茵地堑（Upper Rhine Graben）、阿登（Ardennes）高地、莱茵（Rhenish）地块、孚日·格雷塞斯（Vosges Greseuses）高原、孚日（Vosges）地块、黑林山（Black Forest）地块等基本构造单元。波罗的古陆西南部盆地主要是波罗的坳陷（图 3-0-1）。

3.1.1 劳伦古陆东南部加里东期构造带

劳伦古陆东南部加里东期构造带是加里东期巨神洋（Iapetus Ocean）关闭，阿瓦隆地块与劳伦古陆拼贴、碰撞形成变质、变形基底，经历晚古生代—中新生代伸展、挤压，形成盆岭相间构造带（图 3-1-3）。前寒武系—下古生界为变质岩，上古生界、中新生界主要为沉积岩（图 3-1-3~ 图 3-1-6）。

（1）波丘派恩隆起和波丘派恩槽

波丘派恩（Porcupine）隆起和波丘派恩槽（盆地）最老的岩石是古元古界片岩和片麻岩、上覆盖达拉德岩系（Dalradian）构成的格伦维尔（Grenvillian）基底。达拉德岩系（新元古界—下寒武统，806—512Ma）主要由弱变质或未变质的前陆 – 裂谷盆地滨浅海相砂砾岩、碳酸盐岩和火山岩组成（Rooney et al，2011）。达拉德岩系之上不整合下古生界加里东（Caledonian）变形岩系，中寒武统—下志留统主要为被动大陆边缘盆地浅海相陆源碎屑岩，中志留统—下泥盆统为前陆盆地滨浅海相碎屑岩（图 3-1-5）。加里东变形岩系之上不整合石炭系裂谷盆地滨浅海相碎屑岩，夹少量碳酸盐岩（图 3-1-4、图 3-1-5）。二叠系不发育。三叠系主要为裂谷盆地滨浅海相陆源碎屑岩，顶部发育蒸发岩（图 3-1-4）。下侏罗统下部为裂谷盆地滨浅海相砂岩、泥岩和碳酸盐岩。早侏罗世中期—中侏罗世早期，裂谷反转，区域隆升，缺失沉积记录；中侏罗世晚期开始，裂谷再次发育。中侏罗统上部—下白垩统主要为裂谷盆地浅海相陆源碎屑岩，夹少量碳酸盐岩（图 3-1-4）；晚白垩世以来，裂谷盆地演化为被动大陆边缘盆地（图 3-1-6），上白垩统主要为被动大陆边缘盆地浅海相碳酸盐岩，夹少量陆源碎屑岩；古近系、新近系主要为被动大陆边缘盆地浅海相 – 深水浅海相泥岩，夹三角洲、海底扇砂岩（IHS，2009）。

（2）爱尔兰地块

爱尔兰（Irish）地块是巨神洋关闭，劳伦古陆、阿瓦隆地块拼贴碰撞，晚古生代接受沉积，再遭受华力西期构造和岩浆活动改造形成的。爱尔兰岛是爱尔兰地块的主体，巨神洋关闭的缝合带（图 3-1-7 中 ISZ）位于爱尔兰岛中南部北东向延伸。巨神洋

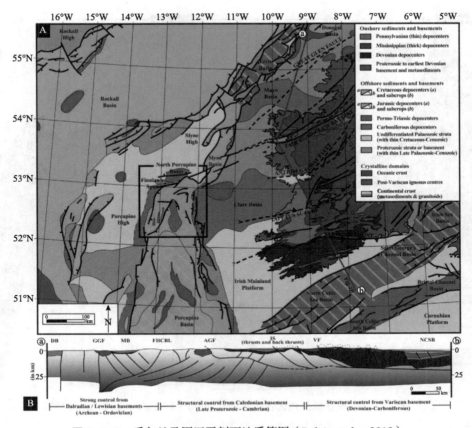

图 3-1-3　爱尔兰及围区平剖面地质简图（Bulois et al.，2018）

AGF—Antrim–Galway 断裂；DB—Donegal 盆地；FHCBL—Fair Head–Clew Bay 构造线；GGFZ—Great Glen 断裂带；IS—Iapetus 缝合线；MB—Mayo 盆地；NCSB—北凯尔特海盆地；VF—华力西前锋

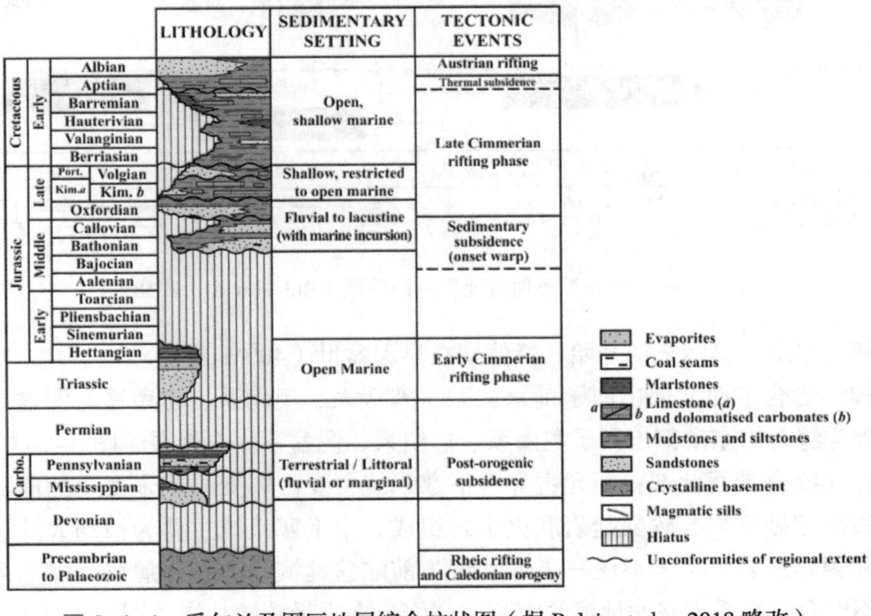

图 3-1-4　爱尔兰及围区地层综合柱状图（据 Bulois et al.，2018 略改）

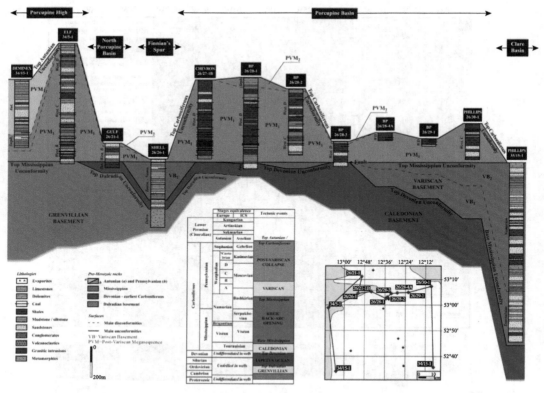

图 3-1-5　波丘派恩地区古生界地层对比图（Bulois et al.，2018）

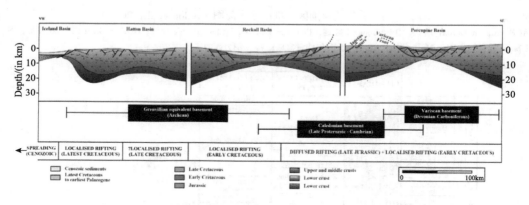

图 3-1-6　波丘派恩地区地质剖面简图（Bulois et al.，2018）

关闭从寒武纪末—奥陶纪初开始，峰值期在早泥盆世（400Ma±）。

巨神洋缝合带西北部出露了前寒武系—寒武系、奥陶系、志留系、泥盆系、石炭系；巨神洋缝合带东南部出露了奥陶系、志留系、泥盆系、石炭系（图 3-1-7）。

巨神洋缝合带西北部：新元古界—下寒武统主要由弱变质或未变质的前陆 - 裂谷盆地滨浅海相砂砾岩、碳酸盐岩和火山岩组成。中上寒武统主要为被动大陆边缘盆地浅海相陆源碎屑岩，下志留统—下泥盆统为前陆盆地滨浅海相碎屑岩。加里东变形岩系之上不整合石炭系裂谷盆地滨浅海相碎屑岩，夹少量碳酸盐岩（图 3-1-4）。

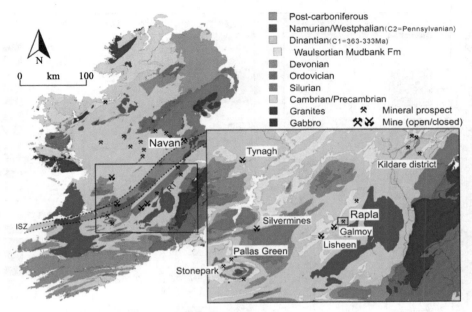

图 3-1-7　爱尔兰岛地质简图（Turner et al., 2019）

巨神洋缝合带东南部：前寒武系主要为片麻岩，寒武系—奥陶系主要为板岩，下志留统—下泥盆统为增生楔杂岩。加里东变形岩系之上不整合上泥盆统—石炭系为裂谷盆地滨浅海相碎屑岩，夹少量碳酸盐岩。在爱尔兰岛东南部志留系的花岗岩（430Ma）侵入了前寒武系主要为片麻岩，寒武系—奥陶系主要为板岩（Blundell，1979）。

（3）戈本盆岭省

戈本（Goban Spur）盆岭省发育于加里东期与劳伦古陆碰撞的阿瓦隆变质变形基底之上（图 3-0-1、图 3-0-2）。前寒武系主要为片麻岩，寒武系—奥陶系主要为板岩，下志留统—下泥盆统为增生楔杂岩。加里东变形岩系之上不整合上泥盆统—石炭系为裂谷盆地滨浅海相碎屑岩，夹少量碳酸盐岩。二叠系普遍缺失。三叠系为裂谷盆地滨浅海相碎屑岩、蒸发岩。下侏罗统为裂谷盆地浅海相泥岩、灰岩夹砂岩。中侏罗统为裂谷盆地浅海相泥岩夹砂岩，顶部主要的火山岩。由于早基梅里期挤压构造反转，普遍缺失上侏罗统。下白垩统为裂谷盆地浅海相灰岩，夹泥岩、砂岩。上白垩统为被动大陆边缘盆地浅海相灰岩（Luft de Souza et al，2018）。古近系和新近系为被动大陆边缘盆地深水浅海相泥岩，夹少量砂岩和灰岩（图 3-1-8、图 3-1-9）。

（4）凯尔特海地堑

凯尔特（Celtic）海地堑的基底是被华力西期构造和岩浆活动改造的加里东期增生楔（图 3-0-1、图 3-0-2）。最老的岩石很可能是前寒武系片麻岩。寒武系—奥陶系主要为变质的裂谷－被动大陆边缘盆地浅海相砂岩、泥岩、碳酸盐岩。志留系—下泥盆统为变质的弧后－前陆盆地浊积岩、泥岩，以及火山岩。上泥盆统—石炭系为变质的弧后盆地滨浅海相砂泥岩。二叠系普遍缺失。三叠系为裂谷盆地陆相－滨浅海相砂岩、蒸发岩、泥灰岩、泥岩。下—中侏罗统为裂谷盆地浅海相泥岩、灰岩夹

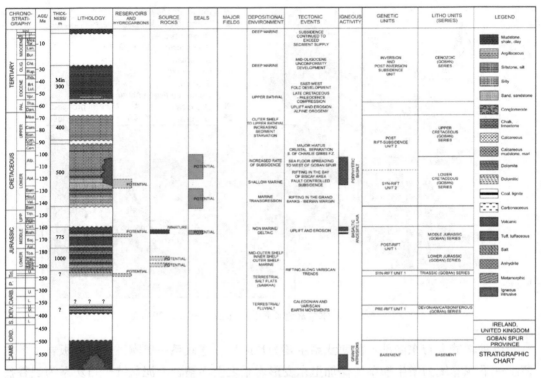

图 3-1-8　戈本盆岭省地层综合柱状图（IHS.，2009）

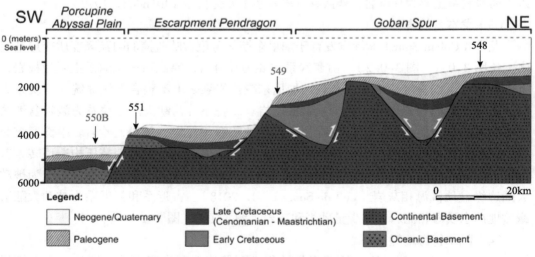

图 3-1-9　戈本盆岭省地质剖面简图（Luft de Souza et al，2018）

砂岩。上侏罗统为裂谷盆地浅海相砂岩，夹灰岩、泥岩。下白垩统为裂谷盆地浅海相泥岩，夹砂岩。上白垩统为被动大陆边缘盆地浅海相灰岩。古近系为被动大陆边缘盆地深水浅海相泥岩（Blundell，1979），夹少量砂岩、煤和火山岩。新近系普遍缺失（图 3-1-10）。

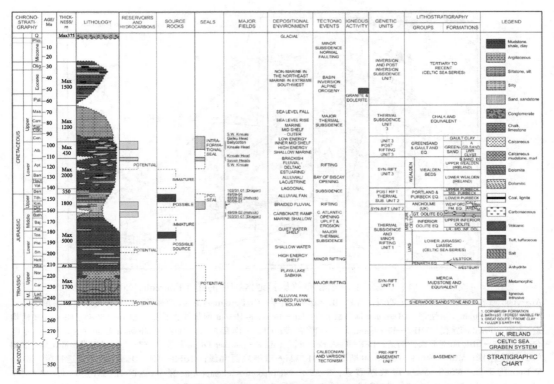

图 3-1-10　凯尔特海地堑地层综合柱状图（IHS., 2009）

（5）威尔士 - 伦敦布拉班特台地及其间盆地

威尔士（Welsh）- 伦敦布拉班特（London Brabant）台地（图 3-1-11）是东阿瓦隆地块的重要组成部分（Pharaoh，2018；Woods & Lee，2018）。前寒武系（1.0Ga—541Ma）为岛弧相关的变质火山岩、火山沉积岩、侵入岩构成的杂岩，很可能代表了冈瓦纳边缘的增生体。寒武系主要为变质碎屑岩和火山岩，是裂谷和瑞克张裂的记录。奥陶系—下志留统主要为变质泥岩、碳酸盐岩、火山岩，是阿瓦隆地块伴随火山作用，由冈瓦纳向波罗的、劳伦古陆漂移的记录。中志留统—下泥盆统为变质或未变质的砂岩、泥岩、碳酸盐岩、火山岩、侵入岩，是巨神洋关闭、阿瓦隆地块与波罗的、劳伦古陆拼贴碰撞的记录（图 3-1-12）。

早古生代末，加里东造山后，劳俄大陆（Laurussia）形成，开始了威尔士（Welsh）-伦敦布拉班特（London Brabant）台地阶段。中 - 上泥盆统主要为陆相碎屑岩（老红砂岩），局部发育局限海蒸发岩（图 3-1-13）。下石炭统主要为瑞克洋俯冲形成的弧后裂谷盆地滨浅海相碳酸盐岩、局部发育碎屑岩、蒸发岩（图 3-1-13、图 3-1-14）。上石炭统华力西造山作用逐渐增强，弧后盆地反转变浅，形成以含煤岩系为特色的地质记录（图 3-1-13）。二叠系普遍缺失，局部发育下二叠统最下部（298Ma）的复成分角砾岩（Clent Breccia），上二叠统上部（254Ma）的风成沙丘砂岩（Bridgnorth Sandstone）。

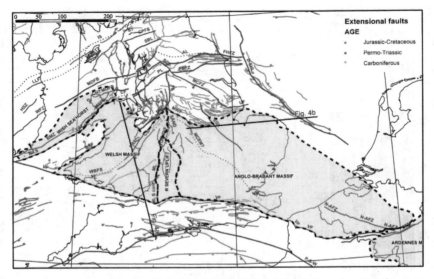

图 3-1-11　威尔士-伦敦布拉班特地区构造简图（Pharaoh，2018）

AL—Askrigg 构造线；BAF—Bala 断裂；BEF—Bryneglwys 断裂；CHT—Carmel Head 逆冲带；CPFS—Causey Pike 断裂系，CSF—Church Stretton 断裂带；DL—Dent 构造线；D-SHL—Dowsing-Hewett 南部线性构造；EGL—Eakring-Glinton 线性构造；EVF—Enville 断裂；FHFZ—Flamborough Head 断裂带；GFM—南部断裂；HSZ—Hollywood 剪切带；IS—Iapetus 缝合带；ISLS—Irish 海南部线性构造；LEF—Lask Edge 断裂；LLF—Lowther Lodge 断裂；LSZ—Lyn 剪切带；MCEM—推测的微地块东缘；MCFZ—Morley-Campsall 断裂带；MCWM—微地块西北缘；MDFB—Môn-Deemster 褶皱逆冲带；ML—Malvern 构造线；MSFS—Menai 海峡断裂系；N-AFZ—Nieuwpoort-Asquempont 断裂带；NT—Niarbyl 逆冲带；P-S-W-BL—Perrenporth -Start-Wight-Bray 构造线；PA—Pennine 轴；PL—Pendle 构造线；PLL—Pontesford-Linley 断裂；RFB—Ribblesdale 褶皱带北缘；RRF—Red Rock 断裂；SBL—Borrowdale 南线性构造；SCF—Craven 南断裂；ST—Skiddaw 逆冲带；SZ—NADB—Saxothuringian– Armorican 北构造域边界；TF—Thringstone 断裂；UF—Unnamed 断裂；VF—华力西前锋；WF—Wem 断裂；WBFS—Welsh 北缘断裂系；WFZ—Wicklow 断裂带

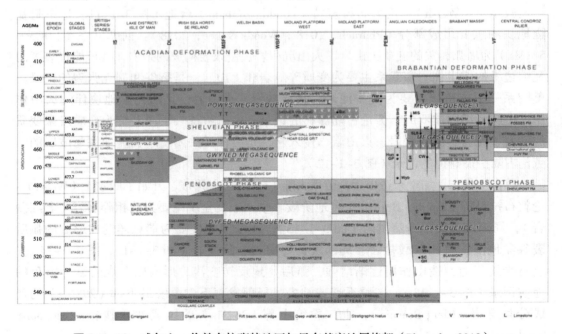

图 3-1-12　威尔士-伦敦布拉班特地区加里东基底地层格架（Pharaoh，2018）

DL—Dent 构造线；FM—组；GP—群；IS—Iapetus 缝合线；ML—Malvern 构造线；MSFS—Menai 海峡断裂系；PEM—地台东缘；SGP—超群；VF—华力西前锋；WBFS—Welsh 边缘断裂系

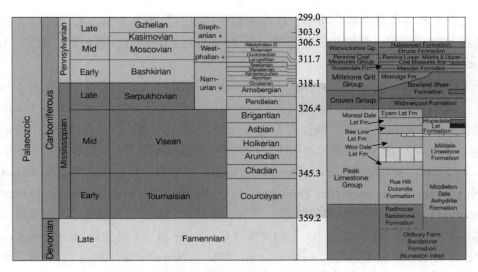

图 3-1-13　威尔士 – 伦敦布拉班特台地上古生界地层格架（Pharaoh，2018）

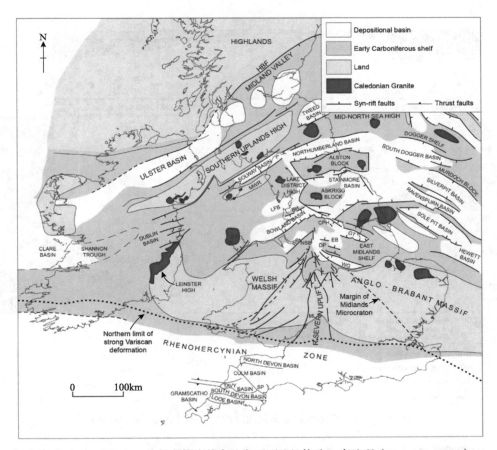

图 3-1-14　威尔士 – 伦敦布拉班特台地密西西比纪构造 – 古地理（Pharaoh，2018）

BH—Bowland 隆起；CPH—Pennine 中部隆起；DP—Derbyshire 台地；EB—Edale 盆地；GT—Gainsborough 槽；LFB—Lancaster Fells 盆地；ML—Malvern 构造线；MWR—Manx-Whitehaven 脊；MB—Munster 盆地；NSB—Staffordshire 北盆地；WG—Widmerpool 湾；WB—Widnes 盆地

二叠系和三叠系主要分布于台地边缘和台地间的盆地中（Newell，2018）。三叠系为裂谷盆地冲积相—湖泊相砂岩（Sherwood Sandstone Group）、蒸发岩、泥岩（Mercia Mudstone Group）。

下侏罗统利亚斯群（Lias Group）为裂谷盆地浅海相泥岩、灰岩，夹砂岩（Breward et al，2015；Pharaoh，2018）。中侏罗统（Inferior Oolite Group、Great Oolite Group）主要为含大量浅海相化石的碳酸盐岩（Larwood & Chandler，2016）。上侏罗统（Ancholme Group）以泥岩为主，夹碳酸盐岩和砂岩。侏罗系从盆地超覆于台地边缘（图 3-1-15）。

下白垩统（Spilsby Sandstone Formation、Claxby Ironstone Formation、Tealby Formation、Roach Formation、Skegness Clay Formation、Sutterby Marl Formation、Carstone Formation、Hunstanton Formation）为浅海相砂岩、泥岩、泥灰岩、灰岩（白垩），下白垩统局限于盆地和台地边缘（图 3-1-15）。上白垩统（Chalk Group）主要为浅海相 - 深水浅海相碳酸盐岩为主，以白垩为特色（Royse et al，2012；Newell et al，2018），分布广泛（图 3-1-15）。

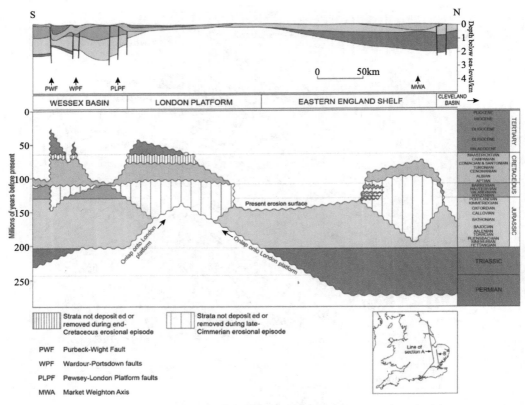

图 3-1-15　英格兰东部南北向地质剖面图（Pharaoh，2018）

古近系（Thanet Sand Formation、Lambeth Group、Thames Group）和新近系冲积相 - 滨浅海相砾岩、砂岩、泥岩（Royse et al，2012；Tubb，2016），主要分布于盆地和台地的南部边缘（图 3-1-15）。

3.1.2　东阿瓦隆盆地群

东阿瓦隆（Avalonia）的东北德国－波兰（Northeast German–Polish）盆地和西北德国（Northwest German）盆地以前寒武系为基底（Nadoll et al，2019），发育了古生界和中新生界，而英荷盆地（Anglo–Dutch）、明斯特兰盆地（Munsterland）以加里东结晶岩系为基底，只发育了上古生界和中新生界（图 3-1-16）。

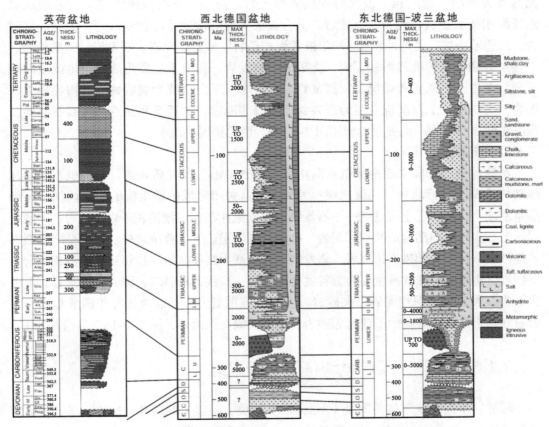

图 3-1-16　东阿瓦隆主要盆地地层序列对比（据 IHS，2009 资料编绘）

（1）东北德国－波兰盆地

东北德国－波兰盆地最老的基底是前寒武系（<1000Ma）与岛弧相关的火山岩、侵入岩、火山－沉积岩的变质岩，是冈瓦纳边缘增生岛弧的记录。寒武系主要为裂谷盆地滨浅海相碎屑岩。奥陶系—志留系主要为被动大陆边缘盆地深水浅海相泥岩，夹砂岩、碳酸盐岩。泥盆系为前陆盆地陆相－滨浅海相陆源碎屑岩、灰岩。下石炭统为被动大陆边缘盆地浅海相碳酸盐岩、泥岩，夹砂岩。上石炭统为前陆盆地浅海相泥岩，夹砂岩。二叠系为裂谷盆地冲积相－局限滨浅海相砾岩、砂岩、泥岩、蒸发岩、碳酸盐岩。三叠系为裂谷盆地滨浅海相泥岩，夹砂岩、蒸发岩。侏罗系主要为裂谷盆地滨

浅海相砂岩、泥岩，顶部发育碳酸盐岩。下白垩统为裂谷盆地浅海相砂岩、泥岩。上白垩统为裂谷盆地浅海相砂岩、泥岩、碳酸盐岩。古近系和新近系为裂谷盆地滨浅海相砂岩、泥岩（图3-1-16，东北德国-波兰盆地）。

（2）西北德国盆地

西北德国盆地的基底是前寒武系（<570Ma）与岛弧相关的火山岩、侵入岩，及少量火山-沉积岩的变质岩，是冈瓦纳边缘增生岛弧的记录。寒武系主要为裂谷盆地浅海相碎屑岩。奥陶系—志留系主要为被动大陆边缘盆地浅海相砂岩、粉砂岩、泥岩。泥盆系为前陆盆地陆相-滨浅海相陆源碎屑岩、灰岩。下石炭统为被动大陆边缘盆地浅海相碳酸盐岩、泥岩，夹砂岩。上石炭统为前陆盆地浅海相粉砂岩、泥岩，夹砂岩。二叠系为裂谷盆地冲积相-局限滨浅海相砾岩、砂岩、泥岩、蒸发岩、碳酸盐岩。三叠系为裂谷盆地滨浅海相泥岩，夹砂岩、蒸发岩。侏罗系主要为裂谷盆地滨浅海相砂岩、泥岩，夹灰岩和煤层，顶部发育碳酸盐岩。下白垩统为裂谷盆地浅海相砂岩、泥岩，夹煤层。上白垩统主要为裂谷盆地浅海相泥岩。古近系和新近系为裂谷盆地滨浅海相砂岩、泥岩，偶夹火山岩（图3-1-16，西北德国盆地）。

（3）英荷盆地

英荷盆地的基底主要是加里东期花岗岩（<510Ma）及变质杂岩，是加里东期阿瓦隆地块（布拉班特地块、莱茵地块？）间的洋盆关闭形成的增生楔的记录。加里东结晶基底之上，发育了上泥盆统—下石炭统裂谷盆地冲积相-湖泊相砂岩、泥岩、碳酸盐岩。上石炭统为前陆盆地冲积相泥岩、砂岩，夹煤层。下二叠统缺失。上二叠统为裂谷盆地沙漠-滨浅海相砂岩、泥岩、蒸发岩。三叠系为裂谷盆地冲积相-滨浅海相泥岩，夹砂岩、蒸发岩。侏罗系主要为裂谷盆地冲积相-滨浅海相砂岩、泥岩，夹灰岩。下白垩统为裂谷盆地浅海相泥岩，夹砂岩。上白垩统主要为裂谷盆地浅海相碳酸盐岩。古近系和新近系为裂谷盆地滨浅海相砂岩、泥岩，偶夹火山岩（图3-1-16，英荷盆地）。

3.1.3　阿登-莱茵地块群及其间盆地

阿登-莱茵地块群包括阿登（Ardennes）地块、莱茵（Rhenish）地块、孚日·格雷塞斯（Vosges Greseuses）高原、孚日（Vosges）地块、黑林山（Black Forest）地块（图3-0-1），以前寒武系为基底，其上普遍发育古生界，中新生界主要发育于断陷盆地中。

（1）阿登地块

阿登（Ardennes）地块出露了古生界（图3-1-17）。出露的最老的岩石是下寒武统德维尔群（Deville Group），为变质的被动大陆边缘盆地浅海相浅色砂岩、粉砂岩。中寒武统—中志留统瑞文（Revin）群主要为变质的被动大陆边缘盆地、前陆盆地深水浅海相暗色泥岩、粉砂岩，伴有浊积岩。上志留统和下泥盆统不整合于下古生界之上，主要为前陆盆地滨浅海相陆源碎屑岩，夹长英质火山岩。上泥盆统—石炭系为裂谷-被动大陆边缘盆地滨浅海相砂岩、泥岩、碳酸盐岩，夹煤层（Cobert et al，2018；Duchesne et al，2018）。在北部煤盆（N. Coal）石炭系以含煤岩系为主。

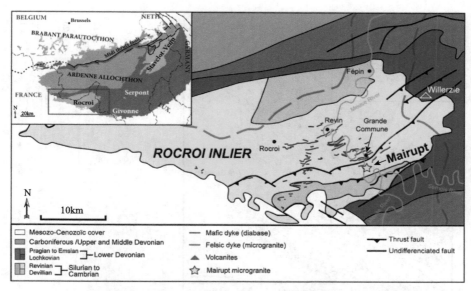

图 3-1-17　阿登地块及罗克鲁瓦（Rocroi）地区地质简图（Cobert et al, 2018）

（2）莱茵地块

莱茵（Rhenish）地块出露的岩石有前泥盆系变质岩、泥盆系、石炭系（图 3-1-18）。最老的岩石是奥陶系安德烈斯泰奇（Andreasteich）石英岩，原岩为被动大陆边缘盆地浅海相石英砂岩，含动物化石。志留系为变质的前陆盆地浅海相 – 深水浅海相泥岩、碳酸盐岩和砂岩（Mende et al, 2018）。下泥盆统为弱变质的裂谷 – 被动大陆边缘盆地浅海相砂岩、粉砂岩、泥岩，夹少量凝灰岩。中泥盆统—下石炭统为弱变质的被动大陆边缘盆地浅海相碳酸盐岩、火山 – 沉积岩、火山岩、泥岩、黑色页岩（Marsala et al, 2013）。

（3）上莱茵地堑

上莱茵地堑（Upper Rhine Graben）及围区以华力西期结晶、变质岩系为基底，其上发育了上石炭统—二叠系、三叠系、侏罗系及新生界（图 3-1-19）。

上石炭统—二叠系主要出露于萨尔纳厄（Saar Nahe）盆地，为一套裂谷盆地冲积相 – 湖泊相砂岩、泥岩、火山岩，夹煤层的地层（Uhl et al, 2004）。三叠系为裂谷盆地冲积相 – 滨浅海相砂岩、泥岩，夹蒸发岩和碳酸盐岩。侏罗系为裂谷盆地浅海相 – 深水浅海相泥岩，夹泥灰岩、灰岩、砂岩。侏罗纪晚期—古新世为暴露剥蚀区，普遍缺失沉积记录。始新世开始，狭义的上莱茵地堑发育。始新统为冲积相 – 湖泊相泥岩、蒸发岩、碳酸盐岩。渐新统—中新统下部为冲积相 – 湖泊相夹浅海相的泥岩夹砂岩。中新世中晚期发生差异隆升，沉积记录缺失（图 3-1-20）。

3.1.4　波罗的坳陷

波罗的坳陷的基底是太古界、元古界的变质岩和侵入岩，其上发育新元古界、古生界、中生界和新生界（图 3-1-21）。

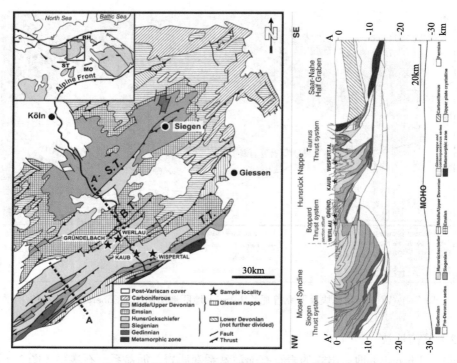

图 3-1-18 莱茵地块平剖面地质简图（Marsala et al，2013）

S.T.—Siegen 逆冲带；B.T.—Boppard 逆冲带；T.T.—Taunus 逆冲带；RH—Rhenohercynian 构造带；ST—Saxothuringian 构造带；MB—Moldanubian 构造带

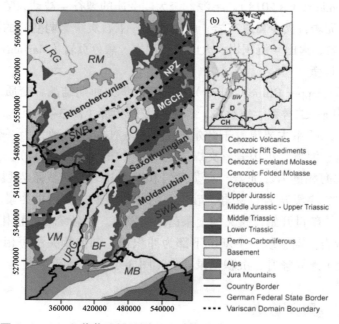

图 3-1-19 上莱茵地堑及围区地质简图（Freymark et al，2017）

NPZ—Northern Phyllite 构造带；MGCH—德国中部隆起；URG—上莱茵地堑；LRG—下莱茵地堑；RM—莱茵地体；SNB—Saar Nahe 盆地；O—Odenwald 微地块；VM—Vosges 山；BF—黑森林地块；MB—磨拉石盆地；SWA—Swabian 阿尔卑斯；BW—Baden-Württemberg 地块；H—Hessen 地块

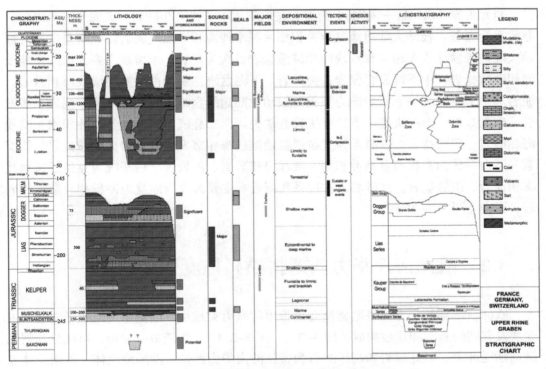

图 3-1-20　上莱茵地堑地层综合柱状图（IHS，2009）

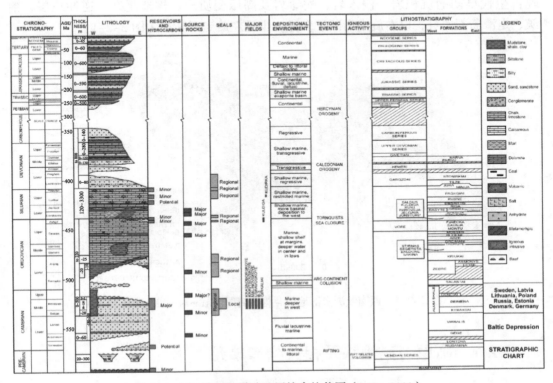

图 3-1-21　波罗的坳陷地层综合柱状图（IHS，2009）

新元古界（610Ma—545Ma）为裂谷盆地陆相－滨浅海相砂岩，夹泥岩、火山岩。寒武系为裂谷－被动大陆边缘盆地冲积相－深水浅海相砂岩、泥岩。奥陶系主要为被动大陆边缘盆地浅海相－深水浅海相碳酸盐岩，次为泥岩。志留系主要为前陆盆地浅海相碳酸盐岩，中下部发育泥岩，夹砂岩。下泥盆统主要为前陆盆地滨浅海相砂岩、泥岩。中上泥盆统—下石炭统为裂谷－被动大陆边缘盆地滨浅海相砂岩、泥岩、蒸发岩、碳酸盐岩。上石炭统—下二叠统普遍缺失。上二叠统为克拉通盆地冲积相－滨浅海相砂岩、碳酸盐岩。三叠系为克拉通盆地滨浅海相蒸发岩、泥岩夹碳酸盐岩。侏罗系—下白垩统为克拉通盆地冲积相－滨浅海相砂岩、泥岩。上白垩统为克拉通盆地浅海相泥岩、碳酸盐岩，夹砂岩。古近系和新近系主要为克拉通盆地冲积相－湖泊相砂岩、泥岩（图3-1-21）。

3.2　欧洲南部华力西期拼贴碰撞变形带

欧洲西南部的华力西拼贴碰撞变形带由阿摩力克地块、法国中央地块、波希米亚地块及其间的隆起和盆地构成（图3-0-1、图3-2-1）。构造成分复杂，可区分为阿瓦隆前陆逆冲带、以蛇绿岩和高压岩石为特征的内华力西带、准原地地体、外来地体及冈瓦纳前陆逆冲带。既有前寒武系冈瓦纳域的古陆变质岩和沉积岩，也有早古生代—晚古生代早期的沉积岩、侵入岩、蛇绿岩及高压变质岩。构造复杂，逆冲地层、褶皱、走滑断裂发育，以右旋走滑断层多见，少见左旋走滑断层（图3-2-1）。

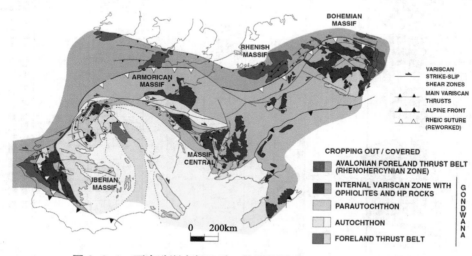

图 3-2-1　西南欧洲南部地质－构造简图（Arenas et al，2016）

3.2.1　阿摩力克地块及相关构造单元

阿摩力克地块及相关构造单元主要包括阿摩力克地块（Armorican）、阿摩力克边缘盆地（Armorican Marginal Basin）、阿摩力克槽（Armorican Trough）、西阿普鲁柴斯盆地（Western Approaches Basin）、科努比亚台地（Cornubian Platform）、韦赛克斯盆地（Wessex Basin）等基本构造单元（图 3-0-1）。

（1）阿摩力克地块

阿摩力克地块（Armorican）处于东西向华力西（Variscan）造山带的西部（图 3-2-1）。华力西造山带是劳俄（Laurussia）古陆与早奥陶世冈瓦纳分离出的众多陆块汇聚、碰撞的结果。阿摩力克地块被晚石炭世的剪切带和断裂边界分为 4 个区，分别为西北部的莱昂（Léon）区和北、中、南阿摩力克区（图 3-2-2）。北、中阿摩力克区保存了未变形或弱变形的元古界基底，二者之间以华力西造山期碰撞和剪切带接触，古生界不整合其上。莱昂区和南阿摩力克区被华力西造山期强烈的变质、变形作用改造，元古界基底与古生代盖层难以区分（图 3-2-2、图 3-2-3、图 3-2-4）。

阿摩力克地块北区主要出露了新元古界—下寒武统岩石。区分出西北的 Tergor 岩石组合、中北部的 Saint-Brieuc 岩石组合、东北部的 Saint-Malo 岩石组合、东南部的 Fougeres 岩石组合和西南部的 Guingamp 岩石组合（图 3-2-5）。

Tergor 岩石组合，由古老基底、岩基和变质火山岩组成。古老基底是古元古界的正片麻岩（Orthogneiss），锆石 U/Pb 年龄在 2000Ma 左右。岩基主要由二长花岗岩（monzogranite）、花岗闪长岩（granodiorite）组成，侵入年龄在 615Ma 左右。变质火

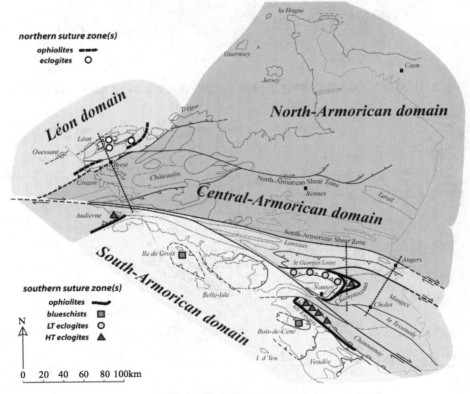

图 3-2-2　阿摩力克地块构造图（Ballèvre et al，2009）

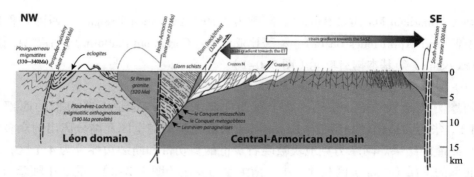

图 3-2-3　阿摩力克地块西北部构造剖面图（剖面位置见图 3-2-2；Ballèvre et al，2009）

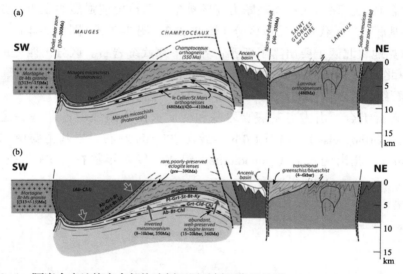

图 3-2-4　阿摩力克地块东南部构造剖面图（剖面位置见图 3-2-2；Ballèvre et al，2009）

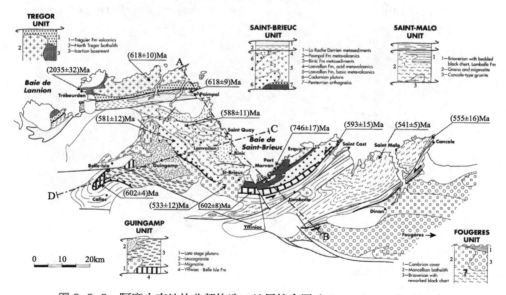

图 3-2-5　阿摩力克地块北部构造 - 地层综合图（Chantraine et al，2001）

山岩（Treguier 组）主要为中性到酸性火山岩（图 3-2-5）。Saint-Brieuc 岩石组合，由古老基底、侵入岩、变质火山岩、变质火山 - 沉积岩组成。古老基底是新元古界的正片麻岩（Orthogneiss），锆石 U/Pb 年龄在 700Ma 左右。侵入岩主要由花岗闪长岩（granodiorite）、辉长闪长岩（gabbrodioritic）组成，侵入年龄在 593Ma 左右。变质火山岩（Lanvllon 组）既有基性火山岩（年龄为 660Ma±），也有中性到酸性火山岩（年龄为 588Ma±）。变质火山 - 沉积岩为岛弧型，Paimpol 组年龄在 610Ma 左右（图 3-2-5）；La Roche Derrien 组整合于 Paimpol 组之上，主要为变质砂岩、粉砂岩、泥岩，具有浊流沉积特征。Guingamp 岩石组合，由超基性岩（Yffiniac-Beelle-Isle 组）、麻粒岩（Migmatite）、浅色花岗岩（Leucogranite）和晚期侵入岩组成。超基性岩的年龄在 602Ma 左右；晚期侵入岩的年龄在 533Ma 左右（图 3-2-5）。Saint-Malo 岩石组合，由 Cancale 型花岗岩、片麻岩和麻粒岩、变质碎屑岩和变质泥岩（Lamballe 组）组成。花岗岩的年龄在 555Ma 左右。片麻岩和麻粒岩的年龄在 541Ma 左右（图 3-2-5）。变质碎屑岩为大陆边缘沉积。Fougeres 岩石组合，由花岗岩岩基、碎屑岩和硅质岩（Brioverian）、寒武系盖层组成。花岗岩的年龄在 540Ma 左右（图 3-2-5）；碎屑岩和硅质岩为浊流和深水沉积。

阿摩力克地块西南部出露了下古生界低级变质沉积岩（图 3-2-6）。寒武系［图 3-2-7、图 3-2-8（b）］不整合于新元古界之上，为变质的裂谷盆地冲积相 - 滨浅海相砾岩、砂岩、页岩（含三叶虫）夹流纹质火山岩（Pouclet et al，2017）。下奥陶统为裂谷 - 被动大陆边缘盆地冲积相 - 滨浅海相砾岩、砂岩、粉砂岩、泥岩；中奥陶统主要为被动大陆边缘盆地深水浅海相粉砂岩、泥岩；上奥陶统为被动大陆边缘盆地浅海相砂岩、泥

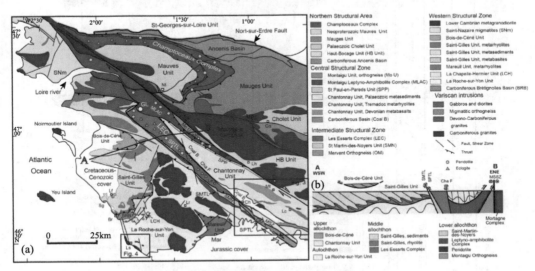

图 3-2-6　阿摩力克地块西南部构造 - 地层综合图（Pouclet et al，2017）

ChaF—Chantonnay 断裂；MCF—Mortagne-Cholet 断裂；MSZ—Mervent 剪切带；MSSZ—Montaigu-Secondigny 剪切带；SMTL—St Martin-des-Noyers 构造线；SPTL—Sainte-Pazanne-Mervent 构造线 . 地名：Br—Brétignolles；Ch—Chantonnay；Co—Cholet；GL—Grand-Lieu Lake；Le—Les Essarts；Lf—Le Fenouiller；Lh—Les Herbiers；LR—La Roche-sur-Yon；Ls—Les Sables-d'Olonne；MAR—Mareuil-sur-Lay；Mo—Montaigu；Mt—La Meilleraie；Nt—Nantes；Pz—Pouzauges；Sg—Saint-Gilles；AB—剖面位置

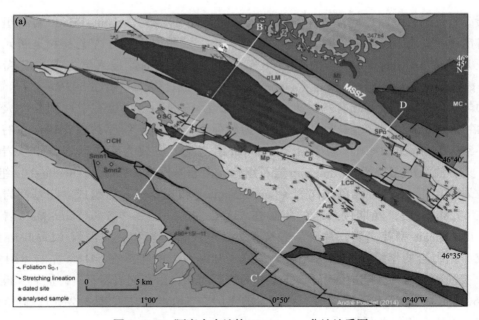

图 3-2-7 阿摩力克地块 Chantonnay 盆地地质图

[位置见图 3-2-6Fig.3，图例见图 3-2-8（b）；Pouclet et al，2017]

Ant—Antigny；CF—Cheffois；CH—Chantonnay；LC—La Châtaigneraie；MC—Moncoutant；Mp—Mouilleron-en-Pareds；Mt—Montournais；PZ—Pouzauges；SG—Sigournais；SP—St-Pierre-du-Chemin；MSSZ—Montaigu-Secondigny 剪切带

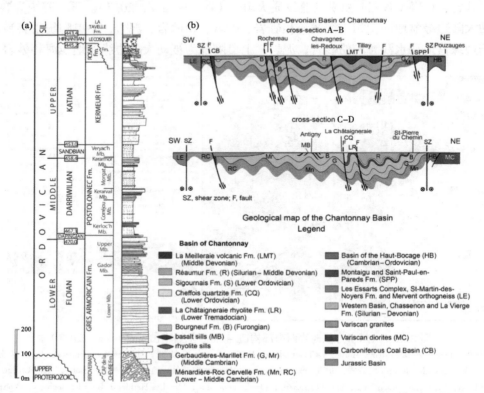

图 3-2-8 （a）摩力克地块克罗宗（Crozon）半岛地层序列，岩性柱宽度表示泥岩 - 砾岩
（Dabard et al，2015）；（b）Chantonnay 盆地地质剖面图（Pouclet et al，2017）

岩、碳酸盐岩 [图 3-2-8（a）]。志留系主要为深水相页岩（Dabard et al，2015）。

上古生界泥盆系以被动大陆边缘盆地浅海相灰岩为特征，石炭系主要为弧后 – 前陆盆地滨浅海相含煤岩系 [图 3-2-8（b）。Pouclet et al，2017]。华力西期构造作用造成阿摩力克地块普遍抬升，使得泥盆系、石炭系，尤其石炭系，遭受严重剥蚀而很少保存。

（2）科努比亚台地

科努比亚台地（Cornubian Platform）是晚泥盆世—早石炭世，瑞克洋逐渐关闭，阿摩力克地块向阿瓦隆地块之下俯冲、碰撞，伴随着强烈的岩浆作用形成的逆冲 – 褶皱带。利泽德（Lizard）蛇绿杂岩发育于英国康沃尔郡（Cornwall）西南部，其地质年龄在（375±34）Ma（Hopkinson & Roberts，1996），峰值年龄为 397Ma（Neace et al，2016），是瑞克洋的记录。华力西造山后期陆陆碰撞阶段发生了大规模的岩浆侵入，形成多个花岗岩体（图 3-2-9），其地质年龄在 320—274Ma（Neace et al，2016）。

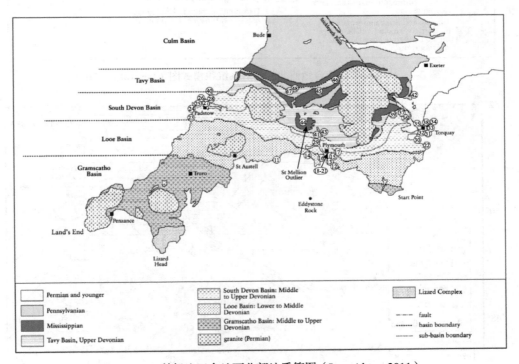

图 3-2-9　科努比亚台地西北部地质简图（Leveridge，2011）

科努比亚台地（Cornubian Platform）的基底是拼贴基底。利泽德（Lizard）蛇绿杂岩带以北为阿瓦隆地块边缘的加里东结晶、变质岩系，以南为阿摩力克前泥盆系变质岩系。科努比亚台地西北部保存了泥盆系（图 3-2-10）—下石炭统裂谷 – 被动大陆边缘盆地的泥岩、粉砂岩、砂岩，夹碳酸盐岩（Leveridge，2011）。科努比亚台地、阿摩力克地块、上石炭统及以新沉积地层在台地区普遍缺失，中新生界主要分布于阿摩力克地块周缘盆地（图 3-2-11）。

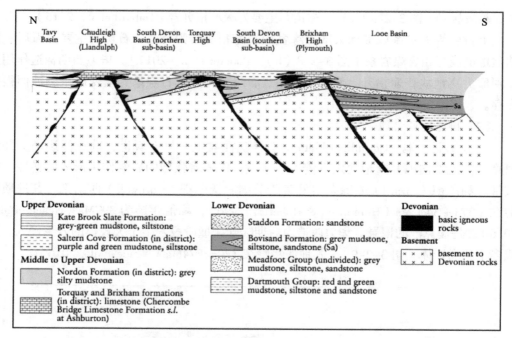

图 3-2-10　科努比亚台地西北部泥盆系沉积模式图（Leveridge，2011）

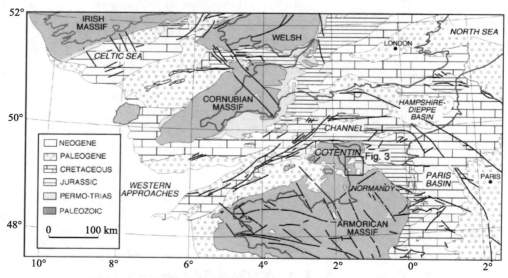

图 3-2-11　阿摩力克地块围区地质简图（Dugue et al，2007）

（3）西阿普鲁柴斯盆地

西阿普鲁柴斯盆地（Western Approaches Basin）是阿摩力克地块华力西褶皱基底之上发育起来的中新生代盆地。基底最老的岩石可能为古元古界（2000Ma±）。上石炭统—二叠系分布局限，主要为山间盆地冲积相陆源碎屑岩。三叠纪开始发育裂谷，形成一套冲积相-滨浅海相砂岩、粉砂岩、泥岩为主，局部发育蒸发岩的沉积序列。侏罗纪裂谷作用增强，形成深水浅海相-滨浅海相泥岩、砂岩、碳酸盐岩。下白垩统为裂谷盆地冲积相－滨浅海相泥岩、砂岩、砾岩及煤层组成的含煤岩系。上白垩统是伴随着北大西洋的打开形成的被动大陆边缘盆地浅海相碳酸盐岩。古近系演化为被动大陆边缘盆地浅海相的泥岩、夹碳酸盐岩和粉砂岩。新近系为被动大陆边缘盆地低能浅海相粉砂岩、泥岩，夹少量碳酸盐岩（图3-2-12）。

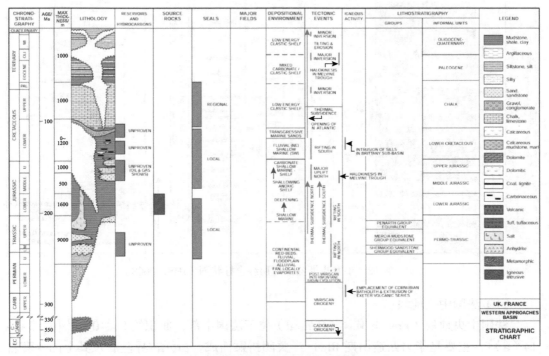

图 3-2-12　西阿普鲁柴斯盆地地层综合柱状图（IHS，2009）

（4）韦赛克斯盆地

韦赛克斯盆地（Wessex Basin）是阿摩力克地块华力西增生褶皱基底之上发育起来的中新生代盆地。基底最老的岩石可能为新元古界（570Ma±）。上石炭统—二叠系主要为前陆盆地冲积相陆源碎屑岩，含煤层。三叠纪开始发育裂谷，形成一套冲积相－滨浅海相砂岩、粉砂岩、泥岩构成的沉积序列。侏罗纪裂谷作用增强，形成深水浅海相－滨浅海相泥岩、砂岩、碳酸盐岩。下白垩统为裂谷盆地冲积相－滨浅海相泥岩、砂岩。上白垩统为裂谷盆地浅海相碳酸盐岩。古近系演化为裂谷盆地滨浅海相的泥岩、砂岩，夹少量碳酸盐岩。新近系为裂谷盆地冲积相砂岩、粉砂岩、泥岩（图3-2-13）。

3.2.2　法国中央地块及相关构造单元

法国中央地块及相关构造单元主要包括法国中央地块（French Massif Central）、巴黎盆地（Paris Basin）、阿基坦（Aquitaine）盆地、布雷斯－瓦朗斯（Bresse-Valence）盆地、利马涅（Limagne）盆地、侏罗褶皱带（Jura Fold Belt）等基本构造单元（图3-0-1）。

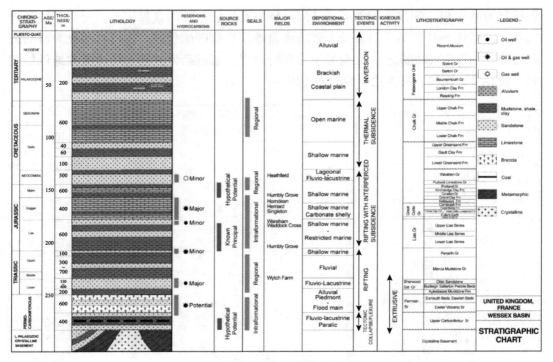

图 3-2-13　韦赛克斯盆地地层综合柱状图（IHS，2008）

（1）法国中央地块

法国中央地块（French Massif Central）位于法国中部，面积约 8×10⁴km² ［图 3-2-14（a）］，主要是华力西造山期 Rheic 洋关闭拼贴而成，由元古界基底及其上的 4 套岩石组合组成［图 3-2-14（b）］。元古界基底是奥陶纪（500—450Ma）从冈瓦纳分离的（Moyen et al，2016）。

法国中央地块（French Massif Central）最下部为准原地变质杂岩组合，由绿片岩、绿帘石 – 角闪岩相变质岩、石英岩、少量灰岩和斜长角闪岩组成，测得的黑云母 ^{39}Ar/^{40}Ar 年龄为（341±3）Ma。

中部为下片麻岩岩石组合（lower gneiss unit，LGU），由变质杂砂岩和变质泥岩组成，发育广泛的地壳熔融形成的花岗岩［图 3-2-14（b）］。法国中央地块东部，下部片麻岩岩石组合在晚石炭世普遍重熔，形成了 Velay 穹隆大规模的以花岗岩为核的重熔杂岩体。受穹隆折返的驱动，发育了伸展构造，形成地堑和半地堑山间盆地，充填了上石炭统（Stephanian）碎屑岩和含煤岩系［图 3-2-15（b）］。

第三套岩石组合主要是正片麻岩，也称上片麻岩岩石组合（upper gneiss unit，UGU），以麻粒岩、榴辉岩等高压变质为特征［图 3-2-14（b）、图 3-2-15（b）］。UGU 底部以双峰岩浆组合（斜长角闪岩、流纹岩和花岗岩）为特征，代表了奥陶纪洋盆或超伸展大陆边缘。西南部 Montagne Noire 地区榴辉岩的 U–Pb 年龄在 315Ma 左右（Whitney et al，2015）。

第四套是 Brévenne 岩石组合，是泥盆纪弧后成因。在石炭纪，这套推覆体被大量花岗岩体侵入［图 3-2-14（b）、图 3-2-15（b）］。

（2）巴黎盆地

巴黎盆地（Paris Basin）是法国中央地块华力西增生褶皱基底之上发育起来的中新生代盆地，南部与法国中央地块相接，西部与阿摩力克地块相接，西北部与韦赛克斯盆地相邻，东北部与阿瓦隆带相接（图 3-0-1）。巴黎盆地基底最老的岩石为新元古界（570Ma±），最新的岩石是华力西期变质岩和侵入岩。

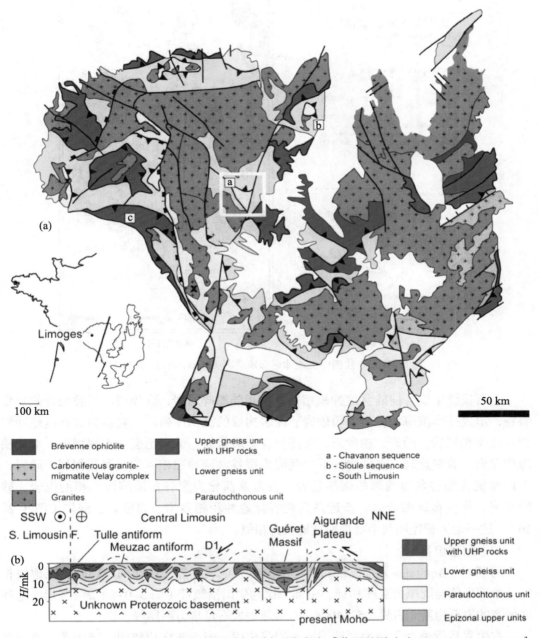

图 3-2-14　法国中央地体地质图（a）和西南部剖面图（b）［位置见图（a）；Thiéry et al, 2015］

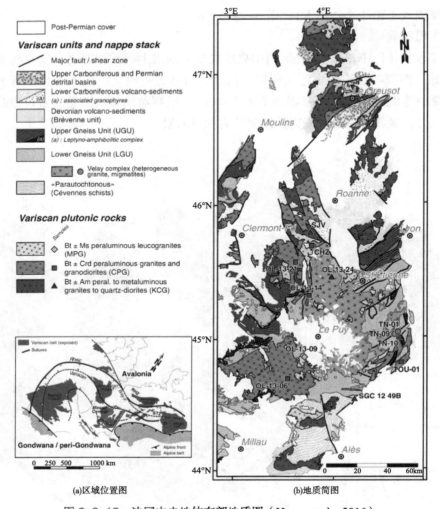

图 3-2-15　法国中央地体东部地质图（Moyen et al, 2016）

　　上石炭统主要为前陆盆地冲积相－湖泊相陆源碎屑岩，含煤层。二叠纪开始发育裂谷，形成一套滨海相砂岩、粉砂岩、泥岩构成的沉积序列。三叠系为裂谷盆地冲积相－浅海相砾岩、砂岩、粉砂岩，夹泥岩、碳酸盐岩。侏罗纪裂谷作用增强，形成浅海相泥岩、碳酸盐岩，夹砂岩。下白垩统为裂谷盆地冲积相－滨浅海相泥岩、砂岩。上白垩统为裂谷盆地浅海相碳酸盐岩。古近系演化为裂谷盆地滨浅海相的砾岩、砂岩泥岩，夹少量碳酸盐岩。新近系为裂谷盆地冲积相砂岩、粉砂岩、泥岩（图 3-2-16）。这一套沉积盖层与韦赛克斯盆地极为相似。

　　（3）阿基坦盆地

　　阿基坦（Aquitaine）盆地东北部与法国中央地块相邻，西北部与阿摩力克地块相邻，西部南侧与阿摩力克槽相接，南部为比利牛斯褶皱带（图 3-0-1）。阿基坦盆地基底最老的岩石为新元古界（570Ma ±），最新的岩石是华力西期侵入岩。

　　古生界尽管遭受了华力西期构造和岩浆作用，但变质作用较弱。寒武系－志留系

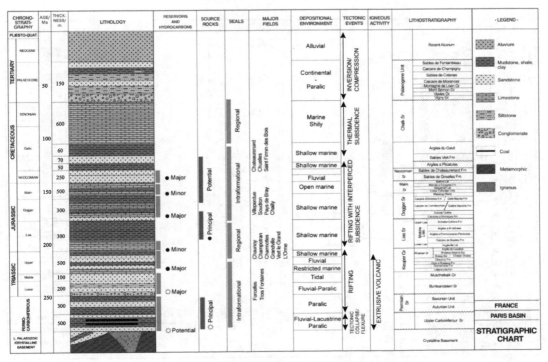

图 3-2-16　巴黎盆地地层综合柱状图（IHS，2008）

为弱变质的被动大陆边缘盆地浅海相泥岩、砂岩。泥盆系为被动大陆边缘盆地孤立台地浅海相碳酸盐岩。石炭系主要为前陆盆地冲积相 – 滨浅海相泥岩、砂岩。二叠纪开始发育裂谷，形成一套冲积相砾岩、砂岩、粉砂岩、泥岩。三叠系—下侏罗统为裂谷盆地滨浅海相碳酸盐岩夹蒸发岩。中上侏罗统被动大陆边缘盆地浅海相碳酸盐岩，夹砂泥岩。下白垩统为前陆盆地冲积相 – 深水浅海相砂岩、泥岩、碳酸盐岩。上白垩统为前陆盆地浅海相碳酸盐岩。古近系为前陆盆地浅海相的泥岩、碳酸盐岩。新近系为前陆盆地冲积相砂岩、粉砂岩、泥岩（图 3-2-17）。

（4）布雷斯 – 瓦朗斯盆地

布雷斯 – 瓦朗斯（Bresse-Valence）盆地是一南北向延伸的狭长盆地，西部与法国中央地块相邻，东部与侏罗褶皱带相接，南部为阿尔卑斯褶皱带，北部以兰格斯（Langres）构造带与巴黎盆地相隔（图 3-0-1）。布雷斯 – 瓦朗斯盆地基底最老的岩石为新元古界（570Ma±），最新的岩石是华力西期变质岩和侵入岩。

布雷斯 – 瓦朗斯盆地沉积盖层从晚石炭世开始发育。上石炭统—二叠系为前陆盆地（具有走滑拉分性质）冲积相砾岩、砂岩、粉砂岩、泥岩。三叠系为被动大陆边缘盆地冲积相 – 浅海相砂岩、泥岩，夹碳酸盐和蒸发岩。侏罗系为被动大陆边缘盆地浅海相 – 深水浅海相碳酸盐岩、泥岩。白垩系为被动大陆边缘盆地浅海相 – 深水浅海相砂岩、泥岩、碳酸盐岩。上白垩统上部—古新统普遍缺失，与比利牛斯造山作用有关。始新统为前陆盆地湖泊相砂岩、泥岩、碳酸盐岩。渐新统为裂谷盆地局限浅海相的蒸发岩、碳酸盐岩，夹泥岩。新近系为前陆盆地冲积相砂岩、粉砂岩、泥岩（图 3-2-18）。

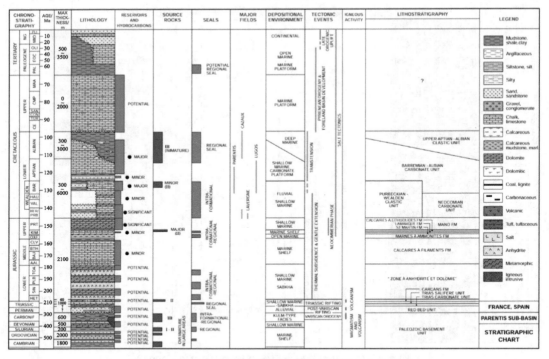

图 3-2-17 阿基坦盆地地层综合柱状图（IHS，2008）

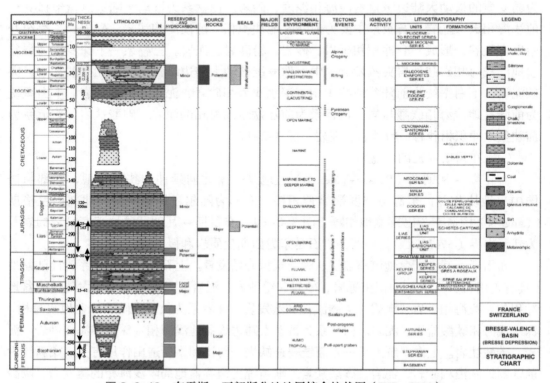

图 3-2-18 布雷斯 - 瓦朗斯盆地地层综合柱状图（IHS，2008）

　　上白垩统上部—古新统普遍缺失，与比利牛斯造山作用有关。始新世前陆盆地的发育与阿尔卑斯仰冲开始有关。渐新世裂谷盆地的发育起因于比利牛斯山和阿尔卑斯向北挤压产生的东向西张应力。新近纪阿尔卑斯造山作用转向向西、西北挤压，布雷斯 – 瓦朗斯盆地演化前陆盆地（图 3-2-19）。

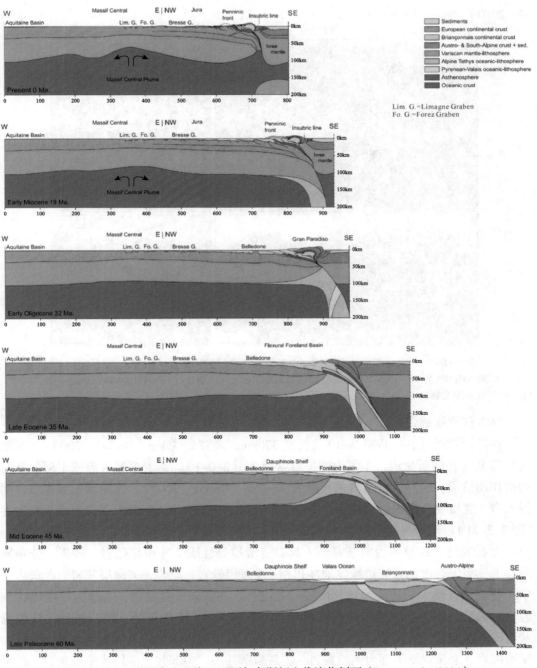

图 3-2-19　法国中央地块 – 西阿尔卑斯新生代演化剖面（Dezes et al，2004）

（5）利马涅盆地

利马涅（Limagne）盆地，南北向延伸，是发育于法国中央地块内的新生代裂谷盆地，北部与巴黎盆地相接（图3-0-1）。主要发育始新统、渐新统、中新统和第四系（图3-2-19）。渐新统和中新统为湖泊相碳酸盐岩、泥灰岩、钙质泥岩，其中有大量形态各异的生物丘（图3-2-20）。丰富的钙质来源于上白垩统白垩风化产物（Wattinne et al，2010）。

图3-2-20　利马涅盆地渐新统—中新统形态各异的生物丘（Roche et al，2018）
（a）—下部为晴隆状生物丘上部为锥状生物丘；（b）—含大量团块的柱状生物丘；（c）—黏连的球状、倾斜柱状生物丘群；
（d）—不规则层状生物丘

（6）侏罗褶皱带

侏罗褶皱带（Jura Fold Belt），长度370km，最宽处75km（Becker，2000）。西侧为布雷斯-瓦朗斯盆地，东侧为磨拉石盆地（图3-0-1）。侏罗褶皱带形成于阿尔卑斯构造作用阶段，逆冲-推覆峰值年龄为9—4Ma（Becker，2000）。侏罗褶皱带以海西期侵入岩、变质变形沉积岩为基底，发育了上石炭统—二叠系、三叠系、侏罗系、新生界（图3-2-21）。作为典型薄皮逆冲推覆构造，其拆离面为三叠系蒸发岩（图3-2-22）。

上石炭统—二叠系为前陆盆地（具有走滑拉分性质）冲积相砾岩、砂岩，分布局限。下三叠统为被动大陆边缘盆地冲积相-浅海相砂岩、泥岩，夹薄层灰岩、泥灰岩。中三叠统为被动大陆边缘盆地局限浅海相泥岩、泥灰岩、蒸发岩，上部为厚层块状灰岩、白云岩。上三叠统为局限浅海相泥岩、夹蒸发岩。下侏罗统主要为被动大陆边缘盆地浅海相泥岩，夹少量碳酸盐岩。中侏罗统下部以泥岩为主，上部为泥灰岩、砂岩、鲕粒灰岩。上侏罗统下部为钙质页岩、泥灰岩薄互层，中部和上部块状厚层灰岩。白垩系—古新统普遍缺失。始新统—中新统为砂岩、泥灰岩、泥岩（图3-2-21）。

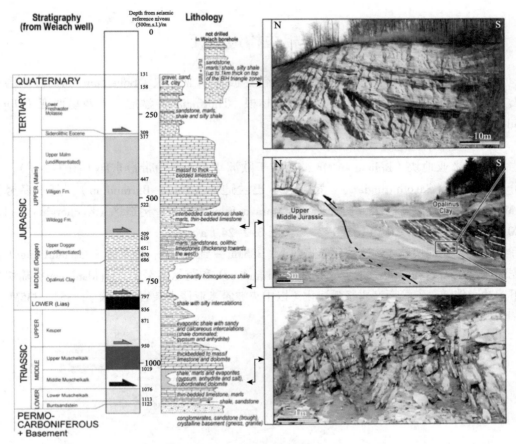

图 3-2-21　侏罗褶皱带东北部及邻区地质剖面图（据 Malz et al，2016 略改）

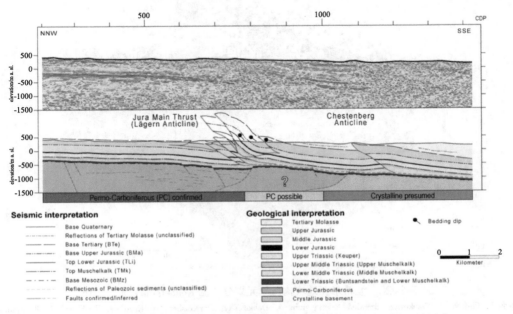

图 3-2-22　侏罗褶皱带东北部及邻区地质剖面图（Malz et al，2016 略改）

3.2.3 波希米亚地块及相关构造单元

波希米亚地块及相关构造单元主要包括波希米亚地块（Bohemian Massif）、磨拉石（Molasse）盆地、西南德国盆地、图林根（Thuringian）盆地、上西里西亚（Upper Silesian）盆地等基本构造单元（图 3-0-1）。

（1）波希米亚地块

波希米亚地块（Bohemian Massif）位于欧洲华力西造山带最东部（图 3-2-1），划分为撒克逊（Saxothuringian）、特普拉－巴兰迪亚（Teplá-Barrandian）、莫尔多努比（Moldanubian）和莫拉沃－西里西亚（Moravo-Silesian）4 个构造区（Kochergina et al，2016；Zachariáš，2016）[图 3-2-23、图 3-2-24（a）]。

波希米亚地块地质构造演化模式如下：385Ma± 到 354Ma，撒克逊（Saxothuringian）洋壳向东部的特普拉－巴兰迪亚（Teplá-Barrandian）和莫尔多努比（Moldanubian）陆块之下俯冲，伴随着安第斯型岩浆弧演化（以中央波希米亚侵入杂岩为代表）；354—335Ma，

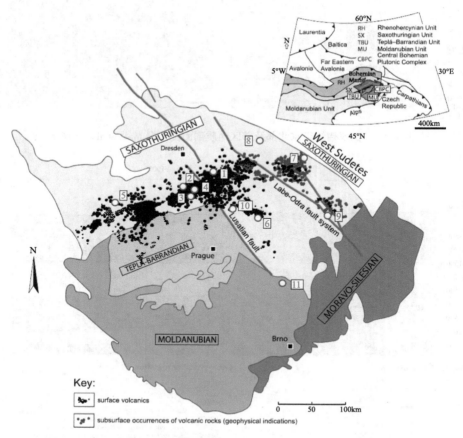

图 3-2-23　波希米亚地块构造单元划分（据 Kochergina et al，2016）

地名 1—Plešný；2—Prackovice；3—Medvědický vrch；4—Dobkovičky；5—Kraslice；6—Kozákov；7—Krzeniów；8—Sproitz；9—Lutynia；10—Provodín；11—Luže.

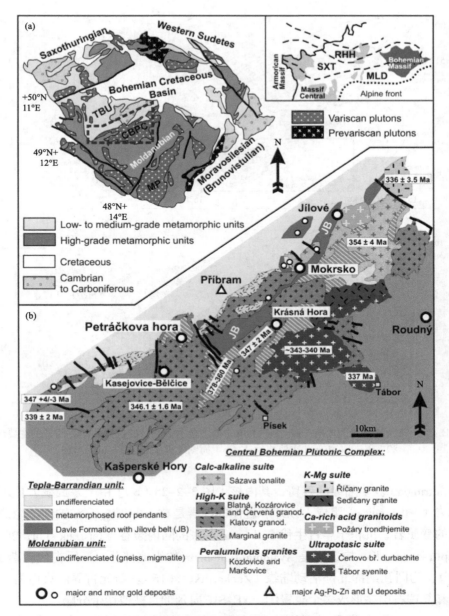

图 3-2-24　波希米亚地质图（据 Zachariáš，2016）

（a）波希米亚地块；（b）波希米亚中央侵入杂岩及围区［包括新元古界 Jílové 带（JB）和最重要的金矿］

注：（a）中小插图标明欧洲华力西带的分布：Saxothuringian（SXT）、Rhenohercynian（RHH）和 Moldanubian（MLD）、Teplá-Barrandian Unit（TBU）、Moldanubian Pluton（MP）。

碰撞高潮阶段，导致地壳增厚（达 60km）和广泛的变质作用；随后，335—315Ma 发生了快速折返。

　　撒克逊（Saxothuringian）构造区处于波希米亚地块的西北部［图 3-2-25（a）］，是 Saxothuringian /Rheic 洋的被动陆缘。Saxothuringian/Rheic 洋是在寒武纪—奥陶纪打开，泥盆纪—石炭纪华力西造山期向东俯冲于波希米亚地块核之下。Krkonose-Jizera 次地块

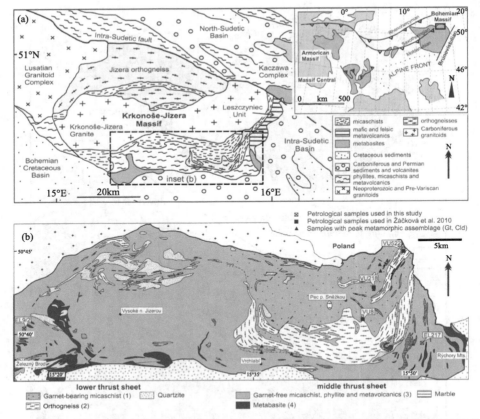

图 3-2-25　波希米亚北部地质（a）（右上角的插图显示研究区的位置和华力西带的主要地块）
和 Krkonose–Jizera 次地块地质（b）简图（据 Jeřábek et al，2016）

是 Saxothuringian 被动陆缘的残留，其内核［图 3-2-25（b）］由上寒武统 / 下奥陶统的
正片麻岩（orthogneiss）组成。该片麻岩体的围岩是 Saxothuringian 洋被动陆缘的火山 –
沉积岩的变质岩，沉积于早古生代 Cadomian 基底的陆内裂谷（Jeřábek et al，2016）。

　　Teplá–Barrandian 构造区是 Avalonia–Cadomian 的组成部分，新元古代晚期（750—
540 Ma），为冈瓦纳的北部活动陆缘（Zachariáš，2016）。新元古界的火山岩、火山 –
沉积岩和复理石层序形成多个叠置体，NE-SW 向延伸，被剪切带分隔。

　　Cadomian 变形和变质强度从 Teplá–Barrandian 构造域的西北（斜长角闪岩相）向
东南（葡萄石 – 绿纤石相）减弱。东北部 Prague 向斜，新元古基底被下寒武统 – 中泥
盆统海侵沉积覆盖，厚度达 4~6km（Zachariáš，2016）。

　　Jílové 带处于 Teplá–Barrandian 构造区的最东部［图 3-2-24（b）］，NNE-SSW 向延
伸，宽 1~6km，由新元古代火山岩、次火山岩、火山沉积岩的变质岩组成，这一沉积组
合是大陆边缘 Cadomian 火山弧的沉积序列。Jílové 带的南部和中部被波希米亚中央侵入
岩体（Central Bohemian Plutonic Complex = CBPC）围限（图 3-2-24）。CBPC 侵入了低级
变质的 Teplá–Barrandian 和高级变质的 Moldanubian，面积约 3200km²，是华力西期侵入
体，年龄为 354—346Ma，岩石成分从基性到酸性，从钙碱性（老）到超高钾（新）。

　　Moldanubian 构造区主要为中高级变质岩，次为新元古代—泥盆纪原岩，以及华力西期（360—345Ma）的大量侵入岩（Kubínová et al，2017）。侵入岩可以划分为4组，前2组为花岗岩体，钙碱性花岗岩（355—345Ma）与俯冲相关，铝质（S型）深熔花岗岩（330—300Ma）很可能是泥质岩广泛的混合岩化和等温减压形成的。第3组是钾–超钾侵入岩（346—337Ma）为几个孤立的侵入体［图3-2-26（b）］和岩墙群（Kubínová et al，2017）。第4组是华力西期（340Ma±）基性和超基性岩浆岩（辉长岩、苏长岩、橄长岩、辉石岩），也有更老的变质的基性和超基性岩（斜长角闪岩–麻粒岩）。

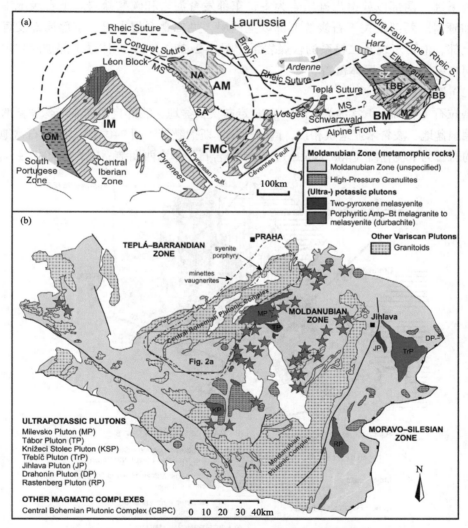

图 3-2-26　欧洲华力西造山带及 Moldanubian 型外来地体（a）和
波希米亚地块 Moldanubian 构造区的花岗岩、超钾侵入岩（b）（据 Kubínová et al，2017）

注：（a）图：实心红圈是超钾岩浆岩，蓝星是高压–超高压变质岩的分布。AM—Armorican Massif；BB—Brunovistulian Block；BM—Bohemian Massif；FMC—French Massif Central；IM—Iberian Massif；MZ—Moldanubian Zone；NA—North Armorica；OM—Ossa-Morena Zone；SA—South Armorica；SZ—Saxothuringian Zone；MS—Moldanubian suture。（b）图：虚线及点画线分别为云煌岩–磷英黑云二长岩（minettes-vaugnerite）和正长斑岩（syenite porphyry）的分布范围；蓝色五星是角闪岩相退变为榴辉岩相的分布

Moravo–Silesian 构造区的核是 Brunovistulian 微古陆，华力西造山期形成 Culm 前陆盆地（D_3~C_1）和增生楔。西部是强变形的外来地体（Botor et al，2017），沿波希米亚地块的东北部近 S-N 向展布。东部为原地 – 准原地的未变质 – 微变质的寒武纪—晚石炭世沉积岩和火山岩（图 3-2-27）。Moravo–Silesian 构造区的构造是复理石推覆于新元古界 Brunovistulian 微古陆及其前造山的泥盆系之上的复理石组成的薄皮构造（图 3-2-28）。

Brunovistulian（BV）地体基底为新元古界，由变质岩与岩浆岩构成。下古生界普遍缺失。下泥盆统的砂砾岩覆盖于基底之上。中上泥盆统以泥岩和碳酸盐岩为主。下石炭统下部，西部以放射虫硅质岩为主，东部发育泥岩和碳酸盐岩。下石炭统中部为砂岩和砾岩。西部缺失下石炭统上部以上地层，见二叠系侵入岩，东部局部发育下石炭统上部、上石炭统及二叠系的含煤岩系（图 3-2-28）。BV 地体最东部被阿尔卑斯前渊和阿尔卑斯造山推覆体覆盖。

（2）磨拉石盆地

磨拉石（Molasse）盆地为 SWW-NEE 走向狭长盆地，北部自西向东与侏罗褶皱带、西南德国盆地、波希米亚地块相接，南邻阿尔卑斯褶皱带（图 3-0-1）。磨拉石盆地基底最老的岩石为下泥盆统（408.5Ma ±），最新的岩石是华力西期结晶岩（332.9Ma ±）。

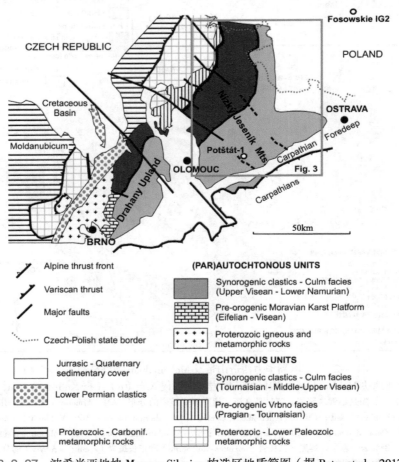

图 3-2-27　波希米亚地块 Moravo–Silesian 构造区地质简图（据 Botor et al，2017）

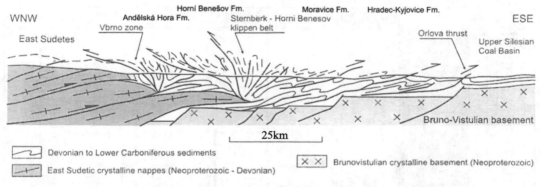

图 3-2-28 波希米亚地块 Moravo–Silesian 地质剖面简图（据 Botor et al，2017）

上石炭统—二叠系为裂谷盆地冲积相砂岩、粉砂岩、泥岩，及少量砾岩。三叠系为裂谷盆地冲积相 – 滨浅海相泥岩、砂岩、碳酸盐岩夹蒸发岩。中、下侏罗统为被动大陆边缘盆地浅海相泥岩、碳酸盐岩，夹砂岩。上侏罗统—下白垩统主要为被动大陆边缘盆地浅海相碳酸盐岩，夹粉砂岩、砂岩。上白垩统为前陆盆地浅海相碳酸盐岩、泥岩、砂岩（图 3-2-29）。古新统—始新统中部缺失。始新统上部为前陆盆地浅海相的砂岩、碳酸盐岩。渐新统为前陆盆地滨浅海相泥岩、泥灰岩、粉砂岩、砂岩。中新统下部为前陆盆地滨浅海相泥岩、粉砂岩、砂岩。中新统中上部为冲积相砾岩、砂岩、泥岩，夹少量火山岩（图 3-2-30）。

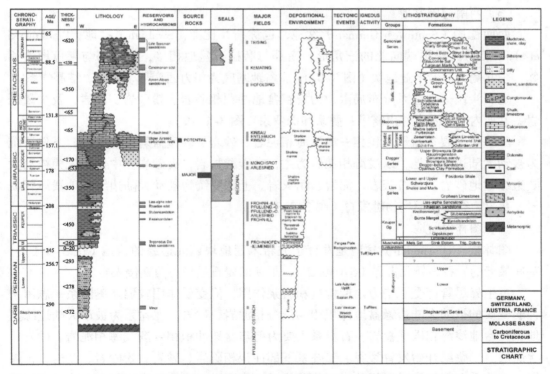

图 3-2-29 磨拉石盆地上古生界—中生界地层综合柱状图（IHS，2009）

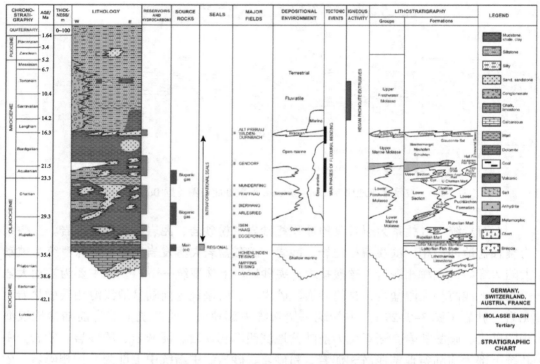

图 3-2-30　磨拉石盆地新生界地层综合柱状图（IHS，2009）

（3）西南德国盆地

西南德国（Southwest German）盆地，也称斯瓦比亚（Swabian）盆地（Pienkowski et al，2008），呈顶端向北的三角形，南部与磨拉石盆地相接，西北部与莱茵地块相邻，东北侧为波希米亚地块（图 3-0-1）。盆地基底为华力西变形、变质、结晶岩系。

上石炭统—二叠系分布局限，为裂谷盆地冲积相砂岩、粉砂岩、泥岩，及少量砾岩。盆地内主要发育并出露了三叠系和侏罗系（图 3-1-19）。

三叠系为裂谷盆地冲积相—滨浅海相泥岩、砂岩、碳酸盐岩夹蒸发岩。下侏罗统为被动大陆边缘盆地，以浅海相泥岩为主，夹碳酸盐岩，夹砂岩。中侏罗统为被动大陆边缘盆地砂岩、鲕粒灰岩、泥岩、泥灰岩。上侏罗统为被动大陆边缘盆地浅海相泥岩、灰岩，有大规模生物礁发育（图 3-2-31）。

（4）图林根盆地

图林根（Thuringian）盆地是发育于波希米亚地块西北边缘的盆地（图 3-0-1）。基底最老的岩石为新元古界（570Ma±），最新的岩石是华力西期侵入岩。

古生界尽管遭受了华力西期构造和岩浆作用，但变质作用较弱。奥陶系—志留系为弱变质的被动大陆边缘盆地冲积相–浅海相泥岩、砂岩。泥盆系为被动大陆边缘盆地孤立台地浅海相碳酸盐岩。石炭系主要为前陆盆地冲积相–滨浅海相泥岩、砂岩，含煤层。二叠纪开始发育裂谷。二叠系下部冲积相砾岩、砂岩、粉砂岩、泥岩，含煤层。二叠系上部为滨浅海相砂岩、碳酸盐岩、蒸发岩。三叠系为冲积相–滨浅海相砂

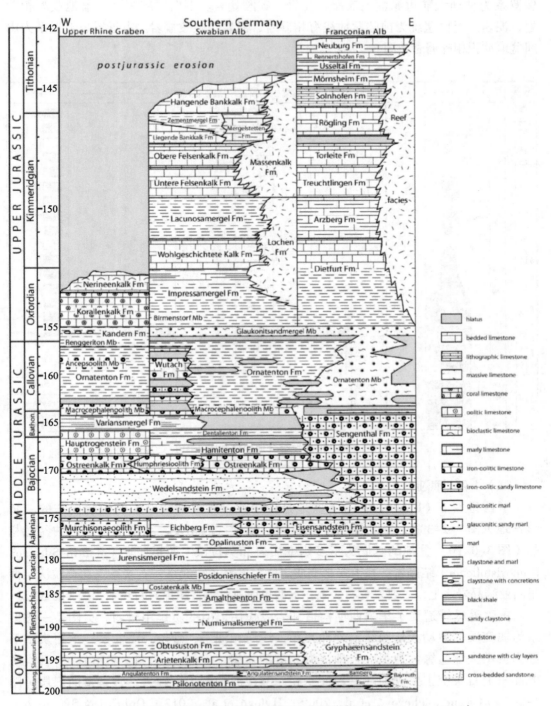

图 3-2-31 德国南部不同地区侏罗纪地层对比图（Pienkowski et al，2008）

岩、泥岩，含蒸发岩。侏罗系—新近系普遍遭受剥蚀，仅局部保存（Gotze，1998）。侏罗系为被动大陆边缘盆地浅海相泥岩、碳酸盐岩。下白垩统为裂谷盆地浅海相砂岩、泥岩。上白垩统为前陆盆地浅海相砂岩、泥岩、碳酸盐岩。古近系、新近系为山间盆地冲积相碎屑岩（图3-2-32）。

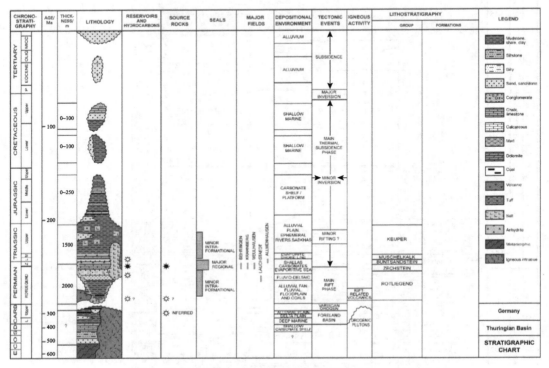

图3-2-32　图林根盆地综合地层柱状图（IHS，2008）

（5）上西里西亚

上西里西亚（Upper Silesian）盆地是位于波希米亚地块东缘的顶端向东的三角形盆地（图3-2-33），东北侧与东北德国－波兰盆地相接，东南部与维也纳盆地相邻（图3-0-1）。盆地的基底为卡多姆变质岩和莫拉沃－西里西亚（Moravo-Silesian=Brunovistulicum）结晶岩。在卡多姆变质岩之上发育了寒武系—石炭系。在莫拉沃－西里西亚结晶岩之上，主要发育石炭系。上西里西亚盆地普遍出露石炭系（图3-2-33）。

古生界尽管遭受了华力西期构造和岩浆作用，但变质作用较弱。奥陶系—志留系为弱变质的被动大陆边缘盆地冲积相－浅海相泥岩、砂岩。泥盆系—下石炭统下部为被动大陆边缘盆地孤立台地浅海相碳酸盐岩（Geršlová et al，2016）。下石炭统上部—上石炭统主要为前陆盆地冲积相－滨浅海相泥岩、砂岩，含丰富的煤层（图3-2-34）（Kandarachevová et al，2009；Hýlová et al，2013；Opluštil & Sýkorová，2018）。

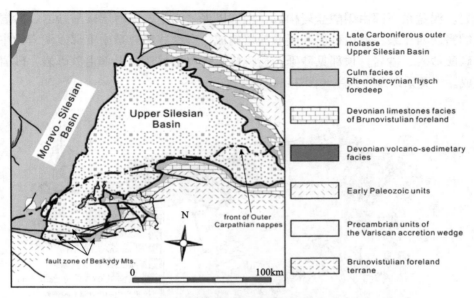

图 3-2-33　上西里西亚盆地及围区地质简图（Hýlová et al，2013）

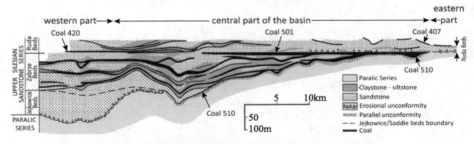

图 3-2-34　上西里西亚盆地含煤岩系剖面图（Opluštil & Sýkorová，2018）
注：Paralic 岩系，325.5—323.5Ma；上西里西亚砂岩岩系，323.5—315Ma

3.3　伊比利亚地块新元古界–古生界变形带

　　伊比利亚（Iberian）地块从东北向西南划分为坎塔布连（Cantabrian）区、西阿斯图里亚莱昂（Asturian-Leonese）区、中央伊比利亚区、加利西亚–奥萨–莫雷纳（Galicia –Ossa-Morena）区和南葡萄牙区（图 3-3-1）。坎塔布连区和南葡萄牙区分别为冈瓦纳和劳俄古陆边缘造山带的前陆。其余区带表现为各种强烈的变质、变形作用和岩浆作用。

　　伊比利亚地块东北部的坎塔布连（Cantabrian）区出露了新元古界—古生界地层（图 3-3-2）。新元古界为泥质岩、火山岩组成的变质杂岩。寒武系由砂泥岩不等厚互层组成，底部发育碳酸盐岩，与下伏新元古界不整合接触。奥陶系下统下部以泥岩为主，夹薄层砂岩；奥陶系下统上部以砂岩为主，夹薄层泥岩。奥陶系中统以泥岩为主，夹薄层砂岩。奥陶系上统以火山岩为主，夹薄层砂岩。志留系以泥岩为主，夹薄层砂岩。泥盆系下部由碳酸盐岩构成，上部以泥岩为主，夹薄层碳酸盐岩、砂岩。石炭系的密西西比系主要由砂岩和碳酸盐岩构成。宾夕法尼亚系中下部以泥岩为主，夹薄层碳酸盐岩、砂岩，顶部见砂砾岩透镜体。宾夕法尼亚系上部由砂砾岩、砂岩、泥岩组成。二叠系以砂岩为主（图3-3-2）。

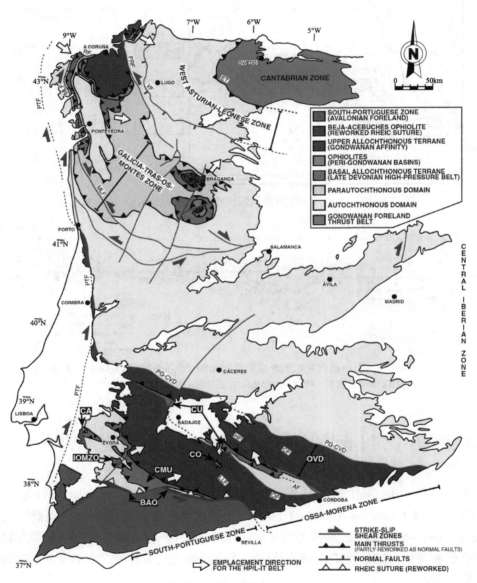

图 3-3-1　伊比利亚地块地质图（Arenas et al，2016）

AF—Azuaga 断裂；BAO—Beja–Acebuches 蛇绿杂岩；CA—Carvalhal 角闪岩相；CF—Canaleja 断裂；CMU—Cubito-Moura 单元；CO—Calzadilla 蛇绿杂岩；CU—中部单元；ET—Espina 逆冲带；HF—Hornachos 断裂；IOMZO—Ossa-Morena 内带蛇绿杂岩；LLF—Llanos 断裂；MLF—Malpica–Lamego 断裂；OF—Onza 断裂；OVD—Obejo-Valsequillo 构造域；PG-CVD—Puente Génave-Castelo 拆离带；PRF—Palas de Rei 断裂；PTF—Porto-Tomar 断裂；RF—Riás 断裂；VF—Viveiro 断裂

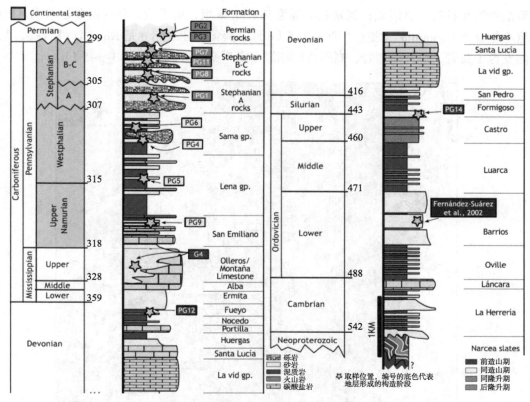

图 3-3-2　伊比利亚地块坎塔布连出露的新元古界—古生界地层序列（Pastor-Galán et al，2013）

中央伊比利亚区（CIZ）由外来地体复合体、准原地变质杂岩、原地侵入岩组成。外来地体、准原地变质杂岩体叠覆在冈瓦纳边缘的原地侵入岩之上（Fernández & Pereira，2016）。外来地体复合体和准原地变质杂岩体保存为大规模逆冲形成的飞来峰。飞来峰由厚层的新元古界和古生界岩石组成，占中央伊比利亚区造山带的绝大部分（图 3-3-3、图 3-3-4）。

中央伊比利亚区华力西构造，包括褶皱、剪切带、断层，形成过程中伴随的花岗质岩浆侵入形成了原地花岗岩（峰值年龄在 317—321Ma）。准原地变质杂岩区域变质作用强度变化大，既有低级变质作用，也有部分熔融作用。从低级到高级变质作用的变化较突然，最老的变质岩年龄为 1400Ma，也有年龄为 400—800Ma 的变质岩。变质岩主要发育于晚古生代（331—311Ma）形成的剪切构造带（图 3-3-4）。

伊比利亚地块南葡萄牙区是劳俄大陆边缘的华力西褶皱带［图 3-3-5（a）］。缺少中泥盆统以前的岩石［图 3-3-5（b）（c）］。北部的 Pulo do Lobo 带为中上泥盆统低级变质碎屑岩，最下部的 Pulo do Lobo 组由具大量石英脉的黑色千枚岩组成，向上渐变为具石英砂岩夹层的 Ribeira de Limas 组。上泥盆统 The Horta da Torre 组不整合于 Pulo do Lobo 组之上，由板岩和石英岩组成，密西西比系的 Santa Iría 组则由板岩和杂砂岩组成［图 3-3-5（c）］。南部的伊比利亚黄铁矿（Iberian Pyrite）带密西西比系为富硫化物的火山 - 沉积岩杂岩；泥盆系上部为 PQ（Phyllite-Quartzite）组，由千枚岩、交错层理石英杂砂岩和石英砂岩组成；泥盆系下部为 Ronquillo 组，由千枚岩和变质砂岩组成。PQ 组不整合于 Ronquillo 组之上［图 3-3-5（c）］。南葡萄牙区北界是 Rheic 洋缝合线，北侧发育了杂岩，包括榴辉岩、高压片岩和洋中脊型变质玄武岩［图 3-3-5（b）］。

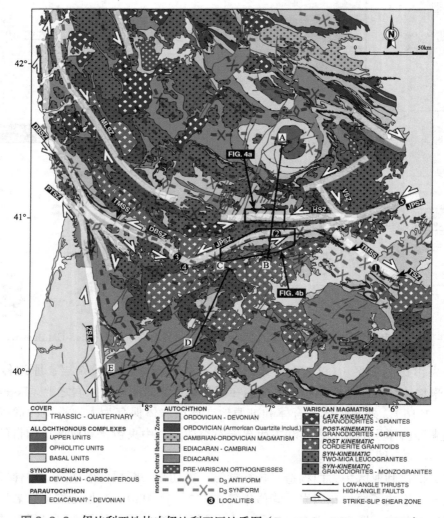

图 3-3-3　伊比利亚地块中伊比利亚区地质图（Fernández & Pereira，2016）

1—Tamames；2—Marofa（mountain peak）；3—Sátão；4—Penalva do Castelo；5—Juzbado；DBSZ—Douro-Beira 剪切带；HSZ—Huebra 剪切带；JPSZ—Juzbado-Penalva do Castelo 剪切带；MLSZ—Malpica-Lamego 剪切带；PTSZ—Porto-Tomar 剪切带；TMSS—Tamames-Marofa-Sátão 向斜；TSZ—Tamames 剪切带；VSZ—Villalcampo 剪切带

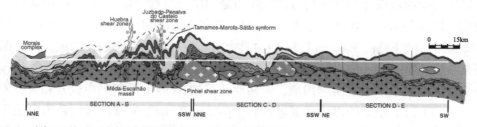

图 3-3-4　中伊比利亚区综合地质剖面图（位置和图例见图 3-3-3A、B、C、D、E；Fernández & Pereira，2016）

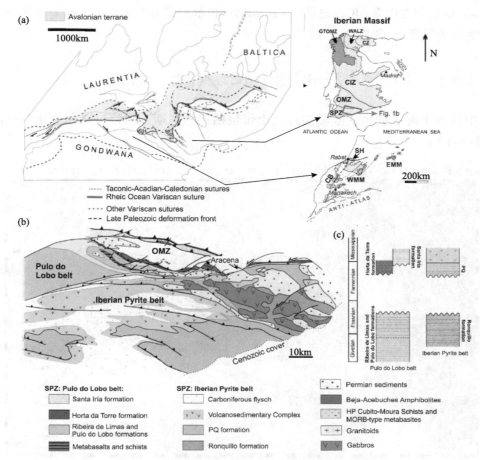

图 3-3-5　晚石炭世华力西构造带复原图、南葡萄牙带东部地质图（b）及
南葡萄牙带地层（c）（Pérez-Cáceres et al，2016）

CZ—Cantabrian 带；WALZ—Asturian-Leonese 西 带；GTOMZ—Galicia Tras-os-Montes 带；CIZ—
Iberian 中带；OMZ—Ossa-Morena 带；SPZ—南葡萄牙带；SH—Sehoul 地块；CB—滨岸地块；WMM—
摩洛哥西部高原；EMM—摩洛哥东部高原

3.4　中西地中海新生代洋盆及周缘中新生代变形带

　　中西地中海新生代洋盆及周缘中新生代变形带的构造单元组成具有多样性
（Argnani et al，2016），包括新生代（渐新世—上新世）弧后张裂形成的洋盆及火山
弧（第勒尼安 =Tyrrhenian 海，巴利阿里 =Balearic 海，阿尔及利亚 =Algeria 海，阿尔
布兰 =Alboran 海）、中新生代褶皱 - 冲断带（亚平宁 =Apennines、贝蒂克 =Betics、马
格里布 =Maghrebides 造山带）、与大洋俯冲相关的增生楔（直布罗陀 = Gibraltar 弧增
生楔 =GAAW，卡拉布里亚弧增生楔 =CAAW 和希腊弧增生楔 =HAAW 属于东地中海中
新生代变形带）、陆陆碰撞造山带（比利牛斯 =Pyrenees 和阿尔卑斯 =Alps，阿特拉斯

=Atlas，伊比利亚山系 =IC，迪纳里 =Dinarides 和希腊造山带 =Hellenides 属于东地中海中新生代变形带），见图 3-4-1。

3.4.1　中西地中海中新生代陆陆碰撞造山带

中西地中海中新生代陆陆碰撞造山带包括比利牛斯、阿特拉斯和伊比利亚山系（图 3-4-1）。

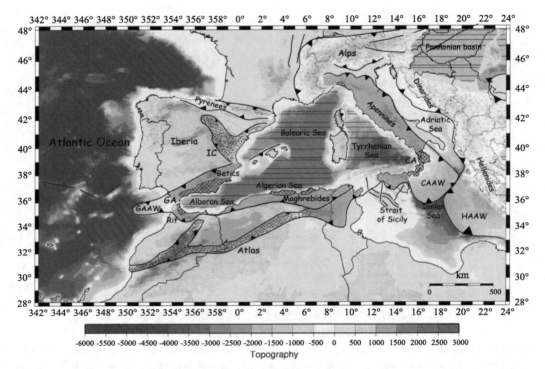

图 3-4-1　中西地中海地区地质简图（Argnani et al, 2016）

注：晚渐新世到上新世褶皱-冲断带（灰色）和弧后张裂盆地（包括火山弧、横线），大洋俯冲增生楔（细点）（GAAW—直布罗陀弧增生楔；CAAW—卡拉布里亚弧增生楔；HAAW—希腊弧增生楔），岛弧微地块（网格），碰撞带（随机短线），阿特拉斯和伊比利亚山链（IC）（粗点）。

（1）比利牛斯陆陆碰撞带

比利牛斯（Pyreneas）陆陆碰撞造山带是 Santonian/Campanian（83.5Ma）到中新世（阿尔卑斯造山期）欧洲板块与伊比利亚板块碰撞形成的（Pocoví Juan et al, 2014；Vacherat et al, 2017）。该碰撞逆冲褶皱带的轴带［图 3-4-2（a）］呈背形堆叠构造样式［图 3-4-2（b）］，比利牛斯的南部为与同构沉积作用和前陆盆地发育相关的背驮式逆冲断裂。

比利牛斯中、西部构造体系结构主要与阿尔卑斯构造旋回有关。阿尔卑斯构造旋回从二叠纪走滑盆地沉积的红层开始，随后是中生代伸展盆地的陆相和海相沉积物［图 3-4-2（c）］（Pocoví Juan et al, 2014；Ortí et al, 2017）。在 Albian 期，伊比利亚相对于欧洲大陆的左旋走滑运动，沿北比利牛斯断裂带形成拉分盆地（如 Mauléon

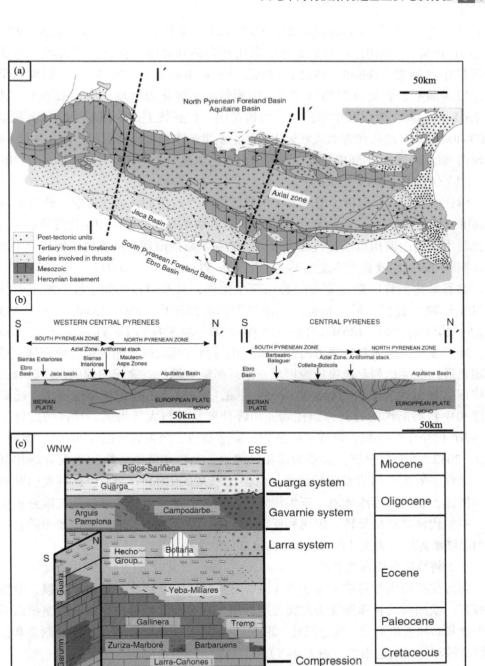

图 3-4-2　比利牛斯地区地质简图（a）、造山带地质剖面（b）和比利牛斯地区南部地层格架（c）
（Pocoví Juan et al，2014）

盆地）。晚白垩世（Campanian-Maastrichtian），海相台地沉积物（Zuriza 泥灰岩和 Marboré 砂岩，Teixell，1992）发育于南比利牛斯和轴带，向北，发育浊流沉积，是挤压造山的标志（Teixell，1992；1996；Pocoví Juan et al，2014）。古新世和早始新世，以碳酸盐岩台地沉积物为特征，中始新世，演化为台地–浊积槽体系。始新世末 Priabonian 期，西比利牛斯隆升，海道关闭。始新统上部—渐新统陆相沉积厚度达 3500~4000m。在前陆和背驮式盆地出露了渐新世—中新世碎屑沉积〔图 3-4-2（c）〕。从晚白垩世（100Ma）到中新世，海道是由西向东逐渐关闭的（Vacherat et al，2017）。

（2）伊比利亚板内变形带

伊比利亚板内变形带（图 3-4-1 中 IC）是一个广泛的板内变形带，分为 Aragonese Castillian 两支（图 3-4-3 中 A），是伊比利亚地块东部二叠纪—中生代发育的裂谷盆地在比利牛斯造山期构造反转过程中形成。比利牛斯造山期是从晚白垩世到早中新世时期，期间 Iberia 和欧亚大陆发生 N-S 汇聚（De Vicente et al，2009）。

裂谷盆地发育时期主要是二叠纪至中生代，具有明显的间歇性，最重要的裂陷幕发生于晚二叠世、早三叠世、早侏罗世和晚白垩世（256—254Ma，245—235Ma，209.5—205Ma，190—180Ma，155—150Ma，97—88.5Ma）（De Vicente et al，2009）。中、晚二叠世，伊比利亚华力西造山带造山后盘古超大陆开始破裂，地壳伸展减薄，伴随走滑，在伊比利亚地块边缘形成一系列断陷盆地。二叠纪的伸展以广泛分布的红层碎屑岩和碱性岩浆岩为标志（Gretter et al，2015）。三叠纪至早侏罗世，随着北大西洋和中特提斯洋的打开，伊比利亚边缘伸展盆地与大洋沟通，且古纬度处于北纬 25°~30° 的半干旱气候，形成了碎屑岩、碳酸盐岩、蒸发岩（图 3-4-4）、泥岩（Ortí et al，2017）。下白垩统，主要为陆相碎屑岩。上白垩统既有陆相也发育海相沉积发育，岩性主要为碎屑岩和碳酸盐岩。白垩纪末 Maastrichtian 期，伊比利亚山脉地区演化为河流、湖泊、沼泽环境。新生代阿尔卑斯造山期，由于非洲板块与欧亚板块的挤压，中生代伸展断层反转，伊比利亚山脉隆升，并形成相关前陆盆地及山间盆地。沉积物以陆源碎屑岩为主（Pérez-García et al，2012）。

（3）阿特拉斯板内变形带

阿特拉斯板内变形带（图 3-4-1）是三叠纪—侏罗纪盘古超大陆破裂、中特提斯洋打开，欧洲板块和非洲板块左旋走滑伸展，在非洲北缘形成裂谷；白垩纪以后，欧洲板块和非洲板块汇聚，构造反转，形成以一系列 NE-SW 的褶皱、逆冲断裂和盐构造为特征的阿特拉斯造山带（图 3-4-5）。

阿特拉斯中生代裂谷以古生代华力西变形、变质岩系为基底，三叠纪为规模较小的裂谷盆地，充填了碎屑岩红层、玄武岩，及少量盐岩；早、中侏罗世，裂谷扩展，沉积记录以灰岩和白云岩为主，并有泥灰岩和钙质浊积岩；中侏罗世晚期到晚侏罗世，发生海退，沉积记录以碎屑岩红层为特征（Guiraud et al，2005；Teixell et al，2017）。阿特拉斯裂谷演化伴随着盐构造活动（Saura et al，2014）和侏罗纪中后期的碱性火成岩侵入（Laville & Pique，1992）。白垩纪沉积岩局部保存在阿特拉斯带内部，覆盖在当今阿特拉斯山脉前陆的华力西基底之上，形成板状、后裂谷沉积。

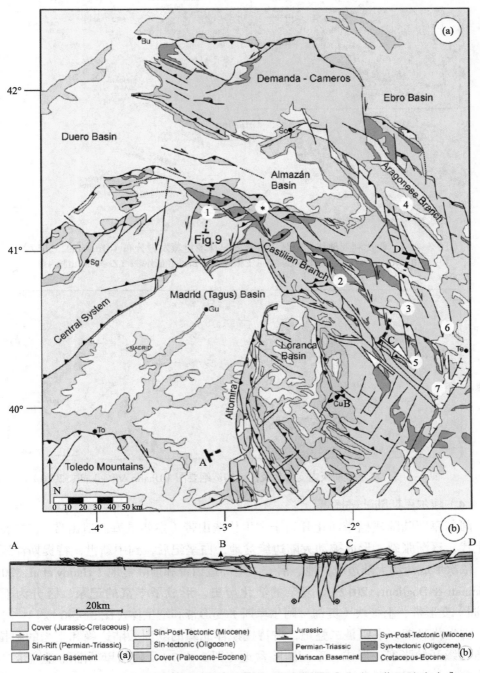

图 3-4-3　伊比利亚山系及围区地质简图（a）和平面图［（b），位置见（a）］

(De Vicente et al, 2009)

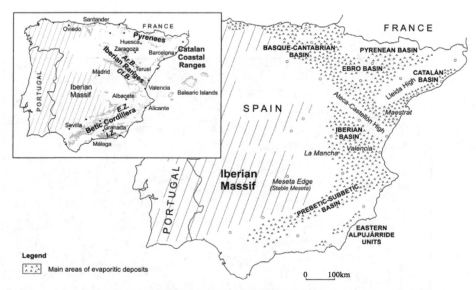

图 3-4-4　伊比利亚地块西班牙三叠纪—早侏罗世蒸发岩分布（Ortí et al，2017）

Ar.B.—Aragonese 支脉；Ct.B.—Castillian 支脉；E.Z.—Betic 山脉外带；I.Z.—Betic 山脉内带

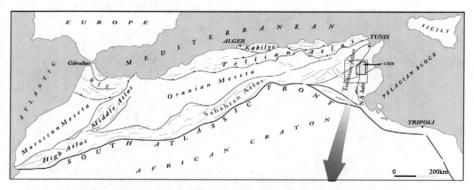

图 3-4-5　阿特拉斯板内变形带及围区构造纲要图（Dhahri & Boukadi，2010）

（4）阿尔卑斯陆陆碰撞带

阿尔卑斯陆陆碰撞带演化开始于古生代造山带（主要是海西造山带），二叠纪至中生代，逐渐张裂，形成被动大陆边缘盆地，白垩纪后，到中新世，特提斯洋逐渐关闭，依次形成活动大陆边缘盆地、褶皱 - 逆冲造山带和前陆盆地（Handy et al，2010；Carminati & Doglioni，2012）。复杂的演化历史，形成了丰富的记录，区分为下板块（欧洲）变形带、上板块（奥匈 - 阿尔卑斯）变形带和增生体（图 3-4-6）。

古生代晚期，主要是二叠纪，古特提斯洋北缘的欧洲大陆边缘和南缘的阿拉伯 - 非洲北缘开始张裂，形成一系列断陷盆地（图 3-4-7），阿尔卑斯陆陆碰撞带二叠纪断陷盆地与主要欧洲南缘海西造山带垮塌、伸展张裂有关（Stampfli & Kozur，2006；Handy et al，2010；Berra & Felletti，2011；Carminati & Doglioni，2012；Schorn et al，2013；Berra et al，2016；Martin et al，2017）。二叠世早期，阿尔卑斯弧后陆相断陷盆地系主要充填了火山岩（图 3-4-8）和陆源碎屑沉积（图 3-4-9）。二叠纪中、晚期到

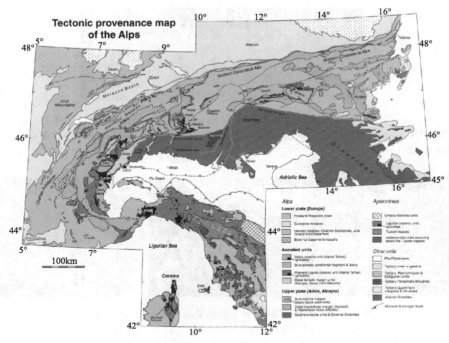

图 3-4-6　阿尔卑斯陆陆碰撞带构造 - 地层分区图（Handy et al，2010）

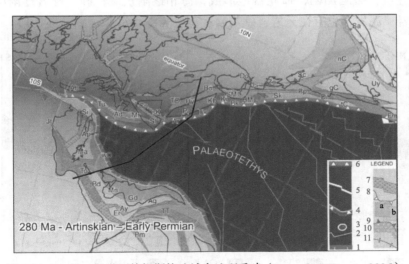

图 3-4-7　早二叠世西特提斯构造域古地理重建（Stampfli & Kozur，2006）

1—被动陆缘；2—磁异常；3—海山；4—洋内俯冲带；5—扩张洋中脊，6—洋陆俯冲带；7—裂谷；8—缝合线；9—活动逆冲断层；10—前陆盆地；11—背斜；a—浅海；b—陆相。

缩略词：Ab—Alboran 地块；Ad—Adria 地块；Ag—Aladag-Bolkardag 地块；Aj—Ajat 地块；Ap—Apulia 地块；Ar—Arna 增生复合体；Ay—Antalya 推覆体；Bd—Bey Daglari 地块；Bk—Bozdag-Konya 弧前；Bu—Bucovinian 地块；Cn—Carnic-Julian 地块；Di—Dizi 增生复合体；Do—Dobrogea 地块；Er—Eratosthenes 海山；Fm—Fanuj- Maskutan 蛇绿杂岩；gC—大高加索；Gd—Geydag-Anamas-Akseki 地块；HM—Huglu-Mersin 地块；Hy—Hydra 地块；Is—Istanbul 地块；Jf—Jeffara 裂谷；Kb—Karaburun 地块；Ki—Kirsehir 地块；Ma—Mani 地块；Mn—Menderes 地块；Mr—Mrzlevodice 弧前；nC—北里海；Pl—Pelagonia 地块；Pm—Palmyra 裂谷；Pp—Paphlagonian 洋；Sa—Salum 地块；Sc—Scythian 台地；Si—Sicanian 地块；Sk—Sakarya 地块；sK—Karawanken 南弧前；Sl—Slavonia 地块；SM—Serbo-Macedonian 地块；tC—泛高加索地块；TD—Trans-Danubian 地块；To—Talea Ori 地块；TT—Tatric 地块；Tu—Tuscan 地块；Tv—Tavas þ Tavas 海山；Uy—Ustyurt 地块；wC—western Crete（Phyl-Qrtz）增生复合体；Zo—Zonguldak 地块

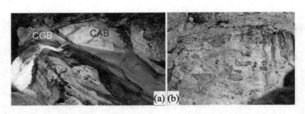

图 3-4-8　南阿尔卑斯下二叠统 Cabianca 火山岩（Berra et al，2016）

（a）底部单元，与下伏基岩突变接触；CAB—Cabianca 火山岩；CGB—基底砾岩；（b）熔结凝灰岩，其中有大量火山角砾（虚线勾勒出其轮廓）

图 3-4-9　南阿尔卑斯下二叠统砾岩（Berra et al，2016）

（a）石英岩砾石；（b）火山岩砾石；（c）变质岩砾石

早、中三叠世，裂陷加剧，孤立台地形成，海相逐渐扩展，砂、砾岩逐渐减少，出现了大量灰岩、泥岩，也有白云岩、礁灰岩、蒸发岩深水沉积（图 3-4-10）。

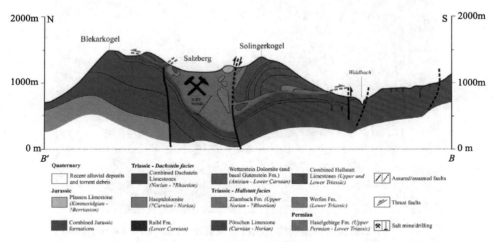

图 3-4-10　奥地利 Hallstatt 阿尔卑斯地质剖面（Berra et al，2016）

晚三叠世，沉积记录以台地碳酸盐岩为主，有陆架沉积的陆源碎屑岩、蒸发岩和火山岩发育。早、中侏罗世，裂陷进一步扩展，Piemont–Liguria（Meliata–Maliac）洋打开，沉积记录以同裂谷期的陆源碎屑岩、蒸发岩和火山岩碳酸盐岩为主，半深海 – 深海泥质、硅质沉积逐渐增多。晚侏罗世及早白垩世，随着 Valais（Vardar）洋的扩张，阿尔卑斯特提斯欧洲边缘和内部地块主要为陆架成因和裂谷成因的陆源碎屑岩、碳酸盐岩、蒸发岩；与大洋密切相关的半深海 – 深海泥质、硅质沉积及火山岩进一步增多；Vardar 洋东部开始明显俯冲，形成复理石沉积；晚白垩世—渐新世，阿尔卑斯相关洋盆逐步关闭，大洋沉积逐渐减少，复理石和磨拉石沉积逐渐增多；中新世至今，阿尔卑斯主体隆升，处于剥蚀状态，周缘前陆盆地以碎屑岩沉积为主（图 3-4-11）。

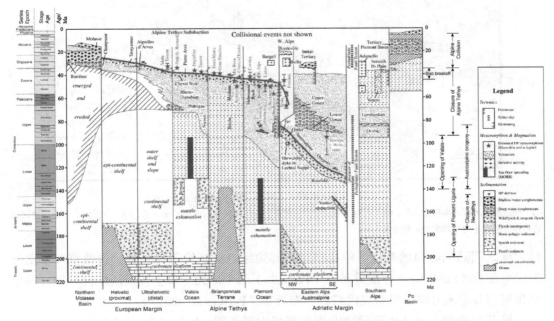

图 3-4-11　阿尔卑斯陆陆碰撞带重点地区地层对比（Handy et al，2010）

阿尔卑斯特提斯域演化过程的被动大陆边缘沉积记录多保存于欧洲大陆边缘下板块变形带，裂谷、前陆盆地沉积记录多保存于欧洲大陆边缘下板块变形带和阿尔卑斯地块群上板块变形带，大洋沉积记录主要保存在增生变形带（图 3-4-6）。

3.4.2　西地中海新生代褶皱 – 冲断带和增生楔

西地中海新生代褶皱 – 冲断带、增生楔和弧后张裂盆地包括贝蒂克（Betics）、马格里布（Maghreb –ides）、亚平宁（Apennines）褶皱 – 冲断带、卡拉布里亚（Calabrian）弧增生楔、直布罗陀（Gibraltar）弧增生楔（GAAW），见图 3-4-1、图 3-4-12。

（1）贝蒂克褶皱 – 冲断带

贝蒂克（Betics）褶皱 – 冲断带是新生代中地中海微板块裂解出来的贝蒂克内带碎块与欧洲大陆板块 S–N 或 SE–NW 汇聚、阿尔布兰（Alborán）海闭合，伊比利亚南部三叠系—古近系大陆边缘及深水沉积地层向伊比利亚地块仰冲形成的褶皱 – 冲断带，可划分为贝蒂克外带和内带（图 3-4-12）（Pedrera et al，2014；Perri et al，2017）。

贝蒂克内带是 Nevado–Filabride 洋向中地中海微板块［以 Alpujarride 和 Malaguide 杂岩体（Complexes）为代表］俯冲［图 3-4-12（d）］，中地中海微板块与伊比利亚南

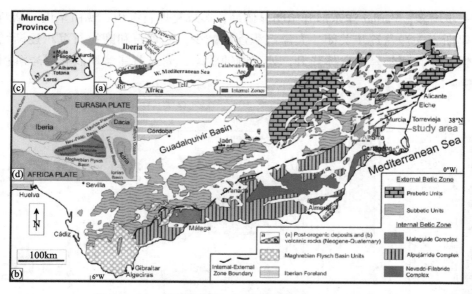

图 3-4-12　贝蒂克褶皱 - 冲断带（Perri et al，2017）

（a）环西地中海阿尔卑斯造山带；（b）贝蒂克造山带地质简图；（c）西班牙东南部 Murcia 区；（d）古近纪中西地中海区域古地理，展示中地中海微板块的位置

部边缘之间陆陆碰撞的响应。伊比利亚南部边缘也就是贝蒂克外带。贝蒂克外带划分为亚贝蒂克（Subbetic）和前贝蒂克（Prebetic）两个单元。中生代及新生代早期，马格里布复理石盆地分隔了贝蒂克内带和非洲板块（Perri et al，2017）。

贝蒂克内带以及环中西地中海阿尔卑斯山系（即：Rif、Tell、Calabria-Peloritani、Apennine）是中新世变形的中地中海微板块［横向连续的造山带，称作 AlKaPeCa（Bouillin，1986；Guerrera et al，1993）］破裂，西地中海打开后形成的（Critelli et al，2008；Guerrera et al，2012；Alcalá et al，2013；Guerrera & Martín-Martín，2014；Guerrera et al，2015；Perri et al，2017）。

Sierra Espuña 地区出露了较完整贝蒂克内带中新生代地层（图 3-4-13）。三叠系不整合于石炭系板岩和杂砂岩基底之上，由陆相红层和碳酸盐岩、砾岩夹层组成，为陆相 - 浅海相。侏罗系与三叠系整合接触，底部为白云岩，向上相变为灰岩，上侏罗统为瘤状灰岩，为浅海台地、斜坡相。白垩系 Berriasian 阶灰岩整合于上侏罗统之上。随后发生沉积间断。间断面之上是 Albian 的富海绿石砂岩。上白垩统为泥灰质石灰岩和泥灰岩。新生界与中生界不整合接触。古新统为陆相红层夹钙质泥岩、砾岩；灰色粉砂岩、暗色灰岩、砂屑灰岩富含有孔虫及小双壳类，向上演化为含浮游有孔虫的灰绿色泥灰岩。始新统超覆不整合于下伏地层之上。始新统下部 Cuisian 阶—下 Lutetian 阶的 Espuña 组和 Valdelaparra 组为同期异相地层，Espuña 组由浅灰色灰岩和砂质岩组成，含有孔虫；Valdelaparra 组由绿灰 - 蓝灰色泥灰岩及泥灰质石灰岩组成，含腹足、双壳及褐煤。始新统中 Lutetian 阶—渐新统 Priabonian 阶超覆不整合于前期沉积序列之上，划分为 Malvariche 和 Canovas 两个组。下部的 Malvariche 组（中 Lutetian 阶—下 Bartonian 阶）为棕红色砂质泥灰岩夹层砂屑灰岩，含有大量超大尺寸的有孔

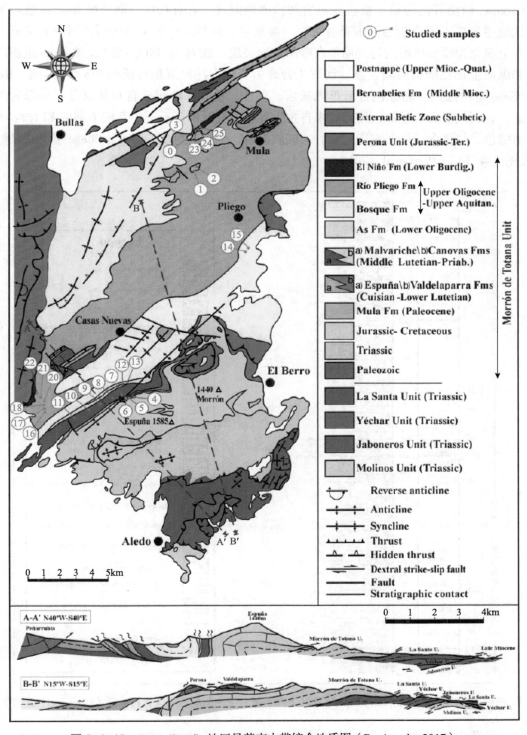

图 3-4-13　Sierra Espuña 地区贝蒂克内带综合地质图（Perri et al，2017）

虫。Malvariche 组横向和垂向上相变为 Canovas 组（上 Bartonian 阶—Priabonian 阶）。Canovas 组由开阔海粉 – 黄色泥灰岩和粉砂岩组成，含有孔虫。渐新统 Bosque 组与下伏地层超覆不整合接触，由砾屑灰岩、藻灰岩、黄色 – 白色生物碎屑砂屑灰岩组成，向上演化为粉砂质泥灰岩，局部有砂屑灰岩夹层。在 Mula–Pliego 盆地，Bosque 组横向和纵向上都逐渐由海陆过渡 – 浅海（台地）变化为深海沉积特征的 Rio Pliego 组。Rio Pliego 组由红色 – 粉红色含云母泥灰岩、黏土、粉砂、浊积砂岩和复成分滑塌砾岩组成。砾石包括大小悬殊，局部有来自古生界和三叠系的巨石。中新统下部的 El Niño 组由绿色、灰色含云母泥灰岩、砂岩、硅质泥岩、燧石层组成，与 Rio Pliego 组突变接触（图 3-4-14）（Perri et al，2017）。

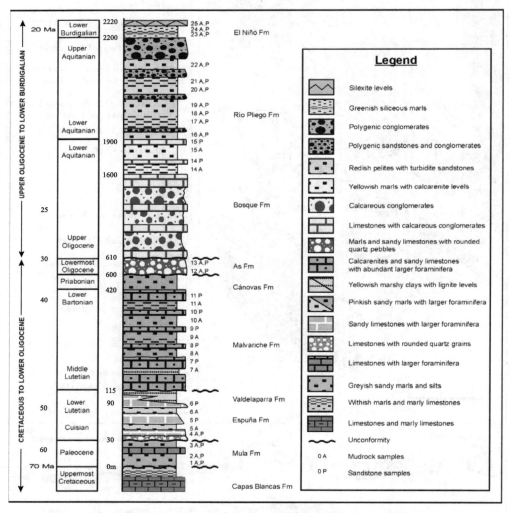

图 3-4-14　贝蒂克内带 Sierra Espuña 地区上白垩统 – 下中新统地层综合柱状图（Perri et al，2017）

　　贝蒂克外带进一步划分为前贝蒂克（Prebetic）和亚贝蒂克（Subbetic）（图 3-4-12），前贝蒂克带进一步划分为前贝蒂克外带和前贝蒂克内带（图 3-4-15）。

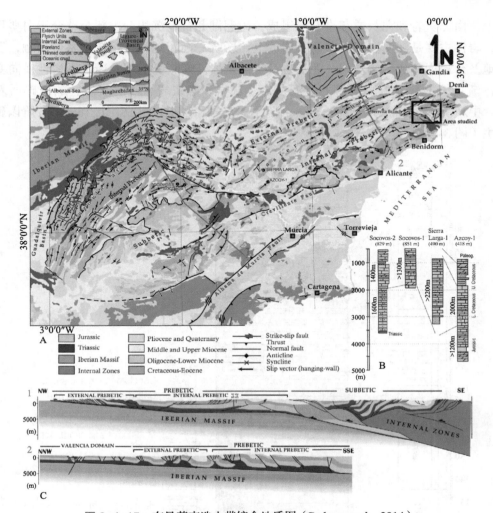

图 3-4-15 东贝蒂克造山带综合地质图（Pedrera et al，2014）

贝蒂克外带主要由中新生代沉积岩组成。下三叠统主要是陆相和滨岸相陆源碎屑岩交互沉积。中上三叠统有海相灰岩、陆源碎屑岩及蒸发岩，包括岩盐层。下侏罗统，贝蒂克外带的前贝蒂克带发育海侵形成陆相和过渡相碎屑岩、台地灰岩、斜坡相等不同沉积，亚贝蒂克带主要为深水盆地及远洋沉积物。侏罗系和白垩系，紧邻伊比利亚地块的前贝蒂克带的外带（图 3-4-15 中 External Prebetic）为陆相、过渡相至台地相的陆源碎屑岩 - 碳酸盐岩沉积，古近系陆相沉积保留极少。盆地方向的前贝蒂克带的内带（图 3-4-15 中 Internal Prebetic），侏罗系和白垩系向 SE 由开阔台地变为斜坡相，古近系和下中新统继承性发育海相沉积。渐新世—晚中新世，贝蒂克外带褶皱 - 逆冲带形成，亚贝蒂克带发育同造山期浊积岩（Pedrera et al，2014）。

西班牙德尼亚（Denia）西南前贝蒂克内带出露了较完整的中新生代地层（Pedrera et al，2014）。三叠系蒸发岩、页岩、灰岩、砂岩发育于伊比利亚华力西基底之上。侏罗系为灰岩、白云岩。下白垩统同裂谷期以泥灰岩、泥灰质灰岩为主，夹砂屑灰岩、有机质灰岩和礁灰岩。白垩系最老的地层是 Barremian 阶。上白垩统整合于下白垩统之上，由泥灰岩和泥灰质灰岩互层组成，为潟湖和台地沉积。古新统整合于白垩系之上，岩性主要是泥灰岩和泥灰质灰岩。上始新统—渐新统与古新统不整合接触，发育台地及台地崩塌成因的灰岩、泥灰岩及砾屑灰岩。渐新统上部及新近系岩性横向变化大，渐新统上部有灰质复理石、泥灰岩、灰岩、礁灰岩、砂屑灰岩、陆源碎屑复理石。中新统 Langhian 阶—下 Tortonian 阶由泥灰岩和浊积岩组成。上 Tortonian 阶以砾岩为主（图 3-4-16）。

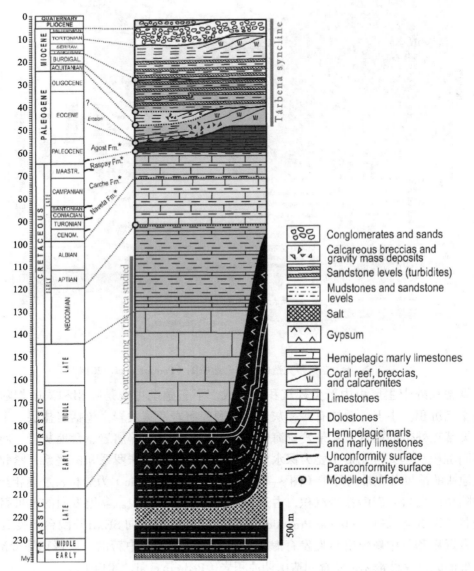

图 3-4-16　德尼亚西南前贝蒂克内带中新生代地层柱状图（Pedrera et al，2014）

亚贝蒂克带处于贝蒂克造山带南部，发育三叠系—新生界（Sanz de Galdeano et al，2015；Aguado et al，2017）。三叠系主要为红色泥岩、粉砂岩、砂岩，局部为灰岩和膏盐，厚度数百米。下侏罗统为白云岩和灰岩，厚度多在 200~300m。中、上侏罗统主要是鲕粒灰岩，顶部为燧石灰岩和红色瘤状灰岩，局部为滑塌变形的砾屑灰岩。下白垩统主要为泥灰岩和泥灰质灰岩，局部为侏罗系灰岩破碎而成的砾屑灰岩，厚度变化大，局部剥蚀殆尽，厚度最大达百米。上白垩统—古新统主要为泥灰岩和灰质泥岩，厚度超过200m。始新统—渐新统为钙质泥岩、泥灰岩、砂岩灰岩和砾屑灰岩。中新世为主要碎屑流成因的灰岩，其次是泥灰岩和泥岩（图3-4-17）。

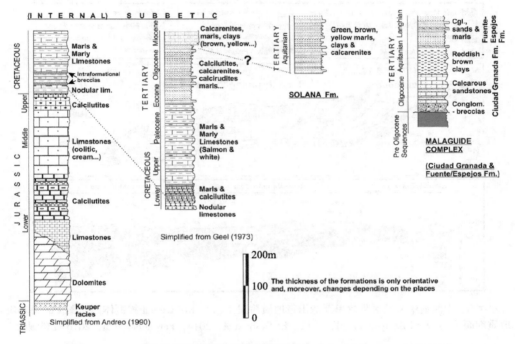

图 3-4-17 亚贝蒂克带中新生代地层序列（Sanz de Galdeano et al，2015）

（2）马格里布褶皱－冲断带

马格里布（Maghrebides）褶皱－冲断带是由新生代中地中海板块分离出来的 Rif 和 Tell 微地块及相关增生楔向非洲板块北缘仰冲形成的，划分为马格里布外带、复理石带和内带（Belayouni et al，2012；El Talibi et al，2014；Fernandez et al，2016；Perri et al，2017），见图3-4-18。

外带是中新世晚期（13—7Ma）形成的推覆体，起源于非洲大陆北部边缘，由减薄和部分洋壳化陆壳上发育的中新生代远洋沉积和浊积岩组成（de Capoa et al，2004；Di Staso et al，2010；Belayouni et al，2012），称为 Ketama Unit（T-K$_1^1$）岩系，岩性为变质砂质岩、石英岩、变质泥质岩、硅质岩［图3-4-18（c）］。在 Rif 山区，从北向南和从上到下，分为 Intrarif、Mesorif 和 Prerif 段（Suter，1980）。Intrarif 段包括 Ketama 单元（T-K$_1^1$）、Tanger 单元（部分拆离自 Ketama 单元），以及 Habt 和 Aknoul 推覆体（晚白垩世—新生代）。Mesorif 段是逆冲到构造窗之上的外来单元，由古生代—古近纪地层构成，以中新世浊积岩结束。Prerif 段由从三叠系蒸发岩拆离的侏罗纪—中新世地层组成，逆冲到上中新世前陆盆地序列之上（El Talibi et al，2014）。

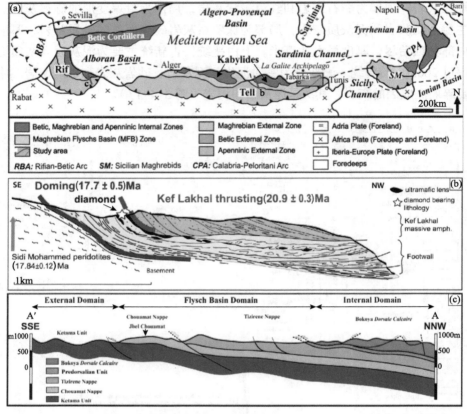

图 3-4-18　中西地中海地区阿尔卑斯造山带地质简图（a）、Kef Lakhal 推覆体剖面图（b）和 Rif 山区地质剖面（c）（据 Belayouni et al，2012；El Talibi et al，2014；Fernandez et al，2016 资料编绘）

　　复理石推覆带是由马格里布复理石洋盆沉积物、少量蛇绿岩组成（Durand–Delga et al，2000）。可分为 Predosalian 岩系、Tizirene 和 Chouamat 推覆岩系［图 3-4-18（c）］。Predosalian 岩系（23—15Ma）主要为复理石、泥灰岩；Tizirene 覆岩系（K_1）主要为砂屑灰岩、复理石、泥灰岩；Chouamat 推覆岩系（K_2–E）：K_2 主要为复理石 + 泥灰岩 + 放射虫硅质岩，E_2~E_3 主要为泥灰岩、灰岩、砂屑灰岩、砾屑灰岩、泥岩。复理石推覆带的根是内带，覆盖在南部的外带之上。在 Rif 山的北部和 Kabylias 地区，复理石带为后冲单元。复理石推覆带主要由中侏罗世—早中新世的远洋细粒沉积物、碳酸盐岩浊积岩、陆源碎屑浊积岩组成。马格里布复理石带是中地中海微地块与非洲大陆之间的西特提斯洋南支的记录（El Talibi et al，2014）。

　　内带分布不连续，主体核是中地中海微地块的碎块。中地中海微地块是侏罗纪—早白垩世从盘古超大陆非洲北缘分离的（Guerrera et al，1993；2005；Belayouni et al，2012）。内带中地中海微地块的碎块与非洲大陆的碰撞逆冲发生在中新世。内带主要基底由变质沉积岩夹基性岩及少量超基性岩透镜体，变质沉积岩为非洲北缘晚石炭世—早二叠世（307—281Ma）被动陆缘沉积岩经历（20.9 ± 0.3）Ma 和（17.7 ± 0.5）Ma 两次构造岩浆事件形成的（Fernandez et al，2016），见图 3-4-18（b）。基底之上发育 Bokoya Dorsale Calcaire 岩系（T），主要由白云岩、灰岩、硅质灰岩、砾岩组成（El Talibi et al，2014），见图 3-4-18（c）。

马格里布造山带地质演化简要归纳为如下四个阶段：①裂谷阶段（T-J$_1$），非洲大陆边缘破裂，中地中海微地块与非洲大陆裂离，马格里布特提斯洋雏形形成；②被动陆缘阶段（J$_2$-K），中地中海微地块向欧洲大陆漂移，马格里布特提斯洋不断扩张，非洲边缘为被动陆缘；③前陆阶段（E-N$_1^1$）：中地中海微地块与欧洲大陆碰撞并发生弧后裂解，裂解出来的马格里布内带向非洲大陆漂移，马格里布特提斯洋逐渐关闭，非洲边缘演化为前陆盆地（图 3-4-19）；④造山阶段（N），马格里布特提斯洋关闭，前期地层逆冲造山。

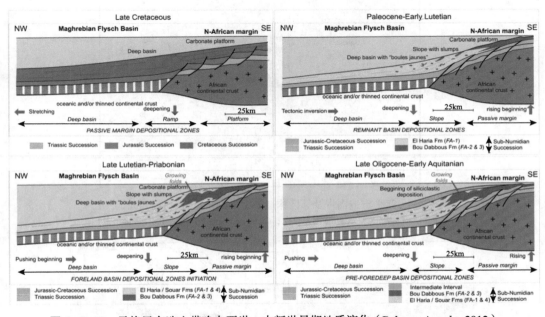

图 3-4-19　马格里布造山带晚白垩世—中新世早期地质演化（Belayouni et al，2012）

（3）亚平宁褶皱-冲断带

亚平宁（Apennines）褶皱-冲断带是新生代中地中海微板块分离出来的亚平宁微地块相关增生楔向亚得里亚微板块边缘仰冲形成的，划分为北亚平宁段、中亚平宁段、南亚平宁段（Carminati & Doglioni，2012），见图 3-4-20。亚平宁褶皱-冲断带的总体地层序列如下：古生代高级至低级变质岩基底之上是二叠纪—中生代被动陆缘地层，白垩纪—更新世活动陆缘地层覆盖在被动陆缘地层之上，并成为复杂的褶皱-冲断带。特别是从晚渐新世起，随着巴利阿里（Balearic）和第勒尼安（Tyrrhenian）海的扩张（图 3-4-21），亚平宁造山带前锋向 E 和 NE 方向迁移，逐渐演化为现今的构造格局（Ricci Lucchi，1986；Boccaletti et al，1992；Argnani & Ricci Lucchi，2001；Carlini et al，2013）。

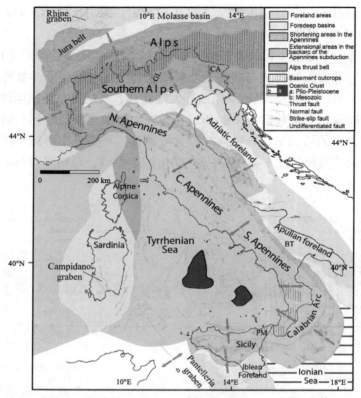

图 3-4-20　亚平宁造山带及邻区构造简图（Carminati & Doglioni，2012）

BT—Bradanic 槽；CA—Carnic 阿尔卑斯；GL—Giudicarie 构造线；PM—Peloritani 山

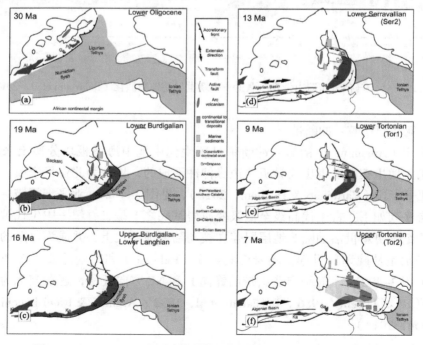

图 3-4-21　30—7Ma 中西地中海构造重建简图（Milia et al，2016）

北、中、南亚平宁段起源于中始新世亚平宁碎地块与亚得里亚海微板块的软碰撞（Belayouni et al，2012；Carminati & Doglioni，2012；Carlini et al，2013；El Talibi et al，2014；Fernandez et al，2016），利古里洋关闭，先期的被动陆缘和活动陆缘地层逆冲到亚得里亚微地块之上，形成北亚平宁褶皱－冲断带。

亚得里亚微地块的基底主要是泛非运动形成的，但经历了古生代和中生代构造变质事件改造（Vai et al，1984；Vai，2001；Carminati & Doglioni，2012）。北亚平宁带很可能由加里东俯冲洋壳、加里东期花岗岩海西期变质而成的正片麻岩及海西造山期（D-P$_1$）形成的杂岩组成（Carminati & Doglioni，2012）。

晚二叠世—三叠纪，随着中特提斯洋初始张裂，形成断陷盆地（Carminati & Doglioni，2012）。晚侏罗世—早白垩世，Ligure-Piemontese 洋盆发育阶段，亚平宁碎地块和亚得里亚微地块边缘由裂谷演化为被动大陆边缘（Carminati et al，2010；Santantonio & Carminati，2011；Carminati & Doglioni，2012），见图 3-4-22。上二叠统—三叠系自下而上由红层、蒸发岩、浅水碳酸盐岩组成。下侏罗统最主要为鲕粒碳酸盐岩。上侏罗统—下白垩统的记录有：①洋盆成因基性-超基性岩、放射虫硅质岩、深水灰岩；②减薄陆壳上发育的以碳酸盐岩为主的远洋和半远洋沉积物；③开阔陆架上形成的浅海碳酸盐岩（Iannace et al，2011；Carminati & Doglioni，2012）。

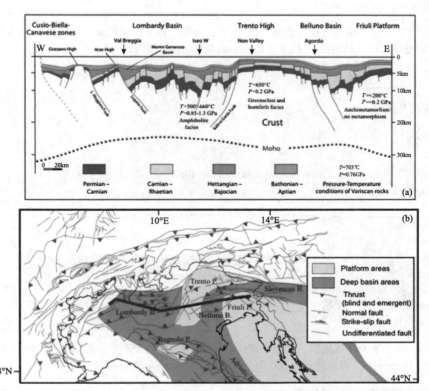

图 3-4-22　北亚平宁二叠系—下白垩统构造－地层格架（a）和北亚平宁早中生代古地理（b）
（Carminati & Doglioni，2012）

晚白垩世起，亚得里亚微板块与欧洲大陆、亚平宁碎地块相对运动由离散转变为汇聚（Belayouni et al，2012；Carminati & Doglioni，2012；El Talibi et al，2014；Fernandez et al，2016；Perri et al，2017）。亚得里亚微板块与欧洲大陆的汇聚以亚得里亚微板块仰冲为特征，亚得里亚微板块与亚平宁碎地块的汇聚以亚得里亚微板块俯冲为特征（图3-4-23）。随着亚得里亚微板块向亚平宁碎地块之下俯冲，前渊逐渐向东迁移，形成了覆盖在被动陆缘地层序列之上的上白垩统—新生界的复理石、磨拉石、蒸发岩组成的前陆盆地地层序列（Patacca & Scandone，2001；Carminati & Doglioni，2012），见图3-4-24。

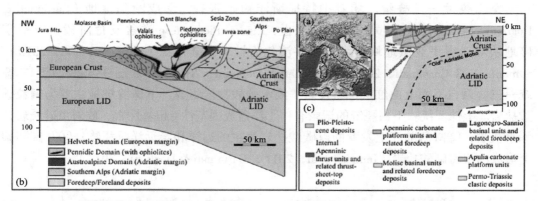

图3-4-23 亚平宁及围区地貌，剖面位置（a）、亚得里亚与欧洲汇聚（硬碰撞）（b）和亚得里亚与亚平宁碎地块汇聚（软碰撞）（c）（Carminati & Doglioni，2012）

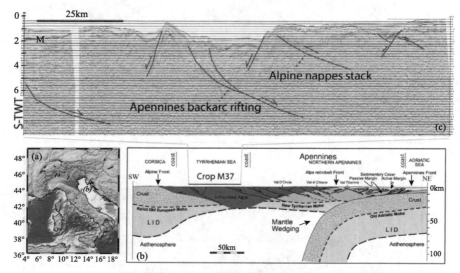

图3-4-24 亚平宁及围区地貌，剖面位置（a）和亚得里亚与亚平宁碎地块汇聚，前渊东移（b）及第勒尼安（Tyrrhenian）海地震剖面及断裂解释（c）（Carminati & Doglioni，2012）

（4）卡拉布里亚弧增生楔

卡拉布里亚（Calabrian）弧增生楔起源于中始新世亚平宁碎地块间 Calabrian 弧与 Apulian 台地碰撞（Belayouni et al，2012；Carminati & Doglioni，2012；Carlini et al，

2013；Vitale et al，2013；Mazzeo et al，2017），主要是晚渐新世 Ligurian 洋壳和过渡壳盆地充填序列仰冲到 Apulian 碳酸盐岩台地之上形成的增生楔（LAC=Ligurian Accretionary Complex；Ciarcia et al，2009）和前陆盆地沉积（Vitale et al，2013；Mazzeo et al，2017），见图 3-4-25。

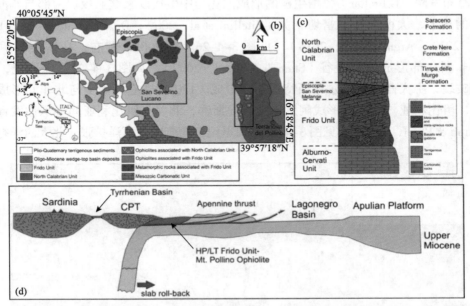

图 3-4-25　意大利蛇绿岩套分布及 Pollino 山区位置（a）、Pollino 山区地质简图（b）、LAC 地层序列（c）及 Calabrian 弧亚平宁段剖面结构（d）（据 Mazzeo et al，2017 编绘）

Apulian 碳酸盐岩台地记录出露于 Pollino 山区的西南部，LAC 及前陆盆地的记录出露于 Pollino 山区的中－东北部［图 3-4-25（b）］。Apulian 碳酸盐岩台地记录主要为中三叠系—白垩系灰岩和白云岩（Alburno-Cervati 岩系）。推覆于其上的 LAC 自下而上分别是 Frido 岩系、Timpa delle Murge 组、Crete Nere 组、Saraceno 组，在 Frido 岩系和 Timpa delle Murge 组之间发育有不连续的 Episcopia-San Severino 杂岩（Vitale et al，2013；Mazzeo et al，2017），见图 3-4-25（c）。

Frio 岩系由白垩系—渐新统的多种变质岩组成，包括变质花岗岩类、片麻岩、斜长角闪岩和花岗变晶岩，多被基性岩脉切割。Episcopia-San Severino 杂岩主要为大小悬殊的陆壳和洋壳碎块（Bonardi et al，1988；Vitale et al，2013；Mazzeo et al，2017）。Timpa delle Murge 组由大小悬殊的蛇绿岩块组成，蛇绿岩块为蛇纹石化橄榄岩、辉长岩、枕状熔岩、放射虫岩，红－灰色页岩和 Calpionella 灰岩，伴有大陆片麻岩和极少的斜长角闪岩。Crete Nere 组为石英砂岩、页岩和暗色泥晶灰岩的互层（Vitale et al，2013；Mazzeo et al，2017）。Saraceno 组主要由部分硅化的浊积砂屑灰岩组成（Vitale et al，2013；Mazzeo et al，2017）。

Timpa delle Murge 组定年为 160Ma（Marcucci et al，1987），是洋壳生长结束的时间（Vitale et al，2013）。Crete Nere 组时间跨度较大，为晚白垩世—晚始新世（Bonardi et al, 1988）。而 Saraceno 组的时代为渐新世。

前陆盆地是从中新世中期开始发育，以陆源碎屑复理石为主，以磨拉石为辅（Vitale et al, 2013；Critelli et al, 2017）。

（5）直布罗陀弧增生楔

直布罗陀（Gibraltar）弧增生楔的形成演化与中生代以来欧亚板块南部与非洲板块北部的聚散、大西洋开裂密切相关（Zitellini et al, 2009；Duarte et al, 2011；Palano et al, 2013；Argnani et al, 2016），见图 3-4-26。在 200Ma 左右，在南美、伊比利亚、非洲北部形成三叉裂谷（Stampli & Borel, 2002），见图 3-4-27。侏罗纪，盘古大陆破裂，中大西洋 – 阿尔卑斯特提斯洋形成。180Ma 左右，南美与北非间形成中大西洋，伊比利亚与北非间形成阿尔卑斯特提斯洋，北美与伊比利亚间继承性发育裂谷（Stampli & Borel, 2002），见图 3-4-27。白垩纪，随着中大西洋扩张、北大西洋打开，

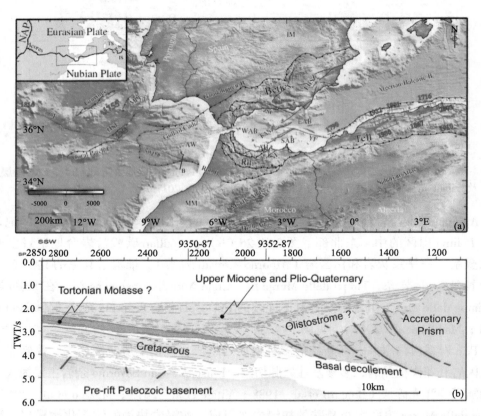

图 3-4-26　Gibraltar 弧增生楔及邻区构造简图（a）及摩洛哥远海 Rharb 峡谷地震剖面地质解释（b）（据 Zitellini et al, 2009；Palano et al, 2013 编绘）。

黑细线—主要区域断裂系统；粗黑线—逆冲断裂系统；三角形—俯冲方向；红框—历史上的地震；红星—地震观测站；AH—Al-Hoceima；AW—增生楔；EAB—Alboran 东部盆地；EBSZ—Betics 东部剪切带；GF—Gloria 断裂；HSF—Horseshoe 断裂；IM—Iberian 高原；MM—Moroccan 高原；MPF—Marques de Pombal 断裂；NF—Nekor 断裂；SWIMF—Iberian 西南边缘断裂；WAB—Alboran 西部盆地；SAB—Alboran 南部盆地；TASZ—Transalboran 剪切带；ZNF—Zafarraya-Niguelas 断裂；YF—Yusuf 断裂；CPA, Calabro–Peloritan 弧；TS, Tyrrhenian 海；IS, Ionian 海。A–B, 地震剖面（插图为欧洲和非洲的边界）

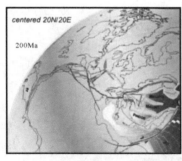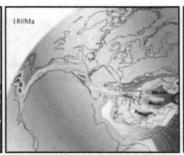

图 3-4-27　中生代盘古大陆裂解过程（据 Stampli & Borel，2002 编绘）

非洲大陆相对北美向东南漂移，伊比利亚微板块与欧亚大陆分离，并相对向西漂移，85Ma 伊比利亚与北非间的阿尔卑斯特提斯洋达到鼎盛时期（Stampli & Borel，2002），见图 3-4-27。

晚白垩世晚期至渐新世，伊比利亚与北非开始汇聚，35Ma±，二者拼贴碰撞（Zitellini et al，2009）。渐新世晚期至中新世，随着中地中海地块造山带的解体、西地中海洋盆的扩张，Betic 与 Rif 碎地块间的直布罗陀弧向伊比利亚与北非结合部位仰冲，形成直布罗陀增生楔及中新世 Toronian 期（10Ma±）的磨拉石（Camurri，2004；Zitellini et al，2009），见图 3-4-26（b）。晚中新世以来，直布罗陀增生楔及邻区演化为具有伸展 – 走滑特征的被动陆缘，发育上新统—第四系的陆缘碎屑岩沉积（Camurri，2004；Zitellini et al，2009），见图 3-4-26（b）。

3.4.3　中西地中海新生代伸展洋盆及边缘盆地

中西地中海新生代洋盆及边缘盆地包括巴利阿里（Balearic）海、巴利阿里（Balearic）海隆、阿尔布兰（Alboran）海、阿尔及利亚（Algeria）海、第勒尼安（Tyrrhenian）海（图 3-4-1、图 3-4-28）。上述海盆的形成与中地中海微地块渐新世早期拼贴到欧洲南缘形成 AlKaPeCa 造山带后（30Ma—）的弧后裂解有关（Zitellini et al，2009；Duarte et al，2011；Palano et al，2013；Argnani et al，2016；Milia et al，2016）。

（1）西地中海

西地中海包括巴利阿里（Balearic）海、巴利阿里（Balearic）海隆、阿尔布兰（Alboran）海、阿尔及利亚（Algeria）海。

巴利阿里（Balearic）海位于西地中海的北部，是渐新世后期—中新世早期（30-16Ma）利古里（Ligurian）阿尔卑斯造山带弧后伸展形成的具有洋壳的海盆，西南部为 Valencia 盆地，东北部为 Liguro-Provencal 盆地，南部与阿尔及利亚（Algeria）海相连（图 3-4-28）。Valencia 盆地是巴利阿里（Balearic）海隆与伊比利亚分离形成的。Liguro-Provencal 盆地是科西嘉（C）- 萨丁岛（S）与阿摩力克分离形成的（Bosch et al，2014；Maillard et a，2014；Fichtner & Villaseñor，2015；Soulet et al，2016；Milia et al，2017）。

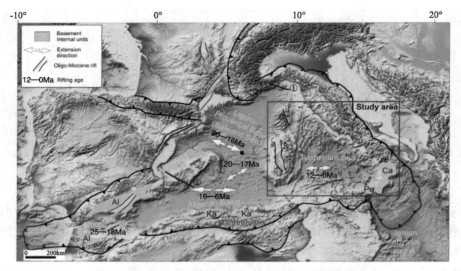

图 3-4-28 中西地中海地貌 – 构造格架

（据 Maillard et a，2014；Soulet et al，2016；Etheve et al，2016；Milia et al，2017 编绘）

Al—Alboran；Ka—Kabilia；Pe—Peloritani；Ca—Calabria；C—Corsica；S—Sardinia；Co—Cornacia volcano（与俯冲有关，Serravallian ≈ 12Ma ± ）.

    阿尔布兰（Alboran）海、阿尔及利亚（Algeria）海分别是 25—18Ma 和 16—6Ma 期间，马格里布碎地块裂解、马格里布碎地块与巴利阿里（Balearic）海隆分离形成的。

    巴利阿里海隆的 Ibiza 岛出露了渐新世晚期和中新世地层（Etheve et al，2016）。裂谷期上渐新统—下中新统砾岩不整合于白垩系 Aptian 阶灰岩之上，其上整合覆盖中新统 Langhian-Serravallian 阶的砂岩、泥岩、碳酸盐岩构成的海侵沉积序列（图 3-4-29）。Tortonian 阶以砾岩出露为主，Messinian 出露了生物礁灰岩（Etheve et al，2016）。

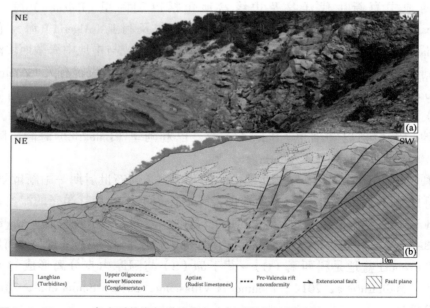

图 3-4-29　Ibiza 岛出露的渐新世晚期和中新世早期地层（据 Etheve et al，2016）

地中海梅辛期（Messinian=7.2—5.3Ma）高盐度事件（Salinity Crisis）在西地中海沉积了大量的蒸发岩。Valencia 盆地含盐地层相对较薄（图 3-4-30），Liguro-Provencal 盆地（Soulet et al，2016）和阿尔及利亚海盆（Etheve et al，2016）均有巨厚的含盐地层（图 3-4-30 和图 3-4-31），其上被巨厚的上新统—第四系覆盖（Soulet et al，2016；Etheve et al，2016）。

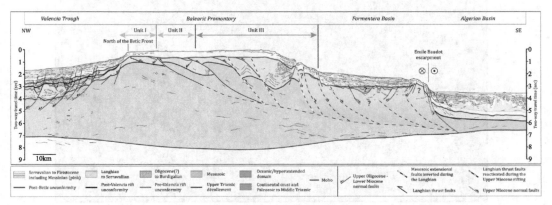

图 3-4-30　西地中海 Valencia 盆地 -Algeria 海地震剖面（图 3-4-28 中②）地质解释
（据 Etheve et al，2016）

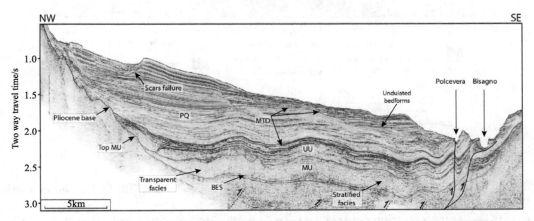

图 3-4-31　Liguro-Provencal 盆地北部地震剖面（位置见图 3-4-28 中①）及地质解释（据 Soulet et al，2016）

BES—盐度危机底界面；MU—下部活动含盐层地层；PQ—上新统—第四系；MTD—块体搬运沉积

（2）中地中海

中地中海，即第勒尼安（Tyrrhenian）海，主要是中新世晚期以来（12—0Ma），弧后伸展，亚平宁碎地块 - 卡拉布里亚弧 - 马格里布碎地块与科西嘉 - 萨丁岛分离，形成的弧后具洋壳的海盆（Sartori，1990；Rosenbaum & Lister，2004；Milia et al，2016），见图 3-4-28 和图 3-4-32。

地震资料揭示上中新统梅辛阶之下为伸展断陷，梅辛阶以后伸展断裂活动显著减弱，转变为整体快速沉降，形成梅辛阶、上新统—第四系巨厚的沉积地层（Milia et

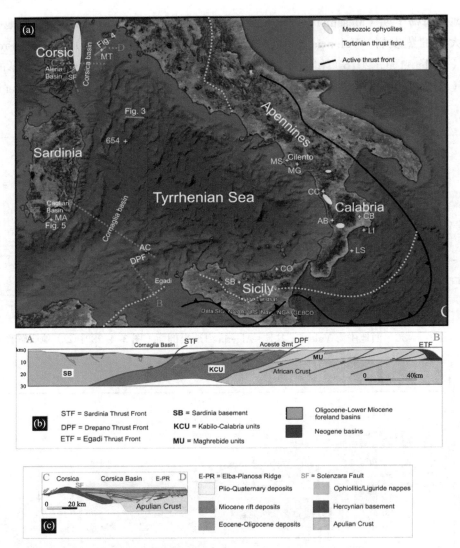

图 3-4-32　第勒尼安海及围区地貌及构造纲要（a）、Sardinia-Sicily 地质剖面（b）、Corsica 盆地地质剖面（c）（Milia et al，2017）。

MT—Martina 钻井；654—ODP 654 站位；MA—Marcella 井；MS—Mt. Stella；MG—Mt. Gelbison；AB—Amantea 盆地；CB—Crotone 盆地；CC—Coastal Chain 盆地；LS—Luisa 井；LI—Liliana 井；SB—Scillato 盆地；CO—Stilo-Capo D'orlando 盆地；AC— Aceste 海山

al，2016），见图 3-4-33。

据 Cilento 盆地 ［见图 3-4-32（a）］的资料，上中新统（梅辛阶之下），由 Pollica、S. Mauro 组和 Mt. Sacro 组组成（图 3-4-34）。Pollica 组不整合于下伏地层之上，主要有砾岩、砂岩组成（图 3-4-34）。S. Mauro 组整合于下伏地层之上，由砂岩、灰质泥灰岩、滑塌砾岩、碎屑灰岩（重力流成因）组成（图 3-4-34）。Mt. Sacro 组主要是砾岩砂岩，夹滑塌堆积物（图 3-4-34）。1990 年 ODP 的 654 站位 ［图 3-4-32（a）］在梅辛阶之下钻遇砾岩（Milia et al，2016）。

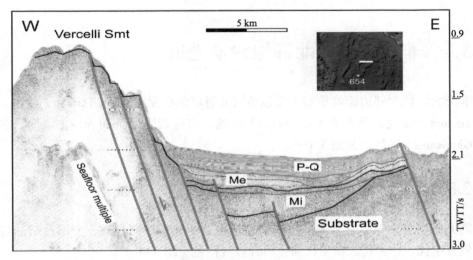

图 3-4-33 Tyrrhenian 海北部地震剖面地质解释（Milia et al, 2017）

Mi—上中新统，2 个单元；Me—梅辛阶，2 个单元；P–Q—上新统—第四系

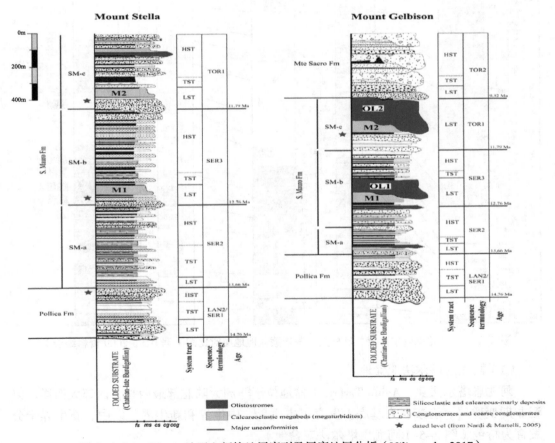

图 3-4-34 Cilento 地区上新统地层序列及层序地层分析（Milia et al, 2017）

3.5 非洲大陆西北部边缘盆地群

非洲大陆西北部边缘盆地群主要包括阿尤恩塔尔法亚（Aaiun Tarfaya）盆地、廷杜夫（Tindouf）盆地、蒂米蒙（Timimoun）盆地、韦德迈阿（Oued Mya）盆地、古达米斯（Ghadames）盆地。见图 3-0-1。

3.5.1 阿尤恩塔尔法亚、廷杜夫、蒂米蒙盆地

阿尤恩塔尔法亚、廷杜夫、蒂米蒙盆地均以泛非构造期变质、变形及结晶岩为基底，但古生代、中生代、新生代演化历程各具特色（图 3-5-1）。

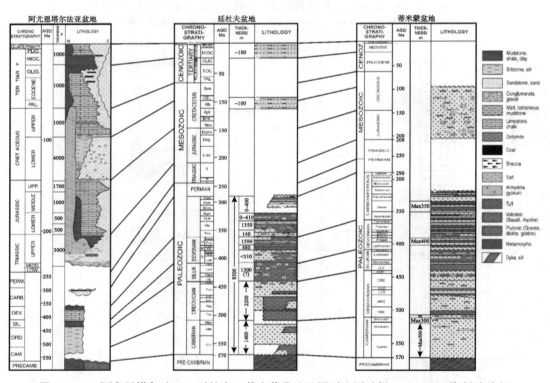

图 3-5-1　阿尤恩塔尔法亚、廷杜夫、蒂米蒙盆地地层对比图（据 IHS，2009 资料编绘）

（1）阿尤恩塔尔法亚盆地

阿尤恩塔尔法亚（Aaiun Tarfaya）盆地位于非洲大陆北部最西端，西邻大西洋。以泛非期变质岩、岩浆岩为基底。发育了古生界、中生界和新生界，以中、新生界十分发育为特色（图 3-5-1 阿尤恩塔尔法亚盆地）。

古生界：寒武系和奥陶系为被动大陆边缘盆地滨浅海相灰岩、页岩、砂岩；志留系以被动大陆边缘盆地深水浅海相黑色含笔石页岩为特色。泥盆系为被动大陆边缘

盆地浅海相泥岩、砂岩、碳酸盐岩，含生物礁。下石炭统为前陆盆地浅海相—冲积相泥岩夹薄层灰岩、砂岩。上石炭统—二叠系主要为隆起剥蚀区，局部发育山间盆地砾岩、砂岩。

中新生界：中下三叠统为裂谷盆地冲积相砾岩、砂岩、泥岩；上三叠统为裂谷盆地局限滨浅海相砂岩、泥岩、蒸发岩。侏罗系为裂谷盆地浅海相砂岩、泥岩、碳酸盐岩。下白垩统为被动大陆边缘盆地三角洲–浅海相砾岩、砂岩、泥岩；上白垩统主要为被动大陆边缘盆地浅海相碳酸盐岩，次为砂岩、泥岩。古近系和新近系为被动大陆边缘盆地三角洲–浅海相含煤层的砂泥岩、碳酸盐岩。

（2）廷杜夫盆地

廷杜夫（Tindouf）盆地位于非洲大陆北部，西部以小阿特拉斯（Anti Atlas）与阿尤恩塔尔法亚盆地相隔，北部为小阿特拉斯。是一个以泛非期变质岩为基底的克拉通盆地。发育了古生界、中生界和新生界，以古生界发育为特色（图3-5-1 廷杜夫盆地）。

古生界：寒武系主要为海陆过渡相砂岩，次为泥岩。奥陶系主要为浅海相泥岩，次为砂岩，夹少量灰岩；志留系以浅海相泥岩占绝对优势，夹少量砂岩、灰岩。泥盆系为浅海相泥岩、砂岩、碳酸盐岩。石炭系为浅海相–冲积相泥岩，夹薄层灰岩、砂岩、蒸发岩。

中新生界：只发育下白垩统顶部—上白垩统底部，以及新近系的冲积相砂岩、泥岩。

（3）蒂米蒙盆地

蒂米蒙（Timimoun）盆地位于非洲大陆北部，西部以乌加尔塔（Ougarta）山脉与廷杜夫盆地相隔，北部为米哈雷兹–韦德奈莫斯（Meharez-Oued Namous）隆起，为一以泛非期变质岩为基底的克拉通盆地。发育了古生界、中生界，以古生界十分发育为特色（图3-5-1 蒂米蒙盆地）。

古生界：寒武系主要为冲积相砂岩，夹泥岩。奥陶系主要为浅海相砂岩，次为泥岩。志留系以浅海相泥岩占绝对优势，夹少量砂岩、灰岩。泥盆系为浅海相泥岩、砂岩、碳酸盐岩。石炭系为浅海相–冲积相泥岩夹薄层灰岩、砂岩。

中新生界：只发育侏罗系—下白垩统，主要为冲积相砾岩、砂岩，夹少量泥岩、碳酸盐岩。

3.5.2 韦德迈阿、古达米斯盆地

韦德迈阿（Oued Mya）盆地、古达米斯（Ghadames）盆地均以泛非构造期变质、变形及结晶岩为基底，但古生代、中生代、新生代演化历程各具特色，最大不同是韦德迈阿盆地缺失石炭系—二叠系，泥盆系仅发育底部层段（图3-5-2）。据地层结构分析，这种地层缺失主要与海西期构造抬升、剥蚀有关。

（1）韦德迈阿盆地

韦德迈阿（Oued Mya）盆地位于非洲大陆北部，西部以阿拉尔凸起（Allal High）

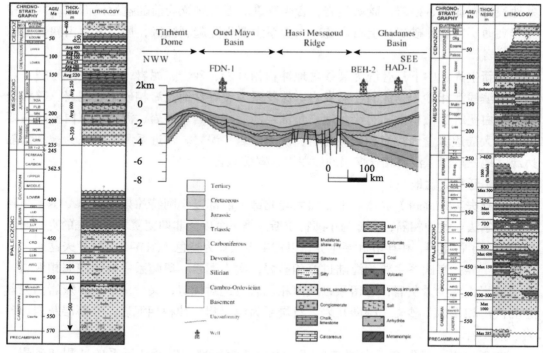

图 3-5-2　韦德迈阿、古达米斯盆地地层结构（据 IHS，2009；Aloui et al，2012 资料编绘）

与蒂米蒙盆地相隔，北部为提勒盖姆特 - 图古尔特凸起（Tilrhemt-Touggourt Uplift）。是在泛非期变质岩基底上发育的克拉通盆地。发育了古生界、中生界和新生界（图 3-5-2 韦德迈阿盆地）。

　　古生界：寒武系主要为冲积相 - 海陆过渡相砂岩，夹少量泥岩。奥陶系主要为滨浅海相砂岩，次为泥岩。志留系以浅海相泥岩占绝对优势，夹少量灰岩。下泥盆统为浅海相泥岩、砂岩。中泥盆统—二叠系普遍缺失。

　　中新生界：三叠系主要为冲积相砾岩、砂岩、泥岩，夹火山岩。上三叠统上部—下侏罗统为局限滨浅海相蒸发岩、灰岩、泥岩；中侏罗统为浅海相碳酸盐岩、泥岩；上侏罗统主要为浅海相碳酸盐岩。下白垩统为冲积相-浅海相砂岩、泥岩、碳酸盐岩；上白垩统主要为局限浅海相蒸发岩夹碳酸盐岩。古近系主要为浅海相碳酸盐岩。新近系为冲积相砾岩、砂岩，夹少量泥岩。

　　（2）古达米斯盆地

　　古达米斯（Ghadames）盆地位于非洲大陆北部，横跨阿尔及利亚、突尼斯和利比亚 3 国，在阿尔及利亚称为 Berkine 盆地，在利比亚称为 Hamra 或 Hamada 盆地。古达米斯盆地是在泛非基底上，早古生代开始发育的克拉通内坳陷盆地，北部为 Dahar-Nafusah 隆起，南部为 Qarqaf 古隆起，东部为 Amguid-El Biod 古隆起（Rossi et al，2002；IHS，2009；Carruba et al，2014；Bora & Dubey，2015）。发育了新元古界、古生界、中生界和新生界（图 3-5-2 古达米斯盆地）。

　　新元古界为冲积相 - 浅海相砂岩，夹泥岩。

古生界：寒武系主要为滨浅海相砾岩、砂岩。奥陶系主要为冰川－滨浅海相砾岩、砂岩，次为泥岩。志留系为深水浅海相－浅海相泥岩夹少量灰岩，砂岩。下泥盆统为浅海相砂岩，夹泥岩。中上泥盆统主要为浅海相泥岩，夹砂岩、灰岩。石炭系为浅海相泥岩、砂岩、碳酸盐岩，夹蒸发岩。二叠系为滨浅海相泥岩、泥灰岩，夹砂岩。

中新生界：三叠系主要为冲积相－滨浅海相砂岩、泥岩、灰岩，夹火山岩。上三叠统上部—下侏罗统为局限滨浅海相蒸发岩、灰岩、泥岩；中上侏罗统为浅海相碳酸盐岩、泥岩，夹砂岩。下白垩统为冲积相－浅海相砂岩、泥岩、碳酸盐岩；上白垩统主要为局限浅海相碳酸盐岩夹蒸发岩。古近系主要为浅海相碳酸盐岩、泥岩。新近系为冲积相砾岩、砂岩，夹少量泥岩、蒸发岩。

3.6 西地中海特提斯构造区地质演化简史

在上文各地质单元地质演化记录讨论基础上，现结合从非洲大陆北部韦德迈阿（Oued Mya）盆地至西欧大陆中部英荷盆地（图3-0-1中白色线）的地质演化剖面（图3-6-1）和地质记录对比剖面（图3-6-2）讨论西地中海特提斯构造区的地质演化简史。

新元古代晚期（570Ma±）极盛冈瓦纳超大陆（图1-4-1）形成后，新元古代末发生解体，劳伦板块、波罗的板块与冈瓦纳超大陆分离，其间形成巨神洋并与泛大洋连通。寒武纪初开始，阿瓦隆地块群（如伦敦地块）逐步从冈瓦纳超大陆裂离，到奥陶纪，其间形成瑞克洋（原特提斯洋）（图3-6-1中480Ma±）。志留纪，巨神洋逐渐关闭，冈瓦纳超大陆北缘进一步裂解。

到泥盆纪，阿瓦隆地块群、劳伦板块、波罗的板块发生了大规模拼贴、碰撞，形成加里东造山带和劳俄古陆；原特提斯洋开始向劳俄古陆俯冲；法国中央地块、伊比利亚地块先后从冈瓦纳超大陆北缘裂离，形成洋中孤立台地，其间形成古特提斯洋（图3-6-1中390Ma±）。石炭纪，原特提斯洋逐步萎缩，古特提斯洋先后开始向北方地块俯冲（图3-6-1中350Ma±），非洲板块、伊比利亚地块、法国中央地块、劳俄古陆逐渐汇聚。到二叠纪，非洲板块、伊比利亚地块、法国中央地块、劳俄古陆发生增生、拼贴、陆陆碰撞，其间洋盆完全关闭，形成盘古联合古陆及广泛分布的海西期变形、变质基底（图3-6-1中270Ma±）。

三叠纪，盘古联合古陆开始裂解，形成一系列裂谷盆地和中特提斯洋（图3-6-1中220Ma±）。到侏罗系，地中海地块从非洲大陆分离，形成洋中孤立台地，其间形成新特提斯洋；中特提斯洋开始发生洋内俯冲，形成洋内岩浆弧（图3-6-1中165Ma±）。白垩纪基本上继承了侏罗纪的构造－古地理格局，非洲板块北缘主要为克拉通盆地和被动大陆边缘盆地，地中海地块为洋中孤立台地，中特提斯洋发育洋内岩浆弧，欧亚大陆南缘主要为裂谷和被动大陆边缘盆地（图3-6-1中125Ma±）。

古近纪早、中期，中特提斯洋逐渐萎缩，中特提斯洋内岩浆弧向欧亚大陆南缘增生、拼贴、碰撞，新特提斯洋持续发育（图3-6-1中40Ma±）。古近纪晚期以来：中

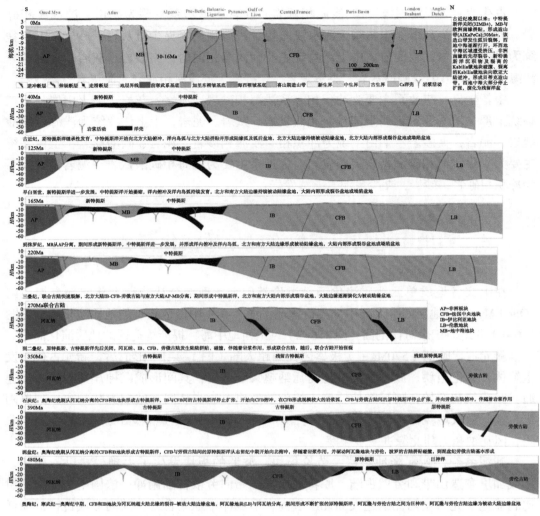

图 3-6-1　西地中海特提斯构造区地质演化剖面图（剖面位置见图 3-0-1 白色线）

特提斯洋关闭（32Ma±），地中海地块与欧亚大陆南缘拼贴、碰撞，形成中地中海造山带；30Ma±，中地中海造山带发生弧后裂解，形成现今的 AlKaPeCa 山系，西地中海逐渐打开，环西地中海区域遭受挤压，非洲板块南缘的先存裂谷、新特提斯洋沉积物及裂离的 Kabilia（Ka）微地块碰撞、逆冲形成 Atlas 造山带，裂离的 Alboran（AL）微地块向欧亚大陆逆冲，形成贝蒂克造山带；新近纪末，西地中海多数洋盆停止扩张，演化为残留洋盆（图 3-6-1 中 0Ma±），只有第勒尼安海洋壳生长一直持续到第四纪。

　　西地中海特提斯构造区地质演化过程，在不同构造单元形成了各具特色的地质记录（图 3-6-2）。

　　韦德迈阿盆地位于非洲板块内部，以前寒武系变质杂岩为基底，新元古界—寒武系为克拉通盆地，主要发育了冲积相砂岩、泥岩。奥陶系—泥盆系为克拉通盆地，主要发育浅海相砂岩、泥岩、碳酸盐岩。上泥盆统—下三叠统缺失。中三叠统—始新统为克拉通盆地，渐新统—第四系为前陆盆地。中三叠统主要为冲积相砂岩、粉砂岩、

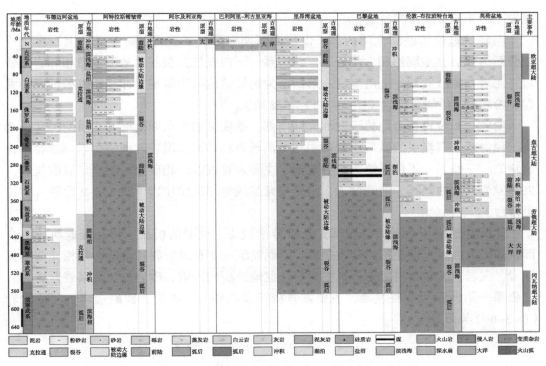

图 3-6-2　加勒比特提斯构造区重点盆地地层对比图（盆地位置见图 3-0-1）

泥岩；上三叠统—下侏罗统为盐沼相蒸发岩、碳酸盐岩、泥岩；中侏罗统—下白垩统主要发育浅海相碳酸盐岩、泥岩，夹砂岩；上白垩统发育滨浅海相碳酸盐岩、蒸发岩、泥岩；古近系以滨浅海相碳酸盐岩为主；新近系主要为冲积相砂岩（图 3-6-2 韦德迈阿盆地）。

　　阿特拉斯褶皱带位于非洲板块变形、变质边缘带，前中生界普遍在海西期发生变形、变质。三叠系—下白垩统为裂谷盆地滨浅海相砾岩、砂岩、泥岩、碳酸盐岩，夹少量蒸发岩。上白垩统—始新世为被动大陆边缘盆地，以浅海相碳酸盐岩为主，夹泥岩、砂岩。渐新统—第四系为前陆盆地，发育了滨浅海相 – 冲积相泥岩、砂岩、砾岩（图 3-6-2 阿特拉斯褶皱带）。

　　阿尔及利亚海是地中海造山带新生代裂解形成的小洋盆，洋壳年龄为 16—6Ma，6Ma 以后洋壳停止扩张，演化为残留洋盆，沉积物主要为深海相泥岩、粉砂岩（图 3-6-2 阿尔及利亚海）。

　　巴利阿里 – 利古里亚海也是地中海造山带新生代裂解形成的小洋盆，洋壳年龄为 30—16Ma，16Ma 以后洋壳停止扩张，演化为残留洋盆，沉积物主要为深海相泥岩、粉砂岩（图 3-6-2 巴利阿里 – 利古里亚海）。

　　里昂湾盆地位于欧亚大陆紧邻西地中海边缘，以海西期变形、变质岩系为基底。下三叠统为裂谷盆地滨浅海相砂岩、泥岩夹碳酸盐岩。中三叠统—白垩系为被动大陆边缘盆地滨浅海相砂岩、泥岩、蒸发岩、碳酸盐岩，以滨浅海相碳酸盐岩为主。古近系为前陆盆地滨浅海相碳酸盐岩、蒸发岩、泥岩。新近系为裂谷盆地滨浅海相砂岩、泥岩（图 3-6-2 里昂湾盆地）。

巴黎盆地位于欧洲大陆内部，以华力西期变形、变质岩系为基底。上石炭统—二叠系为弧后盆地湖泊相含煤岩系。三叠系—下白垩统为裂谷盆地滨浅海相砾岩、砂岩、泥岩、碳酸盐岩。上白垩统—第四系为裂谷盆地滨浅海相 – 冲积相碳酸盐岩、泥岩、粉砂岩、砂岩、砾岩（图 3-6-2 巴黎盆地）。

伦敦 – 布拉班特台地位于欧洲大陆南部，基底为加里东期变形、变质的阿瓦隆地块。泥盆系—石炭系为弧后盆地冲积相 – 滨浅海相砂岩、泥岩、碳酸盐岩。二叠系普遍缺失。三叠系—下白垩统为裂谷盆地，主要发育滨浅海相砂岩、泥岩、碳酸盐岩，夹蒸发岩。上白垩统为前陆盆地，主要发育滨浅海相碳酸盐岩（图 3-6-2 伦敦 – 布拉班特台）。

英荷盆地位于欧洲大陆腹部，处于劳伦板块、波罗的板块、阿瓦隆地块的结合部，基底为加里东期变形、变质杂岩。上泥盆统—下石炭统裂谷盆地冲积相 – 湖泊相砂岩、泥岩、碳酸盐岩。上石炭统为前陆盆地冲积相泥岩、砂岩。二叠系普遍缺失。三叠系—第四系为裂谷盆地，主要发育滨浅海相砂岩、泥岩、碳酸盐岩，夹蒸发岩（图 3-6-2 英荷盆地）。

东地中海特提斯构造区主要地质特征

东地中海特提斯构造区处于欧洲古陆与非洲古陆之间。北侧最老的古陆为东欧地台的乌克兰地盾，南侧为非洲古陆，西侧以亚得里亚地块与西地中海特提斯相接，东邻阿拉伯板块。据 HIS（2009）的研究成果，西地中海特提斯构造区可以划分为不同特征的山地（包括古隆起、高地、褶皱带）、盆地（包括海盆、地堑、盆地）共计 406 个基本构造单元（图 4-0-1）。

西地中海特提斯构造区的基本构造单元可以归并为：①东欧地台南缘盆地群、②东欧地台南侧新元古界—古生界变形带及黑海盆地、③亚得里亚 - 佩拉杰新元古界 - 古生界变形带、④东地中海北缘中新生代变形带、⑤东地中海海盆及非洲大陆东北部边缘盆地群（图 4-0-2）。

4.1 东欧地台南缘盆地群

与东地中海特提斯相关的东欧地台南缘盆地主要有第聂伯 - 顿涅茨（Dnieper-Donets）盆地、普里皮亚季（Pripyat）盆地、东欧地台边缘（East European Platform Margin）盆地、丹麦 - 波兰（Danish-Polish）盆地。东部端为前寒武系变质岩为主的沃罗涅日（Voronezh）古隆起，盆地间为前寒武系变质岩为主的乌克兰（Ukrainian）地盾（图 4-0-1、图 4-0-2）。

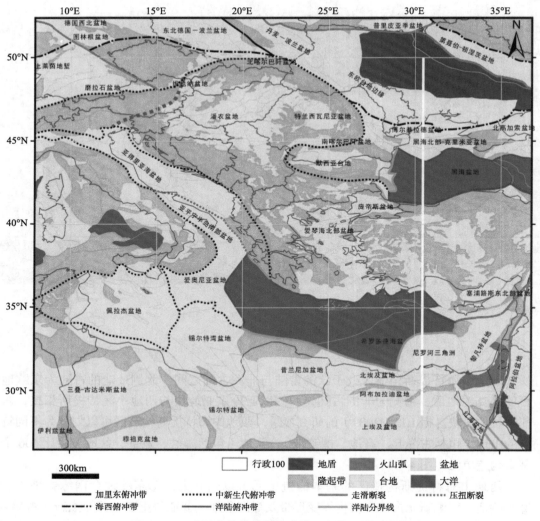

图 4-0-1 东地中海特提斯构造域基本构造单元划分

（据 IHS，2009；Bally et al，2012；Polonia et al，2016；Akdogan et al，2017；Erak et al，2017；Plissart et al，2017；Rolland，2017；San Pedro et al，2017；Hajná et al，2018；Innamorati & Santantonio，2018；Artoni et al，2019 资料等编绘）

4.1.1 第聂伯－顿涅茨盆地

第聂伯－顿涅茨（Dnieper–Donets）盆地位于东欧地台南缘东部（图 4-0-1），呈 NWW–SEE 向展布，其北侧为沃罗涅日穹隆，南侧为乌克兰地盾，西北部与普里皮亚季（Pripyat）盆地相接，东部为顿巴斯褶皱带，南北宽约 200km，东西长约 700km，面积为 $15.7 \times 10^4 km^2$（图 4-0-1、图 4-0-2）。

第聂伯－顿涅茨盆地断层较为发育，隆凹相间（28 个基底凸起，6 个凹陷，23 个洼陷），东深西浅，基底最大埋深超过 18km（图 4-1-1），是一个泥盆纪—石炭纪发育的克拉通内裂谷盆地，裂谷的形成与深部地幔柱活动或俯冲相关的弧后伸展有关（Eros

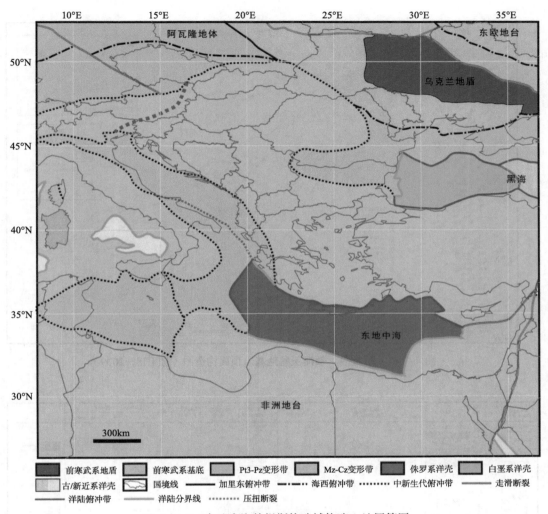

图 4-0-2　东地中海特提斯构造域构造 – 地层简图

（据 IHS，2009；Bally et al，2012；Polonia et al，2016；Akdogan et al，2017；Erak et al，2017；Plissart et al，2017；Rolland，2017；San Pedro et al，2017；Hajná et al，2018；Innamorati & Santantonio，2018；Artoni et al，2019 资料等编绘）

et al，2012）。

　　基底为前寒武系变质岩，下古生界缺失。中泥盆统砂岩（Eifelian 阶）不整合于其上，向上为泥岩、灰岩、砂岩沉积序列，主要为前裂谷期稳定地台浅海相沉积，中泥盆统厚度不详。上泥盆统与下伏地层不整合接触，主要岩石类型有砾岩、砂岩、火山岩、泥岩、灰岩、岩盐，最大厚度约 6000m，为裂谷期浅海和局限海沉积（图 4-1-2）。

　　石炭系 Tournaisian 阶与下伏地层不整合接触，主要岩石类型为砂岩、泥岩和灰岩，夹煤层，为裂后拗陷期滨浅海沉积。Visean 阶下部与下伏不整合接触，主要岩石类型为砂岩、泥质灰岩；Visean 阶上部与下伏地层不整合接触，主要岩石类型为砂岩、粉砂岩。Serpukhovian 阶下部与下伏地层不整合接触，岩石类型有砂岩、粉砂岩、泥质灰岩和泥岩；Bashkirian 阶与下伏地层整合接触，岩石类型有砂岩、粉砂岩和泥

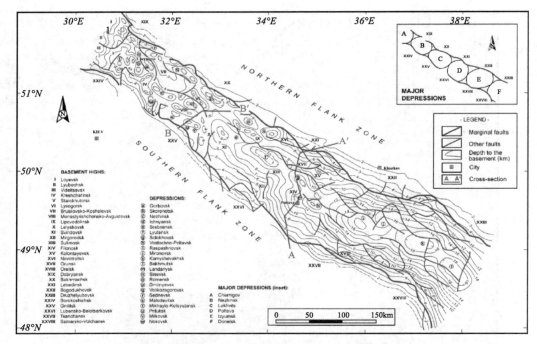

图 4-1-1　第聂伯－顿涅茨盆地基岩顶面构造图（据 IHS，2009）

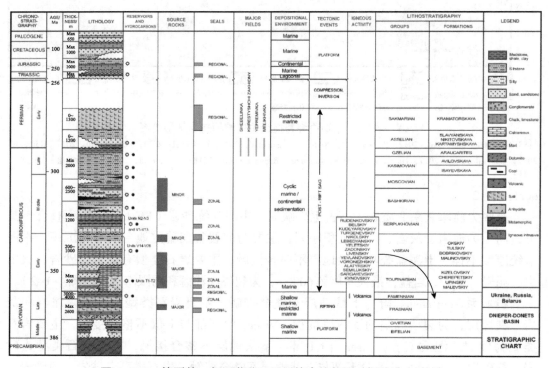

图 4-1-2　第聂伯－顿涅茨盆地地层综合柱状图（据 IHS，2009）

岩，煤层发育；Moscovian–Gzelian阶与下伏地层整合接触，主要为粉砂岩，次为泥岩，夹灰岩。Visean–Gzelian阶为裂谷期—裂后拗陷期陆相 – 滨浅海沉积。石炭系最大厚度超过7000m（图4-1-2）。

二叠系 Asselian 阶与下伏地层不整合接触，主要岩石类型为粉砂岩、砂岩和泥岩，最大厚度为1200m，为裂后拗陷期滨浅海沉积。Sakmarian 阶下部与下伏地层整合接触，主要为蒸发岩，以岩盐为主，最大厚度为1,300m，为裂后拗陷晚期局限海沉积。Sakmarian 阶以上的二叠系缺失（图4-1-2）。

中新生界演化为克拉通盆地，三叠系最大厚度为1200m，与下伏地层不整合接触，主要岩石类型为砂岩、碳酸盐岩和泥岩，为潟湖沉积；侏罗系最大厚度为1000m，与下伏地层不整合接触，主要岩石类型为碳酸盐岩和粉砂岩，为浅海 – 陆相沉积；白垩系最大厚度为1000m，与下伏地层不整合接触，主要岩石类型为砂岩、粉砂岩和碳酸盐岩，为浅海沉积；新生界最大厚度为650m，与下伏地层不整合接触，主要岩石类型为砂岩和碳酸盐岩，为浅海 – 陆相沉积（图4-1-2）。

泥盆系—石炭系下部（Tournaisian阶和Visean阶）的分布明显受断层的控制，断槽内厚度大，隆起带显著减薄或缺失。石炭系中部（Serpukhovian阶）分布广泛，基本不受断层控制。石炭系中上部（Moscovian–Gzelian阶）及二叠系，分布范围向上逐层减小，明显与二叠纪中、晚期的抬升、剥蚀有关。中新生界分布广泛，断层不发育。泥盆系的盐岩底辟向上影响到二叠系（图4-1-3）。

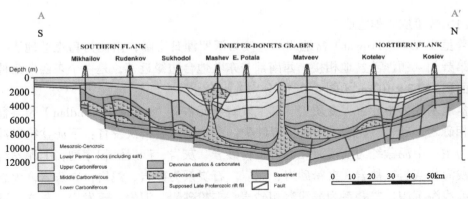

图4-1-3　第聂伯 – 顿涅茨盆地 AA′ 地质剖面图（据 IHS，2009；剖面位置见图4-1-1）

4.1.2　普里皮亚季盆地、东欧地台边缘盆地及丹麦 – 波兰盆地

普里皮亚季（Pripyat）盆地、东欧地台边缘（East European Platform Margin）盆地和丹麦 – 波兰（Danish–Polish）盆地是东欧地台南缘的盆地，均以前新元古界变质岩为基底，发育了新元古界、古生界、中生界、新生界沉积岩。由于所处位置不同，新元古代以来的沉积记录有一定差异（图4-1-4）。

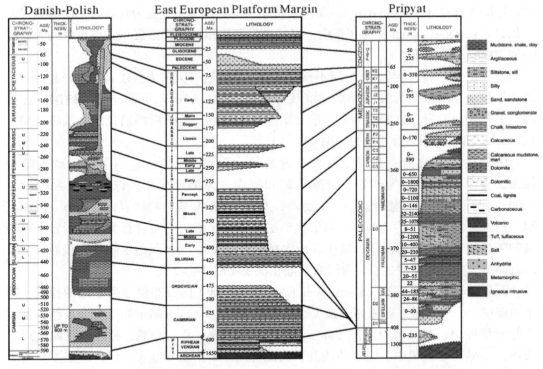

图 4-1-4　东欧地台东南缘主要盆地地层对比图（据 IHS，2009 资料编绘）

（1）普里皮亚季盆地

普里皮亚季（Pripyat）盆地北部过渡为沃罗涅日穹隆，南侧为乌克兰地盾，东南部与第聂伯－顿涅茨盆地相接，西南部与东欧地台边缘近邻，是一个东西向延伸的盆地，面积为 $3.3 \times 10^4 km^2$（图 4-0-1）。

盆地基底为中元古界变质岩。其上发育新元古界（Riphean–Vendian）裂谷盆地滨浅海相砾岩、砂岩、泥岩。下古生界缺失。泥盆纪裂谷再次发育：下泥盆统以冲积相砂岩为主；中泥盆统为滨浅海相泥岩、粉砂岩、灰岩、砂岩沉积序列；上泥盆统主要为滨浅海相灰岩、盐岩，夹粉砂岩、泥岩。石炭系为砂岩、泥岩，夹灰岩，为裂后拗陷期滨浅海沉积。二叠系为滨浅海相砂岩，夹粉砂岩、泥岩、蒸发岩、灰岩。下三叠统与二叠系相似，中上三叠统—下侏罗统基本缺失。中上侏罗统为滨浅海相砾岩、砂岩、粉砂岩、泥岩、灰岩。下白垩统和上白垩统均为滨浅海相砂岩、泥岩。古近系为滨浅海相砂岩、粉砂岩。新近系为冲积相砂岩、粉砂岩（图 4-1-4 Pripyat）。

（2）东欧地台边缘盆地

东欧地台边缘（East European Platform Margin）盆地北部为乌克兰地盾，南部与海西变形带相接，西南部与丹麦－波兰盆地相接，是一个 NWW-SEE 向延伸的盆地，面积为 $23.6 \times 10^4 km^2$（图 4-0-1）。

盆地基底为中元古界变质岩。其上发育新元古界（Riphean–Vendian）裂谷盆地陆相滨浅海相砾岩、砂岩、泥岩，夹火山岩。显生宙长期发育克拉通盆地。寒武系和奥陶系以浅海相砂岩、泥岩、泥灰岩为主。志留系主要为滨浅海相灰岩、泥灰岩、泥岩、夹蒸发岩。泥盆系主要为滨浅海相砂岩、泥岩夹蒸发岩。石炭系为砂岩、泥岩、灰岩、泥灰岩，夹煤层。二叠系普遍缺失。三叠系主要为滨浅海相砂岩、泥岩，夹泥灰岩。下侏罗统基本缺失。中上侏罗统—下白垩统为滨浅海相砂岩、粉砂岩、泥岩，夹白云岩。上白垩统为滨浅海相砂岩、泥岩，夹泥灰岩。古近系为滨浅海相砂岩、粉砂岩。新近系为滨浅海相砂岩、粉砂岩，夹泥灰岩、蒸发岩（图 4-1-4 East European Platform Margin）。

（3）丹麦 – 波兰盆地

丹麦 – 波兰（Danish–Polish）盆地东北部为东欧地台边缘盆地，西南部以加里东期缝合带（Teisseyre– Tornquist Zone，TTZ）与东北德国 – 波兰盆地相接，是一个 NWW–SEE 向延伸的盆地，面积为 $6.2 \times 10^4 \mathrm{km}^2$（图 4-0-1、图 4-0-2）。

盆地基底为中元古界变质岩。其上发育新元古界（Riphean–Vendian）弧后 – 裂谷盆地陆相滨浅海相砾岩、砂岩、泥岩，夹火山岩。寒武系为被动大陆边缘盆地浅海相 – 深水浅海相砂岩、泥岩、泥灰岩。奥陶系为被动大陆边缘盆地深水浅海相泥岩，夹泥灰岩、灰岩。志留系主要为加里东期前陆盆地深水浅海相泥岩，夹灰岩。下泥盆统为前陆盆地冲积相砾岩、砂岩、泥岩。中上泥盆统主要为被动大陆边缘盆地滨浅海相砂岩、泥岩、泥灰岩。石炭系为华力西期前陆盆地滨浅海相砾岩、砂岩、泥岩、灰岩，夹煤层。二叠系为裂谷盆地冲积相 – 滨浅海相砾岩、砂岩、蒸发岩，夹灰岩、泥岩、泥灰岩。三叠系主要为裂谷盆地滨浅海相砂岩、泥岩、蒸发岩。侏罗系、下白垩统和上白垩统均为裂谷盆地滨浅海相砂岩、泥岩，夹泥灰岩、灰岩。古近系和新近系为裂谷盆地滨浅海相砂岩、粉砂岩、泥岩（图 4-1-4 Danish–Polish）。

4.2　东欧地台南侧新元古界—古生界变形带及黑海盆地

与东地中海相关的东欧南侧新元古界 – 古生界变形带，北部以泛欧缝合带（Trans-european Suture Zone，TESZ）与东欧地台相接，西部为喀尔巴阡变形带，东邻高加索台地，南以黑海为界。包括博尔赫拉德前渊（Bolgrad Foredeep）、北多布罗贾（Dobrogea）造山带、默西亚台地（Moesian）、克里米亚盆地（Crimea Basin）和黑海北部和西部盆地（图 4-0-1、图 4-0-2）。其中，博尔赫拉德前渊、克里米亚盆地和黑海北部盆地属于徐西亚地块（Scythian），默西亚台地和黑海西部盆地属于默西亚地块（尤辛克拉通，Euxinic），北多布罗贾造山带主要是侏罗纪默西亚地块与徐西亚地块拼贴、碰撞的结果（图 4-2-1）。

4.2.1　博尔赫拉德前渊 – 克里米亚盆地

（1）博尔赫拉德前渊

博尔赫拉德前渊（Bolgrad Foredeep）位于东欧地台东部南侧（图 4-0-1），呈东西

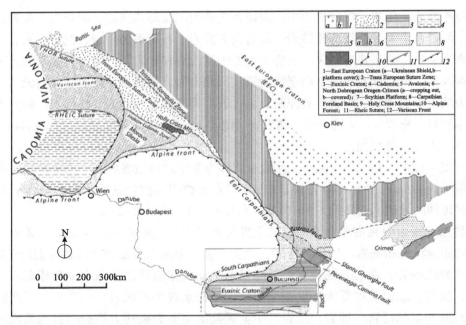

图 4-2-1　东欧地台南侧晚古生代拼贴地块构造纲要图（据 Balintoni & Balica，2016 略改）

向展布，其北侧为东欧地台边缘盆地，东侧为黑海北部–克里米亚盆地，西部与南喀尔巴阡（South Carpathian）盆地相接，南接黑海盆地，面积为 $2.5 \times 10^4 km^2$（图 4-0-1）。

盆地基底主要起源于徐西亚地块，基底为中元古界变质岩。其上发育新元古界（Riphean–Vendian）裂谷盆地陆相滨浅海相砾岩、砂岩、泥岩。下寒武统以被动大陆边缘盆地浅海相砂岩、泥岩为主。中上寒武统和奥陶系普遍缺失。志留系主要为被动大陆边缘盆地滨浅海相灰岩、泥灰岩、泥岩，夹砂岩。泥盆系主要为被动大陆边缘–前陆盆地滨浅海相灰岩、粉砂岩、泥岩夹蒸发岩。下石炭统为前陆盆地滨浅海相碳酸盐岩、蒸发岩，夹泥岩。上石炭统普遍缺失。二叠系—三叠系主要为弧后盆地冲积相–滨浅海相砂岩、泥岩、碳酸盐岩、蒸发岩，夹火山岩。下侏罗统基本缺失。中、上侏罗统为裂谷盆地滨浅海相砂岩、泥岩、碳酸盐岩、蒸发岩。下白垩统为裂谷盆地滨浅海相砂岩、粉砂岩、泥岩。上白垩统—古近系为裂谷盆地滨浅海相砂岩、泥岩、碳酸盐岩。新近系为裂谷盆地冲积相–滨浅海相砂岩、泥岩（图 4-2-2 Bolgrad）。

（2）克里米亚盆地

克里米亚盆地也称黑海北部–克里米亚盆地（North Black Sea–Crimea Basin），位于东欧地台东部南侧（图 4-0-1），呈东西向展布，其北侧为东欧地台边缘盆地，东侧为高加索台地，西部与博尔赫拉德盆地相接，南接黑海盆地，面积 $3.6 \times 10^4 km^2$（图 4-0-1）。

盆地基底主要起源于徐西亚地块，基底为中元古界变质岩。其上发育新元古界（Riphean–Vendian）裂谷盆地陆相滨浅海相砾岩、砂岩、泥岩。中下寒武统以被动大陆边缘盆地浅海相砂岩、泥岩为主。上寒武统普遍缺失。奥陶系以裂谷盆地浅海相砂岩

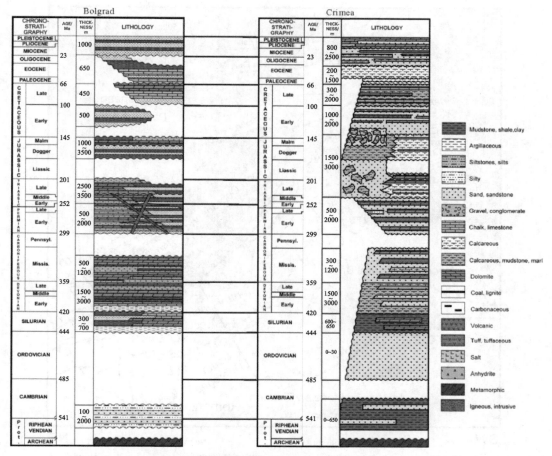

图 4-2-2　博尔赫拉德前渊与克里米亚盆地地层对比图（据 IHS，2009 资料编绘）

为主。志留系主要为被动大陆边缘盆地滨浅海相灰岩、泥岩。泥盆系主要为被动大陆边缘—前陆盆地滨浅海相泥灰岩、钙质泥岩，夹砂岩、蒸发岩。下石炭统为前陆盆地滨浅海相砂岩、碳酸盐岩，夹火山岩。上石炭统普遍缺失。二叠系—中三叠统主要为弧后裂谷盆地滨浅海相砂岩、碳酸盐岩，夹火山岩。上三叠统—下侏罗统为弧后前陆盆地深水浅海相—浅海相砂岩、泥灰岩、碳酸盐岩，夹泥岩。中上侏罗统为弧后前陆盆地滨浅海相泥灰岩、砂岩。下白垩统为弧后裂谷盆地滨浅海相砂岩，夹灰岩和火山岩。上白垩统—古近系为被动大陆边缘盆地滨浅海相碳酸盐岩。新近系为前陆盆地滨浅海相砂岩、泥岩、碳酸盐岩（图 4-2-2 Crimea）。

4.2.2　北多布罗贾造山带 – 默西亚地块

北多布罗贾（Dobrogea）造山带 – 默西亚（Moesian）地块位于东欧南侧新元古界 – 古生界变形带的东部，西侧与喀尔巴阡中新生代变形带，东邻黑海（图 4-0-1、图 4-0-2、图 4-2-3）。

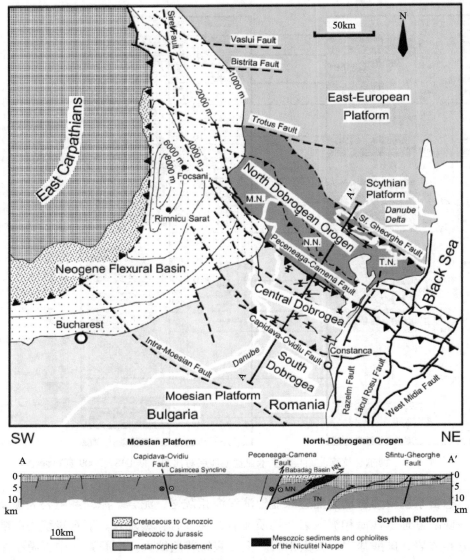

图 4-2-3　多布罗贾造山带 – 默西亚地块构造纲要图（据 Hippolyte，2002 资料编绘）

N.N.—Niculitel 推覆体；M.N.—Macin 推覆体；T.N.—Tulcea 推覆体

（1）北多布罗贾造山带

北多布罗贾（Dobrogea）造山带是默西亚（Moesian）地块与徐西亚地块晚古生代、侏罗纪碰撞、逆冲推覆形成的复杂变形带（Hippolyte，2002；Balintoni et al，2010；Balintoni & Balica，2016）。默西亚地块向徐西亚地块的多期碰撞、逆冲推覆，自下而上形成了由古生界—侏罗系构成的图尔恰（Tulcea）推覆体、由中生界沉积岩及蛇绿杂岩构成的诺利特尔（Niculitel）推覆体、在古生界—侏罗系推覆体上发育白垩系—新生界前陆盆地（Babadag）的马辛（Macin）推覆体（图 4-2-3）。由中生界沉积岩及蛇绿杂岩构成的诺利特尔（Niculitel）推覆体表明，侏罗纪，在默西亚地块与徐西亚地块之间发育了短命弧后小洋盆。

（2）默西亚地块

Oczlon 等（2007）认为，Moesian 地块分为差异明显的东、西两部分（图4-2-4）。

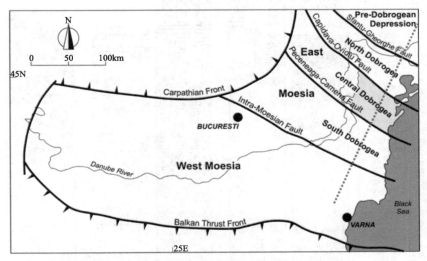

图 4-2-4　Moesian 地块构造略图图中红色虚线为剖面位置（据 Kalvoda 等，2010；Dinu 等，2005）

东 Moesian 地体以新元古界的变质岩和侵入岩为基底，下寒武统与下伏地层不整合接触，主要为裂谷盆地滨浅海相砂岩、砾岩。中、上寒武统—下奥陶统普遍缺失，局部发育冲积相砂砾岩。中、上奥陶统以被动大陆边缘–裂谷盆地浅海相泥岩为主，不整合于下伏地层之上。下志留统普遍缺失，中上志留统—下泥盆统的被动大陆边缘盆地浅海相泥岩、砂岩组成的地层不整合于中、上奥陶统之上。中泥盆统下部以被动大陆边缘盆地浅海相砂岩为主。上泥盆统—下石炭统下部主要由被动大陆边缘盆地浅海相碳酸盐岩组成。下石炭统的中上部为前陆盆地滨浅海相含煤岩系。上石炭统—下二叠统缺失。上二叠统为弧后裂谷盆地冲积相–滨浅海相砂砾岩（图4-2-5、图4-2-6）。

西 Moesian 地体以新元古界的变质岩为基底。中、下寒武统由裂谷盆地滨浅海相粉砂岩、泥质岩组成，不整合于基底之上。上寒武统—中、下奥陶统以裂谷盆地冲积相–滨浅海相砂砾岩为主。上奥陶统—志留系由被动大陆边缘–裂谷盆地浅海相粉砂岩、泥质岩组成。下泥盆统由被动大陆边缘盆地滨浅海相砂砾岩、粉砂岩、泥质岩组成，向东岩性变细。中泥盆统下部以被动大陆边缘盆地浅海相碳酸盐岩、砂岩为主。上泥盆统—下石炭统下部主要由碳酸盐岩组成。下石炭统的中上部为前陆盆地滨浅海相含煤岩系和碳酸盐岩。上石炭统上部缺失。二叠系主要为裂谷盆地滨浅海相砂砾岩，见火山岩和蒸发岩，顶部发育碳酸盐岩（图4-2-5、图4-2-6）。

4.2.3　黑海盆地

黑海盆地是早白垩世—早古近纪特提斯洋壳向北俯冲于 Balcanides–Pontides 火山弧之下裂开的弧后盆地（Zonenshain 和 Le Pichon，1986）。以黑海中央山脉（或 Andrusov

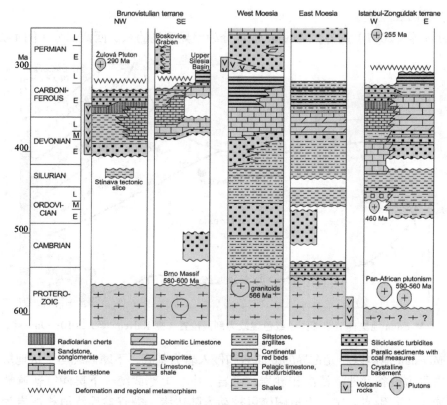

图 4-2-5　欧洲东南部主要地体地层记录（Kalvoda 等，2010）

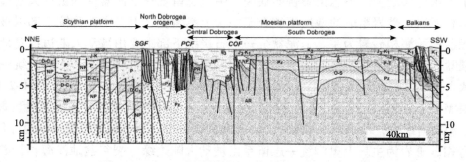

图 4-2-6　Moesian 地块 –Scythian 地台地质剖面图（剖面位置见图 4-2-4；据 Dinu 等，2005）

山脉）为界，分为西黑海和东黑海 2 个亚盆（图 4-2-7）。西黑海亚盆地的裂开与伊斯坦布尔（IZ）地块从 Moesian 地块分离有关，早白垩世晚期为裂谷阶段，晚白垩世发生大规模沉降，并形成洋壳（Finetti 等，1988；Gorur，1988；Artyushkov，1992；Nikishin et al，2015a；2015b）。西部大陆边缘新生界厚度巨大（图 4-2-8、图 4-2-11）。东黑海亚盆是古新世裂谷，始新世中期出现洋壳（Robinson 等，1996；Nikishin et al，2015a；2015b；Sheremet et al，2016）。新生代沉降幅度达 13000m（图 4-2-9、图 4-2-10）这两个亚盆被大型隆升陆块 – 黑海中央山脉（或 Andrusov 山脉）分隔，黑海中央山脉的西界为左旋走滑断裂体系，该断裂体系是敖德萨断裂带向东南的延续（Finetti 等，1988）。

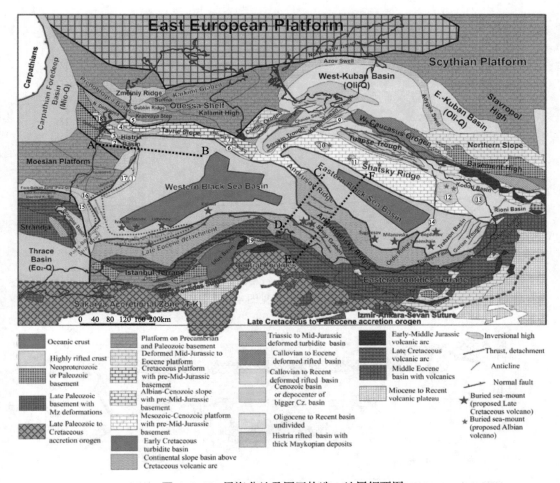

图 4-2-7　黑海盆地及围区构造－地层纲要图

（据 Dinu et al，2005；Rangin et al，2002；Meredith & Egan，2002；Nikishin et al，2015a 资料编绘）Eo—始新统；T-K—三叠系—白垩系；1—Polshkov 山脉；2—Tindala-Midia 山脉；3—Tomis 山脉；4—Lebada 山脉；5—Sf. Georg 山脉；6—Sevastopol 凸起；7—Lomonosov 地块；8—Tetyaev 山脉；9—Anapa 凸起；10—黑海北部隆起；11—Doobskaya 南部隆起；12—Gudauta 隆起；13—Ochamchira 隆起；14—OrduePitsunda 挠曲；15—Rezovo-Limankoy 褶皱带；16—Kamchia 盆地；17—Moesian 东部槽；18—Babadag 盆地；19—Küre 盆地．AB、CD 和 EF—剖面位置

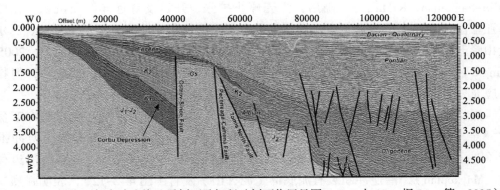

图 4-2-8　黑海西部大陆边缘地震剖面及解释（剖面位置见图 4-2-7 中 AB；据 Dinu 等，2005）

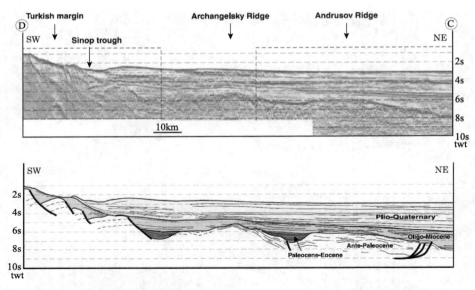

图 4-2-9　黑海地震剖面及解释（剖面位置见图 4-2-7 中 CD；据 Rangin 等，2002）

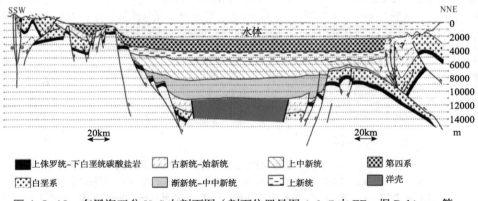

■ 上侏罗统–下白垩统碳酸盐岩	▨ 古新统–始新统	▨ 上中新统	▨ 第四系
▨ 白垩系	□ 渐新统–中中新统	▭ 上新统	■ 洋壳

图 4-2-10　东黑海亚盆 N–S 向剖面图（剖面位置见图 4-2-7 中 EF；据 Robinson 等，1996；Rangin 等，2002；Meredith 和 Egan，2002 资料编绘）

西黑海亚盆的洋壳扩张时期是塞诺曼期（Cenomanian，100Ma±）到中圣通期（Mid–Santonian，85Ma±）。随后，洋壳停止扩张，开始发育远洋泥质沉积。在西黑海亚盆南部和西南部，古新世—始新世发育了浊流沉积。浊流沉积是土耳其、巴尔干造山隆升的响应。渐新世以来，西黑海深水盆地以泥质沉积为主（Dinu et al，2005；Rangin et al，2002；Meredith & Egan，2002；Nikishin et al，2015a；2015b），但物源供应充分，沉积厚度巨大，最大厚度超过 6km（图 4-2-9~ 图 4-2-11）。

黑海盆地的挤压变形作用在东黑海亚盆的北缘表现最为明显。在东黑海亚盆的索罗金（Sorokin）凹陷–东克里米亚山一带发育了规模超过 100km 宽的逆冲推覆带（Sheremet et al，2016）。逆冲断层断穿的最新层系是渐新统—下中新统的迈科普组（Maykopian），沿逆冲断裂有泥底辟（泥火山）发育（图 4-2-12），表明强烈逆冲变形期为古近纪末—新近纪初。索罗金凹陷渐新统—下中新统的迈科普组最大厚度约

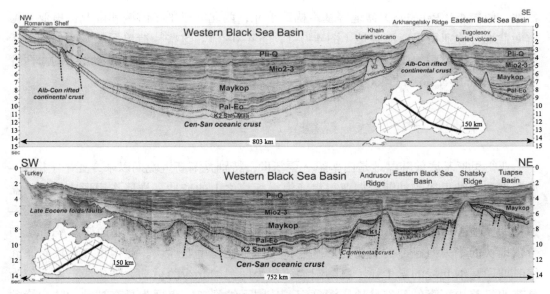

图 4-2-11 黑海盆地地震地质解释剖面（据 Nikishin et al，2015b）

K—白垩系；Apt—阿普特阶；San—圣通阶；Maa—马斯特里赫特阶；Pal—古新统；Eo—始新统；Mio—中新统；Pli—上新统；Q—第四系

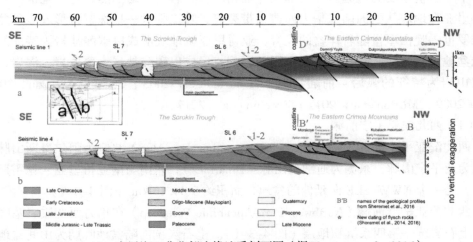

图 4-2-12 东黑海亚盆北部边缘地质剖面图（据 Sheremet et al，2016）

4km，主要为前陆盆地深水浅海相泥岩、粉砂岩。中、上中新统为前陆盆地浅海相砂岩、粉砂岩、泥岩（Shillington et al，2008；Sheremet et al，2016）。

4.3 亚得里亚 – 佩拉杰新元古界—古生界变形带

亚得里亚 – 佩拉杰新元古界—古生界变形带，主要包括西北滨亚平宁前渊（Northwest Peri- Apenninic Foredeep）、南亚得里亚 – 德雷斯盆地（South Adriatic–Durres Basin）、东南滨亚平宁前渊（Southeast Peri–Apenninic Foredeep）、爱奥尼亚（Ionian）

盆地、佩拉杰（Pelagian）盆地等基本构造单元，西北滨亚平宁前渊和南亚得里亚 – 德雷斯盆地合称亚得里亚海盆地（图 4-0-1、图 4-0-2）。这些构造单元的基底分别属于从冈瓦纳北缘裂离的亚得里亚（Adria）、阿普利亚（Apulia）地块和非洲北缘的海西变形带（Stampfli & Kozur，2006；Sirevaag et al，2016）。

4.3.1 亚得里亚基底盆地

亚得里亚基底前陆盆地是白垩纪—更新世，特别是渐新世晚期以来，亚平宁褶皱 – 冲断带和迪纳里褶皱冲断带向亚得里亚海微板块之上的逆冲、推覆作用形成的前陆盆地。主要包括西北滨亚平宁前渊（North- west Peri-Apenninic Foredeep）、南亚得里亚 – 德雷斯盆地（South Adriatic-Durres Basin）。亚得里亚基底是亚得里亚地块（Adria）与劳俄地块的华力西碰撞的变质变形基底，主体是亚得里亚地块。亚得里亚地块是寒武纪时期冈瓦纳北缘的增生弧；奥陶纪为演化为冈瓦纳北缘的被动大陆边缘；志留纪为具有明显差异沉降的裂谷盆地；泥盆纪，从冈瓦纳裂离，表现为具有被动大陆边缘盆地性质的孤立台地；早石炭世与劳俄大陆逐渐汇聚碰撞，形成弧后前陆盆地。晚石炭世—早二叠世主要为隆起区，局部发育陆相沉积，岩浆活动强烈；晚二叠世—三叠纪亚得里亚微地块从欧洲南缘华力西造山带裂离，晚二叠世—早侏罗世形成裂谷盆地，中侏罗世—晚白垩世随着洋盆的发育，亚得里亚微地块形成以碳酸盐岩为特征的大陆边缘盆地。新生代，受复杂挤压作用的影响，形成以碳酸盐岩、蒸发岩、泥岩、砂岩及火山岩为特征的弧后 – 前陆盆地（Vlahovic et al，2005；Stampfli & Kozur，2006；IHS，2009；Márton et al，2017；Zecchin et al，2017）。

（1）西北滨亚平宁前渊

西北滨亚平宁前渊（Northwest Peri-Apenninic Foredeep）北侧为阿尔卑斯山脉，西南侧为亚平宁山脉，东侧为迪纳里山脉（Dinarides），东南与南亚得里亚 – 德雷斯盆地相邻，是一个 NWW–SEE 向延伸的盆地，面积约 $9.0 \times 10^4 km^2$（图 4-0-1）。

西北滨亚平宁前渊（Northwest Peri-Apenninic Foredeep）在华力西变质岩基底上发育了上石炭统—第四系沉积地层（图 4-3-1）。上石炭统前陆盆地晚期为山间盆地冲积相砾岩、砂岩。二叠系—下三叠统为初始裂谷盆地冲积相 – 湖泊相砾岩、砂岩、泥岩、火山岩。中、上三叠统主要为裂谷盆地浅海相碳酸盐岩，局部为河流 – 三角洲相砂岩、泥岩，夹火山岩。下侏罗统主要为裂谷盆地深水浅海相碳酸盐岩。中、上侏罗统主要为被动大陆边缘盆地深海相泥岩、泥灰岩及放射虫硅质岩。下白垩统主要为被动大陆边缘盆地深水浅海相碳酸盐岩。上白垩统为早期前陆盆地深水浅海相砾岩、砂岩、碳酸盐岩、泥岩。古近系主要为中期前陆盆地浅海相碳酸盐岩，夹泥岩。新近系—第四系主要为晚期前陆盆地浅海相砾岩、砂岩、泥岩。

（2）南亚得里亚 – 德雷斯盆地

南亚得里亚 – 德雷斯盆地（South Adriatic-Durres Basin）位于亚得里亚海的东部北侧，东北侧为迪纳里 – 希腊山脉，西北侧为西北滨亚平宁前渊，西南侧与东南滨亚平

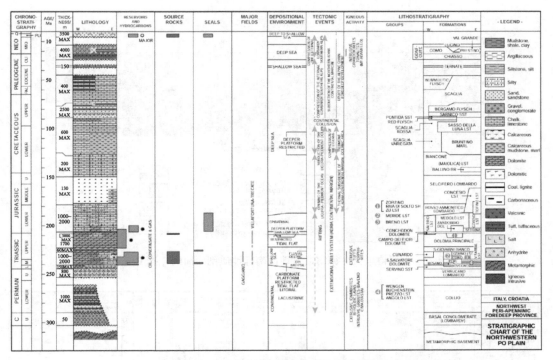

图 4-3-1　西北滨亚平宁前渊综合地层柱状图（据 IHS，2009）

宁前渊（Southeast Peri- Apenninic Foredeep）相邻，东南为爱奥尼亚带（Ionian Zone），是一个 NW-SE 向延伸的盆地，面积约 $5.4 \times 10^4 km^2$（图 4-0-1）。

南亚得里亚 - 德雷斯盆地在华力西变质岩基底上发育了二叠系—第四系沉积地层（图 4-3-2）。维鲁卡诺碎屑岩系（Verrucano Clastics）属于二叠系—下三叠统，为初始裂谷盆地冲积相 - 湖泊相砾岩、砂岩、泥岩、火山岩（Cassinis et al，2018）。中、上三叠统主要为裂谷盆地滨浅海相蒸发岩（Burano Evaporite）、碳酸盐岩，局部夹火山岩（Lugli，2001；Vlahovic et al，2005）。下侏罗统主要为裂谷盆地深水浅海相 Massiccio 碳酸盐岩（Brandano et al，2016）。中、上侏罗统主要被动大陆边缘盆地深海相碳酸盐岩，夹放射虫硅质岩、泥岩（Vlahovic et al，2005）。下白垩统主要为被动大陆边缘盆地深水浅海相碳酸盐岩。上白垩统主要为早期前陆盆地深水浅海相碳酸盐岩、泥岩。古近系主要为中期前陆盆地浅海相碳酸盐岩，夹泥岩。新近系—第四系主要为晚期前陆盆地浅海相砾岩、砂岩、泥岩、泥灰岩（Kilibarda & Schassburger，2018）。

（3）爱奥尼亚带

爱奥尼亚带（Ionian Zone）位于亚得里亚海的东部南侧，东侧为迪纳里 - 希腊山脉，北侧为南亚得里亚 - 德雷斯盆地，西侧与东南滨亚平宁前渊（Southeast Peri-Apenninic Foredeep）相邻，南侧为地中海海岭（Mediterranean Ridge），是一个近南北向延伸的、新生代强烈变形的盆地，面积约 $0.6 \times 10^4 km^2$（图 4-0-1）。

爱奥尼亚带在华力西变质岩基底上发育了二叠系—第四系沉积地层（图 4-3-3）。二叠系揭露很少，推测为初始裂谷盆地冲积相 - 湖泊相砾岩、砂岩、泥岩、火山

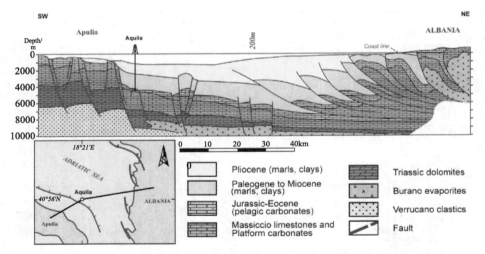

图 4-3-2　南亚得里亚－德雷斯盆地西南部地质剖面简图（据 IHS，2009）

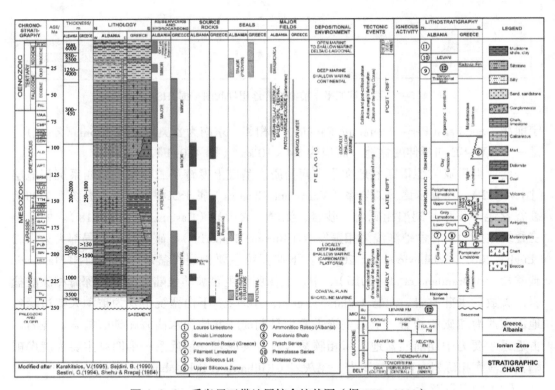

图 4-3-3　爱奥尼亚带地层综合柱状图（据 IHS，2009）

岩（Cassinis et al，2018）。下－中三叠统主要为裂谷盆地滨浅海相蒸发岩（Burano Evaporite）、碳酸盐岩，局部夹火山岩。上三叠统主要为裂谷盆地浅海相碳酸盐岩，夹泥岩。下侏罗统主要为裂谷盆地浅海相碳酸盐岩。中、上侏罗统主要被动大陆边缘盆地深海相碳酸盐岩、泥灰岩，夹泥岩。下白垩统主要为被动大陆边缘盆地深水浅海相碳酸盐岩，夹硅质岩。上白垩统—始新统主要为早期前陆盆地深水浅海相碳酸盐岩，夹硅质岩，含灰岩角砾。渐新统—中新统底部主要为中期前陆盆地浅海相碳酸盐岩、粉砂岩，夹泥岩。中新统中部—第四系主要为晚期前陆盆地浅海相砾岩、砂岩、泥岩。

4.3.2 阿普利亚基底盆地

阿普利亚（Apulia）基底前陆盆地是晚白垩世—更新世，特别是渐新世晚期以来，亚平宁褶皱–冲断带和迪纳里褶皱冲断带向亚得里亚海微板块之上的逆冲、推覆作用形成的前陆盆地。主要包括东南滨亚平宁前渊（Southeast Peri–Apenninic Foredeep）、爱奥尼亚（Ionian）盆地（图 4-0-1、图 4-0-2）。阿普利亚基底是阿普利亚地块（Apulia）与劳俄地块的海西碰撞的变质变形基底，主体是阿普利亚地块。阿普利亚地块是前寒武纪时期冈瓦纳北缘的增生弧；寒武纪为冈瓦纳边缘的弧后盆地；奥陶纪为演化为冈瓦纳北缘的被动大陆边缘；志留纪为具有明显差异沉降的裂谷盆地；泥盆纪—石炭纪再次演化为冈瓦纳边缘的被动大陆边缘盆地；晚石炭世—早二叠世为冈瓦纳边缘的裂谷盆地；晚二叠世，阿普利亚地块从冈瓦纳裂离，并与劳俄古陆碰撞，经历了被动大陆边缘–前陆盆地的快速转变，形成海西变形基底；三叠纪阿普利亚微地块大部分为隆起剥蚀区；早侏罗世形成裂谷盆地，中侏罗世—早白垩世随着洋盆的发育，阿普利亚微地块形成以碳酸盐岩为特征的大陆边缘盆地。晚白垩世—新生代，受复杂挤压作用的影响，形成以碳酸盐岩、蒸发岩、泥岩、砂岩及火山岩为特征的弧后–前陆盆地（Stampfli & Kozur，2006；IHS，2009；Stampfli et al，2013；Triantaphyllou，2013；Polonia et al，2016；San Pedro et al，2017；Artoni et al，2019）。

（1）东南滨亚平宁前渊

东南滨亚平宁前渊（Southeast Peri–Apenninic Foredeep）东北侧为南亚得里亚–德雷斯盆地，西南侧为亚平宁山脉，南侧为爱奥尼亚前陆盆地，东南侧与地中海海盆相邻，是一个 NWW–SEE 向延伸的盆地，面积约 $7.7 \times 10^4 km^2$（图 4-0-1）。

东南滨亚平宁前渊在海西变形变质岩基底上发育了上二叠统—第四系沉积地层（图 4-3-4）。上二叠统为初始裂谷盆地冲积相–湖泊相砾岩、砂岩、泥岩。下—中三叠统主要为裂谷盆地滨浅海相砾岩、砂岩，夹泥岩。上三叠统主要为裂谷盆地滨浅海相碳酸盐岩、蒸发岩。下侏罗统主要为裂谷盆地浅海相碳酸盐岩。中、上侏罗统主要被动大陆边缘盆地碳酸盐岩。下白垩统主要为被动大陆边缘盆地浅海相碳酸盐岩和深水浅海相复理石。上白垩统—始新统主要为早期前陆盆地浅海相碳酸盐岩和复理石、磨拉石。渐新统—中新统上部主要为中期前陆盆地浅海相碳酸盐岩和深水浅海相粉砂岩，夹泥岩。中新统顶部—第四系主要为晚期前陆盆地浅海相蒸发岩、砂岩、泥岩。

（2）爱奥尼亚前陆盆地

爱奥尼亚（Ionian）盆地东北侧为东南滨亚平宁前渊，西北侧为卡拉布里亚（Calabrian）弧增生楔，西侧为佩拉杰（Pelagian）盆地，南侧为锡尔特湾盆地，东南侧与地中海海盆相邻，是一个五边形盆地，面积约 $9.0 \times 10^4 km^2$（图 4-0-1、图 4-3-5）。

爱奥尼亚盆地在海西变形变质岩基底上主要发育了中生界—第四系沉积地层，上

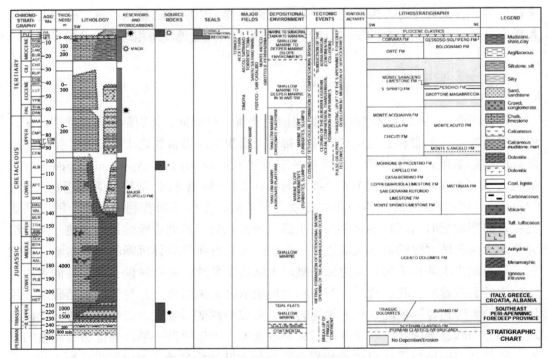

图 4-3-4　东南滨亚平宁前渊地层综合柱状图（据 IHS，2009）

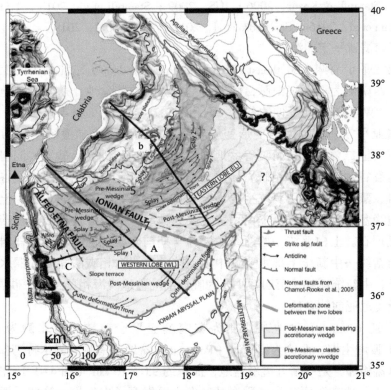

图 4-3-5　爱奥尼亚盆地构造纲要图（据 Polonia et al，2016）

新世早期，卡拉布里亚（Calabrian）弧增生楔发生了大规模的逆冲推覆作用，使得中生界—中新统地层推覆到阿普利亚地块的中新统之上（图4-3-6、图4-3-7）。下—中三叠统主要为裂谷盆地滨浅海相砾岩、砂岩，夹泥岩。上三叠统主要为裂谷盆地滨浅海相碳酸盐岩、蒸发岩。下侏罗统主要为裂谷盆地浅海相碳酸盐岩。中、上侏罗统主要被动大陆边缘盆地碳酸盐岩。下白垩统主要为被动大陆边缘盆地浅海相碳酸盐岩和深水浅海相复理石。上白垩统—始新统主要为早期前陆盆地浅海相碳酸盐岩和复理石、磨拉石。渐新统—中新统主要为中期弧前盆地浅海相碳酸盐岩和深水浅海相粉砂岩、泥岩、蒸发岩（Messinian）。上新统—第四系主要为晚期弧前盆地浅海相蒸发岩、

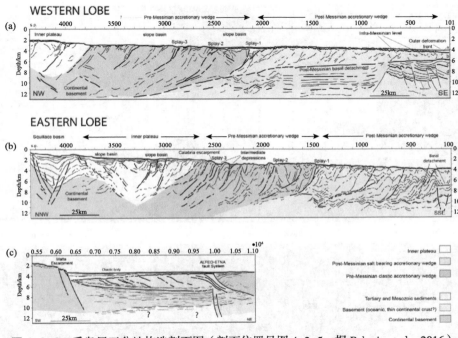

图4-3-6 爱奥尼亚盆地构造剖面图（剖面位置见图4-3-5；据 Polonia et al, 2016）

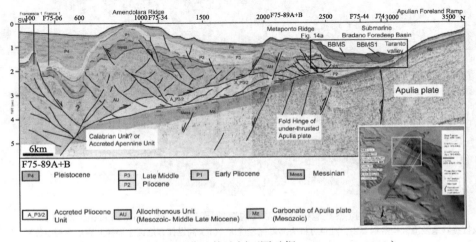

图4-3-7 爱奥尼亚盆地构造剖面图（据 Artoni et al, 2019）

砂岩、泥岩（Polonia et al，2016；San Pedro et al，2017；Innamorati & Santantonio，2018；Artoni et al，2019）。

4.3.3 佩拉杰盆地

佩拉杰（Pelagian）盆地东侧为爱奥尼亚前陆盆地，北侧为苏德－特利亚阿特拉斯（Sud–Tellian Atlas），西侧为中央阿特拉斯地堑带，南侧为杰法拉（Djefara）盆地，是一个长方形盆地，面积约 $22.8 \times 10^4 km^2$ ［图 4–0–1、图 4–3–8（a）］。

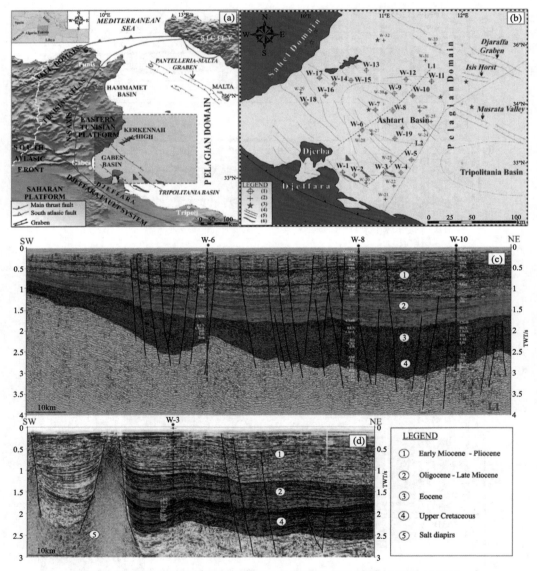

图 4–3–8　佩拉杰盆地构造纲要及构造地层格架（据 Chalwati et al，2018）

（a）佩拉杰盆地及围区构造纲要图，红色方框为高勘探程度区；（b）高勘探程度区主要探井和地震测线位置；（c）L1 地震剖面及地质解释；（d）L2 地震剖面及地质解释

佩拉杰（Pelagian）盆地的基底是海西期冈瓦纳北缘与劳俄古陆南缘碰撞的变质变形基底，主体属于冈瓦纳古陆。佩拉杰地区，前寒武纪时期为冈瓦纳北缘的增生弧；寒武纪为冈瓦纳边缘的弧后盆地；奥陶纪为演化为冈瓦纳北缘的被动大陆边缘；志留纪为具有明显差异沉降的裂谷盆地；泥盆纪—石炭纪再次演化为冈瓦纳边缘的被动大陆边缘盆地；晚石炭世—早二叠世为冈瓦纳边缘的裂谷盆地；晚二叠世，阿普利亚地块从冈瓦纳裂离，冈瓦纳古陆的佩拉杰地带、阿普利亚地块与劳俄古陆碰撞，佩拉杰地带经历了被动大陆边缘 – 前陆盆地的快速转变，形成海西变形基底。

上二叠统为初始裂谷盆地冲积相 – 湖泊相砾岩、砂岩、泥岩，分布局限。下—中三叠统主要为裂谷盆地滨浅海相砾岩、砂岩，夹泥岩，分布局限。上三叠统主要为裂谷盆地滨浅海相砂岩、泥岩、碳酸盐岩、蒸发岩。下侏罗统主要为裂谷盆地浅海相碳酸盐岩、蒸发岩［图 4-3-8（d）中见裂谷早期蒸发岩］。中、上侏罗统主要被动大陆边缘盆地砂岩、泥岩、碳酸盐岩。下白垩统主要为被动大陆边缘盆地浅海相碳酸盐岩和深水浅海相泥岩。上白垩统为初始前陆盆地深水浅海相 – 浅海相泥岩、碳酸盐岩。古新统—始新统主要为早期前陆盆地浅海相碳酸盐岩、泥岩。渐新统—中新统中部主要为中期前陆盆地浅海相碳酸盐岩、砂岩、泥岩。中新统上部—第四系主要为晚期前陆盆地浅海相蒸发岩、砂岩、泥岩（Grasso et al, 1999；Moissette et al, 2010；Chalwati et al, 2018）。见图 4-3-8（c）（d）、图 4-3-9。

4.4 东地中海北缘中新生代变形带

东地中海北缘中新生代变形带北部与东欧地台及其南侧前中生代变形带相邻，南部与东地中海相接，西接亚得里亚前中生代变形带，东邻阿拉伯地台；主要包括喀尔巴阡（Carpathians）、迪纳里（Dinarides）、希腊（Hellenides）、西安纳托利亚（Anatolia）、庞蒂得斯（Pontides）造山带、潘诺（Pannonian）盆地、爱琴（Aegean）海、克里特（Cretan）海（Garfunkel, 2004；Papanikolaou, 2013；Toljić et al, 2013；Argnani et al, 2016；Bertoni et al, 2016；Rossi, 2017；Rolland, 2017；Zlatkin et al, 2017；Liu et al, 2017；Dokuz et al, 2017），见图 4-0-1。

4.4.1 喀尔巴阡 – 潘诺盆地中新生代变形带

喀尔巴阡 – 潘诺盆地中新生代变形带位于欧洲大陆南缘，紧邻欧洲大陆南缘前、中生代变形带，主要包括西喀尔巴阡、东喀尔巴阡、南喀尔巴阡、迪纳里（Dinarides）造山带、维也纳（Vienna）盆地、特兰西瓦尼亚（Transylvanian）盆地、潘诺（（Pannonian））盆地（图 4-0-1、图 4-4-1）。

海西运动后期，盘古大陆基本形成。随后，欧洲大陆南缘发生了弧后张裂（Stampfli & Kozur, 2006；Ślączka et al, 2012；Cieszkowski et al, 2012；Toljić et al,

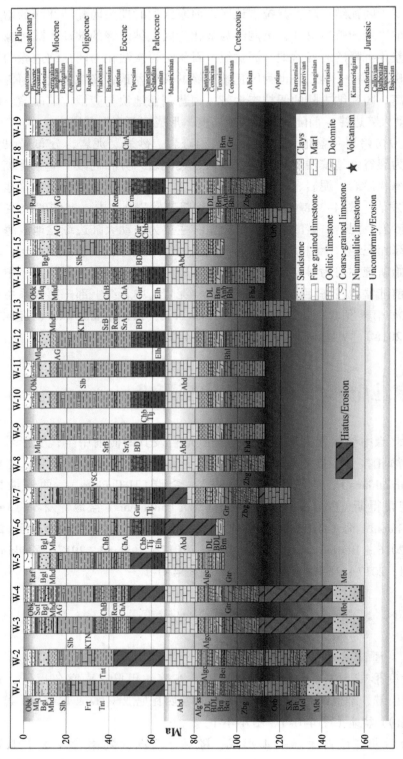

图 4-3-9　佩拉杰盆地重点钻井地层对比图（据 Chalwati et al, 2018）

Abd: Abiod Fm.; AG: Ain Grab Fm.; Alge: Aleg carbonate; Alg' ss: Aleg sensu stricto member; Anb: Annaba member; BD: Bou Dabous Fm.; BDL: Base Douleb Fm.; Bei: Beida Fm.; Bgl: Beglia Fm.; Bh: Bou hedma Fm.; Bhl: Bahloul Fm.; Brn: Bireno member; Chb: Chouabine Fm.; ChA: Cherahil A Fm.; Ch B: Cherahil B Fm.; Cm: "Micrite compacte"; DL: Douleb member; Elh: Elharia Fm.; Fhd: Fahdene Fm.; Frt: Fortuna Fm.; Gtr: Guettar Fm.; Gur: Elgueria Fm.; KTN: Ketetna Fm.; Mbt: M'Rabtine Fm.; Mel: Melloussi Fm.; Mhd: Mahmoud Fm.; Mlq: Melquart Fm.; Obk: Oued bel khedim Fm.; Orb: Orbata Fm.; Qutrny: Qutrnary units; Raf: Raf Raf Fm.; Ren: Reneiche member; SA: Sidi Aich Fm.; Slb: Salambo Fm.; SrA: SouarA Fm.; SrB: SouarB Fm.; Sof: souaf Fm.; Tlj: Tselja Fm.; Tnt: Tanit Fm.; VSC Vascus Fm.; Zbg: Zebbag Fm.

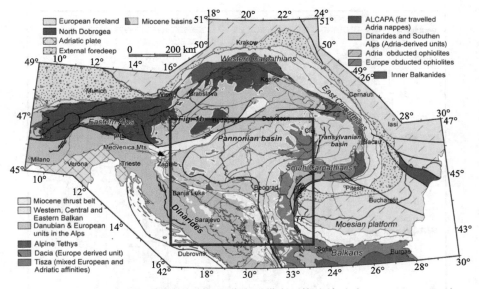

图 4-4-1 亚得里亚 – 欧洲南缘中新生代变形带主要构造单元（Toljić et al，2013）

2013；Kováč et al，2016；Nakapelyukh et al，2017）。喀尔巴阡 – 潘诺盆地中新生代变形带是中生代 Meliata、Vardar、Ceahlau–Severin 弧后洋盆和古近纪 Magura 弧后洋盆伸展、关闭，众多微地块与欧洲南缘裂离、汇聚的结果（Ślączka et al，2012；Cieszkowski et al，2012；Toljić et al，2013；Kováč et al，2016；Nakapelyukh et al，2017）。

喀尔巴阡 – 潘诺盆地中新生代变形带的构造和沉积演化由老到新可以划分为 5 个阶段（Csontos & Vörös，2004）：①中三叠世—晚侏罗世，多个微陆块裂离，形成洋槽或洋盆；②晚侏罗世—早白垩世（峰值 Albian）微陆块碰撞，形成推覆体；③晚白垩世微地块斜向汇聚，形成既有正断层又有逆断层的剪切断裂系统；④古近纪，不同地块融合，古近纪晚期—中新世早期，沿匈牙利中带（滨亚得里亚断裂体系）的右行剪切，和随后的微地块旋转；⑤中新世中期，内带大规模弧后伸展，外带俯冲，间有小幅度的走滑和反转事件（图 4-4-2）。

（1）西喀尔巴阡及邻区

西喀尔巴阡西连东阿尔卑斯，处于波希米亚地块南侧，是晚始新世—早、中新世阿尔卑斯特提斯关闭，亚得里亚地块及特提斯洋增生楔 N-NW 向逆冲到欧洲地台边缘形成的薄皮构造。西喀尔巴阡的剖面（图 4-4-3）展示：中新生代变形层系以华力西变形带为基底；上石炭统—二叠系为前裂谷期充填沉积；三叠系—中侏罗统为同裂谷期充填沉积，以中侏罗统为主；上侏罗统为裂后充填；白垩系受逆冲系统破坏严重，地层分布不连续（Granado et al，2017）。维也纳盆地主要是远洋—半远洋沉积（Northern Calcareous Alps）和复理石（Granado et al，2017；Lukeneder，2017），Korneuburg 盆地发育复理石和一些逆冲板片（有上侏罗统 Malmian 组泥灰岩及页岩卷入），在前陆盆地带有少量微弱变形的白垩系；晚渐新世—早中新世，维也纳盆地和 Korneuburg 盆地东部发育楔顶盆地沉积，逆冲断裂带为逆冲板片，前陆盆地内发育弱变形的原地沉积；

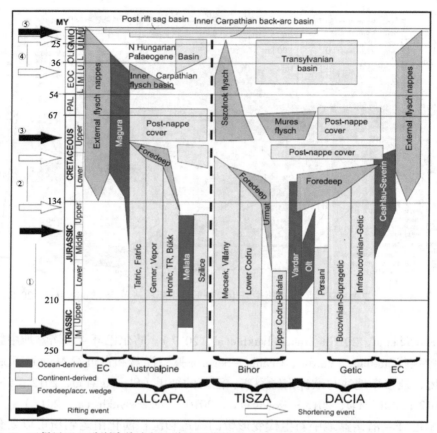

图 4-4-2　亚得里亚 – 欧洲南缘中新生代变形带构造 – 沉积演化阶段（Csontos & Vörös，2004）

注：带圆圈的数字为演化阶段，微地块大致顺序是 NW–SE，EC—喀尔巴阡外带。

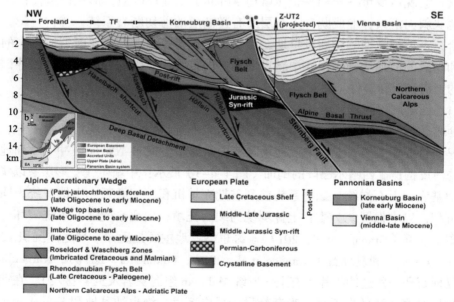

图 4-4-3　西喀尔巴阡 NW–SE 剖面图（据 Granado et al，2017 略改）

EA—东阿尔卑斯；PB—潘诺盆地；PM—准原地磨拉石；SA—南阿尔卑斯；VB—维也纳盆地；WC—西喀尔巴阡

中新世中晚期的地层主要发育在维也纳盆地，且厚度巨大，超过 4km（Granado et al，2017）。

（2）东喀尔巴阡及邻区

东喀尔巴阡西侧为 Transylvanian 盆地，东侧为 Focsani 前陆盆地和默西亚地台及北 Dobrogea 造山带。东喀尔巴阡是晚始新世—早中新世阿尔卑斯特提斯关闭，Tisza-Dacia 微地块及特提斯洋增生楔逆冲到默西亚台边缘形成的薄皮构造（Sandulescu，1984；Stampfli et al，1998；Neugebauer et al，2001；Hauser et al，2007），见图 4-4-4。

东喀尔巴阡外带（复理石带），也称 Moldavides 推覆带（图 4-4-4），起源于达契亚（Dacia）微地块和东欧地台边缘，汇聚逆冲发生在中新世（20—11Ma），峰期为 Sarmatian 期（12—11Ma）（Sandulescu，1988；Matenco & Bertotti，2000；Matenco et al，2003；Hauser et al，2007）。而东喀尔巴阡内带 Dacides 和 Transylvanides 推覆带，侏罗纪—早白垩世发育了半远洋 - 远洋沉积物（Sandulescu，1988；Girbacea

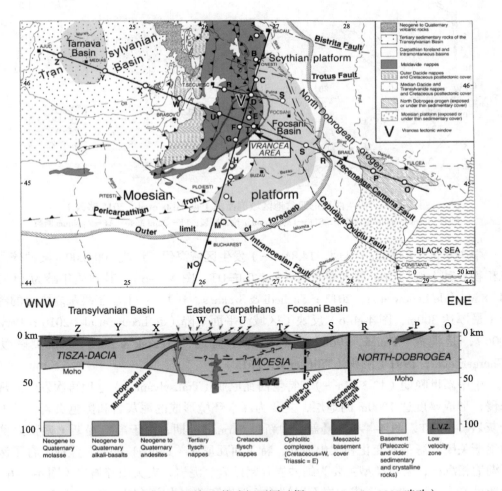

图 4-4-4 东喀尔巴阡及邻区构造纲要图（据 Hauser et al，2007 略改）

注：平面图中，VRANCEA′99 地震剖面为 N-S 向长线和 E-W 向短线，VRANCEA2001 地震剖面为 NWW-SEE 向长线；剖面图为 VRANCEA2001 地震剖面的地质解释。

& Frisch，1998；Sperner et al，2001；Hauser et al，2007），在白垩纪中期（Aptian/Albian）已经汇聚，其上发育了上白垩统—古近系地层（图4-4-4），Sarmatian期逆冲到现在的位置（Hauser et al，2007）。Sarmatian期逆冲造山后Transylvanian和Focsani盆地发育了新近系及第四系（Hauser et al，2007），见图4-4-4。

（3）特兰西瓦尼亚盆地

特兰西瓦尼亚（Transylvanian）盆地的基底是前中生代达契亚微地块及特提斯洋关闭形成的推覆体（J-K$_1$）。推覆体由侏罗纪—早白垩世的蛇绿岩套、火山岛弧及沉积物组成（图4-4-5）。晚白垩世—中新世早期发育海相前陆盆地沉积。期间，白垩纪末—古新世和晚始新世—渐新世发生了两次挤压变形，晚始新世—渐新世的挤压变形造成显著隆升和普遍剥蚀（Tilita et al，2015）（图4-4-5）。

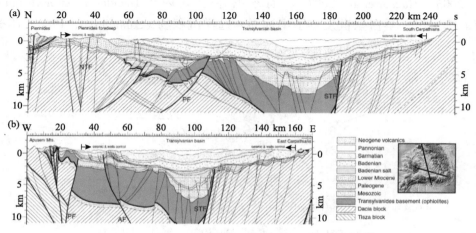

图4-4-5　特兰西瓦尼亚盆地区域剖面图（据Tilita et al，2015略改）

NTF—Transylvanian北部断裂；STF—Transylvanian南部断裂；PF—Puini断裂；AF—Appulum断裂

中中新世（Badenian早期，14.8Ma—）发生区域海侵，形成100~200m陆源碎屑岩沉积物；其上为约50m厚的凝灰岩（Dej Tuff=DT，图4-4-6），其地质年龄为14.37—14.38 Ma（de Leeuw et al，2013；Seghedi & Szakacs，1991），上覆于凝灰岩之上的蒸发岩（最厚达300m，图4-4-6）反映了区域海平面下降（de Leeuw et al，2010；Peryt，2006），是潟湖（Paucă，1968）或封闭深水盆地（Krézsek & Bally，2006）萨勃哈（Ghergari et al，1991）沉积（Tilita et al，2015）。

中中新世晚期（13.37Ma—），特兰西瓦尼亚（Transylvanian）盆地再次发生大规模海侵，形成厚度达1000m的地层，主要为深水环境形成的泥灰岩和黑色页岩，其上被凝灰岩（B/I/TT，图4-4-6）覆盖。中新世Sarmatian期，由于准特提斯（残留海盆）的逐渐关闭、海平面变化和火山活动，特兰西瓦尼亚（Transylvanian）盆地发育了深海至湖泊相沉积，岩石类型主要为细砂岩–粗砂岩、泥岩，夹火山碎屑岩（图4-4-6）。中新世Pannonian期，形成的岩石以湖泊相泥岩和砂岩为主（图4-4-6），Pannonian期盆地整体抬升，导致陆相沉积物剥蚀（Tilita et al，2015）。

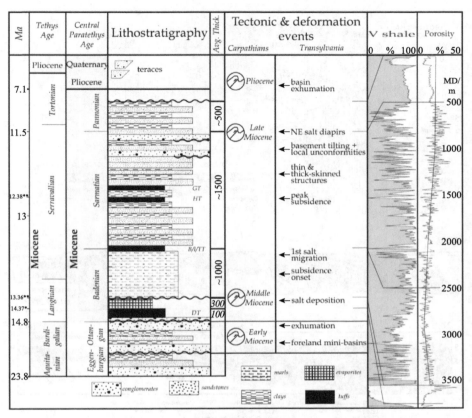

图 4-4-6　特兰西瓦尼亚盆地综合柱状图（据 Tilita et al，2015 略改）

（4）南喀尔巴阡

南喀尔巴阡造山带位于罗马尼亚境内的默西亚（Moesian）地台的西部和北部。白垩纪构造作用形成了一系列推覆体，随后新生代的构造作用形成了现今地貌（Duchesne et al，2017），可以划分为 Vardar–S. Apuseni– Transylvanian、Supragetic、Getic、Danubian 推覆体，Serbo–Macedonian、Severin–Ceahlau、Moldavides 造山构造单元和造山后盖层（上白垩统、古近系、中新统—第四系）分布区（Schmid et al，1998），见图 4-4-7。

南喀尔巴阡造山运动先期是与晚侏罗世和白垩纪末 Severin 洋盆关闭相关的 2 幕逆冲（Ivanov，1988；Iancu et al，2005；Plissart et al，2017），在默西亚地台形成推覆体。推覆体自下而上命名为：下 Danubian、上 Danubian、Severin、Getic、Supragetic（图4-4-7）。除 Severin 推覆体由侏罗纪蛇绿岩和早白垩世复理石组成外，其他推覆体的构成均较复杂，由被中生代沉积物覆盖的前寒武纪和古生代岩浆岩、变质岩和沉积岩等组成的前阿尔卑斯基底组分。晚白垩世 Vardar 大洋微板块板片后撤发生了岩浆作用和伸展，形成大规模岩浆岩带，影响了上述两幕逆冲事件（Iancu et al，2005；Plissart et al，2017）。新生代南喀尔巴阡整体发生了复杂的差异变形：伸展，顺时针旋转，右行

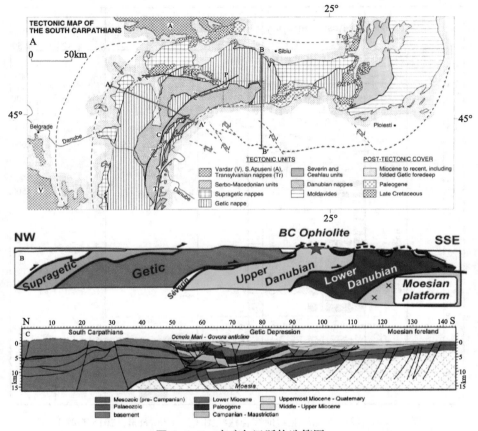

图 4-4-7 南喀尔巴阡构造简图

（据 Schmid et al，1998；Răbăgia et al，2011；和 Plissart et al，2017 资料编绘）AA′—B 剖面位置；BB′—C 剖面位置；V— Vardar 带；A—南 Apuseni 山脉；Tr—Transylvanian 推覆体；T—Timok 断裂；C—Cerna 断层；H—Hateg 盆地；P—Petrosani 盆地；BC—Balkan-Carpathian

伸展，右行挤压、拉分、逆冲，左行剪切（图 4-4-8），使南喀尔巴阡就位于刚性默西亚地台的西部和北部，形成现今的弯曲形态（Matenco & Schmid，1999；Fügenschuh & Schmid，2005；Duchesne et al，2017；Plissart et al，2017）。

南喀尔巴阡地区，Getic-Supragetic 推覆体在上部，Danubian 推覆体在下部，其间局部被由侏罗纪蛇绿岩和早白垩世复理石（Iancu et al，2005；Duchesne et al，2017）组成的 Severin 小型推覆体分隔（图 4-4-7）。

Getic-Supragetic 推覆体是南喀尔巴阡最高的构造单元，由前阿尔卑斯期基底及其盖层构成。前阿尔卑斯期基底由老的中 – 高级变质岩、古生界（寒武系—志留系、上泥盆统—下石炭统变质沉积岩及岩浆岩）低级变质岩和上古生界磨拉石型含煤粗粒沉积岩及少量的岩浆岩组成。晚古生代（310—350Ma）花岗岩侵入前阿尔卑斯期基底（Stan et al，1992；Matenco & Schmid，1999）。盖层由晚古生代至下白垩统砾岩、石英砂岩、页岩和灰岩组成。Getic-Supragetic 推覆体的逆冲作用发生在白垩纪中期（Sandulescu，1984；1988；Berza et al，1994；Matenco & Schmid，1999）。

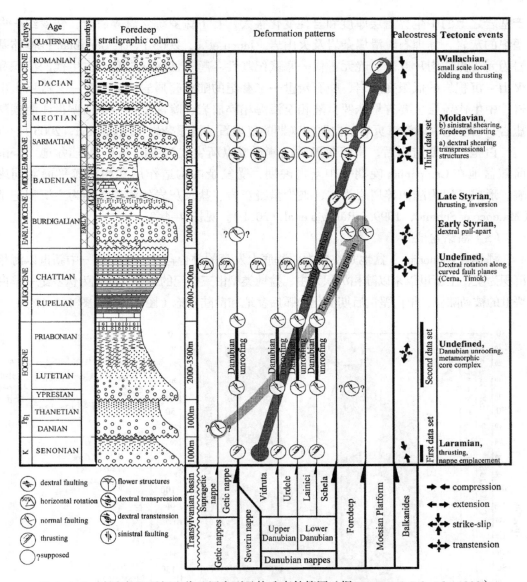

图 4-4-8　南喀尔巴阡新生代地层序列及构造事件简图（据 Matenco & Schmid，1999）

　　Severin 推覆体分布局限，主要由侏罗纪蛇绿岩和早白垩世复理石构成，来源于 Rhodopian 微地块和默西亚地台间的远洋和半远洋堆积物。晚白垩世的 Laramian 构造幕、Severin 推覆体逆冲到 Danubian 推覆体之上（Schmid et al，1998；Matenco & Schmid，1999；Plissart et al，2017）。

　　Danubian 推覆体是南喀尔巴阡最外侧厚皮构造单元，由特征明显不同的上、下两个单元组成，其间被逆冲板片分隔。Danubian 推覆体逆冲开始于晚白垩世，中中新世基本就位（Matenco & Schmid，1999；Duchesne et al，2017；Plissart et al，2017）。下 Danubian 推覆体由基岩和盖层组成，基岩主要为元古界变质岩、泛非期花岗岩、少量奥陶系和泥盆系地层及华力西期低级变质岩，及不整合于其上的二叠系红层。不整合于基岩之上的中生界盖层厚度和岩性变化很大，有下侏罗统含煤碎屑岩，侏罗纪—白垩纪的灰岩、复理石、滑塌杂岩及火山岩（Iancu et al，2005）。上 Danubian 推覆体基岩为元古界花岗片麻岩、晚元古代—寒武纪基性 - 超基性蛇绿岩套、古生代的沉积和火山 - 沉积岩的低级变质岩、晚石炭世—二叠纪的陆相碎屑岩及流纹质—玄武质火山岩；中生代盖层主要有早侏罗世陆相至浅海相碎屑岩、晚侏罗世—早白垩世浅海碳酸盐岩、白垩纪中期深海页岩、白垩纪晚期的复理石及滑塌杂岩（Iancu et al，2005）。

白垩纪晚期造山后，南喀尔巴阡南侧形成以新生代为主的 Getic 前陆盆地。Getic 前陆盆地在 Campanian 晚期—中新世晚期，受复杂的构造作用和相对海平面共同影响，形成了以为陆源碎屑岩为主，夹少量凝灰岩、盐及灰岩的滨浅海相为主沉积记录（Matenco & Schmid，1999；Răbăgia et al，2011），见图 4-4-8。

（5）潘诺盆地

潘诺（Pannonian）盆地是在华力西基底上发育的叠合盆地，中生代—中新世以海相沉积为主，上新世以来以陆相沉积为主，盆地类型由三叠纪的裂谷，演化为侏罗纪—早白垩世的被动陆缘，早白垩世后期演化为弧后盆地和前陆盆地（图 4-4-9、图 4-4-10）。

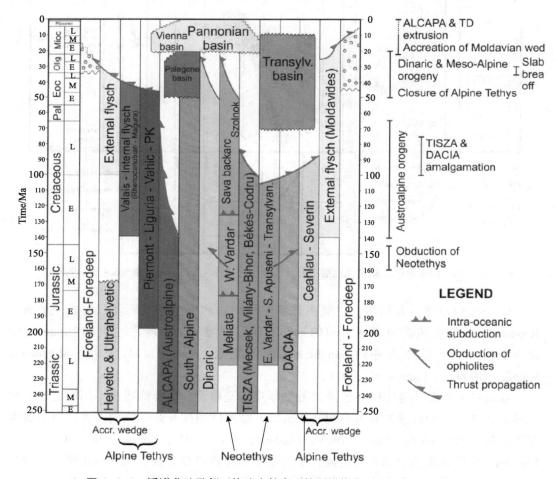

图 4-4-9　潘诺盆地及邻区构造事件序列简图（据 Horváth et al，2015）

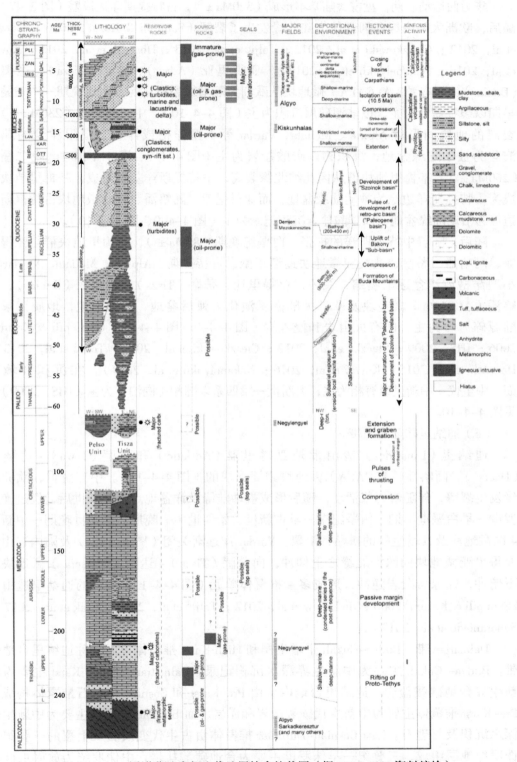

图 4-4-10 潘诺盆地中新生代地层综合柱状图（据 IHS，2009 资料编绘）

华力西运动后期，盘古大陆基本形成（320Ma±），古特提斯洋达极盛（图3-47），随后，欧洲大陆南缘和冈瓦纳大陆北缘发生了裂解（Stampfli & Kozur, 2006；Ślączka et al, 2012；Cieszkowski et al, 2012；Toljić et al, 2013；Horváth et al, 2015；Kováč et al, 2016；Nakapelyukh et al, 2017）。亚得里亚（Adria）、蒂萨（Tisza）、达契亚（Dacia）、阿喀潘（ALCAPA）微地块从欧洲大陆南缘裂离，晚古生代晚期—中三叠世早期以裂谷盆地为主，以陆源碎屑沉积为主（图4-4-10）。中三叠世末（230Ma—），裂离的地块间形成Alpine、Meliata、Vardar等小型洋槽或洋盆，围限洋盆的地块演化为被动陆缘盆地，沉积物以碳酸盐岩为主（图4-4-9、图4-4-10）。晚二叠世（260Ma±），基梅里地块群从冈瓦纳北缘裂离，中特提斯洋基本形成，基梅里地块群成为古特提斯洋边缘为被动陆缘盆地，而亚得里亚、阿喀潘、蒂萨微地块古特提斯洋边缘为活动陆缘盆地，以碳酸盐岩沉积记录为主（图4-4-9、图4-4-10）。

随后，随着中特提斯洋的扩张，白垩纪晚期（85Ma±），基梅里地块群与亚得里亚、阿喀潘、蒂萨、达契亚微地块逐渐汇聚，古特提斯、Alpine、Meliata、Vardar等小型洋槽或洋盆逐渐萎缩、关闭，亚得里亚、蒂萨（Tisza）、达契亚（Dacia）、阿喀潘（ALCAPA）微地块及欧洲大陆南缘演化为弧后盆地、前陆盆地，地质记录以陆源碎屑岩为主，间有火山岩和侵入岩（图4-4-9、图4-4-10）（Stampfli & Kozur, 2006；IHS, 2009；Ślączka et al, 2012；Cieszkowski et al, 2012；Toljić et al, 2013；Horváth et al, 2015；Kováč et al, 2016；Nakapelyukh et al, 2017）。在沉积环境方面，中生代—中新世以海相为主，上新世—第四系以陆相（湖泊）为主（IHS, 2009），见图4-4-10。

（6）迪纳里陆陆碰撞带

迪纳里（Dinarides）造山带是亚得里亚（Adriatic）和蒂萨（Tisza）－达契亚（Dacia）、阿喀潘（ALCAPA）微地块碰撞形成的（图4-4-11）。中三叠世，欧洲南缘发生裂解，伴随着岩浆活动，随后形成被动陆缘及洋盆地。晚侏罗世后，经过晚侏罗世—早白垩世早期、白垩纪末—早古新世、始新世中—晚期、渐新世晚期—中新世4次微地块及其增生楔的拼贴、汇聚，Vardar洋逐渐关闭（图4-4-12）及陆内造山，亚得里亚微地块向欧洲北缘之上仰冲，向蒂萨（Tisza）－达契亚（Dacia）微地块之下俯冲，蛇绿岩杂岩逆冲，形成多套推覆体单元（图4-4-11）构成的迪纳里造山带（Stampfli & Kozur, 2006；de Leeuw et al, 2012；Toljić et al, 2013；Erak et al, 2017；Stojadinovic et al, 2017）。

Dalmatian带、Budva-Cukali带增生楔和High Karst推覆体单元合称迪纳里台地外带。Budva- Cukali主要为中新生界深水沉积记录。Dalmatian和High Karst主要为中新生界台地碳酸盐岩。迪纳里台地内带由Pre-Karst和Bosnian复理石推覆体构成，Pre-Karst推覆体主要为中新生代碳酸盐岩和泥岩，而Bosnian推覆体主要为中新生代深水沉积及复理石。East Bosnian-Durmitor推覆体由古生代变质岩及上覆的三叠纪—侏罗纪地层组成，三叠纪—早侏罗世主要为台地碳酸盐岩，中侏罗统为放射虫硅质岩，上侏罗统为蛇绿杂岩。Drina-Ivanjica推覆体构成特征与East Bosnian-Durmitor推覆体相似，但有晚 Anisian 的红色瘤状灰岩、Ladinian 至 Carnian 的灰岩夹薄层硅质岩（Schmid et al，2017）。Bukulja 山处于 Jadar–Kopaonik 推覆体单元（Stojadinovic et al，2017），出露了元古界片麻岩、云母片岩，侏罗系放射虫硅质岩、蛇绿杂岩、蛇绿岩，下白垩统灰岩和准复理石，上白垩统—古近系砂岩、粉砂岩、页岩、礁灰岩、复

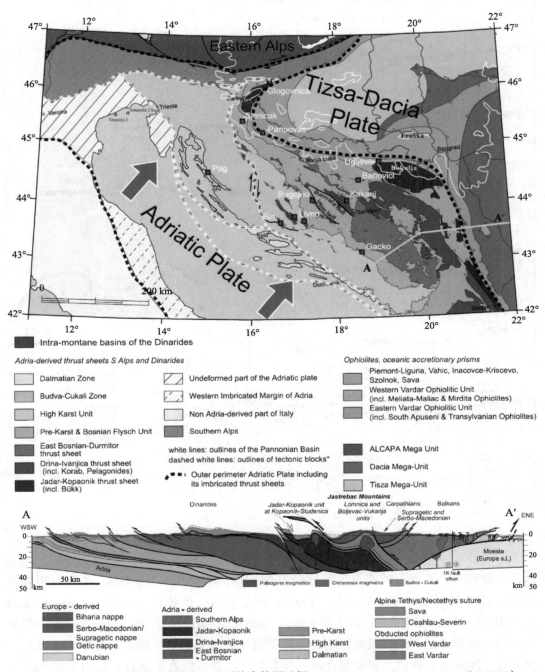

图 4-4-11　迪纳里造山带构造 - 地层综合简图（据 de Leeuw et al，2012；Erak et al，2017）

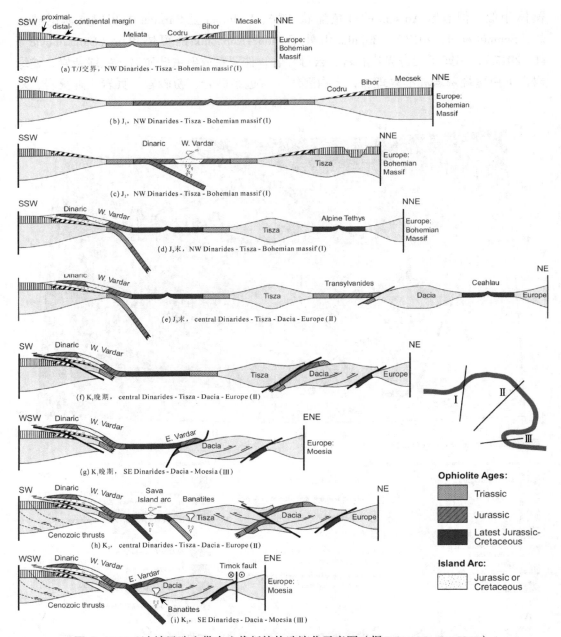

图 4-4-12　迪纳里造山带中生代板块构造演化示意图（据 Schmid et al，2017）

理石、凝灰岩。复理石的锆石年龄分别为 68.4Ma、107.1Ma、200.7Ma，磷灰石年龄为（37.8±2.3）Ma［图 4-4-13（c）］。Fruška 山处于 Sava 推覆体单元内（Stojadinovic et al，2017），出露的岩层有：古生界千枚岩、绿泥石－绢云母片岩，三叠系砂岩、泥灰质灰岩，侏罗系蛇绿杂岩及蛇绿岩，上白垩统—古近系砾岩、砂岩、粉砂岩、页岩、礁灰岩、泥灰岩、砂质灰岩及复理石、凝灰岩。古近系砾岩中锆石年龄为（70.8±5）Ma，磷灰石年龄为（10.9±1.1）Ma［图 4-4-13（a）和（b）］。

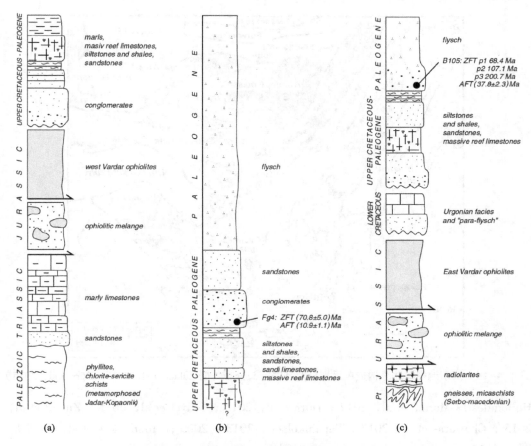

图 4-4-13 迪纳里造山带中新生代沉积序列（据 Stojadinovic et al，2017）

（a）（b）Fruška 山；（c）Bukulja 山位置见图 4-4-11

4.4.2 滨东地中海北缘中新生代变形带

滨东地中海北缘中新生代变形带包括希腊造山带（Hellenides）、巴尔干（Balkans）、安纳托利亚（Anatolia）、庞蒂得斯（Pontides）造山带和爱琴（Aegean）海和克里特（Cretan）海（图 4-4-14）。在区域构造单元方面：希腊造山带包括外希腊造山带（External Hellenides）、Pelagonian 带 –Cycladic 地体和瓦尔达尔（Vardar）带；巴尔干造山带包括塞尔维亚 – 马其顿（Serbo–Macedonian）地块、前巴尔干（Forebalkan）、srednagora 带、罗多彼（Rhodope）地块、Strandja 地块和色雷斯（Thrace）盆地；安纳托利亚地区包括门德雷斯（Menderes）地块、伊兹密尔 – 安卡拉（Izmir-Ankara）带、萨卡里亚（Sakarya）带和 Taurides 造山带（图 4-4-14）。

（1）希腊造山带

希腊造山带（Hellenides）是位于东地中海西北部的阿尔卑斯造山带，主体构造线走向为 NW–SE 向，由被蛇绿杂岩和逆冲断裂分隔的一系列叠瓦状推覆体或地体组成，区分为西侧的外希腊造山带（External Hellenides）和东侧的内希腊造山带（Internal

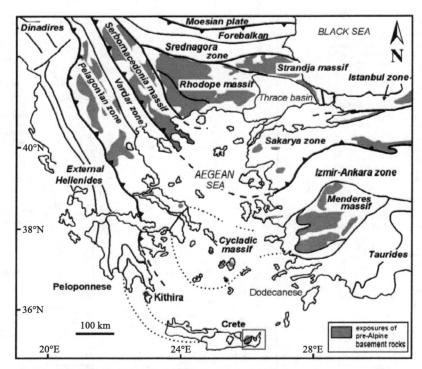

图 4-4-14　滨东地中海北缘构造单元划分及基底露头分布（据 Zulauf et al，2015；Dörr et al，2015）

Hellenides）（Martha et al，2017；Dörr et al，2015；Jolivet et al，2015；Zulauf et al，2015；Chatzaras et al，2013；Papanikolaou，2013；2009；Himmerkus et al，2009），图 4-4-15。

外希腊造山带（External Hellenides）是始新世—早中新世 Apulia 向 Pelagonian-Lycian 之下俯冲，Pindos 洋关闭形成的造山带，主要由晚古生代—新生代的沉积岩组成，其次是中新生代的蛇绿杂岩及岩浆岩。沉积岩主要是强烈变形的、发育于台地和盆地的陆源碎屑岩和碳酸盐岩（Martha et al，2017；Chatzaras et al，2013；Papanikolaou，2013；2009）。外希腊造山带（External Hellenides）自西向东依次出露了二叠—三叠系火山 – 沉积岩，上三叠统—始新统碳酸盐岩台地沉积岩系（Ionian Unit），古新统—始新统复理石、品都斯 – 基克拉泽斯（Pindos–Cyclades）蛇绿岩套，渐新统—中新统磨拉石（图 4-4-16）（Chatzaras et al，2013；Papanikolaou，2013；2009）。

外希腊造山带 Peloponessus 地区（图 4-4-15）南部出露了在 Tripolis 台地上发育的上三叠统凝灰岩、浅水碳酸盐岩互层［图 4-4-17（a）］；Peloponessus 东海岸中部 Tyros 村庄附近出露了二叠—三叠系火山 – 沉积岩层［图 4-4-17（b）中 1］、上三叠统—渐新统碳酸盐岩台地沉积岩系［图 4-4-17（b）中 2］。

内希腊造山带（Internal Hellenides）以古生界为基底（Pelagonian），基底之上主要由晚古生代—新生代的沉积岩组成，其次是中生代的蛇绿杂岩及中新生代岩浆岩。沉积岩主要是发育于台地和盆地的陆源碎屑岩和碳酸盐岩，中生代沉积岩强烈

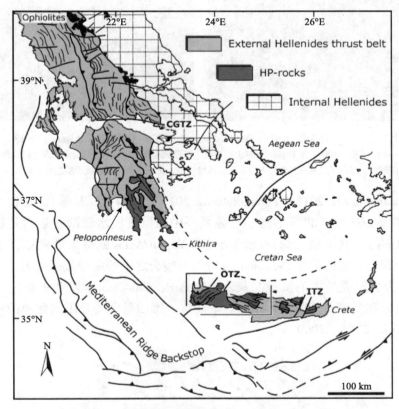

图 4-4-15　希腊山脉地质简图（据 Chatzaras et al，2013）

CGTZ—Corinth 湾转换带；OTZ—Omalos 转换带；ITZ—Iearapetra 转换带

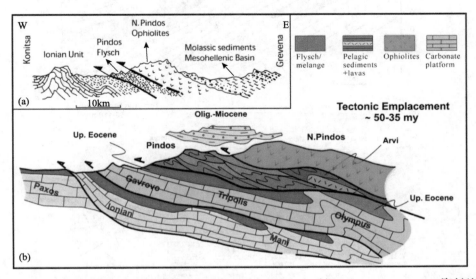

图 4-4-16　外希腊造山带地质剖面简图（a）及概要剖面图（b）（据 Papanikolaou，2009 资料编绘）

图 4-4-17　外希腊造山带 Peloponessus 地区露头（据 Papanikolaou，2013）

注：（a）Peloponessus 南部，出露了在 Tripolis 台地上发育的上三叠统凝灰岩、浅水碳酸盐岩互层；（b）Peloponessus 东海岸中部 Tyros 村庄附近，出露了二叠—三叠系火山 – 沉积岩层（1）、上三叠统—渐新统碳酸盐岩台地沉积岩系（2）。

变形（Chatzaras et al，2013；Papanikolaou，2013；2009）。内希腊造山带的 Sterea 地区东部和 Kozani 地区北部出露了三叠系—中侏罗统浅水碳酸盐岩台地沉积（Sub-Pelagonian Unit），其上被上侏罗统的杂岩和 Vardar/Axios 蛇绿岩套覆盖，上白垩统角度不整合于其上。上白垩统 Cenomanian 阶以不整合之上的海侵底砾岩为主，Turonian-Senonian 阶为含厚壳蛤类的滨浅海灰岩，Maastrichtian-Danian 阶和古新统—始新统为远洋碳酸盐岩和复理石（图 4-4-18）。渐新统—第四系主要是山间盆地的陆相冲积物（Papanikolaou，2013；2009）。

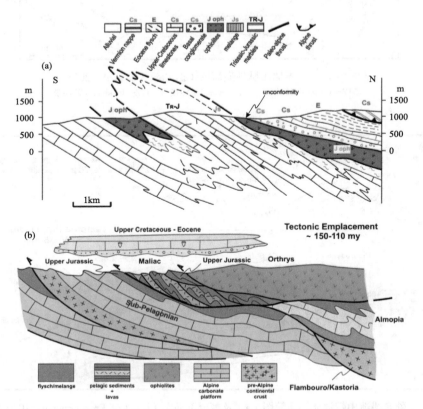

图 4-4-18　内希腊造山带（Kozani 地区）地质剖面简图（a）及概要剖面图（b）
（据 Papanikolaou，2009 资料编绘）

（2）巴尔干造山带

巴尔干（Balkans）造山带北接默西亚（Moesia）地块，南临爱琴（Aegean）海，包括前巴尔干（Forebalkan）、Srednagora 带、塞尔维亚－马其顿（Serbo-Macedonian）地块、罗多彼（Rhodope）地块、Strandja 地块和色雷斯（Thrace）盆地（图 4-4-14、图 4-4-19、图 4-4-20）。

巴尔干造山带（前巴尔干、Srednagora 带、塞尔维亚－马其顿地块）是被中新生代构造变形作用［图 4-4-20（a）］改造的欧洲边缘古生代变形带（图 4-4-19）。出露的蛇绿岩年龄为泥盆纪，花岗岩年龄为石炭纪［图 4-4-20（b）］。

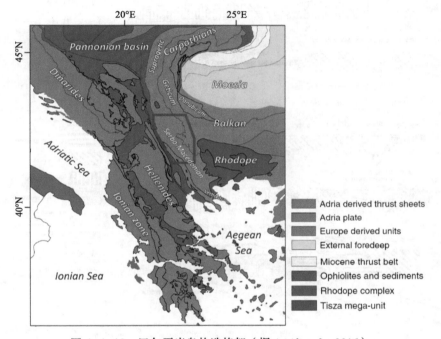

图 4-4-19　巴尔干半岛构造格架（据 Antić et al，2016）

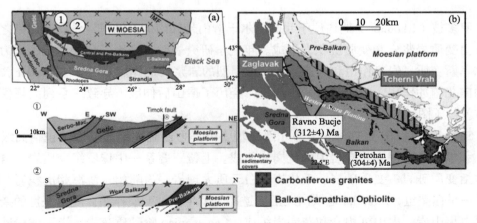

图 4-4-20　巴尔干造山带综合地质简图（a）及巴尔干造山带出露的古生代蛇绿岩和花岗岩（b）
（据 Plissart et al，2017 资料编绘）

巴尔干造山带中新生代构造变形作用主要与白垩纪 Severin 洋盆关闭引起的逆冲作用有关（Plissart et al，2017；Iancu et al，2005）。中新生代的逆冲作用形成了默西亚地台之上依次推覆的前巴尔干、西巴尔干、Sredna Gora/Getic、塞尔维亚－马其顿推覆体［图 4-4-19（a）］。Severin 洋是侏罗纪默西亚地台边缘的华力西造山带裂解形成的短命洋盆，晚白垩世关闭（Iancu et al，2005），见图 4-4-20、图 4-4-21。

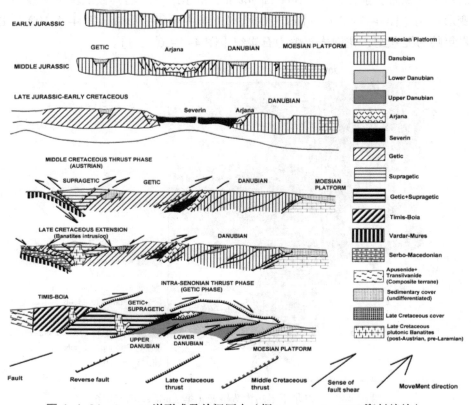

图 4-4-21　Severin 洋形成及关闭历史（据 Iancu et al，2005 资料编绘）

罗多彼（Rhodope）地块位于北侧巴尔干造山带和南侧迪纳里－希腊造山带之间，主要由变质岩浆岩和变质沉积岩组成。年代学研究表明，经历了前寒武纪、华力西、阿尔卑斯变质、岩浆作用和构造变形，最强烈的岩浆构造作用是白垩纪 Vardar 关闭相关的向北俯冲作用。晚始新世—中新世，经历了造山后伸展，导致一系列大规模变质岩体就位（图 4-4-22、图 4-4-23）。

Strandja 地块位于 Thrace 半岛北部，基底由华力西晚期结晶基底（包括高级片麻岩）和早二叠世侵入片麻岩中的花岗岩组成。上覆三叠系—中侏罗统变质岩，自下而上包括变质砾岩、变质砂岩、千枚岩、白云质大理岩，为陆相－浅海相沉积岩。晚侏罗世—早白垩世，Strandja 地块向北汇聚逆冲，发生区域变质作用。晚白垩世的杂岩体主要由火山岩、火山沉积岩和花岗岩组成，Cenomanian 阶砂质灰岩、半远洋粉砂岩、泥灰岩、安山质凝灰岩自下而上不整合与三叠系—中侏罗统变质岩之上（图 4-4-24）。

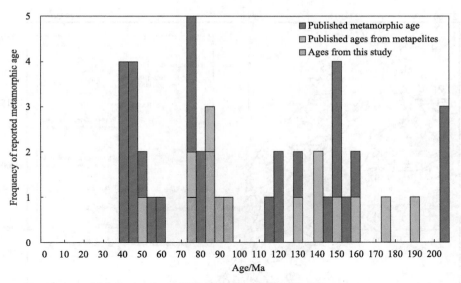

图 4-4-22　罗多彼（Rhodope）地块变质岩主要年龄（据 Collings et al，2016）

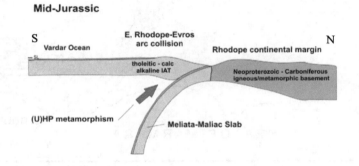

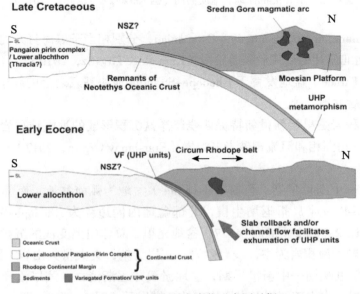

图 4-4-23　罗多彼（Rhodope）地块形成演化示意图（据 Collings et al，2016）

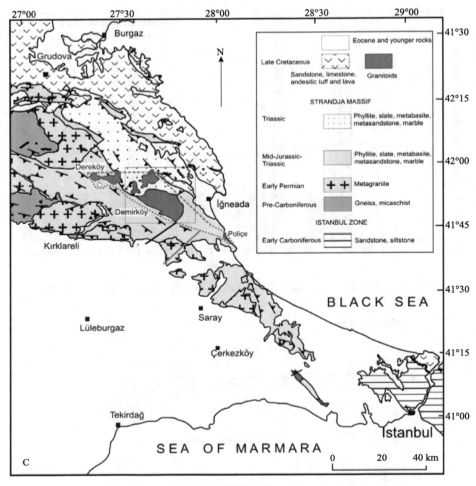

图 4-4-24　Strandja 地块地质简图（据 Karacık & Tüysüz，2010）

Cenomanian–Santonian 及晚 Santonian–Campanian，分别相当于黑海打开的同裂谷阶段和内 Pontide 洋向北俯冲的后弧后裂谷阶段（Karacık & Tüysüz，2010）。

色雷斯（Thrace）盆地发育于 Rhodope-Strandja 地块基底之上的新生代残留洋盆 – 弧前盆地 – 弧后盆地。

最老的沉积岩是早始新世新特提斯残留洋盆沉积形成的远端浊积岩（页岩、泥灰岩夹砂岩），三角洲相和河流相砂岩夹泥岩（Erarslan & Örgün，2017），见图 4-4-25、图 4-4-26。

中始新世—中新世早期，色雷斯（Thrace）盆地为弧前盆地，南部盆地外侧边缘为 Pindic 山脉 –Biga 半岛折返增生楔，北部盆地内侧边缘为 Rhodope-Strandja 岩浆弧（Maravelis et al，2016），见图 4-4-27。盆地充填了总体向上变浅的沉积序列，以深海相页岩、泥灰岩、浊积岩为主，浅海砂岩、灰岩为辅，夹大量火山岩（图 4-4-25、图 4-4-26）。渐新世晚期—中新世早期，盆地淤浅并逐渐消亡，滨岸沼泽发育，形成砾岩、砂岩、泥岩、火山碎屑岩及煤层构成的含煤岩系（图 4-4-25、图 4-4-26）。

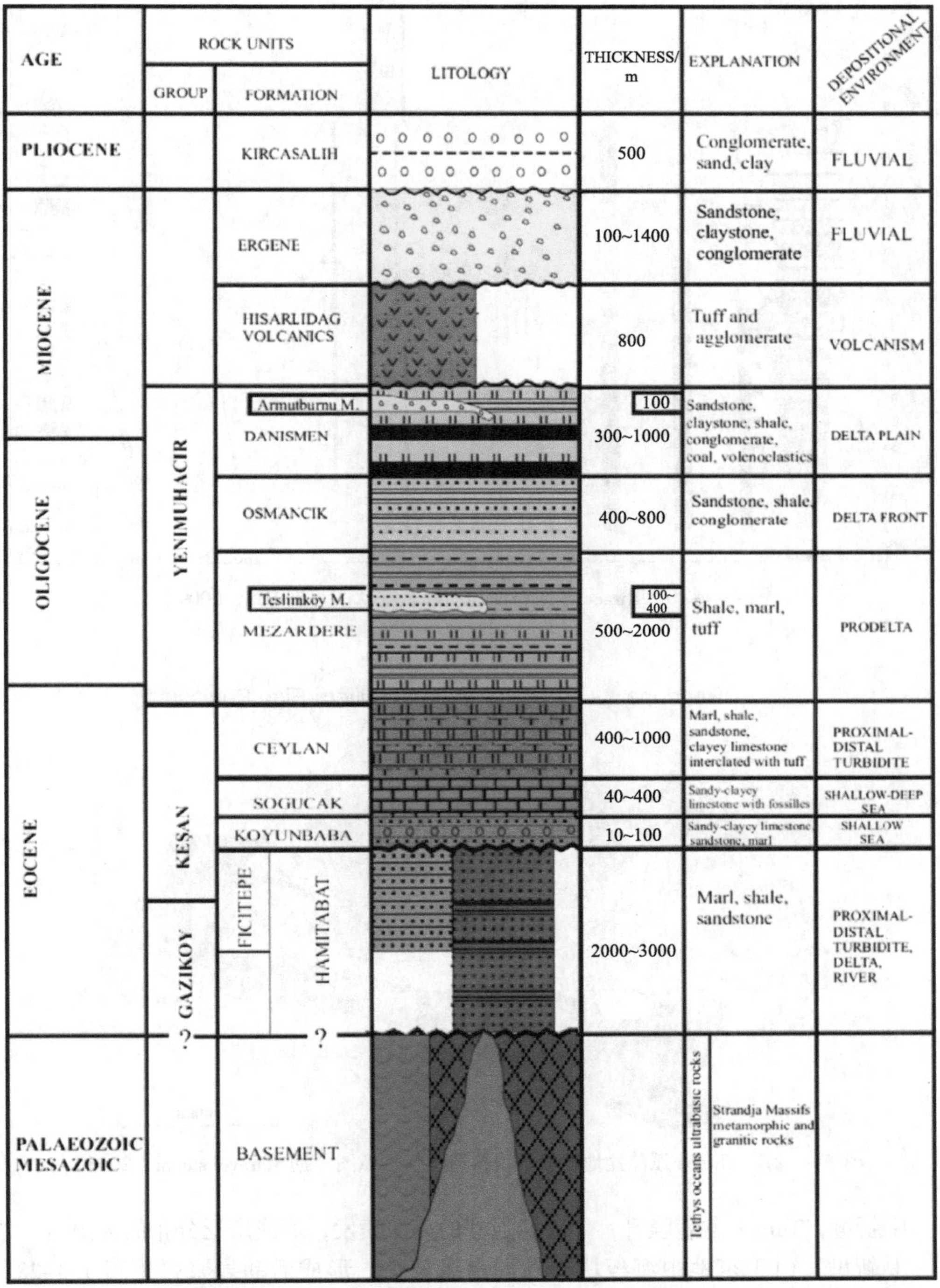

AGE	ROCK UNITS		LITOLOGY	THICKNESS/ m	EXPLANATION	DEPOSITIONAL ENVIRONMENT
	GROUP	FORMATION				
PLIOCENE		KIRCASALIH		500	Conglomerate, sand, clay	FLUVIAL
MIOCENE		ERGENE		100~1400	Sandstone, claystone, conglomerate	FLUVIAL
		HISARLIDAG VOLCANICS		800	Tuff and agglomerate	VOLCANISM
OLIGOCENE	YENIMUHACIR	Armutburnu M. DANISMEN		100 300~1000	Sandstone, claystone, shale, conglomerate, coal, volenoclastics	DELTA PLAIN
		OSMANCIK		400~800	Sandstone, shale, conglomerate	DELTA FRONT
		Teslimköy M. MEZARDERE		100~ 400 500~2000	Shale, marl, tuff	PRODELTA
EOCENE	KEŞAN	CEYLAN		400~1000	Marl, shale, sandstone, clayey limestone interlated with tuff	PROXIMAL-DISTAL TURBIDITE
		SOGUCAK		40~400	Sandy-clayey limestone with fossilles	SHALLOW-DEEP SEA
		KOYUNBABA		10~100	Sandy-clayey limestone sandstone, marl	SHALLOW SEA
	GAZIKOY	FICITEPE HAMITABAT		2000~3000	Marl, shale, sandstone	PROXIMAL-DISTAL TURBIDITE, DELTA, RIVER
PALAEOZOIC MESAZOIC	?	? BASEMENT			Tethys oceans ultrabasic rocks / Strandja Massifs metamorphic and granitic rocks	

图 4-4-25　Thrace 盆地地层综合柱状图（据 Erarslan & Örgün，2017）

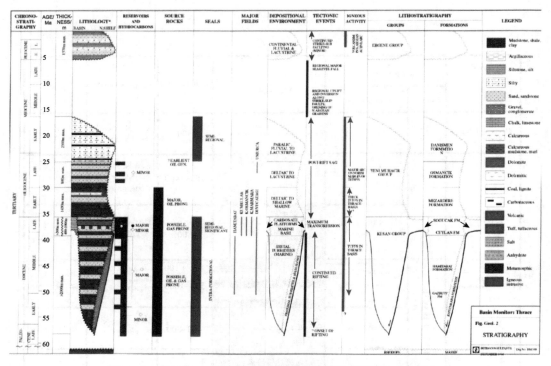

图 4-4-26　Thrace 盆地石油地质综合柱状图（据 IHS，2009）

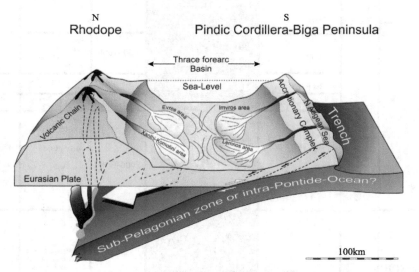

图 4-4-27　Thrace 弧前盆地阶段板块构造背景示意图（据 Maravelis et al，2016）

中新世，Thrace 盆地隆升，伴随着强烈的火山喷发，形成广泛分布的火山岩。

上新世，由于东地中海板块向欧洲南缘俯冲，形成活动岩浆弧（图 4-4-28），Thrace 盆地演化为弧后盆地，以河流相、湖泊相砾岩、砂岩、泥岩充填为特征（Erarslan & Örgün，2017），见图 4-4-25、图 4-4-26。

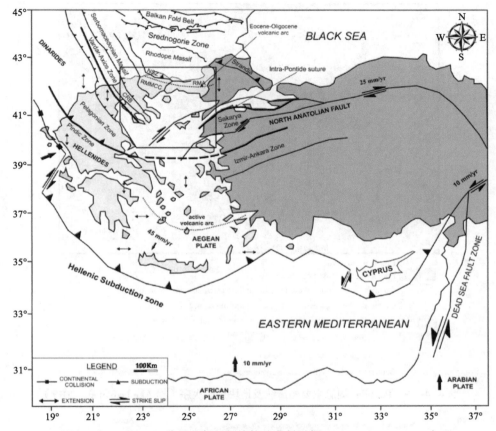

图 4-4-28　Thrace 盆地及邻区板块构造背景（据 Maravelis et al，2016）

（3）庞蒂得斯造山带

庞蒂得斯（Pontides）造山带进一步分为伊斯坦布尔带、Sakarya 带、中央庞蒂得斯造山带和东部庞蒂得斯造山带，均为从冈瓦纳分离的地块，在古生代晚期—中生代早期增生到东欧地台南缘的地块（图 4-4-29、图 4-4-30）。中生代时期为活动大陆边缘，晚白垩世，随着黑海弧后洋盆的打开，庞蒂得斯从劳亚大陆分离（Akdogan et al，2017）。

庞蒂得斯（Pontides）造山带出露前白垩系、白垩纪（部分中侏罗世）花岗岩、下白垩统、上白垩统、古近系、新近系及第四系（图 4-4-31）。

伊斯坦布尔带的基底是新元古界冈瓦纳卡多姆增生弧的花岗岩和变质岩（Oksum et al，2015；Gürsu，2016），寒武系没有出露，古生界地层序列从下奥陶统开始（Oksum et al，2015）。下奥陶统下部为厚度超过 3000m 的裂谷初期红色冲积相和湖泊相沉积；其上为中上奥陶统的 50~200m 的裂谷盆地滨岸相石英质砾岩和石英质砂岩（Aydos 组）。志留系和泥盆系的 Yayalar 组、Pelitli 组、Pendik 组和 Denizliköy 组以被动大陆边缘盆地碳酸盐岩和碎屑岩为特色；下石炭统（Trakya 组）为前陆盆地复理石。最后，晚石炭世，该地块合并到劳亚古陆之上。其上不整合三叠系裂谷盆地红色砂岩

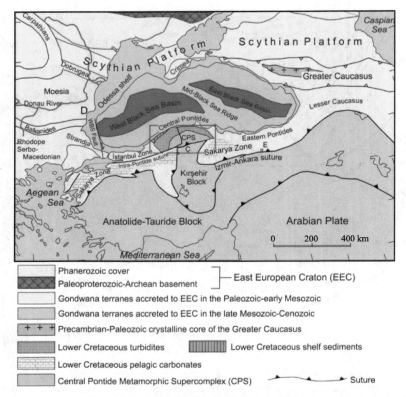

图 4-4-29 Pontides 周缘主要构造线及地块拼贴次序（据 Akdogan et al，2017）

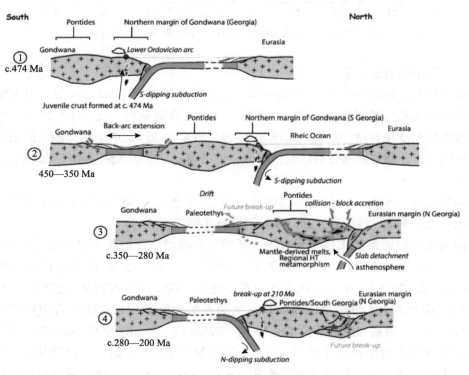

图 4-4-30 Pontides 与劳亚大陆拼贴历史（据 Rolland，2017）

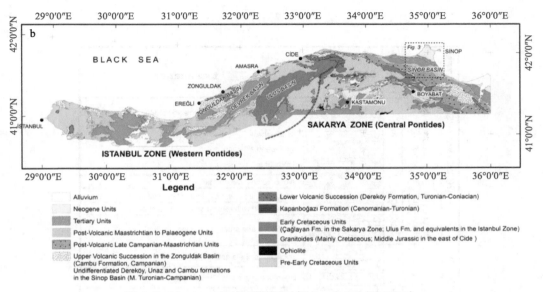

图 4-4-31　Pontides 地质简图（据 Tüysüz et al，2016）

和砾岩陆相沉积（图 4-4-32，Oksum et al，2016）。侏罗系—下白垩统浅海台地碳酸盐岩不整合于三叠系之上。其上被晚白垩世深水浅海相沉积物覆盖（图 4-4-33，Akdogan et al，2017）。

　　Sakarya 带的基底是前侏罗系，一部分基底由变质岩和泥盆纪—二叠纪侵入的花岗岩和上覆的磨拉石组成；另一部分基底由二叠—三叠纪增生楔杂岩组成，增生楔杂岩下部为变质基性岩含晚三叠世榴辉岩和蓝片岩，增生楔杂岩的上部为杂乱变形的杂砂岩、玄武岩含外来的二叠—石炭系砂岩碎块。中央庞蒂得斯造山带上三叠统由复理石夹蛇纹岩、枕状玄武岩及辉绿岩组成。

　　Sakarya 带基底上覆下侏罗统砂岩、砾岩，向上变为下—中侏罗统火山碎屑岩和火山岩，上侏罗统—下白垩统碳酸盐岩和下白垩统复理石不整合其上，晚白垩世以远洋沉积为主（图 4-4-33）。在中央庞蒂得斯造山带，出露了中侏罗统酸性至中性侵入岩（Akdogan et al，2017）。

　　Akdogan et al（2017）重建了早白垩世 Pontides 弧后盆地的古地理（图 4-4-34）。早白垩世中期，特提斯洋向东欧地台俯冲，形成弧后盆地，Pontides 伊斯坦布尔带主要发育碎屑岩 - 碳酸盐岩陆架和陆坡或深海碳酸盐岩，中央 Pontides 主要发育岛弧及浊积岩，东 Pontides 主要为碎屑岩 - 碳酸盐岩陆架。

　　晚白垩世 Cenomanian 期，Istanbul 带隆升，形成不整合；而 Sakarya 带发育了以深海沉积物为主的 Kapanboğazı 组（图 4-4-35）。Turonian—Coniacian 期，Pontides 造山带为 Dereköy 组火山 - 火山沉积岩序列，由玄武岩砾岩向上渐变为钙碱性和酸性熔岩及火山碎屑岩，与远洋泥晶灰岩和浊积岩（图 4-4-35）。火山岩的发育与洋内俯冲有关（图 4-4-36）Santonian 期，Pontides 造山带主要发育了 Unaz 组远洋灰岩（图 4-4-35）。Campanian 期主要为 Cambu 火山 - 火山沉积岩（图 4-4-35），火山岩的发育与洋

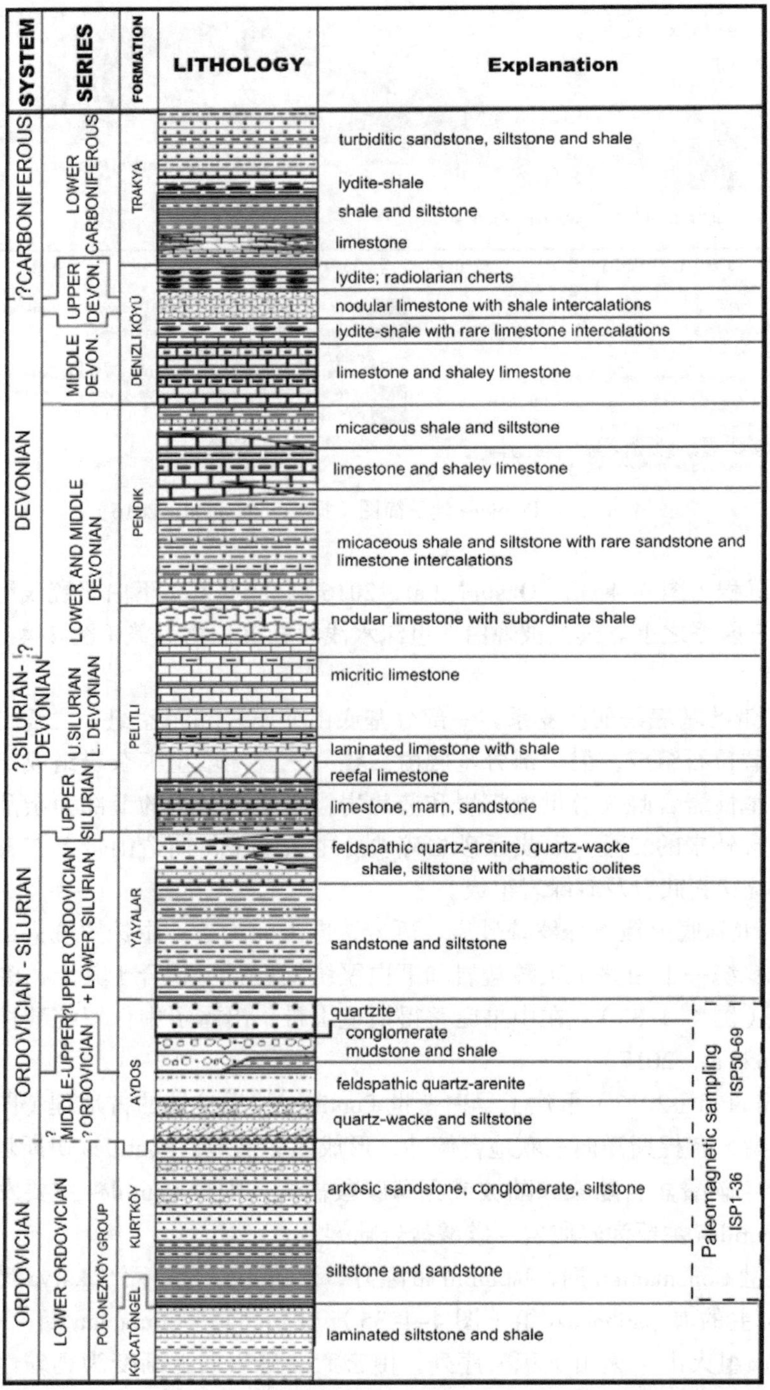

SYSTEM	SERIES	FORMATION	LITHOLOGY	Explanation
?CARBONIFEROUS	LOWER CARBONIFEROUS	TRAKYA		turbiditic sandstone, siltstone and shale
				lydite-shale
				shale and siltstone
				limestone
DEVONIAN	UPPER DEVON.	DENIZLI KÖYÜ		lydite; radiolarian cherts
				nodular limestone with shale intercalations
	MIDDLE DEVON.			lydite-shale with rare limestone intercalations
				limestone and shaley limestone
	LOWER AND MIDDLE DEVONIAN	PENDIK		micaceous shale and siltstone
				limestone and shaley limestone
				micaceous shale and siltstone with rare sandstone and limestone intercalations
?SILURIAN-?DEVONIAN	L. DEVONIAN	PELITLI		nodular limestone with subordinate shale
	U.SILURIAN			micritic limestone
ORDOVICIAN - SILURIAN	UPPER SILURIAN			laminated limestone with shale
				reefal limestone
	LOWER SILURIAN	YAYALAR		limestone, marn, sandstone
	MIDDLE-UPPER ORDOVICIAN + LOWER SILURIAN			feldspathic quartz-arenite, quartz-wacke shale, siltstone with chamostic oolites
				sandstone and siltstone
ORDOVICIAN	UPPER ORDOVICIAN	AYDOS		quartzite
				conglomerate
				mudstone and shale
	?ORDOVICIAN			feldspathic quartz-arenite
				quartz-wacke and siltstone
	LOWER ORDOVICIAN	KURTKÖY		arkosic sandstone, conglomerate, siltstone
	POLONEZKÖY GROUP			siltstone and sandstone
		KOCATÖNGEL		laminated siltstone and shale

图 4-4-32　伊斯坦布尔地块古生界地层综合柱状图（Oksum et al，2016）

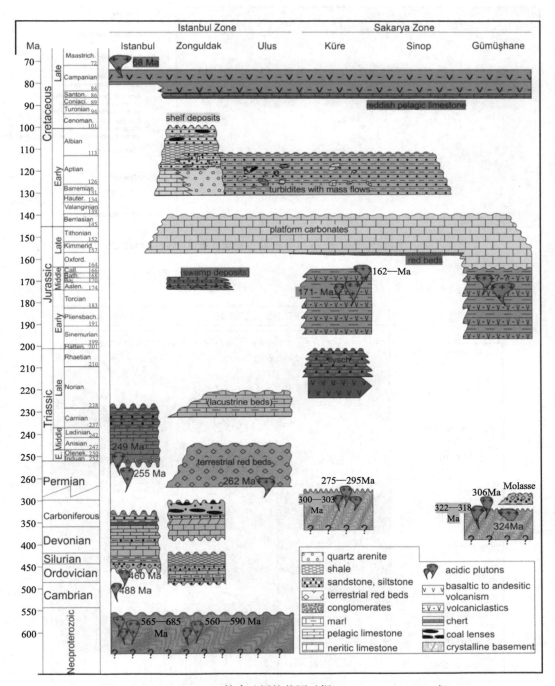

图 4-4-33　Pontides 综合地层柱状图（据 Akdogan et al，2017）

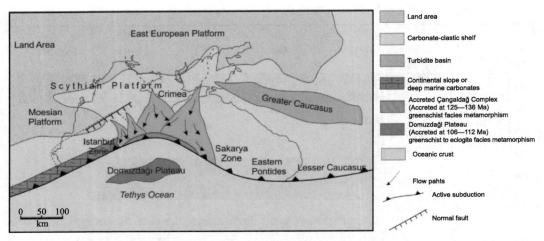

图 4-4-34　Pontides Barremian–Aptian 期古地理（据 Akdogan et al，2017）

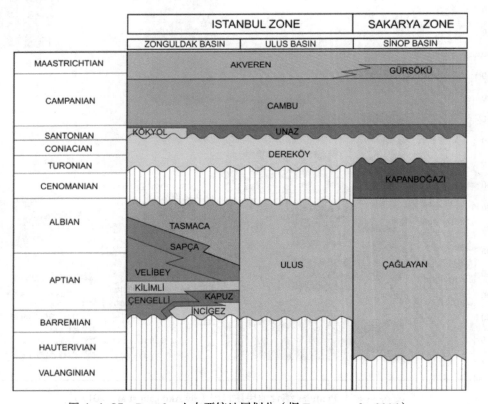

图 4-4-35　Pontides 上白垩统地层划分（据 Tüysüz et al，2016）

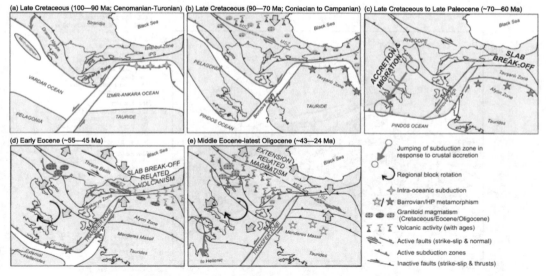

图 4-4-36　Pontides 及围区晚白垩世—古近纪构造演化（据 Ersoy et al，2017）

陆俯冲有关（图 4-4-36）。Campanian 期末—古新世，东 Pontides 主要发育玄武岩、安山岩、英安质和流纹质火山岩；西—中 Pontides 的 Akveren 组和 Görsökü 组为浅海相灰岩、黏土质灰岩、泥灰岩、砂岩及火山岩夹层组成（Hisarlı，2011；Abdelghany et al，2015）。标志着 Pontides 与 Anatolia 之间的 Izmir–Ankara–Erzincan 特提斯分支关闭。始新世，Pontides 广泛分布钙碱性岩浆岩，黑海边缘和南缘发育浅海相泥岩和砂岩（图4-4-31）。随后，隆升成山。

（4）安纳托利亚造山带

安纳托利亚（Anatolia）造山带北接庞蒂得斯（Pontides）造山带，西邻爱琴（Aegean）海，南临希罗多德（Herodotus）–黎凡特（Levant）海盆，由门德雷斯（Menderes）地块、克尔谢希尔（Kirsehir）地块、Taurides 地块、南亚美尼亚（Armenian）地块及增生体构成（据 Zulauf et al，2015；Dörr et al，2015；Oksum et al，2015；Rolland，2017），见图 4-4-37。

门德雷斯（Menderes）地块起源于滨冈瓦纳的 Cadomian 活动边缘，很可能是二叠—三叠纪从冈瓦纳裂离，古新世—早始新世随着新特提斯洋北支关闭与 Pontides 碰撞。

门德雷斯（Menderes）地块内部发育与东地中海板块向北俯冲相关多个新近纪—第四纪弧后盆地。如 Selendi 盆地基底最新的岩石是 İzmir-Ankara 带蛇绿杂岩（20Ma±），盆地早期充填了 Hacıbekir 和 İnay 群火山–沉积岩，其上不整合覆盖了 Kocakuz 组、Kabaklar 玄武岩（17.5Ma±）、上新统—第四系沉积岩和 Kula 火山岩（图4-4-38）。

门德雷斯（Menderes）地块新近纪沉积盆地外广泛出露了：埃迪卡拉系—下寒武统变质核杂岩基底；古生界—古近系变质沉积岩、片岩，以及上覆的台地型大理岩，其中三叠系有少量基性–酸性岩浆岩（据 Candan et al，2016），见图 4-4-39。

克尔谢希尔（Kirsehir，广义）地块，也称中央安纳托利亚结晶杂岩体（Central

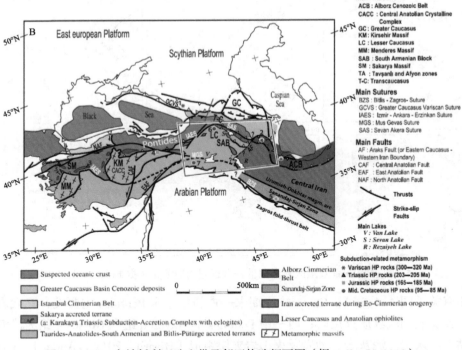

图 4-4-37 安纳托利亚造山带及邻区构造纲要图（据 Rolland，2017）

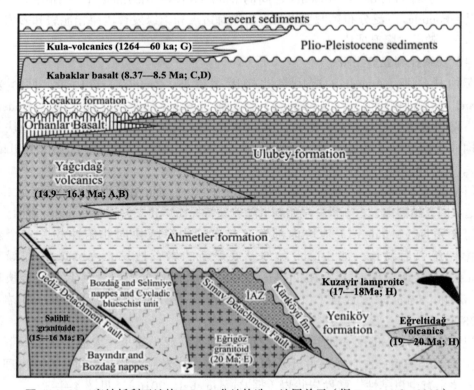

图 4-4-38 安纳托利亚地块 Selendi 盆地构造 - 地层单元（据 Ersoy et al，2010）

İAZ—İzmir–Ankara 带

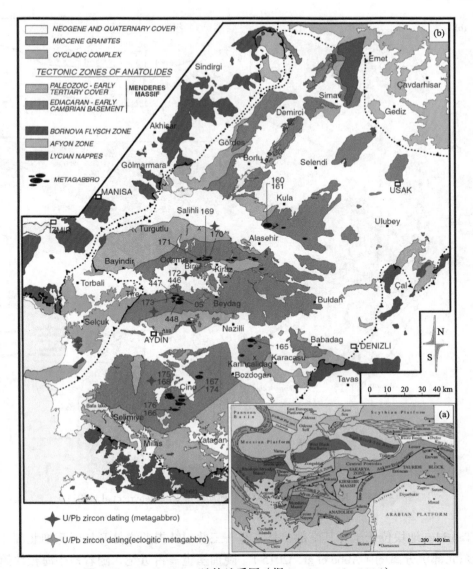

图 4-4-39　Menderes 地块地质图（据 Candan et al，2016）

Anatolian Crystalline Complex=CACC），北部以 Izmir-Ankara-Erzincan 缝合带与 Pontides
造山带相接，南接 Tauride 非变质逆冲带。Izmir-Ankara-Erzincan 缝合带以二叠—三叠
系至白垩系蛇绿岩为特征，是 Izmir-Ankara-Erzincan 特提斯洋关闭的记录。分隔克尔
谢希尔（Kirsehir）地块与 Taurides 非变质逆冲带的是晚白垩世—古新世的高压变质岩
带和上覆的蛇绿岩。

　　CACC 的主要岩石类型包括：（1）古生界变质岩，与上覆构造接触；（2）指示俯冲
来源的白垩纪超基性岩（即蛇绿岩套），（3）白垩纪末折返侵入的长英质侵入岩，与上
覆不整合接触；（4）上白垩统—第四系非变质的弧后盆地充填的火山岩和沉积岩（物）
（图 4-4-40）。最老的地层单元自下而上为片麻岩、云母片岩、石英岩、斜长角闪岩、钙
质硅酸盐岩和大理石，最底部的片麻岩含志留纪—早白垩纪化石（Lefebvre et al，2011）。

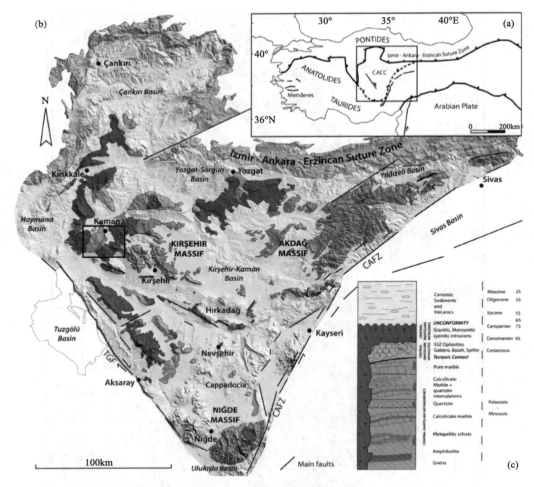

图 4-4-40　Kirsehir 地块（CACC）地质图（据 Lefebvre et al，2011）

Taurides 地块位于土耳其南部，是二叠—三叠纪特提斯洋打开从冈瓦纳北部（现今非洲东北部）分离的（Abbo et al，2015）。晚白垩世—古近纪，随着地中海板块俯冲，Taurides 地块褶皱造山，新近纪—第四纪主要发育山间残留盆地和山间盆地（Gürer et al，2016；Koç et al，2017）。新元古界、下古生界、上古生界及更新的地层均有出露（Abbo et al，2015。图 4-4-41）。

Karacahisar 地区出露了新元古界—三叠系（图 4-4-42），新元古界 Sariçiçek 片岩岩系为变形的弱变质的变质碎屑岩，具有向上变细的特征，原岩为复理石。其上为寒武系台地沉积物，底部为块状石英岩，向上依次为黑色白云岩、页岩、黑色灰岩、红色瘤状灰岩。新元古界 Bozburun Dağ 片岩岩系由变形的弱变质的中－细粒杂砂岩组成，有大量侵入岩岩脉。这两套新元古片岩被断层分隔。Bozburun Dağ 片岩岩系之上发育了石炭系 Gök Dağ 组，底部为石英质砾岩，砾石呈圆状，上覆黑色碳酸盐岩、页岩、粉砂岩，顶部为长石砂岩。三叠系横向变化大。底部为 Anisian–Ladinian 阶 Haci Iliyas 灰岩，上覆 Ladinian 阶 Köseköy 砾岩，其上为 Carnian 阶 Dipoyraz Dağ 生物礁复合体，

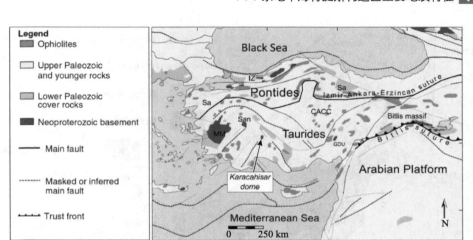

图 4-4-41　土耳其地质简图（据 Abbo et al，2015）

MM—Menderes 地体；CACC—Anatolian 中央结晶杂岩；GDU—Geyik Daği 单元；IZ—Istanbul 带；Sa—Sakarya 带；San—
Sandıklı 基底杂岩

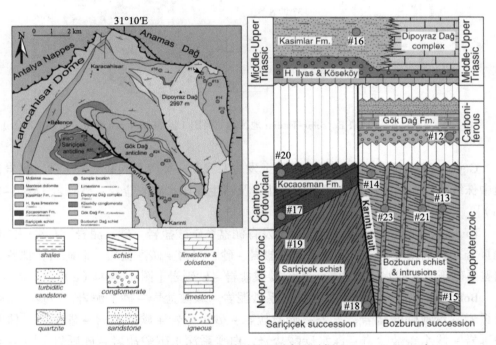

图 4-4-42　Karacahisar 地区地质图及地层序列（据 Abbo et al，2015）

横向上相变为 Kasımlar 组碎屑岩和复理石（Abbo et al，2015）。

Taurides 地块 Beysehir–Hadim 地区发育了原地 Taurides 地台沉积序列（Geyik Daǧ）和外来推覆体（Bolkar 和 Hadim 推覆体）（Mackintosh & Robertson，2009），见图 4-4-43。

Geyik Daǧ 岩系发育区北部自下而上发育寒武系—奥陶系碳酸盐岩 - 砂、泥岩 - 碳酸盐岩 + 砂泥岩地层，上覆三叠系碳酸盐岩 - 砂泥岩 + 碳酸盐岩 - 砂砾岩，侏罗—白垩系砂砾岩 - 碳酸盐岩及新生界砂砾岩［图 4-4-44（a）］。

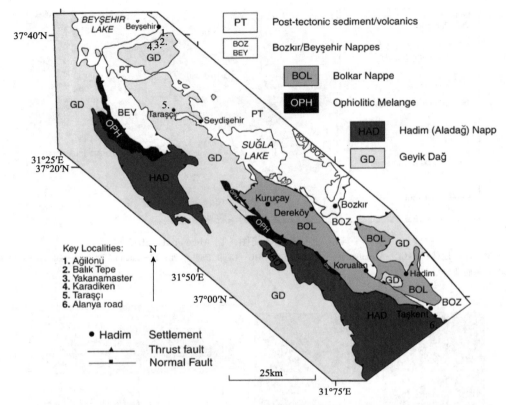

图 4-4-43　Taurides 地块 Beysehir-Hadim 地区地质简图（据 Mackintosh & Robertson，2009）

Geyik Dağ 岩系发育区南部自下而上发育寒武系—奥陶系碳酸盐岩 - 砂、泥岩，上覆中侏统—白垩系砂砾岩 - 浅水碳酸盐岩及新生界深水碳酸盐岩 - 砂砾岩［图 4-4-44（b）］。

Hadim（Aladağ）推覆体自下而上发育泥盆系碳酸盐岩 - 砂、泥岩，石炭—二叠系泥页岩 - 台地碳酸盐岩，三叠系碳酸盐岩 - 砂、泥岩 + 碳酸盐岩 - 砂砾岩，侏罗系—白垩系砂砾岩 - 浅水碳酸盐岩 - 深水碳酸盐岩 - 砂砾岩［图 4-4-44（c）］。

Bolkar 推覆体自下而上发育泥盆系砂泥岩 - 碳酸盐岩 - 砂、泥岩，石炭—二叠系泥页岩 - 台地碳酸盐岩，三叠系碳酸盐岩 - 砂、泥岩 + 碳酸盐岩 - 砂砾岩，侏罗系砂砾岩 - 浅水碳酸盐岩 - 深水碳酸盐岩，白垩系深水碳酸盐岩 - 砂砾岩［图 4-4-44（c）］。

原地台地沉积为侏罗—白垩系碳酸盐岩（Yilmaz et al，2016）。中侏罗统 Bajocian 阶 Sarakman 组由砂岩、砂质灰岩和灰岩组成，不整合于不规则的三叠纪构造事件基底之上，其上整合上侏罗统至上白垩统 Cenomanian 阶 Tepearası 组白云岩和 Polat 组浅水碳酸盐岩，其中夹 Oxfordian 期玄武岩层。再向上，白垩系为远洋深水灰岩，被始新世 Lutetian 期陆源碎屑复理石覆盖。

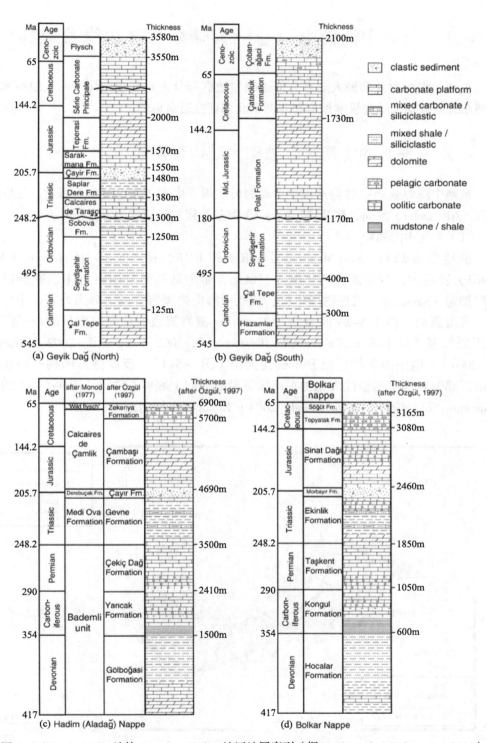

图 4-4-44　Taurides 地块 Beysehir–Hadim 地区地层序列（据 Mackintosh & Robertson，2009）

4.5 东地中海海盆及非洲大陆东北部边缘盆地群

东地中海海盆及非洲大陆东北部边缘盆地群可分为东地中海海岭、东地中海海上非洲东北缘被动大陆边缘盆地群和非洲东北部克拉通盆地群。

4.5.1 东地中海海盆及被动大陆边缘盆地

东地中海海盆地主要包括东地中海海岭、希罗多德（Herodotus）海盆、尼罗河三角洲（Nile Delta）盆地、黎凡特（Levant）海盆和锡尔特湾盆地，见图4-0-1。

（1）东地中海海岭

东地中海海岭（East Mediterranean Ridge，EMR，图4-5-1）是 Heezen 和 Ewing（1963）发现的，为中新世（15Ma±）以来，希腊岛弧向地中海海床逆冲推覆形成的阻挡带（backstop）沉积物增生楔。从地中海向爱琴海方向，分为外带、中带和内带。其滑脱面（图4-5-2）从外带的 Messinian 蒸发岩底面逐渐向中带的白垩纪远洋沉积层转移（Le Pichon et al，2002；Reston et al，2002；Tay et al，2002；Huguen et al，2004）。地中海海岭广泛分布的泥火山（图4-5-1），反映强烈的构造挤压，主要是下部饱和气水的塑性沉积物在高压下沿断裂向上底辟、喷溢（图4-5-3）的结果（Limonov et al，1996；Huguen et al，2004；Kioka et al，2015）。

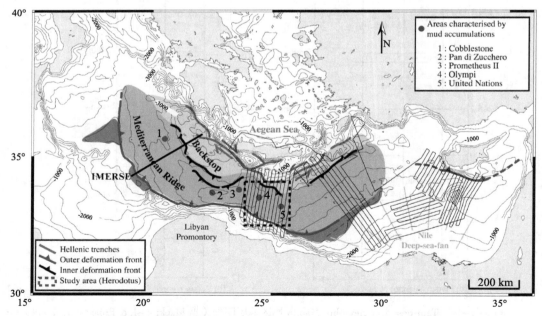

图4-5-1 地中海海岭地貌构造格架（据 Le Pichon et al，2002；Huguen et al，2004 编绘）

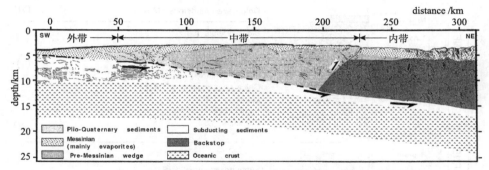

图 4-5-2　地中海海岭 IMERSE 多道巡航剖面综合地质解释
（据 Le Pichon et al，2002 ；Tay et al，2002 编绘）

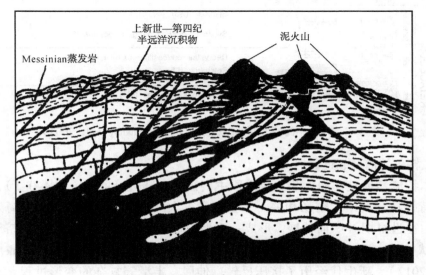

图 4-5-3　地中海海岭西部沉积序列（据 Limonov et al，1996）

　　Akhmanov 等（2003）发表的地中海海岭地层序列的研究成果（图 4-5-4），发现的最老的沉积地层是下白垩统 Aptian-Albian 阶，由黏土岩、钙质黏土岩构成，是陆源黏土供应充足的条件下形成的海相沉积。上白垩统主要为泥晶灰岩和重结晶含化石泥晶灰岩，为温暖、平静远洋开阔盆地沉积。古近系古新统主要为粉砂岩，下部富含有机质碎屑。始新统—渐新统为一海退沉积序列，主要由石英质砂岩构成，粒度向上变粗，发育多种交错层理，为滨浅海沉积。中新统底部 Aquitanian 阶主要为碎屑灰岩，夹深水泥岩，很可能是活动陆缘陆坡底部沉积；中部 Burdigalian-Serravallian 阶中部为泥岩、钙质泥岩、碎裂泥岩、富含化石泥晶灰岩不等厚互层，为半远洋沉积物；上部 Serravallian 阶上部 -Tortonian 阶主要为碎屑生物泥晶灰岩和生物碎屑灰岩，为深水重力流沉积；Messinian 阶底部为白云质泥岩，很可能与其上的 Messinian 阶盐危机有关。

　　Messinian 阶中部为厚薄不等的蒸发岩。上新统—第四系，以泥或泥岩为主，为半远洋沉积（图 4-5-2、图 4-5-3）。

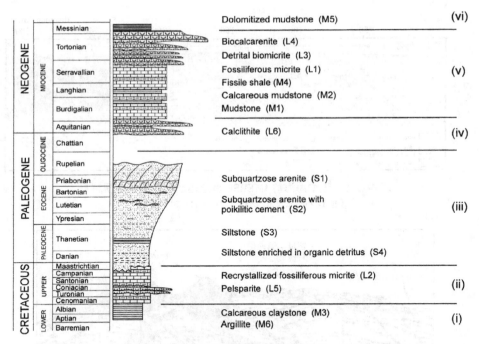

图 4-5-4　地中海海岭西部沉积序列（据 Akhmanov et al, 2003）

（2）锡尔特湾及邻近盆地

锡尔特湾盆地是非洲大陆北缘中段主要被动大陆边缘盆地（图 4-0-1），盆地的演化与特提斯洋的演化密切相关。三叠纪盘古大陆裂解，形成特提斯洋海道。侏罗纪—晚白垩世早期 N–S 向伸展，形成一系列断陷。Santonian 期 NW–SE 向挤压形成褶皱和花状构造。Campanian–Maastrichtian 期以 NW–SE 向伸展为特征（Fiduk，2009；Elfessi，2017）。新生代经历了挤压反转、伸展、走滑等复杂的变形过程。总体上为以伸展为主的被动大陆边缘盆地。盆地以前寒武系为基底，上覆寒武—奥陶系广泛分布，中生界不整合于寒武—奥陶系及基底之上。中生界三叠系局限于断陷内，侏罗系、白垩系依次扩展，新生界分布广泛，厚度巨大（图 4-5-5）。

锡尔特湾盆地与西侧的佩拉杰盆地、东侧的昔兰尼加盆地发育的地层序列有一定差异（Grasso，1999；Fiduk，2009；Moissette et al，2010；Hallett & Clark-Lowes，2016；Elfessi，2017；Dhahri & Boukadi，2017；Volpi et al，2017）。

佩拉杰（Pelagian）海盆在前寒武系基底之上普遍发育寒武—奥陶系碎屑岩，缺失志留系—二叠系。砂岩、泥岩及蒸发岩组成的三叠系不整合于古生界之上。侏罗系下部与三叠系岩性相近，中部主要为泥岩和碳酸盐岩，上部由砂岩、泥岩和碳酸盐岩组成。白垩系下部主要为砂、泥岩，其次为碳酸盐岩，上部主要由泥岩和碳酸盐岩构成。古新统及始新统下部以泥岩为主，碳酸盐岩为辅。始新统中上部碳酸盐岩增多，泥岩减少。渐新统及中新统下部以碳酸盐岩为主，泥岩为辅，有少量砂岩。中新统中部主要为碳酸盐岩和蒸发岩，上部以碳酸盐岩为主，泥岩为辅，有少量砂岩。上新统—第四系泥岩占绝对优势，次为砂岩，少见碳酸盐岩［图 4-5-6（a）］。

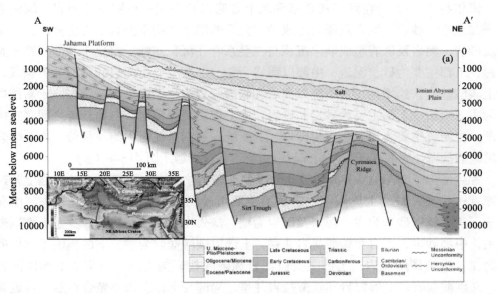

图 4-5-5 爱奥尼亚海盆地质剖面（a）及构造背景及剖面位置（b）（据 Fiduk，2009 资料编绘）

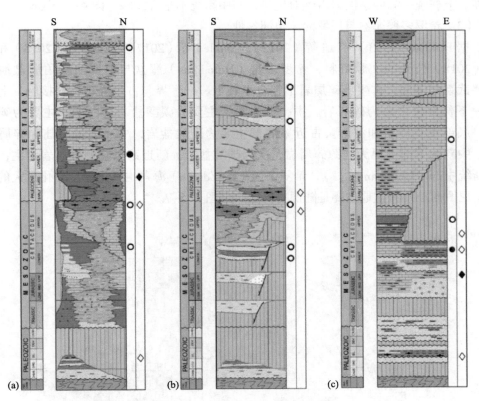

图 4-5-6 中非北缘大陆边缘盆地地层序列（据 Fiduk，2009）

（a）佩拉杰（Pelagian）盆地；（b）锡尔特湾盆地；（c）昔兰尼加（Cyrenaica）盆地（不同地区位置见图 4-0-1）

◇—潜在烃源岩；◆—烃源岩；○—潜在储层；●—储层

锡尔特（Sirt）湾在前寒武系基底之上普遍发育寒武—奥陶系碎屑岩，缺失志留系—二叠系。砂岩、泥岩及砾岩组成的三叠系断陷沉积物不整合于古生界之上。上侏罗统砂岩、泥岩及砾岩组成断陷沉积与三叠系存在沉积间断。白垩系与侏罗系不整合接触，下部主要为砂、泥岩，中部以泥岩为主，上部主要由泥岩和碳酸盐岩构成，且向上碳酸盐岩快速增加。古新统以泥岩和碳酸盐岩为主，向上泥岩增多。始新统以泥岩为主。渐新统下部主要为砂岩和砾岩，中上部主要为泥岩，与始新统之间存在沉积间断。中新统主要为泥岩，次为砂岩。上新统—第四系泥岩占绝对优势，次为砂岩，少见碳酸盐岩，底部见砾岩，局部与中新统不整合接触［图4-5-6（b）］。

昔兰尼加（Cyrenaica）海域被动陆缘盆地较为狭窄，在前寒武系基底之上普遍缺失寒武—中奥陶统，上奥陶统—志留系主要由砂泥岩构成。下泥盆统缺失。中泥盆统—下三叠统以砂岩为主，泥岩及砾岩为辅。缺失中、上三叠统。侏罗系下部以砂岩为主，中部砂岩、泥岩和碳酸盐岩并存，上部以碳酸盐岩为主。下白垩统下部以砂泥岩为主，次为碳酸盐岩；上部主要由泥岩和碳酸盐岩构成。上白垩统下部以泥岩为主，夹碳酸盐岩，上部泥岩和碳酸盐岩并举，局部与下白垩统不整合接触。古近系及中新统主要为碳酸盐岩。古近系与白垩系不整合接触。中新统与古近系局部存在沉积间断。上新统—第四系泥岩占绝对优势，与中新统不整合接触［图4-5-6（c）］。

（3）希罗多德海盆与尼罗河三角洲盆地

据Peterson（1993）、Tari等（2012）、Makled等（2017）、Aksu等（2018）和赵阳等（2018）公开的文献资料，希罗多德（Herodotus）海盆与尼罗河三角洲盆地均以前寒武系为基底，古生界碎屑岩不整合于其上。中生界与古生界不整合接触。上三叠统—下侏罗统主要为碎屑岩。中、上侏罗统主要为碳酸盐岩。白垩系主要为碳酸盐岩，底部发育砂岩和泥岩。古近系底部主要为碳酸盐岩，中、上部以陆源碎屑岩为主。中新统下部主要为陆源碎屑岩，次为碳酸盐岩。新近系以陆源碎屑岩为主，只是中新统中部（Langhian阶？），希罗多德（Herodotus）海盆主要为厚度变化巨大的蒸发岩，尼罗河三角洲盆地主要是陆源碎屑岩，见图4-5-7。

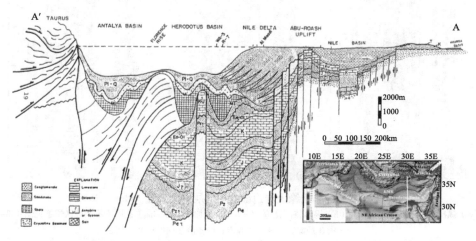

图4-5-7 过希罗多德海盆N–S构造地层剖面（据Peterson，1993。剖面位置见插图A′–A）

（4）黎凡特海盆

据 Peterson（1993）、IHS（2009）、Hawie 等（2013）、Reiche 等（2014）、Sagy 等（2015）、Feng 等（2016，2017）、刘小兵等（2017）和 Papadimitriou 等（2018）公开的文献资料，黎凡特（Levant）海盆形成于晚古生代，经历了晚石炭世—晚二叠世陆内坳陷、早三叠世—晚侏罗世陆内 - 陆间裂谷和白垩纪—新近纪被动大陆边缘等原型盆地演化阶段，以海相沉积为主。盆地结晶基底之上发育有晚元古代和早古生代沉积岩（图 4-5-8）。

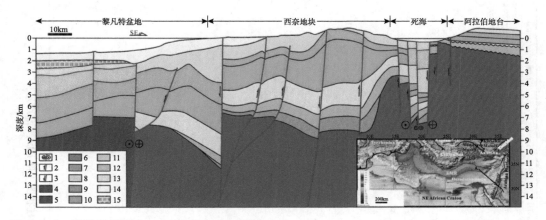

图 4-5-8　过黎凡特海盆 NW-SE 构造地层剖面（据 Peterson，1993；IHS，2009；Hawie 等，2013；Reiche 等，2014；Sagy 等，2015；Feng 等，2016；2017；刘小兵等，2017；Segev 等，2017 和 Papadimitriou 等，2018 资料编绘。剖面位置见插图 A'-A）
1—走滑断层；2—逆冲断层；3—伸展断层；4—侏罗纪洋壳基底；5—前寒武系结晶基底；6—新元古界；7—古生界；8—三叠系；9—侏罗系；10—下白垩统；11—上白垩统；12—古近系；13—新近系；14—第四系；15—新近系 Messinian 阶蒸发岩

黎凡特盆地早古生代及晚古生代晚石炭世—晚二叠世地层没有揭露或出露，据沙特、约旦东北部及叙利亚南部资料推测主要为陆源碎屑岩，其中下古生界寒武系有碳酸盐岩发育（图 4-5-9）。三叠系仍以陆源碎屑岩为主，上三叠统内源沉积增多，由陆源碎屑岩、碳酸盐岩和蒸发岩组成，且蒸发岩居多（图 4-5-9）。下侏罗统主要为浅海碳酸盐岩，含底栖有孔虫和钙藻，为碳酸盐岩台地沉积。中侏罗统下部主要为白云岩，次为灰岩，上部主要为灰岩（图 4-5-9）。上侏罗统主要为灰岩、泥灰岩、砂质灰岩互层，夹 50~100m 厚的玄武岩（图 4-5-9、图 4-5-10）。

白垩纪开始，黎凡特盆地边缘陆上部分与海上部分地层特征存在明显差异。

黎凡特盆地边缘陆上部分：白垩系与侏罗系存在沉积间断，缺失 Berriasian 阶。下白垩统 Valanginian-Barremian 阶下部主要为砂岩，次为粉砂岩和泥岩，夹煤层和火山岩；Barremian 阶上部缺失；Aptian 阶浅海灰岩占绝对优势；Albian 阶为富含化石的浅海相泥灰岩和灰岩互层。上白垩统的 Cenomanian-Turonian 阶与下白垩统整合接触，岩性主要为泥灰岩，局部发育礁灰岩；Coniacian 缺失；Santonian-Maastrichtian 主要为富含化石的浅海相泥灰岩和灰岩互层。古近系古新统中下部缺失；古新统上部—Ypresian

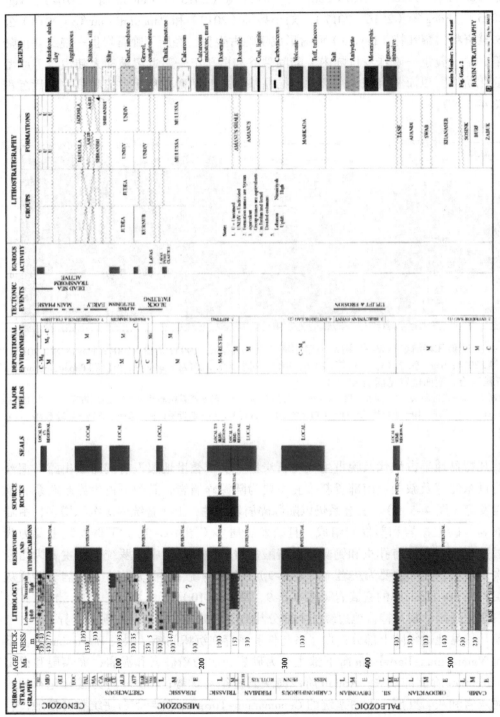

图 4-5-9 黎凡特盆地石油地质地层综合柱状图（据 IHS, 2009）

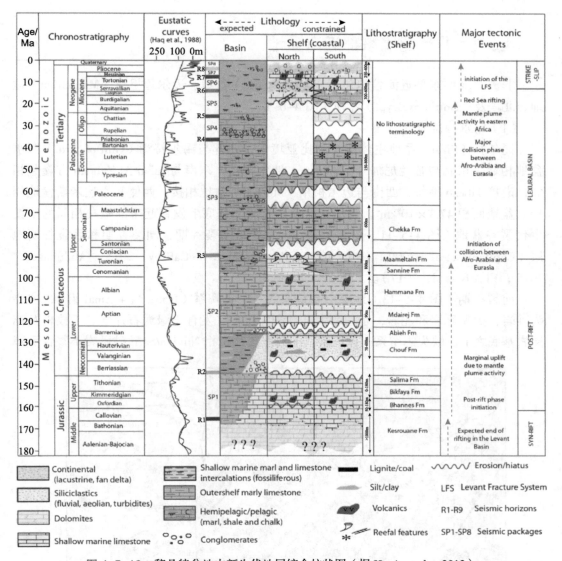

图 4-5-10　黎凡特盆地中新生代地层综合柱状图（据 Hawie et al.，2013）

阶主要为泥灰岩；Lutetian-Chattian 阶南部缺失，北部以泥灰岩、灰岩为主，局部发育礁灰岩，内部存在小的沉积间断。新近系中新统 Aquitanian 阶缺失，Burdlgalian-Messinian 阶岩性多样，有灰岩、礁灰岩、泥灰岩、砂砾岩，夹火山岩；新近系上新统—第四系为未固结的砾石、砂、粉砂和泥（图 4-5-9、图 4-5-10）。

　　黎凡特盆地的海域部分，白垩纪以来连续沉积。Berriasian-Barremian 阶主要为粉砂岩和泥岩，下部发育砂岩和砾岩；Barremian-Albian 阶为外陆架泥灰质灰岩。上白垩统的 Cenomanian-Maastrichtian 主要为远洋、半远洋泥灰岩、泥岩和白垩，顶部含砾石。古近系主要为远洋、半远洋泥灰岩、泥岩和白垩，渐新统含砾石。新近系主要为远洋、半远洋泥岩，Messinian 阶以蒸发岩为主；新近系上新统—第四系以未固结的粉砂和泥为主，有少量砾石、砂（图 4-5-9、图 4-5-10）。

4.5.2 非洲北缘东部近海盆地

非洲北缘中东部近海盆地包括锡尔特（Sirte）盆地、迈尔迈里卡（Marmarica）盆地、北埃及（Northern Egypt）盆地（图4-0-1）。

（1）锡尔特盆地

锡尔特（Sirte）盆地主体位于利比亚境内，北部与锡尔特湾（Gulf of Sirte）深水盆地相邻，东北与昔兰尼加（Cyrenaica）地台相接，东南与Jabal Al Zalmah古隆起相邻，南接Tibesti地块，西南与迈尔祖格（Murzuq）盆地相接，西侧与古达米斯盆地相接。盆地面积$47.3 \times 10^4 km^2$。锡尔特盆地是在泛非基底上发育起来的垒堑相间的中新生代裂谷盆地（图4-5-11、图4-5-12），发育了前裂谷期、同裂谷期和后裂谷期地层（Capitanio et al, 2009；IHS, 2009；Abdunaser & McCaffrey, 2015；Abdunaser, 2015；El Atfy et al, 2017）。

前裂谷期（图4-5-13）地层主要是寒武系—奥陶系（Hofra组 + Amal组），主要为砂岩，少见砾岩和泥岩，是一套大陆冲积相沉积，发育于绿泥石片岩、千枚岩及花岗岩基底之上。缺失志留系—侏罗系。下白垩统冲积相Nubian/Sarir砂砾岩不整合于寒

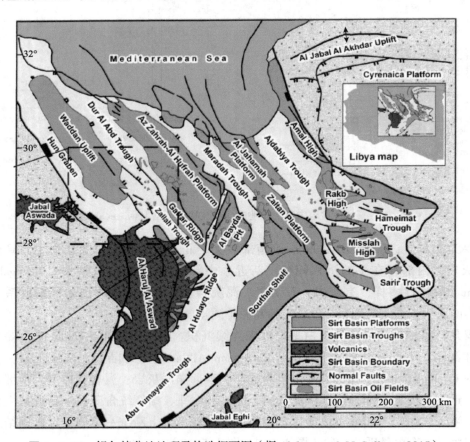

图4-5-11　锡尔特盆地地理及构造纲要图（据Abdunaser & McCaffrey, 2015）

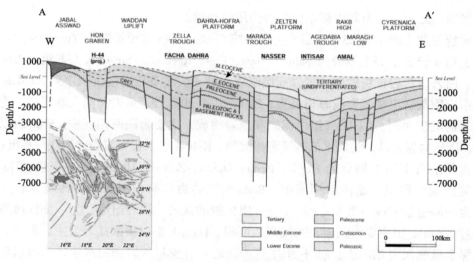

图 4-5-12　锡尔特盆地东西向地质剖面图（据 IHS，2009）

RIFT STAGE	AGE		ROCK UNITS			LITHOLOGY	Source	Reservoir	Seal
			Group	Formation					
POST-RIFT	MIOCENE		Najah	Marada Diba					
	OLIGOCENE			Arida					
	EOCENE	Upper (Priabonian)		Augila					
		Middle (Lutetian)		Gialo					
		Lower (Ypresian)		Gir	Hon Evaporite				● ●
					Facha Member			■	
SYN-RIFT	PALEOCENE		Jabal Zelten	Kheir					
		Thanetian		Harash	Bu Charma / Zelten				
				Khalifa / Dahra					
		Selandian		Beda	Mabruk Mbr / Farrud Mbr / Thalith Mbr		△	■ ■	
		Danian		Hagfa/Defa	Satal				
	UPPER CRETACEOUS	Maastrichtian		Kalash				■	
		Campanian		Sirte			△		
		Santonian Coniacian	Rakb	Rachmat			△		●
		Turonian		Etel				■	●
		Cenomanian		Lidam / Bahi					
PRE-RIFT	Lower Cretaceous		Sarir	Maragh / Nubian				■	
	Cambrian - Ordovician		Gargat	Amal / Hofra					
	Basement		**Granite and volcanics**						

Granite	Sandstone	Dolomitic limestone	Limestone	Dolomite
Phyllites	Clastics	Argillaceous limestone	Shale	Evaporites

图 4-5-13　锡尔特盆地地层综合柱状图（据 El Atfy et al，2017）

武—奥陶系之上，标志着中新生代裂谷作用的开始。

同裂谷期（图 4-5-13）地层为上白垩统 Cenomanian 阶至始新统 Ypresian 阶。

上白垩统自下而上划分为 Bahi、Lidam、Etel、Rachmat、Sirte、Kalash 组。Bahi 组由砂岩、白云质灰岩、粉砂岩、页岩互层组成，是一滨浅海相海侵沉积序列。Lidam 组主要由白云质灰岩组成，为浅海相沉积。Etel 组由碳酸盐岩、页岩和蒸发岩组成，为一滨浅海海退沉积序列。Rachmat 组由泥岩和灰岩构成，主要为浅海相沉积。Sirte 组以泥岩为主，碳酸盐岩为辅，为深水低能浅海相沉积。Kalash 组主要为灰岩，为浅海相沉积。

古新统自下而上划分为 Hagfa、Beda、Dahra、Zelten、Harash、Kheir 组。Hagfa 组由灰岩、泥岩组成，是浅海相沉积。Beda 组主要由灰岩、白云岩、钙质页岩互层组成，为一海退型滨浅海沉积序列。Dahra 组由碳酸盐岩、泥岩组成，为一滨浅海海侵沉积序列。Zelten 组主要为灰岩，为浅海相沉积。Harash 组以碳酸盐岩为主，泥岩为辅，为较深水低能浅海相沉积。Kheir 组主要为泥岩，有少量灰岩和泥灰岩，为海退型浅海相沉积。

始新统 Ypresian 阶 Gir 组底部主要为白云岩，中上部为白云岩与蒸发岩互层，为潮间带和潮上带沉积。

后裂谷期（图 4-5-13）地层为始新统 Lutetian 阶至中新统，自下而上划分为 Gialo、Augila、Arida、Marada 组。Gialo 组主要为灰岩，是浅海相沉积。Augila 组由砂岩、泥岩、灰岩组成，为滨浅海沉积。Arida 组主要为砂泥岩，以滨海沉积占优势。Marada 组以泥岩为主，夹碳酸盐岩和蒸发岩，为滨浅海沉积。

（2）迈尔迈里卡盆地

迈尔迈里卡（Marmarica）盆地处于埃及西部沙漠的最西北部并延伸至利比亚东北部地中海沿岸区域，盆地 11% 的面积为海域。盆地约 40% 的面积在埃及，60% 的面积在利比亚（图 4-5-14）。盆地西北部与 Jabal Akhda 隆起相邻，西部与昔兰尼加（Cyrenaica）地台相接，南部与上埃及盆地相邻，东部接北埃及盆地。

迈尔迈里卡盆地的基底主要是前寒武系变质岩和花岗岩。基底之上发育了古生界、中生界及新生界，盆地西部和东部地层发育特征存在明显的差异（图 4-5-15）。

古生界：寒武系，西部以砂岩为主，为浅海相，东部以砂岩为主，底部发育砾岩，顶部发育泥岩，为冲积相 - 浅海相；奥陶系，西部主要为浅海相粉砂岩，东部为冲积相 - 浅海相砂岩；志留系，西部主要为深海相泥岩，东部为冲积相 - 浅海相砂岩；泥盆系，西部主要为浅海相粉砂岩，东部为冲积相 - 浅海相砂岩、泥岩；石炭系，西部主要为浅海相粉砂岩，东部为冲积相 - 滨海相砂岩；二叠系，东西部均主要为冲积相—滨海相砂岩。

中生界：三叠系—下侏罗统，西部主要为滨海相砂岩，东部为冲积相砂岩；中侏罗统下部，西部主要为滨海相砂岩夹灰岩，东部为障壁 - 潟湖相砂岩夹灰岩；中侏罗统上部—上侏罗统，西部主要为滨浅海相灰岩，东部为障壁 - 潟湖相砂岩夹灰岩；下白垩统，西部主要为滨浅海相灰岩、砂岩，东部为冲积相 - 浅海相、障壁 - 潟湖相砂岩夹灰岩、白云岩；上白垩统普遍缺失。

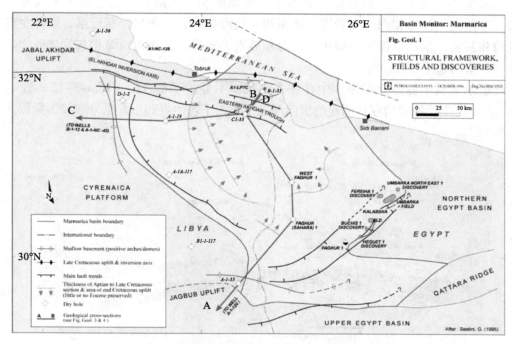

图 4-5-14　迈尔迈里卡盆地构造纲要图（据 IHS，2008）

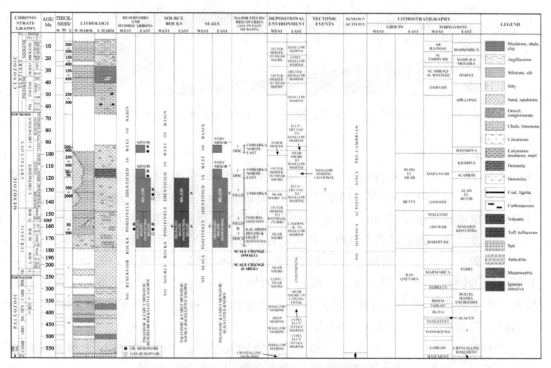

图 4-5-15　迈尔迈里卡盆地地层综合柱状图（据 IHS，2008）

新生界：古近系，西部以灰岩为主，为滨海相，东部自下而上依次为浅海相灰岩、三角洲－浅海相泥岩夹砂岩、冲积相－浅海相砂岩夹灰岩；新近系，西部主要为滨海相灰岩，东部下部为冲积相－浅海相砂岩夹灰岩，上部为浅海相灰岩夹砂岩、粉砂岩；第四系主要砂、泥。

迈尔迈里卡盆地充填序列中存在多个规模不等的不整合面（图4-5-15、图4-5-16），不同年代地层均存在明显的横向厚度变化，下古生界和三叠系分布较为局限（图4-5-16）。

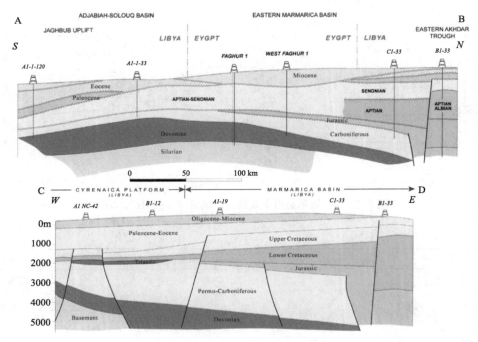

图4-5-16　迈尔迈里卡盆地地质剖面简图（剖面位置见图4-5-14，据 IHS，2008）

（3）北埃及盆地

北埃及（Northern Egypt）盆地横跨埃及北部陆地和海上，北部与希罗多德（Herodotus）海盆相接，西部与迈尔迈里卡（Marmarica）盆地相邻，南部以 Qattara 山脉与阿布盖拉迪格（Abu Gharadiq）盆地相隔，东部为尼罗河三角洲盆地（图4-5-17）。

北埃及盆地以前寒武系为基底，其上发育了古生界、中生界及新生界（图4-5-18）。

古生界：寒武系—奥陶系为陆相至浅海相砾岩、砂岩、泥岩及白云岩；志留系—下泥盆统为河流－三角洲－浅海相泥岩、粉砂岩、砂岩；中上泥盆统底部为滨浅海相灰岩，中上部为河流－三角洲－浅海相泥岩、粉砂岩、砂岩；石炭系—二叠系为河流－三角洲－浅海相泥岩、粉砂岩、砂岩夹灰岩。

中生界：三叠系—下侏罗统下部为陆相砂岩夹泥岩；下侏罗统中、上部为浅海相泥岩夹砂岩、灰岩；中侏罗统为浅海相砂岩夹泥岩、灰岩、煤层；上侏罗统—下白垩统下部为浅海相灰岩；下白垩统中部为三角洲－浅海相泥岩、粉砂岩、砂岩夹灰岩；

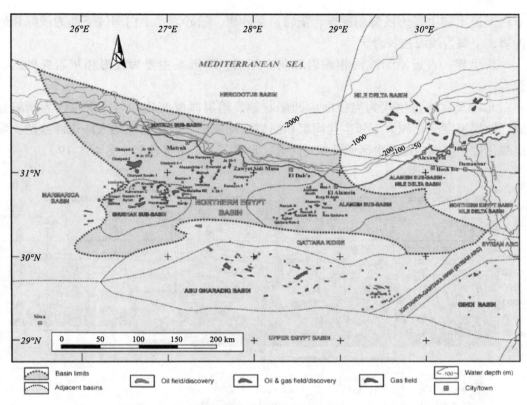

图 4-5-17　北埃及盆地位置及油气田（据 IHS，2008）

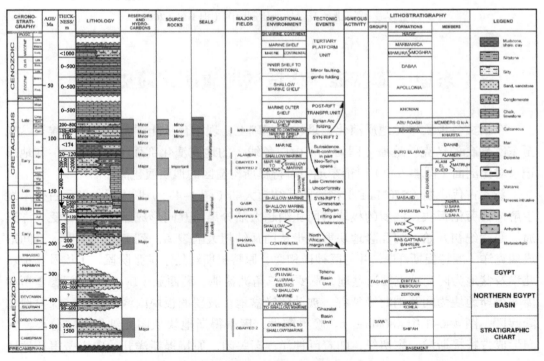

图 4-5-18　北埃及盆地地层综合柱状图（据 IHS，2008）

下白垩统上部主要为浅海相泥岩、灰岩，夹砂岩、粉砂岩；上白垩统下部为浅海相砂泥岩，上部为浅海相灰岩。

新生界：古近系为浅海相泥岩和灰岩互层；新近系主要为浅海相灰岩夹砂岩、泥岩。

北埃及盆地古生代为克拉通内凹陷盆地，地层厚度变化均匀。中生代为断陷盆地，地层厚度变化较大。新生代同沉积断裂活动减弱。演化为被动大陆边缘盆地。盆地演化过程中发生过多次区域性相对隆升，形成了多个不整合面（图4-5-19）。

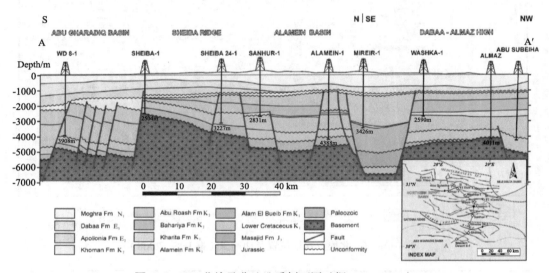

图4-5-19 北埃及盆地地质剖面图（据IHS，2008）

4.6 东地中海特提斯构造区地质演化简史

在上文各地质单元地质演化记录讨论基础上，现结合从非洲大陆北部上埃及盆地至东欧地台的乌克兰地盾（图4-0-1中白色线）的地质演化剖面（图4-6-1）和地质记录对比剖面（图4-6-2）讨论东地中海特提斯构造区的地质演化简史。

新元古代晚期（570Ma±）极盛冈瓦纳超大陆（图1-4-1）形成后，新元古代末发生解体，劳伦板块、波罗的板块与冈瓦纳超大陆分离，其间形成巨神洋并与泛大洋连通。寒武纪初开始，阿瓦隆地块群逐步从冈瓦纳超大陆裂离。到奥陶纪早期，其间形成瑞克洋（原特提斯洋），并与巨神洋相通，原特提斯洋处于扩张阶段，上埃及盆地、北埃及盆地为冈瓦纳克拉通盆地，尼罗河三角洲盆地、利西亚（Lycian）、门德雷斯和庞蒂得斯地块为冈瓦纳北缘裂谷、被动陆缘盆地；波罗的板块南缘为被动陆缘盆地和隆起区（图4-6-1中480Ma±）。晚奥陶世，庞蒂得斯地块从冈瓦纳超大陆分离，其间形成古特提斯洋。志留纪，随着巨神洋逐渐关闭，原特提斯洋开始向庞蒂得斯地块俯冲。

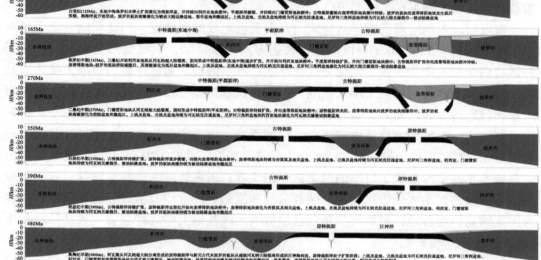

图 4-6-1　东地中海特提斯构造区地质演化剖面图（剖面位置见图 4-0-1 白色线）

　　到泥盆纪，古特提斯洋持续扩张，原特提斯洋志留纪开始向庞蒂得斯地块俯冲；庞蒂得斯地块演化为岩浆弧及相关盆地。上埃及盆地、北埃及盆地持续为冈瓦纳克拉通盆地，尼罗河三角洲盆地、利西亚、门德雷斯地块持续为冈瓦纳超大陆北缘裂谷、被动陆缘盆地；波罗的板块南缘持续为被动陆缘盆地和隆起区（图 4-6-1 中 390Ma±）。石炭纪，古特提斯洋持续扩张，原特提斯洋逐步萎缩，持续向庞蒂得斯地块俯冲；庞蒂得斯地块持续为岩浆弧及相关盆地。上埃及盆地、北埃及盆地持续为冈瓦纳克拉通盆地，尼罗河三角洲盆地、利西亚、门德雷斯地块持续为冈瓦纳北缘裂谷、被动陆缘盆地；波罗的板块南缘持续为被动陆缘盆地和隆起区（图 4-6-1 中 350Ma±）。到二叠纪，门德雷斯地块从冈瓦纳超大陆裂离，其间形成中特提斯洋（品都斯洋）；古特提斯洋持续扩张，并向庞蒂得斯地块俯冲；原特提斯洋关闭，庞蒂得斯地块向波罗的板块南缘仰冲，形成海西期基底；波罗的板块南缘演化为前陆盆地和隆起区；上埃及盆地、北埃及盆地持续为冈瓦纳克拉通盆地，尼罗河三角洲盆地、利西亚地块演化为冈瓦纳北缘被动陆缘盆地（图 4-6-1 中 270Ma±）。

　　三叠纪开始利西亚地块从冈瓦纳超大陆裂离，其间形成中特提斯洋（东地中海）逐步扩张，侏罗纪开始向利西亚地块俯冲；品都斯洋持续扩张，并向门德雷斯地块俯冲；古特提斯洋扩张和向庞蒂得斯地块俯冲持续；庞蒂得斯地块 - 波罗的板块拼贴碰撞后，其南缘演化为弧后盆地和隆起区。上埃及盆地、北埃及盆地持续为冈瓦纳克拉通盆地，尼罗河三角洲盆地演化为冈瓦纳大陆北缘裂谷－被动陆缘盆地（图4-6-1中165Ma±）。白垩纪，东地中海洋盆在侏罗纪末停止扩张，演化为残留洋盆，并持续向利西亚地块俯冲；品都斯洋萎缩，并持续向门德雷斯地块俯冲；古特提斯萎缩向庞蒂得斯地块俯冲持续；波罗的板块南侧的庞蒂得斯地块发生弧后张裂，黑海洋盆开始形成；波罗的板块南缘演化为被动大陆边缘盆地、裂谷盆地和隆起区。上埃及盆地、北埃及盆地持续为冈瓦纳克拉通盆地，尼罗河三角洲盆地持续为冈瓦纳大陆北缘裂谷－被动陆缘盆地（图4-6-1中125Ma±）。

古近纪，东地中海残留洋盆持续向晚白垩世形成的利西亚－门德雷斯－庞蒂得斯拼贴地块俯冲，在23Ma±—17Ma±，发生多期岩浆活动，引起强烈变质作用；西黑海洋盆白垩纪末停止扩张，演化为残留洋盆；波罗的板块南缘继续为被动大陆边缘盆地、裂谷盆地和隆起区。上埃及盆地、北埃及盆地持续为冈瓦纳克拉通盆地，尼罗河三角洲盆地持续为冈瓦纳大陆北缘裂谷－被动陆缘盆地（图4-6-1中40Ma±）。古近纪晚期以来：东地中海持续向利西亚－门德雷斯－庞蒂得斯拼贴地块俯冲，导致希腊造山带、门德雷斯造山带、庞蒂得斯造山带持续隆升，并在17Ma±以来，形成众多山间盆地；东地中海形成了巨厚的白垩系—新生界；黑海持续为盆残留洋盆；波罗的板块南缘继续为被动大陆边缘盆地、裂谷盆地和隆起区。上埃及盆地、北埃及盆地持续为冈瓦纳克拉通盆地，尼罗河三角洲盆地持续为冈瓦纳大陆北缘裂谷－被动陆缘盆地（图4-6-1中0Ma±）。

东地中海特提斯构造区地质演化过程，在不同构造单元形成了各具特色的地质记录（图4-6-2）。

上埃及盆地位于非洲板块内部，以前寒武系变质杂岩为基底，新元古界—第四系持续为克拉通盆地。新元古界上部—寒武系下部发育了滨浅海相砾岩、砂岩、泥岩及蒸发岩。寒武系中部—奥陶系下部缺失。奥陶系中部—石炭系发育滨浅海相砂岩、泥岩。二叠系—侏罗系底部主要为冲积相砂岩、泥岩。侏罗系大部分缺失。侏罗系顶部—古近系以冲积相砂岩、泥岩为主，夹滨浅海相碳酸盐岩。新近系—第四系普遍缺失（图4-6-2上埃及盆地）。

北埃及盆地位于非洲板块北部，以前寒武系变质杂岩为基底。寒武系大部分缺失。寒武系顶部—奥陶系下部为克拉通盆地滨浅海相砂岩、泥岩。奥陶系中上部缺失。志留系—二叠系为克拉通盆地滨浅海相－冲积相砂岩、泥岩，夹碳酸盐岩。三叠系—侏罗系底部为克拉通盆地冲积相－滨浅海相砂岩、泥岩。侏罗系中上部—第四系为克拉通盆地滨浅海相碳酸盐岩、泥岩、砂岩（图4-6-2北埃及盆地）。

尼罗河三角洲盆地位于非洲板块北部边缘带，以前寒武系变质杂岩为基底。寒武系大部分缺失。寒武系顶部—奥陶系为克拉通盆地滨浅海相砂岩、泥岩。志留系—二叠系为被动大陆边缘盆地滨浅海相—冲积相砂岩、泥岩，夹碳酸盐岩。三叠系为裂谷盆地冲积相—滨浅海相砂岩、泥岩。侏罗系—第四系为被动大陆边缘盆地滨浅海相碳酸盐岩、泥岩、砂岩（图4-6-2尼罗河三角洲盆地）。

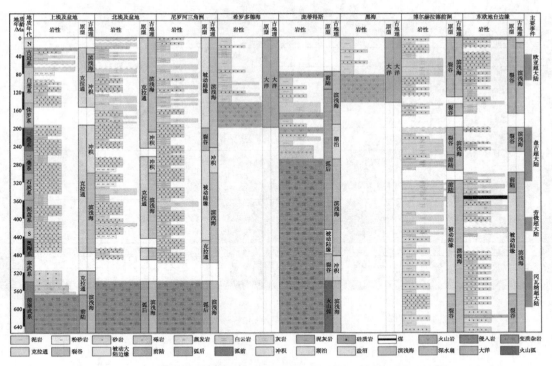

图 4-6-2　东地中海特提斯构造区重点盆地地层对比图（盆地位置见图 4-0-1）

希罗多德海是残留的中特提斯洋盆，洋壳地质年代为侏罗纪，白垩系—第四系主要为深海相泥岩，夹砂岩、碳酸盐岩（图 4-6-2 希罗多德海）。

庞蒂得斯地块位于东地中海北侧，以海西期变形、变质岩系为基底。二叠系上部—白垩系下部为弧后盆地湖泊相–滨浅海相砾岩、砂岩、泥岩、碳酸盐岩、火山岩。白垩系中上部为弧后前陆盆地滨浅海相砂岩、泥岩、火山岩（图 4-6-2 庞蒂得斯）。

黑海是以白垩纪—古近纪洋壳为基底的残留弧后洋盆。新生界主要为深海相泥岩，夹砂岩（图 4-6-2 黑海）。

博尔赫拉德前渊位于东欧地台的最南缘，基底主要为前新元古界。新元古界主要为裂谷盆地滨浅海相砂岩、泥岩。寒武系—石炭系下部为被动大陆边缘盆地滨浅海相砂岩、泥岩、碳酸盐岩。石炭系上部—二叠系主要为前陆盆地碳酸盐岩，夹蒸发岩，泥岩，其间有沉积间断。三叠系—第四系为裂谷盆地滨浅海相砂岩、泥岩、碳酸盐岩，三叠系有蒸发岩。侏罗纪早、中期，白垩纪早期沉积缺失（图 4-6-2 博尔赫拉德前渊）。

东欧地台边缘盆地位于东欧地台南部，基底主要为前新元古界。新元古界主要为裂谷盆地滨浅海相砂岩、泥岩，夹火山岩。寒武系—石炭系下部为被动大陆边缘盆地滨浅海相砂岩、泥岩，夹蒸发岩、煤层。石炭系上部为前陆盆地碳酸盐岩、泥岩、砂岩。二叠系普遍缺失。三叠系—第四系为裂谷盆地滨浅海相–冲积相砂岩、泥岩，夹碳酸盐岩，三叠纪中期，侏罗纪早、中期沉积缺失（图 4-6-2 东欧地台边缘）。

扎格罗斯特提斯构造区主要地质特征

　　扎格罗斯特提斯构造区处于北方古陆东欧地台、乌克兰地盾、西西伯利亚地块、哈萨克斯坦地盾与南方古陆阿拉伯板块、印度板块之间。西接东地中海特提斯，东邻喜马拉雅特提斯。包括北方大陆南缘盆地、北方大陆间及南缘的新元古界－古生界变形带、中新生代变形带、中新生代的北印度洋洋盆、南方大陆北缘盆地（图 5-0-1），约由 200 个规模悬殊、性质各异的盆地和造山带构造单元（图 5-0-2）。

5.1　北方大陆及南缘盆地

　　北方大陆以乌拉尔褶皱带为界，西部主要为东欧地台，东部为哈萨克斯坦地盾。东西大陆及南缘盆地的地质演化存在明显差异。

5.1.1　东欧地台及南缘盆地

　　东欧地台及南缘盆地主要包括沃罗涅什（Voronezh）和托克姆夫（Tokmov）穹隆、Voronezh 穹隆东斜坡（下伏尔加单斜）、梁赞－萨拉托夫（Pyazan-Saratov）凹陷、伏尔加－乌拉尔（Volga-Urals）盆地和滨里海（Precaspian）盆地、第聂伯－顿涅茨（Dnieper-Donets）盆地（图 5-0-2）。第聂伯－顿涅茨盆地在 4.1.1 中述及。

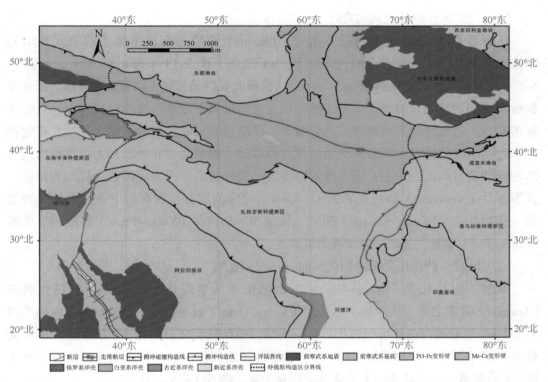

图 5-0-1 扎格罗斯特提斯构造域构造－地层简图（据 IHS，2008；Bally et al，2012 资料编绘）

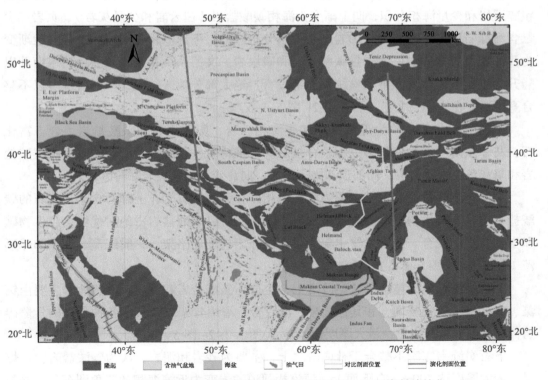

图 5-0-2 扎格罗斯特提斯构造区盆山格局（据 IHS，2008 资料编绘）

（1）沃罗涅什和托克姆夫穹隆

沃罗涅什（Voronezh）和托克姆夫（Tokmov）穹隆高部位出露了前寒武系结晶基底，斜坡部位被上古生界（中泥盆统—下二叠）覆盖（Peterson & Clarke，1983；Nikishin et al，1996；Davydenko，2011）。前寒武系结晶基底主要为太古界和下元古界的变质岩和岩浆岩。斜坡部位覆盖的中泥盆统为近岸平原和浅海相砂岩、灰色页岩和碳酸盐岩；上泥盆统为浅海和潟湖相砂岩、碳酸盐岩和暗色页岩，浅水区域发育生物礁和生物碳酸盐岩丘；下石炭统为滨浅海相砂岩、碳酸盐岩和页岩；上石炭统以滨浅海相碳酸盐岩和页岩为主；下二叠统以砂岩、碳酸盐岩、泥岩混积滨浅海相为特征。沃罗涅什（Voronezh）和托克姆夫（Tokmov）穹隆斜坡部位发育的上古生界延展到梁赞－萨拉托夫（Pyazan–Saratov）凹陷、伏尔加－乌拉尔（Volga–Urals）盆地和滨里海（Precaspian）盆地，是统一的滨浅海沉积区。

（2）梁赞－萨拉托夫凹陷和伏尔加－乌拉尔盆地

梁赞－萨拉托夫（Pyazan–Saratov）凹陷位于沃罗涅什（Voronezh）和托克姆夫（Tokmov）穹隆之间，伏尔加－乌拉尔（Volga–Urals）盆地位于东欧地台的东南缘（图5-1-1）。二者的构造和沉积演化具有一致性，结晶基底之上发育的地层有里菲系－文德系、埃菲尔期－弗拉斯阶（中、上泥盆统）、法门阶－杜内阶（上泥盆统—下石炭统）、石炭系—下二叠统、上二叠统和中新生界（图5-1-2）。

里菲系和文德系之间多以不整合面接触。里菲系主要分布于断槽中，下部为陆相粗碎屑岩和少量海相沉积，向上渐变为海相碳酸盐岩（白云岩和少量灰岩）、页岩和少量含海绿石砂岩，局部为火山岩。文德系分布广泛，下部以粗碎屑岩为主，向上渐变为浅海相页岩和砂岩，含少量碳酸盐岩和磷块岩。文德系沉积末，东欧地台东南部以隆升为主，下古生界和下泥盆统仅局部发育，绝大部分地区缺失，中泥盆统多以不整合直接覆盖在文德系之上（图5-1-2~图5-1-6）。

中泥盆统艾菲尔阶为近岸平原和浅海相砂岩、灰色页岩和碳酸盐岩，含丰富化石。艾菲尔阶与吉维特阶多以不整合接触。吉维特阶，东欧地台南斜坡以海相碳酸盐岩和暗灰色页岩层为主，局部顶部夹火山岩，向北变为灰色页岩和粉砂岩。

上泥盆统弗拉斯阶下部主要为滨浅海相砂岩和暗色页岩，上部为含丰富化石的碳酸盐岩层，发育生物礁和生物碳酸盐岩丘。法门阶以碳酸盐岩占绝对优势，且生物礁和生物丘广泛发育。造礁生物主要为层孔虫和床板珊瑚格架、钙质绿藻、红藻和球形藻（图5-1-2~图5-1-6）。

下石炭统杜内阶整合于法门阶之上，主要为碳酸盐岩和泥岩。碳酸盐岩主要由钙藻、有孔虫、笛管珊瑚、和其他珊瑚、海百合、海绵骨架以及其他各种各样的骨骼碎屑构成，部分白云岩化，最大厚度达400m（图5-1-2~图5-1-6）。

下石炭统韦宪阶不整合于杜内阶之上，主要为砂岩和泥岩，次为碳酸盐岩，夹煤层，最大厚度达400m。自下而上，河流相河道砂岩变为近滨海相和三角洲沉积，并与

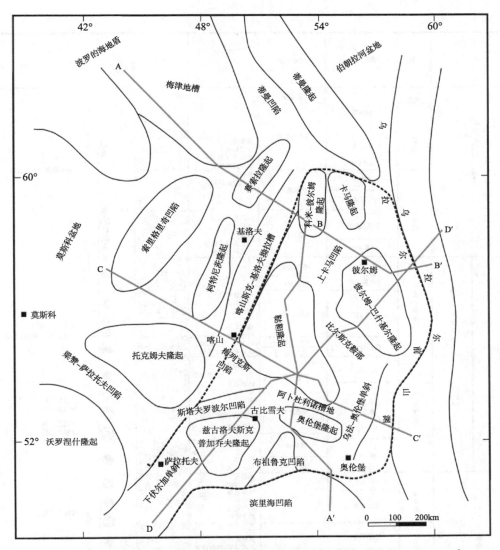

图 5-1-1　东欧地台东南地区主要构造单元纲要图（据 Peterson & Clarke，1983）

暗灰色的海侵海页岩互层。韦宪阶剖面中部含多个海相砂岩层段，表明很小的岸线波动旋回，但韦宪阶总体上向上变为以碳酸盐岩为主。韦宪阶碎屑岩主要物源区为西北部的波罗的地盾，次要物源为沃罗涅什结晶地块的周缘。布祖卢克坳陷中发育一些含膏岩夹层。在卡姆斯克－基涅利槽的近岸平原和浅海相沉积物中，以及沿着沃罗涅什凸起的北部和东部边界发育含煤沉积（图 5-1-2~ 图 5-1-6）。

下石炭统纳缪尔阶整合于韦宪阶之上，主要为海相灰岩和白云岩，北部和西部夹少量薄层灰色页岩层。纳缪尔阶岩层在该地区构成一个相对较薄的碳酸盐岩楔状体，厚度由鞑靼隆起上约 20~40m 到地台东南翼约 80~100m。在纳缪尔阶沉积作用结束时，鞑靼隆起北部和南部的顶部、兹古勒夫－普加乔夫地块和巴什基尔凸起脊部短时露出水面，并有少量侵蚀（图 5-1-2~ 图 5-1-6）。

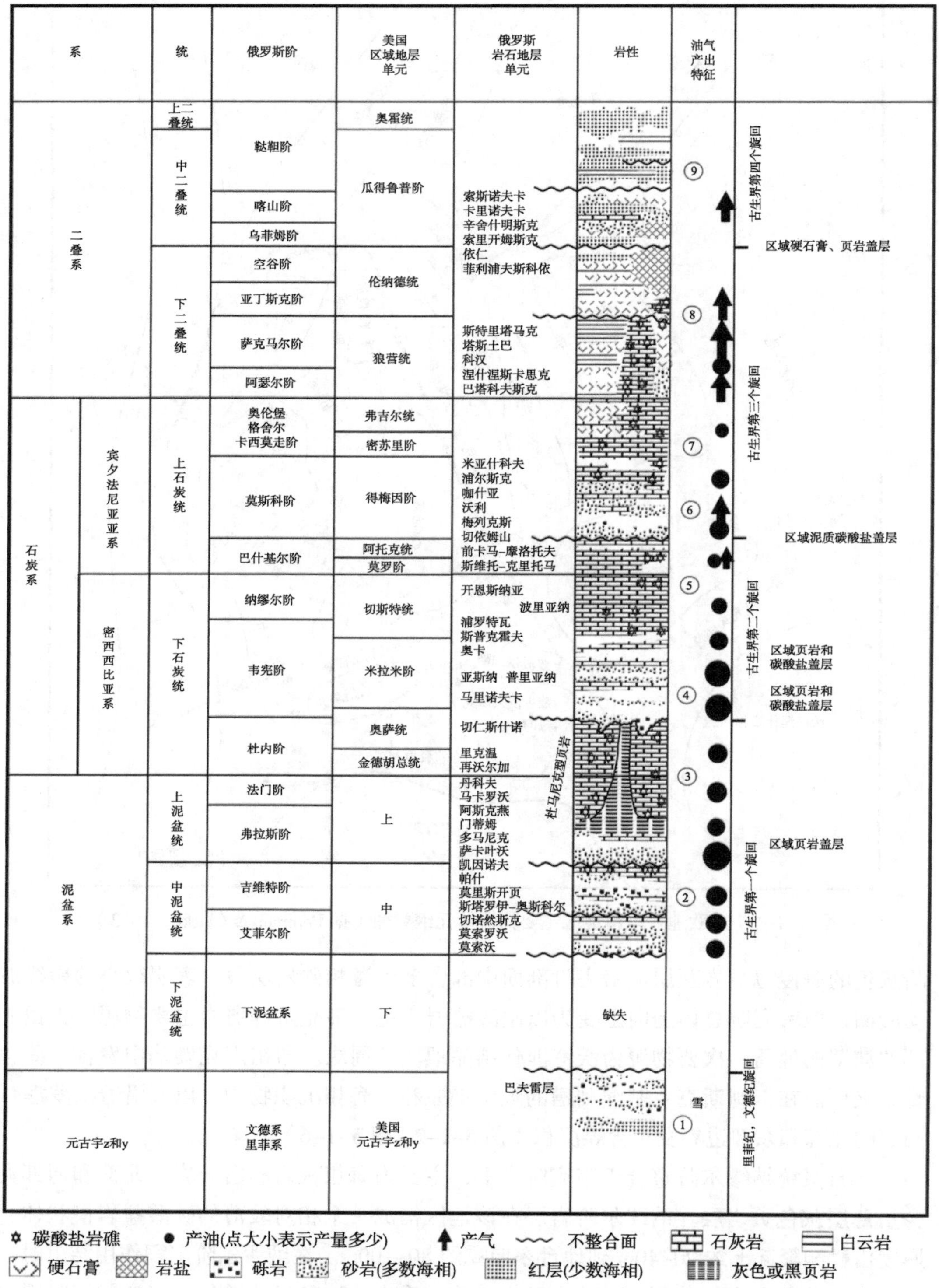

系	统	俄罗斯阶	美国区域地层单元	俄罗斯岩石地层单元	岩性	油气产出特征
二叠系	上二叠统	鞑靼阶	奥霍统			⑨ 古生界第四个旋回
	中二叠统	喀山阶	瓜得鲁普阶	索斯诺夫卡 卡里诺夫克 辛奇什明斯克 索里开姆斯克 依仁 菲利浦夫斯科依		区域硬石膏、页岩盖层
		乌菲姆阶				
	下二叠统	空谷阶	伦纳德统			⑧
		亚丁斯克阶				
		萨克马尔阶	狼营统	斯特里塔马克 塔斯土巴 科汉 涅什涅斯卡思克 巴塔科夫斯克		古生界第三个旋回
		阿瑟尔阶				
石炭系	宾夕法尼亚亚系 上石炭统	奥伦堡 格舍尔 卡西莫夫阶	弗吉尔统	米亚什科夫 浦不尔斯克 咖什亚 沃利 梅列克斯 切依姆山 前卡马-摩洛托夫 斯维托-克里托马		⑦
			密苏里阶			⑥
		莫斯科阶	得梅因阶			区域泥质碳酸盐盖层
		巴什基尔阶	阿托克统 莫罗阶			⑤
	密西西比亚系 下石炭统	纳缪尔阶	切斯特统	开恩斯纳亚 波里亚纳 浦罗特瓦 斯普克霍夫 奥卡		古生界第二个旋回
		韦宪阶	米拉米阶	亚斯纳 普里亚纳 马里诺夫卡		④ 区域页岩和碳酸盐盖层
		杜内阶	奥萨统	切仁斯什诺		③ 区域页岩和碳酸盐盖层
			金德胡克统	里克温 再沃尔加		
泥盆系	上泥盆统	法门阶	上	丹科夫 马卡罗沃 阿斯克燕 门蒂姆 多马尼克 萨卡叶沃 凯因诺夫 帕什		古生界第一个旋回 区域页岩盖层
		弗拉斯阶				②
	中泥盆统	吉维特阶	中	莫里斯开页 斯塔罗伊-奥斯科尔 切诺然斯克 莫索罗夫 莫索沃		
		艾菲尔阶				
	下泥盆统	下泥盆系	下	缺失		
元古字z和y		文德系 里菲系	美国 元古字z和y	巴夫雷层		① 雪 里菲纪、文德纪旋回

（岩性栏竖排注记：杜马尼克型页岩）

图例：
❀ 碳酸盐岩礁　● 产油(点大小表示产量多少)　↑ 产气　〰 不整合面　▦ 石灰岩　▤ 白云岩
硬石膏　岩盐　砾岩　砂岩(多数海相)　红层(少数海相)　灰色或黑页岩

图 5-1-2　伏尔加-乌拉尔盆地地层综合柱状图（据 Peterson & Clarke，1983 修改）

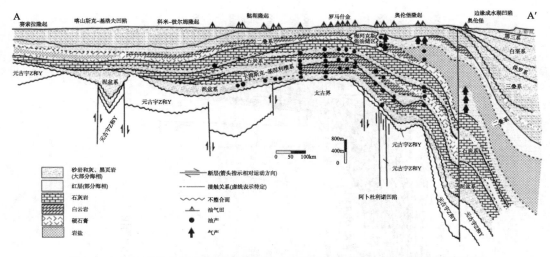

图 5-1-3 东欧地台东南缘赛索拉隆起 – 边缘咸水湖凹陷（AA′）地质剖面简图
（剖面位置见图 5-1-1；据 Peterson & Clarke，1983）

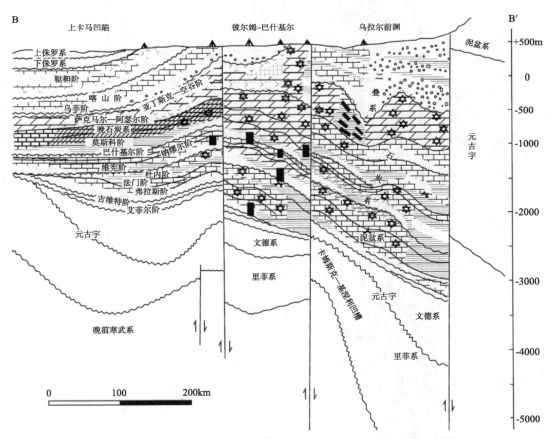

图 5-1-4 东欧地台东南缘上卡马凹陷 – 乌拉尔山（BB′）地质剖面简图
（剖面位置见图 5-1-1，图例见图 5-1-3；据 Peterson & Clarke，1983）

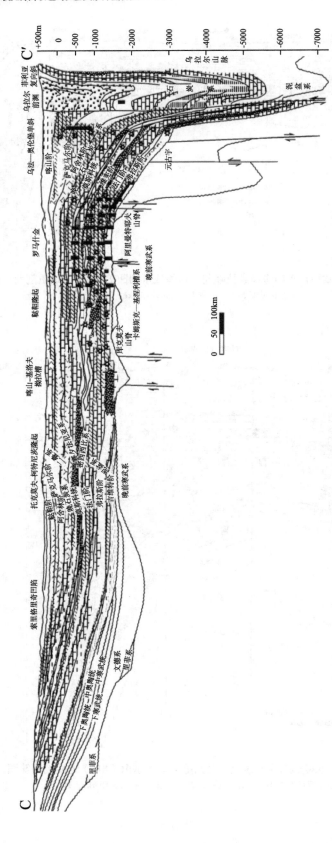

图 5-1-5 东欧地台东南缘素里格奇凹陷－乌拉尔山（CC'）地质剖面简图
（剖面位置见图 5-1-1，图例见图 5-1-3；据 Peterson & Clarke, 1983）

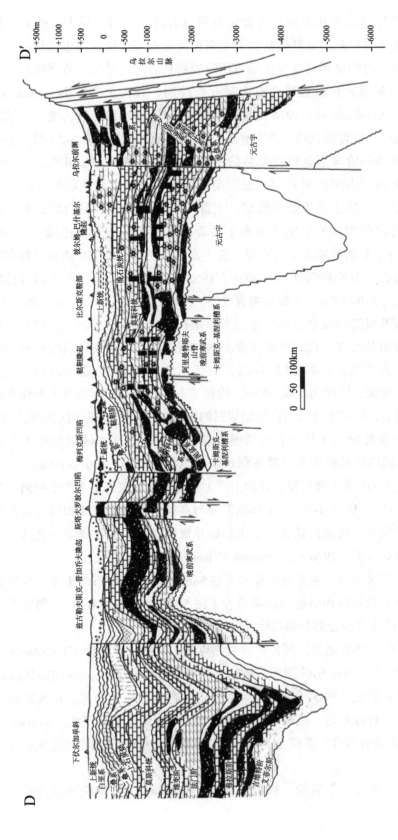

图 5-1-6 东欧地台东南缘下伏尔加斜 – 乌拉尔山（DD′）地质剖面简图
（剖面位置见图 5-1-1，图例见图 5-1-3；据 Peterson & Clarke, 1983）

上石炭统巴什基尔阶几乎完全为含化石的白云岩和灰岩，其中有的岩石孔隙度很好。在该地区东翼和南翼发育碳酸盐岩和海相灰色页岩互层，西边出现红色页岩和粉砂岩。下伏尔加河凹陷西南发育少量海相砂岩和页岩。巴什基尔阶碳酸盐岩含有大量化石，含鲕粒灰岩和白云岩层含有大量介壳碎屑、有孔虫和藻类（Armishev 等，1976；Kaleda 和 Kotel'nikova，1974）。巴什基尔阶沉积作用结束时，地台区域性露出水面，在某些地区，发育砾岩层，含有磨圆的碳酸盐岩碎屑（图 5-1-2~ 图 5-1-6）。

上石炭统莫斯科阶与下伏巴什基尔阶不整合接触，底部为海相砂岩、粉砂岩和灰色页岩，向上转变为海相灰岩和白云岩层，与海相灰色页岩指状交互，有的地方发育生物丘建造。西部主要为陆相红层，上部与海相碳酸盐岩层指状交互。地震资料表明，莫斯科阶碳酸盐岩可能还分布于沿着滨里海凹陷的北部边缘（Borushko 和 Solov'yev，1974）。莫斯科阶碳酸盐岩层含有丰富的双壳类、刺毛虫属和其他珊瑚、小型有孔虫、海百合、海胆和钙藻（Strakhov，1962）。伏尔加 – 乌拉尔大部分地区，莫斯科阶地层厚度为 250~300m，东翼和南翼变厚，达 500m 以上（图 5-1-2~ 图 5-1-6）。

上石炭统密苏里阶和维尔吉尔阶主要为含化石的灰岩和白云岩，西部为少量红层与海相碳酸盐岩指状交互。在北边的蒂曼凹陷和南边的布祖卢克坳陷维尔吉尔阶上部发育含膏岩沉积岩（图 5-1-2~ 图 5-1-6）。在伏尔加 – 乌拉尔大部分地区，上石炭统由席状碳酸盐岩构成，厚度为 150~200m，代表了古生代第三旋回的最大海侵阶段。在地层和地理位置上，他们很像第二旋回结束时的纳缪尔阶 – 巴什基尔阶碳酸盐岩层。

下二叠统阿舍林阶与下伏上石炭统整合接触，主要为浅水碳酸盐岩（白云岩夹少量灰岩），东部乌拉尔前渊为巨厚的深水暗灰色泥质沉积（800~1000m）（Ruznetsov 等，1976）。乌拉尔山脉（晚石炭世开始上升）相邻的前渊东部变为浅水砾岩、砂岩和暗色页岩（图 5-1-2~ 图 5-1-6）。生物礁沿着与乌拉尔前渊深水区相邻的地台东部边缘狭窄地带连续发育，南北向延伸。地震和钻井资料表明，生物礁带一直延续到滨里海凹陷（Benderovich 等，1976；Svetlakova 和 Kopytchenko，1978）。

下二叠统萨克马尔阶，主要为蒸发岩（在 Soligliach 凹陷以石膏为主，少量盐岩）与细粒的结晶白云岩互层和少量细粒碎屑岩（图 5-1-2~ 图 5-1-6）。生物礁沿着乌拉尔前渊和滨里海凹陷北缘分界处继续生长。

在地台东部的大部分地区，阿舍林阶 – 萨克马尔阶地层厚度约 150~300m，生物礁带厚度在 300m 以上，乌拉尔前渊部分地区，厚度在 2000m 以上。生物礁体以灰岩为主，不同程度白云岩化（图 5-1-2~ 图 5-1-6）。一些礁体长而窄并且相互连通，另一些礁体呈孤立的不对称形态。礁体厚度可达数百米，孔隙度变化很大（Kuznetsov 等，1976）。礁体由大量海百合、苔藓虫类、钙藻、水螅虫、少量珊瑚和其他化石物质的生物碎屑构成。

下二叠统阿丁斯克 – 空谷阶，东南部总体上沉降加大，西部隆升并遭受广泛的侵

蚀。东、南部的地层的厚度在 1000m 以上，在乌拉尔前渊和里海凹陷部分地区厚度在
3000m 以上。阿丁斯克阶与萨克马尔阶相类似，主要由石膏和细晶白云岩构成，生物
礁沿地台东部边界部分地区生长。空谷阶以蒸发岩为主，地台主体上由石膏或硬石膏
和少量白云岩构成，地台南部和滨里海凹陷和乌拉尔前渊南部由厚层盐岩、石膏或硬
石膏及少量白云岩构成。厚层砾岩、砂岩和灰色页岩沉积于前渊槽的东部（图 5-1-2~
图 5-1-6），源自早二叠世末开始急剧上升乌拉尔山脉（Maksimov 等，1970）。

地台上保存的中二叠统乌非姆期－喀山阶厚度为 100~500m。乌非姆阶比阿丁斯克
阶－空谷尔阶稍加广泛，以灰岩和白云岩为主，夹石膏或硬石膏，向东与源自乌拉尔山
隆起的碎屑沉积物指状交互，地层的岩性和超覆反映该时期海侵。喀山阶岩石为复杂的
海相、潟湖相和淡水成因，上覆来自乌拉尔山隆起的红层、砂岩和砾岩。到喀山阶末，
乌拉尔前渊主要充填河流沉积的碎屑和陆相岩层，河流发源于乌拉尔山隆起，向西延
伸并穿过地台，海相沉积区逐渐向南退却到滨里海凹陷（图 5-1-2~ 图 5-1-6）。

中上二叠统的鞑靼阶，地台完全转变为陆相沉积。鞑靼阶底部，以源自乌拉尔
山隆起和西部高地的碎屑岩为主，少量碳酸盐岩和石膏层沉积。中上部，发源于乌拉
尔山隆起的河流向西流动，形成红色砂、粉砂和黏土、少量厚层砾岩构成的河流沉积
（图 5-1-2~ 图 5-1-6）。该时期地形反差可能达到最大。发育少量淡水介形、腹足类湖
泊相灰岩，和陆地脊椎动物化石陆相岩层。

二叠纪末，地台总体露出水面，遭受侵蚀，无沉积。

东欧地台区大部分区域无中生界沉积岩分布。在滨里海凹陷三叠系陆相红层和海
相碎屑岩厚度达 1000m 左右。滨里海凹陷以及俄罗斯地台西部和北部中—上侏罗统
海相砂岩和页岩层序厚度为 1000m。在伏尔加－乌拉尔地区地台中部和东部缺失。相
对完整的白垩系浅海相砂岩、页岩和灰岩也分布在大致相同的范围，稍微超过侏罗系
岩层分布范围。白垩系在滨里海凹陷厚度至少为 600~800m，在地台西部地区厚度为
100~250m，但伏尔加－乌拉尔地区为侵蚀区（图 5-1-2~ 图 5-1-6）。

该地区普遍缺失新生界下部和中部。但是，东欧地台的中部和南部分布有上新统
及第四系陆相岩层（砾岩、砂岩和页岩），厚度为 100~500m（图 5-1-2~ 图 5-1-6）。

（3）滨里海（Precaspian）盆地

滨里海盆地（Precaspian Basin）又称北里海盆地（North Caspian Basin），大致呈东
西向延伸，长 1000km，最宽处达 650km，轮廓近似椭圆形，面积约 $50 \times 10^4 km^2$，沉积
厚度最大的地区超过 20km（IHS，2008；梁爽等，2013）。现今地貌上大部分属于伏尔
加河、乌拉尔河和恩巴河的下游平原和低地，少部分延伸到里海北端的浅水区。在
行政区划分上，滨里海盆地位于俄罗斯和哈萨克斯坦两国境内，盆地总面积的 85% 属
于哈萨克斯坦共和国，其余北部、西部和西南部约 15% 属于俄罗斯联邦。

滨里海盆地大地构造位置属于东欧地台的东南部（图 5-1-7）。盆地北部和西北部

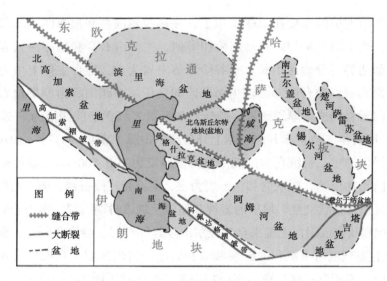

图 5-1-7　滨里海盆地大地构造位置图

（据 Downey，1984）

边界为东欧地台南部的一些隆起构造单元，与东欧地台的隆起构造单元之间以陡峭的深断裂为界；盆地北侧和东北侧是伏尔加－乌拉尔盆地和伏尔加－乌拉尔山前坳陷。盆地的东侧和东南侧为乌拉尔海西期褶皱山系，其东南部以南恩巴断裂带与北乌斯丘尔特盆地相邻；盆地西南部和南部以卡尔平脊与北高加索盆地和中里海盆地相邻。该盆地属于荒漠和半荒漠区，地形整体上向现代里海倾斜。

滨里海盆地与周围的构造单元以深断裂为界，西部及北部以二叠系碳酸盐岩突起为界，与俄罗斯地台相邻。东部、东南边界分别为乌拉尔褶皱带的南端和南恩巴褶皱带，乌拉尔褶皱带以东为哈萨克斯坦板块，西南部边界为卡尔平脊褶皱带（梁爽等，2013）。主要二级构造单元可分为北部及西北部断阶带、中央坳陷带、阿斯特拉罕－阿克纠宾斯克隆起带、东南坳陷带等四大构造带（图 5-1-8）。大的构造带内又包括若干个次一级隆起和坳陷区。各构造带的形成和演化过程存在一定差异。

滨里海盆地以前寒武为基底，盖层为里菲系—第四系。盆地构造演化经历了裂谷（里菲纪—早古生代）、被动大陆边缘（晚泥盆世—早石炭世）、碰撞阶段（晚石炭世晚期—早二叠世）和坳陷阶段（早二叠世后）（梁爽等，2013）。

滨里海盆地充填了巨厚的古生界、中生界和新生界，以空谷阶含盐层系为标志分为三套构造地层组合，分别是盐下层系、含盐层系和盐上层系。

盐下层系（新元古界—下二叠统）埋藏很深，盆地边缘厚度为 3000~4000m，中心部位可达 10000~13000m（表 5-1-1）。里菲系—文德系岩性不详，推测与伏尔加－乌拉尔盆地类似。寒武系主要为砂岩、泥岩、灰岩。奥陶系主要为泥岩、灰岩、砂岩。下泥盆统上部主要为砂岩，中、下部主要为泥岩，中部与下部不整合接触。寒武系—下泥

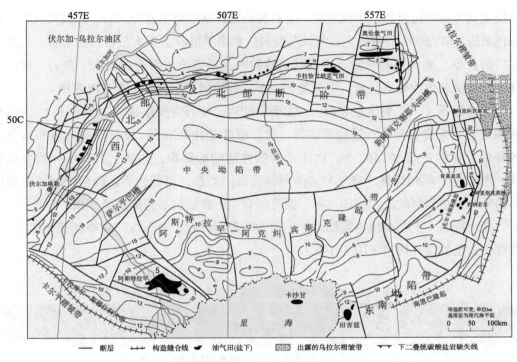

图 5-1-8 滨里海盆地构造纲要图（据 Solovyev，1992，修改）

表 5-1-1 滨里海盆地盐下层系的地层层序（据 Deming，1994）

地层划分				生储盖组合			地层厚度 /m	岩性特征简述	岩相分析
界	系	统	阶	生	储	盖			
古生界	P	P₁	空谷				2000	岩盐、硬石膏、白云岩	潮上蒸发环境
			阿丁斯克				80	白云岩、灰岩、页岩、夹硬石膏层、生物碎屑灰岩	
			萨克马尔				150		
			阿赛尔				60		
	C	C₂	格泽里					灰岩、白云岩，夹页岩和砂岩	浅海相
			莫斯科				370		
			巴什基尔				75		
		C₁	韦宪				605	灰岩、白云质灰岩，夹黑色页岩和砂泥岩、石膏	
			杜内				200		
	D	D₃	法门				205		
			弗拉斯				312		
		D₂	吉维特				94		
			艾菲尔				60		
		D₁					400+	上部为砂岩，中、下部为泥岩，中部与下部不整合接触	海陆过渡相
	S						10000？	砂岩、灰岩、白云质灰岩、黏土岩	
	O							泥岩、灰岩、砂岩	
	Є							砂岩、泥岩、灰岩	
上元古界	Z		文德-里菲系					不详	

盆统主要为海陆过渡相。中泥盆统—上石炭统巴什基尔阶主要为灰岩、白云质灰岩、夹黑色页岩和砂泥岩、石膏。上石炭统莫斯科阶和格泽里阶主要为灰岩、白云岩，夹页岩和砂岩。下二叠统阿赛尔阶、萨克马尔阶和阿丁斯克阶主要为白云岩、灰岩、页岩，夹硬石膏层和生物碎屑灰岩。中泥盆统—下二叠统阿丁斯克阶主要为浅海相。

含盐层系（下二叠统空谷阶），主要由盐岩、硬石膏夹层构成（表5-1-1），偶见碳酸盐岩，并含有钾盐、镁盐等矿物。盐层厚度变化范围为1~6km，盆内分布有各式各样的盐丘构造超过1500个。由于盐岩塑性活动的影响，使盐上沉积序列的变形明显，形成了一系列背斜、穿篆和岩体刺穿的圈闭类型。目前认为，断层控制了含盐层系的分布，盐岩层的沉积旋回与海平面升降有关，含盐层系为蒸发潮坪相。

盐上层系（上二叠统—第四系）主要为陆源碎屑岩，厚5000~9000m（表5-1-2），发育了大量的盐丘构造（图5-1-9）。

表 5-1-2 滨里海盆地盐上层系的地层层序（据 Deming，1994）

地层划分				生储盖组合			地层厚度/m	岩性特征简述	岩相类型	剖面位置
界	系	统	阶	生	储	盖				
新生界	N	N₂					790	碎屑岩沉积为主，与下伏呈不整合接触	陆相	以阿斯特拉罕地区为代表
		N₁								
	E	E₁					340	灰岩、碎屑岩，与下伏呈不整合接触	浅海相	
中生界	K	K₂					166	灰岩、碎屑岩，与下伏呈不整合接触	浅海相	
		K₁	阿尔比				110	砂岩、粉砂岩、泥岩反韵律	海陆过渡相	
			阿普特				46	砂岩、泥岩或砂泥交互		
			巴列姆				60			
			欧特里夫				50			
			凡兰吟				100	泥岩		
	J	J₃					500	灰岩、泥岩	滨浅海	以阿斯特拉罕地区为代表
		J₂						泥岩、砂岩	湖相	
		J₁								
	T	T₃	诺利				160	黑色页岩、灰岩和泥岩、粉砂岩	浅海陆棚相	
		T₂	拉丁				340			
			安尼							
		T₁	斯基特				637			
古生界	P	P₂	鞑靼				980	泥岩夹砂岩或粉砂岩下部发育了蒸发盐	湖泊相	
			喀山							
	含盐层系	P₁	空谷				2000	岩盐、硬石膏、白云岩	闭塞海盆蒸发环境	

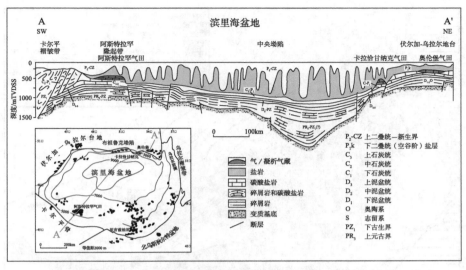

图 5-1-9　过滨里海盆地南西 - 北东向地质剖面图（据 Effimov，2001）

上二叠统喀山阶 - 鞑靼阶主要为泥岩，夹砂岩、粉砂岩，下部见蒸发盐，为湖泊相。三叠系主要由黑色页岩、灰岩和泥岩、粉砂岩组成，主要为浅海相。中、下侏罗统主要由泥岩、砂岩组成，为湖泊相沉积。上侏罗统主要为灰岩和泥岩，为滨浅海相。下白垩统主要由砂岩、粉砂岩、泥岩组成，为海陆过渡相沉积。上白垩统与下伏地层不整合接触，由灰岩、碎屑岩组成，为浅海相。古近系不整合于下伏地层之上，由灰岩、碎屑岩组成，为浅海相。新近系不整合于下伏地层之上，主要为陆相碎屑岩（表 5-1-2）。

5.1.2　哈萨克地盾及相关盆地

哈萨克地盾及相关盆地主要包括哈萨克地盾（Kzakh Shield）及图尔盖（Turgay）、Teniz、Chu-Sarysu、Balkhash 等盆地（图 5-0-2）。

（1）哈萨克地盾

哈萨克地盾（图 5-1-10）实质上应称为哈萨克前寒武纪微古陆（Choulet et al，2011），是古生代初从冈瓦纳分离出来的（Stampli & Borel，2002）。哈萨克斯坦东南部 Malyi Karatau 山区出露了新元古界和寒武系（图 5-1-11）。新元古界为变质杂岩，普遍被覆盖。寒武系由层状燧石、磷酸盐、泥晶白云岩、富铁锰白云岩、砂晶白云岩、粉晶白云岩组成，见叠层石、水平生物潜穴、垂直生物潜穴、生物扰动层及 arthropod 遗迹化石，为冈瓦纳大陆边缘开阔滨浅海的沉积记录（Weber et al，2013）。

（2）图尔盖盆地

图尔盖（Turgay）盆地是加里东褶皱基底基础上发育的晚古生代被动大陆边缘 - 前陆、中新生代裂谷叠合盆地，位于哈萨克斯坦境内，乌拉尔山东侧，是一个近南北向伸长状盆地，北部与西西伯利亚盆地相邻，盆地面积超过 $20 \times 10^4 \text{km}^2$，南部以 Karatau

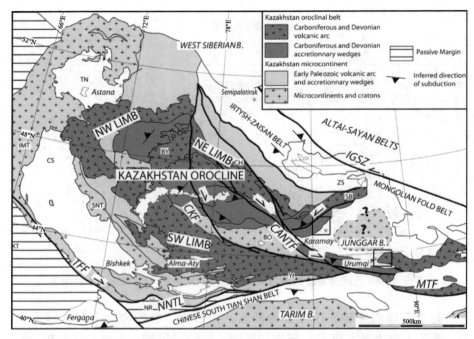

图 5-1-10　哈萨克微古陆及邻区构造 - 地层简图（Choulet et al, 2011）

图 5-1-11　哈萨克斯坦 Malyi Karatau 山区出露的前寒武系和寒武系地层（Weber 等, 2013）

Pc—前寒武系；C—寒武系

造山带为界，东部与哈萨克地盾的 Teniz 盆地和 Ulutau 隆起过渡（图 5-1-12）。

　　盆地中北部断裂十分发育，断裂走向主要呈 NNE 向。西北部发现了 8 个凸起。基底埋深普遍超过 2km，盆地中部最大埋深超过 10km（图 5-1-13）。

　　前寒武系—下古生界基底岩性主要为角闪岩相变质岩、片麻岩、花岗岩及基性火山岩（杨永亮，2016），是前寒武纪地块和早古生代岛弧缝合的产物（Zonenshain et al., 1990）。

　　泥盆系与基底不整合接触，厚度一般不超过 500m。中、下泥盆统主要为砂岩，次为砾岩和泥岩，见侵入岩和喷出岩，是一套陆相裂谷盆地充填序列。上泥盆统与下伏地层多整合接触，以浅海相灰岩为主，为被动大陆边缘沉积（图 5-1-14）。

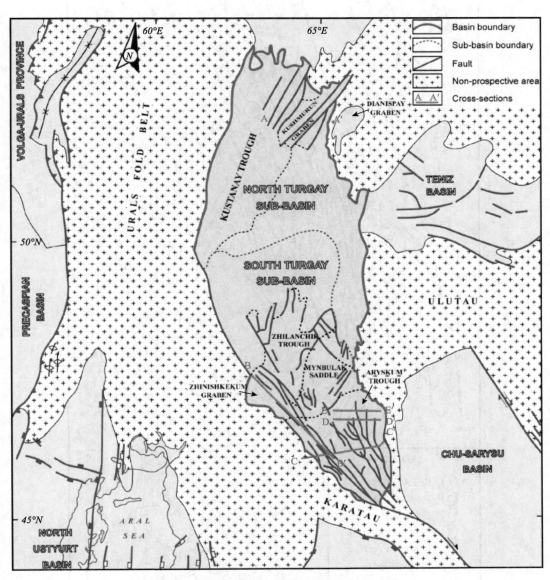

图 5-1-12　图尔盖盆地位置（据 IHS，2009）

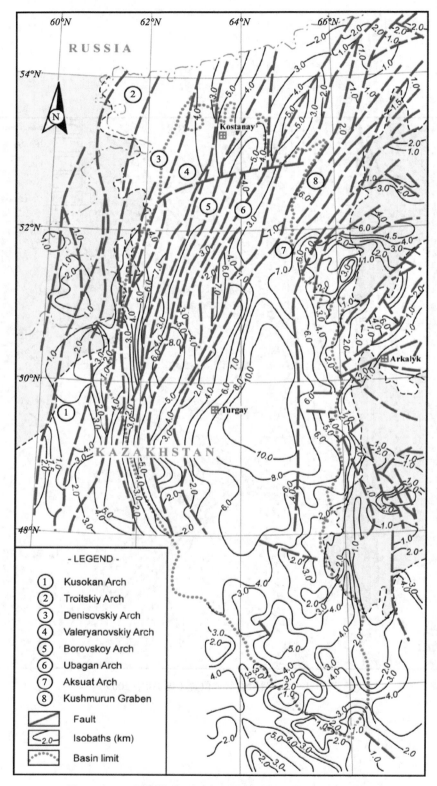

图 5-1-13 图尔盖盆地基岩顶面构造图（据 IHS，2009）

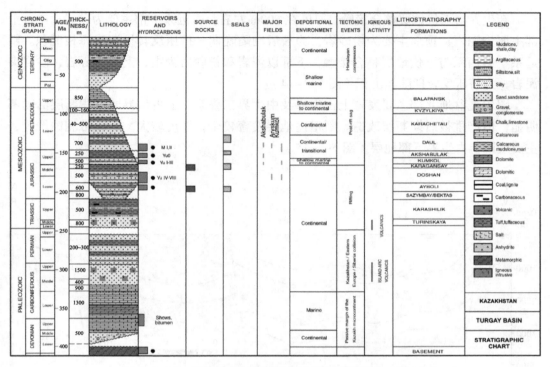

图 5-1-14　图尔盖盆地地层综合柱状图（据 IHS，2009）

　　石炭系与下伏地层多整合接触。石炭系下部 Tournaisian–Serpukhovian 阶以浅海相灰岩为主，次为白云岩，厚度达 1300m，为被动大陆边缘沉积。Bashkirian 阶与下伏地层不整合接触，以浅海相灰岩为主；Moscovian–Gzelian 阶与下伏地层不整合接触，以陆相砂岩为主，夹火山岩。从 Bashkirian 开始，哈萨克地盾与劳俄古陆、西伯利亚板块汇聚，图尔盖盆地演化为前陆 - 弧后盆地（Zonenshain et al.，1990），最大地层厚度超过 3000m（图 5-1-14）。

　　二叠系与下伏地层不整合接触，主要岩石类型为砂岩、粉砂岩和泥岩，厚度一般为 200~300m，主要为下二叠统的陆相前陆盆地沉积。中上二叠统普遍缺失（图 5-1-14）。

　　三叠系与下伏地层不整合接触。中、下三叠统以陆相砂岩为主，夹火山岩，厚度不超过 800m；上三叠统以泥岩、粉砂岩为主，夹煤层，为陆相沉积，厚度不超过 500m（图 5-1-14）。为裂谷早期充填序列。

　　侏罗系与下伏地层不整合接触。中、下侏罗统主要为砂岩、粉砂岩、泥岩，向上泥岩增多，厚度超过 2200m，为裂谷发育鼎盛时期的陆相沉积。上侏罗统与下伏地层不整合接触，以泥岩为主，底部砂岩较多，最大厚度在 700m 左右，为裂后坳陷期陆相 - 海陆过渡相沉积（图 5-1-14）。

　　白垩系与下伏地层不整合接触。下白垩统主要为砂岩和泥岩，厚度超过 1000m，为裂后坳陷期海陆过渡相 - 陆相沉积。上白垩统与下伏地层不整合接触，以粉砂岩、泥岩和灰岩为主，下部夹砂岩，最大厚度在 1000m 左右，为裂后坳陷期浅海相沉积（图 5-1-14）。

新生界与下伏地层整合接触，厚度在 500m 左右。古近系下部主要为砂岩，中、上部主要为泥岩，顶部主要为粉砂岩，为裂后坳陷晚期—挤压反转早期浅海相沉积。新近系—第四系与下伏地层整合接触，下部以泥岩和粉砂岩为主，上部为砾岩、砂岩夹泥岩，为挤压反转期陆相沉积（图 5-1-14）。

图尔盖盆地北部主要发育上古生界及中生界三叠系。上古生界同沉积断层活动不明显，但严重被后期断层改造。断槽内地层发育较全，厚度较大。断隆带剥蚀严重，主要残留上古生界下部地层（图 5-1-15）。

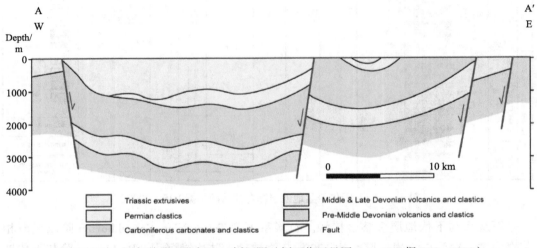

图 5-1-15　图尔盖盆地北部 AA′ 剖面图（剖面位置见图 5-1-12；据 IHS，2009）

图尔盖盆地南部上古生界—三叠系变形、变质较强（孔祥宇等，2007），主要沉积岩系为侏罗系和白垩系。侏罗系明显受断槽控制，白垩系分布广泛，同沉积断层不发育（图 5-1-16）。

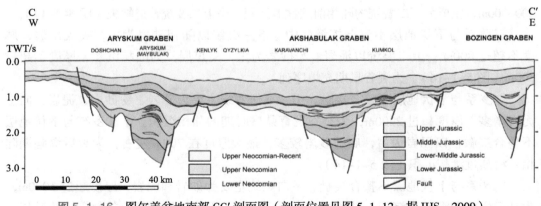

图 5-1-16　图尔盖盆地南部 CC′ 剖面图（剖面位置见图 5-1-12；据 IHS，2009）

（3）特尼兹盆地和楚萨雷苏盆地

特尼兹（Teniz）盆地和楚萨雷苏（Chu–Sarysu）盆地发育于哈萨克微古陆西部边缘，以前泥盆系为基底（图 5–1–17）。哈萨克微古陆是前志留纪冈瓦纳东部多个微古陆和岛弧型地体的拼贴体。

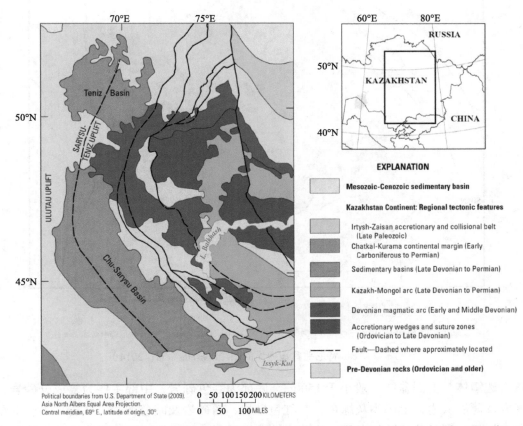

图 5–1–17　特尼兹盆地和楚萨雷苏盆地位置及围区构造 – 地层纲要（Cossette et al，2014）

特尼兹盆地面积约 $6.5 \times 10^4 \mathrm{km}^2$，位于哈萨克地块的中北部，西部与图尔盖盆地相连，东部与哈萨克泥盆系马蹄形岩浆弧相接，南、北两侧均过渡为哈萨克地块的隆起（图 5–1–17）。楚萨雷苏盆地面积约 $16.0 \times 10^4 \mathrm{km}^2$，位于哈萨克地块的南部，NW–SE 向延伸，东北部与哈萨克泥盆系马蹄形岩浆弧相接，西、南、东三面均过渡为哈萨克地块的隆起（图 5–1–17）。

特尼兹盆地广泛出露了泥盆系——二叠系，泥盆系分布盆地边缘，二叠系广泛分布于盆地（图 5–1–18）。

泥盆系不整合结晶基底之上。下泥盆统厚度多不足 900m，为绿色和灰色的辉石和斜长石斑岩、凝灰岩和凝灰质角砾岩、砾岩。底部为绿色和红灰色砂岩和砾岩。中泥盆统小于 1400m，为红色砾岩、凝灰质砾岩、红色砂岩和凝灰质砂岩。盆地南部，主要为流纹岩斑岩、霏细岩、石英钠长石斑岩及相应凝灰岩。见杏仁状火山岩和斜长石

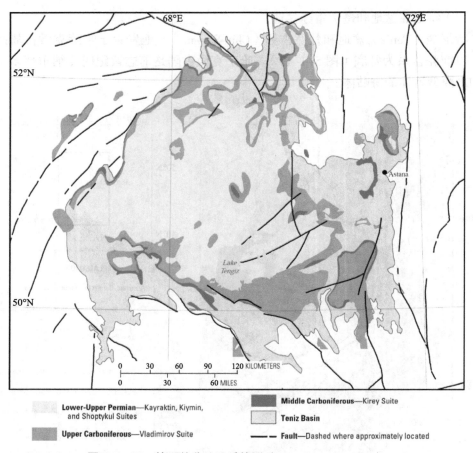

图 5-1-18　特尼兹盆地地质简图（Cossette et al，2014）

斑岩透镜体。上泥盆统一般小于 1500m，底部为红色砾岩，中部主要为复成分砂岩、泥岩及薄层灰岩，上部为灰绿色，灰红色砂岩，粉砂岩及暗色泥岩、灰岩。中、下泥盆统为弧后裂谷盆地陆相沉积，哈萨克地块拼贴后上泥盆统逐渐演化为被动大陆边缘浅海相沉积（图 5-1-19）。

　　石炭系，Tournaisian 阶最大厚度约 1400m，下部为粗粒长石砂岩、含燧石砾岩，上部为白色、黄灰色硅化的厚层高孔隙灰岩；Visean 阶最大厚度约 2200m，下部为灰色、绿灰色泥岩，灰岩，粉砂岩与钙质砂岩互层，中部为灰色灰岩、灰绿色和红色砂岩、粉砂岩、泥岩，上部为红色和灰色砂岩、泥岩和灰岩，往北厚度减薄；Tournaisian-Visean 阶主要为被动大陆边缘沉积；Kirey 岩系厚度小于 1200m，为红色砂岩、泥岩，含凝灰质和硅质夹层、浅灰色薄层灰岩、含石膏包裹体，向北变薄；为弧后盆地深海 – 滨浅海沉积；Vladimirov 岩系厚度多小于 1900m，主要由红色交错层理粗粒 – 中粒含砾砂岩、粉砂岩、泥岩和灰色灰岩组成，为哈萨克地块与波罗的板块汇聚早期的前陆盆地滨浅海沉积（图 5-1-19）。

　　二叠系：下二叠统 Kayraktin 岩系厚度小于 1700m，下部为砂岩、灰岩、泥灰岩、石膏、岩盐，上部为红色和灰色砂岩、红色粉砂岩、泥岩、深灰色石灰岩，向北变

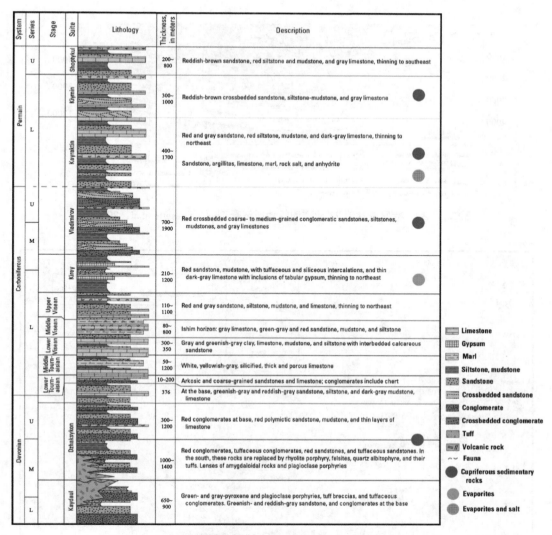

图 5-1-19　特尼兹盆地地层综合柱状图（Cossette et al，2014）

薄；下二叠统 Kiymin 岩系厚度小于 1000m，由红褐色交错层理砂岩、粉砂岩 – 泥岩、灰色灰岩组成；上二叠统 Shoptykul 岩系厚度不足 800m，由红褐色交错层理砂岩、粉砂岩、泥岩、灰色灰岩组成，向东南方向减薄。二叠系为哈萨克地块与波罗的板块汇聚、碰撞过程中的前陆盆地滨浅海相 – 陆相沉积（图 5-1-19）。

在地震剖面上，特尼兹盆地西部边缘逆冲抬升，下石炭统抬升至代表，盆地中部上古生界发育相对较全。泥盆系内部难于分层，石炭系可分为 5 个层系，厚度较为稳定。二叠系局限于盆地中部（图 5-1-20）。

楚萨雷苏盆地划分为 Pridzhalair 阶地、Tesbulak 槽、Tastin 隆起、Kokpansor 坳陷、Suzak–Baykadam 槽、下楚河底辟带、Muyunkum 坳陷、Akkum Talassk 阶地、Kuragaty 隆起和楚河槽等 11 个次级构造单元（图 5-1-21）。

楚萨雷苏盆地的基底为由前寒武系陆块和下古生界岛弧构成的加里东期基底，岩

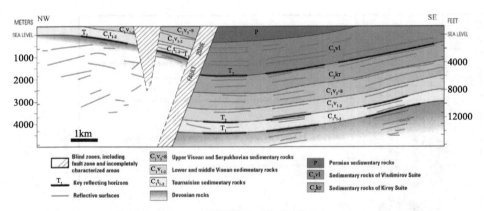

图 5-1-20　特尼兹盆地 73 地震测线地质解释剖面（Cossette et al，2014）

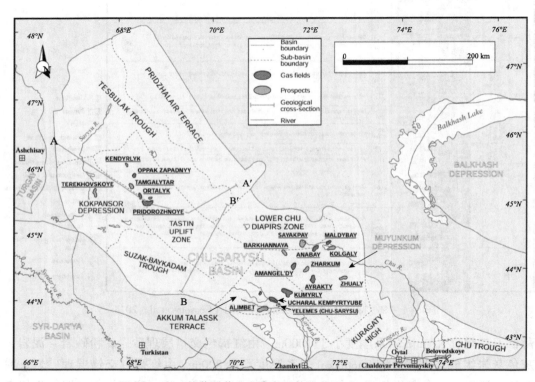

图 5-1-21　楚萨雷苏盆地位置及构造分区（IHS，2009）

性主要为角闪岩相变质岩、花岗岩和多种火山岩（以基性为主）。

泥盆系厚度巨大，数值不详，不整合于基岩之上。下泥盆统主要为砂岩，底部见砾岩，上部泥岩增多，夹火山岩，主要为裂谷 - 被动大陆边缘陆相 - 浅海相沉积。中泥盆统下部主要为砂岩，底部见砾岩，上部为泥岩，为被动大陆边缘过渡相 - 浅海相沉积。上泥盆统主要为砂岩、岩盐、泥岩，为被动大陆边缘局限浅海相沉积（图 5-1-22）。

石炭系最大厚度超过 3000m，与下伏地层整合接触。Tournaisian 阶为灰岩、砂岩、

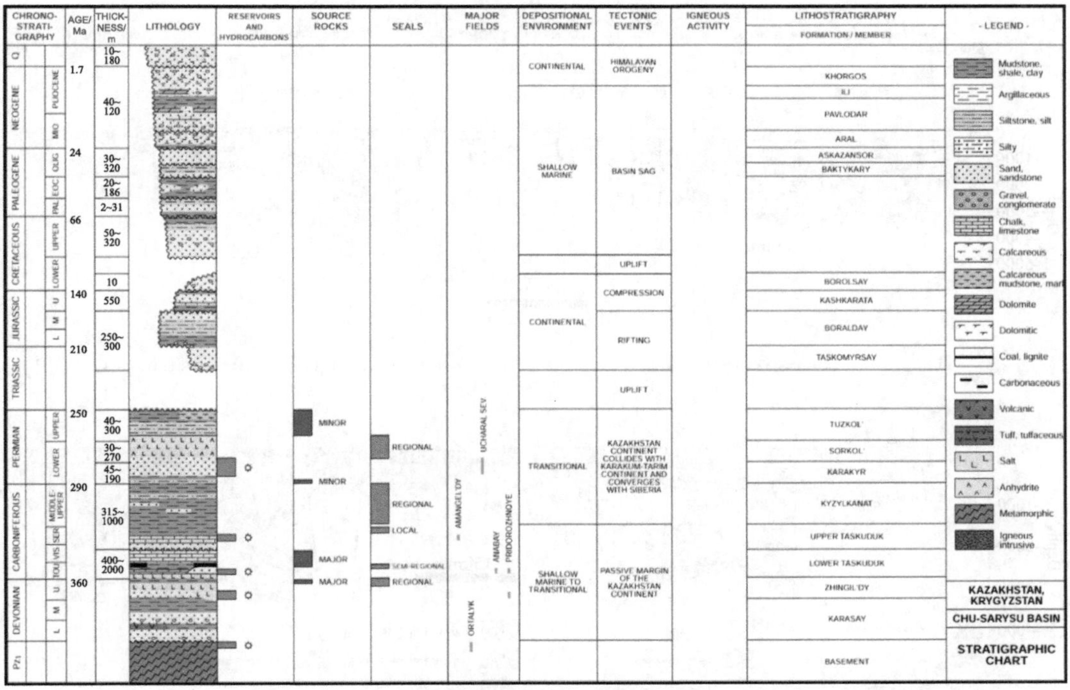

图 5-1-22　楚萨雷苏盆地地层综合柱状图（IHS，2009）

泥岩及煤层组成的含煤岩系，为被动大陆边缘海陆过渡相沉积；Visean 阶主要为灰岩，为被动大陆边缘滨浅海相沉积；Serpukhovian 阶与下伏地层不整合接触，底部为砂岩，中部以灰岩为主，上部为泥岩，为被动大陆边缘滨浅海相沉积；Bashkirian 阶以泥岩为主，含凝灰质和硅质夹层，见浅灰色薄层灰岩，含石膏的包裹体，向北变薄，为弧后盆地深海–滨浅海沉积；Bashkirian–Gzelian 阶，主要为泥岩，夹砂岩和粉砂岩，为哈萨克地块与塔里木板块汇聚早期的前陆盆地滨浅海沉积（图 5-1-22）。

二叠系最大厚度超过 700m，与下伏地层整合接触。下二叠统底部为泥岩、粉砂岩，中部为砂岩，上部以石膏、岩盐为主；上二叠统主要为粉砂岩、泥岩、钙质泥岩、泥灰岩。二叠系为哈萨克地块与塔里木板块汇聚、碰撞过程中的前陆盆地海陆过渡相沉积，后期遭受了强烈的隆升剥蚀（图 5-1-22、图 5-1-23）。

三叠纪末—白垩纪初，楚萨雷苏盆地局部发育间歇性伸展的陆内裂谷盆地。上三叠统—下白垩统，最大厚度约 800m，与下伏地层不整合接触，主要为粉砂岩、砂岩和泥岩，夹碳酸盐岩、砾岩，为冲积相和湖泊相沉积。

上白垩统与下伏地层不整合接触。上白垩统主要为含砾砂岩，顶部粉砂岩、泥岩增多。古近系中、下部以泥岩为主，砂岩为辅；上部以砂岩为主，粉砂岩为辅。新近系主要为砂岩，次为泥岩，夹灰岩和白云岩。上白垩统—新近系主要为陆内凹陷滨浅海沉积，新近系顶部为陆相沉积。

楚萨雷苏盆地西南部地层发育较全，既有上古生界，也有中新生界。东北部主要发育上古生界，中新生界普遍缺失（图 5-1-23）。

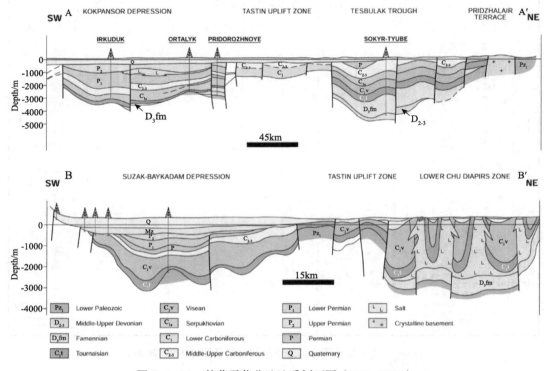

图 5-1-23 楚萨雷苏盆地地质剖面图（IHS，2009）

（4）巴尔喀什盆地

巴尔喀什（Balkhash）盆地是在海西拼贴褶皱基底之上发育的中新生代前陆盆地（De Pelsmaeker et al，2015；Li et al，2015），位于哈萨克斯坦的东南部，面积约 $8 \times 10^4 km^2$（图 5-0-2）。东部为哈萨克 - 西准噶尔山脉，北、西、南三面被哈萨克古陆围限。

巴尔喀什盆地的基底组成较为复杂，有前泥盆系杂岩体、晚古生代火山岩体和晚古生代残留洋盆深海相 - 滨浅海相 - 陆相沉积岩系的褶皱基底（图 5-1-24）。

从志留纪开始，洋盆逐渐停止增生，泥盆纪完全演化为残留洋盆。在巴尔喀什北部的地层序列中：奥陶系主要为玄武岩和硅质岩；志留系主要为粉砂岩，夹砂岩；泥盆系为粉砂岩、砂岩、灰岩和凝灰岩；石炭系—二叠系以火山岩为主（图 5-1-25）。这一沉积序列反映了奥陶系为大洋增生期的记录，志留系—下泥盆统为残留深水洋盆沉积，中泥盆统—下石炭统为滨浅海相沉积，上石炭统—下二叠统以陆相沉积为主。从由西向东的地层序列分析，西侧洋盆关闭消亡早，东侧洋盆关闭消亡晚，准噶尔盆地下二叠统发育的是浅海相的记录（图 5-1-25）。

巴尔喀什盆地绝大部分被第四系覆盖，周边出露了少量新近系、古近系陆相碎屑岩，以及极少的中生界岩浆岩（图 5-1-26）。中新生界地层序列未见报道。

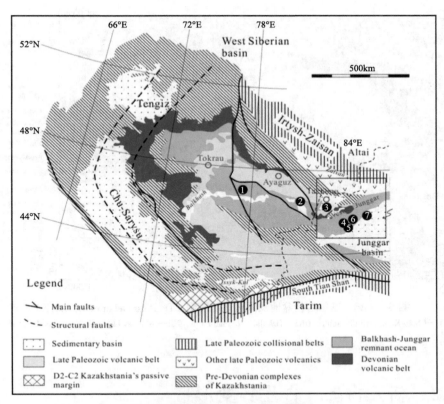

图 5-1-24 巴尔喀什盆地及围区基底构造简图（Li et al, 2015）

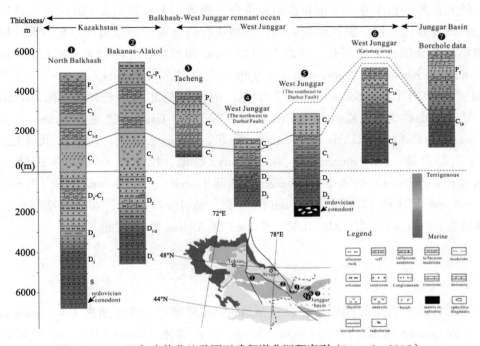

图 5-1-25 巴尔喀什盆地及围区残留洋盆沉积序列（Li et al, 2015）

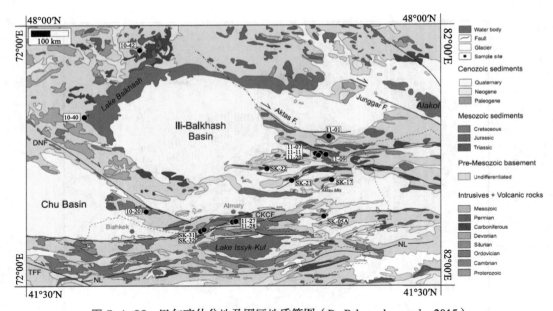

图 5-1-26　巴尔喀什盆地及围区地质简图（De Pelsmaeker et al, 2015）

CKCF—Chon-Kemin-Chilik Fault；DNF—Dzhalair-Naiman Fault；NL—Nikolaev Line；TFF—Talas-Ferghana Fault

5.2　新元古界—古生界变形带

新元古界—古生界变形带自西向东可分为西段、中段和东段。共同特征是从冈瓦纳分离的匈奴地块群、图兰地块群的一些地块在加里东期—海西期与北方大陆拼贴、碰撞形成复杂的褶皱变形带。西段包括 Donbass 褶皱带、北高加索（N. Caucasus）台地、Indol-Kuban 盆地、Terak-Caspian 盆地、大高加索（Greater Caucasus）褶皱带、Rioni 盆地和南里海（South Caspian）盆地。中段包括北乌斯丘尔特（N. Ustyurt）盆地、Mangyshlak 盆地、Karabin-Khiva 隆起、Daryalyk-Daudan 盆地、Verkhne Uzboy 盆地、Karashor 东部地块、Tuackyr-Karashor 隆起、Uchtagan 盆地、Tuackyr 低隆起、Kara Bogaz 东部盆地、Kara Bogaz 穹隆、Amu-Darya 盆地、巴尔干（Balkan）山脉。东段包括乌拉尔（Urals）褶皱带、Dzhusali 古隆起（Arch）、Kyzyl-orda 地块（Terrace）、Akkyr-Kumkali 高地（High）、Karatan 褶皱带、Syr-Darya 盆地、Nuratau 褶皱带、西天山褶皱带、Fergana 盆地、Alay 山脉（Ridge）和 Afghan-Tajik 盆地（图 5-0-2）。

5.2.1　新元古界—古生界变形带西段

新元古界—古生界变形带西段包括 Donbass 褶皱带、北高加索（N. Caucasus）台地、Indol-Kuban 盆地、Terak-Caspian 盆地、大高加索（Greater Caucasus）褶皱带、Rioni 盆地和南里海（South Caspian）盆地。

（1）顿巴斯褶皱带

顿巴斯（Donbass）褶皱带位于东欧地台南缘，南部与北高加索地台［西徐亚（Scythian）地台］相接，西部与第聂伯－顿涅茨盆地过渡［图 5-2-1（a）］，为晚古生代末挤压反转褶皱构造带［图 5-2-1（c）］，构造走向 NWW-SEE，主要出露石炭系、西南部局部前寒武系和泥盆系，以及二叠系及中生界的侵入岩［图 5-2-1（b）］。

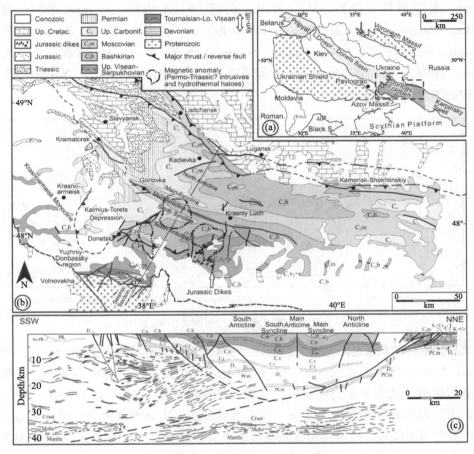

图 5-2-1　顿巴斯褶皱带地质简图（Sachsenhofer et al, 2012）

（a）顿巴斯褶皱带区域构造位置；（b）顿巴斯褶皱带地质图；（c）地质解释剖面

顿巴斯褶皱带上古生界与第聂伯－顿涅茨盆地极为相似。泥盆系为弧后裂谷沉积物，厚度不超过 6km，由火山岩和侵入岩、碳酸盐岩和陆相碎屑岩、盐岩组成。石炭系为裂后热沉降期沉积，厚度达 14km，主要为浅海相－陆相含煤岩系，岩性有砂岩、煤、灰岩、粉砂岩、黏土岩，西部陆相沉积物所占比例比东部高（Sachsenhofer et al, 2012）。西北部保存了二叠系，厚 2.5km，主要为砂岩、泥岩，夹灰岩，底部膏岩、盐岩发育。顿巴斯褶皱带西南部见裂谷相关的岩浆岩（Alexandre et al, 2004）。

顿巴斯褶皱带几乎没有中生界沉积岩。西南部发现了中生代岩浆岩，岩石类型有安山岩、粗面岩、煌斑岩、辉绿岩，岩浆岩的活动峰值期分别为中—晚三叠世和中？—晚侏罗世。

（2）北高加索台地

北高加索（N. Caucasus）台地也称西徐亚（Scythian）台地，主体处于俄罗斯境内，西部延伸到亚速海，最东部延伸到里海，面积约 $25.4 \times 10^4 km^2$。构造上，北部与顿巴斯褶皱带－滨里海盆地相邻，南部与 Indol-Kuban 盆地－大高加索（Greater Caucasus）褶皱带－Terak-Caspian 盆地相接，西侧为克里米亚盆地，东侧为北乌斯丘尔特－曼格斯拉克盆地。划分为 Azov 凸起、Yeysk 单斜、Mauripol 单斜、北 Azov 槽、Azov-Berezanskaya 凸起、Timashevsk 阶地、Irikliyevskaya 凹陷、Stavropol 西部凹陷、Kuban 东部凹陷、Adygeya 高地、Stavropol 凸起、Karpinskiy 隆起、Manych 槽、Prikuma-Tyuleniy 隆起带、Stavropol 东部凹陷、Mineralnye Vody 凸起、Nogay 单斜 18 个次级构造单元（图 5-2-2）。

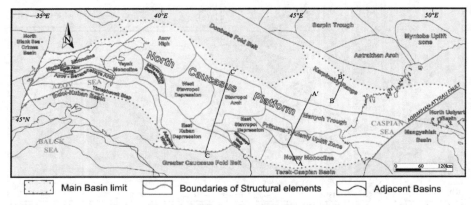

图 5-2-2　北高加索台地位置图（IHS，2009）

北高加索台地基底是海西增生褶皱带，有 4 种不同类型基底（Mirchink et al，1963；Letavin，1980；Ulmishek，2001）。①西部 Azov 地块太古宙下元古界基底，由花岗岩和片麻岩组成，代表了乌克兰地盾的东缘。②南部高地（Mineralnye Vody，Adygeya）新元古界结晶岩和云母片岩。③下－中古生界基底，由非均质片岩组成，局部片岩被上古生界花岗岩侵入。这种类型基底在台地中东部最常见。④ Karpinskiy 隆起前泥盆系基底。在晚古生代 Karpinskiy 隆起属于 Donbass-Tuarkyr 裂谷（Volozh et al，1999），现在是顿巴斯褶皱系的延伸，穿过里海北部，一直到北乌斯丘尔特和 Mangyshlak 盆地。Donbass-Tuarkyr 裂谷与第聂伯－顿涅茨盆地是一大型裂谷系，起源于中泥盆世弗拉斯期，Famennian-Tournaisian 期慢速沉降，以深水海相泥质沉积为主。Visean-Asselian 期沉降加速，盆地充填碎屑岩。早二叠世末期，Donbass Tuarkyr 裂谷发生首次反转。

北高加索台地发育的地层是上二叠统以新的地层。分为上二叠统—中侏罗统裂谷盆地充填序列，中侏罗统—始新统弧后盆地充填序列和渐新统—第四系挤压坳陷盆地充填序列（图 5-2-3）。

上二叠统与下伏不整合接触。上二叠统—三叠系称为"前台地序列"，也称"裂陷序列"，东部最为发育，总厚度可达 4km，分为下部序列和上部序列。下部序列包括上二叠统—下三叠统红色磨拉石（达 700m）、Induan 阶灰岩（下三叠统，达 1200m）、

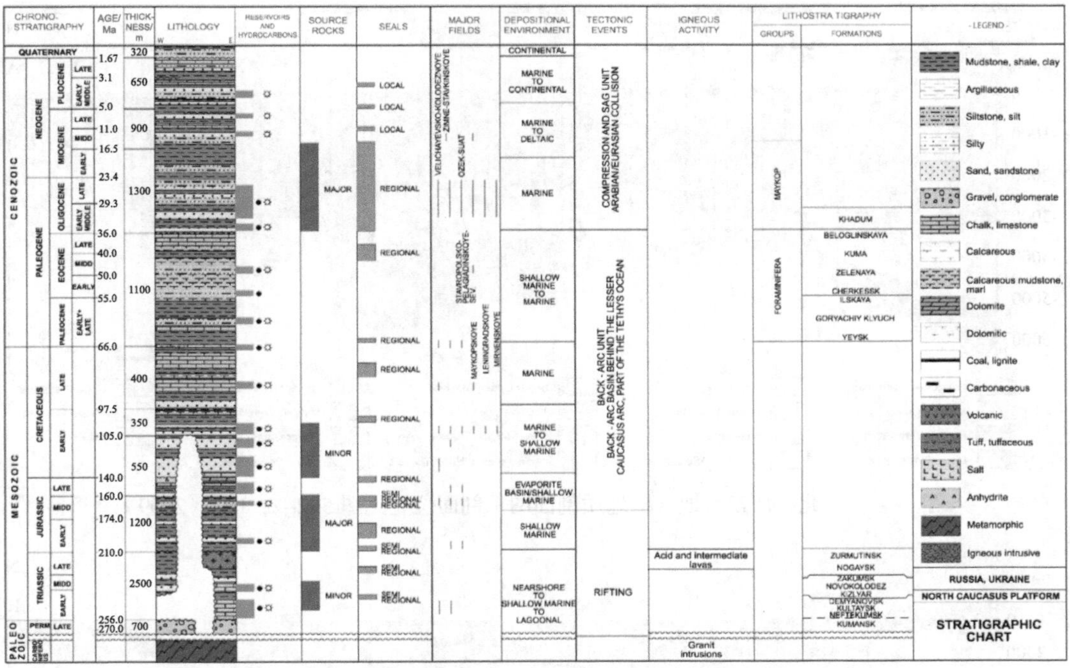

图 5-2-3　北高加索台地综合地层柱状图（IHS，2009）

Olenekian- Carnian 阶碳酸盐岩和碎屑岩（达 1400m）。区域不整合将上部序列与下部序列分隔，上部序列主要为 Norian 阶中酸性火山熔岩和火山碎屑岩（超过 1000m）。在盆地西部，磨拉石之上只发育中、上三叠统碎屑岩。下侏罗统及中侏罗统下部主要为浅海相泥岩，夹砂岩（图 5-2-3）。

中侏罗统上部（Bajocian 阶）至始新统称之为"台地巨层序"，总厚度超过 2km，划分为 3 个层序。下层序包括中侏罗统灰色碎屑岩、Callovian–Oxfordian 阶碎屑岩和碳酸盐岩，以及 Kimmeridgian –Tithonian 阶蒸发岩。中层序的地层特征在不同区域有变化，在 Prikuma–Tyuleniy 隆起带、Manych 槽东部和 Karpinskiy 隆起，发育侏罗系—始新统碎屑岩和碳酸盐岩。在 Stavropol 凸起和 Irkliyevskaya 凹陷，以碳酸盐岩为主。上层序包括下白垩统海绿石砂岩和上白垩统碳酸盐岩和碎屑岩。古新统以浅海相泥岩为主，夹灰岩和粉砂岩。始新统由浅海相泥质灰岩、泥灰岩、粉砂岩、泥岩和灰岩组成（图 5-2-3）。

渐新统—第四系挤压坳陷盆地充填序列主要为陆源碎屑岩。渐新统以浅海相泥岩为主次为砂岩，粉砂岩。中新统下部以浅海相泥岩为主，次为粉砂岩；中新统中部为三角洲 – 浅海相泥岩、粉砂岩及砂岩；中新统上部为滨浅海相灰岩、泥岩和砂岩。上新统为陆相 – 滨浅海相泥岩、粉砂岩、砂岩夹少量灰岩。第四系为陆相碎屑岩（图5-2-3）。

上二叠统—中侏罗统裂谷盆地充填序列主要发育于北高加索台地的东部（图 5-2-4）和 Karpinskiy 隆起（图 5-2-5），中侏罗统—始新统弧后盆地充填序列和渐新统—第四系挤压坳陷盆地充填序列在北高加索台地分布较为广泛（图 5-2-4~ 图 5-2-6）。

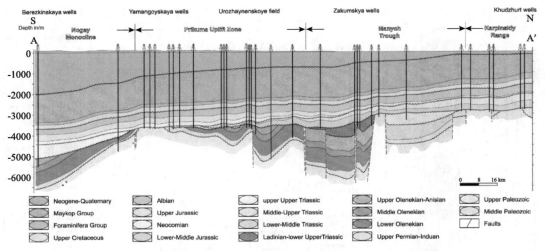

图 5-2-4　北高加索台地 AA′ 地质剖面图（剖面位置见图 5-2-2；IHS，2009）

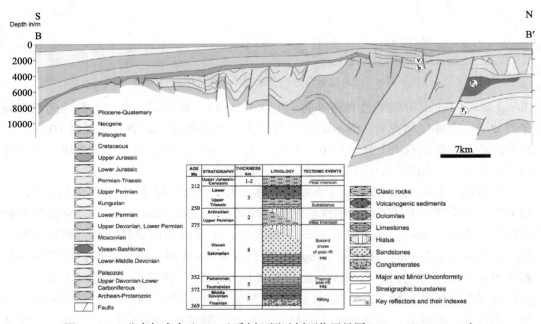

图 5-2-5　北高加索台地 BB′ 地质剖面图（剖面位置见图 5-2-2；IHS，2009）

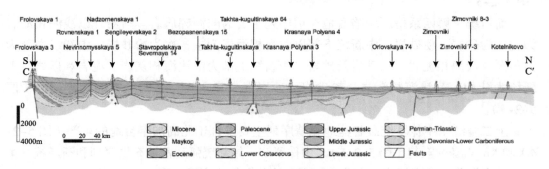

图 5-2-6　北高加索台地 CC′ 地质剖面图（剖面位置见图 5-2-2，IHS，2009）

（3）呦哚－库班盆地

构造上，呦哚－库班（Indol-Kuban）盆地位于西徐亚（Scythian）地块的西南部，与捷列克－里海（Terek-Caspian）盆地一起，代表着高加索山脉的前陆盆地（前渊）。地理上，它位于俄罗斯南部，亚速海和黑海的近海和陆上（图5-2-7），面积约 $3.5 \times 10^4 km^2$。

呦哚－库班盆地的东段称为西库班槽位于高加索北部，西部（亚速海南部和Kerch半岛北部）称为呦哚槽。东西向的呦哚槽和西库班槽被较小的、南北向的Kerch-Taman槽分隔。盆地的北部Novotitarovskiy边界断裂，将呦哚－库班盆地与北高加索台地的Timashevskaya阶地分开。阿赫特尔斯基（Akhtyrskiy）断裂带（或缝合带，宽约10km）将西库班槽与西北高加索褶皱带分开。南部Parpach边界断裂将呦哚槽与克里米亚褶皱带分隔（图5-2-7）。

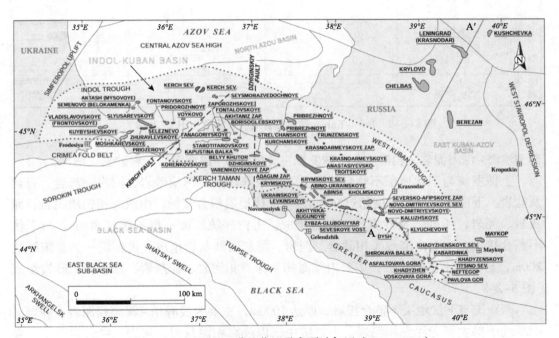

图5-2-7 Indol-Kuban盆地位置及主要油气田（IHS，2009）

呦哚－库班盆地基底为晚古生代海西期褶皱基底，它由强烈褶皱变质的火山和沉积构成。有大量岩浆侵入体。基底由前寒武纪绿泥石片岩，上、中古生界岩石和下二叠世灰岩组成。

沉积盖层可区分为上二叠统—三叠系挤压弧后盆地充填序列，中、下侏罗统弧后伸展同裂谷充填序列，上侏罗统—始新统裂后充填序列和渐新统—第四系挤压前陆盆地充填序列（图5-2-8）。

上二叠统地质记录不详，推测与北高加索台地相似。三叠系由滨浅海相砂岩、灰岩、泥岩及钙碱性火山岩组成（图5-2-8）。

下侏罗统与三叠系不整合接触，底部为滨海相砾岩，下部主要为滨浅海砂岩，中上

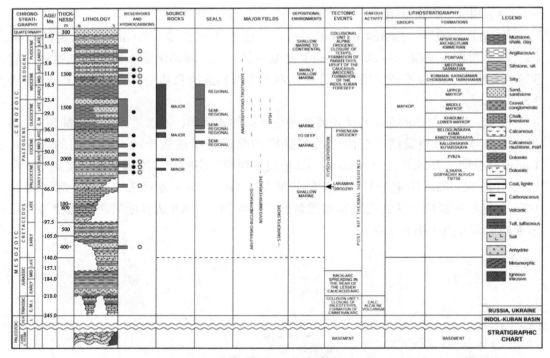

图 5-2-8　Indol-Kuban 盆地综合地层柱状图（IHS，2009）

部为浅海–深海泥岩、粉砂岩。中侏罗统主要为浅海–深海泥岩、粉砂岩（图5-2-8）。

　　上侏罗统与下伏地层不整合接触。为局限滨浅海相钙质砂岩、泥岩、灰岩、石膏及盐岩。下白垩统最大厚度超过900m，与下伏地层整合接触，由浅海相钙质泥岩、泥灰岩、泥岩、粉砂岩及砂岩，夹灰岩组成。上白垩统厚度一般不超过800m，与下伏不整合接触，主要由滨浅海相砂岩、泥岩、泥灰岩和灰岩组成。古新统—始新统厚达200m，与下伏不整合接触，主要由浅海相–深海相泥岩、泥灰岩、粉砂岩、砂岩组成（图5-2-8）。

　　渐新统与下伏地层不整合接触，厚达1000m，主要为浅海相–深海相泥岩、砂岩。中新统下部主要为深海相泥岩，中新统中部以浅海相泥灰岩、灰岩、白云岩为主，夹泥岩，中新统上部为浅海相砂岩、泥岩。上新统下部以浅海相泥岩为主，夹砂岩，上新统上部为陆相–滨浅海相砂岩、粉砂岩。第四系主要为陆相砂岩（图5-2-8）。

　　吲哚–库班盆地西南边缘陡，受断裂控制明显，西南沉降幅度大；东北边缘缓，地层与北高加索台地过渡（图5-2-9）。

　　（4）捷列克–里海盆地

　　捷列克–里海（Terek-Caspian）盆地大部分位于俄罗斯南部，小部分位于阿塞拜疆东北部。在俄罗斯地质文献中作为北高加索–曼格斯拉克巨型含油气盆地的一部分。构造上，捷列克–里海盆地位于西徐亚地块与高加索褶皱带的结合部。北部为北高加索台地，南部为大高加索褶皱带，东部与曼格斯拉克盆地相接，分为 Terek-Sulak 次盆和 Absheron 北次盆（图5-2-10），面积约 $9.3 \times 10^4 km^2$。

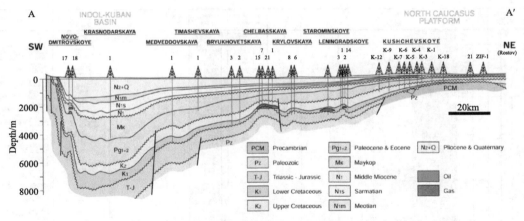

图 5-2-9　Indol-Kuban 盆地 AA′ 地质剖面图（剖面位置见图 5-2-7；IHS，2009）

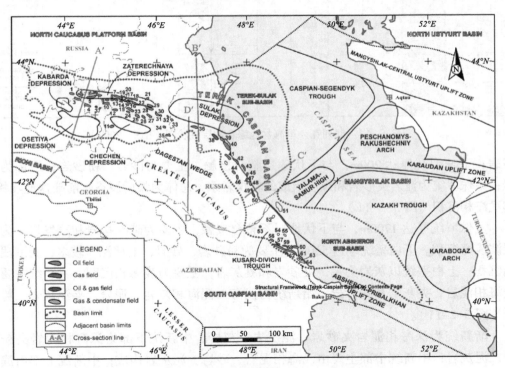

图 5-2-10　捷列克 – 里海盆地位置及主要油气田（IHS，2009）

　　捷列克 – 里海盆地的基底为晚古生代（海西期）拼贴基底。它由强烈褶皱变质的火山岩和沉积岩组成，岩浆侵入体众多。基底由前寒武系绿泥石片岩，上、中古生界岩石和下二叠统灰岩组成，具有泥灰夹层（Bayrak，1982）。基岩顶面在 Sulak 凹陷埋深 12km，Osieta 和车臣凹陷埋深 10~12km，Kusari-Divichi 槽埋深 6~8km。

　　沉积盖层可区分为上二叠统—中侏罗统挤压弧后盆地充填序列、上侏罗统—始新统弧后伸展盆地充填序列和渐新统—第四系挤压前陆盆地充填序列（图 5-2-11）。

　　上二叠统—三叠系厚达 2500m，与下伏地层不整合接触。底部发育砂岩、泥岩、碳酸盐岩和火山碎屑岩；三叠系中部以泥岩为主，三叠系上部以砂岩为主，夹火山碎

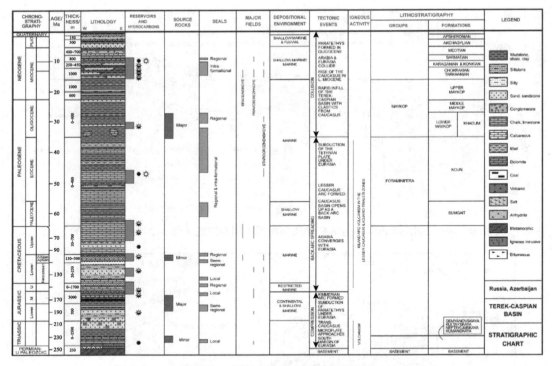

图 5-2-11　捷列克－里海盆地综合地层柱状图（IHS，2009）

屑岩；下侏罗统厚达 200m，与下伏地层整合接触，主要为砂岩、粉砂岩，上部为泥岩；中侏罗统为泥岩夹砂岩和煤层组成的含煤岩系，总体为弧后裂谷－前陆盆地陆相－滨浅海相沉积（图 5-2-11）。

上侏罗统厚达 1700m，与下伏地层不整合接触，主要为碳酸盐岩和蒸发岩，为局限滨浅海沉积。下白垩统厚达 550m，主要为粉砂岩、砂岩，上部泥岩较多，为滨浅海相沉积；上白垩统以灰岩为主，夹砂岩和凝灰岩，主要为浅海相沉积。古新统主要为浅海相泥岩，夹灰岩和粉砂岩。始新统为浅海－深海相灰岩、泥岩，夹泥灰岩、粉砂岩（图 5-2-11）。

渐新统为深海相泥岩夹砂岩、泥灰岩、灰岩。中新统下部为深海相泥岩夹粉砂岩、泥灰岩；中新统中部主要由浅海相泥岩、砂岩、泥灰岩构成；中新统上部由滨浅海相泥岩、灰岩、砂岩、砾岩组成。上新统主要为冲积相－滨浅海相砂岩、砾岩，夹泥岩。第四系主要为陆相－滨浅海相砂岩、泥岩、粉砂岩（图 5-2-11）。

沉积盖层在捷列克－里海盆地的西南部挤压变形强烈，形成一系列逆冲断裂和褶皱（图 5-2-12~ 图 5-2-14）。

捷列克－里海盆地西部，北缘的西徐亚台地边缘，可区分出中、下三叠统和上三叠统－下侏罗统，其上直接被白垩系覆盖；南部上二叠统以新地层较全，但上二叠统——三叠系内部难于划分（图 5-2-12）。

捷列克－里海盆地中部、北部的海西褶皱拼贴基底之上，发育了侏罗系以新地层；南部地层侏罗系以新地层变形强烈，基底难于解释（图 5-1-13）。

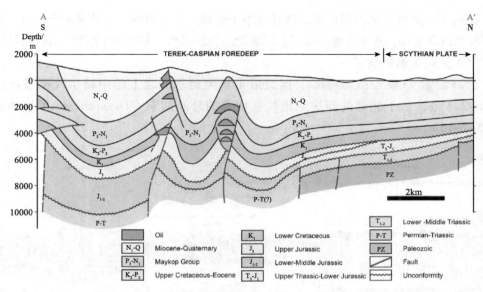

图 5-2-12　捷列克 – 里海盆地 AA′ 地质剖面（剖面位置见图 5-2-10；IHS，2009）

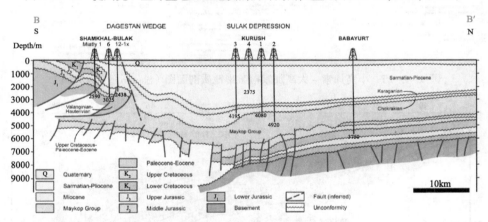

图 5-2-13　捷列克 – 里海盆地 BB′ 地质剖面（剖面位置见图 5-2-10；IHS，2009）

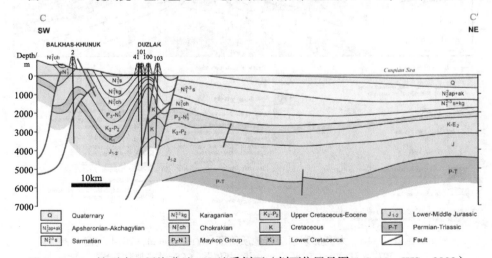

图 5-2-14　捷列克 – 里海盆地 CC′ 地质剖面（剖面位置见图 5-2-10；IHS，2009）

　　捷列克 – 里海盆地南部、东北部基底难于解释,上二叠统——三叠系难于区分,发育了侏罗系以新地层;西南部地层侏罗系以新地层变形强烈,基底难于解释(图5-2-14)。

　　(5)大高加索褶皱带

　　大高加索(Greater Caucasus)褶皱带是华力西基底之上的中新生代褶皱隆起带(图5-2-15),位于北部的西徐亚地块和南部的外高加索(Transcaucasus)地体之间(图5-2-16)。

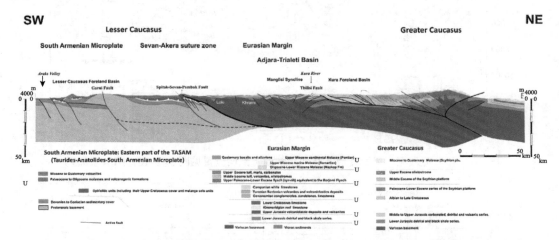

图 5-2-15　小高加索 – 大高加索褶皱带地质剖面图(Sosson et al,2016)

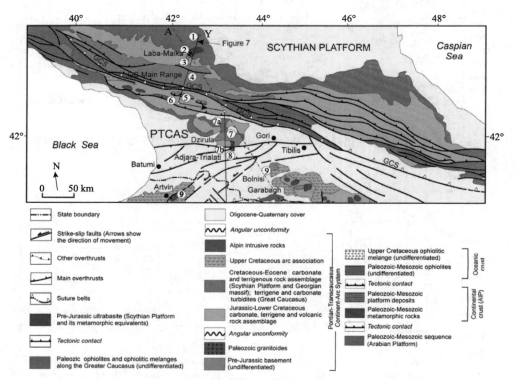

图 5-2-16　大高加索褶皱带地质简图(Yılmaz et al,2014 改编)

PTCAS—Pontiane–Transcaucasus 陆 – 弧体系;GCS—大高加索缝合带

沿走向由西向东，根据基底及中新生代地层特征不同分为：西北高加索、中高加索、东高加索、东南高加索四段。西北高加索段为下—中侏罗统、上侏罗统—始新统构成的背斜的末端。中高加索段出露了变质的古生界基底，隆升最大。东高加索段隆升幅度较小，为下—中侏罗统、上侏罗统—始新统构成的背斜。东南高加索段为下—中侏罗统、上侏罗统—始新统构成的背斜的末端（Yakovlev，2012）。

大高加索褶皱带南北两侧是两条区域大断裂，北部为 Pshekish-Tyrnauz 断裂，南部为 Racha-Lechkhumi 断裂（Yakovlev，2012）。这两条断裂为缝合断裂，沿断裂带均有华力西期蛇绿杂岩分布（图 5-2-16）。从北往南，表现一系列地层岩性序列不同的构造单元。

北部的西徐亚台地（图 5-2-17 ①）以前寒武系低级变质岩及花岗岩为基底，其上不整合下古生界，以泥岩、砂岩为主，夹灰岩，为深海相 - 浅海相沉积物，局部有侵入岩。石炭系—三叠系与下伏地层不整合接触，主要为陆相 - 浅海相磨拉石。侏罗系—白垩系 Albian 阶与下伏不整合接触，由下向上依次为陆相磨拉石、陆相火山岩、滨浅海相砂泥岩、浅海相灰岩。白垩系 Cenomanian-Campanian 阶与下伏地层整合接触，为浅海相砂岩、泥岩，顶部为浅海相磨拉石。上白垩统 Maastrichtian 阶—始新统与下伏地层局部不整合接触，为滨浅海相灰岩和磨拉石。渐新统—中新统下部与下伏地层局部不整合接触，主要为陆相磨拉石。中新统上部—第四系与下伏地层局部不整合接触，主要为陆相磨拉石。

向南西徐亚台地与大高加索褶皱带结合部（图 5-2-17 ②）以前寒武系低级变质岩为基底，其上不整合下古生界，以泥岩、砂岩为主，夹灰岩，为深海相 - 浅海相沉积

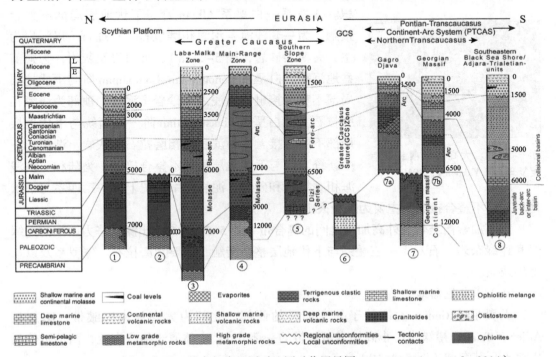

图 5-2-17　西徐亚台地 - 外高加索地层对比图（位置见图 5-2-16；Yılmaz et al，2014）

物。石炭系—三叠系与下伏不整合接触，主要为陆相－浅海相磨拉石。侏罗系及以新地层缺失。

大高加索褶皱带北翼（图 5-2-17 ③）以前寒武系低级变质岩为基底，其上不整合下古生界，顶部和底部为浅海相泥岩、砂岩，中部为浅海相火山岩和滑塌沉积物。石炭系—三叠系与下伏不整合接触，主要为陆相－浅海相磨拉石。侏罗系—白垩系 Albian 阶与下伏局部不整合接触，为一套火山岩－沉积岩含煤岩系。白垩系 Cenomanian-Campanian 阶与下伏地层局部不整合接触，为浅海相砂岩、泥岩，顶部为浅海相磨拉石。上白垩统 Maastrichtian 阶—始新统与下伏地层局部不整合接触，为滨浅海相磨拉石和灰岩。渐新统—中新统下部与下伏地层局部不整合接触，为陆相－滨浅海相磨拉石和砂岩、泥岩。中新统上部—第四系与下伏地层局部不整合接触，主要为陆相火山岩。

大高加索褶皱带主要山脉带（图 5-2-17 ④）以前寒武系高级变质岩和下古生界低级变质岩、侵入岩为基底，石炭系—三叠系不整合其上，主要为陆相－浅海相磨拉石，含煤层。侏罗系—白垩系 Albian 阶与下伏不整合接触，为一套火山岩－沉积岩含煤岩系。白垩系 Cenomanian-Campanian 阶与下伏地层局部不整合接触，为浅海相－深海相砂岩、泥岩，夹大量深海相火山岩（火山弧）。上白垩统 Maastrichtian 阶—始新统与下伏地层局部不整合接触，为浅海相灰岩。渐新统—中新统下部与下伏地层局部不整合接触，为滨浅海相砂岩、泥岩。中新统上部—第四系与下伏地层局部不整合接触，主要为陆相磨拉石。

大高加索褶皱带南翼（图 5-2-17 ⑤）前寒武系不详。下古生界顶部为半远洋灰岩。石炭系—三叠系与下伏地层整合接触，主要为深水火山岩、泥岩、砂岩夹滑塌沉积。

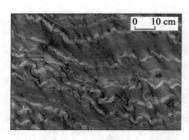

图 5-2-18　大高加索褶皱带南翼复理石（Yakovlev，2012）

侏罗系—白垩系 Albian 阶与下伏地层局部不整合接触，为一套浅海－深海相磨拉石、复理石（以泥岩为主，夹薄层砂岩，图 5-2-18）、火山岩及灰岩，为弧前盆地沉积。白垩系 Cenomanian-Campanian 阶与下伏地层局部不整合接触，为浅海相砂岩、泥岩，顶部为浅海相磨拉石。上白垩统 Maastrichtian 阶—始新统与下伏地层局部不整合接触，为滨浅海相磨拉石和灰岩。渐新统—中新统下部与下伏地层局部不整合接触，为陆相－滨浅海相磨拉石和砂岩、泥岩。中新统上部—第四系与下伏地层局部不整合接触，主要为陆相火山岩。

大高加索褶皱带与外高加索之间的缝合带（图 5-2-17 ⑥）出露了华力西期的蛇绿岩和蛇绿杂岩。石炭系—三叠系与下伏地层整合接触，主要为磨拉石。侏罗系及以新地层缺失。

（6）里奥尼盆地

里奥尼（Rioni）盆地处于外高加索的西部，北部为大高加索褶皱带，南部是 Adjara- Trialeti 褶皱带（小高加索褶皱带的一部分），主体属于格鲁吉亚，西部延伸到黑海土耳其海域（图 5-2-19）。

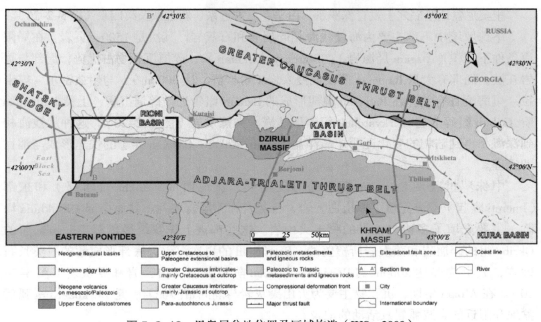

图 5-2-19 里奥尼盆地位置及区域构造（IHS，2009）

里奥尼盆地基底成分复杂，局部为前寒武系，主体为海西褶皱带增生体，主要岩石类型为岩浆岩和变质岩。前寒武系及下古生界为高级变质岩。上古生界—下三叠统为低级变质岩，原岩主要为深海相砂岩、泥岩构成的复理石（图 5-2-20）。

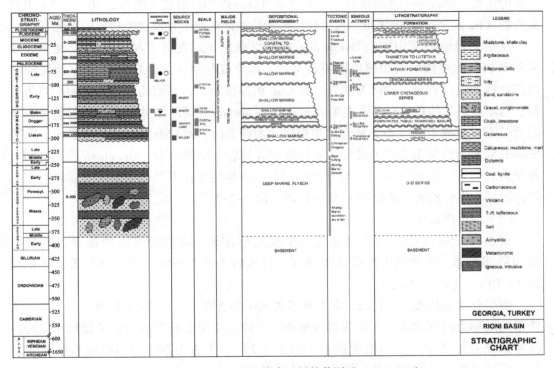

图 5-2-20 里奥尼盆地综合地层柱状图（IHS，2009）

里奥尼盆地基底之上发育侏罗系、白垩系、古近系、新近系及第四系（图5-2-20）。

下侏罗统中下部主要为海侵浅海相碎屑岩和石灰岩，其次是 1500m 页岩，在局限海条件下沉积（Atsgara 烃源岩）。Toarcian–Aalenian 阶，碎屑沉积物占优势，局部与页岩互层。局部有大量 Bajocian 阶浅成侵入岩（玢岩群，达 3000m），与伊兹密尔 – 安卡拉 – 里海裂谷有关。在 Bajocian 晚期形成的 Bziauri 组为远洋碎屑沉积，上覆 Bathonian 阶 Tkibuli 组碎屑岩和 Tkvarcheli 组碳酸盐岩、夹蒸发岩（图 5-2-20）。这种从浅海相到深海相再到陆相的变化证明短命洋盆（Izmir–Ankara–Caspian 洋）的快速形成与消亡的过程。

中侏罗世晚期 Callovian 期后的海侵期间，盆地西部（Abkhazia 西部）和东部（Imereti 隆起）部分充填了厚层白云岩、石灰岩和碎屑岩序列。盆地中部（Kolkhida 坳陷）主要充填了多达 2000m 的喷出火山岩。这些都被上侏罗统最顶部 Tithonian 阶的 Okriba 组的碎屑岩和蒸发岩所覆盖的。Berriasian 的再次海侵，底部形成薄的石英长石砂岩，其上为厚达 2000m 的 Berriasian–Albian 阶石灰岩、白云岩和泥灰岩（图 5-2-20）。在 Albian 中期，沉积物主要为火山凝灰岩与潮间带砂泥岩，是 Beykoz–Kura 弧后盆地和附近的岩浆弧岩浆活动的记录。

上白垩统与下伏地层不整合接触。Cenomanian 期再次发生区域性海侵。直到 Danian 期，在里奥尼盆地形成厚达 600m 的 Mtvari 组浅海相台地碳酸盐岩和火山凝灰岩（图 5-2-20），是 Beykoz–Kura 弧后盆地和相关岩浆弧的记录。

在里奥尼盆地北部，古近系为厚度小于 300m 的以碳酸盐岩为主浅水台地沉积。在盆地的南部，形成一个挠曲次盆，并充填了 5000m 厚的碎屑岩（图 5-2-20），物源来自隆升的 Adjara– Trialeti 褶皱带。火山作用可能与东部黑海裂谷或挠曲隆起的影响有关。

从始新世晚期到中新世 Burdigalian 期，里奥尼盆地发育了 Maykop 群（黏土、砂岩和砾岩）的变浅的海相碎屑磨拉石沉积，厚度变化巨大（0~1000m）。盆地北部和南部边缘为粗碎屑岩，中部为泥岩。在 Guri 槽厚度最大，表明边缘挠曲在南部更为强烈，与小高加索的负荷有关。在 Tortonian 期到 Messinian 期，在海侵条件下持续堆积碎屑磨拉石。在靠近大、小高加索褶皱带逆冲前锋部位，磨拉石序列的厚度最大。东侧 Imereti 隆起相应层系为薄的浅海相 – 过渡相碎屑岩和碳酸盐岩。Messinian 阶上部到上新统为碎屑岩，达 3000m 厚，与下伏不同时代的地层（侏罗系—中新统）接触。在上新世末期发生强烈的褶皱作用（图 5-2-20、图 5-2-21）。

（7）南里海盆地

南里海（South Caspian）盆地是一个狭长形盆地，由格鲁吉亚西部穿过阿塞拜疆和伊朗北部，延伸到土库曼斯坦西部，盆地的中部被里海南部水域覆盖，面积约 $28.7 \times 10^4 km^2$（图 5-2-22）。

南里海盆地基底成分复杂，有大陆基底和洋壳基底（图 5-2-23 和图 5-2-24）。大陆基底局部为前寒武系，主体为海西褶皱增生体，主要岩石类型为岩浆岩和变质岩。前寒武系及下古生界为高级变质岩（图 5-2-23）。上古生界—下三叠统为低级变质岩，原岩主要为深海相砂岩、泥岩构成的复理石。

南里海盆地中新生界最大厚度超过 20km，其中上新统—第四系厚达 10km（图 5-2-24）。上三叠统分布局限，主要发育侏罗系、白垩系、古近系、新近系及第四系（图 5-2-23~ 图 5-2-26）。

上三叠统由滨浅海相砂岩、泥岩、碳酸盐岩组成，为古特提斯洋的残留海沉积（图 5-2-23），主要分布于东南部（图 5-2-25、图 5-2-26）。中三叠世的基梅里造山运动使古特提斯洋关闭，区域隆升，形成不整合。下侏罗统与下伏地层不整合接触，厚达 2000m，主要为海侵浅海相砾岩、砂岩、粉砂岩和泥岩，夹灰岩，西部有大量火山岩。中侏罗统与下伏地层整合接触，厚达 4000m，主要为泥岩和粉砂岩，夹砂岩和

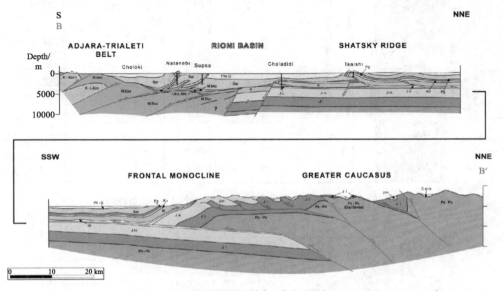

图 5-2-21　里奥尼盆地 BB′ 剖面图（剖面位置见图 5-2-19；IHS，2009）

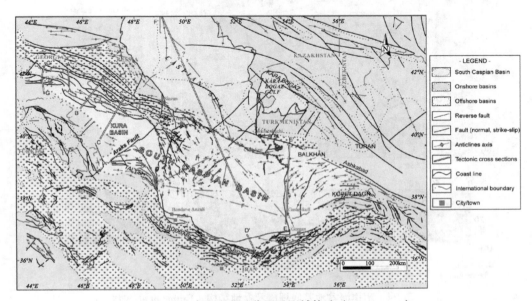

图 5-2-22　南里海盆地位置及区域构造（IHS，2009）

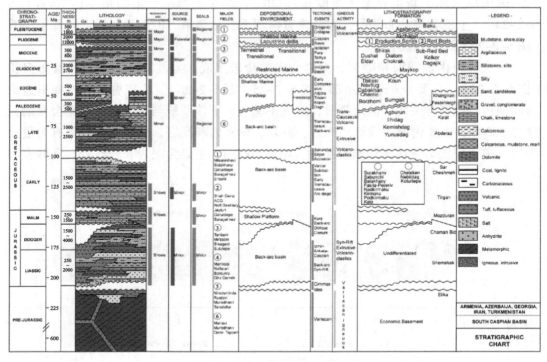

图 5-2-23　南里海盆地综合地层柱状图（IHS，2009）

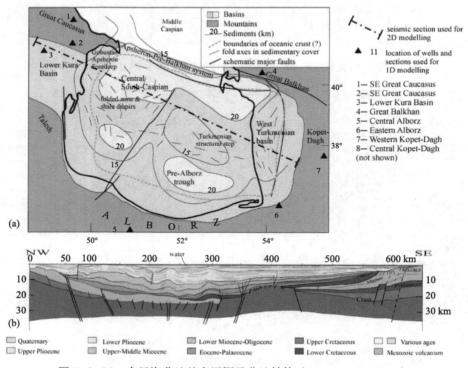

图 5-2-24　南里海盆地基底埋深及盆地结构（Brunet et al，2003）

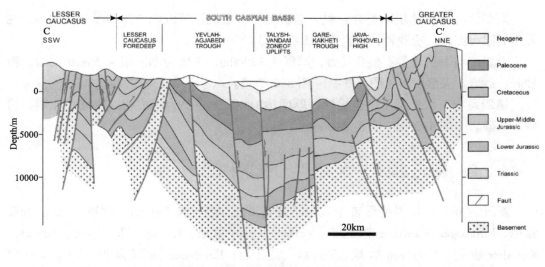

图 5-2-25　南里海盆地 CC′ 剖面图（剖面位置见图 5-2-22；IHS，2009）

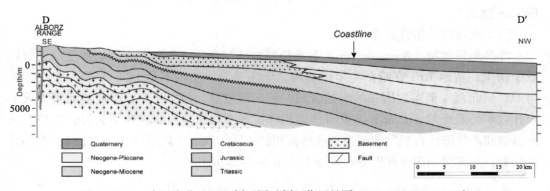

图 5-2-26　南里海盆地 DD′ 剖面图（剖面位置见图 5-2-22；IHS，2009）

灰岩，西部主要为火山岩（图 5-2-23）。下中侏罗统为弧后盆地（Kure）伸展、萎缩过程中的滨浅海相 – 深海相沉积。

上侏罗统与下伏地层不整合接触，厚达 1500m，主要为台地碳酸盐岩，顶部发育大量火山岩及粉砂岩（图 5-2-23）。

下白垩统与下伏地层局部不整合接触，厚达 2500m，下部主要由白云岩、灰岩、泥灰岩，夹泥岩。上部主要为泥岩，夹泥灰岩、粉砂岩，顶部为砂岩，西部有大量火山岩（图 5-2-23）。下白垩统为又一弧后盆地（Vardar）伸展、萎缩过程中的滨浅海相 – 深海相沉积。

上白垩统与下伏地层不整合接触，厚达 2500m，主要为泥岩，夹碳酸盐岩、泥灰岩、粉砂岩、砂岩，西部有大量火山岩（图 5-2-23）。上白垩统为外高加索弧后盆地伸展、萎缩过程中的滨浅海相 – 深海相沉积。

古新统与下伏地层不整合接触，厚达 500m，主要为前陆盆地浅海相泥岩，局部为砂岩、粉砂岩（图 5-2-23）。始新统与下伏地层整合接触，厚达 4000m，主要为前陆盆地浅海相泥岩、泥灰岩，夹灰岩、粉砂岩和砂岩，西部见火山岩（图 5-2-23）。

渐新统与下伏地层不整合接触，渐新统与中新统连续沉积，总厚度达 2230m，主要为局限海泥岩、粉砂岩、砂岩（图 5-2-23）。

上新统与下伏地层不整合接触，厚度达 12000m，主要为湖泊相 - 浅海相泥岩、粉砂岩、砂岩，夹蒸发岩（图 5-2-23~ 图 5-2-26）。

第四系与下伏地层不整合接触，厚度达 1800m，主要为湖泊相 - 浅海相泥岩、粉砂岩、砂岩（图 5-2-23~ 图 5-2-26）。

5.2.2 新元古界—古生界变形带中段

新元古界—古生界变形带中段包括北乌斯丘尔特（N. Ustyurt）盆地、Mangyshlak 盆地、Karabogaz-Karakums 隆起区 ［Verkhne Uzboy 盆地、Karashor 东部地块、Tuackyr-Karashor 隆起、Uchtagan 盆地、Tuackyr 低隆起、Karabogaz 东部盆地、Karabogaz 穹隆、巴尔干（Balkan）山脉］、Amu-Darya 盆地（包括 Karabin-Khiva 鞍部、Daryalyk-Daudan 盆地）。

（1）北乌斯丘尔特盆地

北乌斯丘尔特（North Ustyurt）盆地跨越哈萨克斯坦、乌兹别克斯坦和土库曼斯坦三个国家，盆地 70% 在哈萨克斯坦境内，土库曼斯坦境内不足 1%。它是一个近于三角形、呈北西 - 南东向展布的坳陷区域，其东部较宽，西部狭窄，并向西北端尖灭于布扎奇半岛及海域，北部和滨里海盆地相邻，东部和南部以深大断裂为界分别与东咸海盆地和南曼格什拉克盆地相连。盆地面积约 $37 \times 10^4 \text{km}^2$（陈学海等，2011），大部分在陆上，只有很小部分在里海和咸海中（图 5-2-27）。

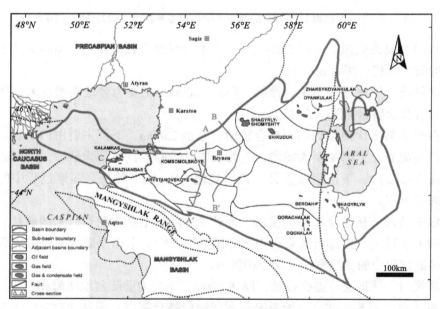

图 5-2-27 北乌斯丘尔特盆地位置图（据 IHS，2009）

　　盆地基底由前寒武系、加里东期褶皱岩系构成，褶皱变质的沉积地层主要是前寒武系（图 5-2-28）。盆地内发育最全的地层序列自下而上为上古生界中上泥盆统、石炭系、二叠系，中生界三叠系、侏罗系、白垩系，新生界古近系、新近系和第四系，主要为中生界。下古生界和上古生界下泥盆统普遍缺失。盆地内大部分地区缺失下二叠统和下侏罗统（图 5-2-28）。

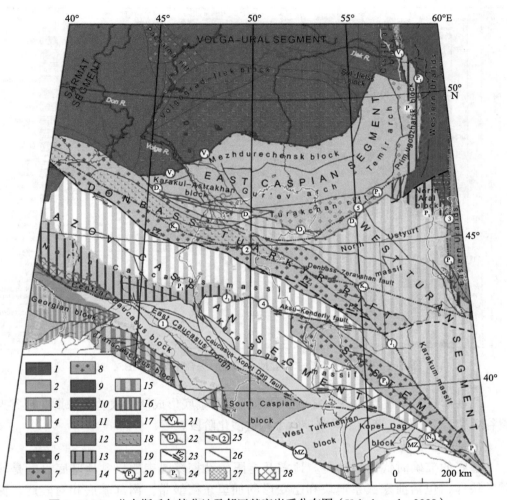

图 5-2-28　北乌斯丘尔特盆地及邻区基底岩系分布图（Volozh et al，2009）

1-4—东欧古生代大陆基底；1—前里菲期固结基底块体；2—前古生代（Cadomian）固结块体；3—前古生代（Cadomian）固结早古生代（Cam.-Silu.）再改造块体；4—前古生代（Cadomian）固结晚古生代（D.-C.）再改造块体；5—具有里菲期薄陆壳被动大陆边缘基底；6—里菲期陆内裂谷；7—早古生代陆内裂谷；8—基底；9-11—乌拉尔—天山碰撞带古生代固结基底；9—西乌拉尔碰撞带；10—天山碰撞带；11—东乌拉尔碰撞带；12-16—古生代活动大陆边缘（古特提斯洋北缘）和阿尔卑斯碰撞带基底；12—晚古生代固结陆壳；13—晚古生代再改造的前古生代基底；14—早中生代固结基底；15—阿尔卑斯期改造的早古生代固结基底；16—阿尔卑斯期固结基底；17-19—薄固结壳区域；17—北里海中央块体；18—Donbass-Tuarkyr 褶皱系；19—南里海和南黑海块体；20-24—缝合构造；20—蛇绿岩缝合带；21—碰撞相关的 Cadomides 褶皱带内变形基底边界；22—俯冲相关的 Cadomides 褶皱带内变形基底边界；23—转换断层；24—褶皱顶；25—碰撞后陆内走滑断层（圆圈内数字：1—Caucasus-Kopet Dag；2—Donbass-Zeravshan；3—Ural-Gerirud；4—Aksu-Kenderli. 5—South Emba）。26—其他构造；27—前里菲期基底露头；28—古生代基底露头

上古生界中泥盆统主要为火山岩，上泥盆统—下二叠统以碳酸盐岩为主，夹泥岩；上二叠统和中生界三叠系、侏罗系、白垩系以泥质岩为主，夹砂岩，侏罗系、白垩系顶部均发育灰岩；古近系—新近系以砂泥岩为主，夹灰岩。上泥盆统—三叠系厚度为0~3500m，侏罗系—白垩系厚度为0~3000m。古近系厚度为0~1400m，新近系厚度为0~300m，第四系为陆相红色黏土与粉砂，厚度为0~200m。见图5-2-29。

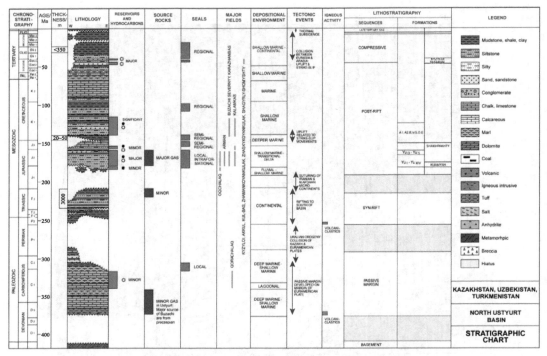

图 5-2-29 北乌斯丘尔特盆地北部地层综合柱状图（IHS，2009）

北乌斯丘尔特盆地为叠合盆地，盆地经历了基底形成期、被动边缘期、裂谷期、裂谷后期、挤压期、新近系坳陷期六个构造演化阶段。

①基底形成期

基底的准确时代尚不清楚。地震及有限的钻探资料表明，盆地基底可能是非均质的块体，包括前寒武系地块和已变形的加里东褶皱带。南部基底相对隆起，深度为5.5~8km，可能是前寒武系花岗岩；向北基底深度增加到9~11km，可能是薄的过渡壳。基底岩石在早泥盆世发生变形，后期被早—中泥盆世的造山期碎屑岩覆盖，并被花岗岩侵入。

②被动边缘期

盆地北部分布着间杂有火山碎屑物的碳酸盐岩及碎屑岩。在巴什基尔期继续发生区域性的沉降，布扎奇大部分地区沉积了含黏土质的碳酸盐岩（图5-2-29）。晚世碳世—早二叠世哈萨克板块与劳俄板块碰撞，乌拉尔造山作用引起被动大陆边缘变形和抬升，导致盆地东部发生强烈变形（图5-2-30），而西部较弱。

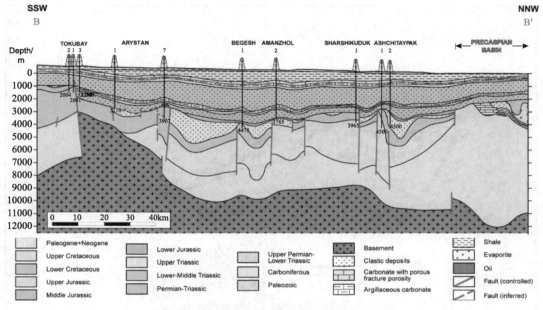

图 5-2-30　北乌斯丘尔特盆地 BB′ 剖面图（剖面位置见图 5-2-27；IHS，2009）

③裂谷期

晚二叠世—三叠纪晚期的造山运动产生强烈的拉张，曼格什拉克缝合带触发走滑运动产生裂谷（图 5-2-29）。三叠纪末，伊朗和北阿富汗微古陆与欧亚大陆缝合，从而在整个地区形成强烈的挤压变形（图 5-2-30），并导致断裂系倒转。

④裂谷后期

侏罗纪开始是压力释放后的裂后热沉降期。普林巴斯—土阿辛期，主要沉积粉砂岩、砂岩和砾岩等陆相碎屑岩（图 5-2-29、图 5-2-30）。尼奥科姆—阿普特期经历抬升过程，这一过程与曼格什拉克—中乌斯丘尔特隆起区的走滑运动有关。

⑤挤压期

晚始新世阿拉伯板块与欧亚板块发生碰撞，形成局部隆起和断层复活。由于北东－南西向的挤压及走滑运动的重新活跃，使得布扎奇半岛许多基底断裂复活并发生偏移。始新统被厚层的渐新统页岩序列所覆盖。新近系厚达 200m，基本上为页岩，含少量砂岩夹层（图 5-2-29、图 5-2-30）。

⑥坳陷期

上新世—全新世，滨海继续缓慢退却，使盆地进一步向西倾斜，主要以陆相沉积为主（图 5-2-29，图 5-2-30）。

（2）曼格什拉克盆地

曼格什拉克（Mangyshlak）盆地位于哈萨克斯坦西部里海的东部边缘，向东和南延伸到乌兹别克斯坦和土库曼斯坦。西边延伸到里海中，一小部分穿过哈萨克斯坦和俄罗斯的中间线，其西部边界为 Agrakhan–Atyrau 断层。盆地面积约 $20.4 \times 10^4 km^2$（图 5-2-31）。

盆地基底是 Turan 地体的组成部分，由古生代中—晚期的变形、变质岩石构成，其

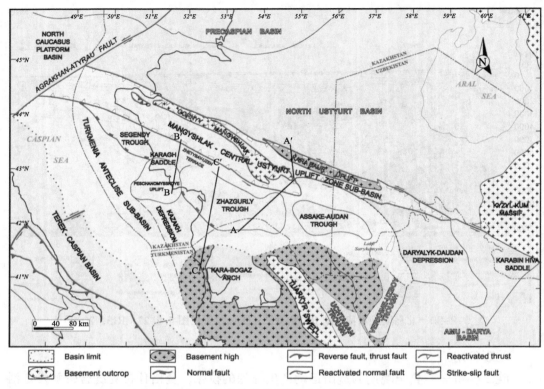

图 5-2-31　曼格什拉克盆地位置图（据 IHS，2009）

中有大量火山岩。在 Tuarkyr 附近，有超基性侵入岩、蛇绿岩或玄武岩出露。由东北向西南，Turan 地体由 Bukhara、Chardjou、Karakum–Mangyshlak、Tuarkyr 和 Karabogaz 次级构造 – 地层单元组成。每个次级构造 – 地层单元均有岩浆弧和弧前增生楔，以及上覆的弧前盆地沉积物构成（图 5-2-32）。

盆地沉积盖层划分为 4 个巨层序：上二叠统—三叠系、下侏罗统上部—始新统下部、始新统上部—上新统中部、上新统上部—第四系（图 5-2-33、图 5-2-34）。不同构造单元地层分布特征有所变化。

①上二叠统—三叠系裂谷期层序

上二叠统—三叠系发育于曼格什拉克和北乌斯丘尔特盆地之间 NNW-SSE 向的裂谷中，厚度可达 10km。上二叠统灰色碎屑岩见于曼格什拉克裂谷中，Kara–Audan 裂谷可能也有分布。上覆下三叠统印度阶红层和奥伦尼克阶下部海相杂色碎屑岩，及主要烃源岩发育层段奥伦尼克阶上部碳酸盐岩地层，在 Zhetybay 构造阶地厚度超过 1500m，在 Peschanomys 突起变薄和尖灭。上三叠统海相碎屑岩直接叠置在下三叠统奥伦尼克阶上部—中三叠统碳酸盐地层之上，主要保存在南曼格什拉克凹陷中，厚度可达 600m。

三叠纪末—侏罗纪初，海西造山运动使全区强烈挤压导致该裂谷系反转，形成曼格什拉克 – 中乌斯丘尔特隆起带。周围区域也受到挤压作用的影响，形成宽缓褶皱并遭到剥蚀。在 Zhetybay 构造阶地和 Karabogaz 隆起的斜坡上，上三叠统海相碎屑岩受到剥蚀。

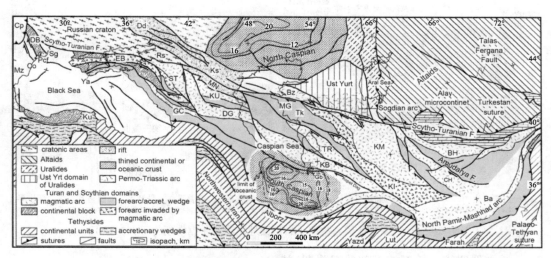

图 5-2-32　Turan 地块及邻区构造 - 地层单元（据 Natal'in & Sengor，2005）

BH—Bukhara；CH—Chardjou；DB—North Dobrudja；DG—Dagestan；EB—Eysk–Berezansk；GC—Greater Caucasus；KB—Karabogaz；KM—Karakum；KU—Kuma；MG—Mangyshlak subunit；MN—Manych trough；TR—Tuarkyr unit；ST—Stavropol unit. Localities and tectonic units and structures in surrounding regions：Ba—Band–e Amir area；Bz— Buzachi Peninsula；Co—Capidava–Ovidiu Fault；Cp—Carpathians；Dd—Dniepr Donets aulacogen；Gb—Great Balkhan Range；Ks—Karpinsky Swell；Ku—Kure；Mz—Moesian Platform；Pcf—Paceneaga–Camena fault；Rs—Rostov Salient；Sg—Sfantu Gheorghe Fault；Tk—Tuarkyr–Karaudan Fault；Ya—Yayla Range

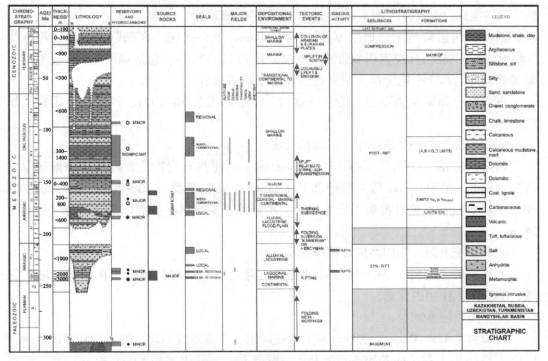

图 5-2-33　曼格什拉克盆地综合地层柱状图（据 IHS，2009）

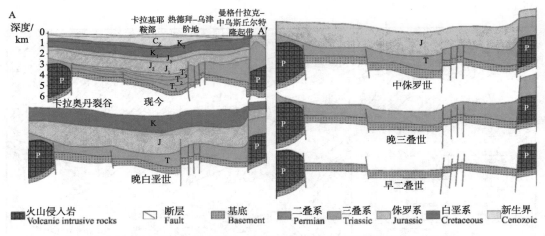

图 5-2-34　曼格什拉克盆地 AA′剖面地质演化（据塔斯肯等，2018）

②中侏罗统—始新统下部热沉降期层序

中侏罗统巴柔阶与下伏地层不整合接触，由陆相含煤碎屑岩构成。在巴通阶中常见海相夹层。在南曼格什拉克凹陷中部地层厚度达 1300~1400m；在 Zhetybay 构造阶地地层厚度变薄，为 800~1000m。上覆卡洛维阶中部 - 启莫里阶海相页岩和碳酸盐岩。在南曼格什拉克凹陷中部地区地层厚度为 500~700m，向北和向南变薄。伏尔加阶（相当于提通阶）地层缺失。

下白垩统由凡兰吟阶 - 豪特里维阶碳酸盐岩、巴列姆阶陆相碎屑岩和阿普第阶 - 阿尔必阶厚层状海相页岩夹砂岩构成。在凹陷中，地层厚度为 1100~1200m；在 Zhetybay 构造阶地上，地层厚度为 700~900m。上白垩统，在凹陷中，地层厚度为 300~600m，向曼格什拉克褶皱带地层厚度减薄到 100~200m。包括森诺曼阶 - 土仑阶下部海相碎屑岩和土仑阶上部 - 马斯特里赫特阶碳酸盐岩。

古新世—始新世岩石主要为碳酸盐岩，地层厚度为 50~200m，不整合于上白垩统之上。

③始新统上部—上新统中部前陆期层序

始新统上部—中新统下部（Maykop series）由海相页岩构成，在凹陷中地层厚度可达 800m；在 Zhetybay 构造阶地和 Peschanomys 突起厚度为 100~200m。中新统中部和更年轻的岩石不整合覆盖下伏地层上，主要见于南曼格什拉克凹陷中，厚度不超过250m。

④上新统上部—第四系区域沉降期层序

上新世晚期至今，海上区域持续沉降，盆地进一步向西倾斜。在盆地的陆上区域，陆相沉积作用占优势。

（3）阿姆河盆地

阿姆河（Amu-Darya）盆地横跨土库曼斯坦、乌兹别克斯坦、阿富汗和伊朗 4 国，以土库曼斯坦为主（张长宝等，2015）。构造上，北部边界是 Kyzyl-Kum 山脉；南界是 Kopet Dag 山脉；东界是 Gissar 山脉西南支；西部向 Karakum 隆起超覆。盆地面积

约 $43.7 \times 10^4 km^2$（图 5-2-35），划分为 Hiva-Zaunguz 坳陷（或北阿姆河次盆）、中央 Karakum 隆起、Bahardok 斜坡、Kopet Dag 前渊、Murgab 坳陷和 Kushka 坳陷。

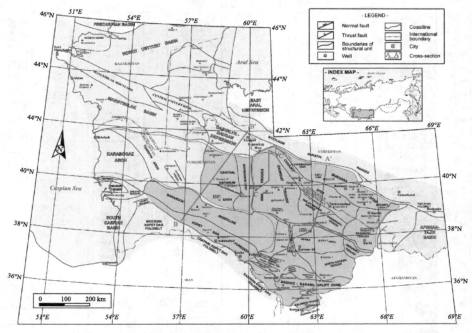

图 5-2-35　阿姆河盆地位置图（据 IHS，2009）

阿姆河（Amu-Darya）盆地处于 Turan 地块的南部，为海西期拼贴基底。盆地北部的钻井揭示，基底由奥陶系花岗片麻岩和花岗岩、泥盆系—二叠系上闪长岩、石炭系中上部的黑云母花岗岩（图 5-2-36）组成，为前寒武系地块（匈奴地块群）、早古生代弧岛缝合形成的增生杂岩。西部 Karakum 古隆起基底由石炭系花岗岩、凝灰岩、酸性喷出岩和辉长岩、辉绿岩组成。南部 Bakhardok 单斜，基底由石炭系—下二叠统基性岩浆岩组成。

盆地的沉积盖层为中二叠统—中三叠统、侏罗系、白垩系、古近系、新近系、第四系（图 5-2-36）。

中二叠统—中三叠统岩性为泥岩、砂岩和砾岩，三叠系有大量火山岩（图 5-2-36）。Hiva 坳陷最厚达 6km，Kopet Dag 前渊厚达 8km，主要为古特提斯洋壳向欧亚大陆俯冲形成弧后同裂谷期陆相盆地沉积。晚三叠世，基梅里地块与欧亚大陆碰撞，古特提斯洋关闭，Turan 地块最终形成，并发生区域隆升，形成不整合（图 5-2-36~ 图 5-2-38）。

从侏罗纪一直到渐新世，阿姆河盆地长期处于中特提斯洋北方大陆的被动大陆边缘，形成了巨厚的陆相 - 海相地层（图 5-2-36~ 图 5-2-38）。

在晚三叠世 Rhaetian 期—早侏罗世，在温暖潮湿的环境中沉积了一套陆相层序，包括页岩和砂岩，砾岩 / 粗砂岩和煤层夹层。中侏罗世 Turan 地块的沉积范围总体上较早侏罗世更广。在这一时期形成了碎屑含煤序列，主要在大陆（湖沼）环境（Aalenian-

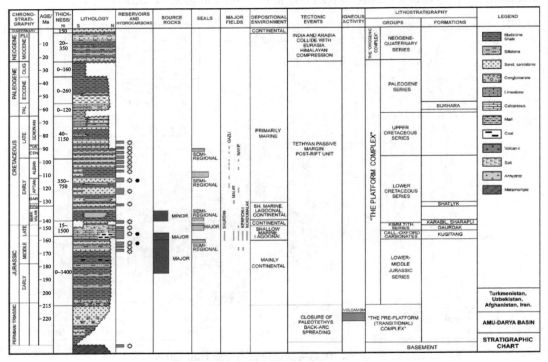

图 5-2-36　阿姆河盆地综合地层柱状图（据 IHS，2009）

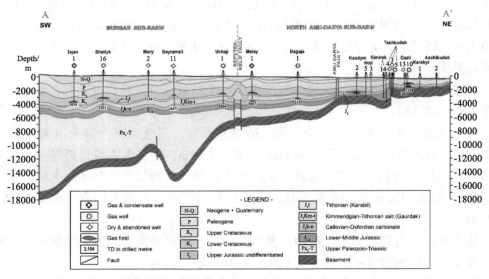

图 5-2-37　阿姆河盆地 AA′ 剖面图（位置见图 5-2-35；据 IHS，2009）

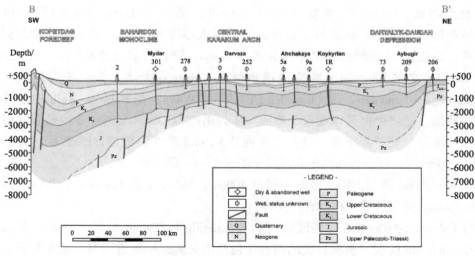

图 5-2-38　阿姆河盆地 BB′ 剖面图（位置见图 5-2-35；据 IHS，2009）

Bajocian 期湖相煤、Bathonian 期近岸海相煤）。在 Callovian 期开始，阿姆河盆地从西、南方向海水侵入，沉积了近岸海相砂岩和泥岩。在中侏罗世末卡洛维亚（Callovian）中期，除了东北边缘的一些小区域外，海水几乎覆盖了阿姆河盆地，一直持续到晚侏罗世牛津（Oxfordian）晚期，碳酸盐岩广泛分布。卡洛维亚-牛津（Callovian-Oxfordian）期碳酸盐岩层序主要由石灰岩和白云岩组成，在该层序上部具有硬石膏夹层，盆地边缘有生物建造（礁）。在晚侏罗世启莫里（Kimmeridgian）期，盆地构造活动更加活跃，沉积环境发生了明显变化。Turan 地块大部分由沉降转变为隆升，导致海盆萎缩，并形成半隔绝的盆地，在土库曼斯坦东部形成了一个巨大的咸水潟湖，在乌兹别克斯坦和阿富汗的邻近地区以及塔吉克斯坦的西南部形成了一个巨大的咸水潟湖。在启莫里-提通（Kimmeridgian - Tithonian）期，在潟湖中形成了蒸发岩序列。在阿姆河坳陷，这一序列的下部包括岩盐和硬石膏（Gaurdak 组），上部主要为碎屑岩序列，其中有硬石膏夹层，或者更少见的白云岩（图 5-2-36~ 图 5-2-38）。

晚侏罗世末，盆地内的构造运动进一步分化，一些地区（北部 Bukhara 阶地、Charjou 阶地西北部和 Bovrideshik 阶地西部、Hiva 槽北部）比其他地区隆升更早，其蒸发岩被侵蚀，在有些地方（Bukhara 阶地和 Charjou 阶地西北部）剥蚀严重，只残留了薄的硬石膏段。

Murgab 次盆，Rhaetian 阶-侏罗系的岩性组成与北阿姆河次盆相似。Murgab 次盆南部 Kushka 镇附近的 Islim 和 Garachop 油田钻遇的下部地层，下部"台地型盖层"厚 400m，有泥岩和粉砂岩夹煤层，时代是早侏罗世。Badhyz-Karabil 隆起缺失下部层序，表明 Rhaetian 期—早侏罗世是明显的隆升区。中侏罗统，Badhyz-Karabil 隆起缺失，Murgab 次盆其他地区为含煤碎屑岩。据 Islim 和 Garachop 油田钻井解释，整个侏罗系（砂岩、粉砂岩，有时泥岩、煤）厚达 1000m，并被下白垩统（Neocomian）覆盖。卡洛维亚-牛津（Callovian-Oxfordian）期碳酸盐岩由生物碎屑、微晶和隐晶质灰岩组成，其上部为白云质灰岩和白云岩互层。在阿姆河和中央 Turkmen 次盆地邻接地带发育生物礁。Murgab 次盆 Mary 凸起、Uchaji 古隆起和 Badhyz–Karabil 隆起西部对多个该碳酸盐岩层序目标进行了钻探，钻遇最大厚度为 378m，根据地球物理资料，最厚可达 900m。该碳酸盐岩层序在 Badhyz–Karabil 隆起大部分地区缺失，在 Kalaimor 槽和 Kushka 次盆 Neocomian 晚期侵蚀量巨大。Murgab 次盆上侏罗统启莫里 – 提通（Kimmeridgian–Tithonian）阶（Gaurdak 组）厚达 1000m。在 Repetek–Kelif 地带具有强盐底辟特征，盐底辟层最厚超过 3000m。Murgab 次盆 Gaurdak 组主要由盐岩夹砂岩、粉砂岩、泥岩、硬石膏组成。蒸发岩序列被 Karabil 组红层覆盖，厚度为 150~160m，为泥岩、粉砂岩、硬石膏和白云岩互层（图 5-2-36~ 图 5-2-38）。

在 Kopet Dag 前渊，侏罗系厚度超过 4000m，Aalenian 和 Bajocian 阶为深水海相页岩，Bathonian 阶以滨浅海相砂岩占优势。

继 Callovian–Oxfordian 期碳酸盐岩和 Kimmeridgian–Tithonian 早期蒸发岩在沉积之后，在 Tithonian 晚期，蒸发岩盆地周围（包括中央 Karakum 古隆起）发生隆升，开始发育红色碎屑岩。

阿姆河盆地白垩系一般分为三个主要的序列：Neocomian（包括 Barremian）阶、Aptian – Turonian 阶、Senonian 阶（包括 Coniacian、Santonian、Campanian、Maastrichtian）。

在阿姆河盆地，白垩纪的沉降峰值期在 Aptian–Turonian 期。北阿姆河次盆 Neocomian（Berriasian–Barremian）阶碳酸盐岩和碎屑岩、Aptian–Turonian 阶灰色碎屑岩、Senonian 阶页岩和碳酸盐，均为浅海相。碎屑岩主要为泥岩和页岩。Barremian 阶、Cenomanian 阶和 Senonian 阶，碳酸盐岩所占比例极大。到白垩纪末期，由于 Laramide 造山作用，盆地大部分被抬升。在北阿姆次盆地中部和东部，Senonian 阶上部被侵蚀，古新统不整合于 Senonian 阶中部之上（图 5-2-36~ 图 5-2-38）。

在 Murgab 次盆，Berriasian– Valanginian 阶由灰色泥岩和石灰岩互层组成。其上 Hauterivian 阶下部由红色、杂色向上变薄的砂岩、粉砂岩和泥岩组成；上部（达 70m 厚）为杂色石灰岩、白云岩互层，夹硬石膏。Barremian 阶为碳酸盐岩，160~180m 厚，顶部见碎屑岩。Aptian 阶为泥岩、砂岩、粉砂岩和石灰岩互层；Albian 阶绝大部分为泥岩，其上为泥岩、砂岩、介壳灰岩；Cenomanian 阶为粉砂岩和泥岩；Turonian 阶为粉砂质泥岩、粉砂岩、砂岩互层，其上为粉砂岩、泥岩、砂岩和泥质灰岩。Murgab 次盆南部（Badhyz–Karabil 构造带、Kalaimor 槽、Kushka 凹陷）Senonian 阶为浅海相页岩和碳酸盐岩。其中：Coniacian–Santonian 主要由泥岩和泥灰岩组成，上覆 Campanian–Maastrichtian 阶下部泥质石灰岩和泥灰岩，Maastrichtian 上部为泥灰岩和粉质石灰岩。Kushka 凹陷（Islim 和 Karachop 油田）完整的 Senonian 阶序列厚达 1050m，在 Badhyz–Karabil 构造带（Dovletabad–Donmez 油田）西部减薄到 690m。在次盆的中部和北部，Senonian 阶被部分侵蚀，厚度在 230~450m（图 5-2-36~ 图 5-2-38）。

在中央库尔曼次盆的 Kopet Dag 前缘和 Bakhardok 斜坡，Valanginian–Hauterivian 阶主要为碳酸盐岩；北部和东北部，大部分是红色和灰色的碎屑岩。Barremian–Turonian 阶下部为海相碎屑岩。Turonian 阶上部 –Senonian 阶主要是碳酸盐岩。在 Maastrichtian 阶顶部，该地区东南部主要为潟湖相红色的砂岩、粉砂岩和石膏。

白垩系／古近系边界抬升导致沉积间断。古近纪再次海侵，形成广泛的古新统碳酸盐岩，夹砂岩和粉砂岩（Bukhara 组）。上覆始新统下部泥质碳酸盐岩。始新统上部及渐新统主要为泥岩。

盆地西南缘 Kopet Dag 褶皱造山受古近纪／新近纪欧亚大陆／阿拉伯板块碰撞影响，而其东南缘受始新世—渐新世欧亚大陆／印度板块碰撞的影响。

Kopet Dag 造山带逆冲到阿姆河盆地边缘，形成了前渊。然而，压应力的应变主要是沿 Kopet Dag 前锋断裂带的右旋走滑，而不是推覆，导致推覆体负荷有限，前渊相对较浅，造山期碎屑岩序列仅 2km 厚。该断裂带沿早期缝合带发育，它分离了两个明显不同的中新生代序列：北部砂岩和泥岩序列，在白垩纪之前变形，被 Turan 台地盖层覆盖；南部的 Kopet Dag 序列，由侏罗系—中新统的碳酸盐岩和碎屑岩组成，从侏罗纪—古近纪没有形成褶皱，褶皱形成于晚新生代。

新近纪—第四纪帕米尔地块向北突出，导致阿富汗 - 塔吉克盆地中生界—古近系推覆和褶皱，使其与阿姆河盆地分隔。阿富汗北部形成右旋走滑为主的东西向断裂。Repetek 走滑断裂带继承了 Murgab 的侏罗纪或更老的断裂带，同时也形成了 Bukhara 和 Charjev 阶地的边界断层。

阿姆河盆地阿尔卑斯变形的开始以广泛的前晚渐新世不整合面为标志。新近纪—第四纪层序（或"造山期复合体"）在阿姆河盆地厚达 1500m，在 Kopet Dag 前渊达 2000km。东部为陆相磨拉石序列，西部为海相碎屑岩／碳酸盐岩序列（图 5-2-36~ 图 5-2-38）。

5.2.3　新元古界—古生界变形带东段

新元古界—古生界变形带东段包括南乌拉尔（Urals）褶皱带、Dzhusali 古隆起（Arch）、Kyzyl-orda 地块、Akkyr-Kumkali 高地（High）、Karatan 褶皱带、Syr-Darya 盆地、Nuratau 褶皱带、西天山褶皱带、Fergana 盆地、Alay 山脉（Ridge）和 Afghan-Tajik 盆地。

（1）南乌拉尔褶皱带

南乌拉尔（Urals）褶皱带是晚古生代末东欧地台、火山岛弧、乌拉尔微古陆、西西伯利亚 - 哈萨克斯坦地块汇聚、拼贴、碰撞形成的（Alvarez-Marron et al，2000；Brown et al，2006；Brown，2009），具有明显的东西分带特征，由西向东分别为乌拉尔前陆盆地带、乌拉尔太古界—古生界逆冲褶皱带、Magnitogorsk 带、东乌拉尔带和外乌拉尔带［图 5-2-39（a）］。

乌拉尔前陆盆地大部分被后造山期沉积物覆盖，东缘出露古生界和元古界。乌拉尔太古界—古生界逆冲褶皱带主要出露了元古界，其次古生界，局部出露太古界［图 5-2-39（b）、图 5-2-40］。

马格尼托哥尔（Magnitogorsk）带主要有岛弧相关火山岩、火山 - 沉积岩，以及变质杂岩、超基性岩及蛇绿杂岩［图 5-2-39（b）、图 5-2-40］。其中，Suvanyak 杂岩主要为中－强变形的绿泥石－白云母变质石英岩、石英－钠长石片岩和绿泥石－白云母千枚岩，为古生代东欧台地边缘的深海沉积；Maksutovo 变质杂岩为折返的俯冲前寒武系基底榴辉岩相变质岩（Alvarez–Marron et al, 2000；Brown et al, 2006）。Sakmara 推覆体为厚度变化较大、中等变形、未变质的古生界砾岩、砂岩、粉砂岩，夹粗面玄武岩、流纹岩凝灰岩，少量灰岩、碧玉岩，推测为陆坡和陆隆沉积。

东乌拉尔由不同程度的变质岩、泥盆系灰岩和砂岩、石炭系复理石、岛弧火山－沉积岩、蛇绿杂岩组成。变质岩有绿片岩相变质岩和角闪岩相变质岩（Artyushkov et al, 2000；Gorz et al, 2006）。

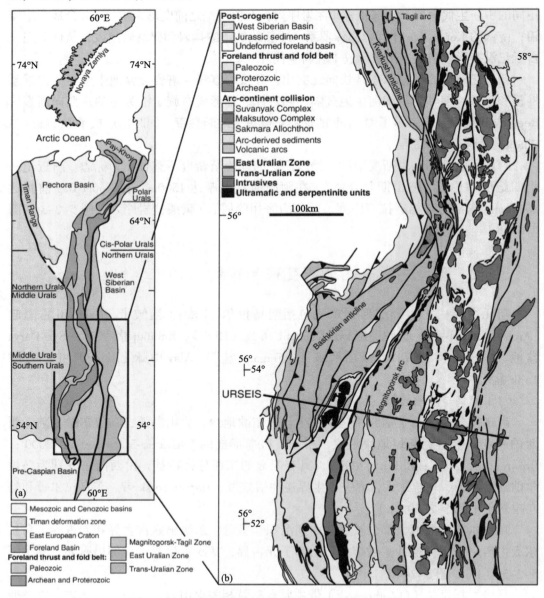

图 5-2-39　南乌拉尔褶皱带地质图（据 Brown，2009）

（a）乌拉尔褶皱带及邻区区域构造简图；（b）乌拉尔褶皱带中南部及邻区地质简图

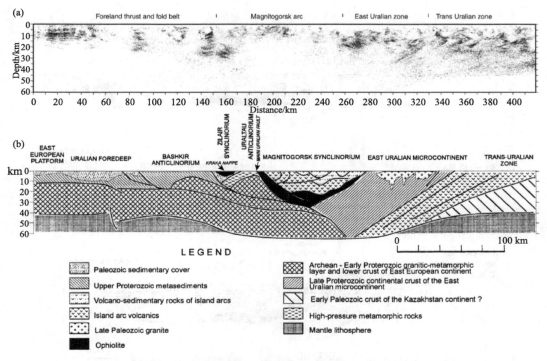

图 5-2-40　南乌拉尔褶皱带 URSEIS 地震剖面地质解释（剖面位置见图 5-2-39）

（a）原始剖面（据 Brown，2009）；（b）地质解释（据 Artyushkov et al，2000）

外乌拉尔带为泥盆系—石炭系火山岩和侵入岩，下伏蛇绿岩和陆壳碎块，上覆含有蒸发岩的红层。其西缘见蛇绿杂岩，局部见高压变质岩。东部逆冲到哈萨克斯坦陆壳之上，被中新生界覆盖（Artyushkov et al，2000；Herrington et al，2005；Brown，2009）。

南乌拉尔褶皱带是古生代弧—陆碰撞的。其中马格尼托哥尔火山弧在中泥盆世和晚泥盆世（持续 20Ma）增生到劳俄大陆边缘（Artyushkov et al，2000；Herrington et al，2005；Brown，2009）。

到早石炭世（Visean 期末），约 15km 厚的 Sakmara-Magnitogorsk 推覆体（SMN）逆冲到东欧地台边缘之上，其上被数千米厚的上泥盆统—下石炭统 Zilair 盆地复理石覆盖。从早石炭世中期到 Serpukhovian 期，从 Zilair 盆地到东乌拉尔微古陆（EUM）为稳定的浅海，沉积物主要为碳酸盐岩，东部有砂岩和煤层（Chuvashov et al，1984；Chuvashov & Puchkov，1990）。EUM 与哈萨克地块之间被较为广阔的洋盆（哈萨克洋 = KOB）分隔［图 5-2-41（a）］。

Serpukhovian—Bashkirian 早期：Zilair 盆地为浅海碳酸盐岩沉积；KOB 洋壳向 EUM 俯冲，哈萨克地块开始与 EUM 陆陆碰撞，Magnitogorsk 弧和 EUM 演化为深水盆地，沉积物主要为富有机质远洋灰岩和浊积岩；哈萨克地块西部由被动大陆边缘盆地演化为前陆盆地［图 5-2-41（b）］。

Bashkirian 中期—Moscovian 晚期：SMN 进一步向西逆冲，并隆升造山［图 5-2-

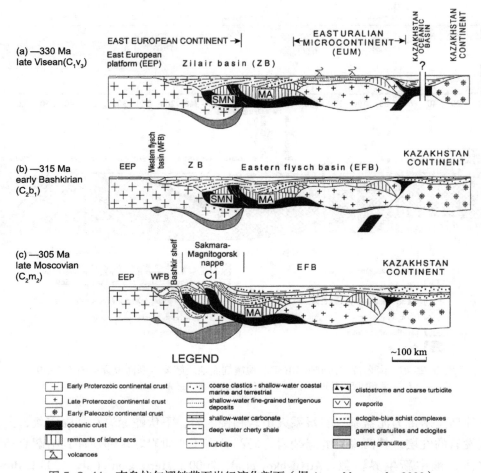

图 5-2-41　南乌拉尔褶皱带石炭纪演化剖面（据 Artyushkov et al，2000）

SMN—Sakmara–Magnitogorsk 推覆体；MA—Magnitogorsk 火山弧；C1—晚 Bashkirian—早 Moscovian 碰撞事件，Sakmara–Magnitogorsk 推覆体逆冲到劳俄大陆东缘

41（c）中 C1]，东西两侧形成复理石 - 磨拉石盆地；哈萨克地块西部为前陆盆地［图 5-2-41（c）]。

Moscovian 末期—Gzelian 期：Magnitogorsk 火山弧向东西两侧逆冲，并进一步隆升、遭受剥蚀［图 5-2-42（a）中 C3 和 C2]，两侧的前陆盆地继承性发育，但分隔性加强；哈萨克地块与 EUM 碰撞加剧，前陆盆地继承性发育［图 5-2-42（a）]。

到早二叠世 Artinskian 期，劳俄大陆、SMN、EUM、哈萨克地块碰撞加剧，导致南乌拉尔褶皱带隆升造山［图 5-2-42（b）中 C4 和 C5]，绝大部分成为隆起剥蚀区，仅西部前陆盆地接受以磨拉石为主的沉积［图 5-2-42（b）]。到 Kungurian 期，整个南乌拉尔褶皱带普遍遭受了明显剥蚀，西部前陆盆地主要发育蒸发岩［图 5-2-42（c）]。

（2）锡尔河盆地

锡尔河（Syr–Darya）盆地（也称 Kyzylkum 盆地），位于中亚，从咸海东部延伸到塔什干（Tashkent），横跨哈萨克斯坦和乌兹别克斯坦。北部为卡拉托（Karatau）加里

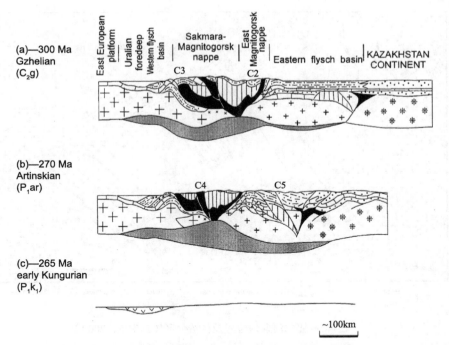

图 5-2-42　南乌拉尔褶皱带石炭纪末—早二叠世演化剖面（据 Artyushkov et al，2000）

注：Moscovian—Kasimovian 碰撞事件；C2—Magnitogorsk 东部推覆体逆冲到东乌拉尔微古陆之上；C3—Sakmara- Magnitogorsk 推覆体进一步向劳俄大陆东缘逆冲。早二叠世碰撞：C4—Sakmara- Magnitogorsk 推覆体逆冲压缩隆升；C—东乌拉尔微古陆中东部碰撞。

东褶皱带（Safonova，2017；Pilitsyna et al，2018），东部为 Chatkal–Kurami 山脉，南部为努拉托（Nuratau）褶皱带和 Kyzylkum 中央隆起，西部以 Akkyr–Kumkali 高地与北乌斯丘尔特盆地相隔。盆地面积约 $13.6 \times 10^4 km^2$（图 5-2-43）。

锡尔河盆地划分为锡尔河槽（Urmekum、Ayakkuduk 和 Kegeles–Tashkent 槽、Chardari 凸起）、锡尔河中央坳陷（Zhaugash–Berda、Bakum–Arys 槽，Araktay 构造）、前卡拉托斜坡和 Chuliy 隆起。

基底最大埋深超过 2km，盆地东北部、东部及南部有基岩出露（图 5-2-44、图 5-2-45）。基底主要是哈萨克微古陆边缘加里东期增生体和海西期增生体。加里东增生体包括绿片岩、石英岩和大理石，上覆碳酸盐、硅质岩和炭质页岩，是早古生代末期前寒武系台地和早古生代岛弧缝合而成的增生杂岩。在盆地东北部出露了前泥盆系活动大陆边缘岩浆岩和新元古代—早古生代被动陆缘沉积物；东缘及南缘出露了增生弧、蛇绿岩、Kyzylkum–Alai 及其他微古陆的被动陆缘沉积物（图 5-2-45~图 5-2-47）。

锡尔河盆地中下泥盆统很少被揭露，推测与楚河盆地有相似性，主要为裂谷盆地陆相火山岩、粗碎屑岩和红层。上泥盆统—石炭系 Moscovian 阶下部为被动大陆边缘沉积。上泥盆统底部主要为滨浅海相砂岩、泥岩，中部主要为浅海相泥岩夹砂岩，上部主要为浅海相碳酸盐岩。石炭系 Tournaisian 阶下部为浅海相灰岩，上部主要为浅海

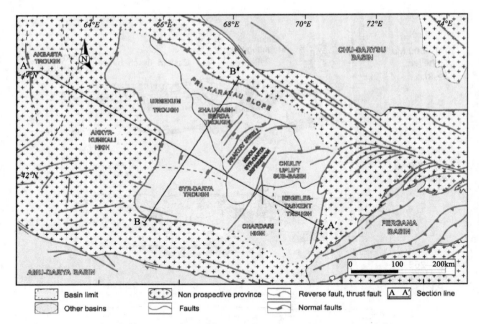

图 5-2-43　锡尔河盆地位置及构造分区（据 IHS，2009）

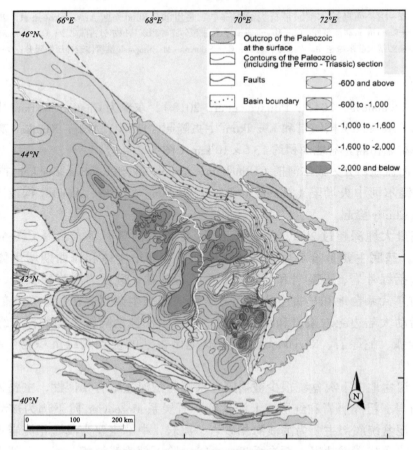

图 5-2-44　锡尔河盆地基岩顶面构造图（据 IHS，2009）

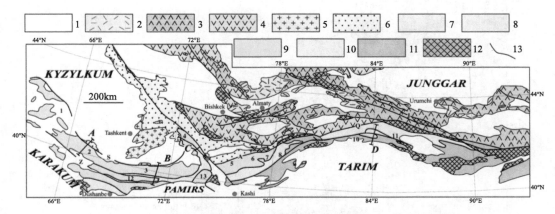

图 5-2-45 锡尔河盆地 – 天山地质图（据 Biske 和 Seltmann，2010）

图例：1—中新生界；2~3—东北天山；2—活动边缘火山带和碰撞相关磨拉石（上石炭统—下二叠统）；3—增生岛弧地体（火山岩及相关岩层，泥盆系—上石炭统，局部为志留系）；4—北天山，下古生界大洋 – 岛弧杂岩、局部有上古生界盖层；5~6—中天山；5—Chatkal-Kurama 增生地体（前泥盆系）和哈萨克活动陆缘火山 – 侵入岩带；6—Syrdar'ya 和 Talas 被动陆缘沉积物（新元古界—志留系）；7~10—南天山；7—Erben-Kymyshtala 增生弧和弧前杂岩（泥盆系），8—Karakum-Tajik 陆块（石炭纪）活动陆缘和裂谷充填沉积；9—Bukantau-Kokshaal 碰撞褶皱推覆带，包括增生弧、蛇绿岩、Kyzylkum-Alai 及其他微古陆（主要为志留纪—石炭纪）被动陆缘沉积物，10—塔里木和土库曼—Alai 同碰撞前陆盆地复理石和磨拉石；11—塔里木盆地的变形沉积盖层；12—前寒武系基底；13—主要断裂。A–D 为剖面位置。图中标识：1—Kyzylkum；2—Nuratau；3—Turkestan-Alai；4—Ferghana；5—Atbash；6—Janyjer；7—Borkoldoi；8—Kokshaal；9—Han-Tengri-Pobeda；10—Halyktau（Harke）；11—Erben；12—Zeravshan；13—东 Alai；N—Nikolaev；S—南 Ferghana；A—Anbashi-Inylchek；Z—Zeravshan；J—Junggar；Q—Qinbulak 缝合线

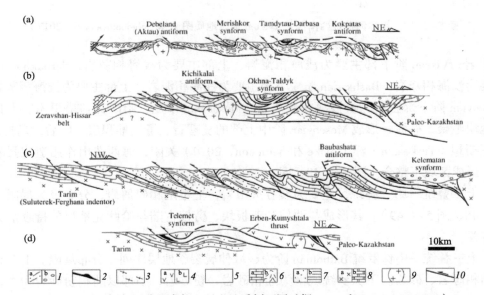

图 5-2-46 锡尔河盆地南部、天山地质剖面图（据 Biske 和 Seltmann，2010）

A—Nuratau；B—Turkestan-Alai；C—Ferghana 山脉；D—Halyktau（位置见图 5-2-45）。1—复理石和磨拉石：(a) 前陆，(b) 弧后盆地；2—蛇绿杂岩；3~7—逆冲推覆单元（志留系—石炭系）：3—绿片岩，4—火山岩，(a) 多种火山岩，(b) 玄武岩，5—泥质岩；6—Kyzylkum 下古生界碳酸盐岩 (a) 夹碎屑岩 (b)；7—石炭系被动陆缘浊积岩 (a) 和泥质岩 (b)；8—塔里木和哈萨克陆壳，(a) 基底，(b) 盖层；9—碰撞期花岗岩；10—逆冲断层

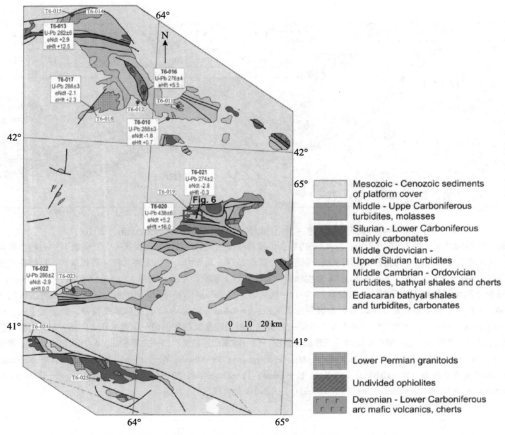

图 5-2-47 锡尔河盆地西南部 Kyzylkum 地区地质图（据 Dolgopolova et al，2017）

相泥岩；Visean 阶下部主要为浅海相泥岩，上部主要为浅海相灰岩；Serpukhovian 阶主要为浅海相灰岩；Bashkirian 阶中下部主要为浅海相泥岩，上部主要为浅海相灰岩；Moscovian 阶下部主要为滨浅海相碎屑岩。Moscovian 中期，哈萨克与塔里木、卡拉库姆地块汇聚、碰撞，形成 Moscovian 阶中上部的复理石、滑塌堆积层。随后，乌拉尔 - 突厥斯坦（Turkestan）洋（Biske 和 Seltmann，2010）关闭，海西造山作用造成强烈隆升，形成区域不整合（图 5-2-48、图 5-2-49）。

上二叠统—中三叠统，主要为裂谷火山岩，上覆陆相碎屑岩，分布极为局限（图 5-2-48、图 5-2-49）。其形成与西伯利亚板块、劳俄古陆与哈萨克地块的持续汇聚碰撞有关。

上三叠统—中侏罗统 Bathonian 阶为区域伸展裂谷地层序列，分布局限。上三叠统为陆相砾岩、砂岩。下侏罗统底部为陆相砂岩、粉砂岩，中部以陆相粉砂岩为主，上部以海陆交互相泥岩为主。中侏罗统 Aalenian–Bathonian 阶为滨浅海相、三角洲相砂岩、泥岩（图 5-2-48、图 5-2-49）。

中侏罗统 Callovian 阶 - 上新统 Zanclean 阶为坳陷地层序列。中侏罗统 Callovian 阶 - 上侏罗统为局限海相泥岩、砂岩夹灰岩，分布范围较广。

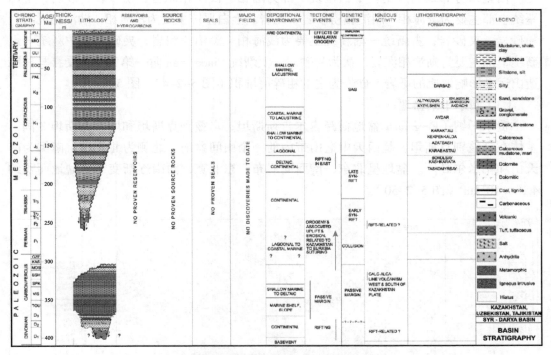

图 5-2-48　锡尔河盆地地层综合柱状图（据 IHS，2009）

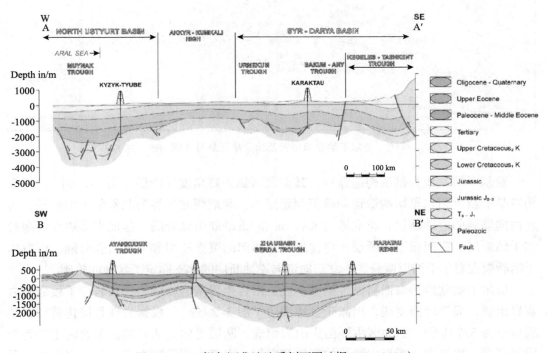

图 5-2-49　锡尔河盆地地质剖面图（据 IHS，2009）

白垩系分布最为广泛。下白垩统下部为陆相－浅海相泥岩、粉砂岩、砂岩；下白垩统上部主要为滨海相－湖泊相粉砂岩、泥岩。上白垩统主要为浅海相－湖泊相泥岩、粉砂岩，夹砂岩；古新统—渐新统主要为浅海相－湖泊相泥岩，夹砂岩；中新统—上新统下部主要为湖泊相泥岩，次为粉砂岩。上新统 Piacenzian 阶—第四系为受喜马拉雅造山运动影响形成的砾岩、砂岩为主的粗碎屑堆积（图 5-2-48、图 5-2-49）。

（3）费尔干纳盆地

费尔干纳（Fergana）盆地横跨吉尔吉斯斯坦、乌兹别克斯坦和塔吉克斯坦 3 国，主体在乌兹别克斯坦，是西天山造山带内的一个山间盆地，北侧为北天山，南侧为南天山和帕米尔高原。盆地呈北东—南西向展布，东北宽，西南逐渐变窄。盆地面积约 $4.12 \times 10^4 \mathrm{km}^2$（图 5-2-50）。

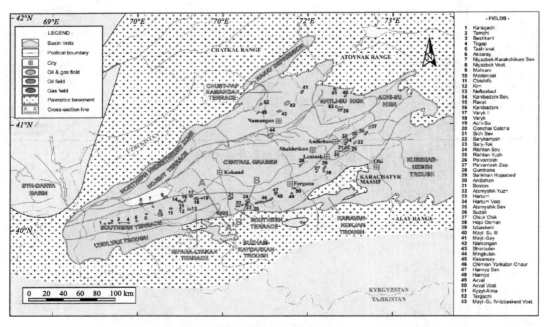

图 5-2-50　费尔干纳盆地位置及构造单元划分（据 IHS，2009）

费尔干纳盆地为挤压构造盆地，其南北两侧为高角度逆断层（图 5-2-51），现今构造是上新世阿尔卑斯构造运动峰值期定型的。盆地西北边界为北费尔干纳断裂，为北西向倾斜的逆冲断层，将盆地与 Kurama 和 Chatkal 山脉分隔。盆地南部边界为南费尔干纳断层，为南倾逆冲断层，将盆地与东西向的突厥斯坦和阿莱山脉分隔。南费尔干纳断裂在费尔干纳以南分叉，北东向走向逆冲断层的北支圈定了盆地的轮廓。

费尔干纳盆地为海西拼贴、褶皱基底，由古生界灰岩、砂岩、页岩、千枚岩和岩浆岩组成，局部轻微变质，出露于盆地周边（图 5-2-52）。根据岩性和结构特征，基底可分为 3 个区段。西北区主要由火山岩组成，断层走向呈北东向。东北区主要为变质沉积岩，褶皱成北西走向狭长的背斜和向斜。南部为变质沉积岩，含有志留系—泥盆系火山岩，构造线为东西走向。

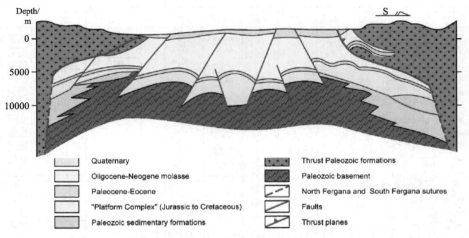

图 5-2-51　费尔干纳盆地位置及构造单元划分（据 IHS，2009）

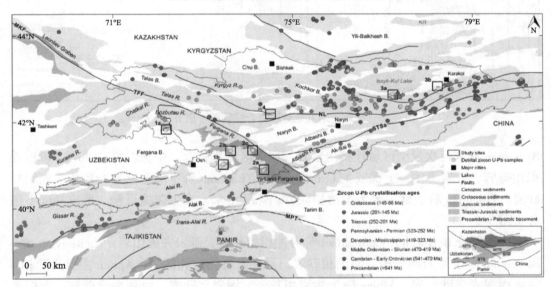

图 5-2-52　费尔干纳盆地 – 天山地质简图（据 Nachtergaele，2017；De Pelsmaeker et al，2018）
注：Fergana 盆地：Tash-Komyr（1a），Jetim-Dobo（1b）；Yarkand–Fergana 盆地：Terek（2a），Yassy river（2b），Chitty river（2c）；Issyk-Kul 盆地：Kadji-Sai（3a），Jeti-Oguz（3b）；Ming-Kush–Kökömeren 盆地：Ming-Kush（4）。NL—Nikolaev 构造线；TFF—Talas–Fergana 断裂；STSs—南天山缝合线；MPT—帕米尔主干逆冲断裂；NTS—北天山；MTS—中天山；STS—南天山；SL—Song-Ku 湖；KR—Kapchagay 水库；KL—Karakul 湖

上二叠统—下三叠统超覆在基底之上，由砾岩、砂岩和凝灰岩组成，为弧后裂谷沉积，分布局限。中—晚三叠世，受帕米尔微地块碰撞的影响，形成区域性不整合（图 5-2-53）。

晚三叠世晚期开始，区域挤压松弛，费尔干纳盆地开始沉降并接受沉积，上三叠统—渐新统以角度不整合覆盖于下伏地层之上。上三叠统以冲积相砂砾岩为主（图 5-2-53）。

下侏罗统 Hettangian–Sinemurian 阶继承性发育冲积相砂砾岩。下侏罗统 Pliensbachian 阶 – 中侏罗统 Bathonian 阶以湖泊、沼泽相泥岩为主，砂岩次之，含煤层。中侏罗世

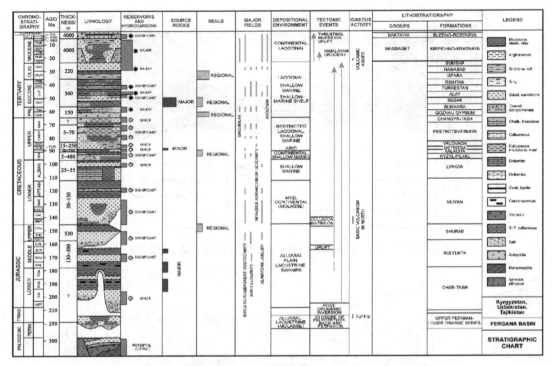

图 5-2-53　费尔干纳盆地地层综合柱状图（据 IHS, 2009）

Bathonian 期末再次发生区域性挤压隆升，形成区域不整合。中侏罗统 Callovian 阶以冲积相砾岩、砂岩为主，上侏罗统 Oxfordian 阶 –Tithonian 阶下部主要为冲积相 – 湖泊相砂岩。Tithonian 阶上部主要为湖泊相泥岩。侏罗纪末，发生碰撞反转，形成局部不整合（图 5-2-53）。

下白垩统 Berriasian-Valanginian 阶为冲积相砂岩、砾岩夹火山岩；Hauterivian 阶 –Barremian 阶主要为冲积相 – 湖泊相砂岩，局部发育湖泊相泥岩；Aptian 主要为陆相 – 浅海相泥岩夹砂砾岩；Albian 阶为浅海相灰岩、泥岩、砂岩，海侵来自西部。上白垩统 Cenomanian-Turonian 阶为浅海相 – 陆相灰岩、蒸发岩、泥岩及砂岩；Coniacian-Campanian 阶下部为潟湖 – 滨浅海相砂岩、粉砂岩、泥岩、灰岩及蒸发岩；Campanian 阶上部 –Maastrichtian 阶为潟湖 – 滨浅海相蒸发岩、泥灰岩、钙质泥岩、泥岩，及少量砂岩（图 5-2-53）。

古新统下部主要为潟湖 – 滨浅海相蒸发岩（膏盐），上部为潟湖 – 滨浅海相灰岩、白云岩、蒸发岩及砂岩；始新统主要为浅海相泥岩，夹砂岩和灰岩；渐新统下部主要为浅海相粉砂岩、泥岩，上部为滨浅湖相砂岩。古近纪末受喜马拉雅造山运动的影响，发生挤压隆升，形成区域不整合（图 5-2-53）。

中新统底部主要为冲积相砂砾岩夹火山岩，中部为冲积相 – 潟湖相砂砾岩、泥岩及蒸发岩，顶部为冲积相砂岩、粉砂岩。上新统—第四系为陆相砾岩、砂岩及泥岩（图 5-2-53）。

（4）阿富汗 - 塔吉克盆地

阿富汗 - 塔吉克（Afghan-Tajik）盆地横跨阿富汗、塔吉克斯坦、乌兹别克斯坦、土库曼斯坦、吉尔吉斯斯坦 5 国，主体在阿富汗、塔吉克斯坦、乌兹别克斯坦，是西南天山（吉萨尔 Gissar）与帕米尔造山带之间的山间盆地，北侧为高达 5km 的吉萨尔山脉，东部为高达 6~7km 的帕米尔高原达尔瓦扎（Darvaza）山脉，东南部为兴都库什（Hindu-Kush）山脉，西部以吉萨尔山脉的西南余脉与阿姆河盆地相隔。盆地面积约 $12.47 \times 10^4 \, km^2$（图 5-2-54）。

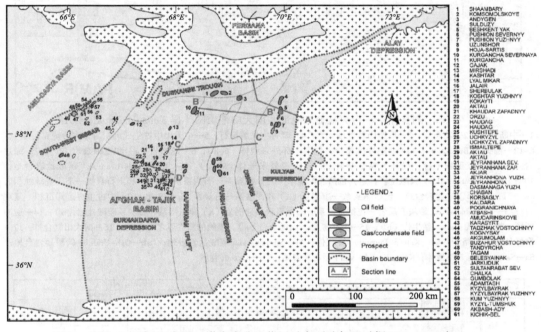

图 5-2-54　阿富汗 - 塔吉克盆地位置及主要油气田（据 IHS，2009）

阿富汗 - 塔吉克盆地为海西拼贴、褶皱基底，由前寒武系和古生界杂岩和变质岩组成，出露于盆地北部、东部和南部的山脉地区（图 5-2-54）。在盆地东北部西南天山南缘（图 5-2-55）出露了寒武系—志留系变质火山碎屑岩和志留系—石炭系变质碳酸盐岩，以及海西期花岗岩（Konopelko et al，2018）。上二叠统—下三叠统超覆在基底之上，由海相碎屑岩、碳酸盐岩和凝灰岩组成（厚达 4km），为弧后裂谷沉积。中三叠世，受帕米尔微地块拼贴的影响，弧后盆地反转隆升，形成区域性不整合（图 5-2-56）。

晚三叠世晚期开始，区域挤压松弛，阿富汗 - 塔吉克盆地开始沉降，总体上处于被动大陆边缘背景，并接受沉积，上三叠统—渐新统以不整合覆盖于下伏岩层之上。上三叠统以冲积相 - 浅海相砂砾岩为主（图 5-2-56）。

下侏罗统 Hettangian-Sinemurian 阶继承性发育冲积相 - 浅海相砂砾岩。下侏罗统 Pliensbachian 阶 - 中侏罗统 Bathonian 阶以冲积相 - 浅海相泥岩、砂岩为主，夹灰岩。中侏罗统 Callovian 阶以海相碳酸盐岩为主，次为泥岩、粉砂岩和砂岩。上侏罗统 Oxfordian 阶 -Tithonian 阶下部主要为滨浅海相蒸发岩。Tithonian 阶上部主要为滨浅海

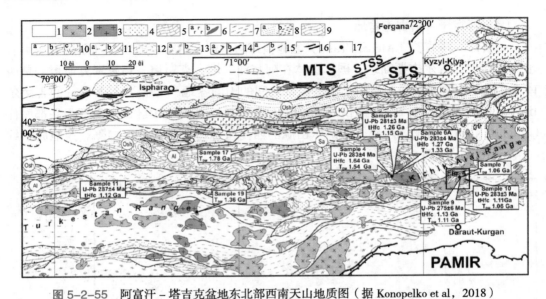

图 5-2-55　阿富汗 – 塔吉克盆地东北部西南天山地质图（据 Konopelko et al，2018）

1—中新生界；2—花岗岩；3—后造山碱性侵入岩；4—晚古生代磨拉石；5—中天山中古生代沉积岩（古哈萨克台地）；6~12—南天山 Bukantau-Kokshaal 逆冲推覆带，包括上部外来地体（6~8）：6—蛇绿岩（a）和蛇绿杂岩（b）；7—绿片岩；8—远洋沉积物（a），局部为黏土杂岩（b）；下部外来地体（9~12）：9—北部（Osh-Uratube）碳酸盐岩台地；10—中部（Nuratau-Alai）碳酸盐岩台地，包括前泥盆系（a）、泥盆系—石炭系灰岩（b）和上石炭统—下二叠统浊积岩（c）；11—南部碳酸盐岩台地，包括寒武系—志留系（a）和泥盆系—石炭系（b）灰岩；12—中古生界远洋沉积 – 复理石；13—Zeravshan-Alai 地块变质岩，包括寒武系—志留系火山碎屑岩（a）和志留系—石炭系碳酸盐岩（b）；14—逆冲断裂，晚古生代（a），新生代（b）；15—其他断裂，出露地表（a），推测的新生界之下（b）；16—南天山缝合带；17—取样位置。缩略词：KJ—Katran-Jauruntuz 推覆体；Al—Nuratau-Alai 碳酸盐岩台地；Osh—Osh-Uratube 碳酸盐岩台地；Sa—Sartale 蛇绿岩推覆体；Kch—Kichik-Alai I 型花岗岩体；Kz—Kauzan 背斜

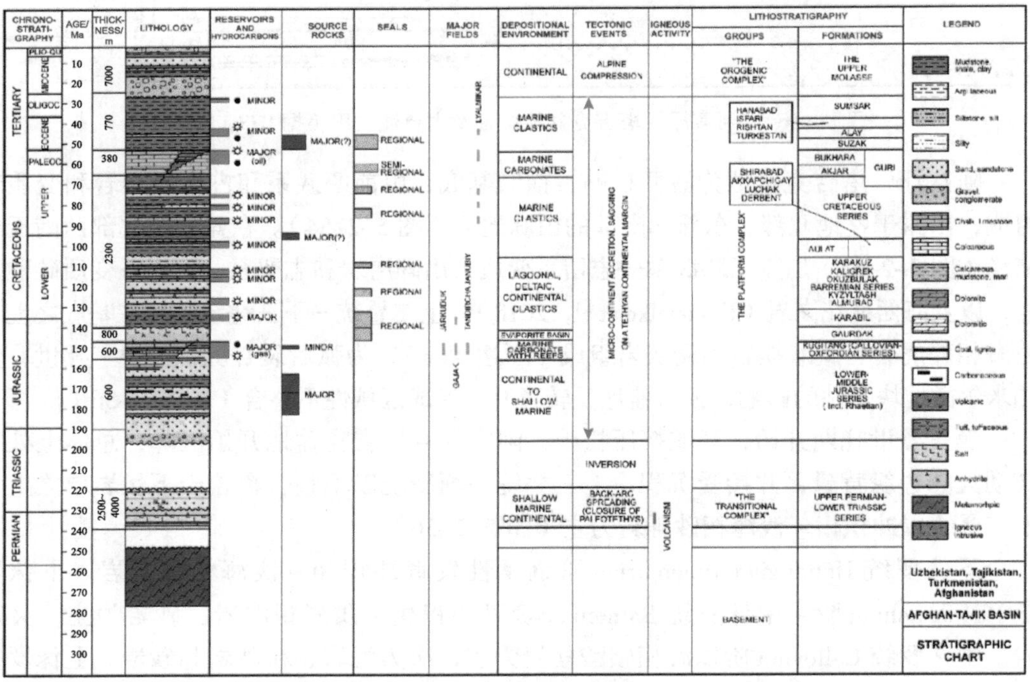

图 5-2-56　阿富汗 – 塔吉克盆地地层综合柱状图（据 IHS，2009）

相泥岩（图 5-2-56）。

下白垩统 Berriasian–Valanginian 阶为滨浅海相泥岩；Hauterivian 阶 –Barremian 阶主要为冲积相 – 浅海相砂岩、粉砂岩、泥岩、灰岩及蒸发岩，局部发育火山岩；Aptian 主要为浅海相粉砂岩、泥岩；Albian 阶为浅海相泥岩、砂岩。上白垩统 Cenomanian–Turonian 阶为浅海相灰岩、泥岩及砂岩；Coniacian–Campanian 阶下部为浅海相泥岩夹灰岩；Campanian 阶上部 –Maastrichtian 阶为浅海相泥岩，夹少量灰岩、砂岩及火山岩（图 5-2-56）。

古新统主要为浅海相灰岩，底部局部见蒸发岩（膏盐），中部见火山岩、白云岩，上部见泥岩；始新统—渐新统主要为浅海相泥岩，夹灰岩。古近纪末受喜马拉雅造山运动的影响，发生挤压隆升，形成区域不整合（图 5-2-56~ 图 5-2-58）。

中新统下部主要为冲积相砂砾岩，上部为冲积相 – 湖相砂岩、泥岩。上新统—第四系为陆相砾岩、砂岩及泥岩（图 5-2-56）。

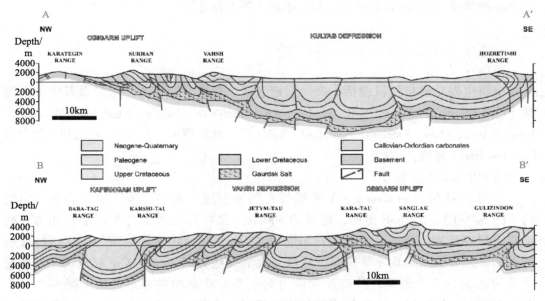

图 5-2-57　阿富汗 – 塔吉克盆地 AA′ 和 BB′ 剖面图（位置见图 5-2-54；据 IHS，2009）

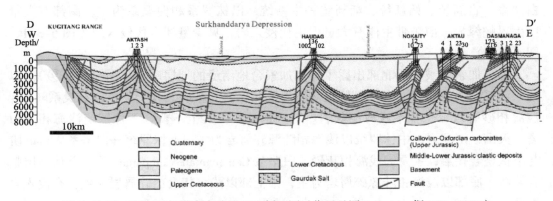

图 5-2-58　阿富汗 – 塔吉克盆地 DD′ 剖面图（位置见图 5-2-54；据 IHS，2009）

5.3 中新生代变形带

中新生代变形带自西向东可分为西段、中段和东段。共同特征是从冈瓦纳分离的基梅里及更新地块群的一些地块在中新生代（印支期、燕山期、喜山期）与欧亚大陆拼贴、碰撞形成复杂的褶皱变形带。西段包括小高加索褶皱带、扎格罗斯变形带及其中山间盆地、伊朗中部盆地。中段包括 Kopet Dag 褶皱带、Alborz 褶皱带、Yard 盆地、Kavir 东南盆地、伊朗中部地块、Kerman 盆地、Lut 地块、Pir Shuran 盆地和 Kashmar 盆地。东段包括帕米尔（Pamir）地体、Herat 盆地、Baijan 地块、Turkman 盆地、Helmand 地块、中央山脉、Kabul 地块、Helmand 盆地、Balochistan 盆地、Chaman–Nal 复理石带、Kakarkhorashan 复理石带、Bella–Quetta 蛇绿岩带、Bella–Quetta 蛇绿岩带、Kirthar 褶皱带、Sulaiman 褶皱带等构造单元（图 5-0-2）。

5.3.1 中新生界变形带西段

中新生界变形带西段包括小高加索褶皱带、扎格罗斯逆冲褶皱带及其中山间盆地〔C. Armenia、Sabunchi、Araks、Errurum、Mus–Van、Tabriz、Khalkhal、Miyaneh、Bijan、Arak、Qom、Esfahan、Saidabad（Sirjan）〕、扎格罗斯（Zagros）盆地和伊朗中部（Central Iran）盆地。

（1）小高加索褶皱带

小高加索（Lesser Caucasus）褶皱带在阿塞拜疆、亚美尼亚、格鲁吉亚 3 国境内（图 5-3-1），NW–SE 走向，绵延约 600km。北以苏拉米山与大高加索相连，南接亚美尼亚高原。最高峰吉亚梅什山海拔 3724m。小高加索褶皱带是新生代特提斯洋关闭，外高加索地块（早侏罗世从欧亚大陆彻底分离）与亚美尼亚地块（二叠纪末从冈瓦纳分离）汇聚，外高加索地块向亚美尼亚地块逆冲形成的（图 5-2-15、图 5-3-2、图 5-3-4）。小高加索褶皱带出露了元古界、古生界—三叠系、侏罗系、白垩系、古新统、始新统、渐新统—中新统，以侏罗系和白垩系为主，南部有大量中生界蛇绿岩，褶皱带主体有大量中生代侵入岩，见少量新生代侵入岩（图 5-3-1、图 5-3-2）。

小高加索褶皱带西北部出露了外高加索台地南缘的地层序列（图 5-3-3 ⑨）。以前寒武系高级变质岩、古生界低级变质岩及花岗岩为基底，其上不整合石炭系陆相 - 浅海相砂砾岩、二叠系浅海相灰岩。三叠系缺失。其上不整合下侏罗统浅海相火山岩、火山 - 沉积岩；中侏罗统以浅海相陆源碎屑岩为主。上侏罗统—白垩系 Albian 阶与下伏整合接触，主要为浅海相灰岩。白垩系 Cenomanian–Campanian 阶与下伏地层整合接触，底部以浅海相陆源碎屑岩为主，中上部以浅海相火山碎屑岩为主，有侵入岩发育。

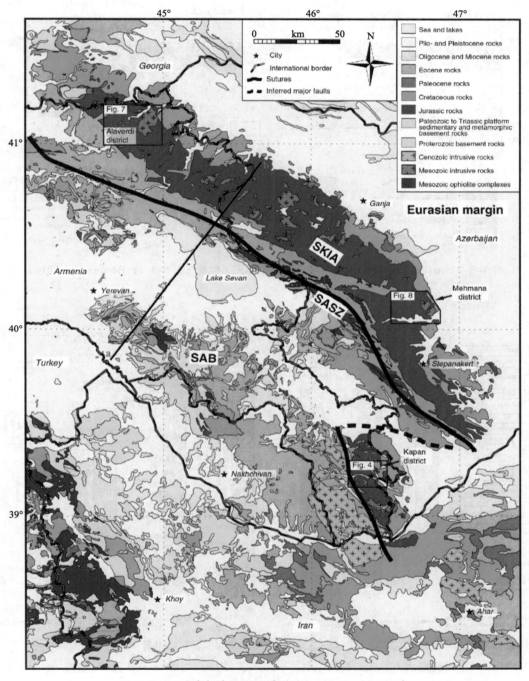

图 5-3-1 小高加索地区地质图（Mederer et al，2014）

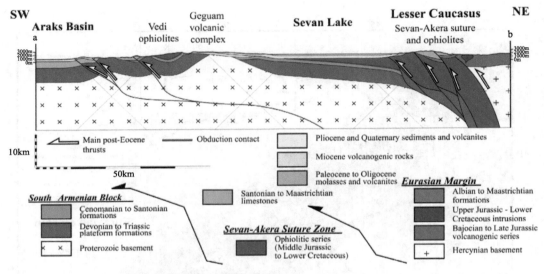

图 5-3-2　Araks 盆地 – 小高加索褶皱带地质剖面图（位置见图 5-3-1；Hässig et al，2016）

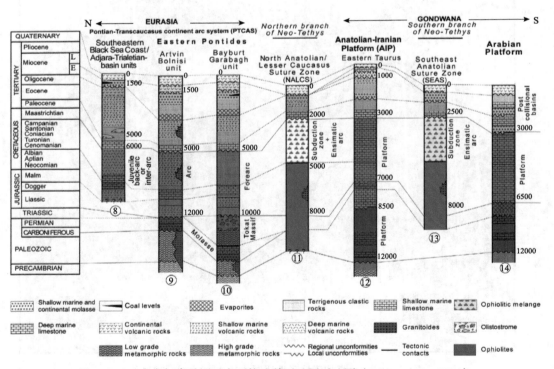

图 5-3-3　小高加索及围区主要构造单元地层对比图（Yılmaz et al，2014）

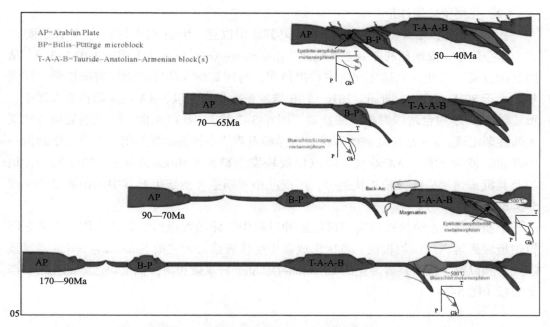

图 5-3-4 阿拉伯板块 – 小高加索构造演化剖面图（Rolland et al，2012）

上白垩统 Maastrichtian 阶—古新统与下伏地层局部不整合接触，主要为滨浅海相灰岩。始新统与下伏地层整合接触，主要为浅海相陆源碎屑岩。渐新统与下伏地层整合接触，主要为浅海相火山碎屑岩，有侵入岩发育。中新统下部与下伏地层整合接触，底部主要为蒸发岩，中部为滨浅海相陆源碎屑岩，上部主要为陆相磨拉石和陆相火山岩。中新统上部—第四系与下伏地层不整合接触，主要为陆相火山岩（图 5-3-3 ⑨）。

小高加索褶皱带中部出露了小高加索缝合带的地层序列［图 5-3-3 ⑪］。以古生界—下白垩统洋壳蛇绿岩为基底。白垩系 Cenomanian–Campanian 阶为蛇绿杂岩。上白垩统 Maastrichtian 阶—古新统与下伏地层不整合接触，主要为滨浅海相灰岩。始新统与下伏地层整合接触，主要为浅海相陆源碎屑岩。渐新统与下伏地层整合接触，主要为浅海相火山碎屑岩。中新统下部缺失。中新统上部—第四系与下伏地层不整合接触，主要为陆相火山岩（图 5-3-3 ⑪）。

小高加索褶皱带南部出露了亚美尼亚（Amenian）台地北缘的地层序列（图 5-3-3 ⑫）。以前寒武系高级变质岩和低级变质岩为基底，其上不整合古生界陆相 – 浅海相陆源碎屑岩、浅海相灰岩。三叠系与下伏地层整合接触，主要为浅海相灰岩。侏罗系—白垩系与下伏地层局部不整合接触，主要为浅海相灰岩。古新统与下伏地层整合接触，主要为滨浅海相陆源碎屑岩。始新统与下伏地层整合接触，底部主要为浅海相砂砾岩，中上部主要为滨浅海相砂岩。渐新统与下伏地层整合接触，主要为浅海相火山碎屑岩。中新统下部与下伏地层整合接触，主要为滨浅海相砂砾岩和碳酸盐岩。中新统上部—第四系与下伏地层不整合接触，主要为陆相火山岩（图 5-3-3 ⑫）。

（2）扎格罗斯逆冲带

扎格罗斯（Zagros）逆冲褶皱带在土耳其、伊拉克、伊朗3国境内，主体在伊朗。

三叠纪末，安纳托利亚－亚美尼亚（Anatolian-Armenia =AA）地块（图5-3-5）从冈瓦纳分离，与北方大陆之间为古特提斯洋，与冈瓦纳大陆之间为中特提斯洋。洋壳年龄大于80Ma（Hässig et al，2016）。在侏罗纪—早白垩世，AA地块漂移在大洋中，形成约4km厚的台地浅海相碳酸盐岩（图5-3-3 ⑫）。晚白垩世，阿拉伯板块与欧亚大陆逐渐汇聚，AA地块北侧的古特提斯洋和南侧的中特提斯洋关闭。古近纪渐新世—中新世，欧亚大陆、AA地块、阿拉伯板块发生碰撞（Mirnejad et al，2011），AA地块及其沉积盖层向阿拉伯板块逆冲，形成扎格罗斯逆冲褶皱带及其中的山间盆地（图5-3-6、图5-3-7）。

中新生代AA地块在裂离到碰撞逆冲过程中，伴随着强烈的岩浆作用，由靠近阿拉伯板块到远离阿拉伯板块，依次形成以中生代岩浆岩为主的Sanandaj- Sirjan岩浆弧（SSZ）和以新生代岩浆岩为主的Urumieh-Dokhtar岩浆弧和阿拉伯地块边缘的扎格罗斯推覆带（图5-3-8）。

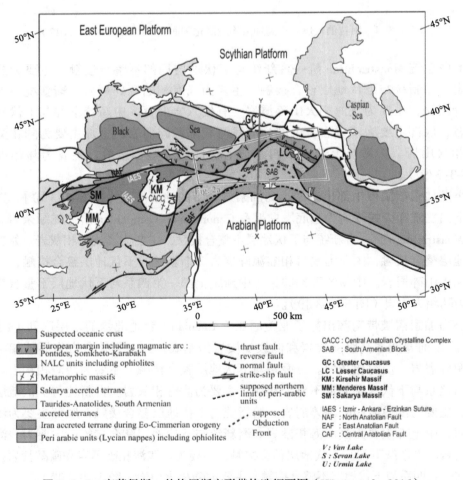

图5-3-5　庞蒂得斯－扎格罗斯变形带构造纲要图（Hässig et al，2016）

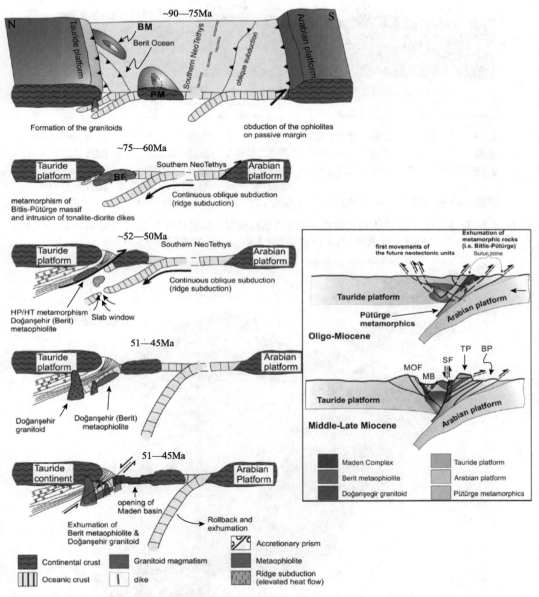

图 5-3-6　阿拉伯板块 –Tauride 台地构造演化剖面图（Karaoğlan et al，2016）

MB—Malatya 盆地；MOF—Malatya–Ovacık 断裂；SF—Sürgü 断裂；TP—Tauride 台地；BP—Bitlis–Pütürge 变质杂岩

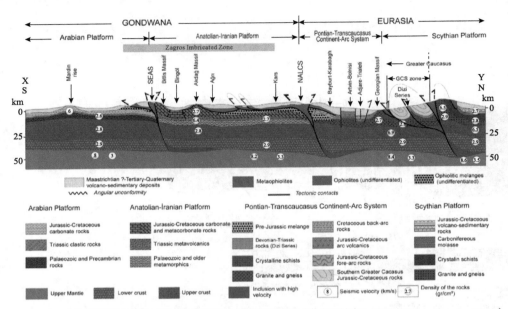

图 5-3-7 阿拉伯板块 – 大高加索褶皱带地质剖面简图（位置见图 5-3-5；Yılmaz et al，2014）

NALCS—北安纳托利亚 – 小高加索缝合带；SEAS—安纳托利亚东南缝合带

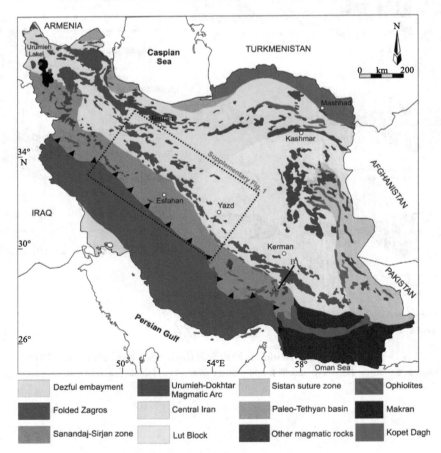

图 5-3-8 扎格罗斯逆冲带地质简图（Kazemi et al，2018）

（3）Sanandaj-Sirjan 中生代岩浆弧带

Sanandaj-Sirjan 岩浆弧带（SSZ 或 SSMA）主要由前二叠系变质岩、二叠系—第四系沉积岩（含弱变质沉积岩）及岩浆岩组成（图 5-3-9）。

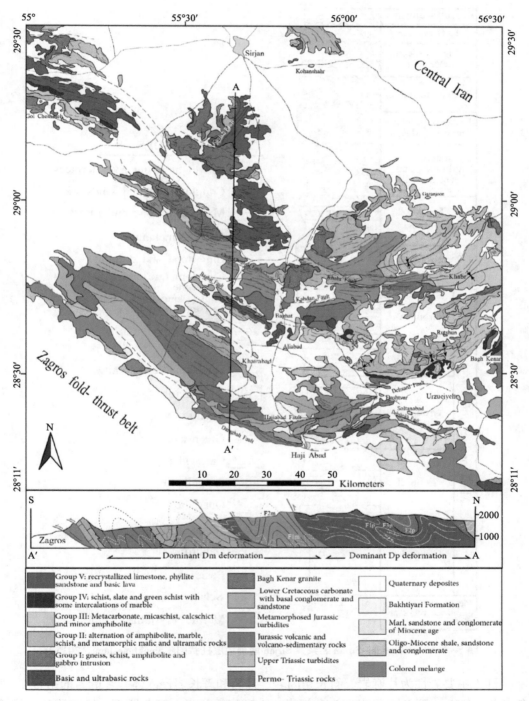

图 5-3-9　Sanandaj-Sirjan 岩浆弧 Sirjan 南部地质图（Sheikholeslami，2015）

Sanandaj–Sirjan 岩浆弧前二叠系变质岩自下而上分为 Ⅰ、Ⅱ、Ⅲ、Ⅳ、Ⅴ 5 个群，变质作用主要发生在中、新生代（Sheikholeslami，2015）。下伏前寒武系主要为超基性岩变质岩和大理岩（图 5-3-10）。

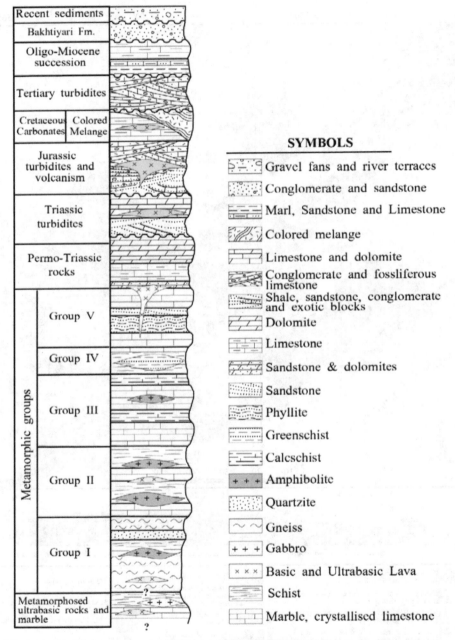

图 5-3-10　Sanandaj–Sirjan 岩浆弧 Sirjan 南部地层柱状图（Sheikholeslami，2015）

群 Ⅰ 主要岩性为片麻岩、斜长角闪岩、片岩和辉长岩侵入体，片麻岩的锆石 U–Pb 年龄为 520Ma。群 Ⅱ 主要岩性为角闪岩、大理岩、片岩、暗色燧石、镁铁质和超镁铁质变质岩。群Ⅲ岩性主要为大理岩，局部有燧石条带、云母片岩、钙质片岩和少量角闪岩。钙质片岩中含中泥盆统 Givetian 阶化石。群Ⅳ岩性主要为片岩、板岩、绿片岩、石英岩与大理石。片岩和板岩中含有晚泥盆世—早石炭世孢粉组合。群Ⅴ岩性主要为重结晶石灰岩、片岩、千枚岩、板岩、变质砂砾岩和变质火山岩。重结晶石灰岩中含晚石炭世—早二叠世微体化石组合（图 5-3-10）。

中、上二叠统为弱变质或未变质的含火山岩碎屑玄武岩熔岩、重结晶石灰岩、砂岩、白云石和页岩。上覆下三叠统厚层碳酸盐岩，碳酸盐岩中含有大量的深灰色白云岩和石灰岩夹层。中、上三叠统为由页岩、砂岩、砾岩、火山岩和外来的二叠系岩块组成的复理石序列（图 5-3-10）。

侏罗系岩石包括浊积岩、火山岩和火山–沉积岩三套岩层系列，部分遭受变形和变质成绿片岩相（图 5-3-10）。

浊积岩序列下部为砂岩、杂砂岩和绿色至灰色页岩，向上过渡为砾岩、砂质灰岩、暗色微晶灰岩和页岩。砾岩中的卵石成分为石英岩、燧石和古生界变质岩碎屑。上部的微晶灰岩包含晚侏罗世—早白垩世微体化石。根据古生物和地层证据，下部归属于早侏罗世—中侏罗世。在巴加特地区北部变形和变质为片岩、千枚岩、变质砂岩和绿片岩相变质砾岩。上部常见大小不一的古生界变质岩在外来岩块或滑塌沉积物。

火山岩系列下部主要为辉长岩或辉长岩、闪长岩，其中穿插有安山岩，上覆玄武质熔岩流、玻屑安山岩和凝灰岩。部分岩石变形变质绿片岩相。

火山–沉积岩系列包括石灰岩、泥质灰岩、砂质石灰岩和火山岩。火山岩主要由玄武岩、安山岩和粗面安山岩组成。沉积岩中含有上侏罗统—下白垩统微体化石。岩浆岩常量元素和微量元素显示岩浆演化从过渡性到钙碱性，与幔源起源的岩浆受板片俯冲相关的流体和沉积物的影响有关。下白垩统灰岩与溢流玄武岩被 Barremian 阶砾岩、砂岩覆盖。

白垩系碳酸盐上覆下渐新统浊积岩系，为砂岩、页岩和灰绿色粉砂岩互层，以及从几厘米到几百米不等的外来岩石。下白垩统碳酸盐岩是该单元中最大的外来块。下渐新统之上不整合上渐新统—中新统灰岩、泥灰岩、泥岩和砂岩。晚渐新世，发生了区域性海平面上升和盆地沉降，随后形成了新生代复理石盆地。上新统 Bakhtiyari 组砾岩、砂岩不整合于中新统之上（图 5-3-10）。

（4）Urumieh-Dokhtar 新生代岩浆弧带

Urumieh-Dokhtar 新生代岩浆弧（UDMA）也称 Sahand-Bazman 或 Tabriz-Bazman 带，或者伊朗中部火山–侵入岩带。岩浆活动开始于古新世，始新世为高峰期（Kazemi et al，2018）。UDMA 不同地区的岩石组合存在明显差别。

UDMA 中部 Buin-Zahra 地区出露最老的岩石是始新统火山岩。渐新统下部为砾岩、砂岩和泥灰岩，上覆灰岩和泥灰岩，其上被英安岩、流纹岩、安山岩、玄武岩和熔结凝灰岩覆盖。渐新统上部—中新统下部为滨浅海相碎屑岩，中新统上部为陆相碎屑岩。始新统以中性到长英质火山岩为主，其中穿插渐新统—中新统和中新统花岗岩（图 5-3-11）。火山岩的喷发环境为活动大陆边缘大陆至浅海环境。始新统主要为钙碱

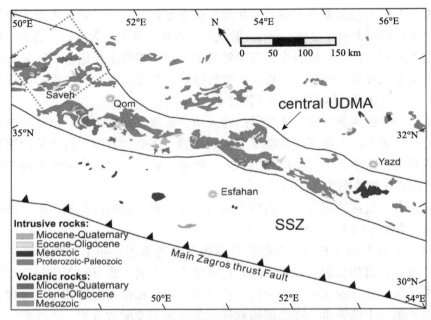

图 5-3-11　Urumieh–Dokhtar 新生代岩浆弧中部地质简图（Kazemi et al，2018）

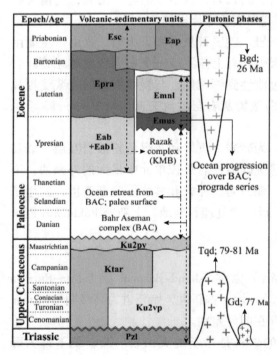

图 5-3-12　Urumieh–Dokhtar 新生代岩浆弧东南部综合地层柱状图（Hosseini et al，2017）

性火山岩，始新统上部逐渐变为碱性和高钾碱性火山岩。其侵入岩主要为次火山斑状花岗岩，包括花岗岩、花岗闪长岩、闪长岩和英云闪长岩，为钙碱性、偏铝质、I 型成分（Kazemi et al，2018）。

UDMA 东南部 Bahr Aseman 地区出露的最老岩石为三叠系板岩、千枚岩和石英岩（图 5-3-12Pzl）。上白垩统不整合其上，以玄武岩安山岩、安山岩熔岩为主，次为凝灰岩，局部夹灰岩（图 5-3-12 中 Ku2vp 和 Ktar）。上白垩统顶部（Maastrichtian 阶）主要为长英质 – 中性火山碎屑岩。古新世岩浆侵入（图 5-3-12 中 Tqd 和 Gd）造成隆升，地层缺失。始新统由红色砾岩、砂岩、砂质灰岩和泥灰岩。同期发育玄武岩、安山岩、安山岩熔岩及火山碎屑岩。UDMA 与 SSZ 之间的上白垩统蛇绿岩（图 5-3-13）和 UDMA 岩浆岩的地球化学特征，均表明 UDMA 东南部岩浆岩为活动大陆边缘火山岛弧 – 弧后成因（Hosseini et al，2017）。

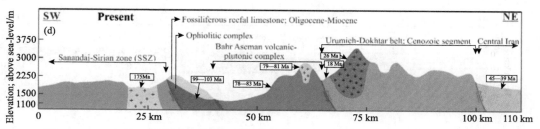

图 5-3-13 UDMA 东南部地质剖面图（位置见图 5-3-8 中 AB；Hosseini et al，2017）

（5）扎格罗斯推覆带

扎格罗斯推覆带（High Zagros imbricated belt）位于阿拉伯板块边缘，东北部与 SSZ 以扎格罗斯逆冲主断裂（Main Zagros Thrust 断裂 =MZTF）分隔，西南部以高扎格罗斯断裂（High Zagros 断裂 = HZF）与扎格罗斯简单褶皱带（扎格罗斯油气区）相接，主要为阿拉伯板块边缘古生界—中生界强烈逆冲变形而成，北缘有少量蛇绿岩出露（图 5-3-14、图 5-3-15）。其地质演化历史与扎格罗斯油气区基本相同，一些学者也将扎格罗斯推覆带划归为扎格罗斯油气区（Pirouz et al，2017）。

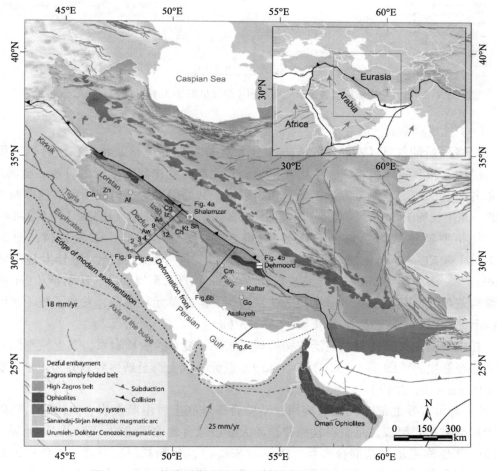

图 5-3-14 扎格罗斯及围区地质简图（Pirouz et al，2017）

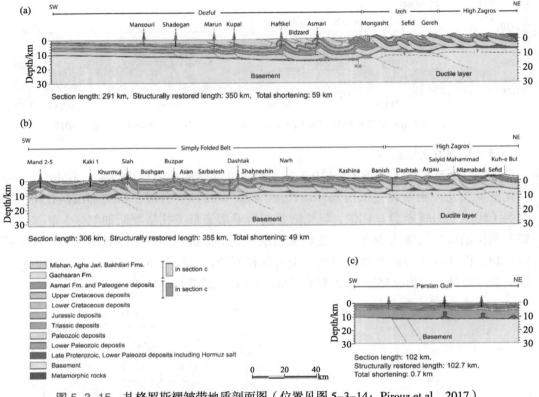

图 5-3-15　扎格罗斯褶皱带地质剖面图（位置见图 5-3-14；Pirouz et al，2017）

（6）扎格罗斯油气区

扎格罗斯油气区（Zagros Province）也称扎格罗斯简单褶皱带，在土耳其、伊拉克、伊朗、叙利亚 4 国境内，主体在伊朗。东北部为扎格罗斯推覆带，西北至黑尔 - 盖尔若凸起，东南延伸至曾旦 - 米纳布断裂带，其西南界为扎格罗斯变形前锋断裂。西北—东南长约 1800km，东北—西南宽 250~350km，面积约 $55.3 \times 10^4 km^2$（图 5-3-14）。

扎格罗斯油气区总体上表现为 NE 向 SW 褶皱变形减弱（图 5-3-14、图 5-3-15），具有 NE-SW 向褶皱变形分带，NW-SE 向变形分块的特征。划分为基尔库克（Kirkuk）、洛斯坦（Lorstan）、迪兹富勒（Dezful）、伊泽（Izeh）、法尔斯（Fars）等次级构造单元。其中，基尔库克和迪兹富勒两个构造单元变形弱，发育了数千米厚中新统上部及以新的前陆盆地沉积［图 5-3-15（a）］。

扎格罗斯油气区的基底是泛非构造运动拼贴、变形、变质岩系。其上发育新元古界上部至新生界（图 5-3-15、图 5-3-16）。新元古代上部至新生界划分为 4 个主要旋回（Pirouz et al，2017）。

① 新元古界上部—泥盆系旋回：不整合于基底上，由蒸发岩、火山岩、硅质碎屑岩和碳酸盐岩组成，是裂谷盆地和被动大陆边缘台地内形成的。新元古界上部—寒武系下部也称霍尔木兹混合岩系（Hormuz Series），包括盐、硬石膏、黑色白云岩、页岩、红色粉砂岩、砂岩，为裂谷盆地（Najd）滨浅海沉积。上覆寒武系巴若特组

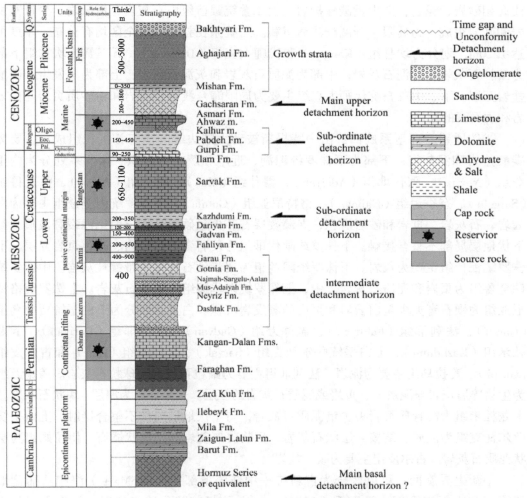

图 5-3-16　扎格罗斯盆地地层综合柱状图（Derikvand et al，2018）

（Barut）、莱伦组（Lalm）-宰干组（Zaigun）、米勒组（Mila）。下、中寒武统巴若特组为一套砂岩、页岩夹燧石叠层石、白云石和石灰岩。中寒武统莱伦组主要为河流相和风成相的石英砂岩夹少量砾岩。宰干组为页岩夹少量粉砂岩和砂岩。上寒武统—下奥陶统米勒组主要为浅海相的白云岩和泥灰岩互层、海绿石灰岩、页岩和砂岩。奥陶系—志留系划分为依勒贝克组（Ilebeyk）、扎德库赫组（Zard Kuh）、Seyahou 组和 Sarchahan 组。依勒贝克组为一套浅海相云母页岩、砂岩和石灰岩。扎德库赫组为一套浅海相页岩夹细砂岩。上奥陶统 Seyahou 组厚 747m，主要为砂岩、灰岩的页岩。下志留统 Sarchahan 组厚约 66m，由黑色页岩组成、整合于 Sayahou 组之上。泥盆纪—石炭纪早期，受华力西构造运动的影响，阿拉伯地区抬升，遭受剥蚀，仅在法尔斯地区发育泥盆系 Zakeen 组，厚约 285m，以砂岩和页岩互层为主，次为白云质灰岩。

　　②二叠纪—三叠纪旋回：与下伏地层不整合接触，由裂谷盆地陆相-浅海相沉积组成。二叠系划分为佛冉汉组（Faraghan）、戴蓝组（Dalan）。下二叠统佛冉汉组为滨

浅海相砂岩、泥岩，夹少量碳酸盐岩。上二叠统戴蓝组由石灰岩、白云岩、少量蒸发岩和砂岩组成，为局限 – 开阔滨浅海沉积。三叠系在扎格罗斯全区均有分布，厚度可达 1220m，划分为坎甘组（Kangan）和代师太克组（Dashtak）。下三叠统坎甘组下部为鲕粒石灰岩和灰泥石灰岩；中部为泥质石灰岩和灰泥石灰岩；上部为蒸发岩和碳酸盐岩互层。下、中三叠统代师太克组主要为局限海 – 浅海相页岩和粉砂质页岩与白云岩和硬石膏的互层。

③侏罗系—白垩系旋回：由中特提斯被动大陆边缘滨浅海相沉积组成，主要为碳酸盐岩和泥灰岩，下部为下侏罗统潟湖、近岸和萨布哈沉积。侏罗系划分为内里兹组（Neyriz）、阿代耶组（Adaiyah）、穆什组（Mus）、阿兰组（Aalan）、萨金鲁组（Sargelu）、奈季迈组（Najmah）、格特尼亚组（Gotnia）。下侏罗统内里兹组主要为白云岩、石灰岩、页岩和砂岩沉积，夹藻叠层石和少量硬石膏，层面见泥裂和波痕。与下伏地层局部不整合接触。下侏罗统阿代耶组为硬石膏与白云岩、暗色页岩互层。下侏罗统穆什组主要为灰岩。下侏罗统阿兰组为层状硬石膏夹少量鲕粒灰岩。中侏罗统萨金鲁组为页岩和泥质石灰岩。中、上侏罗统奈季迈组为团藻石灰岩。上侏罗统格特尼亚组为硬石膏夹少量白云岩和页岩的蒸发岩沉积。白垩系划分为下白垩统贾拉乌组（Garau）、法利耶组（Fahliyan）、盖德万组（Gadvan）、达里耶组（Dariyan）、卡兹杜米组（Kazhdumi）、上白垩统萨尔瓦克组（Sarvak）、伊拉姆组（Ilam）和古尔皮组（Gurpi）。贾拉乌组主要为泥岩。法利耶组主要为鲕粒石灰岩和球粒石灰岩。盖德万组为生物碎屑灰岩与泥灰岩、页岩或泥质石灰岩的互层。达里耶组为厚层 – 块状石灰岩。卡兹杜米组为沥青质页岩夹少量泥质石灰岩，与下伏地层局部不整合接触。上白垩统萨尔瓦克组为泥质、结核 – 层状石灰岩，生物碎屑灰岩和结核状燧石。伊拉姆组为层状泥质石灰岩。古尔皮组主要为碳酸盐岩。

④新生界旋回：可以区分为古新统—中新统下部（—16.5Ma±）海相前陆盆地亚旋回和中新统上部—第四系（16.5Ma±—）陆相前陆盆地亚旋回。新生界划分为帕卜德赫组（Pabdeh）、阿斯马里组（Asmari）、加奇萨兰组（Gachsaran）、米山组（Mishan）、阿贾里组（Aghajari）和巴克提尔瑞组（Bakhtyari）。古新统—渐新统下部的帕卜德赫组岩性为页岩、泥质石灰岩、泥灰岩和结核状燧石，与下伏地层呈不整合接触。渐新统上部—中新统下部的阿斯马里组主要由富化石灰岩、硬石膏和少量钙质砂岩、砂质灰岩和页岩组成。中新统中部的加奇萨兰组为硬石膏与石灰岩互层，夹沥青质页岩、少量的盐岩和泥灰岩，与下伏地层局部不整合接触。中新统中上部的米山组为灰岩和泥灰岩互层。中新统上部—上新统的阿贾里组以陆相砾岩、砂岩、粉砂岩为主，夹泥灰岩和蒸发岩。上新统顶部—第四系的巴克提尔瑞组主要由陆相砾岩、砂岩组成，与下伏地层不整合或假整合接触。

5.3.2 中新生界变形带北部中段

中新生界变形带北部中段包括 Kopeh Dagh 褶皱带、Alborz 褶皱带、Tabriz–Saveh 带

（UDMA）、Sabzevar 带和中伊朗微古陆（图 5-3-17）。

（1）克派达格褶皱带

克派达格（Kopeh Dagh）褶皱带位于伊朗和土库曼斯坦两国交界，从伊朗与阿富汗边界，向西绵延超过 700km，直达里海西南部（图 5-3-17）。南部以古特提斯缝合线与厄尔布尔士（Alborz）褶皱带相接，北部为南里海和阿姆河盆地（图 5-3-18）。

克派达格褶皱带出露的地层有前侏罗系、侏罗系、白垩系、古近系、新近系和第四系（Robert et al，2014；Ruh & Vergés，2017）（图 5-3-19、图 5-3-20）。

克派达格褶皱冲断带出露的最古老的岩石是泥盆系—下石炭统（图 5-3-20），主要出露在东部的 Aghdarband 侵蚀窗，以及 Fariman 和 Darreh Anjir 的杂岩体（complexes）

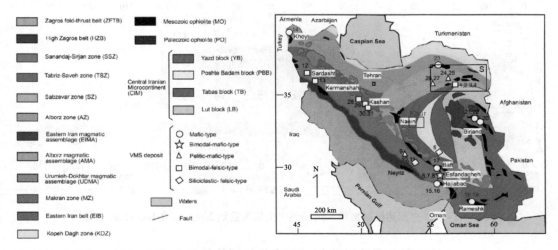

图 5-3-17 伊朗地质构造单元划分（Mousivand et al，2018）

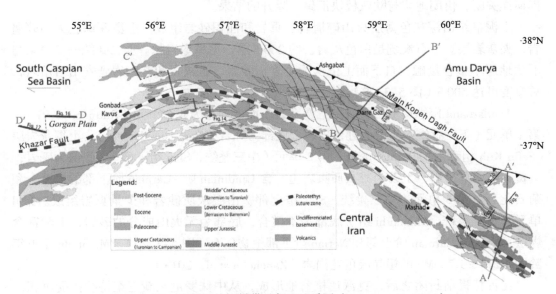

图 5-3-18 克派达格褶皱带及邻区地质图（Robert et al，2014）

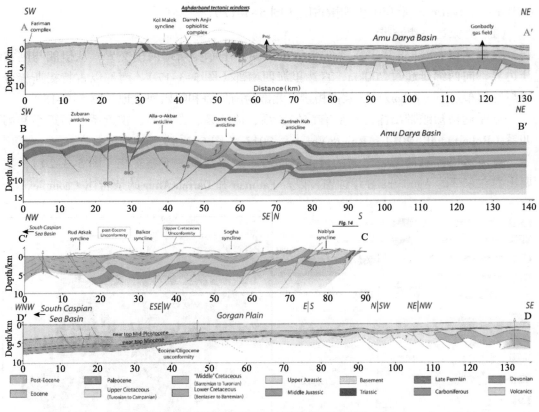

图 5-3-19　克派达格褶皱带 - 阿姆河、南里海盆地剖面图（Robert et al，2014）

内。Aghdarband 侵蚀窗主要是三叠系。三叠系与下伏地层不整合接触，是海西期古特提斯洋关闭，伊朗地块与欧亚板块汇聚、隆升的结果。

上泥盆统由深灰色薄层火山碎屑岩、页岩和浊积砂岩组成。上覆深绿色火山碎屑岩，夹灰岩层。下石炭统是白色灰岩，约 200m 厚，见辉绿岩脉。上二叠统—三叠系与下伏地层不整合接触，自下而上依次为砾岩、砂岩，石灰岩和玄武岩到安山岩熔岩，总厚度可达 500m（图 5-3-20）。

Aghdarband 侵蚀窗上二叠统—三叠系自下而上划分为 4 个单元（Ruttner，1991）。第 1 单元（下三叠统）主要为红色砂岩，底部为砾岩（Qara Gheithan 组），上覆灰岩层（Sefid Kuh 组和 Nazarkardeh）组。第 2 单元（中三叠统，Sina 组下部），底部为砾岩，上覆火山碎屑砂岩，上部为凝灰质页岩组。含 Landinian 阶 -Carnian 阶下部的海百合和菊石化石。第 3 单元（中三叠统，Sina 组上部）由凝灰质砂岩和少量页岩组成。第 4 单元（上三叠统，Miankuhi 组）底部为不整合，底部为无火山成分的砂岩，上覆富含煤层页岩，含 Carnian 阶上部和 Norian 阶下部植物化石（图 5-3-20）。Miankuhi 组见年龄为（217±1.7）Ma 的粗晶淡色花岗岩（Zanchetta et al，2013）。

在古特提斯封闭之后，克派达格盆地形成，从中侏罗世至新近纪持续接受沉积，与阿姆河盆地的南缘相当。最下部为中侏罗统 Kashafrud 组，不整合于三叠系或更老的

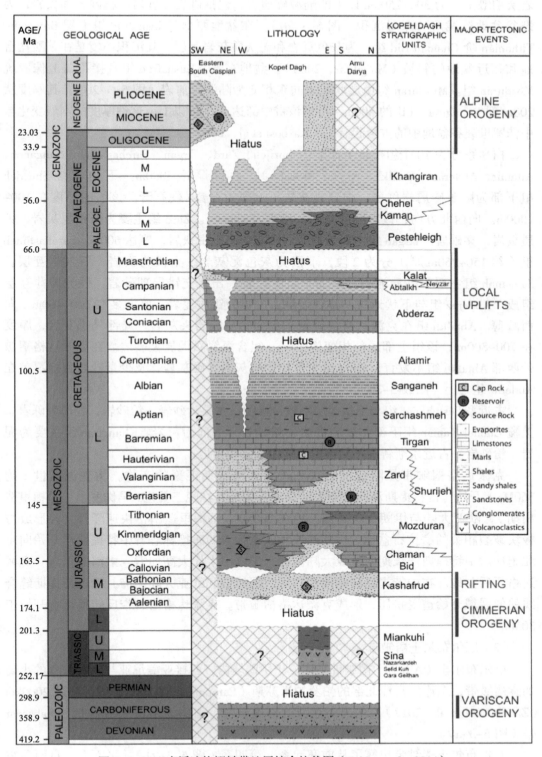

图 5-3-20 克派达格褶皱带地层综合柱状图（Robert et al，2014）

岩层褶皱上，为 300~2500m 以上的陆源碎屑岩，包括砾岩、砂岩、粉砂岩和页岩，为裂谷盆地滨浅海－深海沉积（图 5-3-20）。在盆地西部，Kashafrud 组上覆 Bajocian-Tithonian 阶 Chaman Bid 组，为灰色页岩和泥灰质灰岩互层，其沉积环境是在碳酸盐台地和邻近盆地的斜坡（Maigdifar，2003）。盆地东部，Kashafrud 组直接覆盖上侏罗统 Mozduran 组。Mozduran 组由层状灰岩向东相变为陆源碎屑岩（图 5-3-20），其厚度从 200m 到 Khangiran 气田的 800m，再到该带中部达 1400m 以上。这种厚度的剧烈变化与中侏罗世裂谷盆地中的古隆起有关（Kavoosi et al，2009）。

白垩系分为 10 个组（自下而上：Shurijeh、Zard、Tirgan、Sarchashmeh、Sanganeh、Aitamir、Abderaz、Abtalkh、Neyzar 和 Kalat），西部厚达 4000m。下白垩统 Shurijeh 组下部为陆源碎屑岩红层，中部为灰岩，上部为石膏／硬石膏。该组的厚度在 100~1000m。向西北方向，该组厚度减小，相变为 Zard 组。Zard 组主要为海相泥灰岩、钙质页岩，夹砂岩。Tirgan 组主要为泥灰岩和富含有孔虫灰岩，厚达 600m。Sarchashmeh 组（约 150~250m 厚）分为 2 段，下段为灰色泥灰岩，上段为页岩、石灰岩互层。Sanganeh 组主要为砂质泥岩。Aitamir 组由泥岩、丘状交错层理砂岩、砂泥岩薄互层组成。Abderaz 组与下伏地层不整合接触，主要为钙质泥岩，厚度多在 200~400m，向西减薄。Abtalkh 组在克派达格褶皱带东部为钙质泥岩夹灰岩，局部见礁灰岩，厚度在 700~800m；该组上部局部相变为 Neyzar 组含海绿石泥岩夹砂岩。在克派达格褶皱带西部 Abtalkh 组不发育，Kalat 组为生物碎屑灰岩、礁灰岩，及少量砂岩直接覆盖在 Abderaz 组之上（图 5-3-20）

古近系 Pestehleigh 组与下伏地层不整合接触，主要为砂岩、粉砂岩，底部为砾岩。上覆 Chehel Kaman 组下部主要为泥岩、粉砂岩，上部为灰岩。Khangiran 组主要为泥岩、粉砂岩。古近系渐新统—新近系为陆相砾岩和砂岩。

克派达格褶皱带是阿拉伯板块和欧亚大陆长期汇聚的产物。从晚泥盆世（约 360Ma）开始，古特提斯洋向欧亚大陆东北部俯冲，在晚三叠世／早侏罗世（基梅里造山期），欧亚大陆与伊朗板块碰撞。约在 200Ma，基梅里造山带快速隆升，并形成与板块破裂相关的磨拉石盆地。伊朗地块和欧亚板块的碰撞标志着中特提斯洋开始向东北俯冲。中特提斯洋长期向欧亚大陆俯冲，形成中生代大高加索－中南部里海－克派达格弧后盆地。在中特提斯洋俯冲消亡后，阿拉伯和欧亚大陆碰撞，沿古特提斯缝合线的伸展域开始遭受挤压，形成克派达格褶皱带。克派达格褶皱带反转很可能开始于 30Ma。

（2）厄尔布尔士褶皱带

厄尔布尔士（Alborz）褶皱带主体位于伊朗境内，西接亚美尼亚与阿塞拜疆的小高加索褶皱带，东连阿富汗北部的帕罗帕米苏斯（Paropamisus）山脉，绵延超过 2000km（Zandkarimi et al，2017），北部为克派达格褶皱带，南部为 Tabri–Saveh 带和 Sabzevar 带（图 5-3-17）。

厄尔布尔士褶皱带出露了从前寒武系—第四系（图 5-3-21），平面上，自西向东划分为西带、中带和东带（Zanchi et al，2009；Derakhshi et al，2017）；垂向上，可划

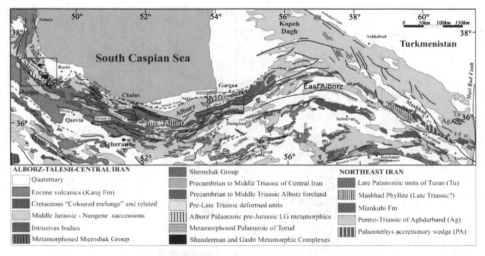

图 5-3-21　厄尔布尔士褶皱带及邻区地质简图（据 Zanchi et al，2009；Derakhshi et al，2017 编绘）

AF—Astaneh 断裂；FF—Farhadan 断裂；RF—Rivand 断裂；SF—Samghan 断裂；SHF—Shahrud 断裂；KF—Khazar 断裂

分为文德系—下奥陶统陆缘台地层序、中奥陶统—泥盆系岩浆岩系、泥盆系—中三叠统陆架层序，上三叠统—下侏罗统前陆盆地层序，中侏罗统—白垩系陆缘陆架层序和新生界同造山层序（图 5-3-22）（Alavi，1996）。

厄尔布尔士褶皱带从西部的 Zanjan 至东部的 Damghan 约 500km 的范围（图 5-3-23），出露的文德系—下古生界沉积岩系厚约 3~4km。

①文德系—下奥陶统陆缘台地层序：最老的地层 Kahar 组，厚达 100m，未见底，为绿色泥岩、砂岩互层，见少量叠层石碳酸盐岩，局部变质为绿片岩相。在西带 Zanjan 西部地区，Kahar 组上覆 Bayandor 组暗紫色到红色砂岩和页岩，夹白云岩（<500m）。中带 Bayandor 组缺失（或未识别）。Soltanieh 组（1000~1200m），划分为下部白云岩段（LDM）、下部页岩段（LSM）、中部白云岩段（MDM）、上部页岩段（USM）和上部白云岩段（UDM）；下部页岩段（LSM）与中部白云岩段（MDM）的分界面是文德系（Edacran）与寒武系的分界面。Barut 组（达 700m 厚）为粉红色泥岩夹含 *Biconulite* 灰岩、薄层火山岩。Zaigun 组为暗红色泥岩夹砂岩。Lalun 组为红褐色砂岩夹泥岩。Mila 组主要为碳酸盐岩，泥岩、砂岩次之，含三叶虫化石。见图 5-3-24。寒武系上覆的下—中奥陶统为灰绿、海绿石粉砂岩、粉砂质页岩和细粒杂砂岩（图 5-3-22），含腕足类化石（Lashkarak 组）。文德系—下奥陶统陆缘台地层序总体上为冈瓦纳大陆边缘，多幕海侵 – 海退形成的潮坪 – 滨浅海沉积，其中 Kahar 组为冰川沉积（Etemad-Saeed et al，2016）。

②中奥陶统—泥盆系岩浆岩系：厚约 1000m，主要是基性岩浆岩。喷出岩具有良好成层性，主要为深绿色粗 – 细粒火山碎屑岩（包括凝灰岩、熔结凝灰岩、火山角砾岩等）和火山 – 陆源碎屑与玄武质到安山 – 玄武质熔岩互层。熔岩局部具有枕状结构；多处见辉绿岩脉。侵入岩有粗、细晶辉长岩和闪长岩，形成大小悬殊的侵入体。该组合作为一个整体切割和 / 或覆盖在前寒武系—下奥陶统的陆缘台地层序之上，与泥盆

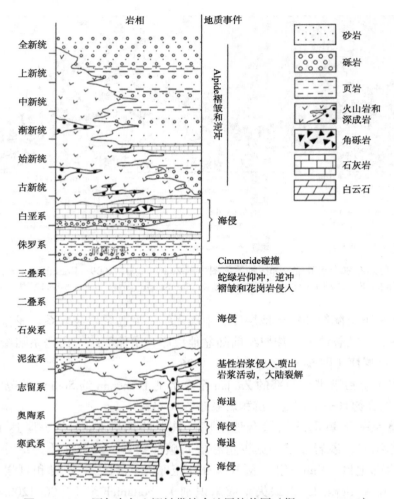

图 5-3-22　厄尔布尔士褶皱带综合地层柱状图（据 Alavi，1996）

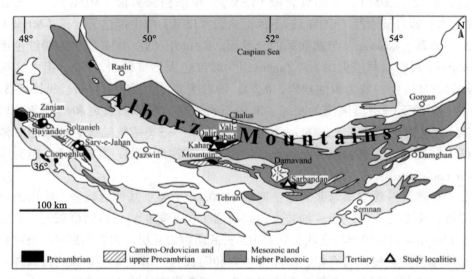

图 5-3-23　厄尔布尔士褶皱带文德系—下古生界出露区（据 Etemad-Saeed et al，2016）

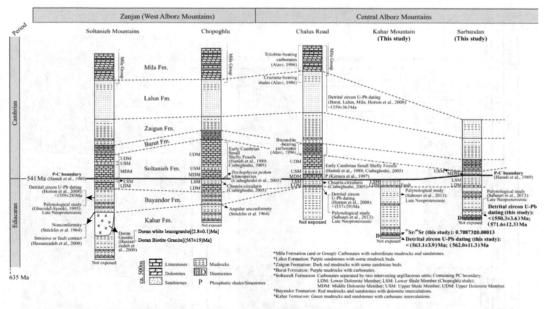

图 5-3-24　厄尔布尔士褶皱带文德系—中寒武统地层对比（据 Etemad-Saeed et al，2016）

系—三叠系层序的底部地层指状交互（图 5-3-22）。反映了泥盆系是大陆边缘台地开裂和解体的裂谷盆地沉积。

③泥盆系—中三叠统陆架层序：主要由碳酸盐岩和硅质碎屑岩组成，与下伏地层局部不整合接触（图 5-3-22）。最底部为石英砂岩、页岩与富化石的灰岩互层，夹火山碎屑岩和火山熔岩，向上逐渐变为泥盆系均质厚层灰岩（Khoshyailagh 组）。石炭系 Mobarak 组主要是碳酸盐岩与深灰色页岩。二叠系 Dorud 组与下伏地层不整合接触，主要为灰色粉砂岩、石英砂岩和复成分砾岩，向上过渡为厚层状、含蜓类化石的红色和绿色页岩、泥岩和砂岩。上覆 Ruteh 组为薄层、含腕足化石灰岩。二叠系最上部 Nessen 组为泥灰质页岩与灰岩互层。中、下三叠统 Elikah 组为黄褐色薄层微晶灰岩、白云岩和白云质灰岩不规则互层。这一序列是裂谷–被动大陆边缘演化过程的浅海相地质记录。在 Alborz 东部，出露于南部山麓的上泥盆统为厚约 500m 的白色、交错层理、分选好、海滩石英砂岩和正石英岩（Padeha 组），向上逐渐变为夹少量碳酸盐岩（主要是白云岩）、成层性良好的含腕足类化石藻类灰岩（Bahram 组）。整个序列被大小不等的基性岩（辉长岩和辉绿岩）侵入，并有基性斑状喷出岩（多为玄武质）夹层。

④上三叠统—下侏罗统前陆盆地层序：厚度变化剧烈，从 100 或 200m 到近 3000m，主要为陆源碎屑岩，不整合于下伏地层之上，不整合面以铝土矿和火山岩为明显标志。该单元被称为 Shemshak 群，为分选差的灰色石英砂岩和含菊石化石杂砂岩夹页岩、粉砂岩和薄石灰岩，并发育厚达 1.5m 煤层标志层（图 5-3-22）。厄尔布尔士山脉北坡，层序的底部和较高部位见复成分粗–细砾岩（局部达 500m 厚），古流参数指示北部物源。Shemshak 群下部所含植物碎屑为中亚型，该组横向上岩性变化大（图 5-3-25），是基梅里造山期前陆背景下的潟湖、滨浅海、三角洲沉积。

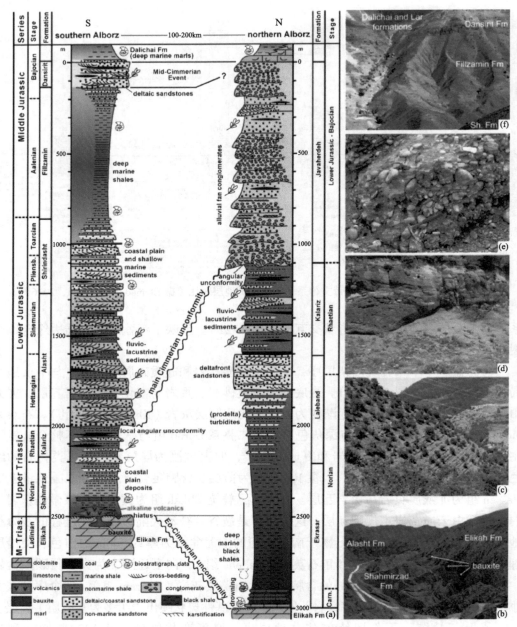

图 5-3-25 （a）厄尔布尔士褶皱带南北 Shemshak 群地层对比图、（b）Alborz 南部 Golbini 下—中三叠统 Elikah 组和 Norian–Rhaetian 阶 Shahmirzad 组基梅里初期不整合、（c）Paland 北部（Alborz 北部）Laleband 组深海相页岩和浊积砂岩复理石序列、（d）Alborz 北部 Javaherdeh 附近 Rhaetian 阶 Kalariz 组含煤岩系与下侏罗统 Javaherdeh 组厚层砾岩之间的基梅里主期不整合、（e）Javaherdeh 附近 Javaherdeh 的分选差的砾岩和（f）Alborz 南部 Shemshak 群上部（Toarcian 阶 Shirindasht 组（Sh. Fm），上覆 Aalenian–Bajocian 阶最下部 Fillzamin 组深海相页岩，其上为 Bajocian 阶下部的 Dansirit 组三角洲沉积）（据 Wilmsen et al, 2009）

⑤中侏罗统—白垩系陆缘陆架层序：与下伏地层局部不整合接触，为多期海平面升降旋回形成的碳酸盐岩，内部有多个不整合面，特别是侏罗系与白垩系界面、下白垩统和上白垩统界面（图 5-3-22）。层序下部中—上侏罗统 Dalichai 组为薄层泥灰质灰岩、砂质鲕粒灰岩和含菊石化石泥灰岩，与页岩和杂砂岩互层。上覆 Lar 组和 Shal 组厚层，富含化石灰岩（内碎屑亮晶灰岩、生物碎屑微晶灰岩、微晶灰岩等），局部为礁灰岩。白垩系为极浅灰色、厚层状到块状含圆笠虫属灰岩，局部夹红色层内碳酸盐岩角砾岩、砾屑灰岩、砂屑灰岩、粉红色微晶灰岩，见玄武岩熔岩和辉绿岩席。层内的砾岩、角砾岩和独特的不整合面表明构造活动性较强。岩石的沉积特征表明中侏罗世时期开始盆地水体明显变深。在 Alborz 的北坡某些地方，中侏罗统—白垩系与上述岩性特征有差异，中、上侏罗统为石英卵石砾岩、页岩和未成熟砂岩，上覆上侏罗统—上白垩统泥质灰岩（局部富含叠瓦蛤属化石）、泥灰岩、碎屑灰岩、白云岩、橄榄绿海绿石微晶灰岩，夹砂岩和砾岩。

⑥新生界同造山层序：不同地区差异明显。

厄尔布尔士山脉南部和西南部，新生界底部为不均一的复成分陆源碎屑与少量碳酸盐岩，具有同造山沉积特征。古新统 Fajan 组，厚达 1500m，为未成熟砾岩夹红色交错层理钙质砂岩、杂色纹层状泥灰岩和泥岩，不整合覆盖在寒武系—上白垩统之上，向上逐渐过渡为古新统—始新统黄色块状礁灰岩，含有孔虫（蜂巢虫、货币虫）化石，见角砾灰岩、粗砂屑灰岩透镜体。在许多地方缺失渐新统，始新统之上直接不整合新近系及第四系。新近系—第四系包括 Hezar-darreh 组和 Kahrizak 组，为河流相沉积，包括粗 - 细砂岩（向北变粗）、复成分砾岩、红色泥质岩和泥质角砾（新近纪沉积物再改造而成），以及主要来源于 Alborz 岩浆岩系的卵石和漂砾。局部也有红色含化石碎屑石灰岩和厚达 60m 的石膏层。新生代沉积物与 Alborz 岩浆组合指状交互，显示出若干向上变粗的沉积旋回。局部和区域重要性的不整合和角度不整合，表明构造（逆冲）不稳定。古流参数表明碎屑物源来自北部。狭长盆地的长轴平行于 Alborz 构造走向。岩相和沉积物的厚度横向变化大。这些现象清楚地表明，Alborz 山南坡新生代沉积物是 Alborz 逆冲褶皱系隆起岩石的侵蚀产物，是在小的、受限制的山间盆地和向南的迁移、收缩前陆盆地中沉积的。

在 Alborz 东带的北坡，新生代沉积物与南部岩性特征不同。北部新生界由粗—细砂岩和碳酸盐岩砾岩组成的非均质性岩性序列，向上过渡为复成分细砾岩与砂岩夹钙质泥岩互层，主要为山间盆地沉积。这些岩石覆盖在上白垩统之上，碳酸盐岩砾岩是外来的，很可能是 Kopeh Dagh 新生代沉积物构造逆冲推覆而来的。

在 Alborz 中带和西带北坡，新生代沉积物不仅与南部不同，而且与 Alborz 东部北坡也不同。古新统最底部为灰岩和泥灰岩，新近系和第四系为快速沉积的海退序列，由数个细粒海相旋回向上演变为陆源粗碎屑岩，陆源粗碎屑来自业已隆升的 Alborz 岩层。这一岩性序列中，中新统主要为灰色页岩、泥灰岩、石膏互层，次为碎屑灰岩，上部有黏土岩、细砂岩和致密含化石灰岩夹层，与白垩系和古近系最下部地层不整合接触。上新统和第四系不整合于中新统海相地层之上，主要是陆相粗 - 细砾岩（砾石圆度高，基质为钙质或泥质）和浅色泥灰岩。

（3）萨卜泽瓦尔带

萨卜泽瓦尔（Sabzevar）带也称萨卜泽瓦尔盆地，呈向西北突出的弧形分布于伊朗中部地块的西北缘，北部为厄尔布尔士褶皱带，西南部与 UDMA 和 SSMA 相接（图5-3-17）。其基底为前寒武系变质岩（Taknar 组），上覆古生界陆缘沉积岩系和中生代火山-沉积岩沉积序列。带内发育有伊朗东北部规模最大的蛇绿岩，长 150km，宽10~30km。

其基底为前寒武系变质岩（Taknar 组），上覆古生界陆缘沉积岩系、中生代火山-沉积岩沉积序列、新生界沉积岩系（图 5-3-26）。三叠系主要为碳酸盐岩。侏罗系（Shemshak 组）主要为深水泥岩。带内发育有伊朗东北部规模最大（长 150km，宽 10~30km）的蛇绿岩为下白垩统，下白垩统除蛇绿岩外，还有钙铝榴石灰岩、钙质页岩、凝灰质和粉砂质泥灰岩。上白垩统为岩性极为复杂的火山-沉积岩。上白垩统下部主要为细粒陆源碎屑岩和双峰火山岩和火山碎屑岩。上白垩统上部主要为远洋灰岩、泥灰质凝灰岩、粉砂质灰岩、泥灰岩（图 5-3-27）。古近系下部主要为安山质和英安质熔岩、凝灰岩、熔结凝灰岩，上部主要为砂岩、灰岩、蒸发岩。新近系下部主要为膏盐和红层。新近系上部—第四系主要为陆源碎屑岩。

萨卜泽瓦尔盆地的特色是巨厚（达 1320m）上白垩统下部火山-沉积岩系，与下白垩统不整合接触，可划分为 3 个不同地层单元。最下部的单元 1，厚达 630m，由浅层海相灰色凝灰岩、流纹熔岩、安山凝灰岩、安山岩、红色凝灰岩、粗面岩、枕状熔岩和英安斑岩组成。单元 2 厚 390m，由集块岩、熔结凝灰岩、辉长岩岩席、碱性橄榄

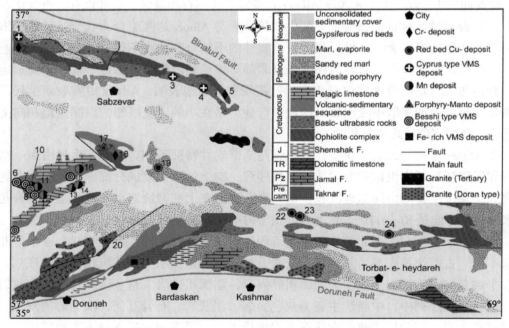

图 5-3-26　Sabzevar 带东部地质图

（位置见图 5-3-17S；据 Maghfouri et al, 2016；Mousivand et al, 2018）

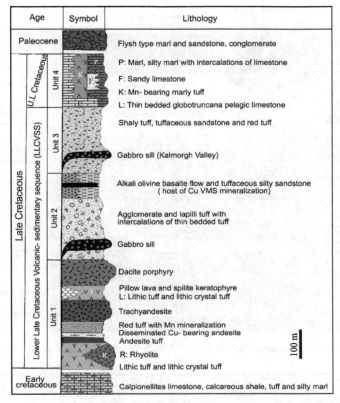

Age	Symbol	Lithology
Paleocene		Flysh type marl and sandstone, conglomerate
U.L Cretaceous Unit 4	P K F	P: Marl, silty marl with intercalations of limestone F: Sandy limestone K: Mn- bearing marly tuff L: Thin bedded globotruncana pelagic limestone
Unit 3		Shaly tuff, tuffaceous sandstone and red tuff
		Gabbro sill (Kalmorgh Valley)
Unit 2		Alkali olivine basalte flow and tuffaceous silty sandstone (host of Cu VMS mineralization)
		Agglomerate and lapilli tuff with intercalations of thin bedded tuff
		Gabbro sill
Unit 1	V L V	Dacite porphyry Pillow lava and spilite keratophyre L: Lithic tuff and lithic crystal tuff Trachyandesite Red tuff with Mn mineralization Disseminated Cu- bearing andesite Andesite tuff R: Rhyolite Lithic tuff and lithic crystal tuff
Early cretaceous		Calpionellites limestone, calcareous shale, tuff and silty marl

图 5-3-27　Sabzevar 带东部白垩系地层柱状图（据 Maghfouri et al，2016）

石玄武岩流和少量凝灰质粉砂岩组成。玄武岩横向变化为凝灰质粉砂岩。最上部的单元 3，由绿色 – 灰色火山碎屑岩和少量页岩、砂岩组成（图 5-3-27）。

上白垩统上部（单元 4）与下伏地层过渡，从底到顶，由远洋灰岩夹泥灰质凝灰岩、砂质灰岩、粉质泥灰岩、灰岩组成（图 5-3-27）。

上白垩统的充填序列是弧后裂谷盆地的充填序列（图 5-3-28）。早白垩世，特提斯洋沿 SSMA 向伊朗地块俯冲，伊朗地块间的 Sistan 弧后小洋盆关闭。晚白垩世，随着特提斯洋壳的持续俯冲，在萨卜泽瓦尔地区形成新的弧后裂谷盆地。

（4）中伊朗微古陆

中伊朗微古陆（Central Iran Microcontinent=CIM）由亚兹德（Yazd）、波萨特巴丹（Poshte Badam）、塔巴斯（Tabas）和鲁特（Lut）块段组成（图 5-3-17）。

①亚兹德 – 波萨特巴丹块段

中伊朗微地块亚兹德 – 波萨特巴丹块段 Khur 地区出露的地层有古生界—三叠系变质岩、上三叠统—下侏罗统（Shemshak 群）、上侏罗统—下白垩统底部（Chah Palang 组）、下白垩统、上白垩统、古近系—新近系及第四系，以及蛇绿岩和新生代花岗岩为特色。可区分为古生界—中三叠统变质杂岩系、上三叠统—中侏罗统弱变质含煤岩系和上侏罗统—新生界沉积岩系，以后者为主体（图 5-3-29、图 5-3-30）。

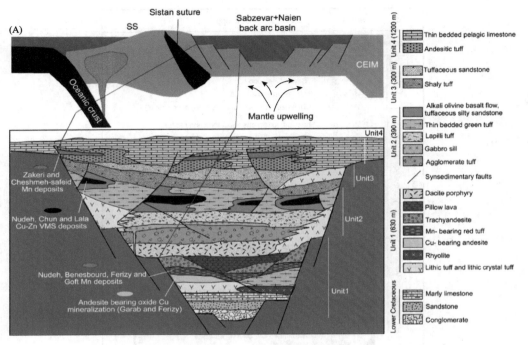

图 5-3-28　Sabzevar 弧后裂谷盆地充填序列（据 Maghfouri et al，2016）

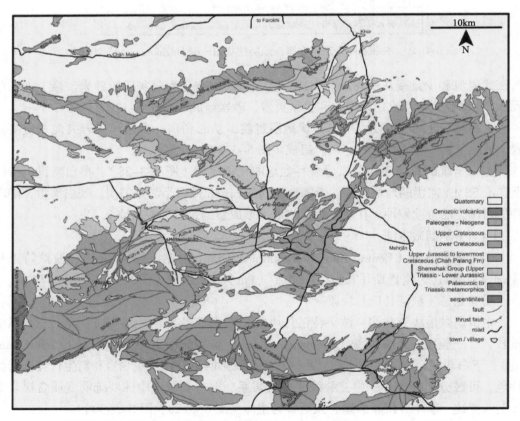

图 5-3-29　Khur 地区地质图（位置见图 5-3-17；据 Wilmsen et al，2016）

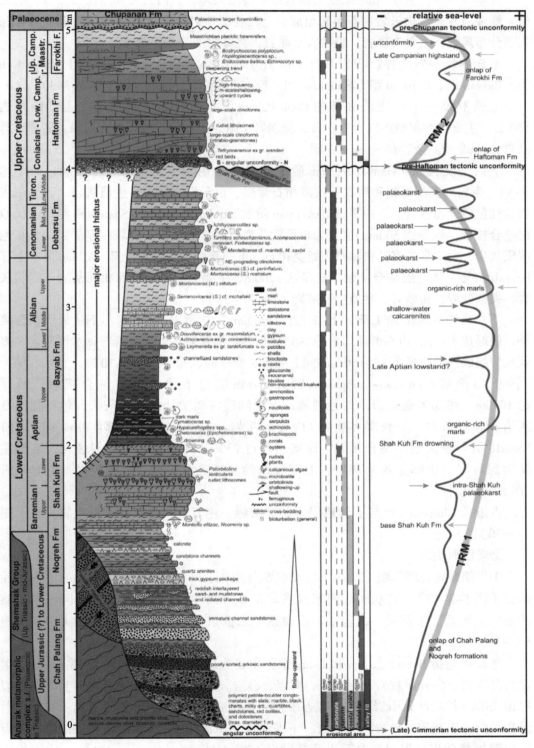

图 5-3-30 亚兹德 – 波萨特巴丹块段 Khur 地区地层柱状图（据 Wilmsen et al，2016）

古生界—中三叠统 Anarak 变质杂岩系主要由大理岩、白云母和绿泥石片岩、绢云母 – 绿泥石片岩、白云岩和石英岩组成。上三叠统—中侏罗统 Shemshak 群弱变质含煤岩系分布局限，主要为砂岩、粉砂岩、泥岩，夹煤层（图 5-3-30）。

上侏罗统—新生界沉积岩系自下而上分为 Chah Palang 组、Noqreh 组、Shah Kuh 组、Bazyab 组、Debarsu 组、Haftoman 组、Farokhi 组和 Chupanan 组（图 5-3-30）。

上侏罗统—下白垩统底部的 Chah Palang 组不整合于下伏地层之上，最厚达 1000m，主要为冲积扇相砾岩、砂岩、粉砂岩（图 5-3-30），分布极为局限。陆源碎屑来自 Anarak 变质杂岩和 Shemshak 群。

下白垩统 Hauterivian–Barremian 阶下部 Noqreh 组与下伏地层整合接触，最厚达 500m，为局限滨浅海相和河流 – 浅海相石膏层、白云岩、鲕粒 – 生屑灰岩、砂质泥灰岩、红色砂岩粉砂岩。下白垩统 Barremian 阶上部 -Aptian 阶下部 Shah Kuh 组与下伏地层整合接触，最厚达 500m，主要为较低能浅海碳酸盐岩地台 – 斜坡相厚层 – 块状灰色泥质灰岩，含丰富的有孔虫和厚壳蛤类化石。下白垩统 Aptian 阶上部 -Albian 阶中上部 Bazyab 组与下伏地层整合接触，最厚达 1500m，主要为浅海 – 深海相泥灰岩、瘤状灰岩，夹细砂岩、粉砂岩、砂质生屑灰岩（图 5-3-30）。

下白垩统 Albian 阶上部 – 上白垩统 Turonian 阶中部 Debarsu 组与下伏地层整合接触，最厚达 600m，由碳酸盐岩台地 – 斜坡相的生屑灰岩、砂屑灰岩与深水泥灰岩、瘤状灰岩组成，形成多个 10~150m 的向上变粗、变厚的旋回（图 5-3-30）。

上白垩统 Coniacian–Campanian 阶 Haftoman 组与下伏地层不整合接触，最厚达 1000m，底部为底砾岩及红色砂岩，上覆陆表海碳酸盐岩台地灰岩，包括叠层石灰岩、砾屑灰岩、贝壳层和生物 / 内碎屑灰岩。Campanian 阶上部 -Maastrichtian 阶 Farokhi 组与下伏地层整合接触，厚度不超过 250m，主要为台地 – 斜坡相，下部主要为泥灰岩，中部主要为灰岩，上部为粉砂 – 砂质泥灰岩、瘤状灰岩、生屑灰岩（图 5-3-30）。

古近系 Chupanan 组与下伏地层不整合接触，主要为灰岩，含大量生物介壳（图 5-3-30）。

②塔巴斯块段

中伊朗微地块塔巴斯（Tabas）块段东界为 Nayband 断裂，西界为 Kalmard-Kuhbanan 断裂（图 5-3-17）。其基底为前寒武系。在 Gusheh-Kamar 和 Derenjal 山区出露了寒武系、奥陶系、志留系、泥盆系、石炭系、二叠系、三叠系、新近系及火山岩（图 5-3-31）

寒武系包括 Barut、Zagun 和 Lalun 组，主要为砂岩和泥岩。奥陶系 Shirgesht 组主要为白云岩、白云质灰岩、泥灰岩、页岩、砂岩。志留系 Niur 组底部主要为与陆内裂谷相关的海相基性火山岩，这次裂谷事件导致 Turan 板块与伊朗板块分离；其上为白云岩、白云质灰岩、砂岩，夹灰岩。下泥盆统—中泥盆统 Eifelian 阶 Padeha 组主要为混积潮坪相砂岩、泥岩、白云岩及蒸发岩（Zand-Moghadam et al, 2014）。中泥盆统 Givetian 阶 Sibzar 组主要为浅海相白云岩、白云质灰岩，Bahram 组主要为滨浅海相灰

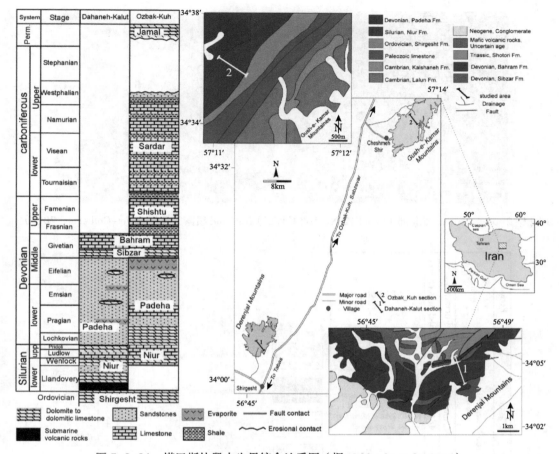

图 5-3-31　塔巴斯块段古生界综合地质图（据 Mahboubi et al，2016）

岩、砂岩、白云岩和页岩（Hashmie et al，2016）。上泥盆统 Shishtu 组主要为灰岩和页岩。石炭系 Sardar 组主要为灰岩和页岩，上部主要砂岩，石炭系顶部缺失，与上覆二叠系 Jamal 组白云岩及白云质灰岩不整合接触（图 5-3-31）。

　　从前寒武纪到二叠纪中伊朗微古陆是冈瓦纳东北缘的一部分，塔巴斯块段为陆内坳陷（Fürsich et al，2009；Bayet-Goll et al，2018）。早三叠世，塔巴斯块段经历了缓慢稳定沉降，形成了以灰岩、泥岩、砂岩为主的被动大陆边缘沉积（Shotori组），中三叠世中东伊朗地块（CEIM）与欧亚大陆碰撞后，上三叠统 Nayband 组（Shemshak 群最下部，该群包括 Nayband、Ab-Haji（Ab-e-Haji）、Badamu 和 Hojedk组）被动大陆边缘混积潮坪相陆源碎屑岩不整合于 Shotori 组之上，之间发育铝土矿层。Nayband 组划分为：（a）厚层砂岩与页岩为主的 Gelkan 段；（b）Bidestan 段碳酸盐；（c）页岩、砂岩、灰绿色粉砂质钙质页岩、粉砂岩和灰岩构成的 Howz-e-Sheikh段；（d）Howz-e-Khan 碳酸盐岩。在 Kerman 省北部，只发育 Gelkan 段和 Howz-e-Sheikh 段，其上直接被下侏罗统以陆源碎屑岩为主 Ab-e-Haji 组覆盖（图 5-3-32、图 5-3-33）。

图 5-3-32　Kerman 省北部（30°44′12″N、56°51′04′E′）Nayband 组露头（据 Bayet-Goll et al，2018）

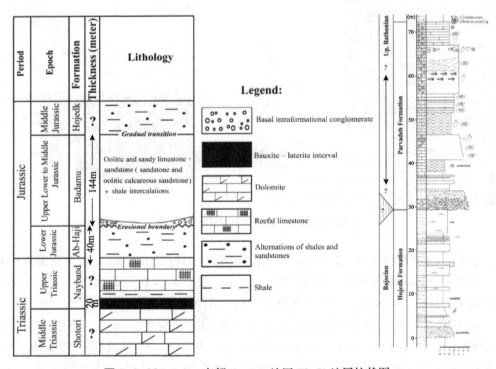

图 5-3-33　Tabas 南部 Kerman 地区 T2-J2 地层柱状图

（左）（据 Rahiminejad & Zand-Moghadam，2018）和 Tabass 北部 Kuh-e-Echellon 地区 Hojedk 组和 Parvadeh 组岩性序列（右）（据 Seyed-Emami et al，2004）。

　　Badamu 组为广泛海侵背景下浅海相沉积，与下伏 Ab-e-Haji 组不整合接触，底部发育底砾岩，主体以灰岩为主，含丰富的鲕粒（Rahiminejad & Zand-Moghadam，2018），包括深灰色、鲕状、砂屑和 / 或生物碎屑石灰岩，夹页岩、砂质泥灰岩和钙质含鲕粒砂岩（图 5-3-33 左）。

　　Hojedk 组整合于 Badamu 组之上，主要为非海相 - 海相砂岩、红色色调泥岩，含植物化石（图 5-3-33）。

Shemshak 群与上覆 Magu 群之间以基梅里构造运动中期不整合面为分界，横向上岩性变化大，岩性地层单位及名称有所不同（图 5-3-34）。

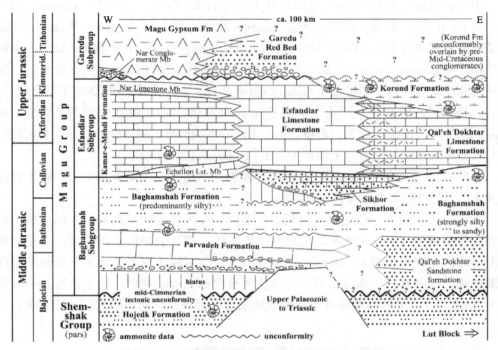

图 5-3-34　Tabas 北部中、上侏罗统地层序列（据 Seyed-Emami et al，2004）

Magu 群下部的 Parvadeh 组以角度不整合与下伏地层接触：在 Shotori 山南部，Parvadeh 组底部为数米厚的粗砾岩，其上主要为灰岩，覆盖在二叠系 Jamal 组的石英岩、灰岩之上；大部分地区，Parvadeh 组底部为石英质细砾岩，其上为灰岩，覆盖在褶皱变形的 Hojedk 组之上（图 5-3-33、图 5-3-34）；最东部相变为 Qal'eh Dokhtar 砂岩组，为近 200m 厚的砂岩、粉砂岩（图 5-3-34），物源来自 Lut 块段。

Magu 群中下部 Baghamshah 组与 Parvadeh 组整合接触，主要为浅海相泥灰质粉砂岩。局部（Shotori 山南部的中部）发育 Sikhor 组，有砾岩、砂岩、粉砂岩和碳酸盐 – 陆源碎屑混积岩（图 5-3-34）。

Magu 群中上部 Kamar-e-Mehdi 组与 Baghamshah 组整合接触。Tabas 西部的 Kamar-e-Mehdi 组主要为潟湖—浅海相层状灰岩、粉砂质泥灰岩；向东相变为 Esfandiar 灰岩组台地相灰岩，以及 Qal'eh Dokhtar 灰岩组斜坡及半远洋灰岩，以及 Korond 组泥灰岩（图 5-3-34）。

Magu 群上部 Magu 膏岩组、Garedu 红层组是横向相变关系，与下伏地层不整合接触。Garedu 红层组为厚达数百米的磨拉石组合，由浅海相红色钙质砾岩、粉砂岩，红色河流相砾岩、砂岩组成（图 5-3-34）。有来自 Esfandiar 灰岩组和 Qal'eh Dokhtar 灰岩组的砾石。

Tabas 块段 Magu 群之上，以不整合为界面直接覆盖新近系—第四系（图 5-3-31）

陆相砾岩、砂岩、粉砂岩及泥岩（Hajsadeghi et al，2018）。

③鲁特块段

中伊朗微地块鲁特（Lut）块段东界为 Nehbandan 断裂，西界为 Naybandan 断裂，北界为 Great Kavir 断裂，南界为南 Jazmourian 断裂（图 5-3-17）；Lut 块段东部的蛇绿岩是阿富汗陆块与 Lut 陆块间洋盆在渐新世—中中新世关闭，洋壳向 Lut 陆块之下俯冲的结果（Arjmandzadeh et al，2011）。Lut 块段由前侏罗系变质岩、侏罗系—下白垩统沉积岩和中新生代岩浆岩组成（Arjmandzadeh et al，2011），其出露的岩石约 65% 为火山岩和侵入岩。岩浆活动开始于早侏罗世（165—162Ma），始新世中期是岩浆活动的峰期。新生界火山岩、次火山岩覆盖 Lut 块段一半的区域，厚度达 2000m，与阿拉伯板块与欧亚板块碰撞前的俯冲密切相关（Beydokhti et al，2015）。

侏罗系沉积岩主要为泥岩、粉砂岩、砂岩。下白垩统主要为灰岩。中新生界侵入岩及火山岩岩性极其复杂（图 5-3-35）。

中伊朗微古陆是二叠纪中从冈瓦纳分离的，在伊朗地块与冈瓦纳之间形成中特提斯洋，伊朗地块与 Turan 地块之间为古特提斯洋。随着中特提斯洋扩张，古特提斯洋逐渐萎缩，到晚三叠世 Carnian 阶（230Ma±），伊朗地块与图兰地块开始陆陆碰撞，伊朗地块局部隆升，伊朗地块与图兰地块间形成深水前陆盆地。晚三叠世 Norian 阶中期（215Ma±），中特提斯洋开始向伊朗地块之下俯冲，伊朗地块发生弧后张裂，形成

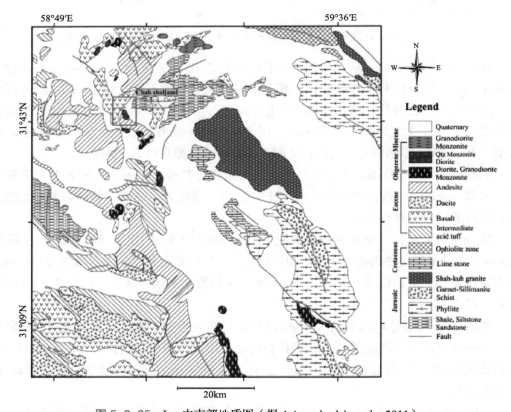

图 5-3-35 Lut 中南部地质图（据 Arjmandzadeh et al，2011）

裂谷盆地，Yazd、Tabas、Lut 块段隆升，Lut 块段火山作用强烈。伊朗地块与图兰地块间形成浅水前陆盆地。早侏罗世 Hettangian—Pliensbachian 期（201—183Ma），伊朗地块弧后裂谷盆地持续发育，Yazd、Tabas、Lut 块段差异隆升加剧，Lut 块段火山作用强烈。伊朗地块与图兰地块间演化为磨拉石前陆盆地。早侏罗世晚期—中侏罗世早期 Toarcian—Aalenian 期（183—172Ma），随着中特提斯洋开始向伊朗地块之下俯冲加剧，伊朗地块与图兰地块碰撞带均演化为弧后裂谷盆地。到中侏罗世 Bajocian 晚期—Callovian 期（170—161Ma）伊朗地块弧后裂谷盆地继承性发育，伊朗地块与图兰地块碰撞带由弧后裂谷盆地逐渐演化为弧后洋盆（图 5-3-36）。

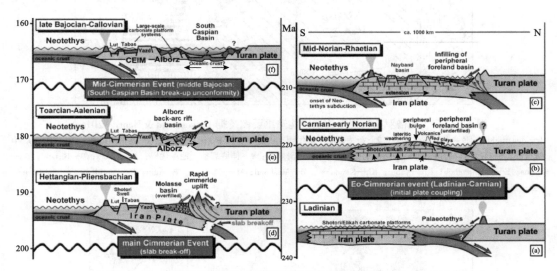

图 5-3-36　伊朗地块 T_2 末—J_2 末演化历史（据 Wilmsen et al，2009）

5.3.3　中新生界变形带东段

中新生界变形带东段包括帕米尔（Pamir）地体、Herat 盆地、Baijan 地块、Turkman 盆地、Helmand 地块、中央山脉、Kabul 地块、Helmand 盆地、Balochistan 盆地、Chaman-Nal 复理石带、Kakarkhorashan 复理石带、Bella-Quetta 蛇绿岩带、Bella-Quetta 蛇绿岩带、Kirthar 褶皱带、Sulaiman 褶皱带等构造单元（图 5-0-2）。东段与中段的标志性界线是伊朗东部褶皱带的 Sistan 缝合带（图 5-3-37）。

（1）锡斯坦缝合带

锡斯坦（Sistan）缝合带南北向绵延超过 700km，位于伊朗与阿富汗交界，是锡斯坦洋盆关闭，洋壳向阿富汗地块之下俯冲，阿富汗地块与鲁特地块拼贴、碰撞，在晚白垩世—渐新世形成的增生楔（Saccani et al，2010；Bröcker et al，2013）。出露了蛇绿杂岩、白垩系岩浆岩、新生界（主要为渐新统）岩浆岩、白垩系沉积岩和新生界沉积岩（图 5-3-38）。蛇绿岩套的有孔虫和辉长岩锆石 U-Pb 定年表明，锡斯坦洋盆是早白垩世 Aptian 期以前—Albian 期（>120—110 Ma）发育的弧后洋盆，是在白垩纪

图 5-3-37　扎格罗斯特提斯构造区构造纲要图（据 Raisossadat & Noori，2016）

1—Maastrichtian 阶 - 古近系火山岩；2—新特提斯洋增生楔（内蛇绿岩亚带）；3—洋壳；4—基梅里陆块；5—古特提斯洋缝合线；6—新特提斯洋缝合线；7—活动俯冲带；8—走滑断裂；9—伸展裂谷。地点代码：A—Alborz；B—Birjand；Bi—Bitlus；E—Esfandagheh；Kb—Kabul；Kh—Kandahar；M—Mashhad；Ma—Makran；N—Nain；P—Pontides；Sa—Sabzevar；SSZ—Sistan 缝合带（Sistan 洋）

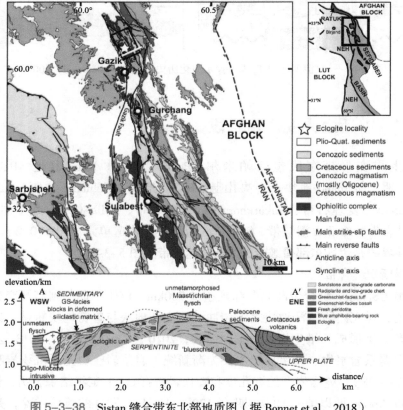

图 5-3-38　Sistan 缝合带东北部地质图（据 Bonnet et al，2018）

末—古近纪关闭的（图 5-3-39）（Saccani et al，2010；Bonnet et al，2018）。

锡斯坦（Sistan）缝合带划分为西部 Neh 增生楔杂岩体、东部 Ratuk 火山弧杂岩和 Sefidabeh 弧前盆地［图 5-3-38 右上、图 5-3-39（d）］。其构造演化为白垩纪蛇绿岩、蛇绿杂岩就位，随后，晚白垩世—始新世在弧前盆地沉积复理石－磨拉石序列，渐新世—上新世以强烈岩浆活动为特色，第四纪主要是山间盆地的砂砾沉积物（Saccani et al，2010；Bayet-Goll et al，2016；Raisossadat & Noori，2016；Bonnet et al，2018）。

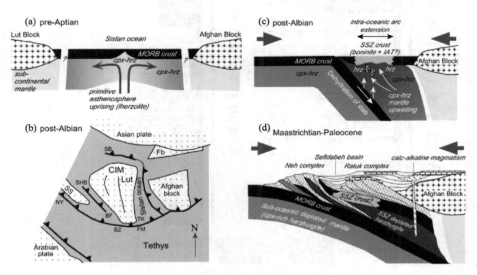

图 5-3-39　Sistan 缝合带形成演化示意图（据 Saccani et al，2010）

MORB—洋中脊；SSZ—俯冲带；cpx-hrz—cpx- 富菱铁矿；hrz—菱铁矿；Bon—boninitic 地壳；CIM—中伊朗微古陆；FB—Farah 地块；SS—Sanandaj-Sirjan 地块。蛇绿岩分布地点：SB—Sabzevar；SHB—Shahr-Babak；NY—Neyriz；BF—Baft；BZ—Bande- Zeyarat；FM—Fanuj-Maskutan；TK—Tchehel Kureh

Sistan 缝合带北部 Birjand 地区出露了上白垩统上部（83.5-65Ma）海底扇沉积序列，由 3 个向上变粗的反旋回构成（Bayet-Goll et al，2016）。最下部的反旋回自下而上依次为：深水盆地相泥岩，厚度约 30m；下扇亚相泥岩夹粉砂岩，厚度约 40m；中扇亚相砂岩夹泥岩，厚约 40m；上扇亚相砂岩，厚 25m。中部的反旋回自下而上依次为：深水盆地相泥岩，厚度约 10m；下扇亚相泥岩夹粉砂岩，厚度约 40m；中扇亚相砂岩夹泥岩，厚约 55m；上扇亚相砂岩，厚 35m。最上部的反旋回深水盆地相泥岩不发育，自下而上依次为：下扇亚相泥岩夹粉砂岩，厚度约 30m；中扇亚相砂岩夹泥岩，厚约 60m；上扇亚相砂岩，厚约 40m。古近系与白垩系不整合接触，底部为以杂基支撑砾岩为特征的磨拉石，其上被灰岩覆盖（图 5-3-40）。

（2）帕米尔地体

帕米尔（Pamir）地体由昆仑褶皱带、北帕米尔、中帕米尔、南帕米尔及喀喇昆仑（Karakoram）等次级构造单元组成。分隔北帕米尔与中帕米尔的 Tanymas 逆冲断裂是古特提斯洋的缝合带（图 5-3-41）。北帕米尔是古特提斯洋关闭在欧亚南缘形成的岩浆弧及增生体（Karakul-Mazar 杂岩复合体），与藏北的松潘－甘孜－可可西里杂岩复合

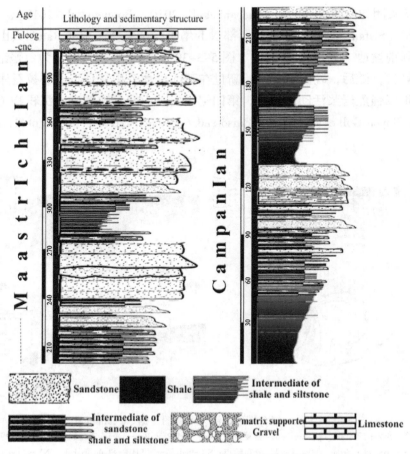

图 5-3-40 Sistan 缝合带北部 Birjand 地区上白垩统剖面（据 Bayet-Goll et al，2016）

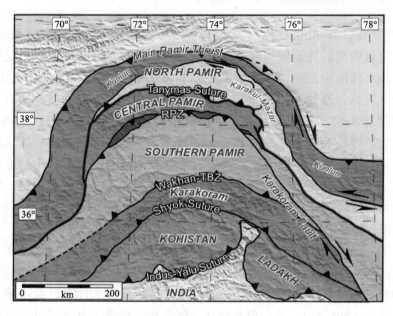

图 5-3-41 帕米尔地体构造单元划分（据 Robinson，2015）

体相关联。中帕米尔 – 南帕米尔 – 喀喇昆仑地块是从冈瓦纳北缘分离出来的地块（图 5-3-41、图 5-3-42）。

帕米尔地体是新生代印度板块与欧亚大陆碰撞改造的古生代、中生代造山带，多期造山作用过程中，伴随着强烈的岩浆活动和变质作用，形成了广泛分布的岩浆岩和变质岩（Angiolini et al，2013；2015；Robinson，2015；Chapman et al，2018）。新生代片麻岩主要分布于中帕米尔和西南帕米尔。岩浆岩分布具有明显的分带性：古生代和三叠纪岩浆岩主要分布于北帕米尔；侏罗纪花岗岩主要分布于 Rushan–Pshart 缝合带南侧的南帕米尔北部；早白垩世岩浆岩主要分布于南帕米尔和中帕米尔西部南缘；新生代（主要为始新世中新世）岩浆岩主要分布于中帕米尔和南帕米尔西北部（图 5-3-42）。

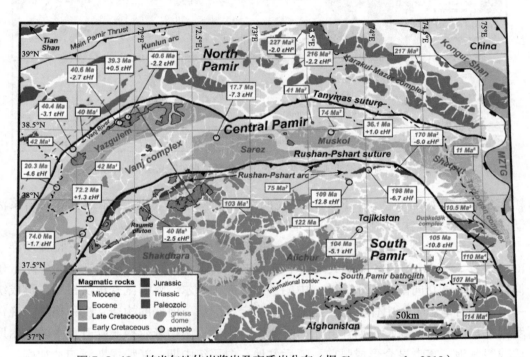

图 5-3-42　帕米尔地体岩浆岩及变质岩分布（据 Chapman et al，2018）

沉积岩主要出露于帕米尔地体的东南部（图 5-3-42、图 5-3-43）。出露的地层有石炭系、二叠系、三叠系、侏罗系、白垩系及古近系，以侏罗系分布最为广泛，白垩系分布极为局限（图 5-3-43）。

根据岩浆岩、沉积岩及变质岩的特征和分布，结合构造地质研究成果，重建了帕米尔地体的形成与演化历史（Robinson，2015；Chapman et al，2018）。

石炭纪开始，中帕米尔 – 南帕米尔 – 喀喇昆仑地块从冈瓦纳北缘裂离，到二叠纪中期，中特提斯洋形成。晚二叠世—中三叠世，古特提斯洋向欧亚大陆南缘俯冲形成陆缘岩浆弧，中帕米尔、南帕米尔、喀喇昆仑地块进一步裂解，其间形成 Rushan 小洋盆和 Wakhan–TBZ（Tirich Boundary Zone）盆地，中特提斯洋进一步扩张。到晚三叠世，古特提斯洋向欧亚大陆南缘和中帕米尔地块双向俯冲，欧亚陆缘岩浆弧持续发育，中

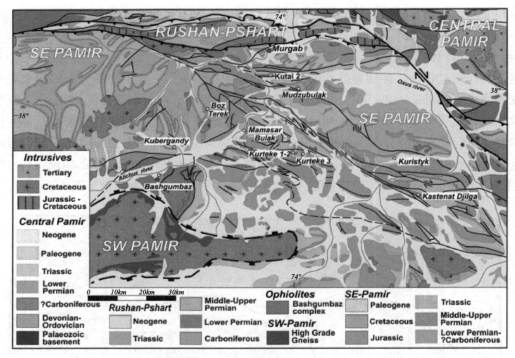

图 5-3-43　帕米尔地体岩浆岩及变质岩分布（据 Chapman et al, 2018）

帕米尔北部开始岩浆活动；Rushan 洋壳向南帕米尔俯冲，南帕米尔北部开始岩浆活动；Wakhan-TBZ 盆地、喀喇昆仑台地持续发育（图 5-3-44）。

　　三叠纪末—侏罗纪初（200Ma±），随着中特提斯洋进一步扩张，古特提斯洋、Rushan 洋、Wakhan-TBZ 盆地关闭，中帕米尔向欧亚大陆仰冲、南帕米尔向中帕米尔仰冲，喀喇昆仑向南帕米尔俯冲，中帕米尔、南帕米尔、喀喇昆仑再次拼贴，形成统一的浅海台地。早—中侏罗世，构造相对稳定，继承了前期的构造－沉积格局。晚侏罗世—早白垩世，新特提斯洋开始向喀喇昆仑俯冲，南帕米尔褶皱隆升，中帕米尔形成残留盆地，喀喇昆仑形成弧前、弧后盆地。白垩纪中期，新特提斯洋俯冲加剧，主要导致北帕米尔强烈变形（图 5-3-44）。

　　早—中白垩世新特提斯洋开始向喀喇昆仑俯冲，具有双俯冲带特征：Kohistan 洋内火山弧北侧的洋壳向帕米尔地体之下以低角度俯冲，在喀喇昆仑－南帕米尔形成广泛分布的陆缘弧岩浆岩，喀喇昆仑南缘形成弧前盆地，帕米尔地体北部局部发育弧后盆地；印度板块北侧的洋壳向 Kohistan 洋内火山弧高角度俯冲，形成 Kohistan 洋内火山弧（图 5-3-45）。

　　到晚白垩世（85—75Ma），Kohistan 洋内火山弧与喀喇昆仑地块拼贴、碰撞，印度板块北侧的洋壳向 Spong 洋内火山弧高角度俯冲，伴随着洋壳板片的后撤，在 Spong 洋内火山弧与帕米尔地体间形成弧后伸展小洋盆，帕米尔地体发生区域伸展，形成一系列小型断陷，局部伴随岩浆侵入及喷发（图 5-3-45）。

到始新世（45Ma±），随着印度大陆板块与帕米尔大陆地体的拼贴，新特提斯洋彻底关闭，帕米尔地体及其增生楔普遍隆升，在印度大陆板块一侧形成前陆盆地，中帕米尔固体地幔下沉，岩浆上涌，形成中帕米尔广泛分布的始新世侵入岩和喷发岩（图 5-3-43、图 5-3-45）。

到中新世，印度大陆板块与欧亚大陆俯冲碰撞，造成帕米尔地体强烈隆升、褶皱变形，并伴随着岩浆活动和强烈的变质作用，在中帕米尔形成广泛分布的新近纪片麻

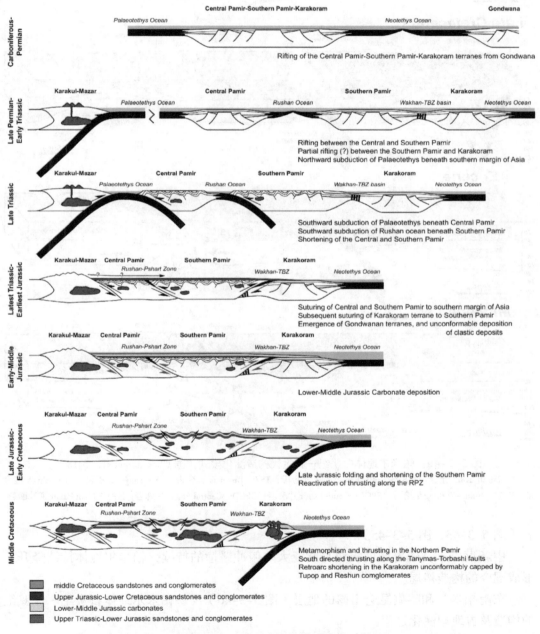

图 5-3-44　帕米尔地体晚古生代—中生代构造演化（据 Robinson，2015）

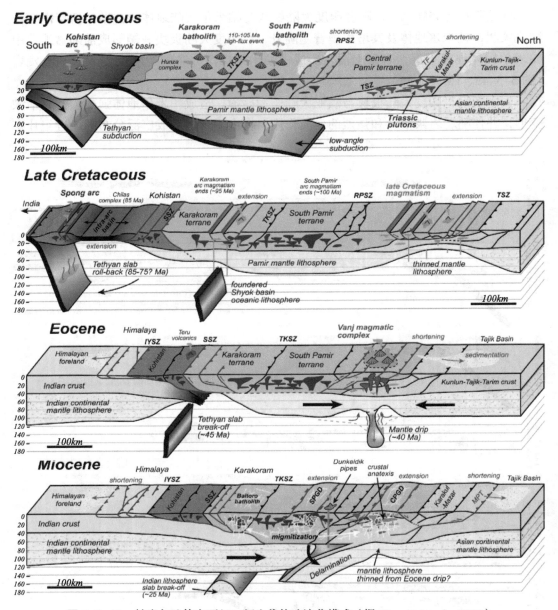

图 5-3-45 帕米尔地体白垩纪—新生代构造演化模式（据 Chapman et al, 2018）

TKSZ—Tirich-Kilik 缝合带；RPSZ—Rushan-Pshart 缝合带；TSZ—Tanymas 缝合带；TF—Tanymas 断裂；SSZ—Shyok 缝合带；IYSZ—Indus-Yarlung 缝合带；SPGD—South Pamir 片麻岩；CPGD—Central Pamir 片麻岩；MPT—Main Pamir 逆冲断裂

岩（图 5-3-43、图 5-3-45）。

中新世以来，随着印度板块与欧亚大陆俯冲碰撞的持续，帕米尔地体持续隆升，形成现今的构造格局。

东南帕米尔和喀喇昆仑出露的地层（图 5-3-46）反映帕米尔地体石炭纪—侏罗纪的构造及古地理演化过程。

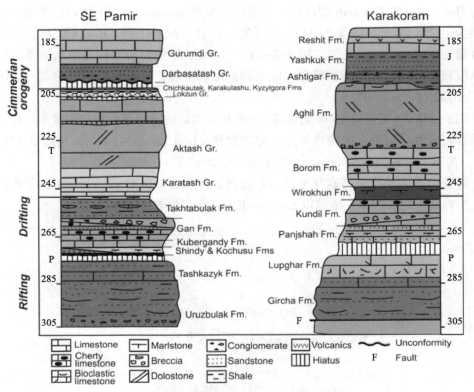

图 5-3-46　东南帕米尔 - 喀喇昆仑山上石炭统—侏罗系地层序列（据 Angiolini et al，2013）

东南帕米尔上石炭统—下二叠统（Uruzbulak 组 +Tashkazyk 组）横向厚度变化大，底部为砾岩，中部为砂岩，上部为钙质砂岩；喀喇昆仑上石炭统—下二叠统（Gircha 组 +Lupghar 组）下部主要为砂岩，上部为钙质砂岩和生屑灰岩（图 5-3-46）。反映了裂谷作用逐渐增强，帕米尔地体与冈瓦纳逐渐分离，陆源碎屑供应逐渐较弱的过程（Angiolini et al，2013；2015）。中、上二叠统（Kochusu、Shindy、Kubergandy、Gan、Takhtabulak 组）以不整合覆盖在下伏地层之上，主要为生屑灰岩、泥灰岩、硅质灰岩、页岩、火山碎屑岩、碎屑流和滑塌成因的砂岩和砾岩（图 5-3-46），反映了帕米尔地体与冈瓦纳分离，中特提斯形成，强烈构造活动背景下的孤立台地、斜坡及深水盆地沉积（Angiolini et al，2013；2015）。

三叠系：东南帕米尔 Karatash 群主要为灰岩，Aktash 群主要为白云岩、灰岩，上覆 Rhaetian 阶 Lokzun 群复理石沉积序列（其中包括来自南帕米尔和中帕米尔的二叠系的滑塌体）；喀喇昆仑地区 Wirokhun 组主要为泥灰岩，上覆 Borom 组主要为硅质灰岩，其上的 Aghil 组下底部为砾屑白云岩，主体为白云岩，顶部为生屑灰岩（图 5-3-46）。这些沉积记录反映了 Rushan 小洋盆和 Wakhan–TBZ 盆地形成，中帕米尔、南帕米尔、喀喇昆仑地块分离，沉积条件各具特色。Lokzun 群复理石沉积序列反映了 Rushan 洋壳俯冲，洋盆萎缩，构造活动加剧（Angiolini et al，2013）。

侏罗系：东南帕米尔 Darbasatash 群与下伏地层不整合接触，主要为砾岩和砂岩，上覆 Hettangian 阶 Gurumdi 群灰岩；喀喇昆仑地区 Ashtigar 组与下伏地层不整合接触，主要为砂岩，其上不整合 Yashkuk 组砾岩－砂岩－泥岩序列，Reshit 组灰岩夹火山岩整合覆盖在 Yashkuk 组之上（图 5-3-46）。反映了侏罗纪初期构造活动较强，陆源碎屑供应较充分前陆盆地沉积特征，随后构造活动变弱，陆源供应减少的准台地沉积特征（Angiolini et al, 2013）。

IHS（2009）将分隔 Tajik 地块与 Farah Rod 地块的隆起带也归为帕米尔地体，但多数学者将其划分为独立的构造单元，称之为拜安山（Band-e-Bayan）构造带（Mistiaen et al, 2015；Motuza & Sliaupa, 2017；Siehl, 2017）。

拜安山构造带位于阿富汗中部，东向西延伸，北部以 Herat（Hari Rod）断裂与塔吉克（Tajik）地块相接，南部以 Band-e-Bayan 断裂为界（图 5-3-47）。

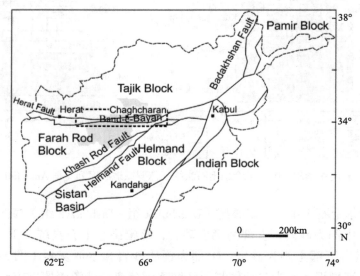

图 5-3-47　拜安构造带区域构造位置（据 Motuza & Sliaupa, 2017）

在拜安山构造带靠近 Tajik 地块一侧，出露了：①古元古界：Xgn-二云母、角闪石、黑云母、黑云母－角闪石、石榴石－黑云母、斜长石片麻岩；混合岩、石英岩、大理石、斜长角闪岩。②中元古界：Yvl-变质火山熔岩和大理岩；Ym-绿片岩、片麻岩、石英岩、大理岩、斜长角闪岩；Y2sc-钠长石－绢云母－石英和绢云母－斜长石－石英片岩，见斜长角闪岩透镜体。③新元古界：Z1scp-绿片岩和千枚岩片岩、砂岩夹大理岩、燧石和变质火山岩（图 5-3-48）。在塔吉克地块 Ghor 地区，变质岩基底之上覆盖了石炭系—第四系。在拜安山构造带，变质岩基底之上主要覆盖侏罗系。综合基底和盖层特征，拜安构造带是晚古生代从冈瓦纳超大陆裂离的陆块（Motuza & Sliaupa, 2017）。

（3）阿富汗地块群

阿富汗地块群包括 IHS（2009）划分的 Herat 盆地、Baijan 地块、Turkman 盆地、Helmand 地块、中央山脉、Kabul 地块、Helmand 盆地、Tarnak 盆地和 Kakarkhorashan

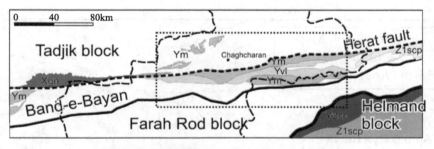

图 5-3-48　拜安构造带前寒武系分布（据 Motuza & Sliaupa，2017）

古元古界：Xgn—二云母、角闪石、黑云母、黑云母-角闪石、石榴石-黑云母、斜长石片麻岩；混合岩，石英岩，大理石，斜长角闪岩。中元古界：Yvl—变质火山熔岩和大理岩；Ym—绿片岩，片麻岩，石英岩，大理岩，斜长角闪岩；Y2sc—钠长石-绢云母-石英和绢云母-斜长石-石英片岩，见斜长角闪岩透镜体。新元古界：Z1scp—绿片岩和千枚岩片岩、砂岩夹大理岩、燧石和变质火山岩。

复理石槽，西部以 Makran（Sistan）缝合带与伊朗 Lut 地块相接，东部以 Muslimbagh-Zhob 缝合带与印度西北部褶皱带相接（图 4-0-2）。不同时期、不同国家的研究团队发表的研究成果，对阿富汗地块群区域的构造单元划分及命名存在明显不同。德国波恩大学学者 Siehl（2017）综合 Wolfart & Wittekindt（1980）、Tirrul et al.（1983）、Boulin（1988，1990）、Baud & Stampfli（1989）、Bender & Raza（1995）、Badshah et al.（2000）、Schwab et al.（2004）、Ulmishek（2004）、Doebrich & Wahl（2006）、Abdullah & Chmyriov（2008）、Haghipour（2009）、Cowgill（2010）、Aghanabati & Ghorbani（2011）、Schmidt et al.（2011）、Zanchi&Gaetani（2011）、Robinson et al.（2012）、Angiolini et al.（2013）和 Zanchetta et al.（2013）研究成果，将阿富汗地块群区域划分为 Farah 盆地［相当于 IHS（2009）划分的 Herat 盆地+Baijan 地块+Turkman 盆地+Helmand 地块］、Helmand 地块［相当于 IHS（2009）划分的中央山脉］、Kabul 地块、Kandahar 弧［相当于 IHS（2009）划分的 Tarnak 盆地］、Sistan 盆地［相当于 IHS（2009）划分的 Helmand 盆地］和 Katawaz 盆地［相当于 IHS（2009）划分的 Kakarkhorashan 复理石槽］。Waras-Panjaw 晚基梅里造山期缝合带隐没在 Sistan 盆地中，分隔了 Farah 盆地和 Helmand 地块。Sistan 盆地-Helmand 地块-Kandahar 弧、Kabul 地块、Katawaz 盆地被喜马拉雅造山期缝合带分隔。Helmand 地块与 Kabul 地块之间的喜马拉雅造山期缝合带是叠加在晚基梅里造山期缝合带之上（图 5-3-49）。

阿富汗地块群不同构造单元地质演化记录各异。Siehl（2017）综合 Wolfart & Wittekindt（1980）、Debon et al.（1986，1987）、Abdullah & Chmyriov（2008）和 Montenat（2009）研究成果，对不同构造单元的地质演化记录进行了归纳和总结（图 5-3-50）。

Farah 盆地以侏罗系变形增生杂岩（蛇绿杂岩、深海沉积物、浅海沉积物）为基底，其上不整合白垩系浅海相沉积物、古近系和新近系陆相沉积物，在下白垩统上部发育有火山岩，在上白垩统和古近系有花岗岩侵入，在古近系也发育火山岩（图 5-3-50）。

Helmand 地块以元古界为基底，其上发育古生界—三叠系陆相-滨浅海相沉积岩系，侏罗系浅海相沉积物以不整合覆盖下伏地层之上。上侏罗统中部—下白垩统下部

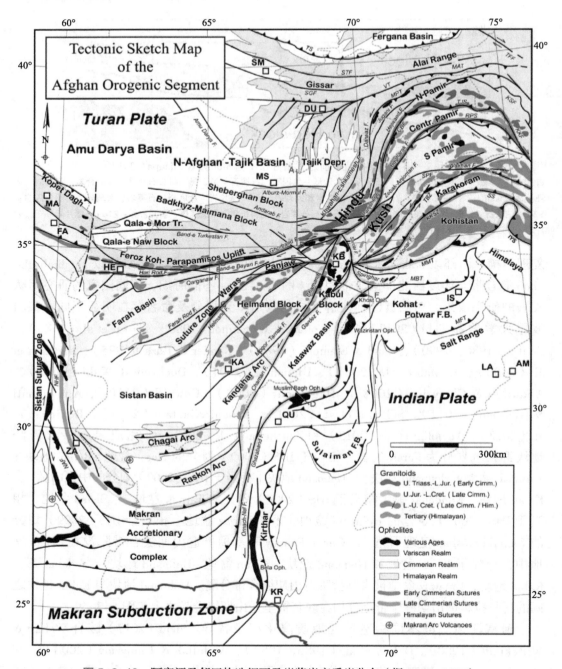

图 5-3-49 阿富汗及邻区构造纲要及岩浆岩变质岩分布（据 Siehl，2017）

构造线：CBF—Badakhshan 中央/Vanch Akbaytal 断裂；KF—Kilik 断裂；KKF—Karakoram 断裂；KKSZ—Karakoram-Kohistan 缝合带；KSF—Kongur Shan 断裂；MAT—Alai 主逆冲断裂；MBT—主要边界逆冲断裂；MFT—主前锋逆冲断裂；MMT/ IYS—主地幔逆冲断裂/Indus-Yarlungn 缝合带；MPT—Pamir 主逆冲断裂；NAF—Nostratabad 断裂；NHF—Nehbandan 断裂；RPS—Rushan Pshart n 缝合带；SGF—South Gissar 断裂；SPF—South Pamir 断裂；SS—Shyok 缝合带；STF—Scytho-Turanian 断裂；TBZ—Tirich Mir 边界带；TFF—Talas-Fergana 断裂；TJS—Tanymas-Jinshan 缝合带；TS—Turkestann 缝合带；VT—Vakhsh 逆冲断裂。地名：AM—Amritsar；BU—Bukhara；CH—Chardzhou；FA—Fariman；DU—Dushanbe；He—Herat；IS—Islamabad；KA—Kandahar；KB—Kabul；KR—Karachi；LA—Lahore；MA—Mashad；MS—Masar-e Sharif；QU—Quetta；SM—Samarqand；ZA—Zahedan

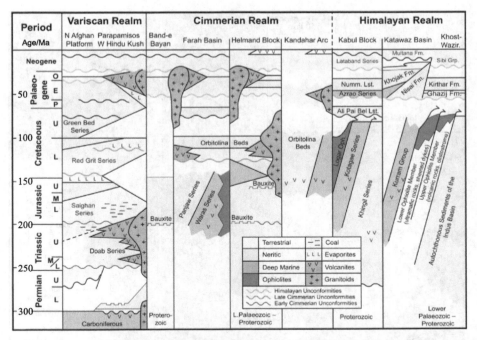

图 5-3-50　阿富汗及邻区重点地质单元地质事件 – 地层对比图（据 Siehl，2017）

为浅海–深海沉积。下白垩统中部以陆相沉积为主，与下伏地层不整合（晚基梅里期）接触。古近系和新近系为陆相沉积，不整合于下伏地层之上。南部在中侏罗统顶部—上白垩统有侵入岩发育，在下白垩统上部有喷发岩发育。北部在上白垩统—古近系有侵入岩发育，始新统—渐新统发育火山岩（图 5-3-50）。

Kandahar 弧以侏罗系—下白垩统弧增生楔杂岩（火山岩、浅海 – 深海沉积物）为基底，古近系—新近系陆相沉积不整合于基底之上，古近系有侵入岩发育，始新统发育火山岩（图 5-3-50）。

Kabul 地块以元古界为基底，其上不整合变形的二叠系—上白垩统下部浅海相沉积岩、侏罗系—上白垩统下部深海相沉积岩、以下白垩统为主的蛇绿杂岩。上白垩统上部的深海相沉积不整合于下伏地层之上。始新统为深海相 – 浅海相沉积，与下伏上白垩统不整合接触。新近系为陆相沉积，与下伏地层不整合接触（图 5-3-50）。

Katawaz 盆地处于印度板块边缘，最老的基底是元古界，其上发育有逆冲、变形的白垩系蛇绿岩、上三叠统—白垩系深海相沉积岩及火山岩。其上不整合变形的古近系浅海相 – 深海相沉积物。新近系陆相沉积物覆盖其上（图 5-3-50）。

Sistan 盆地也称 Helmand 盆地，面积达 $31 \times 10^4 km^2$（Evenstar et al，2018），东部及东北部为阿富汗高山区，西部为伊朗东部山区，南部边界为 Chagai 低山丘陵，是一个陆源碎屑供应极为充分的陆相盆地（图 5-3-51）。

Sistan 盆地为晚基梅里造山期（J_3–K_1）拼贴基底，最老的基底是前寒武系，盆地沉积充填最厚可达 5000m（Schreiber et al，1972；Evenstar et al，2018）。新近系和第四系厚度可达 1000m，沿 Helmand 河谷出露的新近系—第四系厚度达 250m（Whitney，

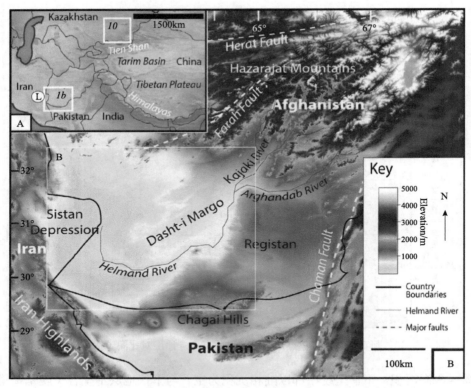

图 5-3-51　Sistan 盆地及围区地貌图（据 Evenstar et al，2018）

2006；Evenstar et al，2018）。Sistan盆地出露的主要是新近系—第四系的陆相沉积物，其次是新近系—第四系的火山岩（图 5-3-52）。上白垩统—古近系的特征未见报道，根据 Farah 盆地、Helmand 地块及 Kandahar 弧的研究成果推测，上白垩统以海相沉积为主，古近系为海相-陆相沉积，其中很可能有相应时期的侵入岩和喷出岩。

　　过塔吉克-北阿富汗盆地、Sheberghan 断块、Badkhyz-Maimana 断块、Hindu Kush山、拜安山（BB）、Farah 盆地、Waras-Panjaw 缝合带、Helmand 地块（Helmand 构造带 +Arghandab 构造带）、Kandahar 弧、Katawaz 盆地、Muslim Bagh 蛇绿杂岩带、Sulaiman 前陆盆地的 ABB′CD 剖面和过 Arghandab 构造带、Kabul 地块、Katawaz 盆地、Muslim Bagh 蛇绿杂岩带、Sulaiman 前陆盆地的 EF 剖面，很好地展示了阿富汗地块群地质结构（图 5-3-53）。

　　由 ABB′CD 剖面可见：塔吉克-北阿富汗盆地、Sheberghan 断块、Badkhyz-Maimana 断块以变形的前中生界为基底，其上依次发育三叠系、侏罗系、下白垩统、上白垩统，在塔吉克-北阿富汗盆地和 Sheberghan 断块发育古近系，在塔吉克-北阿富汗盆地发育新近系；Hindu Kush 山主要为褶皱变形的古生界和上三叠统—下侏罗统岩浆岩；拜安山（BB）主要为变形变质的元古界和少量古生界，与 Hindu Kush 山结合部见蛇绿杂岩（T-J1），局部侏罗系不整合其上；Farah 盆地以变形、弱变质的三叠系（？）、侏罗系-下白垩统为基底，上白垩统、古近系不整合其上；Waras-Panjaw 缝合带主要为强烈变形的侏罗系，其次为三叠系—侏罗系的蛇绿杂岩；Helmand 构造带由

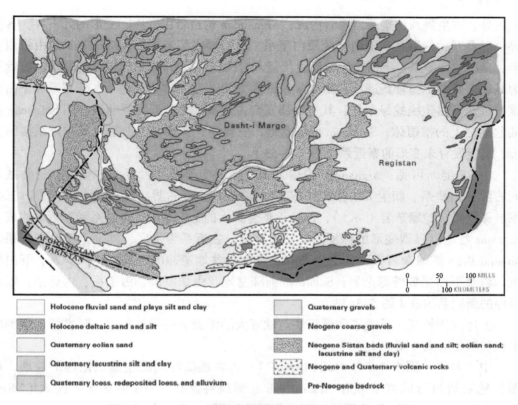

图 5-3-52　Sistan 盆地南部地质图（据 Whitney，2006）

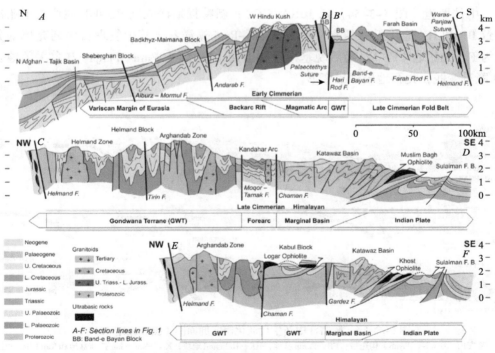

图 5-3-53　阿富汗重点地质剖面图（位置见图 5-3-49；据 Siehl，2017 略改）

元古界、古生界及白垩系岩浆岩构成；Arghandab 构造带由变质、变形的元古界、古生界、三叠系、侏罗系、下白垩统及白垩系、新生界岩浆岩构成；Kandahar 弧由强烈变形、变质的侏罗系、下白垩统和新生代侵入岩构成；Katawaz 盆地以强烈变形的古近系为基底，其上不整合新近系；Muslim Bagh 蛇绿杂岩带主要为三叠系、侏罗系、下白垩统，以及下白垩统蛇绿杂岩，其上局部发育古近系，是古近纪后期逆冲到 Sulaiman 前陆盆地之上的推覆体；Sulaiman 前陆盆地，三叠系、侏罗系、白垩系及古近系褶皱变形，其上发育未变形的新近系（图 5-3-53）。

由 EF 剖面可见：Arghandab 构造带由变质、变形的元古界、古生界、三叠系及元古界、白垩系、新生界岩浆岩构成；Kabul 地块由元古界、变形的上古生界、三叠系、侏罗系、蛇绿杂岩（~K1），以及不整合其上的上白垩统、古近系和新近系构成；Katawaz 盆地以强烈变形的侏罗系、下白垩统、古近系为基底，其上不整合新近系；Muslim Bagh 蛇绿杂岩带主要为向 Sulaiman 前陆盆地逆冲的三叠系、侏罗系、下白垩统，以及下白垩统蛇绿杂岩；Sulaiman 前陆盆地，由侏罗系、白垩系、古近系，以及巨厚的新近系构成（图 5-3-53）。

上述地质特征，反映了印度板块与欧亚大陆汇聚、碰撞过程中，阿富汗地块群的形成与演化历史（图 5-3-54）。

中三叠世（图 5-3-54，M. TRIASSIC）：古特提斯洋向图兰地块俯冲的晚期，在图兰地块边缘形成岩浆弧和 Hindu Kush 北部裂谷盆地，有 I 型花岗岩侵入（240—220Ma）。晚三叠世—早侏罗世（早基梅里造山期），冈瓦纳分离出来的拜安（BB）–Helmand（HE）地块与图兰地块碰撞，形成 S 型花岗岩（210—190Ma）。

中侏罗世（图 5-3-54，M. JURASSIC）：新特提斯洋壳向 BB-HE 地块之下俯冲，导致 BB 和 HE 地块弧后裂离，形成 Waras-Panjaw 洋盆，其中复理石序列充填部分称之为 Farah 盆地（FB）；随后晚基梅里造山期（J3–K1）Waras-Panjaw 洋盆关闭缝合，FB 隆升变浅，先存地层褶皱变形。

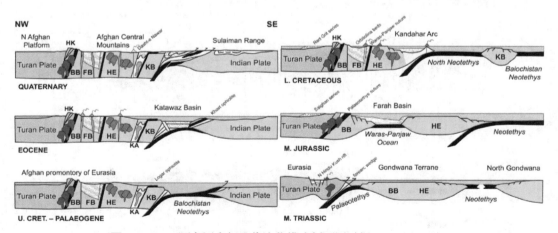

图 5-3-54　阿富汗中新生代演化模式剖面图（据 Siehl，2017）

BB—拜安山（Band-e Bayan）构造带；FB—Farah 盆地；HE—Helmand 地块；KA—Kandahar 弧前盆地和 Kandahar 火山弧；KB—Kabul 地块

早白垩世（图 5-3-54，L. CRETACEOUS）：新特提斯洋壳向 HE 地块持续俯冲，在 HE 地块形成岩浆弧及 Kandahar 弧前盆地（KA）和 Kandahar 火山弧；从冈瓦纳分离的 Kabul 地块（KB）位于 HE 地块与印度板块之间的特提斯洋。

晚白垩世—古新世（图 5-3-54，U. CRET.–PALEOGENE）：Balochistan 新特提斯洋壳向 KB 俯冲，KB、KA、HE 拼贴碰撞、变形，Logar 蛇绿杂岩逆冲覆盖在 KB 之上，在 FB–KB 一带形成浅水盆地；同时，Khost–Waziristan 蛇绿杂岩向印度板块边缘之上逆冲。

始新世（图 5-3-54，EOCENE）：Balochistan 新特提斯洋演化为 Katawaz 拉分盆地，充填了巨厚的三角洲沉积序列；FB–HE 隆升地表，伴随着岩浆活动。新近纪，印度板块的持续俯冲，造成 Khost–Waziristan 蛇绿杂岩及陆架沉积物在印度板块边缘形成逆冲席；Katawaz 盆地被向东南方向挤出。

第四纪（图 5-3-54，QUATERNARY）：印度板块继续向北运动，阿富汗中央山脉不断隆升，沿 KB 两侧形成左旋走滑活动断裂。

（4）巴基斯坦西南部中新生代变形区

巴基斯坦西南部中新生代变形区包括 Chagai–Raskoh 岩浆弧、Balochistan 盆地、Makran 山脉和 Makran 海岸槽（图 5-3-55），是侏罗纪以来特提斯洋、印度洋长期俯冲，阿富汗地块、Chagai–Raskoh 洋内岩浆弧拼贴、碰撞、增生的结果（Nicholson et al，2010；Siddiqui et al，2012）。

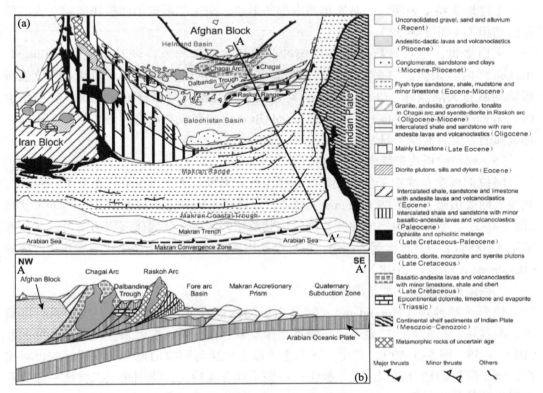

图 5-3-55　巴基斯坦西南部地质图（a）及剖面（b）（据 IHS，2009；Nicholson et al，2010 编绘）

巴基斯坦西南部主要出露了：①白垩系玄武—安山熔岩和火山碎屑岩，及少量灰岩、泥岩和硅质岩；②上白垩统—古近系辉长岩、闪长岩、二长岩、正长岩；③少量始新统闪长岩；④上新统–更新统安山质熔岩和凝灰岩。Raskoh 岩浆弧主要出露了：①渐新统泥岩、砂岩互层夹极少的安山岩熔岩和安山质凝灰岩；②古近系页岩与砂岩互层夹少量玄武–安山质熔岩和凝灰岩；③少量上白垩统—古近系蛇绿岩；④白垩系玄武—安山熔岩和火山碎屑岩，及少量灰岩、泥岩和硅质岩。Balochistan 盆地绝大部分被现代冲积相的砾石、砂覆盖。Makran 山脉出露了始新统—中新统复理石型砂岩、泥岩和少量灰岩。Makran 海岸槽充填了始新统—中新统复理石型砂岩、泥岩及少量灰岩，以及上新统以来的砾石、砂、泥沉积物（图 5-3-55）。

巴基斯坦西南部 Chagai– Raskoh 岩浆弧及围区最老的岩层是下侏罗统 Raskoh 蛇绿杂岩，其上覆盖中侏罗统 Charkohan 放射虫硅质岩系。上侏罗统 Bunap 沉积岩复合体不整合于下伏地层之上。白垩系主要为 Kuchakki 火山岩群，主要岩性为玄武–安山质熔岩、凝灰岩，有少量凝灰质砂岩、粉砂岩、泥岩、灰岩和放射虫硅质岩。古新统 Rakhshani 组整合于下伏地层之上，主要为砂岩、页岩、泥岩夹灰岩的复理石序列。始新统中下部 Kharan 组为中厚层含有孔虫泥质灰岩。始新统上部—渐新统 Nauroze 组为泥岩、砂岩互层，夹少量灰岩和砾岩。中新统与下伏地层不整合接触，中新统—更新统 Dalbandin 组为泥岩、砂岩、砾岩互层。全新统为未固结的砾石、砂、粉砂和黏土。在渐新统和中新统有侵入岩和火山岩（图 5-3-56）。

上述地质特征表明，巴基斯坦西南部的形成、演化与阿拉伯海板块向欧亚大陆俯冲密切相关（图 5-3-57）。

早白垩世，随着新特提斯洋内俯冲的发生，在侏罗系洋壳基础上形成 Chagai-Raskoh 洋内岩浆弧。白垩纪中晚期，随着印度板块从冈瓦纳分离，印度–阿拉伯海板块向欧亚大陆漂移，Chagai-Raskoh 洋内岩浆弧逐渐与阿富汗地块汇聚。晚白垩世 Campanian 中后期（80Ma±）以来，Chagai-Raskoh 岩浆弧与阿富汗地块拼贴、碰撞，形成弧前、弧后盆地（图 5-3-57）。

（5）阿拉伯板块东缘中新生代变形区

阿拉伯板块东缘中新生代变形区包括 IHS（2009）划分的穆桑达姆（Musandam）地块、阿曼山脉、巴蒂纳（Batinah）盆地、马西拉（Masirah）槽和欧文（Owen）盆地（图 5-0-2）。变形最强烈的地区是阿曼山脉及相邻区域，其地质演化历史可以从前寒武纪（700Ma）一直延续到第四纪，但现今的构造格局主要是中新生代地质演化形成的（Bazalgette & Salem，2018）。

①穆桑达姆地块–阿曼山脉

穆桑达姆地块（Musandam）–阿曼山脉出露前寒武系、寒武系、奥陶系、志留系、泥盆系、石炭系、二叠系、三叠系、侏罗系、白垩系、古近系、新近系及第四系（图 5-3-58、图 5-3-59）。其中，下二叠统以老地层与阿拉伯地台具有很好的可对比性，属于阿拉伯地台沉积。上二叠统—白垩系具有独特性，特别是上二叠统—侏罗系主要为裂谷盆地沉积（Bazalgette & Salem，2018）。晚白垩世 Semail 蛇绿杂岩仰冲使蛇

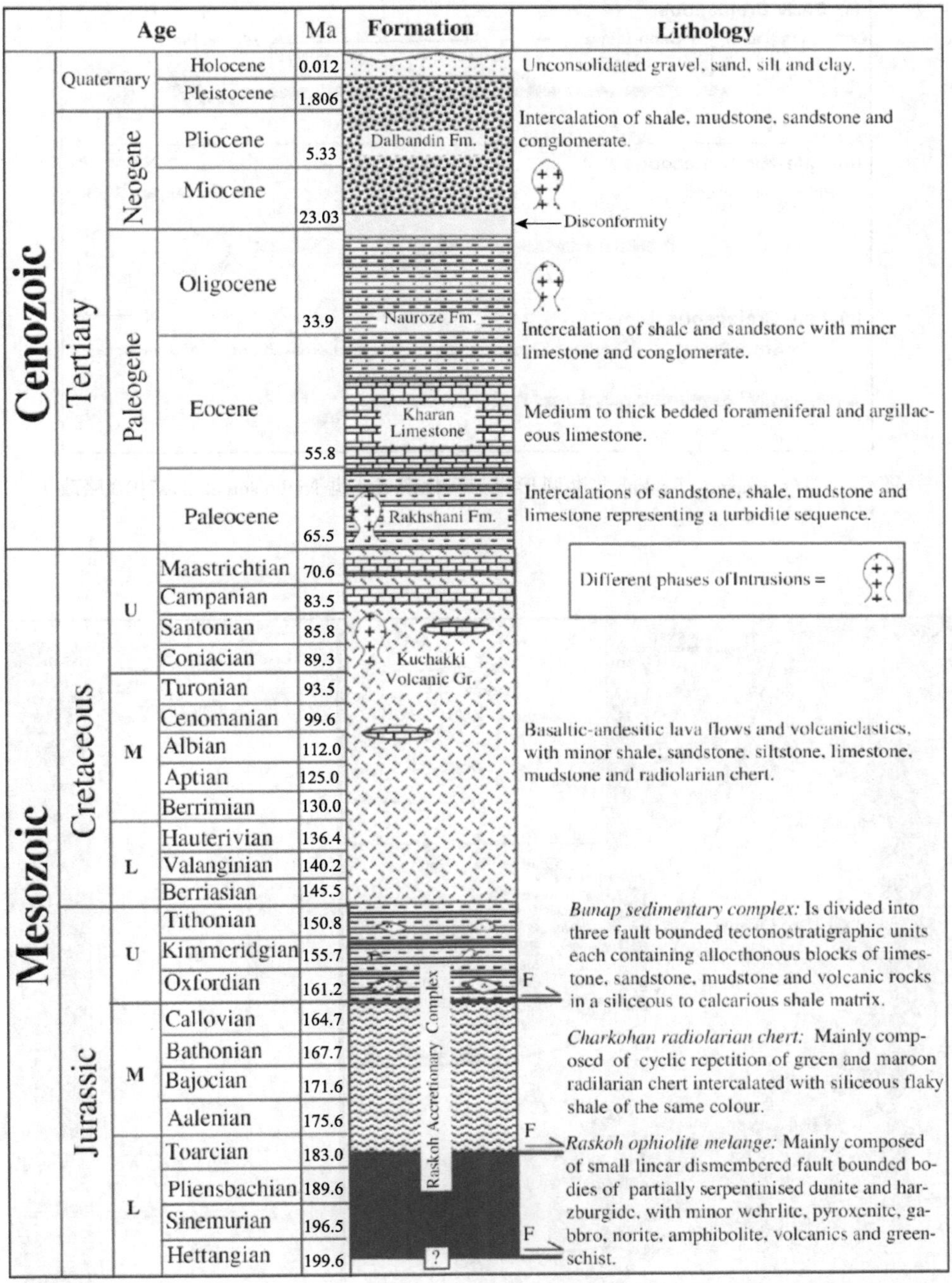

Age			Ma	Formation	Lithology
Cenozoic Quaternary		Holocene	0.012		Unconsolidated gravel, sand, silt and clay.
		Pleistocene	1.806		Intercalation of shale, mudstone, sandstone and conglomerate.
	Neogene	Pliocene	5.33	Dalbandin Fm.	
		Miocene	23.03		←— Disconformity
	Paleogene	Oligocene	33.9	Nauroze Fm.	Intercalation of shale and sandstone with minor limestone and conglomerate.
Tertiary		Eocene	55.8	Kharan Limestone	Medium to thick bedded foraminiferal and argillaceous limestone.
		Paleocene	65.5	Rakhshani Fm.	Intercalations of sandstone, shale, mudstone and limestone representing a turbidite sequence.

Different phases of Intrusions =

Age			Ma	Formation	Lithology
Mesozoic Cretaceous	U	Maastrichtian	70.6		
		Campanian	83.5		
		Santonian	85.8	Kuchakki Volcanic Gr.	
		Coniacian	89.3		
	M	Turonian	93.5		Basaltic-andesitic lava flows and volcaniclastics, with minor shale, sandstone, siltstone, limestone, mudstone and radiolarian chert.
		Cenomanian	99.6		
		Albian	112.0		
		Aptian	125.0		
		Berrimian	130.0		
	L	Hauterivian	136.4		
		Valanginian	140.2		
		Berriasian	145.5		
Jurassic	U	Tithonian	150.8	Raskoh Accretionary Complex	*Bunap sedimentary complex:* Is divided into three fault bounded tectonostratigraphic units each containing allocthonous blocks of limestone, sandstone, mudstone and volcanic rocks in a siliceous to calcarious shale matrix.
		Kimmeridgian	155.7		
		Oxfordian	161.2		F
	M	Callovian	164.7		*Charkohan radiolarian chert:* Mainly composed of cyclic repetition of green and maroon radiolarian chert intercalated with siliceous flaky shale of the same colour.
		Bathonian	167.7		
		Bajocian	171.6		
		Aalenian	175.6		
	L	Toarcian	183.0		F *Raskoh ophiolite melange:* Mainly composed of small linear dismembered fault bounded bodies of partially serpentinised dunite and harzburgite, with minor wehrlite, pyroxenite, gabbro, norite, amphibolite, volcanics and greenschist.
		Pliensbachian	189.6		
		Sinemurian	196.5		F
		Hettangian	199.6	?	

图 5-3-56 巴基斯坦西南部 Chagai- Raskoh 岩浆弧及围区地层柱状图（据 Siddiqui et al，2012）

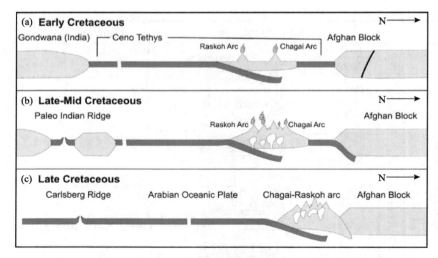

图 5-3-57　Chagai-Raskoh 岩浆弧形成与演化模式（据 Nicholson et al，2010 略改）

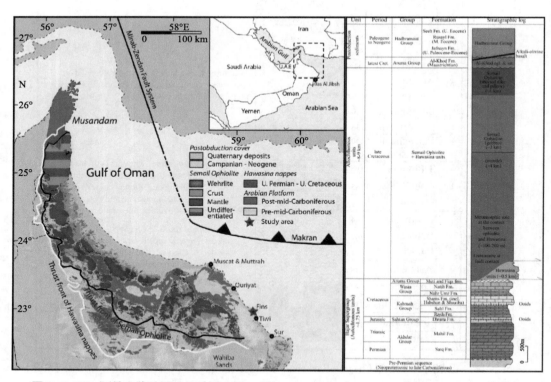

图 5-3-58　阿曼山脉及围区地质图（据 Mattern et al，2018）；Mattern & Scharf，2018 编绘）

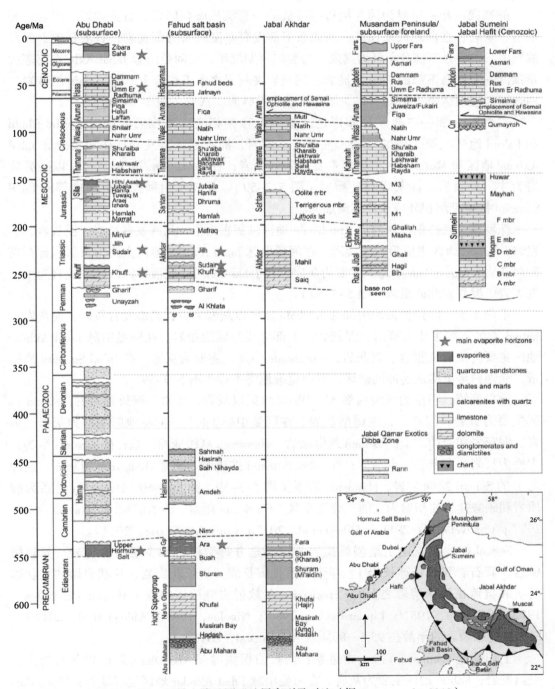

图 5-3-59　阿曼山脉及围区地层序列及对比（据 Cooper et al，2018）

绿杂岩和地幔逆冲到白垩系老地层之上，并在现今出露地表（图5-3-58）。Semail蛇绿杂岩仰冲事件后，发育了上白垩统Campanian阶—第四系（图5-3-58）。

前寒武系和古生界为冈瓦纳边缘形成的一套滨浅海相砾岩、石英砂岩、泥岩、泥灰岩、灰岩，在前寒武系顶部—寒武系下部发育厚度较大的蒸发岩，石炭系中上部普遍缺失，二叠系下部分布极为局限，为裂陷早期沉积。在阿曼山脉Jabal Akhdar前寒武系顶部—寒武系下部的Fara组泥岩、泥灰岩夹灰岩之上不整合上二叠统Saiq组砂岩、白云岩；穆桑达姆（Musandam）半岛见奥陶系砂岩、灰岩（图5-3-59）。

二叠系上部—三叠系分布广泛，横向上存在相变：阿拉伯板块内部Abu Dhabi和Fahud地区主要为碳酸盐岩，夹砂岩、页岩、泥灰岩、蒸发岩；在阿曼山脉Jabal Akhdar地区和Musandam半岛，主要为碳酸盐岩；在Jabal Sumeini推覆带，以碳酸盐岩为主，夹页岩、泥灰岩和硅质岩（图5-3-59）。反映了由阿拉伯板块内部向Jabal Sumeini推覆带沉积环境水体逐渐加深。

侏罗系：阿拉伯板块内部Abu Dhabi地区以灰岩为主，局部发育页岩、泥灰岩、蒸发岩；Fahud地区主要为碳酸盐岩。在阿曼山脉Jabal Akhdar地区主要为灰岩和含石英砂屑灰岩；Musandam半岛，主要为灰岩；在Jabal Sumeini推覆带，以碳酸盐岩为主，夹页岩、泥灰岩和硅质岩（图5-3-59）。

下白垩统：阿拉伯板块内部Abu Dhabi地区以灰岩为主，局部发育页岩、泥灰岩；Fahud地区下部主要为页岩、泥灰岩，上部主要为碳酸盐岩。在阿曼山脉Jabal Akhdar地区主要为灰岩夹页岩、泥灰岩；Musandam半岛，主要为灰岩；在Jabal Sumeini推覆带，受晚白垩世构造逆冲的破坏，下白垩统地层不详（图5-3-59）。

上白垩统：阿拉伯板块内部Abu Dhabi地区以灰岩、页岩、泥灰岩为主；Fahud地区主要为页岩、泥灰岩，夹碳酸盐岩。在阿曼山脉Jabal Akhdar地区主要为灰岩、页岩、泥灰岩和逆冲之上的Semail蛇绿杂岩、Hawasina高级变质岩系；Musandam半岛，主要为页岩、泥灰岩，夹灰岩；在Jabal Sumeini推覆带，发育Qumayrah组灰岩，逆冲之上的Semail蛇绿杂岩、Hawasina岩系（图5-3-59、图5-3-60）Hawasina岩系为硅质岩和碳酸盐岩浊积岩为主的三叠系洋盆（Hawasina洋盆）深水沉积岩（Ravaut et al，1997；Chauvet et al，2011；Aldega et al，2017；Cornish & Searle，2017）。

Semail蛇绿杂岩由上地幔橄榄岩（主要是方辉橄榄岩和少量纯橄榄岩、异剥橄榄岩、辉石岩和辉长苏长岩）、洋壳岩石（辉长岩、奥长花岗岩、片状岩墙和枕状熔岩）和覆盖在枕状熔岩之上的Cenomanian阶放射虫硅质岩构成（Allemann & Peters，1972；Coleman，1981；Lippard et al，1986；Nicolas，1989；Aldega et al，2017）。Semail蛇绿杂岩的年龄在95.5—80Ma（Aldega et al，2017）。

上白垩统Campanian阶—古近系：阿拉伯板块内部Abu Dhabi地区以灰岩为主，夹蒸发岩；Fahud地区主要为灰岩。在阿曼山脉Jabal Akhdar地区地层缺失；Musandam半岛主要为灰岩；在Jabal Sumeini推覆带主要为灰岩，夹页岩、泥灰岩（图5-3-59）。

新近系：阿拉伯板块内部Abu Dhabi地区为页岩、泥灰岩、蒸发岩；Fahud地区和阿曼山脉Jabal Akhdar地区地层缺失；Musandam半岛和Jabal Sumeini推覆带主要为灰

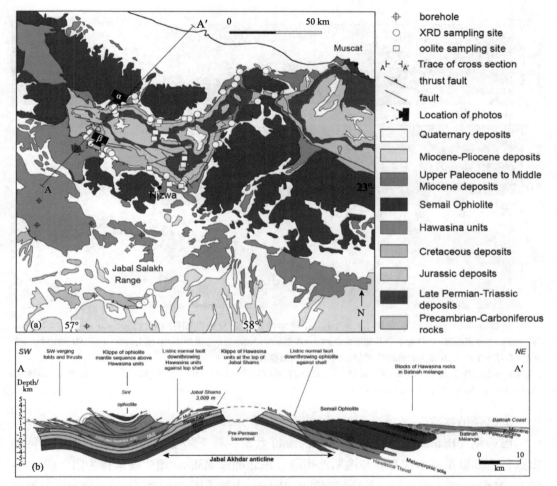

图 5-3-60　阿曼山脉 Jabal 地区地质平剖面图（据 Aldega et al，2017）

岩，夹页岩、泥灰岩（图 5-3-59）。

第四系主要为未固结的砾石、砂、泥（图 5-3-58）。

阿拉伯东北部现今的构造格局主要是晚白垩世（95.5—80Ma）Semail 蛇绿杂岩强烈仰冲、中新世（15Ma）扎格罗斯碰撞 2 次重大构造事件的结果（Bazalgette & Salem，2018；Cooper et al，2018），形成阿曼山脉及相关沉积盆地（图 5-3-61）。

地震 - 露头联合解释的地质剖面［图 5-3-61（c）、ABCD］展示了 Jabal Sumeini 逆冲断裂带及其西部前陆盆地的地质结构。在逆冲断裂系统西侧的前陆盆地自下而上发育了变形较弱的二叠系—侏罗系、下白垩统 Thamama-Wasia 组、上白垩统 Aruma 组、古近系 Pabdeh 组和新近系 Fars 组。在 Jabal Sumeini 逆冲断裂带强烈逆冲变形组成垂向上地层多次重复叠加：在二叠系—白垩系地层序列之上叠加了 3 套前二叠系—下白垩统地层序列，其上又依次叠加了 Hawasina 岩系推覆体和 Semail 蛇绿杂岩推覆体（图 5-3-61）。

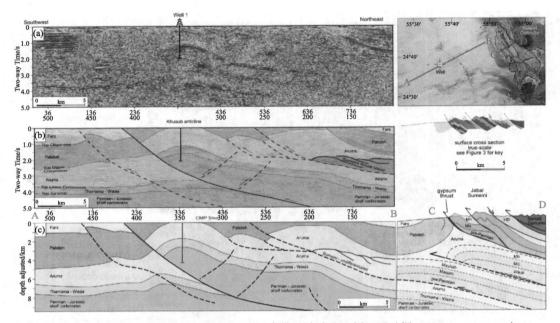

图 5-3-61　阿拉伯东北部 Jabal Sumeini 逆冲带及前陆盆地剖面图（据 Cooper et al，2018）

（a）插图 AB 地震剖面；（b）结合钻井和重力资料由地震剖面解释的地质剖面及插图 CD 露头剖面；（c）AB 深度域地质剖面及 CD 露头剖面（CD 露头剖面的深部结构是基于 AB 剖面推测的）

注：Maqam 组（P_2–J_1）：HD—Hamrat Duru 群 [T_{2-3} 远洋沉积（Chauvet et al，2011）]；Mayhah 组（J_2–k_1）：Thamama–Wasia（K_1），Aruma（K_2），Pabdeh（E），Fars（N）。

②巴蒂纳盆地

巴蒂纳（Batinah）盆地也称 Sohar Basin 盆地，处于阿曼湾的西南部，西南为阿曼山脉，西部以霍尔木兹海峡与波斯湾相隔，东北部以 Makran 增生楔前锋为限（图 5-3-62）。Makran 增生楔北起巴基斯坦南部的 Makran 山脉 [图 5-3-55（a）]，南至阿曼湾中央（图 5-3-62），是新生代阿拉伯板块—新特提斯洋向欧亚大陆俯冲形成的增生楔。巴蒂纳盆地是白垩纪以来阿拉伯板块与欧亚大陆汇聚、新特提斯洋向欧亚大陆之下俯冲，形成的新生代残留洋盆阿曼陆缘海盆，总体上具有前陆盆地的性质（Ravaut et al，1997；1998）。

巴蒂纳盆地为中生代变形（Semail 蛇绿杂岩仰冲）的陆壳基底，Makran 增生楔的基底为古近纪及白垩纪洋壳，以白垩纪洋壳基底为主（Ravaut et al，1997；1998）。

盆地演化分为两个阶段：第一阶段介于晚白垩世 Campanian 晚期至渐新世中新世早期，在蛇绿杂岩基底之上，形成陆源碎屑岩 – 碳酸盐岩充填序列；第二阶段为晚中新世—第四纪，形成陆源碎屑岩充填序列（Ravaut et al，1997；1998；Searle，2007）。

晚白垩世 Maastrichtian 早期 Semail 蛇绿杂岩仰冲事件结束，在外来推覆体之上形成区域不整合，不整合面之上堆积了主要由砾岩、泥岩组成的巴蒂纳杂岩（Batinah melange）[图 5-3-60（b）]。其上覆盖的 Maastrichtian 中期（70Ma±）Thaqab 组主要为含丰富化石的浅海相灰岩。Thaqab 组沉积后，发生了区域隆升和海平面相对下降，形成区域不整合（图 5-3-63）。

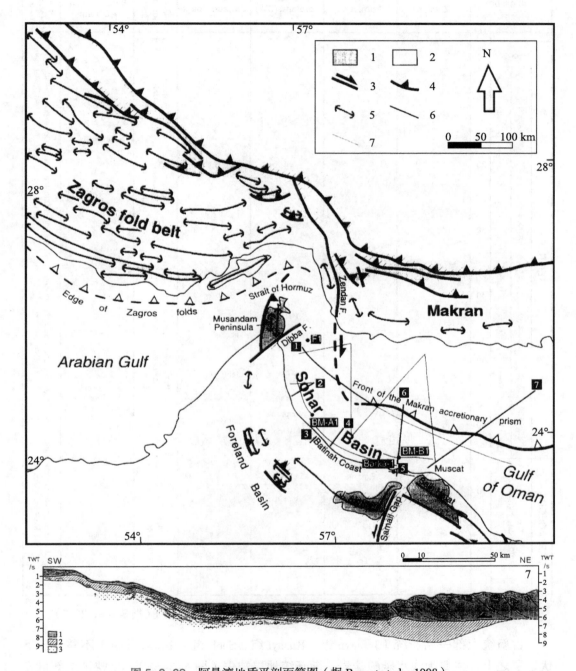

图 5-3-62　阿曼湾地质平剖面简图（据 Ravaut et al, 1998）

平面图：1—原地岩石；2—蛇绿杂岩；3—走滑断裂；4—逆冲断裂；5—褶皱轴；6—重点地震剖面；7—参考的地震剖面。剖面图：1—中新统上部—第四系陆源碎屑沉积；2—渐新统 Thawah 组；3—晚古新世—早中新世碳酸盐岩陆架

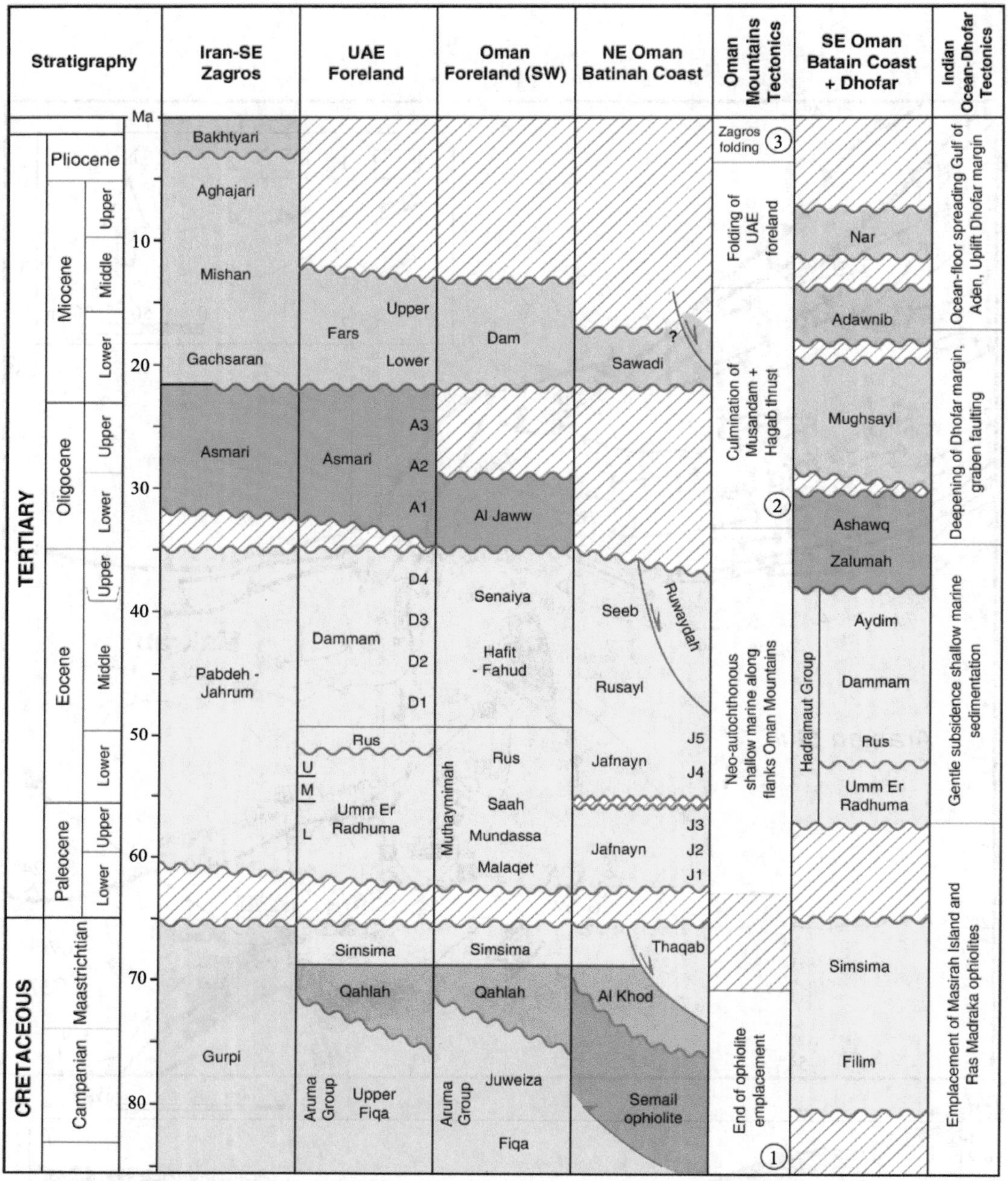

图 5-3-63　阿曼湾及阿拉伯板块不同单元上白垩统—新近系地层序列（据 Searle，2007）

古新统上部—始新统（Jafnayn 组、Rusayl 组、Seeb 组、Ruwayda 组）不整合于下伏地层之上，主要为浅水碳酸盐岩。渐新统地层缺失（图 5-3-63），反映了渐新世发生了挤压隆升。Jabal Abiad 和 Saih Hatat 东部的研究结果表明，隆升幅度在 2000m 以上。在 Musandam 地块（半岛），这次挤压隆升事件造成从前二叠系基底到古近系的大规模再次褶皱和再次逆冲，伴随着沿 Hagab 逆冲断层 14km 的由东向西的位移（Searle et al，1983；Searle，1988；2007）。

中新统下部的 Sawad 组不整合于始新统之上［图 5-3-60（b），图 5-3-63］，主要为深水沉积环境形成的泥岩、泥灰岩。缺失中新统中上部及上新统，这一隆升事件与扎格罗斯强烈陆陆碰撞事件在时间上具有一致性。

第四系不整合于下伏地层之上［图 5-3-60（b）］，主要为未固结的砾石、砂和黏土。

③马西拉槽

马西拉槽（Masirah Trough）处于阿曼境内，西侧为阿曼盆地的侯格夫（Huqf）隆起，北侧为阿曼山脉，东部以巴坦（Batain）推覆体前锋与欧文（Owen）盆地相邻，是一个走滑裂陷盆地，面积约 $1.8 \times 10^4 \mathrm{km}^2$（图 5-0-2、图 5-3-64）。

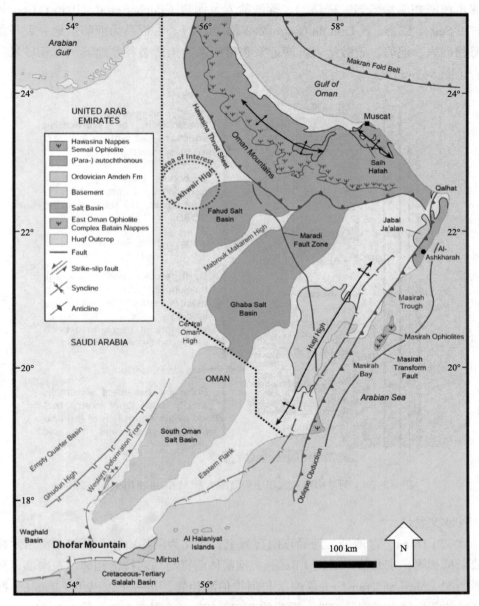

图 5-3-64　马西拉槽及围区构造 - 地层纲要图（据 Bazalgette & Salem，2018）

马西拉槽的基底是前新元古界的变质岩和岩浆岩。其上主要发育新元古界、寒武系、奥陶系、二叠系、三叠系、侏罗系、白垩系、古近系、新近系和第四系（图5-3-65）。

新元古界—寒武系为裂谷盆地大陆冰川 – 滨浅海相砂岩、泥岩、碳酸盐岩，夹火山岩（Allen & Leather，2006）。奥陶系为裂谷盆地冲积相砂岩、泥岩。志留系—石炭系普遍缺失。二叠系—三叠系为裂谷盆地滨浅海相砾岩、砂岩、碳酸盐岩（Hauser et al，2000）。侏罗系主要为被动大陆边缘盆地浅海相 – 深水浅海相碳酸盐岩、硅质岩。白垩系中下部为深水浅海相含放射虫泥晶灰岩、页岩、硅质岩。白垩系上部为前陆盆地深水浅海相滑塌砾岩、硅质岩、碳酸盐岩及泥岩（Pilcher et al，1996；Gnos et al，1997；Souza-Lima，& Lara de Castro Manso，2019）。古近系为前陆盆地 – 裂谷盆地滨浅海相砂岩、泥岩、碳酸盐岩。新近系和第四系为走滑裂谷盆地滨浅海相砂岩、碳酸盐岩（图5-3-65）。

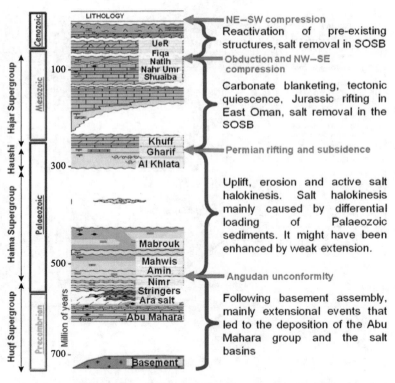

图 5-3-65　阿曼构造 – 沉积序列简图（据 Al Kindi & Richard，2014）

④欧文盆地

欧文（Owen）盆地处于阿曼东南部海上，西北为阿曼山脉，西部以霍尔木兹海峡与波斯湾相隔，东北部以巴坦（Batain）推覆体前锋与马西拉槽相邻，东南部以马西拉走滑断裂（Masirah Transform 断裂）与阿拉伯海相邻，是一个以巴坦（Batain）推覆体为基底的新生代走滑裂陷盆地，面积约 $21.2 \times 10^4 km^2$（图 5-0-2、图 5-3-64）。

巴坦推覆体位于阿曼东南侧，出露于马西拉岛和杰瓦拉地区（图 5-3-64）。在马西拉岛，巴坦推覆体是由侏罗系的下部推覆体、上部推覆体，白垩系碱性侵入岩、碱性玄武岩，以及新生界沉积物组成（图 5-3-66）。

巴坦推覆体（图 5-3-67 中 future Masirah ophiolite）与阿曼山脉推覆体（图 5-3-67 中 Semail ophiolite）不同，是白垩纪末—古近纪初，先期新特提斯洋内洋壳间仰冲，后

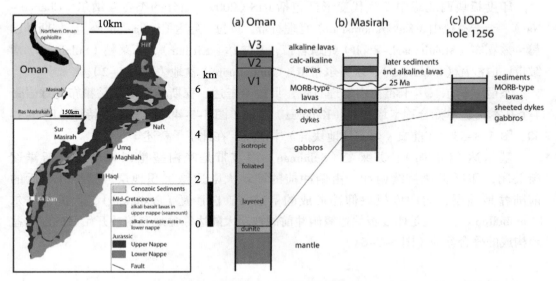

图 5-3-66　欧文盆地马西拉蛇绿杂岩与邻区蛇绿杂岩序列对比（据 Rollinson，2017）

Observed structures	Deformation kinematics	σH axis orientation	Proposed age and context of occurrence or reactivation	Tectonic phase
NE-SW en-échelon faults	Faulting under strike-slip	NE-SW	Oligocene to Miocene	Alpine 2
Cretaceous-Cenozoic unconformity	Tectonic quiescence	N/A	Paleocene to Oligocene	N/A
NW-SE and NNW-SSE conjugate faults	Faulting under extension/strike-slip/transtension	NW-SE	Late Cretaceous (Maastrichtian) 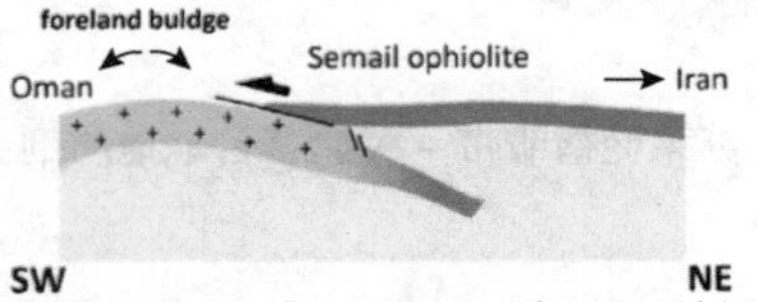 **NE-SW extension in foreland buldge** Oman → / Semail ophiolite / → Iran SW ... NE	Alpine 1 (or Late Alpine 1)
NE-SW compressional folds in Cretaceous units	Folding under compression	NW-SE	Late Cretaceous (Post Albian-Cenomanian and Pre-Maastrichtian) 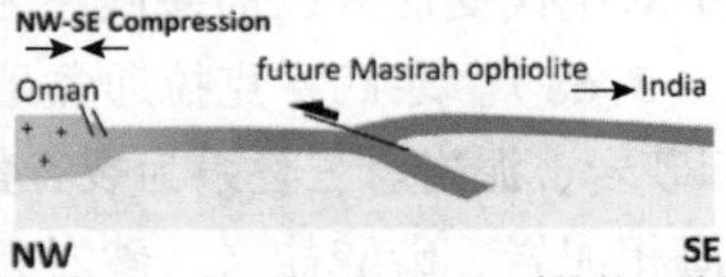 **NW-SE Compression** Oman → future Masirah ophiolite → India NW ... SE	Alpine 0 (or early Alpine 1)
NE-SW Jurassic-seated faults	Fault reactivation under compression	NW-SE	Late Cretaceous (Post Albian-Cenomanian and Pre-Maastrichtian) 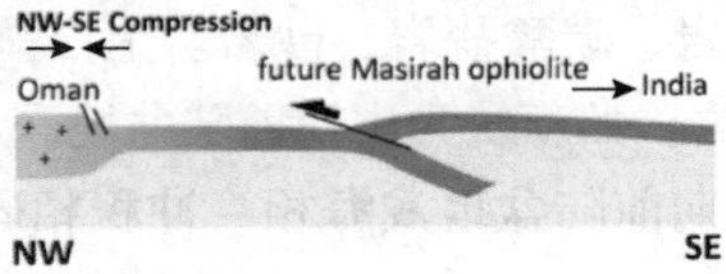 **NW-SE Compression** Oman → future Masirah ophiolite → India NW ... SE	Alpine 0 (or early Alpine 1)
NE-SW Jurassic-seated faults	Faulting under extension	NE-SW	Late Triassic to Early Jurassic NW ... SE	Thetys rifting

图 5-3-67　欧文盆地马西拉蛇绿杂岩与邻区蛇绿杂岩序列对比（据 Rollinson，2017）

期仰冲到阿曼被动大陆边缘形成的增生楔（Rollinson，2017）。欧文盆地是古近纪以来在这一阿曼被动大陆边缘形成的增生楔基底上发育的裂谷盆地。与马西拉槽相似，古近系为裂谷盆地浅海相砂岩、泥岩、碳酸盐岩。新近系和第四系为走滑裂谷盆地浅海相砂岩、碳酸盐岩、泥岩（Bazalgette & Salem，2018）。

（6）印度板块西北缘中新生代变形区

印度板块西北缘中新生代变形区包括 IHS（2009）划分的杰曼–纳尔（Chaman–Nal）、卡卡霍拉山（Kakarkhorashan）复理石带，贝拉–奎达（Bella–Quetta）、穆斯林巴赫–兹霍布（Muslimbagh–Zhob）蛇绿岩带，基尔达（Kirthar）、苏莱曼（Sulaiman）褶皱带，白沙瓦（Peshawar）、坎贝尔布尔（Cambellpore）盆地（图 5-0-2）。

杰曼–纳尔、卡卡霍拉山复理石带，贝拉–奎达、穆斯林巴赫–兹霍布蛇绿岩带4 个基本构造单元合称卡塔瓦兹（Katawaz）盆地（图 5-3-49），其地质特征（图 5-3-50、图 5-3-53）在前文（阿富汗地块群）中述及，在此不予赘述。

基尔达（Kirthar）、苏莱曼（Sulaiman）褶皱带是晚白垩世以来新特提斯洋逐渐关闭，印度板块持续俯冲，由俯冲前的被动大陆边缘沉积地层、俯冲开始后的前陆盆地地层，向印度板块仰冲形成的褶皱带。白沙瓦（Peshawar）、坎贝尔布尔（Cambellpore）盆地是印度板块边缘俯冲前的被动大陆边缘盆地和俯冲开始后的前陆盆地构成的叠合盆地（图 5-3-68）。

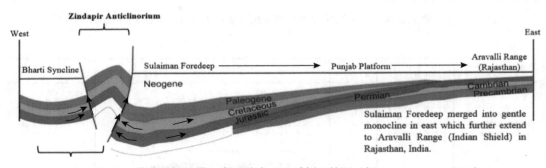

图 5-3-68　苏莱曼褶皱带–旁遮普台地地质剖面简图（据 Nazeer et al，2018）

印度板块西北缘中新生代变形区以前寒武系为基底。其上发育寒武系、二叠系、中生界、新生界（图 5-3-68）。寒武系克拉通盆地为冲积相砂岩、泥岩。二叠系裂谷盆地为冲积相–湖泊相砂岩、泥岩。三叠系为裂谷盆地滨浅海相砂岩、泥岩碳酸盐岩。侏罗系为裂谷盆地浅海相泥岩、碳酸盐岩、砂岩。下白垩统—上白垩统中部为被动大陆边缘盆地浅海相泥岩、碳酸盐岩、砂岩。上白垩统上部—古新统为早期前陆盆地深水浅海相泥岩、浊积岩。始新统为中期前陆盆地深水浅海相–浅海相泥岩、碳酸盐岩。渐新统—新近系为晚期前陆盆地浅海相–冲积相砾岩、砂岩，夹泥岩（表 5-3-1、图 5-3-69）。

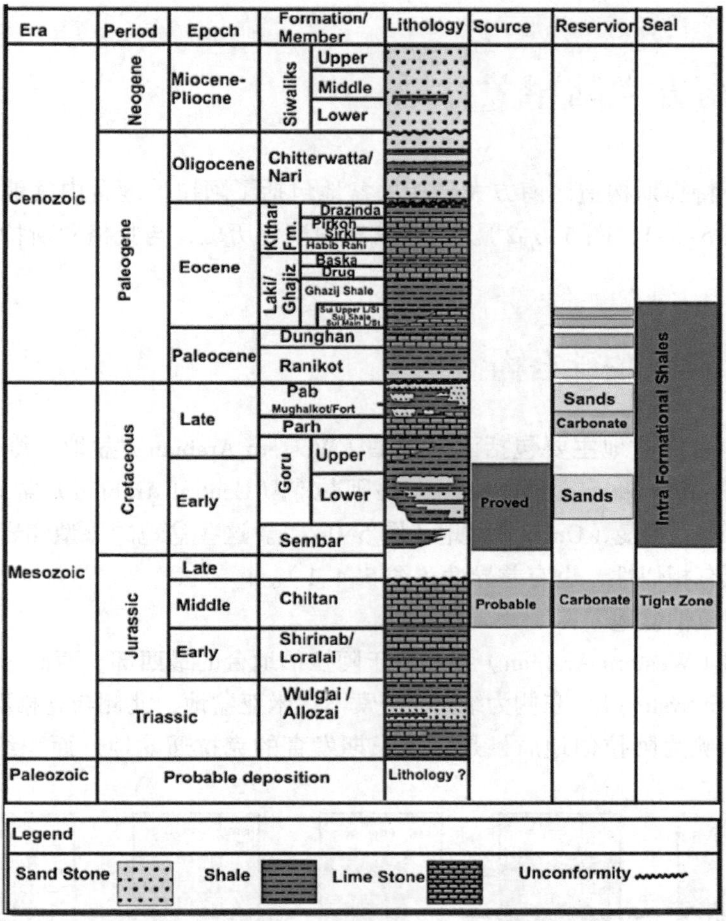

图 5-3-69　苏莱曼褶皱带综合地层简图（据 Nazeer et al，2018）

表 5-3-1　Kirthar 褶皱带中新生代地层序列简表（据 Umar et al，2011）

Age	Group/formation	Thickness/m	Lithology
Pleistocene	Dada Conglomerates	500	Boulders and pebble conglomerates with subordinate coarse grained sandstone
Pliocene	Manchar formation	1000	Sandstone and shale interbedded with subordinare conglomerare
Unconformity			
Miocene	Gaj formation	300	Shale, sandstone with subordinate limestone and conglomerate
Oligocene	Nari formation	1000	Sandstone interbedded with shale
Eocene	Kirthar formation Ghazij formation	300~500	Fossilifereous limestone interbedded with shale and marrl Dominantly shale with minor sandstone
Paleocene	Rani Kot group	300~500	Intraelastic limestone, shale, marl and sandstone
Maastrichtian	Pab formation	300	Sandstone intercalated with marl and mudstone
Campanian	Mughal Kot formation	200	Mart, arenaceous limestone, mudstone and sandstone
Early–late Cretaceous	Parh group	600~750	Biomicritc limestone, shale, siltstone, marl and sandstone
Disconformity			
Early–Late Jurassic	Ferozabad group	1200~1500	Oolitic limestone interbedded with shale and marl
Base not exposed			

5.4 南方大陆相关盆地

扎格罗斯特提斯构造区南方大陆相关盆地包括了阿拉伯地台内盆地和印度地台西北部盆地（图5-0-1、图5-0-2）。这些盆地的演化历史，与扎格罗斯特提斯的演化历史密切相关。

5.4.1 阿拉伯地台内盆地

阿拉伯地台内盆地主要包括西阿拉伯（Western Arabian）盆地、维丹－美索不达米亚（Widyan–Mesopotamia）盆地、中央阿拉伯（Central Arabian）盆地、鲁卜哈利（Rub` Al Khali）、阿曼（Oman）盆地（图5-0-2）。这些盆地的原型和岩相古地理演化的地质记录既有相似性，也有差异性（图5-4-1）。

（1）西阿拉伯盆地

西阿拉伯（Western Arabian）盆地位于阿拉伯地台的最西部，西侧为黎凡特断裂带（Levant Fracture System），东侧为维丹－美索不达米亚盆地，北侧与扎格罗斯（Zagros）盆地相接，南侧为阿拉伯地盾，是一个长期发育的克拉通盆地，面积约 $63.6 \times 10^4 km^2$

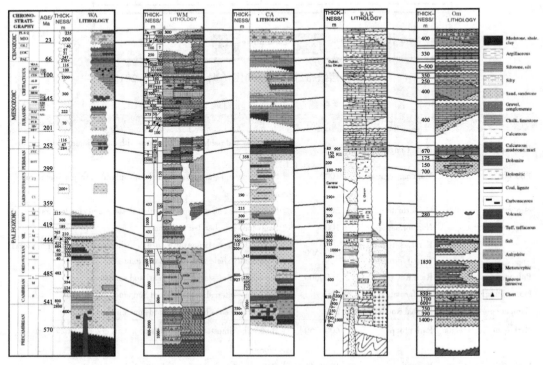

图5-4-1 阿拉伯地台不同盆地地层对比图（据IHS，2008资料编绘）
WA—西阿拉伯盆地；WM—维丹－美索不达米亚盆地；CA—中央阿拉伯盆地；RAK—鲁卜哈利盆地；Om—阿曼盆地

（图 5-0-2）。

盆地以新元古代早中期（930—620Ma）阿拉伯地盾的增生岛弧的结晶岩、变质岩（变质沉积岩、变质火山岩）为基底。上覆新元古界顶部—第四系（图 5-4-1，WA）。

新元古界顶部（570—541Ma）为克拉通盆地冲积相砾岩、砂岩，夹海泛期形成的碳酸盐岩和蒸发岩。

古生界。寒武系为克拉通盆地冲积相－滨浅海相砾岩、砂岩、碳酸盐岩；奥陶系为克拉通盆地冰川－滨浅海相砾岩、砂岩、泥岩。中、下志留统为克拉通盆地滨浅海相砾岩、砂岩、泥岩。上志留统普遍缺失。中、下泥盆统为克拉通盆地冲积相－滨浅海相砂岩、碳酸盐岩及泥岩。上泥盆统—石炭系普遍缺失，在局部发育石炭系克拉通盆地冲积相砂岩、泥岩。二叠系绝大部分缺失，二叠系顶部发育克拉通盆地冲积相砂岩、泥岩。

中新生界。三叠系为克拉通盆地冲积相－滨浅海相砂岩、碳酸盐岩、蒸发岩，夹火山岩。侏罗系为克拉通盆地冲积相－滨浅海相砂岩、泥岩、碳酸盐岩。下白垩统为克拉通盆地冲积相－三角洲相－滨浅海相砂岩、泥岩、碳酸盐岩。上白垩统为克拉通盆地浅海相碳酸盐岩、泥岩，碳酸盐岩中含燧石结核。古近系为克拉通盆地浅海相碳酸盐岩、泥岩，夹火山岩。新近系为克拉通盆地冲积相－滨浅海相砂岩、泥岩，夹碳酸盐岩、蒸发岩。

（2）维丹－美索不达米亚盆地

维丹－美索不达米亚（Widyan-Mesopotamia）盆地位于阿拉伯地台的中西部，西侧为西阿拉伯盆地，东侧为中央阿拉伯盆地，北侧与扎格罗斯（Zagros）盆地相接，南侧为阿拉伯地盾，是一个长期发育的裂谷、被动大陆边缘、前陆多旋回叠合盆地，面积约 $46.9 \times 10^4 km^2$（图 5-0-2）。

盆地以新元古代早中期（930—610Ma）的岩浆岩、变质岩为基底。上覆新元古界顶部—第四系（图 5-4-1，WM）。

新元古界顶部（570—541Ma）为裂谷盆地冲积相－滨浅海相砾岩、砂岩、碳酸盐岩、蒸发岩、泥岩。

古生界。下寒武统为裂谷盆地滨浅海相碳酸盐岩、蒸发岩、泥岩。中、上寒武统为被动大陆边缘盆地冲积相－滨浅海相砾岩、砂岩，夹泥岩。奥陶系为被动大陆边缘盆地冰川－滨浅海相砾岩、砂岩、泥岩。下志留统为被动大陆边缘盆地滨浅海相砂岩、泥岩。中志留统普遍缺失，上志留统为前陆盆地冲积相砂岩、泥岩。下泥盆统主要为前陆盆地滨浅海相碳酸盐岩及泥岩。中、上泥盆统为前陆盆地冲积相－湖泊相砂岩、泥岩。石炭系主要为前陆盆地冲积相砾岩、砂岩、泥岩，北部为滨浅海相砂岩、泥岩碳酸盐岩。二叠系绝大部分为前陆盆地冲积相砂岩、泥岩，二叠系顶部为裂谷盆地滨浅海相碳酸盐岩、泥岩、蒸发岩。

中新生界。三叠系为裂谷盆地冲积相－滨浅海相砂岩、泥岩、碳酸盐岩、蒸发岩。下侏罗统普遍缺失。中、上侏罗统为被动大陆边缘盆地滨浅海相泥岩、碳酸盐岩、蒸发岩。下白垩统为被动大陆边缘盆地冲积相－滨浅海相砂岩、泥岩、碳酸盐岩。

上白垩统为被动大陆边缘盆地浅海相碳酸盐岩、泥岩。古近系为被动大陆边缘盆地浅海相碳酸盐岩、泥岩。新近系为前陆盆地冲积相–滨浅海相砾岩、砂岩、泥岩、碳酸盐岩、蒸发岩。

（3）中央阿拉伯盆地

中央阿拉伯（Central Arabian）盆地位于阿拉伯地台的中部，西北侧为维丹–美索不达米亚盆地，东南侧为鲁卜哈利（Rub` Al Khali）盆地，东北侧与扎格罗斯（Zagros）盆地相接，西南侧为阿拉伯地盾，是一个长期发育的裂谷、被动大陆边缘、前陆多旋回叠合盆地，面积约 $49.9 \times 10^4 km^2$（图 5–0–2）。

盆地以新元古代早中期（950—620Ma）的岩浆岩、变质岩为基底，岩石类型有蛇绿杂岩、片岩、板岩、花岗岩、花岗闪长岩。上覆新元古界顶部—第四系（图 5–4–1，CA）。

新元古界顶部（570—541Ma）为裂谷盆地冲积相–滨浅海相砾岩、砂岩、碳酸盐岩、蒸发岩、泥岩，夹火山岩。

古生界。下寒武统为裂谷盆地滨浅海相砂岩、碳酸盐岩、蒸发岩、泥岩。中、上寒武统为被动大陆边缘盆地冲积相–滨浅海相砾岩、砂岩，夹泥岩、碳酸盐岩。奥陶系为被动大陆边缘盆地冰川–滨浅海相砾岩、砂岩、泥岩。中、下志留统为被动大陆边缘盆地滨浅海相砾岩、砂岩、泥岩。上志留统—下泥盆统下部普遍缺失。下泥盆统中上部主要为前陆盆地滨浅海相砂岩、碳酸盐岩及泥岩。上泥盆统为前陆盆地冲积相砂岩、泥岩。石炭系主要为前陆盆地冲积相–滨浅海相砂岩、泥岩，夹碳酸盐岩。二叠系绝大部分为前陆盆地冲积相–滨浅海相砂岩、泥岩，夹碳酸盐岩；二叠系顶部为裂谷盆地滨浅海相碳酸盐岩、泥岩。

中新生界。三叠系为裂谷盆地冲积相–滨浅海相砂岩、泥岩、碳酸盐岩。下侏罗统普遍缺失。中、上侏罗统为被动大陆边缘盆地滨浅海相碳酸盐岩、泥岩、蒸发岩。下白垩统为被动大陆边缘盆地冲积相–滨浅海相砂岩、泥岩、碳酸盐岩。上白垩统为被动大陆边缘盆地三角洲相–浅海相砂岩、碳酸盐岩、泥岩。古近系为被动大陆边缘盆地浅海相碳酸盐岩、蒸发岩。新近系为前陆盆地冲积相–滨浅海相砾岩、砂岩，夹泥岩、碳酸盐岩。

（4）鲁卜哈利盆地

鲁卜哈利（Rub'Al Khali）盆地位于阿拉伯地台的中东部，西北侧为中央阿拉伯盆地，东南侧为阿曼（Oman）盆地，北侧与波斯湾盆地相接，西南侧为阿拉伯地盾，是一个长期发育的裂谷、被动大陆边缘、前陆多旋回叠合盆地，面积约 $74.0 \times 10^4 km^2$（图 5–0–2）。

盆地以新元古代早中期（930—620Ma）的岩浆岩、变质岩为基底，岩石类型有变质安山岩、同造山闪长岩。上覆新元古界顶部—第四系（图 5–4–1，RAK）。

新元古界顶部（570—541Ma）为裂谷盆地冲积相–滨浅海相砾岩、砂岩、碳酸盐岩、蒸发岩、泥岩，夹火山岩。

古生界。下寒武统为裂谷盆地滨浅海相砂岩、碳酸盐岩、蒸发岩、泥岩，夹火山岩。中、上寒武统为被动大陆边缘盆地冲积相－滨浅海相砂岩、泥岩、碳酸盐岩。奥陶系为被动大陆边缘盆地冰川－滨浅海相砾岩、砂岩、泥岩。中、下志留统为被动大陆边缘盆地滨浅海相砂岩、泥岩。上志留统—下泥盆统下部普遍缺失。下泥盆统中上部主要为前陆盆地滨浅海相砂岩、碳酸盐岩及泥岩。上泥盆统为前陆盆地冲积相砂岩、泥岩。石炭系主要为前陆盆地冲积相－滨浅海相砂岩、泥岩。二叠系绝大部分为前陆盆地冲积相－滨浅海相砂岩、泥岩；二叠系顶部为裂谷盆地滨浅海相碳酸盐岩、泥岩。

中新生界。三叠系为裂谷盆地滨浅海相碳酸盐岩，顶部见砂岩、泥岩。下侏罗统下部普遍缺失。下侏罗统中上部—上侏罗统为被动大陆边缘盆地滨浅海相碳酸盐岩、泥岩，夹蒸发岩。下白垩统主要为被动大陆边缘盆地浅海相碳酸盐岩。上白垩统为被动大陆边缘盆地浅海相碳酸盐岩、泥岩。古近系为前陆盆地浅海相碳酸盐岩，夹蒸发岩。新近系为前陆盆地滨浅海相砂岩、泥岩、碳酸盐岩，夹蒸发岩。

（5）阿曼盆地

阿曼（Oman）盆地位于阿拉伯地台的东部，西侧为鲁卜哈利盆地，西北与波斯湾盆地相邻，东北侧为阿曼山，东南侧为马西拉槽，是一个长期发育的裂谷、被动大陆边缘、前陆多旋回叠合盆地，面积约 $23.4 \times 10^4 km^2$（图 5-0-2）。

盆地以新元古代早中期（930—620Ma）的岩浆岩、变质岩为基底，岩石类型有辉绿岩、霏细岩、闪长岩、花岗岩捕虏体和岩脉，以及基性火成岩杂岩。上覆新元古界顶部—第四系（图 5-4-1，Om）。

新元古界顶部（570—541Ma）为裂谷盆地冲积相－滨浅海相砾岩、砂岩、碳酸盐岩、泥岩。

古生界。下寒武统为裂谷盆地滨浅海相砂岩、碳酸盐岩、蒸发岩、泥岩。中上寒武统为被动大陆边缘盆地冲积相－滨浅海相砾岩、砂岩、泥岩，夹碳酸盐岩。奥陶系为被动大陆边缘盆地冰川－滨浅海相砾岩、砂岩、泥岩。中下志留统为被动大陆边缘盆地滨浅海相砂岩、泥岩。上志留统—石炭系中下部普遍缺失，中泥盆统局部发育前陆盆地冲积相－滨浅海相砂岩、泥岩。石炭系顶部主要为前陆盆地冲积相砾岩、砂岩、泥岩。二叠系绝大部分为前陆盆地冲积相－滨浅海相砂岩、泥岩，夹碳酸盐岩；二叠系顶部为裂谷盆地滨浅海相碳酸盐岩、泥岩。

中新生界。三叠系中下部普遍缺失。三叠系顶部为裂谷盆地冲积相砂岩、泥岩。侏罗系主要为被动大陆边缘盆地滨浅海相碳酸盐岩，底部为砂岩。下白垩统主要为被动大陆边缘盆地浅海相碳酸盐岩、泥岩、砂岩。上白垩统主要为前陆盆地浅海相碳酸盐岩、泥岩。古近系为前陆盆地浅海相碳酸盐岩，夹蒸发岩。新近系为前陆盆地滨浅海相泥岩、碳酸盐岩，夹蒸发岩、砂岩。

5.4.2　印度地台西北部盆地

印度地台西北部盆地主要包括博德瓦尔盆地（Potwar Basin）、印度河盆地（Indus

Basin）、巴尔梅尔盆地（Barmer Basin）、坎贝盆地（Cambay Basin）、印度河三角洲（Indus Delta）、喀奇盆地（Kutch Basin）、索拉什特拉盆地（Saurashtra Basin）、孟买（Bombay）盆地（图 5-0-2）。这些盆地的原型和岩相古地理演化的地质记录既有相似性，也有差异性。

（1）博德瓦尔盆地

博德瓦尔盆地（Potwar Basin）处于巴基斯坦境内，位于印度地台的北部西端，西侧以哈扎拉构造结（Hazara Syntaxis）与穆斯林巴赫 – 兹霍布（Muslimbagh–Zhob）蛇绿岩带相接，东侧及东南侧以杰赫勒姆断裂（Jhelum 断裂）与恒河盆地（Ganges Basin）相隔，北侧以主边界逆冲断裂（Main Boundary Thrust，MBT）与中新生代变形带相接，西南侧与苏莱曼褶皱带、印度河盆地过渡，是一个克拉通、裂谷、被动大陆边缘、前陆叠合盆地，面积约 $3.9 \times 10^4 km^2$（图 5-0-2、图 5-4-2）。

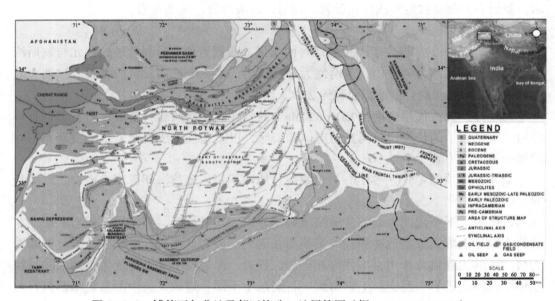

图 5-4-2　博德瓦尔盆地及邻区构造 – 地层简图（据 Craig et al，2018）

盆地以中元古界（1600—1000Ma）与旁遮普（Punjab）地台基底类似的变质超基性岩岩浆岩、变质沉积岩为基底。上覆新元古界—寒武系、二叠系—第四系（图 5-4-3）。

新元古界顶部（570—541Ma）为克拉通盆地局限滨浅海相的泥岩、蒸发岩，夹火山岩。

古生界。寒武系（—517Ma）为克拉通盆地局限滨浅海相砂岩、泥岩、碳酸盐岩、蒸发岩。奥陶系—二叠系下部缺失。二叠系中上部（290—252Ma）为克拉通盆地冲积相 – 浅海相砂岩、泥岩、碳酸盐岩，夹煤层。

中新生界。三叠系为裂谷盆地冲积相 – 滨浅海相砂岩、泥岩、碳酸盐岩。侏罗系为裂谷盆地冲积相 – 三角洲相 – 滨浅海相砂岩、泥岩、碳酸盐岩。下白垩统主要为裂谷盆地浅海相砂岩，夹泥岩、碳酸盐岩。上白垩统为被动大陆边缘盆地浅海相碳酸盐

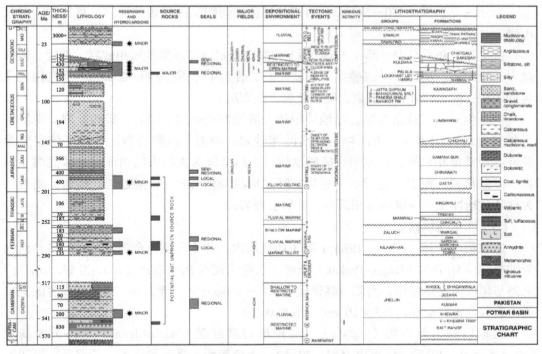

图 5-4-3　博德瓦尔盆地综合地层柱状图（据 IHS，2008 略改）

岩、泥岩，夹砂岩。古近系主要为前陆盆地浅海相泥岩、碳酸盐岩、蒸发岩、砂岩。新近系为前陆盆地冲积相砾岩、砂岩、泥岩。

（2）印度河盆地

印度河盆地（Indus Basin）横跨巴基斯坦和印度两国，位于印度地台的西北部，西侧以基尔达（Kirthar）–苏莱曼（Sulaiman）褶皱带为界，东侧及东南侧与阿拉瓦利高地（Aravalli Platform）相接，北侧为博德瓦尔盆地，西南侧与印度河三角洲过渡，是一个克拉通、裂谷、被动大陆边缘、前陆叠合盆地，面积约 $34.8 \times 10^4 km^2$（图 5-0-2）。

盆地以中元古界（1600—1000Ma）与博德瓦尔盆地基底类似的变质超基性岩岩浆岩、变质沉积岩为基底。上覆新元古界—寒武系、二叠系—第四系（图 5-4-4）。

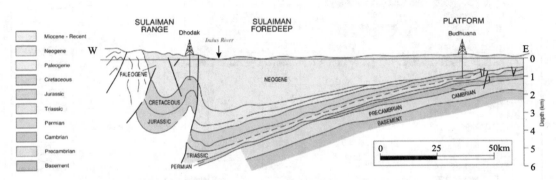

图 5-4-4　印度河盆地 W-E 向剖面图（据 IHS，2008 略改）

新元古界顶部（570—541Ma）为克拉通盆地局限滨浅海相的泥岩、蒸发岩，夹火山岩。

古生界。寒武系中下部（—510Ma）为克拉通盆地局限滨浅海相砂岩、泥岩、碳酸盐岩、蒸发岩。奥陶系—二叠系下部缺失。二叠系中上部（290—252Ma）为克拉通盆地冲积相—浅海相砂岩、泥岩、碳酸盐岩，夹煤层。

中新生界。三叠系为裂谷盆地冲积相–滨浅海相砂岩、泥岩、碳酸盐岩。侏罗系为裂谷盆地冲积相–三角洲相–滨浅海相砂岩、泥岩、碳酸盐岩。下白垩统主要为裂谷盆地浅海相砂岩，夹泥岩、碳酸盐岩。上白垩统为被动大陆边缘盆地滨浅海相砂岩、碳酸盐岩、泥岩。古近系主要为前陆盆地浅海相泥岩、碳酸盐岩、砂岩。新近系为前陆盆地冲积相–滨浅海相砾岩、砂岩、泥岩。

（3）巴尔梅尔盆地

巴尔梅尔盆地（Barmer Basin）处于印度境内，位于印度地台内部的西北部，西侧为讷格尔–帕卡尔（Nagar–Parkar）隆起，东侧为阿拉瓦利高地（Aravalli Platform），北侧与印度河盆地相接，南侧与喀奇盆地（Kutch Basin）过渡，是一个长期发育的克拉通内裂谷盆地，面积约 $2.3 \times 10^4 km^2$（图 5-0-2）。

盆地以新古元古界（760Ma±）马拉尼岩浆岩系（Malani Igneous Suite）为基底（Bladon et al，2015；de Wall et al，2018）。上覆新元古界—寒武系、侏罗系—第四系（图 5-4-5）。

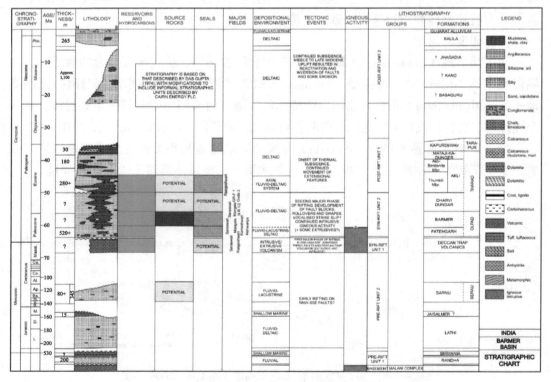

图 5-4-5　巴尔梅尔盆地综合地层柱状图（据 IHS，2008）

新元古界顶部（570—541Ma）为克拉通盆地沉积相砾岩、砂岩、泥岩。

古生界。寒武系底部（—536Ma）为克拉通盆地局限滨浅海相碳酸盐岩。寒武系中上部—二叠系普遍缺失。

中新生界。三叠系普遍缺失。侏罗系为裂谷盆地冲积相 – 三角洲相 – 滨浅海相砂岩、泥岩、碳酸盐岩。下白垩统主要为裂谷盆地冲积相 – 湖泊相砂岩，夹泥岩。上白垩统大部分缺失，顶部发育火山岩（相当于德干喷出岩）。古近系和新近系主要为裂谷盆地冲积相 – 三角洲相砂岩、泥岩。

（4）坎贝盆地

坎贝盆地（Cambay Basin）处于印度境内，位于印度地台内部的西部，西侧为喀奇盆地（Kutch Basin）和索拉什特拉盆地（Saurashtra Basin），东侧为阿拉瓦利高地（Aravalli Platform），北侧与巴尔梅尔盆地（Barmer Basin）相接，西南侧与孟买（Bombay）过渡，东南侧为纳尔墨达（Narmada）盆地，是一个中新生代克拉通内裂谷盆地，面积约 $6.2 \times 10^4 \text{km}^2$（图 5-0-2）。

盆地以新古元古界（760Ma±）马拉尼岩浆岩系（Malani Igneous Suite）为基底（Bladon et al，2015；de Wall et al，2018），上覆侏罗系—第四系（图 5-4-6）。

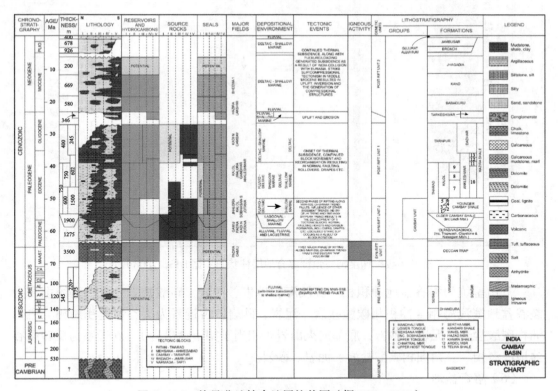

图 5-4-6　坎贝盆地综合地层柱状图（据 IHS，2008）

侏罗系只发育上侏罗统（157—145Ma）为裂谷盆地冲积相 – 滨浅海相砂岩、泥岩。下白垩统和上白垩统中下部主要为裂谷盆地冲积相 – 滨浅海相砂岩，夹泥岩。上白垩统顶部发育火山岩（相当于德干喷出岩）。古近系和新近系主要为裂谷盆地冲积

相 – 三角洲相 – 浅海相砂岩、泥岩。

（5）印度河三角洲

印度河三角洲（Indus Delta）处于巴基斯坦境内，位于印度地台西部边缘北侧，西北侧以默里海岭（Murray Ridge）与波拉利海槽（Porali Trough）相隔，东北侧为基尔达（Kirthar）褶皱带，东侧与印度河盆地（Indus Basin）相接，东南侧与喀奇盆地（Kutch Basin）过渡，西南侧为印度洋（Indian Ocean），是一个中新生代克拉通边缘裂谷盆地，面积约 $3.5 \times 10^4 km^2$（图 5-0-2）。

盆地以新古元古界（640—775Ma ±）讷格尔帕卡尔岩浆杂岩（Nagar Parkar Igneous Complex）为基底（Rehman et al，2018），上覆白垩系—第四系（图 5-4-7）。

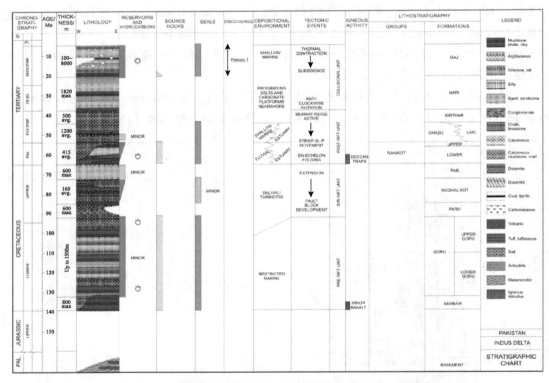

图 5-4-7　印度河三角洲综合地层柱状图（据 IHS，2008）

下白垩统为裂谷盆地冲积相 – 滨浅海相砂岩、泥岩、碳酸盐岩。上白垩统主要为裂谷盆地滨浅海相 – 冲积相碳酸盐岩、泥岩、砂岩。古近系为裂谷盆地浅海相 – 三角洲相碳酸盐岩、泥岩、砂岩，底部夹火山岩（相当于德干喷出岩）。新近系为反转裂谷盆地浅海相 – 三角洲相碳酸盐岩、泥岩、砂岩。

（6）喀奇盆地

喀奇盆地（Kutch Basin）横跨印度和巴基斯坦两国，主要在印度境内，位于印度地台西部边缘，西北侧为印度河三角洲（Indus Delta），北侧为印度河盆地（Indus Basin）和讷格尔 – 帕卡尔（Nagar–Parkar）隆起，东侧为坎贝盆地（Cambay Basin），南侧与索拉什特拉盆地（Saurashtra Basin）过渡，西侧为印度洋（Indian Ocean），是一个中新生代克拉通边缘裂谷盆地，面积约 $8.6×10^4km^2$（图 5-0-2）。

盆地以阿拉瓦利造山期（Aravalli Orogeny，1800Ma）至萨德布尔造山晚期（the later Satpura Orogeny，1600Ma）的岩浆岩和变质岩为基底（Mohanty，2018；Tewari et al，2018），上覆三叠系—第四系（图 5-4-8）。

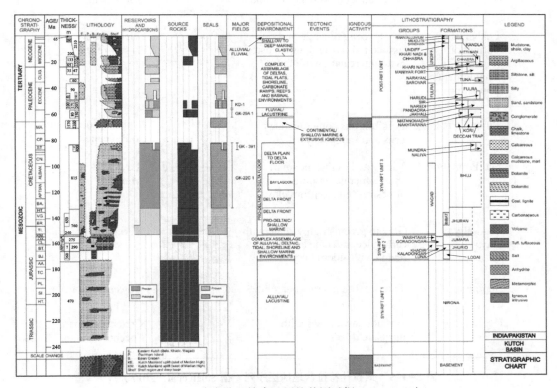

图 5-4-8　喀奇盆地综合地层柱状图（据 IHS，2008）

三叠系—下侏罗统为裂谷盆地冲积相-湖泊相砂岩、泥岩。中、上侏罗系为裂谷盆地冲积相-三角洲相-滨浅海相砂岩、泥岩、碳酸盐岩。下白垩统为裂谷盆地冲积相-滨浅海相砂岩、泥岩。上白垩统中下部主要为裂谷盆地滨浅海相-冲积相泥岩、砂岩。上白垩统上部缺失，上白垩统顶部发育火山岩（相当于德干喷出岩）。古近系为裂谷盆地冲积相-三角洲相-滨浅海相碳酸盐岩、泥岩、砂岩，底部夹砾岩。新近系为裂谷盆地浅海相-冲积相泥岩、砂岩。

（7）索拉什特拉盆地

索拉什特拉盆地（Saurashtra Basin）在印度境内，位于印度地台西部边缘，北侧为喀奇盆地（Kutch Basin），东侧为坎贝盆地（Cambay Basin），南侧与孟买（Bombay）盆地过渡，西侧为印度洋（Indian Ocean），是一个新生代裂谷盆地，面积约 $8.1×10^4km^2$（图 5-0-2）。

盆地以阿拉瓦利造山期（Aravalli Orogeny，1800Ma）至萨德布尔造山晚期（the later Satpura Orogeny，1600Ma）的岩浆岩、变质岩和德干火山岩（Deccan Trap）为基底（Singh et al，2017；Mohanty，2018；Tewari et al，2018）。上覆古近系—第四系（图 5-4-9）。

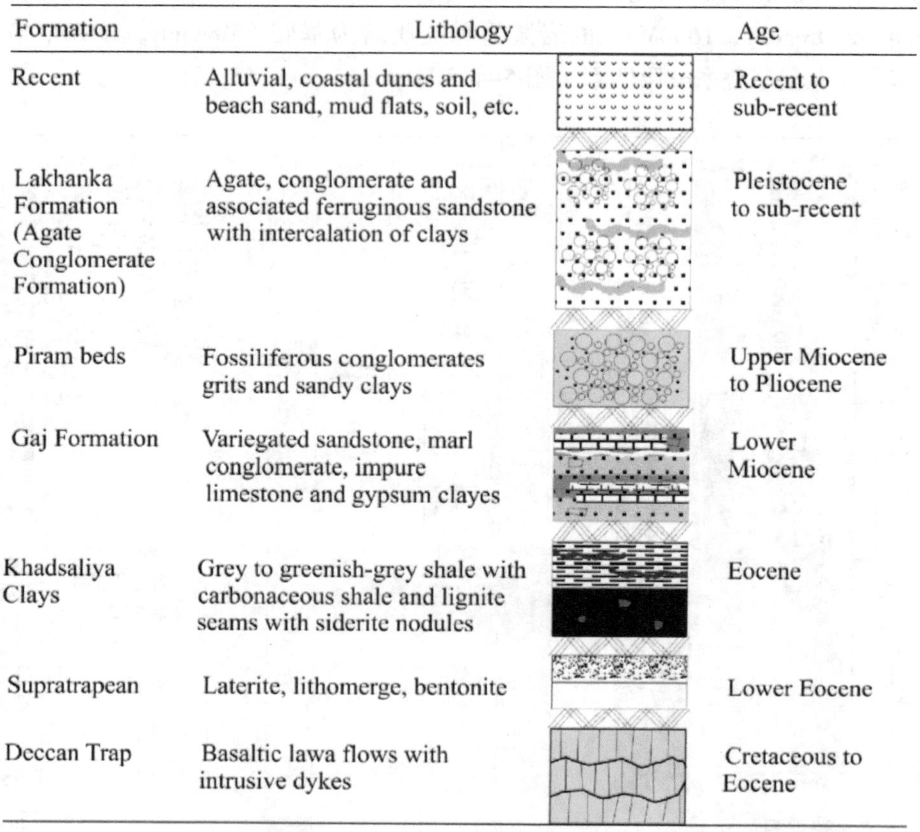

Formation	Lithology		Age
Recent	Alluvial, coastal dunes and beach sand, mud flats, soil, etc.		Recent to sub-recent
Lakhanka Formation (Agate Conglomerate Formation)	Agate, conglomerate and associated ferruginous sandstone with intercalation of clays		Pleistocene to sub-recent
Piram beds	Fossiliferous conglomerates grits and sandy clays		Upper Miocene to Pliocene
Gaj Formation	Variegated sandstone, marl conglomerate, impure limestone and gypsum clayes		Lower Miocene
Khadsaliya Clays	Grey to greenish-grey shale with carbonaceous shale and lignite seams with siderite nodules		Eocene
Supratrapean	Laterite, lithomerge, bentonite		Lower Eocene
Deccan Trap	Basaltic lawa flows with intrusive dykes		Cretaceous to Eocene

图 5-4-9 索拉什特拉盆地地层序列（据 Singh et al，2017）

古近系为裂谷盆地冲积相 - 沼泽相砾岩、砂岩、泥岩、煤层。新近系为裂谷盆地冲积相 - 浅海相砂岩、泥岩。

（8）孟买盆地

孟买（Bombay）盆地在印度境内，位于印度地台西部边缘，西北侧为索拉什特拉盆地（Saurashtra Basin），东北侧为坎贝盆地（Cambay Basin），东南侧为德干（Deccan）高原，西南侧为印度洋，是一个新生代裂谷盆地，面积约 $16.8 \times 10^4 km^2$（图 5-0-2）。

盆地以阿拉瓦利造山期（Aravalli Orogeny，1800Ma）至萨德布尔造山晚期（the later Satpura Orogeny，1600Ma）的岩浆岩、变质岩和德干火山岩（Deccan Trap）为基底（Singh et al，2017；Mohanty，2018；Tewari et al，2018），上覆古近系—第四系（图 5-4-10）。

古近系为裂谷盆地冲积相 - 沼泽相砾岩、砂岩、泥岩、煤层。新近系为裂谷盆地冲积相 - 浅海相砂岩、泥岩、碳酸盐岩（图 5-4-10、图 5-4-11）。

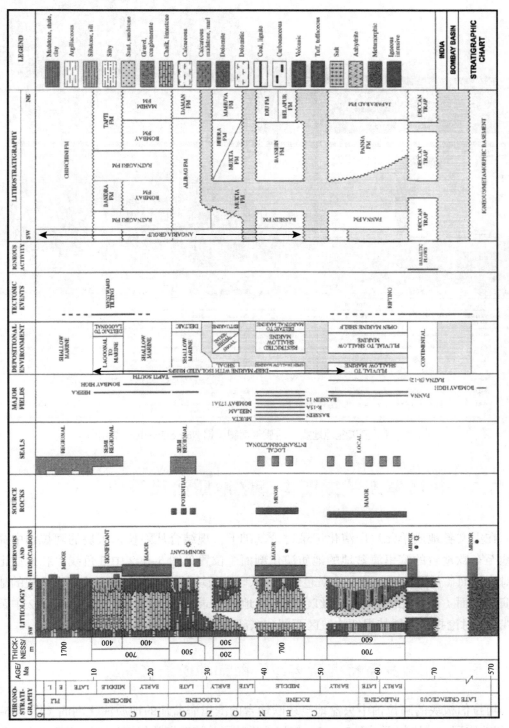

图 5-4-10　孟买盆地综合地层柱状图（据 IHS，2008）

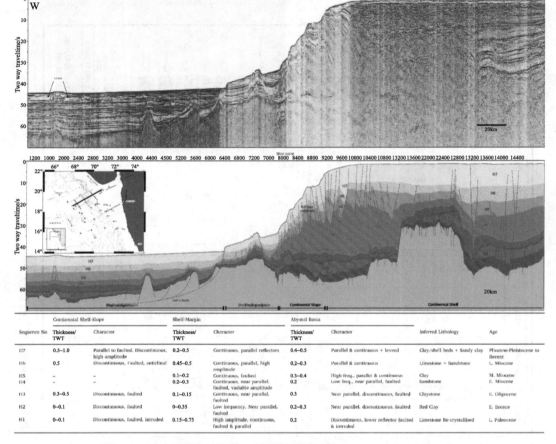

图 5-4-11　孟买盆地地震 – 地质剖面图（据 Nair & Pandey，2018）

5.5　扎格罗斯特提斯构造区地质演化简史

在上文各地质单元地质演化记录讨论基础上，现结合从阿拉伯板块的阿拉伯中央盆地至东欧地台的滨里海盆地的地质演化剖面（位置见图 5-0-2 中红色线）和地质记录对比剖面（位置见图 5-0-2 中黄色线），从印度板块的印度河盆地至哈萨克地块的地质演化剖面（位置见图 5-0-2 中红色线）和地质记录对比剖面（位置见图 5-0-2 中黄色线），讨论扎格罗斯特提斯构造区西部和东部的地质演化简史。

5.5.1　扎格罗斯特提斯构造区西部地质演化简史

阿拉伯板块的阿拉伯中央盆地至东欧地台的滨里海盆地的地质演化剖面（图 5-5-1）和地质记录对比剖面（图 5-5-2）较好地反映了扎格罗斯特提斯构造区西部地质演化简史。

新元古代晚期（570Ma±）极盛冈瓦纳超大陆（图1-4-1）形成后，新元古代末发生解体，劳伦板块、波罗的板块（EUP+PB）与冈瓦纳超大陆分离，其间形成巨神洋并与泛大洋连通。寒武纪初开始，高加索台地（CP）–捷列克–里海地块（TCB）逐步从冈瓦纳超大陆裂离，其间形成原特提斯洋。到泥盆纪，外高加索地块（TB）、厄尔布尔士地块（AB）先后从冈瓦纳超大陆分离，其间形成古特提斯洋；原特提斯洋、古特提斯洋处于伸展、扩张阶段；巨神洋开始向高加索台地（CP）–捷列克–里海地块（TCB）俯冲；外高加索地块（TB）、厄尔布尔士地块（AB）为洋中孤立台地；高加索台地（CP）–捷列克–里海地块（TCB）为岩浆弧及相关盆地；伊朗中部地块（CIB）和萨南达季–锡尔延地块（SS）、扎格罗斯盆地为冈瓦纳超大陆的被动大陆边缘盆地；阿拉伯中央盆地为冈瓦纳超大陆的克拉通盆地；滨里海盆地（PB）为东欧地台（EUP）南缘的被动大陆边缘盆地、裂谷盆地（图5-5-1中390Ma±）。

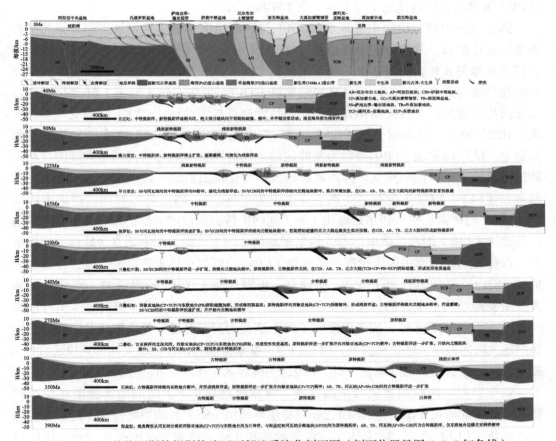

图5-5-1　扎格罗斯特提斯构造区西部地质演化剖面图（剖面位置见图5-0-2红色线）

石炭纪，古特提斯洋持续扩张；原特提斯洋开始向高加索台地（CP）–捷列克–里海地块（TCB）俯冲；巨神洋显著萎缩并持续向高加索台地（CP）–捷列克–里海地块（TCB）俯冲；外高加索地块（TB）、厄尔布尔士地块（AB）为洋中孤立台地；高加索台地（CP）–捷列克–里海地块（TCB）持续为岩浆弧及相关盆地；伊朗中部地块

（CIB）和萨南达季－锡尔延地块（SS）、扎格罗斯盆地持续为冈瓦纳超大陆的被动大陆边缘盆地；阿拉伯中央盆地仍为冈瓦纳超大陆的克拉通盆地；滨里海盆地（PB）持续为东欧地台（EUP）南缘的被动大陆边缘盆地（图 5-5-1 中 350Ma±）。

到二叠纪，伊朗中部地块（CIB）和萨南达季－锡尔延地块（SS）先后从冈瓦纳超大陆分离，形成洋中孤立台地，其间形成中特提斯洋；古特提斯洋开始向北侧地块俯冲，外高加索地块（TB）、厄尔布尔士地块（AB）演化为岩浆弧及相关盆地；原特提斯洋持续向高加索台地（CP）－捷列克－里海地块（TCB）俯冲；巨神洋关闭，高加索台地（CP）－捷列克－里海地块（TCB）与东欧地台拼贴、碰撞，形成海西期变形、变质基底，高加索台地（CP）－捷列克－里海地块（TCB）持续为岩浆弧及相关盆地，滨里海盆地（PB）演化为前陆盆地；扎格罗斯盆地为冈瓦纳超大陆的被动大陆边缘盆地；阿拉伯中央盆地为冈瓦纳超大陆的克拉通盆地－被动大陆边缘盆地；东欧地台（EUP）南缘为克拉通盆地（图 5-5-1 中 270Ma±）。

到三叠纪中期，伊朗中部地块（CIB）与萨南达季－锡尔延地块（SS）间的中特提斯洋快速扩张，并向伊朗中部地块（CIB）开始俯冲，伊朗中部地块（CIB）演化为岩浆弧及相关盆地，萨南达季－锡尔延地块（SS）持续为洋中孤立台地；古特提斯洋萎缩并持续向北侧地块俯冲，外高加索地块（TB）、厄尔布尔士地块（AB）持续为岩浆弧及相关盆地；原特提斯洋显著萎缩并持续向高加索台地（CP）－捷列克－里海地块（TCB）俯冲；高加索台地（CP）－捷列克－里海地块（TCB）持续为岩浆弧及相关盆地，滨里海盆地（PB）持续为前陆盆地；扎格罗斯盆地为冈瓦纳超大陆的被动大陆边缘盆地；阿拉伯中央盆地为冈瓦纳超大陆的克拉通盆地－被动大陆边缘盆地；东欧地台（EUP）南缘为隆起区（图 5-5-1 中 240Ma±）。到三叠纪晚期，伊朗中部地块（CIB）与萨南达季－锡尔延地块（SS）间的中特提斯洋进一步扩张，并持续向伊朗中部地块（CIB）俯冲，萨南达季－锡尔延地块（SS）持续为洋中孤立台地；原特提斯洋、古特提斯洋全部关闭，伊朗中部地块（CIB）、厄尔布尔士地块（AB）、外高加索地块（TB）、高加索台地（CP）－捷列克－里海地块（TCB）拼贴碰撞，形成早基梅里变质变形基底上发育的岩浆弧及相关盆地；高加索台地（CP）－捷列克－里海地块（TCB）演化为弧后盆地，滨里海盆地（PB）演化为裂谷盆地；扎格罗斯盆地持续为冈瓦纳超大陆的被动大陆边缘盆地；阿拉伯中央盆地持续为冈瓦纳超大陆的克拉通盆地－被动大陆边缘盆地；东欧地台（EUP）南缘为隆起区（图 5-5-1 中 220Ma±）。

到侏罗纪，阿拉伯板块与萨南达季－锡尔延地块（SS）间的中特提斯洋快速扩张，伊朗中部地块（CIB）与萨南达季－锡尔延地块（SS）间的中特提斯洋持续向伊朗中部地块（CIB）俯冲，萨南达季－锡尔延地块（SS）持续为洋中孤立台地；伊朗中部地块（CIB）－厄尔布尔士地块（AB）－外高加索地块（TB）组成的早基梅里变质变形基底发生弧后裂解，在伊朗中部地块（CIB）、厄尔布尔士地块（AB）、外高加索地块（TB）、高加索台地（CP）－捷列克－里海地块（TCB）间形成 3 个分隔的新特提斯小洋盆；高加索台地（CP）－捷列克－里海地块（TCB）演化为被动大陆边缘盆地，滨里海盆地（PB）为裂谷盆地；扎格罗斯盆地持续为冈瓦纳超大陆的被动大陆边缘盆地；阿拉伯中央盆地持续为冈瓦纳超大陆的克拉通盆地－被动大陆边缘盆地；东欧地台（EUP）南缘为隆起区（图 5-5-1 中 165Ma±）。

到白垩纪早期，阿拉伯板块与萨南达季－锡尔延地块（SS）间的中特提斯逐步向萨南达季－锡尔延地块（SS）俯冲，伊朗中部地块（CIB）与萨南达季－锡尔延地块（SS）间的中特提斯洋显著萎缩并持续向伊朗中部地块（CIB）俯冲，萨南达季－锡尔延地块（SS）演化为岩浆弧及相关盆地；伊朗中部地块（CIB）、厄尔布尔士地块（AB）、外高加索地块（TB）、高加索台地（CP）－捷列克－里海地块（TCB）间的 3 个分隔性新特提斯小洋盆快速扩张；高加索台地（CP）－捷列克－里海地块（TCB）持续为被动大陆边缘盆地，滨里海盆地（PB）持续为裂谷盆地；扎格罗斯盆地持续为冈瓦纳超大陆的被动大陆边缘盆地；阿拉伯中央盆地持续为冈瓦纳超大陆的克拉通盆地－被动大陆边缘盆地；东欧地台（EUP）南缘持续为隆起区（图 5-5-1 中 125Ma±）。

到白垩纪晚期，中特提斯、新特提斯所有洋盆快速萎缩，除南里海洋壳向南俯冲外，其他洋盆的洋壳均向北侧地块俯冲；萨南达季－锡尔延地块（SS）、伊朗中部地块（CIB）、厄尔布尔士地块（AB）、外高加索地块（TB）均演化为岩浆弧及相关盆地；高加索台地（CP）－捷列克－里海地块（TCB）持续为被动大陆边缘盆地，滨里海盆地（PB）持续为裂谷盆地；扎格罗斯盆地持续为冈瓦纳超大陆的被动大陆边缘盆地；阿拉伯中央盆地持续为冈瓦纳超大陆的克拉通盆地－被动大陆边缘盆地；东欧地台（EUP）南缘持续为隆起区（图 5-5-1 中 90Ma±）。

古近纪，除南里海洋为残留洋盆外，中特提斯、新特提斯所有洋盆全部关闭；萨南达季－锡尔延地块（SS）、伊朗中部地块（CIB）、厄尔布尔士地块（AB）、外高加索地块（TB）均持续为岩浆弧及相关盆地，伴随着强烈同造山期、造山后岩浆活动；高加索台地（CP）－捷列克－里海地块（TCB）持续为被动大陆边缘盆地，滨里海盆地（PB）持续为裂谷盆地；扎格罗斯盆地由冈瓦纳超大陆的被动大陆边缘盆地逐渐演化为前陆盆地；阿拉伯中央盆地为冈瓦纳超大陆的克拉通盆地；东欧地台（EUP）南缘持续为隆起区（图 5-5-1 中 40Ma±）。

古近纪以来，直到现今，随着阿拉伯板块向欧亚大陆的不断俯冲，除南里海仍有残留洋盆外，中特提斯、新特提斯所有洋盆全部关闭隆升；萨南达季－锡尔延地块（SS）和厄尔布尔士地块（AB）演化为新生代造山带；伊朗中部地块（CIB）演化高原盆地；外高加索地块（TB）演化为南里海残留海盆的边缘盆地和大高加索褶皱带；高加索台地（CP）－捷列克－里海地块（TCB）演化为捷列克－里海前陆盆地和高加索台地；滨里海盆地（PB）持续为裂谷盆地；扎格罗斯盆地为前陆盆地；阿拉伯中央盆地为克拉通盆地（图 5-5-1 中 0Ma±）。

扎格罗斯特提斯构造区西部地质演化过程，在不同构造单元形成了各具特色的地质记录（图 5-5-2）。

扎格罗斯盆地位于阿拉伯板块内部，以前寒武系变质杂岩为基底。新元古界上部—寒武系下部发育了裂谷盆地滨浅海相砾岩、砂岩、泥岩及蒸发岩。寒武系中部—石炭系下部为克拉通盆地；寒武系中部—泥盆系为滨浅海相砂岩、泥岩；上志留统—

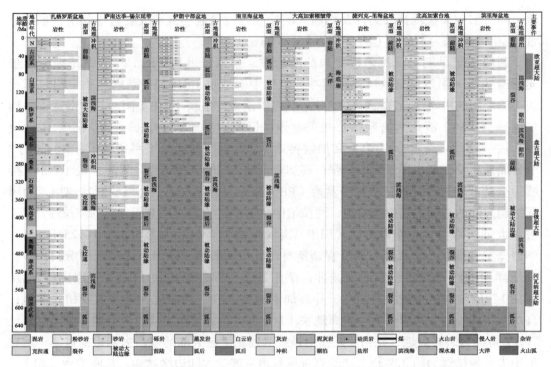

图 5-5-2　扎格罗斯特提斯构造区西部重点构造单元地层对比图（盆地位置见图 5-0-2）

中泥盆统普遍缺失；石炭系下部主要为滨浅海相碳酸盐岩。石炭系中上部普遍缺失。
二叠系主要为裂谷盆地冲积相砂岩夹泥岩。三叠系—白垩系中部为被动大陆边缘盆地
滨浅海相蒸发岩、碳酸盐岩、泥岩，夹砂岩。新生界为前陆盆地滨浅海相 - 冲积相碳
酸盐岩、泥岩、砂岩（图 5-5-2 扎格罗斯盆地）。

　　萨南达季 - 锡尔延带位于阿拉伯板块北部的喜山期造山带。以加里东期变质杂岩
为基底。泥盆系中部—石炭系下部为被动大陆边缘盆地滨浅海相砂岩、泥岩、碳酸盐
岩。石炭系上部—二叠系下部主要为裂谷盆地滨浅海相碳酸盐岩，夹蒸发岩。二叠系
上部—白垩系中部为被动大陆边缘盆地砂岩、泥岩、碳酸盐岩。白垩系上部—新近系
为前陆盆地滨浅海相泥岩、砂岩、砾岩。第四系普遍缺失（图 5-5-2 萨南达季 - 锡尔
延带）。

　　伊朗中部盆地以早基梅里变质杂岩为基底，发育上三叠统—第四系。上三叠统—
中侏罗统为弧后盆地滨浅海相砾岩、砂岩、泥岩、碳酸盐岩。上侏罗统—白垩系中部
主要为被动大陆边缘盆地滨浅海相碳酸盐岩，夹泥岩、砂岩。白垩系上部为弧后盆地
滨浅海相泥岩、粉砂岩、碳酸盐岩。新生界为前陆盆地滨浅海相 - 冲积相砂岩、泥岩
（图 5-5-2 伊朗中部盆地）。

　　南里海盆地以早基梅里变质杂岩为基底，发育上三叠统—第四系。上三叠统—中
侏罗统为弧后盆地滨浅海相砾岩、砂岩、泥岩。上侏罗统—白垩系中部主要为被动大
陆边缘盆地滨浅海相碳酸盐岩，夹泥岩、砂岩。白垩系上部—古近系下部为弧后盆地
滨浅海相泥岩、粉砂岩。古近系中部—第四系为前陆盆地滨浅海相 - 冲积相砂岩、泥

岩，夹碳酸盐岩（图 5-5-2 南里海盆地）。

大高加索褶皱带是新特提斯洋盆关闭最终形成的。蛇绿杂岩地质年代为侏罗纪，白垩系—古近系为残留洋盆湖底扇相砂岩、泥岩。新近系—第四系为前陆盆地盆底扇相 – 冲积相泥岩、砂岩、火山岩（图 5-5-2 大高加索褶皱带）。

捷列克 – 里海盆地以海西期变形、变质岩系为基底。二叠系顶部—侏罗系中部为弧后盆地滨浅海相砂岩、泥岩、碳酸盐岩，偶夹煤层。侏罗系上部—古近系下部为被动大陆边缘盆地砂岩、泥岩、碳酸盐岩。古近系上部—第四系为前陆盆地泥岩、砂岩、砾岩（图 5-5-2 捷列克 – 里海盆地）。

北高加索台地以海西期变形、变质岩系为基底。二叠系中部—侏罗系中部为弧后盆地滨浅海相砾岩、砂岩、泥岩、碳酸盐岩。侏罗系上部—古近系下部为被动大陆边缘盆地砂岩、泥岩、碳酸盐岩，夹蒸发岩。古近系上部—第四系为前陆盆地碳酸盐岩、泥岩、砂岩、砾岩（图 5-5-2 北高加索台地）。

滨里海盆地位于东欧地台的东南缘，以前寒武系变形、变质岩系为基底，发育了新元古界上部—第四系。新元古界上部—寒武系下部为裂谷盆地滨浅海相砂岩、泥岩。寒武系中部—石炭系为被动大陆边缘盆地滨浅海相砂岩、泥岩、碳酸盐岩，夹蒸发岩。二叠系下部为前陆盆地滨浅海相碳酸盐岩、蒸发岩、泥岩。二叠系上部—古近系为裂谷盆地滨浅海相—湖泊相砂岩、泥岩、碳酸盐岩。新近系—第四系为前陆盆地泥岩、砂岩（图 5-5-2 滨里海盆地）。

5.5.2 扎格罗斯特提斯构造区东部地质演化简史

从印度板块西部的印度河盆地至哈萨克地块的地质演化剖面（图 5-5-3）和地质记录对比剖面（图 5-5-4）较好地反映了扎格罗斯特提斯构造区东部地质演化简史。

新元古代晚期罗迪尼亚超大陆解体，在哈萨克地块与冈瓦纳超大陆间形成古亚洲洋并与泛大洋连通。寒武纪开始，匈奴地块（努拉 – – 阿莱地块（NAB）+ 锡尔河地块（SB）从冈瓦纳超大陆逐渐裂离，其间形成原特提斯洋。到志留纪图兰地块群［兴都库什地块（HKB）、塔吉克 – 阿富汗地块（TAB）］为冈瓦纳边缘的裂谷和被动陆缘，匈奴地块（NAA-SB）为洋中孤立台地，北方的古亚洲洋志留纪中期开始向哈萨克地块俯冲，楚萨雷苏盆地为弧后盆地（图 5-5-3 中 430Ma ± ）

泥盆纪：图兰地块群（HKB、TAB）从冈瓦纳分离，并形成古特提斯洋；原特提斯洋逐渐向北方大陆（NAA-KSB）俯冲，形成努拉托 – 阿莱陆缘弧及弧后裂谷（锡尔河盆地），楚萨雷苏盆地为裂谷 – 坳陷盆地（图 5-5-3 中 390Ma ± ）。石炭纪：古特提斯洋快速扩张，图兰地块群向北方大陆漂移；原特提斯洋向北方大陆俯冲加剧，形成拉托 – 阿莱陆缘弧（NAA）及弧后小洋盆，锡尔河盆地为被动陆缘盆地，楚萨雷苏盆地为裂谷 – 坳陷盆地（图 5-5-3 中 350Ma ± ）。石炭纪晚期 – 二叠纪中期：基梅里地块群［赫尔曼德地块（HB）、拜安地块（BB）］从冈瓦纳分离，并形成中特提斯洋；图兰地块群与北方大陆陆陆碰撞，形成海西褶皱带，锡尔河和楚萨雷苏盆地挤压反转；

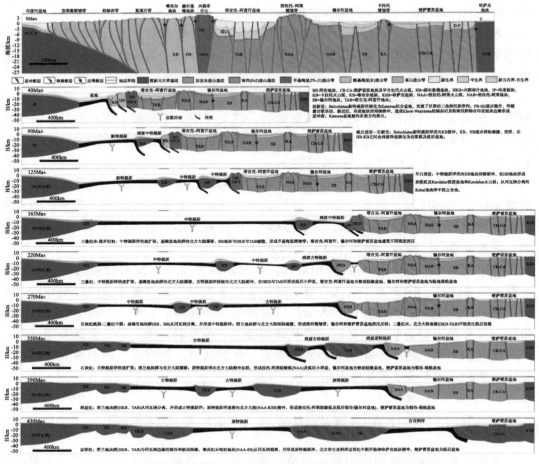

图 5-5-3　扎格罗斯特提斯构造区东部地质演化剖面图（剖面位置见图 5-0-2 红色线）

二叠纪末，北方大陆南缘（HKB—TAB）开始发生弧后张裂（图 5-5-3 中 270Ma±）。

三叠纪：中特提斯洋快速扩张，基梅里地块群向北方大陆漂移；古特提斯洋持续向北方大陆俯冲，在 HKB 与 TAB 间形成弧后小洋盆，塔吉克–阿富汗盆地为被动陆缘盆地，锡尔河和楚萨雷苏盆地为陆内坳陷盆地（图 5-5-3 中 220Ma±）。三叠纪末—侏罗纪：中特提斯洋快速扩张，基梅里地块群向北方大陆漂移，BB 地块与 HKB 和 TAB 碰撞，形成早基梅里褶皱带；塔吉克–阿富汗、锡尔河和楚萨雷苏盆地遭受不同程度挤压；中特提斯洋开始向 HB 地块俯冲（图 5-5-3 中 165Ma±）。早白垩世：新特提斯洋壳向 HE 地块持续俯冲，在 HE 地块形成岩浆弧及 Kandahar 弧前盆地和 Kandahar 火山弧；从冈瓦纳分离的喀布尔地块（KB）洋中孤立台地；北方大陆南部发育多个裂谷盆地（图 5-5-3 中 125Ma±）。晚白垩世—古新世：Balochistan 新特提斯洋壳向 KB 俯冲，KB、HB 逐步拼贴碰撞、变形，在 HB—KB 之间由残留洋盆演化为岩浆弧及弧后盆地；北方大陆南部持续发育裂谷盆地（图 5-5-3 中 90Ma±）。

古近纪，Balochistan 新特提斯洋演化为 Katawaz 拉分盆地，充填了巨厚的三角洲沉积序列；FB—HE 逐步隆升，伴随着岩浆活动（图 5-5-3 中 40Ma±）。新近纪，印度板块的持续俯冲，造成 Khost–Waziristan 蛇绿杂岩及陆架沉积物在印度板块边缘形成逆冲席；Katawaz 盆地被向东南方向挤出（图 5-5-3 中 0Ma±）。

扎格罗斯特提斯构造区东部地质演化过程，在不同构造单元形成了各具特色的地质记录（图 5-5-4）。

印度河盆地位于印度板块西北部，以前寒武系变质杂岩为基底。新元古界上部—寒武系下部为克拉通盆地滨浅海相砂岩、泥岩及蒸发岩。寒武系中部—二叠系下部普遍缺失。二叠系中上部为克拉通盆地滨浅海相砂岩、泥岩。三叠系—白垩系下部为裂谷盆地滨浅海相碳酸盐岩、泥岩，夹砂岩。白垩系中上部为被动大陆边缘盆地滨浅海相砂岩、泥岩、碳酸盐岩。新生界为前陆盆地滨浅海相 – 冲积相碳酸盐岩、泥岩、砂岩（图 5-5-4 印度河盆地）。

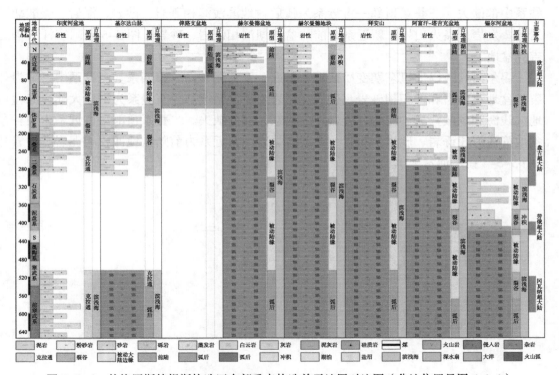

图 5-5-4　扎格罗斯特提斯构造区东部重点构造单元地层对比图（盆地位置见图 5-0-2）

基尔达山脉是印度板块西北边缘的逆冲推覆带，以寒武纪变质杂岩为基底。寒武系中部—二叠系下部普遍缺失。二叠系中上部—白垩系下部为裂谷盆地滨浅海相砂岩、泥岩、碳酸盐岩。白垩系中上部为被动大陆边缘盆地砂岩、泥岩。新生界为前陆盆地滨浅海相 – 冲积相碳酸盐岩、泥岩、砂岩。第四系普遍缺失（图 5-5-4 基尔达山脉）。

俾路支盆地位于基尔达山脉的西北侧，盆地主体以白垩纪洋壳、洋岛火山岩为基底，发育白垩上部—第四系。白垩系上部—古近系中部为弧前盆地深海相 – 滨浅海相硅质岩、泥岩、碳酸盐岩，夹砂岩。古近系上部—新近系为前陆盆地滨浅海相泥岩、砂岩（图 5-5-4 俾路支盆地）。

赫尔曼德盆地位于赫尔曼德地块南部，以晚基梅里期变质杂岩为基底，发育白垩系上部—新生界。白垩系上部—古近系中部为弧后盆地滨浅海相火山岩、砂岩、泥岩、碳酸盐岩。古近系上部为前陆盆地滨浅海相泥岩、砂岩、砾岩、火山岩（图 5-5-4 赫尔曼德盆地）。

赫尔曼德地块以晚基梅里期变质杂岩为基底，发育新生界。新生界主要为前陆盆地冲积相泥岩、砂岩（图 5-5-4 赫尔曼德地块）。

拜安山为早基梅里期变质杂岩。不发育后期的沉积地层（图 5-5-4 拜安山）。

阿富汗 – 塔吉克盆地以海西期变质杂岩为基底，发育二叠系上部—新近系。二叠系上部—三叠系下部为被动陆缘盆地滨浅海相砂岩、泥岩、碳酸盐岩、蒸发岩。三叠系中部缺失。三叠系顶部—古近系为弧后盆地滨浅海相砾岩、砂岩、泥岩、碳酸盐岩、蒸发岩，夹火山岩。新近系为前陆盆地湖泊相泥岩、砂岩（图 5-5-4 阿富汗 – 塔吉克盆地）。

锡尔河盆地以加里东期变质杂岩为基底，发育泥盆系—第四系。泥盆系中下部为裂谷盆地火山岩和冲积相砾岩、砂岩、泥岩。泥盆系上部—石炭系为被动大陆边缘盆地滨浅海相碳酸盐岩、泥岩、砂岩。二叠系大部分缺失。二叠系顶部—古近系为裂谷盆地滨浅海相砾岩、砂岩、泥岩，夹碳酸盐岩。新近系为前陆盆地冲积相泥岩、砂岩（图 5-5-4 锡尔河盆地）。

喜马拉雅特提斯构造区主要地质特征

喜马拉雅特提斯构造区处于北方古陆塔里木地台、阿拉善地块与南方古陆印度板块之间。西接扎格罗斯（西亚）特提斯，东邻东南亚特提斯，包括北方大陆（塔里木盆地）及周缘古生代变形带、喜马拉雅中新生代变形带、东南亚西部中新生代变形区、中新生代的北印度洋洋盆（阿拉伯海、孟加拉湾）、南方大陆印度克拉通及北缘盆地（图6-0-1），由379个规模悬殊、性质各异的盆地和造山带构造单元（图6-0-2）。

6.1　塔里木地块及周缘古生代变形带

塔里木地块及周缘古生代变形带可分为塔里木地块（塔里木盆地）、塔西北古生代变形带、塔里木盆地东北侧古生代变形带。塔西北古生代变形带的有些单元在前文（6.2）述及。本节着重讨论塔里木盆地、塔里木盆地西北侧古生代变形带及塔里木盆地东北侧古生代变形带的地质特征。

6.1.1　塔里木盆地

塔里木盆地位于中国西北部，北邻天山，西南接帕米尔高原，南邻昆仑山，东南侧为阿尔金山（图6-0-2、图6-1-1），面积为$56 \times 10^4 km^2$（汤良杰，1996；林畅松等，2011；辛仁臣等，2011；Lin et al，2012；He et al，2016）。盆地以前震旦系变质岩为基底，上覆震旦系—第四系（图6-1-2~图6-1-5）。塔里木盆地可划分为7个构

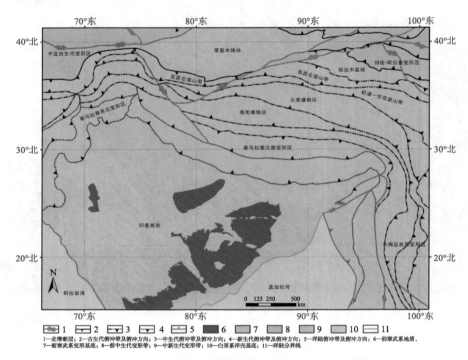

图 6-0-1 喜马拉雅特提斯构造域构造 – 地层简图

（据 IHS，2008；Bally et al，2012；玉门油田石油地质志编写组，1989；青藏油气区石油地质志编写组，1990；汤良杰，1996；Wu et al，2009；林畅松等，2011；Lin et al，2012；王宏等，2012；Yu et al，2013；Yan et al，2016；Zahirovic et al，2016；Billerot et al，2017；Chen et al，2017；Hara et al，2017；Siehl，2017；Su et al，2017；Dong et al，2018；Li et al，2018；Niu et al，2018；Zhang et al，2018；Liu et al，2019 等资料编绘）

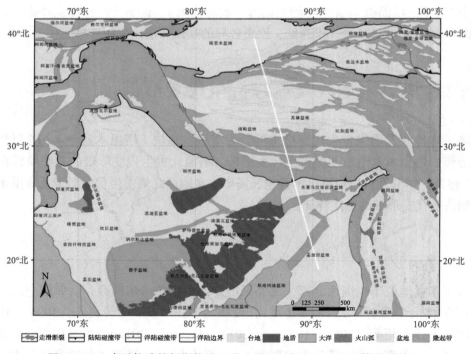

图 6-0-2 喜马拉雅特提斯构造区盆山格局（据 IHS，2008 资料编绘）

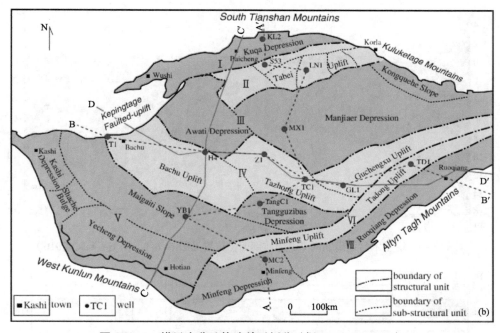

图 6-1-1　塔里木盆地构造单元划分（据 He et al，2016）

Ⅰ—库车坳陷；Ⅱ—塔北隆起；Ⅲ—北部坳陷带；Ⅳ—中央隆起带；Ⅴ—西南坳陷带；Ⅵ—东南断隆带；Ⅶ—东南坳陷

注：AA′（图 6-1-2）、BB′（图 6-1-4）为基于钻井的岩性对比剖面位置；CC′ 和 DD′ 为地质剖面位置。

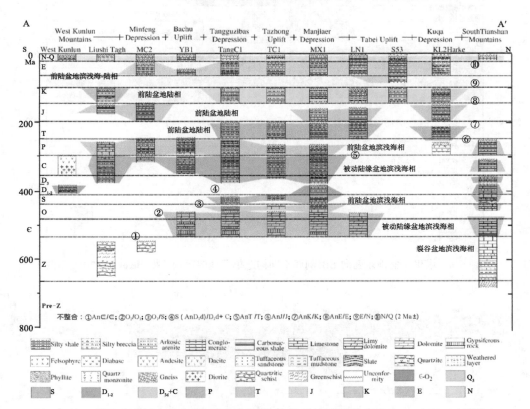

图 6-1-2　塔里木盆地南北向 AA′ 剖面不同构造单元地层序列（据 He et al，2016 略改）

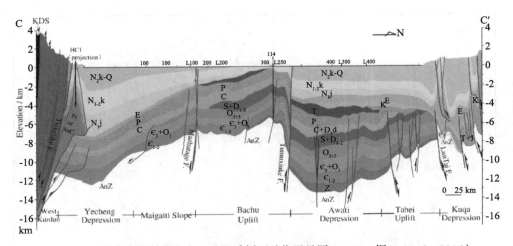

图 6-1-3　塔里木盆地南北向 CC′ 地质剖面（位置见图 6-1-1；据 He et al，2016）

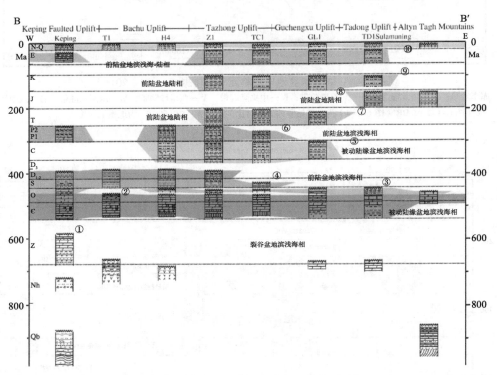

图 6-1-4　塔里木盆地东西向 BB′ 剖面不同构造单元地层序列（据 He et al，2016 略改）

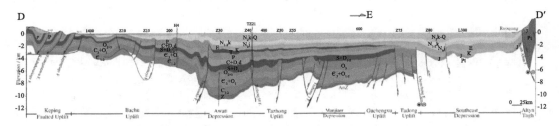

图 6-1-5　塔里木盆地东西向 DD′ 地质剖面（位置见图 6-1-1；据 He et al，2016）

造单元，分别为：库车坳陷、塔北隆起、北部坳陷带、中央隆起带、西南坳陷带、东南断隆带、东南坳陷（图6-1-1）。不同构造单元地质演化记录有一定差异（图6-1-2~图6-1-5）。

塔里木盆地基底为太古宙和元古宙的变质岩，很可能起源于前震旦纪罗迪尼亚超大陆。随着罗迪尼亚超大陆裂解，震旦纪（800Ma±）开始，塔里木地块成为大洋中的孤立台地。加里东、海西期两个构造阶段的洋陆、陆陆俯冲碰撞，周缘大洋关闭，形成哈萨克–塔里木–华北联合地块。中新生代，随着由冈瓦纳分离的地块不断向北漂移，与联合陆块拼贴、碰撞，塔里木盆地发生挤压变形，差异沉积。因此，从震旦纪到第四纪，塔里木盆地的盆地类型和岩相古地理记录有明显变化（图6-1-2）。

震旦系主要为裂谷盆地滨浅海相砂岩、泥岩、碳酸盐岩（图6-1-2、图6-1-4）。

下古生界。寒武系为被动大陆边缘盆地滨浅海相–深水浅海相蒸发岩、碳酸盐岩、泥岩、含放射虫硅质岩。奥陶系下奥陶统主要为被动大陆边缘盆地滨浅海相–深水浅海碳酸盐岩、泥岩，靠近阿尔金山地带发育早期前陆盆地海底扇砂岩；中、上奥陶统为中期前陆盆地浅海相–深水浅海相碳酸盐岩、泥岩、砂岩。志留系为晚期前陆盆地滨浅海相砂岩、泥岩、火山岩（图6-1-2、图6-1-4）。

上古生界。泥盆系主要为前陆盆地末期—被动大陆边缘盆地早期滨浅海相砾岩、砂岩、泥岩，西南缘以浅海相碳酸盐岩为主。石炭系主要为被动大陆边缘盆地–前陆盆地早期滨浅海相砾岩、砂岩、泥岩、碳酸盐岩、蒸发岩，局部夹火山岩。下二叠统为弧后盆地冲积相–浅海相砾岩、砂岩、泥岩、碳酸盐岩、火山岩。上二叠统主要为前陆盆地冲积相–湖泊相砾岩、砂岩、泥岩（图6-1-2、图6-1-4）。

中新生界。三叠系主要为前陆盆地冲积相–湖泊相砾岩、砂岩、泥岩，夹安山质火山岩和煤层。侏罗系主要发育于塔里木盆地的西南、东南、东北边缘，主要为前陆盆地冲积相–湖泊相砾岩、砂岩、泥岩，夹煤层。盆地内绝大部分地区缺失侏罗系。下白垩统为前陆盆地冲积相–湖泊相砾岩、砂岩、泥岩。上白垩统—古近系：中央隆起带大部分地区缺失；中央隆起带东北侧为前陆盆地冲积相–湖泊相砾岩、砂岩、泥岩，夹石膏；西南部为前陆盆地滨浅海相碳酸盐岩、泥岩、蒸发岩。新近系为前陆盆地冲积相–湖泊相砾岩、砂岩、泥岩，夹石膏。第四系为冲积相–沙漠相砾石、砂、黏土（图6-1-2、图6-1-4）。

6.1.2 塔里木盆地西北侧古生代变形带

塔里木盆地西北侧古生代变形带也称西天山造山带。研究区涉及的主要构造单元有阿莱（Alay或Alai）岭、塔西北天山褶皱带及内部的阿克塞（Aksay或Aksai）盆地、纳伦（Naryn）盆地（图6-0-1、图6-0-2）。西天山造山带是古生代卡拉库姆（Karakum）地块、塔里木台地、哈萨克斯坦–伊犁地块、准噶尔地块碰撞形成的造山带（Konopelko et al，2018；Wang et al，2018；Alexeiev et al，2019；Kong et al，2019）。西天山造山带一般划分为北天山造山带、哈萨克斯坦–伊犁地块、中天山地

块、南天山造山带及塔里木克拉通北缘变形带。北天山造山带、哈萨克斯坦－伊犁地
块、中天山地块、南天山造山带间，从北向南，依次发育北天山缝合线、尼古拉耶夫
构造线－北那拉提缝合线、南天山缝合线（图 6-1-6）。

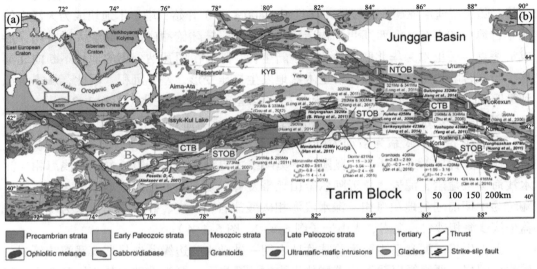

图 6-1-6　西天山及邻区构造－地层纲要图（据 Kong et al，2019 和 Konopelko et al，2018）
①—北天山缝合线；②—尼古拉耶夫构造线－北那拉提缝合线；③—南天山缝合线；④—塔北断裂；⑤—塔拉斯－
费尔干纳走滑断裂；NTOB—北天山造山带；KYB—哈萨克斯坦－伊犁地块；CTB—中央天山地块；STOB—南天山造山
带；σ—里特曼指数 $[(Na_2O+K_2O)^2/(SiO_2-43)]$
注：粗斜体字为蛇绿岩年龄，常规字为岩浆岩年龄。

北天山造山带也称北天山增生楔，是晚古生代北天山洋壳向西南俯冲，接着准噶
尔地块与哈萨克斯坦－伊犁地块碰撞形成的（Wang et al，2018；Kong et al，2019；
等）。出露了泥盆系—石炭系的复理石和蛇绿杂岩。蛇绿杂岩有蛇纹石化橄榄岩、辉长
岩、辉绿岩、玄武岩、斜长花岗岩、远洋硅质岩。蛇绿杂岩多与复理石断层接触。蛇
绿岩的年龄多为 325—345Ma。

伊犁地块的基底主要是中—新元古界的花岗片麻岩、混合岩、角闪岩类、石英
岩、大理岩和片岩。震旦系—奥陶系为被动大陆边缘滨浅海相碳酸盐岩和陆源碎屑
岩。志留系为滨海相碎屑岩、碳酸盐岩，夹中酸性火山岩。泥盆系—石炭系火山岩、
碎屑岩覆盖在前期地层之上，为活动大陆边缘堆积物。二叠系陆相砾岩、砂岩、火山
岩不整合于下伏地层之上（Wang et al，2018）。

中天山地块的基底为中元古界—寒武系片岩、副片麻岩、花岗片麻岩。奥陶系—
泥盆系主要为绿片岩相至角闪岩相变质岩。石炭系为变质的沉积序列，不整合于古生
界变质岩之上。晚石炭世—二叠纪碰撞后侵入岩切割前石炭系岩层（He et al，2018）。

南天山主要表现为一系列褶皱构造推覆体，是晚石炭世突厥斯坦洋关闭，志留
系—石炭系陆架沉积物向南推覆到卡拉库姆－塔里木被动大陆边缘之上形成的。南
天山发育了绵延约 2000km 的志留纪—石炭纪被动大陆边缘沉积物（Konopelko et al，

2018）。南天山一般划分为克孜勒库姆（Kyzylkum）、吉萨尔（Gissar）、阿莱（Alay 或 Alai）、科克沙尔（Kokshaal）4 段（Dolgopolova et al，2018；Konopelko et al，2018）。克孜勒库姆（Kyzylkum）段的地质特征前文（5.2.3）述及。本节简要讨论阿莱段和包括科克沙尔段在内的塔北西天山褶皱带。

（1）阿莱岭段

阿莱岭段可划分为北部的布坎图（Bukantau）–科克沙尔（Kokshaal）逆冲推覆带和扎拉夫尚（Zeravshan）–阿莱（Alai）地块（图 6-1-7）。其中，扎拉夫尚断裂带（Zeravshan Fault）和吉萨尔（Gissar）缝合线是早石炭世卡拉库姆陆块裂解而成的短命（Serpukhovian–Kasimovian）洋盆关闭形成的。

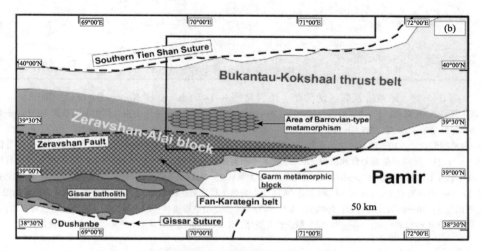

图 6-1-7　南天山阿莱 – 吉萨尔段构造纲要图（位置见图 6-1-6A；据 Konopelko et al，2018）

注：白色区中新生代盖层和帕米尔构造带。

布坎图 – 科克沙尔逆冲推覆带可划分为上部推覆层和下部推覆层。

上部推覆层包含突厥斯坦洋壳岩石，由玄武岩和远洋沉积、蛇绿杂岩、绿片岩组成（图 6-1-8 中 Sa）。绿片岩中变质砂岩碎屑锆石年龄为 390Ma ±，蛇绿杂岩中有早—中奥陶世的硅质岩。上推覆层的绝大部分是志留纪—泥盆纪玄武岩，玄武岩上覆泥盆纪—早石炭世的远洋硅质岩、生物礁灰岩（海岭）。

下层推覆体以碳酸盐岩台地沉积物占绝对优势。新元古界、寒武系、奥陶系为临近陆块的远洋碳酸盐岩和火山岩。志留系为含笔石页岩、复理石。泥盆系到石炭系下部（Visean）为绿色、红色、黑色页岩、硅质岩。石炭系中部（Visean 阶上部到 Bashkirian 阶或 Moscovian 阶）为纹层状硅质灰岩。晚石炭世（Kasimovian）深海复理石逆冲推覆于石炭纪中期（Moscovian）的灰岩之上。石炭纪晚期—二叠纪 Artinskian-Wordian 期发育浊流、碎屑流、巨型灰岩滑塌碎块沉积。表明晚石炭世（Kasimovian）后大洋基本关闭。

扎拉夫尚 – 阿莱地块，基底为新元古界绿片岩相变质岩，寒武系—志留系中下部主要由多种变质陆架型碳酸盐岩、碎屑岩组成，局部为长英质火山岩。志留系中上

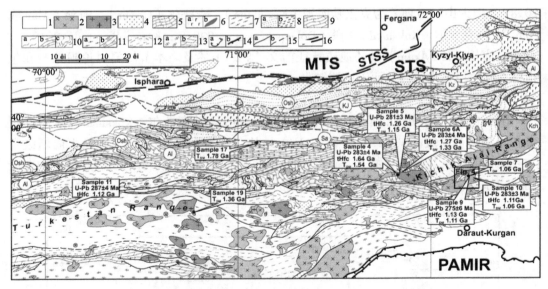

图 6-1-8 阿莱岭及邻区地质图［位置见图 6-1-7（b）；据 Konopelko et al，2018］

1—中新生界；2—花岗岩；3—碰撞后碱性侵入岩；4—晚古生代磨拉石；5—中天山古生代中期沉积盖层；6~8—上层推覆层；6—蛇绿杂岩（a 为玄武岩，b 为蛇纹岩）；7—绿片岩；8—大洋沉积（a）、局部为蛇绿杂岩（b）；9~12—下推覆层；9—台地碳酸盐岩；10—阿莱地块前泥盆纪碳酸盐岩（a）、泥盆－石炭系碳酸盐岩（b）、晚石炭世—早二叠世复理石沉积（c）；11—南部碳酸盐岩台地沉积（a 为寒武系—志留系碳酸盐岩，局部为火山碎屑岩，b 为泥盆系—石炭系灰岩）；12—中古生代大洋沉积；13—阿莱地块变质岩（a 为寒武纪—志留纪变质火山碎屑岩，b 为志留纪—泥盆纪变质碳酸盐岩）；14—逆冲断层（a 为晚古生代碰撞逆冲断层，b 为新生代改造逆冲断层）；15—其他断层（a 为出露断层，b 为推测隐覆断层）；16—南天山缝合带；缩略词：KJ—卡特兰－杰龙图兹推覆体；Al—努拉托－阿莱碳酸盐岩台地；Osh—奥什－乌拉图贝碳酸盐岩台地；Sa—萨拉特蛇绿杂岩推覆体；Kch—基希克－阿莱 I 型花岗岩；Kz—考赞背斜

部—泥盆系主要为碳酸盐岩。寒武系—泥盆系主要是一套被改造的卡拉库姆陆块被动大陆边缘沉积物。石炭系为碳酸盐岩、碎屑岩和复理石，复理石是早石炭世洋盆关闭的记录。二叠系为磨拉石、火山岩和侵入岩。

在新生代，阿莱岭隆升，主要为隆起剥蚀区，局部发育山间盆地陆源碎屑岩。

（2）塔北西天山褶皱带和塔北变形带

塔西北天山褶皱带主要包括南天山造山带和塔里木克拉通北缘变形带（图 6-1-6）。

南天山造山带为复杂增生楔造山带，北界为南天山洋部缝合线，南界为塔里木北部断裂（图 6-1-6）。南天山造山带出露了蓝片岩、榴辉岩、绿片岩等高压低温变质岩，是古生代南天山洋俯冲的地质记录。南天山北部出露了志留系—石炭系陆源碎屑岩和碳酸盐岩。南天山南部出露了上奥陶统—志留系碳酸盐岩夹砂岩，泥盆系—下石炭统为碎屑岩。南天山发育志留纪—中泥盆纪、晚石炭世—早二叠世两幕岩浆岩。志留纪—中泥盆纪岩浆岩主要为花岗闪长岩、石英二长岩、闪长岩、辉长岩。晚石炭世—早二叠世岩浆岩主要为双峰式火山岩、二长花岗岩、花岗闪长岩、正长岩（Kong et al，2019）。

塔里木克拉通北缘变形带出露了太古宙—古元古宙变质岩，中元古宙硅质岩、碳酸盐岩、复理石，前寒武系的岩浆岩。下古生界碎屑岩、碳酸盐岩，晚奥陶世—中泥盆世花岗岩、火山岩。二叠纪岩浆岩（Kong et al，2019）。

塔北天山褶皱带阿塔巴希（Atbashi）岭为中天山地块与南天山造山带的缝合带。中天山地块大部分被中新生代沉积物覆盖，东南边缘为云母片岩、角闪岩类为主的肯贝尔杂岩（Kembel Complex）。南天山造山带出露了副片麻岩、云母片岩，志留系—泥盆系片岩、大理岩、火山岩，碳酸盐岩、页岩。在中天山与南天山之间的变形带发育泥盆纪硅质岩、变质玄武岩、变质辉长岩、蛇纹岩，以及晚石炭世—早二叠世复理石、碳酸盐岩、砂砾岩，不整合于阿塔巴希杂岩（Atbashi Complex）之上（图6-1-9、图6-1-10）。这种地层序列，以及岩浆岩、变质岩综合研究表明，阿塔巴希地区南天山洋是在晚石炭世（Kasimovian期，305Ma±）关闭的（Alexeiev et al，2019）。

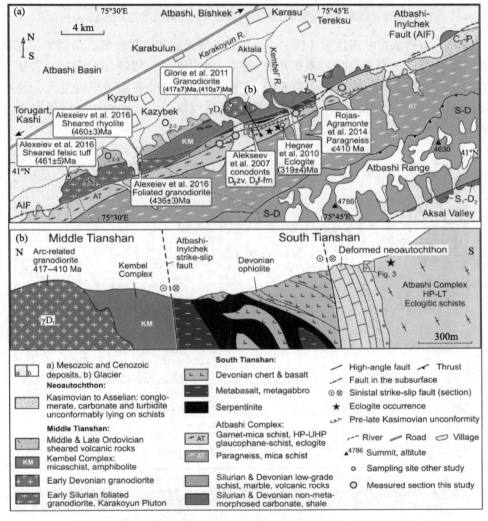

图 6-1-9　阿塔巴希岭及邻区地质图（据 Alexeiev et al，2019）

（a）阿塔巴希岭地质平面图；（b）阿塔巴希岭地质剖面图［位置见（a）中（b）］

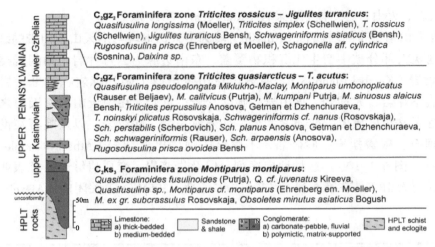

C₂gz₂ Foraminifera zone *Triticites rossicus* – *Jigulites turanicus*:
Quasifusulina longissima (Moeller), *Triticites simplex* (Schellwien), *T. rossicus* (Schellwien), *Jigulites turanicus* Bensh, *Schwageriniformis asiaticus* (Bensh), *Rugosofusulina prisca* (Ehrenberg et Moeller), *Schagonella* aff. *cylindrica* (Sosnina), *Daixina* sp.

C₂gz₁ Foraminifera zone *Triticites quasiarcticus* – *T. acutus*:
Quasifusulina pseudoelongata Miklukho-Maclay, *Montiparus umbonoplicatus* (Rauser et Beljaev), *M. calitvicus* (Putrja), *M. kumpani* Putrja, *M. sinuosus alaicus* Bensh, *Triticites perpussilus* Anosova, Getman et Dzhenchuraeva, *T. noinskyi plicatus* Rosovskaja, *Schwageriniformis* cf. *nanus* (Rosovskaja), *Sch. perstabilis* (Scherbovich), *Sch. planus* Anosova, Getman et Dzhenchuraeva, *Sch. schwageriniformis* (Rauser), *Sch. arpaensis* (Anosova), *Rugosofusulina prisca ovoidea* Bensh

C₂ks₃ Foraminifera zone *Montiparus montiparus*:
Quasifusulinoides fusulinoides (Putrja), *Q.* cf. *juvenatus* Kireeva, *Quasifusulina* sp., *Montiparus* cf. *montiparus* (Ehrenberg em. Moeller), *M.* ex gr. *subcrassulus* Rosovskaja, *Obsoletes minutus asiaticus* Bogush

图 6-1-10　阿塔巴希岭宾夕法尼亚系上部与阿塔巴希杂岩地层序列（据 Alexeiev et al，2019）

　　塔北天山褶皱带欧西达坂（Oxidaban）处于南天山造山带南部。出露了泥盆系、石炭系、二叠系、三叠系、侏罗系的沉积地层，也出露了志留纪和石炭纪的岩浆岩（图 6-1-11）。欧西达坂地区综合研究表明，南天山洋的俯冲开始于早古生代，晚石炭世（Kasimovian 期，305Ma±）南天山洋关闭，伊犁地块、中天山地块、塔里木克拉通发生陆陆碰撞（Kong et al，2019），见图 6-1-12。

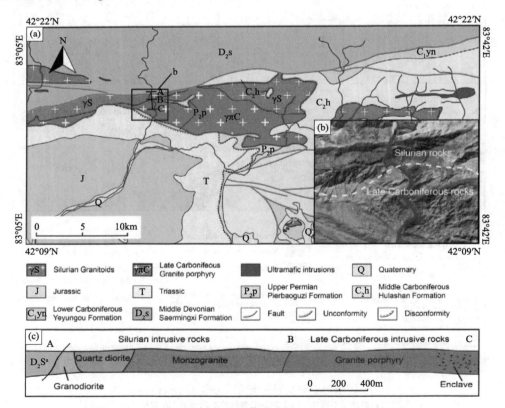

图 6-1-11　欧西达坂地区地质图（据 Alexeiev et al，2019）

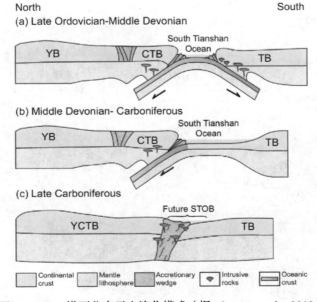

图 6-1-12　塔西北南天山演化模式（据 Alexeiev et al，2019）

6.1.3　塔里木盆地东北侧古生代变形带

塔里木盆地东北侧古生代变形带，研究区涉及的主要构造单元有东天山 – 北山褶皱带、阿尔金山褶皱带、祁连山褶皱带、阿拉善地块及相关盆地（图 6-0-1、图 6-0-2）。

（1）东天山 – 北山褶皱带

东天山造山带可划分为北天山的博格达 – 哈尔里克（Bogeda–Harlik）、觉罗塔格变质变形带和中天山变质变形带（图 6-1-13）。

博格达 – 哈尔里克变质变形带由奥陶纪—石炭纪火山岩、花岗岩、基性 – 超基性杂岩组成。觉罗塔格变质变形带由大南湖岩浆弧、康古尔（Kanggur）弧后盆地、雅满苏岩浆弧组成，主要为奥陶系—石炭系的火山岩、火山沉积岩及沉积岩、花岗岩。中天山变质变形带主要为前寒武系结晶基底，后期有大量花岗岩侵入（图 6-1-13）。星星峡断裂及东南侧的早古生代蛇绿杂岩带是北山褶皱带与天山褶皱带的分界。东天山侵入岩分布广泛，多为二叠纪侵入岩，少数为早古生代和三叠纪侵入岩（Li et al，2019）。

北山褶皱带西接天山褶皱带，东部为阿拉善地块，北部为吐鲁番盆地和蒙古造山带，南部为敦煌地块（图 6-1-14）。IHS（2009）把北山造山带归为天山造山带。

北山地区发育 4 条近东西向断裂带：红石山断裂带（Ⅰ）；星星峡 – 石板井断裂带（Ⅱ）；红柳沟 – 洗肠井断裂带（Ⅲ）；柳园断裂带（Ⅳ）。这些断裂带附近发育蛇绿杂岩，是古生代大洋分支关闭的记录。在红柳沟 – 洗肠井断裂带附近出露了放射虫硅质岩、枕状玄武岩、辉长岩、橄榄岩。辉长岩的 U–Pb 同位素年龄为 415Ma，放射虫的年代为奥陶纪。反映了北山地区在志留纪及其以前发生了大洋关闭造山事件。

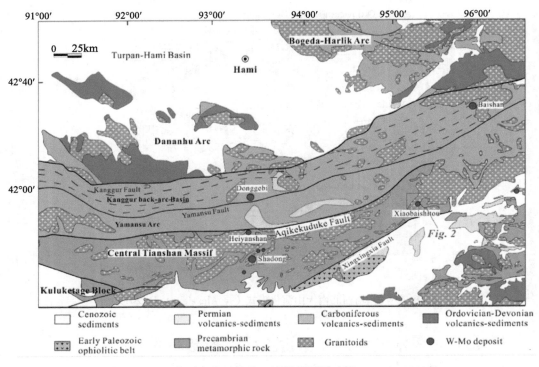

图 6-1-13　东天山地区构造 – 地层纲要图（据 Li et al，2019）

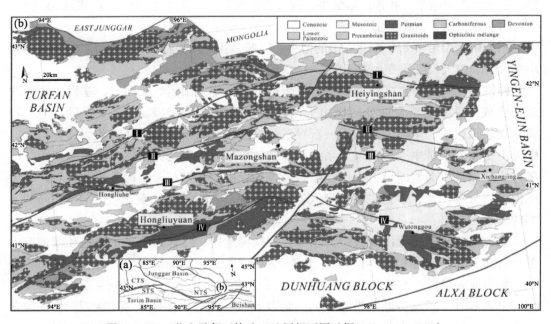

图 6-1-14　北山及邻区构造 – 地层纲要图（据 Niu et al，2018）

NTS—北天山造山带；CTS—中天山地块；STS—南天山造山带；Ⅰ—红石山断裂带；Ⅱ—星星峡 – 石板井断裂带；Ⅲ—红柳沟 – 洗肠井断裂带；Ⅳ—柳园断裂带

　　泥盆系与下伏地层不整合接触。泥盆系主要为裂谷盆地冲积相 – 滨浅海相砾岩、砂岩、泥岩及少量火山岩。石炭系为裂谷盆地滨浅海相 – 深水浅海相砾岩、砂岩、泥岩、碳酸盐岩，以及少量火山岩。二叠系为裂谷盆地滨浅海相砾岩、砂岩、泥岩（图6-1-15）。中新生界北山局部地带发育山间盆地陆相陆源碎屑岩。北山地区晚古生代的裂谷演化模式如图 6-1-16 所示。

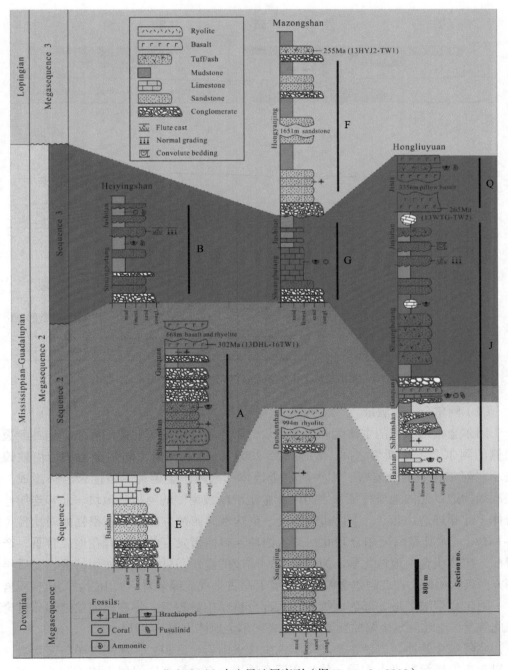

图 6-1-15　北山地区上古生界地层序列（据 Niu et al, 2018）

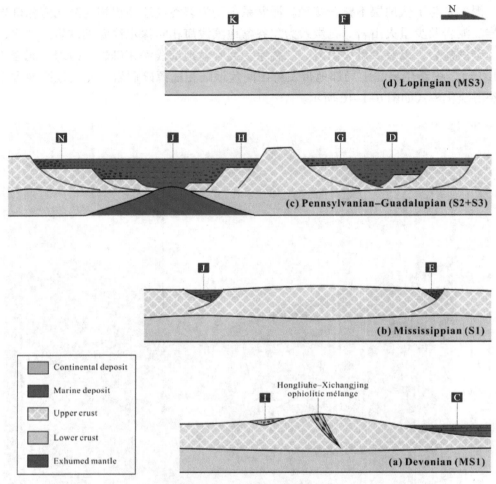

图 6-1-16　北山地区上古生界裂谷演化模式（据 Niu et al, 2018）

（2）阿尔金山褶皱带

阿尔金山褶皱带的主体为阿尔金地块。阿尔金地块处于北侧的阿尔金逆冲断裂和南侧的阿尔金走滑断裂之间（Wu et al, 2009）。由北向南，阿尔金褶皱带由敦煌地块、北阿尔金俯冲杂岩带、中央阿尔金地体和南阿尔金俯冲-碰撞杂岩体组成。这些次级构造单元的地质特征分别与阿尔金走滑断裂南侧的阿拉善地块、北祁连俯冲杂岩体（北祁连造山带）、中央祁连地块、柴达木北俯冲-碰撞带有很强的对比性（图 6-1-17）。尤其是南阿尔金和北柴达木俯冲-碰撞带发育的榴辉岩在地质背景、产出特征、矿物组合、地球化学、原岩成分、形成的温压条件、变质作用特征、变质年龄等方面极为相似。在北阿尔金俯冲带发育有早古生代蛇绿杂岩、火山岩、高压变质岩。

阿尔金褶皱带最北部的敦煌地块大部分被新生界覆盖，将在敦煌盆地部分讨论。在此着重讨论北阿尔金俯冲杂岩带、中央阿尔金地体（图 6-1-17）。

北阿尔金俯冲杂岩带主要发育早古生代火山岩、沉积岩，局部以洋岛玄武岩、硅质岩为主的蛇绿杂岩占主导，伴生高压变质岩，有大量花岗岩侵入体（图 6-1-17）。

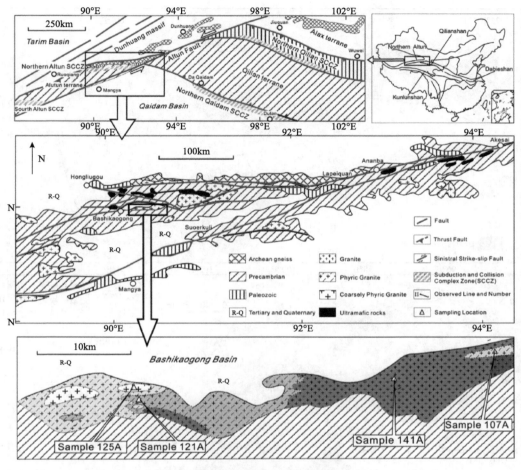

图 6-1-17　阿尔金褶皱带及邻区地质简图（Wu et al，2009）

蛇绿杂岩中：硅质岩中的牙形石年龄为晚寒武世—中奥陶世；玄武岩的 Sm/Nd（钐/钕）等时线年龄为（508±41）Ma 至（524±44）Ma。变质泥岩白云母的年龄测得（574.7±2.5）Ma 的 Ar/Ar 年龄。侵入岩测得的锆石 TIMS U-Pb 年龄为 443Ma。这些年龄与北祁连造山带极为相似，反映二者属于同一构造体系。

巴什考供盆地南缘出露的花岗岩围岩为阿尔金中央地块前寒武系砂岩、片岩、泥岩、凝灰岩（图 6-1-17）。花岗岩为 S 型花岗岩，其中锆石的 SHRIMP U-Pb 年龄范围在（431.1±3.8）Ma 至（474.3±6.8）Ma，反映了阿尔金地块与塔里木克拉通的陆陆碰撞发生于早古生代奥陶纪—早志留世（Wu et al，2009），阿尔金中央地块主要发育前寒武系，局部发育新生界（图 6-1-13），主要为山间盆地沉积相砾岩、砂岩、泥岩。

（3）祁连山褶皱带

祁连山褶皱带位于青藏高原东北部，东北侧为阿拉善地块，南侧为柴达木地块，西北侧以阿尔金巨型走滑断裂与阿尔金造山带相隔，东南与秦岭相连［图 6-1-18（a）］。

祁连山褶皱带可划分为北祁连增生带（俯冲杂岩带）、中央祁连地块、柴达木北俯冲-碰撞带［包括南祁连增生带、全吉（欧龙布鲁克）地块、柴北超高压变质岩带］

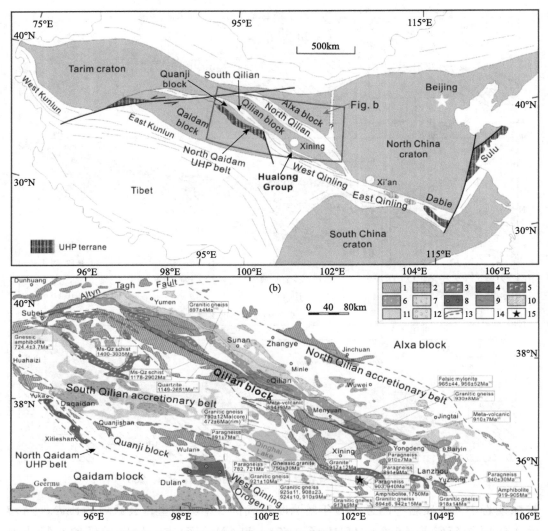

图 6-1-18　祁连山褶皱带及邻区地质简图（Li et al，2018）

等次级构造单元［图 6-1-18（b）］。

北祁连增生带是北祁连洋奥陶纪—志留纪（459—434Ma）关闭，祁连地块与阿拉善地块碰撞形成的，主要为早古生代俯冲杂岩，上覆志留系细粉砂岩、板岩，泥盆系分选和磨圆都较差的冲积相砾岩、砂岩，石炭系—三叠系碳酸盐岩、陆源碎屑岩、煤层。

祁连地块是祁连山造山带的主要组成部分。前寒武系基底主要为长英质片麻岩、片岩、混合岩，夹透镜状、层状大理岩、石英岩，角闪岩和岩浆岩脉。祁连地块的前寒武系基底被奥陶纪—志留纪花岗岩侵入。在前寒武系基底之上局部发育有早古生代火山–沉积岩、晚古生代—三叠纪浅海相–陆相沉积岩、侏罗系—第四系陆相沉积岩。

南祁连增生带位于祁连地块与全吉地块之间，为火山弧增生体系。主要发育寒武系—奥陶系玄武岩、火山碎屑岩、深海沉积，志留系复理石，早泥盆世花岗岩，晚泥盆世磨拉石。由基性–中性火山岩组成的火山弧岩石序列的年代为奥陶纪（460—

440Ma）。超基性岩（橄榄岩、辉石岩）、辉长岩、块状和枕状玄武岩和远洋硅质岩组成的蛇绿杂岩中，代表大洋扩张的超基性岩的年龄在 ~525—500Ma。火山弧增生到祁连地块的年龄在 ~470Ma（Li et al，2018；Yang et al，2018）。

全吉（欧龙布鲁克）地块位于南祁连增生带与柴北超高压变质岩带之间，其前寒武系由德令哈杂岩、达肯达坂群、万洞沟群组成。德令哈杂岩主要由古元古界花岗片麻岩（~2.20—2.39Ga）、角闪岩、基性麻粒岩组成。达肯达坂群，下部为 ~2.20—2.32Ga 变质的火山沉积岩，上部为一套形成于 ~2.24—1.95Ga 的孔兹岩系（含石墨富铝的片岩、片麻岩夹大理岩和石英岩的区域变质岩组合）。万洞沟群为一系列碎屑岩、碳酸盐岩的低级变质岩。上覆新元古界未变质或弱变质的全吉群，下部主要为砂砾岩，上部以粉砂岩、泥岩夹碳酸盐岩为主。其上为寒武系—下奥陶统碳酸盐岩（孙娇鹏等，2016；Li et al，2018）。

柴北超高压变质岩带位于全吉地块和柴达木地块之间，岩石类型有正片麻岩、副片麻岩、榴辉岩、橄榄岩、石榴子石橄榄岩，具有典型的陆陆俯冲特征。其变质岩的变质年龄与北祁连增生带相近。

由此可见，早古生代祁连山褶皱带原型盆地和岩相古地理的重要变革时期，其新元古代至早古生代构造演化模式如图 6-1-19 所示。

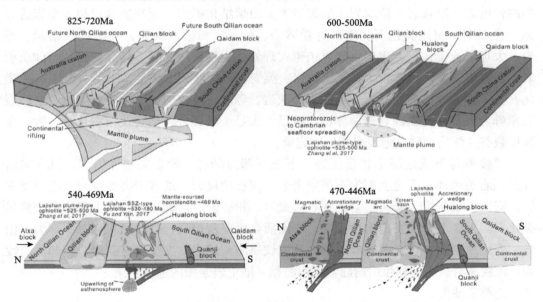

图 6-1-19　祁连山褶皱带新元古代—早古生代演化示意图（Li et al，2018）

新元古代，825Ma±，罗迪尼亚超大陆开始解体，发育裂谷盆地；720Ma±，裂离的大陆块体间出现洋壳。新元古代后期（600Ma±），澳大利亚克拉通、祁连地块、柴达木地块形成较为宽阔的大洋。随着大洋的扩张，540Ma±，在南祁连洋发生洋内俯冲，形成洋内岛弧；470Ma±，北祁连洋向阿拉善地块俯冲，南祁连洋向祁连地块俯冲，前期的洋内弧增生到祁连地块。早古生代末，北祁连洋和南祁连洋基本关闭，阿拉善地块、祁连地块、柴达木地块完成陆陆拼贴碰撞。

（4）敦煌盆地

敦煌盆地西邻塔里木盆地，北部为北山褶皱带，东南为阿尔金褶皱带，为一三角形盆地，面积约 $5 \times 10^4 km^2$（图 6-0-2）。

盆地前中生界为基底（蔡利飘，2017）。最老的岩石是下元古界花岗片麻岩、斜长角闪片麻岩、厚层大理岩夹辉石斜长角闪岩；黑云母石英片岩、含石榴子石云母石英片岩、黑云母斜长片麻岩、角闪片岩；绿泥石片岩、绿泥石石英片岩、阳起石片岩、变质流纹英安岩。中元古界为黑云母斜长片麻岩、云母石英片岩、绿泥石石英片岩、石英闪长岩、大理岩夹少量变质石英闪长玢岩（玉门油田石油地质志编写组，1989）。

新元古界—寒武系缺失。

奥陶系—志留系。下部为白云母石英片岩、大理岩、石英斜长角闪岩、黑云母斜长片麻岩；中部以斜长片麻岩为主，夹绿帘石角闪岩；上部以黑云母石英片岩为主，夹薄层大理岩和少量绿帘石角闪片岩。为一套大洋裂开 - 关闭的地质记录。

泥盆系与下伏地层不整合接触。下部为长石砂岩、粉砂岩，夹凝灰熔岩和大理岩透镜体，大理岩含珊瑚化石；泥盆系上部为千枚状板岩、绢云母绿泥石片岩、千枚岩夹砂砾岩、酸性熔岩、石英岩透镜体。为一套弧后前陆盆地浅海相地质记录。

石炭系与下伏地层不整合接触。下部为砂岩、粉砂岩夹砾岩、灰岩、玄武岩，中酸性熔岩、凝灰岩，流纹岩、细碧岩夹安山熔结角砾岩、凝灰质砂岩和大理岩透镜体，含珊瑚、腕足类化石。中部为粉砂岩、砂岩、粉砂质板岩，夹酸性火山岩、砾岩、大理岩透镜体；大理岩、硅质条带大理岩、生物碎屑灰岩、结晶灰岩；粉砂质板岩、粉砂岩，夹钙质砾岩、斜长流纹岩、英安岩；含珊瑚、腕足、腹足、瓣鳃、蜓类化石。上部为含钙质粉砂岩、细砂岩、灰岩、砾岩；流纹岩、酸性凝灰熔岩、酸性凝灰角砾岩夹灰岩、粉砂岩透镜体；含腕足、头足、海百合类化石及植物化石。为一套弧后裂谷 - 弧后前陆盆地浅海相地质记录。

二叠系与下伏地层不整合接触。下统下部为砾岩、砂岩夹酸性熔岩、凝灰熔岩及大理岩透镜体；下统上部为石英角斑岩、辉石角斑岩、细砂岩夹流纹岩及熔结凝灰岩，安山质凝灰岩、凝灰熔岩夹辉石玄武岩、粉砂岩、含砾粗砂岩及大理岩；含腕足类化石。上统下部为安山质角砾岩、安山质含砾凝灰熔岩、砂质凝灰岩；中部为安山岩、安山质凝灰岩、安山质凝灰熔岩及流纹质凝灰熔岩，夹少量玄武岩；上部为流纹岩、流纹斑岩。为一套弧后前陆盆地浅海相 - 陆上岩浆弧的地质记录。

三叠系缺失。

中生界。侏罗系与下伏地层不整合接触，主要为砾岩、砂岩、泥岩，夹煤层、玄武岩，为裂谷盆地冲积相 - 湖泊相沉积。下白垩统与下伏地层不整合接触，主要为砂岩、泥岩，为裂谷盆地冲积相 - 湖泊相沉积。上白垩统—古近系地层缺失，反映了挤压抬升。新近系—第四系为前陆盆地冲积相碎屑岩。敦煌盆地中生代构造演化见图 6-1-20。

（5）踏实盆地

踏实盆地西为阿尔金山褶皱带内盆地，西侧为敦煌盆地，东侧为花海 - 金塔盆

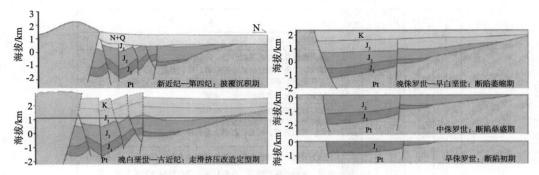

图 6-1-20 敦煌盆地五墩凹陷构造演化（蔡利飘，2017）

地，面积约 $0.6 \times 10^4 km^2$（图 6-0-2）。

盆地的基底为下元古界和中元古界，其岩性与敦煌盆地相同。新元古界和古生界缺失。基底之上发育侏罗系—第四系（玉门油田石油地质志编写组，1989）。

侏罗系为裂谷盆地冲积相－湖泊相砾岩、砂岩、泥岩，夹泥灰岩及煤层。下白垩统为砂岩、泥岩夹泥灰岩、砾岩、玄武岩，为裂谷盆地冲积相－湖泊相沉积。上白垩统—始新统缺失，反映了挤压抬升。渐新统—第四系前陆盆地冲积相－湖泊相砾岩、砂岩、泥岩。

（6）花海－金塔盆地

花海－金塔盆地西以阿尔金山褶皱带与踏实盆地相隔，东部以阿拉善褶皱带与银额盆地相隔，面积约 $0.8 \times 10^4 km^2$（图 6-0-2）。

盆地的基底为前寒武系、古生界变质岩和加里东期、海西期岩浆岩，以前震旦系为主。基底之上发育中新生界（图 6-1-21）（玉门油田石油地质志编写组，1989）。

基底最老的岩石是前震旦系绢云母石英片岩、绿泥石云母石英片岩、黑云母斜长片麻岩。震旦系为石英岩、千枚岩、板岩、变质砂岩夹硅质灰岩，为被动大陆边缘盆地浅海相－深水浅海相的记录。

下寒武统缺失。

下古生界。寒武系下部为安山岩夹千枚岩、砂岩夹硅质岩；上部为千枚岩夹石英岩。奥陶系为安山岩夹玄武岩、灰岩、板岩、硅质灰岩。志留系为石英片岩、变质砂岩、千枚岩、板岩。为火山弧及弧后盆浅海相－深水浅海相的记录。

上古生界。泥盆系缺失。石炭系下部为砾岩、含砾砂岩；中部为英安质泥灰岩、凝灰质粉砂岩，上部为砾岩、砂岩、板岩。下二叠统下部为中酸性火山岩、火山碎屑岩，及变质砂岩、板岩，中部为中酸性火山岩、火山碎屑岩夹变质砂岩，上部以变质砂岩、砂岩为主，夹中酸性火山岩。为一套弧后盆滨浅海相记录。

上二叠统—中三叠统缺失。

中生界。上三叠统—下侏罗统为裂谷盆地冲积相砾岩，夹砂岩，砾石主要为火山岩。中侏罗统为裂谷盆地冲积相砾岩、砂岩、泥岩。上侏罗统为裂谷盆地冲积相－湖泊相砾岩、砂岩、泥岩。下白垩统为裂谷盆地冲积相－湖泊相砂岩、泥岩，上部见含砾砂岩。上白垩统为反转裂谷盆地冲积相砾岩、砂岩、泥岩。

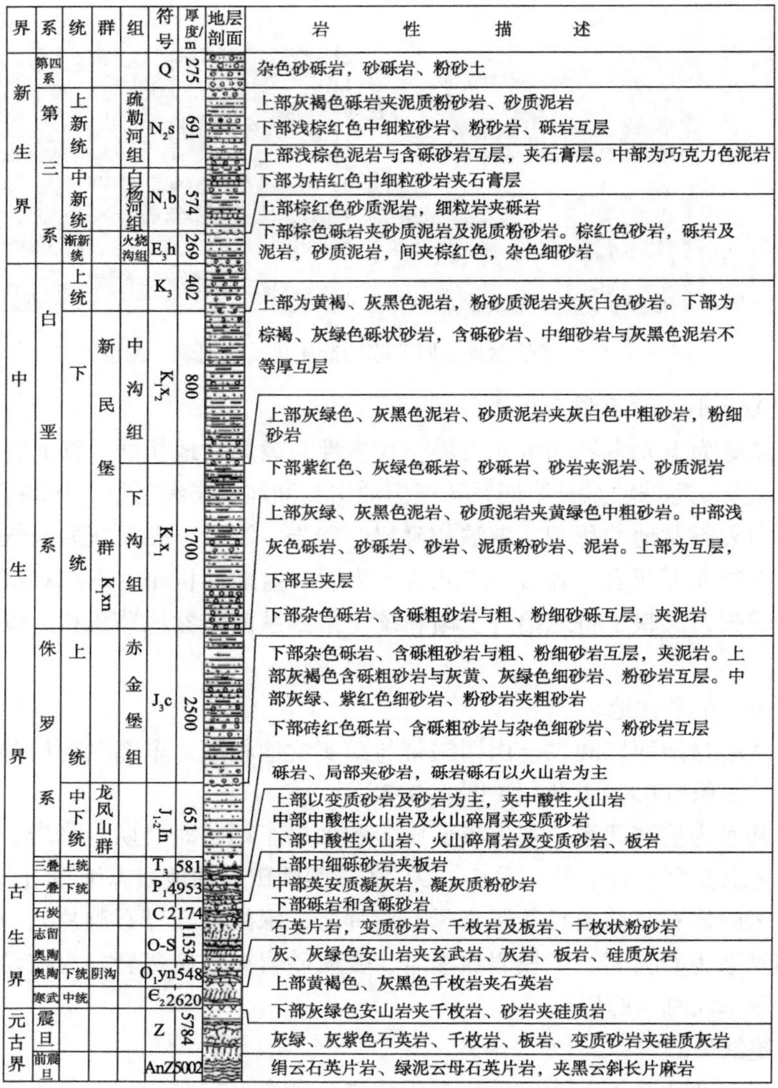

界	系	统	群	组	符号	厚度/m	地层剖面	岩 性 描 述
新生界	第四系				Q	275		杂色砂砾岩，砂砾岩，粉砂土
	第三系	上新统		疏勒河组	N_2s	691		上部灰褐色砂砾岩夹泥质粉砂岩、砂质泥岩；下部浅棕红色中细粒砂岩、粉砂岩、砾岩互层
		中新统 渐新统		白杨河组	N_1b	574		上部浅棕色泥岩与含砾砂岩互层，夹石膏层。中部为巧克力色泥岩；下部为桔红色中细粒砂岩夹石膏层；上部棕红色砂质泥岩，细粒岩夹砾岩
		渐新统		火烧沟组	E_3h	269		下部棕色含砾砂质泥岩及泥质粉砂岩。棕红色砂岩，砾岩及泥岩，砂质泥岩，间夹棕红色，杂色细砂岩
中生界	白垩系	上统			K_2	402		上部为黄褐、灰黑色泥岩，粉砂质泥岩夹灰白色砂岩。下部为棕褐、灰绿色砾状砂岩，含砾砂岩，中细砂岩与灰黑色泥岩不等厚互层
		下统	新民堡群 K_1xn	中沟组	K_1x_2	800		上部灰绿色、灰黑色泥岩、砂质泥岩夹灰白色中粗砂岩，粉细砂岩；下部紫红色、灰绿色砂砾岩、砂砾岩、砂岩夹泥岩、砂质泥岩
				下沟组	K_1x_1	1700		上部灰绿、灰黑色泥岩、砂质泥岩夹黄绿色中粗砂岩。中部浅灰色砂砾岩、砂砾岩、砂岩、泥质粉砂岩、泥岩。上部呈互层，下部呈夹层；下部杂色砾岩、含砾粗砂岩与粗、粉细砂岩互层，夹泥岩
	侏罗系	上统		赤金堡组	J_3c	2500		下部杂色砾岩、含砾粗砂岩与粗、粉细砂岩互层，夹泥岩。上部灰褐色含砾粗砂岩与灰黄、灰绿色细砂岩、粉砂岩互层。中部灰绿、紫红色细砂岩、粉砂岩夹粗砂岩；下部砖红色细砂岩、含砾粗砂岩与杂色细砂岩、粉砂岩互层
		中下统	龙凤山群		$J_{1-2}ln$	651		砾岩，局部夹砂岩，砾岩砾石以火山岩为主。上部以变质砂岩及砂岩为主，夹中酸性火山岩；中部中酸性火山岩及火山碎屑岩夹变质砂岩；下部中酸性火山岩，火山碎屑岩及变质砂岩、板岩
古生界	三叠	上统			T_3	581		上部中细砾砂岩夹板岩
	二叠	下统			P_1	4953		中部英安质凝灰岩，凝灰质粉砂岩；下部砾岩和含砾砂岩
	石炭				C	2174		石英片岩，变质砂岩、千枚岩及板岩，千枚状粉砂岩
	志留 奥陶				$O-S$	11534		灰、灰绿色安山岩夹玄武岩、灰岩、板岩、硅质灰岩
	奥陶	下统	阴沟		O_1yn	548		上部黄褐色、灰黑色千枚岩夹石英岩
	寒武	中统			$\in_2$	2620		下部灰绿色安山岩夹千枚岩、砂岩夹硅质岩
元古界	震旦				Z	5784		灰绿、灰紫色石英岩、千枚岩、板岩、变质砂岩夹硅质灰岩
	前震旦				AnZ	5002		绢云石英片岩，绿泥云母石英片岩，夹黑云斜长片麻岩

图 6-1-21 花海 – 金塔盆地综合地层柱状图（玉门油田石油地质志编写组，1989）

古新统—始新统缺失。

新生界。渐新统为前陆盆地冲积相砂质泥岩、砂岩夹砾岩。新近系为前陆盆地冲积相 – 湖泊相砾岩、砂岩、泥岩，夹石膏层。第四系为前陆盆地冲积相砾岩、砂岩、泥岩，或砾石、砂、黏土。

（7）银额盆地

银额盆地是阿拉善地块基底发育的盆地，主体位于内蒙古西端和甘肃省北部，北临中蒙边界，南以北大山 – 雅布赖山为界，西界为北山，东界为狼山，面积约 $12.2 \times 10^4 km^2$（赵丹等，2014）。盆地西北部位于本章研究区（图 6-0-2）。

盆地的基底为前寒武系、古生界变质岩和加里东期、海西期岩浆岩，以前震旦系为主。基底之上发育中新生界（图 6-1-22）（长庆油田石油地质志编写组，1992）。

基底最老的岩石是上太古界片麻岩、混合岩、大理岩、斜长角闪岩。下元古界为板岩、硅质白云岩、变质流纹岩、大理岩、片麻岩、变粒岩。中元古界为片岩、石英岩、变质砂岩、板岩、千枚岩、结晶灰岩、白云岩。上元古界为板岩、石英岩、片岩、硅质岩、白云岩，为被动大陆边缘盆地浅海相－深水浅海相的记录。

下古生界。下寒武统缺失。中寒武统为砂质白云岩，底部含砾，上部为深灰色硅质岩；上寒武统为硅质岩、板岩夹结晶灰岩。奥陶系为硅质板岩、泥质板岩、结晶灰岩、硅质岩、砂岩、泥质灰岩。志留系为含石榴子石云母角岩、板岩、片岩、千枚岩、变质砂岩、石英岩。为火山弧及弧后盆地浅海相－深水浅海相的记录。

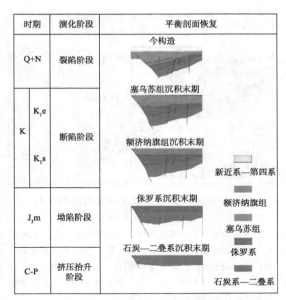

图 6-1-22　银额盆地路井凹陷构造演化
（赵丹等，2014）

上古生界。泥盆系底部为砾岩，其上有砂岩、灰岩、硅质岩、礁灰岩。下石炭统缺失。上石炭统下部为凝灰岩、火山角砾岩夹片岩、板岩；上部为砾岩、砂岩、灰岩。二叠系下部为砂岩、粉砂岩夹砾岩、灰岩、硅质岩；上部以长石石英砂岩为主，夹灰岩、泥岩。主要为一套弧后盆地滨浅海相记录。

中生界。三叠系为裂谷初期冲积相杂色砂岩、砂砾岩，及晶屑凝灰岩。中、下侏罗统为裂谷盆地冲积相－湖泊相杂色砂砾岩夹泥灰岩、凝灰岩、凝灰质砂岩。上侏罗统缺失。下白垩统底部为裂谷盆地冲积相－湖泊相砂砾岩夹泥岩、泥灰岩，中部为湖泊相泥岩夹细砂岩、生物灰岩。上部为火山－湖泊相玄武岩、安山岩、凝灰岩、砂岩、泥岩、泥灰岩。上白垩统为反转裂谷盆地冲积相砾岩、砂岩、泥岩。

古新统缺失。

新生界。始新统—渐新统主要为前陆盆地冲积相砂砾岩。新近系为前陆盆地冲积相－湖泊粉砂岩、泥岩，夹灰岩。第四系为前陆盆地冲积相砾岩、砂岩、泥岩，或砾石、砂、黏土，夹蒸发岩。

（8）酒泉盆地

酒泉盆地北部与花海－金塔盆地相邻，西部以阿尔金山褶皱带与踏实盆地相隔，东部与民乐盆地相接，南部为祁连山（王崇孝等，2005），面积约 $2.2 \times 10^4 \text{km}^2$（图 6-0-2、图 6-1-23）。

盆地的基底为前寒武系、古生界变质岩和加里东期、海西期岩浆岩。基底之上发育中新生界（玉门油田石油地质志编写组，1989）。

基底最老的岩石是前震旦系片岩、片麻岩、大理岩。震旦系为板岩、石英岩、硅化灰岩、大理岩变粒岩，为被动大陆边缘盆地浅海相－深水浅海相的记录。

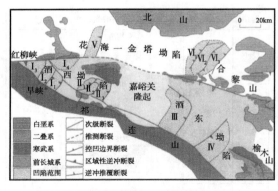

图 6-1-23　酒泉盆地及邻区构造纲要图
（王崇孝等，2005）

Ⅰ—青西凹陷；Ⅰ₁—青南次凹；Ⅰ₂—青西低凸起；Ⅰ₃—红南次凹；Ⅰ₄—红南次凹；Ⅱ—石大凹陷；Ⅱ₁—大红圈次凹；Ⅱ₂—石北低凸起；Ⅱ₃—石北次凹；Ⅲ—营尔凹陷；Ⅳ—马营凹陷；Ⅴ—花海凹陷；Ⅵ—双古城凹陷；Ⅵ₁—双古城次凹；Ⅵ₂—旧寺墩低凸起；Ⅵ₃—双树子次凹

下古生界。寒武系被动大陆边缘-裂谷盆地滨浅海相玄武岩、泥灰岩、角砾岩、板岩、大理岩。奥陶系为被动大陆边缘-裂谷盆地滨浅海相-深水浅海相玄武岩、安山岩、灰岩、板岩、赤铁矿、磷块岩、砂岩。志留系为砂岩、砂质板岩、蛇纹石化橄榄辉石岩、灰岩、火山岩，为弧后盆地-岛弧-弧前盆地-大洋浅海相-深海相的记录。

上古生界。泥盆系见紫红色砾岩。石炭系下部为灰岩、黑色页岩夹砂岩，上部为页岩、砂岩、灰岩及薄煤层。下二叠统下部为页岩夹薄层砂岩，上部砂岩夹紫红色、灰绿色泥岩。为一套弧后盆滨浅海相记录。

中新生界。三叠系为裂谷盆地冲积相砂砾岩、砂岩，夹紫红色泥岩。侏罗系为裂谷盆地冲积相-湖泊相砾岩、砂岩、泥岩，夹煤层。下白垩统为裂谷盆地冲积相-湖泊相砂岩、泥岩、白云岩，见砾岩、含砾砂岩。上白垩统—始新统缺失。新生界。渐新统—新近系为前陆盆地冲积相砾岩、砂岩、泥岩。第四系为前陆盆地冲积相砾岩、砂岩、泥岩，或砾石、砂土。酒泉盆地中新生代构造沉积演化见图 6-1-24。

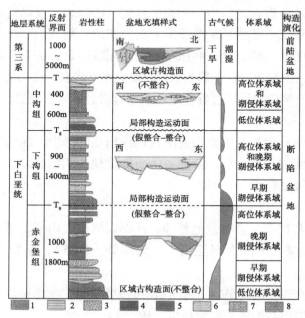

图 6-1-24　酒泉盆地白垩纪—新近纪构造、沉积演化模式（王崇孝等，2005）

1—冲积扇及扇三角洲砾岩；2—河流相砂砾岩；3—三角洲相砂岩；4—湖底扇沉积；5—半深湖及深湖泥岩；6—浅湖泥岩；7—白云岩；8—泥质白云岩

民乐盆地的构造、沉积演化历史与酒泉盆地极其相似，不再赘述。

6.2 喜马拉雅中新生代变形带

喜马拉雅中新生代变形带可分为印度克拉通西北侧中新生代变形带、印度克拉通北侧中新生代变形带。印度克拉通西北侧中新生代变形带在前文（5.3.3）述及。本节重点讨论印度克拉通北侧中新生代变形带。

印度克拉通北侧中新生代变形带主要包括柴达木盆地、昆仑山褶皱带、松潘–甘孜褶皱带、羌塘地块、三江褶皱带、拉萨地块（包括措勤盆地、比如盆地）、喜马拉雅变质岩及岩浆岩带等主要构造单元（图6-0-2）。

6.2.1 柴达木盆地

柴达木盆地位于青藏高原东北部，为一群山环绕的三角形盆地。西北为阿尔金走滑断裂带，东北部为祁连山–南山逆冲带（Li et al，2019），面积约 $12.4 \times 10^4 km^2$（图6-0-2）。

盆地的基底为前寒武系、古生界、三叠系变质岩和加里东期、海西期、印支期岩浆岩。基底之上发育中新生界（表6-2-1）。

表6-2-1　柴达木盆地地层简表（据青藏油气区石油地质志编写组，1990资料）

地层系统		主要岩性	古地理
新生界	第四系	砾岩、砂岩、泥岩	冲积–湖泊
	新近系	砾岩、砂岩、泥岩	冲积–湖泊
	古近系	砾岩、砂岩、泥岩、蒸发岩	冲积–湖泊
中生界	白垩系 上统	紫红色砾岩、含砾砂岩，砂岩、泥岩	陆相
	白垩系 下统	灰白色砾岩，棕红色砂岩，黄色砂质泥岩、泥岩	陆相
	侏罗系	砾岩、砂岩、泥岩、煤层	陆相
	三叠系	砾岩、砂岩、灰岩、板岩、凝灰岩、火山岩	陆相–浅海–火山
上古生界	二叠系	砾岩、砂岩、灰岩、火山岩夹硅质岩、板岩、片岩、混合岩、凝灰岩	滨浅海–火山
	石炭系	灰岩夹泥灰岩、板岩、千枚岩、火山岩、大理岩、砂砾岩、煤层	滨浅海–火山
	泥盆系	砂质砾岩、板岩、千枚岩、凝灰岩、安山岩、英安岩、火山角砾岩	陆相–浅海–火山
下古生界	志留系	浅变质砂岩、泥岩，极少量火山岩、碳酸盐岩	浅海–深水
	奥陶系	灰岩夹硅质页岩、泥灰岩，页岩和砂岩互层，火山岩，变质砂岩，千枚岩	深水–浅海–火山
	寒武系	硅质白云岩夹细砂岩、页岩，灰岩。	浅海
上元古界		大理岩、板岩、变质砂岩、变质砾岩、板岩、石英岩	浅海
中元古界		片岩、混合岩、石英岩、大理岩、变质火山岩、板岩	浅海–火山
下元古界		片岩、片麻岩	大洋

基底最老的岩石是下元古界片岩、片麻岩。中元古界主要为片岩、混合岩、石英岩、大理岩、变质火山岩、板岩。上元古界主要为大理岩、板岩、变质砂岩、变质砾岩、板岩、石英岩，为被动大陆边缘盆地浅海相的记录。

下古生界。寒武系为被动大陆边缘盆地浅海相－深水浅海相硅质白云岩夹细砂岩、页岩，灰岩。奥陶系为弧后盆地浅海相－深水浅海相灰岩夹硅质页岩、泥灰岩，页岩和砂岩互层，火山岩，变质砂岩，千枚岩。志留系为弧后盆地浅海相浅变质砂岩、泥岩，极少量火山岩、碳酸盐岩。

上古生界。泥盆系为弧后盆地冲积相－浅海相砂质砾岩、板岩、千枚岩、凝灰岩、安山岩、英安岩、火山角砾岩。石炭系为弧后盆地冲积相－浅海相灰岩夹泥灰岩、板岩、千枚岩、火山岩、大理岩、砂砾岩、煤层。二叠系为弧后盆地冲积相－浅海相砾岩、砂岩、灰岩、火山岩夹硅质岩、板岩、片岩、混合岩、凝灰岩。

中新生界。三叠系为弧后盆地冲积相－浅海相砾岩、砂岩、灰岩、板岩、凝灰岩、火山岩。侏罗系为裂谷盆地冲积相－湖泊相砾岩、砂岩、泥岩、煤层。下白垩统为裂谷盆地冲积相－湖泊相灰白色砾岩，棕红色砂岩，黄色砂质泥岩、泥岩。上白垩统为前陆盆地冲积相－湖泊相紫红色砾岩、含砾砂岩、砂岩、泥岩。古近系为冲积相－湖泊相砾岩、砂岩、泥岩、蒸发岩。新近系—第四系为前陆盆地冲积相砾岩、砂岩、泥岩。

6.2.2 昆仑褶皱带

昆仑褶皱带位于塔里木盆地、柴达木盆地之南。塔里木盆地之南的昆仑褶皱带称之为西昆仑造山带，南部为羌塘地块。柴达木盆地之南的昆仑褶皱带称之为东昆仑造山带，南部为松潘－甘孜褶皱带。阿尔金走滑断裂分隔了西昆仑造山带与东昆仑造山带（图 6-0-1、图 6-0-2）。

（1）西昆仑造山带

西昆仑造山带划分为北昆仑地体（NKT）、南昆仑地体（SKT）、甜水海地体（TSHT）3 个构造－地层单元 [图 6-2-1（a）]。NKT 与 SKT 之间发育早古生代洋内弧玄武岩（具蛇绿杂岩的库地－其曼于特的缝合带）、石炭纪早中期火山－碎屑岩沉积、中生代和早古生代花岗岩。SKT 与 TSHT 的分界为康西瓦缝合－推覆－剪切断裂带 [图 6-2-1（b）]。

NKT 是塔里木地台南缘的隆升部分。出露的最老的岩石为古元古界花岗质杂岩。中元古界为绿片岩相－角闪岩相变质岩和强烈褶皱变形的绿片岩相弧后盆地－前陆盆地火山－沉积岩。新元古界上部—寒武系为裂谷盆地－前陆盆地浅海相砂岩、泥岩、碳酸盐岩、冰碛岩。缺失奥陶系、志留系。泥盆系主要为裂谷盆地冲积相砾岩、砂岩。石炭系—二叠系为被动大陆边缘盆地－前陆盆地浅海相碳酸盐岩。上三叠统—新生界前陆盆地为碎屑岩含煤岩系，不整合于上古生界之上（图 6-2-2NKT）。

SKT 很可能是新元古代晚期从塔里木地台分离的。其古元古界与中元古界基本相

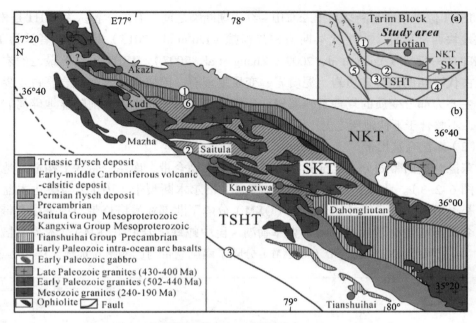

图 6-2-1　西昆仑地区构造 - 地层简图（Zhang et al，2018）

NKT—西昆仑北部地体；SKT—西昆仑南部地体；TSHT—甜水海地体；①—克岗 - 阿卡兹断裂；②—康西瓦断裂；③—千二滩山 - 红山湖断裂；④—阿尔金断裂；⑤—塔什库尔干断裂；⑥—塔龙断裂

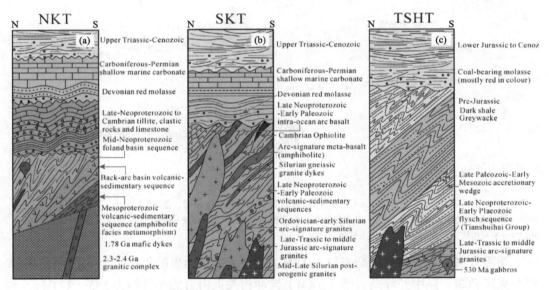

图 6-2-2　西昆仑造山带不同地区地层序列（Zhang et al，2018）

NKT—西昆仑北部地块；SKT—西昆仑南部地块；TSHT—甜水海地块

同。新元古界上部—寒武系为变质火山 - 沉积岩、玄武岩、蛇绿岩。奥陶系—志留系为岛弧相关的花岗岩、花岗片麻岩岩墙。泥盆系主要为裂谷盆地沉积相砾岩、砂岩。石炭系—二叠系为被动大陆边缘盆地 - 前陆盆地浅海相碳酸盐岩。上三叠统—新生界为前陆盆地碎屑岩含煤岩系，不整合于上古生界之上（图 6-2-2SKT）。

TSHT位于康西瓦断裂与千二滩山－红山湖断裂之间。有的学者认为TSHT是松潘－甘孜地块西部延伸，中生代早期与SKT碰撞（Liu et al，2015）。有的学者认为TSHT是SKT的一部分（Yuan et al，2002；Zhang et al，2007）。TSHT出露的最老的岩石是新元古代晚期的深海硅质岩、泥质岩、变质复理石、碎屑岩和碳酸盐岩。古生界和三叠系主要为部分变质的复理石碎屑岩增生楔。侏罗系—新生界为前陆盆地碎屑岩含煤岩系，不整合于下伏地层之上（图6-2-2TSHT）。

（2）东昆仑造山带

东昆仑造山带划分为北部祁漫塔格带、中央昆仑带、南昆仑带3个构造－地层单元（图6-2-3）。北部祁漫塔格带以红柳泉－格尔木断裂带（HDF）与柴达木盆地相接，祁漫塔格－香日德蛇绿杂岩带（QXM）分隔了北部祁漫塔格带与中央昆仑带，中央昆仑带与南昆仑带间发育阿奇克库勒湖－昆中蛇绿杂岩带（AKM），木孜塔格－布青山－阿尼玛卿山蛇绿杂岩带（MBAM）分隔了南昆仑带与巴颜喀拉地体（图6-2-3）。

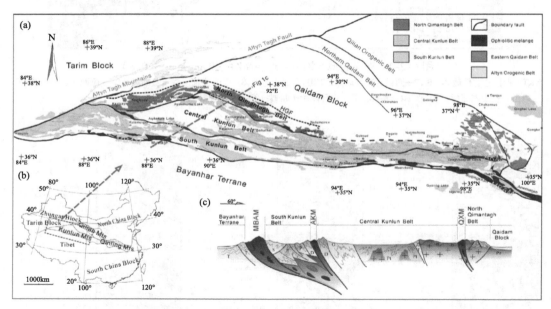

图 6-2-3　东昆仑地区构造简图（Dong et al，2018）

HDF—红柳泉－格尔木断裂带；QXM—祁漫塔格－香日德蛇绿杂岩带；AKM—阿奇克库勒湖－昆中蛇绿杂岩带；MBAM—木孜塔格－布青山－阿尼玛卿山蛇绿杂岩带

祁漫塔格－香日德蛇绿杂岩带（QXM）俯冲相关火山岩的年龄约为486—423Ma。阿奇克库勒湖－昆中蛇绿杂岩带（AKM）俯冲相关火山岩的年龄约为555—243Ma。木孜塔格－布青山－阿尼玛卿山蛇绿杂岩带（MBAM）俯冲相关火山岩的年龄约为535—260Ma。

北部祁漫塔格带最老的岩石是古元古界—中元古界下部的金水口群高级变质岩，主要为片麻岩和角闪岩。缺失中元古界中上部—寒武系。奥陶系—志留系祁漫塔格群角度不整合于古元古界之上，主要为弧后盆地滨浅海相玄武岩、安山岩、流纹岩，夹碎屑岩和碳酸盐岩。

　　北祁漫塔格带西部下志留统白干湖组主要为砂岩，祁漫塔格群和金水口群被大量年龄在 446—439Ma 的辉长岩 – 花岗岩侵入。中上泥盆统不整合于下伏地层之上，主要为弧后前陆盆地砾岩、砂岩、火山岩。石炭系—二叠系弧后盆地滨浅海相陆源碎屑岩、碳酸盐岩夹火山岩不整合于下伏地层之上。中、上三叠统弧后盆地滨浅海相火山 – 碎屑岩不整合于下伏地层之上。侏罗系—下白垩统主要为裂谷盆地冲积相砾岩、砂岩、泥岩（图 6-2-4、图 6-2-5）。上白垩统—古近系分布局限，为前陆盆地冲积相砾岩、砂岩、泥岩。

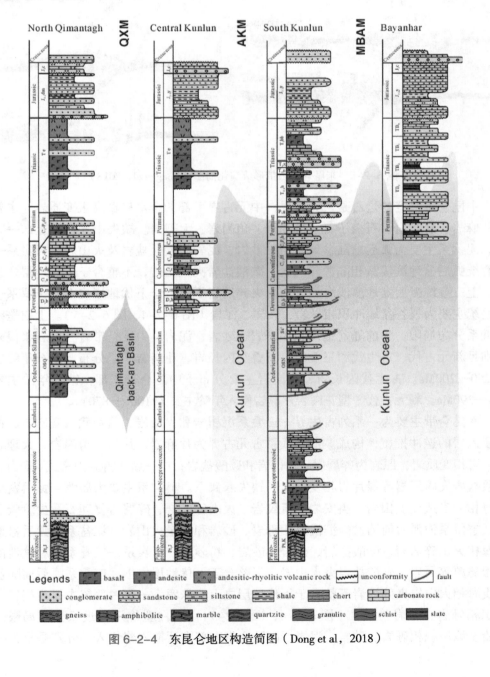

图 6-2-4　东昆仑地区构造简图（Dong et al，2018）

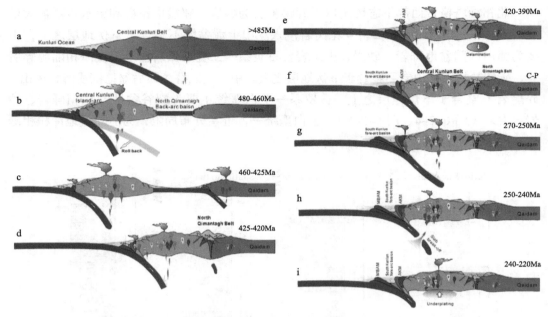

图 6-2-5 东昆仑造山带形成演化简图（Dong et al，2018）

中昆仑带最老的岩石是古元古界—中元古界下部的金水口群高级变质岩，主要为副片麻岩、麻粒岩、石榴子石云母片岩、角闪岩、大理岩。缺失中元古界上部—志留系。泥盆系主要为弧后前陆盆地砾岩、砂岩、泥岩、碳酸盐岩及火山岩。石炭系—下二叠统弧后盆地滨浅海相陆源碎屑岩、碳酸盐岩夹火山岩，不整合于下伏地层之上。中、上三叠统弧后盆地滨浅海相火山岩夹碎屑岩不整合于下伏地层之上。侏罗系—下白垩统主要为裂谷盆地冲积相砾岩、砂岩、泥岩（图 6-2-4、图 6-2-5）。上白垩统—古近系分布局限，为前陆盆地冲积相砾岩、砂岩、泥岩。中昆仑带有三期岩浆侵入，分别是新元古代、古生代和三叠纪。三叠纪闪长岩、花岗岩广泛分布，锆石年龄主要为 250—200Ma。古生代闪长岩、花岗岩主要分布于中昆仑带东部，锆石年龄主要为466—390Ma。新元古代 S 型花岗岩片麻岩侵入年龄主要为 1006—870Ma。

南昆仑带主要为一系列古生界—三叠系沉积岩和火山岩、前寒武系变质岩、古生代侵入岩的逆冲推覆体构成。前寒武系古元古界为片麻岩、片岩、角闪岩、大理岩等角闪岩相变质岩，原岩为碎屑岩、火山岩和碳酸盐岩；中—新元古界为玄武-安山岩、碳酸盐岩夹碎屑岩等绿片岩相变质岩。缺失寒武系。奥陶系主要为岛弧 - 弧后盆地滨浅海相 - 玄武质安山岩、英安岩、流纹岩、火山碎屑岩、碎屑岩复理石及少量碳酸盐岩。志留系为弧后前陆盆地滨浅海相砾岩、砂岩和少量火山岩。泥盆系为弧后盆地滨浅海相火山碎屑岩、碳酸盐岩、砾岩、砂岩、粉砂岩。石炭系—二叠系弧后盆地滨浅海相陆源碎屑岩、碳酸盐岩夹火山岩，不整合于下伏地层之上。三叠系弧后前陆盆地滨浅海相火山岩夹碎屑岩不整合于下伏地层之上。侏罗系—下白垩统主要为裂谷盆地冲积相砾岩、砂岩、泥岩（图 6-2-4、图 6-2-5）。上白垩统—古近系分布局限，为前陆盆地冲积相砾岩、砂岩、泥岩。南昆仑带东部有两期岩浆侵入，分别是早古生代和二叠纪—三叠纪。二叠纪—三叠纪闪长岩、花岗闪长岩、花岗岩，锆石年龄主要为270—220Ma。早古生代闪长岩、花岗岩锆石年龄主要为555—420Ma。

巴颜喀拉地体位于南昆仑带南侧，最老的地层是二叠系，主要为残留洋盆深海相泥岩、碳酸盐岩、砂岩。三叠系弧后前陆盆地滨浅海相火山岩夹碎屑岩不整合于下伏地层之上。侏罗系—下白垩统主要为裂谷盆地冲积相砾岩、砂岩、泥岩（图6-2-4、图6-2-5）。上白垩统—古近系分布局限，为前陆盆地冲积相砾岩、砂岩、泥岩。这种地层序列与松潘–甘孜地体具有一致性。

6.2.3　松潘–甘孜褶皱带

松潘–甘孜褶皱带也称松潘–甘孜杂岩带（Liu et al，2019）、松潘–甘孜地体（Li H et al，2016；Billerot et al，2017；Chen et al，2017），北侧为昆仑造山带，南部为羌塘地块和义敦岛弧地体，西抵帕米尔造山带，东侧以龙门山逆冲褶皱带与扬子地块和秦岭大别造山带相接。为一东宽西窄的梯形褶皱带［图6-0-1、图6-2-6（a）］，包括IHS（2009）划分的松潘–甘孜褶皱带和昆仑褶皱带的南部（图6-0-2，西昆仑褶皱带南部的甜水海地体）。

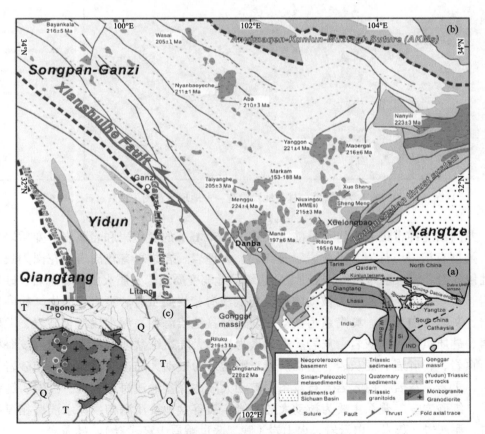

图6-2-6　松潘–甘孜中东部构造地层简图（Chen et al，2017）

松潘－甘孜褶皱带面积达 $22 \times 10^4 km^2$，由西向东可以分为三段，西段为甜水海地体、中段为巴颜喀拉地体、东段为东松潘－甘孜地体。甜水海地体和巴颜喀拉地体构造－沉积演化记录上文述及。在此重点讨论东松潘－甘孜褶皱带构造－沉积演化记录。

东松潘－甘孜褶皱带发育了巨厚的（5~15km）三叠系复理石和侵入其中的晚三叠世——早侏罗世（230—190Ma）花岗质侵入岩［图 6-2-6（b）］。关于这套巨厚的三叠系的成因有 3 种认识（Chen et al，2017）：①裂谷盆地沉积；②弧前或弧后盆地沉积；③残留洋盆沉积。东缘的龙门山逆冲带出露新元古界、古生界［图 6-2-6（b）］。三叠系复理石整合于古生界浅海相沉积序列之上（Li H et al，2016；Yan D-P et al，2018）。东松潘－甘孜褶皱带巨厚的三叠系之下存在二叠纪从扬子克拉通分离的陆壳基底（图 6-2-7）。

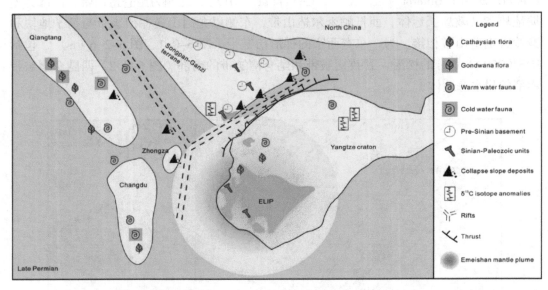

图 6-2-7　晚二叠世松潘－甘孜地块构造－古地理示意图（Li H et al，2016）

龙门山逆冲带最老的岩石是前震旦系（>850Ma）的变质岩和岩浆岩。变质岩主要岩石类型有板岩、片岩、千枚岩、石英岩、大理岩。岩浆岩有花岗岩、花岗闪长岩、基性侵入岩。震旦系为裂谷－被动大陆边缘盆地弱变质或未变质火山岩、砾岩、砂岩、泥岩、碳酸盐岩。寒武系为被动陆缘盆地滨浅海相炭质页岩、页岩、泥岩、粉砂岩、砂岩、灰岩、白云岩。奥陶系为被动大陆边缘盆地浅海相－深水浅海相砂岩、泥岩、页岩、硅质页岩、泥灰岩、灰岩。志留系为被动大陆边缘盆地深水浅海相－浅海相含笔石页岩、粉砂岩、泥灰岩、生物灰岩。泥盆系为被动大陆边缘盆地浅海相砂岩、粉砂岩、页岩、灰岩、白云岩。石炭系为被动大陆边缘盆地浅海相灰岩、页岩、鲕状赤铁矿、细砂岩。二叠系主要为被动大陆边缘－裂谷盆地滨浅海相－深水浅海相煤层、页岩、泥灰岩、灰岩、白云岩、火山岩（晚二叠世峨眉山玄武岩）、硅质岩。

丹巴地区地质研究表明，松潘 – 甘孜褶皱带的陆壳基底被三叠纪以来的构造变形和岩浆活动改造，支离破碎，严重变形，形成极其复杂的褶皱、冲断、岩浆侵入地体。逆冲断层既有由东北向西南仰冲的，也有由西北向东南仰冲的（图 6-2-8、图 6-2-9），表明丹巴杂岩体是松潘 – 甘孜陆壳基底的出露部分，东西双向仰冲，表明东西两侧均存在已关闭的大洋。

6.2.4 义敦岛弧地体

义敦岛弧地体（Chen et al，2017）也称义敦地体（Gao X et al，2018；Liu et al，2019），东北部以甘孜 – 理塘缝合带与松潘 – 甘孜褶皱带相接，西南部以金沙江缝合带与羌塘地块相接，东南与扬子地台相邻（图 6-2-6、图 6-2-10）。

以乡城 – 格咱断裂为界，义敦地体划分为中咱地块和东义敦地体，二者都有与扬子地台相似的基底（Wang et al，2013；Liu et al，2019）。义敦地体的基底是泥盆纪之前从扬子地台裂离的，甘孜 – 理塘缝合带有早泥盆世放射虫硅质岩；岛弧相关的岩浆作用是在 230—202Ma 发生的，表明甘孜 – 理塘洋的俯冲一直持续到三叠纪末（Liu et al，2019）。

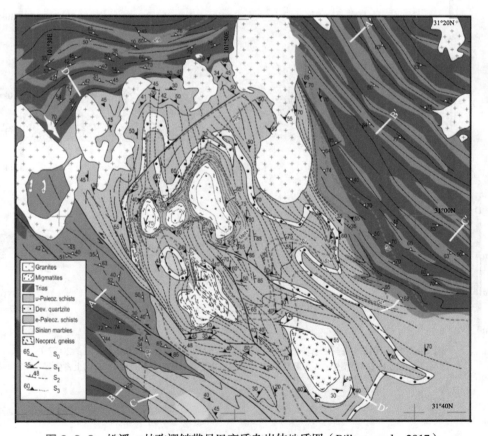

图 6-2-8　松潘 – 甘孜褶皱带丹巴变质杂岩体地质图（Billerot et al，2017）

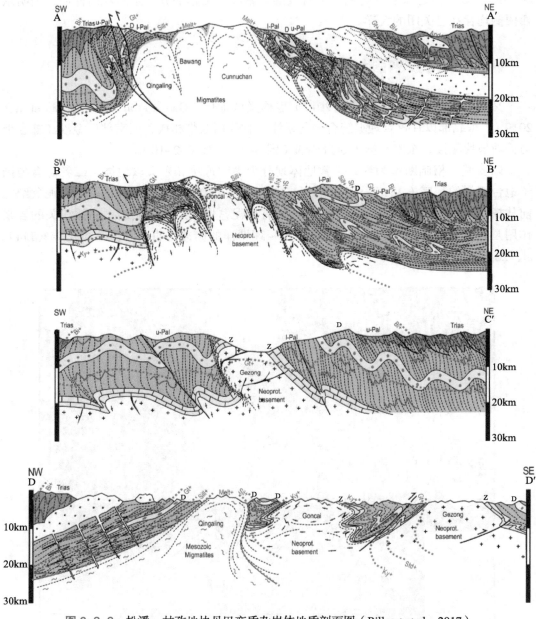

图 6-2-9 松潘 - 甘孜地块丹巴变质杂岩体地质剖面图（Billerot et al，2017）

剖面位置见图 6-2-8。图中：Z 为震旦系；l-Pal 为下古生界；D 为泥盆系；u-Pal 为上古生界。

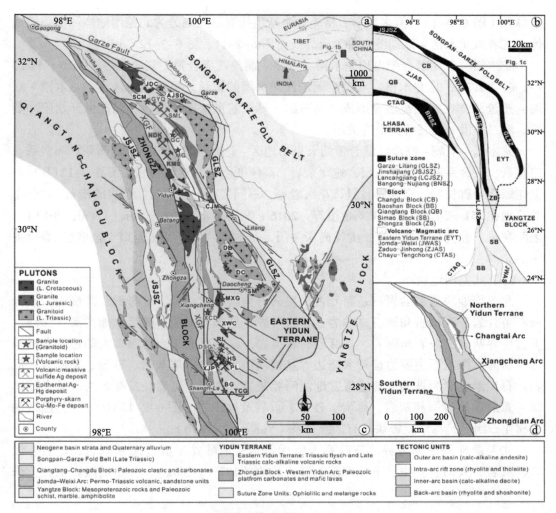

图 6-2-10　义敦地体及围区地质图（Gao X et al，2018）

注：构造线：GLSZ—甘孜 - 理塘缝合带；JSJSZ—金沙江缝合带；XGF—乡城 - 格咱断裂。三叠纪岩浆岩体：AJSD，BG，CJM，DB，DC，DSG，GC，HS，JDC，MGD，MXG，PL，SCM，SM，XCD，XJP，XWC。三叠纪矿床：GYQ，SML，NDK，KMS。

　　金沙江缝合带是一巨型缝合带，西北部它分隔了松潘 - 甘孜褶皱带与羌塘地块，东南部它分隔了义敦地体与羌塘地块。金沙江缝合带东南方向与哀牢山缝合带相接。金沙江缝合带保留了晚泥盆世—中三叠世（382—232Ma）的洋壳记录，表明金沙江洋至少在晚泥盆世已经存在。金沙江洋向西南俯冲从早二叠世（287Ma）一直持续到晚三叠世（208Ma）。义敦地体与羌塘地块间的金沙江洋最终关闭是在早、中三叠世（249—237Ma）。义敦地体西北侧的金沙江洋最终关闭时间与甘孜 - 理塘洋基本一致。

6.2.5　羌塘中新生代变形带

　　IHS（2009）将羌塘中新生代变形带划分为羌塘地体、羌塘盆地和三江褶皱带等构造单元（图6-0-2）。但多数学者将羌塘中新生代变形带划分为北羌塘地体和南羌塘地体，二者以龙木错–双湖缝合带为分界线［图6-2-11、图6-2-12（a）］。

龙木错–双湖缝合带也称龙木错–双湖–澜沧江缝合带（刘金恒等，2016；Fan J J et al，2017），是龙木错–双湖–澜沧江洋关闭的记录。很多学者认为，龙木错–双湖–澜沧江洋在寒武纪已经形成，奥陶纪—早泥盆世快速扩张，晚泥盆世开始俯冲萎缩，晚二叠世—晚三叠世最终关闭。

龙木错–双湖–澜沧江缝合带的天泉山地区–达布热地区出露了奥陶系、石炭系、二叠系、三叠系和新生界地层，蛇绿杂岩、高压变质岩、洋岛杂岩［图6-2-12（b）］。见蛇绿杂岩辉长岩、玄武岩、斜长花岗岩等，不同岩石类型。岛弧杂岩的锆石U-Pb年龄范围在251—242Ma之间（刘金恒等，2016；Yan et al，2016；Fan J J et al，2017）。表明在早三叠世有洋岛发育，大洋尚未关闭，龙木错–双湖–澜沧江洋是在晚三叠世关闭的。

（1）北羌塘地块

北羌塘地块最老的岩石是新元古界黑云母角闪石糜棱岩、云母斜长片麻岩、黑云母石英片岩、石榴石和辉石麻粒岩，原岩形成于岛弧及弧前、弧后盆地浅海–深海。下古生界灰岩、灰岩角砾岩、片麻岩、石英岩，原岩形成于裂谷被动大陆边缘盆地浅海–深海。泥盆系主要为被动大陆边缘盆地浅海相生物碎屑灰岩、砂岩、粉砂岩、泥岩。石炭系主要为被动大陆边缘盆地浅海相灰岩、砂岩、页岩。二叠系为被动大陆边缘–弧后盆地浅海相灰岩、砾岩、砂岩、页岩及火山岩（图6-2-13NQT），其温带动植物化石组合，与华夏板块具有亲缘关系（Yan et al，2016）。

北羌塘地块中新生界。三叠系为弧后盆地–前陆盆地滨浅海相砾岩、砂岩、泥岩、灰岩、火山岩。中、下侏罗统大陆火山岩（187—175Ma），分布局限。中、上侏

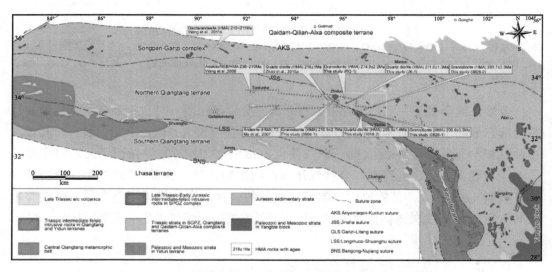

图6-2-11　青藏高原中北部构造地层简图（Liu et al，2019）

AKS—阿奇克库勒湖–昆中蛇缝合带；GLS—甘孜–理塘缝合带；JSS—金沙江缝合带；LSS—龙木错–双湖缝合带；BNS—班公湖–怒江缝合带

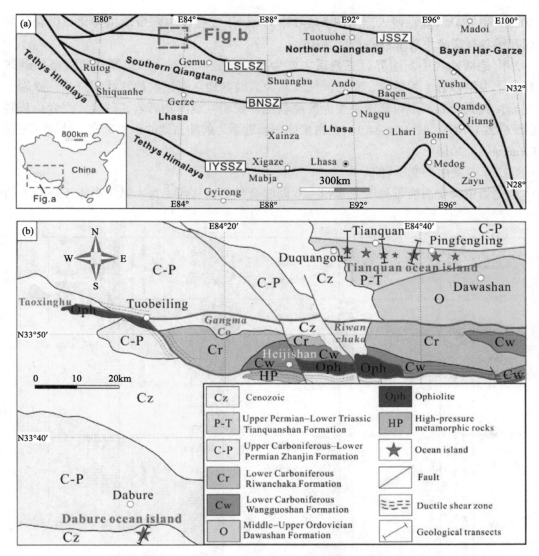

图 6-2-12　青藏高原构造纲要（a）和天泉山地区构造地层简图（b）（Fan et al，2017）

JSSZ—金沙江缝合带；LSLSZ—龙木错－双湖－澜沧江缝合带；BNSZ—班公湖－怒江缝合带；IYSSZ—印度－雅鲁藏布缝合带

罗统为裂谷盆地浅海相灰岩、砂岩、泥岩，夹火山岩。下白垩统主要为裂谷盆地冲积相砾岩、砂岩（图 6-2-13NQT、图 6-2-14）。上白垩统—新近系为前陆盆地沉积相砾岩、砂岩、泥岩（Yan et al，2016）。

（2）南羌塘地块

南羌塘地块最老的岩石是新元古界强烈变形的千枚岩、石英岩、变质砂岩、片岩、副片麻岩，原岩形成于被动大陆边缘盆地－前陆盆地浅海－深海。新元古界有下古生界（476—471Ma）侵入的正片麻岩。寒武系缺失。奥陶系不整合于新元古界之上。奥陶系—泥盆系主要为被动大陆边缘盆地浅海相灰岩、砂岩、粉砂岩、泥岩。石炭系—二叠系为裂谷盆地－被动大陆边缘盆地浅海相冰碛岩夹玄武岩，并有年龄为约

302Ma 和 284Ma 基性侵入岩（图 6-2-13SQT）。下二叠统中寒带动植物化石组合，与冈瓦纳具有亲缘关系（Yan et al，2016）。

南羌塘地块中新生界。三叠系主要为裂谷盆地 - 被动大陆边缘盆地浅海相碳酸盐岩，少量砂岩、粉砂岩、页岩。侏罗系为弧前盆地 - 弧后盆地浅海相灰岩、砂岩、泥岩，夹火山岩。下白垩统主要为前陆盆地冲积相 - 浅海相砾岩、砂岩、泥岩、灰岩（图 6-2-13NQT、图 6-2-14）。上白垩统—新近系为前陆盆地冲积相砾岩、砂岩、泥岩（Yan et al，2016）。

（3）羌塘中央变质岩带

羌塘中央变质岩带处于龙木错 - 双湖缝合带上，从西（龙木错）到东（双湖）超

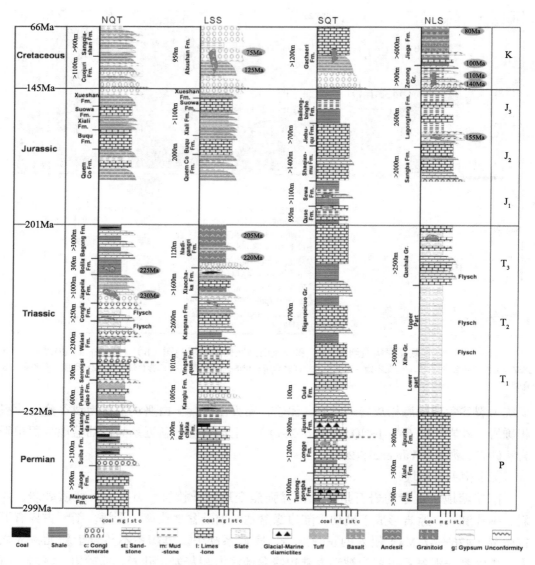

图 6-2-13　龙木错 - 双湖 - 澜沧江洋关闭历史（Yan et al，2016）

NQT—北羌塘地块；LSS—龙木错—双湖缝合带；SQT—南羌塘地块；NLS—拉萨地块北部

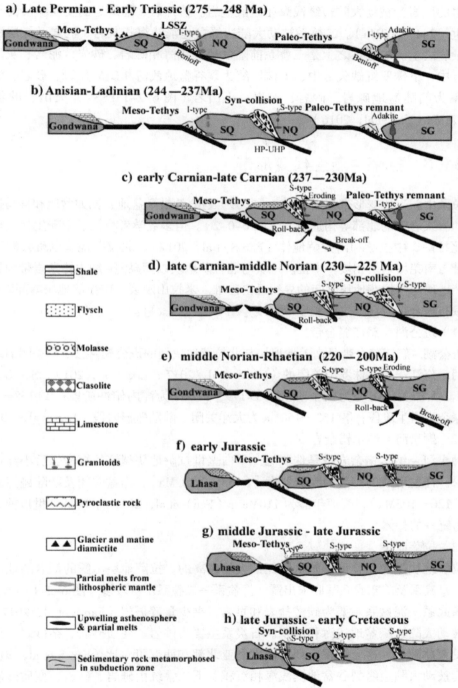

图 6-2-14　青藏地区中生代构造 – 沉积演化模式（Yan et al，2016）

过 500km，东南与安多 – 巴苏高压变质岩相接（图 6-2-11）。变质岩有蓝片岩、榴辉岩、含蓝闪石大理岩、少量硅质岩。蓝片岩、榴辉岩的原岩为洋岛玄武岩。含蓝闪石大理岩的原岩为被动大陆边缘浅海相碳酸盐岩。蓝片岩、榴辉岩的变质年龄为早—中三叠世（244—203Ma）。二叠系被动大陆边缘盆地滨浅海相灰岩、泥岩及煤层覆盖在变质杂岩之上。二叠系之上是三叠系前陆盆地滨浅海相砾岩、砂岩、泥岩、灰岩、火山岩。中、下侏罗统缺失。中、上侏罗统为裂谷盆地浅海相碳酸盐岩、砂岩、泥岩。白垩系为前陆盆地砾岩、砂岩、泥岩、火山岩（图 6-2-13LSS），火山岩的年龄在125—75Ma（Yan et al，2016）。

6.2.6　拉萨中新生代变形带

拉萨中新生代变形带相当于 IHS（2009）划分的措勤盆地、比如盆地和喜马拉雅变质岩和岩浆岩带的北部等构造单元（图 6-0-2）。但多数学者将拉萨中新生代变形带划分为北拉萨、中拉萨和南拉萨地体（Fan S et al，2017）。北拉萨地块以班公湖 – 怒江缝合带与南羌塘地块相接；中拉萨地块与北拉萨地块以狮泉河 – 纳木错杂岩带为界线；南拉萨地块与中拉萨地块之间的界线是洛巴堆 – 米拉山断裂；南拉萨地块南部以印度 – 雅鲁藏布缝合带与喜马拉雅变形带相接 ［图 6-2-15（a）］。

（1）班公湖 – 怒江缝合带

班公湖 – 怒江缝合带是南羌塘地块与北拉萨地块间的班公湖 – 怒江洋关闭的结果。班公湖 – 怒江洋是在侏罗纪关闭的（Fan S et al，2017；Li S et al，2019；Sun G et al，2019）。大洋关闭可分为三个阶段：① 179—177Ma 为洋内俯冲阶段；② 168—152Ma为蛇绿杂岩增生阶段；③ 152—150Ma 为大洋关闭，陆陆碰撞阶段（Li S et al，2019）。

（2）狮泉河 – 纳木错杂岩带

狮泉河 – 纳木错杂岩带是侏罗纪—早白垩世拉萨地块裂解的短命弧后小洋盆关闭的结果。洋盆形成的年龄为晚侏罗世 ［（153±2.3）Ma］，洋盆关闭及陆陆碰撞为早白垩世（120—105Ma），峰值年龄为 110Ma±（Fan S et al，2017）。晚侏罗世以前，拉萨地块为统一的整体。

（3）拉萨地块

拉萨地块是晚二叠世开始从冈瓦纳大陆裂离的。拉萨地块出露的最老的地层是寒武系，寒武系及前寒武系基底未出露，泥盆系—二叠系出露较多 ［图 6-2-15（b）］。

寒武系—泥盆系主要为碳酸盐岩和页岩，夹少量碎屑岩（Fan S et al，2017），为一套被动大陆边缘盆地浅海相沉积。石炭系主要为砂岩、变质砂岩、杂砂岩、页岩，局部发育冰碛岩，这套沉积序列与澳大利亚北部和西部可对比（Fan S et al，2017），为一套被动大陆边缘裂谷盆地滨浅海相沉积。下二叠统由砾岩、砂岩、变质砂岩、杂砂岩、页岩、泥岩、碳酸盐岩组成（Fan S et al，2017），为一套被动大陆边缘裂谷盆地滨浅海相沉积。

三叠系主要为砂岩、杂砂岩、泥岩、灰岩，不整合于二叠系之上（Fan S et al，

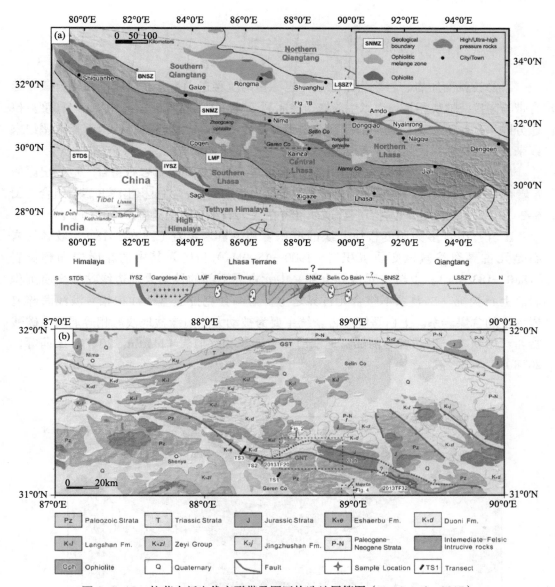

图 6-2-15　拉萨中新生代变形带及围区构造地层简图（Fan S et al，2017）

LSSZ—龙木错 – 双湖缝合带；BNSZ—班公湖 – 怒江缝合带；SNMZ—狮泉河 – 纳木错杂岩带；LMF—洛巴堆 – 米拉山断裂；
IYSZ—印度 – 雅鲁藏布缝合带；STDS—藏南拆离系统；GNT—格仁错 – 纳木错逆冲断裂；GST—改则 – 色林错逆冲断裂

2017），为一套裂谷 – 被动大陆边缘盆地滨浅海相沉积。中、下侏罗统主要为碳酸盐岩、粉砂岩、泥岩和放射虫硅质岩，为被动大陆边缘盆地浅海相 – 深水浅海相沉积。上侏罗统—下白垩统为砾岩、砂岩、泥岩、碳酸盐岩、放射虫硅质岩、火山岩，为一套岛弧、弧前、弧后盆地浅海相 – 深水浅海相沉积。上白垩统由砾岩、砂岩、泥岩构成总体向上变粗的沉积序列，为一套前陆盆地浅海相 – 冲积相沉积。古近系—新近系主要为前陆盆地冲积相砾岩、砂岩、泥岩（Fan S et al，2017；Li S et al，2019；Sun G et al，2019）。

6.2.7　喜马拉雅变质岩岩浆岩带

喜马拉雅变质岩、岩浆岩带的主体也称喜马拉雅造山带，北以印度－雅鲁藏布缝合带与南拉萨地块相接，南以主前锋逆冲断裂（Main Frontal Thrust，MFT）与印度克拉通分隔，是一近东西向延伸的巨型造山带（图 6-2-16）。喜马拉雅造山带是白垩纪末以来，新特提斯洋关闭，印度板块向欧亚板块之下俯冲形成的。

Martin（2017）把喜马拉雅造山带的岩石划分为 A、B 两组岩石组合。地表出露的 A 岩石组合分布局限，主要分布在喜马拉雅造山带的南部，大面积出露 B 岩石组合（图 6-2-16）。在剖面上，B 岩石组合逆冲推覆在 A 岩石组合之上（图 6-2-17）。

A 岩石组合多为印度板块北缘的沉积岩和少量岩浆岩（图 6-2-18）。最老的岩石是元古界裂谷盆地变质沉积岩（1900—1800Ma）和侵入其中的花岗岩和辉长岩（1880—1830Ma）。上覆古元古界上部—中元古界下部的被动大陆边缘盆地变质沉积岩。上石炭统—二叠系不整合元古界之上，为一套克拉通盆地冲积相－滨浅海碎屑岩为主的含煤岩系。上白垩统—古新统主要为被动大陆边缘盆地浅海相碎屑岩、碳酸盐岩。始新统—更新统为前陆盆地浅海相－冲积相碎屑岩（Martin，2017；王茜等，2018）。

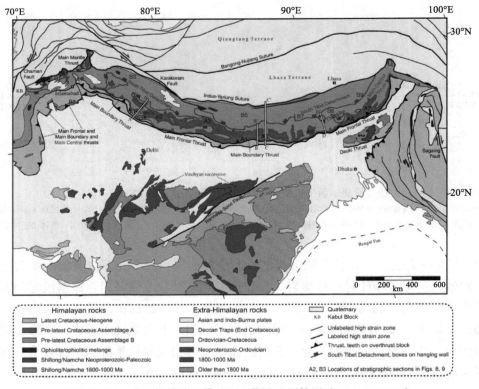

图 6-2-16　喜马拉雅造山带及围区构造地层简图（Martin，2017）

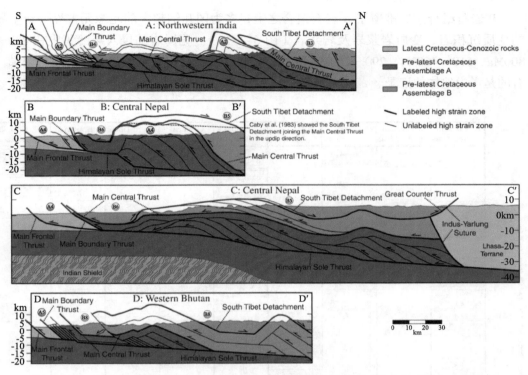

图 6-2-17　喜马拉雅造山带构造地层剖面简图（剖面位置见图 6-2-16；Martin，2017）

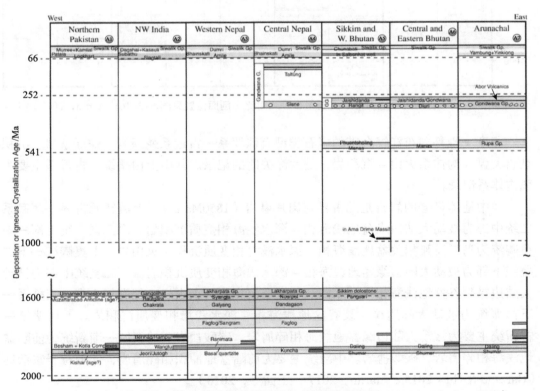

图 6-2-18　喜马拉雅造山带 A 岩石组合序列对比（剖面位置见图 6-2-16；Martin，2017）

　　B 岩石组合逆冲推覆于 A 岩石组合之上，多为冈瓦纳超大陆北缘元古界—新生界的变质沉积岩、变质岩浆岩及岩浆岩（图 6-2-19）。花岗岩的侵入年龄集中在 880—800Ma、510—460Ma、290—260Ma 和 28—14Ma。B 岩石组合有的是大洋关闭的记录，有的是洋内地体的记录。

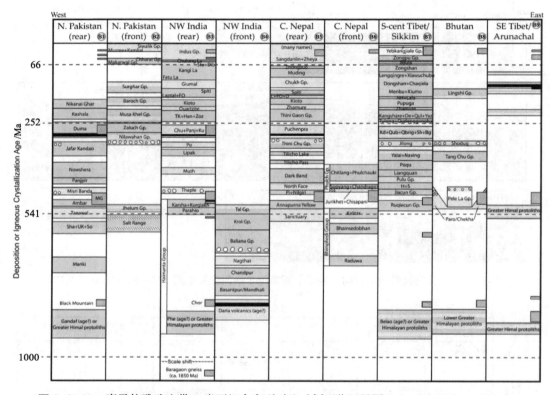

图 6-2-19　喜马拉雅造山带 B 岩石组合序列对比（剖面位置见图 6-2-16；Martin，2017）

　　印度 - 雅鲁藏布江缝合带的岩石类型有侏罗系—古近系蛇绿岩、蛇绿杂岩、沉积杂岩、弧 - 沟体系火山 - 沉积岩，是大洋关闭的记录。其中上白垩统—古近系主要为弧沟体系记录。

　　洋中地体最老的岩石是元古界花岗片麻岩（1850Ma±）。上覆新元古界—寒武系二统中部为被动大陆边缘盆地浅海相 - 深水浅海相变质沉积岩。寒武系二统上部—中奥陶统为岛弧及弧相关盆地浅海相 - 深水浅海相变质沉积 - 火山岩。上奥陶统—下二叠统下部为被动大陆边缘盆地浅海相 - 深水浅海相变质沉积岩。下二叠统上部为被动大陆边缘裂谷盆地浅海相 - 深水浅海相变质沉积岩、火山岩，伴有侵入岩。三叠系—下白垩统为被动大陆边缘 - 裂谷盆地浅海相 - 深水浅海相变质沉积岩。上白垩统—古新统主要为被动大陆边缘盆地浅海相碎屑岩、碳酸盐岩。始新统—渐新统为前陆盆地浅海相碎屑岩、碳酸盐岩。中新统主要为前陆盆地冲积相碎屑岩，伴随有岩浆活动（Garzanti & Hu，2015；Martin，2017；王茜等，2018）。

6.3 东南亚西北部中新生代变形带

东南亚西北部中新生代变形带主要包括 IHS（2009）划分迪桑复理石带（Disang Flysch Belt）、印缅蛇绿杂岩带（Indo-Burman Ophiolite Belt）、钦敦（Chindwin）盆地、蒙育瓦（Monywa）火山岩带、缅甸中央盆地、莫塔马（Moattama）盆地、26°N 隆起、温佐地体（Wuntho Massif）、胡冈（Hukawng）盆地、雪布（Shwebo）盆地、勃固－锡当（Pegu Yoma-Sittaung）盆地、泰掸地块（Thai-Shan Terrane）及内部小盆地、墨吉地块（Mergui Terrane）、兰坪－思茅盆地等基本构造单元（图 6-0-2）。王宏等（2012）将东南亚西部中新生代变形带划分为阿萨姆－若开前陆盆地带、印缅山脉缝合带、西缅陆块、密支那缝合带、腾冲－毛淡棉陆块、潞西－抹谷缝合带、保山－掸泰陆块等主要构造单元，这些构造单元是中新生代洋盆关闭、地块拼贴碰撞的结果（图 6-3-1）。

6.3.1 印缅造山带

印缅造山带，也称印缅山脉缝合带（王宏等，2012），主要是印缅洋盆新生代关闭，印度板块向西缅陆块之下俯冲碰撞形成的，可划分为迪桑复理石带（Disang Flysch Belt）、印缅蛇绿杂岩带（Indo-Burman Ophiolite Belt）。

（1）迪桑复理石带

迪桑复理石带主要为始新统中上部—渐新统前陆盆地浅海相复理石，岩层强烈褶皱逆冲变形，发育叠瓦构造和逆冲推覆构造（图 6-3-2）。上侏罗统—始新统中部为放射虫硅质岩、含放射虫和有孔虫灰岩、蛇绿岩构成的混杂岩，为大洋的地质记录（王宏等，2012）。

（2）印缅蛇绿杂岩带

印缅蛇绿杂岩带以上白垩统—始新统蛇绿杂岩（王宏等，2012；Abdullah et al，2018；Dey et al，2018）广泛分布为特色（图 6-3-2）。除蛇绿杂岩外，还出露了三叠系—渐新统沉积地层。三叠系为被动大陆边缘裂谷盆地深水浅海相复理石（王宏等，2012；Yao et al，2017）。白垩系—古新统为远洋沉积。始新统—渐新统为前陆盆地深水浅海相复理石。中新统—更新统为前陆盆地浅海相－冲积相磨拉石（王宏等，2012）。

6.3.2 西缅地块

西缅地块是三叠纪开始从冈瓦纳边缘（很可能是澳大利亚克拉通北缘）逐渐裂离的地块（Yao et al，2017）。甘高山出露了前寒武系变质岩（王宏等，2012），盆地内

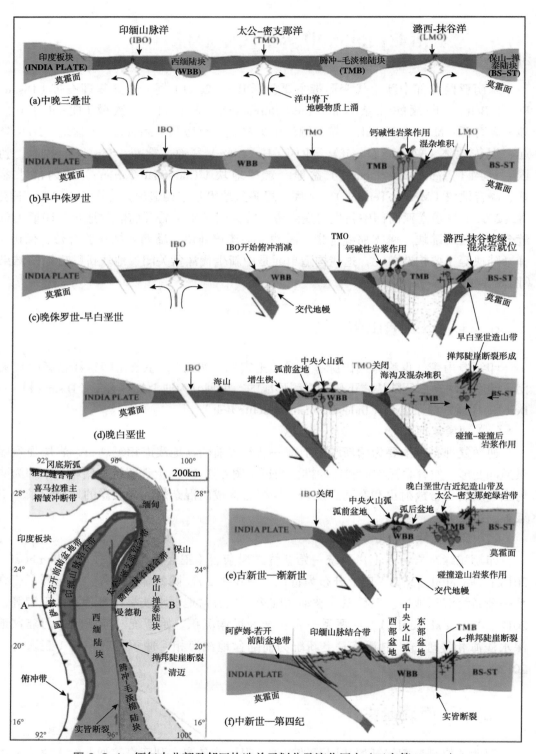

图 6-3-1 缅甸中北部及邻区构造单元划分及演化历史（王宏等，2012）

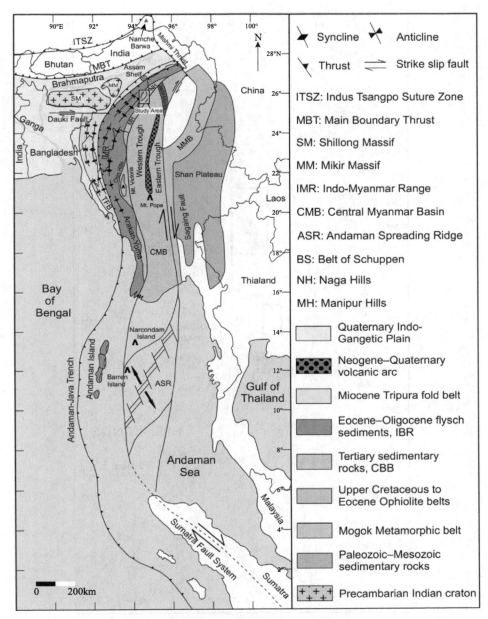

图 6-3-2　东南亚中西部新生代变形带构造地层简图（Abdullah et al，2018）

新生界覆盖在古生界—中生界之上（Ridd，2018）。主要为弧后盆地浅海相。古生界主要为被动大陆边缘盆地浅海相变质岩。三叠系主要为变质裂谷盆地深水浊积岩（Yao et al，2017）。侏罗系—下白垩统主要是被动大陆边缘盆地 – 洋盆浅海相 – 深海相变质碎屑岩、碳酸盐岩、泥岩、硅质岩及火山岩。上白垩统—新近系为未变质的沉积盖层，进一步划分为西部盆地带、中央火山弧带和东部盆地带（图 6-0-2、图 6-3-3）。

（1）西部盆地带

西部盆地带西侧为印缅造山带，东侧为中央火山弧带，包括钦敦（Chindwin）

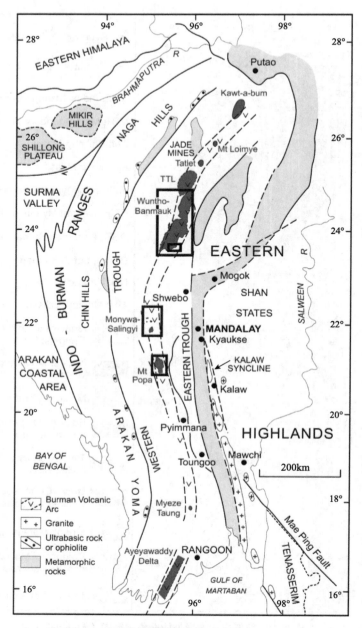

图 6-3-3 缅甸西部构造纲要图（Mitchell，2018）

盆地、缅甸中央盆地群（图 6-0-2）。缅甸中央盆地群包括沙林（Salin）盆地、卑谬（Pyay）盆地、伊洛瓦底（Ayeyarwady）盆地。这些盆地白垩纪晚期—古近纪为弧前盆地，新近纪为陆内裂谷盆地（王宏等，2012）。

西部盆地带晚白垩世—新生代地层总厚度超过 10km（王宏等，2012；Ridd，2018）。上白垩统—古新统主要为残留大洋沉积泥岩，少量碳酸盐岩。始新统—渐新统主要为弧前盆地浅海相砂岩、泥岩。新近系—第四系为陆内裂谷盆地浅海相 – 冲积相泥岩、砂岩、砾岩（图 6-3-4）。

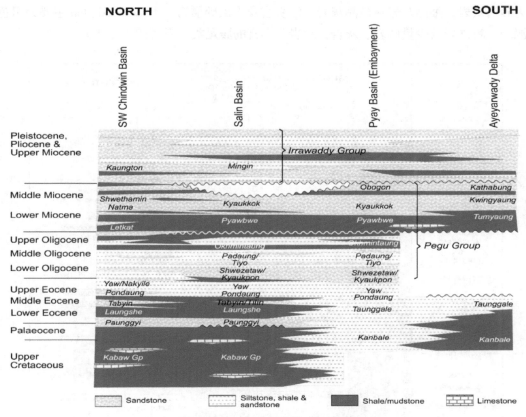

图 6-3-4　东南亚中西部新生代变形带构造地层简图（Ridd，2018）

（2）中央火山弧带

中央火山弧带位于西部盆地带和东部盆地带之间，走向与印缅蛇绿杂岩带近平行。主要为一套基性（橄榄粗玄岩）、中性（安山岩）、酸性（流纹岩）的晚中生代－新生代火山岩序列。南北绵延约 1200km。火山岩具有岛弧型和陆缘弧型岩石地球化学特征，横向上从西向东，岩浆起源深度有逐渐增加的趋势。中酸性浅成侵入岩主要发育在该带北段敏金山脉地区的文多、班茂、梅扎、羌瓦等地。如班茂地区出露的花岗闪长岩体，K-Ar 年龄为 94—98Ma，Rb-Sr 等时线年龄为 90—110Ma，被其侵入岩层是褶皱变形、变质的厚层状玄武质安山岩与枕状玄武岩。

温佐（Wuntho）－板卯（Banmauk）地区，中央火山弧带最老的岩石是前三叠系 Hpyu Taung 变质岩系：片岩、片麻岩、角闪岩。三叠系 Shwedaung 组为绿泥石片岩、透闪石片岩、硅质凝灰岩、泥质板岩、砂岩及微晶灰岩，常见白垩纪晚期（71Ma±）安山岩岩脉、岩床。侏罗系 Mawgyi 火山岩系主要为玄武岩、玄武安山岩，有砂岩、粉砂岩夹层，是最早火山弧的产物，常见白垩纪晚期（71Ma±）安山岩岩脉、岩床。下白垩统 Mawlin 组主要为火山成因的砂砾岩、砂岩、粉砂岩，有粒序层理等浊流沉积构造，底部发育安山岩熔岩，常见白垩纪晚期（105—71Ma±）侵入岩岩脉、岩床（图6-3-5）。

上白垩统 Albian-Cenomanian 阶与下伏地层不整合接触，下部 Namakauk 灰岩主要为砂屑灰岩、细晶灰岩夹微晶灰岩、泥灰岩及火山碎屑岩，上部 Nankholon 主要为黑色泥岩、粉砂岩及少量砂岩、灰岩，灰岩含丰富的腹足类化石（图 6-3-5）。

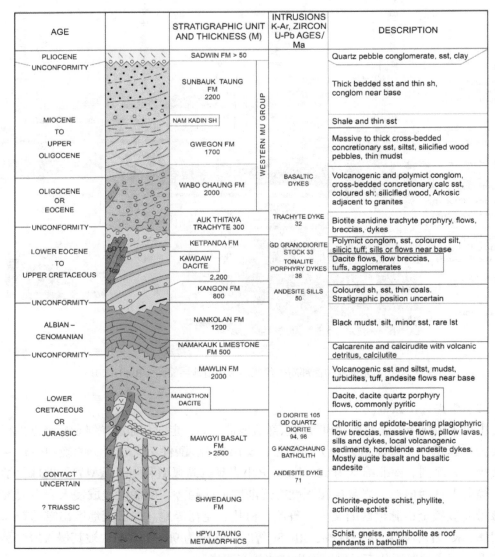

图 6-3-5　中央火山弧带地层综合柱状图（Mitchell，2018）

上白垩统 Kangon 组与下伏地层不整合接触为碎屑岩含煤岩系。古新统—始新统下部 Ketpanda 组为砾岩、砂岩、泥岩、凝灰岩、火山熔岩。在上白垩统—始新统下部有年龄为 50—38Ma 的侵入岩。始新统上部为黑云母透长石粗面岩、斑岩、熔岩、角砾岩、岩脉。渐新统主要为砾岩、砂岩、泥岩、凝灰岩，见硅化木，有玄武岩岩脉。渐新统上部为块状或厚层交错层理砂岩、粉砂岩，见硅化木，夹薄层泥岩。中新统下部为页岩夹薄层砂岩。中新统中上部以砂砾岩、砂岩为主，夹薄层泥岩（图 6-3-5）。

上新统与下伏地层不整合接触，主要以砂砾岩、砂岩为主，夹薄层泥岩（图 6-3-5）。

（3）东部盆地带

东部盆地带西侧为中央火山弧带，东侧为密支那缝合带、腾冲－毛淡棉陆块，包括胡冈（Hukawng）盆地、雪布（Shwebo）盆地、勃固－锡当（Pegu Yoma-Sittaung）盆地（图6-0-2）。这些盆地白垩纪晚期—古近纪为弧后盆地，新近纪为陆内裂谷盆地（王宏等，2012，Zhang P et al，2017）。

东部盆地带晚白垩世—新生代地层总厚度超过3km（王宏等，2012；Zhang P et al，2017）。上白垩统—古新统主要为弧后盆地浅海相砂岩、泥岩、碳酸盐岩，夹火山岩。始新统—渐新统主要为弧后盆地浅海相－冲积相砂岩、泥岩。新近系—第四系为陆内裂谷盆地湖泊相－冲积相泥岩、砂岩、砾岩（图6-3-6）。

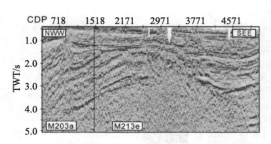
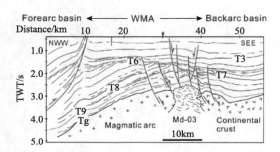

图6-3-6　西缅地块中部（23°N附近）地震地质解释剖面（Zhang P et al，2017）

Tg—基岩顶面；T9—古近系底面；T8—始新统底面；T7—渐新统底面；T6—中新统底面；T3—上新统底面

6.3.3　腾冲－毛淡棉地块及两侧缝合带

腾冲－毛淡棉地块及两侧缝合带包括腾冲－毛淡棉地块、太公－密支那缝合带和潞西－抹谷缝合带（图6-3-1、图6-3-7）。

（1）腾冲－毛淡棉地块

腾冲－毛淡棉地块主要由抹谷（Mogok）变质岩带、墨吉（Mergui）群、察隅－波密（Chayu-Bomi）杂岩带组成，西北部与拉萨地块相接，西部以太公－密支那（Tagaung-Myitkyina）缝合带、实皆（Sagaing）断裂带与西缅地块分隔，东部以嘉黎－高黎贡（Jiali-Gaoligong）断裂、潞西－抹谷（Luxi-Mogok）缝合带、掸邦陡崖断裂与泰掸地块相隔（图6-3-7）。

抹谷变质岩带北起东喜马拉雅构造结，南至毛淡棉北侧，呈反"S"形，绵延约1450km（图6-3-7）。岩性主要为片麻岩、麻粒岩、混合岩、片岩、大理岩、中生代晚期花岗岩（王宏等，2012；Win et al，2016）；变质岩的原岩主要为前寒武系—古生界沉积岩和燕山期岩浆岩（王宏等，2012）。变质峰值年龄为始新世晚期—渐新世晚期（约57—29Ma，Win et al，2016）。

墨吉群分为南带和北带（图6-3-7）。南带沿掸邦陡崖断裂向南延伸到马来西亚西部和苏门答腊，主要为晚石炭世—早二叠世地层，含冈瓦纳冰海相混积岩。岩层多发生弱变质，以含砾泥质板岩为主，区域上呈一狭长板岩带产出。构造上表现为大规

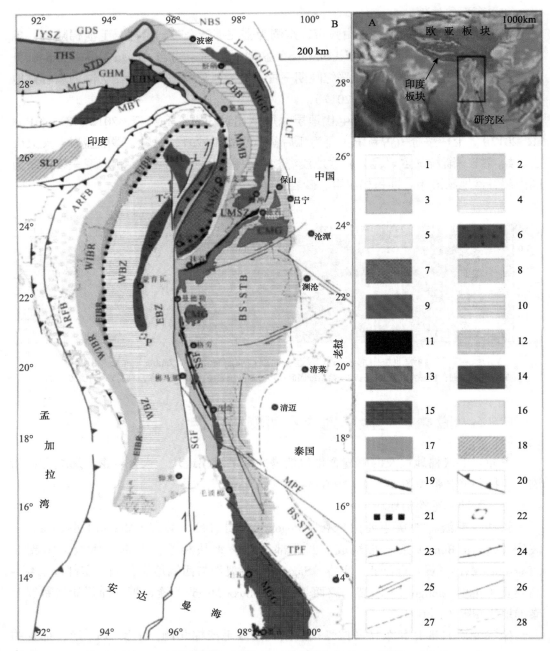

图 6-3-7　缅甸中北部及邻区主要构造单元划分（王宏等，2012）

1—ARFD，阿萨姆－若开前陆盆地；2—WIBR，西印缅山脉缝合带；3—EIBR，东印缅山脉缝合带；4—WBZ，西部盆地带；5—EBZ，东部盆地带；6—CVA，中央火山弧带；7—TMSZ，太公－密支那缝合带；8—MMB，抹谷变质岩带；9—MGG，墨吉群；10—CBB，察隅－波密杂岩带；11—LMSZ，潞西－抹谷缝合带；12—BS-STB，保山－掸泰陆块；13—CMG，昌马吉群/公河养群浊积岩；14—JMU，硬玉矿抬升区；15—LHM，低喜马拉雅；16—GHM，高喜马拉雅；17—THM，特提斯喜马拉雅；18—SLP，西隆高原；19—IYSZ，印度－雅鲁藏布缝合带；20—俯冲带；21—蛇绿岩；22—第四系层状火山岩；23—逆冲断层；24—拆离断层；25—走滑断层；26—断层；27—保山－掸泰陆块边界；28—国境线。GDS—冈底斯主俯冲增生造山带；NBS—南迦巴瓦构造结；STD—藏南拆离系；MCT—主逆冲断裂；MBT—主冲断裂；SGF—实皆断裂；SSF—掸邦陡崖断裂；JL-GLGF—嘉黎－高黎贡断裂；LCF—澜沧江断裂；TPF—三塔断裂；MPF—眉萍断裂

模韧性走滑剪切和强烈的逆冲推覆。可与北带云南腾冲地区勐洪群下段含砾岩系对比。也可与拉萨陆块措勤、波密－察隅杂岩带的上石炭统含冷水动物群化石的含砾板岩、大理岩、中酸性火山岩和类复理石含砾砂岩层序相对比。此外，该陆块上自南至北发育有大量中新生代中酸性侵入岩。缅甸境内部分称为缅中花岗岩带，腾冲地区称为腾梁花岗岩。从岩性、形成时代及成因上可分为两类，即中侏罗世—早白垩世陆缘弧型钙碱性花岗岩（抹谷带内，171—120Ma）和晚白垩世—早始新世陆陆碰撞型花岗岩。其中，前者以 I 型为主，与藏西南拉达克和藏南冈底斯岩基的碰撞前花岗质岩相似；后者以 S 型为主，伴生有大量伟晶岩、细晶岩及 W–Sn 矿化和少量同岩浆火山岩（王宏等，2012）。

这些特征表明，腾冲－毛淡棉地块的起源与演化与拉萨地块有一定相似性。

（2）太公－密支那缝合带

太公－密支那（Tagaung-Myitkyina）缝合带向北延伸至东喜马拉雅构造结，南接实皆（Sagaing）断裂带，是西缅地块与腾冲－毛淡棉地块的分界（图 6-3-7）。

该缝合带发育有大量早白垩世蛇绿岩残片，主要岩性为纯橄榄岩、方辉橄榄岩、二辉橄榄岩、异剥橄榄岩、辉石岩和辉长岩等，其次是白垩纪和新生代的沉积岩以及少量花岗岩和新生代中基性熔岩（王宏等，2012）。

实皆（Sagaing）断裂带为巨型走滑断裂带，南北向延伸超过 1200km。沿断裂带西侧分布有蛇纹岩和前始新世玄武岩，是中生代板块边界的记录，是太公－密支那缝合带的向南延伸（王宏等，2012；Panda et al，2018）。实皆断裂向南与安达曼海弧后扩张脊相连，晚中新世以来表现为大规模右旋走滑活动，走滑位移量约为 450 km。太公－密支那缝合带南段即被实皆断裂右行走滑向北错移至坤蒙脊一带，呈现为紧密并列的一大一小两条缝合带（图 6-3-7）。

（3）潞西－抹谷缝合带

潞西－抹谷缝合带，也称三台山蛇绿混杂岩带，向北经嘉黎－高黎贡断裂接班公湖－怒江缝合带。在芒市西南三台山出露有超基性岩，具有蛇绿混杂岩特征，混杂岩有三叠纪的片理化复理石砂质板岩及硅质岩，局部被上侏罗统覆盖。在抹谷附近出露有与片麻岩相伴生的超镁铁质小型岩体，是蛇绿岩的残余。向南则未见蛇绿岩出露，蛇绿杂岩很可能潜没在墨吉群逆冲推覆体之下。鉴于腾冲－毛淡棉陆块与保山－掸泰陆块在内部组成、结构及演化历史上的明显不同，该缝合带很可能沿着掸邦陡崖断裂向南延伸。嘉黎－高黎贡断裂、潞西－抹谷结合带及掸邦陡崖断裂是腾冲－毛淡棉陆块与保山－掸泰陆块之间的边界（图 6-3-7）。

6.3.4 保山－掸泰地块及其东侧变形带

本节涉及的保山－掸泰地块及其东侧变形带主要包括保山－掸泰地块、昌宁－孟连缝合带、清莱－因他农缝合带、素可泰（Sukhothai）岩浆弧、景洪缝合带、难河－程逸缝合带及思茅地块（图 6-3-8）。

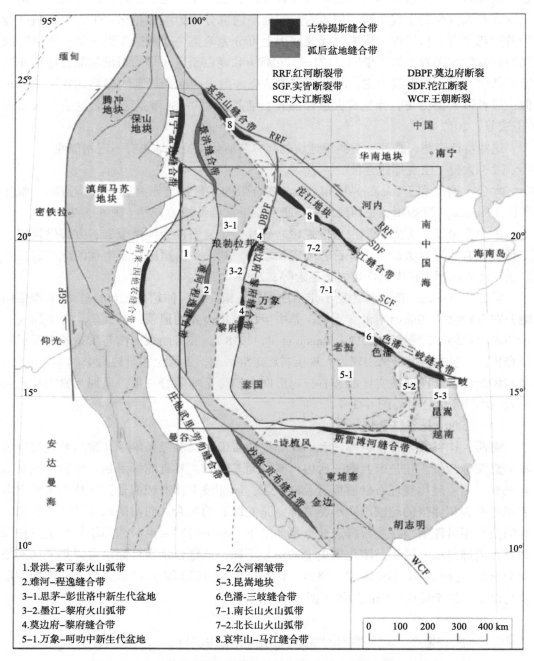

图 6-3-8　东南亚西部主要构造单元划分（据王宏等，2015 略改）

（1）保山–掸泰地块

保山–掸泰地块是滇缅马苏（Sibumasu）地块的重要组成部分（图6-3-8）。滇缅马苏（Sibumasu）地块最早由Metcalfe（1984）定义，包括云南的腾冲和保山地块、缅甸的掸邦、泰国西北部、缅甸和泰国半岛、马来西亚和苏门答腊西部，并且，向北很可能延伸到西藏。Sibumasu由Sino、Burma、Malyaya、Sumatra的缩写（前2个字母）组合而成。其东侧以中国的昌宁–孟连、泰国的清莱（Chiang Rai）–清迈（Chiang Mai）–因他农（Inthanon）、马来半岛的文冬（Bentong）–劳勿（Raub）缝合带与素可泰岩浆弧相接（刘俊来等，2011；Metcalfe，2013；王宏等，2015；Metcalfe et al，2017）。

滇缅马苏地块最老的沉积岩是马来西亚半岛西北部Machinchang和Jerai组、泰国南部Turatao组和泰国西部Chao Nen组的中寒武统—下奥陶统碎屑岩（图6-3-9）。马来半岛二叠纪—三叠纪花岗岩类锆石Nd–Sr和U–Pb定年揭示滇缅马苏地块下的地壳年龄为1.5—1.7Ga（Liew & McCulloch，1985）。马来半岛碎屑锆石的近期研究成果

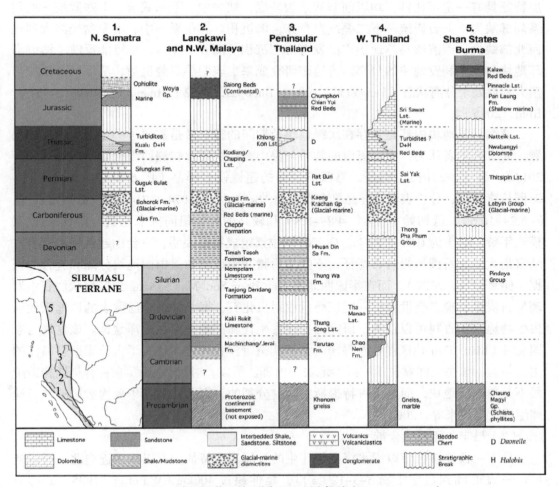

图6-3-9　滇缅马苏地块不同地区地层序列（Metcalfe，2013）

（Sevastjanova et al，2011； Hall & Sevastjanova，2012）表明，滇缅马苏地块的基底主要为古元古界（1.9—2.0Ga），少数为中元古界（1.6Ga）和新太古界（2.8—3.0Ga）。在云南保山地块的早古生代（470–450Ma）S 型花岗岩发现了起源于冥古宙—中太古代（4.39—3.1Ga）陆壳的锆石（Li et al，2015）。

滇缅马苏地块与澳大利亚西北部的寒武纪—二叠纪动物群亲缘关系密切，均呈现特征的寒武纪—二叠纪冈瓦纳动物群（Archbold et al，1982； Burrett & Stait，1985； Burrett et al，1990； Shi & Waterhouse，1991； Metcalfe，2013），暗示滇缅马苏地块起源于澳大利亚西北部。晚石炭世—早二叠世的冰川–海相混积岩（diamictites）为此也提供了证据（Stauffer & Mantajit，1981； Metcalfe，1988； Stauffer & Lee，1989； Ampaiwan et al，2009）。下二叠统的冷水动物群和 $\delta^{18}O$ 冷水指标（Waterhouse，1982； Ingavat & Douglass，1981； Rao，1988； Fang & Yang，1991）与晚古生代冈瓦纳冰川区相近。滇缅马苏地块内晚石炭世—早二叠世发现的植物化石极少，但在云南保山发现了 Glossopteris 植物群（Wang & Tan，1994）。滇缅马苏地块与澳大利亚西北部的地层特征具有一定可比性，均以前寒武系为基底，缺失中、下寒武统，上寒武统—奥陶系局部缺失，上石炭统—下二叠统发育冰–海沉积。志留系—中、下泥盆统澳大利亚西北部缺失，而滇缅马苏地块广泛发育海相沉积（图 6-3-10），很可能反映了滇缅马苏地块与澳大利亚地块的分离。古地磁研究成果也表明早二叠世后，滇缅马苏地块与澳大利亚处于分离状态（Fang et al，1989； Bunopas，1982； Huang & Opdyke，1991； Ridd，2015）。

滇缅马苏地块内部是否存在次级地块及期间的缝合带是需要进一步深入研究的课题。如有的学者认为，中国境内的腾冲与保山微地块间存在潞西缝合带（Deng et al，2014a； 禹丽，2016）。但是，潞西三台山的超铁镁岩样品（图 6-3-11）Os–Nd–Pb–Sr 同位素测定、分析表明，样品具有高初始 $^{87}Sr/^{86}Sr$（0.71074~0.71444）、低初始 ε_{Nd} 值（-6.2~-10.6）、低初始 γ_{Os} 值（-4.8~-8.8）和较高的初始铅同位素比值，其 Os 同位素模式年龄（t_{RD}）为 0.97~1.71Ga。Os–Nd 同位素组成特征表明，三台山超铁镁岩具有古陆富集大陆岩石圈地幔岩石特征，不能作为腾冲微地块和保山微地块分隔和缝合的证据（储著银等，2009）。而在泰国西北部 Mae Hong Son–Mae Sariang 地区层状燧石中发现早石炭世、晚二叠世和中–晚三叠世放射虫化石，据此并结合已发表的该地区放射虫生物地层学资料可以认为，研究区在晚古生代和三叠纪存在远洋盆地。该盆地与泰国北部 Chiang Dao 地区洋盆及昌宁–孟连构造带洋盆相连，代表了古特提斯多岛洋的主支洋盆。该主支洋盆位于"掸泰地块"内部。所以，"掸泰地块"在古特提斯构造阶段不是单一的地块，而是由古特提斯主洋盆分割的、亲冈瓦纳和华夏构造域的陆壳地体组成（冯庆来等，2004）。

（2）昌宁–孟连缝合带

昌宁–孟连缝合带以深水沉积岩伴生的蛇绿岩为特征，可以从孟连向北，通过老厂，一直追溯到昌宁［图 6-3-12（a）］，延伸超过 400km（Wu et al，1995； Fang et al，1998）。云南云县铜厂街出露的蛇绿杂岩由变质方辉橄榄岩、堆晶岩、辉长岩、玄

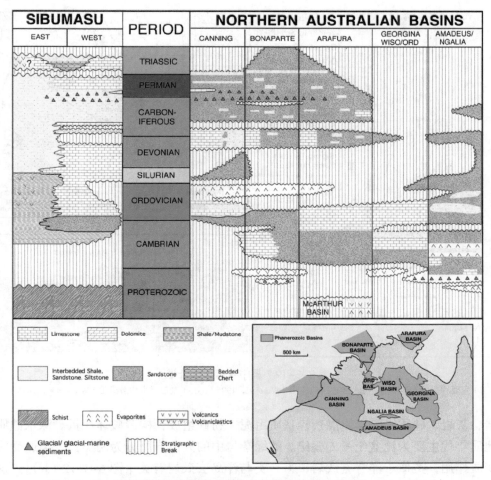

图 6-3-10 滇缅马苏地块与澳大利亚北部盆地地层对比（Metcalfe，2013a）

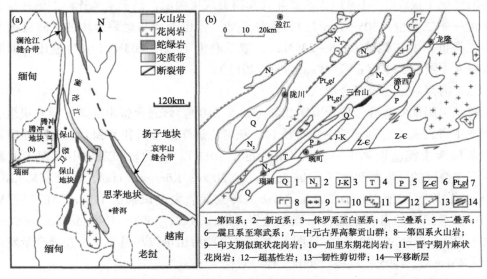

图 6-3-11 滇西地区和三台山超铁镁岩体及围区地质图（储著银等，2009）

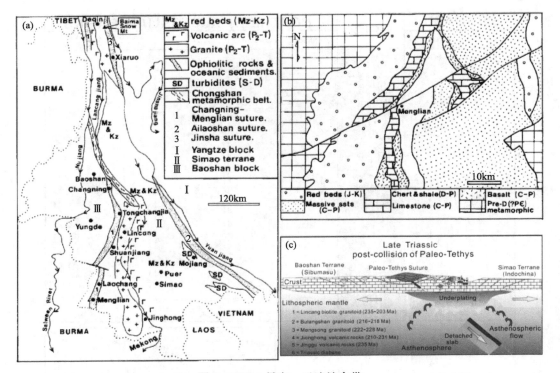

图 6-3-12 昌宁 – 孟连缝合带

（a）主要构造单元地质图；（b）孟连区地质图（Wu et al, 1995）；（c）晚三叠世构造演化（Wang et al, 2015）

武岩、灰岩、硅质岩等岩块混杂，基质由泥－粉砂组成，构造破坏严重。深水硅质岩的地质年代主要为泥盆纪—二叠纪。蛇绿杂岩中的火山岩可分为两类：一类遭受明显的变质作用，类似于洋脊玄武岩；另一类与洋岛玄武岩有关［图 6-3-12（b）］。这两类玄武岩来源于不同的岩浆，它们在铜厂街的同时出现，反映了正常洋脊与地幔热点重叠的情况（张旗等，1985）。最新年代学研究成果揭示，昌宁－孟连洋的俯冲是在晚石炭世—中二叠世（305—265Ma），大洋关闭，保山地块与思茅地块的陆陆碰撞发生在中二叠世—中三叠世（265—235Ma），晚三叠世（235—203Ma）发生造山后伸展和岩浆侵入［图 6-3-12（c）］（Wang et al, 2015）。

（3）清莱－因他农缝合带

清莱－因他农缝合带位于泰国北部（图 6-3-8）。该缝合带由混杂大洋岩块组成，包括洋中脊玄武岩、远洋放射虫硅质岩、灰岩、远洋泥质岩和浊积岩。远洋硅质岩的年代范围为中泥盆世到中三叠世（Metcalfe，2013）。硅质岩和灰岩中发现了上泥盆统—下二叠统的牙形刺动物群（Randon et al, 2006；Königshof et al, 2012；Metcalfe，2017）。在泰国因他农带 Doi Chiang Dao 海岭玄武岩之上识别出 1100m 厚的早石炭世晚期—二叠纪末的富含生物化石碳酸盐岩（Ueno et al, 2003；Ueno & Charoentitirat, 2011；Metcalfe et al, 2017），见图 6-3-13。这些海山可以与昌宁－孟连缝合带发现的海岭（Wu et al, 1995；Feng, 2002）很好对比。

综合研究（Metcalfe et al, 2017）表明，清迈－清莱洋晚石炭世—早二叠世规模巨

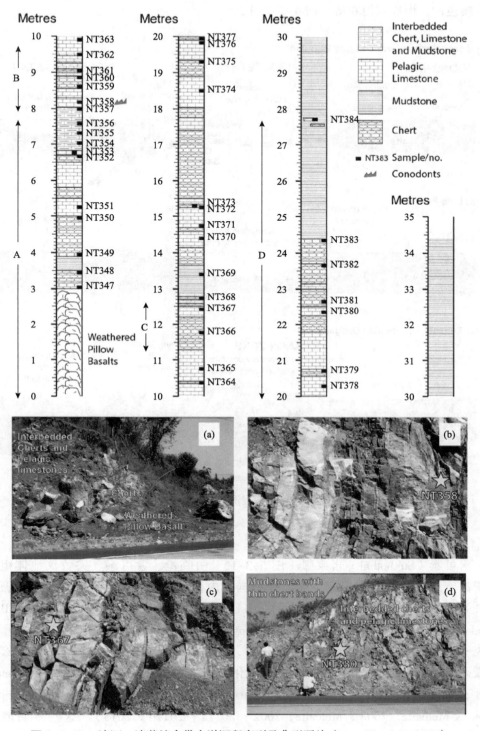

图 6-3-13　清迈－清莱缝合带大洋沉积序列及典型照片（Metcalfe et al，2017）

大；晚二叠世，大洋基本关闭；三叠纪发生滇缅马苏地块与素可泰岩浆弧陆陆碰撞，增生楔逆冲，形成因他农带（图 6-3-14）。

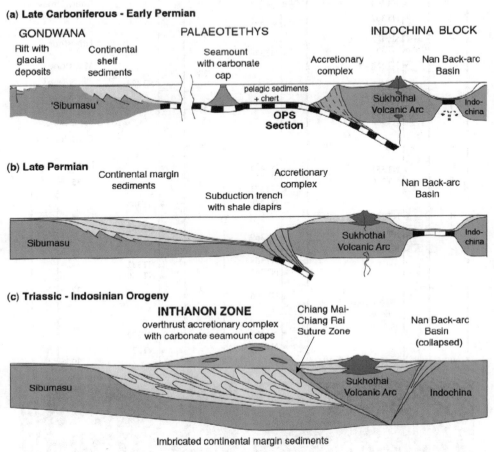

图 6-3-14　清迈-清莱缝合带形成演化示意图（Metcalfe et al，2017）；

（4）素可泰岩浆弧

素可泰（Sukhothai）岩浆弧（图 6-3-15）由临沧、素可泰、尖竹汶地体组成，位于昌宁-清莱缝合带以东，北段在中国境内称为杂多-景洪岩浆弧（李兴振等，1991），也称临沧地块（施美凤等，2011）；向南，依次接素可泰弧地块（Barr & Macdonald，1991）、尖竹汶地块（Saesaengseerung et al，2009）。带内主要发育上石炭统—三叠系陆源碎屑岩、灰岩及火山岩，二叠系—三叠系英安岩-安山岩-玄武岩等弧火山岩系，且中、下三叠统火山岩地化数据显示陆缘弧特征（Barr & Macdonald，1991；Barr et al，2006；Panjasawatwong et al，2003），表明这一岛弧具备大陆基底（Sone & Metcalfe，2008；Metcalfe，2002；2011a；2011b；2013）。这些早期地层遭受后期褶皱作用形成 NE 向褶皱带，并被晚三叠世诺利斯期陆相砂岩不整合覆盖。侵入岩主要为早、中三叠世岛弧 I 型花岗岩和晚三叠世 S 型花岗岩。

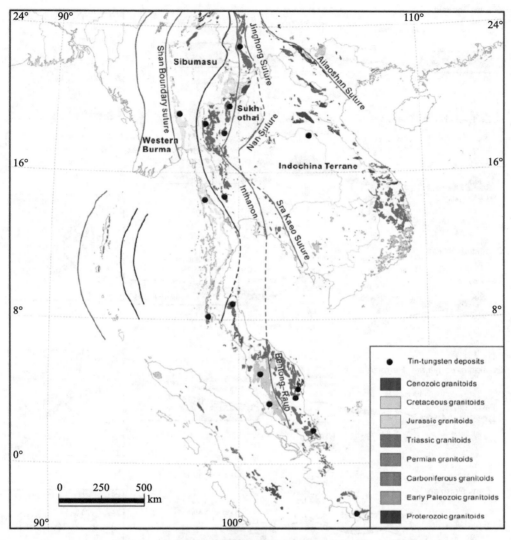

图 6-3-15　东南亚花岗岩分布（Hou & Zhang, 2015）

　　二叠系—三叠系弧前沉积物砂岩锆石研究表明（Hara et al, 2017），最初的素可泰弧（晚石炭世–早二叠世）为大陆岛弧。随后，在晚二叠世早中期岩浆活动较为平静，有轻微的 I 型花岗质岩浆活动。在二叠纪末–晚三叠世早期，素可泰弧早、中三叠世主要为 I 型花岗岩的活动，中、晚三叠世主要为火山活动，增生楔杂岩的形成，而且从火山岩到海沟丰富的沉积物供应整个弧前盆地。接着，晚三叠纪以后，古特提斯洋关闭，素可泰弧趋于平静（图 6-3-16）。此外，以前认为的素可泰弧的泥盆纪—石炭纪部分沉积物应该被修改为三叠系南邦群（Lampang Group）和早白垩世呵叻群（Khorat Group）。

　　（5）景洪缝合带

　　景洪缝合带也称澜沧江缝合带，位于中国云南境内，岩石类型包括混杂岩、蛇绿

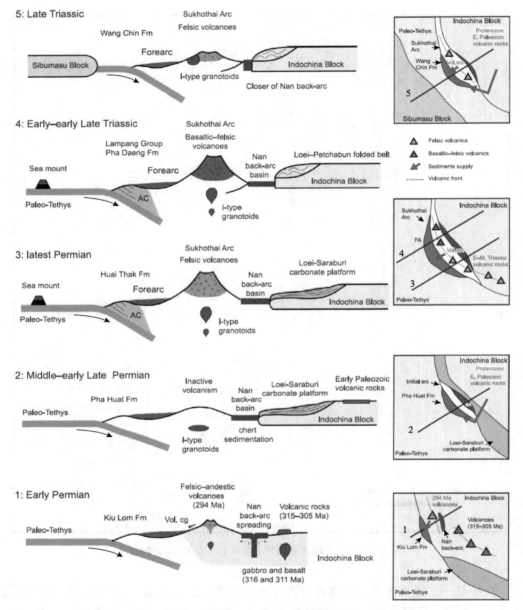

图 6-3-16　素可泰弧演化历史（Hara et al，2017）
右侧为平面图，左侧为剖面图；AC—增生楔杂岩；FA—弧前盆地

岩套、拉斑玄武岩及硅质岩（图 6-3-17）。吉岔蛇纹岩的年龄 >297Ma，俄咱辉长岩年龄在 303Ma 左右（魏君奇等，2008）。铁镁－超铁镁侵入岩的年龄在 288—284Ma 之间，而后期侵入的花岗岩年龄在 221—204Ma 之间（Jian et al，2009a）。景洪地区发现了中二叠世—晚二叠世早期远洋盆地沉积的放射虫硅质岩和具洋中脊特征拉斑玄武岩（Feng et al，2002）。上述特征反映了晚石炭世—晚二叠世是弧后洋盆发育的鼎盛时期，到晚三叠世，洋盆关闭。

（6）难河 - 程逸缝合带

难河 - 程逸缝合带位于泰国境内，发现了二叠纪—中三叠世的蛇绿岩套。在泰国北部难河缝合带 Pha Som 变质杂岩中发现了蓝片岩和保存很好的放射虫硅质岩、玄武岩（图 6-3-18）。层状硅质岩含放射虫化石 Follicucullus porrectus，地质时代为中二叠世晚期—晚二叠世早期。其硅质岩 SiO_2 含量均在 92.5% 以上，Al/（Al +Fe +Mn）平均比值为 0.51，Ce/Ce* 比值为 1.14，为大陆边缘型硅质岩（杨文强等，2009）。硅质岩测得了（269 ± 12）Ma（中二叠世）的 K-Ar 年龄（Barr & Macdonald，1987）。玄武岩具有富集大离子亲石元素与高场强元素以及轻稀土富集等洋岛玄武岩的特点（杨文强等，2009）。难河缝合带 Pha Som 变质杂岩也发现了石炭纪和二叠纪的洋壳（蛇绿岩角闪石 $^{40}Ar-^{39}Ar$ 年龄为 338—256Ma）、晚二叠世—中三叠世的浊积岩，以及最小年龄在 200Ma 的同造山和后造山期花岗岩（Singharajwarapana & Berry，2000），见图 6-3-19 和图 6-3-20。难河 - 程逸缝合带被侏罗纪—白垩纪陆相沉积物覆盖。多数学者认为，难河 - 程逸缝合带是石炭纪开裂的弧后盆地，晚三叠世弧后洋盆关闭的产物（Ueno & Hisada，1999；Wang et al，2000；Metcalfe，2002a；Sone & Metcalfe，2008）。

（7）思茅地块

思茅地块进一步划分为西部思茅 - 彭世洛（Phitsanulok）中新生代盆地和东部墨江 - 黎府岩浆弧带两个次级构造单元。

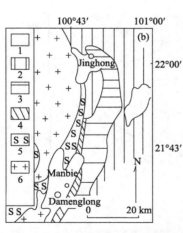

图 6-3-17 景洪地区地质简图
（Feng et al，2002）

1—新生界；2—中生界；3—上二叠统；
4—中二叠统；5—元古界大勐龙群变质岩；
6—花岗岩

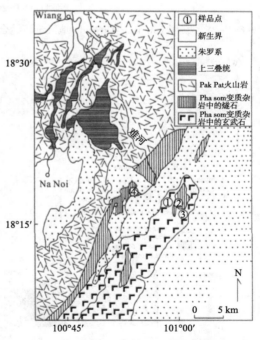

图 6-3-18 泰国北部难河缝合带地质简图（杨文强等，2003）

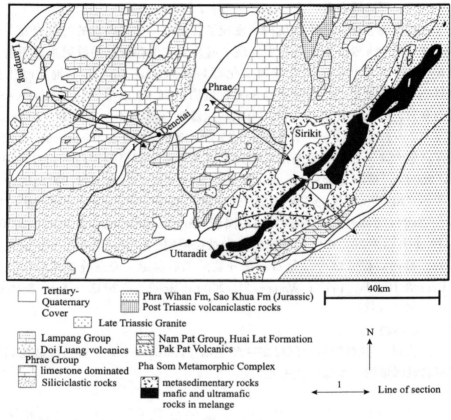

图 6-3-19　泰国 Lampang–Uttaradit 地区难河缝合带地质简图（Singharajwarapana & Berry，2000）

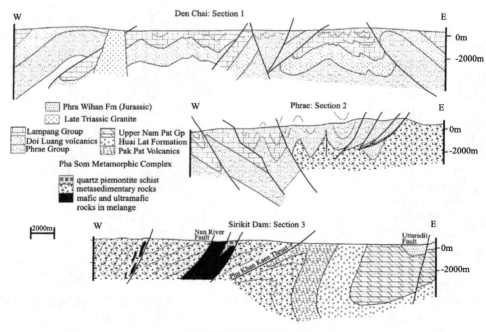

图 6-3-20　泰国 Lampang–Uttaradit 地区素可泰褶皱带剖面图（Singharajwarapana & Berry，2000）

思茅－彭世洛中新生代盆地：位于难河－程逸缝合带东侧，是在晚二叠世——早三叠世难河－程逸弧后洋盆闭合后，盆山转换过程中形成的陆内盆地，中、晚三叠世具周缘前陆盆地性质。盆地北段即中国兰坪－思茅盆地，南段为泰国彭世洛盆地，中段为老挝沙耶武里－丰沙里（Sainyabuli–Fong Sali）盆地，主要由上三叠统前陆盆地相含煤磨拉石沉积岩系、侏罗系—古近系红色陆相碎屑岩系组成（Phan et al，1991）。思茅地块最古老的地层为古生界地层，多出现在背斜的核部或者因逆断层作用而抬升出地表（史鹏亮等，2015）。古生界地层与其上部三叠系地层角度不整合接触。三叠系地层主要可以分为两套岩石组合：下部为下－中三叠世安山岩、英安岩夹紫红色或灰黑色泥岩；上部为晚三叠世紫红色或灰黑色泥岩、生物碎屑灰岩，碎屑岩中可见火山物质。这两套岩石很可能是整合接触。盆地的基底有弧火山物质的参与（Yang et al，2014）。兰坪－思茅地块最上部为侏罗系－古新世陆源碎屑岩（史鹏亮等，2015）。

墨江－黎府岩浆弧带：与东侧奠边府—黎府缝合带近平行展布，发育一套从玄武岩、安山岩到流纹岩的晚石炭世—中三叠世岛弧型钙碱性火山岩系列（Phajuy et al，2015）。中酸性侵入岩分布于老挝巴莱（Pak Lay）、泰国黎府地区，以岛弧 I 型花岗岩为主，如黎府 Chatree 金银矿区钙碱性花岗闪长岩的侵位年龄为中三叠世［锆石 U–Pb 年龄为（244±7）Ma］。上三叠统—白垩系陆相含盐层红色碎屑岩系不整合上覆于石炭—二叠系陆源碎屑岩－碳酸盐岩和火山岩系之上。构造变形表现为晚古生代及其以前的岩层大都形成向东倒转的同斜褶皱及向东的逆冲断裂，二叠系向东逆冲在呵叻盆地红层之上。

6.4　印度地台及孟加拉深海扇

印度地台及印度洋板块可划分为印度地台西北部盆地群、印度地台北部盆地群、印缅山脉西侧盆地群、印度地台东南缘盆地、印度地台及内部盆地、孟加拉深海扇（图6-0-2）。印度地台西北部盆地群在 5.4.2 述及。

6.4.1　印度地台北部盆地群

印度地台北部盆地群主要包括恒河盆地、东喜马拉雅前渊。恒河（Ganges）盆地和东喜马拉雅前渊北侧为喜马拉雅变形带，南侧为阿拉瓦利（Aravalli）台地、本德尔坎德台地（Bundelkhand）、辛格布姆（Singhbhum）台地、西隆（Shillong）高原（图6-0-2）。

（1）恒河盆地

IHS（2009）把恒河盆地进一步划分为旁遮普斜坡（Punjab shelf）、萨尔达（Sarda）坳陷、北方邦西部斜坡（West Uttar Pradesh Shelf）、根德格（Gandak）坳陷、北方邦东部斜坡（East Uttar Pradesh Shelf）（图 6-0-2）。

恒河盆地的基底是前寒武系，沉积盖层局部有埃迪卡拉系和寒武系，主要是新近系和第四系（图6-4-1）。

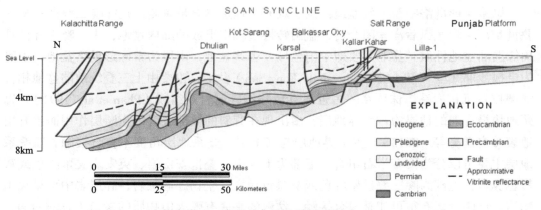

图 6-4-1　卡拉奇塔山 – 旁遮普台地地质剖面图（Craig et al，2018）

恒河盆地的前寒武系基底是中元古界（1600—1000Ma）的变质超基性岩岩浆岩、变质沉积岩。

埃迪卡拉系为克拉通盆地局限滨浅海相的泥岩、蒸发岩，夹火山岩。

寒武系（—517Ma）为克拉通盆地局限滨浅海相砂岩、泥岩、碳酸盐岩、蒸发岩。

新近系中新统—上新统西瓦利克（Siwalik）群最厚超过 6km，分为下西瓦利克亚群、中西瓦利克亚群、上西瓦利克亚群（图 6-4-2）。下西瓦利克亚群主要为中砂岩、细砂岩，夹红色、褐色粉砂岩、泥岩，为曲流河沉积。中西瓦利克亚群由砾岩、砂岩、泥岩组成，横向岩性变化大，为一套冲积相 – 湖泊相沉积。上西瓦利克亚群为砾岩、砂岩、泥岩，泥岩多呈红色色调，为冲积相沉积（Craig et al，2018；Goswami & Deopa，2018）

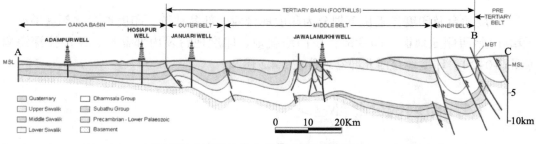

图 6-4-2　恒河盆地 – 喜马拉雅变形带地质剖面图（Craig et al，2018）

（2）东喜马拉雅前渊

喜马拉雅前渊是喜马拉雅前陆盆地的残留。最老的基底是前寒武系，上覆白垩纪德干玄武岩，前陆盆地发育始于古近纪（Acharyya，2007；Singh et al，2012；2013），发育了古近系古新统、始新统、渐新统，新近系中新统、上新统及第四系，不同地区地层特征及岩性地层单位命名有差异（据 Acharyya，2007；Khanna et al，2018）。

印度查谟（Jammu）地区出露了古近系和新近系沉积地层（Nanda & Kumar，1999；Singh et al，2012；2013），自下而上依次为 Subathu 组、Murree 群和 Siwalik 群（图 6-4-3）。

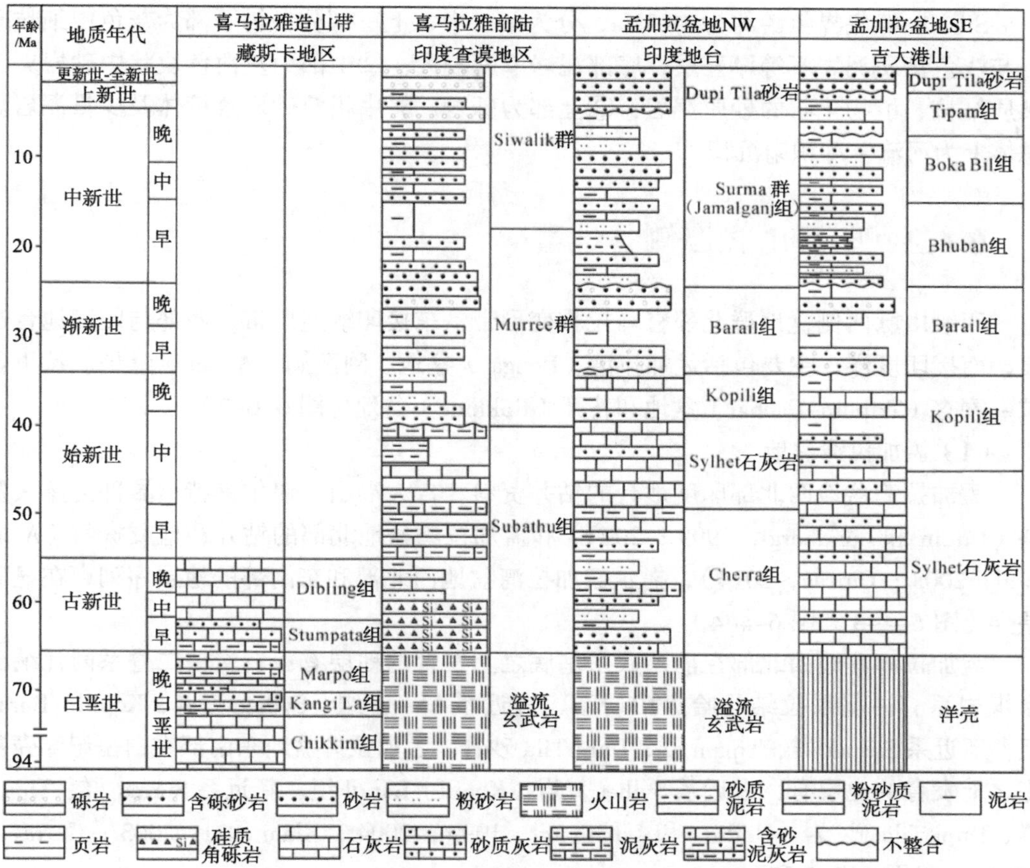

年龄/Ma	地质年代		喜马拉雅造山带 藏斯卡地区	喜马拉雅前陆 印度查谟地区	孟加拉盆地NW 印度地台	孟加拉盆地SE 吉大港山
	更新世-全新世 上新世				Dupi Tila砂岩	Dupi Tila砂岩
				Siwalik群		Tipam组
10	中新世	晚 中 早			Surma 群 (Jamalganj组)	Boka Bil组
20						Bhuban组
30	渐新世	晚 早		Murree群	Barail组	Barail组
40	始新世	晚 中			Kopili组	Kopili组
50		早		Subathu组	Sylhet石灰岩	Sylhet石灰岩
60	古新世	晚 中 早	Dibling组 Stumpata组		Cherra组	
70	白垩世	晚白垩 早白垩	Marpo组 Kangi La组 Chikkim组	溢流玄武岩	溢流玄武岩	洋壳
94						

图例：砾岩、含砾砂岩、砂岩、粉砂岩、火山岩、砂质泥岩、粉砂质泥岩、泥岩、页岩、硅质角砾岩、石灰岩、砂质灰岩、泥灰岩、含砂泥灰岩、不整合

图 6-4-3　喜马拉雅－孟加拉湾重点地区地层序列及对比（王茜等，2018）

　　Subathu 组（图 6-4-3）岩层序列自下而上为：①横向厚度变化大的硅质角砾岩，角砾为硅化的灰岩碎块；②薄层状和波纹层状粉砂岩及粉砂质泥岩和铝土矿，泥质粉砂岩中见沿纹层分布的棱角状石英碎屑；③黑色泥岩，夹煤层；④灰绿色泥岩与泥质内碎屑灰岩不等厚互层。内碎屑灰岩含多种有孔虫和贝类化石，内碎屑和生物贝壳有序排列，见丘状交错层理。灰绿色泥岩发育水平层理；⑤黄色泥岩与纹层状灰岩不等厚互层，见水平层理；⑥含牡蛎灰岩、见丘状交错层理和波纹交错层理；⑦紫色页岩和泥灰岩，发育水平层理，见植物化石，其上与 Murree 群以侵蚀面接触（图 6-4-3）。

　　Subathu 组的①硅质角砾岩层、②薄层状和波纹层状粉砂岩及粉砂质泥岩和铝土矿层、③黑色泥岩，夹煤层，为前寒武纪刚性基底之上的晚古新世河流相－沼泽相沉积。④灰绿色泥岩与泥质内碎屑灰岩不等厚互层、⑤黄色泥岩与纹层状灰岩不等厚互层、⑥含牡蛎灰岩，为障壁－潟湖－浅海－滨岸沉积。⑦紫色页岩和泥灰岩为潮上带沉积。

　　Murree 群（图 6-4-3）岩层序列自下而上为：①灰色岩屑砂岩，具交错层理；②褐色、棕色泥岩夹纹层状粉砂岩，泥岩层段见钙质结核土壤层；③棕色泥岩夹砂岩，砂岩具交错层理或波纹交错层理；④含泥砾交错层理砂岩；⑤波纹交错层理砂岩；⑥褐色、棕色泥岩夹纹层状粉砂岩，顶部为钙质结核土壤层。总体上为潮坪体系沉积。

Siwalik 群底界年龄约为 18.3Ma，分为下、中、上三部分：①下部为灰色中细粒砂岩与浅色钙质泥岩不等厚互层，底部泥岩厚度较大；②中部为灰白色块状中砂岩夹含钙质结核、植物化石的砂质泥岩；③上部为砾岩，夹中粗粒砂岩透镜体及少量泥岩。总体上为河流－冲积扇沉积。

6.4.2 印缅山脉西侧盆地群

印缅山脉西侧盆地群北邻喜马拉雅变形带，东接印缅造山带，西部与印度地台过渡，南接印度洋；主要包括孟加拉湾（Bengal）盆地、阿萨姆（Assam）盆地。特里普拉－察查（Tripura-Cachar）盆地和若开（Rakhine）盆地（图 6-0-2）。

（1）孟加拉湾盆地

孟加拉湾盆地西北部印度地台的钻井资料、吉大港山、锡尔赫特槽翼部的露头资料（Uddin 和 Lundbergl，1999；2004）和孟加拉湾盆地北部的钻井和地震资料（Alam et al，2003；Curray，2014），揭示孟加拉湾盆地西北部和东南部的地层序列存在显著差异（图 6-4-3 和图 6-4-4）。

孟加拉湾盆地西北部在前寒武系基底之上发育的地层有：石炭—二叠系冈瓦纳群含煤岩系、白垩系拉结马哈火山岩系、古近系 Cherra 组、Sylhet 灰岩、Kopili、Barail 组、新近系 Surma 群、Tipam 群、Dupi Tila 砂岩。孟加拉湾盆地东南部在白垩纪洋壳基底之上发育的地层有：古近系 Sylhet 灰岩、Kopili、Barail 组，新近系 Surma 群、Tipam 群、Dupi Tila 砂岩（Uddin 和 Lundbergl，1999；2004；Alam et al，2003；Curray，2014），见图 6-4-3 和图 6-4-4。

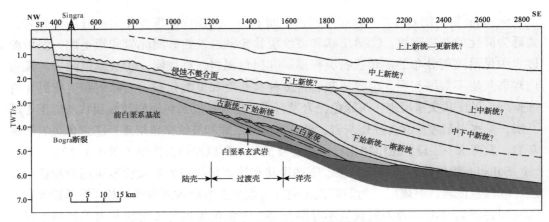

图 6-4-4　孟加拉盆地北部地震地质解释剖面

（据 Uddin 和 Lundbergl，1999；2004；Alam et al，2003；Curray，2014 资料编绘）

孟加拉湾盆地西北部印度地台的钻井揭示前寒武系基底主要为片麻岩、片岩、斜长角闪岩、混合岩、辉绿岩、花岗岩、花岗闪长岩、石英闪长岩。基底之上发育石炭—二叠系冈瓦纳群含煤岩系，最大厚度约 1000m，分布不均衡，厚度变化大，为克拉通内断陷盆地沉积。冈瓦纳群含煤岩系之上覆盖了早白垩世末期拉杰马哈尔火山岩系，厚度约500m，主要由角闪石玄武岩，橄榄玄武岩、安山岩组，夹红色铁质泥岩、黏土岩、暗红砂岩，是印度地块从冈瓦纳裂离时期的产物（Uddin 和 Lundbergl，1999；2004）。

古近系古新统—下始新统 Cherra 组厚度一般在169~360m，主要由分选差的砂岩、泥岩、泥灰岩组成，夹少量灰岩，为滨浅海沉积。上覆中始新统 Sylhet 灰岩岩系，厚250m，夹少量砂岩，为浅海沉积。Sylhet 灰岩岩系之上的上始新统 Kopili 组厚度在40~600m，主要由深灰色–黑色富含化石泥岩、海绿石砂岩和灰岩组成，为滨浅海沉积。渐新统 Barail 组，厚度多在200~1600m。主要为含内源砾石具交错层理中–粗砂岩，夹灰色粉砂岩和泥岩（图6-4-3），主要为滨浅海及三角洲沉积（Uddin 和 Lundbergl，1999；2004）。

新近系中新统中下部 Surma 群与印度地台的 Jamalganj 组相当，厚度一般在150~1300m，为滨浅海和三角洲沉积。Surma 群下部称 Bhuban 组，上部称 Boka Bil 组。Bhuban 组底部和顶部主要为浅灰–浅黄色细砂岩、粉砂岩与蓝灰色泥岩不等厚互层，中部主要为蓝色–黄灰色粉砂质和砂质泥岩（图6-4-3）。Boka Bil 组下部为薄层纹层状泥岩夹浅棕色砂岩，中部为黄色块状砂岩，上部为纹层状粉砂岩、砂岩，见钙质结核，顶部为泥岩（图6-4-3）。上中新统—上新统下部 Tipam 群划分为 Tipam 砂岩和 Girujan 泥岩两个次级地层单元；Tipam 砂岩主要为黄棕色到橙色粗粒交错–块状层理砂岩，见石英质鹅卵石、碳化植物化石（包括树干）、煤夹层（图6-4-3）；Tipam 砂岩厚度在76~2565m，锡尔赫特槽厚度最大；Tipam 砂岩为河流相沉积。Girujan 泥岩主要由棕色、蓝色、紫色和灰色泥岩组成，厚168~1077m，锡尔赫特地区的最厚，为湖泊、河漫滩沉积（Uddin 和 Lundbergl，1999；2004）。

上新统上部—更新统 Dupi Tila 砂岩不整合于 Tipam 群之上，92~2393m 厚，为曲流河沉积（Uddin 和 Lundbergl，1999；2004）。下部为灰色、黄色、红色、粉色、紫色、白色中粗块状–槽状层状砂岩含结晶岩卵石，上部为粉砂岩、泥岩，见硅化木和褐煤（图6-4-3）。

（2）阿萨姆盆地

阿萨姆（Assam）盆地位于印度地台东北端，夹持于喜马拉雅褶皱带与印缅褶皱带之间，为新生代前陆盆地，面积约 $5.3 \times 10^4 km^2$（图6-0-2、图6-4-5）。盆地以前寒武系为基底，上覆白垩系、古近系、新近系、第四系（图6-4-6、图6-4-7）

前寒武系基底出露于米基尔（Mikir）山，主要为花岗片麻岩。白垩系为裂谷盆地冲积相砾岩、砂岩、泥岩。古新统主要为被动大陆边缘盆地滨浅海相砂岩、粉砂岩、泥岩。始新统主要为前陆盆地浅海相碳酸盐岩、泥岩、砂岩。渐新统主要为前陆盆地滨浅海相泥岩、砂岩。新近系为前陆盆地冲积相砂岩、泥岩。

（3）特里普拉–察查盆地

特里普拉–察查（Tripura–Cachar）盆地位于特里普拉–吉大港褶皱带南部，西邻孟加拉湾盆地，东接印缅褶皱带，为新生代前渊盆地，面积约 $6.0 \times 10^4 km^2$（图6-0-2、

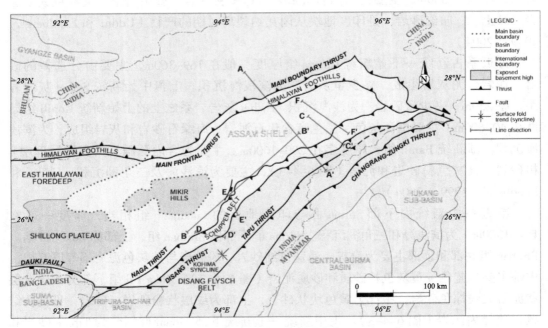

图 6-4-5　阿萨姆盆地构造纲要图（IHS，2009）

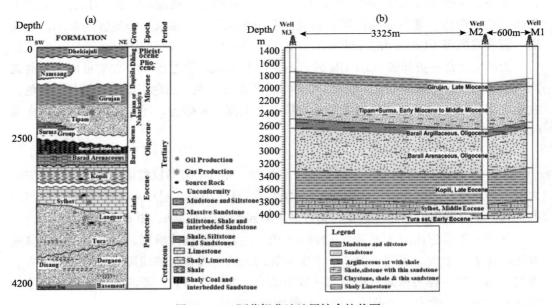

图 6-4-6　阿萨姆盆地地层综合柱状图
（a）及钻井地层对比图；（b）（Gogoi & Chatterjee，2019）

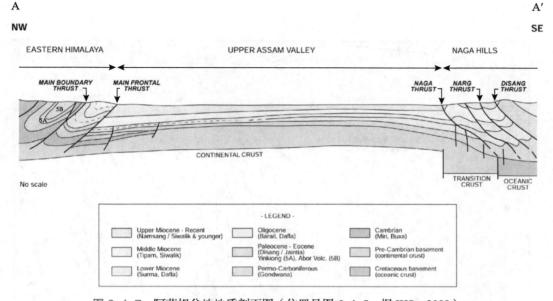

图 6-4-7　阿萨姆盆地地质剖面图（位置见图 6-4-5；据 IHS，2009）

图 6-4-8）。盆地以白垩系—古新统下部洋壳为基底，上覆古近系、新近系、第四系（图 6-4-9）。

古新统上部—始新统（60.5—36.5Ma±）为残留大洋盆地深海相泥岩，夹粉砂岩。渐新统—中新统下部为前渊盆地深海相 - 浅海相泥岩、砂岩，与印度洋板块开始向缅甸地块俯冲有关（Rahman et al，2017）。中新统上部为前渊盆地三角洲 - 滨浅海相砂岩、泥岩。上新统—第四系为前渊盆地冲积相砂岩，夹泥岩（图 6-4-9）。

（4）若开盆地

若开（Rakhine）盆地主体是位于印度洋板块向缅甸地块俯冲增生楔 - 印度洋板块的前渊盆地，西邻孟加拉湾盆地 - 孟加拉海底扇，东接印缅褶皱带，为新生代前渊盆地，面积约 $16.4 \times 10^4 km^2$（图 6-0-2）。盆地主体以白垩系—古新统下部洋壳为基底，上覆古近系、新近系、第四系，在东侧增生楔基底区域，白垩系—古新统有弧前盆地深海 - 浅海相泥岩、碳酸盐岩（图 6-4-10）

古新统上部—始新统（60.5—36.5Ma±）为残留大洋盆地深海相泥岩，夹粉砂岩。渐新统—中新统下部为前渊盆地深海相 - 滨浅海相泥岩、砂岩、砾岩，夹煤层，与印度洋板块开始向缅甸地块俯冲有关（Rahman et al，2017）。中新统上部为前渊盆地滨浅海相砂岩、泥岩。上新统—第四系为前渊盆地冲积相 - 浅海相砂岩，夹泥岩（图 6-4-10）。

在若开海岸带出露强烈变形的基底蛇绿杂岩及上覆沉积岩层（Moore et al，2019）。基底蛇绿杂岩为强烈剪切变形的构造杂岩，有蛇绿岩、枕状玄武岩、放射虫硅质岩（图 6-4-11）。上覆沉积岩层发生了明显的滑塌变形（图 6-4-12、图 6-4-13）。

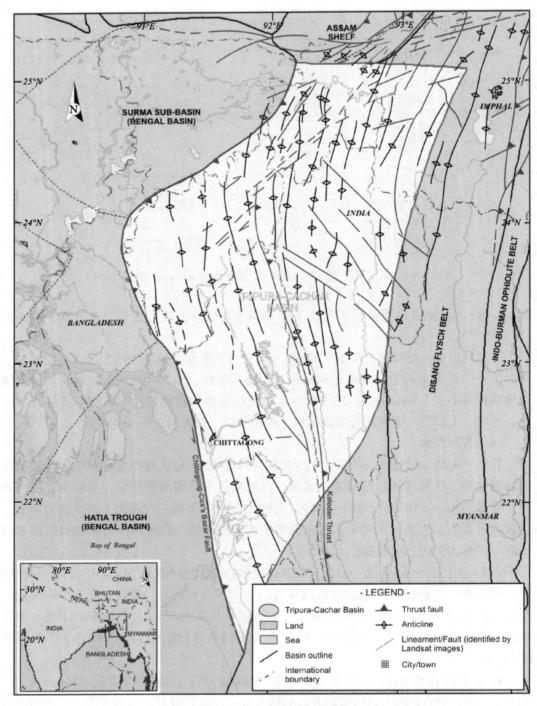

图 6-4-8　特里普拉 – 察查盆地构造纲要图（IHS，2008）

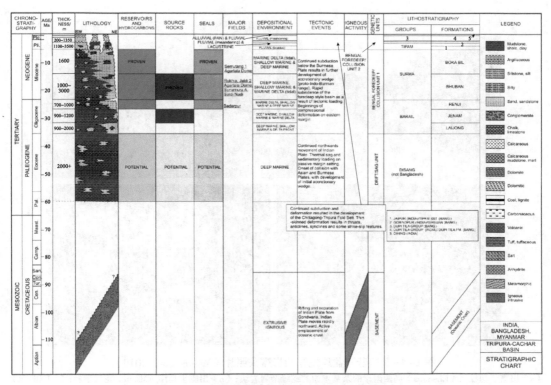

图 6-4-9　特里普拉 – 察查盆地地层综合柱状图（IHS，2008）

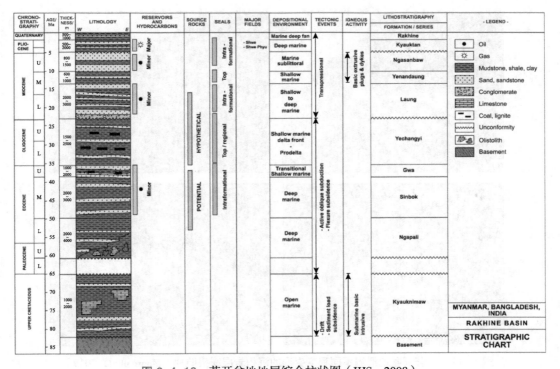

图 6-4-10　若开盆地地层综合柱状图（IHS，2008）

图 6-4-11　若开盆地蛇绿杂岩露头照片（Moore et al，2019）

（a）出露于切杜巴（Cheduba）岛西南岸的杂乱堆积的蛇绿杂岩岩块；（b）出露于马津（Mazin）蛇绿杂岩；（c）和（d）为（b）局部放大，展示蛇绿岩块和剪切形成的基质

图 6-4-12　若开盆地滑塌不同程度变形的沉积岩层露头照片（Moore et al，2019）

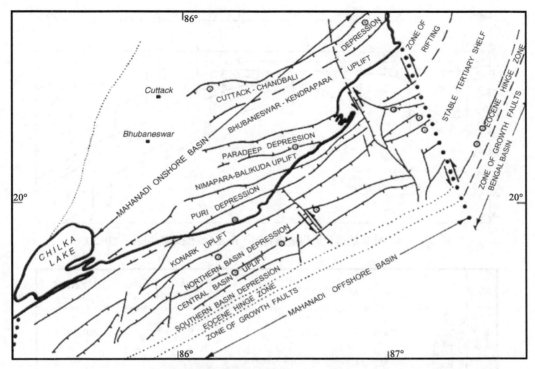

图 6-4-13　默哈纳迪盆地构造纲要图（Bastia & Radhakrishna，2012）

6.4.3　印度地台东南缘盆地群

本文印度地台东南缘盆地群包括默哈讷迪（Mahanadi）盆地和克里希纳－哥达瓦里（Krishna-Godavari）盆地（图 6-0-2）。

（1）默哈纳迪盆地

默哈纳迪（Mahanadi）盆地位于印度东海岸的北部海域，面积约 $20 \times 10^4 km^2$（图6-0-2、图 6-4-13）。盆地近海区域以前寒武系结晶岩、变质岩为基底，远海区域以白垩系—古新统下部洋壳为基底。盆地近海区域在前寒武系基底之上，主要发育白垩系、古近系、新近系、第四系（图 6-4-14、图 6-4-15），局部发育石炭系—二叠系、三叠系、侏罗系陆相沉积。

下白垩统主要为玄武岩、玄武质火山凝灰岩，夹陆相泥岩，为裂谷盆地堆积物。上白垩统为被动大陆边缘盆地浅海相砂岩、泥岩、灰岩。古新统为被动大陆边缘三角洲－浅海相砂岩、粉砂岩、泥岩、泥质灰岩、灰岩。始新统主要为被动大陆边缘盆地浅海相灰岩，局部发育钙质泥岩、粉砂岩、砂岩。中新统为被动大陆边缘盆地浅海相泥岩、粉砂岩、砂岩，局部见灰岩。上新统—第四系为被动大陆边缘三角洲－浅海相泥岩、砂岩（图 6-4-15）。

（2）克里希纳－哥达瓦里盆地

克里希纳－哥达瓦里（Krishna-Godavari）盆地位于印度东海岸的中部海域，面积

North
MAHANADI ONSHORE
MAHANADI OFFSHORE
South
Depth/km
0
-1
-2
-3
-4
-5
-6
-7
-8
LEGEND
1-Pliocene to Recent
2-Miocene
3-Paleocene to Eocene
4-Cretaceous
5-Lower Cretaceous
6-Precambrian

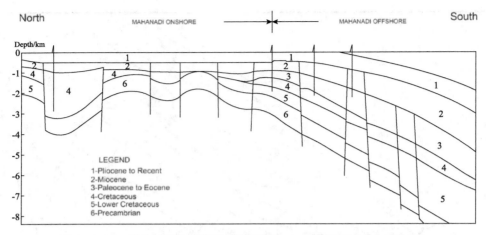

图 6–4–14　默哈纳迪盆地构造纲要图（Bastia & Radhakrishna，2012）

AGE
LITHOLOGY
DEPOSITIONAL ENVIRONMENT
THICKNESS/m
Pleist-Recent
Sands, clays, and silts
Deltaic to shallow shelf
200~600
Contact gradational to unconformable
Pliocene
Sands and clays
Prodelta to marine
200~700
Contact gradational to unconformable
Miocene
Claystones, siltstones and sandstones, fossiliferous patchy limestones in the lower part
Deltaic to open marine
600~1900
Contact unconformable
E-M Eocene
Fossiliferous limestones, carbonaceous shales, siltstones and sandstones
Shallow marine (Inner shelf)
200~400
Contact conformable
Paleoc.
Argillaceous limestones, shales, siltstones and sandstones
Deltaic to shallow marine
50~600
Contact unconformable
L. Cret.
Mainly sandstones with minor shales and limestones
Shallow marine (shelf)
0~500
Contact unconformable
E. Crotaceous
Basalts, tuffs and intertrappeans, shales/claystones
Subaerial and subaqueous
25~850
Contact unconformable
Pre-camb.
Granites and gneisses (Basement Complex)

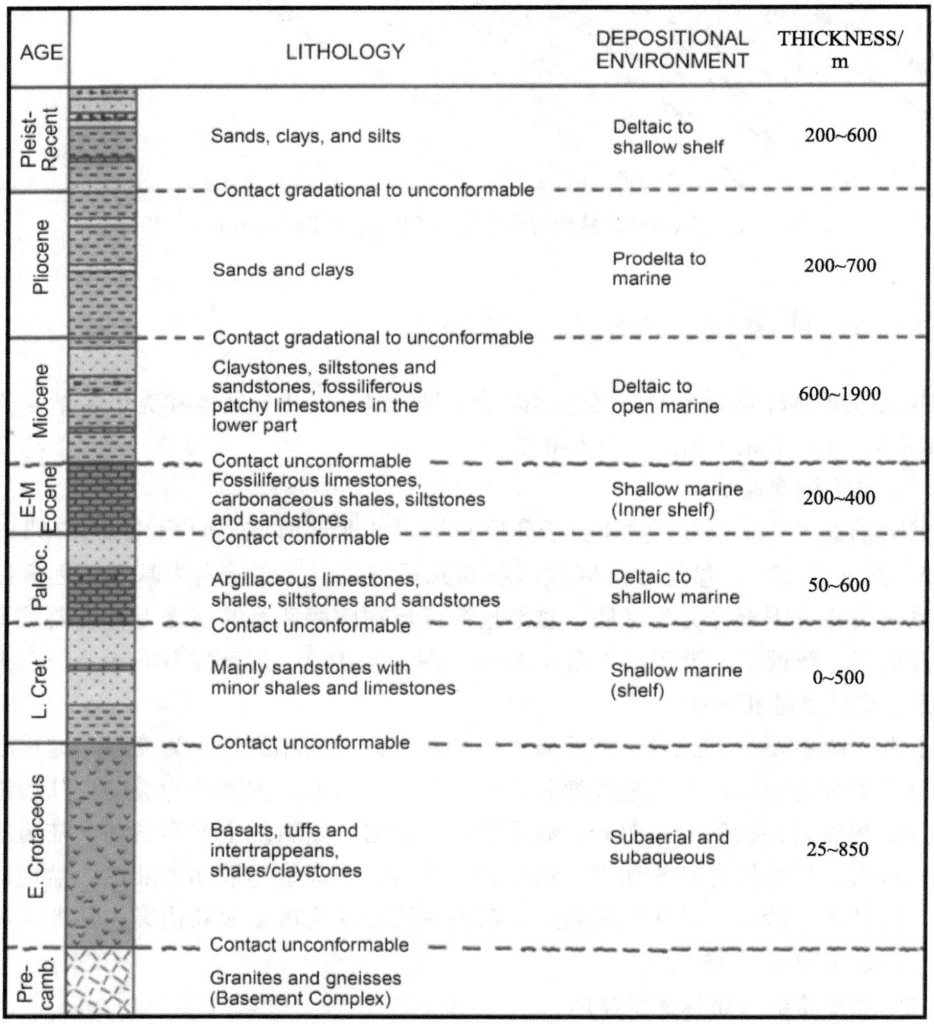

图 6–4–15　默哈纳迪盆地地层综合柱状图（Bastia & Radhakrishna，2012）

约 $20.6 \times 10^4 km^2$（图 6-0-2、图 6-4-16）。盆地近海区域以前寒武系结晶岩、变质岩为基底，远海区域以下白垩统下部洋壳为基底。盆地近海区域在前寒武系基底之上，主要发育侏罗系、白垩系、古近系、新近系、第四系，局部发育石炭系—二叠系、三叠系裂谷盆地陆相沉积（图 6-4-17、图 6-4-18）。

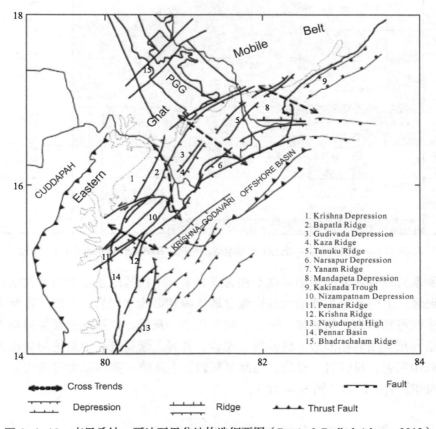

图 6-4-16　克里希纳 – 哥达瓦里盆地构造纲要图（Bastia & Radhakrishna，2012）

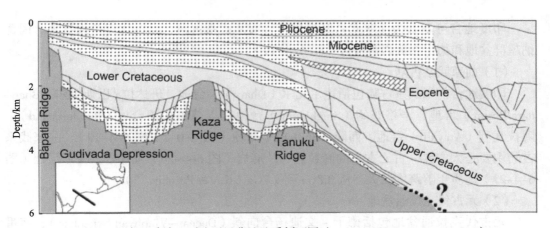

图 6-4-17　克里希纳 – 哥达瓦里盆地地质剖面图（Bastia & Radhakrishna，2012）

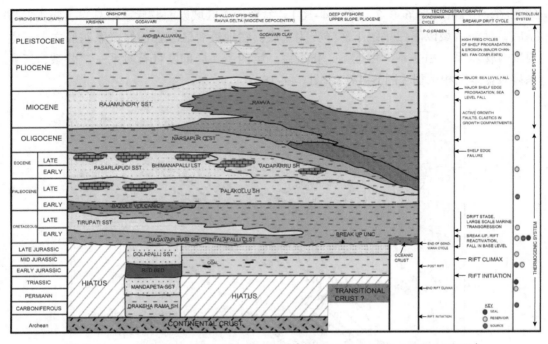

图 6-4-18　克里希纳 – 哥达瓦里盆地地层格架（Bastia & Radhakrishna，2012）

　　侏罗系为裂谷盆地冲积相 – 湖泊相含煤岩系。下白垩统主要为裂谷盆地滨浅海相砂岩、泥岩。上白垩统为被动大陆边缘盆地浅海相砂岩、泥岩、灰岩。古新统为被动大陆边缘浅海相砂岩、粉砂岩、泥岩、泥质灰岩、灰岩。始新统主要为被动大陆边缘盆地三角洲相 – 浅海相砂岩、粉砂岩、泥岩、灰岩。渐新统—中新统为被动大陆边缘盆地浅海相泥岩、粉砂岩、砂岩，局部见灰岩。上新统—第四系为被动大陆边缘三角洲 – 浅海相泥岩、砂岩（图 6-4-18）。

6.4.4　印度地台及内部盆地群

　　印度地台可划分为前寒武系麻粒岩带、前寒武系古陆、元古代克拉通盆地、冈瓦纳超群盆地和德干玄武岩覆盖区（图 6-4-19）。

　　（1）前寒武系古陆

　　印度地台前寒武系古陆包括达尔瓦尔（Dharwar）台地、班达拉 / 巴斯塔尔（Bhandara/Bastar）台地、辛格布姆（Singhbhum）台地、本德尔坎德台地（Bundelkhand）、阿拉瓦利（Aravalli）台地、西隆（Shillong）高原（图 6-0-2、图 6-4-19）。前寒武系古陆主要是太古界—古元古界的麻粒岩、片麻岩（图 6-4-20）及片岩，变形强烈（图 6-4-21）地质年龄跨度巨大，从 3.8Ga 到 1.7Ga（Roy & Purohit，2018）。

　　（2）元古代克拉通盆地

　　元古代克拉通盆地包括德干 – 文迪扬台向斜（Deccan–Vindhyan Syneclise）、南雷瓦（South Rewa）盆地、恰蒂斯加尔（Chattisgarh）盆地、古德伯（Cuddapah）盆地

（图 6-0-2、图 6-4-19）。其地质记录为一套中—新元古界克拉通盆地变质岩碎屑岩 – 变质碳酸盐岩（Roy & Purohit，2018）。

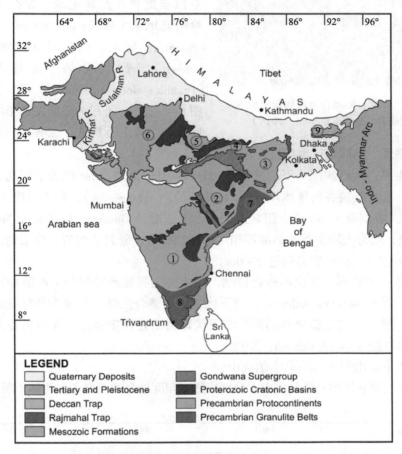

图 6-4-19　印度板块构造单元划分简图（Roy & Purohit，2018）

①—达尔瓦尔；②—巴斯塔尔；③—辛格布姆；④—拉贾马尔；⑤—本德尔坎德；⑥—阿拉瓦利；⑦—东部麻粒岩带；⑧—南部麻粒岩带；⑨—西隆高原

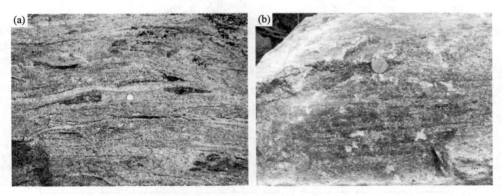

图 6-4-20　印度前寒武系古陆出露的变质岩（Roy & Purohit，2018）

（a）片麻岩；（b）麻粒岩

图 6-4-21 印度古陆地台出露褶皱变形的元古界变质岩（Roy & Purohit，2018）

（3）冈瓦纳超群盆地

冈瓦纳超群在印度地台为晚石炭世—早白垩世裂谷盆地记录，裂谷盆地包括默哈纳迪地堑（Mahanadi Graben）、萨德布尔（Satpura）盆地、纳尔默达地堑（Narmada Graben）、普兰希塔-哥达瓦里地堑（Pranhita–Godavari Graben）等（图 6-0-2、图 6-4-22）。冈瓦纳超群发育于前寒武系基底之上，有上石炭统、二叠系、三叠系、侏罗系、白垩系，不同地区地层发育程度有差异（图 6-4-23）。

上古生界：上石炭统—下二叠统（303—290Ma）的 Talchir 组处于冈瓦纳超群的最下部，为一套大陆裂谷盆地冰川 – 浅海相冰碛岩（图 6-4-24），最大厚度为 300m，多不足 100m。塔尔奇（Talchir）组之上的中、上二叠统 Barakar 组，Barren Measure 组，Raniganj 组，均为大陆裂谷盆地冲积相 – 沼泽相砾岩、砂岩、泥岩、煤层构成的含煤岩系（图 6-4-25），总厚度多超过 2000m。

中生界：三叠系与下伏不整合接触，主要为裂谷盆地冲积相 – 湖泊相砂岩、泥岩互层。侏罗系（Toarcian–Aalenian）与下伏地层不整合接触，主要为裂谷盆地冲积相砂岩、泥岩互层。下白垩统分布局限，与下伏地层不整合接触，主要为裂谷盆地冲积相砂岩、泥岩互层（Roy & Purohit，2018）。

（4）德干火山岩和拉杰马哈尔火山岩

德干火山岩和拉杰马哈尔火山岩分别出露于印度地台的西部和东北部（图6-4-19）。

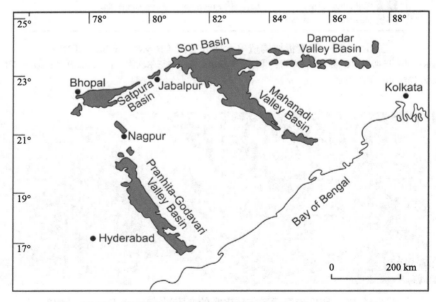

图 6-4-22 印度冈瓦纳超群盆地分布（Roy & Purohit，2018）

			Damodar-Koel	Southern Mahanadi	Son	Satpura	Godavari
Cretaceous	Lower	Albian Aptian			Bansa bed	Jabalpur	Chikiala/ Gangapur
Jurassic	Upper	Oxfordian					Kota / Up. Kamthi
	Middle		Suprapanchet	Up. Kamthi	Bandhavgarh /Parsora	Up. Panchmarhi / Up. Bagra	
	Lower	Pliensbachian					
Triassic	Upper	Rhaetian				Lr. Bagra	Dharmaram
		Norian			Tiki	Denwa	Maleri
		Carnian					
	Middle	Ladinian Anisian					Bhimaram
	Lower		Panchet	Lr. Kamthi	Pali	Lr. Panchmarhi	Yerapalli/ Middle Kamthi
Permian	Lopingian		Raniganj	Raniganj	Raniganj	Bijuri	Lr. Kamthi
	Guadalupian		Barren Measures	Barren Measures	Barren Measures	Motur	Barren Measures
	Cisuralian	Kungurian	Up. Barakar	Up. Barakar	Up. Barakar	Up. Barakar	Up. Barakar
		Artinskian	Lr. Barakar/ Karharbari	Lr. Barakar	Lr. Barakar	Lr. Barakar	Lr. Barakar
		Sakmarian Asselian	Talchir	Talchir	Talchir	Talchir	Talchir
Carboniferous		Gzhelian					

▨ Nondeposition/erosion

图 6-4-23　印度冈瓦纳超群不同盆地地层序列（Roy & Purohit，2018）

(a)　　　　　　　　　　　(b)

(c)　　　　　　　　　　　(d)

图 6-4-24　印度冈瓦纳超群 Talchir 组冰碛岩（Roy & Purohit，2018）
（a）砂砾岩中的冰漂砾；（b）具冰川擦痕的冰漂砾；（c）冰水韵律层；（d）砂泥混杂基质支撑的冰漂砾

图 6-4-25　印度 Jharia 煤田冈瓦纳超群
Barakar 组含煤岩系（Roy & Purohit，2018）

德干火山岩形成于晚白垩世末约 **65Ma**，是短期大规模岩浆喷发的产物，其岩石类型主要是幔源玄武岩（Peters et al，2017）。

拉杰马哈尔火山岩形成于早白垩世晚期（118—115Ma）的大陆溢流玄武岩及喷出岩，为克格伦（Kerguelen）大岩浆省的组成部分，为印度地台东缘冈瓦纳超群的最上部单元，是印度和澳大利亚 – 南极间冈瓦纳裂谷作用后，克格伦地幔柱活动的产物（Ghose et al，2017）。

6.4.5　孟加拉深海扇

孟加拉深海扇几乎占据了研究区孟加拉深海区的全部。孟加拉深海扇从 20°N 到 7°S 长 3000km，最宽在 15°N 为 1430km，窄处在 6°N 为 830km，面积超过 $300 \times 10^4 km^2$（Curray et al，2003；Bastia et al，2010）。由北向南，分为上扇、中扇、下扇，在上扇和中扇发育水道体系（图 6-4-26）。

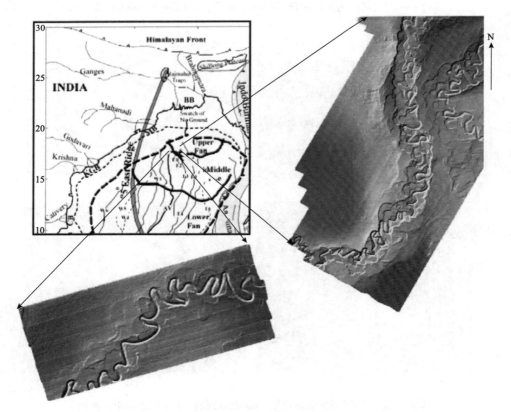

图 6-4-26　孟加拉深海扇及水道体系（Bastia et al，2010）

孟加拉海底扇主体以白垩纪（120—80Ma）洋壳为基底，北部陆坡局部有前寒武系陆壳基底。陆坡发育有中侏罗统—下白垩统（180—120Ma）冈瓦纳大陆裂谷盆地以冲积相－浅海相为主的陆源碎屑岩。早白垩世中期（120Ma±），印度、澳大利亚、南极板块裂离，洋壳开始扩张增生，与 Crozet 和 Kerguelen 地幔柱热点对应的 90°E 和 85°E 海岭为扩张洋中脊，热点活动主要集中在 117—84Ma，洋壳增生在晚白垩世晚期（80Ma±）结束。晚白垩世末—古新世初（80—59Ma）主要为残留大洋盆地远洋沉积，西部发育物源来自印度大陆的海底扇。古新世早期—中新世中期（59—15Ma），印度与欧亚发生软碰撞，喜马拉雅开始初始隆升，碎屑供应能力较弱，主要为残留大洋盆地远洋沉积，西部和北部发育物源来自印度大陆和喜马拉雅的海底扇。中新世中期以来（<15Ma），印度板块与欧亚大陆持续发生硬碰撞，形成以喜马拉雅物源为主的巨型海底扇（图 6-4-27~ 图 6-4-29）。重力流成因的海底扇具有间歇性发育特征，IODP354 航次孟加拉海底扇 8°N 下扇岩心资料分析揭示 3.5—1.24Ma、0.68—0.25Ma 以重力流沉积为主，1.24—0.68Ma 和 0.25Ma 以来以半远洋沉积为主（图 6-4-30；Weber & Reilly，2018）。

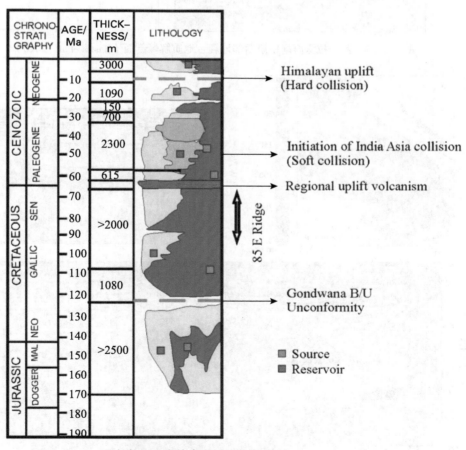

图 6-4-27　孟加拉深海扇综合地层柱状图（Bastia et al，2010）

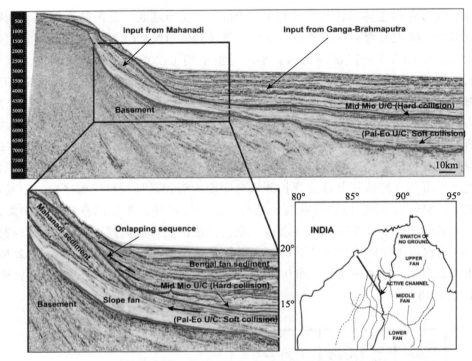

图 6-4-28　孟加拉深海扇中扇西部地震 – 地质解释剖面（Bastia et al，2010）

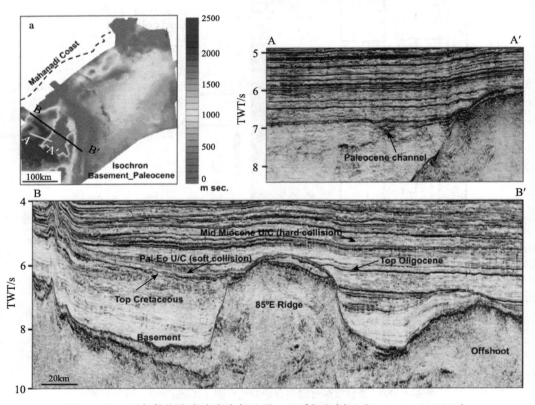

图 6-4-29　孟加拉深海扇中扇中部地震 – 地质解释剖面（Bastia et al，2010）

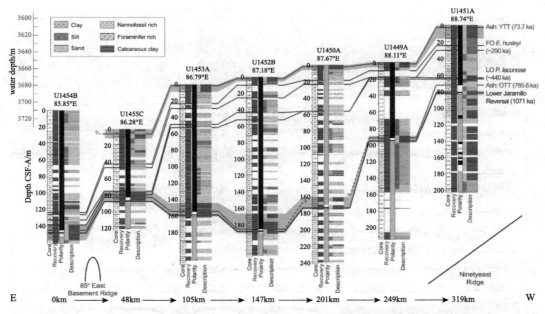

图 6-4-30　IODP354 航次孟加拉扇 8°N 中—晚更新世岩心剖面岩性对比图（Weber & Reilly，2018）

6.5　喜马拉雅特提斯构造区地质演化简史

在上文各地质单元地质演化记录讨论基础上，现结合从孟加拉扇至塔里木盆地（见图 6-0-2 中白色线）的地质演化剖面（图 6-5-1）和地质记录对比剖面（图 6-5-2）讨论喜马拉雅特提斯构造区的地质演化简史。

寒武纪：泛非运动（570Ma）后，冈瓦纳形成，印度板块、拉萨地块、南羌塘地块均为冈瓦纳的组成部分，拉萨地块和南羌塘地块为冈瓦纳超大陆的被动大陆边缘；罗迪尼亚超大陆解体，形成的北羌塘（华夏）地块、甘孜（扬子）地块、昆仑微地块、阿尔金微地块、塔里木地块间被伸展大洋分隔，为洋中孤立台地（图 6-5-1 中 510Ma ± ）。

奥陶纪：拉萨地块和南羌塘地块为冈瓦纳超大陆的被动大陆边缘；北羌塘（华夏）地块、甘孜（扬子）地块被伸展大洋分隔，为洋中孤立台地；昆仑洋、阿尔金洋奥陶纪初开始向北俯冲，塔里木洋晚寒武世开始向南俯冲，昆仑微地块、阿尔金微地块演化为岛弧及弧后盆地，塔里木地块为洋中孤立台地（图 6-5-1 中 480Ma ± ）。

志留纪：拉萨地块和南羌塘地块为冈瓦纳超大陆的被动大陆边缘；北羌塘（华夏）地块与甘孜（扬子）地块碰撞形成华南地块；昆仑洋、阿尔金洋持续向北俯冲，且昆仑洋发生洋内俯冲，塔里木洋关闭，塔里木地块与阿尔金地块发生陆陆碰撞，昆仑微地块为岛弧及弧后盆地，阿尔金造山带（加里东造山带）逐步形成，塔里木地块东南部演化为前陆盆地（图 6-5-1 中 430Ma ± ）。

到泥盆纪，拉萨地块和南羌塘地块为冈瓦纳超大陆的被动大陆边缘；北羌塘（华

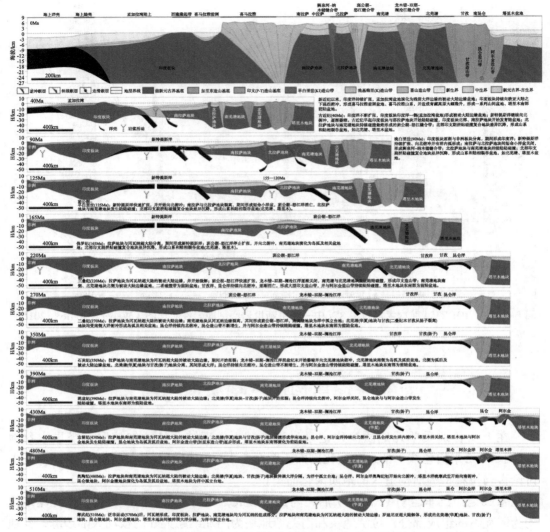

图 6-5-1 喜马拉雅特提斯构造区地质演化剖面图（剖面位置见图 6-0-2 白色线）

夏）地块 – 甘孜（扬子）地块开始张裂；昆仑洋持续向北俯冲，阿尔金洋关闭，昆仑地块与阿尔金造山带发生陆陆碰撞，塔里木地块东南部为前陆盆地（图 6-5-1 中 390Ma±）。

石炭纪，拉萨地块与南羌塘地块为冈瓦纳超大陆的被动大陆边缘，其间开始张裂；龙木错 – 双湖 – 澜沧江洋泥盆纪末开始萎缩并向北羌塘地块俯冲，北羌塘地块南侧为岛弧及弧前盆地，北侧为弧后及被动大陆边缘盆地，北羌塘（华夏）地块与甘孜（扬子）地块分离，其间形成大洋；昆仑洋持续向北俯冲，昆仑造山带不断增生，并与阿尔金造山带持续陆陆碰撞，塔里木地块东南部为前陆盆地（图 6-5-1 中 350Ma±）。

到二叠纪，拉萨地块为冈瓦纳超大陆的被动大陆边缘；南羌塘地块从冈瓦纳边缘裂离，其间形成班公湖 – 怒江洋，南羌塘地块为洋中孤立台地；北羌塘（华夏）地块与甘孜（二叠纪末甘孜从扬子裂离）地块均受南侧大洋俯冲形成岛弧及相关盆地；昆仑洋持续向北俯冲，昆仑造山带不断增生，并与阿尔金造山带持续陆陆碰撞，塔里木地块东南部为前陆盆地（图6-5-1中270Ma±）。

三叠纪，拉萨地块为冈瓦纳超大陆的被动大陆边缘，并开始裂解；班公湖－怒江洋快速扩张，龙木错－双湖－澜沧江洋逐渐关闭，南羌塘与北羌塘地块发生陆陆碰撞，形成印支造山带；南羌塘地块南侧、北羌塘地块北侧为被动大陆边缘盆地，二者碰撞带为前陆盆地；甘孜洋、昆仑洋持续向北俯冲，逐渐消亡，形成大型印支造山带，并与阿尔金造山带持续陆陆碰撞，塔里木地块东南部为前陆盆地（图6-5-1中220Ma±）。

侏罗纪，拉萨地块与冈瓦纳超大陆分离，其间形成新特提斯洋；班公湖－怒江洋停止扩张，并向北俯冲，南羌塘地块演化为岛弧及相关盆地；北部印支期拼贴碰撞复合地块差异沉降，形成山系和陆相裂谷盆地（北羌塘、塔里木）（图6-5-1中165Ma±）。

白垩纪早白垩世，新特提斯洋快速扩张，并开始向北俯冲；南拉萨与北拉萨地块裂离，其间形成短命小洋盆，班公湖－怒江洋消亡，北拉萨地块与南羌塘地块发生陆陆碰撞；北部印支期拼贴碰撞复合地块差异沉降，形成山系和陆相裂谷盆地（北羌塘、塔里木）（图6-5-1中125Ma±）。晚白垩世，印度板块逐渐与非洲板块分离，其间形成印度洋；新特提斯洋持续扩张、向北俯冲并有洋内弧形成；南拉萨与北拉萨地块间短命小洋盆关闭，形成狮泉河－纳木错缝合带；北拉萨地块与南羌塘地块持续陆陆碰撞；北部印支期拼贴碰撞复合地块差异沉降，形成山系和陆相裂谷盆地，如北羌塘、塔里木盆地（图6-5-1中90Ma±）。

古近纪，印度洋不断扩张，印度板块印度洋一侧（孟加拉湾盆地）形成被动大陆边缘盆地；新特提斯洋继续向北俯冲、逐渐萎缩，古近纪早期印度板块与南拉萨地块开始陆陆碰撞，印度板块北部、南拉萨地块开始发育前陆盆地；北拉萨地块与南羌塘地块持续碰撞最终形成的班公湖－怒江缝合带；北部印支期拼贴碰撞复合地块差异沉降，形成山系和陆相裂谷盆地，如北羌塘、塔里木盆地（图6-5-1中40Ma±）。

新近纪以来，印度洋持续扩张，孟加拉湾盆地演化为残留大洋边缘的被动大陆边缘盆地；印度板块持续向欧亚大陆之下强烈俯冲，形成喜马拉雅前渊盆地、喜马拉雅山系，并造成青藏高原大幅隆升，形成一系列山间盆地、塔里木南部前陆盆地（图6-5-1中0Ma±）。

喜马拉雅特提斯构造区地质演化过程，在不同构造单元形成了各具特色的地质记录（图6-5-2）。

孟加拉扇是发育在印度洋孟加拉湾白垩纪洋壳基底上的新生代海底扇，主要由泥岩、砂岩及泥、砂松散沉积物组成（图6-5-2孟加拉扇）。

孟加拉湾盆地位于印度板块东北部，以前寒武系变质杂岩为基底。寒武系为克拉通盆地滨浅海相砾岩、砂岩、泥岩。奥陶系—泥盆系普遍缺失。石炭系—二叠系为克拉通盆地滨浅海相－冲积相砾岩、砂岩、泥岩，夹煤层。三叠系—侏罗系普遍缺失。白垩纪为裂谷盆地火山岩（德干玄武岩）和冲积相砂岩、泥岩。新生界为被动大陆边缘盆地滨浅海相碳酸盐岩、泥岩、砂岩、砾岩（图6-5-2孟加拉湾盆地）。

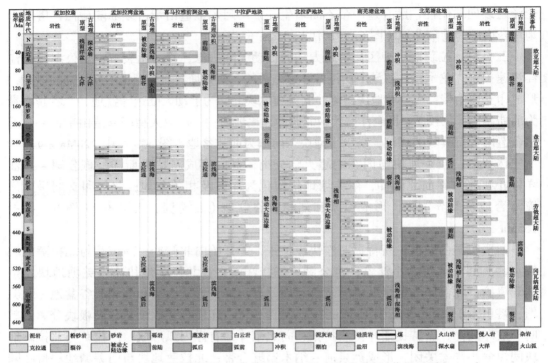

图 6-5-2　喜马拉雅特提斯构造区重点盆地地层对比图（盆地位置见图 6-0-2）

　　喜马拉雅前缘盆地位于印度板块东北部边缘带，以前寒武系变质杂岩为基底。寒武系为克拉通盆地滨浅海相砾岩、砂岩、泥岩。奥陶系—泥盆系普遍缺失。石炭系—二叠系为克拉通盆地滨浅海相砾岩、砂岩、泥岩。三叠系—侏罗系普遍缺失。白垩纪为被动大陆边缘盆地滨浅海相火山岩（德干玄武岩）、砂岩、泥岩。新生界为被动大陆边缘盆地滨浅海相 – 冲积相碳酸盐岩、泥岩、砂岩、砾岩（图 6-5-2 喜马拉雅前缘盆地）。

　　中拉萨地块以前寒武系变质杂岩为基底。寒武系—泥盆系主要为被动大陆边缘盆地滨浅海相碳酸盐岩、泥岩，夹砂岩。石炭系—二叠系主要为被动大陆边缘盆地滨浅海相砂岩、泥岩，夹碳酸盐岩。三叠系主要为裂谷盆地滨浅海相砂岩、泥岩、碳酸盐岩。侏罗系为被动大陆边缘盆地滨浅海相砂岩、泥岩、碳酸盐岩。下白垩统为弧后盆地滨浅海相火山岩、砂岩、泥岩、碳酸盐岩。上白垩统—新生界为前陆盆地滨浅海相 – 冲积相泥岩、砂岩、砾岩（图 6-5-2 中拉萨地块）。

　　北拉萨地块以前寒武系变质杂岩为基底。寒武系—泥盆系主要为被动大陆边缘盆地滨浅海相碳酸盐岩、泥岩，夹砂岩。石炭系—二叠系主要为被动大陆边缘盆地滨浅海相砂岩、泥岩、碳酸盐岩。三叠系主要为裂谷盆地滨浅海相砂岩、泥岩、碳酸盐岩。侏罗系为被动大陆边缘盆地滨浅海相砂岩、泥岩、碳酸盐岩。白垩系—新生界为前陆盆地滨浅海相 – 冲积相碳酸盐岩、泥岩、砂岩、砾岩（图 6-5-2 北拉萨地块）。

　　南羌塘盆地以前寒武系变质杂岩为基底。寒武系—泥盆系主要为被动大陆边缘盆地滨浅海相碳酸盐岩、泥岩，夹砂岩。石炭系主要为裂谷盆地滨浅海相火山岩、泥岩、砂岩。二叠系—下三叠统主要为被动大陆边缘盆地滨浅海相砂岩、泥岩、碳酸盐岩。中三叠统—下侏罗统主要为前陆盆地滨浅海相泥岩、碳酸盐岩，夹砂岩。中、上侏罗统主要为弧后盆地滨浅海相碳酸盐岩夹火山岩。白垩系—新生界为前陆盆地滨浅海相－冲积相泥岩、砂岩、砾岩，夹碳酸盐岩（图6-5-2南羌塘盆地）。

北羌塘盆地以加里东期变质杂岩为基底。泥盆系为被动大陆边缘盆地滨浅海相砾岩、砂岩、泥岩、碳酸盐岩。石炭系—下三叠统主要为弧后盆地滨浅海相砾岩、砂岩、泥岩、碳酸盐岩。中、上三叠统为前陆盆地滨浅海相砾岩、砂岩、泥岩、碳酸盐岩。侏罗系—古近系为裂谷盆地滨浅海相－冲积相火山岩、碳酸盐岩、泥岩、砂岩、砾岩。新近系—第四系为前陆盆地冲积相泥岩、砂岩、砾岩（图6-5-2北羌塘盆地）。

塔里木盆地以前寒武系变质杂岩为基底。新元古代中期为裂谷盆地滨浅海相砂岩、泥岩、碳酸盐岩。新元古代晚期—奥陶纪中期为被动大陆边缘盆地砂岩、泥岩、碳酸盐岩，以碳酸盐岩为主。上奥陶统—三叠系为前陆盆地滨浅海相－湖泊相砾岩、砂岩、泥岩、碳酸盐岩，夹蒸发岩、煤层、火山岩。侏罗系—古近系为裂谷盆地湖泊相泥岩、砂岩、砾岩。新近系—第四系为前陆盆地冲积相泥岩、砂岩、砾岩，夹蒸发岩（图6-5-2塔里木盆地）。

东南亚特提斯构造区主要地质特征

东南亚特提斯构造区主要处于北方古陆华南古陆与南方古陆澳大利亚板块之间。西北接喜马拉雅特提斯构造区，西南为印度洋，东邻太平洋。另外，华南古陆与华北古陆之间的秦岭洋也是中生代早期关闭的，也可归并为东南亚特提斯构造区。因此，东南亚特提斯构造区包括北方大陆（华南古陆、华北古陆南缘）及周缘变形带、东南亚中新生代变形带、南中国海及周缘中新生代变形区、东中国海及周缘中新生代变形区、南方大陆澳大利亚地台北部及邻区中新生代变形带（图7-0-1），由668个规模悬殊、性质各异的盆地和造山带构造单元组成（图7-0-2）。

7.1 北方大陆及周缘变形带

东南亚特提斯构造区北方大陆及周缘变形带主要包括华南古陆西北侧变形带及沉积盆地、扬子地台内变形带及沉积盆地、华南古陆东南部变形带、华南古陆中南部沉积盆地群。扬子地台、江南造山带和华夏地块合称华南古陆（图7-0-1）。

华南古陆是起源于扬子地块、华夏地块和海南地块拼贴碰撞而成（Li et al.，2014；Wang et al.，2014；Zhao et al.，2015；Zhang et al.，2015；Shen et al.，2016；Guo & Gao，2017；Yao et al.，2017；Zhao et al.，2017）。华南古陆广泛分布前寒武系岩石，是起源于冈瓦纳古陆的证据（Shen et al，2016）。

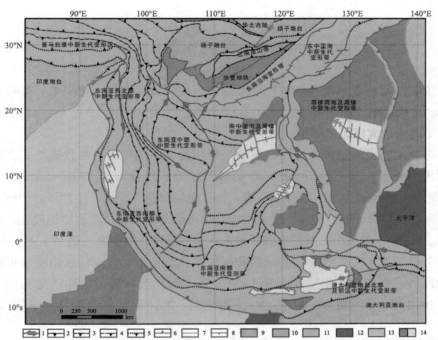

1—走滑断层；2—元古生代俯冲带及俯冲方向；3—古生代俯冲带及俯冲方向；4—中生代俯冲带及俯冲方向；5—新生代俯冲带及俯冲方向；6—洋陆俯冲带及俯冲方向；
7—洋陆分界线；8—正断层及倾向；9—前寒武系变形基底；10—古生代变形带；11—中新生代变形带；12—侏罗纪洋壳；13—白垩纪洋壳；14—古近纪/新近纪洋壳

图 7-0-1　东南亚特提斯构造域构造 – 地层简图

（据四川油气区石油地质志编写组，1989；滇黔桂石油地质志编写组，1992；IHS，2008；Bally et al，2012；Lin et al，2012；王 宏 等，2012；2015；Yu et al，2013；Yan et al，2016；Zahirovic et al，2016；Billerot et al，2017；Chen et al，2017；Hara et al，2017；Siehl，2017；Su et al，2017；Dong et al，2018；Li et al，2018；Niu et al，2018；Zhang et al，2018；Daryono et al，2019；Liu et al，2019 等资料编绘）

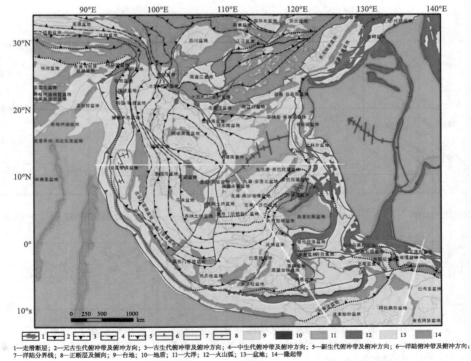

1—走滑断层；2—元古生代俯冲带及俯冲方向；3—古生代俯冲带及俯冲方向；4—中生代俯冲带及俯冲方向；5—新生代俯冲带及俯冲方向；6—洋陆俯冲带及俯冲方向；
7—洋陆分界线；8—正断层及倾向；9—台地；10—地盾；11—大洋；12—火山弧；13—盆地；14—隆起带

图 7-0-2　东南亚特提斯构造区构造单元划分（据 IHS，2008 资料编绘）

7.1.1 华南古陆西北侧变形带及沉积盆地

华南古陆西北侧变形带及沉积盆地可划分为龙门山－大巴山褶皱带、秦岭－大别山褶皱带、合肥坳陷（图7-0-2）。

（1）龙门山－大巴山褶皱带

龙门山－大巴山褶皱带南部与云南褶皱带相连，西接松潘－甘孜地块，北部为秦岭－大别山褶皱带，东邻四川盆地（李勇等，2000；Li H et al，2016；Yan D et al，2018）。龙门山褶皱带为扬子地台与松潘－甘孜地块缝合、碰撞、逆冲形成的褶皱带。松潘－甘孜地块与扬子地台裂离、形成小洋盆很可能与晚二叠世峨眉山地幔柱活动有关（Li H et al，2016）。龙门山褶皱带出露了元古界、古生界、中生界三叠系（图7-1-1）。

龙门山褶皱带元古界分为前南华系和南华系、震旦系。前南华系由变质火山岩、片岩、大理岩、变质砂岩组成（图7-1-2），为一套岛弧－弧后盆地浅海相记录（任明光等，2013）。南华系（720—635Ma，周传明，2016）主要为变质或未变质的石

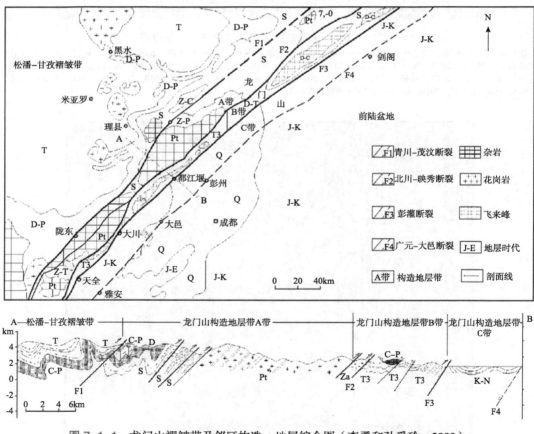

图7-1-1 龙门山褶皱带及邻区构造－地层综合图（李勇和孙爱珍，2000）

Pt—元古界；Z—震旦系；S—志留系；D—泥盆系；C—石炭系；P—二叠系；T—三叠系；J—侏罗系；K—白垩系；E—古近系；N—新近系；Q—第四系；Za—杂岩

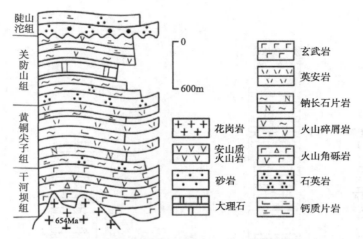

图 7-1-2　龙门山褶皱带前南华系地层柱状图（任明光等，2013）

英砂岩、长石石英砂岩、粉砂岩、千枚岩，夹含砾砂岩（图 7-1-3），为罗迪尼亚（Rodinia）超大陆的被动大陆边缘盆地滨浅海相沉积。震旦系主要为变质的或未变质的砂岩、粉砂岩、火山岩、千枚岩、页岩、白云岩、泥灰岩、灰岩、硅质岩（图 7-1-3），震旦系顶部见冰碛岩（四川省地质矿产局，1991），为裂谷盆地冰川 – 浅海相 – 深水浅海相沉积。

　　下古生界扬子地块与罗迪尼亚分离，龙门山地区长期为被动大陆边缘盆地。寒武系为滨浅海相 – 深水浅海相变质或未变质的含砾砂岩、砂岩、粉砂岩、泥岩、碳酸盐岩、硅质岩（图 7-1-4）。奥陶系分布局限，为浅海相 – 深水浅海相碳酸盐岩、泥质岩、火山岩（图 7-1-4）。志留系分布广泛，为滨浅海相 – 深水浅海相变质或未变质的含砾砂岩、砂岩、粉砂岩、泥岩，少量碳酸盐岩、硅质岩（图 7-1-4）。

　　上古生界泥盆系、石炭系、二叠系发育齐全（图 7-1-1）。泥盆系为被动大陆边缘盆地滨浅海相变质或未变质砂岩、粉砂岩、泥岩、大理岩、生物碎屑灰岩、蒸发岩（翟文亮，2017），西部的松潘 – 甘孜地区发育深水硅质岩，东部四川盆隆起为剥蚀区；石炭系为被动大陆边缘盆地滨浅海相白云岩、灰岩、泥岩，西部的松潘 – 甘孜地区发育反映深水成因的千枚岩、片岩、硅质岩，东部四川盆隆起为剥蚀区；下二叠统为广阔的滨浅海相砾岩、砂岩、泥岩、泥晶灰岩、白云质灰岩，松潘 – 甘孜地区为深水斜坡相砂岩、泥岩、火山岩、碳酸盐岩、硅质岩；上二叠统为被动大陆边缘 – 裂谷盆地浅海相 – 深水浅海相玄武岩、火山碎屑岩、砂岩、泥岩、碳酸盐岩、硅质岩（四川省地质矿产局，1991；熊连桥等，2017）。

　　龙门山褶皱带的中生界主要为三叠系。下、中三叠统主要为被动大陆边缘盆地浅海相 – 深水浅海相砂岩、泥岩、碳酸盐岩；上三叠统为前陆盆地浅海相 – 深水浅海相砂岩、泥岩、碳酸盐岩。晚三叠世晚期主要为陆相沉积（四川省地质矿产局，1991；熊连桥等，2017）。白垩纪以来，龙门山褶皱带隆升隆起剥蚀区。

　　大巴山褶皱带位于秦岭造山带南部，是华北板块与扬子板块碰撞带的前陆逆冲 –

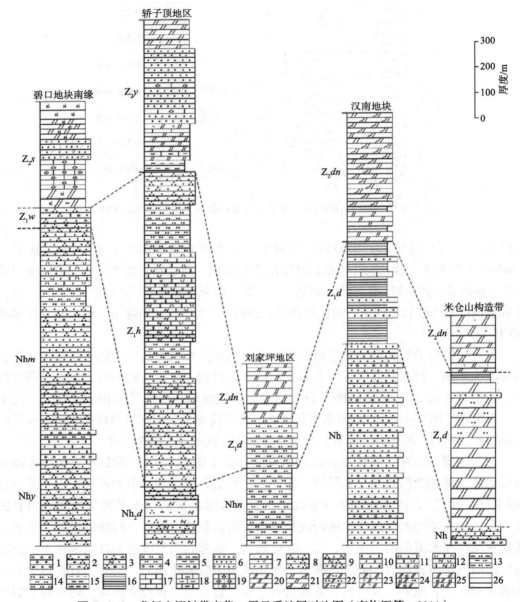

图 7-1-3　龙门山褶皱带南华 - 震旦系地层对比图（李佐臣等，2011）

1—砾岩；2—变含砾石英砂岩 / 含砾石英砂岩；3—变含砾长石石英砂岩 / 含砾长石石英砂岩；4—变含砾粉砂岩 / 含砾粉砂岩；5—变含砾粉砂质泥岩 / 含砾粉砂质泥岩；6—变砂岩 / 砂岩；7—变含碳砂岩 / 含碳砂岩；8—变石英砂岩 / 石英砂岩；9—变长石石英砂岩 / 长石石英砂岩；10—变凝灰岩；11—变流纹质凝灰岩；12—变斜长流纹质凝灰岩；13—粉砂质泥岩；14—变粉砂岩 / 粉砂岩；15—泥岩；16—页岩；17—灰岩；18—泥灰岩；19—结晶灰岩；20—白云岩；21—含燧石结核白云岩；22—含粉砂质白云岩；23—含碳质白云岩；24—含粉砂质硅质白云岩；25—硅质白云岩；26—硅质岩；Z_2s—上震旦统水晶组；Z_2y—上震旦统元吉组；Z_1w—下震旦统蜈蚣口组；Z_1h—下震旦统胡家寨组；Nh_2d—上南华统碓窝梁组；Nhm—南华系木座组；Nhn—南华系南沱组；Nhy—南华系阴平组

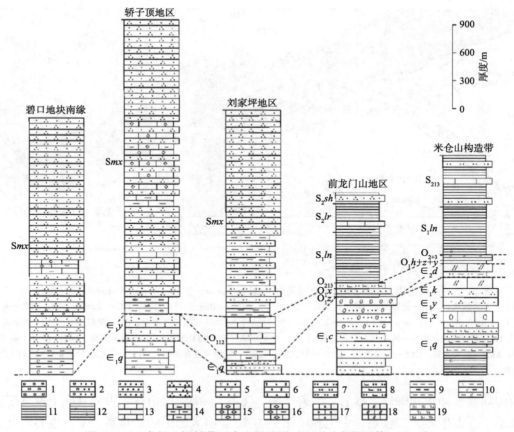

图 7-1-4　龙门山褶皱带下古生界地层对比图（李佐臣等，2011）

1—砾岩；2—变含砾石英砂岩 / 含砾石英砂岩；3—变砂岩 / 砂岩；4—变石英砂岩 / 石英砂岩；5—含碳质砂岩；6—凝灰岩；7—变粉砂岩 / 粉砂岩；8—钙质粉砂岩；9—千枚岩 / 泥岩；10—碳质千枚岩 / 含碳泥岩；11—页岩；12—碳质页岩，13—灰岩；14—泥灰岩；15—结晶灰岩；16—结晶泥灰岩；17—砾状灰岩；18—白云质灰岩；19—硅质岩；S2sh—中志留统沙帽组；S1lr—下志留统罗惹坪组；S1ln—下志留统龙马溪组；O1b +z +y—下奥陶统半河组、赵家坝组、杨子坝组并层；O1x—下奥陶统西梁寺组；O1z—下奥陶统赵家坝组；∈2d—下寒武统陡坡寺组；∈1k—下寒武统孔明洞组；∈1x—下寒武统仙女洞组；∈1c—下寒武统长江沟组

推覆带（图 7-1-5），是中三叠世—早侏罗世（245—189Ma）和晚侏罗世—早白垩世（178—110Ma）两次碰撞变形事件的产物。早期碰撞变形是勉略洋关闭、华北板块与华南板块碰撞的结果；后期变形为陆内造山，对大巴山弧形构造定型起到决定性作用（胡健民等，2009；Li J et al，2013；Cui & Wang，2019）。

大巴山褶皱带划分为北大巴山褶皱带和南大巴山褶皱带（图 7-1-5）。北大巴山发育中新元古界、下古生界、侏罗系；中新元古界的前震旦系为变质岩、花岗岩；新元古界震旦系为被动大陆边缘 - 裂谷盆地滨浅海相砂岩、粉砂岩、页岩、灰岩、白云岩、凝灰岩。下古生界寒武系为被动大陆边缘盆地浅海相灰岩、白云岩、砂岩、粉砂岩、泥岩；奥陶系主要为被动大陆边缘盆地浅海相灰岩、页岩；志留系为被动大陆边缘盆地浅海相砂岩、粉砂岩、泥岩；侏罗系不整合于强烈逆冲变形的下古生界之上，

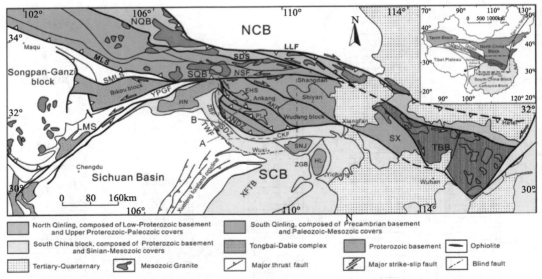

图 7-1-5 大巴山及邻区构造 – 地层简图（据 Li J et al, 2013；Wang R et al, 2019 编绘）

NCB—华北板块；NQB—北秦岭；SQB—南秦岭；SCB—华南板块；SDS—商丹缝合带；MLS—勉略缝合带；NDZ—北大巴山；SDZ—南大巴山；LMS—龙门山褶皱带；TBB—桐柏地块；XFTB—雪峰山逆冲带；HN—汉南地块；SNJ—神农架地块；HL—黄陵地块；FHS—凤凰山（安康）地块；PL—平利地块；SX—随县地块；ZGB—秭归盆地；LLF—洛南 – 栾川断裂；AKF—安康断裂；CKF—城口断裂；ZBF—镇巴断裂；TWF—铁西 – 巫溪断裂；SMLS—南勉略断裂；YPGF—阳平关断裂

为前陆盆地冲积相砾岩、砂岩、泥岩（图 7-1-6）。南大巴山在元古界基底上发育了震旦系、下古生界、二叠系、中生界（图 7-1-7）。南大巴山的震旦系、下古生界与北大巴山的震旦系、下古生界基本相似。二叠系主要为被动大陆边缘浅海相碳酸盐岩；三叠系下、中统为被动大陆边缘盆地浅海相 – 深水浅海相碳酸盐岩、泥岩，上统为前陆盆地冲积相 – 湖泊相砾岩、砂岩、泥岩、煤层组成的含煤岩系；侏罗系—白垩系为前陆盆地冲积相 – 湖泊相砾岩、砂岩、泥岩、煤层组成的含煤岩系（胡健民等，2009；Wang R et al，2019）。新生代大巴山褶皱带为隆起剥蚀区。

（2）秦岭 – 大别山褶皱带

秦岭 – 大别山褶皱带（图 7-1-5、图 7-1-8）北部以洛南 – 栾川断裂（LLF）为界与华北板块相接，南部以勉略缝合带与华南板块相接，内部以商丹缝合带为界划分为北秦岭造山带和南秦岭造山带。秦岭 – 大别山造山带的形成演化与宽坪洋、商丹洋、勉略洋先后关闭密切相关，但对形成演化的具体过程存在较大争议（刘少峰和张国伟，2008；闫全人等，2008；胡健民等，2009；Li J et al，2013；Dong Y，2014；Zhang Z et al，2015；Cao H et al，2016；Liang X et al，2017；Li S et al，2018；Zheng F et al，2019）。

①北秦岭造山带

北秦岭造山带岩石主要为宽坪群、二郎坪群、秦岭群、丹凤群变质岩和晚古生代花岗岩，北侧以南倾的洛南 – 栾川逆冲断裂与华北地块相隔，南部以北倾的商丹断裂（缝合带）与南秦岭造山带相邻（图 7-1-9）。

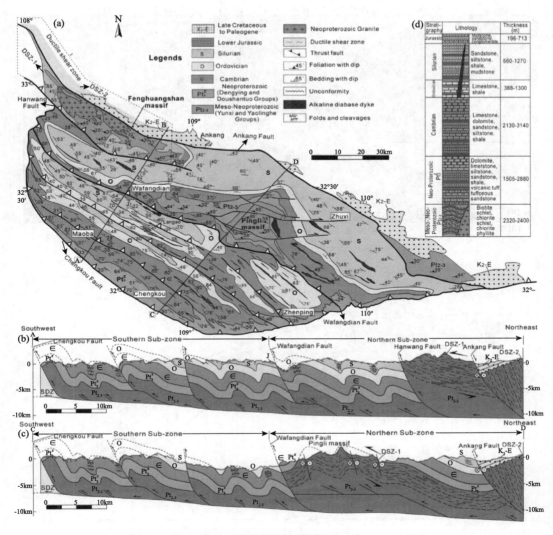

图 7-1-6　大巴山北带综合地质图（Li J et al，2013）

（a）大巴山北带地质图（位置见图 7-1-5 中 A）；（b）图（a）中 AB 构造－地层剖面图；（c）图（a）中 CD 构造－地层剖面图；（d）大巴山北带综合地层柱状图

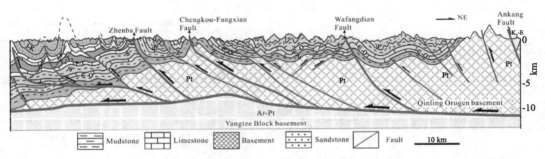

图 7-1-7　大巴山褶皱带西部构造－地层剖面图（剖面位置见图 7-1-5 中 B；Wang R et al，2019）

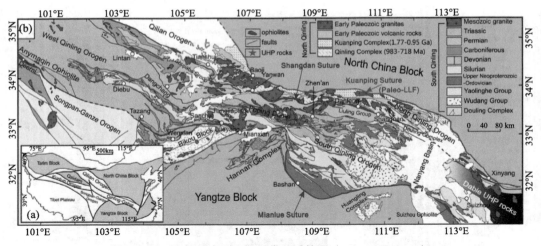

图 7-1-8　秦岭-大别山褶皱带地质简图（Li S et al，2018）

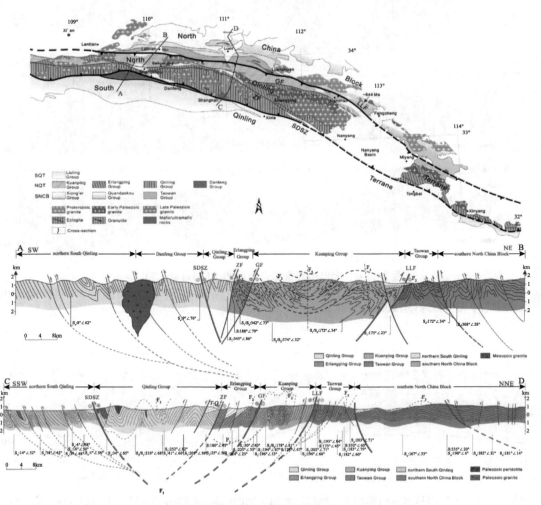

图 7-1-9　北秦岭造山带及邻区综合地质简图（Li S et al，2018）
LLF—洛南-栾川断裂；GF—官坡-乔端断裂；ZF—朱阳关-夏馆断裂；SDSZ—商丹缝合带

洛南－栾川断裂带是北秦岭地块与华北板块的俯冲－碰撞带（宋传中等，2009）。在新元古代—中奥陶世，其控制了洛南－栾川、云架山－二郎坪相关盆地的发育；志留纪末期—泥盆纪初，由南向北逆冲推覆；晚古生代，断裂活动微弱；中三叠世末—早白垩世早期，造山带逆冲体系前锋逐步向北推进；晚白垩世，北秦岭地区处于右旋走滑构造背景，沿洛南－栾川断裂带形成拉分盆地（陆永德，2009）。

华北板块南缘基底为 2.8—2.5Ga 的太古界太华群，上覆古元古界—中元古界官道口群、栾川群沉积岩，中元古界 1.8—1.75Ga 的熊耳群火山岩，覆盖在官道口群和栾川群之上的套碗群变质砂岩、千枚岩、板岩、片岩、变质砾岩、大理岩，被新元古代辉长岩侵入。套碗群地质年代跨度大，相当于青白口系—震旦系、寒武系—志留系，在套碗群获得 400Ma± 的变质年龄。

宽坪群主要由变铁镁质岩、云母石英片岩、大理岩等组成，不同地区岩性序列有差异（图 7-1-10）。变铁镁质岩包括绿片岩和斜长角闪岩两大类。云母石英片岩类主要为白云母石英片岩、黑云母石英片岩、二云母石英片岩、石榴二云斜长片岩等，原岩以泥质为主，在变形较弱处可见变余的递变层理。大理岩类包括石英大理岩、黑云母大理岩、透闪石大理岩等。宽坪群变基性火山岩原岩形成于中新元古代（1445Ma、943Ma、611Ma±13Ma）的被动陆缘裂谷深水盆地，变质沉积岩的原岩形成于新元古代—早古生代（640—400Ma），变质峰值时代为石炭纪 Serpukhovian 期（319.1Ma±3.6Ma）（闫全人等，2008；Cao H et al，2016；Zheng F，2019）。

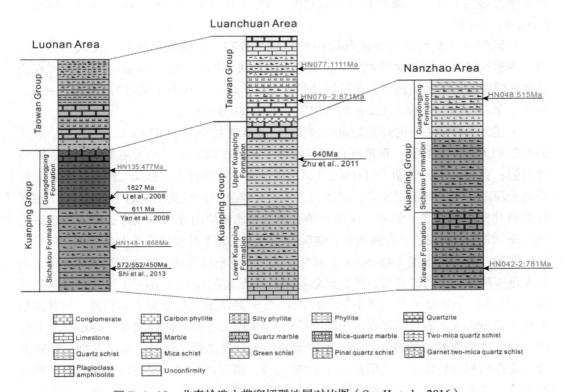

图 7-1-10　北秦岭造山带宽坪群地层对比图（Cao H et al，2016）

　　二郎坪群是分布于宽坪群与秦岭群之间的构造杂岩，东部主要为基性岩，少量超基性岩、新元古代蛇绿杂岩，西部为变质火山岩、变质陆源碎屑岩和大理岩，有大量年龄为 490—400Ma 的花岗岩侵入体，经历了 440Ma 和 404—394Ma 的绿片岩相—角闪岩相变质作用。在大理岩中发现了寒武纪—志留纪化石。锆石 U–Pb 年龄指示基性至酸性变质火山岩形成年代为 490—467Ma，桐柏地区的变质泥质岩是在 454Ma 后沉积的。变质火山岩是岛弧或弧后盆地形成的（Cao H et al，2016；Zheng F，2019）。

　　秦岭群，也秦岭杂岩，主要由片麻岩、角闪岩、大理岩、弱变质泥质岩组成。秦岭群划分为郭庄组和雁岭沟组。郭庄组主要为一套中深变质的长英质（部分为富铝质）陆源碎屑岩–碳酸盐岩夹基性火山岩建造。雁岭沟组为碳酸盐岩夹碎屑岩沉积建造，含钙质岩石（大理岩、变粒岩等）的原岩为白云岩、泥灰岩和钙质砂岩。角闪质岩石绝大部分为正变质岩，且多出现在郭庄岩组的片麻岩中。秦岭群被新元古代和志留纪–泥盆纪花岗岩侵入（张健等，2019）。片麻岩的年龄为古元古代 2267—2172Ma，变拉斑玄武岩角闪岩的年龄为古元古代 1987Ma±，是北秦岭最古老的结晶基底，也称北秦岭地块。另外，也有新元古代 1000—800Ma 的片麻岩、年龄在 490—485Ma 的超高压变质岩榴辉岩、年龄在 450—400Ma 的岛弧岩浆岩和众多花岗岩侵入体。

　　北秦岭地块是 800Ma 后开始从罗迪尼亚超大陆裂离，向北漂移，约在 501—454Ma 开始与二郎坪洋内弧、华北地块汇聚碰撞，北秦岭地块隆升为隆起剥蚀区。在 440—420Ma，北秦岭发生了混合岩化作用和花岗岩岩浆作用；在 490—480Ma，北秦岭南缘岛弧型超基性岩侵入，表明商丹洋向北俯冲（Cao H et al，2016；Yu H et al，2016；Zheng F，2019）。

　　丹凤群在北秦岭造山带南部沿商丹缝合带分布，主要为辉长岩、玄武岩、安山岩、少量超基性岩和极少沉积岩。该组岩石的地质年龄在 520—420Ma。是商丹洋洋壳和岛弧弧前盆地的地质记录，商丹洋是早古生代（420—403Ma）关闭的（Cao H et al，2016；Yu H et al，2016；Liang X，2017；Zheng F，2019）。

　　上述北秦岭造山带的地质记录反映了：a. 新元古代早期（943Ma±）华北板块从罗迪尼亚超大陆开始裂解，形成陆内裂谷盆地，沉积了以滨浅海相为主的火山岩、陆源碎屑岩；到新元古代晚期（611Ma±），出现洋壳（宽坪洋），形成大洋–被动大陆边缘盆地深海–滨浅海相泥质岩、碎屑岩、碳酸盐岩沉积；寒武纪晚期（490Ma±）宽坪洋壳向北秦岭地块之下俯冲，在宽坪洋北侧的华北板块南缘持续发育被动大陆边缘盆地深海–滨浅海相泥岩、碳酸盐岩、陆源碎屑岩，在北秦岭地块开始发育岛弧、弧前、弧后盆地；奥陶纪晚期（454Ma±）宽坪洋关闭，北秦岭地块与华北板块碰撞，华北板块大范围隆升，二者结合带，形成前陆盆地，早泥盆世末（400Ma±）演化为隆起剥蚀区。b. 北秦岭地块新元古代早中期（800Ma±）开始从罗迪尼亚超大陆裂离，到寒武纪中期（>520Ma±）商丹洋形成；志留纪早期（440Ma±）商丹洋壳向北秦岭地块之下俯冲，与宽坪洋壳的俯冲叠加，在北秦岭地块持续发育岛弧、弧前、弧后盆地，伴随混合岩化作用和岩浆作用。志留纪末（420Ma±），商丹洋关闭，北秦岭地块与南秦岭地块碰撞，二者结合带，形成前陆盆地，到早泥盆世末（403Ma±）演化为隆起剥蚀区。

②南秦岭造山带

南秦岭造山带北部以北倾的商丹断裂（缝合带）与北秦岭造山带相邻，南部以勉略缝合带与扬子地台相接，是晚勉略洋盆关闭，华北板块与华南板块碰撞的结果。勉略洋是泥盆纪中期南秦岭地块从扬子板块北缘裂离形成的洋盆，三叠纪中期关闭（Zhu X et al，2014；Zattin & Wang，2019）。南秦岭造山带主要出露陡岭群、武当群、耀岭河群、震旦系—奥陶系、志留系、泥盆系、石炭系、二叠系、三叠系和中生界花岗岩类（图7-1-8）。

陡岭群也称陡岭杂岩，主要由花岗片麻岩、角闪岩、大理岩、石墨片岩、细晶岩、石英岩组成（图7-1-11）。陡岭群变质沉积岩的原岩为太古界—古元古界，片麻岩获得最老年代数据是2.5Ga（Zhang J et al，2018）。

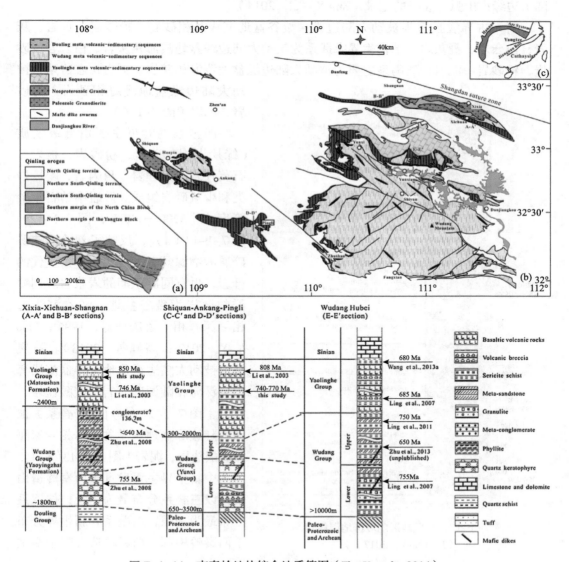

图7-1-11　南秦岭地块综合地质简图（Zhu X et al，2014）

武当群为一套变质程度达低绿片岩相的变酸性火山 – 沉积岩系（图 7–1–11），自下而上划分为姚坪组、杨坪组、双台组。姚坪组形成早于 1.3Ga，由变基性岩、变晶屑凝灰岩、变酸性熔岩、变粒岩、浅粒岩、片岩、变石英角斑岩、石英岩组成。杨坪组为以火山碎屑物质为主要来源的变质沉积岩，形成在 1.3—1.2Ga，由变质砂岩、变长石砂岩、变石英角斑岩、变粉砂岩、片岩、石英岩组成。双台组地质年龄在 1.2—1.038Ga由变质火山岩、变质砂砾岩、片岩组成（万义文，1990）。最新获得的武当群年代数据均在 750Ma 左右，其中有大量 700—650Ma 的基性岩脉（Li & Zhao, 2016；庐山松等，2017）。

耀岭河群主要为变质沉积岩、变质火山岩，原岩为玄武岩、基性凝灰岩、火山 – 沉积岩（图 7–1–11），耀岭河组的时限约为 850—650Ma，是扬子板块（罗迪尼亚大陆）边缘火山弧 – 裂谷的记录（Zhu X et al, 2014）。

新元古界震旦系为被动大陆边缘 – 裂谷盆地滨浅海相砂岩、粉砂岩、页岩、灰岩、白云岩、凝灰岩。下古生界寒武系为被动大陆边缘盆地浅海相灰岩、白云岩、砂岩、粉砂岩、泥岩；奥陶系主要为被动大陆边缘盆地浅海相灰岩、页岩；志留系为被动大陆边缘盆地浅海相砂岩、粉砂岩、泥岩（图 7–1–6）。

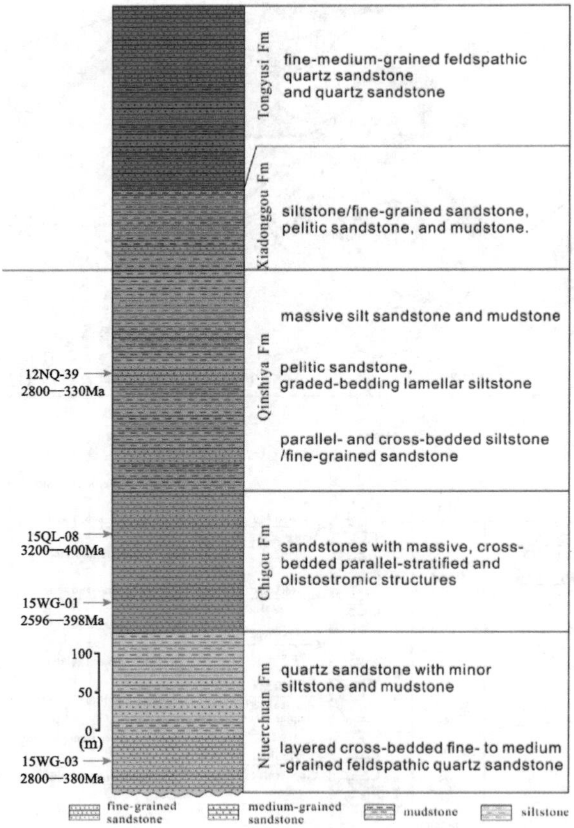

泥盆系刘岭群主要由低级变质（绿片岩相）砂岩、粉砂岩、板岩，石英片岩、大理岩、角闪岩、糜棱岩类和少量砾岩组成。砂岩中锆石年龄跨度大［3200—330Ma，图 7–1–12、图 7–1–13（a）］，反映了刘岭群陆源碎屑的物源既有太古代—早古生代的母岩，也有同沉积期的岩浆岩。刘岭群的原岩为裂谷盆地 – 洋盆滨浅海相 – 深海相（孟庆任等，1996；Liao X–Y，2017；高峰等，2018）。石炭系为被动大陆边缘盆地 – 洋盆滨浅海相 – 深海相陆源碎屑岩、碳酸盐岩、泥岩［图 7–1–13（b）］。二叠系为被动大陆边缘盆地 – 洋盆浅海相 – 深海相碳酸盐岩、泥岩［图 7–1–13（c）］。

中新生界主要发育于西秦岭造山带，以三叠系分布最为广泛，侏罗系分布最为局限，白垩系和新生界分布于西秦岭中部。西秦岭造山带中新生

图 7–1–12　丹凤地区刘岭群地层序列
（Liao X–Y，2017）

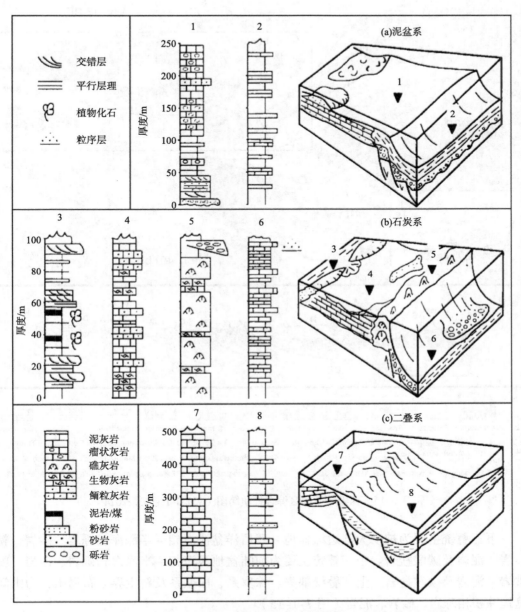

图 7-1-13　高川地区上古生界地层序列及沉积模式（孟庆任等，1996）

界的分布受南倾逆冲断裂控制（图 7–1–8、图 7–1–14）。

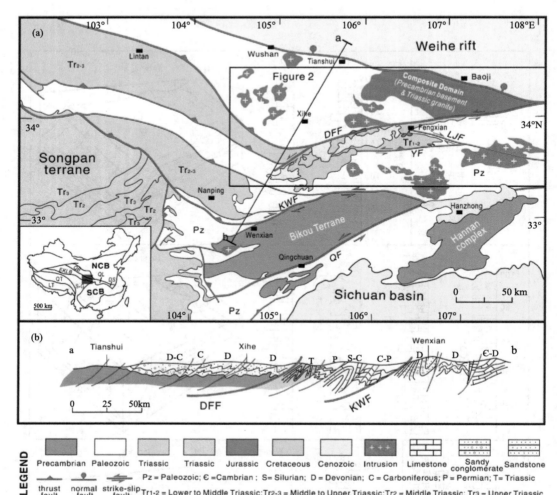

图 7–1–14　西秦岭及邻区综合地质简图（Wu G–L et al，2014）

下三叠统主要为被动大陆边缘盆地 – 残留洋盆浅海相 – 半深海相砾岩、砂岩、粉砂岩、泥岩及碳酸盐岩。中三叠统主要为前陆盆地浅海相 – 半深海相砾岩、砂岩、粉砂岩、泥岩及碳酸盐岩。上三叠统缺失。侏罗系、白垩系及新生界分布局限，为山间盆地冲积相砾岩、砂岩、泥岩（图 7–1–15）。

③大别造山带

大别 – 苏鲁造山带是三叠纪扬子板块向华北板块之下俯冲形成的，大别 – 苏鲁造山带被郯庐走滑断裂切割（汤家富和侯明金，2016；Lei H et al，2019）。大别造山带自北向南划分为 5 个不同的变质岩带：北淮阳低温 / 低压绿片岩相变质岩带、北大别高温 / 超高压变质岩带、中大别中温 / 超高压榴辉岩相变质岩带、南大别低温 / 超高压榴

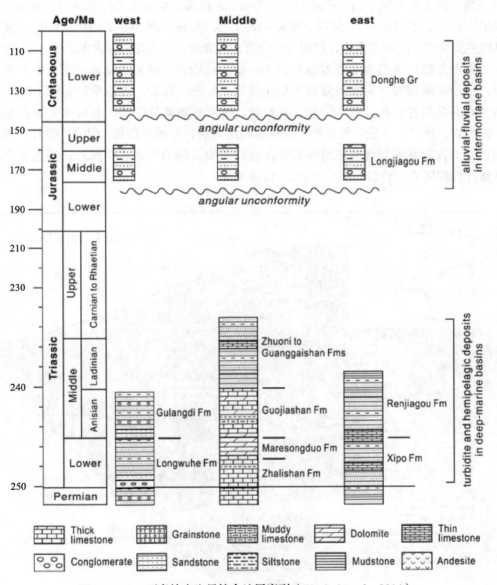

图 7-1-15　西秦岭中生界综合地层序列（Wu G-L et al，2014）

辉岩相变质岩带、宿松低温/低压绿片岩相变质岩带（图7-1-16）。大别造山带变质岩的原岩主要是新元古代（0.7—0.8Ga）的岩浆岩（Lei H et al，2019）。

④南襄盆地

南襄盆地是在秦岭-大别山褶皱带内发育的白垩纪—第四纪断陷盆地，四周被大山环绕，西北部为伏牛山，西南部为武当山，东南部为桐柏山（河南油田石油地质志编写组，1992；季汉成等，2017），总面积约 $1.7 \times 10^4 km^2$（图7-0-2、图7-1-8）。盆地的基底主要为前中生界变质岩，以混合片麻岩、大理岩、混合花岗岩为主（图7-1-17）。

下白垩统白湾组为裂谷盆地冲积相-湖泊相砾岩、砂岩、泥岩、泥灰岩，夹蒸发岩。上白垩统胡岗组为裂谷盆地冲积相砾岩、砂岩、泥岩。古近系始新统下部玉皇顶组为裂谷盆地冲积相砂岩、泥岩，夹石膏。古近系始新统中部大仓房组为裂谷盆地冲积相砂岩、泥岩。古近系始新统上部核桃园组为裂谷盆地冲积相-湖泊相砂岩、泥岩、油页岩。古近系渐新统廖庄组为裂谷盆地冲积相-湖泊相砂岩、泥岩。新近系为裂谷盆地冲积相砾岩、砂岩、泥岩（图7-1-18）。

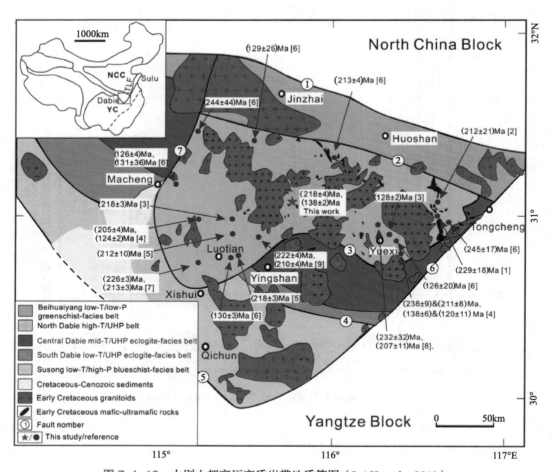

图7-1-16 大别山超高压变质岩带地质简图（Lei H et al，2019）

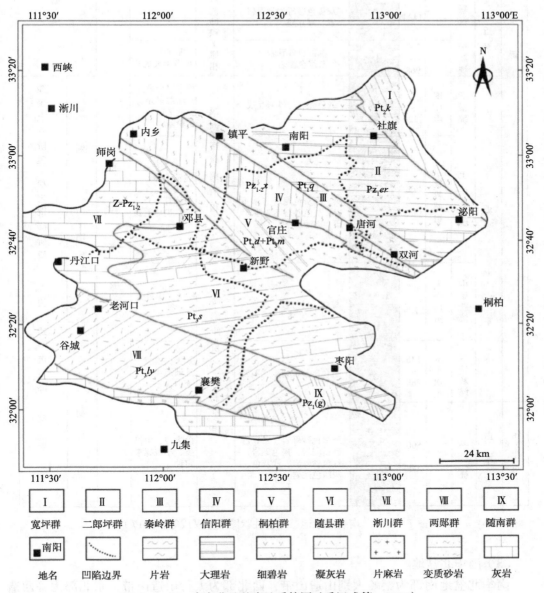

图 7-1-17 南襄盆地基岩地质简图（季汉成等，2017）

地层				厚度/m	岩性剖面	岩性描述	沉积相	古生物	主要分布区	构造活动期	
界	系	统	组								
新生界	新近系	上新统		14~1484	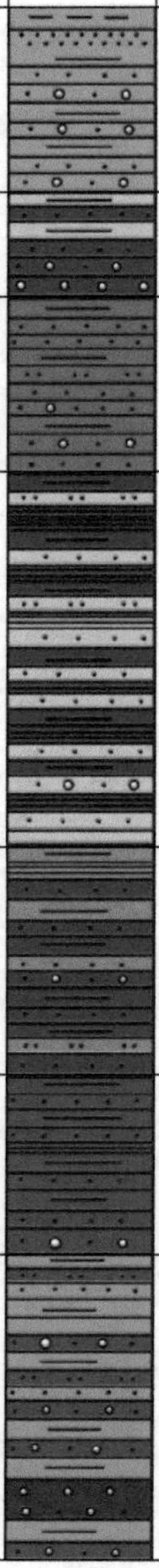	灰黄色砂砾岩与泥岩不等厚互层	河流冲积平原相		大部分断坳湖盆	坳陷时期	
		中新统		252~968		棕红色砂砾岩 灰绿色泥岩		大唇犀、纯净小玻璃介			
	古近系	渐新统	廖庄组	0~1329		绿色泥岩与砂岩互层	浅湖较深湖泊相	德卡里金星介、张港柔星介、亚截平球状轮藻		断陷时期	缓慢上升阶段
		上始新统	核桃园组	400~1468		灰、深灰色泥岩、油页岩，灰色砂岩不等厚互层，夹油层		脆钻子螺、呆板美星介、彭阵真星介、潜江扁球轮藻			稳定沉降阶段
		中始新统	大仓房组	450~2200		棕红、砖红砂、泥岩互层	河流冲积泛滥平原相	鳄类、中兽类、冠齿类			快速沉降阶段
		下始新统	玉皇顶组	136~960		红色砂、泥岩，夹石膏		冠齿类锥齿亚洲冠齿、菱白兽			
中生界	白垩系	上统		500~4000		灰绿色砂砾岩，紫红色砂质泥岩，褐色砾岩，红色砂砾岩，浅灰色、灰绿色泥岩		阶齿兽、中兽类、小裁螺未定种			

图 7-1-18 南襄盆地地层综合柱状图（季汉成等，2017）

（3）南华北盆地

南华北盆地南部为秦岭大别山造山带，西北部为太行山造山带，东北部为鲁西造山带，东部为郯庐断裂带。由多个隆起带与坳陷构成（图 7-1-19）。本章主要涉及合肥坳陷、周口坳陷和长山隆起带。

①合肥坳陷

合肥坳陷处于华北板块南部边缘，位于安徽省中部，其南侧以磨子潭 – 晓天逆冲断裂与大别山相接，北侧以颍上 – 定远伸展断裂与蚌埠隆起相邻，东侧以郯庐走滑断裂与张八岭隆起相邻，西侧以吴集断裂与长山隆起相邻。是在前侏罗系基底上发育的中、新生代陆相碎屑盆地，面积约 $2.0 \times 10^4 \, \mathrm{km}^2$（图 7-1-20）。

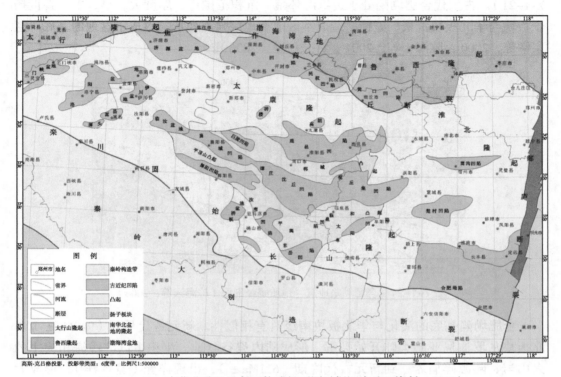

图 7-1-19 南华北盆地及邻区构造纲要图（据河南油田资料，2013）

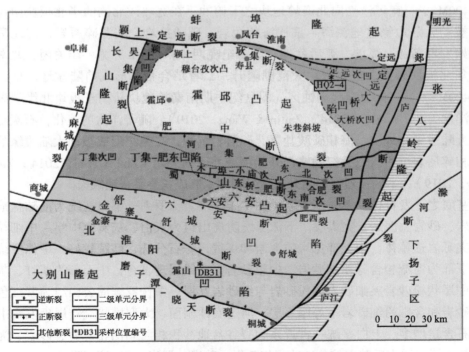

图 7-1-20 合肥坳陷及邻区构造纲要图（许长海等，2006）

合肥坳陷的基底由太古宇、元古宇、寒武系—奥陶系、石炭系—二叠系组成（图7-1-21）。古生代合肥坳陷处于边缘海环境，沉积范围广、厚度大。早、中三叠世扬子板块与华北板块汇聚、碰撞，造成本区前期地层强烈变形，形成了盆地的基底（赵宗举等，2000；陈海云等，2004；许长海等，2006）。

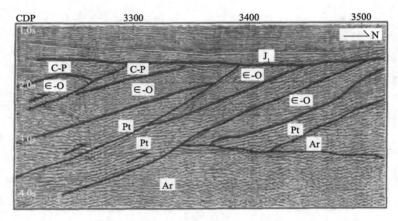

图 7-1-21　合肥坳陷地震 – 地质解释剖面（陈海云等，2004）

合肥坳陷基底的演化与华北板块南缘具有相似性。新元古代早期（943Ma±）华北板块从罗迪尼亚超大陆开始裂解，形成陆内裂谷盆地，沉积了以滨浅海相为主的火山岩、陆源碎屑岩；到新元古代晚期（611Ma±），出现洋壳（宽坪洋），形成大洋 – 被动大陆边缘盆地深海 – 滨浅海相泥质岩、碎屑岩、碳酸盐岩沉积；寒武纪晚期（490Ma±）宽坪洋壳向北秦岭地块之下俯冲，在宽坪洋北侧的华北板块南缘持续发育被动大陆边缘盆地深海 – 滨浅海相泥岩、碳酸盐岩、陆源碎屑岩，在北秦岭地块开始发育岛弧、弧前、弧后盆地；奥陶纪晚期（454Ma±）宽坪洋关闭，北秦岭地块与华北板块碰撞，华北板块大范围隆升，二者结合带，形成前陆盆地，早泥盆世末（400Ma±）演化为隆起剥蚀区。泥盆纪中期南秦岭地块从扬子板块北缘裂离形成勉略洋盆（Zhu X et al，2014；Zattin & Wang，2019）。随着洋盆的演化，石炭纪形成被动大陆边缘盆地滨浅海相碳酸盐岩、碎屑岩沉积；二叠纪形成被动大陆边缘盆地滨浅海相碎屑岩沉积。三叠纪勉略洋开始消减并逐渐关闭（Zhu X et al，2014；Zattin & Wang，2019），本区强烈变形隆升，遭受剥蚀，造成三叠系普遍缺失。

基底之上发育侏罗系—新近系（图7-1-22）。侏罗系—下白垩统为前陆盆地冲积相砾岩、砂岩、泥岩，夹煤层。下侏罗统防虎山组为灰白、灰黄色中粗 – 中细粒石英砂岩夹砾岩透镜体，中上部见炭质泥岩和煤线，砾石分选、磨圆较好；中侏罗统圆洞山组下部为河流相含砾粉细砂岩、中粗砂岩，交错层理发育，中上部为紫红、灰黄色薄 – 中层状粉砂岩夹细砂岩或粉砂岩与细砂岩互层；中侏罗统周公山组为紫红色含砾中粗砂岩和含砾粉细砂岩不等厚互层，河道底冲刷面、大型槽状交错层理发育由下往上砾石含量增多。上白垩统—古近系为裂谷盆地冲积相 – 湖泊相砾岩、砂岩、泥岩。新近系—第四系为反转裂谷盆地冲积相砾岩、砂岩、泥岩（赵宗举等，2000）。

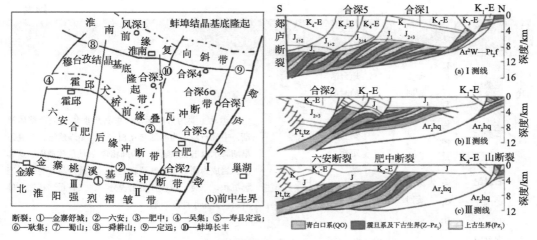

图 7-1-22　合肥坳陷地质剖面图（赵宗举等，2000）

②周口坳陷及邻区

周口坳陷处于华北板块南缘，西南及南部以栾川 - 固始断裂与秦岭造山带（豫西隆起、长山隆起）相接，北侧与太康隆起过渡，东侧以夏 - 涡 - 麻断裂与徐蚌隆起相邻，面积约 $3.2 \times 10^4 \, km^2$（图 7-1-19）。

周口坳陷前中生代的地质演化历史与合肥坳陷相似（表 7-1-1），在此不再赘述。但周口坳陷三叠系与二叠系为整合接触。三叠系中、下三叠统为克拉通盆地冲积相 - 湖泊相砾岩、砂岩、泥岩、碳酸盐岩。克拉通盆地一直持续到早白垩世（图 7-1-23）。三叠系周口坳陷西侧豫西隆起的宜阳地区出露（图 7-1-24），下三叠统孙家沟组为湖泊相砂岩、泥岩、碳酸盐岩（曹高社等，2019），刘家沟组主要为冲积相 - 湖泊相砾岩、砂岩、泥岩（邢智峰等，2018）。上三叠统缺失。侏罗系以克拉通盆地沼泽相炭质泥岩为主，夹煤层、砂岩、含砾砂岩。下白垩为统克拉通内断陷盆地冲积相 - 湖泊相砾岩、砂岩、泥岩。

表 7-1-1　周口坳陷地质演化历史简表（河南油田石油地质志编写组，1992）

地层时代		构造旋回	构造演化	地层	主要地质作用
新生代	第四纪 Q	喜马拉雅旋回	坳陷期	N+Q	晚第三纪大面积上升受剥蚀后夷平产生坳陷，接受一套陆相滨湖河流相沉积，与第四系组成广泛分布的平层
	上第三纪 N				
	下第三纪 E	断陷、坳陷阶段	断陷期	K₂+E	新断裂运动使周口坳陷复杂化，形成了16个晚白垩世—早第三纪断陷式沉积盆地、坳陷西部具生油条件，为勘探目的层之一
中生代	白垩纪 K₂	燕山旋回	地台	J₃+K₁	地壳运动以断裂运动为主，西部隆起，东部大面积下降，形成了周口坳陷为华北盆地向南延伸部分，郸城凸起以南形成侏罗纪晚期 - 白垩纪早期沉积盆地
	K₁				
	侏罗纪 J₃		分化期	中统	
	J₂			下统	
	J₁				

续表

地层时代			构造旋回	构造演化	地层		主要地质作用
中生代	三叠纪	T_3	印支旋回	地台活动时期	缺失		
		T_2			中统		
		T_1			下统		
古生代	二叠纪	P_2	华力西旋回	第二稳定沉降期	上统		地壳运动主要为升降运动，中石炭世华北地台整体逐渐，中晚石炭世为海陆交互相，下含铝煤建造，二叠纪早期海水退出变成陆地，为陆相含煤地层建造期，这套沉积岩成为周口坳陷气源岩之一。二叠系与三叠系呈连续沉积，三叠纪地台开始出现分异，三叠系陆相红色碎屑层，分布于鹿邑凹陷
		P_1			下统		
	石炭纪	C_3			上统		
		C_2			中统		
		C_1		抬升期	缺失		
	泥盆纪	D_3					
		D_2					
		D_1					
	志留纪	S_3	加里东旋回	地台发展阶段			地台型碳酸岩沉积建造为主，地壳表现为升降运动。中奥陶世后华北地台整体隆起，全区缺乏上奥陶统—下石奥统，南部部分地区下奥陶统—上寒武统被剥蚀
		S_2					
		S_1					
	奥陶纪	O_3			中统	部分地区缺失	
		O_2		第一稳定沉降期	下统		
		O_1			上统		
	寒武纪	Є_3			中统		
		Є_2			下统		
		Є_1					
元古代	震旦纪	Z_2	少林旋回	向稳定地台过渡期	震旦系		地台型海相碎屑–碳酸岩建造，山麓冰川建造，地壳以升降运动为主，与上覆层里平行不整合
		Z_1			洛峪群		地台型海相碎屑建造，晋宁运动使台陷带形成褶皱，结束了边缘活动带
	中元古代晚期	Pt_2^b	晋宁旋回		汝阳群		
	中元古代早期	$P1_2^b$	王屋山旋回		熊耳群		周口地区南台缘坳陷内形成8000余米厚中酸性火山岩
	早元古代	Pt_1	中条旋回	地台基底形成阶段	嵩山群		中条运动，华北地台基本形成，周口地区南缘栾川–确山–固始深断裂带形成，出现台缘坳陷
太古代		A_r	嵩阳旋回		太华群		嵩阳运动使火山岩建造为主的太华群形成线型褶皱，岩石强烈变质，超基性–酸性各种岩浆侵入

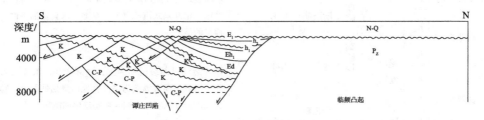

图 7-1-23　周口坳陷地质剖面图（南阳油田石油地质志编写组，1992）

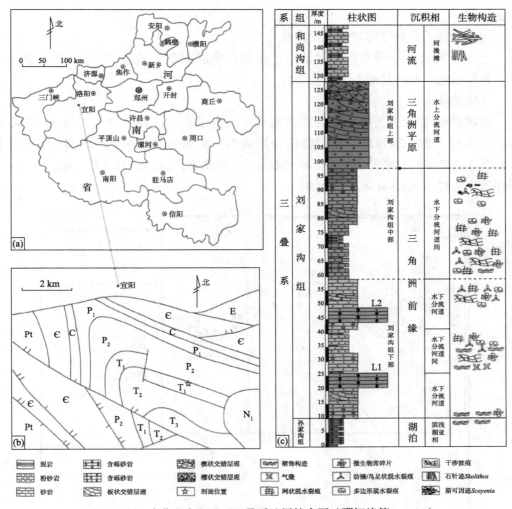

图 7-1-24 南华北宜阳地区三叠系地层综合图（邢智峰等，2018）

上白垩统—古近系为裂谷盆地（图 7-1-23）冲积相 - 湖泊相砾岩、砂岩、泥岩、蒸发岩。其中，中古新统—下始新统的玉皇顶组和中始新统大仓组为冲积相砾岩、砂岩、泥岩；上始新统—中渐新统核桃园组为冲积相 - 湖泊相砾岩、砂岩、泥岩、油页岩、碳酸盐岩、膏岩、膏盐岩、盐岩，岩层累厚达 600m。上渐新统廖庄组为冲积相砾岩、砂岩、泥岩。新近系—第四系为克拉通盆地冲积相砾岩、砂岩、泥岩（河南油田石油地质志编写组，1992）。

7.1.2 扬子地台内变形带及沉积盆地

扬子地台北界为秦岭 - 大别 - 苏鲁造山带，南界为江南造山带，西界为龙门山造山带，东界达南黄海（图 7-0-2）。扬子地台内变形带及沉积盆地主要可划分为上扬子地台变形带及沉积盆地群、中扬子地台变形带及沉积盆地群、下扬子地台变形带及沉积盆地群。

（1）上扬子地台变形带及沉积盆地

上扬子地台变形带及沉积盆地主要包括康滇隆起带、峨眉山火成岩带、四川盆地、楚雄盆地、西昌盆地（图7-0-2）。

①康滇隆起带

康滇隆起带位于上扬子地块的西南部，出露了古元古界—中元古界汤丹群、河口群、大红山群、东川群、昆阳群的变质火山–沉积岩和中—新元古界侵入岩（图7-1-25）。变质岩的原岩年龄在2.3—1.1Ga（王生伟等，2013；Hou L et al，2015；金廷福等，2017；Zeng M et al，2018）。

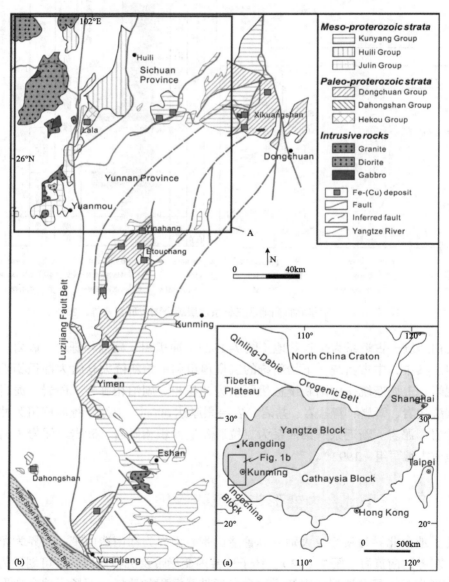

图7-1-25　康滇地区元古宇分布图（Zeng M et al，2018）

　　康滇隆起带元古宇之上发育了震旦系、寒武系、奥陶系、泥盆系、二叠系、三叠系、侏罗系、白垩系、古近系、新近系和第四系（图 7-1-26）。

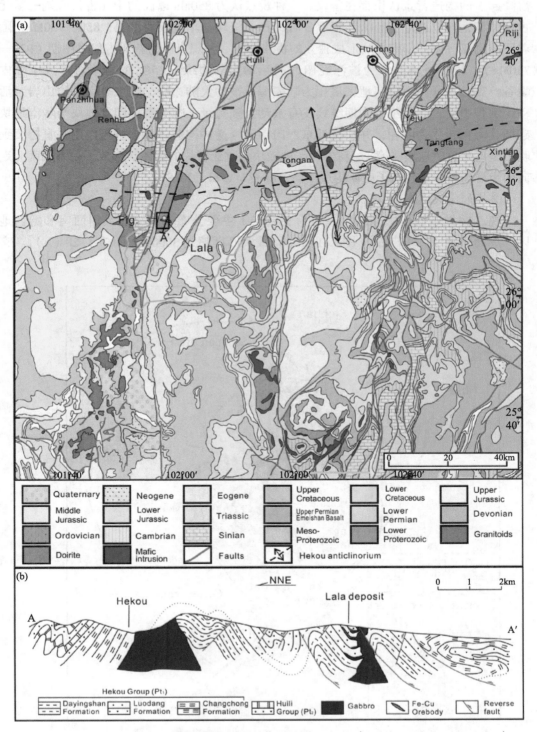

图 7-1-26　康滇地区川西南滇东北地质图（位置见图 7-1-25 中 A 区；Zeng M et al，2018）

康滇隆起带最老的岩石是古元古界（1.7—1.5Ga）变质沉积岩和岩浆岩，形成于哥伦比亚超大陆裂解的裂谷盆地。中元古代晚期—新元古代早期，扬子板块（包括康滇隆起）的构造背景认识存在争议。一种观点认为850Ma以前的中元古代晚期—新元古代早期，与罗迪尼亚超大陆汇聚一致，扬子板块与华夏板块汇聚；850—750Ma，随着罗迪尼亚解体，华南古陆形成独立的板块。另一种观点认为新元古代早中期（930—750Ma），扬子板块周缘为被洋壳俯冲的活动大陆边缘，1.5Ga的岩浆岩形成于陆内裂谷。震旦系开始，康滇地区演化为陆表海或被动大陆边缘，晚二叠世峨眉山岩浆活动，沉积中断；三叠纪早中期继续发育被动大陆边缘。晚三叠世印支地块与华南地块碰撞，海相转化为陆相，并形成近东西向褶皱－逆冲构造体系，挤压作用一直持续到晚白垩世（拉萨地块碰撞）。新生代印度板块与欧亚板块的碰撞，形成了一系列南北走向的走滑断裂，并改造了前期构造格局（Zeng M et al，2018）。

②峨眉山火成岩带

晚二叠世峨眉山火成岩（主要为玄武岩）主要分布于滇中北、川西南和黔西地区，总面积约$25×10^4 km^2$（图7-1-27），最大厚度超过3000m［图7-1-28（b）］。玄

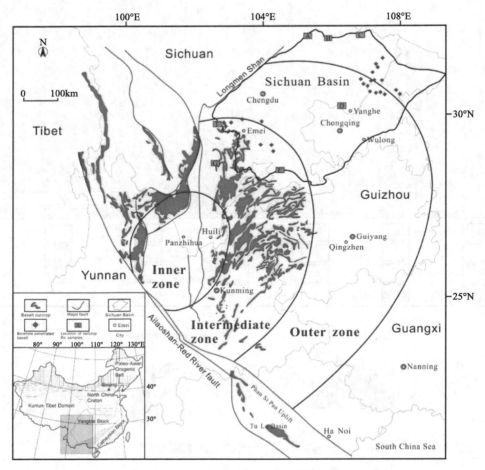

图7-1-27　峨眉山玄武岩露头分布（Jiang Q et al，2018）

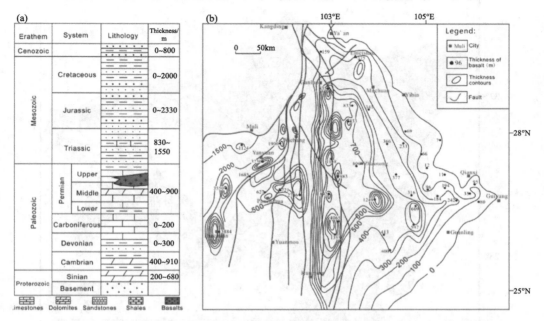

图 7-1-28　峨眉山玄武岩区地层序列及玄武岩厚度分布（Jiang Q et al，2018 略改）

武岩喷发的年代在 259Ma 左右（Li H et al，2016；Jiang Q et al，2018）。峨眉山玄武岩多覆盖了震旦系、寒武系、泥盆系、石炭系、下二叠统，其上又被三叠系、侏罗系、白垩系及新生界不同程度覆盖［图 7-1-28（a）］。

③四川盆地

四川盆地为一群山环绕的北东向菱形盆地，东北为大巴山，东南为大娄山，西南为大凉山，西侧为龙门山、邛崃山，盆地面积约 $18×10^4km^2$（图 7-0-2）。盆地内主要出露中新生代地层，周围山系多出露古生界及元古界（图 7-1-29）。

四川盆地以前震旦系为基底。震旦系为克拉通盆地冲积相－浅海相砾岩、砂岩、泥岩、碳酸盐岩，局部发育蒸发岩，全盆地发育。寒武系为克拉通盆地浅海相碳酸盐岩，全盆地发育。奥陶系为克拉通盆地浅海相碳酸盐岩，川中地区大部分缺失。志留系为克拉通盆地浅海相碳酸盐岩、泥岩，主要分布于龙门山与川东－鄂西地区。泥盆系为克拉通盆地浅海相碳酸盐岩，主要分布于龙门山地区。石炭系为克拉通盆地浅海相碳酸盐岩、泥岩，主要分布于龙门山－川西与川东－鄂西地区。

二叠系—中三叠统为克拉通盆地浅海相碳酸盐岩、少量蒸发岩，全盆地发育。上三叠统—侏罗系主要为前陆盆地冲积相－湖泊相砾岩、砂岩、泥岩，全盆地发育。白垩系—古近系主要为前陆盆地冲积相相砾岩、砂岩、泥岩，分布于盆地中部。新近系主要为前陆盆地冲积相砾岩、砂岩、泥岩，分布于龙门山山前及川西地区（图 7-1-30）。

④楚雄盆地

楚雄盆地位于扬子板块的西南边缘，北邻龙门山构造带，东侧以元谋－绿汁江断裂为界，西侧以程海－宾川断裂为界，西南以红河断裂与哀牢山造山带毗邻，总体形

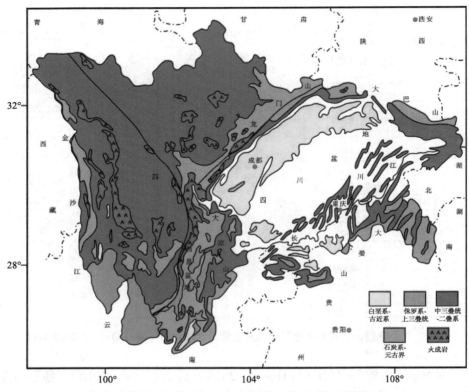

图 7-1-29 四川省地质简图（四川油气区石油地质志编写组，1989）

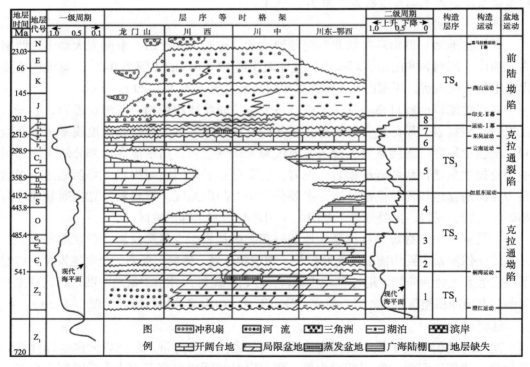

图 7-1-30 四川盆地地层格架（据王泽成等，2002 修改）

态呈北宽南窄的倒三角形，盆地面积约 $3.65 \times 10^4 km^2$。盆地内主要出露中、新生代地层（图 7-1-31）。

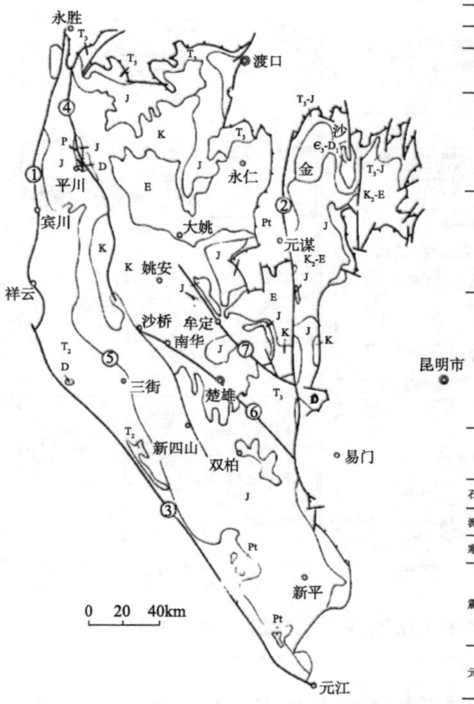

系	统	组	代号	厚度/m	岩性	沉积相
下第三系	始新统	赵家店组	E_2z	1200	紫红色砂岩夹含盐泥砾岩、底为砾岩	河流—湖泊相
	古新统	江底河组(上段)	E_1j	310~1500		
白垩系	上统	江底河组(下段)	K_2j	208~1270		
	上统	马头山组	K_2m	70~526		
	下统	普昌河组	K_1p	137~1425	紫红色砂泥岩	
	下统	高峰寺组	K_1g	200~702		
侏罗系	上统	妥甸组	J_3t	370~1340	紫红色砂泥岩夹灰绿色泥岩、泥灰岩	湖泊夹河流相
	上统	蛇店组	J_3s	420~1262		
	中统	张河组	J_2z	200~2600		
	下统	冯家河组	J_1f	333~3000		
三叠系	上统	白土田组 会贽组	T_3b	500~2800 / 217~534	灰色灰黑色泥页岩夹砂砾岩、煤层	河流、湖泊、三角洲相及海陆交互相
		干海资组	T_3g	269~1181		
		普家村组	T_3p	225~>1567		
		罗家大山组	T_3l	1848~3306	深灰色泥岩夹薄灰质砂岩	近岸深水槽盆相
		云南驿组	T_3y	>1848		
二叠系	上统	玄武岩组	P_2x	<500	玄武岩	浅海台地相
	下统		P_1	<278	石灰岩夹页岩	
石炭系	中上统		C_{2+3}	<860	石灰岩	
泥盆系	中上统		D_{2+3}	<1015	石灰岩白云岩	
寒武系	下统		ϵ_1	<317	砂砾岩、泥岩	
震旦系	上统		Z_2	<938	白云岩、砂质岩	
元古界		昆阳群	$Ptky$	<6000	白云岩、砂质岩	
		宜林群	$PtjL$	<3300		

图 7-1-31 楚雄盆地地质简图及地层序列（滇黔桂石油地质志编写组，2002）

楚雄盆地的基底为元古界变质岩，上覆震旦系—新近系。震旦系为被动大陆边缘盆地浅海相－深水浅海相灰岩、白云岩、硅质条带白云岩，夹少量砂岩。下寒武统为前陆盆地浅海相泥岩、砂岩、砾岩，夹白云岩。中寒武统—下泥盆统普遍缺失。中、上泥盆统为克拉通盆地滨浅海相白云岩夹膏盐、灰岩（夹生物碎屑灰岩）、白云质灰岩、油页岩。石炭系—下二叠统为克拉通盆地浅海相碳酸盐岩，上二叠统主要为玄武岩。下—中三叠统缺失。上三叠统为前陆盆地滨浅海相砾岩、砂岩、粉砂岩、泥岩、煤层、泥晶灰岩夹角砾灰岩、凝灰岩。侏罗系为前陆盆地冲积相－湖泊相砂岩、粉砂岩、泥岩、泥灰岩，夹膏岩。白垩系—古新统为前陆盆地冲积相－湖泊相砾岩、砂岩、粉砂岩、泥岩、泥灰岩。始新统为前陆盆地冲积相砾岩、砂岩、粉砂岩、泥岩。新近系与下伏地层不整合接触，零星分布，为山间盆地冲积相砾岩、砂岩、泥岩，夹煤层（滇黔桂石油地质志编写组，2002）。

⑤西昌盆地

西昌盆地位于扬子板块的西部边缘，安宁河断裂为西界，峨边－美姑断裂为东界，则木河断裂为南界，北界为大渡河，盆地面积约 $1.6 \times 10^4 km^2$。盆地以前震旦系为基底，经历震旦纪以来多阶段构造－沉积演化过程（图 7-1-32）。

西昌盆地的基底为元古界变质岩。震旦系为被动大陆边缘盆地浅海相－深水浅海

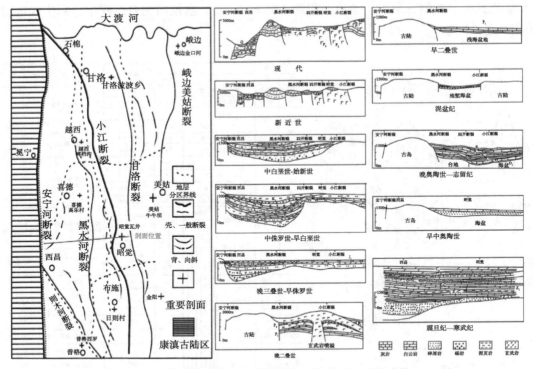

图 7-1-32 西昌盆地构造钢要及演化模式图（伏明珠和覃建雄，2011）

相砂岩、泥岩、灰岩、白云岩。下—中寒武统为前陆盆地浅海相砂岩、泥岩、灰岩、白云岩。上寒武统普遍缺失。下—中奥陶统分布局限，为克拉通盆地滨浅海相砂岩、泥岩、碳酸盐岩。下奥陶统—中志留统为克拉通内裂谷盆地浅海相碳酸盐岩、泥岩。上志留统—下泥盆统缺失。中、上泥盆统为克拉通内断陷盆地滨浅海相砂岩、泥岩。石炭系普遍缺失。下二叠统为克拉通盆地浅海相碳酸盐岩，上二叠统主要为玄武岩。下—中三叠统缺失。上三叠统为前陆盆地滨浅海相砾岩、砂岩、粉砂岩、泥岩、煤层、泥晶灰岩、白云岩。侏罗系为前陆盆地冲积相 – 湖泊相砾岩、砂岩、粉砂岩、泥岩。白垩系—始新统为前陆盆地冲积相 – 湖泊相砾岩、砂岩、粉砂岩、泥岩。新近系与下伏地层不整合接触，零星分布，为山间盆地冲积相砾岩、砂岩、泥岩（伏明珠和覃建雄，2011）。

（2）中扬子地台变形带及沉积盆地

中扬子地台变形带及沉积盆地主要包括湘鄂西褶皱带、江南造山带西段、江汉盆地（图 7-0-2、图 7-1-33）。

①湘鄂西褶皱带

湘鄂西褶皱带位于中扬子地块的西南部，西北部以齐岳山断裂与四川盆地相邻，西南部与南盘江盆地相接，东南部为江南造山带，东部北侧与江汉盆地过渡，东北部与秦岭 – 大别造山带相接，总面积超过 $6 \times 10^4 km^2$。出露了前震旦系、震旦系、寒武系、奥陶系、志留系、泥盆系、石炭系、二叠系、三叠系、侏罗系、白垩系，侏罗系

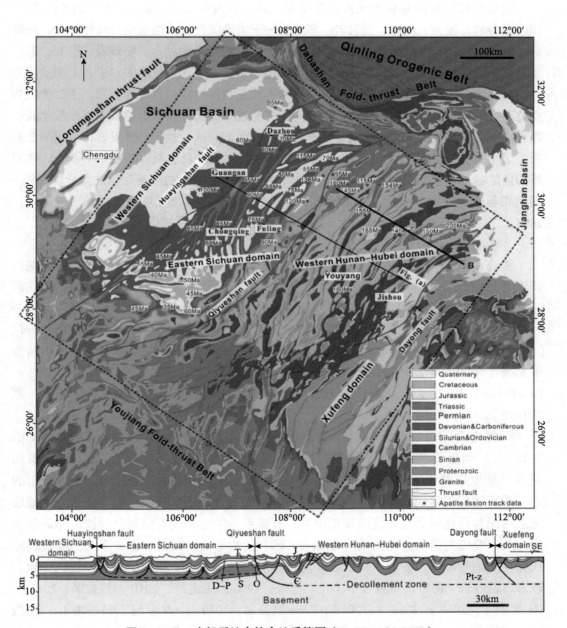

图 7-1-33　中扬子地台综合地质简图（He W et al, 2018）

与前期地层协调变形，白垩系零星分布（图7-1-33）。褶皱系的形成主要受白垩纪及古近纪古太平洋板块俯冲的远程响应（丘元禧等，1996；舒志国，2014；He W et al，2018；Wang Y，2018；Zeng M et al，2019）。

湘鄂西褶皱带的基底为元古界变质岩。震旦系为克拉通－裂谷盆地浅海相－深水浅海相砂岩、泥岩、灰岩、白云岩。寒武系—下奥陶统为克拉通盆地浅海相砂岩、粉砂岩、泥岩、灰岩。中奥陶统—志留系为克拉通内盆地浅海相泥岩、粉砂岩、砂岩，志留系遭受不同程度剥蚀，上志留统剥蚀殆尽，上志留统—下泥盆统缺失。中、上泥盆统为克拉通盆地滨浅海相砂岩、泥岩。石炭系为克拉通盆地冲积相含煤碎屑岩。下二叠统为克拉通盆地冲积相－浅海相含煤碎屑岩，上二叠统主要为克拉通盆地浅海相碳酸盐岩、泥岩。下—中三叠统为克拉通盆地浅海相砂岩、泥岩、碳酸盐岩、蒸发岩，以碳酸盐岩为主。上三叠统为前陆盆地滨浅海相砾岩、砂岩、粉砂岩、泥岩（图7-1-34）。侏罗系为前陆盆地冲积相－湖泊相砾岩、砂岩、粉砂岩、泥岩。白垩系为前陆盆地冲积相－湖泊相砾岩、砂岩、粉砂岩、泥岩，零星分布，是强烈褶皱变形期的反映（舒志国，2014）。

②江南造山带西段

雪峰山造山带是江南造山带西段的主体，地处湖北、湖南、贵州、广西等地，长度超过1000km，主要构造走向北北东，其北段为北东向。雪峰山北缘为新生代洞庭湖盆地，西侧为湘鄂西褶皱带，东侧为晚古生代的湘中盆地，南侧则为泥盆纪—三叠纪南盘江盆地（张进等，2010）。江南造山带是扬子地块与华夏地块的新元古代（860—820Ma）拼贴碰撞带（图7-1-35、图7-1-36），四堡－益阳－九岭－伏川断裂带是扬子地块与华夏地块新元古代早期缝合带（舒良树，2012；张国伟等，2013；Guo & Gao，2017），沿断裂带分布着许多900Ma左右的镁铁质－超镁铁质岩块（图7-1-35）。

江南造山带西段新元古代早期形成后，新元古代中后期发生了裂谷作用（图7-1-36），经历了多期沉降、隆升过程。在雪峰造山带的周缘出露了：震旦系—奥陶系裂谷盆地浅海相－深水浅海相砂岩、泥岩、火山岩及少量碳酸盐岩，零星分布的志留系反转裂谷盆地浅海相－冲积相泥岩、砂岩，分布于雪峰山东麓不整合下伏地层之上的泥盆系克拉通盆地滨浅海相砂岩，石炭系—中三叠统克拉通盆地浅海相碳酸盐岩。上三叠统为前陆盆地滨浅海相砾岩、砂岩、粉砂岩、泥岩。侏罗系为前陆盆地冲积相－湖泊相砾岩、砂岩、粉砂岩、泥岩煤层。白垩系为前陆盆地冲积相红色砾岩、砂岩、粉砂岩、泥岩，零星分布（丘元禧等，1996；王进等，2010；舒志国，2014；He W et al，2018；Wang Y，2018；Zeng M et al，2019）。古近纪（60—40Ma）强烈的逆冲推覆（Wang Y，2018），致使寒武系—奥陶系灰岩推覆到白垩系红色砂岩之上（图7-1-37）。

③江汉－洞庭盆地

江汉－洞庭盆地处于扬子板块中部，地跨湖北、湖南两省，群山环绕，西部为鄂西山地和雪峰山脉武陵山，北部为桐柏山、大别山，东南为幕府山（图7-1-38），盆

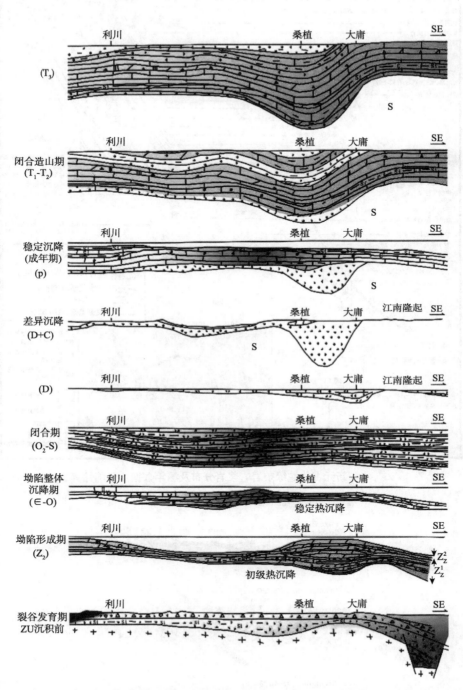

图 7-1-34　鄂西震旦系 – 三叠系构造 – 沉积演化剖面图（位置见图 7-1-33 中 B；舒志国，2014）

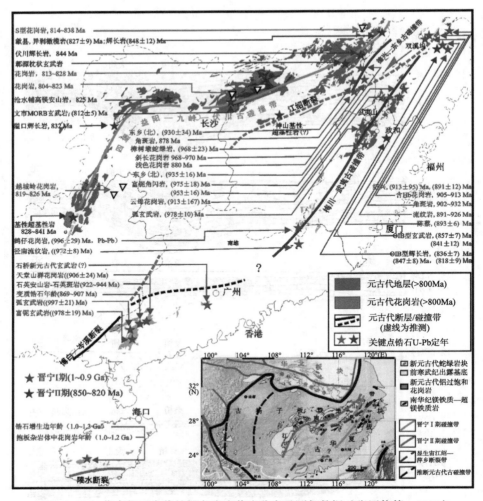

图 7-1-35　华南新元古代蛇绿杂岩岩浆岩分布及测年数据（张国伟等，2013）

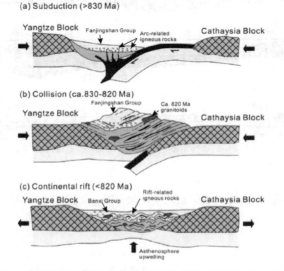

图 7-1-36　江南造山带新元古代构造演化模式（Wei S-D et al，2018）

图 7-1-37　雪峰山脉（芦溪地区）逆冲推覆构造（Wang Y, 2018）

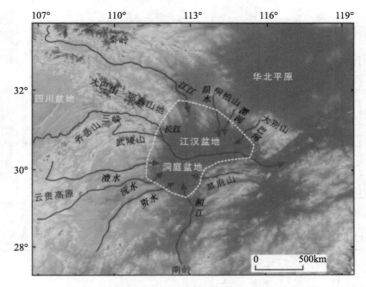

图 7-1-38　江汉－洞庭盆地及围区山系与水系（林旭和刘静，2019）

地总面积约 $2.8 \times 10^4 km^2$（林旭和刘静，2019）。

江汉－洞庭盆地是白垩纪晚期以来的裂谷盆地。基底由太古代—古元古代结晶岩、中—新元古代（前震旦纪）变质岩、震旦纪—中三叠世稳定地台海相碎屑岩、碳酸盐岩及晚三叠世—早白垩世陆相含煤岩系、红层组成（江汉油田石油地质志编写组，1991；戴传瑞等，2006；王德良等，2018）。

上白垩统为裂谷盆地冲积相砾岩、砂岩、泥岩；古新统为湖泊相砾岩、砂岩、泥岩、盐岩；始新统中下部为冲积相－湖泊相砾岩、砂岩、泥岩；始新统上部—渐新统中部为湖泊相砾岩、砂岩、泥岩、盐岩；渐新统上部为冲积相－湖泊相砾岩、砂岩、泥岩；中新统—更新统主要为冲积相砾岩、砂岩、泥岩（图 7-1-39）。

（3）下扬子地台变形带及沉积盆地

下扬子地台变形带及沉积盆地主要包括江南造山带的东段、勿南沙隆起、苏北－南黄海盆地（图 7-0-2）。

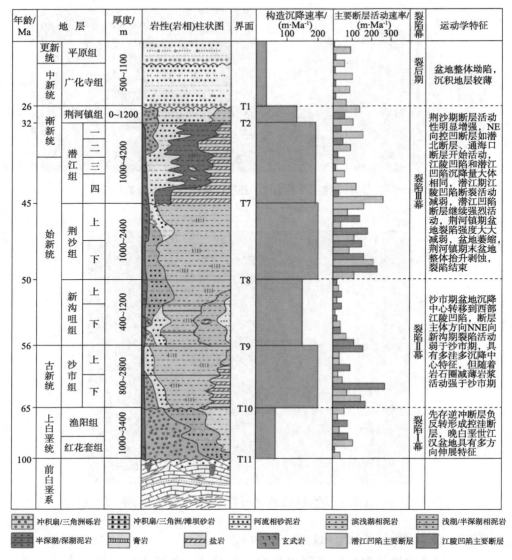

图 7-1-39 江汉盆地中、新生代充填序列（王德良等，2018）

①江南造山带东段

江南造山带东段位于下扬子地块的南部，西北部以石台断裂与勿沙南隆起相邻、西部以赣江隐伏断裂与九岭地块相接，东南部以绍兴缝合带与华夏板块的武夷地块相隔，东部没入黄海。江南造山带东段主体由怀玉地块和郁公地块构成，其间发育樟树墩－德兴－歙县断裂带，沿该断裂带有新元古代蛇绿杂岩出露（图 7-1-40）。郁公地块前震旦系与扬子地台极为相似，以滨浅海相陆源碎屑岩为主［图 7-1-41（b）］，而怀玉地块的前震旦系以火山岩为主［图 7-1-41（a）］。扬子板块、怀玉火山岛弧、华夏板块在新元古代早期（830—815Ma±）汇聚碰撞，形成华南大陆（图 7-1-42）。

江南造山带东段新元古代早期形成后，新元古代中后期发生了裂谷作用，经历了多期沉降、隆升过程。在郁公－怀玉造山带及周缘出露了：震旦系—志留系裂谷盆地－

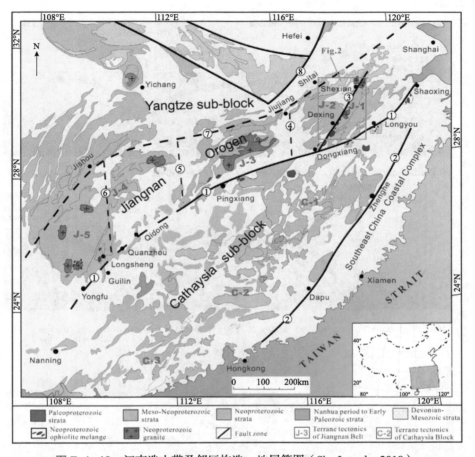

图 7-1-40　江南造山带及邻区构造 – 地层简图（Shu L et al，2019）

J-1—怀玉地块；J-2—鄣公地块；J-3—九岭地块；J-4—湘北地块；J-5—赣北地块；C-1—武夷地块；C-2—南岭地块；
C-3—云开地块；①—绍兴 – 萍乡 – 祁东 – 全州 – 永福缝合带；②—政和 – 大浦断裂带；③—樟树墩 – 德兴 – 歙县断裂带；
④—赣江隐伏断裂；⑤—汨罗 – 湘潭隐伏断裂；⑥—城步 – 永福断裂；⑦—石台 – 九江 – 吉首断裂；⑧—郯庐断裂

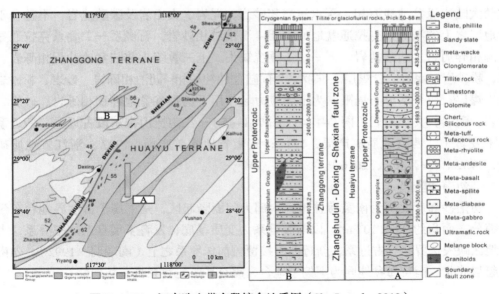

图 7-1-41　江南造山带东段综合地质图（Shu L et al，2019）

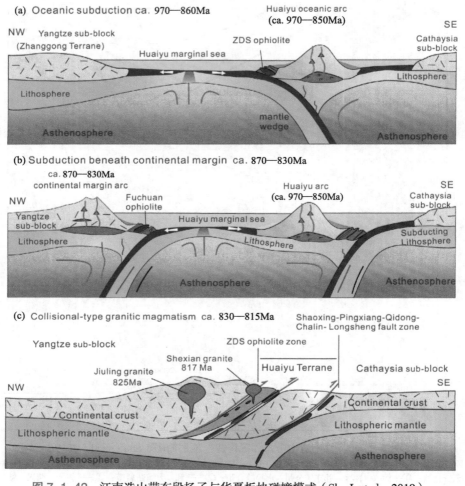

图 7-1-42　江南造山带东段扬子与华夏板块碰撞模式（Shu L et al，2019）

被动大陆边缘盆地浅海相－深水浅海相砂岩、泥岩、火山岩及碳酸盐岩，不整合于下伏地层之上的泥盆系克拉通盆地冲积相－滨浅海相砂岩，石炭系—二叠系克拉通盆地浅海相碎屑岩、碳酸盐岩。下—中三叠统缺失。上三叠统为前陆盆地冲积相砾岩、砂岩、粉砂岩、泥岩，含煤层。侏罗系为前陆盆地冲积相–湖泊相砾岩、砂岩、粉砂岩、泥岩煤层。白垩系分布局限，为不同应力场作用下的裂谷盆地冲积相砾岩、砂岩、粉砂岩、泥岩，夹火山岩（图 7-1-43~ 图 7-1-45）；江南造山带东段古近系、新近系基本不发育（江西省地质矿产局，1984；安徽省地质矿产局，1987；浙江省地质矿产局，1989；Xu X et al，2016）。

②勿南沙隆起

勿南沙隆起北部为南黄海盆地，南部为闽浙隆起区，是下扬子古生界地台东延入海部分，面积约 $2.8 \times 10^4 km^2$。以前震旦系为变质基底，发育了震旦系—三叠系，大部分地区缺失侏罗系—古近系，新近系直接覆盖前侏罗系之上（陶瑞明，1992）。勿南沙隆起与苏北－南黄海盆地同为下扬子地台，震旦系—三叠系具有相似性。

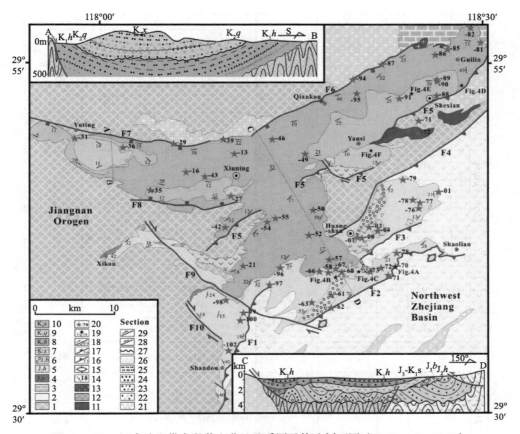

图 7-1-43　江南造山带东段黄山盆地地质图及构造剖面图（Xu X et al，2016）

1—新元古代早期江南造山带；2—新元古代晚期至早古生代浙西北盆地；3—下古生界；4—下侏罗统月潭组；5—中侏罗统洪琴组；6—上侏罗统炳丘组；7—上侏罗统至下白垩统石岭组；8—下白垩统徽州组；9—上白垩统齐云山组；10—上白垩统小岩组；11—新元古代早期伏川蛇绿岩；12—新元古代花岗岩；13—白垩纪花岗岩；14—地层产状；15—构造窗；16—逆断层；17—正断层；18—走滑断层；19—图 7-1-43 照片位置；20—断裂测量位置；21—砾岩；22—砾石质砂岩；23—岩屑砂岩；24—砂岩；25—粉砂岩；26—泥岩；27—角度不整合；28—正断层；29—逆断层

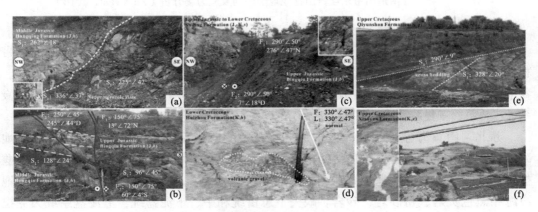

图 7-1-44　江南造山带东段黄山盆地写实照片（Xu X et al，2016）

（a）洪琴组与新元古界板岩不整合接触；（b）炳丘组与下伏洪琴组断层接触；（c）石岭组与炳丘组断层接触；（d）徽州组中的火山岩碎屑；（e）齐云山组中的大型交错层；（f）小岩组水平层状松散砂岩（位置分别见图 7-1-42 中 Fig.4A、B、C、D、E、F）。

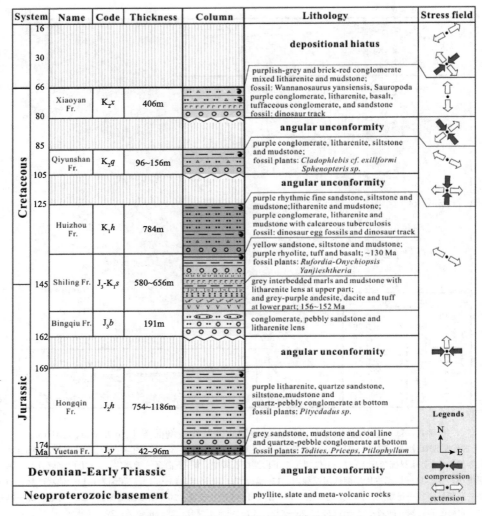

System	Name	Code	Thickness	Column	Lithology	Stress field
Cretaceous 16/30					depositional hiatus	
Cretaceous 66/80	Xiaoyan Fr.	K_2x	406m		purplish-grey and brick-red conglomerate mixed litharenite and mudstone; fossil: Wannanosaurus yansiensis, Sauropoda purple conglomerate, litharenite, basalt, tuffaceous conglomerate, and sandstone fossil: dinosaur track	
					angular unconformity	
Cretaceous 85/105	Qiyunshan Fr.	K_2q	96~156m		purple conglomerate, litharenite, siltstone and mudstone; fossil plants: *Cladophlebis* cf. *exillformi Sphenopteris sp.*	
					angular unconformity	
Cretaceous 125/145	Huizhou Fr.	K_1h	784m		purple rhythmic fine sandstone, siltstone and mudstone;litharenite and mudstone; purple conglomerate, litharenite and mudstone with calcareous tuberculosis fossil: dinosaur egg fossils and dinosaur track yellow sandstone, siltstone and mudstone; purple rhyolite, tuff and basalt; ~130 Ma fossil plants: *Rufordia-Onychiopsis Yanjieshtheria*	
Jurassic	Shiling Fr.	J_3-K_1s	580~656m		grey interbedded marls and mudstone with litharenite lens at upper part; and grey-purple andesite, dacite and tuff at lower part; 156~152 Ma	
Jurassic 162	Bingqiu Fr.	J_3b	191m		conglomerate, pebbly sandstone and litharenite lens	
					angular unconformity	
Jurassic 169	Hongqin Fr.	J_2h	754~1186m		purple litharenite, quartze sandstone, siltstone,mudstone and quartz-pebbly conglomerate at bottom fossil plants: *Pitycdadus sp.*	
Jurassic 174 Ma	Yuetan Fr.	J_1y	42~96m		grey sandstone, mudstone and coal line and quartze-pebble conglomerate at bottom fossil plants: *Todites, Priceps, Ptilophyllum*	Legends
Devonian-Early Triassic					angular unconformity	
Neoproterozoic basement					phyllite, slate and meta-volcanic rocks	compression extension

图 7-1-45 江南造山带东段黄山盆地地层序列及应力场分析（Xu X et al, 2016）

③苏北-南黄海盆地

苏北-南黄海盆地主体位于下扬子板块，北部以连云港-千里岩断裂与苏鲁造山带相接，西南过渡为勿南沙隆起，西抵郯庐断裂，东抵朝鲜半岛（图7-0-2、图7-1-46）。盆地以前震旦系为变质基底，发育了震旦系、寒武系、奥陶系、志留系、泥盆系、石炭系、二叠系、三叠系、侏罗系、白垩系、古近系、新近系（图7-1-47、图7-1-48）。

苏北-南黄海盆地基底为太古宇-元古宇变质岩系。其上为：震旦系裂谷盆地冰碛岩、浅海相砂泥岩、碳酸盐岩，寒武系克拉通盆地相-台缘斜坡相泥质岩、碳酸盐岩，奥陶系克拉通盆地浅海陆棚相碳酸盐岩、泥质岩，志留系中、下统为前陆盆地浅海相黑色页岩、粉砂岩、砂岩。缺失上志留统和中、下泥盆统；上泥盆系统为克拉通盆地冲积相-滨浅海相砾岩、砂岩、泥岩；石炭系为克拉通盆地滨浅海相，以碳酸盐岩为主，有少量泥岩、粉砂岩、砂岩；二叠系为克拉通盆地滨浅海相碳酸盐岩、泥岩、粉砂岩、砂岩，夹煤层；下—中三叠统为克拉通盆地滨浅海相碳酸盐岩、砂

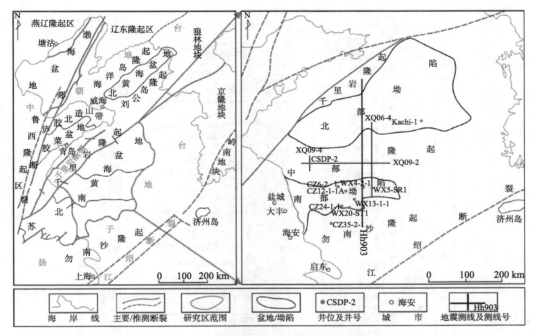

图 7-1-45　南黄海盆地构造纲要图（吴志强等，2019）

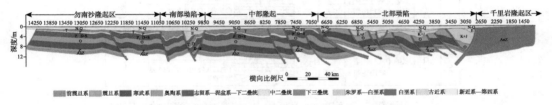

图 7-1-47　南黄海盆地 Hh903 测线地质剖面（吴志强等，2019）

岩、泥岩，夹少量蒸发岩（图 7-1-48）；上三叠统普遍缺失；侏罗系为裂谷盆地冲积相 - 湖泊相砾岩、砂岩、泥岩、火山岩；下白垩统为裂谷盆地冲积相 - 湖泊相砾岩、砂岩、泥岩、火山岩；上白垩统为裂谷盆地冲积相 - 湖泊相砾岩、砂岩、泥岩，夹蒸发岩；古近系主要为裂谷盆地冲积相 - 湖泊相砾岩、砂岩、泥岩；新近系主要为裂谷盆地冲积相砾岩、砂岩、泥岩；第四系为克拉通盆地冲积相浅海相砾岩、砂岩、泥岩（江苏省地质矿产局，1984；苏浙皖闽油气区石油地质志编写组，1992；吴志强等，2019）。

7.1.3　华南古陆东南部变形带

华南古陆东南部变形带及沉积盆地是指绍兴 - 萍乡缝合断裂带东南侧华南区域。以政和 - 大浦断裂带为界分为华夏亚板块和中国东南沿海杂岩带（图 7-1-40）。

政和 - 大埔断裂带被认为是华夏地块与南海地块的早古生代缝合带（图 7-1-49）。

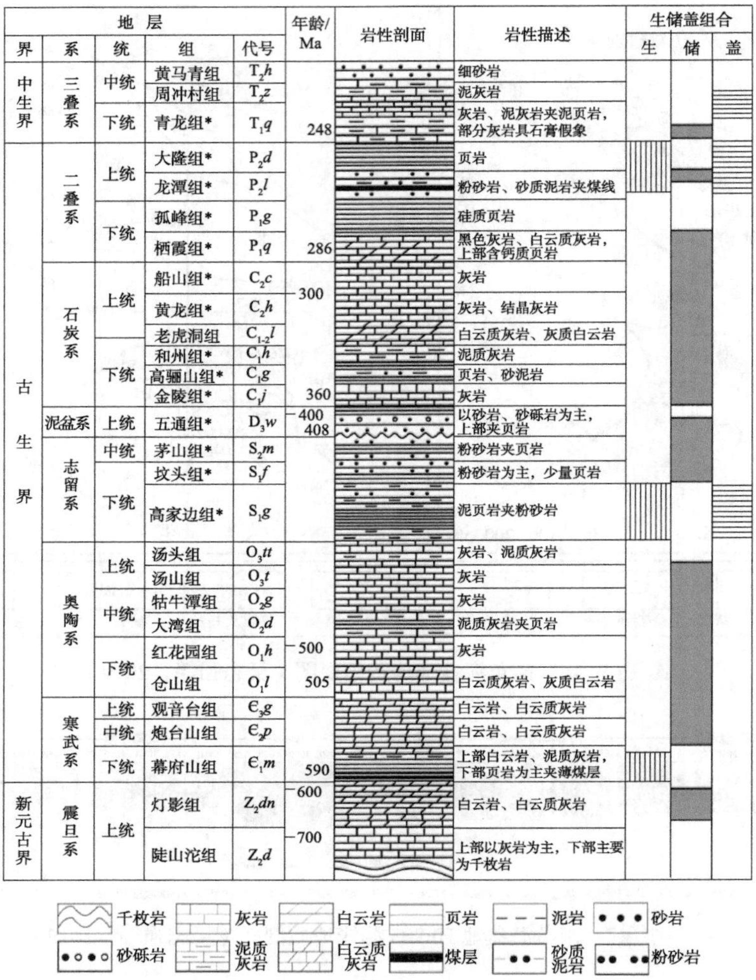

界	系	统	组	代号	年龄/Ma	岩性剖面	岩性描述	生	储	盖
中生界	三叠系	中统	黄马青组	T_2h			细砂岩			
			周冲村组	T_2z			泥灰岩			
		下统	青龙组*	T_1q	248		灰岩、泥灰岩夹泥页岩，部分灰岩具石膏假象			
古生界	二叠系	上统	大隆组*	P_2d			页岩			
			龙潭组*	P_2l			粉砂岩、砂质泥岩夹煤线			
		下统	孤峰组*	P_1g			硅质岩			
			栖霞组*	P_1q	286		黑色灰岩、白云质灰岩，上部含钙质页岩			
	石炭系	上统	船山组*	C_2c	300		灰岩			
			黄龙组*	C_2h			灰岩、结晶灰岩			
		下统	老虎洞组	$C_{1-2}l$			白云质灰岩、灰质白云岩			
			和州组*	C_1h			泥质灰岩			
			高骊山组*	C_1g			砂岩、砂泥岩			
			金陵组*	C_1j	360		灰岩			
	泥盆系	上统	五通组*	D_3w	400 / 408		以砂岩、砂砾岩为主，上部夹泥岩			
	志留系	中统	茅山组*	S_2m			粉砂岩夹页岩			
		下统	坟头组*	S_1f			粉砂岩为主，少量页岩			
			高家边组*	S_1g			泥页岩夹粉砂岩			
	奥陶系	上统	汤头组	O_3tt			灰岩、泥质灰岩			
			汤山组	O_3s			灰岩			
		中统	牯牛潭组	O_2g			灰岩			
			大湾组	O_2d	500		泥质灰岩夹页岩			
		下统	红花园组	O_1h			灰岩			
			仑山组	O_1l	505		白云质灰岩、灰质白云岩			
	寒武系	上统	观音台组	ϵ_3g			白云岩、白云质灰岩			
		中统	炮台山组	ϵ_2p			白云岩、白云质灰岩			
		下统	幕府山组	ϵ_1m	590		上部白云岩、泥质灰岩，下部页岩为主夹薄煤层			
新元古界	震旦系	上统	灯影组	Z_2dn	600		白云岩、白云质灰岩			
			陡山沱组	Z_2d	700		上部以灰岩为主，下部主要为千枚岩			

千枚岩　灰岩　白云岩　页岩　泥岩　砂岩
砂砾岩　泥质灰岩　白云质灰岩　煤层　砂质泥岩　粉砂岩

图 7-1-48　苏北 - 南黄海盆地地层综合柱状图（吴志强等，2019）

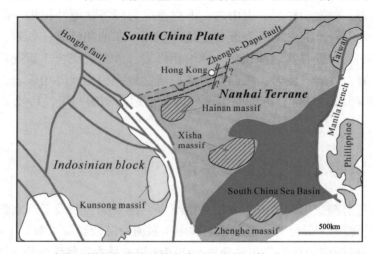

图 7-1-49　南海地块的边界及具前寒武系基底的地体（Zhang C L et al，2015）

? 表示由于左行走滑断裂的改造，政和 - 大浦缝合带的位置不确定

沿武夷—云开造山带的东南缘，政和－大埔断裂带是明显的重力和空气磁力异常边界（Zhao & Cawood，2012；Zhang C L et al，2015）。政和－大埔断裂带中北段发现了早古生代的基性－中性岩增生带杂岩（图7-1-50）（Zhang C L et al，2016；Liu S et al，2018）。

（1）华夏板块

华夏板块在晋宁运动（850—820Ma）与扬子板块碰撞后，形成并保存了新元古代上部（震旦系）—奥陶系（图7-1-50）、中泥盆统—下三叠统、上三叠统—侏罗系、白垩系—第四系四套构造－沉积演化记录（图7-1-51）。

①震旦系—奥陶系

华夏板块震旦系为裂谷盆地滨浅海相变余砂岩、碳质硅质岩、板岩、片岩、混合岩；寒武系为裂谷盆地滨浅海相－深水相变余砂岩、碳质硅质岩、板岩、页岩、灰岩；奥陶系为前陆盆地深水相－滨浅海相板岩、千枚岩、粉砂岩、砂岩，含笔石等化石（表7-1-2、图7-1-50、图7-1-51）。志留系—下泥盆统普遍缺失（图7-1-52）。关于扬子板块与华夏板块早古生代后期碰撞的构造属性存在两种不同的认识：一是扬子与华夏板块间不存在消亡洋盆的陆内造山，二是扬子与华夏板块间存在消亡洋盆的不同板块汇聚、拼合、碰撞造山（张国伟等，2013）。

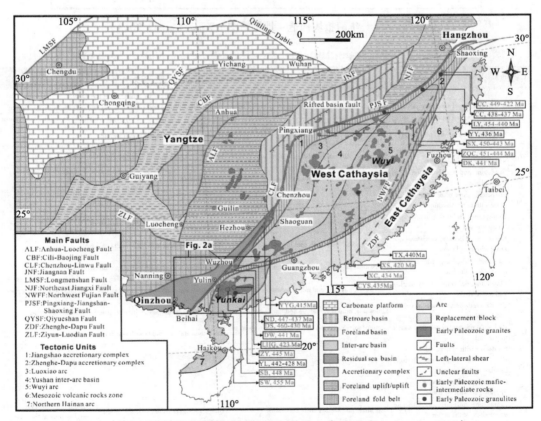

图7-1-50 华南地区晚奥陶世—志留纪构造－古地理（Liu S et al，2018）

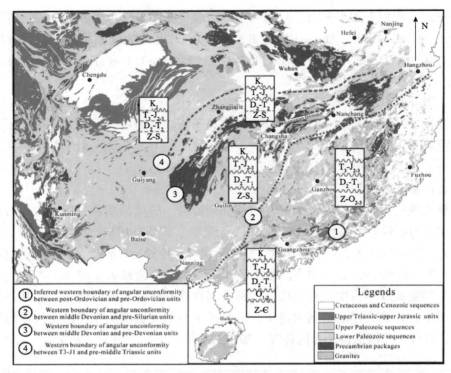

图 7-1-51 华南板块构造－地层简图（Wang Y et al, 2013）

表 7-1-2 华南板块不同构造带地层岩性简表（Wang Y et al, 2013）

	Central Yangtze Block (to the west of the Anhua–Luocheng fault)	Eastern Yangtze Block(between the Anhuo–Luocheng and Jiangshon–Shaoxing faults)	Cathaysia Block (to the east of the Jiangshan–Shaoxing fault)	
K₂	Red-colored sandstone,gristone, siltstone with mudstone interlayers(conglomerate and pebby sandstone at the base)			
K₁	Red-colored sandstone, siltone, muddy sandstone and conglomerate at the base		Sandstone, siltstone and volcanic rocks and polymictic conglomerate	
J₃	Sandtone and red mudstone		Polymictic conglomerate and volcanic rocks	
J₂	Sandtone, siltstone and mudstone	Sandstone, sandy mudstone with conglomerate interlayers	Sandstone, siltestone and conglomerate	
J₁	Sandtone, siltstone and mudstone with limestone interrlayers	Sandstone, siltstone, mudstone and minor shale	Sandstone, siltestone and conglomerate	
T₃	Sandstone and muddy siltsone with minor shale	Siltstone, muddy sandstone and basal conglomerate	Conglomerate and sandstone	
T₂	Limestone. shale or red siltstone and shale with minor marlite			
T₁	Limestone, dolomite.brecciform limestone and shale	Thin–layered limestone	siltstone and shale with marlile interlayers	
P₂	Limestone, silicilate, sandstone and shale with coal layers	Sandstone and shale with coal layers	Sandstone, siltstone and shale with coal layers	
P₁	Limestone, silicilate, with sandstone and shale at the base	Limestone, marlite, silicilate and minor shale	Limestone and shale with silicalite interlayers	
C	Limestone, dolomite, sandy marlite and minor shale	Limestone, marlite, and minor sandstone	Sandstone, siltstone and shale at the lower and limestone at the upper	
D₃	Quartz sandstone, arenaceous shale and limestone	Limestone, muddy limestone and minor shale	Sandstone, siltstone, shale, limestone and dolomitic limestone,	
D₁₋₂	Red-colored sandstone. mudstone and comglomerate at the lower and limestone at the upper part		Sandstone and silty shale with conglomerate at the base	
S₃	Sandstone with minor shale			
S₂	Kelly shale,muddy and siltstone interlayed with marlite			
S₁	Gray shale,muddy siltstone interlayered with sandstone	sandstone and shale		
O₂₋₃	Limestone dolomite.marlite and minor shale at the upper	slate,shale and sandstone and silicalite	Quartz sandstone,siltstone and lilty slate	Sandstone and slate with conglomerate at the base
O₁	Limestone,dolomite and marlite with minor shale	Slate,siliceous slate with shale and limestone interlayers	silty slate,phyllite,slate with minor siltstone	

续表

	Central Yangtze Block (to the west of the Anhua–Luocheng fault)	Eastern Yangtze Block(between the Anhuo–Luocheng and Jiangshon–Shaoxing faults)	Cathaysia Block (to the east of the Jiangshan–Shaoxing fault)
ϵ_3	dolomite and limestone with siltstone interlayers	Limestone,slate,marlite,dolomite,muddy and slate	Blastopsammite,slate with limestone interlayers
ϵ_2	Limestone.dolomite and marlite and dolomitic limestone	Slate,siliceous siate,limestone and sandstone	Blastopsammite,carbonaceous slate and shale
ϵ_1	Black shale and slate with thin-layered limestone and silicilate	Striped slate,silicalite with limestone interlayers	Blastopsammite,carbonaceous silicalite, state and shale
Z_2	limestone.siliceous mudstone.tillite with dolomite interlayers	tillite,slate,silicalite with limestone interlayers	Silicalite,blastopsammite and slate
Z_1	nagelfluh.glutenite,graywacke and pebbly sandstone	slate,phyllite,graywacke and pebbly sandstone	Sandstone,slate,schist and migmatite
Pt_3	Blastopsammite,sandstone,slate,sediment tuff and basal conglomerate		Pre–Z Gneiss,schist.migmalite
Pt_2	Graywacke.siltstone,slate and phyllite		

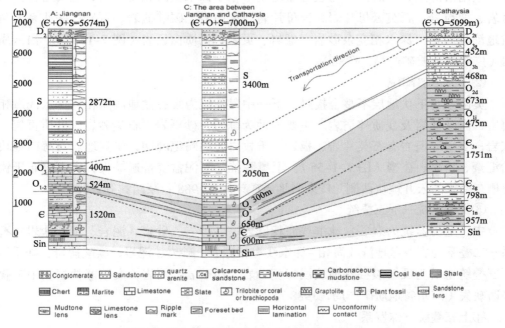

图 7-1-52　江南造山带与华夏板块下古生界地层对比（Shu L S et al, 2014）

②中泥盆统—下三叠统

华夏板块中、上泥盆统为裂谷盆地滨浅海相砾岩、砂岩、粉砂岩、灰岩、白云质灰岩；石炭系为裂谷盆地滨浅海相－深水浅海相砂岩、粉砂岩、页岩、灰岩。下二叠统为裂谷盆地浅海相－深水浅海相灰岩、页岩、硅质岩；上二叠统为裂谷盆地滨浅海相砂岩、粉砂岩、页岩，夹煤层。下三叠统为裂谷盆地滨浅海相粉砂岩、页岩夹泥灰岩（表7-1-2）。中三叠统普遍缺失。

③上三叠统—侏罗系

华夏板块上三叠统主要为裂谷盆地冲积相砾岩、砂岩；中、下侏罗统主要为裂谷盆地冲积相砾岩、砂岩、粉砂岩；上侏罗统主要为裂谷盆地复成分陆相砾岩、火山岩（表7-1-2）。

④白垩系—第四系

华夏板块下白垩统为裂谷盆地冲积相复成分砾岩、砂岩、粉砂岩和火山岩；上白统为裂谷盆地冲积相砾岩、含砾砂岩、红色砂岩、粉砂岩夹泥岩（表7-1-2）。古近系、新近系及第四系分布局限，为裂谷盆地冲积相 – 湖泊相砾岩、砂岩、泥岩。

（2）中国东南沿海杂岩带

东南沿海杂岩带是南海板块重要组成部分（Zhang C L et al, 2015；2016；Liu S et al, 2018），以广泛出露晚燕山期（140—80Ma）火山岩和花岗岩为特色（图7-1-53）。但云开地块出露了新元古界上部（震旦系）—寒武系，中、下奥陶统，中泥盆统—下三叠统，上三叠统—侏罗系，白垩系—第四系五套构造 – 沉积演化记录（图7-1-51）。

①震旦系—寒武系

东南沿海杂岩带震旦系为裂谷盆地浅海相 – 深水浅海相变质岩，主要岩性为石英片岩、变粒岩、石英云母片岩、云母片岩、火山岩、碳酸盐岩、页岩；寒武系为裂谷盆地滨浅海相 – 深水相变余砂岩、板岩、页岩、钙质白云岩（图7-1-54）、白云质灰岩（广东省地质矿产局，1988）。

②中、下奥陶统

奥陶系与下伏地层不整合接触。下—中奥陶统为裂谷盆地浅海相 – 深水浅海相碎屑岩、碳酸盐岩及变质碎屑岩。主要岩性为砾岩、砂砾岩、石英砂岩、砂质页岩，夹灰岩；变质碎屑岩有石英片岩、板岩、千枚岩。奥陶纪晚期，华夏地块与海南地块开始汇聚、拼贴、碰撞（图7-1-55）。上奥陶统—下泥盆统普遍缺失，主要分布于钦防海槽东南缘的云开地块西侧（广东省地质矿产局，1988；蒙麟鑫等，2019）。

③中泥盆统—下三叠统

中、上泥盆统为裂谷盆地滨浅海相砾岩、砂砾岩、砂岩、泥岩、碳酸盐岩。石炭系—二叠系为裂谷盆地滨浅海相–深水浅海相砾岩、砂岩、泥岩、碳酸盐岩、硅质岩。下三叠统主要为反转裂谷盆地滨浅海相砂岩、粉砂岩、泥岩，夹碳酸盐岩。中三叠统普遍缺失（广东省地质矿产局，1988）。

④上三叠统—侏罗系

上三叠统为裂谷盆地滨浅海相砾岩、砂砾岩、砂岩、泥岩、碳酸盐岩。下侏罗统金鸡组为裂谷盆地滨浅海相石英砂岩、粉砂岩、泥岩。中侏罗统漳平组为裂谷盆地湖泊相碎屑岩夹火山碎屑岩，上侏罗统高基坪群为陆相火山岩（广东省地质矿产局，1988）。

⑤白垩系—第四系

下白垩统为裂谷盆地冲积相 – 湖泊相复成分砾岩、砂岩、粉砂岩、泥岩、泥灰岩和火山岩，夹蒸发岩；上白垩统为裂谷盆地冲积相 – 湖泊相砾岩、含砾砂岩、红色砂岩、粉砂岩、泥岩、泥灰岩，局部含石膏。古近系、新近系及第四系分布局限，为裂谷盆地冲积相 – 湖泊相砾岩、砂岩、泥岩、泥灰岩、火山岩（广东省地质矿产局，1988）。

7.1.4 华南古陆中南部沉积盆地群及马关地块

华南古陆中南部沉积盆地群主要是扬子、华夏、南海地块结合部晚古生代、中新

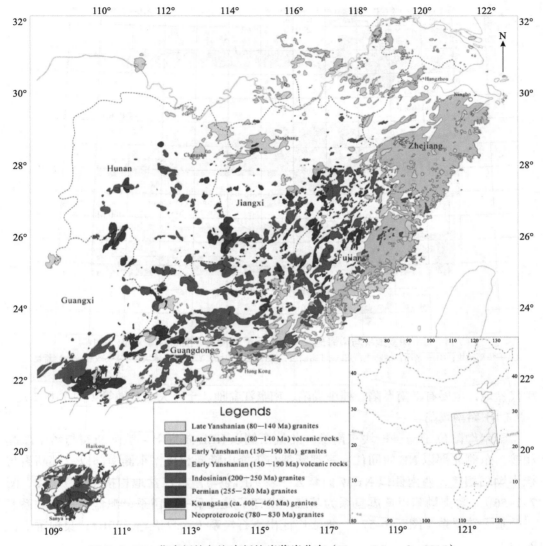

图 7-1-53　华南板块与海南板块岩浆岩分布（Zhang C L et al, 2016）

图 7-1-54　南海板块寒武系灰质白云岩
（a）广东阳春岣峒岩，硬币直径 18mm；（b）海南三亚龙潭村，人高 1.8m

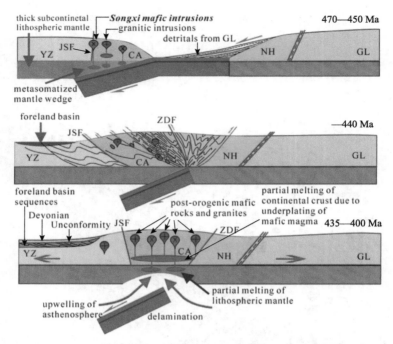

图 7-1-55　华夏地块与南海地块早古生代汇聚模式（Zhang C L et al，2016）

CA—华夏地块；GL—亲冈瓦纳陆块；JSF—江绍断裂；NH—南海地块；YZ—扬子地块；ZDF—政和 – 大浦断裂

生代盆地，主要有黔南坳陷、桂中坳陷、南盘江盆地、十万大山盆地等（图 7-0-2）。

（1）黔南坳陷

黔南坳陷位于扬子地块东南缘，北偏西侧以 NEE 向贵阳 – 镇远断裂与黔中隆起相接，东侧北部以 NE 向同仁 – 三都断裂与雪峰山隆起相接，东侧南部以三都断裂与桂中坳陷相接，西南侧以 NWW 向紫云—罗甸断裂与南盘江盆地相接（图 7-0-2、图 7-1-56）。黔南坳陷以前震旦系为基底，发育了震旦系—志留系、泥盆系—二叠系、三叠系—侏罗系（图 7-1-57），地表广泛出露石炭系（徐政语等，2010；吴根耀等，2012）。

①震旦系—志留系

震旦系主要为裂谷盆地浅海相白云岩、藻白云岩，东部夹硅质岩。下寒武统为裂谷盆地浅海相页岩、砂岩、灰岩；中、上寒武统主要为裂谷盆地白云岩，东南部三都地区相变为杂色泥岩夹灰岩。下奥陶为裂谷盆地浅海相白云岩、生物碎屑灰岩、泥质灰岩、泥岩；中、上奥陶统普遍缺失。志留系主要为反转裂谷盆地滨浅海相灰岩、泥岩、粉砂岩、砂岩（滇黔桂石油地质志编写组，1992）。

②泥盆系—二叠系

下泥盆统主要发育于坳陷东部，主要为裂谷盆地滨浅海相石英砂岩；中泥盆统主要为被动大陆边缘浅海相灰岩、白云岩，夹砂岩、泥岩，西南部为深水浅海相黑色泥岩、泥灰岩及粉砂质泥岩，二者交界地带发育生物礁灰岩；上泥盆统为被动大陆边缘盆地浅海相灰岩、白云岩，南部为深水浅海相泥质条带灰岩、白云岩、燧石夹泥岩。

石炭系主要为被动大陆边缘盆地滨浅海相灰岩、生物灰岩、白云岩，夹泥岩、砂岩，局部夹煤层。二叠系主要为被动大陆边缘盆地滨浅海相灰岩、生物碎屑灰岩、生物礁灰岩、燧石团块灰岩，上部夹泥岩、煤层（滇黔桂石油地质志编写组，1992）。

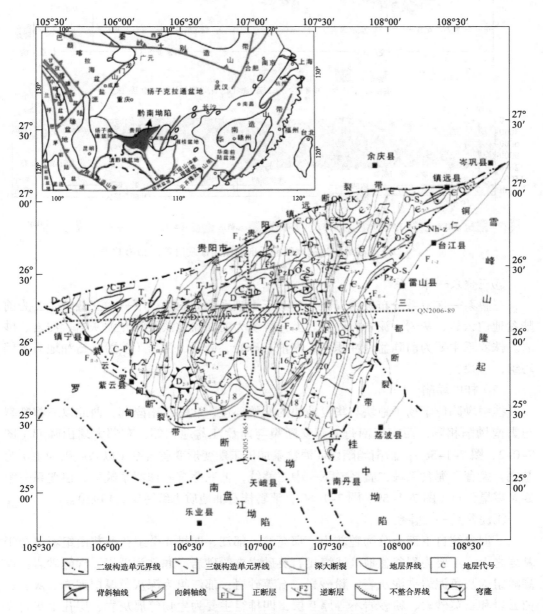

图 7-1-56　黔南坳陷地质简图（徐政语等，2010 略改）

F$_{III-1}$—广顺断裂；F$_{III-3}$—大塘断裂；F$_{III-4}$—通州断裂；F$_{III-5}$—贵定正断层；F$_{II-13}$—黄丝正断层；F$_{II-1}$—惠水断裂；F$_{II-2}$—都匀逆断层；F$_{II-3}$—陕班断裂；F$_{II-4}$—施洞逆冲断裂；F$_{I-1}$—贵阳-镇远断裂；F$_{I-2}$—紫云-罗甸断裂；F$_{I-3}$—铜仁-三都断裂。1—毛栗坡背斜；2—水塘向斜；3—广顺背斜；4—长摆所向斜；5—长顺背斜；6—贵阳向斜；7—打狼背斜；8—董当向斜；9—昌明向斜；10—高坡场向斜；11—翁雅背斜；12—摆金向斜；13—平伐背斜；14—雅水背斜；15—克渡向斜；16—平火坝背斜；17—黄丝背斜；18—马坡背斜；19—凤山向斜；20—都匀向斜；21—王司背斜

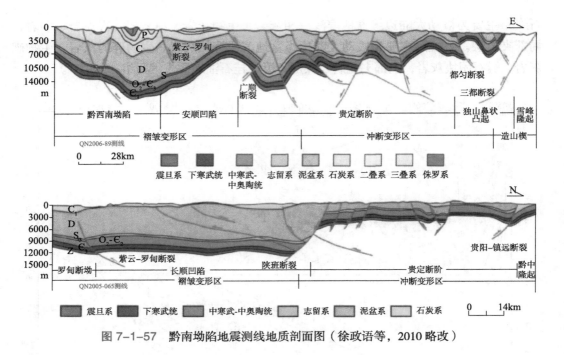

图 7-1-57 黔南坳陷地震测线地质剖面图（徐政语等，2010 略改）

③三叠系—侏罗系

三叠系—侏罗系分布极为局限，分布于褶皱系的向斜中。下—中三叠统主要为前陆盆地白云岩、灰岩、泥岩、砂岩。上三叠统为前陆盆地滨浅海相泥灰岩、泥岩、砂岩。侏罗系主要为前陆盆地冲积相–湖泊相砾岩、砂岩、泥岩（滇黔桂石油地质志编写组，1992）。

（2）桂中坳陷

桂中坳陷位于扬子地块与华夏地块的交接部位，北邻江南隆起，西北以三都断裂与黔南坳陷相隔，西南以南丹–都安断裂与南盘江盆地相邻，东邻大瑶山隆起（图7-0-2、图7-1-58）。黔南坳陷以前泥盆系加里东期变形变质岩系（以寒武系为主）为基底，发育了泥盆系—二叠系、下—中三叠统，上三叠统—侏罗系缺失，白垩系—第四系零星分布（图7-1-59、图7-1-60；滇黔桂石油地质志编写组，1992）。

①泥盆系—二叠系

下泥盆统自下而上分为莲花山、那高岭、郁江、四排4个组：莲花山组不整合于基岩之上，主要为裂谷盆地滨浅海相石英砂岩夹粉砂岩，底部为砾岩、含砾砂岩；那高岭组为灰色泥岩夹泥灰岩、粉砂岩、石英砂岩；郁江组为深灰色厚层泥岩、灰岩、白云岩和石英砂岩、粉砂岩不等厚互层；四排组主要为生物碎屑灰岩、层孔虫灰岩夹少量页岩、砂岩、白云岩。中泥盆统主要为被动大陆边缘浅海相灰岩、白云岩，夹砂岩、泥岩，局部发育层孔虫礁，西北部为深水浅海相黑色泥岩、泥质灰岩夹硅质岩。上泥盆统为被动大陆边缘盆地浅海相灰岩、白云岩，西部为深水浅海相泥质条带灰岩、硅质岩。石炭系主要为被动大陆边缘盆地浅海相–深水浅海相灰岩、生物灰岩、白云岩、泥灰岩、硅质岩，深水硅质岩、泥灰岩主要分布于南部，北部夹泥岩、砂

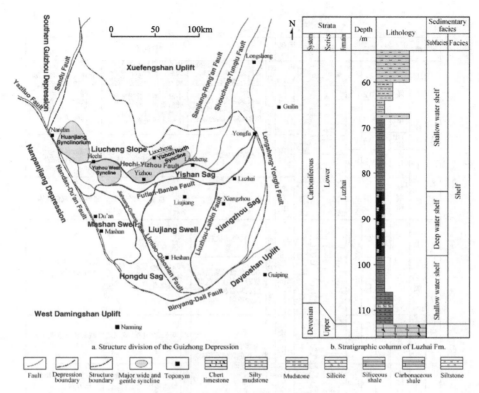

a. Structure division of the Guizhong Depression

b. Stratigraphic column of Luzhai Fm.

图 7-1-58 桂中坳陷构造单元划分及石炭系地层综合柱状图（Hu D F et al，2019）

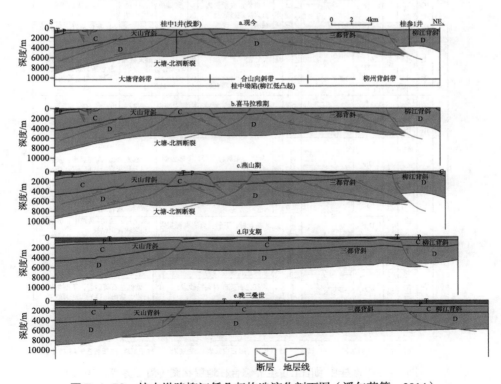

图 7-1-59 桂中坳陷柳江低凸起构造演化剖面图（潘仁芳等，2014）

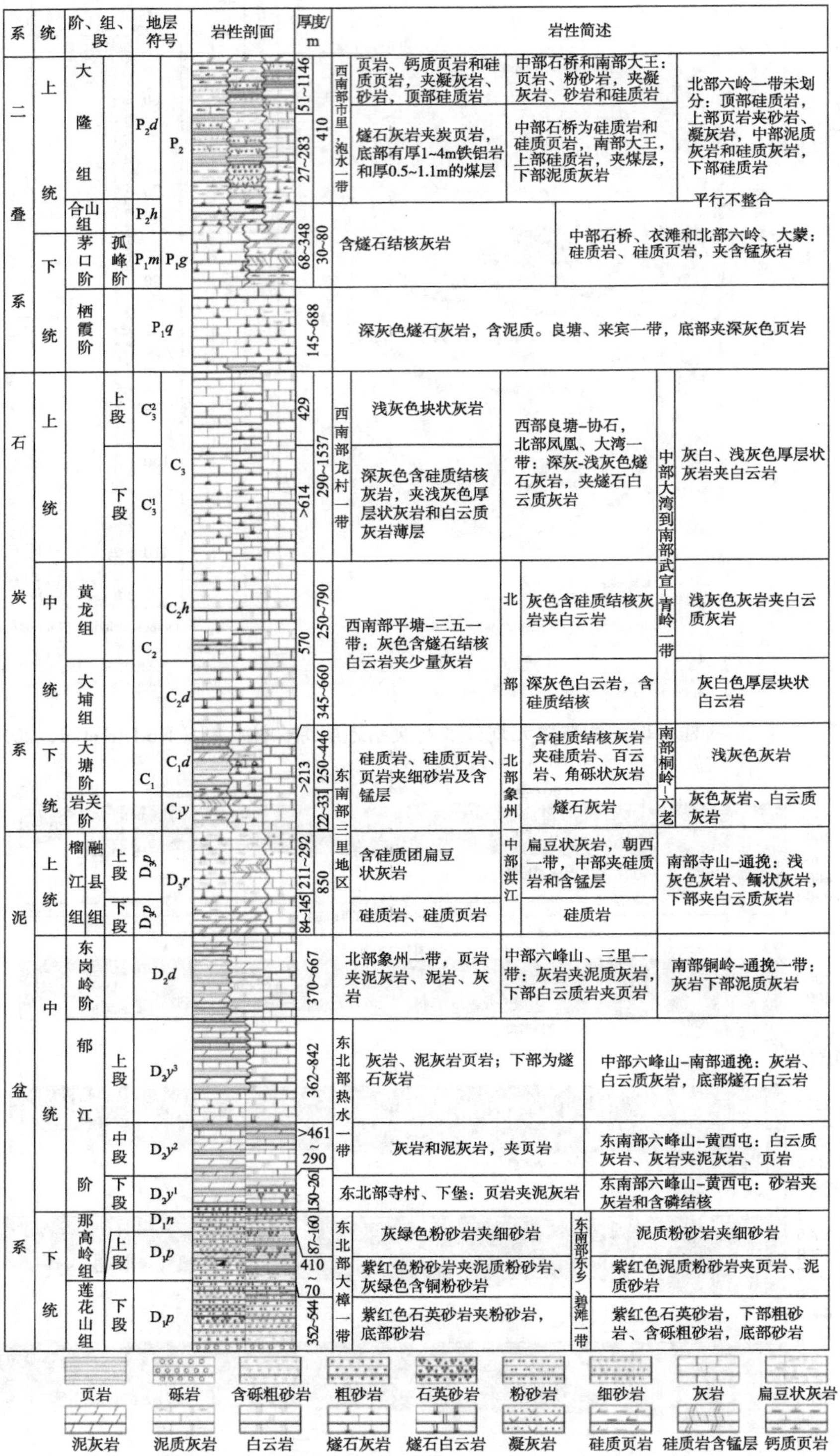

系	统	阶、组、段	地层符号	岩性剖面	厚度 m	岩性简述		
二叠系	上统	大隆组	P_2d	P_2	51~1146	页岩、钙质页岩和硅质页岩，夹凝灰岩，顶部硅质岩	中部石桥和南部大王：页岩、粉砂岩，夹凝灰岩、砂岩和硅质岩	北部六岭一带未划分：顶部硅质岩，上部页岩夹硅岩、凝灰岩，中部泥质灰岩和硅质岩，下部硅质岩
		合山组	P_2h		27~283 410	燧石灰岩夹炭质页岩，底部有厚1~4m铁铝岩和厚0.5~1.1m的煤层	中部石桥为硅质岩和硅质页岩，南部大王：上部硅质岩，夹煤层，下部泥质灰岩	
	下统	茅口阶 孤峰阶	P_1m	P_1g	68~348 30~80	含燧石结核灰岩	中部石桥、衣滩和北部六岭、大蒙：硅质岩、硅质页岩，夹含锰灰岩	平行不整合
		栖霞阶	P_1q		145~688	深灰色燧石灰岩，含泥质。良塘、来宾一带，底部夹深灰色页岩		
石炭系	上统	上段	C_3^2	C_3	429	浅灰色块状灰岩	西部良塘-协石，北部凤凰、大湾一带：深灰-浅灰色燧石灰岩，夹燧石白云质灰岩	中部大湾到南部武宣-青岭一带：灰白、浅灰色厚层状灰岩夹白云岩
		下段	C_3^1		290~1537 >614	深灰色含硅质结核灰岩，夹浅灰色厚层状灰岩和白云质灰岩薄层		
	中统	黄龙组	C_2h	C_2	250~790 570	西南部平塘-三五一带：灰色含燧石结核白云岩夹少量灰岩	北部 灰色含硅质结核灰岩夹白云岩	浅灰色灰岩夹白云质灰岩
		大埔组	C_2d		345~660		南部 深灰色白云岩，含硅质结核	灰白色厚层块状白云岩
	下统	大塘阶	C_1d	C_1	250~446 >213	硅质岩、硅质页岩、页岩夹细砂岩及含锰层	北东部象州 含硅质结核灰岩夹硅质岩、百岩、角砾状灰岩	南部桐岭-六老 浅灰色灰岩
		岩关阶	C_1y		22~331	燧石灰岩		灰色灰岩、白云质灰岩
泥盆系	上统	融县组 榴江组	上段 D_3r / D_3p	D_3p D_3y	211~292 84~145 850	含硅质团扁豆状灰岩	中部洪江 扁豆状灰岩，朝西一带，中部夹硅质岩和含锰层	南部寺山-通挽：浅灰色灰岩、鲕状灰岩，下部夹白云质灰岩
						硅质岩、硅质页岩	硅质岩	
	中统	东岗岭阶	D_2d		370~667	北部象州一带，页岩夹泥灰岩、泥岩、灰岩	中部六峰山、三里一带，灰岩夹硅质灰岩，下部白云质岩夹页岩	南部铜岭-通挽一带：灰岩下部泥质灰岩
盆系		郁江阶	上段 D_1y^3		362~842	灰岩、泥灰岩页岩；下部为燧石灰岩	中部六峰山-南部通挽：灰岩、白云质灰岩，底部燧石白云岩	
			中段 D_1y^2		>461 290	灰岩和泥灰岩，夹页岩	东南部六峰山-黄西屯：白云质灰岩、页岩	
			下段 D_1y^1		150~206	东北部寺村、下堡：页岩夹泥灰岩	东南部六峰山-黄西屯：砂岩夹灰岩和含磷结核	
	下统	那高岭组	上段 D_1n		87~160	灰绿色粉砂岩夹细砂岩	泥质粉砂岩夹细砂岩	
		莲花山组	D_1p		410 70	紫红色粉砂岩夹泥质粉砂岩、灰绿色含铜粉砂岩	紫红色泥质粉砂岩夹页岩、泥质砂岩	
			下段 D_1p		352~544	紫红色石英砂岩夹粉砂岩，底部砂岩	紫红色石英砂岩，下部粗砂岩、含砾粗砂岩，底部砂岩	

页岩　砾岩　含砾粗砂岩　粗砂岩　石英砂岩　粉砂岩　细砂岩　灰岩　扁豆状灰岩

泥灰岩　泥质灰岩　白云岩　燧石灰岩　燧石白云岩　凝灰岩　硅质页岩　硅质页岩含锰层　钙质页岩

图 7-1-60　桂中坳陷上古生界综合柱地层状图（潘仁芳等，2014）

岩、局部夹煤层。二叠系主要为被动大陆边缘盆地滨浅海相－深水浅海相灰岩、生物碎屑灰岩、生物礁灰岩、泥灰岩、硅质岩，北部为滨浅海相，南部为深水相（图7-1-59、图7-1-60）。

②中新生界

下—中三叠统主要为被动大陆边缘盆地白云岩、灰岩、泥岩、砂岩。晚三叠世开始进入挤压隆升阶段，上三叠统—侏罗系普遍缺失，白垩系—第四系陆相沉积分布极为局限（图7-1-59）。

（3）南盘江盆地

南盘江盆地，也称右江盆地，位于滇黔桂三省交界的南盘江—右江流域。构造上位于华南造山带西端。西部以弥勒－师宗断裂与康滇隆起相隔，北部以垭都－紫云－罗甸断裂与滇东黔中隆起－黔南坳陷相接，西南部为马关隆起，南部为大明山隆起，东部与桂中坳陷过渡，面积超过 $10 \times 10^4 \mathrm{km}^2$（图7-1-61）。

南盘江盆地以震旦系至志留系为南盘江盆地的褶皱变质基底，上覆地层主要为泥盆系至三叠系，以海相沉积为主，岩性组合及成因复杂（表7-1-3）。侏罗系和白垩系普遍缺失，新生界分布较为局限，为陆相沉积（滇黔桂石油地质志编写组，1992）。

下泥盆统为裂谷盆地滨浅海相－较深水浅海相砾岩、石英砂岩、粉砂岩、泥岩夹泥灰岩、灰岩、白云岩；中泥盆统—下二叠统为被动大陆边缘盆地浅海相－深水盆地相灰岩、白云岩、泥灰岩、泥岩、硅质岩。上二叠统为弧后盆地冲积相－浅海相－深水盆地相钠质拉斑玄武岩、灰岩、硅质岩、泥岩、砂岩、火山碎屑岩、煤层；下三叠统为弧

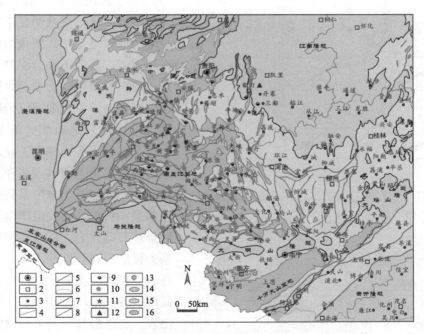

图7-1-61 南盘江盆地区域构造－地层格架及矿点分布（辛云路等，2018）

1—省会城市；2—市；3—县；4—省界；5—隆起边界；6—海岸线；7—主要断层；8—盆内断层；9—古油藏；10—金矿；11—锑矿；12—汞矿；13—锰矿；14—隆起区（出露下古生界及以老地层）；15—上古生界出露区；16—中生界出露区

后盆地滨浅海相－深水盆地相泥岩、粉砂岩、灰岩、凝灰岩、硅质岩。中三叠统为前陆盆地滨浅海相－较深水浅海相白云岩、灰岩、泥岩、复理石砂泥岩互层；上三叠统为前陆盆地冲积相－滨浅海相砂岩、泥岩夹灰岩、煤层（表7-1-3，图7-1-62）。

表 7-1-3　南盘江盆地泥盆系—中三叠统主要岩性及成因简表

地层		主要岩石类型	主要相带	盆地原型
三叠系	上统	砂岩、泥岩夹灰岩、煤层	冲积相－滨浅海相	前陆盆地
	中统	碎屑岩、火山碎屑岩、泥质岩	滨浅海相－较深水浅海相	
	下统	碎屑岩、碳酸盐岩、火山碎屑岩	滨浅海相－深水盆地相	弧后盆地
二叠系	上统	碳酸盐岩、火山碎屑岩、硅质岩、碎屑岩夹煤层	冲积相－浅海相－深水盆地相	
	下统			
石炭系	中上统	碳酸盐岩、硅质岩、泥灰岩、泥质岩	浅海相－深水盆地相	被动大陆边缘盆地
	下统			
泥盆系	中上统			
	下统	碎屑岩、泥质岩、碳酸盐岩	滨浅海相－较深水浅海相	裂谷盆地

（4）十万大山盆地

十万大山盆地位于广西南部，呈 NE-SW 走向。构造上位于云开加里东造山带西端。西北部以萍乡－南宁断裂与大明山隆起相隔，东北部为大瑶山隆起，东南部以博白－岑溪断裂与云开隆起相接，西南部为与越南安州盆地过渡（肖瑞卿，2015；Hu L et al，2015；Li J et al，2017），面积约 $1.16 \times 10^4 \, km^2$（图7-0-2、图7-1-61）。

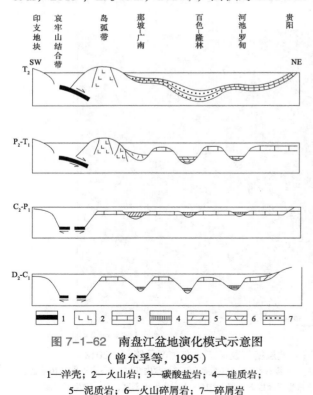

图 7-1-62　南盘江盆地演化模式示意图
（曾允孚等，1995）

1—洋壳；2—火山岩；3—碳酸盐岩；4—硅质岩；
5—泥质岩；6—火山碎屑岩；7—碎屑岩

十万大山盆地南部与北部前侏罗纪的地质历史记录明显不同。北侧最老的地层是上寒武统残留洋盆复理石砂泥岩，其上不整合泥盆系；泥盆系—下三叠统主要为被动大陆边缘盆地碳酸盐岩；中三叠统仅分布于西北侧，为弧后盆地海相碎屑岩夹火山岩；上三叠统普遍缺失。盆地中南部最老的地层为志留系残留洋盆复理石砂泥岩；泥盆系与志留系整合接触；泥盆系—石炭系为残留洋盆－前陆盆地复理石硅质岩、砂岩、泥岩；二叠系为弧后裂谷盆地冲积相－滨浅海相砾岩、砂岩、泥岩；下—中三叠统为弧后裂谷盆地浅海相砂岩、泥岩、火山岩，夹碳酸盐岩。上三叠统为前陆盆地冲积相－滨浅海相砾岩、砂岩、泥岩、流纹斑岩。

　　侏罗系—白垩系分布较广，为裂谷盆地冲积相－湖泊相砾岩、砂岩、泥岩。古近系、新近系、第四系分布局限，为裂谷盆地冲积相－湖泊相砾岩、砂岩、泥岩。

（5）马关地块

　　马关地块也称越北地块。越南北部马江缝合带以北地质体与华南古陆亲缘关系密切，发育了下古生界及以老地层（图7-1-61）。北部的范式坂（Phan Si Pan）隆起和秀丽（Tu Le）盆地发育前寒武系和显生宙花岗质侵入岩（图7-1-63）。前寒武系包括太古代变质花岗岩，古元古代高钾花岗岩、新元古代钙碱性花岗岩。显生宙花岗岩的地质年龄为二叠纪和早新生代（Tran et al，2015）。

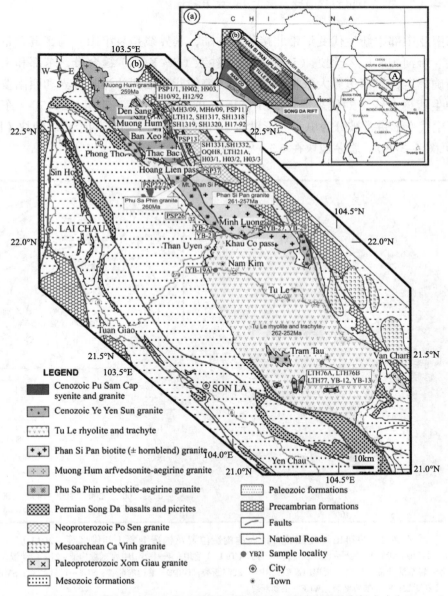

图 7-1-63　越南西北部地质构造（a）和范式坂隆起秀丽盆地二叠系流纹岩分布（b）（Tran et al，2015）

7.2 东南亚中新生代变形带

东南亚特中新生代变形带可划分为东南亚西北部中新生代变形带、东南亚中部中新生代变形带、东南亚西南部中新生代变形带、东南亚南部中新生代变形带（图7-0-1）。东南亚西北部中新生代变形带在6.3节述及。

7.2.1 东南亚中部中新生代变形带

东南亚中部中新生代变形带北接华南古陆，其界线是哀牢山 – 马江缝合带，西界为景洪 – 难河（Nan）– 程逸（Uttaradit）– 沙缴（Sra Kaeo）缝合带，东部和南部界线难于精确界定，东部边界大致相当于南中国海的巽他陆架的洋陆分界和西南婆罗洲近海的中生代缝合线（刘俊来等，2011；Metcalfe，2013a；王宏等，2015）。东南亚中部中新生代变形带常被分为思茅 – 彭世洛（Phitsanulok）、印支两个次级地块（图7-2-1，参见图6-3-8）。思茅地块在6.3.4中述及。

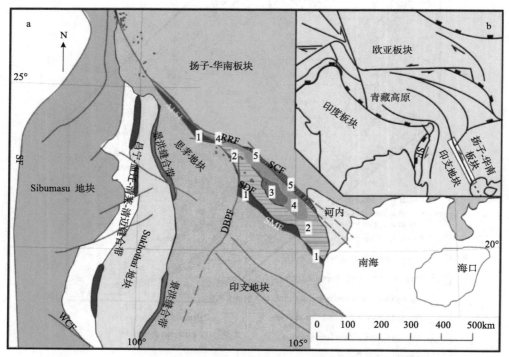

图 7-2-1　哀牢山 – 马江缝合带大地构造位置及构造纲要（刘俊来等，2011）

1—哀牢山 – 马江缝合带；2—金平 – 沱江裂谷；3—秀丽（Tu Le）盆地；4—哀牢山 – 范式坂构造 – 岩浆活动带；5—瑶山 – 大象山构造 – 岩浆活动带；ALSF—哀牢山断裂；RRF—红河断裂；DBPF—奠边府断裂；SDF—沱江断裂；SMF—马江断裂；SCF—斋江断裂；SF—实皆断裂；WCF—王朝断裂

注：a图，蓝色区域为特提斯缝合带；红色区域为弧后盆地缝合带；灰色区域为临沧 Sukhothai 岩浆弧。

（1）哀牢山－马江缝合带

哀牢山－马江缝合带是一个由不同时代地质单元组合构成的复合构造带，其组成多样、结构复杂，是一个经历了长时期、多阶段的板块（地块）拼贴和改造的构造带（图7-2-1）。在缝合带或混杂带，地层系统遭到了强烈的变形改造和破碎肢解，地层系统无序，各种地质体均透镜化、混杂化、无序化。除蛇绿岩－混杂岩外，区域性大规模逆冲－走滑断裂构造组合在哀牢山构造带也广泛发育（刘俊来等，2011）。

哀牢山－马江缝合带分为4个岩性－构造带（Faure et al，2016）。该缝合带的蛇绿岩套以双沟出露最好，由3个岩石单元组成（图7-2-2、图7-2-3）：底部蛇纹石化橄榄岩、中部辉绿岩－辉长岩组合、顶部玄武岩及少量安山玄武岩（沈上越等，1998）。综合岩石测年研究（Jian et al，2009a；2009b；Yang et al，2014；Halpin et al，2016）揭示，哀牢山蛇绿岩套内辉绿岩的锆石年龄为383—376Ma，南侧火山弧的年龄为268—264Ma，火山弧内侵入岩的年龄为247—244Ma（图7-2-4）。暗示着晚泥盆世是哀牢山－马江洋的鼎盛时期，中二叠世火山活动强烈并形成火山弧，早三叠世哀牢山－马江洋基本关闭。马江洋的关闭历史概况为图7-2-5。哀牢山－马江缝合带向东可能延伸到海南岛的昌江－琼海构造带（Zhang et al，2011）。

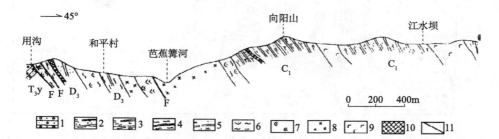

图7-2-2　新平县川沟－向阳山蛇绿岩剖面（沈上越等，1998）

1—砂岩、砾岩；2—变石英杂砂岩；3—含放射虫硅质绢云板岩；4—绢云板岩；5—绢英岩化板岩；6—方辉橄榄岩；7—二辉橄榄岩；8—辉绿岩；9—钠长玄武岩；10—金矿体；11—（F）-断层

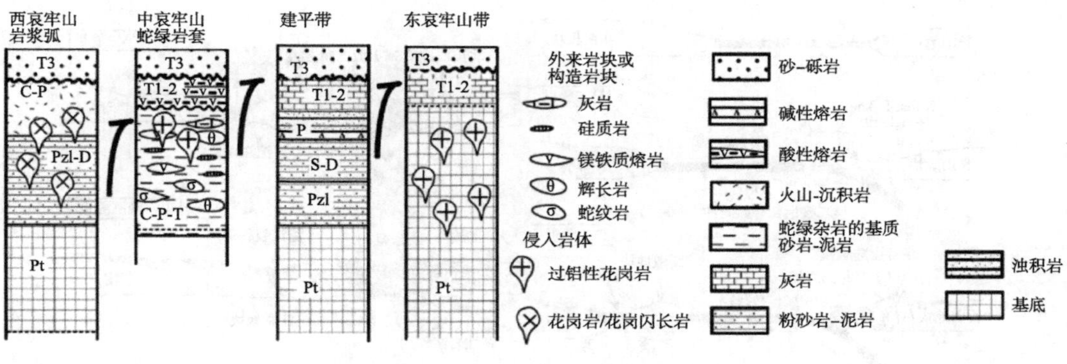

图7-2-3　哀牢山缝合带4个岩性构造带综合柱状图（Faure et al，2016）

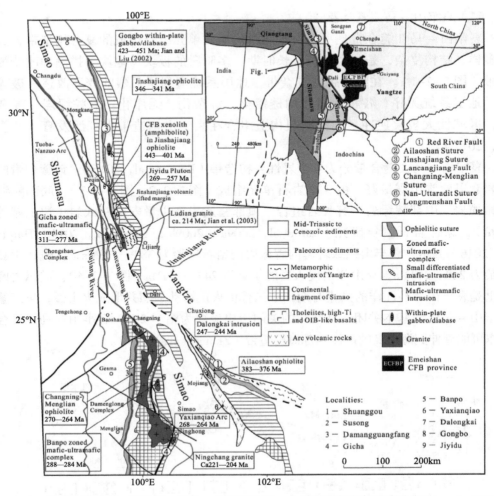

图 7-2-4 华南陆块西部、蛇绿岩、基性－超基性杂岩、火山弧分布综合地质图（Jian et al, 2009a）

注：图中标明了样品的位置和年龄结。插图显示主要陆块古特提斯造山带断裂与缝合线的分布（Metcalfe, 2006）。颜色分区：淡蓝色—Yangtze 克拉通区；灰色—思茅；粉红色—滇缅马（Sibumasu）－羌塘；黑色—峨眉山玄武岩分布（ECFBP）。

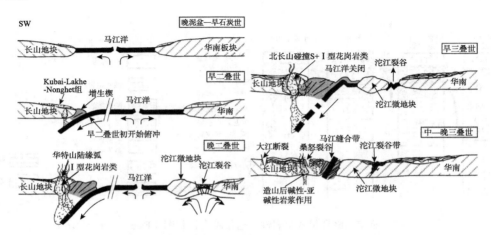

图 7-2-5 马江洋关闭历史示意图（王宏等，2015）

（2）奠边府 - 斯雷博河断裂

奠边府断裂是东南亚重要的走滑断裂，经历了两次主要运动：第一次是在早白垩世，年龄在130Ma左右；第二次是渐新世末，年龄约为26—29Ma（Bui et al，2017）。

奠边府断裂实际上也是一条缝合带，称为奠边府—黎府（Loei）缝合带（王宏等，2015），是哀牢山缝合带的西南延伸（图6-3-8）。奠边府断裂带和斯雷博（Srepok）河一带蛇绿混杂岩存在的确切证据及石组合特征仍需进一步证实。

在老挝超基性岩见于琅勃拉邦（Luang Prabang）东奠边府断裂带与南康（Nam Hong）河谷交切地带；在泰国北部黎府巴春（Pak Chom）地区发育由MORBS和洋内岛弧镁铁质熔岩构成的晚泥盆世枕状熔岩、枕状角砾熔岩和玄武质碎屑岩（Panjasawatwong，1997）。泰国黎府 - 碧差汶（Phetchabun）弧火山岩显示在成熟弧后盆地和大洋盆地中喷发成因的地球化学特性（Phajuy et al，2005）。碧差汶东南的二叠纪浊积岩中含有蛇纹岩砾石，在沿Lom Sak-Chum Phae公路出露的中二叠统NamDuk组（沙那武里群上部第三岩性段）砂岩中发现有尖晶石碎屑，地球化学分析表明这些尖晶石起源于弧前地幔橄榄岩，其时代早于中二叠世。结合地层具有向东逆冲的构造变形样式，推断存在一个大致南北走向的新缝合带，即黎府缝合带（Takositkanon et al，1997）。黎府缝合带与斯雷博河缝合带形成时代大致相同，洋盆发育于中、晚古生代，关闭于二叠纪末、三叠纪初（图7-2-6），发育晚二叠世—早三叠世的陆源碎屑岩、碳酸盐岩和炭质沉积等造山杂岩（Le Van De，1997）。尽管该带在老挝、泰国和柬埔寨境内迄今仅发现较少的镁铁质 - 超镁铁质岩，但其西侧发育耦合良好的墨江 - 黎府火山弧带，且Sone and Metcalfe（2008）认为哀牢山缝合带不可能通过奠边府断裂与难河缝合带相连接，王宏等（2015）将其单独作为一个缝合带划出。

（3）印支地块

印支地块的最北部为长山（Truong Son）微地块（火山弧），也称Annamitic链。长山微地块主要发育有前寒武纪中高级变质岩及奥陶纪—白垩纪的沉积岩和火成岩。以大江（Song Ca）断裂为界进一步划分为南长山带和北长山带（参见图6-3-8）。

①长山杂岩带

南长山带主要发育泥盆—石炭纪活动陆缘 - 岛弧型钙碱性火山 - 侵入岩和早、中二叠世碰撞造山型花岗岩（赵红娟等，2011；Kamvong et al，2014；Shi et al，2015；Gardner et al，2017），指示南长山带在中、晚古生代为活动岛弧或陆缘弧，二叠纪时为一碰撞造山岩浆岩带。此外，带内还发育有奥陶—志留纪产三叶虫化石的复理石沉积岩系及侏罗纪板内花岗岩（Lepvrier et al，2008；Le Van De，1997）。

北长山带相当于Le Van De（1997）的华特山火山弧带。在南部华特山发育有前寒武系，下部为元古宙混合岩化角闪岩夹黑云斜长片麻岩、结晶片岩；上部为新元古代—早寒武世Bukhang组变质岩。显生宙主要发育有奥陶纪—志留纪麻粒岩和片麻岩，晚石炭世—二叠纪的碳酸盐岩 - 陆源碎屑沉积岩系和玄武岩、安山岩等岛弧型钙碱性火山岩系，晚二叠—早三叠世为闪长岩 - 花岗闪长岩 - 花岗岩等侵入岩系、

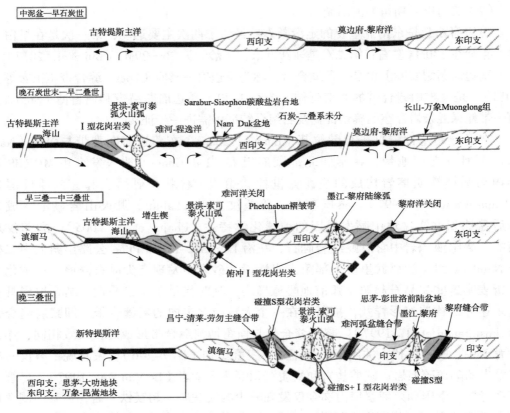

图 7-2-6　奠边府-黎府缝合带形成历史示意图（王宏等，2015）

侏罗纪板内花岗岩（Lepvrier et al，2008；Liu et al，2011；Nakano et al，2013）。此外，中、晚三叠世在北部紧邻马江缝合带存在呈 NW-SE 向展布桑怒裂谷作用带，经西北部奠边府右行走滑断裂错移延伸至云南绿春一带，发育中、上三叠统高山寨组火山-沉积岩系。长山带褶皱作用最初发生在早石炭世（Gatinsky & Hutchison，1987），之后遭受三叠纪强烈印支期热-构造事件形成，亦称长山褶皱带（Lepvrier et al，2004；2008；Liu et al，2011），在褶皱构造过程中岩浆活动强烈（Hoa et al，2008）。

②色潘-三岐缝合带

长山微地块向南以色潘（Phuoc Son）-三岐（Tamky）缝合带与昆嵩（Kontum）次地块相接（见图 6-3-8）。色潘-三岐缝合带呈北西向展布，从越南三岐向北西西经老挝的色潘、他曲（Thakhek），在万荣（Vang Viang）附近被奠边府断裂所截切。北西段隐没于万象-呵叻盆地中生代地层之下，南东段主要由三岐断裂带、他曲-色潘断裂带构成，古洋壳以新元古代—中古生代超镁铁质岩、镁铁质岩和陆源碎屑岩为代表的蛇绿混杂岩组合出露在 Thanh My-Kham Due 一带（Le Van De，1997），也称三岐（TamKy）-福山（Fhuson）缝合带（Lepvrier et al，2004）。受后期强烈构造变形作用，蛇绿混杂岩体（纯橄榄岩、蛇纹岩、角闪石辉石岩、辉长岩等）呈构造透镜体沿缝合带断续出露（图7-2-7）。带内还出露有石英岩、云母片岩等中高级变质岩系和绿片岩、变凝灰岩、变流纹岩 - 玄武岩等中低级火山变质岩系（Lepvrier et al，2004；Tran et al，2014）。岩石地球化学及年代学研究表明，该缝合带是加里东造山期开始俯冲，海西造山期彻底关闭的结果（王宏等，2015；Gardner et al，2017）。色潘 - 三岐缝合带的形成演化模式概况为图7-2-8。

③昆嵩次地块

昆嵩次地块是印支地块的主体，以前寒武系为基底，出露于越南北部（Tran et al，2015；Halpin，2016）、越南中部（Lan et al，2003）和马来半岛（Quek et al，2017）。最古老的岩石是越南境内出露的Kontum亚地块太古宙麻粒岩相变质核杂岩（图7-2-9）。Kontum变质核杂岩与东南极、印度、斯里兰卡和澳大利亚的经典太古宙麻粒岩地块具有可对比性（Lan et al，2003）。

昆嵩次地块可进一步划分为万象（Vientiane）- 呵叻（Khorat）中新生代盆地、湄公河褶皱带和昆嵩微地块三个次级构造单元（参见图6-3-8）。万象 - 呵叻中新生

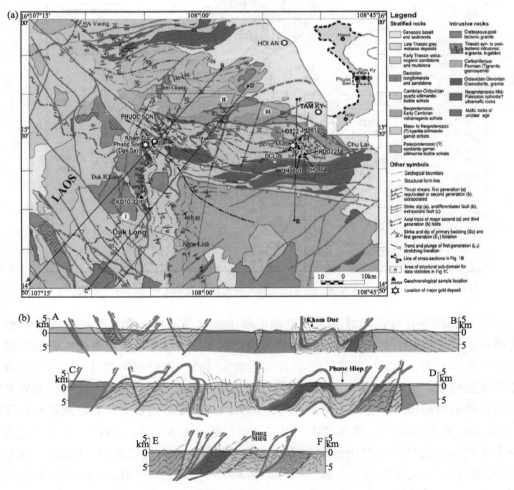

图7-2-7　色潘 - 三岐缝合带及其围区地质 - 构造简图（据Tran et al，2014）

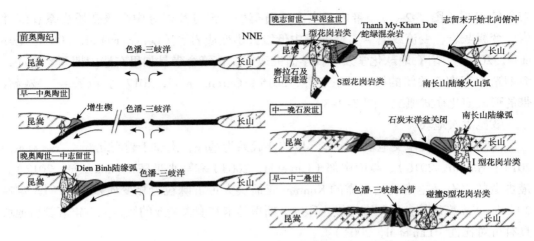

图 7-2-8　色潘 – 三岐缝合带形成演化模式图（据王宏等，2015）

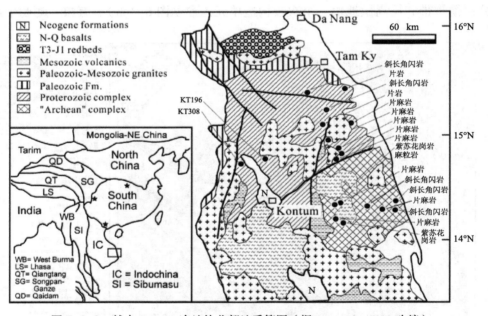

图 7-2-9　越中 Kontum 次地块北部地质简图（据 Lan et al，2003 改编）

代盆地：沉积演化特征与思茅 – 彭世洛中新生代盆地相似，发育地层主要为一套三叠系—古近系陆相含盐红层岩系（统称为呵叻群）。该盆地是东南亚最主要的大型钾盐 – 盐岩 – 石膏矿盆地，构造变形以开阔褶皱为特征。湄公河褶皱带：带内主要由古生代地层构成，在桑（San）河上游地段以发育寒武系片岩和石英岩、志留系页岩及泥盆系含放射虫硅质岩为特征（李兴振等，2004a）；而塞公河带为一套寒武系—志留系（Auvong 群和 Lounda 组）的浅变质火山 – 沉积岩系（Phan et al，1991）。早古生代末—晚古生代初遭受加里东造山运动改造，形成褶皱带，并发育以大禄（Dailoc）高铝花岗岩类为代表的造山期 Matery 构造穿窿杂岩和下—中泥盆统（Thanthan 组）红色磨拉石沉积。昆嵩微地块：为一古陆块，由结晶基底和盖层构成，结晶基底主要由太古宇和元古宇组成，太古宇下部为镁铁质麻粒岩、变基性火山岩，中部为镁铁质 – 硅铝质过渡特征斜长片麻岩，上部为硅铝质花岗岩；元古宇为斜长片麻岩、（辉长）角闪岩和砂线石片岩及由混合花岗岩组成的变质花岗岩层（李兴振等，2004a；2004b；施美凤等，2011）。其上盖层主要是中三叠统碎屑岩、碳酸盐及少量流纹岩，以及中侏罗统造山磨拉石砂砾岩层（Le Van De，1997）。

④印支地块形成演化历史

印支地块的陆核起源于晚太古代（2.7—2.5Ga）亏损地幔，古元古代（2.4—1.8Ga）和中元古代（2.1—1.2Ga）是印支地块地壳形成的两个主要阶段。新元古代形成越南中部的 Dai Loc 的花岗岩侵入体（920—860Ma）和马来西亚半岛东海岸的花岗闪长岩（~800Ma）。由 Dai Loc 和 Kontum 亚地块片麻岩和花岗闪长岩的锆石 SHRIMP U–Pb 调谐年龄分析，早古生代（450—400Ma）印支地块从冈瓦纳地块分离。越南中部的紫苏花岗岩和高级变质岩（Lepvrier et al，1997；Nam，1998；Lo et al，1999；Carter et al，2001；Nam et al，2001；Nagy et al，2001）、马来西亚半岛东海岸的花岗岩（Bignell & Snelling，1977；Liew and McCulloch，1985）年龄表明，印支造山期（270—230Ma）印支地块与华南地块的碰撞造山作用影响了整个印支地块（图 7-2-10）。越

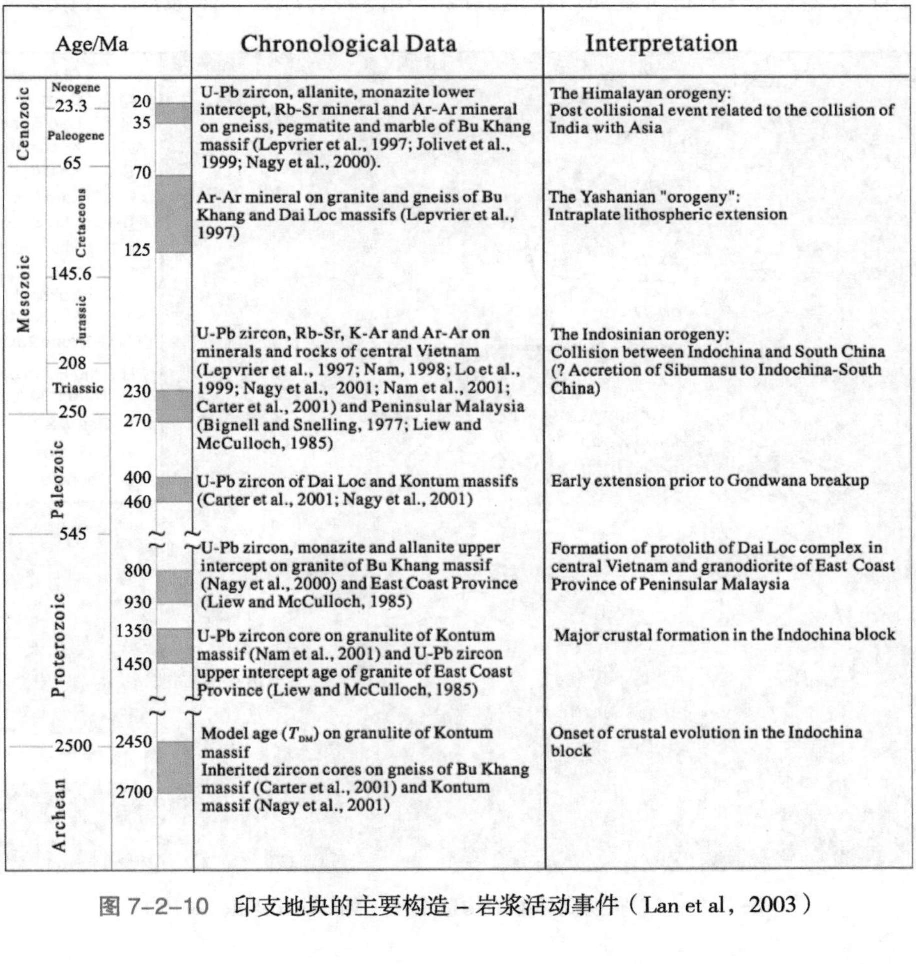

Age/Ma			Chronological Data	Interpretation
Cenozoic	Neogene	20	U-Pb zircon, allanite, monazite lower intercept, Rb-Sr mineral and Ar-Ar mineral on gneiss, pegmatite and marble of Bu Khang massif (Lepvrier et al., 1997; Jolivet et al., 1999; Nagy et al., 2000).	The Himalayan orogeny: Post collisional event related to the collision of India with Asia
	23.3	35		
	Paleogene	70		
	65			
Mesozoic	Cretaceous	125	Ar-Ar mineral on granite and gneiss of Bu Khang and Dai Loc massifs (Lepvrier et al., 1997)	The Yashanian "orogeny": Intraplate lithospheric extension
	145.6			
	Jurassic		U-Pb zircon, Rb-Sr, K-Ar and Ar-Ar on minerals and rocks of central Vietnam (Lepvrier et al., 1997; Nam, 1998; Lo et al., 1999; Nagy et al., 2001; Nam et al., 2001; Carter et al., 2001) and Peninsular Malaysia (Bignell and Snelling, 1977; Liew and McCulloch, 1985)	The Indosinian orogeny: Collision between Indochina and South China (? Accretion of Sibumasu to Indochina-South China)
	208	230		
	Triassic	270		
	250			
Paleozoic		400	U-Pb zircon of Dai Loc and Kontum massifs (Carter et al., 2001; Nagy et al., 2001)	Early extension prior to Gondwana breakup
		460		
	545		U-Pb zircon, monazite and allanite upper intercept on granite of Bu Khang massif (Nagy et al., 2000) and East Coast Province (Liew and McCulloch, 1985)	Formation of protolith of Dai Loc complex in central Vietnam and granodiorite of East Coast Province of Peninsular Malaysia
Proterozoic		800		
		930		
		1350	U-Pb zircon core on granulite of Kontum massif (Nam et al., 2001) and U-Pb zircon upper intercept age of granite of East Coast Province (Liew and McCulloch, 1985)	Major crustal formation in the Indochina block
		1450		
	2500	2450	Model age (T_{DM}) on granulite of Kontum massif	Onset of crustal evolution in the Indochina block
Archean		2700	Inherited zircon cores on gneiss of Bu Khang massif (Carter et al., 2001) and Kontum massif (Nagy et al., 2001)	

图 7-2-10　印支地块的主要构造 – 岩浆活动事件（Lan et al，2003）

南中部 Truong Son 构造带的年龄在（90.3±0.7）Ma 的花岗岩和年龄在（82±10）Ma~
（130±3）Ma 的糜棱片麻岩（Lepvrier et al，1997），Bu Khang 亚地块年龄在 36—21Ma
的多种变质岩（Lepvrier et al，1997、Jolivet et al，1999、Nagy et al.，2000）的存在表
明，印支地块与华南地块碰撞缝合后，侏罗—白垩纪的燕山运动、古近纪—新近纪的
喜山运动对印支地块都有影响（Lan et al，2003）。

（3）东南亚中部中新生代变形带沉积盆地

东南亚中部中新生代变形带沉积盆地主要有呵叻高原（Khorat Plateau）盆地、彭
世洛（Phitsanulok）盆地、湄南河（Chao Phraya）盆地、泰国湾（Gulf of Thailand）盆
地、磅逊（Kompong Som）盆地、九龙江（Cuu Long）盆地、马来（Malay）盆地、西纳
土纳（Natuna）盆地（图 7-0-2）。

①呵叻高原盆地

呵叻高原（Khorat Plateau）盆地处于印支地块中部，面积超过 20×10⁴ km²（图 7-0-
2、图 7-2-11），横跨泰国、老挝、柬埔寨三国，主体位于泰国东北部，是在昆嵩地块加
里东变形变质基底上发育的晚古生代、中新生代盆地（Minezaki et al，2019）。发育了泥
盆系、石炭系、二叠系、三叠系、侏罗系、白垩系（图 7-2-12~ 图 7-2-14）。新生界普
遍不发育。泥盆系—下石炭统弧后盆地滨浅海相砂岩、泥岩、碳酸盐岩轻微变质。

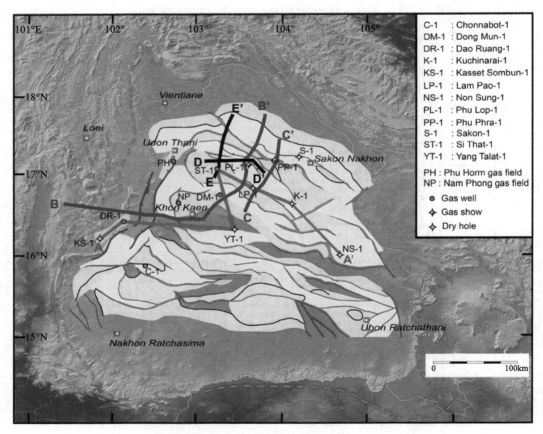

图 7-2-11　呵叻高原盆地构造纲要（Minezaki et al，2019）

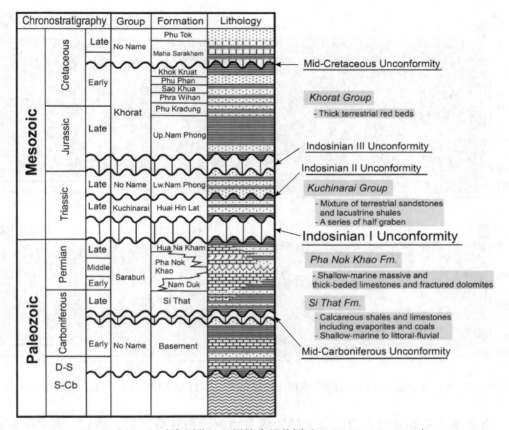

图 7-2-12　呵叻高原盆地地层综合柱状图（Minezaki et al，2019）

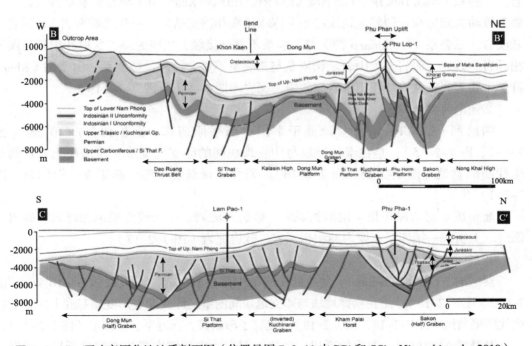

图 7-2-13　呵叻高原盆地地质剖面图（位置见图 7-2-11 中 BB' 和 CC'；Minezaki et al，2019）

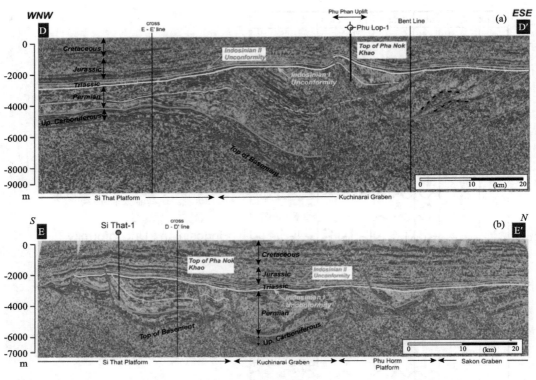

图 7-2-14　呵叻高原盆地地震 – 地质剖面图（位置见图 7-2-11 中 DD' 和 EE'；Minezaki et al, 2019）

石炭系（Si That 组）为被动大陆边缘盆地滨浅海相蒸发岩、砂岩、泥岩碳酸盐岩。二叠系（Nam Duk 组、Pha Nok Khao 组、Hua Na Kham 组）与石炭系整合接触，主要为被动大陆边缘 – 裂谷盆地浅海相 – 深水浅海相碳酸盐岩（见生物礁灰岩）、泥岩、硅质岩。三叠系（Kuchinarai 群）与二叠系不整合接触，主要为裂谷盆地冲积相 – 湖泊相砾岩、砂岩、泥岩夹火山岩。侏罗系与三叠系不整合接触，侏罗系—白垩系（Khorat群）主要为裂谷盆地冲积相砾岩、砂岩、泥岩（图 7-2-12~ 图 7-2-14）。

②湄南河盆地

湄南河（Chao Phraya）盆地处于泰国中部平原南部，面积约 $3.6 \times 10^4 \, \text{km}^2$（图 7-0-2、图 7-2-15），是在泰掸地块与印支地块间的印支期变形变质基底上发育的新生代断陷盆地（图 7-2-15、图 7-2-16）。发育了渐新统上部、新近系、第四系（图 7-2-17）。

渐新统上部为冲积相 – 湖泊相砾岩、砂岩、泥岩。中新统为湖泊相砾岩、砂岩、泥岩。上新统—第四系主要为冲积相砾岩、砂岩泥岩（图 7-2-17）。

③泰国湾盆地

泰国湾（Gulf of Thailand）盆地处于泰国中部平原南部，面积约 $21.6 \times 10^4 \, \text{km}^2$（图 7-0-2、图 7-2-18），是在泰掸地块与印支地块间的泰马印支期变形变质基底上发育的新生代断陷盆地（图 7-2-18、图 7-2-19）。发育了渐新统、新近系、第四系（图 7-2-20）。

渐新统为冲积相 – 湖泊相砾岩、砂岩、泥岩。中新统主要为湖泊相砾岩、砂岩、

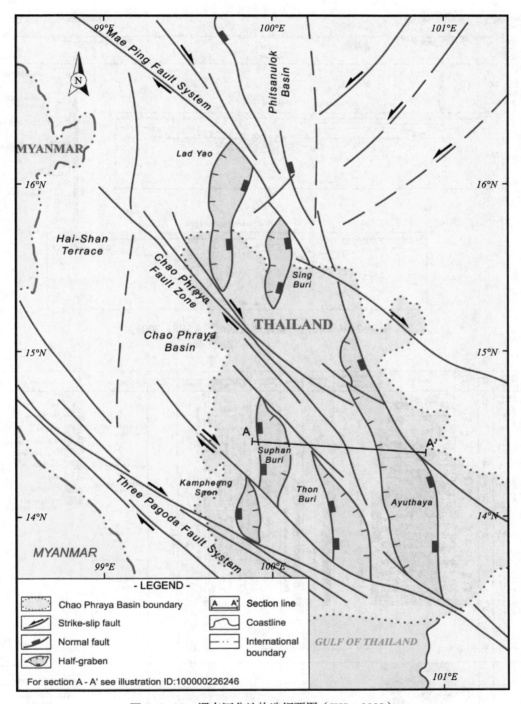

图 7-2-15　湄南河盆地构造纲要图（IHS，2008）

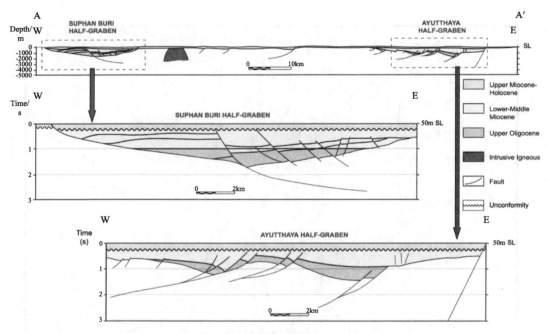

图 7-2-16 湄南河盆地地质剖面图（IHS，2008）

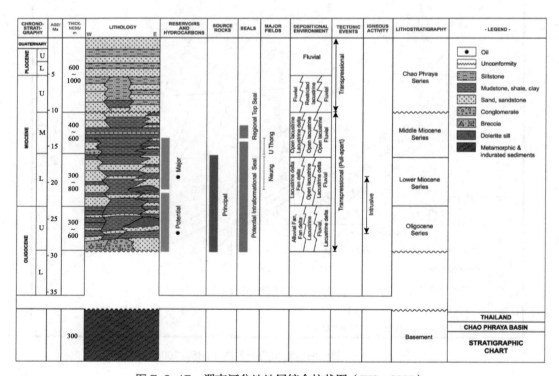

图 7-2-17 湄南河盆地地层综合柱状图（IHS，2008）

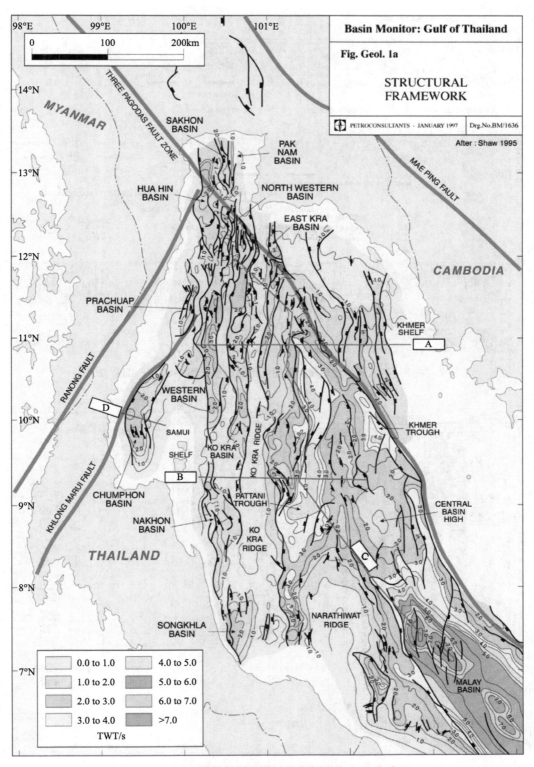

图 7-2-18 泰国湾盆地构造纲要图（IHS，2008）

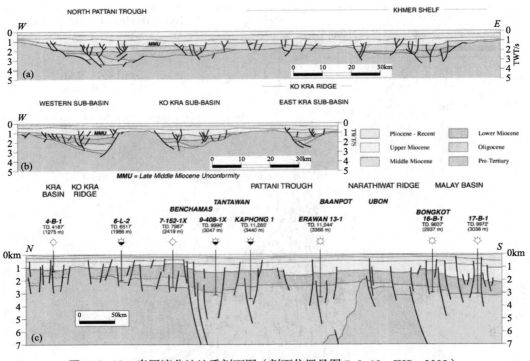

图 7-2-19 泰国湾盆地地质剖面图（剖面位置见图 7-2-18；IHS，2008）

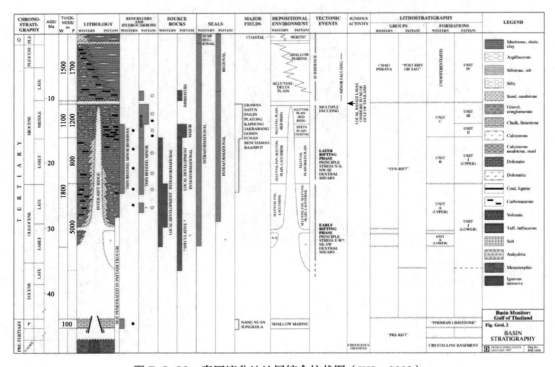

图 7-2-20 泰国湾盆地地层综合柱状图（IHS，2008）

泥岩。上新统—第四系主要为滨浅海相砂岩、泥岩（图 7-2-20）。始新统发育于盆地深部（Phoosongsee & Morley，2019），为冲积相 – 湖泊相砾岩、砂岩、泥岩。

④九龙江盆地

九龙江（Cuu Long）盆地，我国称之为湄公盆地（沿海大陆架及毗邻海域油气区石油地质志编写组，1992），处于越南东南近海，面积约 $6.4 \times 10^4 km^2$（图 7-0-2、图 7-2-21），是在泰掸地块与印支地块间的印支期与燕山期叠加变形变质基底上发育的新生代断陷盆地，盆地的形成与南中国海的张裂密切相关（Schmidt et al，2019）。发育了始新统、渐新统、新近系、第四系（图 7-2-22）。

已揭示的基底岩石有石炭系—二叠系、下三叠统变质碎屑岩，上侏罗统—下白垩统花岗岩、花岗闪长岩、闪长岩、安山岩、英安岩、流纹岩和变质碎屑岩（IHS，2008）。

始新统为冲积相 – 沼泽相 – 湖泊相砾岩、砂岩、泥岩、泥灰岩、煤层。渐新统以湖泊相泥岩为主，夹砂岩，局部夹安山岩、安山玄武岩、玄武岩、玄武凝灰岩。中新统为滨浅海相砂岩、泥岩，夹碳酸盐岩和煤层。上新统—第四系主要为浅海相砂岩、泥岩，夹碳酸盐岩（图 7-2-22）。

⑤马来盆地

马来（Malay）盆地处于马来半岛东侧近海，面积约 $12.8 \times 10^4 km^2$（图 7-0-2、图 7-2-23），是在东马来地块与印支地块间的印支期与燕山期叠加变形变质基底［文冬（Bentong）缝合带］上发育的新生代断陷盆地，发育了始新统、渐新统、新近系、第四系（图 7-2-24、图 7-2-25）。

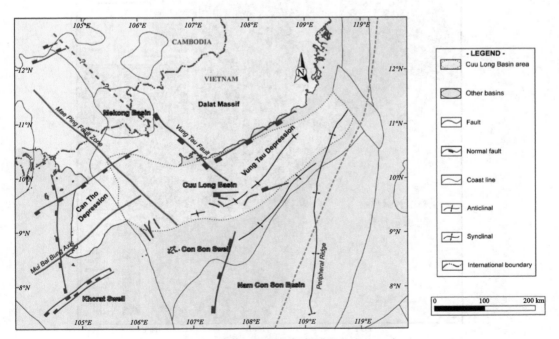

图 7-2-21　九龙江盆地位置图（IHS，2008）

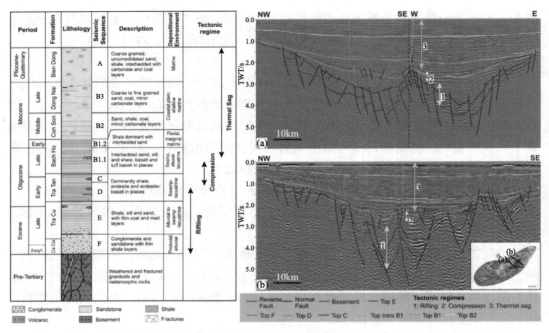

图 7-2-22　九龙江盆地地层综合柱状图及地震地质解释剖面（据 Schmidt et al，2019 编绘）

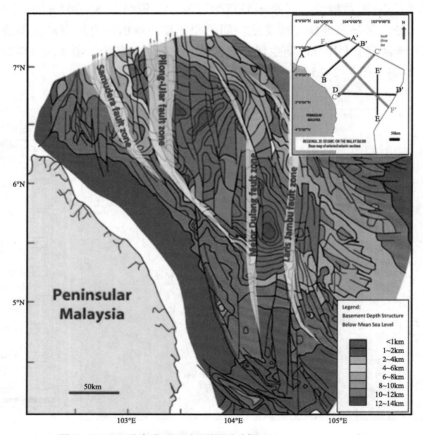

图 7-2-23　马来盆地基底埋深图（据 Mansor et al，2014）

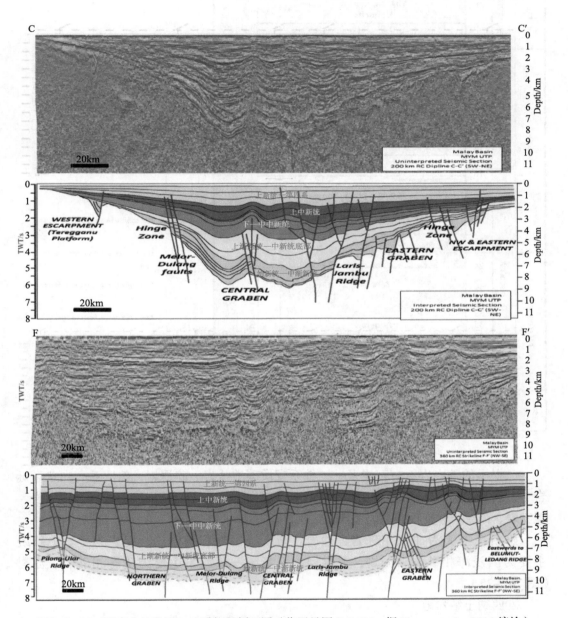

图 7-2-24　马来盆地地震 – 地质解释剖面图（位置见图 7-2-23；据 Mansor et al，2014 编绘）

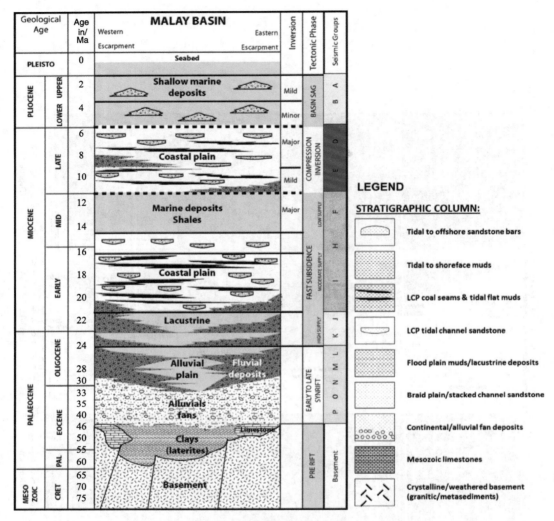

图 7-2-25　马来盆地地层综合柱状图（Mansor et al，2014）

已揭示的基底岩石有石炭系—三叠系变质碳酸盐岩、碎屑岩，侏罗系—白垩系砾岩、砂岩、泥岩，二叠系—三叠系及白垩系花岗岩、花岗闪长岩、闪长岩、安山岩、英安岩、流纹岩和变质碎屑岩（IHS，2008）。

始新统主要为冲积相砾岩、砂岩。渐新统以冲积相砂岩、泥岩为主。中新统主要为滨浅海相砂岩、泥岩，夹煤层。上新统—第四系主要为浅海相砂岩、泥岩（图 7-2-25）。

⑥西纳土纳盆地

西纳土纳（Natuna）盆地处于西纳土纳海，面积约 $9.6 \times 10^4 km^2$（图 7-0-2、图 7-2-26），是在东马来地块与印支地块间的印支期与燕山期叠加变形变质基底上发育的新生代断陷盆地，发育了始新统、渐新统、新近系、第四系（图 7-2-26）。

始新统主要为冲积相 - 湖泊相砾岩、砂岩、泥岩，夹火山岩。渐新统以冲积相 - 湖泊相砂岩、泥岩为主。中新统主要为滨浅海相砂岩、泥岩，夹煤层。上新统—第四

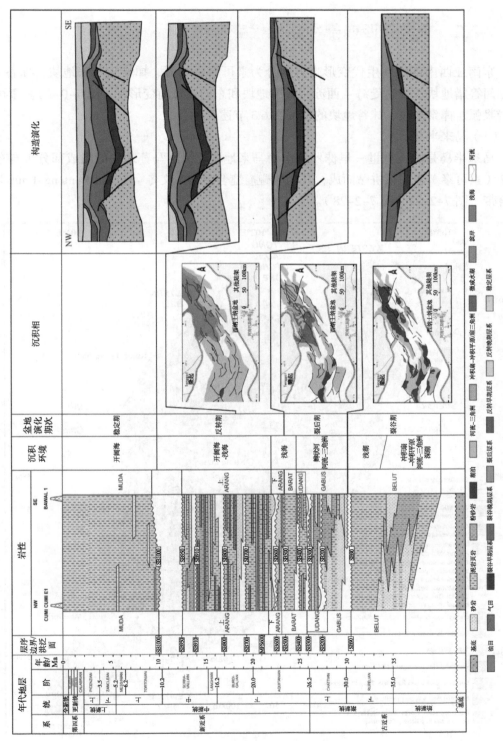

图 7-2-26　西纳土纳盆地构造－沉积演化综合图（倪仕琪等，2019）

系主要为浅海相砂岩、泥岩（图 7-2-26）。

7.2.2　东南亚西南部中新生代变形带

东南亚西南部中新生代变形带可划分为素可泰岩浆弧、掸泰 – 马来地块、抹谷 –
东苏门答腊地块、安达曼海 – 西苏门答腊地块和东南亚弧前变形带（图 7-0-2）。素可
泰岩浆弧、掸泰地块、抹谷地块的特征在 6.3 节述及。

（1）马来半岛

马来半岛是晚三叠世——早侏罗世由西马来地块（滇缅马苏地块的组成部分）与东
马来（素可泰）岩浆弧拼贴而成，其间的碰撞缝合带称为文冬 – 劳勿（Bentong–Raub）
缝合带（图 7-2-27、图 7-2-28）。

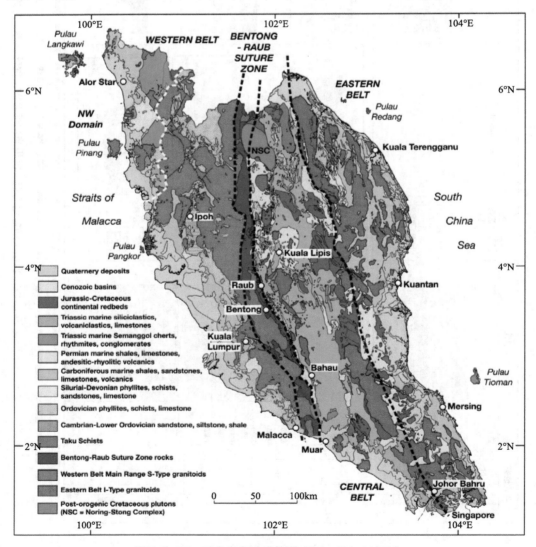

图 7-2-27　马来半岛地质简图（Metcalfe，2013b）

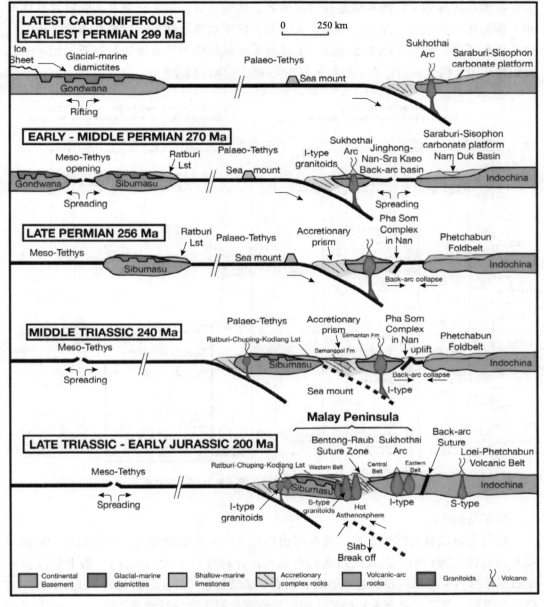

图 7-2-28　马来半岛地质简图（Metcalfe，2013b）

①西马来地块

西马来地块西界为中苏门答腊构造带，东界为文冬 – 劳勿缝合带，以前寒武系变质岩为基底。寒武系主要为被动大陆边缘盆地滨浅海相砂岩、泥岩，隆起区寒武系缺失。奥陶系主要为被动大陆边缘盆地浅海相碳酸盐岩、泥岩。志留系主要为被动大陆边缘盆地 – 前陆盆地浅海相泥岩、碳酸盐岩。泥盆系主要为前陆盆地滨浅海相泥岩、砂岩、碳酸盐岩，隆起区上泥盆统缺失。石炭系主要为被动大陆边缘裂谷盆地滨浅海相冰碛岩、砂岩、碳酸盐岩，隆起区下石炭统缺失。二叠系主要为被动大陆边缘盆地 –

大洋盆地滨浅海相－深海相碳酸盐岩、砂岩、泥岩、硅质岩。三叠系为弧后盆地浅海相－深海相碳酸盐岩、泥岩、砂岩、火山岩。侏罗系普遍缺失。白垩系主要为山间盆地冲积相砾岩、砂岩（图7-2-29）。上述地质记录反映西马来地块是在石炭纪末—二叠纪初从冈瓦纳分离的，在三叠纪末与东马来岩浆弧碰撞隆升。

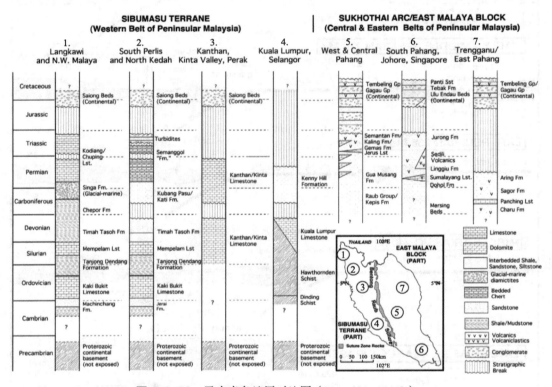

图 7-2-29　马来半岛地层对比图（Metcalfe，2013b）

②东马来地块

东马来地块具有陆壳基底，其西部边界是文冬－劳勿缝合带，东部边界为沙缴－贡布弧后洋盆缝合带。发现的最老岩石是元古界麻粒岩（1.2–1.4Ga），最老的沉积岩是石炭系弧后－岛弧－弧前盆地砂岩、泥岩、碳酸盐岩（含生物礁灰岩）、火山岩。二叠系为弧后－岛弧－弧前盆地砂岩、泥岩、碳酸盐岩（含华夏动物群化石）、火山岩。三叠纪主要为弧后－岛弧－弧前盆地火山岩、砂岩、泥岩。侏罗系普遍缺失，局部为山间盆地冲积相砾岩、砂岩。白垩系为裂谷盆地冲积相砾岩、砂岩、火山岩（图7-2-29）。上述地质记录反映东马来地块是在石炭纪末—二叠纪初从印支地块分离的，在三叠纪末与西马来地块、印支地块碰撞隆升。

③文冬－劳勿缝合带

文冬－劳勿（Bentong–Raub）缝合带（图7-2-27、图7-2-28）是东马来（素可泰）岩浆弧与西马来地块之间的古特提斯洋关闭的地质记录（Metcalfe，2000；2002；2011a；2011b；2013a；2013b）。特征地质记录主要为：泥盆系—二叠系的远洋放射虫硅质岩；三叠系？前渊盆地深海－浅海相硅质岩、灰岩、砂岩、砾岩、复理石、火山岩的混杂岩，硅质岩和灰岩的年代为石炭纪—二叠纪；二叠系基性－超基性岩浆岩、蛇绿杂岩；奥陶系—泥盆系被动大陆边缘－裂谷盆地深水浅海相含笔石片岩、千枚岩（图7-2-30）。

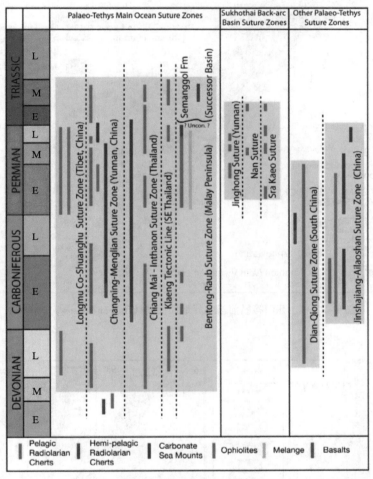

图7-2-30　东古特提斯洋缝合带各段主要地质记录（Metcalfe，2013b）

（2）苏门答腊岛

苏门答腊（Sumatra）岛是晚三叠世—白垩纪由西马来地块、东苏门答腊地块、西苏门答腊地块（中苏门答腊）与沃伊拉（Woyla）岩浆弧拼贴、碰撞而成（图7-2-31），其间的碰撞缝合带分别为缅甸－泰国半岛中部缝合带［图7-2-32（a），Medial Myanmar–Thai Peninsula Suture］、苏门答腊中部构造带［图7-2-31、图7-2-32（a），Medial Sumatra Tectonic Zone］和沃伊拉（Woyla）缝合带［图7-2-32（b）］。苏门答腊岛在前寒武系基底上发育上古生界及中—新生界（图7-2-31~图7-2-33）。

①缅－泰半岛中部缝合带

缅－泰半岛中部缝合带（Medial Myanmar–Thai Peninsula Suture）是班公湖－怒江－

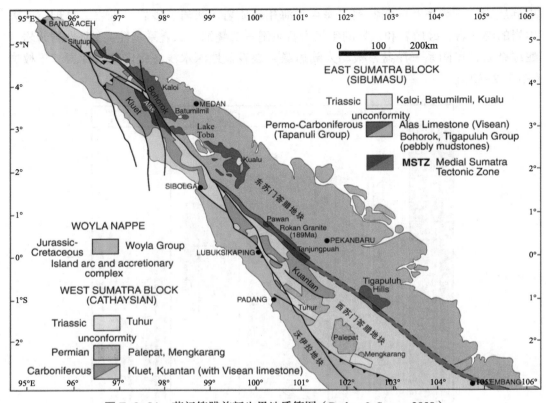

图 7-2-31 苏门答腊前新生界地质简图（Barber & Crow，2009）

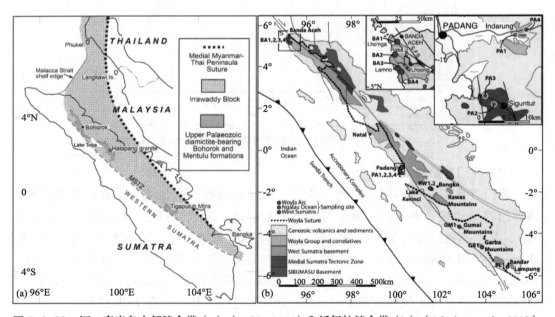

图 7-2-32 缅 - 泰半岛中部缝合带（a）（Ridd，2016）和沃伊拉缝合带（b）（Advokaat et al，2018）

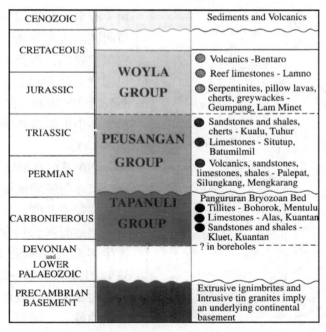

图 7-2-33　苏门答腊岛前新生界地层序列（Barber & Crow，2003）

潞西－抹谷－掸邦陡崖早白垩世缝合带的东南延伸，由缅－泰半岛中部穿过马六甲海峡延伸到苏门答腊东北部［图 7-2-32（a）］。该缝合带两侧上石炭统—下二叠统特征差异明显（图 7-2-34）。西南侧［Tigapuluh 山，图 7-2-32（a），Mentulu 组］巨厚的上石炭—下二叠统统含冰碛岩块体流沉积，反映了西南侧地块（缅泰半岛西侧－东苏门答腊主体）处于冈瓦纳大陆边缘。东北侧［Bangka 岛，图 7-2-32（a），Pebbly mudstone］局部发育上石炭统—下二叠统薄层冰碛岩，为冰筏沉积，反映了东北侧地

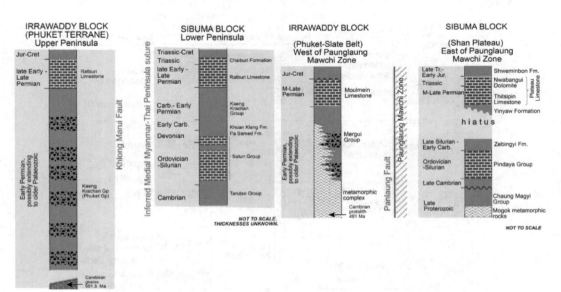

图 7-2-34　缅泰半岛中部缝合带两侧地质特征差异（据 Ridd，2016 编绘）

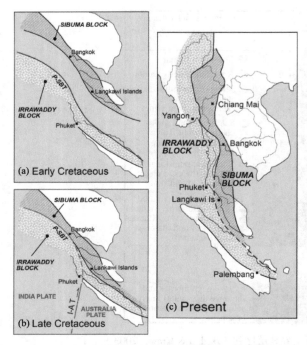

块（缅泰半岛东侧—西马来半岛）已与冈瓦纳大陆分离。缝合带形成于早白垩世晚期，遭受了晚白垩世—古近纪印度 – 澳大利亚右旋走滑大洋转换断裂活动的影响（Ridd，2016）。缅 – 泰半岛中部缝合带的形成过程概括为图 7-2-35。

②东苏门答腊地块

东苏门答腊地块位于苏门答腊中部断裂带东北侧。其基底为前寒武系变质熔结凝灰岩和含锡矿花岗岩，下古生界和泥盆系普遍缺失（图 7-2-33）。上覆石炭系—二叠系底部为被动大陆边缘 – 裂谷盆地浅海相变质和未变质的砂岩、泥岩、冰碛岩、碳酸盐岩，冰碛岩可与澳大利亚西北部同时期的冰碛岩对比（图 7-2-36），暗示二叠纪初，东苏门答腊地块尚未从

图 7-2-35　缅泰半岛中部缝合带形成过程示意图
（Ridd，2016）

冈瓦纳分离，裂离的时期是二叠纪中期。二叠系中上部主要为孤立台地浅海相碳酸盐岩，次为斜坡深水浅海相硅质岩、泥岩（见千枚岩）。三叠系为孤立台地 – 洋盆浅海相 – 深海相变质或未变质的碳酸盐岩、砂岩、粉砂岩、泥岩、硅质岩（图 7-2-36）。侏罗系—白垩系普遍缺失（Barber & Crow，2003；2009）。

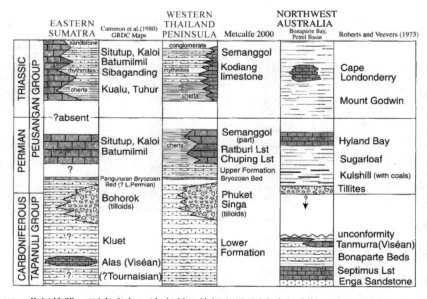

图 7-2-36　苏门答腊 – 西泰半岛 – 澳大利亚前新生界地层对比（据 Barber & Crow，2003 略改）

③苏门答腊中部构造带

苏门答腊中部构造带（Medial Sumatra Tectonic Zone），分隔了东、西苏门答腊地块，是强烈变形的变质岩带，NW-SE 向分布，从安达曼海到旧港（Palembang），贯穿整个苏门答腊，绵延 1760km（图 7-2-31）。西北部及中部局部为透镜状块状大理岩，含金云母、石墨大理岩、方柱石－钙质－硅质片岩、含石榴石眼球状片麻岩。该带其余部分的岩石有板岩、千枚岩、黑云母－石榴石－硅线石片岩、含堇青石黑云母－红柱石角岩、石英岩、石英－长石眼球状片麻岩、混合岩、碎裂岩。有早侏罗世—早白垩世花岗岩侵入。尽管苏门答腊中部构造带没有洋壳俯冲的蛇绿岩套组分，但强烈变形变质的岩石表明它是东苏门答腊地块与西苏门答腊地块的超壳规模剪切拼贴带。侏罗纪—早白垩世苏门答腊中部构造带为活动岩浆弧。东、西苏门答腊地块的主要剪切拼贴定位期是在白垩纪末（Barber & Crow，2003；2009；Berglar et al，2010）。

④西苏门答腊地块

西苏门答腊地块介于苏门答腊中部断裂带与沃伊拉缝合带之间。已发现的最老岩石是石炭系—二叠系底部 Kluet 和 Kuantan 组被动大陆边缘－裂谷盆地浅海相变质和未变质的薄层砂岩、粉砂岩、泥岩、碳酸盐岩，含暖水动物群化石（Barber & Crow，2003；2009；Metcalfe，2013a）。Barber & Crow（2003；2009）和 Metcalfe（2013a）认为，西苏门答腊地块和西缅地块很可能起源于印支－华夏超级地块，二叠纪中后期裂离，并在后期走滑构造运动作用下，在三叠纪末拼贴于源于寒带冈瓦纳的滇缅马苏地块西南边缘。

但二叠纪中期从北方华夏－印支超地块裂离的西缅－西苏门答腊地块，在三叠纪末拼贴于二叠纪中期从南方澳大利亚板块北缘分离的滇缅马苏（Sibumasu）地块西南边缘，从动力学和运动学都是难以解释的。

我们综合研究认为：a. 西苏门答腊地块、西缅地块很可能是在二叠纪晚期从印度板块北缘分离的，冈瓦纳群含煤岩系指示石炭纪—二叠纪印度板块北部处于温暖气候带；b. "滇缅马苏（Sibumasu）地块"内存在潞西－抹谷－掸邦陡崖—缅泰半岛北部、苏门答腊东北部早白垩世缝合带，该缝合带东北侧的保山－掸泰－马来地块是三叠纪末与素可泰弧拼贴碰撞的，该缝合带西南侧的腾冲－毛淡棉－东苏门答腊地块是早白垩世与保山－掸泰－马来地块拼贴碰撞的；c. 西缅－西苏门答腊地块与腾冲－毛淡棉－东苏门答腊地块的拼贴碰撞时期不是晚三叠世，而是晚白垩世。西缅地块与腾冲－毛淡棉地块晚白垩世碰撞的证据在 6.3.3 述及。在苏门答腊西南部（图 7-2-31）广泛发育的沃伊拉群侏罗系—白垩系大洋－浅海相沉积记录（Barber & Crow，2003；2009；Advokaat et al，2018）。

（3）沃伊拉缝合带及沃伊拉岩浆弧

沃伊拉（Woyla）岩浆弧处于苏门答腊岛西南边缘，以沃伊拉缝合带与西苏门答腊地块相接（图 7-2-31）。沃伊拉缝合带及沃伊拉岩浆弧的地质记录命名为沃伊拉群（Barber & Crow，2003；2009；Metcalfe，2013a；Advokaat et al，2018）。

Cameron et al（1983）把沃伊拉群分为大洋岩石组合和岛弧岩石组合。岛弧岩石组合主要为玄武质－安山质火山岩、火山碎屑岩，伴生块状或层状灰岩，灰岩的化石年龄为晚侏罗世—早白垩世。大洋岩石组合有蛇绿岩、角闪石化辉长岩、枕状玄武岩、硅质岩、红色含锰页岩。岛弧岩石组合和大洋岩石组合都被晚白垩世岩浆岩侵入。沃伊拉群向苏门答腊的仰冲发生在白垩纪中期。沃伊拉弧与西苏门答腊地块的碰撞从晚白垩世（93Ma）开始（Advokaat et al, 2018）。

（4）东南亚西南部中新生代变形带沉积盆地

东南亚西南部中新生代变形带沉积盆地包括莫塔马（Moattama）盆地、安达曼海（Andaman）盆地、北苏门答腊（Sumatra）盆地、中苏门答腊盆地、南苏门答腊盆地、米拉务（Meulaboh）盆地、尼亚斯（Nias）盆地、明打威－明古鲁（Mentawai-Bengkulu）盆地、安达曼－尼科巴－巽他－爪哇（Andaman-Nicobar-Sunda-Java）前渊（海沟）盆地（图7-0-2）。

①莫塔马盆地

莫塔马（Moattama）盆地处于安达曼海北部，西界为晚白垩世—始新世增生楔，东邻毛淡棉地块，面积约 $8.5 \times 10^4 \, km^2$（图7-0-2、图7-2-37）。盆地基底结构复杂，被 NE-SW 向的渐新世火山弧分割为西、东两部分，西部为以前渐新统为基底的弧前槽，东部为以前上白垩统为基底的弧后槽（图7-2-38）。

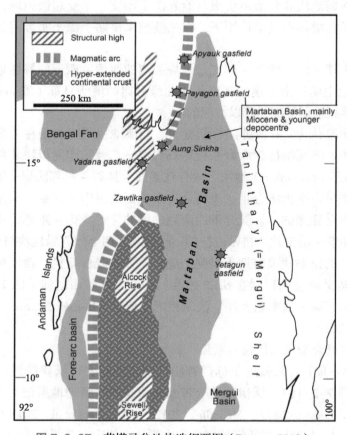

图 7-2-37　莫塔马盆地构造纲要图（Racey, 2018）

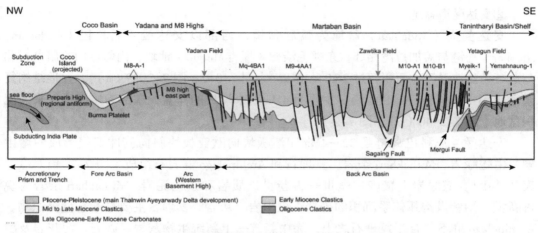

图 7-2-38　莫塔马盆地地质剖面简图（Racey，2018）

　　莫塔马盆地上白垩统—新生界总厚度超过 10km，主要是新近系—第四系（IHS，2008；Racey，2018）。上白垩统为弧后盆地冲积相－浅海相砂岩、泥岩、碳酸盐岩。古新统普遍缺失。始新统为弧后盆地冲积相－浅海相－深水浅海相砾岩、砂岩、泥岩、碳酸盐岩。渐新统—中新统下部为弧前－弧后盆地浅海相－深水浅海相砂岩、泥岩、碳酸盐岩、火山岩。中新统中部—第四系为弧后裂谷盆地浅海相－三角洲相泥岩、砂岩（图 7-2-39）。

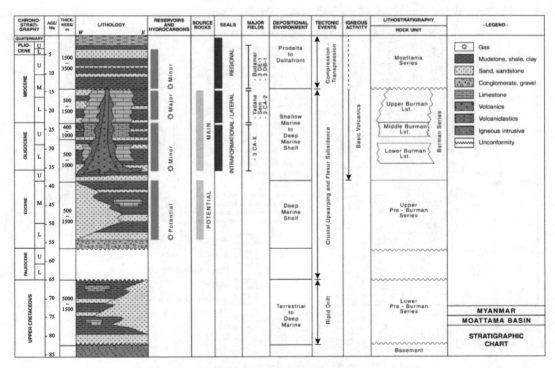

图 7-2-39　莫塔马盆地地层综合柱状图（IHS，2008）

②安达曼海盆地

安达曼海（Andaman）盆地为弧后盆地，西部以安达曼－尼科巴（Andaman-Nicobar）岛链与孟加拉湾相邻，东邻毛淡棉（墨吉Mergui）地块，南邻苏门答腊岛，北与莫塔马盆地过渡，面积超过 $26.0 \times 10^4 \mathrm{km}^2$［图7-0-2、图7-2-39（a）］。盆地结构复杂，西部（Alcock–Sewell海隆）主要为4Ma以来形成的洋盆，东部为始新世以来的沉积盆地［图7-2-40（b）、图7-2-41］。

安达曼－尼科巴岛链是32—4Ma印澳板块向欧亚板块斜向俯冲汇聚形成的增生楔，由蛇绿岩、Mithakhari杂岩、复理石和Archipelago群岩石组成［图7-2-40（c）、表7-2-1］。蛇绿岩上覆晚白垩世—古新世硅质岩和杂色泥岩。Mithakhari杂岩为晚古新世—始新世沟弧体系沉积的砾岩、火山岩、灰岩。复理石主要是渐新世沉积物。Archipelago群不整合于复理石之上，为中新统—上新统生物灰岩、砂岩、泥灰岩及酸性凝灰岩（Garzanti et al，2013）。

安达曼海盆地的基底为早白垩世西缅地块与墨吉地块的拼贴带与始新世安达曼－尼科巴增生楔的复合地体。盖层主要是始新统—第四系，总厚度超过6km。始新统主要分布于安达曼海盆地东部（图7-2-41），为弧后盆地冲积相－浅海相－深水浅海相砾岩、砂岩、泥岩、碳酸盐岩。渐新统—中新统下部为弧前－弧后盆地浅海相－深水浅海相砂岩、泥岩、碳酸盐岩、火山岩。中新统中部—第四系为弧后裂谷盆地－弧后

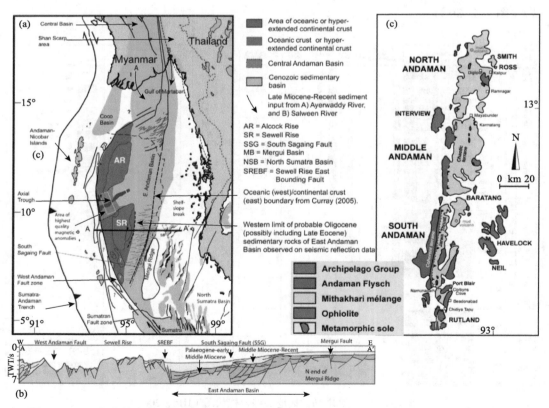

图7-2-40 安达曼海盆地构造纲要图（据 Garzanti et al，2013；Morley & Alvey，2015 编绘）

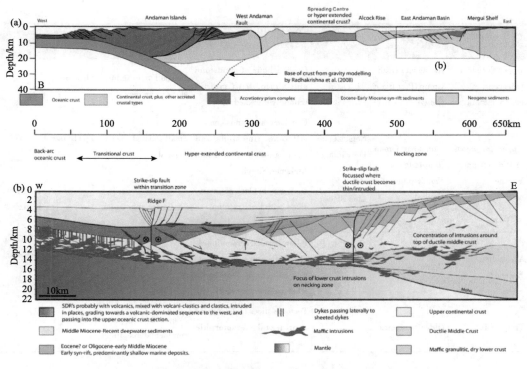

图 7-2-41 安达曼海盆地区域地质剖面图（Morley & Alvey，2016）

表 7-2-1 安达曼 - 尼科巴岛链地层简表（Curray，2005）

Age	Lithostratigraphic Units		Lithology	Facies	Seismic Units
Pleistocene 0—1.95Ma	Nicobar Series	Shumpenian	Shell limestone	Upper bathyal to shelf, to beach in Holocene, ca. 500 to 0 m or shallow marine?	SS4
Late Pliocene 3.7—1.95Ma		Taipian	Silty mudstone, limestone	Middle bathyal, Ca. 500~2500 m or shallow marline?	SS3
Early Pliocene 5—3.7Ma		Sawaian	Mudstone, silty–mudstone, limestone	Lower bathyal to abyssal, ca.2500~4000 m or shallow marine?	
Late Miocene 10—5Ma	Archipelago Series	Neillian	Mud stone, Silty–mudstone, limestone	Middle to lower bathyal, ea.500~3500 m or shallow marine?	M Seismie Horizon?
Middle Mioeene 16—10Ma		Havelockian	Mudstone, silty–mudstone, Limestone	Lower bathyal, ca. 2500~3000m or shallow marine?	SS2
		Ongeian	Mudstone, limestone	Lower bathyal, ca. 2500~3000 m or shallow marine?	
		Inglisian	Creamish yellow calcareous chalk and marl	Lower bathyal, ca. 2500~3800m or shallow marine?	
Early Miocene 25—16Ma		Jarawaian	Creamish yellow calcareous chalk and limestone	Lower bathyal, ca. 3000 m or shallow marline?	
		Andamanian	Grey sandy limestone, white siliceous chalk and silt	Middle bathyal, ca. 500~3000m or shallow marine?	

续表

Age	Lithostratigraphic Units		Lithology	Facies	Seismic Units
Upper Eocene to Oligocene ca. 45—25Ma	Andaman Flysch Group (*Port Blair Group*)		Graded beds of sandstone and shale, with mainly southerly–directed flow	Bengal Fan turbidites with some slope basin deposits	
Upper Cretaceous to Middle/Upper Eocene ca. 70—45Ma	Mithakhari Group (*Baratang and Port Meadow Groups*)	Namunagarh Formation	Conglomerate, sandstone, siltstone, limestone and shale, grading upward into Andaman Flysch	Small isolated trench–slope basins to paralic	SS1
		Lipa Black Shale	Dark gray to black splintery shale, with loeal gypsum, pyrite, coal and mud cracks	Shallow to sub–aerial	P Seismic Horizon?
Mesozoic to Eoeene?	Ophiolite		Pillow basalts, serpentinites, ultramafie rocks, associated with radiolarian cherts and other sedimentary rocks	Open ocean ophiolites	P Seismic Horizon?
Proterozoie?	Older Sediments		Tectonie slices of deformed continental metamorphie rocks	Fragments from pre–subduction continental margin	

洋盆浅海相 – 深海相砂岩、碳酸盐岩、泥岩、超基性 – 基性火山岩。渐新世以来安达曼海盆地的演化过程概括为图 7-2-42。

③苏门答腊弧后盆地

北、中、南苏门答腊（Sumatra）盆地是新生代在印澳板块向欧亚大陆俯冲作用下，在东苏门答腊与西马来地块前新生代褶皱基底上形成的 3 个弧后盆地（图 7-0-2）。主要发育渐新统—第四系（图 7-2-43），不同盆地的地质演化历史略有差异（图

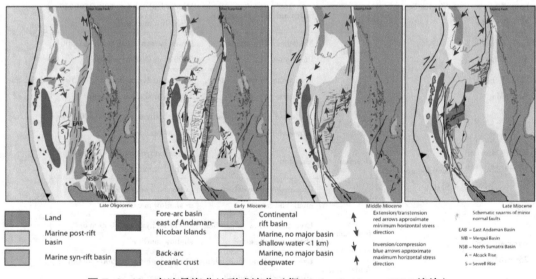

图 7-2-42 安达曼海盆地形成演化（据 Morley & Alvey，2015 编绘）

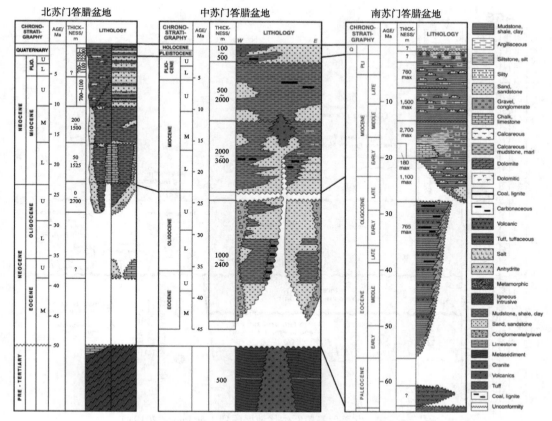

图 7-2-43　苏门答腊弧后盆地新生代地层序列对比（据 IHS，2008 资料编绘）

7-2-43）。

北苏门答腊（Sumatra）盆地西北以墨吉（Mergui）隆起与安达曼海盆地相邻，东北部与泰掸地块相接，西南部以巴里桑—加尔巴（Barisan-Garba）山脉为界，东南部与中苏门答腊盆地相接，面积约 $15.6 \times 10^4 \, km^2$（图 7-0-2）。盆地基底结构复杂，岩性变化大，包括片岩、千枚岩、钙质板岩、变质杂砂岩、结晶灰岩和中生界侵入岩、玄武岩。始新统分布局限，为弧后前陆盆地冲积相 – 浅海相砾岩、砂岩、泥岩、碳酸盐岩（图 7-2-43）。渐新统为滨浅海相 – 深水浅海相砾岩、砂岩、泥岩，局部发育碳酸盐岩。中新统主要为深水浅海相泥岩、次为碳酸盐岩、砂岩。上新统—第四系为冲积相 – 滨浅海相砂岩、泥岩，夹火山岩（图 7-2-43、图 7-2-44）。

中苏门答腊（Sumatra）盆地面积约 $13.0 \times 10^4 km^2$（图 7-0-2）。始新统分布局限，为弧后前陆盆地冲积相 – 湖泊相砾岩、砂岩、泥岩。渐新统为弧后前陆盆地湖泊相 – 冲积相海相砾岩、砂岩、泥岩，局部含煤层。中新统主要为弧后裂谷盆地冲积相 – 深水浅海相砂岩、泥岩、少量碳酸盐岩、火山岩，夹煤层。上新统—第四系为冲积相 – 滨浅海相砂岩、泥岩，夹火山岩、煤层（图 7-2-43）。

南苏门答腊（Sumatra）盆地面积约 $12.6 \times 10^4 \, km^2$（图 7-0-2）。始新统分布局限，为弧后前陆盆地冲积相 – 湖泊相砾岩、砂岩、泥岩、火山岩。渐新统为弧后前陆盆地

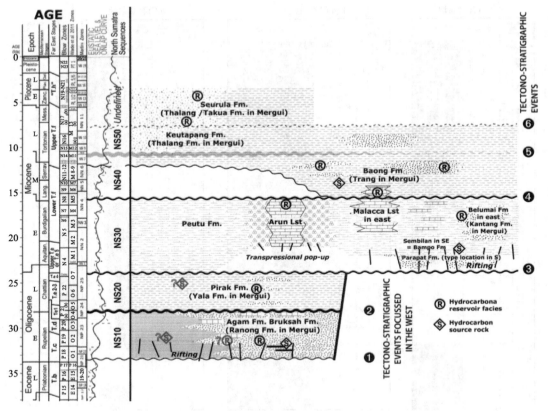

图 7-2-44　北苏门答腊新生代地层序列（据 Lunt，2019a）

湖泊相 – 冲积相海相砾岩、砂岩、泥岩、火山岩，局部含煤层。中新统主要为弧后裂谷盆地冲积相 – 深水浅海相砂岩、泥岩、少量碳酸盐岩。上新统—第四系为冲积相 – 滨浅海相砂岩、泥岩，夹火山岩（图 7-2-42）。

　　④苏门答腊弧前盆地

　　米拉务（Meulaboh）盆地、尼亚斯（Nias）盆地、明打威 – 明古鲁（Mentawai-Bengkulu）盆地是新生代在印澳板块向欧亚大陆俯冲作用下，在西苏门答腊与沃伊拉地块前新生代褶皱基底上形成的 3 个弧前盆地（图 7-0-2）。主要发育新近系—第四系，不同盆地的地质演化历史略有差异（图 7-2-45）。

　　米拉务（Meulaboh）盆地也称锡默卢（Simeulue）盆地（Berglar et al，2008）位于锡默卢群岛与苏门答腊岛之间，NW-SE 向展布，面积约 4.9×10⁴km²（图 7-0-2）。基底为前新近系未变质或变质的沉积岩、火山岩、侵入岩。锡默卢岛出露了白垩系蛇绿杂岩；多口钻井钻遇了始新统—渐新统残留洋盆 – 海沟海相泥岩、碳酸盐岩、砂岩、砾岩。渐新统顶部—中新统下部主要为弧前裂谷盆地滨浅海相砾岩、砂岩、泥岩、碳酸盐岩。盆地盖层中新统厚度巨大（图 7-2-46）。渐新统上部—中新统为浅海相 – 深水相砂岩、泥岩、碳酸盐岩，夹火山岩。上新统为滨浅海相砾岩、砂岩、泥岩。第四系主要为浅海相碳酸盐岩、泥岩、粉砂岩，夹火山岩、煤层（图 7-2-45）。

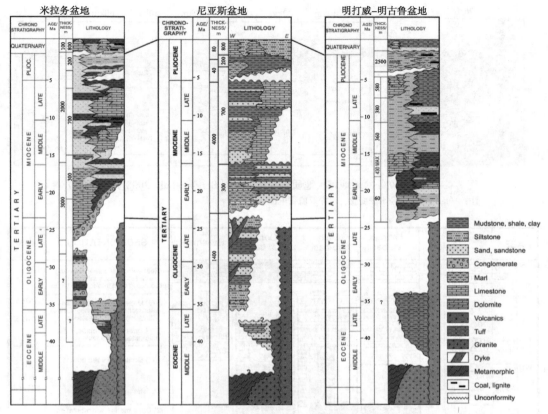

图 7-2-45　苏门答腊弧前盆地新生代地层序列对比（据 IHS，2008 资料编绘）

　　尼亚斯（Nias）盆地位于尼亚斯岛与苏门答腊岛之间，NW-SE 向展布，面积约 $3.7 \times 10^4 \, km^2$（图 7-0-2）。基底为前新近系未变质或变质的沉积岩、火山岩、侵入岩。尼亚斯岛揭露了白垩系—始新统蛇绿杂岩，主要为远洋灰岩、硅质岩、超基性–基性火山岩、变质杂砂岩、蓝片岩、角闪岩；渐新统下部为残留洋盆沉积（图 7-2-47）。渐新统中上部为弧前盆地深海相厚层泥岩、滑塌、碎屑流、浊流砾岩、砂岩构成的向上变浅的沉积序列。中新统下部主要为弧前盆地滨浅海相–深水浅海相砾岩、砂岩、泥岩、碳酸盐岩。中新统中上部为浅海相–深水相砂岩、泥岩、碳酸盐岩，夹火山岩。上新统—第四系为滨浅海相砾岩、砂岩、泥岩、碳酸盐岩（图 7-2-45、图 7-2-47）。

　　明打威–明古鲁（Mentawai–Bengkulu）盆地位于西比路（Siberut）–恩加诺（Enggano）岛链与苏门答腊岛之间，NW-SE 向展布，面积约 $9.9 \times 10^4 \, km^2$（图 7-0-2）。基底为前新近系未变质或变质的沉积岩、火山岩、侵入岩。中新统中下部主要为弧前盆地滨浅海相–深水浅海相砂岩、泥岩、碳酸盐岩。中新统上部为滨浅海相粉砂岩、泥岩、碳酸盐岩、火山岩，夹煤层。上新统为滨浅海相粉砂岩、泥岩，夹火山岩、煤层。第四系主要为浅海相碳酸盐岩、火山岩（图 7-2-45）。

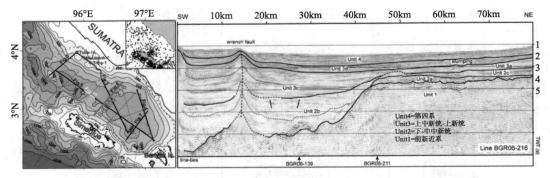

图 7-2-46 米拉务盆地地震－地质解释剖面（据 Berglar et al，2008 资料编绘）

注：平面图显示现今水深变化，水深等值线单位：m。

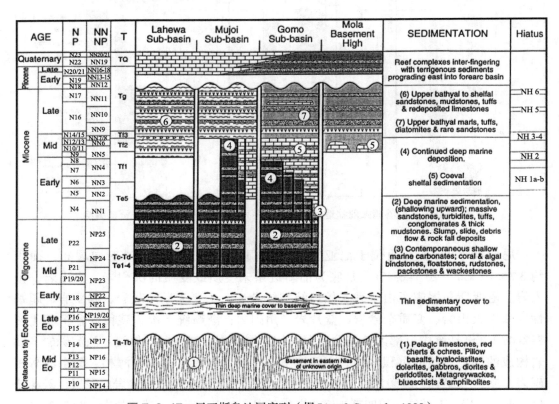

图 7-2-47 尼亚斯岛地层序列（据 Ling & Samuel，1998）

7.2.3 东南亚南部中新生代变形带

东南亚南部中新生代变形带可划分为婆罗洲（Borneo）变形带、婆罗洲西侧沉积盆地、婆罗洲南侧沉积盆地、婆罗洲东侧沉积盆地（图 7-0-2）。

（1）婆罗洲中新生代变形带

婆罗洲（Borneo）变形带划分的西南婆罗洲地块、西北婆罗洲地块、东爪哇－西苏拉威西（East Java–West Sulawesi）地块（图 7-0-2、图 7-2-48）。

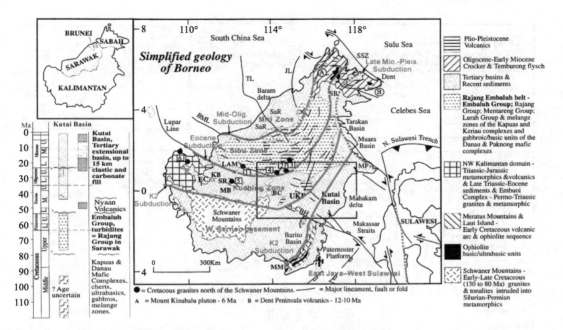

图 7-2-48 婆罗洲地质简图（据 Moss & Finch，1997；Soeria–Atmadja et al，1999；Hutchison，2005；Hall，2012；Breitfeld et al，2017；Hennig et al，2017；Breitfeld & Hall，2018；Lunt，2019b 资料编绘）
注：方框内数字是 Schwaner 山脉北部白垩纪 S– 和 I– 型花岗岩，1—Menyukung，126—131Ma；2—Alan，125Ma；3—Topai，76—77Ma；4—Era，75—78Ma；5—Pesinduk，白垩纪早中期侵入岩；6—Peuh，80Ma。缩略词，A–CBH—Adang–Barito 凸起；BC—Busang 杂岩体；BML—Bukit–Mersing/Tatau–Mersing 构造线；EC—Embuoi 杂岩体；JL—Jerudong 构造线；KB—Ketungau & Mandai 盆地；LAM—Lubok Antu 杂岩；MB—Melawi 盆地；MM—Meratus 山；MP—Mangkalihat 半岛；SaR—Sarawak 盆地；SB—Sabah 盆地；SR—Semitau 脊；SSZ—Sabah 剪切带；TL—Tinjar 构造线；UKP—上 Kutai 盆地。

①西南婆罗洲地块

IHS（2008）划分的西南婆罗洲地块划分为西婆罗洲基底和古晋（Kuching）带（图 7-2-48）。西婆罗洲基底是侏罗纪从冈瓦纳超大陆分离的，白垩纪末与欧亚大陆的古中南半岛拼贴、碰撞。古晋（Kuching）带为中生代古南海向南俯冲在西婆罗洲基底北缘形成的强烈变质、变形的增生楔。

西婆罗洲基底出露的最老的岩石是泥盆—石炭系 Kerait 片岩，包括石英云母片岩、石英片岩、石英透闪石片岩，常见石英脉。上覆石炭系 Tuang 组片岩、千枚岩，少量云母石英片麻岩。其上不整合上石炭统—下二叠统 Terbat 组，主要为被动大陆边缘盆地浅海相–深水浅海相碳酸盐岩、硅质岩、页岩。上三叠统为裂谷盆地滨浅海相砾岩、砂岩、泥岩、火山岩，火山岩主要为玄武岩 – 安山岩，有花岗闪长岩侵入。侏罗系横向变化大，为被动大陆边缘盆地 – 洋盆滨浅海相 – 深海相砾岩、砂岩、碳酸盐岩、泥岩。白垩系为被动大陆边缘盆地 – 前陆盆地深水浅海相泥岩、复理石、滑塌砾岩。古近系与下伏地层不整合接触，为前陆盆地冲积相 – 滨浅海相砾岩、砂岩、泥岩。新近系为前陆盆地冲积相砂岩、砾岩、少量泥岩（图 7-2-49）。

古晋（Kuching）带为晚白垩世增生楔变质沉积岩和杂岩，命名为 Serabang 组，年代为侏罗系—白垩系。变质岩主要为绿片岩相，有板岩、变质基性岩（蛇绿岩）、糜棱

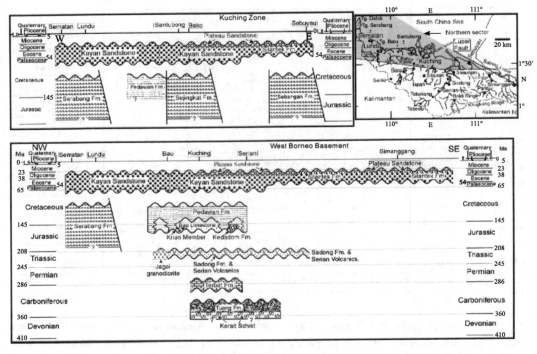

图 7-2-49　西婆罗洲基底及 Kuching 带等时地层格架（据 Hutchison，2005）

岩、角砾岩。有少量砾岩，砾石成分复杂，有燧石、粉砂岩、板岩、岩浆岩等。常见放射虫硅质岩透镜体、大理岩和钙质硅质岩薄层。增生楔之上不整合古近系前陆盆地冲积相 – 滨浅海相砾岩、砂岩、泥岩。新近系为前陆盆地冲积相砂岩、砾岩、少量泥岩（图 7-2-49）。

②西北婆罗洲地块

IHS（2008）划分的西南婆罗洲地块划分为西布（Sibu）带和美里（Miri）带（图 7-2-48）。西布（Sibu）带为始新世太平洋（古南海）向南俯冲在西南婆罗洲北缘形成的增生楔。美里（Miri）带为渐新世末—中新世初古南海向南俯冲在婆罗洲北缘形成的增生楔（Soeria-Atmadja et al，1999；Hutchison，2005；Hennig-Breitfeld，2019）。

西布（Sibu）带主要为上白垩统—始新统 Rajang 群（也称 Belaga 组）强烈变形的低变质的深海相复理石。上白垩统—古新统主要为弱变质泥质岩、板岩，少量千枚岩、薄层杂砂岩、极少砾岩，原岩为深海远端复理石；下、中始新统主要为泥质岩、杂砂岩，夹砾岩，局部弱变质；中、上始新统主要为低变质泥岩，包括板岩和极少千枚岩，夹薄层杂砂岩，原岩为远端复理石。渐新统—第四系在西布带基本不发育（图 7-2-50）。

美里（Miri）带在上白垩统—始新统 Rajang 群之上发育了渐新统—中新统，而且在 Rajang 群顶部发育了 Bawang 段砂岩、泥岩、碳酸盐岩、火山岩组成的浅海相岛弧沉积序列（图 7-2-50）。渐新统—中新统不整合于 Rajang 群之上。渐新统主要为弧后前陆盆地滨浅海相砾岩、砂岩、泥岩，有少量碳酸盐岩和火山岩。中新统下部主要为弧

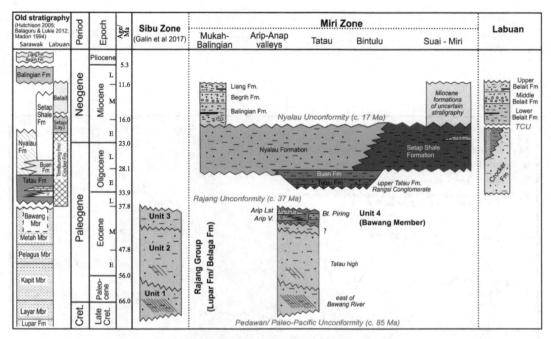

图 7-2-50　西北婆罗洲等时地层格架（据 Hennig–Breitfeld，2019）
Lay—Layang–Layangan Units；TCU—Top Crocker Unconformity

后前陆盆地浅海相 – 深水浅海相砂岩、泥岩。中新统中部为弧后前陆盆地冲积相 – 浅海相砾岩、砂岩、泥岩，夹碳酸盐岩及煤层（图 7-2-49）。

　　③东爪哇 – 西苏拉威西地块

　　婆罗洲东南部为东爪哇 – 西苏拉威西（East Java–West Sulawesi）地块及麦拉图斯（Meratus）增生楔（图 7-2-48、图 7-2-51）。东爪哇 – 西苏拉威西地块是晚侏罗世从冈瓦纳超大陆的澳大利亚北缘裂离的地块，麦拉图斯增生楔是白垩纪晚期东爪哇 – 西苏拉威西地块与西南婆罗洲地块汇聚拼贴碰撞形成的（Monnier et al，1999；Soeria–Atmadja et al，1999；Hutchison，2005；Granath et al，2011；Hall，2012；Breitfeld et al，2017；Hennig et al，2017；Breitfeld & Hall，2018；Daryono et al，2019；Zheng H et al，2019）。

　　东爪哇 – 西苏拉威西地块最老的岩石是太古界。发育前寒武系—新生界（图 7-2-52、图 7-2-53）。前寒武系为被动大陆边缘盆地滨浅海相砂岩、泥岩、碳酸盐岩。寒武系为被动大陆边缘盆地碎屑岩。奥陶系—泥盆系主要为被动大陆边缘盆地浅海相碳酸盐岩。石炭系—二叠系主要为弧后前陆盆地碎屑岩。三叠系普遍缺失。侏罗系为裂谷盆地滨浅海相碎屑岩。下白垩统主要为被动大陆边缘盆地深水浅海相 – 深海相泥岩、硅质岩。上白垩统为弧后前陆盆地深水浅海相 – 冲积相泥岩、硅质岩、碳酸盐岩、砂岩、砾岩。古新统仅局部发育，为弧后裂谷盆地冲积相 – 滨浅海相砾岩、砂岩、泥岩。始新统—渐新统为弧后裂谷盆地滨浅海相砂岩、泥岩、碳酸盐岩。中新统—第四系为弧后前陆盆地滨浅海相砂岩、泥岩、碳酸盐岩（图 7-2-52、图 7-2-53）。

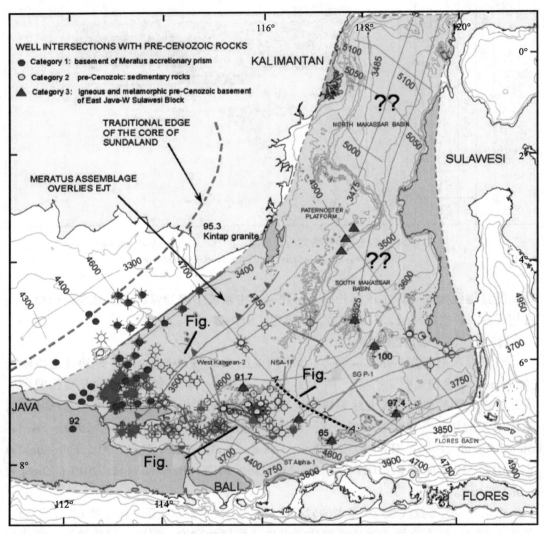

图 7-2-51　东爪哇 – 西苏拉威西地块陆壳基底分布及勘探成果（据 Granath et al，2011）

注：粉红线为地震资料确定的东爪哇地块边界；带齿的粉红线为 Meratus 推覆体边界；地震测线的红色线部分发育前新生界；绿色实心圆为油井；粉红色实心圆为气井；空圈为干井。

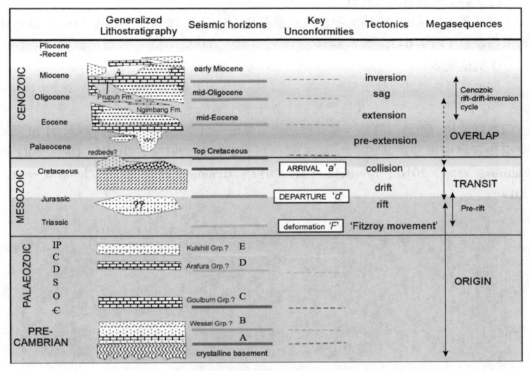

图 7-2-52　东爪哇地块地层格架（据 Granath et al，2011）

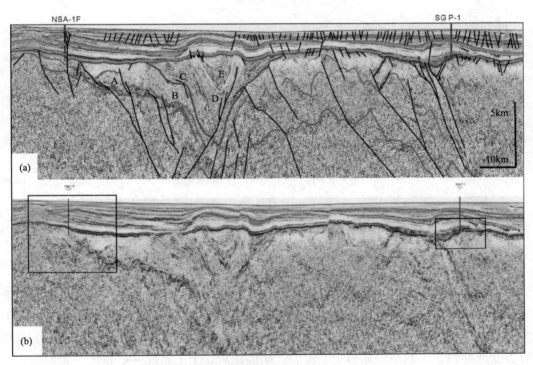

图 7-2-53　东爪哇地块 4700 测线地震地层格架（位置见图 7-2-51AA'；据 Granath et al，2011）

（2）婆罗洲西侧沉积盆地

婆罗洲（Borneo）西侧沉积盆地包括巽他（Sunda）陆架、西爪哇（Java）盆地和南爪哇盆地（图 7-0-2、图 7-2-54）。

①巽他陆架

巽他陆架在地理上处于马来半岛 - 苏门答腊与加里曼丹之间，面积约 $28.5 \times 10^4 km^2$（图 7-0-2、图 7-2-54），在地质构造上处于纳土纳微地块、东马来弧、马来地块、东苏门答腊地块、西苏门答腊 - 婆罗洲地块三叠纪—白垩纪多期拼贴碰撞带，于白垩纪末形成最终变形变质基底（Metcalfe，2011a；2011b；2013a；2013b；Hall，2012；Zahirovic et al，2016；Breitfeld et al，2017；Hennig et al，2017；Zheng H et al，2019）。

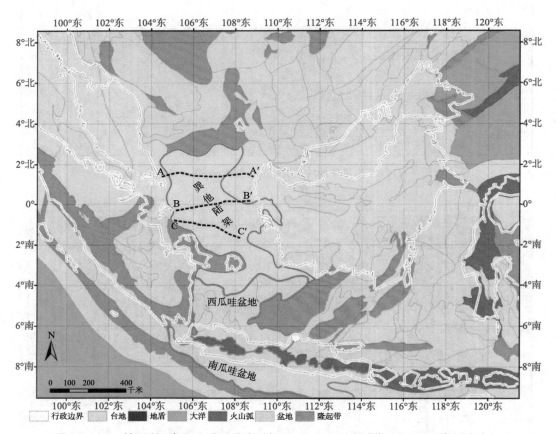

图 7-2-54　婆罗洲西侧沉积盆地分布（据 IHS，2011 和阿弗拉罕，1973 资料编绘）

重力和磁力资料揭示巽他陆架的基底具有明显的非均质性，是复杂拼贴基底的响应。不连续的基岩顶面反射，反映了基岩顶面起伏不平。古近系普遍缺失，基岩之上主要为新近系—第四系（图 7-2-55、图 7-2-56）。中新统—下上新统（3.7Ma）为弧后裂谷盆地冲积相 - 滨浅海相砂岩、泥岩、碳酸盐岩。上上新统—更新统，巽他陆架主要为陆地，局部发育冲积相砂岩、泥岩；由于地处赤道附近，且雨量充沛，古地理环

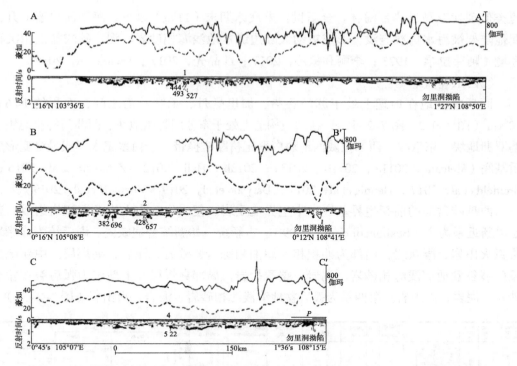

图 7-2-55　巽他陆架主要地球物理剖面地质解释（位置见图 7-2-53。阿弗拉罕，1973）

注：实线为总磁力异常，左刻度；虚线为自由空间重力异常，右刻度；地质剖面根据地震剖面解释，剖面上方数字为声呐浮标编号，下方数字为声呐浮标测得的速度（km/s）。

System/ Epoch		Lithostratigraphical Framework for Singapore		Depositional Age			Depositional Environment	Formation Level Correlative Units (Hutchison & Tan, 2009)	Geological Events
Quaternary	Kallang Group			KEY Detrital (this study) Eruptive (Gillespie et al, this issue) Other published dates					
to		Bedok Formation					Alluvial to colluvial	The 'Simpang Formation' in Johor	Modern weathering and erosion
Neogene		Fort Canning Formation					Deep weathering	The 'boulder beds' described in many parts of Peninsular Malaysia	Palaeo-weathering
Lower Cretaceous		Bukit Batok Formation		≤(123±1) Ma	BH2B5 - ≤(150±2) Ma BH1F11 - ≤(128±2) Ma BH2B4 (top) - ≤(123±1) Ma BH2B4 (base) - ≤(125±1) Ma		Fluvio-deltaic	Tembeling Formation Ma' Okil Formation	Widespread fluvio-deltaic system Localised fault control
		Kusu Formation		≤(145±1) Ma	≤(145±1) Ma ≤(156±1) Ma AGLE_65_02 - ≤(225±2) Ma		Fluvial	Tembeling Group Ma' Okil Formation	Strike-slip, transtensional setting, resulting in isolated basins
?Lower Jurassic		Buona Vista Formation		≤(198±2) Ma ≤(245±2) Ma	Youngest granite at 198 ± 2 Ma - suture and compression completed by then BH1B2 - ≤(245±2) Ma Re-worked conglomerates		Alluvial and fluvial	None	Orogenic unconformity Syn-orogenic sedimentation
		Fort Siloso Formation					Marginal marine	None	Onset of thrusting Marine transgression
Upper Triassic	Sentosa Group	Tanjong Rimau Formation		≤(209±2) Ma	AGLE_65_01 - ≤209±2 Ma Sample 157a - ≤(224±2) Ma		Fluvial - braided to meandering	None	Regional uplift → Active erosion ?Slab break-off
Middle Triassic	Jurong Group	Boon Lay Formation	Clement Member Pengerang Formation	≤(242±3) Ma	BH2B8 - (243±1) Ma BH2B10 - (243±3) Ma	BH1F12 - (243±3) Ma Pengerang Formation (238.4± 1.9) Ma	Shallow marine to terrestrial (inboard volcanic landscape)	Semantan Formation, Central Belt of Peninsular Malaysia	Volcanism Re-introduction of clastic material
		Pandan Formation	Kent Ridge Member		BH1F13 - (240.3±1.4) Ma BH1B6 - (240.4±1.1) Ma		Shallow marine carbonate lagoon	Semantan Formation, Central Belt of Peninsular Malaysia	Volcanism Carbonate production Abrupt shallowing
		Pulau Ayer Chawan Formation	Nanyang Member		BH1A8 - (245±1) Ma BH1B2 - (245.5±2.6) Ma BH1A6 - (245±1) Ma		Deep marine to shallow marine	Semantan Formation, Central Belt of Peninsular Malaysia	Increasing volcanism Deep marine sedimentation
		Tuas Formation			BH1A1 - (243±1) Ma		Shallow marine carbonate platform	Semantan Formation, Central Belt of Peninsular Malaysia	Transgression Shallowing upwards
Carboniferous (Mississippian)		Sajahat Formation		>285 Ma ≤(337±3) Ma	> 335±1 Ma ≤(337±3) Ma		Not known	Dohol Formation (also known as Mersing Beds) and/or Linggiu Formation in south-east Johor	Not known

图 7-2-56　新加坡地层序列（Dodd et al，2019）

境类似现代亚马逊热带雨林。全新世，末次冰期末（11ka）以来，海平面快速上升，巽他陆架被海水再次淹没，形成被动大陆边缘盆地浅海相砂岩、泥、碳酸盐混积沉积环境（阿弗拉罕，1973；李丽和徐沁，2017；汪品先，2017；Dodd et al，2019）。

②西爪哇盆地

西爪哇盆地在地理上处于苏门答腊、加里曼丹、爪哇三岛之间，面积约 14.6 × $10^4 km^2$（图 7-0-2、图 7-2-54），在地质构造上处于东苏门答腊地块、西苏门答腊地块、婆罗洲地块、东爪哇 – 西苏拉威西地块白垩纪拼贴碰撞带，于白垩纪末形成最终变形变质基底（Metcalfe，2011a；2011b；2013a；2013b；Hall，2012；Zahirovic et al，2016；Breitfeld et al，2017；Hennig et al，2017；Daryono et al，2019；Zheng H et al，2019）。

西爪哇盆地的前新生界基底由中生界变质岩、侵入岩、火山岩及沉积岩组成。盖层以新近系为主（Susilohadi et al，2009）。古新统—始新统普遍缺失。渐新统为陆缘岩浆弧火山岩、凝灰岩，局部为冲积相 – 湖泊相砾岩、砂岩、泥岩，夹煤层。中新统为弧后裂谷盆地滨浅海相砂岩、泥岩、碳酸盐岩，局部夹煤层。上新统为弧后裂谷盆地砂岩、泥岩、火山岩。第四系为弧后盆地滨浅海相砂岩、泥岩、火山岩（图 7-2-57）。

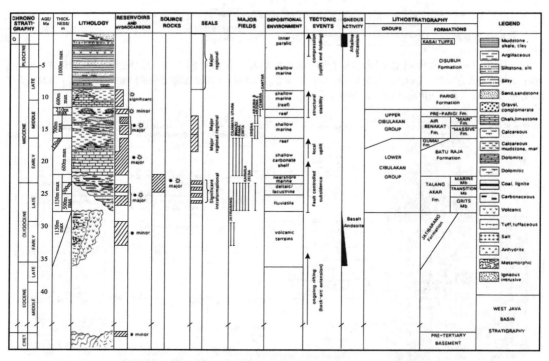

图 7-2-57　西爪哇盆地地层综合柱状图（IHS，2008）

③南爪哇盆地

南爪哇盆地在地理上处于爪哇岛与爪哇增生楔之间，面积约 15.9 × $10^4 km^2$（图 7-0-2）。在地质构造上处于东爪哇 – 西苏拉威西地块南缘及白垩纪增生楔带，于白垩纪末形成最终变形变质基底（Metcalfe，2011a；2011b；2013a；2013b；Hall，2012；Zahirovic et al，2016；Breitfeld et al，2017；Hennig et al，2017；Daryono et al，2019；

Zheng H et al，2019）。

南爪哇盆地的前新生界基底由侏罗系—上白垩统变质岩、侵入岩、火山岩及沉积岩组成。盖层以新近系为主（Susilohadi et al，2009）。古新统普遍缺失。始新统为弧前盆地滨浅海相砂岩、泥岩、碳酸盐岩。渐新统为弧前盆地滨浅海相火山岩、凝灰岩，砾岩、砂岩、泥岩。中新统为弧前盆地滨浅海相砂岩、泥岩、碳酸盐岩。上新统—第四系为弧前盆地滨浅海相砂岩、泥岩、火山岩（图7-2-58）。

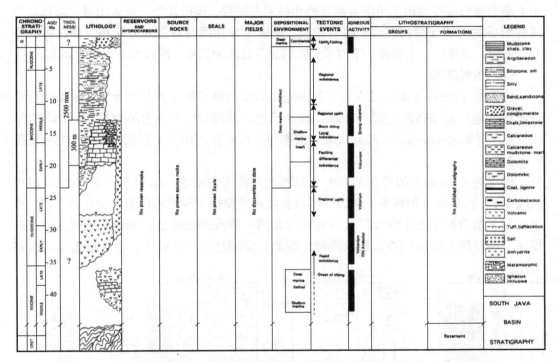

图 7-2-58 南爪哇盆地地层综合柱状图（IHS，2008）

（3）婆罗洲南侧沉积盆地

婆罗洲（Borneo）南侧沉积盆地包括彭邦（Pembuang）盆地、巴里托（Barito）盆地、巴里托（Barito）陆架、东爪哇盆地和龙目（Lombok）盆地（图7-0-2）。

①彭邦盆地

彭邦（Pembuang）盆地是在西婆罗洲地块基底上发育的新生代沉积盆地，彭邦盆地位于加里曼丹岛南侧西部，西南部以狭窄的巽他陆架东南端与西爪哇盆地相隔，其他方向被西南婆罗洲地块隆起环绕，面积约 $3.1 \times 10^4 km^2$（图7-0-2）。

彭邦盆地的构造和沉积演化的资料和成果未见报道。根据西婆罗洲地块、巽他陆架和西爪哇盆地地质演化历史分析，彭邦盆地以前新生界为基底，古新统缺失，始新统为弧后盆地冲积相–湖泊相砾岩、砂岩、泥岩，夹煤层。中新统为弧后裂谷盆地滨浅海相砂岩、泥岩、碳酸盐岩，局部夹煤层。上新统—第四系为弧后裂谷盆地冲积相–湖泊相砂岩、泥岩、火山岩，夹煤层。

②巴里托盆地

巴里托（Barito）盆地是在西婆罗洲地块东南边缘前新生界基底上发育的新生代弧后沉积盆地，东邻麦拉图斯（Meratus）山脉，北界为阿当（Adang）断裂，西部与西南婆罗洲隆起过渡，南部与巴里托陆架相接，面积约 $5.6 \times 10^4 km^2$（图7-0-2）。

巴里托（Barito）盆地在前新生界基底上发了古新统—第四系（图7-2-59巴里托盆地）。古新统—始新统下部为弧后裂谷盆地冲积相 - 湖泊相砾岩、砂岩、泥岩。始新统中上部为弧后裂谷盆地三角洲 - 滨浅海相砂岩、泥岩、碳酸盐岩，夹火山岩。渐新统为弧后裂谷盆地滨浅海相泥岩、碳酸盐岩。中新统为弧后裂谷盆地冲积相 - 滨浅海相砂岩、泥岩，夹煤层。上新统—第四系为弧后裂谷盆地冲积相 - 滨浅海相砂岩、泥岩。

③巴里托陆架

巴里托（Barito）陆架是在西婆罗洲地块东南边缘前新生界基底上发育的新生代弧后沉积盆地，东邻马萨伦博（Masalembo）凸起，北部与巴里托盆地相接，西部与吉里汶 - 爪哇（Karimun–Java）隆起过渡，南部与东爪哇盆地相接，面积约 $2.1 \times 10^4 km^2$（图7-0-2）。

巴里托（Barito）陆架在前新生界基底上发育了古新统—第四系（图7-2-59巴里托陆架）。古新统—始新统下部为弧后裂谷盆地冲积相 - 湖泊相砾岩、砂岩、泥岩，夹火山岩。始新统中上部为弧后裂谷盆地三角洲 - 滨浅海相砂岩、泥岩、碳酸盐岩，夹煤层。渐新统为弧后裂谷盆地滨浅海相泥岩、碳酸盐岩，夹砂岩。中新统为弧后裂谷

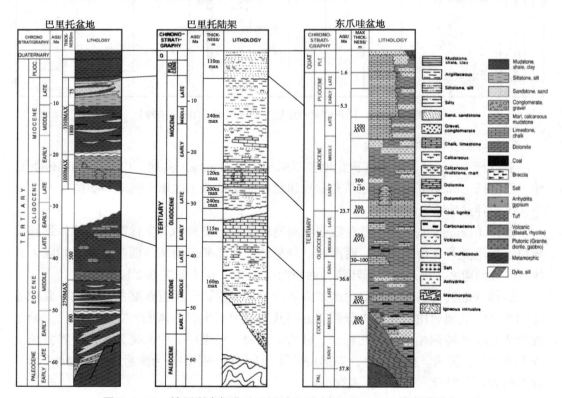

图7-2-59 婆罗洲南侧盆地地层对比图（据IHS，2008资料编绘）

盆地冲积相－滨浅海相砂岩、泥岩，夹碳酸盐岩。上新统—第四系为弧后裂谷盆地海相砂岩、泥岩。

④东爪哇盆地

东爪哇（Java）盆地是在东爪哇地块上发育的新生代弧后沉积盆地，东北部为马萨伦博（Masalembo）凸起和西巴劳（Sibaru）台地，北部与巴里托陆架相接，西部与吉里汶－爪哇（Karimun-Java）隆起过渡，东南部为东爪哇陆架，南部以爪哇－班达（Java-Banda）火山弧与南爪哇盆地、龙目（Lombok）盆地相隔，面积约 $17.1 \times 10^4 km^2$（图7-0-2）。

东爪哇（Java）盆地在前新生界基底上发育了上白垩统顶部（74Ma）—第四系（图7-2-59东爪哇盆地）。上白垩统顶部—古新统（74—56.5Ma）为弧前盆地深海相－浅海相泥岩、粉砂岩、砂岩。始新统为弧后裂谷盆地冲积相－浅海相砂岩、泥岩、碳酸盐岩，夹火山岩、煤层。渐新统为弧后裂谷盆地滨浅海相－深水相泥岩、碳酸盐岩，夹砂岩、煤层。中新统—上新统为弧后裂谷盆地三角洲－浅海相－深水相砂岩、泥岩、碳酸盐岩。第四系为弧后裂谷盆地浅海相砂岩、泥岩、碳酸盐岩。

⑤龙目盆地

龙目（Lombok）盆地在地理上处于巴厘（Bali）－松巴哇（Sumbawa）与爪哇增生楔之间，面积约 $9.5 \times 10^4 km^2$（图7-0-2、图7-2-60），在地质构造上处于东爪哇－西苏拉威西地块南缘及白垩纪增生楔带，于白垩纪末形成最终变形变质基底（Metcalfe，

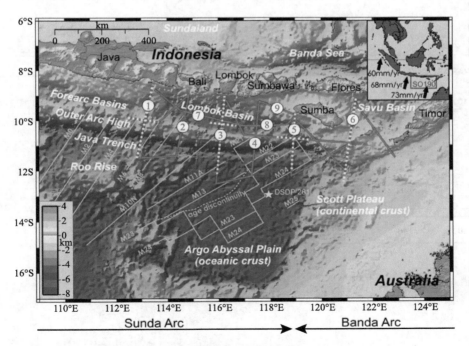

图7-2-60　龙目盆地及邻区地貌与地震测线（据Lüschen et al，2011）

注：红色线为SINDBAD工区SO190多道反射地震剖面，1—BGR06-305；2—BGR06-303；3—BGR06-313；4—BGR06-311；5—BGR06-317；6—BGR06-319；East-west，7—BGR06-307；8—BGR06-308；9—BGR06-310。白色点线宽角地震反射剖面。黄线为洋壳年龄等值线（M0=早白垩世，M25=晚侏罗世）。

2011a；2011b；2013a；2013b；Hall，2012；Zahirovic et al，2016；Breitfeld et al，2017；Hennig et al，2017；Daryono et al，2019；Zheng H et al，2019）。

　　龙目（Lombok）盆地的前新生界基底由侏罗系—上白垩统变质岩、侵入岩、火山岩及沉积岩组成。盖层以新生界为主（图7-2-61）。古新统普遍缺失。始新统—渐新统下部为被动大陆边缘盆地滨浅海相砂岩、泥岩、碳酸盐岩。渐新世晚期印度洋板块开始向爪哇地块俯冲，渐新统上部演化为弧前盆地滨浅海相火山岩、凝灰岩，砾岩、砂岩、泥岩。中新统为弧前盆地滨浅海相砂岩、泥岩、碳酸盐岩。上新统—第四系为弧前盆地滨浅海相砂岩、泥岩、火山岩（图7-2-62）。

　　（4）婆罗洲东侧沉积盆地

　　婆罗洲（Borneo）东侧沉积盆地包括大打拉根（Greater Tarakan）盆地、库泰（Kutei）盆地、帕特诺斯特（Pater Noster）陆架、南望加锡（S. Makassar）盆地、东爪哇陆架、斯佩蒙德 – 塞拉亚（Spermonde–Salayar）盆地（图7-0-2）。

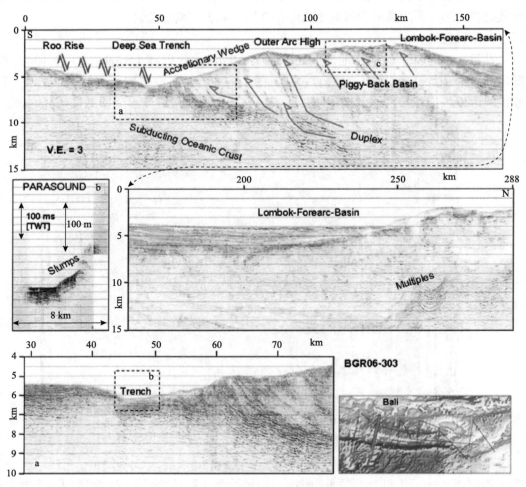

图 7-2-61　SINDBAD 工区 BGR06–303 测线地震剖面（据 Lüschen et al，2011）

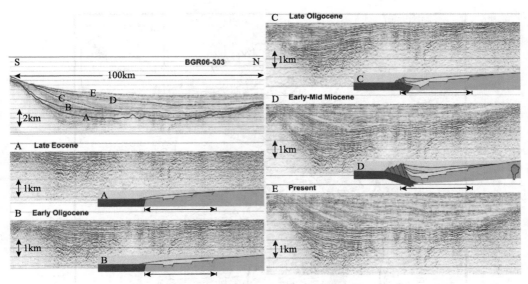

图 7-2-62　SINDBAD 工区 BGR06-303 测线地震剖面地质解释（据 Lüschen et al, 2011）

①大打拉根盆地

大打拉根（Greater Tarakan）盆地是在西婆罗洲地块、东爪哇－西苏拉威西地块、西北苏拉威西－东沙巴地块始新世晚期（38.6Ma±）拼贴碰撞基底上发育的新生代弧后盆地。盆地位于加里曼丹岛东侧北部，西部和北部被西北婆罗洲地块围限，南部以休克布鲁克（Suikerbrook）隆起与库泰盆地相隔，东邻苏拉威西海盆，面积约 $5.3 \times 10^4 \mathrm{km}^2$（图 7-0-2、图 7-2-63）。

大打拉根（Greater Tarakan）盆地的基底有 Danau 组变质沉积岩、蛇绿岩、硅质岩等，获得的最老年龄为 362.5Ma；古新统—始新统为 Sembakung 组海相火山岩、碎屑岩。始新世中期，区域隆升，普遍遭受剥蚀。盖层西薄东厚，具有弧后伸展盆地的构造－地层样式（图 7-2-64）。始新统上部（38.6Ma±）—中新统下部（14.2Ma）为弧后裂谷盆地冲积相－浅海相砂岩、泥岩、碳酸盐岩。中新统上部（14.2Ma）—第四系为弧后裂谷盆地三角洲相－浅海相砂岩、泥岩、碳酸盐岩（图 7-2-65）。

②库泰盆地

库泰（Kutei）盆地是在西婆罗洲地块、东爪哇－西苏拉威西地块拼贴碰撞基底上发育的新生代弧后盆地。盆地位于加里曼丹岛东侧中部，西北部为古晋（Kuching）隆起，北部以休克布鲁克（Suikerbrook）隆起与塔拉坎盆地相隔，东邻望加锡海峡，南侧与帕特诺斯特陆架过渡，面积约 $20.4 \times 10^4 \mathrm{km}^2$（图 7-0-2、图 7-2-66）。

库泰（Kutei）盆地的盖层为始新统—第四系（图 7-2-65 库泰盆地），以新近系为主，遭受了更新世末的强烈挤压变形（图 7-2-67）。始新统主要为弧后裂谷盆地冲积相－浅海相砾岩、砂岩、泥岩、碳酸盐岩，夹煤层。始新统顶部—渐新统上部为弧后裂谷盆地滨浅海相－深水浅海相砂岩、泥岩、碳酸盐岩、火山岩。渐新统顶部—中新统底部为弧后裂谷盆地滨浅海相砾岩、砂岩、泥岩，夹火山岩。中新统为弧后裂谷盆

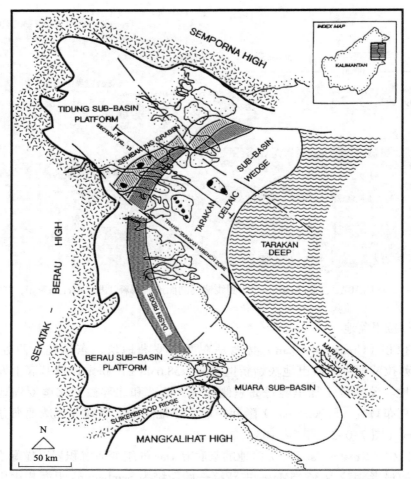

图 7-2-63　大打拉根盆地构造纲要图（Harun Satyana et al，1999）

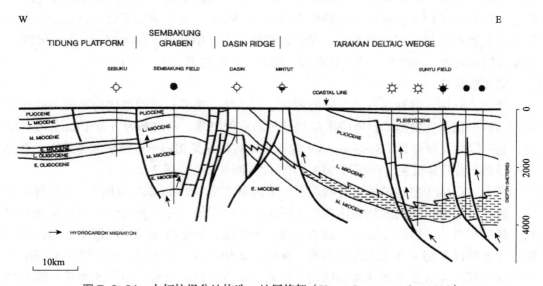

图 7-2-64　大打拉根盆地构造 – 地层格架（Harun Satyana et al.，1999）

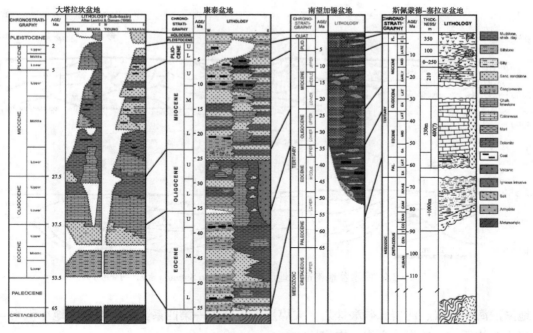

图 7-2-65　婆罗洲东侧盆地地层对比（据 IHS，2008）

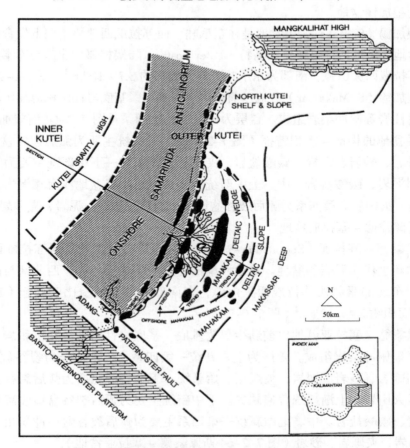

图 7-2-66　库泰盆地构造纲要图（Harun Satyana et al，1999）

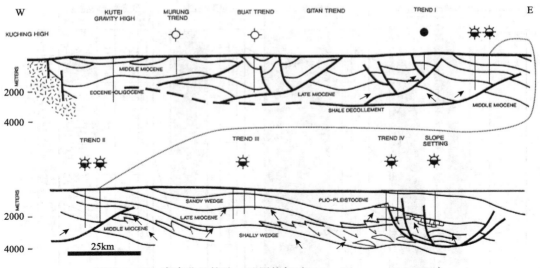

图 7-2-67　库泰盆地构造 - 地层格架（Harun Satyana et al，1999）

地滨浅海相砂岩、泥岩、碳酸盐岩，夹煤层。上新统—第四系为弧后裂谷盆地冲积相 -
滨浅海相砾岩、砂岩、泥岩，夹煤层。

　　③南望加锡盆地

　　南望加锡（S. Makassar）盆地是在东爪哇 - 西苏拉威西地块基底上发育的新生代弧
后裂谷盆地。盆地西部与帕特诺斯特（Pater Noster）陆架相邻，北部与库泰盆地相接，
东邻西苏拉威西火山弧，南部为东爪哇陆架，面积约 $3.7 \times 10^4 km^2$（图 7-0-2）。

　　南望加锡（S. Makassar）盆地以前新生界为基底，基底岩性由深海相沉积岩、变质
岩、超基性岩等俯冲杂岩组成。盖层为始新统—第四系（图 7-2-64 南望加锡盆地），
具有伸展盆地的构造 - 沉积特征（图 7-2-68）。始新统主要为弧后裂谷盆地冲积相 -
浅海相砾岩、砂岩、泥岩、碳酸盐岩，夹煤层。渐新统—下中新统主要为弧后裂谷盆
地浅海相泥岩、碳酸盐岩。中、上中新统主要为弧后裂谷盆地浅海相泥岩，夹碳酸盐
岩、砂岩、火山岩。第四系为弧后裂谷盆地浅海相碳酸盐岩、泥岩，夹砂岩。

　　④斯佩蒙德 - 塞拉亚盆地

　　斯佩蒙德 - 塞拉亚（Spermonde-Salayar）盆地是在东爪哇 - 西苏拉威西地块基底
上发育的新生代弧后裂谷盆地。盆地西南部与东爪哇陆架相邻，西北部与南望加锡盆
地相接，东北部紧邻西苏拉威西火山弧，东南部为塔纳哈姆比亚隆起（Tanahjampea
Arch），面积约 $2.4 \times 10^4 km^2$（图 7-0-2）。

　　斯佩蒙德 - 塞拉亚盆地以前新生界为基底，基底岩性由深海相沉积岩、变质岩、
超基性岩等俯冲杂岩组成。盖层为上古新统—第四系。上古新统为裂谷盆地冲积相 -
滨浅海相砾岩、砂岩、泥岩，夹煤层。始新统—下渐新统主要为弧后裂谷盆地浅海相
碳酸盐岩火山岩。上渐新统普遍缺失。下中新统主要为弧后裂谷盆地浅海相 - 深水浅
海相泥岩、碳酸盐岩。中、上中新统—第四系主要为弧后裂谷盆地冲积相 - 浅海相泥
岩、火山岩，夹砾岩、砂岩（图 7-2-64 斯佩蒙德 - 塞拉亚盆地）。

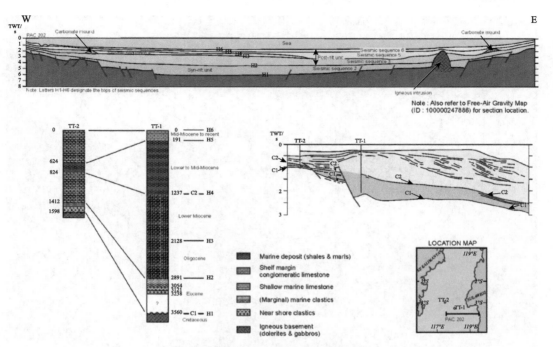

图 7-2-68　南望加锡盆地构造 – 地层格架（Harun Satyana et al，1999）

7.3　南中国海及周缘中新生代变形区

南中海为东亚大陆边缘南部的边缘海盆地，西部以红河 – 越东 – 万安东走滑体系与印支地块相接，北部以被动大陆边缘与华南板块过渡，东部以马尼拉 – 哥打巴托 – 内格罗斯海沟与吕宋岛弧 – 菲律宾海板块分割，南部以曾母盆地、文莱 – 巴沙盆地、巴拉望地块与婆罗洲增生造山带相接。可划分为南海北缘盆地群、南海西缘盆地群、南海南缘盆地群、南海海盆以及菲律宾群岛（图 7-0-2、图 7-3-1）。

7.3.1　南海北缘盆地群

南海北缘盆地群主要包括北部湾盆地、琼东南盆地、珠江口盆地和台西南盆地（图 7-0-2、图 7-3-1）。

（1）北部湾盆地

北部湾盆地为新生代裂谷盆地，西部与莺歌海盆地相邻，北、东、南三面被华南褶皱系围限，面积约 $3.5 \times 10^4 km^2$（图 7-0-2、图 7-3-1）。

基底为前中生代变质岩和中生代花岗岩、碎屑岩，基底地层多褶皱变形，上覆地层与其呈角度不整合接触。盖层从老到新依次为古新统长流组、始新统流沙港组、渐新统涠洲组、下中新统下洋组、中中新统角尾组、上中新统灯楼角组、上新统望

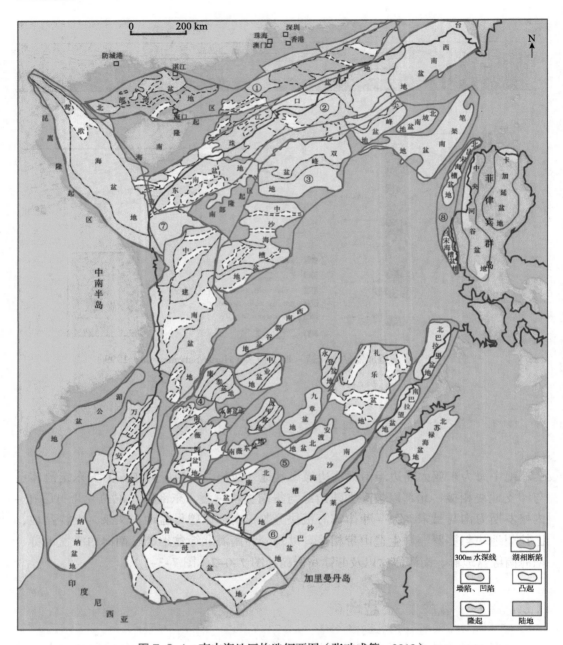

图 7-3-1 南中海地区构造纲要图（张功成等，2018）

①—南海北缘滨岸陆架盆地带；②—南海北部陆坡盆地（坳陷）带；③—南海北部下陆坡－洋壳盆地带；④—南海南部海盆边缘盆地带；⑤—南海南部陆坡盆地带；⑥—南海南部陆缘盆地带；⑦—莺歌海盆地－中建南盆地－万安盆地－湄公盆地带；⑧—北吕宋海槽盆地和吕宋海槽盆地带

楼港组和第四系，最大沉积厚度约 8km，其中古近系厚度约 3400m，新近系厚度可达 1800m，第四系厚度约 270m。古近系为冲积相－湖泊相砾岩、砂岩、泥岩。新近系为三角洲－滨浅海相砾岩、砂岩、泥岩。第四系主要为浅海相砂岩、泥岩，局部含砾石（图 7-3-2）。

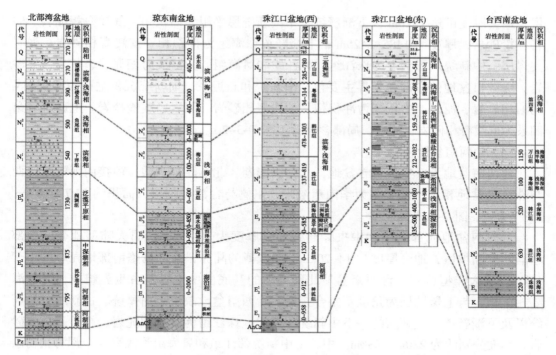

图 7-3-2　南中海北缘盆地地层对比图（王鹏程等，2017）

（2）琼东南盆地

琼东南盆地为新生代裂谷盆地，西部与莺歌海盆地相邻，西北侧与海南岛相邻，东北侧与珠江口盆地过渡，东南过渡为南海盆地，面积约 $5.7 \times 10^4 \mathrm{km}^2$（图 7-0-2、图 7-3-1）。

基底由中—新元古界变质岩、下古生界海相碎屑岩、碳酸盐岩和晚古生代—中生代陆相碎屑岩组成。上覆地层与其呈角度不整合接触。盖层从老到新依次为始新统岭头组，渐新统崖城组和陵水组，中新统三亚组、梅山组和黄流组，上新统莺歌海组，第四系乐东组。岭头组为冲积相－湖泊相砂岩、砂砾岩夹泥岩，最大厚度可达 2000m。崖城组为冲积相－滨浅海相砂砾岩、砂岩、泥岩，夹煤层，最大厚度约 900m。陵水组为滨浅海相砂砾岩、砂岩与深灰色泥岩。中新统三亚组、梅山组和黄流组为浅海相砂岩、泥岩，夹碳酸盐岩。上新统—第四系为滨浅海相砂岩、泥岩（图 7-3-2）。

（3）珠江口盆地

珠江口盆地为新生代裂谷盆地，西南部与琼东南盆地相邻，西北侧与华南褶皱带相接，东侧与台西南盆地过渡，东南过渡为南海盆地，面积约 $21.9 \times 10^4 \mathrm{km}^2$（图 7-0-2、图 7-3-1）。

基底为前新生代的变质岩和岩浆岩。上覆地层与其呈角度不整合接触。盆地西部、东部沉积序列有较大差异。西部古近系厚度较大，新近系厚度相对较小；东部古近系不发育，以新近系为主。西部最下部的古新统神狐组为冲积相－湖泊相泥岩和砂岩互层，最大厚度达 958m；始新统文昌组为冲积相－湖泊相砾岩、砂岩、泥岩夹煤层，最大厚度可达 1320m；下渐新统—中渐新统恩平组为冲积相－滨浅海相泥岩、砂岩、粉砂岩，厚度为 1485~2425m；上渐新统珠海组为冲积相－滨浅海相砂岩、泥岩夹煤层。中新统从下到上为珠江组、韩江组和粤海组，为滨浅海相泥岩、灰岩，夹砂岩。珠江口盆地的东部新生界主要包括渐新统和新近系，渐新统沉积主要为冲积相－湖泊相砂岩、泥岩。中新统为冲积相－滨浅海相砂岩、泥岩、碳酸盐岩。上新统—第四系为滨浅海相砂岩、泥岩，局部含砾石（图 7-3-2）。

（4）台西南盆地

台西南盆地为新生代裂谷盆地，北部以澎湖－北港隆起为限，南接南海海盆，西与珠江口盆地相邻，西北侧为华南褶皱带，东侧与台湾岛相接，面积约 $11.7 \times 10^4 km^2$（图 7-0-2、图 7-3-1）。

台西南盆地北部坳陷和中央隆起处地壳厚度为 18~26km，属大陆型地壳，南部坳陷北部陆坡区，地壳厚度为 14~20km，属减薄的陆壳，南部坳陷南部地壳厚度小于 12km，属大洋型地壳。台西南盆地北部坳陷的基底由中生界及古生界组成，为近海陆相沉积，与上覆地层为角度不整合接触。台西南盆地缺失上白垩统、古新统、始新统以及下渐新统，上渐新统—下中新统珠海组、珠江组为浅海相泥岩、粉砂岩，夹砂岩，厚度分别约为 220m、630m。中、上中新统韩江组和粤海组为浅海－半深海相粉砂岩、泥岩。上新统—第四系厚度巨大，为半深海相－浅海相泥岩、粉砂岩，夹砂岩（图 7-3-2）。

7.3.2 南海西缘盆地群

南海西缘盆地群主要包括莺歌海盆地、中建南盆地和万安盆地（图 7-0-2，图 7-3-1）。

（1）莺歌海盆地

莺歌海盆地为新生代裂谷盆地，西部与印支地块相接，北部为华南造山带，东部与北部湾盆地、海南岛、琼东南盆地、西沙地块相接，南与中建南盆地相邻，面积约 $13.3 \times 10^4 km^2$（图 7-0-2、图 7-3-1）。

基底为前中生界变质岩、岩浆岩、沉积岩和中生界岩浆岩、碎屑岩，基底地层多褶皱变形，上覆地层与其呈角度不整合接触。古新统—始新统岭头组为冲积相－湖泊相砂岩、砂砾岩夹泥岩，平均厚度约 200m。渐新统崖城组和陵水组为冲积相－滨浅海相砂砾岩、砂岩、泥岩，夹煤层，最大厚度不足 1000m。中新统三亚组、梅山组和黄流组，为浅海相砂岩、泥岩，夹碳酸盐岩，最大厚度达 3000m。上新统莺歌海组—第四系乐东组为浅海相－半深海相泥岩、粉砂岩，最大厚度近 5000m（图 7-3-3）。

（2）中建南盆地

中建南盆地为新生代裂谷盆地，西部与印支地块相接，北部为莺歌海盆地，东部与西沙地块、南海洋盆相接，南与九龙江盆地、万安盆地相邻，面积约 $10.7 \times 10^4 km^2$（图 7-0-2、图 7-3-1）。

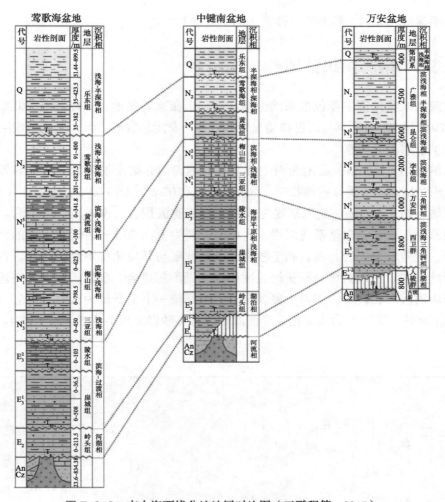

图 7-3-3 南中海西缘盆地地层对比图（王鹏程等，2017）

基底为前中生界变质岩、岩浆岩、沉积岩和中生界岩浆岩、碎屑岩，上覆地层与其呈角度不整合接触。古新统—始新统岭头组为冲积相-湖泊相砂岩、砂砾岩夹泥岩。渐新统崖城组和陵水组为冲积相-滨浅海相砂岩、泥岩，夹煤层。中新统三亚组、梅山组和黄流组，为浅海相碳酸盐岩、泥岩。上新统莺歌海组—第四系乐东组为浅海相-半深海相泥岩、粉砂岩（图 7-3-3）。

（3）万安盆地

万安盆地为新生代裂谷盆地，西北部与九龙江盆地相邻，东北部为中建南盆地和南海洋盆，东南部与曾母盆地相接，西南与西纳土纳盆地相邻，面积约 $16.2 \times 10^4 km^2$（图 7-0-2、图 7-3-1）。

基底为前中生界变质岩、岩浆岩、沉积岩和中生界岩浆岩、碎屑岩，上覆地层与其呈角度不整合接触。缺失古新统。下—中始新统人骏群为冲积相-湖泊相砂岩、砂砾岩夹泥岩。上始新统—渐新统西卫群为冲积相-滨浅海相砂岩、泥岩。中新统万安组、李准组和昆仑组为浅海相碳酸盐岩、泥岩，夹砂岩。上新统广雅组—第四系为浅海相－半深海相泥岩、粉砂岩、砂岩（图7-3-3）。

7.3.3　南海南缘盆地群

南海南缘盆地群主要包括东纳土纳盆地、南薇永署盆地、曾母盆地、北康盆地、文莱－沙巴盆地、礼乐滩－西巴拉望盆地和九章－安渡北盆地（图7-0-2、图7-3-4）。

（1）东纳土纳盆地

东纳土纳（Natuna）盆地为新生代裂谷盆地，西邻纳土纳隆起，北部与万安盆地相接，东、南两侧与曾母盆地相邻，面积约 $7.2 \times 10^4 km^2$（图7-0-2、图7-3-4）。

东纳土纳（Natuna）盆地基底为前新生界变质沉积岩、侵入岩、火山岩。侵入岩有二叠系—三叠系、白垩系花岗岩。火山岩主要为上白垩统—古近系下部的玄武岩和安山岩。变质岩为片岩、板岩和千枚岩。上覆地层与其呈角度不整合接触。古新统—中始新统缺失。上始新统—渐新统为冲积相－湖泊相砾岩、砂岩、泥岩，夹煤层。下中新统为滨浅海相砂岩、泥岩，夹煤层。中中新统—下上新统为浅海相泥岩、碳酸盐岩。上上新统—第四系为浅海相－半深海相泥岩夹砂岩（图7-3-5 东纳土纳）。

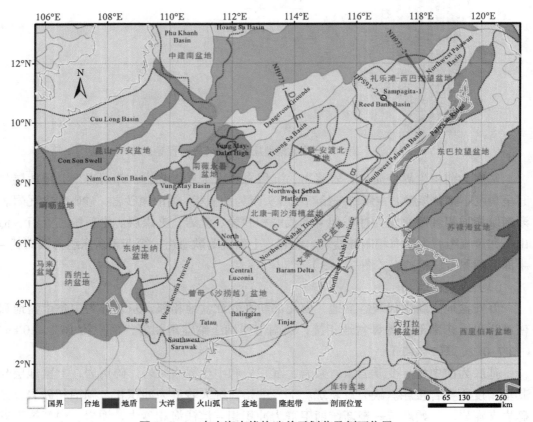

图 7-3-4　南中海南缘构造单元划分及剖面位置

（据IHS，2008；Madon et al，2013；Steuer et al，2014；Wang Y et al，2016资料编绘）

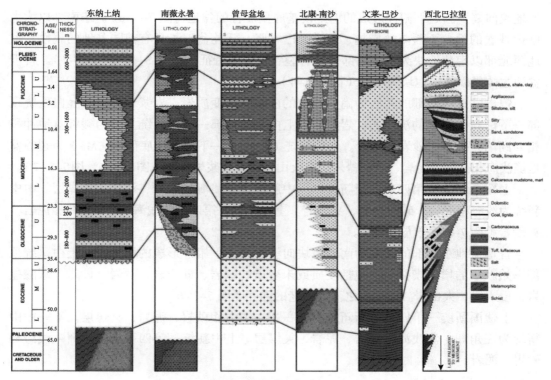

图 7-3-5　南中海南缘盆地地层对比图（据 IHS，2008 资料编绘）

（2）南薇永署盆地

南薇永署（Vung May）盆地为新生代裂谷盆地，西北部与万安盆地相接，东北部为南沙北部隆起 – 南沙海槽，东南与北康 – 南沙海槽盆地相邻，南邻曾母盆地相邻，西南为东纳土纳盆地，面积约 $8.5×10^4km^2$（图 7-0-2、图 7-3-1）。

南薇永署盆地基底为前新生界（245—65Ma）变质岩、岩浆岩。上覆地层与其呈角度不整合接触。古新统—中始新统缺失。上始新统—下渐新统为冲积相–湖泊相砾岩、砂岩、泥岩，夹煤层。上渐新统为冲积相–滨浅海相砂岩、泥岩、碳酸盐岩，夹煤层。下—中中新统为滨浅海相–深水浅海相砂岩、泥岩、碳酸盐岩，偶夹煤层。上中新统—上新统为浅海相–深海相泥岩，夹碳酸盐岩、砂岩。第四系为半深海相泥岩夹砂岩（图 7-3-5 南薇永署）。

（3）曾母盆地

曾母盆地为新生代前陆–裂谷盆地，西北部与东纳土纳盆地–南薇永署盆地相邻，东北部为北康 – 南沙海槽盆地、文莱 – 沙巴盆地相邻，南部为婆罗洲北部造山带，西部为纳土纳隆起带，面积约 $37.9×10^4km^2$。曾母盆地也称沙捞越（Sarawak）盆地，包括了 IHS（2008）划分的西洛克尼亚（Luconia）区、北洛克尼亚区、中洛克尼亚区、苏康（Sukang）、西南沙捞越、达道（Tatau）、巴林坚（Balingian）、廷札（Tinjar）亚盆地等基本构造单元（图 7-0-2、图 7-3-4）。

曾母盆地是在南沙地块，以及晚白垩世—下始新世古南海在渐新世初期关闭，南沙地块向婆罗洲之下俯冲形成的增生楔基底上发育的盆地（图 7-3-6）。东南部以增生楔为基底的部分（西南沙捞越、达道、巴林坚、廷札盆地）具有前陆盆地的属性，盆地西北部以南沙地块为基底的部分具有裂谷盆地的特征（图 7-3-6、图 7-3-7）。曾母盆地主体是以南沙地块为基底（图 7-3-4）。

　　曾母盆地西北部的基底为南沙地块的前新生界变质岩、岩浆岩，以及上白垩统顶部—下渐新统底部的沉积岩、岩浆岩。上白垩统顶部—下始新统主要为裂谷盆地冲积相 - 湖泊相砾岩、砂岩、泥岩。上始新统（43Ma）—下渐新统底部（30Ma）为裂谷盆地滨浅海相砂岩、泥岩、碳酸盐岩，夹火山岩，有岩浆岩侵入（图7-3-6、图7-3-7）。

　　上覆渐新统—第四系。渐新统—下中新统为滨浅海相砂岩、泥岩，夹煤层。中中新统为浅海相泥岩、碳酸盐岩，夹砂岩。上中新统—第四系为浅海相 - 半深海相泥岩，夹砂岩（图 7-3-5 曾母盆地）。

　　曾母盆地东南部的基底为南沙地块向婆罗洲之下俯冲形成的增生楔，上白垩统顶部—始新统的增生楔杂岩，包括变质或未变质蛇绿岩、硅质岩、泥岩、砂岩、碳酸盐岩、侵入岩、火山岩。增生楔之下有古老的陆壳（图 7-3-6）。

　　上覆渐新统—第四系。渐新统为冲积相 - 滨海相砂岩、泥岩，夹煤层。下—中中新统为三角洲 - 滨浅海相砂岩、泥岩，夹煤层。上中新统—第四系为三角洲 - 浅海相砂岩、泥岩。

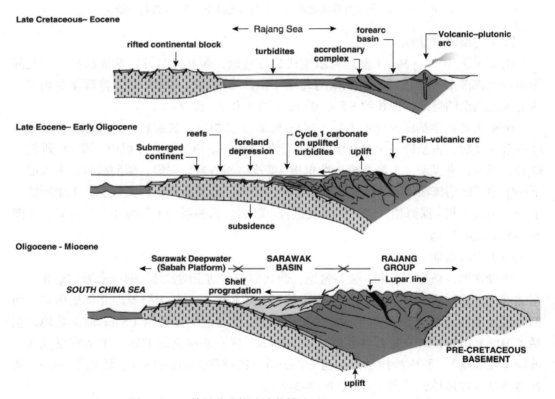

图 7-3-6　曾母盆地构造演化模式（Madon et al，2013）

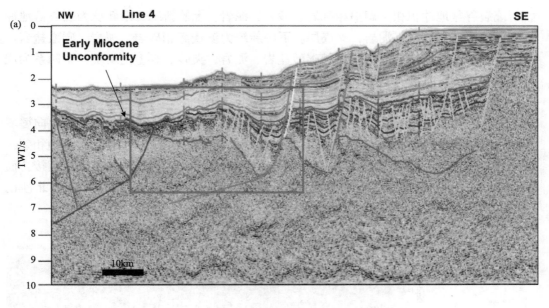

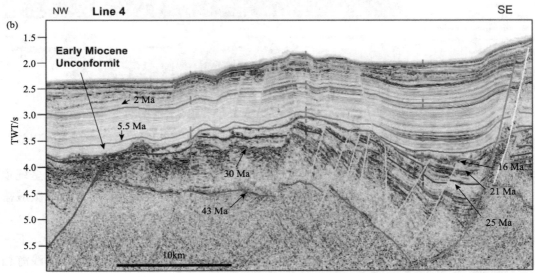

图 7-3-7　曾母盆地地震地质解释剖面（位置见图 7-3-4 中 A；Madon et al，2013）

（4）北康 – 南沙海槽盆地

北康 – 南沙海槽盆地为南沙地块基底上发育的新生代裂谷盆地，西北部与南薇永署盆地 – 九章 – 安渡北盆地相邻，东北部为礼乐滩 – 西巴拉望盆地、东南为文莱 – 沙巴盆地，西南与曾母盆地相接，面积约 $18.9 \times 10^4 km^2$。北康 – 南沙海槽盆地的主体也称西北沙巴台地（Northwest Sabah Platform），还包括 IHS（2008）划分的北洛克尼亚（Luconia）区—中洛克尼亚区的东北部、南沙海槽的南部和西北沙巴海槽（图 7-0-2、图 7-3-4、图 7-3-8）。

北康 – 南沙海槽盆地的基底为前新生界变质岩、岩浆岩，以及上白垩统顶部—下始新统裂谷盆地冲积相 – 湖泊相砾岩、砂岩、泥岩。上始新统—渐新统为裂谷盆地冲积相 – 滨浅海相砂岩、泥岩，夹煤层。下中新统为滨浅海相砂岩、泥岩、碳酸盐岩。中中新统—下上新统底部为浅海相碳酸盐岩、泥岩，夹砂岩。上上新统—第四系为浅海相泥岩、砂岩（图 7-3-5 北康 – 南沙）。

（5）文莱 – 沙巴盆地

文莱 – 沙巴盆地为晚白垩世—早始新世古南海在晚始新世关闭，南沙地块向婆罗洲之下俯冲形成的增生楔基底上发育的前陆盆地，西北部与北康 – 南沙海槽盆地相邻，东北部为礼乐滩 – 西巴拉望盆地、东南为沙捞越隆起带，西南部与曾母盆地相接，面积约 $12.1 \times 10^4 km^2$。包括 IHS（2008）划分的巴南三角洲（Baram Delta）和西北沙巴（Sabah）区（图 7-0-2、图 7-3-4、图 7-3-8）。

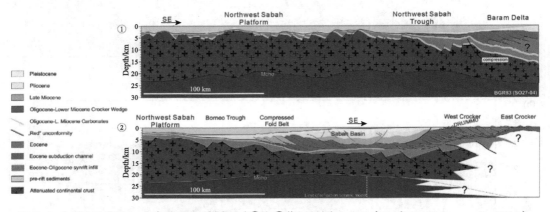

图 7-3-8　沙巴盆地 – 北康盆地地质剖面（①和②位置见图 7-3-4 中 B 和 C；Steuer et al，2014）

文莱 – 沙巴盆地的基底为南沙地块向婆罗洲之下俯冲形成的增生楔，上白垩统顶部—始新统的增生楔杂岩，包括变质或未变质蛇绿岩、硅质岩、泥岩、砂岩、碳酸盐岩、侵入岩、火山岩。增生楔之下有古老的陆壳（图 7-3-5 北康 – 南沙、图 7-3-8）。

上覆渐新统—第四系。渐新统为半深海 – 浅海相泥岩，夹砂岩、碳酸盐岩。下—中中新统为滨浅海相砂岩、泥岩、碳酸盐岩。上中新统—下上新统为三角洲 – 浅海相砂岩、泥岩、碳酸盐岩。上上新统—第四系主要为滨浅海相泥岩、碳酸盐岩（图 7-3-5 文莱 – 沙巴）。

（6）礼乐滩 – 西巴拉望盆地

礼乐滩 – 西巴拉望盆地为南沙地块以及晚白垩世—早始新世古南海在晚始新世关闭，南沙地块向巴拉望洋内火山弧地块之下俯冲形成的增生楔基底上发育的盆地，西北部与南海海盆相邻，东北部为菲律宾群岛，东南为巴拉望隆起带，西南部与九章 – 安渡北盆地、北康 – 南沙海槽盆地、文莱 – 沙巴盆地相邻，面积约 $25.2 \times 10^4 km^2$。包括 IHS（2008）划分的礼乐滩（Reed Bank）盆地、西北巴拉望（Palawan）盆地和西南巴拉望盆地（图 7-0-2、图 7-3-4）。

礼乐滩 – 西巴拉望盆地的形成演化与华南地块的陆缘裂解（K2-E2）、南海海底扩张（E3–N1）、古南海的消亡（E3末）、菲律宾岛弧与巴拉望碰撞（N1中期）等重大区域构造事件有关。组成不同构造单元的地质记录有明显差异（图7-3-9）。

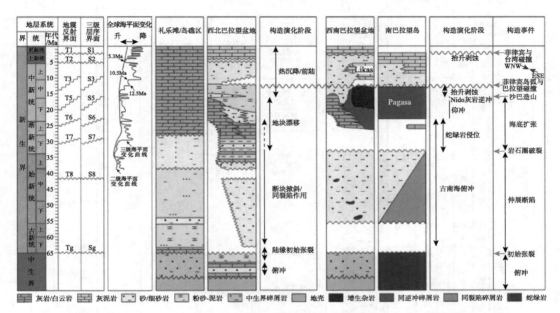

图7-3-9　礼乐滩-巴拉望地区主要构造单元充填序列及构造演化（王利杰等，2019）

①礼乐地区

礼乐地区可分为礼乐滩（Reed Bank）和礼乐盆地，是在从华南地块边缘裂离的南沙地块基底上发育的中新生代裂谷盆地。发育了上中生界（J–K），主要为裂谷盆地冲积相-浅海相砂岩、泥岩。白垩纪末—新生代初，华南板块南缘开始普遍张裂。白垩系顶部—古新统为裂谷盆地冲积相-滨浅海相碳酸盐岩、泥岩、砂岩。始新统—渐新统下部（32Ma±）主要为裂谷盆地滨浅海相碳酸盐岩、泥岩、砂岩。渐新世中期（32Ma±）南海洋壳开始出现并逐步扩张。上渐新统—下中新统，礼乐地区为洋中漂移地块，沉积记录主要为浅海相-半深海相碳酸盐岩、泥岩和砂岩。中新世中期（15.3Ma±），古南海关闭，南海海盆扩张停止。中中新统—第四系，礼乐地区主体演化为被动大陆边缘盆地，沉积记录为浅海相-半深海相碳酸盐岩、泥岩和砂岩（图7-3-9~图7-3-11）。

②西北巴拉望盆地

西北巴拉望（Palawan）盆地是在从华南地块边缘裂离的南沙地块基底上发育的中新生代被动大陆边缘-前陆盆地。基底：前侏罗系主要为变质岩和岩浆岩；上中生界（J–K）主要为被动大陆边缘盆地冲积相-浅海相砂岩、泥岩。白垩纪末—新生代初，华南板块南缘开始普遍张裂。白垩系顶部—古新统为被动大陆边缘盆地冲积相-滨浅海相碳酸盐岩、泥岩、砂岩。始新统—渐新统下部（32Ma±）主要为被动大陆边缘盆地滨浅海相碳酸盐岩、泥岩、砂岩、砾岩。渐新世中期（32Ma±）南海洋壳开始出现并逐步扩张。上渐新统—下中新统，西北巴拉望盆地为洋中漂移地块，并逐步与巴拉

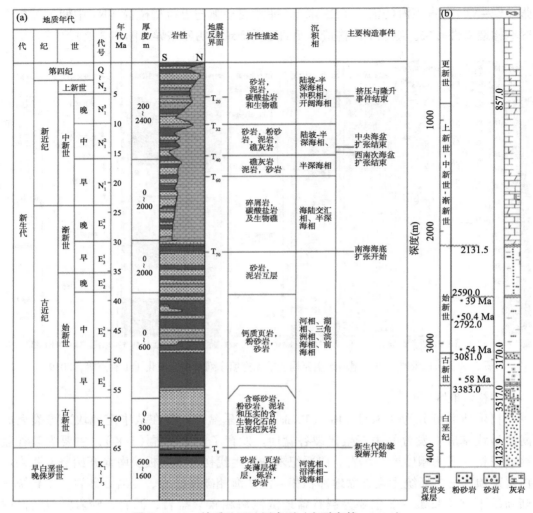

图 7-3-10　礼乐地区地层序列（方鹏高等，2015）
（a）礼乐滩盆地新生代层序界面时代，岩性及主要构造事件；（b）Sampagita-1 井岩性柱状图（钻井位置见图 7-3-4）

望岛弧汇聚，沉积记录主要为浅海相 - 半深海相碳酸盐岩、泥岩和砂岩。中新世中期
（15.3Ma±），古南海关闭，巴拉望盆地南部与巴拉望岛弧碰撞，南海海盆扩张停止。
中中新统—第四系，西北巴拉望盆地主体演化为前陆盆地，沉积记录为浅海相砾岩、
砂岩、泥岩（图 7-3-5、图 7-3-9）。

③西南巴拉望盆地

西南巴拉望（Palawan）盆地与西北巴拉望（Palawan）的起源与演化有一定相似
性。其主体是在从华南地块边缘裂离的南沙地块基底上发育的中新生代裂谷 - 前陆盆
地。基底：前侏罗系主要为变质岩和岩浆岩；上中生界（J-K）主要为裂谷盆地冲积
相 - 浅海相砂岩、泥岩。白垩纪末—新生代初，华南板块南缘开始普遍张裂。白垩系
顶部—古新统为裂谷盆地冲积相 - 滨浅海相碳酸盐岩、泥岩、砂岩。始新统—渐新统
下部（32Ma±）主要为裂谷盆地滨浅海相碳酸盐岩、泥岩、砂岩、砾岩。渐新世中

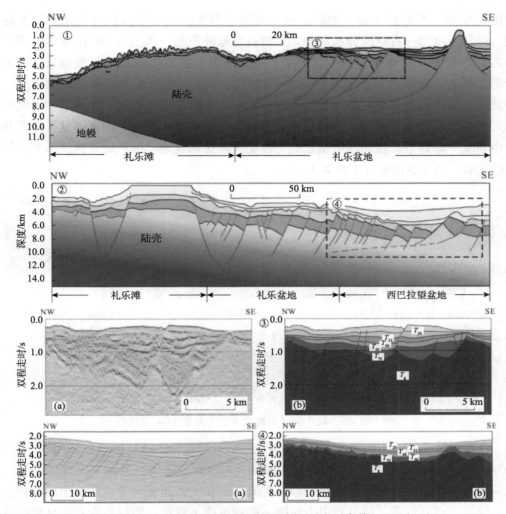

图 7-3-11　礼乐滩地震 - 地质解释剖面（方鹏高等，2015）

注：①和②分别为 NH973-2 和 DSP93-2 测线地质解释剖面，位置见图 7-3-4；③为①中方框③地震剖面（a）和地质解释剖面（b）；④为②中方框④地震剖面（a）和地质解释剖面（b）。界面：T_g—65Ma；T_{70}—32Ma；T_{60}—19Ma；T_{40}—15.3Ma；T_{32}—10.5Ma；T_{20}—5Ma；T_0—0Ma。

期（32Ma±）南海洋壳开始出现并逐步扩张。上渐新统—下中新统，西南巴拉望盆地为洋中漂移并向巴拉望岩浆弧之下俯冲的地块，沉积记录主要为被动大陆边缘 - 前陆盆地浅海相 - 深海相碳酸盐岩、泥岩、增生楔杂岩、同俯冲碎屑岩。中新世中期（15.3Ma±），古南海关闭，巴拉望盆地南部与巴拉望岛弧碰撞，南海海盆扩张停止。中中新统—第四系，西北巴拉望盆地为前陆盆地，沉积记录为浅海相砾岩、砂岩、泥岩、碳酸盐岩（图 7-3-8 ①、图 7-3-9、图 7-3-11 ②）。

（7）九章 - 安渡北盆地

九章 - 安渡北盆地与北康 - 南沙海槽盆地、礼乐滩盆地的起源与演化极为相似。其主体是在从华南地块边缘裂离的南沙地块基底上发育的中新生代裂谷 - 前陆盆地。基底：前侏罗系主要为变质岩和岩浆岩；上中生界（J-K）发育不均衡，主要为弧后

盆地冲积相 – 浅海相砂岩、泥岩。白垩纪末—新生代初，华南板块南缘开始普遍张裂。白垩系顶部—古新统分布局限，为裂谷盆地冲积相 – 滨浅海相碳酸盐岩、泥岩、砂岩。始新统—渐新统下部（32Ma±）主要为裂谷盆地滨浅海相碳酸盐岩、泥岩、砂岩、砾岩。渐新世中期（32Ma±）南海洋壳开始出现并逐步扩张。上渐新统—下中新统，沉积记录主要为被动大陆边缘浅海相 – 深海相碳酸盐岩、泥岩。中新世中期（15.3Ma±），古南海关闭，巴拉望盆地南部与巴拉望岛弧碰撞，南海海盆扩张停止。中中新统—第四系，西北巴拉望盆地为被动大陆边缘盆地，沉积记录为浅海相泥岩、碳酸盐岩，以及少量砂岩（图 7-3-12）。

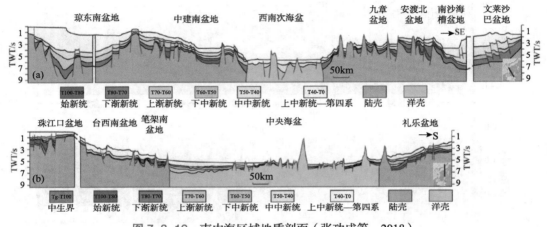

图 7-3-12　南中海区域地质剖面（张功成等，2018）

九章盆地的北部为南沙北部群岛，IHS（2008）将其命名为 Dangerous Grounds（图 7-3-4）。南沙北部群岛北部紧邻南海海盆，其起源、演化与九章 – 安渡北盆地、北康 – 南沙海槽盆地、礼乐滩盆地相似。主要差别在于古新统—下中新统相对较薄，高部位缺失。在高岛礁，甚至连中中新统—第四系都不发育，前新生界基底直接出露地表（图 7-3-12~ 图 7-3-14）。

7.3.4　南海海盆及菲律宾群岛

（1）南海海盆

南海海盆开始扩张的地质年代为渐新世中期（32Ma±），中新世中期（15.3Ma±）南海海盆扩张停止，演化为残留洋盆。中渐新统主要为洋壳岩石和深海相泥岩、硅质岩、碳酸盐岩、火山碎屑岩。中中新统—第四系为残留洋盆深海相泥岩、硅质岩、碳酸盐岩，以及少量火山岩（图 7-3-12）。

（2）菲律宾群岛北部及相关盆地

菲律宾群岛北部及相关盆地主要包括笔架南盆地、马尼拉弧前盆地（Manila Forearc Basin）、吕宋中部盆地（Central Luzon Basin）、吕宋北盆地（North Luzon Basin）、吕宋西盆地（West Luzon Basin）、卡加延盆地（Cagayan Basin）、伊罗戈

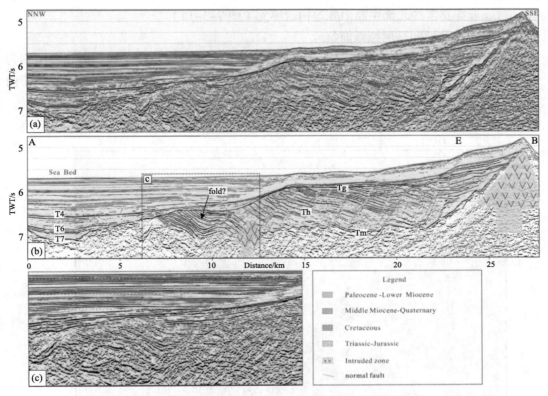

图 7-3-13　南沙隆起北部地震 - 地质解释剖面（位置见图 7-3-4 中 D；Wang Y et al，2016）

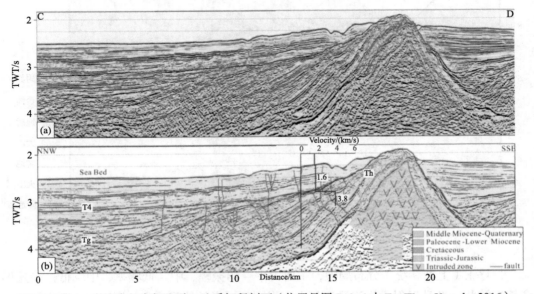

图 7-3-14　南沙隆起南部地震 - 地质解释剖面（位置见图 7-3-4 中 E；Wang Y et al，2016）

斯盆地（Ilocos Basin）、比科尔盆地（Bicol Basin）、吕宋东南盆地（Southeast Luzon Basin）、菲律宾群岛北部主要山脉等构造单元（图7-3-15）。

①笔架南盆地和马尼拉弧前盆地

笔架南盆地处于南海东北缘，西北侧以笔架山海山与台西南盆地相隔，西南侧为南海海盆，东南侧与马尼拉弧前盆地相邻，面积约 $6.7 \times 10^4 km^2$（图7-3-15）。笔架南盆地以减薄的陆壳－洋壳为基底，主要发育上渐新统—第四系。

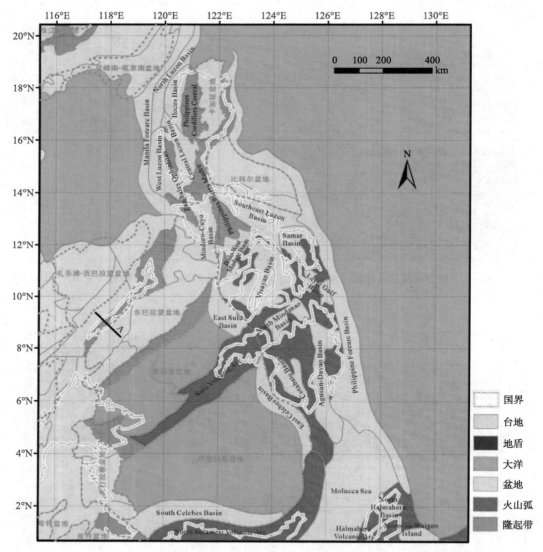

图7-3-15　菲律宾群岛及围区构造单元划分（IHS，2008；Hall，2012）

层序E（上渐新统）分布局限，主要为中－弱振幅、中－低频率、中－低连续丘形和楔形波状－杂乱反射，为滨浅海相火山岩、碎屑岩的地震响应。层序D（下中新统）分布较广，主要为中－弱振幅、中等连续、中等频率上超型亚平行－平行反射，为半深海相泥质岩为主的地震响应。层序 C（中、上中新统），分布广泛，主要为中－弱振幅、连续好、中等频率席状平行反射，为半深海相泥岩为主的地震响应。层序 B（上新统）主要为中－弱振幅、高连续、中－高频率席状平行反射，为半深海－深海相泥质岩为主的地震响应。层序 A（第四系）主要为中－弱振幅、高连续、中－高频率席状亚平行－平行反射，为半深海－深海相泥质岩为主的地震响应。东侧马尼拉弧前盆地，层序 A、B、C 夹弱振幅楔状反射，是浊积岩、火山岩的地震响应（图 7-3-16、图 7-3-17）。

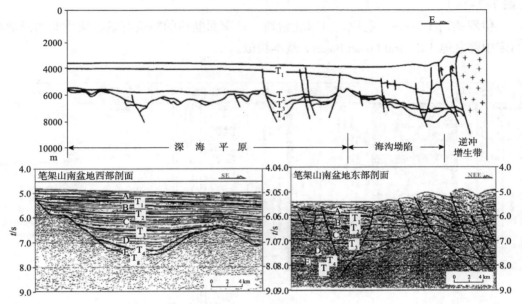

图 7-3-16　笔架山南盆地地震地层序列（据高红芳和白志琳，2000；2002 资料编绘）

E—上渐新统；D—下中新统；C—中上中新统；B—上新统；A—第四系；海沟盆地－马尼拉弧前盆地

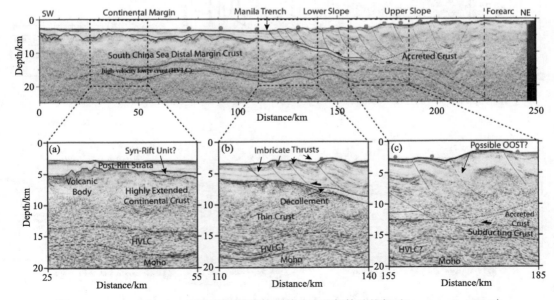

图 7-3-17　MGL905-27 地震测线马尼拉弧前盆地北部构造格架（Lester et al，2013）

②吕宋中部盆地

吕宋中部盆地（Central Luzon Basin）是在中晚始新世就位的岛弧杂岩和蛇绿杂岩基底上发育的新生代弧前盆地，以中新统为主（图 7-3-18、图 7-3-19）。始新统上部—下渐新统为冲积相 – 深海相砾岩、砂岩、泥岩、碳酸盐岩，夹火山岩。上渐新统普遍缺失。中新统为浅海相砾岩、砂岩、泥岩、碳酸盐岩，夹火山岩。上新统为滨浅海相砾岩、砂岩、泥岩、碳酸盐岩，夹火山岩。第四系为冲积相砾岩、砂岩、泥岩（图 7-3-18）。

伊罗戈斯（Ilocos）盆地、吕宋北盆地、吕宋西盆地的构造背景、地质演化记录与吕宋中部盆地（Central Luzon Basin）基本相似。

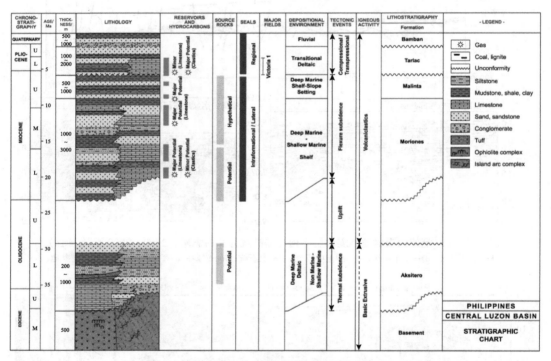

图 7-3-18　吕宋中部盆地地层综合柱状图（IHS，2008）

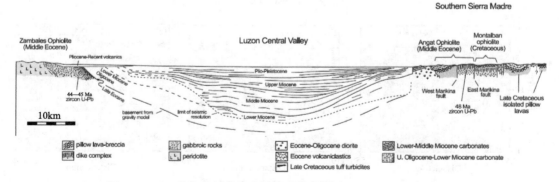

图 7-3-19　吕宋中部盆地地层综合柱状图（Encarnacion，2004）

③菲律宾北部群岛主要山脉

菲律宾北部主要山脉有三描礼士（Zambales）山脉，中央山脉（Central Cordillera）和马德雷山系（Sierra Madre）等。在这些山脉出露了大量蛇绿杂岩（图 7-3-20）。蛇绿杂岩的地质年代主要白垩纪—始新世，上覆渐新统—第四系为火山岩、沉积岩（图 7-3-21）。

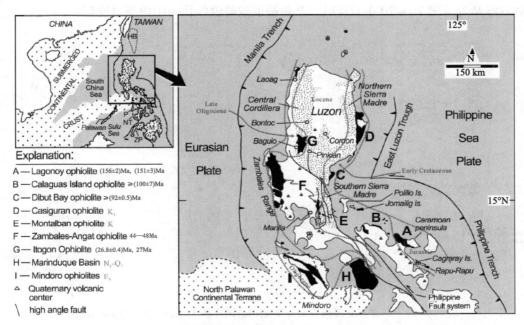

图 7-3-20　菲律宾北部蛇绿杂岩分布及年代（据 Encarnacion，2004 资料编绘）

注：年代数据，红色字体为超基性岩矿物 $^{40}Ar/^{39}Ar$ 年龄，紫色字体为超基性岩矿物 U-Pb 年龄，蓝色字体为放射虫或有孔虫生物地层年代。K—白垩纪；K_1—早白垩世；E3—渐新世；N2—上新世；Q—第四纪。

System Period	Series Epoch	Age/Ma	Column	Environment	Thickness/m	Types of main rocks and age evidence
Q	Qh	0.0117				Subduction-related volcanics in eastern Luzon, Bicol region, Negros, South Cotabato, Jolo, Zamboanga, Leyte. Terrace gravels, reef limestones *Foraminifera, megafossils*/Terrestrial and shallow marine
	Qp	2.588			<1000~2000m	Subduction-related volcanics as above (Qh). Limestones, clastic rocks. *Foraminifera, nannofossils*, tree leaves, deer and elephant teeth. K-Ar, Ar-Ar
N	N2	5.332			<1000~2000m	Sandstone, mudstone, limestone, conglomerate. Subduction-related volcanics as Qh. *Foraminifera*, K-Ar
	N1	23.03			<1000~9000m	Dominantly clastic rocks and limestone with subordinate basalt, andesite, and pyroclastics, increasing during Late Miocene. Diorites. Coal beds mostly in Eastern Philippines. *Foraminifera, radiolaria*, K-Ar
E	E3	33.9			<1000~4000m	Basalt, andesite, minor dacite, pyroclastics, diorites, sandstone, mudstone, conglomerate, limestone. *Foraminifera, nannofossils*, K-Ar
	E2	55.8			<1000~6000m	Basalt, andesite, dacite, pyroclastics, diorites, syenite, turbidites, sandstone, mudstone, conglomerate, limestone, calcareous clastic rocks; coal beds in Cebu; chert in Marinduque. *Foraminifera, nannofossils*, K-Ar
	E1	65.5				Limestone - present only in Rizal Province in limited exposure and in subsurface of Agusan-Davao Basin (from drill hole data). *Foraminifera*
K	K2	99.6			<1000~3000m	Basalt, andesite, pyroclastics; diorites and andesites; sandstone, mudstone, limestone, conglomerate, chert, marl. *Foraminifera, nannofossils*, K-Ar, Rb-Sr
	K1				<1000	Greenschist, phyllite, basalt, andesite, pyroclastics, diorites, andesites, limestone. *Orbitolinids, rudists*. K-Ar, Rb-Sr

图 7-3-21　菲律宾活动造山带地层序列（Aurelio et al，2013）

菲律宾群岛及山脉的形成演化与其东西两侧的俯冲、岛弧拼贴、碰撞密切相关（图7-3-22）。东侧菲律宾海板块向西俯冲、碰撞，侏罗纪原岩蛇绿杂岩（图7-3-20中A）就位峰值年代为古新世；白垩纪原岩蛇绿杂岩（图7-3-20中B、C、D、E）就位峰值年代为始新世。西侧为古南海，南海板块向东俯冲、碰撞，原岩年代为始新世的蛇绿杂岩（图7-3-20中F），其碰撞就位峰值年代为早中新世；原岩年代为渐新世的蛇绿杂岩（图7-3-20中G、I），其碰撞就位峰值年代为中中新世晚期。

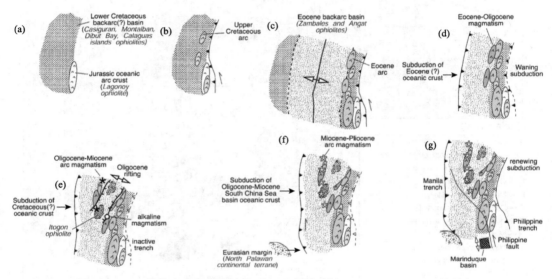

图7-3-22　菲律宾北部形成演化平面示意图（据Encarnacion，2004编绘）

原岩为侏罗系的拉戈尼蛇绿杂岩带（Lagonoy Ophiolite）出露于卡拉莫恩（Caramoan）半岛（图7-3-20中A、图7-3-23），于早白垩世演化为陆壳基底，其上依次为：上白垩统安山质火山岩、火山碎屑岩、半远洋灰岩或硅质岩；中始新统（P12—P13）含钠云母藻灰岩和生物碎屑灰岩；中始新统顶部—上始新统下部（N17—N18）含复理石和滑塌堆积岩。

卡坦端内斯（Catanduanes）岛由老到新出露了早白垩世晚期—晚白垩世安山质火山岩、火山碎屑岩、枕状玄武岩、杂砂岩、碳酸盐岩；晚白垩世—早古新世滑塌沉积物、安山质火山岩；中—晚始新世安山质杂砂岩、熔岩，含钠云母灰岩；早渐新世中性侵入岩；晚渐新世—新近纪碳酸盐岩和陆源碎屑岩；上新世—全新世火山碎屑岩和冲积相沉积物（图7-3-23）。

原岩年代主要为早白垩世的蛇绿杂岩带（图7-3-20中B、C、D、E）在始新世演化为陆壳基底。如卡拉加斯（Calaguas）岛蛇绿杂岩（图7-3-20中B、图7-3-24）出露于卡拉加斯群岛与北甘马粦（Camarines Norte）省。由老到新出露了：早白垩世及更老（>100Ma）的原岩形成的蛇绿岩；晚白垩世深海相泥岩、砂岩、火山岩及少量细碧岩；古近纪主要为火山岩及火山碎屑岩；中新世（24—17Ma±）发生岩浆侵入和变质作用，形成多种岩浆岩和变质岩；中—上中新统主要为砾岩、砂岩、泥岩及火山岩；

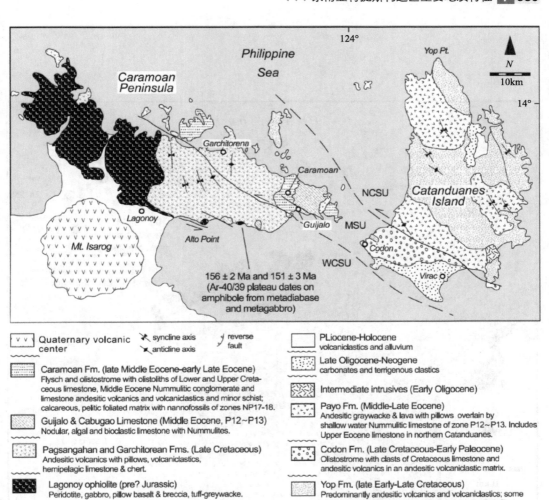

图 7-3-23　菲律宾北部卡拉莫恩半岛和卡坦端内斯岛地质图（Encarnacion，2004）

上新世—全新世火山碎屑岩和冲积相沉积物（图 7-3-24）。

原岩年代主要为始新世的三描礼士蛇绿杂岩带（Zambales Ophiolites）出露于吕宋岛中西部，南北延伸约 160km，最宽处约 40km（图 7-3-15）。三描礼士蛇绿杂岩带由北向南划分为 Masinloc、Cabangan 和 San Antonio 段。Masinloc 段进一步划分为 Acoje 块和 Coto 块。Acoje 块和 San Antonio 段主要为岛弧拉斑玄武岩（Island arc Tholeiite=IAT）岩石组合，Coto 块和 Cabangan 段的岩石组合为洋中脊玄武岩 – 岛弧拉斑玄武岩过渡岩石（图 7-3-25）。三描礼士蛇绿杂岩原岩年代为始新世，在三描礼士山脉南部发现了含始新世化石的远洋灰岩夹凝灰质浊积岩，以及侵入其中的花岗闪长岩脉（46.6—44Ma）。三描礼士山脉的形成与南海洋壳晚渐新世—早中新世沿马尼拉海槽的俯冲密切相关。

Acoje 块西侧的吕宋西盆地，蛇绿杂岩之上自下而上发育 Cabaluan 组、Candelaria 灰岩和 Sta. Cruz 组（图 7-3-25）。中新统 Cabaluan 组（N8–N9≈16.3—14.2Ma）直接覆

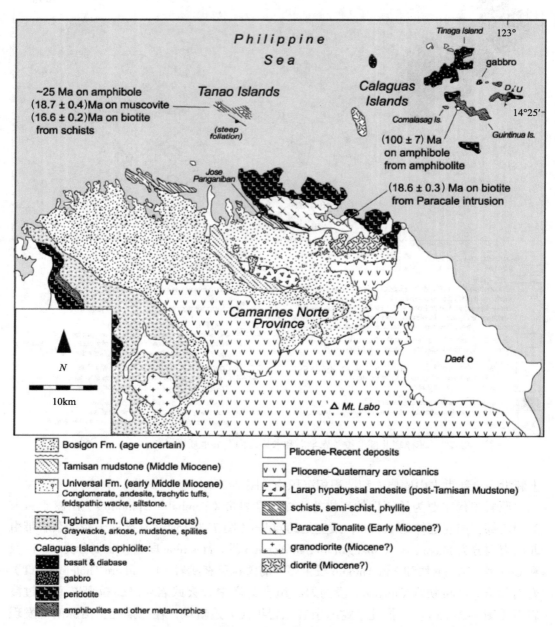

图 7-3-24 菲律宾北部卡拉加斯岛及邻区地质图（Encarnacion，2004）

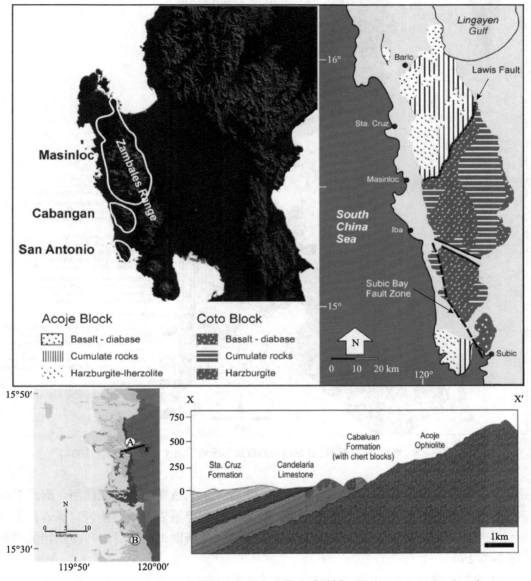

图 7-3-25 吕宋西盆地 – 三描礼士蛇绿杂岩带地质平剖面图（Queaño et al，2017）

盖在蛇绿杂岩之上，由弧前盆地滨浅海相重力流（滑塌、碎屑流、浊流）成因砾岩、砂岩、泥岩组成。物源主要来源于蛇绿杂岩。在砾石中有晚侏罗世—早白垩世的放射虫硅质岩砾石。中新统上部 Candelaria 灰岩为浅海相，含生物碎屑和生物礁。中新统顶部—下上新统（N17–N18≈8.5—5.6Ma）的 Sta. Cruz 组为浅海相 – 半深海相重力流（碎屑流、浊流）成因的砾岩、砂岩、泥岩。

伊托贡（Itogon）蛇绿杂岩（图 7-3-20 中 G、图 7-3-26）和明多罗（Mindoro）蛇绿杂岩（图 7-3-20 中 I）的原岩形成于渐新世，其碰撞就位峰值年代为中中新世晚期。伊托贡（Itogon）蛇绿杂岩带自下而上的地层序列为：渐新统的原岩形成的蛇绿

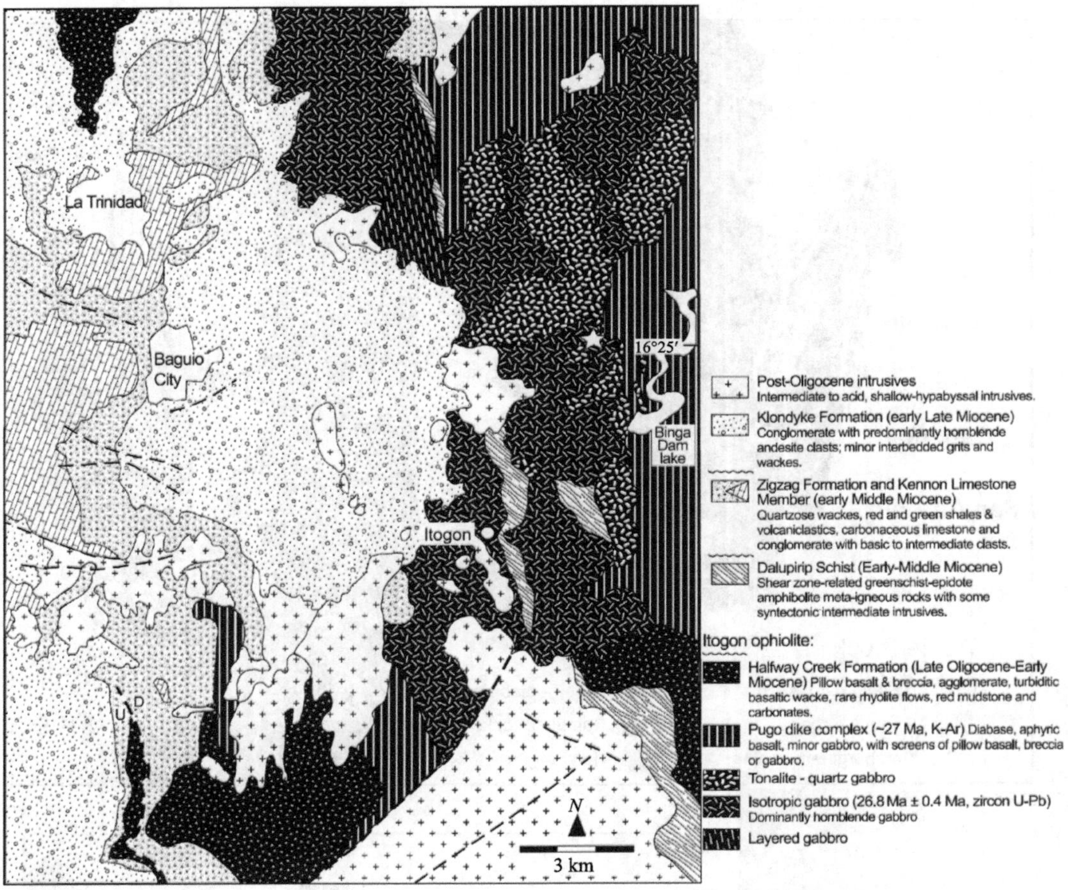

图 7-3-26　菲律宾北部伊托贡蛇绿杂岩带及邻区地质图（Encarnacion，2004）

杂岩；早—中中新世（24—17Ma±）发生岩浆侵入、构造变动和变质作用，形成多种岩浆岩和变质岩；中中新统下部杂砂岩、页岩、火山碎屑岩、碳酸盐岩、砾岩；上中新统主要为砾岩、砂岩、泥岩及火山岩；上新世—全新世火山碎屑岩和冲积相沉积物（图 7-3-26）。

④卡加延盆地

卡加延（Cagayan）盆地是位于北马德雷山系（Sierra Madre）和中央山脉（Cordillera Central）之间的弧后盆地，近南北向延伸，长约250km，宽约80km（图7-3-15）。以白垩纪—始新世洋壳为基底（图7-3-27），其上覆盖的渐新世—中新世海相沉积地层厚度最厚超过8000m，上新世—第四纪冲积相及火山碎屑沉积物厚度约900m（Mathisen & Vondra，1983）。

卡加延（Cagayan）盆地形成和演化主要与南海板块向东俯冲有关（图7-3-28）。白垩纪—渐新世中期，北吕宋岛地区为菲律宾海板块向西俯冲形成的北马德雷山系（Sierra Madre）洋内弧和卡加延（Cagayan）弧后洋盆，地质记录主要为深海相超基性–基性火山岩、硅质岩、泥岩；渐新世晚期，南海板块开始向东俯冲，卡加延

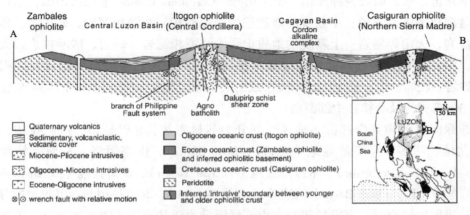

图 7-3-27　菲律宾北部构造剖面简图（Encarnacion，2004）

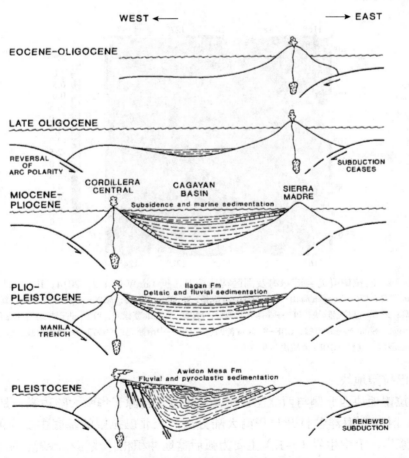

图 7-3-28　菲律宾北部卡加延盆地演化示意剖面图（Mathisen & Vondra，1983）

（Cagayan）弧后洋盆停止扩张，演化为残留洋盆，地质记录主要为深海相泥岩、硅质岩；中新世以来，南海俯冲加剧，中央山脉（Cordillera Central 形成火山弧，卡加延残留洋盆演化为弧后盆地；中新统的地质记录为深海相 – 浅海相泥岩、硅质岩、砂岩、碳酸盐岩、火山碎屑岩；上新统的地质记录为浅海相泥岩、砂岩、碳酸盐岩、火山碎屑岩；第四纪初，卡加延弧后盆地发生挤压、抬升，第四系的地质记录为冲积相砾岩、砂岩、泥岩，以及陆上火山喷发形成的火山熔岩和火山碎屑岩（图 7-3-28）。

（3）苏禄海及菲律宾中部群岛

苏禄海及菲律宾中部群岛地区可划分为苏禄海盆、北巴拉望、南巴拉望、东巴拉望盆地、明多罗 – 库约盆地（Mindoro–Cuyo Basin）、伊洛伊洛 – 马斯巴特西盆地（Iloilo–West Masbate Basin）、米沙鄢盆地（Visayan Basin）、萨马盆地（Samar Basin）、莱特湾盆地（Leyte Gulf Basin）构造单元（图 7-3-15）。北巴拉望与南巴拉望的分界为古巴拉望俯冲缝合带。南巴拉望与东南苏禄海盆为洋陆边界（图 7-3-29）。苏禄海是中中新世中期（16Ma ± ）至早上新世（3.6Ma ± ）发育的小洋盆，晚上新世—第四纪以深海相泥质沉积为主。

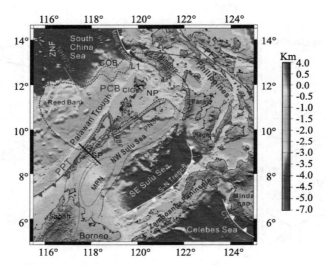

图 7-3-29　巴拉望群岛 – 苏禄海及围区构造纲要（据 Liu W N et al，2014；Ilao et al，2018）
CIG—Calamian 群岛；CR—Cagayan 海山；CT—Cotabato 海槽；D—Dumaran 岛；MPN—古西北苏禄海边缘；NP—北巴拉望；P—Paly 岛；PCB—巴拉望陆块；PFZ—菲律宾断裂带；PNSS—古西北苏禄海；PPT—古巴拉望俯冲缝合带；SP—南巴拉望；S-N Trench—Sulu-Negros 海槽；UBF—Ulugan 湾断裂；ZNF—中南断裂；NH973-2—地质测线；L1—巴拉望陆块边界；COB—洋陆界线；红星—ODP124 航次 769 站位

①北巴拉望地块

北巴拉望地块西北侧与西北巴拉望盆地过渡，起源于华南大陆边缘，是在 32Ma ± 至 16Ma ± 时期南海洋盆打开与华南大陆分离的。北巴拉望的基底主要为前侏罗系变质岩和岩浆岩；上中生界（J–K）主要为弧后盆地冲积相 – 浅海相砂岩、泥岩。白垩纪末—新生代初，华南板块南缘开始普遍张裂，形成沉积盆地，主要充填了新生代沉积物（图 7-3-30、图 7-3-31）。

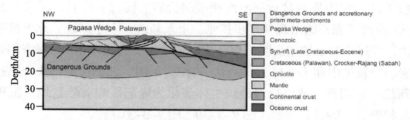

图 7-3-30　巴拉望群岛西南部地质剖面（剖面位置见图 7-3-29 中 A；Ilao et al，2018）

System Period	Series Epoch	Age/Ma	Column	Environ-ment	Thickness/m	Types of main rocks and age evidence
Q	Qh	0.0117				
	Qp	2.588				Limestone; interbedded sandstones, mudstones, conglomerate; basalt, andesite; pyroclastic rocks *Foraminifera; K-Ar*
N	N2	5.332			335~1000	Conglomerate, sandstone, mudstones, limestone; basalt, andesite; pyroclastics *Foraminifera; K-Ar*
	N1	23.03			1000~2700	Limestone, sandstone, mudstone, conglomerate; minor coal *Foraminifera* Unconformity between Late Miocene - Middle Miocene
E	E3	33.9			1000	Limestone, sandstone, mudstone, conglomerate, *Foraminifera* Ophiolite in Mindoro
	E2	55.8			1000~1500	Limestone, sandstone, mudstone, conglomerate, *Foraminifera* Quartz diorite, granodiorite, *K-Ar*
	E1	65.5			100~1000	Arkosic sandstone, conglomerate, mudstone, limestone *Foraminifera* (Recorded only from offshore Palawan drilling data)
K	K2	99.6				Mica schist, phyllite, mudstone, quartzite; turbidites; conglomerate, limestone, *Foraminifera; cocolith*, rhyolite, *U-Pb* (rhyolite, 82 Ma); ophiolite
	K1	145.5			<1000	Sandstone, mudstone, chert; *Foraminifera*, ophiolite
J	J3	161.2			2500~3500 (Total of J2-J3 represented by Mansalay Fm in Mindoro)	Sandstone, mudstone, minor limestone, conglomerate, chert *Ammonites, corals, bivalves, radiolaria, foraminifera*
	J2	175.6				Chert, siliceous mudstone; turbidites; limestone *Radiolaria, ammonites, corals, bivalves, foraminifera*
	J1	199.6				Chert, limestone. Limestones represent reefs developed from seamounts *Radiolaria*
T	T3	228.7			500~1000 (Total of P3-J2 represented by Liminangcong Formation in Palawan)	Chert, limestone. Limestones represent reefs developed from seamounts *Radiolaria*
	T2	245.9				Chert, limestone. Limestones represent reefs developed from seamounts *Radiolaria*
	T1	251				Chert, limestone. Limestones represent reefs developed from seamounts *Radiolaria*
P	P3	260.4				Chert, limestone; granodiorite gneiss (*zircon, U-Pb*); schists, marble; phyllite
	P2	270.6			1500 Bacuit Formation	Chert, sandstone, limestone, slate. *Fusulinids, conodonts*
	P1					Schists, marbles (*Sr isotope*)

图 7-3-31　菲律宾北巴拉望 – 明多罗陆块基底区地层序列（Aurelio et al，2013）

　　白垩系顶部—古新统为裂谷盆地冲积相 - 滨浅海相碳酸盐岩、泥岩、砂岩。始新统—渐新统下部主要为裂谷盆地滨浅海相碳酸盐岩、泥岩、砂岩、砾岩。渐新世中期（32Ma±—）南海洋壳开始出现并逐步扩张。上渐新统—下中新统，北巴拉望地块为洋中漂移地块，并逐步与巴拉望岛弧汇聚，沉积记录主要为浅海相-半深海相碳酸盐岩、泥岩和砂岩。中新世中期（—15.3Ma±），古南海关闭，北巴拉望地块与巴拉望岛弧碰撞。中中新统—第四系，北巴拉望地块主体演化为隆起区和前陆盆地，沉积记录为冲积相 - 浅海相砾岩、砂岩、泥岩（图 7-3-30、图 7-3-31）。

　　巴拉望陆块向菲律宾活动带（Philippine Mobile Belt）之下俯冲碰撞开始于早中新世晚期（15Ma±），中中新世碰撞加剧，晚中新世（7Ma±）碰撞带隆升（图 7-3-32）。

　　②南巴拉望地块及东巴拉望盆地

　　南巴拉望地块的基底为早白垩世—始新世洋壳、洋岛蛇绿杂岩及残留洋盆 - 前陆盆地深海相 - 浅海相泥岩、砂岩及少量灰岩。东巴拉望盆地是南巴拉望地块基底之上发

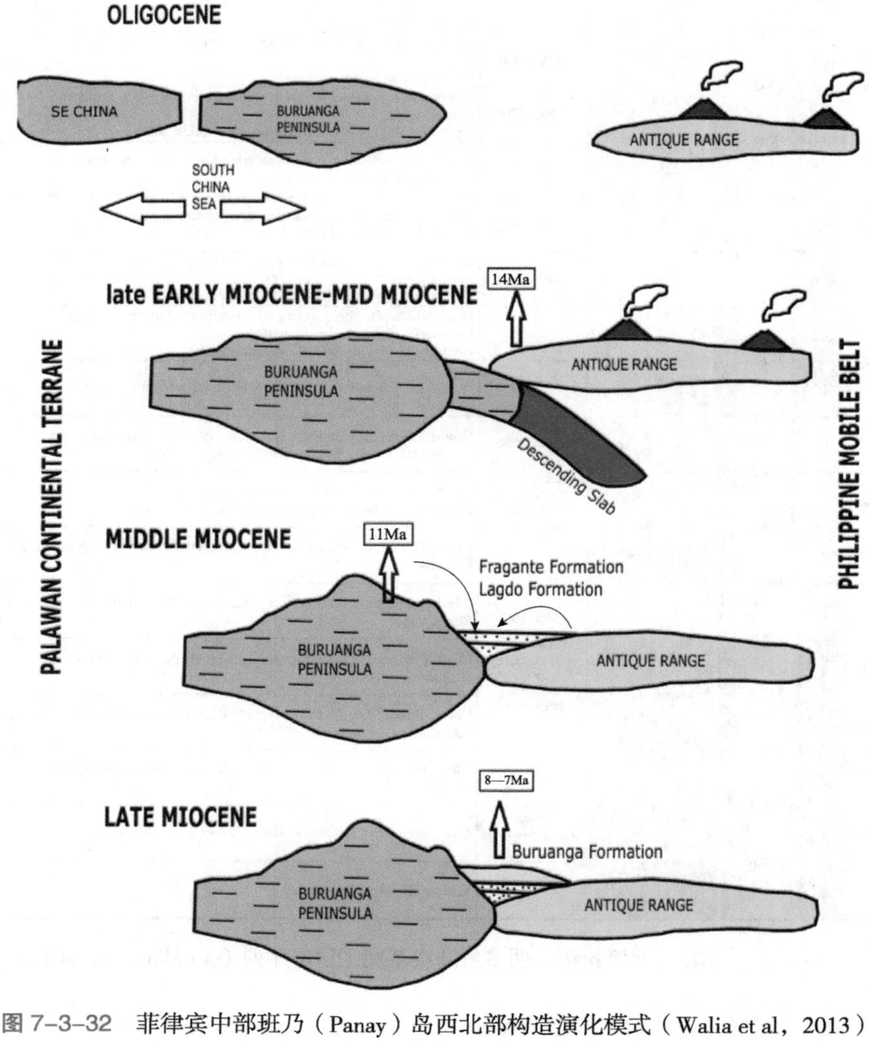

图 7-3-32　菲律宾中部班乃（Panay）岛西北部构造演化模式（Walia et al，2013）

育的盆地，自下而上依次发育：①渐新统—中中新统中部前陆盆地浅海相碳酸盐岩、泥岩、砂岩；②中中新统中部—下上新统裂谷盆地浅海相–深海相砂岩、泥岩；③上上新统—第四系主要为被动大陆边缘盆地浅海相碳酸盐岩（图 7-3-30、图 7-3-33）。

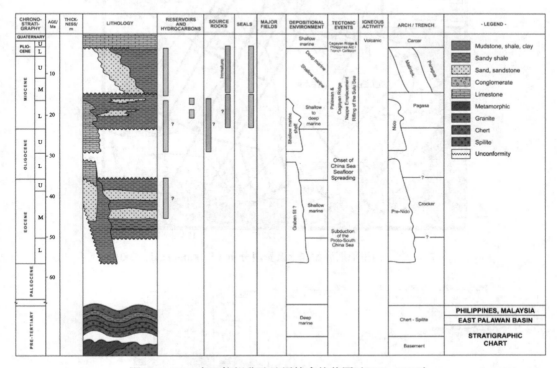

图 7-3-33 东巴拉望盆地地层综合柱状图（IHS，2008）

（4）西里伯斯海盆及棉兰老岛

西里伯斯海（Celebes Sea）东南部为苏拉威西岛北枝，东北部为棉兰老（Mindanao）岛，西北部为苏禄岛，西部为婆罗洲西北部的苏禄岛。

西里伯斯海（Celebes Sea）是以始新世洋壳为基底的残留洋盆，在始新统洋壳基底上依次发育了：中始新统上部—下渐新统下部深海相钙质泥岩、灰岩；下渐新统上部—下中新统中部深海相钙质泥岩；下中新统上部—第四系半深海相凝灰质泥岩（图7-3-34、图7-3-35）。

苏禄岛在洋壳基底上主要发育上新统—第四系火山–岩浆岩。西棉兰老岛和三宝颜（Zamboanga）半岛以前新生界变质岩、蛇绿杂岩为基底，上覆白垩系—古近系火山–沉积岩、新近系沉积岩、第四系火山岩。哥打巴托（Cotabato）海槽为弧前增生楔，以新近系碎屑岩为主，物源来自西棉兰老岛。桑吉（Sangihe）弧处于棉兰老岛与苏拉威西岛北枝之间，主要由上新统—第四系岩石组成，以火山岩为主。苏拉威西岛北枝：西部发育前新生界变质岩，古近系火山岩和沉积岩；东部发育大量新近系沉积岩、火山岩，第四系以火山岩为主，与马鲁古（Molucca）海板块向桑吉弧之下俯冲有关（Castillo et al，2007；Aurelio et al，2013）。

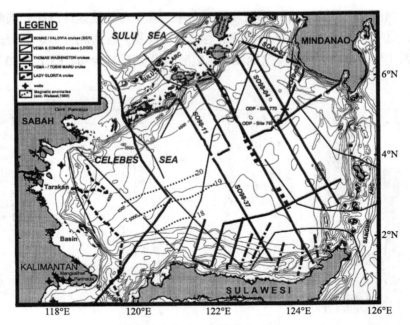

图 7-3-34　西里伯斯海盆深水及资料分布（Schlüter et al，2001）

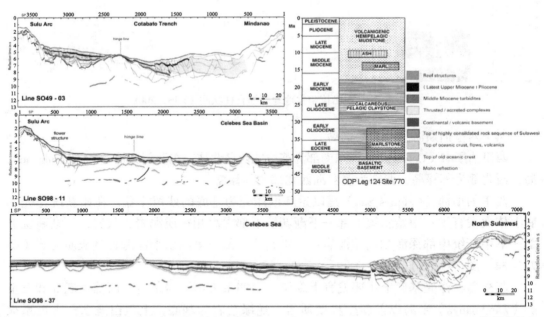

图 7-3-35　西里伯斯海盆及邻区地质剖面图（据 Nichols & Hall，1999；Schlüter et al，2001 资料编绘）

（5）东棉兰老岛

　　大致以菲律宾断裂带为界，棉兰老（Mindanao）岛可以分为西棉兰老岛和东棉兰老岛。东棉兰老岛的基底为晚白垩世岛弧起源的超基性杂岩，上覆古近系火山岩，新近系火山–沉积岩、沉积岩，第四系以沉积岩为主（Castillo et al，2007；Aurelio et al，2013；Perez & Tsutsumi，2017）。

7.4 东中国海及周缘中新生代变形区

东海陆架盆地是中新生代盆地，处于欧亚板块东南缘华南古陆的南海微板块之上（邱中建和龚再升，1999；张建培等，2014；张国华和张建培，2015），盆地呈NNE向，西以闽浙隆起为界，东以钓鱼岛隆褶带为限，西南与台西盆地相接，东北以朝鲜海峡与日本海盆相隔，东海盆地的水深多小于500m（图7-4-1）。盆地南北长约1500km，东西宽约250~300km，面积超过$26 \times 10^4 km^2$，最大地层厚度超过15km，以新生界为主（杨传胜等，2012；赵汗青等，2014；Guan D et al，2016）。

东海盆地的基岩有前寒武纪的片麻岩、古生代的低级变质岩、中生代的岩浆岩及沉积岩（图7-4-2）。新生代地层自下而上分别为古近系古新统月桂峰组、灵峰组、明月峰组，始新统瓯江组、平湖组，渐新统花港组，新近系中新统龙井组、玉泉组、柳浪组，上新统三潭组，第四系东海群（表7-4-1）。

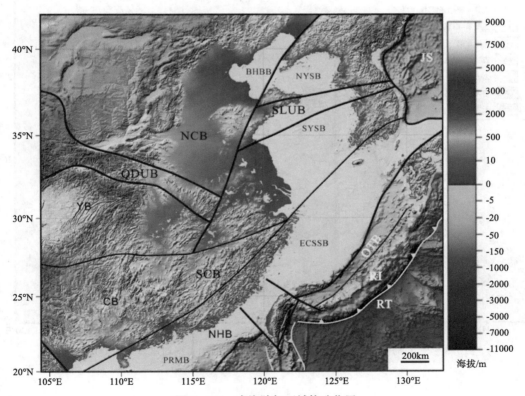

图 7-4-1 东海陆架区域构造位置

CB—华夏板块；BHBB—渤海湾盆地；ECSSB—东海陆架盆地；JS—日本海；NCB—华北板块；NHB—海南板块；NYSB—北黄海盆地；OTB—冲绳海槽盆地；PRMB—珠江口盆地；QDUB—秦岭‑大别隆起带；RI—琉球群岛；RT—琉球海沟；SCB—华南板块；SLUB—苏鲁构造带；SYSB—南黄海内部盆地；YB—扬子板块；ZMUB—浙闽隆起带
注：黑色实线为构造线，黄线代表海沟。地貌底图来自 https://maps.ngdc.noaa.gov/viewers/bathymetry/。构造线据文献（邱中建和龚再升，1999；Guan D et al，2016）编绘。

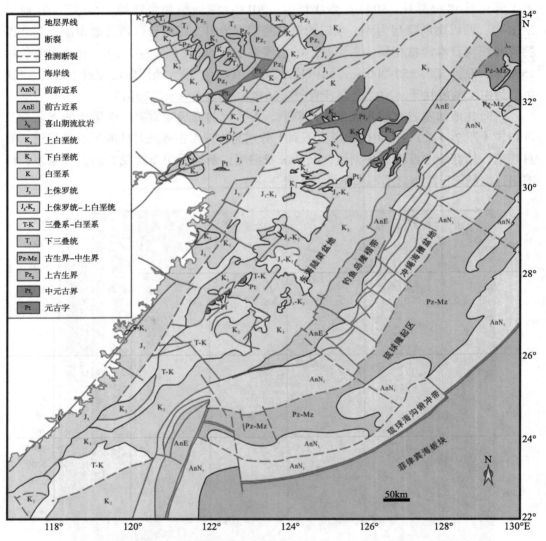

图 7-4-2　东海陆架盆地及邻区前古近系基底地质图（据刘建华等，2007 简化）

表 7-4-1 东海陆架盆地综合地层序列简表

界	系	统	组	段	揭示厚度 /m	地层简要特征	沉积相
新生界	第四系	全新统更新统	东海群		260	灰色、深灰色泥岩、泥质粉砂岩，粉砂岩、细砂岩	滨浅海相
	新近系	上新统	三潭组		886	上部为灰色泥岩、粉细砂岩互层，下部为灰白砂砾岩、生物碎屑砂岩夹泥岩	海陆过渡相
		中新统	柳浪组		>838	黄灰、褐棕色泥岩、粉砂岩、细砂岩	河流相
			玉泉组	上段	0~1316	浅灰、灰绿色泥岩与粉砂岩、细砂岩、中砂岩互层夹煤，含石膏	河流 – 湖泊相
				下段		灰色、灰白色粉砂岩、细砂岩及深灰、灰绿色泥页岩夹煤层	
			龙井组	上段	0~1331	浅灰、灰绿色泥岩与粉砂岩、细砂岩、中砂岩互层夹棕红色泥岩、砂砾岩	河流 – 湖泊相（夹海侵层）
				下段		深灰、灰绿色泥岩与粉砂岩、泥质粉砂岩互层，夹炭质泥岩及煤，底为细砂岩	
	古近系	渐新统	花港组	上段	0~1292	杂色泥岩与浅灰、灰白色粉砂岩、细砂岩不等厚互层，夹煤层	河流 – 湖泊相
				下段		灰、深灰色泥岩与细砂岩、粉砂岩互层夹煤、灰岩，底部见含砾砂岩	
		始新统	平湖组	上段	>1719	灰、深灰色泥岩与粉砂岩互层夹煤层	半封闭海湾
				中段		灰、深灰色泥岩、灰质泥岩与粉砂岩、细砂岩互层，夹灰岩和煤薄层	
				下段		灰色泥岩为主，夹粉砂岩、砂岩、煤	
			瓯江组	上段	>993	上部棕黄色泥岩为主，中部灰色泥岩与粉细砂岩互层，下部为含砾砂岩	浅海相 – 海陆过渡相
				中段		灰色泥岩与砂岩互层，夹砂质灰岩、生物碎屑灰岩	
				下段		灰色泥岩与粉砂岩、细砂岩、中砂岩互层	
		古新统	明月峰组		738	灰白色砂砾岩、砂岩与灰、褐色泥岩互层，夹煤层	沼泽 – 浅海相
			灵峰组	上段	>877	深灰色泥岩为主，夹泥质粉砂岩、粉砂岩	滨浅海相
				下段		灰白色砂岩夹黑色泥岩、粉砂质泥岩	
			月桂峰组		>500	灰白色砂岩与黑色泥岩、粉砂质泥岩互层	
中生界	白垩系		石门潭组		>300	杂色泥岩与浅灰色粉砂岩、细砂岩互层，夹灰黑色粉砂质泥岩条带	河流 – 滨海相
					765	上部紫红色凝灰岩夹玄武岩，下部安山岩夹薄层杂色泥岩	陆相
	侏罗系				>1110	上部杂色碎屑岩，中下部碎屑岩夹炭质泥岩、薄煤层	陆相
	三叠系				1000？	杂色泥岩与浅灰色粉砂岩、细砂岩互层，灰岩、火山岩	
古生界					5000？	层速度高达 7000m/s，内部无好地震反射波	浅变质岩
元古界（温东群）					>320	黑云母斜长片麻岩、角闪斜长片麻岩	变质岩

注：据孙煜华和章永昌，1983；刘建华等，2007；张训华，2008；张建培等，2014；张国华和张建培，2015；张田等，2015 资料整理。

新生代东海陆架盆地是夹持在闽浙隆起带与钓鱼岛隆褶带之间 NNE–SSW 向延伸的盆地，构造格局具有显著的东西分带特征，总体表现为"两坳夹一隆"，自西向东依次为西部坳陷带、中央隆起带和东部坳陷带。东海陆架盆地岩浆活动主要为两期，即燕山期和喜山期。燕山期岩浆活动在我国东南沿海地区非常活跃，广泛分布着晚中生代以来的大量侵入岩与喷出岩。岩浆岩的分布与断裂发育密切相关，燕山期岩浆岩主要发育在浙闽隆起带、雁荡凸起、台北低凸起和钓鱼岛隆褶带。喜山期岩浆岩活动弱于燕山期。浙闽一带出露为玄武岩，部分为安山岩。在东海盆地，主要分布于隆起部位及断裂发育地区。由西向东，新生代火山岩年龄变新，东海盆地西部，安山岩同位素年龄在 45Ma 左右（杨传胜等，2012）。东部钓鱼岛，玄武岩同位素年龄在 10Ma 左右（沈然清等，2001）。

7.4.1 东海陆架盆地及邻区基底的起源

东海陆架盆地的基底起源于华南古陆。华南古陆是罗迪尼亚超大陆（>800Ma）解体形成的扬子板块、华夏板块与南海微板块在加里东造山期（450—400Ma，S1–D1）拼贴碰撞形成的（图 7-4-3）。东海周边最老地层为出露于浙闽东部的元古界变质岩，同位素年龄在 900—1800Ma，称为八都群、陈蔡群及龙泉群（王德华等，2002），或称为八都群和麻源群（宋泳宪等，2002）。丽水凹陷灵峰一井在井深 2373.5~2693.18m

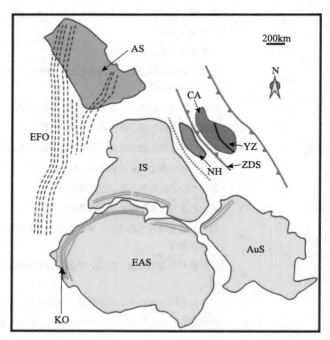

图 7-4-3 志留纪—早泥盆世扬子 - 华夏板块与南海微板块拼贴碰撞的
地球动力学背景（Zhang C L et al，2015）

AS—阿拉伯地盾；AuS—澳大利亚地盾；CA—华夏板块；EAS—东南极地盾；EFO—东非造山带；KO—Kuungan 造山带；
NH—南海微板块；YZ—扬子板块；ZDS—政和 - 大浦古生代缝合带

揭示厚 319.68m 黑云斜长片麻岩，经铷 - 锶法测定为 1806—1970Ma，属前震旦纪变质岩。在东海陆架盆地北部福江凹陷，日本所钻 DJZ-V-2 井，韩国所钻的 KV-1 井也钻遇了这套片麻岩（刘金水等，2002）。元古界变质岩的分布见图 7-4-2。

自华南古陆形成以来，现今的东海陆架盆地一直处于大陆板块的边缘，在晚古生代至新生代漫长的地质历史中，经历了复杂的地质作用。

7.4.2 东海陆架盆地及邻区晚古生代地质演化

东海周边发育晚古生代地层。台湾褶皱带为大南澳群，属一套深变质岩系，由各种片岩、石英岩、结晶灰岩、片麻岩及少量大理岩组成，分布在台湾中央山脉东侧，为台湾地区出露的最老地层，结晶灰岩中发现的少量变形的䗴科和珊瑚化石说明其时代为二叠纪。琉球岛弧出露的最老地层有绿片岩、千枚岩和二叠纪的大理岩等，为海西 - 印支期的残块，主要分布在靠近海槽一侧的石垣带和本部带，其岩石组合类似于日本的中央构造线和台湾中央山脉的大南澳群（张文佑，1986）。在浙闽东部沿海地区发现了上古生界轻微变质地层，可将它分为两部分：下部为上泥盆统—下石炭统，是一套细碎屑岩夹碳酸盐岩；上部属中石炭统，由粗碎屑岩、细碎屑岩及碳酸盐岩等组成。穿越东海陆架盆地南部的深地震剖面显示，在中生代反射层组之下的 Tg 和 Ts 反射界面之间还有一套反射层组，这套反射层组被解释为晚古生代地层（李维显，2001；刘建华等，2007）。古生界的分布见图 7-4-2。

古板块再造及地球动力学研究结果表明，晚古生代泥盆纪，东海陆架为主动大陆边缘弧后盆地。早泥盆世，大洋板块俯冲伴随着强烈的火山作用。晚泥盆世，大洋板块俯冲伴随着的火山作用减弱。石炭纪，处于伸展地球动力学背景，东海陆架盆地为被动大陆边缘。二叠纪至三叠纪初，大洋板块向华南古陆的俯冲作用逐渐增强，伴随着强烈的火山作用，东海陆架及其邻区形成增生楔及弧 - 盆体系（图 7-4-4）。

7.4.3 东海陆架盆地及邻区中生代地质演化

中生界沉积岩及火山岩在东海陆架盆地及围区广泛发育（图 7-4-2）。

东海陆架盆地南部闽江凹陷的 FZ13-2-1 井和 FZ10-1-1 井，发现了一套以杂色、红色为主的中生代碎屑岩系，厚度 >2000m。依据岩性、同位素绝对年龄测定数据、地震反射特征和倾角测井等资料，将该套地层自下而上划分为下侏罗统—中侏罗统、上侏罗统—下白垩统、上白垩统，分别命名为福州组、渔山组、闽江组和石门潭组（刘金水等，2002；张训华，2008）。

下侏罗统—中侏罗统福州组是一套暗色碎屑岩，夹数层薄煤或炭质泥岩，未见底，厚 538.5m。与上覆地层呈区域不整合接触。岩性组合可与浙江早侏罗世、中侏罗世枫坪组和毛弄组、福建梨山组和漳平组及广东的金鸡组相对比，上述地区的早侏罗世、中侏罗世地层多为河湖相，局部为浅海相 - 滨海相碎屑岩间夹煤层或煤线。上侏罗统—下白

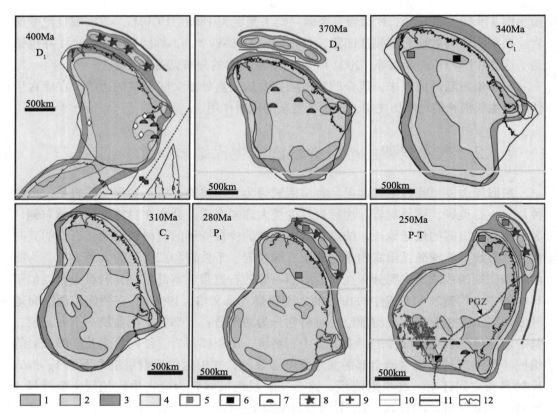

图 7-4-4　晚古生代华南古陆及东海陆架地球动力学背景及古地理（Cocks & Torsvik，2013）
1—陆地；2—滨浅海；3—深海；4—大洋；5—华夏植物群；6—欧美植物群；7—生物礁；8—火山；9—岩浆侵入体；
10—赤道；11—海沟；12—现代海岸线

垩统渔山组是一套杂色和红色碎屑岩，厚 847.0m，与上覆地层假整合接触。

上白垩统闽江组是一套碎屑岩，与上覆地层呈不整合或假整合接触，厚 372.5m，岩性为褐灰、灰色、浅灰色、棕褐色泥岩与浅灰色粉砂岩、砂岩互层，局部夹灰黑色粉砂质泥岩条带。上白垩统石门潭组是一套火山岩、火山碎屑岩夹沉积岩的岩层，厚 139.0m，与上覆地层呈假整合或不整合接触。

台湾嘉南平原北港隆起 PK-2、PK-3、MLN-1、HP-1、WH-1 等井钻遇的中生界。PK-2 井 1590~2120m 井段岩心有 530m 相对完整的下白垩统海侵序列，在 2120~2170m 井段岩心见侏罗系砂泥岩，两层系之间为角度不整合。PK-3 井上部（1962~2015m）的岩性与 PK-2 井的下白垩统相似，但含凝灰质碎屑高达 20%，下部 2017~2080m 井段的岩性与 PK-2 井侏罗系相似。MLN-1 井位于 PK-2 井东侧，靠近西部山麓带边缘。在该井 3873~4325m 井段见厚约 450m 的下白垩统，上部为暗色页岩夹砂岩，下部为细砂岩夹粉砂岩、页岩并见碳酸盐岩和煤线。HP-1 井位于 PK-2 井东南，钻遇 87m（未穿）的白垩系。WH-1 井位于 PK-2 井西南面，在井深 1425m 的中新统以下钻遇目前所见最厚（1578m）的中生代地层。下白垩统（1425~2959m）岩性主要是砂页岩，下伏侏罗系（2959~3000m，未穿）由固结的黑色页岩组成（周蒂，2002）。

　　在台西南盆地至少在十几口井钻遇到中生界地层，岩性以砂页岩为主，时代为白垩纪和侏罗纪。F构造的CFC-1井，在3252~3550m井段见近300m的下白垩统砂页岩。3550~3917m井段为367m的暗色页岩，推测为侏罗系（周蒂，2002）。下白垩统为高能陆相沉积，下伏页岩层显示低能深海相沉积特征（刘建华等，2007）。

　　古板块再造及地球动力学研究结果表明，中生代，东海陆架盆地长期处于大洋板块的俯冲带的活动大陆边缘，但不同时期俯冲的大洋板块特征、大洋板块的俯冲方式及其地球动力学背景有明显差异。

　　三叠纪240—230Ma期间，华南板块与华北板块碰撞，特提斯洋关闭。华北板块与西伯利亚板块之间的古亚洲洋变窄为双向俯冲体系。沿濒太平洋的华南大陆边缘为法拉伦（Farallon）板块和伊邪纳岐（Izanaqi）板块俯冲，以法拉伦板块俯冲为主，形成增生楔及弧－盆体系。法拉伦板块内发育的有生物礁覆盖的Akiyoshi-Sawadani石炭纪海岭杂岩体增生在欧亚大陆边缘［图7-4-5（a）］。

　　210Ma左右，古亚洲洋关闭，沿濒太平洋的华南大陆边缘被法拉伦板块和伊邪纳岐板块俯冲，以伊邪纳岐板块俯冲为主，形成增生楔及弧－盆体系。从晚三叠世到整个侏罗纪，沿濒太平洋的华南大陆边缘主要为伊邪纳岐板块俯冲形成的增生楔及弧－盆体系［图7-4-5（b）］。

　　随着伊邪纳岐板块逐渐向北俯冲，伊邪纳岐板块内发育的有生物礁覆盖的Akasaka-Kuzuu二叠纪海岭杂岩体增生在欧亚大陆边缘［图7-4-5（c）］。

　　需要说明的是，三叠纪—侏罗纪时期，太平洋大洋板块的增生、扩张以NNE-SSW向为主，大洋板块向欧亚大陆斜向俯冲，很可能是我国东部中生代一系列左旋构造变形的主要地球动力根源。

　　白垩纪，东海陆架盆地的地质历史与欧亚大陆东部边缘与鄂霍次克海微陆块（Okhotomorsk Block）-伊邪纳岐板块的相互作用密切相关。在晚白垩世（100Ma）之前，鄂霍次克海微陆块处于伊邪纳岐板块内部，周缘是被动大陆边缘。随着伊邪纳岐

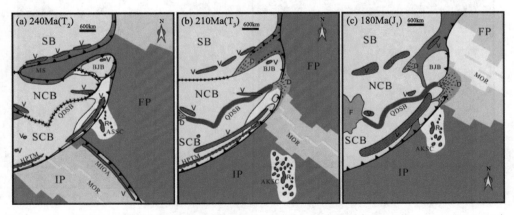

图7-4-5　三叠纪—侏罗纪东海陆架盆地及邻区地球动力学背景及古地理（Isozaki et al，2012）

AKSC—Akasaka-Kuzuu海岭（二叠纪）；ASSC—Akiyoshi-Sawadani海岭（石炭纪）；BJB—布列亚－佳木斯地块；D—三角洲；F—冲积相；FP—法拉伦板块；HPTM—高压高温变质带；IP—伊邪纳岐板块；MIOA—Maizuru洋内弧；MOR—扩张洋中脊；NCB—华北板块；QDSB—秦岭－大别缝合带；R—生物礁；SB—西伯利亚板块；SCB—华南板块；V—火山带

板块 N35°W 斜向向欧亚大陆东部边缘俯冲，在 100Ma 左右，鄂霍次克海微陆块与欧亚大陆东缘（现今琉球群岛）开始碰撞［图 7-4-6（a）］。100—89Ma，为鄂霍次克海微陆块与欧亚大陆东缘持续碰撞时期，这一碰撞事件也导致从日本到华北的左旋走滑断裂体系和中国东部陆陆碰撞型岩浆活动形成［图 7-4-6（b）］。

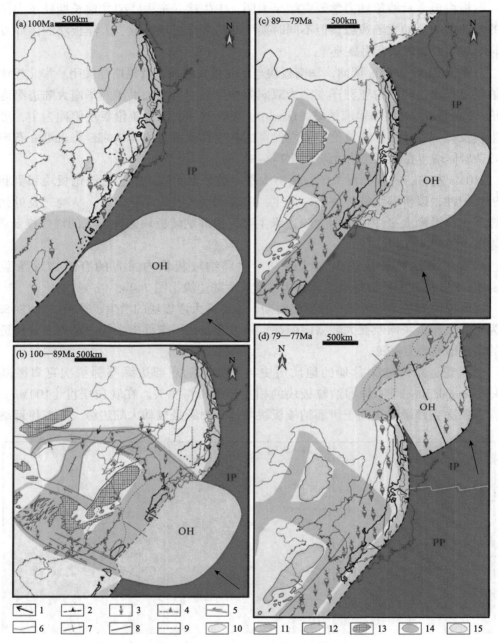

图 7-4-6　白垩纪东海陆架盆地及邻区地球动力学背景及古地理（Yang Y T，2013）

1—伊邪纳岐板块运动方向；2—俯冲带；3—岩浆侵入和喷发；4—陆陆碰撞带；5—走滑断裂；6—前寒武纪缝合线；7—向斜；8—背斜；9—推测断裂；10—陆相沉积／侵蚀区；11—陆相沉积区；12—海相沉积区；13—不整合之上的陆相盆地；14—山系；15—陆地。IP—伊邪纳岐板块；OH—鄂霍次克海微陆块

89Ma 开始，在太平洋板块的推动下，鄂霍次克海微陆块—伊邪纳岐（Izanaqi）板块向欧亚大陆东部边缘斜向俯冲，由 N35°W 转变为 N15°W。到 79Ma，鄂霍次克海微陆块漂移至现今朝鲜半岛东侧。在这一过程中，形成了欧亚板块和鄂霍次克海微陆块间的大型左旋断裂体系，在下地壳和上地幔形成数公里宽韧性剪切带，并在上地壳形成数十公里宽的走滑断裂体系［图 7-4-6（c）］。77Ma 左右，鄂霍次克海微陆块最终与西伯利亚板块碰撞［图 7-4-6（d）］。

7.4.4　东海陆架盆地及邻区新生代地质演化

东海陆架盆地新生界有古近系的古新统、始新统、渐新统，新近系的中新统、上新统及第四系。在新生界古新统与始新统之间、始新统与渐新统之间、渐新统与中新统之间、中新统与上新统之间均存在构造运动形成的不整合面（张国华和张建培，2015）。

在古近系和新近系均有岩浆活动。已发现了古近系始新统卢台特阶（Lutetian）安山岩和凝灰岩（平西 1 井），同位素年龄分别为 42.5Ma 和 45.9Ma（K-Ar 体积法）（杨传胜等，2012）；新近系中新统兰海阶（Langhian）凝灰岩（孤山 1 井），同位素年龄为 14.7Ma（K-Ar 体积法）（杨传胜等，2012）；钓鱼岛岩浆岩带南段发现玄武岩中夹有红土层，显示出至少有 9 次玄武岩喷溢，其 K-Ar 体积法测得年龄为 13—8Ma（沈然清等，2001）。冲绳海槽的 TO-KA 一井，钻遇了火山熔岩，K-Ar 法测得同位素年龄为 6Ma（杨传胜等，2012）。

东海陆架盆地新生界构造特征具有明显差异。以中央隆起带为界，西部沉陷带发育古新统和下始新统，普遍缺失上始新统、渐新统及新近系地层较薄，多不整合于古新统或始新统地层之上。中央隆起带古近纪无沉积，新近系直接不整合于基底之上。东部沉陷带，由于埋藏深，深部地震资料品质差，古新统及始新统瓯江组在东部沉陷带难以识别，但有巨厚的始新统、渐新统及中新统地层。西部沉陷带古新统具有明显的断陷特征，渐新统及新近系地层基本不受同沉积断层控制，且变形较弱。西部沉陷带的断陷和中央隆起带的隆起，总体表现为 NE 向"左阶"雁列展布。东部沉陷带资料品质较好的渐新统及新近系褶皱变形明显（张国华和张建培，2015）。

新生代东海陆架盆地及邻区的演化主要受太平洋板块、菲律宾海板块与欧亚板块复杂相互作用的动力学背景控制。新生代早期（65—49Ma），欧亚大陆东部边缘面临向 NNW 向运动的太平洋板块［图 7-4-7（a）］，造成东海盆地伸展。49Ma 开始，太平洋板块转向为 NWW 向运动，造成东海盆地挤压［图 7-4-7（b）］；23.3Ma 左右，NWW 向运动的菲律宾海板块开始影响东海盆地；23.3—5.3Ma 期间，东海盆地受 NWW 向运动的菲律宾海板块和太平洋板块的共同影响［图 7-4-7（c）］，东海盆地处于左行压扭动力学背景。随着菲律宾海板块的 NWW 向运动，菲律宾海板块对东海盆地的影响逐渐增强，太平洋板块的影响逐渐较弱。5.3Ma 左右的挤压变形在东海盆地南部的钓北凹陷表现强烈，在北部表现较弱。5.3Ma 后，菲律宾海板块转向为 NNW 或 N 向运动［图 7-4-7（d）］，

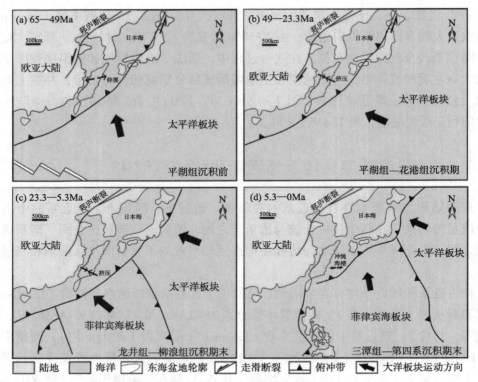

图 7-4-7 新生代东海陆架盆地及邻区板块构造及地球动力学背景（Sager et al, 2005; Seton et al, 2012; Aurelio et al, 2014; 陈冠宇, 2014; Richter & Ali, 2015; Saitoha et al, 2015）

造成冲绳海槽大规模开裂，使东海盆地进入伸展整体沉降阶段。

7.5 澳大利亚北部及邻区中新生代变形带

澳大利亚北部及邻区中新生代变形带可划分为苏拉威西（Sulawesi）中新生代变形带、班达（Banda）- 马鲁古（Molucca）海中新生代变形带、爪哇（Java）- 班达（Banda）火山弧及邻区中新生代变形带、巴布亚新几内亚中新生代变形带、澳大利亚北部中新生代变形带（图 7-5-1）。

7.5.1 苏拉威西中新生代变形带

苏拉威西（Sulawesi）中新生代变形带是西苏拉威西侵入岩 - 火山岩岛弧、中苏拉威西变质带、东苏拉威西蛇绿杂岩和邦盖 - 苏拉（Banggai-Sula）、布顿 - 图康伯西（Buton-Tukang Besi）微陆块（图 7-5-2），在白垩纪和新生代由西向东依次增生的结果。

（1）西苏拉威西侵入岩 - 火山岩岛弧

西苏拉威西侵入岩 - 火山岩岛弧带包括苏拉威西南枝、北枝西部和中苏拉威西

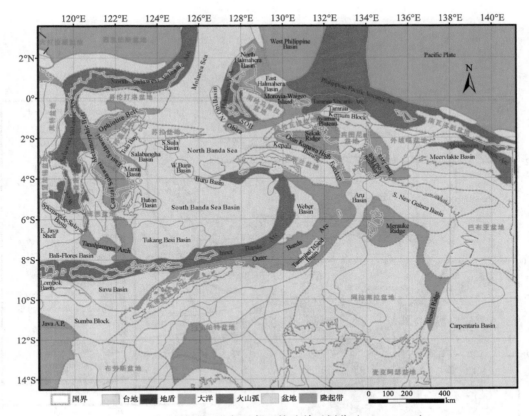

图 7-5-1　澳大利亚北部及邻区构造单元划分（IHS，2008）

（图 7-5-1、图 7-5-2）。新生界沉积岩、火山岩覆盖在前新生界变质岩、超基性岩和海相沉积岩之上（图 7-5-3）。北枝东部的岩石类型和岩浆岩地球化学特征与南枝、中苏拉威西、北枝西部明显不同，为一分隔的构造单元。西苏拉威西侵入岩－火山岩岛弧带古新统主要为火山岩；始新统为弧后盆地浅海相火山岩、砂岩、泥岩、碳酸盐岩；渐新统—下中新统主要为弧后盆地浅海相碳酸盐岩；中中新统岛弧火山岩和浅海相灰岩，局部缺失；上新统主要为岛弧火山岩；第四系主要发育冲积相砂岩（图 7-5-3）。

（2）中苏拉威西变质带

中苏拉威西变质带（Central Sulawesi Metamorphic Belt）区分为 Palu 变质杂岩、Malino 变质杂岩、Karossa 变质杂岩、Pompangeo 片岩杂岩。

Palu 变质杂岩分布于西北苏拉威，西由冈瓦纳起源的三叠系侵入岩岩基、上白垩统和古近系沉积岩原岩的变质岩、中特提斯洋洋壳原岩的变质岩。主要变质事件发生在中新世末—中上新世（Hennig et al，2017）。上新世发生了快速隆升和花岗岩的侵入。中苏拉威西的 Palu 陆块是中生代末从新几内亚边缘裂离的（van Leeuwen et al，2016）。

Malino 变质杂岩分布于苏拉威西北枝西部，主要由云母片岩和片麻岩（原岩为远端浊积岩和花岗岩），夹绿片岩、角闪岩、大理岩、石英岩。Malino 变质杂岩原岩的地质年代为泥盆纪—石炭纪，有太古代和元古代的锆石，指示 Malino 地块起源于冈瓦纳新几内亚－澳大利亚边缘，裂离年代为白垩纪晚期。绿片岩、角闪岩冷却年龄为 23—

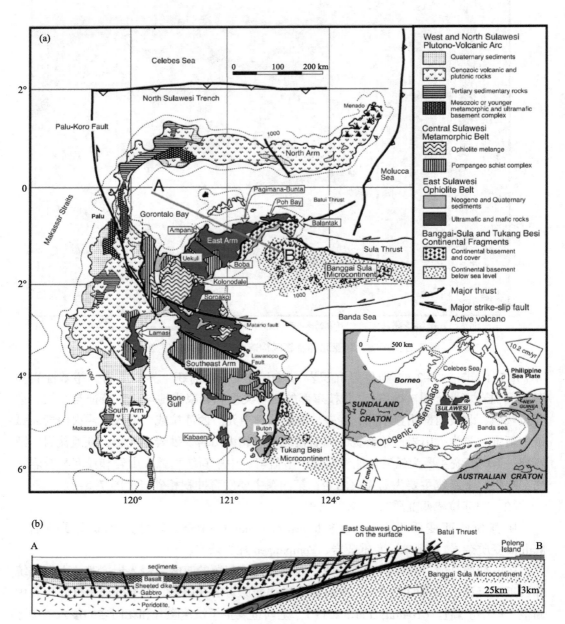

图 7-5-2 苏拉威西岛地质简图（Kadarusman et al，2004）

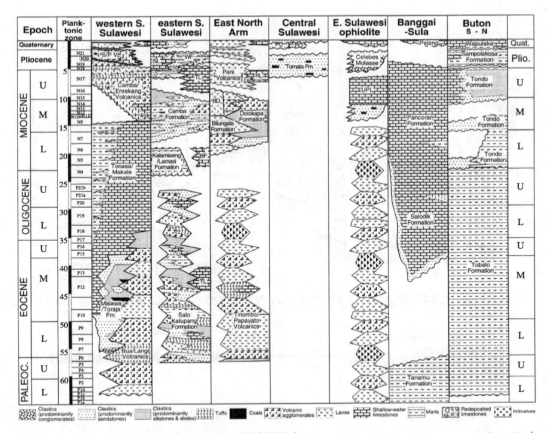

图 7-5-3　苏拉威西主要构造单元新生界地层对比图（Wilson & Moss，1999；Kadarusman et al，2004）

11Ma 和 7Ma，火山岩不整合于其上，表明杂岩体的折返发生在中新世，向苏拉威西北枝之下俯冲开始于晚渐新世（van Leeuwen et al，2007）。

　　Karossa 变质杂岩分布于中苏拉威西 Lariang 地区西南部，主要有亲洋中脊变质基性岩和变质泥质岩，增生变质年龄为白垩纪中期（van Leeuwen & Muhardjo，2005）。

　　Pompangeo 片岩杂岩分布于苏拉威西中部（图 7-5-2），东苏拉威西蛇绿杂岩逆冲于其上，为一套西倾岩层，主要有大理岩、千枚岩、石墨片岩、变质砂岩，原岩为大陆边缘沉积岩，是早白垩世（110Ma±）和渐新世（30—25Ma±）中高压变质条件下形成的（Parkinson，1998）。

　　（3）东苏拉威西蛇绿杂岩带

　　东苏拉威西蛇绿杂岩带（East Sulawesi Ophiolite Belt，ESO）玄武岩和辉长岩（图7-5-3、图 7-5-4）获得的年代数据跨度较大，从白垩纪（137—79Ma）、古近纪（64—28Ma），到新近纪（23—16Ma）。新近纪年龄很可能代表蛇绿岩变质或就位的年代，或者是后期火山碎屑岩中玄武岩的年龄。最老的白垩纪年龄可能代表早期洋壳（van Leeuwen et al，2016）。东苏拉威西蛇绿杂岩带的形成历史概况为图 7-5-5。

　　（4）苏拉威西东侧微陆块

　　苏拉威西蛇东侧微陆块包括邦盖 – 苏拉（Banggai–Sula）、布顿 – 图康伯西（Buton–

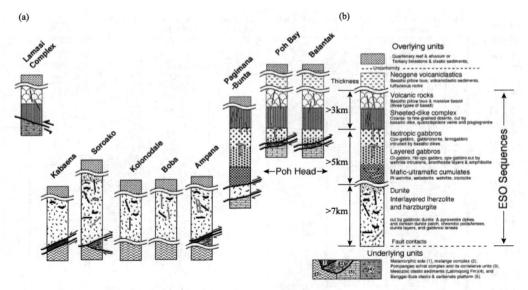

图 7-5-4　东苏拉威西蛇绿杂岩露头剖面（a）及岩性序列（b）（Kadarusman et al, 2004）

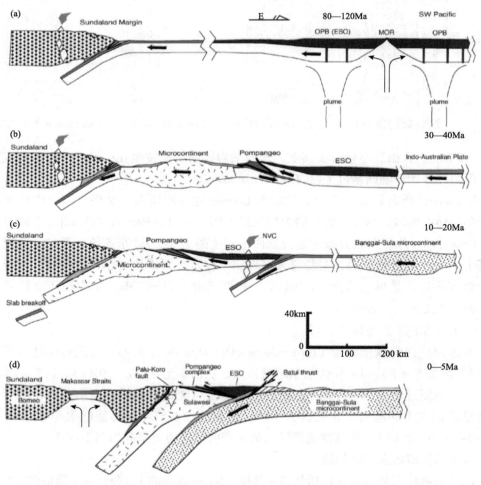

图 7-5-5　东苏拉威西蛇绿杂岩形成历史示意图（Kadarusman et al, 2004）

Tukang Besi）微陆块（图 7-5-2）。其基底为前寒武系变质岩和岩浆岩，上覆浅海相和深海相古生界和中生界沉积岩。古生界与澳大利亚－新几内亚亲缘关系密切，中生界是裂谷期和裂离地块漂移期的浅海相和深海相沉积。布顿－图康伯西（Buton-Tukang Besi）微陆块与东苏拉威西的碰撞年代为早—中中新世，邦盖－苏拉（Banggai-Sula）微陆块与苏拉威西的碰撞年代是中新世末—早上新世（Wilson & Moss，1999）。

邦盖－苏拉（Banggai-Sula）微陆块二叠纪变质岩基底被三叠纪（239—235Ma）花岗岩侵入。上覆下中侏罗统裂谷盆地陆相红层和滨浅海相陆源碎屑岩和碳酸盐岩；上侏罗统和下白垩统主要为深水缺氧条件下形成的泥岩夹火山岩；上白垩统—始新统远洋沉积的泥岩和灰岩；渐新统—中新统为台地浅海相碳酸盐岩，有生物礁发育；上新统—第四系为弧前盆地浅海相砾岩、砂岩、泥岩及火山岩（图 7-5-6 中⑧）。

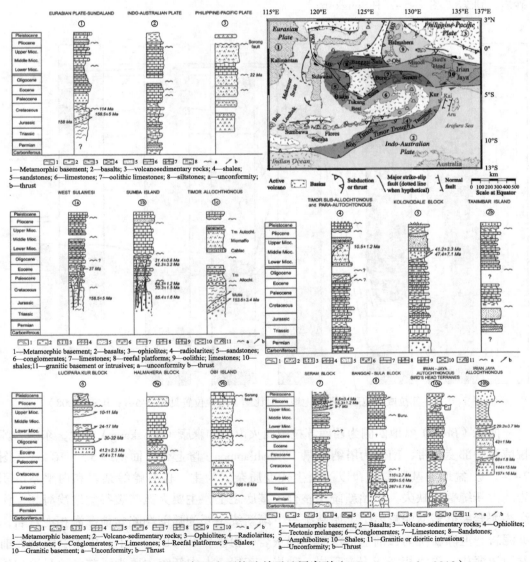

图 7-5-6　苏拉威西及邻区主要构造单元地层序列（Villeneuve et al，2010）

（5）苏拉威西主要盆地

苏拉威西地区发育的主要盆地有森康（Sengkang）盆地、博恩（Bone）盆地、布顿（Buton）盆地、苏拉盆地、邦盖（Banggai）盆地、哥伦打洛（Gorontalo）盆地（图7-5-1）。

森康（Sengkang）盆地北、西、南三面为西南苏拉威西火山弧环抱，东部与博恩（Bone）盆地相邻，面积约 $1.2 \times 10^4 km^2$（图7-5-1）。盆地的基底以前新生代蛇绿杂岩为主。古新统普遍缺失，始新统不整合于基底之上，主要为弧后裂谷盆地冲积相–浅海相砾岩、砂岩、泥岩，夹煤层。渐新统—下中新统主要为弧后坳陷盆地浅海相泥岩和碳酸盐岩。中中新统为弧后前陆盆地浅海相砂岩、泥岩，夹火山岩。上中新统为弧后坳陷盆地浅海相–深海相碳酸盐岩、泥岩。上新统—第四系为弧后前陆盆地泥岩、砂岩、砾岩（图7-5-7 中 Sengkang）。

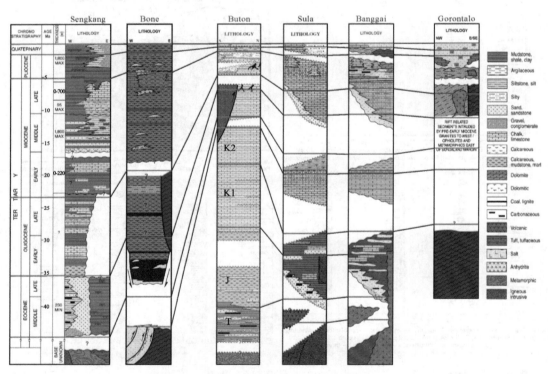

图 7-5-7　苏拉威西地区主要盆地地层对比图（盆地位置见图 7-5-1；IHS，2008）

博恩（Bone）盆地西侧为西南苏拉威西火山弧和森康（Sengkang）盆地，东侧为苏拉威西中部变质带，南侧为塔纳贾佩（Tanahjampea）隆起带，面积约 $5.5 \times 10^4 km^2$（图7-5-1）。盆地的基底复杂，以前新生代变质杂岩为主，也有蛇绿杂岩和白垩系沉积岩。古新统普遍缺失，中始新统不整合于基底之上，主要为弧前裂谷盆地浅海相–深海相泥岩夹砂岩、泥灰岩。上始新统—下渐新统主要为弧前坳陷盆地深海相泥灰岩，夹泥岩。上渐新统为弧前盆地深海相泥灰岩、粉砂岩和火山岩。下—中中新统为弧前盆地浅海相–深海相泥灰岩夹砾岩、砂岩、灰岩。上中新统主要为弧前盆地浅海相碳酸盐岩、火山岩，夹砾岩、砂岩。上新统—第四系为弧后前陆盆地浅海相泥灰岩夹火山岩（图 7-5-7 中 Bone）。

布顿（Buton）盆地西侧为苏拉威西中部变质带，北、东、南三面为南班达海盆，面积约 $1.9 \times 10^4 km^2$（图 7-5-1）。盆地的基底主要为布顿 - 图康伯西（Buton-Tukang Besi）微陆块的古生界变质岩，布顿 - 图康伯西（Buton-Tukang Besi）微陆块是中生代逐渐从冈瓦纳裂离的，中新世（23.3Ma ±）与巽他大陆拼贴、碰撞的。三叠系不整合于古生界变质岩基底之上，为裂谷盆地冲积相 - 浅海相砾岩、砂岩、泥岩，夹煤层。侏罗系为裂谷盆地浅海相泥灰岩夹灰岩。白垩系为裂谷盆地浅海相灰岩。古新统—下渐新统为裂谷盆地浅海相灰岩，有岩浆岩侵入。渐新世中后期（29.3—23.3Ma ±），布顿 - 图康伯西（Buton-Tukang Besi）微陆块与澳大利亚 - 新几内亚板块分离，主要为孤立台地（被动大陆边缘盆地）浅海相 - 深海相砾岩、砂岩、泥岩、碳酸盐岩。中新统—第四系为前陆盆地浅海相砾岩、砂岩、泥岩、碳酸盐岩（图 7-5-7 中 Buton）。

苏拉（Sula）盆地西侧为邦盖（Banggai）盆地，北侧为马鲁古（Molucca）海盆，南侧为北班达海盆，面积约 $2.8 \times 10^4 km^2$（图 7-5-1）。盆地的基底主要为邦盖 - 苏拉（Banggai-Sula）微陆块的古生界变质岩，邦盖 - 苏拉（Banggai-Sula）微陆块是中生代逐渐从冈瓦纳裂离的，中新世（10.4Ma ±）与巽他大陆拼贴、碰撞的。三叠系不整合于古生界变质岩基底之上，为裂谷盆地冲积相 - 浅海相火山岩、砾岩、砂岩、泥岩，夹煤层。侏罗系为裂谷盆地冲积相 - 浅海相泥岩夹砂岩、灰岩、煤层，有岩浆岩侵入。下白垩统为裂谷盆地浅海相泥岩夹砂岩、灰岩。上白垩统—古新统为裂谷盆地浅海相 - 深海相灰岩、泥质灰岩、泥灰岩、钙质泥岩。始新世后期（38.6Ma ± —），邦盖 - 苏拉（Banggai-Sula）微陆块与澳大利亚 - 新几内亚板块分离，始新统上部—中新统中部（—10.4Ma ±）主要为孤立台地（被动大陆边缘盆地）浅海相 - 深海相砂岩、泥岩、碳酸盐岩。中新统上部—第四系为前陆盆地浅海相砂岩、泥岩、碳酸盐岩（图 7-5-7 中 Sula）。

邦盖（Banggai）盆地东侧为苏拉（Sula）盆地，北、西、南三面与东苏拉威西蛇绿杂岩带相邻，面积约 $1.1 \times 10^4 km^2$（图 7-5-1）。盆地的基底主要为邦盖 - 苏拉（Banggai-Sula）微陆块的古生界变质岩，邦盖 - 苏拉（Banggai-Sula）微陆块是中生代逐渐从冈瓦纳裂离的，中新世末与巽他大陆拼贴、碰撞的。三叠系不整合于古生界变质岩基底之上，为裂谷盆地冲积相 - 浅海相火山岩、砾岩、砂岩、泥岩，夹煤层。侏罗系为裂谷盆地冲积相 - 浅海相泥岩夹砂岩、灰岩、煤层，有岩浆岩侵入。下白垩统为裂谷盆地浅海相泥岩夹砂岩、灰岩。上白垩统—古新统为裂谷盆地浅海相 - 深海相灰岩、泥质灰岩、泥灰岩、钙质泥岩。始新世后期（38.6Ma ± —），邦盖 - 苏拉（Banggai-Sula）微陆块与澳大利亚 - 新几内亚板块分离，始新统上部—中新统主要为孤立台地（被动大陆边缘盆地）浅海相 - 深海相砂岩、泥岩、碳酸盐岩，局部夹煤层。中新统上部—第四系为前陆盆地浅海相砾岩、砂岩、泥岩、碳酸盐岩（图 7-5-7 中 Banggai）。

哥伦打洛（Gorontalo）盆地北侧为北苏拉威西火山弧，西侧为西南苏拉威西火山弧和中苏拉威西变质带，南侧与东苏拉威西蛇绿杂岩带相邻，面积约 $5.1 \times 10^4 km^2$（图7-5-1）。盆地的基底有下白垩统（110Ma±）俯冲带杂岩、古近系蓝片岩相变质杂岩、蛇绿杂岩和中新统底部钙碱性岩浆岩。下—中中新统（23.3—10.4Ma±）为弧前盆地浅海相粉砂岩、泥岩夹砂岩、灰岩。上中新统—第四系为弧后盆地浅海相砂岩、泥岩、灰岩，夹火山岩（图7-5-7中Gorontalo）。

7.5.2 班达－马鲁古海中新生代变形带

班达－马鲁古海中新生代变形带主要包括南班达（Banda）海盆、图康伯西（Tukang Besi）海盆、布鲁（Buru）－斯兰（Seram）群岛及相关盆地、北班达海盆、马鲁古（Molucca）海盆、哈马黑拉（Halmahera）群岛及相关盆地（图7-5-1）。

（1）班达海海盆

班达（Banda）海被班达海岭分隔为北班达海盆和南班达海盆，南班达海盆可分为达马（Damar）盆地和韦塔（Wetar）盆地（图7-5-8、图7-5-9）。中中新世，布顿－图康伯西（Buton-Tukang Besi）微陆块和邦盖－苏拉（Banggai-Sula）微陆块与西苏拉威西微陆块拼贴、碰撞后，在印度－澳大利亚板块持续俯冲作用下，发生弧后张裂，在中新世晚期（12—7Ma）北班达海形成弧后洋盆，中新世末—早上新世（6.5—3.5Ma±）以来南班达海形成的弧后洋盆（图7-5-8、图7-5-9）。

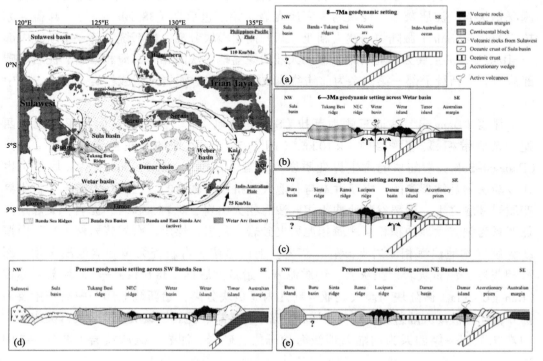

图7-5-8 南班达海盆形成示意图（Honthaas et al，1998）

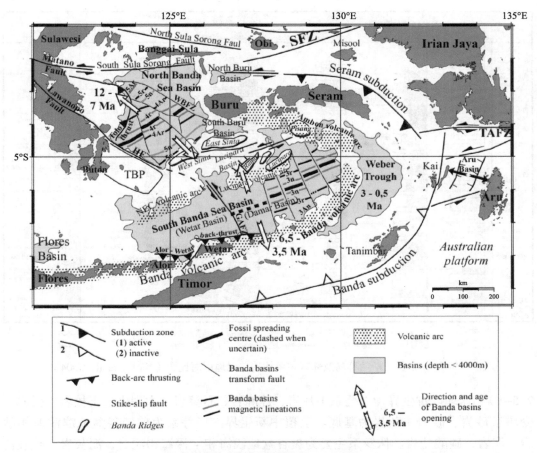

图 7-5-9　班达海及邻区构造纲要图（Hinschberger et al，2005）

GAFZ—Gunung Api 破碎带；HF—Hamilton 断裂；SFZ—Sorong 断裂带；TAFZ—Tarera–Aiduna 断裂带；TBP—Tukang Besi 台地；WBFZ—Buru 西部破碎带

（2）布鲁－斯兰群岛及相关盆地

布鲁（Buru）－斯兰（Seram）群岛及相关盆地也称布鲁（Buru）－斯兰（Seram）地块，起源与澳大利亚－新几内亚大陆，以古生界变质岩、岩浆岩为基底，三叠系为前裂谷盆地滨浅海相砂岩、泥岩、碳酸盐岩。侏罗系主要为裂谷盆地浅海相－深海相泥灰岩、碳酸盐岩，夹硅质岩、砂岩和火山岩。早白垩世中期（131.8Ma±）布鲁（Buru）－斯兰（Seram）地块与澳大利亚－新几内亚大陆分离。白垩系主要为孤立台地（被动大陆边缘盆地）浅海相－深海相泥灰岩、碳酸盐岩，局部发育砂岩。古新统—渐新统下部主要为孤立台地（被动大陆边缘盆地）浅海相–深海相灰岩、泥灰岩。渐新统上部—下中新统为孤立台地（被动大陆边缘盆地）浅海相–深海相泥灰岩、灰岩、砂岩。晚中新世（6.7Ma±），布鲁（Buru）－斯兰（Seram）地块与邦盖－苏拉（Banggai–Sula）微陆块拼贴、碰撞，并在印度－澳大利亚板块持续俯冲作用下，发生弧后张裂。上中新统—第四系为弧后盆地浅海相砂岩、泥岩、碳酸盐岩（图7-5-10）。

北斯兰盆地位于班达弧北坡，横跨斯兰岛和斯兰海，面积约 $5.1 \times 10^4 \text{km}^2$（图

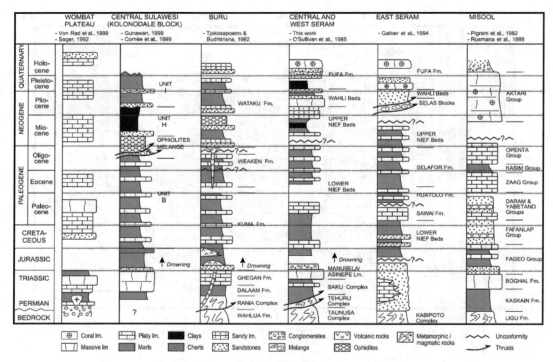

图 7-5-10 布鲁-斯兰群岛及邻区主要构造单元地层对比图（Martini et al，2004）

7-5-1）。盆地以古生界（二叠系）片岩、片麻岩、石英岩、大理岩、千枚岩、板岩、变质杂砂岩、砂岩、灰岩为基底。上覆中新生界。三叠系为前裂谷盆地滨浅海相砂岩、泥岩、碳酸盐岩。侏罗系主要为裂谷盆地浅海相-深海相泥岩、泥灰岩、碳酸盐岩。早白垩世中期（131.8Ma±）布鲁（Buru）-斯兰（Seram）地块与澳大利亚-新几内亚大陆分离。白垩系主要为孤立台地（被动大陆边缘盆地）浅海相-深海相泥灰岩、碳酸盐岩、泥岩。古新统主要为孤立台地（被动大陆边缘盆地）浅海相-深海相泥岩、灰岩。始新统—中中新统为孤立台地（被动大陆边缘盆地）浅海相-深海相泥灰岩夹灰岩。晚中新世（6.7Ma±），布鲁（Buru）-斯兰（Seram）地块与邦盖-苏拉（Banggai-Sula）微陆块拼贴碰撞，并在印度-澳大利亚板块持续俯冲作用下，发生弧后张裂。上中新统—第四系为弧后盆地浅海相砂岩、泥岩、碳酸盐岩（图7-5-11）。

（3）马鲁古海盆及邻区

马鲁古（Molucca）海北邻棉兰老（Mindanao）岛，西邻桑吉（Sangihe）弧，东邻哈马黑拉（Halmahera）弧，南邻邦盖-苏拉（Banggai-Sula）地块（图7-5-1），处于欧亚板块、印澳板块、菲律宾海板块交互作用地带，构造复杂（Widiwijayanti et al，2004；Olfindo et al，2019）。

①马鲁古海盆

马鲁古海晚白垩世为伸展洋盆，在菲律宾棉兰老岛南部的普贾达（Pujada）半岛出露了晚白垩世蛇绿岩（Olfindo et al，2019），洋壳的伸展一直持续到古新世。始新世马鲁古海演化为残留洋盆，始新统—下中新统主要为残留洋盆深海相泥岩夹砂岩、碳酸

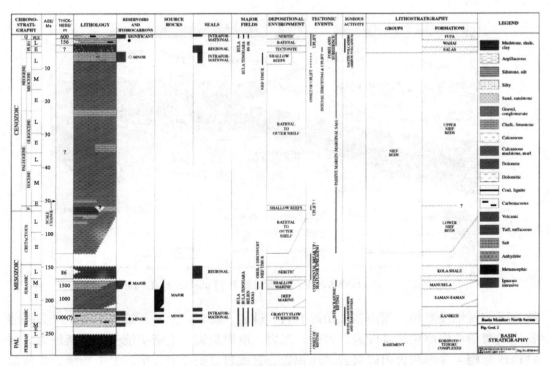

图 7-5-11　北斯兰盆地地层综合柱状图（IHS，2008）

盐岩。中新世中期，马鲁古海板块开始向西强烈俯冲，桑吉弧开始发育，马鲁古海演化为弧前盆地，上新统—第四系为浅海相－深海相砂岩、泥岩、碳酸盐岩，夹火山岩（图 7-5-12、图 7-5-13）。

②哈马黑拉岛弧及相关盆地

马鲁古（Molucca）海南部东侧的哈马黑拉岛弧及相关盆地是在侏罗纪洋壳基底上发育的。哈马黑拉岛弧西侧的哈马黑拉火山弧（图 7-5-1）为白垩纪以来持续发育的火山弧，主要为火山岩。东侧的莫罗伊亚－怀吉奥（Moroyia-Waigeo）岛白垩系—中始新

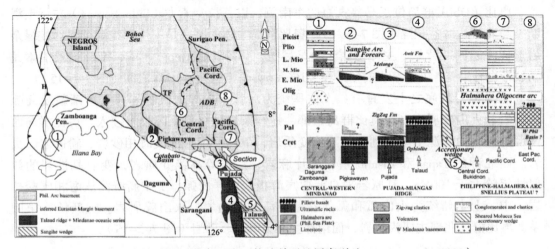

图 7-5-12　马鲁古海北部邻区主要构造单元地层序列（Pubellier et al，1999）

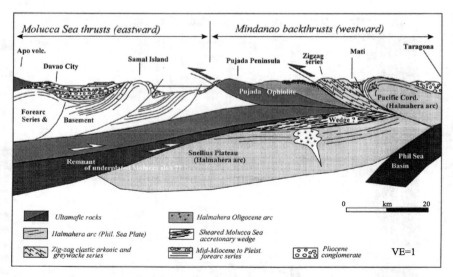

图 7-5-13　马鲁古海北部地质剖面图（Pubellier et al，1999）

统为弧前盆地浅海相－深海相火山碎屑岩、砂岩、泥岩。上始新统—下渐新统为弧前
盆地浅海相－深海相超基性岩、砂岩、泥岩，滑塌灰岩。上渐新统—下中新统为弧前
盆地浅海相－深海相火山碎屑岩、浊积岩、玄武岩、安山岩。中、上中新统为弧前盆
地浅海相泥岩、灰岩，有生物礁发育（Ling & Hall，1995）。南哈马黑拉盆地以侏罗系
蛇绿杂岩为基底。白垩系—古新统为弧前盆地浅海相－深海相火山碎屑岩、砂岩、泥
岩碳酸盐岩。始新统为弧前盆地浅海相火山岩、碳酸盐岩。渐新统大部分缺失。渐新
统顶部—中新统底部为弧前盆地冲积相－浅海相砾岩、砂岩。下中新统上部—中中新
统下部为弧前盆地浅海相灰岩，有生物礁发育。中中新统上部—上中新统为弧前盆地
滨浅海相砾岩、砂岩、泥岩、泥灰岩。上新统—第四系为弧前盆地浅海相－深海相砂
岩、泥岩、碳酸盐岩（图 7-5-14）。

　　③奥比群岛

　　奥比（Obi）群岛位于马鲁古海的东南侧，以苏拉－索龙（Sula-Sorong）左行走滑
断裂与北班达海盆相隔（图 7-5-1）。奥比群岛主体的基底是中生界蛇绿杂岩。蛇绿杂
岩形成于超俯冲背景，主体出露于哈马黑拉，另外，在 Gebe、Gag、Waigeo 及沿索龙
断裂带也有出露。蛇绿杂岩的年龄在（166±6）—（142±4）Ma 之间（图 7-5-15）。

　　蛇绿杂岩基底之上发育有：上白垩统为岛弧火山碎屑沉积岩，上覆渐新统岛弧
火山岩和火山碎屑岩。在奥比群岛西部，蛇绿杂岩被白垩系闪长岩侵入。奥比群岛西
南部的基底为起源于澳大利亚的陆块变质岩，下侏罗统为滨浅海相砂岩、粉砂岩、页
岩。西北部的 Tapas 和 Bisa 岛基底为片麻岩、片岩等高级变质岩，变质基性岩的放
射性年龄大于 100Ma，其原岩来自菲律宾海板块的洋内弧。下中新统为浅海相碳酸盐
岩，中、上中新统为火山弧和弧前盆地浅海相火山岩、火山碎屑岩。上新统—第四
系，奥比群岛北部主要为灰岩，而南部主要为砾岩、砂岩（图 7-5-15）。

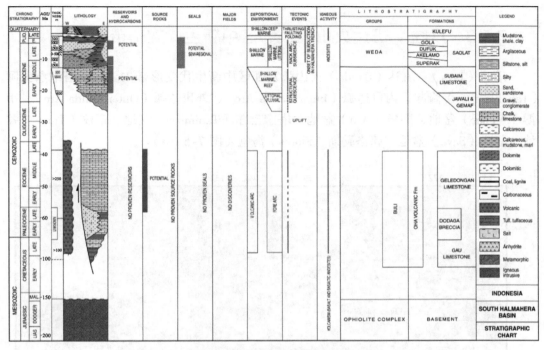

图 7-5-14 南哈马黑拉盆地综合地层柱状图（IHS，2008）

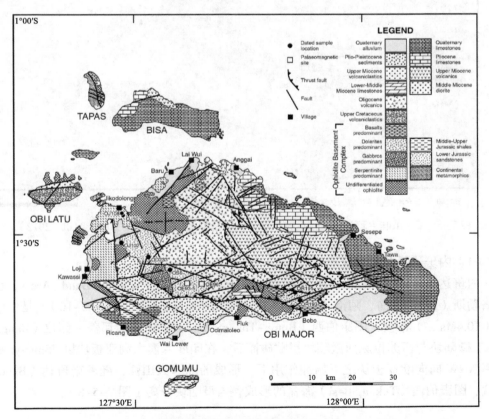

图 7-5-15 奥比群岛构造 – 地层平面图（Ali et al，2001）

7.5.3　爪哇 – 班达火山弧及邻区中新生代变形带

爪哇（Java）– 班达（Banda）火山弧及邻区中新生代变形带主要包括塔纳詹佩阿（Tanahjampea）隆起、内班达弧（Inner Banda Arc）、外班达弧（Outer Banda Arc）、韦博（Weber）盆地、阿鲁（Aru）盆地、塔宁巴尔（Tanimbar）盆地、帝汶（Timor）盆地、萨武（Savu）盆地、弗洛勒斯（Flores）海盆（图 7-5-16）。

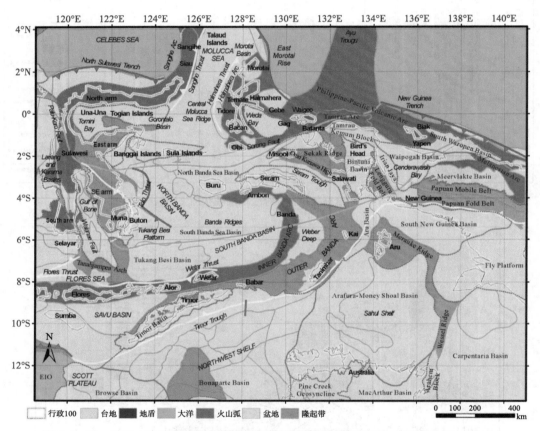

图 7-5-16　爪哇 – 班达弧及围区构造格架及构造单元划分（IHS，2008；Hall，2012）

（1）内班达弧及弧后变形带

内班达弧（Inner Banda Arc）也称内火山班达弧（Inner volcanic Banda Arc），包括弗洛勒斯（Flores）岛、阿洛（Alor）群岛、韦塔（Wetar）岛（图 7-5-16），是中中新世（10.4Ma±）布顿 – 图康伯西（Buton-Tukang Besi）微陆块和邦盖 – 苏拉（Banggai-Sula）微陆块与西苏拉威西微陆块拼贴碰撞后，在印度 – 澳大利亚板块以 75mm/yr± 的速率 NNW 向向欧亚板块之下俯冲作用下，形成的陆缘火山弧，随着南班达（Banda）海盆、图康伯西（Tukang Besi）海盆的形成，与母陆块分离（图 7-5-8）。

①内班达火山弧－韦塔岛

韦塔（Wetar）岛出露了中新统—上新统的火山岩和伴生的沉积岩。下部以玄武岩为特色，喷出年龄约12Ma。上覆英安岩、闪长岩和玄武岩，测得的喷出年龄在7.78—3.03Ma。在上新统中上部夹有硅质岩、灰岩、膏岩。更新统上部发育浅海相块状灰岩及生物礁灰岩（图7-5-17）。

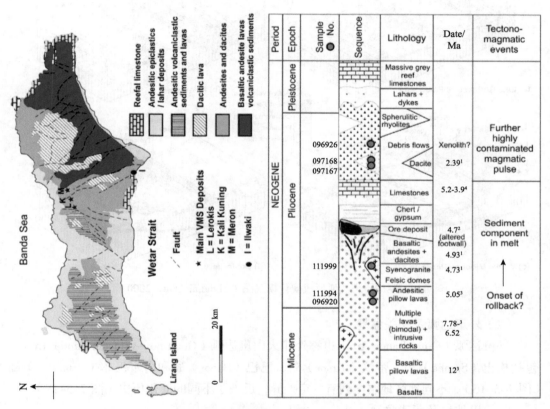

图7-5-17　内班达弧韦塔岛综合地质图（Herrington et al，2011）

②塔纳詹佩阿隆起

塔纳詹佩阿（Tanahjampea）隆起地质演化的资料未见公开报道。根据邻区地质特征比较分析，其地质演化历史与布顿－图康伯西（Buton-Tukang Besi）微陆块的相似。其基底为前寒武系变质岩和岩浆岩，上覆浅海相和深海相古生界和中生界沉积岩。古生界与澳大利亚－新几内亚亲缘关系密切，中生界是裂谷期和裂离地块漂移期的浅海相和深海相沉积。与东苏拉威西的碰撞年代为早—中中新世。晚中新世以来，在印度－澳大利亚板块向欧亚板块之下俯冲作用下，发生弧后差异沉降，形成隆起（图7-5-6中⑤）。

③弗洛勒斯岛及弗洛勒斯海盆

弗洛勒斯（Flores）岛起源于东爪哇－西苏拉威西与婆罗洲碰撞后的巽他大陆边缘，白垩纪为弧前盆地；随着特提斯洋的俯冲，火山弧后移，古近纪，弗洛勒斯

（Flores）岛演化弧后盆地；新近纪以来，随着特提斯洋萎缩，印澳板块的俯冲，弗洛勒斯（Flores）火山弧逐渐发育，并形成弗洛勒斯（Flores）弧后盆地（图7-5-18）。

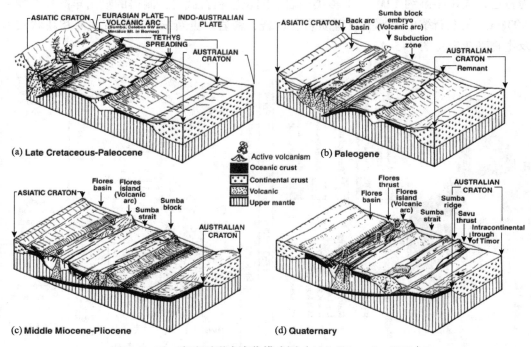

图7-5-18　班达弧形成演化模式图（Abdullah et al，2000）

（2）外班达弧及相关盆地

外班达弧（Outer Banda Arc）也称外非火山班达弧（Outer non-volcanic Banda Arc），包括松巴（Sumba）岛、帝汶（Timor）岛、巴巴（Babar）岛和塔宁巴尔（Tanimbar）岛（图7-5-16）。不同地区地层序列有一定差异，反映了不同的演化历史（图7-5-18）。

①松巴地块及萨武盆地

外班达弧松巴（Sumba）岛松巴地块露出海面的部分（图7-5-1、图7-5-16），发育的最老的岩石是白垩系未变质的或弱变质的炭质粉砂岩、凝灰岩，夹砂岩、砾岩、灰岩、火山碎屑岩，化石组合时代为Coniacian至早Campanian；沉积岩被上白垩统辉长岩、石英闪长岩，古近纪花岗闪长岩、钙碱性岩脉切割；沉积岩具大规模滑塌构造（图7-5-19）；为弧前盆地深海相海底扇沉积（图7-5-18）。古近系为岩浆弧钙碱性火山岩岩系和浅海相沉积岩；岩石类型有凝灰岩、熔结凝灰岩、杂砂岩，夹富含生物化石灰岩、泥灰岩、泥岩（图7-5-19）；主要表现为火山弧特征（图7-5-18）。新近系松巴地块岩性特征东西分异明显；西部主要为浅海相生物礁灰岩、生物碎屑灰岩、灰岩、泥灰岩；而东部主要为火山浊积岩与深海相灰岩互层；中部为指状交互的岩性过渡带（图7-5-19）；表现为弧前盆地的特征（图7-5-18）。

松巴地块也称松巴盆地（van der Werff，1995），起源于东爪哇-西苏拉威西与婆罗洲碰撞后的巽他大陆边缘，白垩纪为弧前盆地；随着特提斯洋的俯冲，火山弧后

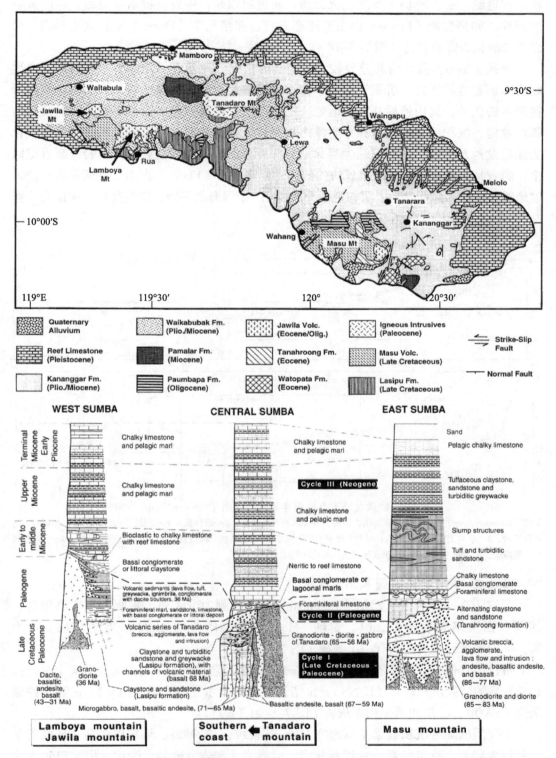

图 7-5-19 外班达弧松巴岛综合地质图（Abdullah et al，2000；Rutherford et al，2001）

移，古近纪，松巴地块主体演化火山弧；新近纪以来，随着特提斯洋萎缩，印澳板块的俯冲，弗洛勒斯（Flores）火山弧逐渐发育，弗洛勒斯（Flores）弧后盆地形成，松巴地块演化为弧前盆地（图 7-5-18）。

萨武（Savu）盆地南北差异较大，南部为松巴陆壳基底，北部为洋壳基底。白垩纪为弧前盆地和洋盆，沉积记录为半深海 - 深海相泥岩、碳酸盐岩、火山岩；随着特提斯洋的俯冲，火山弧后移，古近纪，松巴地块主体演化火山弧，南萨武亚盆演化为弧前盆地，沉积记录为浅海相 - 半深海相泥岩、碳酸盐岩、火山岩；北萨武亚盆演化为弧后盆地及洋盆，沉积记录为半深海 - 深海相泥岩、碳酸盐岩、火山岩；新近纪以来，随着特提斯洋萎缩，印澳板块的俯冲，弗洛勒斯（Flores）火山弧逐渐发育，萨武盆地整体演化为弧前盆地，沉积记录为浅海相–半深海相泥岩、碳酸盐岩、火山岩（图 7-5-20）。演化模式见图 7-5-18。

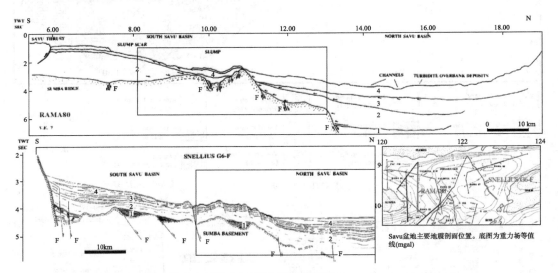

图 7-5-20　萨武盆地重点地震地质解释剖面（van der Werff，1995）

基底（Basement）—中生界 - 古近系断块；深海 - 半深海相及岩浆岩；1—始新统 - 下中新统，远洋黏土岩、浊积岩、生物礁灰岩；2—中 - 上中新统，泥质岩与火山碎屑浊积岩互层；3—上新统，泥质岩与火山碎屑浊积岩互层；4—上新统顶部—更新统，泥质岩与火山碎屑浊积岩互层及再改造沉积物

②帝汶 - 塔宁巴尔岛链及相关盆地

帝汶（Timor）- 塔宁巴尔（Tanimbar）岛链西侧为帝汶岛，东侧为塔宁巴尔岛，其间自西向东有勒蒂（Leti）、莫阿（Moa）、塞马塔（Sermata）、达伊（Dai）等小岛，不同地区，地层序列有一定差异（图 7-5-21）。

帝汶（Timor）- 塔宁巴尔（Tanimbar）地区的地层序列自下而上可划分 4 个单元：a. 未变质的陆架沉积岩系（UCSS）；b. 帝汶 - 塔宁巴尔变质岩系（TTM）；c. 弧前蛇绿杂岩（FAO）；d. 第四系生物礁灰岩 [图 7-5-21（b）]。

未变质的陆架沉积岩系（UCSS）分布于帝汶岛、勒蒂岛、塔宁巴尔岛，形成于澳大利亚大陆架，有二叠系—古近系灰岩、硅质岩、泥岩、砂岩。帝汶 - 塔宁巴尔变质岩系（TTM）分布广泛，为高温高压变质岩，变质向东变新：西帝汶为 30—20Ma，东

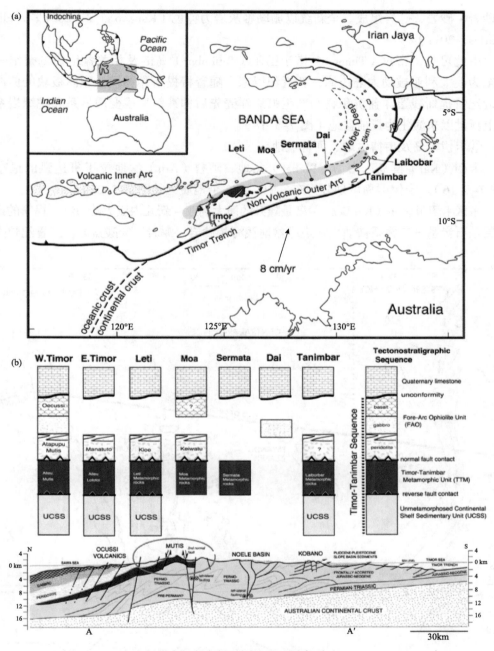

图 7-5-21 帝汶 – 塔宁巴尔岛链不同地区地层序列（Kaneko et al，2007）

帝汶为 17—8Ma，勒蒂岛为 11—10Ma。主要岩石类型为泥质片麻岩和泥质片岩，及少量砂质片岩、钙质－硅质片岩、蓝片岩、绿片岩。原岩为碳酸盐岩、基性岩、浊积岩、硅质岩，主要为古近系的残留洋盆沉积。弧前蛇绿杂岩（FAO）出露于帝汶岛、勒蒂岛、莫阿岛、塔宁巴尔岛，主要由蛇纹岩、橄榄岩、辉长岩、玄武岩组成，枕状玄武岩形成于 6—4Ma。上新世晚期—第四纪弧前盆地沉积岩系由下部的复理石 – 磨拉石岩系和上部的生物礁灰岩岩系组成。上上新统—更新统复理石 – 磨拉石岩系由泥岩、粉砂岩、砂岩、砾岩组成。全新统以珊瑚礁灰岩为特色（Kaneko et al，2007；Audley-Charles，2011）。

由此可见，帝汶（Timor）–塔宁巴尔（Tanimbar）岛链及相关盆地在二叠纪—古近纪为澳大利亚被动大陆边缘；新近纪以来，随着特提斯洋萎缩，印澳板块的俯冲，古近纪特提斯残留洋盆沉积物和新生弧后洋壳先后仰冲，形成变质岩系和蛇绿岩系，晚上新世以来演化为弧前盆地（图7-5-18）。

③卡伊群岛及韦博盆地、阿鲁盆地

卡伊（Kai）群岛、韦博（Weber）盆地、阿鲁（Aru）盆地位于班达弧的最东部（图7-5-16）。卡伊群岛可划分为东、中、西3个地质区（图7-5-22）。

东区卡伊贝萨尔（Kai Besar）岛是隆升的澳大利亚–新几内亚大陆边缘。揭露的最老地层是石炭系—二叠系被动大陆边缘盆地浅海相砂岩、泥岩、碳酸盐岩。三叠纪缺失。

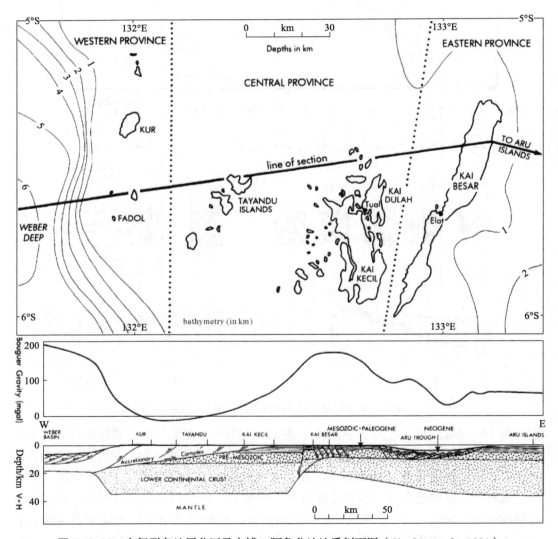

图7-5-22　卡伊群岛地层分区及韦博–阿鲁盆地地质剖面图（Charlton et al，1991）

侏罗系为裂谷盆地浅海相泥岩、泥灰岩、砂岩。白垩系—古新统为裂谷盆地浅海相 – 半深海相泥岩、泥灰岩、灰岩。始新统由远洋 – 半远洋环境沉积的薄层状硅藻土和泥灰岩互层组成。上覆渐新统—中新统弧前盆地浅海相 – 半深海相灰岩、生物礁灰岩、砂屑灰岩、泥灰岩、硅藻土。上新统为弧前浅海相灰岩、泥灰岩（图 7-5-22、图 7-5-23）。

中区卡伊贝萨尔（Kai Kecil）岛和塔扬杜（Tayandu）岛是澳大利亚 – 新几内亚大陆边缘及卡伊逆冲推覆体前锋带的叠合（图 7-5-22）。石炭系—古近系的地质演化记

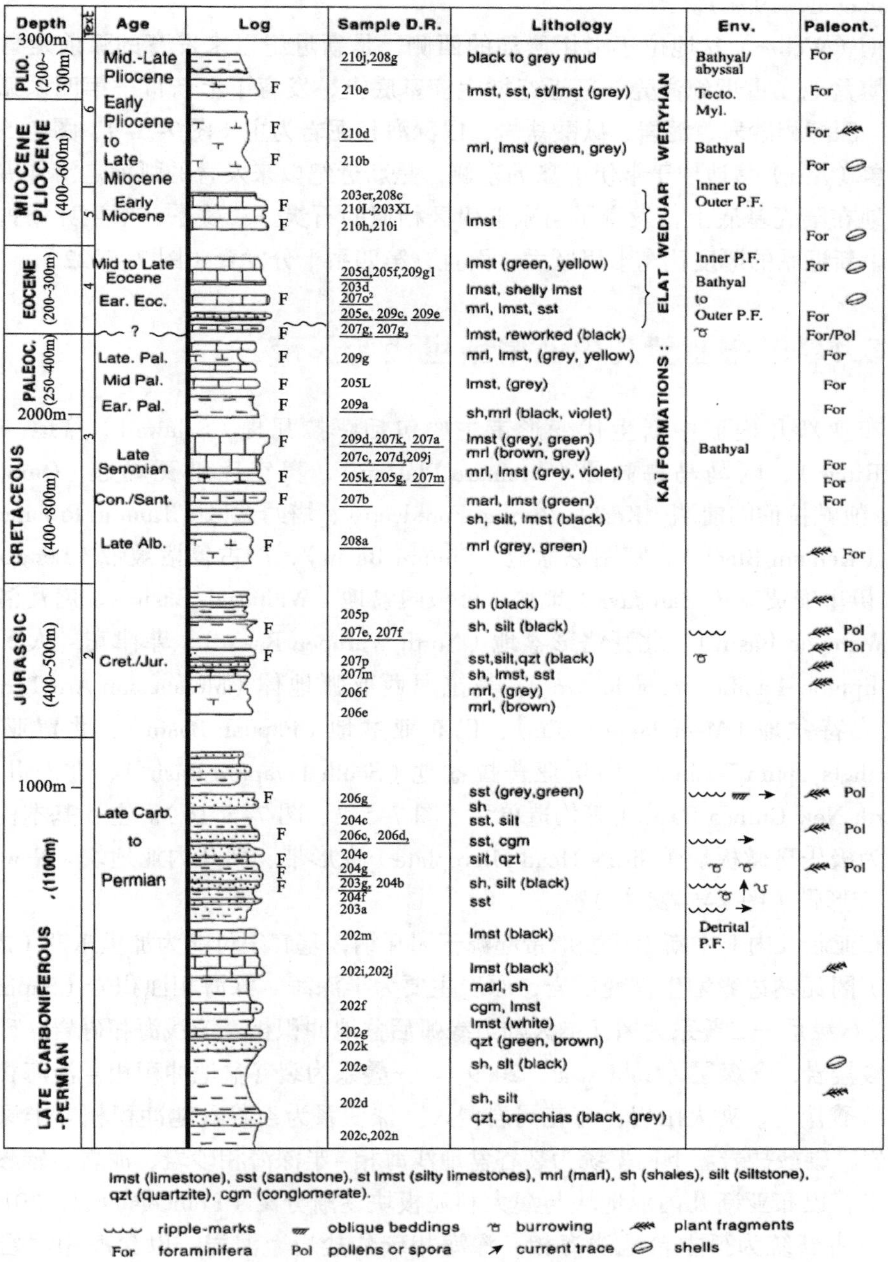

Depth	Age	Log	Sample D.R.	Lithology	Env.	Paleont.
PLIO. (200–300m)	Mid.-Late Pliocene		210j,208g	black to grey mud	Bathyal/abyssal	For
			210e	lmst, sst, st/lmst (grey)	Tecto. Myl.	For
MIOCENE PLIOCENE (400–600m)	Early Pliocene to Late Miocene		210d	mrl, lmst (green, grey)	Bathyal	For
			210b			For
	Early Miocene		203er,208c 210L,203XL 210h,210i	lmst	Inner to Outer P.F.	For
EOCENE (200–300m)	Mid to Late Eocene		205d,205f,209g1 203d 207o²	lmst (green, yellow); lmst, shelly lmst	Inner P.F.; Bathyal to Outer P.F.	For
	Ear. Eoc.		205e, 209c, 209e 207g, 207g,	mrl, lmst, sst; lmst, reworked (black)		For; For/Pol
PALEOC. (250–400m)	Late Pal.		209g	mrl, lmst, (grey, yellow)		For
	Mid Pal.		205L	lmst, (grey)		For
	Ear. Pal.		209a	sh, mrl (black, violet)		For
CRETACEOUS (400–800m)	Late Senonian		209d,207k, 207a 207c, 207d,209j 205k,205g, 207m	lmst (grey, green); mrl (brown, grey); mrl, lmst (grey, violet)	Bathyal	For For For
	Con./Sant.		207b	marl, lmst (green); sh, silt, lmst (black)		For
	Late Alb.		208a	mrl (grey, green)		For
JURASSIC (400–500m)			205p	sh (black)		Pol
	Cret./Jur.		207e, 207f 207p 207m 206f 206e	sh, silt (black); sst, silt, qzt (black); sh, lmst, sst; mrl, (grey); mrl, (brown)		Pol Pol
LATE CARBONIFEROUS -PERMIAN (1100m)	Late Carb. to Permian		206g	sst (grey, green); sh		Pol
			204c	sst, silt		
			206c, 206d	sst, cgm		Pol
			204e	silt, qzt		
			204g 203g, 204b 204f 203a	sh, silt (black); sst		
			202m	lmst (black)	Detrital P.F.	
			202i,202j	lmst (black); marl, sh		
			202f	cgm, lmst		
			202g 202k	lmst (white); qzt (green, brown)		
			202e	sh, slt (black)		shells
			202d	sh, silt		
			202c,202n	qzt, brecchias (black, grey)		

KAÏ FORMATIONS : ELAT WEDUAR WERYHAN

lmst (limestone), sst (sandstone), st lmst (silty limestones), mrl (marl), sh (shales), silt (siltstone), qzt (quartzite), cgm (conglomerate).

ripple-marks · oblique beddings · burrowing · plant fragments
For foraminifera · Pol pollens or spora · current trace · shells

图 7-5-23 卡伊贝萨尔岛及邻区地层综合柱状图（Cornée et al，1997）

录与东区相似。新近纪发生逆冲推覆，形成叠瓦状逆冲推覆增生楔构造层。第四系主要是生物礁，有泥火山发育（Charlton et al，1991）。

西区是澳大利亚－新几内亚大陆边缘与卡伊逆冲推覆体内带的叠合带，原澳大利亚大陆边缘沉积石炭系—古近系绝大部分被卷入逆冲推覆带，并演化为变质岩（图7-5-22）。高级变质岩（硅质片岩、片麻岩、混合岩）出露于库尔（Kur）岛和法多尔（Fadol）岛。变质岩之上，发育了上中新统—上新统砂岩、泥岩和第四系生物礁（Charlton et al，1991）。

韦博（Weber）盆地位于卡伊群岛的西侧，是新近纪以来发育的弧前走滑伸展盆地。韦博盆地在古近纪洋壳、新近纪增生楔基底上，发育了上新世—第四系弧前盆地浅海相－深海相砂岩、泥岩、碳酸盐岩，以深海相泥岩为主（图7-5-9、图7-5-22）。

阿鲁（Aru）盆地位于卡伊群岛的东侧，是新近纪以来发育的弧前走滑伸展盆地。阿鲁盆地在陆壳基底上，发育了与东卡伊区相似的石炭—二叠系、中生界—古近系、新近系。新近系的厚度比东卡伊区大，而且，第四系十分发育（图7-5-22）。

7.5.4　巴布亚新几内亚中新生代变形带

巴布亚新几内亚中新生代变形带主要包括萨拉瓦提（Salawati）盆地、塞卡脊（Sekak Ridge）、阿马马鲁高原（Ayamaru Plateau）、奥宁库纳瓦隆起（Onin Kunawa High）、凯帕拉伯朗前渊（Kepala Burung Foredeep）、塔姆劳区（Tamrau Province）、凯姆地块（Kemum Block）、宾图尼盆地（Bintuni Basin）、冷古鲁褶皱带（Lengguru Fold Belt）、伊里安贾亚（Irian Jaya）地块、外坡嘎盆地（Waipogah Basin）、南瓦洛彭盆地（South Waropen Basin）、北瓦洛彭盆地（North Waropen Basin）、菲律宾－太平洋火山弧（Philippine-Pacific Volcanic Arc）、美拉尼西亚弧地体（Melanesian Arc Terrane）、梅尔拉克特盆地（Meervlakte Basin）、巴布亚盆地（Papuan Basin）、北贾亚普拉盆地（North Jayapura Basin）、南贾亚普拉盆地（South Jayapura Basin）、北新几内亚盆地（North New Guinea Basin）等构造单元（图7-5-1、图7-5-16）。上述基本构造单元可归并为极乐鸟微板块（Bird`s Head Microplate）变形带、新几内亚地块（New-Guinea Block）变形带（图7-5-24右）。

巴布亚新几内亚中新生代变形带起源于冈瓦纳，基底很可能为加里东期（志留纪－泥盆纪）冈瓦纳边缘增生楔变质岩，原岩主要为半深海－深海相浊积岩（Sapin et al，2009）。石炭系—二叠系为冈瓦纳大陆边缘弧后盆地冲积相－滨浅海相砾岩、砂岩、泥岩、碳酸盐岩，含煤层（Gold et al，2009）。三叠系为裂谷盆地冲积相－浅海相砂岩、泥岩、碳酸盐岩，夹火山岩，有花岗岩侵入。侏罗系为裂谷盆地冲积相－半深海相砂岩、泥岩、碳酸盐岩。下白垩统为裂谷盆地浅海相－半深海相砂岩、泥岩、碳酸盐岩。晚白垩世，巴布亚新几内亚地块与澳大利亚板块逐渐分离（François et al，2016），上白垩统—古新统为孤立台地浅海相－深海相碳酸盐岩、泥岩，以深海相泥岩为主。始新统为孤立台地浅海相－深海相碳酸盐岩、泥岩，以浅海相碳酸盐岩为主。渐新世

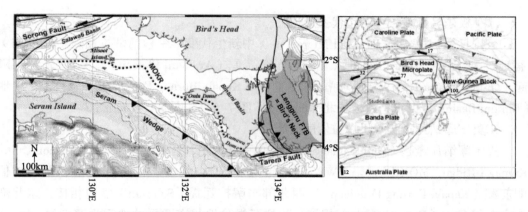

图 7-5-24　极乐鸟微板块构造背景及巴布亚新几内亚主要构造单元划分（Sapin et al，2009）

开始，卡洛琳板块（Caroline Plate）-太平洋板块（Pacific Plate）向巴布亚新几内亚地块之下俯冲，渐新统—中中新统主要为弧后盆地浅海相碳酸盐岩、泥岩。晚中新世（Tortonian 期）开始，巴布亚新几内亚地块向班达弧之下俯冲，上中新统—第四系主要为弧后盆地 - 前陆盆地冲积相 - 浅海相砂岩、泥岩、碳酸盐岩（图 7-5-25）。

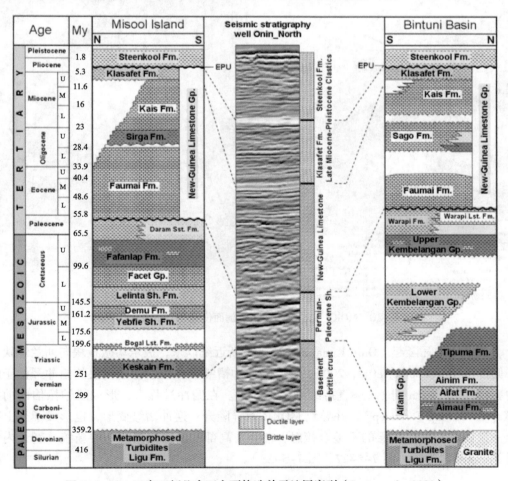

图 7-5-25　巴布亚新几内亚主要构造单元地层序列（Sapin et al，2009）

（1）极乐鸟微板块中新生代变形带

极乐鸟微板块（Bird's Head Microplate）中新生代变形带包括萨拉瓦提（Salawati）盆地、塞卡脊（Sekak Ridge）、阿马马鲁高原（Ayamaru Plateau）、奥宁库纳瓦隆起（Onin Kunawa High）、凯帕拉伯朗前渊（Kepala Burung Foredeep）、宾图尼盆地（Bintuni Basin）、极乐鸟微板块北部变形带（图7-5-1、图7-5-16、图7-5-24）。

①奥宁库纳瓦隆起与凯帕拉伯朗前渊

奥宁库纳瓦隆起（Onin Kunawa High）也称米苏尔–奥宁–库纳瓦脊（Misool-Onin-Kumawa Ridge，MOKR），呈NWW-SEE走向（图7-5-26）；南邻斯兰槽和凯帕拉伯朗前渊（Kepala Burung Foredeep）；西北部与萨拉瓦提（Salawati）盆地相接；东北部与宾图尼盆地（Bintuni Basin）相接；萨拉瓦提盆地与宾图尼盆地间为塞卡脊（Sekak Ridge）和阿马马鲁（Ayamaru）高原（图7-5-1、图7-5-16）。

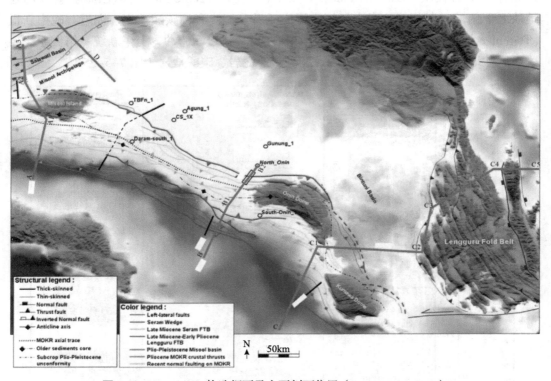

图7-5-26　MOKR构造纲要及主要剖面位置（Sapin et al，2009）

奥宁库纳瓦隆起（Onin Kunawa High）是新近纪以来，极乐鸟微板块向斯兰地块之下俯冲（Hinschberger et al，2005）形成的逆冲褶皱带。极乐鸟微板块的俯冲开始于晚中新世（Tortonian期），一直持续到中上新世。在俯冲过程中，形成凯帕拉伯朗前渊（Kepala Burung Foredeep），并导致MOKR差异隆升、逆冲褶皱变形，也形成了上上新统—第四系与下伏地层的不整合接触，MOKR高部位出露始新统—中新统（新几内亚群），以灰岩为主（图7-5-27、图7-5-28）。

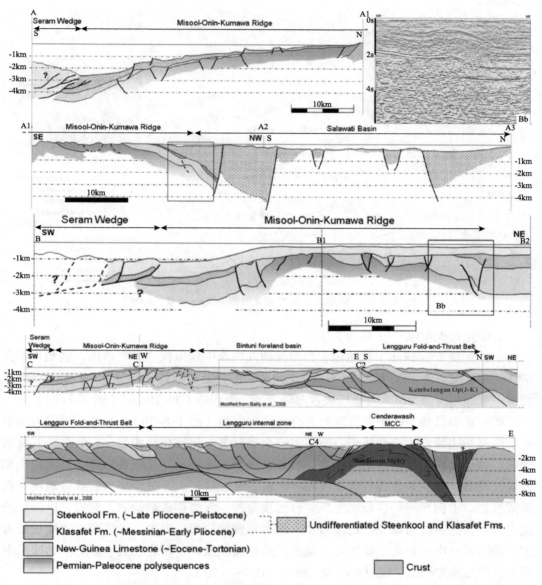

图7-5-27　过MOKR地质剖面（位置见图7-5-26；Sapin et al，2009；Bailly et al，2009）

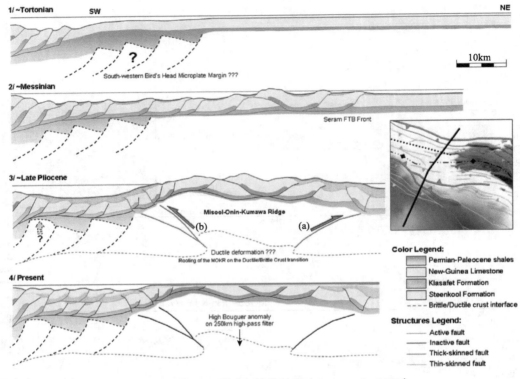

图 7-5-28　MOKR 形成与演化过程（Sapin et al，2009）

②萨拉瓦提盆地

萨拉瓦提（Salawati）盆地位于巴布亚新几内亚中新生代变形带西缘，盆地长轴为 SWW-NEE 向，西北部以索龙（Sorong）俯冲-左行走滑断裂带与 Moroyia-Waigeo 地块相接，东部和南部为极乐鸟微板块西部隆起带，面积约 $1.3 \times 10^4 km^2$（图 7-5-1）。

萨拉瓦提盆地是晚中新世以来发育的弧前盆地（图 7-5-29）。基底很可能为加里东期冈瓦纳边缘增生楔变质岩，原岩主要为半深海-深海相浊积岩。石炭系—二叠系为弧后盆地冲积相-滨浅海相砾岩、砂岩、泥岩，含煤层。三叠系为裂谷盆地冲积相砂岩、泥岩。侏罗系为裂谷盆地浅海相泥岩、碳酸盐岩。下白垩统为裂谷盆地浅海相碳酸盐岩。上白垩统—古新统为孤立台地浅海相-深海相碳酸盐岩、泥岩，以深海相泥岩为主。始新统为孤立台地浅海相-深海相碳酸盐岩、泥岩，以浅海相碳酸盐岩为主。渐新统—中中新统主要为弧后盆地浅海相碳酸盐岩、泥岩。上中新统—第四系主要为弧前盆地冲积相-浅海相砂岩、泥岩（图 7-5-30）。

③宾图尼盆地

宾图尼盆地（Bintuni Basin）位于极乐鸟微地块的东南部，西侧为 MOKR，东邻冷古鲁褶皱带，北侧为凯姆地块，南部与阿鲁盆地相接，面积约 $3.7 \times 10^4 km^2$（图 7-5-1）。

宾图尼盆地基底很可能为加里东期冈瓦纳边缘增生楔变质岩。石炭系—二叠系为被动大陆边缘盆地冲积相-滨浅海相砾岩、砂岩、泥岩，含煤层。三叠系为裂谷盆地冲积相砂岩、泥岩。侏罗系为裂谷盆地滨浅海相泥岩、砂岩。下白垩统大部分地区缺

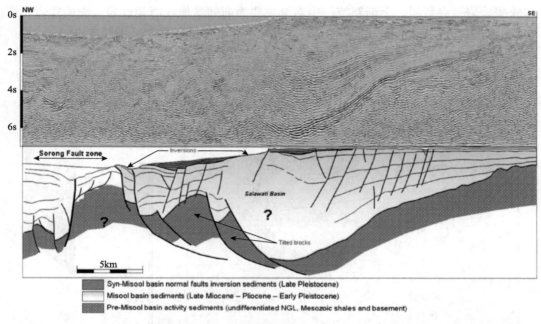

图 7-5-29　萨拉瓦提盆地地震－地质解释剖面（位置见图 7-5-26 中 D，Sapin et al，2009）

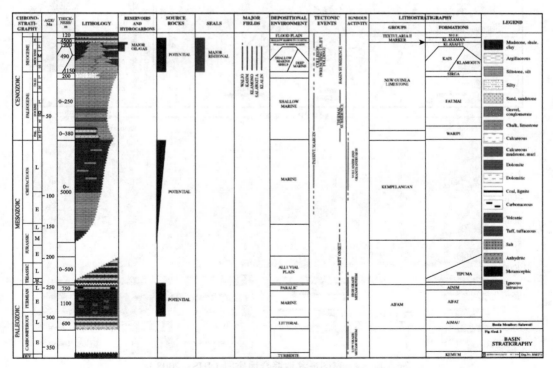

图 7-5-30　萨拉瓦提盆地综合地层柱状图（IHS，2008）

失。上白垩统主要为孤立台地浅海相 – 深海相泥岩。古新统—始新统为孤立台地浅海相碳酸盐岩，夹膏岩。上渐新统—中新统主要为前陆盆地浅海相砂岩、碳酸盐岩、泥岩。上新统—第四系主要为前陆盆地冲积相 – 浅海相砂岩、泥岩（图 7-5-31）。

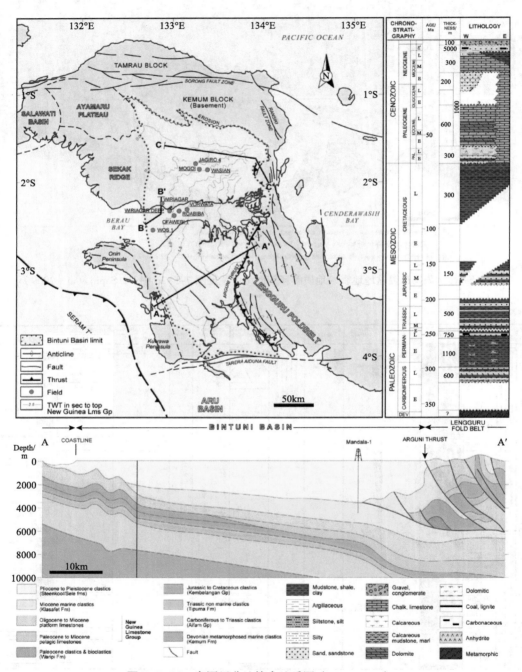

图 7-5-31　宾图尼盆地综合地质图（IHS，2008）

④极乐鸟微板块北部变形带

极乐鸟微板块北部变形带包括塞卡脊（Sekak Ridge）、阿马马鲁高原（Ayamaru Plateau）、凯姆地块（Kemum Block）、塔姆劳区（Tamrau Province）、塔姆劳火山弧（Tamrau Volcanic Arc）等基本构造单元（图7-5-1、图7-5-32）。

塞卡脊（Sekak Ridge）的构造沉积演化历史与宾图尼盆地基本相似。基底为加里东期冈瓦纳边缘增生楔变质岩。石炭系—二叠系为被动大陆边缘盆地冲积相–滨浅海相砾岩、砂岩、泥岩，含煤层。三叠系为裂谷盆地冲积相砂岩、泥岩。侏罗系为裂谷盆地滨浅海相泥岩、砂岩。下白垩统大部分地区缺失。上白垩统主要为孤立台地浅海相–深海相泥岩。古新统—始新统主要为孤立台地浅海相碳酸盐岩。上渐新统—中新统主要为前陆盆地浅海相砂岩、碳酸盐岩、泥岩。上新统—第四系主要为前陆盆地冲积相–浅海相砂岩、泥岩（图7-5-32）。

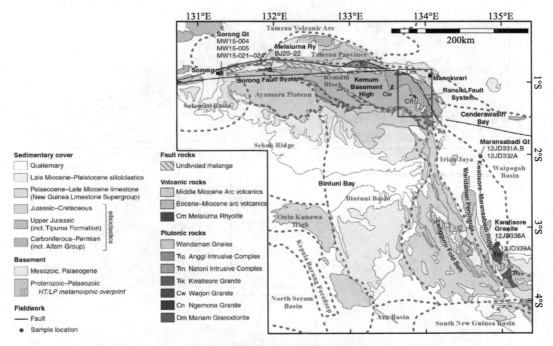

图7-5-32 极乐鸟半岛构造–地层平面图（Jost et al，2018）

阿马马鲁高原（Ayamaru Plateau）基底为加里东期冈瓦纳边缘增生楔变质岩。石炭系—二叠系为被动大陆边缘盆地冲积相–滨浅海相砾岩、砂岩、泥岩，含煤层。三叠系为裂谷盆地冲积相砂岩、泥岩。侏罗系为裂谷盆地滨浅海相泥岩、砂岩。下白垩统大部分地区缺失。上白垩统主要为孤立台地浅海相–深海相泥岩。古新统—始新统主要为孤立台地浅海相碳酸盐岩。上渐新统—中新统主要为前陆盆地浅海相砂岩、碳酸盐岩、泥岩。上新统—第四系普遍缺失（图7-5-32）。

凯姆地块（Kemum Block）出露了志留系—泥盆系（Kemum组）变质浊积岩，以及侵入其中的I型和S型花岗岩，其U-Pb定年为泥盆纪—石炭纪和二叠纪—三叠纪

（Webb et al，2019）。局部出露三叠系—侏罗系弧后盆地冲积相砾岩、砂岩、泥岩（图7-5-32）和中新统灰岩（图7-5-33）。

塔姆劳区（Tamrau Province）揭露的最老的岩石是侏罗系超基性岩和侏罗系—白垩系陆坡沉积物变质岩（Tamrau组）。局部上覆上白垩统Amiri组砂岩。古近系命名为Ajai灰岩。中新世花岗岩侵入前期地层中，火山熔岩（Moon火山岩）不整合其上。中中新统Koor组主要为灰岩，是区域上上白垩统—中中新统新几内亚灰岩群的一部分。上覆上新统—更新统Opmorai组浅海相陆源碎屑岩和碳酸盐岩（图7-5-33、图7-5-34）。

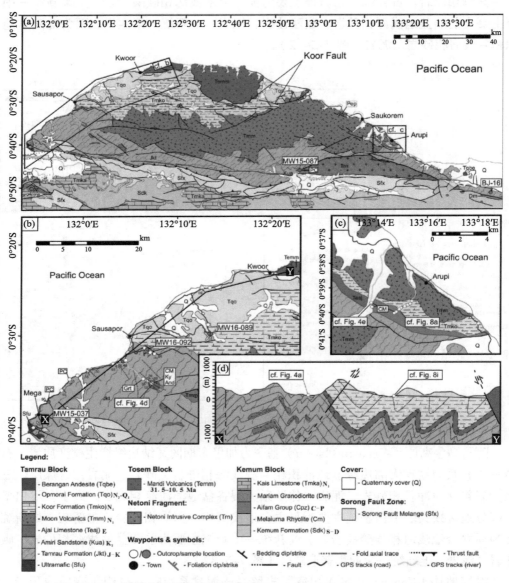

图 7-5-33　塔姆劳地块及邻区地质图（Webb et al，2019；Jost et al，2018）

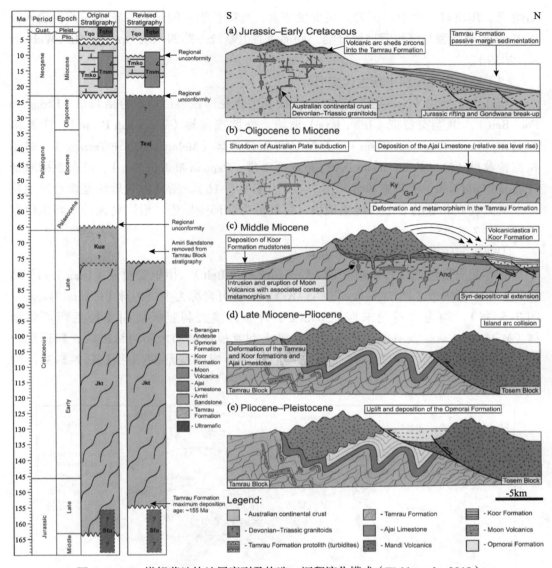

图 7-5-34　塔姆劳地块地层序列及构造 – 沉积演化模式（Webb et al，2019）

　　塔姆劳微地块位于凯姆地块北侧，起源于冈瓦纳北缘，侏罗纪开始裂解，为被动大陆边缘的一部分。前侏罗系与凯姆地块的演化历史基本近似。侏罗系—下白垩统主要为深水泥岩，少量砂岩（浊积岩），经变质作用而成的板岩、千枚岩。晚白垩世，极乐鸟微板块与冈瓦纳裂离，形成孤立台地，形成上白垩统—中中新统新几内亚灰岩群。中中新世，太平洋板向极乐鸟微地块俯冲引起岩浆活动、构造变动和变质作用。晚中新世—更新世，塔姆劳火山岛弧与塔姆劳地块仰冲碰撞，造成前期地层强烈变形，局部形成前陆盆地（图 7-5-34）。

　　塔姆劳火山岛弧也称托森（Tosem）地块，是始新世—中新世（31.5—10.5Ma±）的洋内岛弧，由 Mandi 火山岩系组成（图 7-5-33、图 7-5-34），岩石类型有玄武 – 安山熔岩、集块岩、火山碎屑岩，夹少量灰岩，有辉长岩－闪长岩－花岗闪长岩侵入，以 Koor 走滑断裂与塔姆劳地块分隔，局部覆盖上新统—第四系 Opmorai 组（Webb et al，2019）。

（2）新几内亚地块中新生代变形带

新几内亚地块（New-Guinea Block）中新生代变形带包括冷古鲁褶皱带（Lengguru Fold Belt）、伊里安贾亚（Irian Jaya）地块、外坡嘎盆地（Waipogah Basin）、南瓦洛彭盆地（South Waropen Basin）、美拉尼西亚弧地体（Melanesian Arc Terrane）、梅尔拉克特盆地（Meervlakte Basin）、巴布亚活动带（Papuan Mobile Belt）、巴布亚褶皱带（Papuan Fold Belt）等构造单元（图 7-5-1、图 7-5-16）。新几内亚地块是新近纪晚期以来澳大利亚北缘的变形和增生地块，可划分为变形变质带、增生岛弧带及新生代盆地群（图 7-5-35）。

①变形变质带及新几内亚南部前陆盆地

变形变质带包括冷古鲁褶皱带（Lengguru Fold Belt）、伊里安贾亚（Irian Jaya）地块和巴布亚褶皱带（图 7-5-1、图 8-5-16），三者可合称为中央山脉（Central Range，图 7-5-35），均为古近纪末期（30Ma±）开始，澳大利亚板块向美拉尼西亚弧地体（Melanesian Arc Terrane）之下俯冲，澳大利亚板块被动大陆边缘破裂，新近纪中期（15Ma±）开始，向澳大利亚板块之上仰冲形成的变形变质带（图 7-5-35、图 7-5-36）。

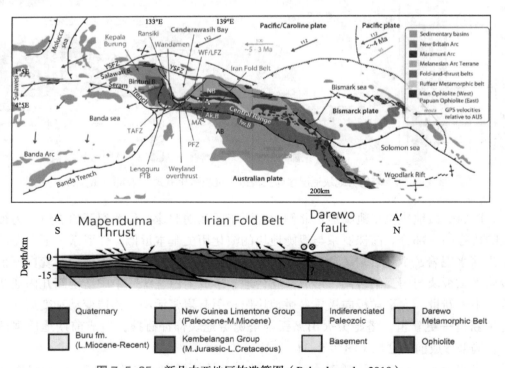

图 7-5-35　新几内亚地区构造简图（Babault et al，2018）

AB—Arafura 盆地；Ak.B—Akimeugah 盆地；Iw.B—Iwur 盆地；MA—Mapenduma 背斜；NB—北部盆地；PFZ—Paniai 破碎带；SYFZ—Sorong-Yapen 断裂带；TAFZ—Tarera-Aiduna 断裂带；WF/LFZ—Waipoga 断裂带/Lowlands 破碎带

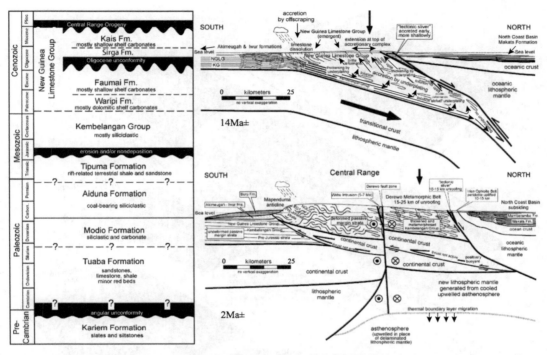

图 7-5-36　新几内亚南盆地 - 中央山脉地层序列及区域构造演化模式（Warren & Cloos，2007）

　　中央山脉变形变质带及新几内亚前陆盆地前寒武系主要为板岩和片岩（Kariem组），原岩主要为弧后盆地浅海相泥岩、粉砂岩，夹火山岩。寒武系—奥陶系（Tuaba组中下部）主要为被动大陆边缘盆地未变质或变质的滨浅海相砂岩、泥岩、碳酸盐岩。志留系（Tuaba组上部）为弧后盆地未变质或变质的滨浅海相砂岩、泥岩、碳酸盐岩。泥盆系（Modio组）为被动大陆边缘盆地未变质或变质的滨浅海相砂岩、泥岩、碳酸盐岩。石炭系—二叠系（Aiduna或Aifam组）为被动大陆边缘盆地未变质或变质的滨浅海相砂岩、泥岩，含煤层。三叠系（Tipuma组）为裂谷盆地未变质或变质的滨浅海相砂岩、泥岩。侏罗系—白垩系（Kembelangan群）主要为被动大陆边缘盆地未变质或变质的滨浅海相砂岩、泥岩。古近系（Waripi组和Faumai组）主要为被动大陆边缘盆地未变质或变质的浅海相碳酸盐岩。渐新统顶部—中新统为前陆盆地浅海相碳酸盐岩。上新统—第四系普遍缺失（图7-5-36）。

　　②增生岛弧带

　　增生岛弧带是指新近纪增生到澳大利亚板块北缘的美拉尼西亚（Melanesian）岛弧地体（图7-5-1、图7-5-16、图7-5-35）。在增生岛弧带靠近变形变质带一线分布有侏罗纪（Warren & Cloos，2007）蛇绿杂岩（图7-5-35）。澳大利亚板块北缘的Caroline、Solomon等海盆海底扩张停止于约25Ma。美拉尼西亚增生岛弧带的岩浆作用从始新世（40Ma±）开始发育，火山活动主要集中在古近纪末—新近纪初（28.7—22Ma）。而晚中新世（10—5Ma）为最北缘的新不列颠（New Britain）岛弧岩浆作用峰值年龄（图7-5-37）。

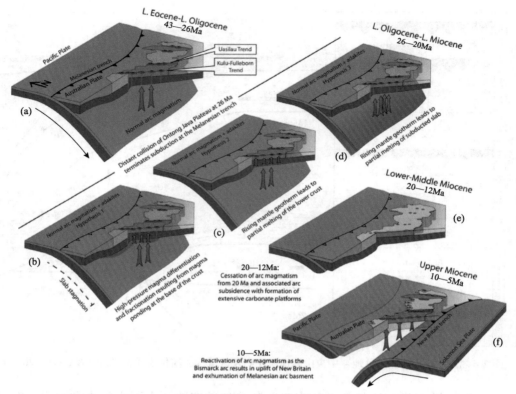

图 7-5-37　美拉尼西亚和新不列颠火山弧新生代演化模式（Holm et al，2013）

③主要沉积盆地

新几内亚地块中新生代变形带的沉积盆地主要有外坡嘎（Waipogah）盆地、南瓦洛彭（South Waropen）盆地、梅尔拉克特（Meervlakte）盆地（图 7-5-1、图 7-5-16）。这些盆地的形成与澳大利亚板块与太平洋板块新生代以来斜向汇聚，上新世以来发育的弧后盆地有关（Babault et al，2018）。

这些盆地的基底主要为中生界洋壳和洋内弧火山岩，古近系洋内弧火山岩、碳酸盐岩、碎屑岩。上新世—第四系为弧后走滑盆地滨浅海相－深海相砂岩、泥岩、碳酸盐岩（图 7-5-38、图 7-5-39）。

7.5.5　澳大利亚克拉通北部沉积盆地

澳大利亚克拉通北部沉积盆地主要有布劳斯（Browse）盆地、博纳帕特（Bonaparte）盆地、阿拉弗拉（Arafura）盆地、巴布亚（Papua）盆地、卡奔塔利亚（Carpentaria）盆地（图 7-5-1、图 7-5-16）。

（1）布劳斯盆地

布劳斯（Browse）盆地位于澳大利亚西北大陆架，西邻印度洋，北邻博纳帕特（Bonaparte）盆地，南临坎宁（Canning）盆地，东部为向澳大利亚大陆的超覆边界，为

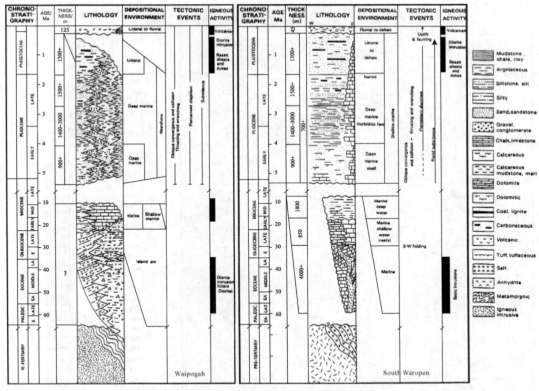

图 7-5-38　外坡嘎和南瓦洛彭盆地地层综合柱状图（IHS，2008）

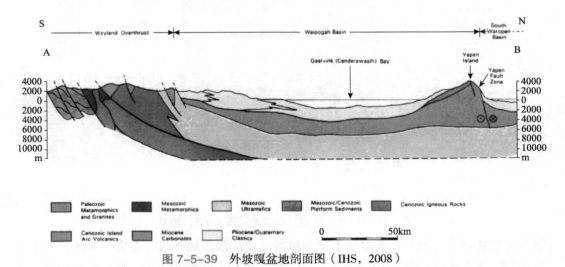

图 7-5-39　外坡嘎盆地剖面图（IHS，2008）

前寒武系基底上晚古生代以来发育的克拉通－裂谷－被动大陆边缘盆地，盆地面积约 $21.4 \times 10^4 km^2$（图 7-5-1、图 7-5-16、图 7-5-40 平面图）。

布劳斯盆地基底最老的岩石是太古界变质岩，其上为元古界弧后盆地滨浅海相冰碛岩、砾岩、砂岩、泥岩、碳酸盐岩、火山岩（Downes et al，2007）。寒武系—奥陶系主要为克拉通盆地滨浅海相砂岩、泥岩、碳酸盐岩。志留系—泥盆系下部为克拉通

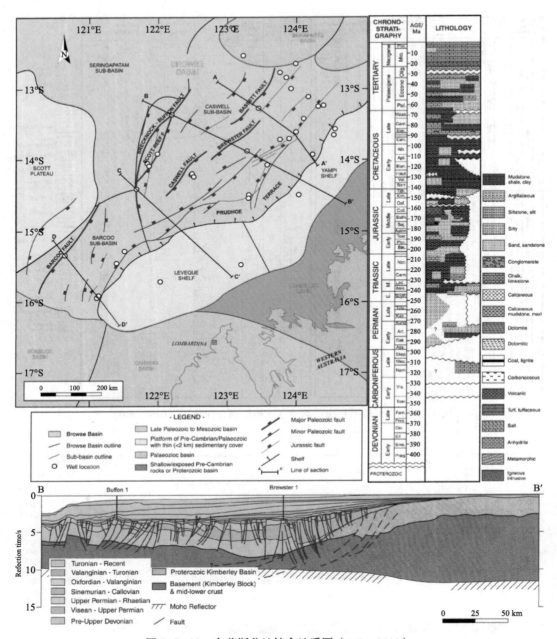

图 7-5-40　布劳斯盆地综合地质图（IHS，2008）

盆地冲积相砂岩、泥岩。泥盆系上部为裂谷盆地滨浅海相砂岩、泥岩、碳酸盐岩（图7-3-10、图7-5-40剖面图）。石炭系—三叠系为裂谷盆地冲积相-滨浅海相砂岩、泥岩、碳酸盐岩。侏罗系为裂谷盆地滨浅海相砂岩、泥岩、碳酸盐岩、火山岩。下白垩统主要为被动大陆边缘盆地浅海相砂岩、泥岩。上白垩统主要为被动大陆边缘盆地浅海相泥岩、砂岩。古近系主要为被动大陆边缘盆地浅海相砂岩、泥岩、碳酸盐岩。渐新统顶部—第四系为被动大陆边缘盆地浅海相碳酸盐岩，夹砂岩、泥岩（图7-5-40柱状图）。

（2）博纳帕特盆地

博纳帕特（Bonaparte）盆地位于澳大利亚北部西侧大陆架，西邻布劳斯（Browse）盆地，北邻帝汶（Timor）海槽，东部与钱滩（Money Shoal）盆地相接，南部为向澳大利亚大陆的超覆边界，为前寒武系基底上晚古生代以来发育的克拉通－裂谷－被动大陆边缘－前陆盆地，盆地面积约 $24.8 \times 10^4 \mathrm{km}^2$（图 7-5-1、图 7-5-16、图 7-5-41、图 7-5-42）。

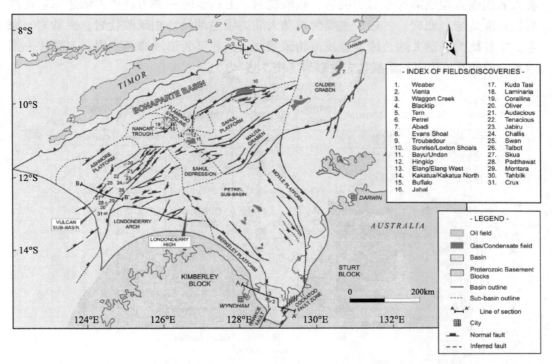

图 7-5-41　博纳帕特盆地构造纲要图（IHS，2008，Saqab et al，2017）

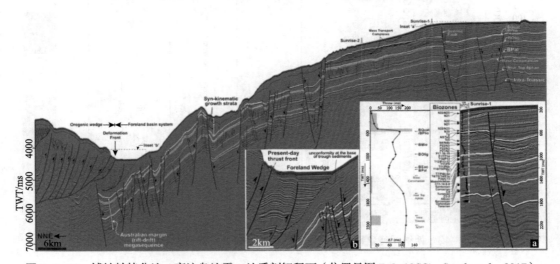

图 7-5-42　博纳帕特盆地－帝汶岛地震－地质剖解释面（位置见图 7-3-10CC'。Saqab et al，2017）

　　博纳帕特盆地基底最老的岩石是太古界变质岩，其上为元古界弧后盆地滨浅海相冰碛岩、火山岩。寒武系为克拉通盆地滨浅海相砂岩、泥岩、碳酸盐岩。下奥陶统主要为克拉通盆地滨浅海相砂岩、泥岩；上奥陶统为克拉通盆地滨浅海相蒸发岩。大部分地区缺失志留系—泥盆系下部。泥盆系上部为克拉通盆地滨浅海相砂岩、泥岩、碳酸盐岩。石炭系—三叠系为克拉通盆地冲积相－滨浅海相砂岩、泥岩，夹冰碛岩、碳酸盐岩（图 6-3-10）。侏罗系主要为裂谷盆地滨浅海相砂岩、泥岩。下白垩统为被动大陆边缘盆地浅海相砂岩、泥岩、碳酸盐岩。上白垩统主要为被动大陆边缘盆地浅海相碳酸盐岩、泥岩。古近系主要为被动大陆边缘盆地浅海相碳酸盐岩，夹砂岩、泥岩。中新统为被动大陆边缘盆地浅海相碳酸盐岩，底部为滨浅海相砂岩。上新统—第四系为前陆盆地浅海相碳酸盐岩夹砂岩（图 7-5-43）。

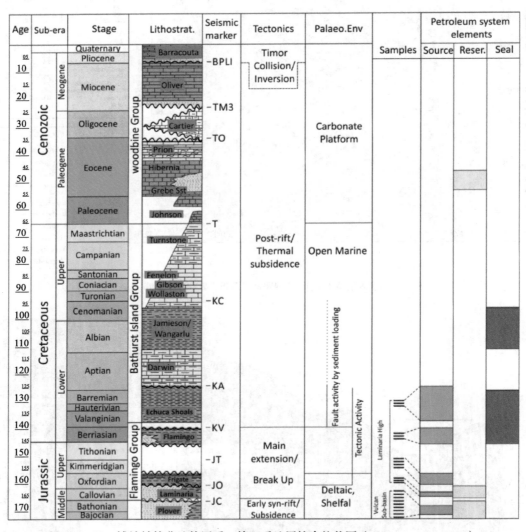

图 7-5-43　博纳帕特盆地侏罗系—第四系地层综合柱状图（Abbassi et al，2014）

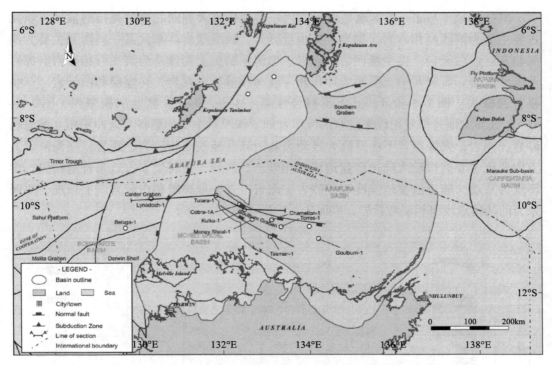

图 7-5-44　阿拉弗拉－钱滩盆地构造纲要图（IHS, 2008）

（3）阿拉弗拉－钱滩盆地

阿拉弗拉（Arafura）－钱滩（Money Shoal）盆地位于澳大利亚北部大陆架，西邻博纳帕特盆地，西北临帝汶（Timor）海槽，北部与阿鲁盆地、阿鲁群岛相接，东邻韦塞尔（Wessel）隆起，南部为向澳大利亚大陆的超覆边界，为前寒武系基底上新元古生代以来发育的克拉通－裂谷－被动大陆边缘－前陆盆地，盆地面积约 $37.4 \times 10^4 km^2$（图 7-5-1、图 7-5-16、图 7-5-44、图 7-5-45）。

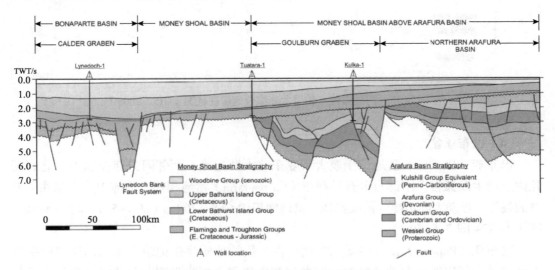

图 7-5-45　阿拉弗拉－钱滩盆地区域地质剖面图（位置见图 7-5-44；IHS, 2008）

阿拉弗拉（Arafura）盆地是新元古代—古生代澳大利亚北部的克拉通盆地。新元古界主要为滨浅海相砂岩、泥岩，夹少量砾岩、碳酸盐岩。寒武系—奥陶系主要为浅海相灰岩、白云岩，夹少量泥岩、砂岩。志留系缺失。泥盆系为滨浅海相砂岩、泥岩及碳酸盐岩。石炭系—二叠系为冲积相－浅海相砂岩、泥岩，夹煤层和白云岩。三叠系普遍缺失（图7-5-46）。其上不整合钱滩（Money Shoal）盆地沉积序列（图7-5-45）。钱滩盆地是侏罗纪以来发育的沉积盆地。侏罗系主要为裂谷盆地冲积相－浅海相砂岩、泥岩，夹煤层。下白垩统为被动大陆边缘盆地浅海相砂岩、泥岩，夹泥灰岩。上白垩统主要为被动大陆边缘盆地浅海相砂岩、泥岩，夹煤层。古近系普遍缺失。中新统为被动大陆边缘盆地滨浅海相砂岩、泥岩，夹少量煤层和白云岩。上新统—第四系为前陆盆地浅海相碳酸盐岩，夹泥岩、砂岩（图7-5-46）。

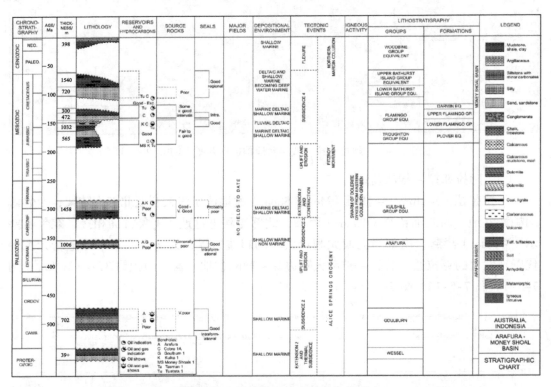

图 7-5-46　阿拉弗拉－钱滩盆地综合地层柱状图（IHS，2008）

（4）巴布亚盆地

巴布亚（Papuan）盆地位于澳大利亚东北大陆边缘，西邻阿拉弗拉盆地，北邻新几内亚增生岛弧带，南部与卡奔塔利亚（Carpentaria）盆地相邻，为前中生界基底上发育的裂谷－被动大陆边缘－前陆盆地，盆地面积约 $63.8 \times 10^4 km^2$（图7-5-1、图7-5-16、图7-5-47~图7-5-50）。

巴布亚（Papuan）盆地的新元古代—古生代的地质演化记录在新几内亚变质变形带已述及，但巴布亚盆地二叠纪—三叠纪初岩浆侵入更为强烈，并造成强烈的变质作用。中、上三叠统为裂谷盆地冲积相－滨浅海相火山岩砂岩、泥岩、蒸发岩。侏罗系主要为裂谷盆地冲积相－浅海相砂岩、泥岩，夹煤层，局部发育砾岩。下白垩统为被动大陆边缘盆地浅海相砂岩、泥岩，夹碳酸盐岩、蒸发岩。上白垩统主要为被动大陆边缘盆地浅海相砂岩、泥岩，夹碳酸盐岩，局部发育生物礁。古近系主要为被动大陆边缘盆地浅海相碳酸盐岩，夹砂岩、泥岩。中新统为弧后盆地滨浅海相碳酸盐岩、泥岩、蒸发岩。上新统—第四系主要为前陆盆地浅海相泥岩、砂岩（图 7-5-49，图 7-5-50）。

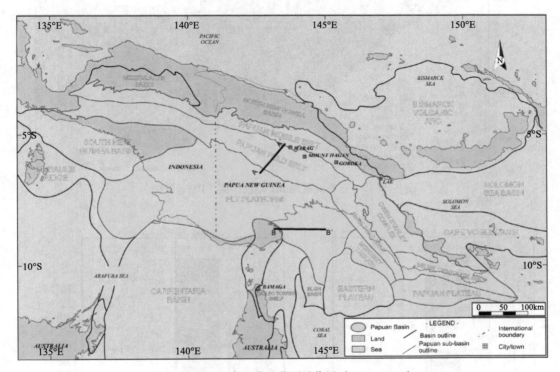

图 7-5-47　巴布亚盆地范围及位置（IHS，2008）

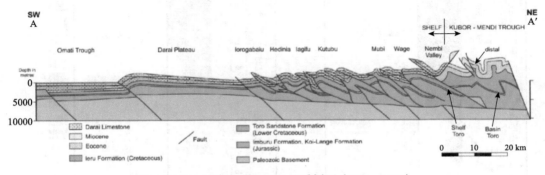

图 7-5-48　巴布亚盆地 AA' 地质剖面（IHS，2008）

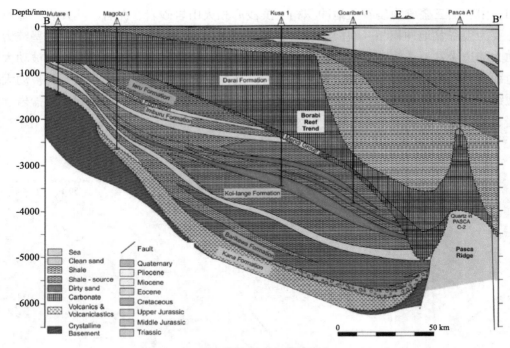

图 7-5-49　巴布亚盆地 BB' 地质剖面（IHS，2008）

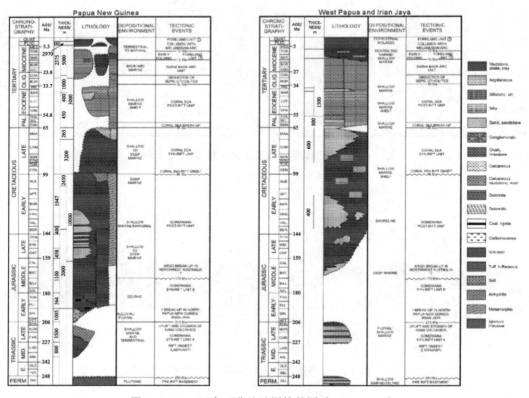

图 7-5-50　巴布亚盆地地层柱状图（IHS，2008）

（5）卡奔塔利亚盆地

卡奔塔利亚（Carpentaria）盆地位于澳大利亚大陆东北部，西邻阿拉弗拉盆地，北邻巴布亚盆地，为前中生界基底上发育的克拉通盆地，盆地面积约 60.0×10⁴km²（图7-5-1、图7-5-16、图7-5-51）。盆地绝大部分被海水覆盖，深水多不足80m。以侏罗系-白垩系为主要充填序列（图7-5-52），覆盖在元古界、古生界沉积岩、变质岩、岩浆岩之上（Thomas et al, 1990）。盆地周边出露了元古界、古生界、中生界及新生界（图7-5-51）。

卡奔塔利亚（Carpentaria）盆地前侏罗系资料不详。根据其构造背景与阿拉弗拉盆地的相似，推断元古代—三叠纪盆地构造－沉积演化也具有相似性。

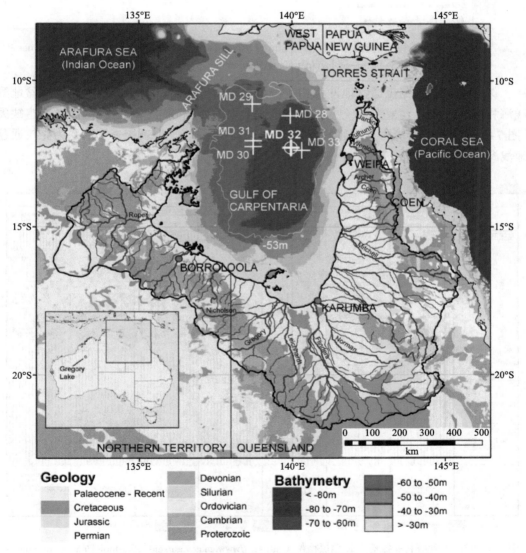

图 7-5-51 卡奔塔利亚湾水深及围区地质图（Playà et al, 2007）

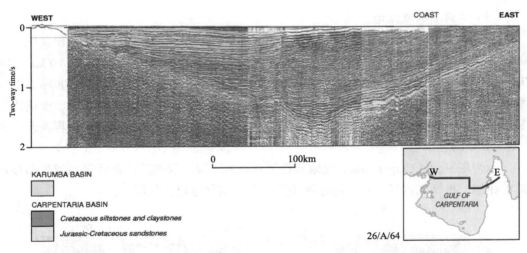

图 7-5-52 卡奔塔利亚盆地 J-K 剖面图（https：//www.ga.gov.au/scientific-topics/energy/province-sedimentary-basin-geology/petroleum/onshore-australia/carpentaria-basin）

侏罗系主要为克拉通盆地冲积相 – 浅海相砂岩、泥岩。下白垩统为克拉通盆地滨浅海相砂岩、泥岩。上白垩统主要为克拉通盆地浅海相砂岩、泥岩。古近系普遍缺失（图 7-5-53）。中新统为克拉通盆地滨浅海相砂岩、泥岩。上新统—第四系为克拉通盆地浅海相泥岩、砂岩（Play à et al，2007）。

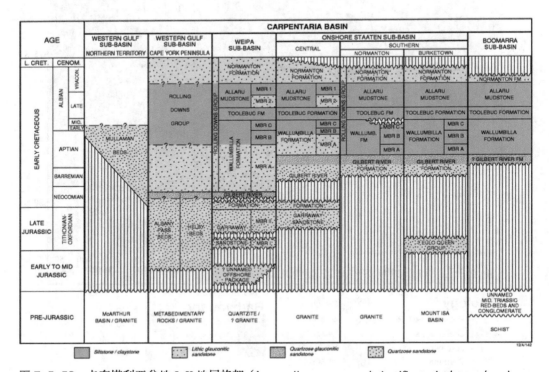

图 7-5-53 卡奔塔利亚盆地 J-K 地层格架（https：//www.ga.gov.au/scientific-topics/energy/province-sedimentary-basin-geology/petroleum/onshore-australia/carpentaria-basin）

7.6 东南亚特提斯构造区地质演化简史

东南亚特提斯构造区地质演化历史与欧亚、印澳、太平洋三大板块演化及其相互作用密切相关，在上文各地质单元地质演化记录讨论基础上，现结合①N12°印度洋－菲律宾海、②博纳帕特盆地－南海海盆、③阿拉弗拉盆地－太平洋三条地质演化剖面和相应的地质记录对比剖面简要阐述。

7.6.1 印度洋－菲律宾海特提斯地质演化简史

N12°印度洋－菲律宾海（位置见图7-0-2中①）的地质演化剖面（图7-6-1）和地质记录对比剖面（图7-6-2）揭示了东南亚特提斯构造区从印度洋到印支拼贴地块，再到菲律宾海的地质演化简史。

寒武纪：泛非运动（570Ma）形成的冈瓦纳超大陆内部西缅地块、毛淡棉地块、西马地块为克拉通盆地，彭世洛地块为被动大陆边缘盆地；新元古代罗迪尼亚超大陆解体形成的昆嵩、南海地块为洋中孤立地块（被动大陆边缘盆地），见图7-6-1中510Ma±。

奥陶纪：西缅地块、毛淡棉地块、西马地块为冈瓦纳超大陆内克拉通盆地，彭世洛地块为裂谷－被动大陆边缘盆地；三岐洋开始向昆嵩地块俯冲，昆嵩地块形成岩浆弧及相关盆地；南海地块持续为洋中孤立地块（图7-6-1中480Ma±）。

志留纪：西缅地块、毛淡棉地块为冈瓦纳超大陆内克拉通盆地；西马地块为裂谷－被动大陆边缘盆地；彭世洛地块（450Ma后）从冈瓦纳裂离，其间形成古特提斯洋；三岐洋持续向昆嵩地块俯冲，昆嵩地块持续为岩浆弧及相关盆地；南海地块持续为洋中孤立地块（图7-6-1中430Ma±）。

到泥盆纪，西缅地块、毛淡棉地块为冈瓦纳超大陆内克拉通盆地；西马地块为裂谷－被动大陆边缘盆地；古特提斯洋逐步扩张，彭世洛地块（450Ma）持续为洋中孤立台地；三岐洋转向南海地块俯冲，昆嵩地块演化为洋中台地，南海地块三岐洋一侧演化为岩浆弧及相关盆地，古太平洋一侧持续为被动大陆边缘盆地（图7-6-1中390Ma±）。

石炭纪，西缅地块、毛淡棉地块为冈瓦纳超大陆内克拉通－裂谷盆地；西马地块为裂谷－被动大陆边缘盆地；古特提斯洋逐步扩张，开始向彭世洛地块俯冲，素可泰岩浆弧、弧前和弧后盆地开始发育；三岐洋继续向南海地块俯冲，昆嵩地块为洋中台地，南海地块三岐洋一侧继续为岩浆弧及相关盆地，古太平洋一侧持续为被动大陆边缘盆地（图7-6-1中350Ma±）。

到二叠纪，西缅地块为冈瓦纳超大陆内克拉通－裂谷盆地；毛淡棉地块为裂谷－被动大陆边缘盆地；西马地块从冈瓦纳分离，并形成抹谷洋；古特提斯洋持续向彭世

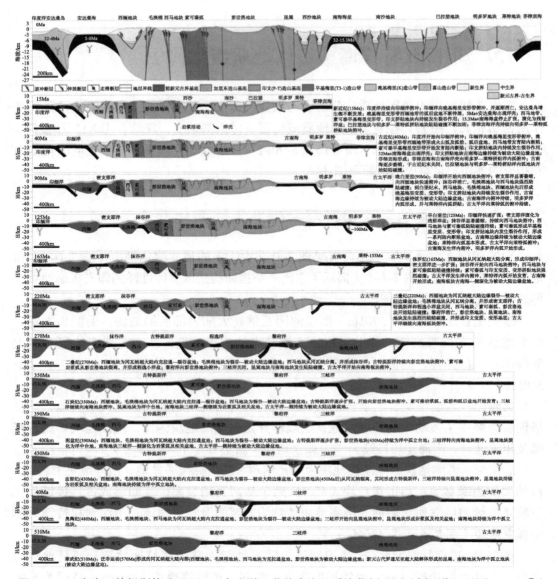

图 7-6-1　东南亚特提斯构造区 N12° 印度洋 - 菲律宾海地质演化剖面图（剖面位置见图 7-0-2 ①）

洛地块俯冲，素可泰岩浆弧从彭世洛地块裂离，并形成程逸小洋盆；黎府洋向彭世洛地块俯冲；三岐洋关闭，昆嵩地块与南海地块发生陆陆碰撞，古太平洋开始向南海板块俯冲（图 7-6-1 中 270Ma±）。

三叠纪，西缅地块为冈瓦纳超大陆边缘裂谷 - 被动大陆边缘盆地；毛淡棉地块从冈瓦纳分离，并形成密支那洋；古特提斯洋和程逸小洋盆关闭，西马地块、素可泰弧、彭世洛地块开始陆陆碰撞；黎府洋消亡，彭世洛地块、昆嵩地块、南海地块发生强烈的陆陆碰撞，并形成印支变质、变形基底；古太平洋继续向南海板块俯冲（图 7-6-1 中 220Ma±）。

侏罗纪，西缅地块从冈瓦纳超大陆分离，形成印缅洋；密支那洋进一步扩张；

抹谷洋开始向西马地块俯冲；西马地块与素可泰弧陆陆碰撞持续；素可泰弧与印支变质、变形拼贴地块强烈碰撞；古太平洋发生洋内俯冲，莱特洋内弧开始发育，古南海开始形成；南海板块古南海一侧演化为被动大陆边缘盆地（图7-6-1中165Ma±）。

白垩纪早白垩世，印缅洋快速扩张；密支那洋演化为残留洋盆；抹谷洋显著萎缩，持续向西马地块俯冲；西马地块与素可泰弧陆陆碰撞持续；素可泰弧形成早基梅里变质、变形带；印支拼贴地块内发生裂谷作用，形成一系列陆内断陷盆地，古南海边缘持续为被动大陆边缘盆地；莱特洋内弧基本形成，古太平洋向莱特弧俯冲；古南海发生洋内俯冲，明多罗洋内弧开始形成（图7-6-1中125Ma±）。晚白垩世，印缅洋开始向西缅地块俯冲；密支那洋显著萎缩，向西缅地块快速俯冲；抹谷洋消亡，毛淡棉地块与西马地块强烈陆陆碰撞；到白垩纪末，西马地块、毛淡棉地块、西缅地块先后形成晚基梅里变质、变形带；印支拼贴地块内持续发生裂谷作用，古南海边缘持续为被动大陆边缘盆地；古南海洋内俯冲持续，明多罗洋内弧形成，并与莱特洋内弧拼贴；古太平洋向莱特弧的俯冲持续（图7-6-1中90Ma±）。

古近纪，印度洋开始向印缅洋俯冲；印缅洋向晚基梅里变形带俯冲，晚基梅里变形带西缅地带形成火山弧及弧前、弧后盆地，西马地带发育陆内断陷；素可泰早基梅里变形带开始发育陆内断陷；印支拼贴地块内持续发生裂谷作用，32Ma±南海海盆出现洋壳；印支拼贴地块古南海边缘持续为被动大陆边缘盆地；菲律宾海形成；菲律宾海和古南海洋壳向明多罗–莱特拼贴洋内弧俯冲；古南海逐步萎缩，于古近纪末关闭，巴拉望地块与明多罗–莱特拼贴洋内弧地块开始陆陆碰撞（图7-6-1中40Ma±）。

新近纪以来，印度洋持续向印缅洋俯冲；印缅洋向晚基梅里变形带俯冲，并逐渐消亡，安达曼岛增生楔不断发展；晚基梅里变形带西缅地带的弧后盆地不断伸展，5Ma±安达曼海出现洋壳；西马地带、素可泰早基梅里变形带、印支拼贴地块内持续发生裂谷作用；15.3Ma±南海海盆停止扩张，演化为残留洋盆；巴拉望地块与明多罗–莱特弧拼贴地块陆陆碰撞不断加剧；菲律宾海洋壳持续向明多罗–莱特弧拼贴地块俯冲（图7-6-1中15Ma和0Ma±）。

东南亚特提斯构造区从印度洋到印支拼贴地块，再到菲律宾海的地质演化过程，在不同构造单元形成了各具特色的地质记录（图7-6-2）。

安达曼海东部盆地是发育在缅甸晚基梅里变形、变质基底上的新生代弧后盆地，主要由砂岩、泥岩、碳酸盐岩及火山岩组成（图7-6-2安达曼海东部盆地）。

泰国湾盆地是发育在印支期变形、变质基底上的中新生代裂谷盆地，中三叠统—侏罗系大部分缺失。侏罗系顶部—下白垩统为冲积相–湖泊相砾岩、砂岩、泥岩。上白垩统普遍缺失。新生界有冲积相–湖泊相砾岩、砂岩、泥岩（图7-6-2泰国湾盆地）。

呵叻盆地是发育在加里东期变形、变质基底上的晚古生代—新生代叠合盆地。泥盆系—石炭系为被动大陆边缘盆地滨浅海相碳酸盐岩、泥岩、砂岩，夹蒸发岩。二叠系—下三叠统为前陆盆地滨浅海相–冲积相碳酸盐岩、泥岩、砂岩、砾岩。中三叠统普遍缺失。上三叠统—白垩系为裂谷盆地湖泊相–冲积相砾岩、砂岩、泥岩、蒸发岩

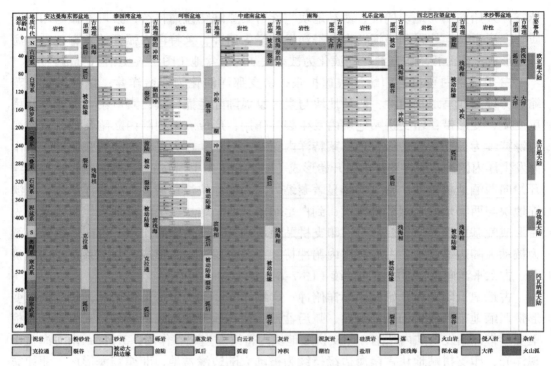

图 7-6-2　东南亚特提斯构造区安达曼海 – 菲律宾海重点盆地地层对比图（盆地位置见图 7-0-2）

（图 7-6-2 呵叻盆地）。

中建南盆地是发育在印支期变形、变质基底上的新生代盆地。中三叠统—白垩系普遍缺失。古近系中下部为裂谷盆地冲积相 – 湖泊相砾岩、砂岩、泥岩，夹煤层。古近系上部—第四系为被动大陆边缘盆地浅海相砂岩、泥岩、碳酸盐岩（图 7-6-2 中建南盆地）。

南海海盆是以古近纪晚期—新近纪早期洋壳为基底的残留洋盆，以泥质沉积物为主（图 7-6-2 南海海盆）。

礼乐盆地是发育在印支期变形、变质基底上的中新生代盆地。中三叠统普遍缺失。侏罗系—古近系中下部为裂谷盆地冲积相 – 滨浅海相砂岩、泥岩，夹煤层。古近系上部—第四系为被动大陆边缘盆地浅海相砂岩、泥岩、碳酸盐岩（图 7-6-2 礼乐盆地）。

西北巴拉望盆地是发育在印支期变形、变质基底上的中新生代盆地。中三叠统普遍缺失。侏罗系—古近系中下部为被动大陆边缘盆地冲积相 – 滨浅海相砂岩、泥岩、碳酸盐岩。古近系上部—第四系为前陆盆地浅海相碳酸盐岩、泥岩、砂岩、砾岩（图 7-6-2 西北巴拉望盆地）。

米沙鄢盆地是发育在侏罗纪—早白垩世洋壳、洋岛增生楔基底上的上白垩统—第四系弧后盆地，主要为滨浅海相碳酸盐岩、泥岩、砂岩、砾岩（图 7-6-2 米沙鄢盆地）。

7.6.2 澳大利亚西北部 – 南海海盆特提斯地质演化简史

澳大利亚西北部 – 南海海盆特提斯演化主要涉及澳大利亚板块、东苏拉威西 – 布顿地块、东爪哇 – 西苏拉威西地块、婆罗洲地块南海板块的地质历史。博纳帕特盆地 – 南海海盆（位置见图 7-0-2 中②）的地质演化剖面（图 7-6-3）和地质记录对比剖面（图 7-6-4）揭示了东南亚特提斯构造区从澳大利亚西北部到加里曼丹岛，再到南海海盆的地质演化简史。

三叠纪，华力西期（C_1）增生楔（婆罗洲地块）为冈瓦纳超大陆边缘的被动大陆边缘；东爪哇 – 西苏拉威西、布顿、澳大利亚板块为冈瓦纳超大陆内克拉通盆地；冈瓦纳与南海地块间为宽阔的古太平洋；古太平洋向南海地块俯冲，南海地块形成印支期基底（图 7-6-3 中 220Ma±）。

侏罗纪，婆罗洲地块从冈瓦纳超大陆边缘分离，其间形成麦拉图斯洋；东爪哇 – 西苏拉威西地块演化为冈瓦纳的被动大陆边缘盆地；布顿、澳大利亚板块从冈瓦纳超大陆逐渐分离，印度洋开始形成发展；古太平洋分化出古南海；侏罗纪末，古南海开始向婆罗洲地块俯冲，南海地块演化为被动大陆边缘和陆内裂谷盆地（图 7-6-3 中 165Ma±）。

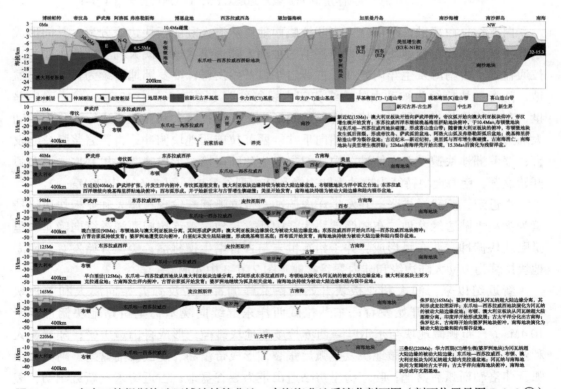

图 7-6-3 东南亚特提斯构造区博纳帕特盆地 – 南海海盆地质演化剖面图（剖面位置见图 7-0-2 ②）

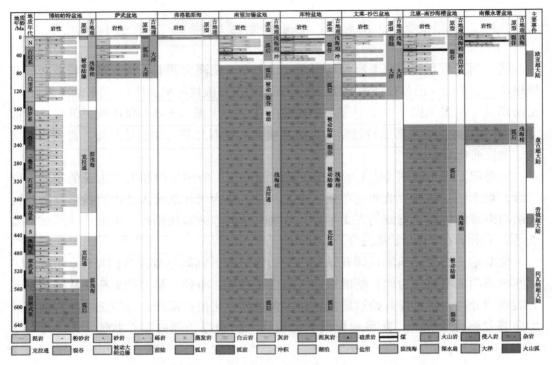

图 7-6-4 东地中海特提斯构造区重点盆地地层对比图（盆地位置见图 4-0-1）

白垩纪早白垩世，东爪哇－西苏拉威西地块从澳大利亚板块边缘分离，其间形成东苏拉威西洋；布顿地块演化为冈瓦纳的被动大陆边缘盆地；澳大利亚板块主要为克拉通盆地；古南海发生洋内俯冲，古晋岩浆弧开始发育；婆罗洲地继续为弧及相关盆地，南海地块持续为被动大陆边缘和陆内裂谷盆地（图 7-6-3 中 125Ma±）。晚白垩世，布顿地块与澳大利亚板块分离，其间形成萨武洋；澳大利亚板块边缘演化为被动大陆边缘盆地；东苏拉威西洋开始向爪哇－西苏拉威西地块俯冲；古晋岩浆弧持续发育；婆罗洲地块遭受双向俯冲，白垩纪末发生陆陆碰撞，形成晚基梅里基底；西布弧开始发育，南海地块持续为被动大陆边缘和陆内裂谷盆地（图 7-6-3 中 90Ma±）。

古近纪，萨武洋扩张，并发生洋内俯冲，帝汶弧逐渐发育；澳大利亚板块边缘持续为被动大陆边缘盆地；布顿微地块为洋中孤立台地；东苏拉威西洋继续向晚基梅里拼贴地块俯冲；西布弧形成，并于始新世末与古晋增生楔碰撞；美里开始发育；南海地块持续为被动大陆边缘和陆内裂谷盆地（图 7-6-3 中 40Ma±）。

新近纪以来，澳大利亚板块开始向萨武洋俯冲，帝汶弧开始向澳大利亚板块仰冲，帝汶增生楔开始发育；东苏拉威西洋东继续向晚基梅里拼贴地块俯冲，于 10.4Ma±，布顿微地块与东爪哇－西苏拉威西地块碰撞，形成喜山造山带；随着澳大利亚板块的俯冲，布顿微地块发生弧后张裂，形成帝汶岛、萨武弧前盆地、阿洛火山弧及弗洛勒斯弧后盆地；晚基梅里拼贴造山带为裂谷盆地；古近纪末—新近纪初，美里弧与西布增生楔碰撞，古南海消亡，南海地块与美里增生楔拼贴；32Ma± 南海洋壳开始出现，15.3Ma ± 后演化为残留洋盆（图 7-6-3 中 15Ma 和 0Ma ±）。

东南亚特提斯构造区从澳大利亚西北部 - 南海海盆的地质演化过程，在不同构造单元形成了各具特色的地质记录（图 7-6-4）。

博纳帕特盆地位于澳大利亚板块西北部，以前寒武系变质杂岩为基底。寒武系—奥陶系为克拉通盆地滨浅海相砂岩、泥岩、碳酸盐岩。志留系—泥盆系下部普遍缺失。泥盆系中部—侏罗系中部为克拉通盆地滨浅海相砂岩、泥岩、碳酸盐岩。侏罗系上部普遍缺失。白垩系—新近系中部为被动大陆边缘盆地滨浅海相碳酸盐岩、泥岩，夹砂岩。新近系上部—第四系为前陆盆地滨浅海相碳酸盐岩、泥岩、砂岩（图 7-6-4 博纳帕特盆地）。

萨武盆地是发育晚白垩世—古新世洋壳基底上的新生代残留洋盆，始新世—中新世中期为弧后残留洋盆，主要为深海相泥岩、砂岩、碳酸盐岩、火山岩。中新世晚期—第四纪为弧前残留洋盆，主要为深海相泥岩、碳酸盐岩（图 7-6-4 萨武盆地）。

弗洛勒斯海是中新世晚期—第四纪开裂的弧后洋盆，主要为深海相泥岩、火山岩（图 7-6-4 弗洛勒斯海）。

南望加锡盆地是发育在晚基梅里期变质杂岩基底上的新生代弧后盆地，主要为冲积相 - 滨浅海相砾岩、砂岩、泥岩、碳酸盐岩，夹煤层（图 7-6-4 南望加锡盆地）。

库特盆地是发育在晚基梅里期变质杂岩基底上的新生代裂谷盆地，主要为冲积相 - 滨浅海相砾岩、砂岩、泥岩、碳酸盐岩，夹煤层、火山岩（图 7-6-4 库特盆地）。

文莱 - 巴沙盆地是发育在白垩纪—始新世增生楔基底上的前陆盆地，渐新统—第四系主要为滨浅海相砂岩、泥岩、碳酸盐岩（图 7-6-4 文莱 - 巴沙盆地）。

北康 - 南沙海槽盆地是发育在印支期变质杂岩基底上的晚白垩世—新生代裂谷盆地，侏罗系—下白垩统普遍缺失。上白垩统—第四系主要为冲积相 - 湖泊相 - 滨浅海相砾岩、砂岩、泥岩、碳酸盐岩，夹煤层（图 7-6-4 北康 - 南沙海槽盆地）。

南薇永署盆地是发育在印支期变质杂岩基底上的新生代裂谷盆地，侏罗系—始新统普遍缺失。渐新统—第四系主要为冲积相 - 湖泊相 - 滨浅海相砾岩、砂岩、泥岩、碳酸盐岩，夹煤层（图 7-6-4 南薇永署盆地）。

7.6.3　澳大利亚东北部 - 太平洋地质演化简史

澳大利亚东北部 - 太平洋一带的地质演化主要是澳大利亚板块与太平洋板块相互作用的结果，本质上不属于特提斯构造域的范畴。阿拉弗拉盆地 - 卡洛琳海（位置见图 7-0-2 中③）的地质演化剖面（图 7-6-5）和地质记录对比剖面（图 7-6-6）揭示澳大利亚板块与太平洋板块的相互地质作用简史。

澳大利亚板块与太平洋板块的相互地质作用主要是从新生代开始的。古近纪，澳大利亚板块东北部面临太平洋的被动大陆边缘；太平洋发生洋内俯冲，美拉尼西亚火山弧开始发育，火山活动主要集中在古近纪末—新近纪初（28.7—22Ma），见图 7-6-5

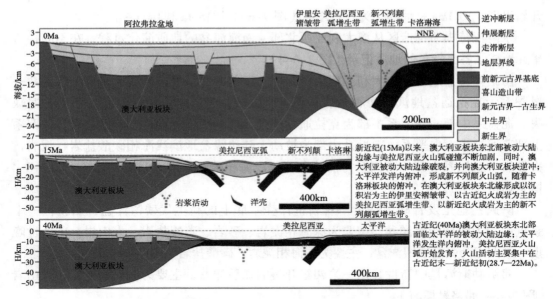

图 7-6-5   澳大利亚阿拉弗拉盆地 - 卡洛琳海地质演化剖面图（剖面位置见图 7-0-2 ③）

中 40Ma ±。

新近纪以来，澳大利亚板块东北部被动大陆边缘与美拉尼西亚火山弧碰撞不断加剧，同时，澳大利亚被动大陆边缘破裂，并向澳大利亚板块逆冲；太平洋发生洋内俯冲，形成新不列颠火山弧，随着卡洛琳板块的俯冲，在澳大利亚板块东北缘形成以沉积岩为主的伊里安褶皱带、以古近纪火成岩为主的美拉尼西亚弧增生带、以新近纪火成岩为主的新不列颠弧增生带（图 7-6-5 中 15Ma 和 0Ma ±）。

澳大利亚阿拉弗拉盆地 - 卡洛琳海的地质演化过程，在不同构造单元形成了不同的地质记录（图 7-6-6）。

阿拉弗拉盆地位于澳大利亚板块东北部，以前寒武系变质杂岩为基底。寒武系—奥陶系为克拉通盆地滨浅海相砂岩、泥岩、碳酸盐岩。志留系普遍缺失。泥盆系—二叠系为克拉通盆地冲积相-浅海相砂岩、泥岩、碳酸盐岩，夹煤层。三叠系普遍缺失。侏罗系为裂谷盆地冲积相 - 浅海相砂岩、泥岩，夹煤层。白垩系为被动大陆边缘盆地滨浅海相碳酸盐岩、泥岩、砂岩，夹煤层。古近系普遍缺失，新近系—第四系为前陆盆地滨浅海相碳酸盐岩、泥岩、砂岩（图 7-6-6 阿拉弗拉盆地）。

美拉尼西亚岛弧带是古近纪中期—新近纪晚期增生到澳大利亚板块东北缘的岩浆弧，以火山岩为主，缺失新近系顶部—第四系（图 7-6-6 美拉尼西亚岛弧带）。

新不列颠弧增生带是新近纪—第四纪增生到澳大利亚板块东北缘的岩浆弧，以火山岩为主（图 7-6-6 新不列颠弧增生带）。

卡洛琳海是以侏罗纪晚期—白垩纪早期洋壳为基底的残留洋盆，上白垩统—第四系为深海相泥灰岩、泥岩，夹少量砂岩（图 7-6-6 卡洛琳海）。

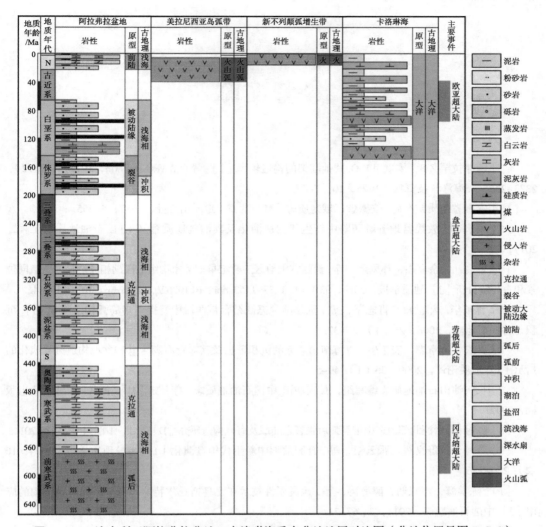

图 7-6-6 澳大利亚阿拉弗拉盆地 – 卡洛琳海重点盆地地层对比图（盆地位置见图 7-0-2）

参考文献

[1] 阿弗拉罕 Z B，埃默里 K O. 巽他陆架的构造轮廓 [J][译自 AAPG Bulletin，1973，157（12）：2323-2366]. 海洋科技资料，1975，10，7-47.

[2] 安徽省地质矿产局. 安徽省区域地质志 [M]. 北京：地质出版社，1987，5-255.

[3] 蔡利飘. 敦煌盆地五墩凹陷中新生代构造演化及其油气地质意义 [J]. 石油地质与工程，2017，31（5）：1-4.

[4] 曹高社，余爽杰，孙凤余，等. 豫西宜阳地区三叠纪早期孙家沟组上段湖相碳酸盐岩碳氧同位素和古环境分析 [J]. 地质学报，2019，93（5）：1137-1153. doi：10.19762/j.cnki.dizhixuebao.2019064.

[5] 曹圣华，邓世权，肖志坚，等. 班公湖 – 怒江结合带西段中特提斯多岛弧构造演化 [J]. 沉积与特提斯地质，2006，26（4）：25-32.

[6] 常宏，金章东，安芷生. 青海南山隆起的沉积证据及其对青海湖 – 共和盆地构造分异演化的指示 [J]. 地质论评，2009，55（1）：49-57.

[7] 长庆油田石油地质志编写组，长庆油田 中国石油地质志 卷十二 [M]. 北京：石油工业出版社，1992.

[8] 陈冠宇. 台湾北部由造山带至弧后张裂之陆域及海域构造研究 [D]. 台北：国立中央大学，2014.

[9] 陈海云，舒良树，张云银，等. 合肥盆地中新生代构造演化 [J]. 高校地质学报，2004，10（2）：250-256.

[10] 陈学海，卢双舫，薛海涛，等. 地震属性技术在北乌斯丘尔特盆地侏罗系泥岩预测中的应用 [J]. 中国石油勘探，2011，2：67-71.

[11] 储著银，王伟，陈福坤，等. 云南潞西三台山超镁铁岩体 Os-Nd-Pb-Sr 同位素特征及地质意义 [J]. 岩石学报，2009，25（12）：3221-3228.

[12] 达什 B P，谢普斯通 C M. 巽他陆架北部大纳土纳岛东部和南部的地震调查 [J]（译自 Technical Bulletin，CCOP，6：179-196）. 海洋科技资料，1976，12，43-55.

[13] 戴传瑞，张廷山，郑华平. 盆山耦合关系的讨论 – 以洞庭盆地与周边造山带为例 [J]. 沉积学报，2006，24（5）：657-665.

[14] 滇黔桂石油地质志编写组. 滇黔桂油气区 中国石油地质志 卷十一 [M]. 北京：石油工业出版社，1992，1-399.

[15] 杜德道，曲晓明，王根厚，等. 西藏班公湖——怒江缝合带西段中特提斯洋盆的双向俯冲：来自岛弧型花岗岩锆石 U-Pb 年龄和元素地球化学的证据 [J]. 岩石学报，2011，27（7）：1993-2002.

[16] 方鹏高，丁巍伟，方银霞，等. 南海礼乐滩碳酸盐台地的发育及其新生代构造响应 [J]. 地球科学—中国地质大学学报，2015，40（12）：2052-2066.

[17] 冯庆来，Chonglakmani C，Helmcke D，等. 泰国西北部掸泰地块内部古特提斯远洋残迹：放射虫生物地层学证据 [J]. 中国科学 D 辑地球科学 2004，34（5）：429~435，429.

[18] 伏明珠，覃建雄. 四川西昌盆地沉积演化史研究 [J]. 四川地质学报，2011，31（1）：1-5.

[19] 甘克文. 特提斯域的演化辨目油气分布 [J]. 海相油气地质，2000，5（3-4）：21-29.

[20] 高峰，裴先治，李瑞保，等. 东秦岭商丹地区刘岭群浅变质沉积岩系碎屑锆石 U-Pb 年龄及其地质意义 [J]. 地球科学，2018，http：//kns.cnki.net/kcms/detail/42.1874.P.20180621.1341.016.html.

[21] 高红芳，白志琳. 南海笔架南盆地地震反射波特征及地震层序地质时代探讨 [J]. 地学前缘，2000，7（3）：239-246.

[22] 高红芳，白志琳. 南海笔架南盆地沉积和构造研究 [J]. 中国海上油气（地质），2002，16（4）：245-249.

[23] 广东省地质矿产局. 广东省区域地质志 [M]. 北京：地质出版社，1988，1-941.

[24] 韩雷. 北乌斯丘尔特盆地构造及沉积演化规律研究 [J]. 科学技术与工程，2011，28：6946-6951.

[25] 胡健民，施炜，渠洪杰，等. 秦岭造山带大巴山弧形构造带中生代构造变形 [J]. 地学前缘，2009，16（3）：49-68.

[26] 黄汲清，陈炳蔚. 中国及邻区特提斯海的演化 [M]. 北京：地质出版社，1987：1-190.

[27] 季汉成，李海泉，陈亮，等. 南襄盆地地热系统构成及资源量预测：以泌阳、南阳凹陷为例 [J]. 地学前缘，2017，24（3）：199-209.

[28] 江汉油田石油地质志编写组. 江汉油田 中国石油地质志 卷九. 北京：石油工业出版社，1991，75-204.

[29] 江苏省地质矿产局. 江苏省及上海市区域地质志 [M]. 北京：地质出版社，1984，5-375.

[30] 江西省地质矿产局. 江西省区域地质志 [M]. 北京：地质出版社，1984，1-357.

[31] 金廷福，李佑国，费光春，等. 扬子地台西南缘大红山群红山组的锆石 U-Pb 年代学研究——对其原岩形成时代和变质时代的再限定 [J]. 地质论评，2017，63（4）：894-910.

[32] 孔祥宇，殷进垠，张发强. 哈萨克斯坦南图尔盖盆地油气地质特征及勘探潜力分析 [J]. 岩性油气藏，2007，19（3）：48-53.

[33] 李丽，徐沁. 上新世以来巽他陆架海平面变化研究 [J]. 地球科学进展，2017，32（11）：1126-1136.

[34] 李三忠，杨朝，赵淑娟，等. 全球早古生代造山带（Ⅱ）：俯冲 - 增生型造山 [J]. 吉林大学学报：地球科学版，2016，46（4）：968-1004.

[35] 李兴振，刘朝基，丁俊. 大湄公河次地区构造单元划分 [J]. 沉积与特提斯地质，2004b，24（4）：13-20.

[36] 李兴振，刘朝基，丁俊. 大湄公河次地区主要结合带的对比与连接 [J]. 沉积与特提斯地质，2004a，24（4）：1-12.

[37] 李勇，孙爱珍. 龙门山造山带构造地层学研究 [J]. 地层学杂志，2000，24（3）：201-206.

[38] 梁爽，王燕琨，金树堂，王震，郑俊章. 滨里海盆地构造演化对油气的控制作用 [J]. 石油实验地质，2013，35（2）：174-178 转 194.

[39] 林畅松，李思田，刘景彦，等. 塔里木盆地古生代重要演化阶段的古构造格局与古地理演化 [J]. 岩石学报，2011，27（1）：210-218.

[40] 林旭，刘静. 江汉和洞庭盆地与周缘造山带盆山耦合研究进展 [J]. 地震地质，2019，41（2）：499-520.

[41] 刘飞，杨经绥，陈松永，等. 雅鲁藏布江缝合带西段基性岩地球化学和 Sr–Nd–Pb 同位素特征：新特提斯洋内俯冲的证据 [J]. 中国地质，2013，40（3）：742–755.

[42] 刘建华，吴健生，方银霞，等. 东海陆架盆地的前新生界 [J]. 海洋学报，2007，29（1）：66–75.

[43] 刘金恒，胡培远，李才，等. 藏北羌塘中部上二叠统—下三叠统天泉山组的建立及意义——对龙木错 – 双湖 – 澜沧江洋构造演化的指示 [J]. 地质通报，2016，35（5）：667–673.

[44] 刘俊来，唐渊，宋志杰，等. 滇西哀牢山构造带：结构与演化 [J]. 吉林大学学报：地球科学版，2011，41（5）：1285–1303.

[45] 刘少峰，张国伟. 东秦岭 – 大别山及邻区盆 – 山系统演化与动力学 [J]. 地质通报，2008，27（12）：1993–1960.

[46] 刘小兵，张光亚，温志新，等. 东地中海被动大陆边缘黎凡特盆地构造特征与油气勘探. 石油勘探与开发 [J]，2017，44（1）：1–9.

[47] 卢山松，江拓，彭三国，等. 武当地块与扬子陆核区新元古代早期沉积岩碎屑锆石 U–Pb 年代学对比及其地质意义 [J]. 岩石矿物学杂志，2017，36（5）：646–654.

[48] 陆永德. 东秦岭洛南 – 栾川断裂带的形成和演化 [J]. 石油实验地质，2009，31（2）：148–159.

[49] 罗芬红，陈丹玲，宫相宽，等. 北秦岭超高压地体折返过程中的多期次部分熔融 [J]. 岩石学报，2018，34（12）：3671–3689.

[50] 罗建宁. 论东特提斯形成与演化的基本特征 [J]. 特提斯地质，1995，19：1–8.

[51] 罗建宁. 三江地区三叠纪沉积盆地类型及其地质特征 [J]. 特提斯地质，1991，15：21–34.

[52] 孟庆任，张国伟，于在平，等. 秦岭南缘晚古生代裂谷 – 有限洋盆沉积作用及构造演化 [J]. 中国科学（D 辑），1996，26（增刊）：28–33.

[53] 蒙麟鑫，周云，蔡永丰，等. 扬子与华夏地块西南端界线：来自钦防地区碎屑锆石 U–Pb 年代学的制约 [J]. 地球科学. 2019，http：//kns.cnki.net/kcms/detail/42.1874.P.20190521.0942.004.html.

[54] 莫宣学，潘桂棠. 从特提斯到青藏高原形：构造 – 岩浆事件的约束 [J]. 地学前缘，2006，13（6）：43–51.

[55] 南阳油田石油地质志编写组. 中国石油地质志（卷七）中原 南阳油田 下 [M]. 北京：石油工业出版社，1992，57–116.

[56] 倪仕琪，王志欣，宋继叶. 南海西纳土纳盆地含油气系统分析与勘探前景预测 [J]. 沉积与特提斯地质，2019，39（1）：75–88.

[57] 潘仁芳，唐小玲，孟江辉，等. 桂中坳陷上古生界页岩气保存条件 [J]. 石油与天然气地质，2014，35（4）：534–541.

[58] 青藏油气区石油地质志编写组. 青藏油气区 中国石油地质志 卷十四 [M]. 北京：石油工业出版社，1990，38–104.

[59] 丘元禧，马文璞，范小林，等. "雪峰古陆"加里东期的构造性质和构造演化 [J]. 中国区域地质，1996，（2）：150–161.

[60] 邱中建，龚再升. 中国油气勘探 第四卷：近海油气区 [J]. 北京：地质出版社，石油工业出版社，1999：915–929，1054–1087.

[61] 任光明，庞维华，孙志明，等. 扬子西缘黄水河群玄武岩锆石 SHRIMP U–Pb 定年及其地质意义 [J]. 中国地质，2013，40（4）：1007–1015.

［62］沈然清，李上卿，谢仁海．东海盆地岩浆活动［C］//刘中叔等编．东海油气地球物理勘探．北京：地质出版社，2001：60-69.

［63］沈上越，魏启荣，程惠兰，等．"三江"哀牢山带蛇绿岩特征研究［J］．岩石矿物学杂志，1998，17（1）：1-8.

［64］施美凤，林方成，李兴振，等．东南亚中南半岛与中国西南邻区地层分区及沉积演化历史［J］．中国地质，2011，38（5）：1244-1256.

［65］史鹏亮，杨天南，梁明娟，等．三江构造带新生代变形构造的时 - 空变化：研究综述及新数据［J］．岩石学报，2015，31（11）：3331-52.

［66］舒良树．华南构造演化的基本特征［J］．地质通报，2012，31：1035-1053.

［67］苏浙皖闽油气区石油地质志编写组．中国石油地质志（卷八）［M］．北京：石油工业出版社，1992：3-615.

［68］舒志国．中扬子湘鄂西区构造演化特征［J］．石油天然气学报，2014，36（10）：8-13.

［69］四川省地质矿产局．四川省区域地质志［M］．北京：地质出版社，1991，1-732.

［70］四川油气区石油地质志编写组．四川油气区 中国石油地质志 卷十［M］．北京：石油工业出版社，1989，1-79.

［71］宋传中，任升莲，李加好，等．华北板块南缘的变形分解：洛南 - 栾川断裂带与秦岭北缘强变形带研究［J］．地学前缘，2009，16（3）：181-189.

［72］宋泳宪，吴文清．福建省地质［C］//马丽芳．中国地质图集．北京：地质出版社，2002，209-220.

［73］孙娇鹏，陈世悦，彭渊，等．欧龙布鲁克山全吉群砂砾岩地球化学特征及地质意义［J］．矿物学报，2016，36（2）：174-182.

［74］孙煜华，章永昌．东海陆架全新世沉积底界及其厚度［J］．东海海洋，1983，1（3）：1-8.

［75］塔斯肯，刘波，师永民，等．哈萨克斯坦曼格什拉克盆地构造演化与油气系统研究［J］．地质论评．2018，64（2）：509-520.

［76］汤良杰．塔里木盆地演化和构造样式［M］．北京：地质出版社，1996：21-39.

［77］陶瑞明．黄海南部勿南沙隆起上古生界和中下三叠统含油气远景探讨［J］．天然气工业，1992，12（2）：1-7.

［78］万义文．武当群地层划分与时代归属［J］．中国区域地质，1990，（4）：316-326.

［79］王崇孝，马国福，周在华．酒泉盆地中、新生代构造演化及沉积充填特征［J］．石油勘探开发，2005，32（1）：33-36.

［80］王德华，陆祖达，张健康．浙江省地质［C］//马丽芳．中国地质图集．北京：地质出版社，2002：185-192.

［81］王德良，梅廉夫，刘云生，等．伸展型复合盆山体系下江汉盆地中、新生代幕式沉降与迁移［J］．地球科学，2018，43（11）：4180-4192.

［82］王宏，林方成，李兴振，等．缅甸中北部及邻区构造单元划分及新特提斯构造演化［J］．中国地质，2012，39（4）：912-922.

［83］王宏，林方成，李兴振，等．老挝及邻区构造单元划分与构造演化［J］．中国地质，2015，42（1）：71-84.

［84］王剑，付修根．论羌塘盆地沉积演化［J］．中国地质，2018，45（2）：237-259.

［85］王利杰，姚永坚，孙珍，等.南海东南部陆缘 S3 界面（中中新世末）属性及其意义［J］.海洋地质与第四纪地质，2019，39（4）：75-86.

［86］王茜，辛仁臣，董瑞杰，等.喜马拉雅前渊和孟加拉湾盆地形成演化［J］.海洋地质前沿，2018，34（11）：10-19.

［87］王生伟，廖震文，孙晓明，等.云南东川铜矿区古元古代辉绿岩地球化学——Columbia 超级大陆裂解在扬子陆块西南缘的响应［J］.地质学报，2013，87（12）：1834-1852.

［88］汪品先.巽他陆架——淹没的亚马逊河盆地［J］? 地球科学进展，2017，32（11）：1119-1125.

［89］汪泽成，赵文智，张林，等.四川盆地构造层序与天然气勘探［M］.北京：地质出版社，2002：1-287.

［90］魏君奇，王晓地，庄晓，刘云华.澜沧江缝合带吉岔蛇纹岩中闪长岩和俄咱辉长岩中锆石 SHRIPM U-Pb 定年及其地质意义［J］.岩石学报，2008，24（6）：1297-1301.

［91］吴根耀，王伟锋，迟洪星.黔南坳陷及邻区盆地演化和海相沉积的后期改造［J］.古地理学报，2012，14（4）：507-521.

［92］吴志强，张训华，赵维娜，等.南黄海海相油气勘探前景探讨与问题分析［J］.吉林大学学报：地球科学版，2019，49（1）：26-28.

［93］肖瑞卿.广西十万大山中生代盆地充填序列及构造原型［J］.四川地质学报，2015，35（2）：172-177.

［94］辛仁臣，贾进华，杨波.塔里木盆地上泥盆—下石炭统层序地层格架与古地理［J］.古地理学报，2011，13（6）：665-676.

［95］辛云路，王劲铸，金春爽.南盘江盆地石炭系沉积体系及页岩气有利区带［J］.现代地质，2018，32（4）：774-785.

［96］邢智峰，周虎，林佳，等.河南宜阳下三叠统刘家沟组微生物成因沉积构造演化及其对古环境变化的响应［J］.古地理学报，2018，20（3）：191-206.

［97］熊连桥，姚根顺，倪超，等.龙门山地区中泥盆统观雾山组岩相古地理恢复［J］.石油学报，2017，38（12）：1356-1370.

［98］许长海，周祖翼，Van Den Haute P，等.合肥盆地构造演化的磷灰石裂变径迹分析［J］.石油学报，2006，27（6）：5-13.

［99］许荣科，郑有业，冯庆来，等.西藏札达县夏浦沟的放射虫硅质岩和岛弧火山岩：新特提斯洋内俯冲体系的记录？［J］.地球科学：中国地质大学学报，2009，34（6）：884-894.

［100］徐政语，姚根顺，郭庆新，等.黔南坳陷构造变形特征及其成因解析［J］.大地构造与成矿学，2010，34（1）：20-31.

［101］沿海大陆架及毗邻海域油气区石油地质志编写组.沿海大陆架及毗邻海域油气区（下册）中国石油地质志 卷十六［M］.北京：石油工业出版社，1992：33-72.

［102］颜佳新，周蒂.南海北部陆缘区中特提斯构造演化研究［J］.海洋地质与第四纪地质，2001，21（4）：49-54.

［103］闫全人，王宗起，闫臻，等.秦岭造山带宽坪群中的变铁镁质岩的成因、时代及其构造意义［J］.地质通报，2008，27（9）：1475-1492.

［104］杨传胜，李刚，杨长清，等.东海陆架盆地及其邻域岩浆岩时空分布特征［J］.海洋地质与第四纪地质，2012，32（3）：125-133.

［105］杨萍.青海湖的形成与环境演化［J］.青海环境 2011，6：59-61.

［106］杨永亮.南图尔盖盆地基底特征及基岩成藏模式［J］.海相油气地质，2016，21（4）：43-50.

［107］叶和飞，罗建宁，李永铁，等.特提斯构造域与油气勘探［J］.沉积与特提斯地质，2000，20（1）：1-27.

［108］雍永源，贾宝江.板块剪式汇聚加地体拼贴——中特提斯消亡的新模式［J］.沉积与特提斯地质，2000，20（1）：85-89.

［109］禹丽.三江腾冲-保山地块中生代岩浆岩成因及构造意义［D］.中国地质大学（北京）博士学位论文，2016：3.

［110］玉门油田石油地质志编写组.玉门油田 中国石油地质志 卷十三［M］.北京：石油工业出版社，1989：64-435.

［111］曾允孚，刘文均，陈洪德，等，华南右江复合盆地的沉积构造演化［J］.地质学报，1995，69（2）：113-124.

［112］翟文亮.龙门山甘溪地区泥盆系碳酸盐与陆源碎屑混合沉积特征［J］.地质学刊，2017，41（2）：230-238.

［113］张长宝，罗东坤，魏春光.中亚阿姆河盆地天然气成藏控制因素［J］.石油与天然气地质，2015，36（5）：766-773.

［114］张功成，贾庆军，王万银，等.南海构造格局及其演化［J］.地球物理学报，2018，61（10）：4194-4215.

［115］张国华，张建培.东海陆架盆地构造反转特征及成因机制探讨［J］.地学前缘，2015，22（1）：260-270.

［116］张国伟，郭安林，王岳军，等.中国华南大陆构造与问题［J］.中国科学：地球科学，2013，43：1553-1582.

［117］张健，余学中，薛春纪.东秦岭地区秦岭群与陡岭群关系判断及构造启示［J］.现代地质，2019，33（1）：45-55.

［118］张建培，张田，唐贤君.东海陆架盆地类型及其形成的动力学环境［J］.地质学报，2014，88（11）：2033-2043.

［119］张进，马宗晋，陈必河，等.雪峰山中段古生代变形的特征及意义——以绥宁-靖州-天柱-新晃剖面为例［J］.地质通报，2010，29（1）：44-57.

［120］张旗，李达周，张魁武.云南省云县铜厂街蛇绿混杂岩的初步研究［J］.岩石学报，1985，1（3）：1-14.

［121］张田，张建培，张绍亮，等.东海陆架盆地西部坳陷带构造特征及演化［J］.海洋地质前沿，2015，31（5）：1-7.

［122］张文佑.中国及邻区海陆大地构造［J］.北京：科学出版社，1986：361-404.

［123］张训华.中国海域构造地质学［J］.北京：海洋出版社，2008：50-262.

［124］赵丹，潘仁芳，闫思远，等.银根-额济纳旗盆地路井凹陷构造演化分析［J］.长江大学学报：自然科学版，2014，11（31）：73-76.

［125］赵汗青，李德勇，王海平，等.东海陆架盆地南部新生代盆地原型及类比与油气勘探意义［J］.石油天然气学报，2014，36（6）：21-25.

［126］赵红娟，陈永清，卢映祥.老挝长山成矿带与花岗岩有关的铜金铁矿床的成矿模式［J］.

地质通报，2011，30（10）：1619-1627.

　　［127］赵阳，胡孝林，刘琼，等.尼罗河三角洲盆地油气地质特征与勘探方向［J］.海洋地质前沿，2018，34（1）：28-34.

　　［128］赵宗举，李大成，朱琰，等.合肥盆地构造演化及油气系统分析［J］.石油勘探开发.2001.28（4）：8-16.

　　［129］张熊猫，杨蓉.北秦岭造山带武关岩群年代学研究及其地质意义［J］.地质学刊，2018，42（4）：576-584.

　　［130］浙江省地质矿产局.浙江省区域地质志［M］.北京：地质出版社，1989：5-228.

　　［131］郑来林，廖光宇，耿全如，等.墨脱县幅地质调查新成果及主要进展［J］.地质通报，2004，23（5-6）：458-462.

　　［132］周传明.扬子区新元古代前震旦纪地层对比［J］.地层学杂志，2016，40（2）：120-135.

　　［133］周蒂.台西南盆地和北港隆起的中生界及其沉积环境［J］.热带海洋学报，2002，21（2）：50-57.

　　［134］周蒂，颜佳新，丘元禧，等.南海西部围区中特提斯东延通道问题［J］.地学前缘：中国地质大学，北京，2003，10（4）：469-476.

　　［135］朱弟成，莫宣学，王立全，等.新特提斯演化的热点与洋脊相互作用：西藏南部晚侏罗世一早白至世岩浆作用推论［J］.岩石学报，2008，24（2）：225-237.

　　［136］邹国庆，曹晓明，余忠珍.羌南盆地地层特征与中特提斯洋盆的演化——以1：25万兹格塘错幅为例［J］.东华理工学院学报，2007，30（3）：217-222.

　　［137］Abbo A，Avigad D，Gerdes A，et al. Cadomian basement and Paleozoic to Triassic siliciclastics of the Taurides（Karacahisar dome，south-central Turkey）：Paleogeographic constraints from U-Pb-Hf in zircons［J］. Lithos，2015，227：122-139.

　　［138］Abbassi S，George S C，Edwards D S，et al. Generation characteristics of Mesozoic syn-and post-rift source rocks，Bonaparte Basin，Australia：New insights from compositional kinetic modelling［J］. Marine and Petroleum Geology，2014，50：148-165.

　　［139］Abdelghany O，Abu Saima M，Ramazanoglu S，et al. Stratigraphic correlation of the Late Cretaceous Simsima Formation United Arab Emirates and Akveren Formation，northwest Turkey［J］. Journal of African Earth Sciences，2015，111：296-306.

　　［140］Abdullah C I，Rampnoux J P，Bellon H，et al. The evolution of Sumba Island（Indonesia）revisited in the light of new data on the geochronology and geochemistry of the magmatic rocks［J］. Journal of Asian Earth Sciences，2000，18（5）：533-546.

　　［141］Abdullah S，Misra S，Ghosh B. Melt-rock interaction and fractional crystallization in the Moho transition Zone：Evidence from the cretaceous Naga Hills Ophiolite，North-East India［J］. Lithos，2018，322：197-211.

　　［142］Abdunaser K M. Review of the petroleum geology of the western part of the Sirt Basin，Libya［J］. Journal of African Earth Sciences，2015：111：76-91.

　　［143］Abdunaser K M，McCaffrey K J W. Tectonic history and structural development of the Zallah-Dur al Abd Sub-basin，western Sirt Basin，Libya［J］. Journal of Structural Geology，2015，73：33-48.

　　［144］Acharyya S K. Evolution of the Himalayan Paleogene foreland basin，influence of its litho-packet on the formation of thrust–related domes and windows in the Eastern Himalayas–A review [J]. Journal of Asian Earth Sciences, 2007, 31 (1): 1–17.

[145] Adams P N. Geomorphic origin of Merritt Island–Cape Canaveral, Florida, USA: A paleodelta of the reversed St. Johns River [J]? Geomorphology, 2018, 306: 102–107.

[146] Advokaat E L, Bongers M L M, Rudyawan A, et al. Early Cretaceous origin of the Woyla Arc (Sumatra, Indonesia) on the Australian plate [J]. Earth and Planetary Science Letters, 2018, 498: 348–361.

[147] Aguado R, O'Dogherty L, Sandoval J. Calcareous nannofossil assemblage turnover in response to the Early Bajocian (Middle Jurassic) palaeoenvironmental changes in the Subbetic Basin [J]. Palaeogeography, Palaeoclimatology, Palaeoecology, 2017, 472: 128–145.

[148] Aguilera–Franco N, Romano U H. Cenomanian–Turonian facies succession in the Guerrero–Morelos Basin, Southern Mexico [J]. Sedimentary Geology, 2004, 170: 135–162.

[149] Ahmad I, Khan S, Lapen T, et al. Isotopic ages for alkaline igneous rocks, including a 26Ma ignimbrite, from the Peshawar plain of northern Pakistan and their tectonic implications [J]. Journal of Asian Earth Sciences, 2013, 62: 414–424.

[150] Akdogan R, Okay A, Sunal G, et al. Provenance of a large Lower Cretaceous turbidite submarine fan complex on the active Laurasian margin: Central Pontides, northern Turkey [J]. Journal of Asian Earth Sciences, 2017, 134: 309–329.

[151] Akhmanov G G, Premoli Silva I, Erba E, et al. Sedimentary succession and evolution of the Mediterranean Ridge western sector as derived from lithology of mud breccia clasts [J]. Marine Geology, 195: 277–299.

[152] Aksu A E, Hall J, Calon T J, Barnes M C, et al. Messinian evaporites across the Anaximander Mountains, Sırrı Erinç Plateau and the Rhodes and Finike basins, eastern Mediterranean Sea [J]. Marine Geology, 2018, 395: 48–64.

[153] Alam M, Alam M, Curray J, et al. An overview of the sedimentary geology of the Bengal Basin in relation to the regional tectonic framework and basin–fill history [J]. Sedimentary Geology, 2003, 155: 179–208.

[154] Alavi M. Tectonostratigraphic synthesis and structural style of the Alborz mountain system in northern Iran [J]. Journal of Geodynamics, 1996, 21 (1): 1–33.

[155] Aldega L, Carminati E, Scharf A, et al. Estimating original thickness and extent of the Semail Ophiolite in the eastern Oman Mountains by paleothermal indicators [J]. Marine and Petroleum Geology, 2017, 84: 18–33.

[156] Alexeiev D V, Biske Yu S, Djenchuraeva A V, et al. Late Carboniferous (Kasimovian) closure of the South Tianshan Ocean: No Triassic subduction [J]. Journal of Asian Earth Sciences, 2019, 173: 54–60.

[157] Ali J R, Hall R, Baker S J. Palaeomagnetic data from a Mesozoic Philippine Sea Plate ophiolite on Obi Island, Eastern Indonesia [J]. Journal of Asian Earth Sciences, 2001, 19 (4): 535–546.

[158] Allégre C J, Courtillot V, Tapponnier P, et al. Structure andevolution of the Himalaya–Tibet orogenic belt [J]. Nature, 1984, 307: 17–22.

[159] Allen P A, Leather J. Post–Marinoan marine siliciclastic sedimentation: The Masirah Bay Formation, Neoproterozoic Huqf Supergroup of Oman [J]. Precambrian Research, 2006, 144 (3–4): 167–198.

[160] Aloui T, Dasgupta P, Chaabani F. Facies pattern of the Sidi Aïch Formation: Reconstruction of Barremian paleogeography of Central North Africa [J]. Journal of African Earth Sciences, 2012, 71-72, 18-42.

[161] Alvarez-Marron J, Brown D, Perez-Estaun A, et al. Accretionary complex structure and kinematics during Paleozoic arc-continent collision in the southern Urals [J]. Tectonophysics, 2000, 325: 175-191.

[162] Álvaro J J, Benziane F, Thomas R, et al. Neoproterozoic-Cambrian stratigraphic framework of the Anti-Atlas and Ouzellagh promontory (High Atlas), Morocco [J]. Journal of African Earth Sciences, 2014, 98: 19-33.

[163] Amato A, Bianchi I, Agostinetti N. Apulian crust: Top to bottom [J]. Journal of Geodynamics, 2014, 82: 125-137.

[164] Ampaiwan T, Hisada K, Charusiri P. Lower Permian glacially influenced deposits in Phuket and adjacent islands, peninsular Thailand [J]. Island Arc, 2009. 18: 52-68.

[165] Angiolini L, Zanchi A, Zanchetta S, et al. The Cimmerian geopuzzle: new data from South Pamir [J]. Terra Nova, 2013, 25: 352-360.http: //dx.doi.org/10.1111/ ter.12042.

[166] Angiolini L, Zanchi A, Zanchetta S, et al. From rift to drift in South Pamir (Tajikistan): Permian evolution of a Cimmerian terrane [J]. Journal of Asian Earth Sciences, 2015, 102: 146-169.

[167] Antić M, Peytcheva I, von Quadt A, et al. Pre-Alpine evolution of a segment of the North-Gondwanan margin: Geochronological and geoch-emical evidence from the central Serbo-Macedonian Massif [J]. Gondwana Research, 2016, 36: 523-544.

[168] Arab M, Bracene R, Roure F, et al. Source rocks and related petroleum systems of the Chelif Basin, (western Tellian domain, north Algeria) [J]. Marine and Petroleum Geology, 2015, 64: 363-385.

[169] Archbold N W, Pigram C J, Ratman N, et al. Indonesian Permian brachiopod fauna and Gondwana-South-East Asia relationships [J]. Nature, 1982, 296: 556-558.

[170] Arenas R, Fernández R, Rubio Pascual F, et al. The Galicia-Ossa-Morena Zone: Proposal for a new zone of the Iberian Massif. Variscan implications [J]. Tectonophysics, 2016, 681: 135-143.

[171] Argnani A. Plate motion and the evolution of Alpine Corsica and Northern Apennines [J]. Tectonophysics, 2012, 579: 207-219.

[172] Argnani A, Cimini G B, Frugoni F, et al. The role of continental margins in the final stages of arc formation: Constraints from teleseismic tomography of the Gibraltar and Calabrian Arc (Western Mediterranean) [J]. Tectonophysics, 2016, 677-678: 135-152.

[173] Arjmandzadeh R, Karimpour M H, Mazaheri S A, et al. Sr-Nd isotope geochemistry and petrogenesis of the Chah-Shaljami granitoids (Lut Block, Eastern Iran) [J]. Journal of Asian Earth Sciences, 2011, 41: 283-296.

[174] Armin R A. Sedimentology and tectonic significance of Wolfcampian (Lower Permian) conglomerates in the Pedregosa basin: Southeastern Arizona, southwestern New Mexico, and northern Mexico [J]. Geological Society of America Bulletin, 1987, 99: 42-65.

[175] Artoni A, Polonia A, Carlinia M, et al. Mass Transport Deposits and geo-hazard assessment in the Bradano Foredeep (Southern Apennines, Ionian Sea) [J]. Marine Geology, 2019, 407: 275-298.

[176] Artyushkov E V, Baer M A, Chekhovich P A, et al. The Southern Urals. Decoupled evolution of the thrust belt and its foreland: a consequence of metamorphism and lithospheric weakening [J]. Tectonophysics, 2000, 320: 271-310.

[177] Atif K F T, Legrand-Blain M. Appearance of Choristitinae (spiriferide brachiopods) during the Early Bashkirian of the Bechar Basin, northwestern Algerian Sahara [J]. Comptes Rendus Palevol, 2011, 10: 225-237.

[178] Audemard F E, Audemard F A. Structure of the Merida Andes, Venezuela: relations with the South America-Caribbean geodynamic interaction [J]. Tectonophysics, 2002, 345: 299-327.

[179] Audemard M F A, Castilla R. Present-day stress tensors along the southern Caribbean plate boundary zone from inversion of focal mechanism solutions: A successful trial [J]. Journal of South American Earth Sciences, 2016, 71: 309-319.

[180] Audley-Charles M G. Tectonic post-collision processes in Timor [M]. In: Hall R, Cottam M A, Wilson M E J (Eds.), The SE Asian Gateway: History and Tectonics of the Australia-Asia Collision. Geological Society of London Special Publication 355, 2011: 241-266.

[181] Aurelio M A, Forbes M T, Taguibao K J L, et al. Middle to Late Cenozoic tectonic events in south and central Palawan (Philippines) and their implications to the evolution of the southeastern margin of South China Sea: Evidence from onshore structural and offshore seismic data [J]. Marine and Petroleum Geology, 2014, 58: 658-673.

[182] Aurelio M A, Peña R E, Taguibao K J L. Sculpting the Philippine archipelago since the Cretaceous through rifting, oceanic spreading, subduction, obduction, collision and strike-slip faulting: Contribution to IGMA5000 [J]. Journal of Asian Earth Sciences, 2013, 72: 102-107.

[183] Ayers Jr. W B. Chapter 10 Coalbed methane in the Fruitland Formation, San Juan Basin, western United States: A giant unconventional gas play [M]. in Halbouty M T, ed., Giant oil and gas fields of the decade 1990-1999. 2003, AAPG Memoir 78, 159-188.

[184] Babault J, Viaplana-Muzas M, Legrand X, et al. Source-to-sink constraints on tectonic and sedimentary evolution of the western Central Range and Cenderawasih Bay (Indonesia) [J]. Journal of Asian Earth Sciences, 2018, 156: 265-287.

[185] Bailly V, Pubellier M, Ringenbach J-C, et al. Deformation zone 'jumps' in a young convergent setting; the Lengguru fold-and-thrust belt, New Guinea Island [J]. Lithos, 2009, 113 (1-2): 306-317.

[186] Ballèvre M, Bosse V, Ducassou C, et al. Palaeozoic history of the Armorican Massif: Models for the tectonic evolution of the suture zones [J]. Comptes Rendus Geoscience, 2009, 341 (2-3): 174-201.

[187] Balintoni I, Balica C. Peri-Amazonian provenance of the Euxinic Craton components in Dobrogea and of the North Dobrogean Orogen components (Romania): A detrital zircon study [J]. Precambrian Research, 2016, 278: 34-51.

[188] Balintoni I, Balica C, Seghedi A, et al. Avalonian and Cadomian terranes in North Dobrogea, Romania [J]. Precambrian Research, 2010, 182: 217-229.

[189] Bally A W, Roberts D G, Sawyer D, et al. Tectonic and Basin maps of the world [M]. In: Robert (ed.), *Phanerozoic Passive Margins, Cratonic Basins and Global Tectonic Maps*, Elsevier, 2012: 973-1151.

［190］Barat F, de Lépinay B M, Sosson M, et al. Transition from the Farallon Plate subduction to the collision between South and Central America: Geological evolution of the Panama Isthmus. Tectonophysics, 2014, 622: 145-167.

［191］Barber A J, Crow M J. An Evaluation of Plate Tectonic Models for the Development of Sumatra ［J］. Gondwana Research, 2003, 6（1）: 1-28.

［192］Barber A J, Crow M J. The structure of Sumatra and its implications for the tectonic assembly of Southeast Asia and the destruction of Paleotethys ［J］. Island Arc, 2009, 18: 3-20.

［193］Barr S M, Macdonald A S. Nan River suture zone, northern Thailand［J］. Geology, 1987, 15: 907-910.

［194］Barr S M, Macdonald A S. Toward a late Paleozoic-early Mesozoic tectonic model for Thailand［J］. Journal of Thai Geosciences, 1991, 1: 11-22.

［195］Barr S M, Macdonald A S, Ounchanum P, et al. Age, tectonic setting and regional implications of the Chiang Khong volcanic suite, northern Thailand ［J］. J. Geol. Soc., Lond, 2006, 163: 1037-1046.

［196］Basile C, Maillard A, Patriat M, et al. Structure and evolution of the Demerara Plateau, offshore French Guiana: Rifting, tectonic inversion and post-rift tilting at transform-divergent margins intersection［J］. Tectonophysics, 2013, 591: 16-29.

［197］Bastia R, Das S, Radhakrishna M. Pre-and post-collisional depositional history in the upper and middle Bengal fan and evaluation of deepwater reservoir potential along the northeast Continental Margin of India ［J］. Marine and Petroleum Geology, 2010, 27（9）: 2051-2061.

［198］Bastia R, Radhakrishna M. Chapter 5: Sedimentary Basins Along the East Coast of India: Subsurface Geology, Depositional History, and Petroleum Systems ［M］. Developments in Petroleum Science, 2012, 59: 161-267.

［199］Bataleva E A, Buslov M M, Rybin A K, et al. Crustal conductor associated with the Tlas-Fergana fault and deep structure of the southwestern Tien Shan: geodynamic implications ［J］. Russian Geology and Geophysics, 2006, 47（9）: 1036-1042.

［200］Bayet-Goll A, Monaco P, Jalili F, et al. Depositional environments and ichnology of Upper Cretaceous deep-marine deposits in the Sistan Suture Zone, Birjand, Eastern Iran ［J］. Cretaceous Research, 2016, 60: 28-51.

［201］Bayet-Goll A, de Carvalho C N, Daraei M, et al. Sequence stratigraphic and sedimentologic significance of the trace fossil *Rhizocorallium* in the Upper Triassic Nayband Formation, Tabas Block, Central Iran ［J］. Palaeogeography, Palaeoclimatology, Palaeoecology, 2018, 491: 196-217.

［202］Bazalgette L, Salem H. Mesozoic and Cenozoic structural evolution of North Oman: New insights from high-quality 3D seismic from the Lekhwair area ［J］. Journal of Structural Geology, 2018, 111: 1-13.

［203］Bba A N, Boujamaoui M, Amiri A, et al. Structural modeling of the hidden parts of a Paleozoic belt: Insights from gravity and aeromagnetic data（Tadla Basin and Phosphates Plateau, Morocco）［J］. Journal of African Earth Sciences, 2018, https: //doi.org/10.1016/j.jafrearsci.2018.09.007.

［204］Becker A. The Jura Mountains-an active foreland fold-and-thrust belt? ［J］ Tectonophysics, 2000, 321: 381-406.

［205］Beidinger A, Decker K. Paleogene and Neogene kinematics of the Alpine-Carpathian fold-thrust belt at the Alpine–Carpathian transition [J]. Tectonophysics, 2016, 690, Part B: 263–287.

[206] Belayouni H, Guerrera F, Martín M, et al. Stratigraphic update of the Cenozoic Sub–Numidian formations of the Tunisian Tell (North Africa): Tectonic/sedimentary evolution and correlations along the Maghrebian Chain [J]. Journal of African Earth Sciences, 2012, 64: 48–64.

[207] Belousov V I. The Upper Paleozoic preflysch and overthrusting in the Turkstan–Alay Ranges, southern Fergana [J]. Geotectonics, 2007, 41 (5): 392–402.

[208] Benabdellouahed M, Klingelhoefer F, Gutscher M A, et al. Recent uplift of the Atlantic Atlas (offshore West Morocco): Tectonic arch and submarine terraces [J]. Tectonophysics, 2017, 706–707: 46–58.

[209] Benyoucef M, Mebarki K, Ferre B, et al. Litho–and biostratigraphy, facies patterns and depositional sequences of the Cenomanian–Turonian deposits in the Ksour Mountains (Saharan Atlas, Algeria) [J]. Cretaceous Research, 2017, 78: 34–55.

[210] Berglar K, Gaedicke C, Lutz R, et al. Neogene subsidence and stratigraphy of the Simeulue forearc basin, Northwest Sumatra [J]. Marine Geology, 2008, 253: 1–13.

[211] Berglar K, Gaedicke C, Franke D, et al. Structural evolution and strike–slip tectonics off north–western Sumatra [J]. Tectonophysics, 2010, 480: 119–132.

[212] Berra F, Felletti F. Syndepositional tectonics recorded by soft–sediment deformation and liquefaction structures (continental Lower Permian sediments, Southern Alps, Northern Italy): Stratigraphic significance [J]. Sedimentary Geology, 2011, 235 (3–4): 249–263.

[213] Berra F, Jadoul F, Binda M, et al. Large–scale progradation, demise and rebirth of a high–relief carbonate platform (Triassic, Lombardy Southern Alps, Italy) [J]. Sedimentary Geology, 2011, 239 (1–2): 48–63.

[214] Berra F, Felletti F, Tessarollo A. Stratigraphic architecture of a transtensional continental basin in low–latitude semiarid conditions: the Permian succession of the central Orobic Basin (Southern Alps, Italy). Journal of Sedimentary Research, 2016, 86: 408–429.

[215] Bertoni C, Kirkham C, Cartwright J, et al. Seismic indicators of focused fluid flow and cross–evaporitic seepage in the Eastern Mediterranean [J]. Marine and Petroleum Geology, 2017, 88: 472–488.

[216] Beydokhti R M, Karimpour M H, Mazaheri S A, et al. U–Pb zircon geochronology, Sr–Nd geochemistry, petrogenesis and tectonic setting of Mahoor granitoid rocks (Lut Block, Eastern Iran) [J]. Journal of Asian Earth Sciences, 2015, 111: 192–205.

[217] Bezada M J, Schmitz M, Jacome M I, et al. Crustal structure in the Falc´on Basin area, northwestern Venezuela, from seismic and gravimetric evidence [J]. Journal of Geodynamics, 2008, 45: 191–200.

[218] Bigi S, Carminati E, Aldega E, et al. Zagros fold and thrust belt in the Fars province (Iran) I: Control of thickness/ rheology of sediments and pre–thrusting tectonics on structural style and shortening [J]. Marine and Petroleum Geology, 2018, 91: 211–224.

[219] Billerot A, Duchene S, Vanderhaeghe O, et al. Gneiss domes of the Danba Metamorphic Complex, Songpan Ganze, eastern Tibet [J]. Journal of Asian Earth Sciences, 2017, 140: 48–74.

[220] Bineli Betsi T, Ponce M, Chiaradia M. Petrogenesis of the Rio Blanco epithermal Au–Ag

mineralization in the Cordillera Occidental of southwestern Ecuador: Assessment from host rocks petrochemistry and ore constituents isotopic (O, S, H, and Pb) compositions [J]. Journal of South American Earth Sciences, 2018, 86: 70-93.

[221] Betsi T B, Ponce M, Chiaradia M, et al. Insights into the genesis of the epithermal Au-Ag mineralization at Rio Blanco in the Cordillera Occidental of southwestern Ecuador: Constraints from U-Pb and Ar/Ar geochronology [J]. Journal of South American Earth Sciences, 2017, 80: 353: 374.

[222] Biske Y S, Seltmann R. Paleozoic Tian-Shan as a transitional region between the Rheic and Urals-Turkestan oceans [J]. Gondwana Research, 2010, 17: 602-613.

[223] Bladon A J, Clarke S M, Burley S D. Complex rift geometries resulting from inheritance of pre-existing structures: Insights and regional implications from the Barmer Basin rift [J]. Journal of Structural Geology, 2015, 71: 136-154.

[224] Blakey R C. Pennsylvanian-Jurassic sedimentary basins of the Colorado Plateau and Southern Rocky Mountains [M]. in: In: Mail A D (ed). Sedimentary Basins of the World, V5, The sedimentary basins of the United States and Canada. Elsevier Inc., 2008: 245-296.

[225] Blundell D J. Chapter 4 The Geology and Structure of the Celtic Sea [M]. Elsevier Oceanography Series, 24, Part A, 1979: 43-60.

[226] Bonnet G, Agard P, Angiboust S, et al. Tectonic slicing and mixing processes along the subduction interface: The Sistan example (Eastern Iran)[J]. Lithos, 2018, 310-311: 269-287.

[227] Bora D, Dubey S. New insight on petroleum system modeling of Ghadames basin, Libya [J]. Journal of African Earth Sciences, 2015, 112: 111-128.

[228] Bosch D, Hammor D, Mechati M, et al. Geochemical study (major, trace elements and Pb-Sr-Nd isotopes) of mantle material obducted onto the North African margin (Edough Massif, North Eastern Algeria): Tethys fragments or lost remnants of the Liguro-Provençal basin [J]? Tectonophysics, 2014, 626: 53-68.

[229] Botor D, Dunkl I, Anczkiewicz A, et al. Post-Variscan thermal history of the Moravo-Silesian lower Carboniferous Culm Basin (NE Czech Republic-SW Poland)[J]. Tectonophysics, 2017, 712-713: 643-662.

[230] Bracene R, Frizon de Lamotte D. The origin of intraplate deformation in the Atlas system of western and central Algeria: from Jurassic rifting to Cenozoic-Quaternary inversion [J]. Tectonophysics, 2002, 357: 207-226.

[231] Brahimi S, Liégeois J P, Ghienne J F, et al. The Tuareg shield terranes revisited and extended towards the northern Gondwana margin: Magnetic and gravimetric constraints [J]. Earth-Science Reviews, 2018, 185: 572-599.

[232] Brandano M, Corda L, et al, Tagliavento M. Frequency analysis across the drowning of a Lower Jurassic carbonate platform: The Calcare Massiccio Formation (Apennines, Italy)[J]. Marine and Petroleum Geology, 2016, 78: 606-620.

[233] Brandes C, Astorga A, Back S, et al. Deformation style and basin-fill architecture of the offshore Limon back-arc basin (Costa Rica)[J]. Marine and Petroleum Geology, 2007, 24: 277-287.

[234] Breitfeld H T, Hall R. The eastern Sundaland margin in the latest Cretaceous to Late Eocene:

Sediment provenance and depositional setting of the Kuching and Sibu Zones of Borneo [J]. Gondwana Research, 2018, 63: 34–64.

[235] Breitfeld H T, Hall R, Galin T, et al. A Triassic to Cretaceous Sundaland–Pacific subduction margin in West Sarawak, Borneo [J]. Tectonophysics, 2017, 694: 35–56.

[236] Breward N, Kemp S J, Ambrose K, et al. Anomalous enrichment of molybdenum and associated metals in Lower Jurassic (Lias Group) black shales of central England, as revealed by systematic geochemical surveys [J]. Proceedings of the Geologists' Association, 2015, 126: 346–366.

[237] Bröcker M, Rad G F, Burgess R, et al. New age constraints for the geodynamic evolution of the Sistan Suture Zone, eastern Iran [J]. Lithos, 2013, 170–171: 17–34.

[238] Broska I, Petrík I, Be'eri–Shlevin Y, et al. Devonian/Mississippian I–type granitoids in the Western Carpathians: A subduction–related hybrid magmatism [J]. Lithos, 2013, 162–163: 27–36.

[239] Brown D. The growth and destruction of continental crust during arc–continent collision in the Southern Urals [J]. Tectonophysics, 2009, 479: 185–196.

[240] Brown D, Spadea P, Puchkov V, et al. Arc–continent collision in the Southern Urals [J]. Earth–Science Reviews, 2006, 79: 261–287.

[241] Brunet M F, Korotaev M V, et al, Nikishin A M. The South Caspian Basin: a review of its evolution from subsidence modelling [J]. Sedimentary Geology, 2003, 156: 119–148.

[242] Buggisch W, Krainer K, Schaffhauser M, et al. Late Carboniferous to Late Permian carbon isotope stratigraphy: A new record from post–Variscan carbonates from the Southern Alps (Austria and Italy) [J]. Palaeogeography, Palaeoclimatology, Palaeoecology, 2015, 433: 174–190.

[243] Bui H B, Ngo X T, Khuong T H, et al. Episodes of brittle deformation within the Dien Bien Phu Fault zone, Vietnam: Evidence from K–Ar age dating of authigenic illite [J]. Tectonophysics, 2017, 695: 53–63.

[244] Bulois C, Pubellier M, Chamot–Rooke N, et al. From orogenic collapse to rifting: A case study of the northern Porcupine Basin, offshore Ireland [J]. Journal of Structural Geology, 2018, 114: 139–162.

[245] Bunopas S. Palaeogeographic history of Western Thailand and adjacent parts of Southeast Asia–a plate tectonics interpretation [M]. Geological Survey Paper No.5, Department of Mineral Resources, Thailand, 1982: 810.

[246] Burgess P M. Chapter 2 Phanerozoic evolution of the sedimentary cover of the North American Craton [M]. In: Mail A D (ed). Sedimentary Basins of the World, V5, The sedimentary basins of the United States and Canada. Elsevier Inc., 2008: 31–63.

[247] Burrett C, Stait B. South–East Asia as part of an Ordovician Gondwanaland [J]. Earth and Planetary Science Letters, 1985, 75: 184–190.

[248] Burrett C, Long J, Stait B. Early–Middle Palaeozoic biogeography of Asian terranes derived from Gondwana [M]. In: McKerrow, W.S., Scotese, C.R. (Eds.), Palaeozoic Palaeogeography and Biogeography. Geological Society Memoir No.12, 1990: 163–174.

[249] Bustamante C, Cardona A, Archanjo C J, et al. Geochemistry and isotopic signatures of Paleogene plutonic and detrital rocks of the Northern Andes of Colombia: A record of post–collisional arc

magmatism [J]. Lithos，2016，http：//dx.doi.org/10.1016/j.lithos.2016.11.025.

[250] Campos-Enríquez J O, Alatorre-Zamora M A, Keppie J D, et al. Interpretation of gravity profiles across the northern Oaxaca terrane, its boundaries and the Tehuacan Valley, southern Mexico [J]. Journal of South American Earth Sciences, 2014, 56：396-408.

[251] Campos-Enriquez J O, Corbo-Camargo F, Arzate-Flores J, et al. The buried southern continuation of the Oaxaca-Juarez terrane boundary and Oaxaca Fault, southern Mexico：Magnetotelluric constraints [J]. Journal of South American Earth Sciences, 2013, 43：62-73.

[252] Candan O, Koralay O, Topuz G, et al. Late Neoproterozoic gabbro emplacement followed by early Cambrian eclogite-facies metamorphism in the Menderes Massif (W. Turkey)：Implications on the final assembly of Gondwana [J]. Gondwana Research, 2016, 34：158-173.

[253] Cao H, Li S, Zhao S, et al. Detrital zircon geochronology of Neoproterozoic to early Paleozoic sedimentary rocks in the North Qinling Orogenic Belt：Implications for the tectonic evolution of the Kuanping Ocean [J]. Precambrian Research, 2016, 279：1-16.

[254] Capaccioni B, Franco T, Alberto R, et al. Geochemistry of thermal fluids in NW Honduras：New perspectives for exploitation of geothermal areas in the southern Sula graben [J]. Journal of Volcanology and Geothermal Research, 2014, 280：40-52.

[255] Capitanio F A, Faccenna C, Funiciello R. The opening of Sirte basin：Result of slab avalanching [J]? Earth and Planetary Science Letters, 2009, 285：210-216.

[256] Cardona A, Chew D, Valencia V A, et al. Grenvillian remnants in the Northern Andes：Rodinian and Phanerozoic paleogeographic perspectives [J]. Journal of South American Earth Sciences, 2010, 29：92-104.

[257] Cardona A, Montes C, Ayala C, et al. From arc-continent collision to continuous convergence, clues from Paleogene conglomerates along the southern Caribbean-South America plate boundary [J]. Tectonophysics, 2012, 580：58-87.

[258] Carlini M, Artoni A, Aldega L, et al. Exhumation and reshaping of far-travelled/allochthonous tectonic units in mountain belts. New insights for the relationships between shortening and coeval extension in the western Northern Apennines (Italy) [J]. Tectonophysics, 2013, 608：267-287.

[259] Carminati E, Doglioni C. Alps vs. Apennines：The paradigm of a tectonically asymmetric Earth [J]. Earth-Science Reviews, 2012, 112 (1-2)：67-96.

[260] Carminati E, Lustrino M, Doglioni C. Geodynamic evolution of the central and western Mediterranean：Tectonics vs. igneous petrology constraints [J]. Tectonophysics, 2012, 579：173-192.

[261] Carpentier C, Hadouth S, Bouaziz S, et al. Basin geodynamics and sequence stratigraphy of Upper Triassic to Lower Jurassic deposits of Southern Tunisia [J]. Journal of African Earth Sciences, 2016, 117：358-388.

[262] Carruba S, Perotti C, Rinaldi M, et al. Intraplate deformation of the Al Qarqaf Arch and the southern sector of the Ghadames Basin (SW Libya) [J]. Journal of African Earth Sciences, 2014, 97：19-39.

[263] Casini L, Cuccuru S, Puccini A, et al, Rossi Ph. Evolution of the Corsica-Sardinia Batholith

and late–orogenic shearing of the Variscides [J]. Tectonophysics, 2015, 646: 65–78.

[264] Cassinis G, Perotti C, Santi G. Post–Variscan Verrucano–like deposits in Italy, and the onset of the alpine tectono–sedimentary cycle [J]. Earth–Science Reviews, 2018, 185: 476–497.

[265] Castillo P R, Rigby S J, Solidum R U. Origin of high field strength element enrichment in volcanic arcs: Geochemical evidence from the Sulu Arc, southern Philippines [J]. Lithos, 2007, 97: 271–288.

[266] Centeno–García E, Busby C, Busby M, et al. Evolution of the Guerrero composite terrane along the Mexican margin, from extensional fringing arc to contractional continental arc [J]. GSA Bulletin, 2011, 123 (9/10): 1776–1797.

[267] Chalwati I, Berra F, Boukadi N. Geological evolution of the offshore Tunisia (Gabes Basin, Pelagian Domain) since the Cretaceous: Constraints from subsidence curves from hydrocarbon wells data [J]. Marine and Petroleum Geology, 2018, 97: 94–104.

[268] Chantraine J, Egal E, Thiéblemont D, et al. The Cadomian active margin (North Armorican Massif, France): a segment of the North Atlantic Panafrican belt [J]. Tectonophysics, 2001, 331 (1–2): 1–18.

[269] Chapman J B, Scoggin S H, Kapp P, et al. Mesozoic to Cenozoic magmatic history of the Pamir [J]. Earth and Planetary Science Letters, 2018, 482: 181–192.

[270] Charlton T R, Kaye S J, Samodra H, et al. Geology of the Kai Islands: implications for the evolution of the Aru Trough and Weber Basin, Banda Arc, Indonesia [J]. Marine and Petroleum Geology, 1991, 8 (1): 62–69.

[271] Chatzaras V, Xypolias P, Kokkalas S, et al. Tectonic evolution of a crustal–scale oblique ramp, Hellenides thrust belt, Greece [J]. Journal of Structural Geology, 2013, 57: 16–37.

[272] Chauvet F, Lapierre H, Maury R C, et al. Triassic alkaline magmatism of the Hawasina Nappes: Post–breakup melting of the Oman lithospheric mantle modified by the Permian Neotethyan Plume[J]. Lithos, 2011, 122: 122–136.

[273] Chen Q, Sun M, Zhao G, et al. Origin of the mafic microgranular enclaves (MMEs) and their host granitoids from the Tagong pluton in Songpan–Ganze terrane: An igneous response to the closure of the Paleo–Tethys ocean [J]. Lithos, 2017, 290–291: 1–17.

[274] Choulet F, Chen Y, Wang B, et al. Late Paleozoic paleogeographic reconstruction of Western Central Asia based upon paleomagnetic data and its geodynamic implications [J]. Journal of Asian Earth Sciences, 2011, 42: 867–884.

[275] Clinkscales C A, Lawton T F. Mesozoic–Paleogene structural evolution of the southern U.S. Cordillera as revealed in the Little and Big Hatchet Mountains, southwest New Mexico, USA [J]. Geosphere, 2018, 14 (1): 162–186. doi: 10.1130/GES01539.1.

[276] Cieszkowski M, Golonka J, Ślączka A, et al. Role of the olistostromes and olistoliths in tectonostratigraphic evolution of the Silesian Basin in the Outer West Carpathians [J]. Tectonophysics, 2012, 568–569: 248–265.

[277] Cobert C, Baele J M, Boulvais P, et al. Petrogenesis of the Mairupt microgranite: A witness of an Uppermost Silurian magmatism in the Rocroi Inlier, Ardenne Allochton [J]. C. R. Geoscience, 2018,

350：89-99.

[278] Cocks L R M, Torsvik T H. The dynamic evolution of the Palaeozoic geography of eastern Asia [J]. Earth-Science Reviews, 2013, 117：40-79.

[279] Collings D, Savov I, Maneiro K, et al. Late Cretaceous UHP metamorphism recorded in kyanite-garnet schists from the Central Rhodope Mountains, Bulgaria [J]. Lithos, 2016, 246-247：165-181.

[280] Cooper D J W, Ali M Y, Searle M P. Origin and implications of a thrust-bound gypsiferous unit along the western edge of Jabal Sumeini, northern Oman Mountains [J]. Journal of Asian Earth Sciences, 2018, 154：101-124.

[281] Corbeau J, Rolandone F, Leroy S, et al. The northern Caribbean plate boundary in the Jamaica Passage：Structure and seismic stratigraphy [J]. Tectonophysics, 2016, 675：209-226.

[282] Cornée J J, Villeneuve M, Rehault J P, et al. Stratigraphic succession of the Australian margin between Kai and Aru islands (Arafura Sea, eastern Indonesia) interpreted from Banda Sea II cruise dredge samples [J]. Journal of Asian Earth Sciences, 1997, 15 (4-5)：423-434.

[283] Cornish S, Searle M. 3D geometry and kinematic evolution of the Wadi Mayh sheath fold, Oman, using detailed mapping from high-resolution photography [J]. Journal of Structural Geology, 2017, 101：26-42.

[284] Corte's M, Colletta B, Angelier J. Structure and tectonics of the central segment of the Eastern Cordillera of Colombia [J]. Journal of South American Earth Sciences, 2006, 21：437-465.

[285] Cossette P M, Bookstrom A A, Hayes T S, et al. Sandstone Copper Assessment of the Teniz Basin, Kazakhstan [M]. U.S. Geological Survey Scientific Investigations Report 2010-5090-R, 2014, 1-42, http：//dx.doi.org/10.3133/sir20105090R.

[286] Couzinié S, Laurent O, Poujol M, et al. Cadomian S-type granites as basement rocks of the Variscan belt (Massif Central, France)：Implications for the crustal evolution of the north Gondwana margin [J]. Lithos, 2017, 286-287：16-34.

[287] Craig J, Hakhoo N, Bhat G M, et al. Petroleum systems and hydrocarbon potential of the North-West Himalaya of India and Pakistan [J]. Earth-Science Reviews, 2018, 187：109-185.

[288] Crespo-Blanc A, Campos J. Structure and kinematics of the South Iberian paleomargin and its relationship with the Flysch Trough units：extensional tectonics within the Gibraltar Arc fold-and-thrust belt (western Betics) [J]. Journal of Structural Geology, 2001, 23 (10)：1615-1630.

[289] Crespo-Blanc A, Comas M, Balanyá J. Clues for a Tortonian reconstruction of the Gibraltar Arc：Structural pattern, deformation diachronism and block rotations [J]. Tectonophysics, 2016, 683：308-324.

[290] Critelli S, Muto F, Perri F, et al. Interpreting provenance relations from sandstone detrital modes, southern Italy foreland region：Stratigraphic record of the Miocene tectonic evolution [J]. Marine and Petroleum Geology, 2017, 87：47-59.

[291] Csontos L, Vörös A. Mesozoic plate tectonic reconstruction of the Carpathian region [J]. Palaeogeography, Palaeoclimatology, Palaeoecology, 2004, 210 (1)：1-56.

[292] Cui K, Wang Y. Structural styles and origin of the Dabashan foreland arcuate belt and

basinmountain system in central China [J]. Journal of Asian Earth Sciences, 2019, 176: 244-252.

[293] Curray J R, Emmel F J, Moore D G. The Bengal Fan: morphology, geometry, stratigraphy, history and processes [J]. Marine and Petroleum Geology, 2003, 19 (10): 1191-1223.

[294] Curray J R. Tectonics of the Andaman Sea region [J]. J. Asian Earth Sci., 2005, 25: 187-232.

[295] Curray J R. The Bengal Depositional System: From rift to orogeny [J]. Marine Geology, 2014, 352: 59-69.

[296] Dabard M P, Loi A, Paris F, et al. Sea-level curve for the Middle to early Late Ordovician in the Armorican Massif (western France): Icehouse third-order glacio-eustatic cycles [J]. Palaeogeography, Palaeo-climatology, Palaeoecology, 2015, 436: 96-111.

[297] Daryono M R, Natawidjaja D H, Sapiie B, et al. Earthquake Geology of the Lembang Fault, West Java, Indonesia [J]. Tectonophysics, 2019, 751: 180-191.

[298] Davis J M, Hawkesworth C J. Geochemical and tectonics transitions in the evolution of the Mogollon Datil Volcanic Field, New Mexico U.S.A. [J]. Chemical Geology, 1995, 119: 31-53.

[299] Davydenko D B. New Oil-Perspective Area on the South Slope of the Voronezh Arch [J]. Doklady Akademii Nauk, 2011, 439 (2): 221-225.

[300] Deng J, Wang Q, Li G, et al. Cenozoic tectono-magmatic and metallogenic processes in the Sanjiang region, Southwestern China [J]. Earth Sci. Rev., 2014a 138: 268-299.

[301] Deng J, Wang Q, Li G, et al. Tethys evolution and spatialtemporal distribution of ore deposits in the Sanjiang region, Southwestern China [J]. Gondwana Res., 2014b 26: 419-437.

[302] Deng J, Wang Q, Li G. Tectonic evolution, superimposed orogeny, and composite metallogenic system in China [J]. Gondwana Research, 2017, doi: 10.1016/j.gr.2017.02.005.

[303] De Vicente G, Vegas R, Muñoz-Martín A, et al. Oblique strain partitioning and transpression on an inverted rift: The Castilian Branch of the Iberian Chain [J]. Tectonophysics, 2009, 470: 224-242.

[304] de Leeuw A, Mandic O, Krijgsman W, et al. Paleomagnetic and geochronologic constraints on the geodynamic evolution of the Central Dinarides [J]. Tectonophysics, 2012, 530-531: 286-298.

[305] De Pelsmaeker E, Glorie S, Buslov M, et al. Late-Paleozoic emplacement and Meso-Cenozoic reactivation of the southern Kazakhstan granitoid basement [J]. Tectonophysics, 2015, 662: 416-433.

[306] De Pelsmaeker E, Jolivet M, Laborde A, et al, et al. Source-to-sink dynamics in the Kyrgyz Tien Shan from the Jurassic to the Paleogene: Insights from sedimentological and detrital zircon U-Pb analyses [J]. Gondwana Research, 2018, 54: 180-204.

[307] Derakhshi M, Ghasemi H, Miao L. Geochemistry and petrogenesis of Soltan Maidan basalts (E Alborz, Iran): Implications for asthenosphere-lithosphere interaction andrifting along the N margin of Gondwana [J]. Chemie der Erde, 2017, 77: 131-145.

[308] Derikvand B, Alavi S A, Fard I A, et al. Folding style of the Dezful Embayment of Zagros Belt: Signatures of detachment horizons, deep-rooted faulting and syn-deformation deposition [J]. Marine and Petroleum Geology, 2018, 91: 501-518.

[309] De Vicente G, Cloetingh S, Van Wees J D, et al. Tectonic classification of Cenozoic Iberian foreland basins [J]. Tectonophysics, 2011, 502: 38-61.

［310］de Wall H, Pandit M K, Donhauser I, et al. Evolution and tectonic setting of the Malani-Nagarparkar Igneous Suite: A Neoproterozoic Silicic-dominated Large Igneous Province in NW India-SE Pakistan ［J］. Journal of Asian Earth Sciences, 2018, 160: 136-158.

［311］Dewey J F, Shackleton R M, Chang C F, et al. The tectonic evolution of the Tibetan Plateau ［J］. Philosophical Transactions of the Royal Society of London. Series A: Mathematical and Physical Sciences, 1988, 327: 379-413.

［312］Dey A, Hussain M F, Barman M N. Geochemical characteristics of mafic and ultramafic rocks from the Naga Hills Ophiolite, India: Implications for petrogenesis ［J］. Geoscience Frontiers, 2018, 9: 517-529.

［313］Dezes P, Schmid S M, Ziegler P A. Evolution of the European Cenozoic Rift System: interaction of the Alpine and Pyrenean orogens with their foreland lithosphere ［J］. Tectonophysics, 2004, 389: 1-33.

［314］Dhahri F, Boukadi N. The evolution of pre-existing structures during the tectonic inversion process of the Atlas chain of Tunisia ［J］. Journal of African Earth Sciences, 2010, 56 (4-5): 139-149.

［315］Dhahri F, Boukadi N. Triassic salt sheets of Mezzouna, Central Tunisia: New comments on Late Cretaceous halokinesis and geodynamic evolution of the northern African margin ［J］. Journal of African Earth Sciences, 2017, 129: 318-329.

［316］Dilek Y, Furnes H, Shallo M. Suprasubduction zone ophiolite formation along the periphery of Mesozoic Gondwana ［J］. Gondwana Research, 2007, 11 (4): 453-475.

［317］Dinu C, Wong H K, Tambrea D, Matenco L. Stratigraphic and structural characteristics of the Romanian Black Sea shelf ［J］. Tectonophysics, 2005, 410: 417-435.

［318］DiPietro J A. Chapter 23 The Appalachian Orogenic Belt: An Example of Compressional Mountain Building ［M］. In: DiPietro J A (ed.). *Landscape Evolution in the United States*. Elsevier Inc., 2013: 375-408.

［319］Dodd T J H, Gillespie M R, Leslie A G, et al. Paleozoic to Cenozoic sedimentary bedrock geology and lithostratigraphy of Singapore ［J］. Journal of Asian Earth Sciences, 2019, 180, 103878. https: //doi.org/ 10.1016/j.jseaes.2019.103878.

［320］Dokuz A, Külekçi E, Aydınçakır E, et al. Cordierite-bearing strongly peraluminous Cebre Rhyolite from the eastern Sakarya Zone, NE Turkey: Constraints on the Variscan Orogeny ［J］. Lithos, 2017, 278-281: 285-302.

［321］Dolgopolova A, Seltmann R, Konopelko D, et al. Geodynamic evolution of the western Tien Shan, Uzbekistan: Insights from U-Pb SHRIMP geochronology and Sr-Nd-Pb-Hf isotope mapping of granitoids ［J］. Gondwana Research, 2017, 47: 76-109.

［322］Domeier M. A plate tectonic scenario for the Iapetus and Rheic oceans ［J］. Gondwana Research, 2016, 36: 275-295.

［323］Dong Y, Yang Z, Liu X, et al. Neoproterozoic amalgamation of the Northern Qinling terrain to the North China Craton: Constraints from geochronology and geochemistry of the Kuanping ophiolite ［J］. Precambrian Research, 2014, 255: 77-95.

［324］Dong Y, He D, Sun S, et al. Subduction and accretionary tectonics of the East Kunlun orogen, western segment of the Central China Orogenic System [J]. Earth-Science Reviews, 2018, 186: 231-261.

[325] Dörr W, Zulauf G, Gerdes A, et al. A hidden Tonian basement in the eastern Mediterranean: Ageconstraints from U-Pb data of magmatic and detrital zircons of theExternal Hellenides (Crete and Peloponnesus) [J]. Precambrian Research, 2015, 258: 83-108.

[326] Downes P J, Ferguson D, Griffin B J. Volcanology of the Aries micaceous kimberlite, central Kimberley Basin, Western Australia [J]. Journal of Volcanology and Geothermal Research, 2007, 159 (1-3): 85-107.

[327] Duarte J, Rosas F, Terrinha P, et al. Thrust-wrench interference tectonics in the Gulf of Cadiz (Africa-Iberia plate boundary in the North-East Atlantic): Insights from analog models [J]. Marine Geology, 2011, 289: 135-149.

[328] Duchesne J, Laurent O, Gerdes A, et al. Source constraints on the genesis of Danubian granites in the South Carpathians Alpine Belt (Romania) [J]. Lithos, 2017, 294-295: 198-221.

[329] Duchesne J C, Meus P, Boulvain F. Geochemistry of Lower Devonian terrigenous sedimentary rocks from the Belgian Ardenne: Source proxy and paleogeographic reconstruction [J]. Sedimentary Geology, 2018, 375: 157-171.

[330] Dugue O, Auffret J, Poupinet N. Cenozoic shelly sands in the Cotentin (Armorican Massif, Normandy, France): A record of Atlantic transgressions and intraplate Cenozoic deformations [J]. C. R. Geoscience, 2007, 339: 110-120.

[331] Duque-Caro H. Neogene stratigraphy, paleoceanography and paleobiogeography in northwest South America and the evolution of the Panama Seaway [J]. Palaeogeography, Palaeoclimatology, Palaeoecology, 1990, 77: 203-234.

[332] El Atfy H, El Diasty W, El Beialy S, et al. Palynofacies and geochemical analyses of the Upper Cretaceous-Eocenesuccession, western Sirte Basin, Libya: Palaeoenvironmental interpretation and implications for hydrocarbon generation potential [J]. Journal of Petroleum Science and Engineering, 2017, 157: 148-163.

[333] Elfessi M. New insights into the stratigraphic, paleogeographic and tectonic evolution and petroleum potential of Kerkennah Islands, Eastern Tunisia [J]. Journal of African Earth Sciences, 2017, 125: 88-102.

[334] Elías-Herrera M, Ortega-Gutiérrez F, Sánchez Zavala J L, et al. Conflicting stratigraphic and geochrono-logical data from the Acatlán Complex: "Ordovician" granite intrude metamorphic and sedimentary rocks of Devonian-Permian age [J]. Eos Transactions AGU 88 (23) Joint Assembly Suppl., Abstract, 2007, T41A-12.

[335] Ellouz N, Patriat M, Gaulier J M, et al. From rifting to Alpine inversion: Mesozoic and Cenozoic subsidence history of some Moroccan basins [J]. Sedimentary Geology, 2003, 156: 185-212.

[336] El Talibi H, Zaghloul M, Perri F, et al. Sedimentary evolution of the siliciclastic Aptian-Albian Massylian flysch of the Chouamat Nappe (central Rif, Morocco) [J]. Journal of African Earth Sciences, 2014, 100: 554-568.

[337] Encarnación J. Multiple ophiolite generation preserved in the northern Philippines and the growth

of an island arc complex [J]. Tectonophysics, 2004, 392 (1-4): 103-130.

[338] Erak D, Matenco L, Toljić M, et al. From nappe stacking to extensional detachments at the contact between the Carpathians and Dinarides-The Jastrebac Mountains of Central Serbia [J]. Tectonophysics, 2017, 710-711: 162-183.

[339] Erarslan C, Örgün Y. Mineralogical and geochemical characterization of the Saray andPınarhisar coals, Northwest Thrace Basin, Turkey [J]. International Journal of Coal Geology, 2017, 173: 9-25.

[340] Eros J M, Montañez I P, Osleger D A, et al. Sequence stratigraphy and onlap history of the Donets Basin, Ukraine: Insight into Carboniferous icehouse dynamics [J]. Palaeogeography, Palaeoclimatology, Palaeoecology, 2012, 313-314: 1-25.

[341] Ersoy Y E, Helvacı C, Sözbilir H. Tectono-stratigraphic evolution of the NE-SW-trending superimposed Selendi basin: Implications for late Cenozoic crustal extension in Western Anatolia, Turkey [J]. Tectonophysics, 2010, 488: 210-232.

[342] Ersoya E, Akal C, Genç Ş, et al. U-Pb zircon geochronology of the Paleogene-Neogene volcanism in the NW Anatolia: Its implications for the Late Mesozoic-Cenozoic geodynamic evolution of the Aegean [J]. Tectonophysics, 2017, 717: 284-301.

[343] Escalona A, Mann P. Tectonics, basin subsidence mechanisms, and paleogeography of the Caribbean-South American plate boundary zone [J]. Marine and Petroleum Geology, 2011, 28: 8-39.

[344] Etemad-Saeed N, Hosseini-Barzi M, Adabi M H, et al. Evidence for ca. 560Ma Ediacaran glaciation in the Kahar Formation, central Alborz Mountains, northern Iran [J]. Gondwana Research, 2016, 31: 164-183.

[345] Etheve N, de Lamotte D, Mohn G, et al. Extensional vs contractional Cenozoic deformation in Ibiza (Balearic Promontory, Spain): Integration in the West Mediterranean back-arc setting [J]. Tectonophysics, 2016, 682: 35-55.

[346] Ettensohn F R. Chapter4 The Appalachian Foreland Basinin Eastern United States [M]. In: Mail A D (ed). Sedimentary Basins of the World, V5, The sedimentary basins of the United States and Canada. Elsevier Inc., 2008: 106-179.

[347] Evain M, Galve A, Charvis P, et al. Structure of the Lesser Antilles subduction forearc and backstop from 3D seismic refraction tomography [J]. Tectonophysics, 2013, 603: 55-67.

[348] Evenstar L A, Sparks R S J, Cooper F J, et al. Quaternary landscape evolution of the Helmand Basin, Afghanistan: Insights from staircase terraces, deltas, and paleoshorelines using high-resolution remote sensing analysis [J]. Geomorphology, 2018, 311: 37-50.

[349] Fan J-J, Li C, Xie C-M, et al. Remnants of late Permian-Middle Triassic ocean islands in northern Tibet: Implications for the late-stage evolution of the Paleo-Tethys Ocean [J]. Gondwana Research, 2017, 44: 7-21.

[350] Fan S, Ding L, Murphy M A, et al. Late Paleozoic and Mesozoic evolution of the Lhasa Terrane in the Xainza area of southern Tibet [J]. Tectonophysics, 2017, 721: 415-434.

[351] Fang N, Yang W. A study of the oxygen and carbon isotope records from Upper Carboniferous to Lower Permian in Western Yunnan, China [M]. In: Ren J, Xie G. (Eds.), Proceedings of First International Symposium on Gondwana Dispersion and Asian Accretion-

Geological Evolution of Eastern Tethys. China University of Geosciences, Beijing, 1991: 35-36.

［352］Fang N Q, Feng Q L, Zhang S H, et al. Paleo-Tethys evolution recorded in the Changning-Menglian Belt, western Yunnan, China［J］. Comptes Rendus de l'Académie des Sciences-Series IIA-Earth and Planetary Science, 1998, 326 (4): 275-282.

［353］Fang W, Van Der Voo R, Liang Q. Devonian palaeomagnetism of Yunnan province accross the Shan Thai-South China suture［J］. Tectonics , 1989, 8: 939-952.

［354］Faure M, Lin W, Chu Y, et al. Triassic tectonics of the Ailaoshan Belt (SW China): Early Triassic collision between the South China and Indochina Blocks, and Middle Triassic intracontinental shearing［J］. Tectonophysics, 2016, 683: 27-42.

［355］Fernandez L, Bosch D, Bruguier O, et al. Permo-Carboniferous and early Miocene geological evolution of the internal zones of the Maghrebides-New insights on the western ［J］. Journal of Geodynamics, 2016, 96: 146-173.

［356］Fernández R D, Pereira M F. Extensional orogenic collapse captured by strike-slip tectonics: Constraints from structural geology and U-Pb geochronology of the Pinhel shear zone (Variscan orogen, Iberian Massif)［J］. Tectonophysics, 2016, 691: 290-310.

［357］Ferrusquía-Villafranca I, Ruiz-Gonzalez J E, Torres-Hernandez J R, et al. Cenozoic geology of the Yolomecatl-Tlaxiaco area, Northwestern Oaxaca, Southeastern Mexico: Stratigraphy, structure and regional significance ［J］. Journal of South American Earth Sciences, 2016, 72: 191-226.

［358］Feng Q L. Stratigraphy of volcanic rocks in the Changning-Menglian Belt in southwestern Yunnan, China ［J］. J. Asian Earth Sci., 2002, 20: 657-664.

［359］Feng Q L, Shen S Y, Liu B P, et al. Permian radiolarians, chert and basalt from the Daxinshan Formation in Lancangjang belt of southwestern Yunnan, China［J］. Science in China (Series D), 2002, 45 (1): 63-71.

［360］Feng Y E, Yankelzon A, Steinberg J, et al. Lithology and characteristics of the Messinian evaporite sequence of the deep Levant Basin, eastern Mediterranean ［J］. Marine Geology, 2016, 376: 118-131.

［361］Feng Y E, Steinberg J, Reshef M. Intra-salt deformation: Implications for the evolution of the Messinian evaporites in the Levant Basin, eastern Mediterranean ［J］. Marine and Petroleum Geology, 2017, 88: 251-267.

［362］Ferrar L, Orozco-Esquivel T, Bryan S E, et al. Cenozoic magmatism and extension in western Mexico: Linking the Sierra Madre Occidental silicic large igneous province and the Comondú Group with the Gulf of California rift ［J］. Earth-Science Reviews, 2018, 183: 115-152.

［363］Ferrusquía-Villafranca I, Jose E. Ruiz-Gonzalez J E, Torres-Hernandez J R, et al. Cenozoic geology of the Yolomecatl-Tlaxiaco area, Northwestern Oaxaca, Southeastern Mexico: Stratigraphy, structure and regional significance ［J］. Journal of South American Earth Sciences, 2016, 72: 191-226.

［364］Fichtner A, Villaseñor A. Crust and upper mantle of the western Mediterranean-Constraints from full-waveform inversion ［J］. Earth and Planetary Science Letters, 2015, 428: 52-62.

［365］Fiduk J C. Evaporites, petroleum exploration, and the Cenozoic evolution of the Libyan shelf margin, central North Africa. Marine and Petroleum Geology, 2009 26 (8): 1513-1527.

［366］Fitz-Díaz E，Lawton T F，Juárez-Arriaga E，et al. The Cretaceous-Paleogene Mexican orogen：Structure，basin development，magmatism and tectonics. Earth-Science Reviews，2018，183：56-84.

［367］François C，de Sigoyer J，Pubellier M，et al. Short-lived subduction and exhumation in Western Papua（Wandamen peninsula）：Co-existence of HP and HT metamorphic rocks in a young geodynamic setting. Lithos，2016，266-267：44-63.

［368］Françoisa T，Md Ali M，Matencoa L，Willingshofer E，Ng T，Taib N，Shuib M. Late Cretaceous extension and exhumation of the Stong and Taku magmatic and metamorphic complexes，NE Peninsular Malaysia［J］. Journal of Asian Earth Sciences，2017，http：//dx.doi.org/10.1016/ j.jseaes.2017.04.009.

［369］Franke W，Cocks L，Torsvik T. The Palaeozoic Variscan oceans revisited. Gondwana Research，2017，48：257-284.

［370］Frasca G，Gueydan F，Brun J. Structural record of Lower Miocene westward motion of the Alboran Domain in the Western Betics，Spain. Tectonophysics，2015，657：1-20.

［371］Freydier C，Lapierre H，Ruiz J，et al. The Early Cretaceous Arperos basin：an oceanic domain dividing the Guerrero arc from nuclear Mexico evidenced by the geochemistry of the lavas and sediments. Journal of South American Earth Sciences，2000，13：325-336.

［372］Freymark J，Sippel J，Scheck-Wenderoth M，et al. The deep thermal field of the Upper Rhine Graben. Tectonophysics，2017，694：114-129.

［373］Fürsich F，Wilmsen M，Seyed-Emami K，et al. The Mid-Cimmerian tectonic event（Bajocian） in the Alborz Mountains，Northern Iran：evidence of the break-up unconformity of the South Caspian Basin. In：Brunet，M.F.，Wilmsen，M.，Granath，J.W.（Eds.），South Caspian to Central Iran Basins. Geol. Soc. Lond.，Spec.Publ. 312，2009：189-203.

［374］Gailler L，Arcay D，Münch P，et al. Forearc structure in the Lesser Antilles inferred from depth to the Curie temperature and thermo-mechanical simulations. Tectonophysics，2017，706-707：71-90.

［375］Gardner C J，Graham I T，Belousova E，Booth G W，Greig A. Evidence for Ordovician subduction-related magmatism in the Truong Son terrane，SE Laos：Implications for Gondwana evolution and porphyry Cu exploration potential in SE Asia［J］. Gondwana Research，2017，44：139-156.

［376］Garfunkel Z. Origin of the Eastern Mediterranean basin：a reevaluation. Tectonophysics，2004，391：11-34.

［377］Garzanti E，Hu X. Latest Cretaceous Himalayan tectonics：Obduction，collision or Deccan-related uplift? Gondwana Research，2015，28：165-178.

［378］Garzanti E，Limonta M，Resentini A，et al. Sediment recycling at convergent plate margins （Indo-Burman Ranges and Andaman-Nicobar Ridge）. Earth-Science Reviews，2013，123：113-132.

［379］Gasparrini M，Sassi W，Gale J F W. Natural sealed fractures in mudrocks：A case study tied to burial history from the Barnett Shale，Fort Worth Basin，Texas，USA. Marine and Petroleum Geology，2014，55：122-141.

［380］Gatinsky Y G，Hutchison C S. Cathaysia，Gondwanaland and Paleo-tethys in the evolution of continental Southeast Asia［J］. Bulletin of the Geological Society of Malays，1987，20：179-199.

[381] Geršlová E, Goldbach M, Geršl M, Skupien P. Heat flowevolution, subsidence and erosion in Upper Silesian Coal Basin, Czech Republic. International Journal of Coal Geology, 2016, 154–155: 30–42.

[382] Ghose N C, Chatterjee N, Windley B F. Subaqueous early eruptive phase of the late Aptian Rajmahal volcanism, India: Evidence from volcaniclastic rocks, bentonite, black shales, and oolite. Geoscience Frontiers, 2017, 8 (4): 809–822.

[383] Gnos E, Immenhauser A. Peters Tj. Late Cretaceous/early Tertiary convergence between the Indian and Arabian plates recorded in ophiolites and related sediments. Tectonophysics, 1997, 271: 1–19.

[384] Gogoi T, Chatterjee R. Estimation of petrophysical parameters using seismic inversion and neural network modeling in Upper Assam basin, India. Geoscience Frontiers, 2019, 10 (3): 1113–1124.

[385] Gold D P, White L T, Gunawan I, et al. Relative sea–level change in western New Guinea recorded by regional biostratigraphic data. Marine and Petroleum Geology, 2017, 86: 1133–1158.

[386] Golonka J. Late Triassic and Early Jurassic palaeogeography of the world. Palaeogeography, Palaeoc–limatology, Palaeoecology, 2007, 244: 297–307.

[387] Golonka J, Bocharova N Y, Ford D, et al. Paleogeographic reconstructions and basins development of the Arctic[J]. Marine and Petroleum Geology, 2003, 20: 211–248.

[388] González–Sánchez F, González–Partida E, Canet C, et al. Geological setting and genesis of stratabound barite deposits at Múzquiz, Coahuila in northeastern Mexico. Ore Geology Reviews, 2017 81: 1184–1192.

[389] Goodell P C, Mahar M A, Mickus K L, et al. The presence of a stable "Megablock" in the southwestern North American Proterozoic craton in northern Mexico. Precambrian Research, 2017, 300: 273–288.

[390] Gorza I, Kroner U, Ivanov K S. The formation of gneisses in the Southern East Uralian Zone–a result of Late Palaeozoic granite ascent and emplacement. Journal of Asian Earth Sciences, 2006, 27: 402–415.

[391] Goswami P K, Deopa T. Lithofacies characters and depositional processes of a Middle Miocene Lower Siwalik fluvial system of the Himalayan foreland basin, India. Journal of Asian Earth Sciences, 2018, 162: 41–53.

[392] Gotze J. Geochemistry and provenance of the Altendorf feldspathic sandstone in the Middle Bunter of the Thuringian basin (Germany). Chemical Geology, 1998, 150: 43–61.

[393] Granado P, Ferrer O, Muñoz J, Thöny W, Strauss P. Basin inversion in tectonic wedges: Insights from analogue modelling and the Alpine–Carpathian fold–and–thrust belt. Tectonophysics, 2017, 703–704: 50–68.

[394] Granath J W, Christ J M, Emmet P A, Dinkelman M G. Pre–Cenozoic sedimentary section and structure as reflected in the Java SPAN crustal–scale PSDM seismic survey, and its implications regarding the basement terranes in the East Java Sea. In: Hall R, Cottam M A, Wilson M E J (Eds.). The SE Asian Gateway: History and Tectonics of the Australia–Asia collision. Geological Society of London Special Publication 355, 2011: 53–74.

[395] Grasso M, Torelli L, Mazzoldi G. Cretaceous–Palaeogene sedimentation patterns and structural evolution of the Tunisian shelf, offshore the Pelagian Islands (Central Mediterranean). Tectonophysics,

1999, 315: 235-250.

[396] Gretter N, Ronchi A, López-Gómez J, Arche A, De la Horra R, Barrenechea J, Lago M. The Late Palaeozoic-Early Mesozoic from the Catalan Pyrenees (Spain): 60 Myr of environmental evolution in the frame of the western peri-Tethyan palaeogeography. Earth-Science Reviews, 2015, 150: 679-708.

[397] Grosheny D, Ferry S, Lecuyer C, Merran Y, Mroueh M, Granier B. The Cenomanian-Turonian Boundary Event (CTBE) in northern Lebanon as compared to regional data-Another set of evidences supporting a shortlived tectonic pulse coincidental with the event? Palaeogeography, Palaeoclimatology, Palaeoecology, 2017, http://dx.doi.org/10.1016/j.palaeo.2017.09.031.

[398] Guan D, Ke X, Wang Y. Basement Structures of East and South China Seas and Adjacent Regions from Gravity Inversion. Journal of Asian Earth Sciences, 2016, 117: 242-255.

[399] Guillot S, Agbossoumondé Y, Bascou J, et al. Transition from subduction to collision recorded in the Pan-African arc complexes (Mali to Ghana). Precambrian Research, 2019, 320: 261-280.

[400] Guiraud R, Bosworth W, Thierry J, Delplanque A. Phanerozoic geological evolution of Northern and Central Africa: An overview. Journal of African Earth Sciences, 2005, 43 (1-3): 83-143.

[401] Guo L, Gao R. Potential-field evidence for the tectonic boundaries of the central and western Jiangnan belt in South China [J]. Precambrian Research, 2017, http://dx.doi.org/10.1016/j.precamres.2017.01.028.

[402] Guo S, Chen Y, Liu C Z, Wang J G, Su B, Gao Y J, Wu F Y, Sein K, Yang Y H, Mao Q. Scheelite and coexisting F-rich zoned garnet, vesuvianite, fluorite, and apatite in calc-silicate rocks from the Mogok metamorphic belt, Myanmar: Implications for metasomatism in marble and the role of halogens in W mobilization and mineralization [J]. Journal of Asian Earth Sciences, 2016, 117: 82-106.

[403] Gürer D, van Hinsbergen D, Maţenco L, Corfu F, Cascella A. Kinematics of a former oceanic plate of the Neotethys revealed by deformation in the Ulukışla basin (Turkey). Tectonics, 2016. 35, 2385-2416. http://dx.doi.org/10.1002/ (ISSN) 1944-9194.

[404] Gürsu S. A new petrogenetic model for meta-granitic rocks in the central and southern Menderes Massif-W Turkey: Implications for Cadomian crustal evolution within the Pan-African mega-cycle. Precambrian Research, 2016, 275: 450-470.

[405] Gutierrez-Alejandro A G, Chacon-Baca E, Rosales-Domínguez C, et al. A clastic-evaporitic deposit from the Cretaceous of northeastern Mexico: La Mula-La Virgen transition. Journal of South American Earth Sciences, 2017, 80: 411-421.

[406] Hajná J, Žák J, Dörr W, et al. New constraints from detrital zircon ages on prolonged, multiphase transition from the Cadomian accretionary orogen to a passive margin of Gondwana. Precambrian Research, 2018, 317: 159-178.

[407] Hajsadeghi S, Mirmohammadi M, Asgharib O, et al. Geology and mineralization at the copper-rich volcanogenic massive sulfide deposit in Nohkouhi, Posht-e-Badam block, Central Iran. Ore Geology Reviews, 2018, 92: 379-396.

[408] Hall R. Late Jurassic-Cenozoic reconstructions of the Indonesian region and the Indian Ocean. Tectonophysics, 2012, 570-571: 1-41.

[409] Hall R, Sevastjanova I. Australian crust in Indonesia. Australian Journal of Earth Sciences,

2012，59：827-844.

［410］Hallett D，Clark-Lowes D. Chapter 3：Stratigraphy. In：Petroleum Geology of Libya（Second Edition），2016：55-159.

［411］Halpin J A，Tran H T，Lai C K，Meffre S，Crawford A J，Zawa K. U-Pb zircon geochronology and geochemistry from NE Vietnam：A 'tectonically disputed' territory between the Indochina and South China blocks［J］. Gondwana Research，2016，34：254-273.

［412］Handy M，Schmid S，Bousquet R，Kissling E，Bernoulli D. Reconciling plate-tectonic reconstructions of Alpine Tethys with the geological-geophysical record of spreading and subduction in the Alps. Earth-Science Reviews，2010，102：121-158.

［413］Hara H，Kunii M，Miyake Y，Hisada K，Kamata Y，Ueno K，Kon Y，Kurihara T，Ueda H，Assavapatchara S，Treerotchananon A，Charoentitirat T，Charusiri P. Sandstone provenance and U-Pb ages of detrital zircons from Permian-Triassic forearc sediments within the Sukhothai Arc，northern Thailand：Record of volcanic-arc evolution in response to Paleo-Tethys subduction［J］. Journal of Asian Earth Sciences，2017，146：30-55.

［414］Harper C. Geophysical investigations of the Española basin，Rio Grande rift，Northern New Mexico. Master of Science in Geosciences，The University of Texas at Dallas，2015.

［415］Harun Satyana A，Nugroho D，Surantoko I. Tectonic controls on the hydrocarbon habitats of the Barito，Kutei，and Tarakan Basins，Eastern Kalimantan，Indonesia：major dissimilarities in adjoining basins. Journal of Asian Earth Sciences，1999，17：99-122.

［416］Hashmie A，Rostamnejad A，Nikbakht F，et al. Depositional environments and sequence stratigraphy of the Bahram Formation（middleelate Devonian）in north of Kerman，south-central Iran. Geoscience Frontiers，2016，7：821-834.

［417］Hässig M，Duretz T，Rolland Y，Sosson M. Obduction of old oceanic lithosphere due to reheating and platereorganization：Insights from numerical modelling and the NE Anatolia-Lesser Caucasus case example. Journal of Geodynamics，2016，96：35-49.

［418］Hauser M，Vachard D，Martini R，et al. The Permian sequence reconstructed from reworked carbonate clasts in the Batain Plain（northeastern Oman）. Earth and Planetary Sciences，2000，330：273-279.

［419］Hauser F，Raileanu V，Fielitz W，Dinu C，Landes M，Bala A，Prodehl C. Seismic crustal structure between the Transylvanian Basin and the Black Sea，Romania. Tectonophysics，2017，430：1-25.

［420］Hawie N，Gorini C，Deschamps R，Nader F，Montadert L，Granjeon D，Baudin F. Tectono-stratigraphic evolution of the northern Levant Basin（offshore Lebanon）. Marine and Petroleum Geology，2013，48：392-410.

［421］He B，Jiao C，Xu Z，et al. The paleotectonic and paleogeography reconstructions of the Tarim Basin and its adjacent areas（NW China）during the late Early and Middle Paleozoic. Gondwana Research，2016，30：191-206.

［422］He W，Zhou J，Yuan K. Deformation evolution of Eastern Sichuan-Xuefeng fold-thrust belt in South China：Insights from analogue modelling. Journal of Structural Geology，2018，109：74-85.

［423］He Z，Wang B，Zhong L，Zhu X. Crustal evolution of the Central Tianshan Block：Insights from zircon U–Pb isotopic and structural data from meta–sedimentary and meta–igneous rocks along the Wulasitai–Wulanmoren shear zone. Precambrian Research, 2018, 314: 111–128.

[424] Helbing H, Frisch W, Bons P. South Variscan terrane accretion: Sardinian constraints on the intra–Alpine Variscides. Journal of Structural Geology, 2006, 28 (7): 1277–1291.

[425] Henderson B J, Collins W J, Murphy J B, Hand M. A hafnium isotopic record of magmatic arcs and continental growth in the Iapetus Ocean: The contrasting evolution of Ganderia and the peri–Laurentian margin. Gondwana Research, 2018, 58: 141–160.

[426] Hennig J, Breitfeld H T, Hall R, Nugraha A M S. The Mesozoic tectono–magmatic evolution at the Paleo–Pacific subduction zone in West Borneo. Gondwana Research, 2017, 48: 292–310.

[427] Hennig J, Hall R, Forster M A, et al. Rapid cooling and exhumation as a consequence of extension and crustal thinning: Inferences from the Late Miocene to Pliocene Palu Metamorphic Complex, Sulawesi, Indonesia. Tectonophysics, 2017, 712–713: 600–622.

[428] Hennig–Breitfeld J, Breitfeld H T, Hall R, et al. A new upper Paleogene to Neogene stratigraphy for Sarawak and Labuan in northwestern Borneo: Paleogeography of the eastern Sundaland margin. Earth–Science Reviews, 2019, 190: 1–32.

[429] Herrington R J, Maslennikov V, Zaykov V, et al. 6: Classification of VMS deposits: Lessons from the South Uralides. Ore Geology Reviews, 2005, 27: 203–237.

[430] Herrington R J, Scotney P M, Roberts S, et al. Temporal association of arc–continent collision, progressive magma contamination in arc volcanism and formation of gold–rich massive sulphide deposits on Wetar Island (Banda arc). Gondwana Research, 2011, 19: 583–593.

[431] Hibbard J P, Stoddard E F, Secor D T, et al. The Carolina Zone: overview of Neoproterozoic to Early Paleozoic peri–Gondwanan terranes along the eastern Flank of the southern Appalachians [J]. Earth–Science Reviews, 2002, 57: 299–339.

[432] Himmerkus F, Reischmann T, Kostopoulos D. Serbo–Macedonian revisited: A Silurian basement terrane from northern Gondwana in the Internal Hellenides, Greece. Tectonophysics, 2009, 473: 20–35.

[433] Hinschberger F, Malod J–A, Rehault J–P, et al. Late Cenozoic geodynamic evolution of eastern Indonesia. Tectonophysics, 2005, 404: 91–118.

[434] Hippolyte J C. Geodynamics of Dobrogea (Romania): new constraints on the evolution of the Tornquist–Teisseyre Line, the Black Sea and the Carpathians. Tectonophysics, 2002, 357: 33–53.

[435] Hippolyte J C, Mann P. Neogene–Quaternary tectonic evolution of the Leeward Antilles islands (Aruba, Bonaire, Curaçao) from fault kinematic analysis. Marine and Petroleum Geology, 2011, 28: 259–277.

[436] Hisarlı Z M. New paleomagnetic constraints on the late Cretaceous and early Cenozoic tectonic history of the Eastern Pontides. Journal of Geodynamics, 2011, 52: 114–128.

[437] Hoa T T, Anh T T, Phuong N T, et al. Permo–Triassic intermediate–felsic magmatism of the Truong Son belt, eastern margin of Indo China [J]. Comptes Rendus Geoscience, 2008, 340: 112–126.

[438] Holm R J, Spandler C, Richards S W. Melanesian arc far–field response to collision of the Ontong Java Plateau: Geochronology and petrogenesis of the Simuku Igneous Complex, New Britain, Papua New Guinea. Tectonophysics, 2013, 603: 189–212.

［439］Honthaas C, Réhault J P, Maury R C, et al. A Neogene back-arc origin for the Banda Sea basins : geochemical and geochronological constraints from the Banda ridges (East Indonesia) . Tectonophysics, 1998, 298 (4): 297-317.

［440］Hopkinson L, Roberts S. Fluid evolution during tectonic exhumation of oceanic crust at a slow-spreading paleoridge axis : evidence from the Lizard ophiolite U.K. Earth and Planetary Science Letters, 1996, 141 (1-4): 125-136.

［441］Horváth F, Musitz B, Balázs A, Végh A, Uhrin A, Nádor A, Koroknai B, Pap N, Tóth T, Wórum G. Evolution of the Pannonian basin and its geothermal resources. Geothermics, 2015, 53 : 328-352.

［442］Hosseini M R, Hassanzadeh J, Alirezaei S, et al. Age revision of the Neotethyan arc migration into the southeast Urumieh-Dokhtar belt of Iran : Geochemistry and U-Pb zircon geochronology. Lithos, 2017, 284-285 : 296-309.

［443］Hou L, Ding J, Deng J, Peng H-J. Geology, geochronology, and geochemistry of the Yinachang Fe-Cu-Au-REE deposit of the Kangdian region of SW China : Evidence for a Paleo-Mesoproterozoic tectono-magmatic event and associated IOCG systems in the western Yangtze Block. Journal of Asian Earth Sciences, 2015, 103 : 129-149.

［444］Hou Z Q, Zhang H R. Geodynamics and metallogeny of the eastern Tethyan metallogenic domain [J]. Ore Geology Reviews, 2015, 70 : 346-384.

［445］Hu D F, Wei Z H, Liu R B, et al. Development characteristics and exploration potential of the Lower Carboniferous black shale in the Guizhong Depression. Natural Gas Industry B, 2019, 6 (3): 205-214.

［446］Hu L, Cawood P A, Du Y, et al. Detrital records for Upper Permian-Lower Triassic succession in the Shiwandashan Basin, South China and implication for Permo-Triassic (Indosinian) orogeny. Journal of Asian Earth Sciences, 2015, 98 : 152-166.

［447］Huang K, Opdyke N D. Paleomagnetic results from the Upper Carboniferous of the Shan-Thai-Malay block of western Yunnan, China [J]. Tectonophysics , 1991, 192 : 333-344.

［448］Hughes R A, Pilatasig L F. Cretaceous and Tertiary terrane accretion in the Cordillera Occidental of the Andes of Ecuador. Tectonophysics, 2002, 345 : 29-48.

［449］Huguen C, Mascle J, Chaumillon E, Kopf A, Woodside J, Zitter T. Structural setting and tectonic control of mud volcanoes from the Central Mediterranean Ridge (Eastern Mediterranean) . Marine Geology, 2004, 209 : 245-263.

［450］Huguen C, Mascle J, Woodside J, Zitter T, Foucher J P. Mud volcanoes and mud domes of the Central Mediterranean Ridge : Near-bottom and in situ observations. Deep Sea Research Part I : Oceanographic Research Papers, 2005, 52 (10): 1911-1931.

［451］Hutchison C S. Geology of North-West Borneo. Elsevier B.V., 2005, 1-420. http : //dx.doi.org/10.1016/ B978-044451998-6/50000-4.

［452］Hýlová L, Jureczka J, Jirásek J, et al. The Petřkovice Member (Ostrava Formation, Mississippian) of the Upper Silesian Basin (Czech Republic and Poland) . International Journal of Coal Geology, 2013, 106 : 11-24.

［453］Iancu V，Berza T，Seghedi A，Gheuca I，Hann H. Alpine polyphase tectono-metamorphic evolution of the South Carpathians：A new overview. Tectonophysics，2005，410（1-4）：337-365.

［454］Iannace A，Capuano M，Galluccio L. "Dolomites and dolomites" in Mesozoic platform carbonates of the Southern Apennines：Geometric distribution，petrography and geochemistry. Palaeogeography，Palaeoclimatology，Palaeoecology，2011，310：324-339.

［455］Ifrim C，Stinnesbeck W，Garza R R，et al. Hemipelagic cephalopods from the Maastrichtian（late Cretaceous）Parras Basin at La Parra，Coahuila，Mexico，and their implications for the correlation of the lower Difunta Group. Journal of South American Earth Sciences，2010，29：597-618.

［456］Ilao K A，Morley C K，Aurelio M A. 3D seismic investigation of the structural and stratigraphic characteristics of the Pagasa Wedge，Southwest Palawan Basin，Philippines，and their tectonic implications. Journal of Asian Earth Sciences，2018，154：213-237.

［457］Ingavat R，Douglass R. Fusuline fossils from Thailand，Part XIV：the fusulinid genus Monodiexodina from Northwest Thailand［J］. Geology and Palaeontology of Southeast Asia，1981，22：23-34.

［458］Ingersoll R V. Chapter 11 Subduction-Related Sedimentary Basins of the USA Cordillera. In：Mail A D（ed）. Sedimentary Basins of the World，V5，The sedimentary basins of the United States and Canada. Elsevier Inc.，2008：395-428.

［459］Innamorati G，Santantonio M. Evidence for extended Hercynian basement and a preserved Jurassic basin-margin tract in Northern Calabria（Southern Italy）：The Longobucco Basin. Sedimentary Geology，2018，376：147-163.

［460］Isozaki Y，Aoki K，Nakama T，et al. New insight into a subduction-related orogen：A reappraisal of the geotectonic framework and evolution of the Japanese Islands. Gondwana Research，2010，18：82-105.

［461］Jaillard E，Al Yacoubi L，Reboulet S，et al. Late Barremian eustacy and tectonism in the western High Atlas（Essaouira-Agadir Basin），Morocco. Cretaceous Research，2019，93：225-244.

［462］Jamil A，Ghani A，Zaw K，Osman S，Quek L X. Origin and tectonic implications of the ~200Ma，collision-related Jerai pluton of the Western Granite Belt，Peninsular Malaysia［J］. Journal of Asian Earth Sciences，2016，127：32-46.

［463］Javadi H R，Foroutan M，Ashtiani M E，et al. Tectonics changes in NW South American Plate and their effect on the movement pattern of the Boconó Fault System during the Mérida Andes evolution. Journal of South American Earth Sciences，2011，32：14-29.

［464］Jeřábek P，Konopásek J，Žáčková E. Two-stage exhumation of subducted Saxothuringian continental crust records underplating in the subduction channel and collisional forced folding（Krkonoše-Jizera Mts.，Bohemian Massif）. Journal of Structural Geology，2016，89：214-229.

［465］Jian P，Liu D Y，Kroner A，Zhang Q，Wang Y Z，Sun X M，Zhang W. Devonian to Permian plate tectonic cycle of the Paleo-Tethys orogen in Southwest China（I）：geochemistry of ophiolites，arc/back-arc assemblages and within-plate igneous rocks［J］. Lithos，2009a，113（3/4）：748-766.

［466］Jian P，Liu D Y，Kroner A，Zhang Q，Wang Y Z，Sun X M，Zhang W. Devonian to Permian plate tectonic cycle of the Paleo-Tethys orogen in Southwest China（II）：geochemistry of ophiolites，arc/back-arc assemblages and within-plate igneous rocks [J]. Lithos, 2009b, 113 (3/4): 767-784.

［467］Jiang Q, Qiu N, Zhu C. Heat flow study of the Emeishan large igneous province region: Implications for the geodynamics of the Emeishan mantle plume. Tectonophysics, 2018, 724-725: 11-27.

［468］Jimenez-Bonilla A, Torvela T, Balanyá J, Expósito I, Díaz-Azpiroz M. Changes in dip and frictional properties of the basal detachment controlling orogenic wedge propagation and frontal collapse: the External central Betics case. 2016, doi: 10.1002/2016TC004196.

［469］Jin Y, Noble P J, Poulson S R. Paleoenvironmental and paleoecological implications of Permian (Guadalupian) radiolarian and geochemical variations in the Lamar Limestone, Delaware Basin, West Texas (USA). Palaeogeography, Palaeoclimatology, Palaeoecology, 2012, 346-347: 37-53.

［470］Jolivet L, Menant A, Sternai P, Rabillard A, Arbaret L, Augier R, Laurent V, Beaudoin A, Graseman B, Huet B, Labrousse L, Le Pourhiet L. The geological signature of a slab tear below the Aegean. Tectonophysics, 2015, 659: 166-182.

［471］Jost B M, Webb M, White L T. The Mesozoic and Palaeozoic granitoids of north-western New Guinea. Lithos, 2018, 312-313: 223-243.

［472］Kadarusman A, Miyashita S, Maruyama S, et al. Petrology, geochemistry and paleogeographic reconstruction of the East Sulawesi Ophiolite, Indonesia. Tectonophysics, 2004, 392 (1-4): 55-83.

［473］Kadri A, Essid E M, Merzeraud G. "Kasserine Island" boundaries variations during the Upper CretaceouseEocene (central Tunisia). Journal of African Earth Sciences, 2015, 111: 244-257.

［474］Kalvoda J, Bábek O. The Margins of Laurussia in Central and Southeast Europe and Southwest Asia. Gondwana Research, 2010, 17: 526-545.

［475］Kamvong T, Zaw K, Meffre S, Maas R, Stein H, Lai C K. Adakites in the Truong Son and Loei fold belts, Thailand and Laos: Genesis and implications for geodynamics and metallogeny [J]. Gondwana Research, 2016, 26: 165-184.

［476］Kandarachevová J, Sedláčková L, Hýlová L, et al. Lateral development of coalification in the Czech part of the Upper Silesian Coal Basin and its connection with gas deposits. International Journal of Coal Geology, 2009, 78: 225-232.

［477］Kaneko Y, Maruyama S, Kadarusman A, et al. On-going orogeny in the outer-arc of the Timor-Tanimbar region, eastern Indonesia. Gondwana Research, 2007, 11 (1-2): 218-233.

［478］Karacık Z, Tüysüz O. Petrogenesis of the Late Cretaceous Demirköy Igneous Complex in the NW Turkey: Implications for magma genesis in the Strandja Zone. Lithos, 2010, 114: 369-384.

［479］Karaoğlan F, Parlak O, Hejl E, et al. The temporal evolution of the active margin along the Southeast Anatolian Orogenic Belt (SE Turkey): Evidence from U-Pb, Ar-Ar and fission track chronology. Gondwana Research, 2016, 33: 190-208.

［480］Kazemi K, Kananian A, Xiao Y, Sarjoughian F, et al. Petrogenesis of Middle-Eocene granitoids and their Mafic microgranular enclaves in central Urmia-Dokhtar Magmatic Arc (Iran): Evidence for interaction between felsic and mafic magmas. Geoscience Frontiers (2018), https://doi.org/10.1016/j.gsf.2018.04.006.

［481］Keppie J D, Nance R D, Murphy J B, et al. Tethyan, Mediterranean, and Pacific analogues for the Neoproterozoic-Paleozoic birth and development of peri-Gondwanan terranes and their transfer to Laurentia and Laurussia [J]. Tectonophysics, 2003, 365: 195-219.

[482] Keppie J D, Dostal J, Miller B V, et al. Ordovician-earliest Silurian rift tholeiites in the Acatlán Complex, southern Mexico: Evidence of rifting on the southern margin of the Rheic Ocean [J]. Tectonophysics, 2008, 461: 130-156.

[483] Keppie J.D, Nance R D, Murphy J B, et al. Pressure-temperature-time evolution of high pressure rocks of the Acatlán Complex (southern Mexico): implications for the evolution of the Iapetus and Rheic oceans: comment [J]. Geological Society of America Bulletin, 2009, 121: 1456-1459. doi: 10. / B26356.1; 1.

[484] Keppie J D, Nance R D, Ramos-Arias M A, et al. Late Paleozoic subduction and exhumation of Cambro-Ordovician passive margin and arc rocks in the northern Acatlán Complex, southern Mexico: Geochronological constraints [J]. Tectonophysics, 2010, 495: 213-229.

[485] Khanna Y, Singh S, Singh S. Micromorphological studies of the complex early Oligocene Himalayan foreland palaeosols in relation to Asian monsoon climate. Catena, 2018, 164: 1-12.

[486] Kilibarda Z, Schassburger A. A diverse deep-sea trace fossil assemblage from the Adriatic Flysch Formation (middle Eocene-middle Miocene), Montenegro (central Mediterranean). Palaeogeography, Palaeoclimatology, Palaeoecology, 2018, 506: 112-127.

[487] Al Kindi M H, Richard P D. The main structural styles of the hydrocarbon reservoirs in Oman. In: Geological Society 392, Special Publications, London, 2014: 409-445.

[488] Kioka A, Ashi J, Sakaguchi A, Sato T, Muraoka S, Yamaguchi A, Hamamoto H, Wang K, Tokuyama H. Possible mechanism of mud volcanism at the prism-backstop contact in the western Mediterranean Ridge Accretionary Complex. Marine Geology, 2015, 363: 52-64.

[489] Kochergina Y, Ackerman L, Erban V, Matusiak-Małek M, Puziewicz J, Halodová P, Špaček P, Trubač J, Magna T. Rhenium-osmium isotopes in pervasively metasomatized mantle xenoliths from the Bohemian Massif and implications for the reliability of Os model ages [J]. Chemical Geology, 2016 430: 90-107.

[490] Koça A, Kaymakci N, Van Hinsbergen D, Kuiperd K. Miocene tectonic history of the Central Tauride intramontane basins, and the paleogeographic evolution of the Central Anatolian Plateau. Global and Planetary Change, 2017, 158: 83-102.

[491] Königshof P, Savage N, Lutat P, Sardsud A, Dopieralska J, Belka Z, Racki G. Late Devonian sedimentary record of the Paleotethys Ocean-the Mae Sariang section, northwestern Thailand [J]. J. Asian Earth Sci. , 2012, 52: 146-157.

[492] Kong W, Zhang Z, Huang H, et al. Geochemistry and zircon U-Pb geochronology of the oxidaban intrusive complex: Implication for Paleozoic tectonic evolution of the South Tianshan Orogenic Belt, China. Lithos, 2019, 324-325: 265-279.

[493] Konopelko D, Wilde S A, Seltmann R, Romer R L, Biske Y S. Early Permian intrusions of the Alai range: Understanding tectonic settings of Hercynian post-collisional magmatism in the South Tien Shan, Kyrgyzstan. Lithos, 2018, 302-303: 405-420.

[494] Ková M, Plašienka D, Soták J, Vojtko R, Oszczypko N, Less G, Ćosović V, Fügenschuh B, Králiková S. Paleogene palaeogeography and basin evolution of the Western Carpathians, Northern

Pannonian domain and adjoining areas. Global and Planetary Change, 2016, 140: 9–27.

[495] Kubínová Š, Faryad S W, Verner K, Schmitz M, Holub F. Ultrapotassic dykes in the Moldanubian Zone and their significance for understanding of the post–collisional mantle dynamics during Variscan orogeny in the Bohemian Massif. Lithos, 2017, 272–273: 205–221.

[496] Lagraa K, Salvi S, Beziat D, et al. First insights on the molybdenum–copper Bled M'Dena complex (Eglab massif, Algeria). Journal of African Earth Sciences, 2017, 127: 159–174.

[497] Lan C Y, Chung S L, Long T V, Lo C H, Lee T Y, Mertzman S A, Shen J J S. Geochemical and Sr–Nd isotopic constraints from the Kontum massif, central Vietnam on the crustal evolution of the Indochina block [J]. Precambrian Research, 2003, 122: 7–27.

[498] Laó–Dávila D A. Collisional zones in Puerto Rico and the northern Caribbean. Journal of South American Earth Sciences, 2014, 54: 1–19.

[499] Larwood J G, Chandler R B. Conserving classic geological sections in the Inferior Oolite Formation, Middle Jurassic of the Wessex Basin, south–west England. Proceedings of the Geologists' Association, 2016, 127: 132–145.

[500] Lawton T F. Chapter 12 Laramide Sedimentary Basins. In: Mail A D (ed). Sedimentary Basins of the World, V5, The sedimentary basins of the United States and Canada. Elsevier Inc., 2008: 429–450.

[501] Le Pichon X, Lallemant S J, Chamot–Rooke N, Lemeur D, Pascal G. The Mediterranean Ridge backstop and the Hellenic nappes. Marine Geology, 2002, 186: 111–125.

[502] Le Van De. Outline of plate–tectionic evolution of continental crust of Vietnam [C]. In: Dheeradilok P. Proceedings of the International Conferences on Stratigraphy and Tectoinc Evolution of southeast Asia and the South Pacific. 1997: 465–474.

[503] Lefebvre C, Barnhoorn A, van Hinsbergen D, Kaymakci N, Vissers R. Late Cretaceous extensional denudation along a marble detachment fault zone in the Kırsehir massif near Kaman, central Turkey. Journal of Structural Geology, 2011, 33: 1220–1236.

[504] Lei H, Xu H, Zhang J, et al. A record of ultrahigh temperature metamorphism in the Dabie orogen during Triassic continental collision. Gondwana Research, 2019, 72: 54–64.

[505] Lepvrier C, Maluski H, Vuong N V, et al. The Early Triassic Indosinian orogeny in Vietnam (Truong Son Belt and Kontum Massif): Implications for the geodynamic evolution of Indochina [J]. Tectonophysics, 2004, 393: 87–118.

[506] Lepvrier C, Nguyen V V, Maluski H, et al. Indosinian tectonics in Vietnam [J]. Comptes Rendus Geoscience, 2008, 340 (1–2): 94–111.

[507] Leveridge B E. The Looe, South Devon and Tavy basins: the Devonian rifted passive margin successions. Proceedings of the Geologists' Association, 2011, 122: 616–717.

[508] Lester R, McIntosh K, Van Avendonk M J A, et al. Crustal accretion in the Manila trench accretionary wedge at the transition from subduction to mountain–building in Taiwan. Earth and Planetary Science Letters, 2013, 375: 430–440.

[509] Li D, He D, Qi X, Zhang N. How was the Carboniferous Balkhash–West Junggar remnant ocean filled and closed? Insights from the Well Tacan–1 strata in the Tacheng Basin, NW China. Gondwana Research, 2015, 27: 342–362.

[510] Li G J, Wang Q F, Huang Y H, Chen F C, Dong P. Discovery of Hadean-Mesoarchean crustal materials in the northern Sibumasu block and its significance for Gondwana reconstruction [J]. Precambrian Research, 2015, 271: 118-137.

[511] Li H, Zhang Z, Santosh M, et al. Late Permian basalts in the northwestern margin of the Emeishan Large Igneous Province: Implications for the origin of the Songpan-Ganzi terrane. Lithos, 2016, 256-257: 75-87.

[512] Li J, Zeng L, Li W, et al. Controls of the Himalayan deformation on hydrocarbon accumulation in the western Qaidam Basin, Northwest China. Journal of Asian Earth Sciences, 2019, 174: 294-310.

[513] Li J, Zhang Y, Dong S, Shi W. Structural and geochronological constraints on the Mesozoic tectonic evolution of the North Dabashan zone, South Qinling, central China. Journal of Asian Earth Sciences, 2013, 64: 99-114.

[514] Li J, Zhao G, Johnston S T, et al. Permo-Triassic structural evolution of the Shiwandashan and Youjiang structural belts, South China. Journal of Structural Geology, 2017, 100: 24-44.

[515] Li N, Yang F, Zhang Z, Yang C. Geochemistry and chronology of the biotite granite in the Xiaobaishitou W-(Mo) deposit, eastern Tianshan, China: Petrogenesis and tectonic implications. Ore Geology Reviews, 2019, 107: 999-1019.

[516] Li Q-W, Zhao J-H. Petrogenesis of the Wudang mafic dikes: Implications of changing tectonic settings in South China during the Neoproterozoic. Precambrian Research, 2016, 272: 101-114.

[517] Li S, Guilmette C, Yin C, et al. Timing and mechanism of Bangong-Nujiang ophiolite emplacement in the Gerze area of central Tibet. Gondwana Research, 2019, 71: 179-193.

[518] Li S, Zhao S, Liu X, et al. Closure of the Proto-Tethys Ocean and Early Paleozoic amalgamation of microcontinental blocks in East Asia. Earth-Science Reviews, 2018, 186: 37-75.

[519] Li X, Li Z, Li W. Detrital zircon U-Pb age and Hf isotope constrains on the generation and reworking of Precambrian continental crust in the Cathaysia Block, South China: A synthesis [J]. Gondwana Research, 2014, 25: 1202-1215.

[520] Li Y, Tong X, Zhu Y, et al. Tectonic affinity and evolution of the Precambrian Qilian block: Insights from petrology, geochemistry and geochronology of the Hualong Group in the Qilian Orogen, NW China. Precambrian Research, 2018, 315: 179-200.

[521] Liang X, Sun S, Dong Y, et al. Fabrics and geochronology of the Wushan ductile shear zone: Tectonic implications for the Shangdan suture zone in the Qinling orogen, Central China. Journal of Asian Earth Sciences, 2017, 139: 71-82.

[522] Liao X-Y, Wang Y-W, Liu L, et al. Detrital zircon U-Pb and Hf isotopic data from the Liuling Group in the South Qinling belt: Provenance and tectonic implications. Journal of Asian Earth Sciences, 2017, 134: 244-261.

[523] Liew T C, McCulloch M T. Genesis of granitoid batholiths of Peninsular Malaysia and implications for models of crustal evolution: evidence from Nd-Sr isotopic and U-Pb zircon study. Geochimica et Cosmochimica Acta, 1985, 49: 587-600.

[524] Limonov A F, Woodside J M, Cita M B, Ivanov M K. The Mediterranean Ridge and related mud diapirism: a background. Marine Geology, 1996, 132 (1-4): 7-19.

[525] Lin C, Yang H, Liu J, et al. Distribution and erosion of the Paleozoic tectonic unconformities in the Tarim Basin, Northwest China: Significance for the evolution of paleo-uplifts and tectonic geography during deformation. Journal of Asian Earth Sciences, 2012, 46: 1-19.

[526] Ling H Y, Hall R. Note on an age of the basal sedimentary sequence of Waigeo Island, eastern Indonesia. Journal of Southeast Asian Earth Sciences, 1995, 11 (1): 53-59.

[527] Ling H Y, Samuel M A. Siliceous microfossils from Nias Island: their signicance for the Tertiary paleoceanography of the northeast Indian Ocean. Journal of Asian Earth Sciences, 1998, 16 (4): 407-417.

[528] Linnemann U, Pereira F, Jeffries T E, et al. The Cadomian Orogeny and the opening of the Rheic Ocean: The diacrony of geotectonic processes constrained by LA-ICP-MS U-Pb zircon dating (Ossa-Morena and Saxo-Thuringian Zones, Iberian and Bohemian Massifs). Tectonophysics, 2008, 461: 21-43.

[529] Linnemann U, Gerdes A, Hofmann M, Marko L. The Cadomian Orogen: Neoproterozoic to Early Cambrian crustalgrowth and orogenic zoning along the periphery of the West African Craton-Constraints from U-Pb zircon ages and Hf isotopes (Schwarzburg Antiform, Germany). Precambrian Research, 2014, 244: 236-278.

[530] Liu J L, Tran M D, Tang Y, Nguyen Q L, Tran T H, Wu W B, Chen J F, Zhang Z C, Zhao Z D. Permo-Triassic granitoids in the northern part of the Truong Son belt, NW Vietnam: Geochronology, geochemistry and tectonic implications [J]. Gondwana Research, 2012, 22 (2): 628-644.

[531] Liu S, Peng S, Kusky T, et al. Origin and tectonic implications of an Early Paleozoic (460-440Ma) subduction-accretion shear zone in the northwestern Yunkai Domain, South China. Lithos, 2018, 322: 104-128.

[532] Liu W N, Li C F, Li J B, et al. Deep structures of the Palawan and Sulu Sea and their implications for opening of the South China Sea. Marine and Petroleum Geology, 2014, 58 (Part B): 721-735.

[533] Liu X, Zhang G, Wen Z, Wang Z, Song C, He Z, Li Z. Structural characteristics and petroleum exploration of Levant Basin in Eastern Mediterranean. Petroleum Exploration and Development, 2017, 44 (4): 573-581.

[534] Liu Y, Xiao W, Windley B F, et al. Late Triassic ridge subduction of Paleotethys: Insights from high-Mggranitoids in the Songpan-Ganzi area of northern Tibet. Lithos, 2019, 334-335: 254-272.

[535] Liu Z, Jiang Y, Jia R, Zhao P, Zhou Q. Origin of Late Triassic high-K calcalkaline granitoids and their potassic microgranular enclaves from the western Tibet Plateau, northwest China: implications for Paleo-Tethys evolution. Gondwana Research, 2015, 27: 326-341.

[536] López-Gómez J, Martín-González F, Heredia N, et al. New lithostratigraphy for the Cantabrian Mountains: A common tectono-stratigraphic evolution for the onset of the Alpine cycle in the W Pyrenean realm, N Spain. Earth-Science Reviews, 2019, 188: 249-271.

[537] Luft de Souza F, Krahl G, Fauth G. Late Cretaceous (Cenomanian-Maastrichtian) planktic foraminifera from Goban Spur (DSDP sites 549 and 550): Biostratigraphic inferences. Cretaceous Research, 2018, 86: 238-250.

[538] Lugli S. Timing of post-depositional events in the Burano Formation of the Secchia valley (Upper Triassic, Northern Apennines), clues from gypsum ± anhydrite transitions and carbonate metasomatism.

Sedimentary Geology, 2001, 140: 107–122.

[539] Lukeneder A. A new ammonoid fauna from the Northern Calcareous Alps (upper Hauterivian–lower Barremian, Austria), Cretaceous Research, 2017, http://dx.doi.org/10.1016/j.cretres.2017.03.026.

[540] Lunt P. Partitioned transtensional Cenozoic stratigraphic development of North Sumatra. Marine and Petroleum Geology, 2019a, 106: 1–16.

[541] Lunt P. A new view of integrating stratigraphic and tectonic analysis in South China Sea and north Borneo basins. Journal of Asian Earth Sciences, 2019b, 177: 220–239.

[542] Lüschen E, Müller C, Kopp H, et al. Structure, evolution and tectonic activity of the eastern Sunda forearc, Indonesia, from marine seismic investigations. Tectonophysics, 2011, 508: 6–21.

[543] Lyngsie S B, Thybo H. A new tectonic model for the Laurentia–Avalonia–Baltica sutures in the North Sea: A case study along MONA LISA profile 3 [J]. Tectonophysics, 2007, 429: 201–22.

[544] Maacha L, Jaffal M, Jarni A, et al. A contribution of airborne magnetic, gamma ray spectrometric data in understanding the structure of the Central Jebilet Hercynian massif and implications for mining. Journal of African Earth Sciences, 2017, 134: 389–403.

[545] MacDonald W D, Estrada J J, Sierra G M, et al. Late Cenozoic tectonics and paleomagnetism of North Cauca Basin intrusions, Colombian Andes: Dual rotation modes. Tectonophysics, 1996, 261: 277–289.

[546] Mackintosh P W, Robertson A H F. Structural and sedimentary evidence from the northern margin of the Tauride platform in south central Turkey used to test alternative models of Tethys during Early Mesozoic time. Tectonophysics, 2009, 473: 149–172.

[547] Madon M, Ly K C, Wong R. The structure and stratigraphy of deepwater Sarawak, Malaysia: Implications for tectonic evolution. Journal of Asian Earth Sciences, 2013, 76: 312–333.

[548] Maghfouri S, Rastad E, Mousivand F, et al. Geology, ore facies and sulfur isotopes geochemistry of the Nudeh Besshi–type volcanogenic massive sulfide deposit, southwest Sabzevar basin, Iran. Journal of Asian Earth Sciences, 2016, 125: 1–21.

[549] Mahboubi A, Nowrouzi Z, Al–Aasm I S, et al. Dolomitization of the Silurian Niur Formation, Tabas block, east central Iran: Fluid flow and dolomite evolution. Marine and Petroleum Geology, 2016, 77: 791–805.

[550] Maillard A, Driussi O, Lofi J, Briais A, Chanier F, Hübscher C, Gaullier V. Record of the Messinian Salinity Crisis in the SW Mallorca area (Balearic Promontory, Spain). Marine Geology, 2014 357: 304–320.

[551] Makled W A, Mandur M M M, Langer M R. Neogene sequence stratigraphic architecture of the Nile Delta, Egypt: A micropaleontological perspective. Marine and Petroleum Geology, 2017, 85: 117–135.

[552] Malz A, Madritsch H, Meier B, et al. An unusual triangle zone in the external northern Alpine foreland (Switzerland): Structural inheritance, kinematics and implications for the development of the adjacent Jura fold–and–thrust belt. Tectonophysics, 2016, 670: 127–143.

[553] Manea M, Manea V C, Ferrari L, et al. Tectonic evolution of the Tehuantepec Ridge. Earth and Planetary Science Letters, 2005, 238: 64–77.

[554] Mann P. Chapter 1 Caribbean Sedimentary Basins" Classification and Tectonic. in: Hsti K J.(ed.)

Caribbean Basins. Sedimentary Basins of the World, 4. Amsterdam: Elsevier Science B.V., 1999, 3–31.

[555] Mansor M Y, Rahman A H A, Menier D, Pubellier M. Structural evolution of Malay Basin, its link to Sunda Block tectonics. Marine and Petroleum Geology, 2014, 58: 736–748.

[556] Maouche S, Meghraoui M, Morhange C, et al. Active coastal thrusting and folding, and uplift rate of the Sahel Anticline and Zemmouri earthquake area (Tell Atlas, Algeria). Tectonophysics, 2011, 509: 69–80.

[557] Maravelis A G, Boutelier D, Catuneanu O, K.St. Seymour K, Zelilidis A. A review of tectonics and sedimentation in a forearc setting: Hellenic Thrace Basin, North Aegean Sea and Northern Greece. Tectonophysics, 2016, 674: 1–19.

[558] Marcaillou B, Collot J. Chronostratigraphy and tectonic deformation of the North Ecuadorian-South Colombian offshore Manglares forearc basin. Marine Geology, 2008, 255: 30–44.

[559] Marsala A, Wagner T, Wälle M, et al. Late–metamorphic veins record deep ingression of meteoric water: A LA–ICPMS fluid inclusion study from the fold–and–thrust belt of the Rhenish Massif, Germany. Chemical Geology, 2013, 351: 134–153.

[560] Martha S, Dörr W, Gerdes A, Krahl J, Linckens J, Zulauf G. The tectonometamorphic andmagmatic evolution of the Uppermost Unit in central Crete (Melambes area): constraints on a Late Cretaceous magmatic arc in the Internal Hellenides (Greece). Gondwana Research, 2017, 48: 50–71.

[561] Mathisen M E, Vondra C F. The fluvial and pyroclastic deposits of the Cagayan Basin, Northern Luzon, Philippines–an example of non–marine volcaniclastic sedimentation in an interarc basin. Sedimentology, 1983, 30: 369–392.

[562] Martin A J. A review of Himalayan stratigraphy, magmatism, and structure. Gondwana Research, 2017, 49: 42–80.

[563] Martín J M, Braga J C, Aguirre J, Puga–Bernabéu Á. History and evolution of the North-Betic Strait (Prebetic Zone, Betic Cordillera): A narrow, early Tortonian, tidal–dominated, Atlantic-Mediterranean marine passage. Sedimentary Geology, 2009, 216 (3–4): 80–90.

[564] Martin S, Toffolo L, Moroni M, Montorfano C, Secco L, Agnini C, Nimis P, Tumiati S. Siderite deposits in northern Italy: Early Permian to Early Triassic hydrothermalism in the Southern Alps. Lithos, 2017, 284–285: 276–295.

[565] Martini M, Ortega–Gutiérrez F. Tectono–stratigraphic evolution of eastern Mexico during the break–up of Pangea: A review. Earth–Science Reviews, 2018, 183: 38–55.

[566] Martini R, Zaninetti L, Lathuillière B, et al. Upper Triassic carbonate deposits of Seram (Indonesia): palaeogeographic and geodynamic implications. Palaeogeography, Palaeoclimatology, Palaeoecology, 2004, 206 (1–2): 75–102.

[567] Márton E, Zampieri D, Ćosović V, Moro A, Drobne K. Apparent polar wander path for Adria extended by new Jurassic paleomagnetic results from its stable core: Tectonic implications. Tectonophysics, 2017, 700–701: 1–18.

[568] Matano F, Barbieri M, Di Nocera S, Torre M. Stratigraphy and strontium geochemistry of Messinian evaporite–bearing successions of the southern Apennines foredeep, Italy: implications for the Mediterranean "salinity crisis" and regional palaeogeography. Palaeogeography, Palaeoclimatology,

Palaeoecology, 2005, 217 (1-2): 87-114.

［569］Matenco L, Schmid S. Exhumation of the Danubian nappes system (South Carpathians) during the Early Tertiary: inferences from kinematic and paleostress analysis at the Getic/Danubian nappes contact. Tectonophysics, 1999, 314 (4): 401-422.

［570］Mattei M, Cifelli F, D'Agostino N. The evolution of the Calabrian Arc: Evidence from paleomagnetic and GPS observations. Earth and Planetary Science Letters, 2007, 263 (3-4): 259-274.

［571］Mattei M, Cifelli F, Alimohammadian H, et al. Oroclinal bending in the Alborz Mountains (Northern Iran): New constraints on the age of South Caspian subduction and extrusion tectonics. Gondwana Research, 2017, 42: 13-28.

［572］Mattern F, Moraetis D, Abbasi I, et al. Coastal dynamics of uplifted and emerged late Pleistocene near-shore coral patch reefs at fins (eastern coastal Oman, Gulf of Oman). Journal of African Earth Sciences, 2018, 138: 192-200.

［573］Mattern F, Scharf A. Postobductional extension along and within the Frontal Range of the Eastern Oman Mountains. Journal of Asian Earth Sciences, 2018, 154: 369-385.

［574］Mazzeo F, Zanetti A, Aulinas M, Petrosino P, Arienzo I, D'Antonio M. Evidence for an intra-oceanic affinity of the serpentinized peridotites from the Mt. Pollino ophiolites (Southern Ligurian Tethys): Insights into the peculiar tectonic evolution of the Southern Apennines. Lithos, 2017, 284-285: 367-380.

［575］Mederer J, Moritz R, Zohrabyan S, et al. Base and precious metal mineralization in Middle Jurassic rocks of the Lesser Caucasus: A review of geology and metallogeny and new data from the Kapan, Alaverdi and Mehmana districts. Ore Geology Reviews, 2014, 58: 185-207.

［576］Mende K, Linnemann U, Nesbor H, et al. Provenance of exotic Ordovician and Devonian sedimentary rock units from the Rhenish Massif (Central European Variscides, Germany). Tecto (2018), https://doi.org/10.1016/j.tecto.2018.10.029.

［577］Merabet N, Henry B, Kherroubi A, Maouche S. Autunian age constrained by fold tests for paleomagnetic data from the Mezarif and Abadla basins (Algeria). Journal of African Earth Sciences, 2005, 43: 556-566.

［578］Meredith D J, Egan S S. The geological and geodynamic evolution of the eastern Black Sea basin: insights from 2-D and 3-D tectonic modelling. Tectonophysics, 2002, 350: 157-179.

［579］Meschede M, Frisch W. A plate-tectonic model for the Mesozoic and Early Cenozoic history of the Caribbean plate [J]. Tectonophysics, 1998, 296: 269-291.

［580］Metcalfe I. Stratigraphy, palaeontology and palaeogeography of the Carboniferous of Southeast Asia [M]. Mem. Soc. Geol. France, 1984, 147: 107-118.

［581］Metcalfe I. Origin and assembly of Southeast Asian continental terranes [M]. In: Audley-Charles, M.G., Hallam, A. (Eds), Gondwana and Tethys. Geological Society of London Special Publication No. 37, 1988, 101-118.

［582］Metcalfe I. The Bentong-Raub Suture Zone [J]. Journal of Asian Earth Sciences, 2000, 18: 691-712.

［583］Metcalfe I. Permian tectonic framework and palaeogeography of SE Asia [J]. Journal of Asian Earth Sciences, 2002, 20: 551-566.

［584］Metcalfe I. Palaeozoic-Mesozoic history of SE Asia［J］. The Geological Society of London, 2011a, 355：7-35.

［585］Metcalfe I. Tectonic framework and Phanerozoic evolution of Sundaland［J］. Gondwana Research, 2011b, 19：3-21.

［586］Metcalfe I. Gondwana dispersion and Asian accretion：Tectonic and palaeogeographic evolution of eastern Tethys. Journal of Asian Earth Sciences, 2013a, 66：1-33.

［587］Metcalfe I. Tectonic evolution of the Malay Peninsula. Journal of Asian Earth Sciences, 2013b, 76：195-213.

［588］Metcalfe I, Henderson C, Wakita K. Lower Permian conodonts from Palaeo-Tethys Ocean Plate Stratigraphy in the Chiang Mai-Chiang Rai Suture Zone, northern Thailand［J］. Gondwana Research, 2017, 44：54-66.

［589］Metelkin D V, Vernikovsky V A, Matushkina N Y. Arctida between Rodinia and Pangea［J］. Precambrian Research, 2015, 259：114-129.

［590］Miall A D. Chapter 8 The Southern Midcontinent, Permian Basin, and Ouachitas. In：Mail A D（ed）. Sedimentary Basins of the World, V5, The sedimentary basins of the United States and Canada. Elsevier Inc., 2008：298-327.

［591］Miall A D, Blakey R C. Chapter 1 The phanerozoic tectonic and sedimentary evolution of north America［M］. In：Mail A D（ed）. Sedimentary Basins of the World, V5, The sedimentary basins of the United States and Canada. Elsevier Inc., 2008a：1-29.

［592］Miall A D, Balkwill H R, McCracken J. Chapter 14 The Atlantic Margin Basins of North America. In：Mail A D（ed）. Sedimentary Basins of the World, V5, The sedimentary basins of the United States and Canada. Elsevier Inc., 2008b：473-504.

［593］Michard A, Mokhtari A, Lach P, et al. Liassic age of an oceanic gabbro of the External Rif（Morocco）：Implications for the Jurassic continent-ocean boundary of Northwest Africa. C. R. Geoscience, 2018, 350：299-309.

［594］Milia A, Valente A, Cavuoto G, Torrente M M. Miocene progressive forearc extension in the Central Mediterranean. Tectonophysics, 2017, 710-711：232-248.

［595］Minezaki T, Hisada K, Hara H, Kamata Y. Tectono-stratigraphy of Late Carboniferous to Triassic successions of the Khorat Plateau Basin, Indochina Block, northeastern Thailand：Initiation of the Indosinian Orogeny by collision of the Indochina and South China blocks. Journal of Asian Earth Sciences, 2019, 170：208-224.

［596］Mirnejad H, Simonetti A, Molasalehi F. Pb isotopic compositions of some Zn-Pb deposits and occurrences from Urumieh-Dokhtar and Sanandaj-Sirjan zones in Iran. Ore Geology Reviews, 2011, 39：181-187.

［597］Mistiaen B, Brice D, Hubert B L M, et al. Devonian palaeobiogeographic affinities of Afghanistan and surrounding areas（Iran, Pakistan）. Journal of Asian Earth Sciences, 2015, 102：102-126.

［598］Mitchell A. Chapter 9：Popa-Loimye Magmatic Arc. in：Mitchell A. Geological Belts, Plate Boundaries, and Mineral Deposits in Myanmar. Elsevier, 2018, 277-323. http：//dx.doi.org/10.1016/ B978-

0-12-803382-1.00010-9.

［599］Mitchell A，Chung S L，Oo T，Lin T H，Hung C H. Zircon U-Pb ages in Myanmar：magmatic-metamorphic events and the closure of a neo-Tethys ocean? J. Asian Earth Sci.，2012，56：1-23.

［600］Mitchell A H G，Htay M T，Htun K M，Win M N，Oo T，Tin H. Rock relationships in the Mogok Metamorphic belt，Tatkon to Mandalay，central Myanmar［J］. J. Asian Earth Sci，2007，29：891-910.

［601］Mohanty S. Spatio-temporal evolution of the Satpura Mountain Belt of India：A comparison with the Capricorn Orogen of Western Australia and implication for evolution of the supercontinent Columbia. Geoscience Frontiers，2012，3（3）：241-267.

［602］Moissette P，Cornée J，Mannaï-Tayech B，Rabhi M，André J，Koskeridou E，Méon H. The western edge of the Mediterranean Pelagian Platform：A Messinian mixed siliciclastic-carbonate ramp in northern Tunisia. Palaeogeography，Palaeoclimatology，Palaeoecology，2010，285：85-103.

［603］Molina Garza R S，van Hinsbergen D J J，Boschman L M，et al. Large-scale rotations of the Chortis Block（Honduras）at the southern termination of the Laramide flat slab. Tectonophysics（2017），https：//doi.org/10.1016/j.tecto.2017.11.026.

［604］Monnier C，Polvé M，Girardeau J，et al. Extensional to compressive Mesozoic magmatism at the SE Eurasia margin as recorded from the Meratus ophiolite（SE Borneo，Indonesia）. Geodinamica Acta，1999，12（1）：43-55.

［605］Moore G F，Aung L T，Fukuchi R，et al. Tectonic，diapiric and sedimentary chaotic rocks of the Rakhine coast，western Myanmar. Gondwana Research，2019，https：//doi.org/10.1016/j.gr.2019.04.006.

［606］Morán-Zenteno D J，Martiny B M，Solari L，et al. Cenozoic magmatismof the Sierra Madre del Sur and tectonic truncation of the Pacific margin of southern Mexico. Earth-Science Reviews，2018，183：85-114.

［607］Morley C K. A tectonic model for the Tertiary evolution of strike-slip faults and rift basins in SE Asia Original［J］. Tectonophysics，2002，347（4）：189-215.

［608］Morley C K，Alvey A. Is spreading prolonged，episodic or incipient in the Andaman Sea? Evidence from deepwater sedimentation. Journal of Asian Earth Sciences，2015，98：446-456.

［609］Morley C K，Alvey A. Reply to discussion "Is spreading prolong，episodic or incipient in the Andaman Sea? Evidence from deepwater sedimentation" by J.R. Curray 2015. Journal of Asian Earth Sciences，2016，115：62-68.

［610］Moss S J，Finch E M. Geological implications of new biostratigraphic data from East and West Kalimantan，Indonesia. Journal of Asian Earth Sciences，1997，15（6）：489-506.

［611］Motuza G，Sliaupa S. Supracrustal suite of the Precambrian crystalline crust in the Ghor Province of Central Afghanistan. Geoscience Frontiers，2017，8：125-135.

［612］Mousivand F，RastadE，Peter J M，Maghfouri S. Metallogeny of volcanogenic massive sulfide deposits of Iran. Ore Geology Reviews，2018，95：974-1007.

［613］Moyen J F，Laurent O，Chelle-Michou C，Couzinié S，Vanderhaeghe O，Zehb A，Villaros A，Gardien V. Collision vs. subduction-related magmatism：Two contrasting ways of granite formation and implications for crustal growth［J］. Lithos，2016，http：//dx.doi.org/10.1016/j.lithos.2016.09.018.

［614］Murphy J B，Pisarevsky S A，Nance R D，et al. Neoproterozoic–Early Palaeozoic evolution of peri–Gondwanan terranes：implications for Laurentia–Gondwana connections［J］. International Journal Earth Sciences，2004，93：659–682.

［615］Murphy J B，Gutiérrez–Alonso G，Nance R D，et al. Origin of the Rheic Ocean：rifting along a Neoproterozoic suture?［J］Geology，2006，34：325–328.

［616］Murphy J B，Cousens B L，Braid J A，et al. Highly depleted oceanic lithosphere in the Rheic Ocean：Implications for Paleozoic plate reconstructions［J］. Lithos，2011，123：165–175.

［617］Nachtergaele S，De Pelsmaeker E，Glorie S，Zhimulev F. Meso–Cenozoic tectonic evolution of the Talas–Fergana region of the Kyrgyz Tien Shan revealed by low–temperature basement and detrital thermochronology. Geoscience Frontiers，2017，https：//doi.org/10.1016/j.gsf.2017.11.007.

［618］Nadoll P，Sośnicka M，Kraemer D，Duschl F. Post–Variscan structurally–controlled hydrothermal Zn–Fe–Pb sulfide and F–Ba mineralization in deep–seated Paleozoic units of the North German Basin：A review. Ore Geology Reviews，2019，106：273–299.

［619］Nair N，Pandey D K. Cenozoic sedimentation in the Mumbai Offshore Basin：Implications for tectonic evolution of the western continental margin of India. Journal of Asian Earth Sciences，2018，152：132–144.

［620］Nance R D，Murphy J B，Keppie J D. A Cordilleran model for the evolution of Avalonia［J］. Tectonophysics，2002，352：1–21.

［621］Nance R D，Miller B V，Keppie J D，et al. Acatlán Complex，southern Mexico：record spanning the assembly and breakup of Pangea［J］. Geology，2006，34：857–860.

［622］Nanda A，Kumar K. Excursion guide on the Himalayan Foreland Basin（Jammu–Kalakot–Udhampur sector）. Dehradun：Wadia Institute of Himalayan Geoglogy，1999：1–85.

［623］Nakano N，Osanai Y，Owada M，Nam T N，Charusiri P，Khamphavong K. Tectonic evolution of high–grade metamorphic terranes in central Vietnam：Constraints from large–scale monazite geochronology［J］. Journal of Asian Earth Sciences，2013，73：520–539.

［624］Nakapelyukh M，Bubniak I，Bubniak A，Jonckheere R，Ratschbacher L. Cenozoic structural evolution，thermal history，and erosion of the Ukrainian Carpathians fold–thrust belt. Tectonophysics，2017，doi：10.1016/j.tecto.2017.11.009.

［625］Natal' ina B A，Sengor A M C. Late Palaeozoic to Triassic evolution of the Turan and Scythian platforms：The pre–history of the Palaeo–Tethyan closure. Tectonophysics，2005，404：175–202.

［626］Nazeer A，Shah S，H，Murtaza G，et al. Possible origin of inert gases in hydrocarbon reservoir pools of the Zindapir Anticlinorium and its surroundings in the Middle Indus Basin，Pakistan. Geodesy and Geodynamics（2018），https：//doi.org/10.1016/j.geog.2018.09.003.

［627］Neace E R，Nance R D，Murphy J B，et al. Zircon LA–ICPMS geochronology of the Cornubian Batholith，SW England. Tectonophysics，2016，681：332–352.

［628］Newell A J. Rifts，rivers and climate recovery：A new model for the Triassic of England. Proceedings of the Geologists' Association，2018，129：352–371.

［629］Newell A J，Woods M A，Farrant A R，et al. Chalk thickness trends and the role of tectonic processes in the Upper Cretaceous of southern England. Proceedings of the Geologists' Association，2018，

129：610–628.

［630］Nichols G，Hall R. History of the Celebes Sea Basin based on its stratigraphic and sedimentological record. Journal of Asian Earth Sciences，1999，17（1–2）：47–59.

［631］Nicholson K N，Khan M，Mahmood K. Geochemistry of the Chagai–Raskoh arc，Pakistan：Complex arc dynamics spanning the Cretaceous to the Quaternary. Lithos，2010，118：338–348.

［632］Nikishin A M，Ziegler P A，Stephenson R A，Cloetingh S A P L，Fume A V，Fokin P A，Ershov A V，Bolotov S N，Korotaev M V，Alekseev A S，Gorbachev V I Shipilov E V，Lankreijer A，Bembinova E Y，Shalimov I V. Late Precambrian to Triassic history of the East European Craton：dynamics of sedimentary basin evolution. Tectonophysics，1996，268：23–63.

［633］Nikishin A M，Okay A，Tüysüz O，et al. The Black Sea basins structure and history：New model based on new deep penetration regional seismic data. Part 1：Basins structure and fill. Marine and Petroleum Geology，2015a，59：638–655.

［634］Nikishin A M，Okay A，Tüysüz O，et al. The Black Sea basins structure and history：New model based on new deep penetration regional seismic data. Part 2：Tectonic history and paleogeography. Marine and Petroleum Geology，2015b，59：656–670.

［635］Niu Y，Liu C，Shi G R，et al. Unconformity–bounded Upper Paleozoic megasequences in the Beishan Region（NW China）and implications for the timing of the Paleo–Asian Ocean closure. Journal of Asian Earth Sciences，2018，167：11–32.

［636］Oksum E，Hisarlı Z，Çinku M，Ustaömer T，Orbay N. New paleomagnetic results from Ordovician sedimentary rocks from NW Anatolia：Tectonic implications for the paleolatitudinal position of the Istanbul Terrane. Tectonophysics，2015，664：14–30.

［637］Olfindo V S V，Payot B D，Valera G T V，et al. Petrographic and geochemical characterization of the crustal section of the Pujada Ophiolite，southeastern Mindanao，Philippines：Insights to the tectonic evolution of the northern Molucca Sea Collision Complex. Journal of Asian Earth Sciences，2019，184：103994.

［638］Olyphant J R，Johnson R A，Hughes A N. Evolution of the Southern Guinea Plateau：Implications on Guinea–Demerara Plateau formation using insights from seismic，subsidence，and gravity data. Tectonophysics，2017，717：358–371.

［639］Opluštil S，Sýkorová I. Early Pennsylvanian ombrotrophic mire of the Prokop Coal（Upper Silesian Basin）；what does it say about climate? International Journal of Coal Geology，2018，198：116–143.

［640］Ortega–Gutiérrez F，Elias–Herrera M，Reyes–Salas M，et al. Late Ordovician–Early Silurian continental collisional orogeny in southern Mexico and its bearing on Gondwana–Laurentia connections［J］. Geology，1999，27：719–722.

［641］Ortega–Gutiérrez F，Elias–Herrera M，Morán–Zenteno D J，et al. The pre–Mesozoic metamorphic basement of Mexico，1.5 billion years of crustal evolution. Earth–Science Reviews，2018，183：2–37.

［642］Ortí F，Pérez–López A，Salvany J. Triassic evaporites of Iberia：Sedimentological and palaeogeographical implications for the western Neotethys evolution during the Middle Triassic–Earliest Jurassic.

Palaeogeography, Palaeoclimatology, Palaeoecology, 2017, 471: 157-180.

[643] Ortiz-Karpf A, Hodgson D M, McCaffrey W D. The role of mass-transport complexes in controlling channel avulsion and the subsequent sediment dispersal patterns on an active margin: The Magdalena Fan, offshore Colombia. Marine and Petroleum Geology, 2015, 64: 58-75.

[644] Ouabid M, Ouali H, Garrido C J, et al. Neoproterozoic granitoids in the basement of the Moroccan Central Meseta: Correlation with the Anti-Atlas at the NW paleo-margin of Gondwana. Precambrian Research, 2017, 299: 34-57.

[645] Palano M, González P, Fernández J. Strain and stress fields along the Gibraltar Orogenic Arc: Constraints on active geodynamics. Gondwana Researc, 2013, 23: 1071-1088.

[646] Panda D, Kundu B, Gahalaut V K, et al. Crustal deformation, spatial distribution of earthquakes and along strike segmentation of the Sagaing Fault, Myanmar. Journal of Asian Earth Sciences, 2018, 166: 89-94.

[647] Panjasawatwong Y, Chantaramee S, Limtrakun P, et al. Geochermistry and tectonics setting of eruption of central Loei volcanics in the Pak Chom area, Loei, northeast Thailand [C]. In: Dheeradilok P, et al. Proceedings of the International Conference on Stratigraphy and Tectonic Evolution of Southeast Asia and the South Pacific. 1997: 287-302.

[648] Panjasawatwong Y, Phajuy B, Hada S. Tectonic setting of the Permo-Triassic Chiang Khong volcanic rocks, northern Thailand based on petrochemical characteristics. Gondwana Res., 2003, 6: 743-755.

[649] Papadimitriou N, Gorini C, Nader F H, Deschamps R, Symeou V, Lecomtea J C. Tectono-stratigraphic evolution of the western margin of the Levant Basin (offshore Cyprus). Marine and Petroleum Geology, 2018, 91: 683-705.

[650] Papanikolaou D. Tectonostratigraphic models of the Alpine terranes and subduction history of the Hellenides, Tectonophysics, 2013, 595-596: 1-24.

[651] Papanikolaou D. Timing of tectonic emplacement of the ophiolites and terrane paleogeography in the Hellenides. Lithos, 2009, 108: 262-280.

[652] Parkinson C. Emplacement of the East Sulawesi Ophiolite: evidence from subophiolite metamorphic rocks. Journal of Asian Earth Sciences, 1998, 16 (1): 13-28.

[653] Pastor-Galán D, Gutiérrez-Alonso G, Murphy J, et al. Provenance analysis of the Paleozoic sequences of the northern Gondwana margin in NW Iberia: Passive margin to Variscan collision and orocline development. Gondwana Research 23 (2013): 1089-1103.

[654] Payrola P A, Hongn F, Cristallini E, et al. Andean oblique folds in the Cordillera Oriental e Northwestern Argentina: Insights from analogue models. Journal of Structural Geology, 2012, 42: 194-211.

[655] Pedrera A, Marín-Lechado C, Galindo-Zaldívar J, García-Lobón J. Control of preexisting faults and near-surface diapirs on geometry and kinematics of fold-and-thrust belts (Internal Prebetic, Eastern Betic Cordillera). Journal of Geodynamics, 2014, 77: 135-148.

[656] Perez J S, Tsutsumi H. Tectonic geomorphology and paleoseismology of the Surigao segment of the Philippine fault in northeastern Mindanao Island, Philippines. Tectonophysics, 2017, 699: 244-257.

[657] Pérez-García A, Murelaga X, Huerta P, Torcida Fernández-Baldor F. Turtles from the Lower

Cretaceous of the Cameros Basin (Iberian Range, Spain) . Cretaceous Research, 2012, 33 (1): 146-158.

［658］Pérez-Cáceres I, Poyatos D, Simancas J, Azor A. Testing the Avalonian affinity of the South Portuguese Zone and the Neoproterozoic evolution of SW Iberia through detrital zircon populations［J］. Gondwana Research, 2017, 42: 177-192.

［659］Perri F, Critelli S, Martín-Martín M, Montone S, Amendola U. Unravelling hinterland and offshore palaeogeography from pre-to-syn-orogenic clastic sequences of the Betic Cordillera (Sierra Espuña), Spain. Palaeogeography, Palaeoclimatology, Palaeoecology, 2017, 468: 52-69.

［660］Peters B J, Day J M D, Greenwood R C, et al. Helium-oxygen-osmium isotopic and elemental constraints on the mantle sources of the Deccan Traps. Earth and Planetary Science Letters, 2017, 478: 245-257.

［661］Peterson J A. Regional geology and hydrocarbon resource potential, the Mediterranean Sea region. Open-File Report, 1993. pubs.usgs.gov.

［662］Peterson J A and Clarke J W. Geology of the Volga-Ural Petroleum Province and detailed description of the Romashkino and Arlan oil fields. United States Department of the Interior Geological Survey Open-File Report, 1983, 1-90.

［663］Phajuy B, Panjasawatwong Y, Osataporn P. Preliminary geochemical study of volcanic rocks in the Pang Mayao area, Phrao, Chiang Mai, Northern Thailand: tectonic steting of formation［J］. Journal of Asian Earth Sciences, 2005, 24 (6): 765-776.

［664］Phan C T, Le D A, Le D B, et al. Geology of Cambodia, Laos and Vietnam (Explanatory to the geological map Cambodia, Laos and Vietnam at 1 : 1000000 scale), 2nd edition［M］. Published by the Geological Survey of Vietnam, 1991: 1-158.

［665］Pharaoh T. The Anglo-Brabant Massif: Persistent but enigmatic palaeo-relief at the heart of western Europe. Proceedings of the Geologists' Association, 2018, 129: 278-328. https: //doi.org/10.1016/ j.pgeola. 2018. 02.009.

［666］Phoosongsee J, Morley C K. Evolution of a major extensional boundary fault system during multi-phase rifting in the Songkhla Basin, Gulf of Thailand. Journal of Asian Earth Sciences, 2019, 172: 1-13.

［667］Pienkowski G, Schudack M E, Bosak P, et al. Jurassic. In: McCann, T. (Ed.), The Geology of Central Europe Volume 2: Mesozoic and Cenozoic. The Geological Society of London, London, 2008: 823-922.

［668］Pilcher R, Roberts G, Buckley R, et al. Structures within the Mahatta Humaid area, Huqf Uplift: implications for the tectonics of eastern Oman. Joumal of african Earth Science, 1996, 22 (3): 311-321.

［669］Pilitsyna A V, Tretyakov A A, Degtyarev K E, et al. Multi-stage metamorphic evolution and protolith reconstruction of spinel-bearing and symplectite-bearing ultramafic rocks in the Zheltau massif, Southern Kazakhstan (Central Asian Orogenic Belt) . Gondwana Research, 2018, 64: 11-34.

［670］Pirouz M, Avouac J, Hassanzadeh J, et al. Early Neogene foreland of the Zagros, implications for the initial closure of the Neo-Tethys and kinematics of crustal shortening. Earth and Planetary Science Letters, 2017, 477: 168-182.

［671］Play à E，Cendón D I，Travé A，et al. Non-marine evaporites with both inherited marine and continental signatures：The Gulf of Carpentaria，Australia，at ~70 ka. Sedimentary Geology，2007，201（3-4）：267-285.

［672］Plissart G，Monnier C，Diot H，Maruntiu M，Berger J，Triantafyllou A. Petrology，geochemistry and Sm-Nd analyses on the Balkan-Carpathian Ophiolite（BCO-Romania，Serbia，Bulgaria）：Remnants of a Devonian back-arc basin in the easternmost part of the Variscan domain. Journal of Geodynamics，2017，105：27-50.

［673］Pocoví Juan A，Pueyo Anchuela Ó，Pueyo E，Casas-Sainz A，Román Berdiel M，Gil Imaz A，et al. Magnetic fabrics in the Western Central-Pyrenees：An overview. Tectonophysics，2014，629：303-318.

［674］Pollock J C，Hibbard J P. Geochemistry and tectonic significance of the Stony Mountain gabbro，North Carolina：Implications for the Early Paleozoic evolution of Carolinia［J］. Gondwana Research，2010，17：500-515.

［675］Polonia A，Torelli L，Artoni A，et al. The Ionian and Alfeo-Etna fault zones：New segments of an evolving plate boundary in the central Mediterranean Sea? Tectonophysics，2016，675：69-90.

［676］Pouclet A，Álvaro J J，Bardintzeff J，et al. Cambrian-early Ordovician volcanism across the South Armorican and Occitan domains of the Variscan Belt in France：Continental break-up and rifting of the northern Gondwana margin. Geoscience Frontiers，2017，8（1）：25-64.

［677］Pratt W T，Duque P，Ponce M. An autochthonous geological model for the eastern Andes of Ecuador. Tectonophysics，2005，399：251-278.

［678］Puga E，Fanning M，de Federico A，Nieto J，Beccaluva L，Bianchini G，Díaz Puga M. Petrology，geochemistry and U-Pb geochronology of the Betic Ophiolites：Inferencesfor Pangaea break-up and birth of the westernmost Tethys Ocean. / Lithos，2011，124：255-272.

［679］Pubellier M，Bader A G，Rangin C，et al. Upper plate deformation induced by subduction of a volcanic arc：the Snellius Plateau（Molucca Sea，Indonesia and Mindanao，Philippines）. Tectonophysics，1999，304：345-368.

［680］Pullen A，Kapp P. Mesozoic tectonic history and lithospheric structure of the Qiangtang terrane：insights fromthe Qiangtang metamorphic belt，central Tibet. Geological Society of America Bulletin Special Paper，2014，507：71-87.

［681］Quandt Dennis，Trumbull R B，Altenberger U，et al. The geochemistry and geochronology of Early Jurassic igneous rocks from the Sierra Nevada de Santa Marta，NW Colombia，and tectono-magmatic implications. Journal of South American Earth Sciences，2018，86：216-230.

［682］Queaño K L，Dimalanta C B，Yumul Jr. G P，et al. Stratigraphic units overlying the Zambales Ophiolite Complex（ZOC）in Luzon，（Philippines）：Tectonostratigraphic significance and regional implications. Journal of Asian Earth Sciences，2017，142：20-31.

［683］Queka L X，Ghania A A，Chung S L，Li S，Lai Y M，Saidin M，Hassana M H A，Ali M A M，Badruldin M F，Bakar A F A. Mafic microgranular enclaves（MMEs）in amphibole-bearing granites of the Bintang batholith，Main Range granite province：Evidence for a metaigneous basement in Western Peninsular Malaysia［J］. Journal of Asian Earth Sciences，2017，143：11-29.

[684] Răbăgia T, Matenco L, Cloetingh S. The interplay between eustacy, tectonics and surface processes during the growth of a fault-related structure as derived from sequence stratigraphy: The Govora-Ocnele Mari antiform, South Carpathians. Tectonophysics, 2011, 502 (1-2): 196-220.

[685] Racey A. Chapter 12: Exploration History and Petroleum Geology of Offshore Myanmar. in: Mitchell A. Geological Belts, Plate Boundaries, and Mineral Deposits in Myanmar. Elsevier, 2018, 391-431. http://dx.doi.org/10.1016/B978-0-12-803382-1.00012-2.

[686] Rahiminejad A H, Zand-Moghadam H. Synsedimentary formation of ooidal ironstone: An example from the Jurassic deposits of SE central Iran. Ore Geology Reviews, 2018, 95: 238-257.

[687] Rahman M J J, Xiao W, McCann T, et al. Provenance of the Neogene Surma Group from the Chittagong Tripura Fold Belt, southeast Bengal Basin, Bangladesh: Constraints from whole-rock geochemistry and detrital zircon U-Pb ages. Journal of Asian Earth Sciences, 2017, 148: 277-293.

[688] Raisossadat S N, Noori H. Lower Cretaceous gastropods from the Qayen area, Eastern Iran. Geobios, 2016, 49: 293-301.

[689] Ramos A, Fernandez O, Munoz J A, Terrinha P. Impact of basin structure and evaporite distribution on salt tectonics in the Algarve Basin, Southwest Iberian margin. Marine and Petroleum Geology, 2017, 88: 961-984.

[690] Randon C, Wonganan N, Caridroit M, Perret M, Degardin J. Upper Devonian-Lower Carboniferous conodonts fromChiang Dao cherts, northern Thailand [J]. Riv. Ital. Paleontol. Stratigr., 2006, 112: 191-206.

[691] Rangin C, Bader A G, Pascal G, et al. Deep structure of the Mid Black Sea High (o¡shore Turkey) imaged by multi-channel seismic survey (BLACKSIS cruise). Marine Geology, 2002, 182: 265-278.

[692] Rao C P. Paleoclimate of some Permo-Triassic carbonates of Malaysia [J]. Sedimentary Geology, 1988, 60: 163-171.

[693] Ravaut P, Bayer R, Hassani R et al. Structure and evolution of the northern Oman margin: gravity and seismic constraints over the Zagros-Makran-Oman collision zone. Tectonophysics, 1997, 279: 253-280.

[694] Ravaut P, Carbon D, Ritz J F, et al. The Sohar Basin, Western Gulf of Oman: description and mechanisms of formation from seismic and gravity data. Marine and Petroleum Geology, 1998, I5: 359-377.

[695] Rehman H U, Khan T, Jan M Q, et al. Timing and span of the continental crustal growth in SE Pakistan: Evidence from LA-ICP-MS U-Pb zircon ages from granites of the Nagar Parkar Igneous Complex. Gondwana Research, 2018, 61: 172-186.

[696] Reiche S, Hübscher C, Beitz M. Fault-controlled evaporite deformation in the Levant Basin, Eastern Mediterranean. Marine Geology, 2014, 354: 53-68.

[697] Reston T J, Fruehn J, von Huene R, IMERSE Working Group. The structure and evolution of the western Mediterranean Ridge. Marine Geology, 2002, 186 (1-2): 83-110.

[698] Restrepo J J, Ordóñez-Carmona O, Armstrong R, et al. Triassic metamorphism in the northern part of the Tahamí Terrane of the central cordillera of Colombia. Journal of South American Earth Sciences, 2011, 32: 497-507.

［699］Richter C, Ali J R. Philippine Sea Plate motion history: Eocene–Recent record from ODP Site 1201, central West Philippine Basin. Earth and Planetary Science Letters, 2015, 410: 165–173.

［700］Ridd M F. East flank of the Sibumasu block in NW Thailand and Myanmar and its possible northward continuation into Yunnan: a review and suggested tectono–stratigraphic interpretation ［J］. Journal of Asian Earth Sciences, 2015, 104: 160–174.

［701］Ridd M F. Should Sibumasu be renamed Sibuma? The case for a discrete Gondwana–derived block embracing western Myanmar, upper Peninsular Thailand and NE Sumatra. Journal of the Geological Society, 2016, 173: 249–264.

［702］Ridd M F. Chapter 10: Central Burma Depression and its petroleum occurrences. in: Mitchell A. Geological Belts, Plate Boundaries, and Mineral Deposits in Myanmar. Elsevier, 2018, 325–349. http://dx.doi.org/10.1016/B978–0–12–803382–1.00010–9.

［703］Robert A M M, Letouzey J, Kavoosi M A, et al. Structural evolution of the Kopeh Dagh fold–and–thrust belt (NE Iran) and interactions with the South Caspian Sea Basin and Amu Darya Basin. Marine and Petroleum Geology, 2014, 57: 68–87.

［704］Rollinson H. Masirah–the other Oman ophiolite: A better analogue for mid–ocean ridge processes? Geoscience Frontiers, 2017, 8: 1253–1262.

［705］Robinson A C. Mesozoic tectonics of the Gondwanan terranes of the Pamir plateau. Journal of Asian Earth Sciences, 2015, 102: 170–179.

［706］Roche A, Vennin E, Bouton A, et al. Oligo–Miocene lacustrine microbial and metazoan buildups from the Limagne Basin (French Massif Central). Palaeogeography, Palaeoclimatology, Palaeoecology, 2018, 504: 34–59.

［707］Rolland Y. Caucasus collisional history: Review of data from East Anatolia to West Iran. Gondwana Research, 2017, 49: 130–146.

［708］Rolland Y, Perincek D, Kaymakci N, et al. Evidence for ~80–75Ma subduction jump during Anatolide–Tauride–Armenian block accretion and~48Ma Arabia–Eurasia collision in Lesser Caucasus–East Anatolia. Journal of Geodynamics, 2012, 56–57: 76–85.

［709］Rooney A D, Chew D M, Selby D. Re–Os geochronology of the Neoproterozoic–Cambrian Dalradian Supergroup of Scotland and Ireland: Implications for Neoproterozoic stratigraphy, glaciations and Re–Os systematics. Precambrian Research, 2011, 185: 202–214.

［710］Rossi C, Kälin O, Arribas J, Tortosa A. Diagenesis, provenance and reservoir quality of Triassic TAGI sandstones from Ourhoud field, Berkine (Ghadames) Basin, Algeria. Marine and Petroleum Geology, 2002, 19 (2): 117–142.

［711］Rossi M. Outcrop and seismic expression of stratigraphic patterns driven by accommodation and sediment supply turnarounds: Implications on the meaning and variability of unconformities in syn–orogenic basins. Marine and Petroleum Geology, 2017, 87: 112–127.

［712］Roy A B, Purohit R. Indian Shield–Precambrian Evolution and Phanerozoic Reconstitution. Elsevier Inc, 2018: 1–371.

［713］Royse K R, de Freitas M, Burgess W G, et al. Geology of London, UK. Proceedings of the Geologists' Association, 2012, 123: 22–45.

[714] Ruban D A. The Greater Caucasus — A Galatian or Hanseatic terrane? Comment on "The formation of Pangea" by G.M. Stampfli, C. Hochard, C. Vérard, C.Wilhem and J. von Raumer Tectonophysics 593 (2013) 1–19 [J]. Tectonophysics, 2013, 608: 1442–1444.

[715] Ruh J B, Vergés J. Effects of reactivated extensional basement faults on structural evolution of fold–and–thrust belts: Insights from numerical modelling applied to the Kopet Dagh Mountains. Tectonophysics (2017), http://dx.doi.org/10.1016/j.tecto.2017.05.020.

[716] Rutherford E, Burke K, Lytwyn J. Tectonic history of Sumba Island, Indonesia, since the Late Cretaceous and its rapid escape into the forearc in the Miocene. Journal of Asian Earth Sciences, 2001, 19 (4): 453–479.

[717] Saccani E, Delavari M, Beccaluva L, Petrological and geochemical constraints on the origin of the Nehbandan ophiolitic complex (eastern Iran): Implication for the evolution of the Sistan Ocean. Lithos, 2010, 117: 209–228.

[718] Sachsenhofer R F, Privalov V A, Panova E A. Basin evolution and coal geology of the Donets Basin (Ukraine, Russia): An overview. International Journal of Coal Geology, 2012, 89: 26–40.

[719] Saddiqi O, El Haimer F, Michard A, et al. Apatite fission–track analyses on basement granites from south–western Meseta, Morocco: Paleogeographic implications and interpretation of AFT age discrepancies. Tectonophysics, 2009, 475: 29–37.

[720] Saeid E, Bakioglu K B, Kellogg J, et al. Garzon Massif basement tectonics: Structural control on evolution of petroleum systems in upper Magdalena and Putumayo basins, Colombia. Marine and Petroleum Geology, 2017, 88: 381–401.

[721] Saesaengseerung D, Agematsu S, Sashida K, Sardsud A. A Preliminary Study of Lower Permian Radiolarians and Conodonts from the Bedded Chert along the Sra Kaeo Suture Zone, Eastern Thailand [M]. In: Choowong M, Thitimakorn T. (Eds.), Proceedings of International Symposia on Geoscience Resources and Environments of Asian Terranes (GREAT 2008), 4th IGCP516, and 5th APSEG, Bangkok, 24–26 November 2008, Department of Geology, Chulalongkorn University, Bangkok, 2008: 189–191.

[722] Saesaengseerung D, Agematsu S, Sashida K, Sardsud A. Discovery of Lower Permian radiolarian and conodont faunas from the bedded chert of the Chanthaburi area along the Sra Kaeo suture zone, eastern Thailand [J]. Paleontological Research, 2009, 13 (2): 119–138.

[723] Safonova I. Juvenile versus recycled crust in the Central Asian Orogenic Belt: Implications from ocean plate stratigraphy, blueschist belts and intra–oceanic arcs. Gondwana Research, 2017, 47: 6–27.

[724] Sager W W, Lamarche A J, Kopp C. Paleomagnetic modeling of seamounts near the Hawaiian–Emperor bend. Tectonophysics, 2005, 405: 121–140.

[725] Sagy Y, Gvirtzman Z, Reshef M, Makovsky Y. The enigma of the Jonah high in the middle of the Levant basin and its significance to the history of rifting. Tectonophysics, 2015, 665: 186–198.

[726] Saitoha Y, Ishikawab T, Tanimizub M, et al. Sr, Nd, and Pb isotope compositions of hemipelagic sediment in the Shikoku Basin: Implications for sediment transport by the Kuroshio and Philippine Sea plate motion in the late Cenozoic. Earth and Planetary Science Letters, 2015, 421: 47–57.

[727] Sanchez R, Rodriguez L, Tortajada C. Transboundary aquifers between Chihuahua, Coahuila, Nuevo Leon and Tamaulipas, Mexico, and Texas, USA: Identification and categorization. Journal of

Hydrology: Regional Studies (2018), https://doi.org/10.1016/j.ejrh.2018.04.004.

[728] Sánchez-Zavala J L, Ortega-Gutiérrez F, Keppie J D, et al. Ordovician and Mesoproterozoic zircons from the Tecomate Formation and Esperanza granitoids, Acatlán and Oaxacan complexes [J]. International Geology Review, 2004, 46: 1005–1021.

[729] Sani F, Zizi M, Bally A W. The Neogene-Quaternary evolution of the Guercif Basin (Morocco) reconstructed from seismic line interpretation. Marine and Petroleum Geology, 2000, 17: 343–357.

[730] San Pedro L, Babonneau N, Gutscher M A, Cattaneo A. Origin and chronology of the Augias deposit in the Ionian Sea (Central Mediterranean Sea), based on new regional sedimentological data. Marine Geology, 2017, 384: 199–213.

[731] Sanz de Galdeano C, López Garrido A, Andreo B. The Internal Subbetic of the Velez Rubio area (SE Spain): Is it tectonically detached or not? Journal of Geodynamics, 2015, 83: 65–75.

[732] Sapin F, Pubellier M, Ringenbach J-C, Bailly V. Alternating thin versus thick-skinned decollements, example in a fast tectonic setting: The Misool-Onin-Kumawa Ridge (West Papua). Journal of Structural Geology, 2009, 31 (4): 444–459.

[733] Saqab M M, Bourget J, Trotter J, Keep M. New constraints on the timing of flexural deformation along the northern Australian margin: Implications for arc-continent collision and the development of the Timor Trough. Tectonophysics, 2017, 696–697: 14–36.

[734] Schlüter H U, Block M, Hinz K, et al. Neogene sediment thickness and Miocene basin-floor fan systems of the Celebes Sea. Marine and Petroleum Geology, 2001, 18 (7): 849–861.

[735] Schmid S, Berza T, Diaconescu V, Froitzheim N, Fügenschuh B. Orogen-parallel extension in the Southern Carpathians. Tectonophysics, 1998, 297 (1–4): 209–228.

[736] Schmid S M, Bernoulli D, Fügenschuh B, Matenco L, Schefer S, Schuster R, Tischler M, Ustaszewski K. The Alpine-Carpathian-Dinaridic orogenic system: correlation and evolution of tectonic units. Swiss Journal of Geosciences, 2008, 101 (1): 139–183.

[737] Schmidt W J, Hoang B H, Handschy J W, et al. Tectonic evolution and regional setting of the Cuu Long Basin, Vietnam. Tectonophysics, 2019, 757: 36–57.

[738] Schorn A, Neubauer F, Genser J, Bernroider M. The Haselgebirge evaporitic mélange in central Northern Calcareous Alps (Austria): Part of the Permian to Lower Triassic rift of the Meliata ocean? Tectonophysics, 2013, 583: 28–48.

[739] Schorn A, Neubauer F. The structure of the Hallstatt evaporite body (Northern Calcareous Alps, Austria): A compressive diapir superposed by strike-slip shear? Journal of Structural Geology, 2014, 60: 70–84.

[740] Searle M P. Structural geometry, style and timing of deformation in the Hawasina window, Al jabal al akhdar and Saih Hatat culminations, Oman mountains. GeoArabia, 2007, 12 (2): 99–130.

[741] Skelton, P.W., Nolan, S.C., Scott, R.W., 1990.

[742] Segev A, Avni Y, Shahar J, Wald R. Late Oligocene and Miocene different seaways to the Red Sea-Gulf of Suez rift and the Gulf of Aqaba-Dead Sea basins. Earth-Science Reviews, 2017, 171: 196–219.

[743] Sengör A M C. Tectonics of the tethysides: orogenic collage development in a collisional setting[J]. Annual Review of Earth and Planetary Sciences, 1987, 15: 213–244.

[744] Seton M, Müller R, Zahirovic S, Gaina C, Torsvik T, Shephard G, Talsma A, Gurnis M, Turner M, Maus S, Chandler M. Global continental and ocean basin reconstructions since 200Ma. Earth-Science Reviews, 2012, 113: 212–270.

[745] Sevastjanova I, Clements B, Hall R, Belousova E A, Griffin W L, Pearson N. Granitic magmatism, basement ages, and provenance indicators in the Malay Peninsula: insights from detrital zircon U–Pb and Hf–isotope data [J]. Gondwana Research, 2011, 19: 1024–1039.

[746] Seyed-Emami K, Fursich F T, Wilmsen M. Documentation and significance of tectonic events in the Northern Tabas Block (East–Central Iran) during the Middle and late Jurassic. Rivista Italiana di Paleontologia e Stratigrafia, 2004, 110: 163–171.

[747] Seyed-Emami K, Wilmsen M. Leymeriellidae (Cretaceous ammonites) from the lower Albian of Esfahan and Khur (Central Iran). Cretaceous Research, 2016, 60: 8–90.

[748] Shaw R A, Goodenough K M, Roberts N M W et al. Petrogenesis of rare–metal pegmatites in high-grade metamorphic terranes: A case study from the Lewisian Gneiss Complex of north-west Scotland. Precambrian Research, 2016, 281: 338–362.

[749] Sheikholeslami M R. Deformations of Palaeozoic and Mesozoic rocks in southern Sirjan, Sanandaj-Sirjan Zone, Iran. Journal of Asian Earth Sciences, 2015, 106: 130–149.

[750] Shen L, Yu J, O'Reilly S, Griffin W, Wang Q. Widespread Paleoproterozoic basement in the eastern Cathaysia Block: Evidence from metasedimentary rocks of the Pingtan–Dongshan metamorphic belt, in southeastern China [J]. Precambrian Research, 2016, 285: 91–108.

[751] Sheremet Y, Sosson M, Ratzov G, et al. An offshore-onland transect across the north-eastern Black Sea basin (Crimean margin): Evidence of Paleocene to Pliocene two-stage compression. Tectonophysics, 2016, 688: 84–100.

[752] Shi G R, Waterhouse J B. Early Permian brachiopods from Perak, west Malaysia [J]. Journal of Southeast Asian Earth Sciences, 1991, 6: 25–39.

[753] Shi M F, Lin F C, Fan W Y, Deng Q, Cong F, Tran M D, Zhu H P, Wang H. Zircon U–Pb ages and geochemistry of granitoids in the Truong Son terrane, Vietnam: Tectonic and metallogenic implications [J]. Journal of Asian Earth Sciences, 2015, 101: 101–120.

[754] Shillington D J, White N, Minshull T A, et al. Cenozoic evolution of the eastern Black Sea: A test of depth-dependent stretching models. Earth Planet. Sci. Lett., 2008, 265 (3): 360–378.

[755] Shu L, Wang J, Yao J. Tectonic evolution of the eastern Jiangnan region, South China: New findings and implications on the assembly of the Rodinia supercontinent. Precambrian Research, 2019, 322: 42–65.

[756] Shu L S, Jahn B M, Charvet J, et al. Early Paleozoic depositional environment and intraplate tectono-magmatism in the Cathaysia Block (South China): Evidence from stratigraphic, structural, geochemical and geochronological investigations. American Journal of Science, 2014. 314: 154–186.

[757] Siddiqui R H, Jan M Q, Khan M A. Petrogenesis of Late Cretaceous lava flows from a Ceno-Tethyan island arc: The Raskoh arc, Balochistan, Pakistan. Journal of Asian Earth Sciences, 2012, 59: 24–38.

[758] Siehl A.. Structural setting and evolution of the Afghan orogenic segment–a review. Geol. Soc.

Lond., Spec. Publ., 2017, 427 : 57–88. http : //doi.org/10.1144/SP427.8.

[759] Singharajwarapana S, Berry R. Tectonic implications of the Nan Suture Zone and its relationship to the Sukhothai Fold Belt, Northern Thailand[J]. Journal of Asian Earth Sciences, 2000, 18 : 663–673.

[760] Singh B P. How deep was the early Himalayan foredeep? Journal of Asian Earth Sciences, 2012, 56 : 24–32.

[761] Singh B P. Evolution of the Paleogene succession of the western Himalayan foreland basin. Geoscience Frontiers, 2013, 4 : 199–212.

[762] Singh V P, Singh B D, Mathews R P, et al. Investigation on the lignite deposits of Surkha mine (Saurashtra Basin, Gujarat), western India : Their depositional history and hydrocarbon generation potential. International Journal of Coal Geology, 2017, 183 : 78–99.

[763] Sirevaag H, Jacobs J, Ksienzyk A, Rocchi S, Paoli G, Jørgensen H, Košler J. From Gondwana to Europe : The journey of Elba Island (Italy) as recorded by U–Pb detrital zircon ages of Paleozoic meta–sedimentary rocks. Gondwana Research, 2016, 38 : 273–288.

[764] Sivils D J. An upper Mississippian carbonate ramp system from the Pedregosa Basin, southwestern New Mexico, U.S.A. : An outcrop analog for middle Carboniferous carbonate reservoirs. in : Integration of outcrop and modern analogs in reservoir modeling : AAPG Memoir 80, 2004, 109–128.

[765] Soeria–Atmadja R, Noeradi D, Priadi B. Cenozoic magmatism in Kalimantan and its related geodynamic evolution. Journal of Asian Earth Sciences, 1999, 17 (1–2): 25–45.

[766] Sola F, Puga–Bernabéu Á, Aguirre J, Braga J C. Origin, evolution and sedimentary processes associated with a late Miocene submarine landslide, southeast Spain. Sedimentary Geology, 2017, https : // doi.org/ 10.1016/j.sedgeo.2017.09.005.

[767] Sone M, Metcalfe I. Parallel Tethyan Sutures in mainland SE Asia : new insights for Palaeo–Tethys closure[J]. Compte Rendus Geoscience, 2008, 340 : 166–179.

[768] Sosson M, Stephenson R, Sheremet Y, et al. The eastern Black Sea–Caucasus region during the Cretaceous : New evidence to constrain its tectonic evolution. Comptes Rendus Geoscience, 2016, 348 : 23–32.

[769] Soua M. Paleozoic oil/gas shale reservoirs in southern Tunisia : An overview. Journal of African Earth Sciences, 2014, 100 : 450–492.

[770] Soulaimani A, Ouanaimi H, Saddiqi O, et al. The Anti–Atlas Pan–African Belt (Morocco): Overview and pending questions. Comptes Rendus Geoscience, 2018, 350 : 279–288.

[771] Soulet Q, Migeon S, Gorini C, Rubino J, Raisson F, Bourges P. Erosional versus aggradational canyons along a tectonically–active margin : The northeastern Ligurian margin (western Mediterranean Sea). Marine Geology, 2016, 382 : 17–36.

[772] Souza–Lima W, Lara de Castro Manso C. Echinoids from the upper Qishn Formation (lower Aptian) in the Haushi–Huqf area, Oman Interior Basin, Arabic Peninsula. Cretaceous Research, 2019, 96 : 59–69.

[773] Špicák A, Matejková R, Vanek J. Seismic response to recent tectonic processes in the Banda Arc region. Journal of Asian Earth Sciences, 2013, 64 : 1–13.

[774] Stampfli G, Borel D. A plate tectonic model for the Paleozoic and Mesozoic constrained by dynamic

plate boundaries and restored synthetic oceanic isochrons. Earth and Planetary Science Letters, 2002, 196: 17–33.

[775] Stampfli G, Hochard C, Vérard C, et al. The formation of Pangea [J]. *Tectonophysics*, 2013, 593: 1–19.

[776] Stampfli G. Response to the comments on "The formation of Pangea" by D.A. Ruban [J]. *Tectonophysics*, 2013, 608: 1445–1447.

[777] Stampfli G, Kozur H. Europe from the Variscan to the Alpine cycles. Geological Society, London, Memoirs 32, 2006: 57–82.

[778] Stauffer P H, Mantajit J. Late Palaeozoic tilloids of Malaya, Thailand and Burma [M]. In: Hambrey, M.J., Harland, W.H. (Eds.), Earth's Pre-Pleistocene Glacial Record. Cambridge, 1981: 31–337.

[779] Stauffer P H, Lee C P. Late Palaeozoic glacial marine facies in Southeast Asia and its implications [J]. Geological Society of Malaysia Bulletin, 1989, 20: 363–397.

[780] Steuer S, Franke D, Meresse F, et al. OligoceneeMiocene carbonates and their role for constraining the rifting and collision history of the Dangerous Grounds, South China Sea. Marine and Petroleum Geology, 2014, 58: 644–657.

[781] Stojadinovic U, Matenco L, Andriessen P, Toljić M, Rundić L, Ducea M. Structure and provenance of Late Cretaceous–Miocene sediments located near the NE Dinarides margin: Inferences from kinematics of orogenic building and subsequent extensional collapse. Tectonophysics, 2017, 710–711: 184–204.

[782] Su Q, Xie H, Yuan D, et al. Along-strike topographic variation of Qinghai Nanshan and its significance for landscape evolution in the northeastern Tibetan Plateau. Journal of Asian Earth Sciences, 2017, 147: 226–239.

[783] Sun G, Hu X, Xu Y, et al. Discovery of Middle Jurassic trench deposits in the Bangong–Nujiang suture zone: Implications for the timing of Lhasa–Qiangtang initial collision. Tectonophysics, 2019, 750: 344–358.

[784] Susilohadi S, Gaedicke C, Djajadihardja Y. Structures and sedimentary deposition in the Sunda Strait, Indonesia. Tectonophysics, 2009, 467: 55–71.

[785] Suter M. Structural Configuration of the Otates Fault (Southern Basin and Range Province) and Its Rupture in the 3 May 1887 MW 7.5 Sonora, Mexico, Earthquake. Bulletin of the Seismological Society of America, 2008, 98 (6): 2879–2893. doi: 10.1785/0120080129.

[786] Takositkanon C V, Hisada K, Ueno K, et al. New suture and terrane deduced from detrial chromian spinel in sandstone of the Nam Duk Formation, north-central Thailand: Preliminary report [C]. In: Dheeradilok P, et al. Proceedings of the International Conference on Stratigraphy and Tectonic Evolution of Southeast Asia and the South Pacific. 1997.

[787] Talavera-Mendoza O, Ruiz J, Gehrels G E, et al. U–Pb geochronology of the Acatlán Complex and implications for the Paleozoic paleogeography and tectonic evolution of southern Mexico [J]. Earth and Planetary Science Letters, 2005, 235: 682–699.

[788] Tari G, Kohazy R, Hannke K, Hussein H, Novotny B, Mascle J. Examples of deep-water play

types in the Matruh and Herodotus basins of NW Egypt. The Leading Edge, 2012, 31 (7): 816–823. DOI : 10.1190/ tle31070816.1.

[789] Tay P L, Lonergan L, Warner M, Jones K A, The IMERSE Working Group. Seismic investigation of thick evaporite deposits on the central and inner unit of the Mediterranean Ridge accretionary complex. Marine Geology, 2002, 186 : 167–194.

[790] Teixell A, Barnolas A, Rosales I, Arboleya M. Structural and facies architecture of a diapir-related carbonate minibasin (lower and middle Jurassic, High Atlas, Morocco) . Marine and Petroleum Geology, 2017, 81 : 334–360.

[791] Tewari H C, Prasad B R, Kumar P. Chapter Three : Aravalli–Delhi Fold Belt. In : Structure and Tectonics of the Indian Continental Crust and Its Adjoining Region (Second Edition), 2018 : 57–78.

[792] Thomas B M, Hanson P, Stainforth J G, et al. Petroleum Geology and Exploration History of the Carpentaria Basin, Australia, and Associated Infrabasins : Chapter 34 : Part II. Selected Analog Interior Cratonic Basins : Analog Basins. AAPG Memoir 51, 1990 : 709–724. http : //archives.datapages.com/ data/ specpubs/basinar3/data/a134/a134/0001/0700/0709.htm.

[793] Thomas M, Bodin S, Redfern J, Irving D. A constrained African craton source for the Cenozoic Numidian Flysch : Implications for the palaeogeography of the western Mediterranean basin. Earth–Science Reviews, 101 (1–2): 1–23.

[794] Thiéry V, Rolin P, Dubois M, Caumon M. Discovery of metamorphic microdiamonds from the parautochthonous units of the Variscan French Massif Central. Gondwana Research, 2015, 28 : 954–960.

[795] Tilita M, Scheck–Wenderoth M, Matenco L, Cloetingh S. Modelling the coupling between salt kinematics and subsidence evolution : Inferences for the Miocene evolution of the Transylvanian Basin. Tectonophysics, 2015, 658 : 169–185.

[796] Toljić M, Matenco L, Ducea M, Stojadinović U, Milivojević J, Đerić N. The evolution of a key segment in the Europe–Adria collision : The Fruška Gora of northern Serbia. Global and Planetary Change, 2013, 103 : 39–62.

[797] Tran H T, Zaw K, Halpin J A, Manaka T, Meffre S, Lai C K, Lee Y, Le H V, Dinh S. The Tam Ky–Phuoc Son shear zone in Central Vietnam : tectonic and metallogenic implications [J]. Gondwana Research, 2014, 26 : 144–164.

[798] Tran T, Lan C, Usuki T, et al. Petrogenesis of Late Permian silicic rocks of Tu Le basin and Phan Si Pan uplift (NW Vietnam) and their association with the Emeishan large igneous province [J]. Journal of Asian Earth Sciences, 2015, 109 : 1–19.

[799] Trenkamp R, Kellogg J N, Freymueller J T, et al. Wide plate margin deformation, southern Central America and northwestern South America, CASA GPS observations [J]. Journal of South American Earth Sciences, 2002, 15 : 157–171.

[800] Triantaphyllou M V. Calcareous nannofossil dating of Ionian and Gavrovo flysch deposits in the External Hellenides Carbonate Platform (Greece): Overview and implications. Tectonophysics, 2013, 595–596 : 235–249.

[801] Tubb J. Palaeogene conglomerates (puddingstones) in the Colliers End outlier, East Hertfordshire, UK–evidence for age. Proceedings of the Geologists' Association, 2016, 127 : 320–326.

［802］Turner O, Hollis S, Güven J, et al. Establishing a geochemical baseline for the Lower Carboniferous stratigraphy of the Rathdowney Trend, Irish Zn-Pb orefield. Journal of Geochemical Exploration, 2019, 196: 259-269.

［803］Tüysüz O, Melinte-Dobrinescu M, Yılmaz İ Ö, Kirici S, Švabenická L, Skupien P. The Kapanboğazı formation: A key unit for understanding Late Cretaceous evolution of the Pontides, N Turkey. Palaeogeography, Palaeoclimatology, Palaeoecology, 2016, 441: 565-581.

［804］Uddin A, Lundberg N. A paleo-Brahmaputra? Subsurface lithofacies analysis of Miocene deltaic sediments in the Himalayan-Bengal system, Bangladesh. Sedimentary Geology, 1999, 123: 239-254.

［805］Uddin A, Lundberg N. Miocene sedimentation and subsidence during continent-continent collision, Bengal basin, Bangladesh. Sedimentary Geology, 2004, 164: 131-146.

［806］Ueno K. The Permian fusulinoidean faunas of the Sibumasu and Baoshan blocks: their implications for the paleogeographic and paleoclimatologic reconstruction of the Cimmerian Continent[J]. Palaeogeography, Palaeoclimatology, Palaeoecology, 2003, 193: 1-24.

［807］Ueno K, Charoentitirat T. Carboniferous and Permian [M]. In: Ridd, M.F., Barber, A.J., Crow, M.J. (Eds.), The Geology of Thailand. Geological Society, London, 2011: 1-136.

［808］Uhl D, Lausberg S, Noll R, Stapf K R G. Wildfires in the Late Palaeozoic of Central Europe—an overview of the Rotliegend (Upper Carboniferous-Lower Permian) of the Saar-Nahe Basin (SW-Germany). Palaeogeography, Palaeoclimatology, Palaeoecology, 2004, 207: 23-35.

［809］Umar M, Khan A S, Kelling G, et al. Depositional environments of Campanian-Maastrichtian successions in the Kirthar Fold Belt, southwest Pakistan: Tectonic influences on late cretaceous sedimentation across the Indian passive margin. Sedimentary Geology, 2011, 237: 30-45.

［810］Uzkeda H, Bulnes M, Poblet J, et al. Jurassic extension and Cenozoic inversion tectonics in the Asturian Basin, NW Iberian Peninsula: 3D structural model and kinematic evolution. Journal of Structural Geology, 2016, 90: 157-176.

［811］Vacherat A, Mouthereau F, Pik R, Huyghe D, Paquette J, Christophoul F, Loget N, Tibari B. Rift-to-collision sediment routing in the Pyrenees: A synthesis from sedimentological, geochronological and kinematic constraints. Earth-Science Reviews, 2017, 172: 43-74.

［812］van der Werff W. Cenozoic evolution of the Savu Basin, Indonesia: forearc basin response to arc-continent collision. Marine and Petroleum Geology, 1995, 12 (3): 247-262.

［813］van Leeuwen T, Allen C M, Kadarusman A, et al. Petrologic, isotopic, and radiometric age constraints on the origin and tectonic history of the Malino Metamorphic Complex, NW Sulawesi, Indonesia. Journal of Asian Earth Sciences, 2007, 29 (5-6): 751-777.

［814］van Leeuwen T, Allen C M, Elburg M, et al. The Palu Metamorphic Complex, NW Sulawesi, Indonesia: Origin and evolution of a young metamorphic terrane with links to Gondwana and Sundaland. Journal of Asian Earth Sciences, 2016, 115: 133-152.

［815］van Leeuwen T, Muhardjo. Stratigraphy and tectonic setting of the Cretaceous and Paleogene volcanic-sedimentary successions in northwest Sulawesi, Indonesia: implications for the Cenozoic evolution of Western and Northern Sulawesi. Journal of Asian Earth Sciences, 2005, 25 (3): 481-511.

［816］Vega F J, Ahyong S T, Espinosa B, et al. Oldest record of Mathildellidae (Crustacea:

Decapoda: Goneplacoidea) associated with Retroplumidae from the Upper Cretaceous of NE Mexico. Journal of South American Earth Sciences, 2018, 82: 62–75.

[817] Vega–Granillo R, Talavera–Mendoza O, Meza–Figueroa D, et al. Pressure–temperature–time evolution of Paleozoic high–pressure rocks of the Acatlán Complex (southern Mexico): implications for the evolution of the Iapetus and Rheic Oceans [J]. Geological Society of America Bulletin, 2007, 119: 1249–1264.

[818] Vega–Granillo R, Talavera–Mendoza O, Meza–Figueroa D, et al. Pressure–temperature–time evolution of Paleozoic high–pressure rocks of the Acatlán Complex (southern Mexico): implications for the evolution of the Iapetus and Rheic Oceans, Reply [J]. Geological Society of America Bulletin, 2009a, 121: 1460–1464. doi: 10.1130/B26514.1.

[819] Vega–Granillo R, Calmus T, Meza–Figueroa D, et al. Structural and tectonic evolution of the Acatlán Complex, southern Mexico: its role in the collisional history of Laurentia and Gondwana [J].Tectonics 2009b, TC4008. doi: 10.1029/2007TC002159.

[820] Vergés J, Fernàndez M. Tethys–Atlantic interaction along the Iberia–Africa plate boundary: The Betic–Rif orogenic system. Tectonophysics, 2012, 579: 144–172.

[821] Villeneuve M, Martini R, Bellon H, et al. Deciphering of six blocks of Gondwanan origin within Eastern Indonesia (South East Asia). Gondwana Research, 2010, 18 (2–3): 420–437.

[822] Vitale S, Fedele L, Tramparulo F, Ciarcia S, Mazzoli S, Novellino A. Structural and petrological analyses of the Frido Unit (southern Italy): New insights into the early tectonic evolution of the southern Apennines–Calabrian Arc system. Lithos, 2013, 168–169: 219–235.

[823] Vlahovic I, Tisljar J, Velic I, Matice D. Evolution of the Adriatic Carbonate Platform: Palaeogeography, main events and depositional dynamics. Palaeogeography, Palaeoclimatology, Palaeoecology, 2005, 220: 333–360.

[824] Volozh Y A, Dmitrievskii A N, Leonov Y G, et al. On strategy of the upcoming exploration phase in the North Caspian petroleum province. Russian Geology and Geophysics, 2009 (50): 252–269.

[825] Volpi V, Del Ben A, Civile D, Zgur F. Neogene tectono–sedimentary interaction between the Calabrian Accretionary Wedge and the Apulian Foreland in the northern Ionian Sea. Marine and Petroleum Geology, 2017, 83: 246–260.

[826] Walia M, Yang T F, Knittel U, et al. Cenozoic tectonics in the Buruanga Peninsula, Panay Island, Central Philippines, as constrained by U–Pb, 40Ar/39Ar and fission track thermochronometers. Tectono–physics, 2013, 582: 205–220.

[827] Wang B Q, Zhou M F, ChenW T, et al. Petrogenesis and tectonic implications of the Triassic volcanic rocks in the northern Yidun Terrane. Lithos, 2013, 175: 285–301.

[828] Wang C, Bagas L, Lu Y, Santosha M, Du B, McCuaig T. Terrane boundary and spatio–temporal distribution of ore deposits in the Sanjiang Tethyan Orogen: Insights from zircon Hf–isotopic mapping [J]. Earth–Science Reviews, 2016, 156: 39–65.

[829] Wang C, Deng J, Santosh M, Lu Y, McCuaig T, Carranza E, Wang Q. Age and origin of the Bulangshan and Mengsong granitoids and their significance for post–collisional tectonics in the Changning–Menglian Paleo–Tethys Orogen [J]. Journal of Asian Earth Sciences, 2015, 113: 656–676.

［830］Wang M, Zhang J, Zhang B, et al. Geochronology and geochemistry of the Borohoro pluton in the northern Yili Block, NW China: Implication for the tectonic evolution of the northern West Tianshan orogen. Journal of Asian Earth Sciences, 2018, 153: 154–169.

［831］Wang R, Xu Z, Santosh M, et al. Formation of Dabashan arcuate structures: Constraints from Mesozoic basement deformation in South Qinling Orogen, China. Journal of Structural Geology, 2019, 118: 135–149.

［832］Wang Y, Qiu Y, Yan P, et al. Seismic evidence for Mesozoic strata in the northern Nansha waters, South China Sea. Tectonophysics, 2016, 677–678: 190–198.

［833］Wang Y, Zhang Y, Fan W, Geng H, Zou H, Bi X. Early Neoproterozoic accretionary assemblage in the Cathaysia Block: Geochronological, Lu–Hf isotopic and geochemical evidence fromgranitoid gneisses［J］. Precambrian Research, 2014, 249: 144–161.

［834］Wang Y, Fan W, Zhang G, Zhang Y. Phanerozoic tectonics of the South China Block: Key observations and controversies. Gondwana Research, 2013, 23 (4): 1273–1305.

［835］Wang Y, Zhang J, Zhang B, Zhao H. Cenozoic exhumation history of South China: A case study from the Xuefeng Mt. Range. Journal of Asian Earth Sciences, 2018, 151: 173–189.

［836］Wang Y J, Zhang F F, Fan W M, et al. Tectonic setting of the South China Block in the early Paleozoic: Resolving intracontinental and ocean closure models from detrital zircon U–Pb geochronology. Tectonics, 2010, 29 (6): 1–16.

［837］Wang Z, Tan X. Palaeozoic structural evolution of Yunnan［J］. Journal of Southeast Asian Earth Sciences, 1994, 9: 345–348.

［838］Warren P Q, Cloos M. Petrology and tectonics of the Derewo metamorphic belt, west New Guinea. International Geology Review, 2007, 49 (6): 520–553. http://dx.doi.org/10.2747/0020–6814.49.6.520.

［839］Waterhouse J B. An early Permian cool–water fauna from pebbly mudstones in South Thailand［J］. Geological Magazine, 1982, 119: 337–354.

［840］Wattinne A, Quesnel F, Mélières F, et al. Upper Cretaceous feldspars in the Cenozoic Limagne Basin: A key argument in reconstructing the palaeocover of the Massif Central (France). Palaeogeography, Palaeoclimatology, Palaeoecology, 2010, 298: 175–188.

［841］Webb M, White L T, Jost B M, Tiranda H. The Tamrau Block of NW New Guinea records late Miocene–Pliocene collision at the northern tip of the Australian Plate. Journal of Asian Earth Sciences, 2019, 179: 238–260.

［842］Weber B, González–Guzmán R, Manjarrez–Juárez R, et al. Late Mesoproterozoic to Early Paleozoic history of metamorphic basement from the southeastern Chiapas Massif Complex, Mexico, and implications for the evolution of NW Gondwana. Lithos, 2018, 300–301: 177–199.

［843］Weber B, Steiner M, Evseev S, Yergaliev G. First report of a Meishucun–type early Cambrian (Stage 2) ichnofauna from the Malyi Karatau area (SE Kazakhstan): Palaeoichnological, palaeoecological and palaeogeographical implications. Palaeogeography, Palaeoclimatology, Palaeoecology, 2013, 392: 209–231.

［844］Weber M E, Reilly B T. Hemipelagic and turbiditic deposits constrain lower Bengal Fan depositional history through Pleistocene climate, monsoon, and sea level transitions. Quaternary Science

Reviews, 2018, 199: 159–173.

[845] Wei S-D, Liu H, Zhao J-H. Tectonic evolution of the western Jiangnan Orogen: Constraints from the Neoproterozoic igneous rocks in the Fanjingshan region, South China. Precambrian Research, 2018, 318: 89–102.

[846] Whattam S A, Stern R J. Late Cretaceous plume-induced subduction initiation along the southern margin of the Caribbean and NW South America: The first documented example with implications for the onset of plate tectonics. Gondwana Research, 2015, 27: 38–63.

[847] Whitney J W. Geology, Water, and Wind in the Lower Helmand Basin, Southern Afghanistan. U.S. Geological Survey Scientific Investigations Report 2006–5182, 2006: 1–40.

[848] Whitney D L, Roger F, Teyssier C, Rey P F, Respaut J. Syn-collapse eclogite metamorphism and exhumation of deep crust in a migmatite dome: The P–T–t record of the youngest Variscan eclogite(Montagne Noire, French Massif Central) [J]. Earth and Planetary Science Letters, 2015, 430: 224–234.

[849] Widiwijayanti C, Tiberi C, Deplus C, et al. Geodynamic evolution of the northern Molucca Sea area (Eastern Indonesia) constrained by 3-D gravity field inversion. Tectonophysics, 2004, 386: 203–222.

[850] Wilmsen M, Fürsich F T, Seyed-Emami K, Majidifard M R, Taheri J. The Cimmerian orogeny in northern Iran: tectono-stratigraphic evidence from the foreland. Terra Nova, 2009, 21: 211–218.

[851] Wilmsen M, Fürsich F T, Majidifard M R. An overview of the Cretaceous stratigraphy and facies development of the Yazd Block, western Central Iran. Journal of Asian Earth Sciences, 2015, 102: 73–91.

[852] Wilson M E J, Moss S J. Cenozoic palaeogeographic evolution of Sulawesi and Borneo. Palaeogeography, Palaeoclimatology, Palaeoecology, 1999, 145: 303–337.

[853] Win M M, Enami M, Kato T. Metamorphic conditions and CHIME monazite ages of Late Eocene to Late Oligocene high-temperature Mogok metamorphic rocks in central Myanmar. Journal of Asian Earth Sciences, 2016, 117: 304–316.

[854] Woods M A, Lee J R. The Geology of England-critical examples of Earth History-an overview. Proceedings of the Geologists' Association, 2018, 129: 255–263.

[855] Wu C, Yang J, Robinson P T, et al. Geochemistry, age and tectonic significance of granitic rocks in north Altun, northwest China. Lithos, 2009, 113: 423–436.

[856] Wu G-L, Meng Q-R, Duan L, Li L. Early Mesozoic structural evolution of the eastern West Qinling, northwest China. Tectonophysics, 2014, 630: 9–20.

[857] Wu H, Boulter C, Baojia K, Stow D, Wang Z. The Changning-Menglian suture zone; a segment of the major Cathaysian-Gondwana divide in Southeast Asia [J]. Tectonophysics, 1995, 242: 267–280.

[858] Xu X, Tang S, Lin S. Paleostress inversion of fault-slip data from the Jurassic to Cretaceous Huangshan Basin and implications for the tectonic evolution of southeastern China. Journal of Geodynamics, 2016, 98: 31–52.

[859] Yakovlev F L. Identification of geodynamic setting and of folding formation mechanisms using of strain ellipsoid concept for multi-scale structures of Greater Caucasus. Tectonophysics, 2012, 581: 93–113.

[860] Yan D-P, Zhou Y, Qiu L, et al. The Longmenshan Tectonic Complex and adjacent tectonic units in the eastern margin of the Tibetan Plateau: A review. Journal of Asian Earth Sciences, 2018, 164: 33–57.

［861］Yan M，Zhang D，Fang X，et al. Paleomagnetic data bearing on the Mesozoic deformation of the Qiangtang Block：Implications for the evolution of the Paleo-and Meso-Tethys［J］. Gondwana Research，2016，39：292-316.

［862］Yang L，Song S，Allen M B，et al. Oceanic accretionary belt in the West Qinling Orogen：Links between the Qinling and Qilian orogens，China. Gondwana Research，2018，64：137-162.

［863］Yang T N，Ding Y，Zhang HR，Fan JW，Liang MJ，Wang XH. Two-phase subduction and subsequent collision defines the Paleotethyan tectonics of the southeastern Tibetan Plateau：Evidence from zircon U-Pb dating，geochemistry，and structural geology of the Sanjiang orogenic belt，Southwest China［J］. Geological Society of America Bulletin，2014，126（11-12）：1654-1682.

［864］Yang Y T. An unrecognized major collision of the Okhotomorsk Block with East Asia during the Late Cretaceous，constraints on the plate reorganization of the Northwest Pacific. Earth-Science Reviews，2013，126：96-115.

［865］Yao J，Shu L，Cawood P，Li J. Constraining timing and tectonic implications of Neoproterozoic metamorphic event in the Cathaysia Block，South China［J］. Precambrian Research，2017，293：1-12.

［866］Yao W，Ding L，Cai F，et al. Origin and tectonic evolution of upper Triassic Turbidites in the Indo-Burman ranges，West Myanmar. Tectonophysics，2017，721：90-105.

［867］Yılmaz A，Adamia S，Yılmaz H. Comparisons of the suture zones along a geotraverse from the Scythian Platform to the Arabian Platform. Geoscience Frontiers，2014，5：855-875.

［868］Yilmaz I O，Altiner D，Ocakoglu F. Upper Jurassic-Lower Cretaceous depositional environments and evolution of the Bilecik（Sakarya Zone）and Tauride carbonate platforms，Turkey. Palaeogeography，Palaeoclimatology，Palaeoecology，2016，449：321-340.

［869］Yin A，Harrison T M. Geologic evolution of the Himalayan-Tibetan orogen. Annual Review of Earth and Planetary Sciences，2000，28：211-280.

［870］Yu H，Zhang H-F，Li X-H，et al. Tectonic evolution of the North Qinling Orogen from subduction to collision and exhumation：Evidence from zircons in metamorphic rocks of the Qinling Group. Gondwana Research，2016，30：65-78.

［871］Yu S，Zhang J，del Real P G，et al. The Grenvillian orogeny in the Altun-Qilian-North Qaidam mountain belts of northern Tibet Plateau：Constraints from geochemical and zircon U-Pb age and Hf isotopic study of magmatic rocks. Journal of Asian Earth Sciences 73，2013：372-395.

［872］Zachariáš J. Structural evolution of the Mokrsko-West，Mokrsko-East and Čelina gold deposits，Bohemian Massif，Czech Republic：Role of fluid overpressure［J］. Ore Geology Reviews，2016，74：170-195.

［873］Zahirovic S，Matthews K J，Flament N，Müller R D，Hill K C，Setona M，Gurnis M. Tectonic evolution and deep mantle structure of the eastern Tethys since the latest Jurassic［J］. Earth-Science Reviews，2016，162：293-337.

［874］Zanchi A，Zanchetta S，Berra F，et al. The Eo-Cimmerian（Late? Triassic）orogenyin North Iran. In：Brunet M F，et al（Eds.），South Caspian to Central Iran Basins. Geological Society of London Special Publication，2009，312：31-55.

［875］Zand-Moghadam H，Moussavi-Harami R，Mahboubi A. Sequence stratigraphy of the Early-

Middle Devonian succession (Padeha Formation) in Tabas Block, East–Central Iran: Implication for mixed tidalflat deposits. Palaeoworld, 2014, 23: 31–49.

[876] Zapata S, Cardona A, Montes C, et al. Provenance of the Eocene Soebi Blanco formation, Bonaire, Leeward Antilles: Correlations with post–Eocene tectonic evolution of northern South America. Journal of South American Earth Sciences, 2014, 52: 179–193.

[877] Zarcone G, Petti F, Cillari A, Di Stefano P, Guzzetta D, Nicosia U. A possible bridge between Adria and Africa: New palaeobiogeographic andstratigraphic constraints on the Mesozoic palaeogeography of the Central Mediterranean area. Earth–Science Reviews, 2010, 103: 154–162.

[878] Zattin M, Wang X. Exhumation of the western Qinling mountain range and the building of the northeastern margin of the Tibetan Plateau. Journal of Asian Earth Sciences, 2019, 177: 307–313.

[879] Zecchin M, Donda F, Forlin E. Genesis of the Northern Adriatic Sea (Northern Italy) since early Pliocene [J]. Marine and Petroleum Geology, 2017, 79: 108–130.

[880] Zeng M, Zhang D, Zhang Z, et al. Structural controls on the Lala iron–copper deposit of the Kangdian metallogenic province, southwestern China: Tectonic and metallogenic implications. Ore Geology Reviews, 2018, 97: 35–54.

[881] Zhang C, Santosh M, Zhu Q, Chen X, Huang W. The Gondwana connection of South China: Evidence from monazite and zircon geochronology in the Cathaysia Block [J]. Gondwana Research, 2015, 28: 1137–1151.

[882] Zhang C L, Zhu Q B, Chen X Y, Ye H M. Ordovician arc–related mafic intrusions in South China: Implications for plate subduction along the Southeastern margin of South China in the early Paleozoic. Journal of Geology, 2016, 124: 743–767.

[883] Zhang C L, Zou H B, Ye X T, Chen X Y. Tectonic evolution of the West Kunlun Orogenic Belt along the northern margin of the Tibetan Plateau: Implications for the assembly of the Tarim terrane to Gondwana. Geoscience Frontiers (2018), https://doi.org/10.1016/j.gsf.2018.05.006.

[884] Zheng F, Dai L–Q, Zhao Z–F, et al. Recycling of Paleo–oceanic crust: Geochemical evidence from Early Paleozoic mafic igneous rocks in the Tongbai orogen, Central China. 2019, Lithos, 328–329: 312–327.

[885] Zhang F, Wang Y, Chen X, Fan W, Zhang Y, Zhang G, Zhang A. Triassic high–strain shear zones in Hainan Island (South China) and their implications on the amalgamation of the Indochina and South China Blocks: Kinematic and 40Ar/39Ar geochronological constraints [J]. Gondwana Research, 2011, 19: 910–925.

[886] Zhang J, Zhang H–F, Li L. Neoproterozoic tectonic transition in the South Qinling Belt: New constraints from geochemistry and zircon U–Pb–Hf isotopes of diorites from the Douling Complex. Precambrian Research, 2018, 306: 112–128.

[887] Zhang K J, Zhang Y X, Tang X C, et al. Late Mesozoic tectonic evolution and growth of the Tibetan plateau prior to the Indo–Asian collision [J]. Earth–Science Reviews, 2012, 114: 236–249.

[888] Zhang P, Mei L–F, Hu X–L, et al. Structures, uplift, and magmatism of the Western Myanmar Arc: Constraints to mid–Cretaceous–Paleogene tectonic evolution of the western Myanmar continental margin. Gondwana Research, 2017, 52: 18–38.

[889] Zhang Z, Li S, Cao H, et al. Origin of the North Qinling Microcontinent and Proterozoic geotectonic evolution of the Kuanping Ocean, Central China. Precambrian Research, 2015, 266: 179–193.

[890] Zhao G, Cawood P. Precambrian geology of China [J]. Precambrian Research, 2012, 222–223: 13–54.

[891] Zhao L, Zhai M, Santosh M, Zhou X. Early Mesozoic retrograded eclogite and mafic granulite from the Badu Complex of the Cathaysia Block, South China: Petrology and tectonic implications [J]. Gondwana Research, 2017, 42: 84–103.

[892] Zhao L, Zhou X, Zhai M, Santosh M, Geng Y. Zircon U–Th–Pb–Hf isotopes of the basement rocks in northeastern Cathaysia block, South China: Implications for Phanerozoic multiple metamorphic reworking of a Paleoproterozoic terrane [J]. Gondwana Research, 2015, 28: 1137–1151.

[893] Zheng C, Xu C, Brix M R, Zhou Z. Evolution and provenance of the Xuefeng intracontinental tectonic system in South China: Constraints from detrital zircon fission track thermochronology. Journal of Asian Earth Sciences, 2019, 176: 264–273.

[894] Zheng H, Sun X, Wang P, et al. Mesozoic tectonic evolution of the Proto–South China Sea: A perspective from radiolarian paleobiogeography. Journal of Asian Earth Sciences, 2019, 179: 37–55.

[895] Zhu D C, Zhao Z D, Niu Y L, et al. The origin and pre–Cenozoic evolution of the Tibetan Plateau [J]. Gondwana Research, 2013, 23: 1429–1454.

[896] Zielinski M. Conodont thermal alteration patterns in Devonian and Carboniferous rocks of the Ahnet and Mouydir basins (southern Algeria). Marine and Petroleum Geology, 2012, 38: 166–176.

[897] Zitellini N, Gràcia E, Matias L, Terrinha P, Abreu M, DeAlteriis G, Henriet J, Dañobeitia J, Masson D, Mulder T, Ramella R, Somoza L, Diez S. The quest for the Africa–Eurasia plate boundary west of the Strait of Gibraltar. Earth and Planetary Science Letters, 2009, 280: 13–50.

[898] Zlatkin O, Dov A, Gerdes A. The Pelagonian terrane of Greece in the peri–Gondwanan mosaic of the Eastern Mediterranean: Implications for the geological evolution of Avalonia. Precambrian Research, 2017, 290: 163–183.

[899] Zulauf G, Dörr W, Fisher–Spurlock S, Gerdes A, Chatzaras V, Xypolias P. Closure of the Paleotethys in the External Hellenides: Constraints from U–Pb ages of magmatic and detrital zircons (Crete). Gondwana Research, 2015, 28: 642–667.